T0225164

Grundlagen der Strahlungsphysik und des Strahlenschutzes

Hanno Krieger

Grundlagen der Strahlungsphysik und des Strahlenschutzes

7., aktualisierte und erweiterte Auflage

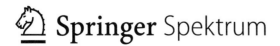

Hanno Krieger
Ingolstadt, Deutschland

ISBN 978-3-662-67609-7   ISBN 978-3-662-67610-3   (eBook)
https://doi.org/10.1007/978-3-662-67610-3

Die Deutsche Nationalbibliothek verzeichnet diese Publikation in der Deutschen Nationalbibliografie; detaillierte bibliografische Daten sind im Internet über http://dnb.d-nb.de abrufbar.

Planung/Lektorat: Caroline Strunz
Springer Spektrum ist ein Imprint der eingetragenen Gesellschaft Springer-Verlag GmbH, DE und ist ein Teil von Springer Nature.
Die Anschrift der Gesellschaft ist: Heidelberger Platz 3, 14197 Berlin, Germany

Vorwort zur siebten Auflage

Das vorliegende Buch ist die überarbeitete, erweiterte und aktualisierte 7. Auflage des Grundlagenbands der dreibändigen Lehrbuchreihe zur Strahlungsphysik und zum Strahlenschutz. In ihm werden die physikalischen, biologischen und rechtlichen Grundlagen der Strahlenkunde sowie die praktischen Verfahren zum Strahlenschutz dargestellt. Er richtet sich an alle diejenigen, die als Anwender, Lehrer oder Lernende mit ionisierender Strahlung zu tun haben, und soll eine ausführliche praxisorientierte Einführung in die Grundlagen der Strahlungsphysik und des Strahlenschutzes geben.

Das Buch gliedert sich in sechs große Abschnitte. Der erste Teil befasst sich mit den physikalischen Grundlagen der Strahlenkunde. Dazu zählen Ausführungen zu den Strahlungsarten und Strahlungsfeldern, zum Atomaufbau, zu den radioaktiven Zerfalls- und Umwandlungsarten und zur natürlichen und künstlichen Radioaktivität.

Im zweiten Abschnitt werden die Wechselwirkungen der ionisierenden Strahlungsarten mit Materie dargestellt. Ausführlich werden die verschiedenen Wechselwirkungsprozesse der Photonen und Neutronen und das Schwächungsgesetz für diese ungeladenen Teilchen sowie die Wechselwirkungen der wichtigsten geladenen Korpuskeln - Elektronen, Protonen und Alphateilchen - erläutert.

Der dritte Teil behandelt die verschiedenen Dosisgrößen und Dosisbegriffe in der neuesten aktualisierten Version. In diesem Abschnitt werden auch die praktischen Verfahren zur Berechnung bzw. Abschätzung der Dosisleistungen in Strahlungsfeldern dargestellt.

Der vierte Teil des Buches beschreibt die biologischen und epidemiologischen Grundlagen des Strahlenschutzes. Nach einer kurzen Einführung in die Zellbiologie werden ausführlich die Prinzipien der Strahlenbiologie, die DNS-Schäden und ihre Reparatur sowie die Dosiswirkungsbeziehungen erläutert. Den beiden letzten Kapitel dieses Abschnitts schildern die Risiken und Wirkungen ionisierender Strahlung. Es folgt eine umfassende Darstellung der natürlichen und zivilisatorischen Strahlenexpositionen.

Der fünfte Abschnitt behandelt die Prinzipien des praktischen Strahlenschutzes. Er beginnt mit einer Zusammenstellung der aktualisierten und stark modifizierten rechtlichen Grundlagen des Strahlenschutzes. Anschließend werden die Rechenmethoden zur Dimensionierung von Strahlenabschirmungen an Hand einer Reihe praktischer Anwendungen erklärt. In den letzten drei Kapiteln werden ausführlich die Strahlenexpositionen in der medizinischen Radiologie sowie die korrekten Verhaltensweisen zum Schutz der Patienten und des radiologischen Personals bei den verschiedenen medizinischen Strahlungsanwendungen behandelt.

Der sechste Abschnitt enthält den aktualisierten und erweiterten Tabellenanhang mit den wichtigsten für den praktischen Strahlenschutz erforderlichen Basisdaten.

Jedes Kapitel beginnt mit einem kurzen Überblick über die dargestellten Themen. Im laufenden Text gibt es zahlreiche einschlägige Beispiele. Am Ende der Kapitel finden sich als Gedächtnisstütze Zusammenfassungen mit Wiederholungen der wichtigsten Inhalte sowie ein erweiterter Anhang mit Übungsaufgaben. Die Lösungen dieser Aufgaben wurden anders als bei den früheren Auflagen zur Arbeitserleichterung unmittelbar am Ende der jeweiligen Kapitel eingefügt.

Um den unterschiedlichen Anforderungen und Erwartungen der Leser an ein solches Lehrbuch gerecht zu werden, wurde der zu vermittelnde Stoff generell in grundlegende Sachverhalte und weiterführende Ausführungen aufgeteilt. Letztere befinden sich entweder gesondert in den mit einem Stern (*) markierten Kapiteln oder in den entsprechend markierten Passagen innerhalb des laufenden Textes. Sie enthalten Stoffvertiefungen zu speziellen radiologischen und physikalischen Problemen und können bei der ersten Lektüre ohne Nachteil und Verständnisschwierigkeiten übergangen werden. Soweit wie möglich wurde in den grundlegenden Abschnitten auf mathematische Ausführungen verzichtet. Wenn dennoch mathematische Darstellungen zur Erläuterung unumgänglich waren, wurden nur einfache Mathematikkenntnisse vorausgesetzt.

Die Literaturangaben wurden wie in den früheren Ausgaben im Wesentlichen auf die im Buch zitierten Fundstellen beschränkt. Für Interessierte gibt es darüber hinaus im laufenden Text und im Literaturverzeichnis Zitate der wegweisenden historischen Publikationen sowie Hinweise auf weiterführende Literatur und empfehlenswerte Lehrbücher. Solche Hinweise finden sich auch in den Publikationen der ICRP, der ICRU, der deutschen Strahlenschutzkommission SSK, im deutschen Normenwerk DIN und in allen zitierten Lehrbüchern.

Ich danke den Fachkolleginnen und Fachkollegen für ihr anhaltendes Interesse an diesem Buch und ihre hilfreichen Anregungen und Hinweise und hoffe auch zukünftig auf konstruktive Kritik.

Ingolstadt, im April 2023   Hanno Krieger

Inhaltsverzeichnis

Abschnitt I: Physikalische Grundlagen

Abschnitt II: Physikalische Wechselwirkungen

Abschnitt III: Dosisgrößen und Dosisberechnungen

11 Dosisgrößen 351

Abschnitt IV: Biologische und epidemiologische Grundlagen

Abschnitt V: Praktischer Strahlenschutz

19 Strahlenschutzrecht

20 Regeln und Verfahren zum praktischen Strahlenschutz

Abschnitt VI: Daten

1 Strahlungsarten und Strahlungsfelder

Die bei ionisierender Strahlung auftretenden hohen Teilchengeschwindigkeiten erfordern eine relativistische Behandlung der Teilchenmassen und Energien. Das Kapitel beginnt deshalb mit einer kurzen Darstellung der relativistischen Regeln und Begriffe. Es folgt ein Überblick über die in der Medizin und Technik wichtigen Strahlungsarten und deren Eigenschaften. Strahlungen werden in Korpuskular- und Photonenstrahlungen eingeteilt, die sich vor allem durch das Fehlen einer Ruhemasse bei den Photonen unterscheiden. Beide Strahlungsarten zeigen sowohl Wellen- als auch Korpuskeleigenschaften, die nur im Rahmen der Quantentheorie verstanden werden können. Sie werden deshalb gemeinsam als Teilchen bezeichnet. Den Abschluss bildet ein Kapitel, in dem die Größen zur Beschreibung von Strahlungsfeldern und der Wirkungsquerschnitt definiert werden.

Unter Strahlung versteht man den nicht an Medien gebundenen Energie- und Massentransport. Bei elektromagnetischen Wellen bzw. zeitlich und räumlich begrenzten Wellenzügen (Wellenpaketen) ist die transportierte Energie elektromagnetische Energie. Diese Strahlungsart wird als **Photonenstrahlung**, die einzelnen Strahlungsquanten werden als Photonen[1] bezeichnet [Lewis 1926]. Die Photonenstrahlung wird im Wellenbild anhand ihrer Frequenz oder Wellenlänge, im atomphysikalischen Bild anhand ihrer Energie bzw. ihrer relativistischen Masse charakterisiert. Sie umfasst alle elektromagnetischen Strahlungen von den Radiowellen, über die Infrarot-, Licht- und Ultraviolett-Strahlung bis hin zur Röntgen- und Gammastrahlung. Ist Strahlung auch mit Materietransport verbunden, bezeichnet man sie als **Korpuskularstrahlung**, die transportierten Teilchen als Korpuskeln. Sie kann aus geladenen oder ungeladenen Teilchen bestehen. Beispiele sind die Elektronen, Positronen, Protonen, Pionen, Neutronen und die Neutrinos. Es kann sich dabei auch um komplexere materielle Gebilde wie vollständige Atome, Moleküle, Spaltfragmente oder sonstige Ionen handeln. Photonenstrahlungen und Korpuskularstrahlungen werden wegen des Teilchen-Wellen Dualismus zusammen als **Teilchenstrahlungen** bezeichnet (s. Kap. 1.5).

Strahlungsarten werden nach der Möglichkeit, Elektronen aus den Atomhüllen bestrahlter Materie (z. B. von Gasen) zu lösen, in **ionisierende** bzw. **nichtionisierende** Strahlungen eingeteilt. Dabei kommt es nicht darauf an, dass bei der Wechselwirkung mit Materie tatsächlich immer Ionisationen auftreten. Entscheidend ist, dass auf Grund der zur Verfügung stehenden Korpuskel- bzw. Photonenenergien solche Ionisierungen im Prinzip möglich sind. Die dazu benötigte Mindestenergie beträgt je nach bestrahlter Materie zwischen 10^{-19} und 10^{-16} J. Dies entspricht etwa den Bindungsenergien äußerer oder innerer Hüllenelektronen.

---

1 Der Name Photon (Lichtteilchen, vom griechischen Wort für Licht Φως: phos) geht auf den englischen Physikochemiker **Gilbert Newton Lewis** (23. 10. 1875 – 23. 3. 1945) zurück, der ihn 1926 erstmals verwendete.

© Der/die Autor(en), exklusiv lizenziert an
Springer-Verlag GmbH, DE, ein Teil von Springer Nature 2023
H. Krieger, *Grundlagen der Strahlungsphysik und des Strahlenschutzes*,
https://doi.org/10.1007/978-3-662-67610-3_1

Eine weitere Einteilung der ionisierenden Strahlungsarten ist die Unterscheidung in **direkt** und **indirekt** ionisierende Strahlung. Zu den direkt ionisierenden Strahlungen werden alle Strahlungen elektrisch geladener Teilchen wie Elektronen, Protonen oder Alphateilchen gezählt, die durch Stöße unmittelbar Ionisationen in der bestrahlten Materie erzeugen können. Zu den indirekt ionisierenden Strahlungen zählt man dagegen alle Strahlungsarten ohne elektrische Ladung, die ihre Energie zunächst auf einen elektrisch geladenen Stoßpartner übertragen, der dann seinerseits die ihn umgebende Materie ionisieren kann. Ein Beispiel sind die elektrisch ungeladenen Neutronen, die beim Beschuss von Materie in der Regel durch Nukleonenstoß einen Teil ihrer Bewegungsenergie auf Protonen oder sonstige Atomkerne übertragen. Diese sekundären Teilchen wechselwirken dann ihrerseits wegen ihrer elektrischen Ladung vor allem mit den Atomhüllen des Absorbermaterials und können diese dabei ionisieren.

Zu den indirekt ionisierenden Strahlungen rechnet man vereinbarungsgemäß auch die Photonen. Diese ionisieren bei einer Wechselwirkung zwar meistens ihren primären Wechselwirkungspartner. Die dabei freigesetzten Sekundärelektronen erzeugen aber bei den darauf folgenden Sekundärprozessen den weitaus größten Teil der Ionisierung im bestrahlten Material.

1.1 Die atomare Energieeinheit Elektronvolt (eV)

Wegen der geringen Größen der Energien im atomaren Bereich ist es in der Atomphysik üblich, Energien nicht nur in der makroskopischen SI-Einheit Joule (J) sondern in der praktischen atomphysikalischen Energieeinheit **Elektronvolt**[2] (eV). Ein Elektronvolt ist diejenige Bewegungsenergie E_{kin}, die ein mit einer **Elementarladung** e_0[3] elektrisch geladenes Teilchen beim Durchlaufen einer elektrischen Potentialdifferenz (Spannung) von 1V im Vakuum erhält (Fig. 1.1).

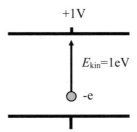

Fig. 1.1: Zur Definition der atomaren Energieeinheit Elektronvolt ("eV").

---

[2] Übliche Vielfache des eV sind das keV $=10^3$ eV, MeV $= 10^6$ eV, GeV $= 10^9$ eV und meV $= 10^{-3}$ eV.

[3] Die Elementarladung ist die kleinste elektrische Ladungsmenge. Freie Ladungen kommen in der Natur nur als ganzzahlige positive oder negative Vielfache der Elementarladung vor. Positive Elementarladungen befinden sich z. B. auf dem Proton, dem Pion und dem Positron. Eine negative Elementarladung trägt das Elektron. Ladungen verschiedenen Vorzeichens neutralisieren sich. Der aktuelle Wert der Elementarladung in der SI-Einheit beträgt seit 2019 $e_0 = 1{,}602\ 176\ 634 \cdot 10^{-19}$ C (s. Anhang).

Es gilt folgende Definitionsgleichung:

$$1\,\text{eV} = 1e\cdot 1\text{V} = 1{,}602176634\cdot 10^{-19}\,\text{C}\cdot\text{V} \qquad (1.1)$$

Bindungs- und Übergangsenergien in der Atomhülle liegen im Bereich eV bis etwa 100 keV, Bindungsenergien in den Atomkernen in der Größenordnung einiger MeV. Licht und UV haben Energien von einigen Zehntel eV bis zu einigen eV, Infrarotstrahlung (Wärmestrahlung) einige meV. Medizinisch genutzte Röntgenstrahlung hat maximale Energien von etwa 25 keV bei der Mammografie bis 140 keV in der Computertomografie. Strahlentherapeutische Photonenstrahlungen werden mit Grenzenergien bis etwa 20 MeV genutzt. Kosmische Strahlungen haben Energien bis zu einigen GeV. Die Verwendung des "eV" erspart das Mitschleppen "lästiger" Zehnerpotenzen. Es erlaubt beispielsweise die vereinfachte Kennzeichnung von Röntgenstrahlungen über die anschauliche und im strahlungsphysikalischen und radiologischen Alltag wichtige Röhrenspannung (die "kV").

1.2 Begriffe und einfache Rechenregeln der Relativitätstheorie

Da die in der Medizin und Technik verwendeten Strahlungsquellen in der Regel sehr schnelle, relativistische Teilchen mit Geschwindigkeiten knapp unterhalb der Vakuumlichtgeschwindigkeit c erzeugen, müssen zu ihrer Beschreibung die relativistischen Regeln und Formeln herangezogen werden. In der Relativitätstheorie werden Teilchen durch ihre Ruheenergie E_0, ihre Ruhemasse m_0, ihren relativistischen Impuls p und die Gesamtenergie E_{tot} beschrieben. Die **Ruheenergie** wird aus der Ruhemasse m_0 nach (Gl. 1.2) berechnet.

$$E_0 = m_0\cdot c^2 \qquad (1.2)$$

$$c = 2{,}99792458\cdot 10^8\,\text{m/s} \qquad (1.3)$$

c ist die Lichtgeschwindigkeit im Vakuum, für deren Zahlenwert man bei Überschlagsrechnungen in sehr guter Näherung $c = 3\cdot 10^8$ m/s verwenden kann Die Ruheenergie E_0 ist diejenige Energie, die das Teilchen in Ruhe, also bei der Geschwindigkeit $v = 0$ besitzt. Sie kann aus Massen-Energie-Umwandlungsreaktionen experimentell bestimmt werden. Die Ruhemasse kann entweder aus Wägungen bestimmt oder aus der aus Experimenten bekannten Ruheenergie berechnet werden. Da Energie und Masse eines Teilchens also proportional sind, genügt die Angabe nur einer der beiden Größen Masse oder Energie.

Gleichung (1.2) wird als Energie-Massenäquivalent-Gleichung bezeichnet und erlaubt die Beschreibung eines Korpuskels wahlweise über seine Energie oder deren Massenäquivalent.

Teilchen	Ruhemasse m_0 (kg)	Ruheenergie E_0 (J)	E_0 (MeV)*
Elektron (e⁻)	0,9109382 $\cdot 10^{-30}$	$8,1868 \cdot 10^{-14}$	0,5109989
Neutrino (ν_e)	≈ 0	≈ 0	$< 0,8 \cdot 10^{-6}$
Myon ($\mu\pm$)	0,188368 $\cdot 10^{-27}$	$0,1693 \cdot 10^{-10}$	105,6584
Pion ($\pi\pm$)	0,24878 $\cdot 10^{-27}$	$0,2236 \cdot 10^{-10}$	139,567
Pion (π^0)	0,24055 $\cdot 10^{-27}$	$0,2162 \cdot 10^{-10}$	134,963
Proton (p)	1,67262 $\cdot 10^{-27}$	$1,5033 \cdot 10^{-10}$	938,272
Neutron (n)	1,67493 $\cdot 10^{-27}$	$1,5054 \cdot 10^{-10}$	939,565
Alpha (α)	6,644 $\cdot 10^{-27}$	$5,9713 \cdot 10^{-10}$	3727,2

Tab. 1.1: Ruhemassen und Ruheenergien einiger radiologisch wichtiger Teilchen (Daten aus [Nist], Codata, [Groom 2000], [Hagiwara 2002], [Nakamura 2010]). (*): Umrechnung der Energieeinheiten mit dem Faktor 1eV = $1,6022 \cdot 10^{-19}$ J. Weitere und genauere Daten mit Unsicherheitsangaben befinden sich im Tabellenanhang (Tab. 24.3).

Der **relativistische Impuls** eines Korpuskels ist das Produkt aus Ruhemasse m_0, Teilchengeschwindigkeit und relativistischem Geschwindigkeitsfaktor.

$$\vec{p} = m_0 \cdot \frac{\vec{v}}{\sqrt{1 - v^2/c^2}} \tag{1.4}$$

Das Verhältnis v/c wird üblicherweise mit dem Kürzel β, die reziproke Wurzel in (Gl. 1.4), der sogenannte Lorentzfaktor, mit dem Kürzel γ bezeichnet. Man erhält somit

$$\vec{p} = m_0 \cdot \frac{\vec{v}}{\sqrt{1 - \beta^2}} = m_0 \cdot \gamma \cdot \vec{v} \tag{1.5}$$

Gleichung (1.4) ist auch der Grund dafür, dass die Geschwindigkeit eines Korpuskels niemals die Vakuumlichtgeschwindigkeit erreichen kann. Bei Annäherung der Teilchengeschwindigkeit an die Lichtgeschwindigkeit verschwindet der Nenner in Gl. (1.4), der Impuls und somit die Gesamtenergie des Teilchens würden unendlich groß. Dies ist aus energetischen Gründen natürlich nicht möglich. Tatsächlich hat man in der Natur auch niemals Teilchen mit einer endlichen Ruhemasse beobachtet, die sich mit Vakuumlichtgeschwindigkeit oder sogar schneller bewegt hätten.

So lange die Teilchengeschwindigkeit sehr klein gegen die Lichtgeschwindigkeit ist, ist auch der Quotient v^2/c^2 wesentlich kleiner als 1. Das Wurzelargument in Gleichung (1.4) hat dann in guter Näherung den Wert 1. Je mehr sich die Geschwindigkeit der Lichtgeschwindigkeit nähert, umso größer werden der Lorentzfaktor und somit auch der Impuls und die Bewegungsenergie des Teilchens. Die zunehmende Bewegungsenergie führt bei hohen Geschwindigkeiten nicht mehr zu einer messbaren Erhöhung der Teilchengeschwindigkeit sondern nur noch zu einer Zunahme seiner Trägheit.

Solange man sich auf die Betrachtung von Impulsen und Energien beschränkt, kann man für praktische Rechnungen den Lorentzfaktor auch der Ruhemasse zuordnen. Das Produkt aus Ruhemasse und Lorentzfaktor wird dann oft vereinfachend als **relativistische Masse** m bezeichnet, also $m = m_0 \cdot \gamma$. Der relativistische Impuls wäre in dieser Sprechweise das Produkt von relativistischer Masse und Geschwindigkeit des Korpuskels ($p = m \cdot v$), die Gesamtenergie wäre das Produkt der relativistischen Masse m mit dem Quadrat der Lichtgeschwindigkeit.

$$E = m_0 \cdot \gamma \cdot c^2 = m \cdot c^2 \qquad (1.6)$$

Bewegungsenergie (eV)	v/c	Lorentzfaktor γ
$25 \cdot 10^{-3}$ (*)	0,000 313	1,000 000 05
10^0	0,002	1,000 002
10^1	0,006	1,000 02
10^2	0,020	1,000 2
10^3	0,062	1,002
10^4	0,195	1,02
10^5	0,548	1,20
10^6	0,941	2,96
10^7	0,998 8	20,6
10^8	0,999 987	197,0
10^9	0,999 999 87	1 958,0
10^{10}	0,999 999 998 7	19 600,0

Tab. 1.2: Änderungen des Geschwindigkeitsverhältnisses v/c und des Lorentzfaktors als Funktion der Bewegungsenergie von Elektronen. (*): Größenordnung der thermischen Bewegungsenergie eines Gasmoleküls bei 20°C.

Mit Hilfe der Gleichung (1.4) kann man sich beispielsweise die quantitativen Verhältnisse bei der Beschleunigung von Elektronen verdeutlichen. Wie die Tabellen (1.2, 1.3) und Fig. (1.2) zeigen, nimmt der Lorentzfaktor γ zunächst nur sehr langsam mit der Elektronengeschwindigkeit zu. Bei etwa 10% der Lichtgeschwindigkeit - das ist eine Geschwindigkeit von immerhin $3 \cdot 10^7$ m/s - ist γ erst um ein halbes Prozent erhöht. Bei einer Elektronenbewegungsenergie von etwa 80 keV beträgt die Elektronengeschwindigkeit bereits $c/2$, γ ist dann um knapp 20% angestiegen. Diese Elektronenenergie entspricht den typischen Verhältnissen in einer diagnostischen Röntgenröhre. Bei 1 MeV Bewegungsenergie der Elektronen haben diese bereits 95% der Lichtgeschwindigkeit erreicht, ihre "relativistische" Masse hat sich ungefähr verdreifacht. Weitere Erhöhungen der Bewegungsenergie der Elektronen verändern deren Ge-

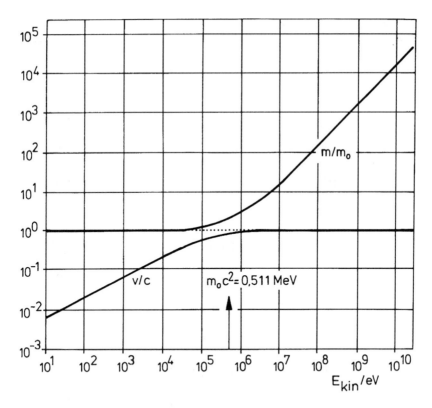

Fig. 1.2: Verlauf der relativen Geschwindigkeit v/c und der relativen Masse m/m_0 (Lorentzfaktor γ) von Elektronen als Funktion ihrer Bewegungsenergie. Aufgetragen sind die Verhältnisse der Gesamtmasse zur Ruhemasse und der Elektronengeschwindigkeit zur Vakuumlichtgeschwindigkeit über der Bewegungsenergie des Elektrons. Eine deutliche Zunahme des Lorentzfaktors findet erst ab etwa 100 keV statt. Bei 10 MeV Elektronenbewegungsenergie ist praktisch Lichtgeschwindigkeit erreicht. Ab dort bleibt die Elektronengeschwindigkeit konstant.

schwindigkeit nur noch sehr wenig. Stattdessen kommt es zu einem dramatischen Anstieg der relativistischen Impulse. Ähnliche Rechnungen lassen sich für alle Teilchen durchführen, wenn deren Ruhemassen bekannt sind (s. Tab. 1.1). Da sich bei Teilchengeschwindigkeiten in der Nähe der Vakuumlichtgeschwindigkeit c also vor allem die Gesamtenergien und ihre Impulsbeträge von Teilchen ändern, nicht aber deren Geschwindigkeiten, werden in der praktischen Strahlungsphysik Teilchen vorzugsweise durch ihre Bewegungsenergien und nicht über ihre Geschwindigkeiten charakterisiert. Tabelle (1.3) zeigt die Energieverhältnisse für typische radiologische Korpuskeln und Energien. Die relativistische **Gesamtenergie E** eines Korpuskels wird als Summe von Ruheenergie E_0 und Bewegungsenergie E_{kin} des Teilchens berechnet.

$$E = E_0 + E_{kin} \tag{1.7}$$

rel. Geschw.	Lorentzfaktor	Bewegungsenergie E_{kin}		
v/c	γ	e^-	p	α
0,0001	1,000 000 005	2,555 meV	4,691 eV	18,64 eV
0,001	1,000 000 5	0,256 eV	0,469 keV	1,864 keV
0,01	1,000 05	25,55 eV	46,90 keV	186,4 keV
0,1(*)	1,005 04	2,574 keV	4,727 MeV	18,78 MeV
0,15	1,011 7	≈6,0 keV	≈10 MeV	≈43 MeV
0,5	1,154 7	79,05 keV	145,2 MeV	576,6 MeV
0,9	2,294 2	661,3 keV	1,214 GeV	4,824 GeV
0,99	7,088 8	3,111 MeV	5,713 GeV	22,69 GeV
0,999	22,366	10,92 MeV	20,05 GeV	79,64 GeV
0,9999	70,712	35,62 MeV	65,41 GeV	259,8 GeV

Tab. 1.3: Lorentzfaktor γ und Bewegungsenergien für Elektronen, Protonen (näherungsweise auch für Neutronen) und Alphateilchen als Funktion der relativen Teilchengeschwindigkeit. (*): Obere Geschwindigkeitsgrenze zur Verwendung der "klassischen" Formeln für die Bewegungsenergie von Korpuskeln. Lässt man 1% Fehler zu, kann bis $v/c = 0,15$ klassisch gerechnet werden.

Der Zusammenhang von Impuls und Energie, der relativistische **Impuls-Energiesatz**, lautet:

$$E^2 = E_0^2 + p^2 \cdot c^2 \tag{1.8}$$

Für **extrem relativistische** Bedingungen, also bei nur geringen Abweichungen der Teilchengeschwindigkeit von der Vakuumlichtgeschwindigkeit, besteht die Gesamtenergie des Teilchens im Wesentlichen aus Bewegungsenergie. Der Ruheenergieanteil in (Gl. 1.8) ist dann gegen den Impulsterm zu vernachlässigen. Er liefert also nur einen geringen Beitrag zur Gesamtenergie. Man erhält für diesen Spezialfall den folgenden, einfachen näherungsweisen Zusammenhang zwischen relativistischem Impuls und Gesamtenergie, der für ruhemasselose Quanten exakt gilt.

$$E \approx p \cdot c \tag{1.9}$$

Als **klassischen Grenzfall** bezeichnet man Bedingungen, bei denen die relativistische Impulszunahme im Vergleich zur klassischen Impuls- und Energieberechnung vernachlässigt werden kann. Eine Abschätzung, bis zu welcher Bewegungsenergie man für Elektronen und schwerere Teilchen ohne allzu große Fehler mit den "klassischen" Formeln der Mechanik rechnen kann, also ohne Verwendung des Lorentzfaktors, d. h. ausschließlich unter Berücksichtigung der Ruhemasse der Teilchen, erhält man unter anderem aus den Daten der Fig. (1.2) und der Tabellen (1.2, 1.3). Sie enthalten die Berechnungen der relativistischen Teilchenenergien und der Lorentzfaktoren als Funktion des Geschwindigkeitsverhältnisses v/c. Man sieht, dass die Abweichungen zur korrekten relativistischen Berechnung bei den in der Strahlenkunde üblichen Energien von schwereren Teilchen wie Alphas aus radioaktiven Zerfällen, sonstigen leichteren Ionen, nicht zu schnellen Neutronen und Spaltfragmenten so gering sind, dass man die klassischen Berechnungsmethoden anwenden kann. Wegen der wesentlich größeren Ruhemassen der schwereren Teilchen p und α weisen diese bei gleicher Bewegungsenergie deutlich geringere Geschwindigkeiten als Elektronen auf.

Je größer die Ruhemasse eines Korpuskels ist, umso später wird das Teilchen also "relativistisch". Solange die Geschwindigkeit von Korpuskeln deutlich kleiner ist als die Vakuumlichtgeschwindigkeit ($v < 0,1c$, also $\beta < 0,1$), hat der Lorentzfaktor Werte unter 1,005. Als Faustregel gilt, dass klassische Rechnungen immer dann berechtigt sind, wenn die Geschwindigkeit des Teilchens kleiner als 10% der Lichtgeschwindigkeit ist bzw. die kinetischen Energien der Teilchen kleiner sind als etwa 10% der jeweiligen Ruheenergien ($E_{kin} < 0,1 \cdot E_0$). In diesem Fall liegen die Zunahmen der relativistischen Bewegungsenergien und Impulse in der Größenordnung von nur 0,5%. Sie sind deshalb für die meisten Anwendungen zu vernachlässigen. Die aus der klassischen Mechanik vertrauten Formeln zur Berechnung der Bewegungsenergie und des Teilchenimpulses ergeben sich als Grenzfall von Gleichung (1.10) für kleine v/c-Verhältnisse.

$$E_{kin} = m_0 \cdot \gamma \cdot c^2 - m_0 \cdot c^2 = m_0 \cdot c^2 \cdot \left[\frac{1}{\sqrt{1-v^2/c^2}} - 1 \right] \tag{1.10}$$

Die rechte Seite dieser Gleichung kann man für kleine v/c-Werte näherungsweise durch eine abgebrochene Taylorsche Reihenentwicklung darstellen. Man erhält dann:

$$E_{kin} \approx m_0 c^2 \cdot (1 + \frac{v^2}{2c^2} - 1) = \frac{1}{2} \cdot m_0 v^2 \tag{1.11}$$

Dies ist exakt die bekannte klassische Formel für die kinetische Energie eines Teilchens mit der Masse m_0 und der Geschwindigkeit v. Die Formel zur Berechnung des Teilchenimpulses ist identisch mit Gl. (1.4) für den relativistischen Impuls, wenn man dort den Lorentzfaktor γ durch 1 ersetzt. Für Impuls und Energie erhält man im klassischen Grenzfall daher:

$$\vec{p} = m_0 \cdot \vec{v} \tag{1.12}$$

$$E_{\text{kin}} = \frac{p^2}{2m_0} \tag{1.13}$$

Haben Teilchen wie die **Photonen** keine Ruhemasse, haben sie auch keine Ruheenergie. Photonen bewegen sich im Vakuum grundsätzlich mit Lichtgeschwindigkeit. Ihre Gesamtenergie ist daher identisch mit der relativistischen Bewegungsenergie. Für ihren Impuls und ihre Energie gilt

$$p = \frac{E}{c} \qquad \text{bzw.} \qquad E = p \cdot c \tag{1.14}$$

Ein Überblick über weitere wichtige Formeln der Relativitätstheorie befindet sich beispielsweise in [Günther].

Zusammenfassung

- **Korpuskeln haben eine endliche Ruhemasse. Sie bewegen sich deshalb immer langsamer als das Licht im Vakuum.**

- **Solange die Teilchengeschwindigkeit unter 10% der Vakuumlichtgeschwindigkeit bleibt, kann man mit den Formeln der klassischen Mechanik rechnen.**

- **Beschleunigte Korpuskeln müssen bei Geschwindigkeiten von mehr als 10-15% der Lichtgeschwindigkeit mit den Regeln der Relativitätstheorie beschrieben werden.**

- **Der Grund ist die relativistische Impulserhöhung von mehr als 1%. Die entsprechende Grenzenergie von Elektronen liegt bei etwa 6 keV, von Protonen bei 10 MeV und von Alphateilchen bei 43 MeV.**

- **Elektronen erreichen wegen ihrer geringen Ruhemasse sehr schnell relativistische Bedingungen. Sie erreichen schon bei einer Bewegungsenergie von knapp 80 keV (Röntgenröhrenbetrieb) die halbe Vakuumlichtgeschwindigkeit.**

- **Alphateilchen und schwerere Teilchen aus radioaktiven Umwandlungen bleiben auch bei hohen Energien nichtrelativistisch. Ihre Bewegungen können daher mit den klassischen Formeln berechnet werden.**

- **Bei Protonen werden für die halbe Lichtgeschwindigkeit knapp 150 MeV, bei Alphateilchen sogar knapp 600 MeV Bewegungsenergie benötigt.**

- **Protonen für strahlentherapeutische Anwendungen erreichen Energien bis 250 MeV, müssen also relativistisch behandelt werden.**

- **Energieangaben von Korpuskeln in der Strahlungsphysik beziehen sich in der Regel auf die Bewegungsenergie der Teilchen. In einigen Fällen wie bei der Paarvernichtung, Paarerzeugung und Strahlungsbremsung ist es günstiger, die relativistischen Größen Gesamtenergie und Ruheenergie zu verwenden.**

1.3 Korpuskeln

Korpuskeln[4] sind physikalische Gebilde, die eine bestimmte Ruhemasse m_0, eine Ausdehnung r (Radius), einen Eigendrehimpuls (Spin) und eventuell eine elektrische Ladung q besitzen. Sind sie unteilbar, also **Elementarteilchen**, haben sie nach den heutigen Vorstellungen des Standardmodells der Elementarteilchenphysik den Radius $r = 0$. Bis heute sind 12 solcher Elementarteilchen bekannt, 6 Quarks[5] und 6 Leptonen[6] (Daten s. Tab. 1.4). Quarks unterliegen der **starken** Wechselwirkung, deren nicht abgesättigte Restwechselwirkungen außerhalb der Nukleonen die Atomkerne zusammenhalten. Quarks tragen gedrittelte Ladungen. Sie sind im freien Zustand nicht stabil, sondern existieren nur als gebundene 3-Quark-Zustände (Baryonen: z. B. n und p) oder als Quark-Antiquark-Zustände (z. B. als Mesonen: π^0, $\pi^\pm$). Die Leptonen unterliegen der **schwachen Wechselwirkung**, die sich beispielsweise in den Betazerfällen äußert. Alle anderen Materieteilchen sind aus diesen 12 Elementarteilchen zusammengesetzt, sind also **nicht elementar**. Anders als Elektronen oder die bei radioaktiven Zerfällen auftretenden Positronen oder Neutrinos sind Proton und Neutron keine punktförmigen Elementarteilchen.

Bei Streuexperimenten u. a. mit hochenergetischen Elektronen hat man herausgefunden, dass beide Nukleonen sowohl einen endlichen äußeren Radius als auch eine innere elektrische Ladungsverteilung aufweisen. Diese kann als Ladungsverteilung mehre

---

[4] Korpuskel stammt vom lateinischen Wort für Körperchen (corpusculum).

[5] **Quarks** wurden 1964 von Murray Gell-Mann und George Zweig theoretisch postuliert, um die Vielfalt der bis dahin bekannten Elementarteilchen zu ordnen und eine geschlossene Theorie der Teilchen aufzustellen. **Gell-Mann** (* 15. 9. 1929 – 24. 5. 2019) erhielt für diese Arbeiten 1969 den Nobelpreis für Physik "für seine Beiträge und Entdeckungen betreffend die Klassifizierung der Elementarteilchen und deren Wechselwirkungen". Die Bezeichnung Quark stammt von Gell-Mann und geht auf eine Wortspielerei in einem Roman von James Joyce (Finnegans Wake: "Three Quarks for Muster Mark") zurück.

[6] Die Bezeichnung "Lepton" stammt aus dem Griechischen und bedeutet "dünnes Teilchen" (λεπτός).

rer interner punktförmiger Gebilde interpretiert werden. Nicht elementare Teilchen haben einen von Null verschiedenen Radius ($r \neq 0$). Die Nukleonen Proton und Neutron bestehen aus Kombinationen von up-Quarks mit einer positiven Zwei-Drittel-Ladung ($+2/3\ e_0$) und down-Quarks mit einer negativen Ein-Drittel-Ladung ($-1/3\ e_0$). Ein Proton mit der Gesamtladung +1 enthält zwei up-Quarks und ein down-Quark. Die elektrisch neutralen Neutronen bestehen aus einem up- und zwei down-Quarks.

$$p = u + u + d \qquad\qquad n = u + d + d \qquad\qquad (1.15)$$

Quarks	Name	Symbol	el. Ladung (e_0)	Ruheenergie (GeV)
Generation 1	Up	u	2/3	$1{,}7\text{-}3{,}1 \cdot 10^{-3}$
	Down	d	-1/3	$4{,}1\text{-}5{,}7 \cdot 10^{-3}$
Generation 2	Charme	c	2/3	1,15-1,35
	Strange	s	-1/3	0,080-0,130
Generation 3	Top	t	2/3	170-188
	Bottom	b	-1/3	4,1-4,4

Leptonen	Name	Symbol	el. Ladung (e_0)	Ruheenergie (MeV)
Generation 1	Elektron	e-	-1	0,510998902
	Elektron-Neutrino	ν_e	0	$<0{,}8 \cdot 10^{-6}$
Generation 2	Myon	μ	-1	105,658367
	Myon-Neutrino	ν_μ	0	<0,19
Generation 3	Tau	τ	-1	1776,82
	Tau-Neutrino	ν_τ	0	< 18,2

Tab. 1.4: Eigenschaften der 12 Fermionen (Materieteilchen) nach dem Standardmodell. Generationen: Grobe Einteilung nach der Teilchenruhemasse, hier als Ruheenergie angegeben (Ruhemassen und Ruheenergien werden nach Gl. (1.2) umgerechnet), Daten teilweise nach ([Hagivara 2002], [Eidelmann], [Nakamura 2010]). Zu den 12 Teilchen existieren 12 Antiteilchen mit jeweils vergleichbaren Massen, aber umgekehrter elektrischer Ladung. e_0: Elementarladung (exakter Zahlenwert s. Gl. (1.1) oder im Tabellenanhang (Tab. 24.1.1).

Quarks können bei den radiologisch üblichen Energien wegen ihrer starken Bindung nicht aus dem Nukleon befreit werden. Die innere Struktur der Nukleonen spielt bei den Energien der "alltäglichen" Strahlungsphysik deshalb keinerlei Rolle. Sie ist aber für das tiefere Verständnis des Aufbaus der Materie und der Elementarteilchenphysik sowie der verschiedenen Wechselwirkungsarten von fundamentaler Bedeutung. Weitere Quarks (diejenigen der 2. und 3. Generation, s. Tab. 1.4) und ihre Verbindungen treten bei den in der Radiologie üblichen Energien wegen ihrer hohen Ruheenergien nicht in Erscheinung. Zu allen Elementarteilchen existieren Antiteilchen mit entgegen gesetzter elektrischer Ladung und gleichen Massen. Treffen Teilchen auf ihre Antiteilchen, kommt es zu deren Vernichtung. Dabei werden die Ruheenergien in Form neuer Teilchen oder als reine Energie frei (vgl. Kap. 3.2.2). Korpuskeln in einem Strahlungsfeld werden durch ihre Masse m, den Geschwindigkeitsvektor $\vec{v}$ (Geschwindigkeitsbetrag, Richtung), ihre Bewegungsenergie (E_{kin}, kinetische Energie) und ihre Gesamtenergie E_{tot} sowie den relativistischen Impuls $\vec{p}$ charakterisiert.

1.4 Photonen

Die Interpretation von Photonen als elektromagnetische Wellenstrahlung oder als Teilchen hat sich im Laufe der Wissenschaftsgeschichte mehrfach verändert. Als Begründer der Wellenauffassung von Licht gilt ***Christiaan Huygens***[7]. ***Isaac Newton***[8] betrachtete Licht als Teilchen und beschrieb mit dieser Annahme die geometrische Optik. Zu Beginn des 19. Jahrhunderts deuteten die Doppelspaltexperimente von ***Thomas Young***[9] mit den typischen Interferenzerscheinungen erneut auf den Wellencharakter des Lichts hin. Bis zum Ende des 19. Jahrhunderts wurde Licht daher als elektromagnetische Wellenstrahlung betrachtet. Licht besteht nach dieser Theorie aus einer Kombination transversaler elektrischer und magnetischer Schwingungen, die sich senkrecht zu ihrer Schwingungsebene mit Lichtgeschwindigkeit im Vakuum ausbreiten. Solche elektromagnetischen Lichtwellen können gebeugt und gebrochen werden. Sie können auch überlagert werden und zeigen dann Interferenzen, die typisch für den Wellencharakter des Lichts sind. Die theoretische Beschreibung gelang mit Hilfe der formal sehr schönen und in sich geschlossenen Theorie von ***James Clark Maxwell***[10].

Am Ende des 19. und zu Beginn des 20. Jahrhunderts wiesen einige Experimente und theoretische Arbeiten im Widerspruch zu dieser Maxwellschen Wellentheorie eindeutig auf den Teilchencharakter des Lichts hin. Wichtigste Beispiele sind der lichtelektrische Effekt (Photoeffekt) und seine Deutung durch ***Albert Einstein*** [Einstein 1905], die Interpretation und Erläuterung des Comptoneffekts durch ***Arthur Holly Compton*** [Compton 1923], bei denen Lichtquanten wie Teilchen Impuls auf Materie übertragen, sowie die Theorie von Max Planck zur Hohlraumstrahlung. Licht tritt also

---

[7] **Christiaan Huygens** (14. 4. 1629 – 8. 7. 1965), Astronom, Mathematiker und Physiker, sein Huygenssches Prinzip zur Deutung der Wellennatur des Lichts gehört auch heute noch zur Grundausbildung jedes Physikers.

[8] **Isaac Newton** (25. 12. 1642 – 20. 3. 1727), Theologe, Naturwissenschaftler und Philosoph, setzte sich mit seiner Teilchenauffassung des Lichts gegen Huygens durch.

[9] **Thomas Young** (13. 7. 1773 – 10. 5. 1829), engl. Mediziner (Augenarzt) und Physiker.

[10] **James Clark Maxwell** (13. 11. 1831 – 5. 11. 1879), berühmter schottischer Mathematiker, der u. a. die vier Maxwell-Gleichungen zur Beschreibung elektromagnetischer Felder aufstellte.

je nach experimenteller Bedingung einmal als Welle, das andere Mal als Teilchen auf (s. auch Kap. 1.5). Die Schwierigkeiten, den Wellen- und Teilchencharakter des Lichts in Einklang zu bringen, also die Doppelnatur der Photonenstrahlung zu verstehen, hat zu Beginn des 20. Jahrhunderts zur Entwicklung und Ende der zwanziger Jahre zur heutigen Formulierung der Quantentheorie geführt.

1.4.1 Das klassische Wellenbild

Wellen sind in Raum und Zeit periodische Vorgänge, bei denen Energie in Ausbreitungsrichtung transportiert wird. Zum besseren Verständnis der Verhältnisse bei Wellenvorgängen ist es nützlich, sich zunächst ein anschauliches Beispiel einer Welle wie eine Wasserwelle vorzustellen. Betrachtet man die periodischen Vorgänge einer Welle an einem festen Ort, wie einen auf dem Wasser schwimmenden Korken oder ein Boot, stellt man fest, dass diese beim Vorüberlaufen der Welle der Aufwärts- und Abwärtsbewegung der Welle folgen. Anders als die davonlaufende Welle bewegen sich die beobachteten Gegenstände im Mittel aber nicht von ihrem ursprünglichen Ort weg, sie tanzen offensichtlich nur auf der Stelle. Das gleiche gilt für die Wassermoleküle, die von der Wellenbewegung erfasst werden.

Der größte Wert der vertikalen Auslenkung aus der Ruhelage wird als **Amplitude** a_0 der Welle bezeichnet. Den Zeitverlauf der Auslenkung der Welle an einem festgehaltenen Ort als Funktion der Zeit zeigt die Darstellung in Fig. (1.3). Die Zeit zwischen zwei benachbarten Schwingungszuständen gleicher Auslenkung und Schwingungsrichtung der Welle wird als **Schwingungsdauer** T bezeichnet. Der Kehrwert der

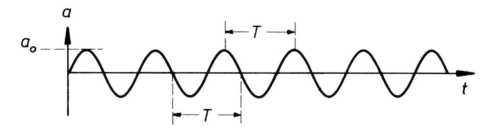

Fig. 1.3: Beschreibung des Zeitverlaufs einer kontinuierlichen sinusförmigen Welle an einem festen Ort (T: Schwingungsdauer, a: Auslenkung, a_0: Amplitude).

Schwingungsdauer heißt **Frequenz** f (oder auch ν) der Schwingung. Wird die Schwingungsdauer in Sekunden gemessen, gibt der Zahlenwert der Frequenz f die Zahl der Schwingungen pro Sekunde an. Die Einheit der Frequenz ist das Hertz[11] (1 Hz = 1/s).

---

[11] Die Einheit der Frequenz ist nach dem Physiker **Heinrich Hertz** (22. 2. 1857 – 1. 1. 1894) benannt, der sich vor allem mit den experimentellen und theoretischen Grundlagen der Elektrodynamik befasste.

$$f = \tfrac{1}{T} \tag{1.16}$$

Das zu einer bestimmten Zeit fest gehaltene Momentbild einer Welle zeigt periodisch mit dem Ort wechselnde Wellenberge und Wellentäler. Mit zunehmender Zeit bewegen sich diese in Richtung der Wellenausbreitung (Fig. 1.4). Der räumliche Abstand zwischen zwei Punkten gleicher Auslenkung, d. h. gleichen Schwingungszustandes, heißt **Wellenlänge** λ. Sie ist genau die Entfernung, um die die Welle in einer Schwingungsdauer vorgerückt ist. Da die Welle während der Dauer T also die Strecke λ zurücklegt, gilt für ihre Ausbreitungsgeschwindigkeit v:

$$v = \lambda \cdot f = \tfrac{\lambda}{T} \tag{1.17}$$

Breitet sich die Welle nur in einer Raumrichtung, z. B. entlang einer x-Koordinate aus, lässt sich die Auslenkung der schwingenden Elemente als Funktion der Zeit und des Ortes durch Winkelfunktionsgleichungen darstellen. Die doppelte Periodizität im Ort und in der Zeit drückt sich im orts- und zeitabhängigen Argument der Wellengleichung aus. Ist die Winkelfunktion eine Sinus- oder Kosinusfunktion, nennt man die Welle **harmonisch**.

$$a(x,t) = a_0 \cdot \sin\left[\, 2\pi \cdot \left(f \cdot t - \tfrac{x}{\lambda}\right)\right] \tag{1.18}$$

Die Momentaufnahme der Welle erhält man, indem man in dieser Gleichung die Zeit "anhält", also feste Werte für die Zeit t einsetzt und dann die x-Koordinate variiert (Fig. 1.4). Will man das Zeitbild an einem festen Ort berechnen, muss dagegen die Ortskoordinate fixiert und allein die Zeitvariable t verändert werden (Fig. 1.3). Liegt die Schwingungsrichtung einer Welle in Ausbreitungsrichtung, bezeichnet man die Welle als **Longitudinalwelle**. Ein Beispiel sind die Schallwellen in Luft (longitudinale Druckwellen in Gasen). Schwingen die Materieteilchen oder das elektromagnetische Feld senkrecht zur Ausbreitungsrichtung, spricht man wie bei den Wasserwellen von **Transversalwellen**.

Die meisten Wellen benötigen ein Medium zu ihrer Ausbreitung. Dieses Medium hat die Aufgabe, die in der Welle transportierte Energie in Ausbreitungsrichtung durch Stoß benachbarter Moleküle oder elastische Verformung des Mediums weiter zu reichen. Zu den materiegebundenen Wellen zählen Wasserwellen, Druckwellen in Festkörpern, Erdbebenwellen, Schallwellen und ähnliches. Bei ihnen ist die Auslenkung mit einer realen Verschiebung von Atomen oder Molekülen des schwingenden Mediums verbunden. Allerdings schwingen diese Materieteilchen nur um ihre Ruhelage. Sie sind im Mittel ortsfest und werden anders als die Schwingungsenergie nicht etwa in Ausbreitungsrichtung der Welle transportiert.

Elektromagnetische Wellen benötigen zu ihrer Ausbreitung dagegen kein Transportmedium. Sie können sich also auch im Vakuum fortpflanzen. Sie werden von zeitlich und räumlich periodisch veränderlichen elektrischen und magnetischen Feldern getragen. Durch die zeitlichen Änderungen des elektrischen Feldes wird ein zeitlich variables Magnetfeld aufgebaut, das seinerseits wieder ein veränderliches elektrisches Feld zur Folge hat. Elektrisches und magnetisches Feld erzeugen sich also wechselweise. Dieser Vorgang wird als elektromagnetische Induktion bezeichnet. Sie ist nicht an Materie gebunden.

Elektrische **Feldstärke** $\vec{E}$ und magnetische **Flussdichte** $\vec{B}$ stehen senkrecht aufeinander. Beide sind in Raum und Zeit periodisch, schwingen senkrecht zur Ausbreitungsrichtung der Welle und sind um 90° phasenverschoben. Magnetfeld und elektrisches Feld sind die Träger der elektromagnetischen Energie, die in Ausbreitungsrichtung der Welle transportiert wird. Ein anschauliches Beispiel für den Energietransport durch elektromagnetische Wellen ist die von der Sonne ausgesendete Wärmestrahlung, die beim Auftreffen auf einen Empfänger dessen Atome oder Moleküle zu Wärmeschwingungen anregt und das Wärmegefühl auf der Haut beim Sonnenbaden erzeugt. Werden elektrische Ladungen q in den Bereich einer elektromagnetischen Welle gebracht, wirkt auf sie eine durch die elektrische Feldstärke $\vec{E}$ erzeugte Kraft $\vec{F}$ (s. Gl. 1.19). Sie kann die Ladungen im Rhythmus der Welle in Schwingungen versetzen.

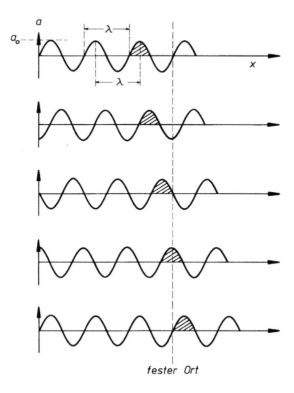

Fig. 1.4: Momentbilder einer nach rechts laufenden sinusförmigen Welle zu verschiedenen Zeiten t als Funktion des Ortes x (a_0: Amplitude, λ: Wellenlänge).

Auf diesem Effekt beruht beispielsweise die Wirkung einer Rundfunkantenne. In ihr werden elektrische Ladungen durch elektromagnetische Rundfunkwellen zum Schwingen angeregt. In der Antenne entsteht durch das externe elektromagnetische Wechselfeld ein hochfrequenter Wechselstrom, der einem Rundfunkempfänger zur weiteren Verarbeitung zugeführt werden kann.

$$\vec{F} = q \cdot \vec{E} \tag{1.19}$$

Die von einer kontinuierlichen elektromagnetischen Welle in der Zeit t durch die senkrecht durchstrahlte Flächeneinheit A transportierte Energie E bezeichnet man als **Intensität I** der Wellenstrahlung.

$$I = \frac{E}{t \cdot A} = \frac{P}{A} \tag{1.20}$$

Die Intensität ist nach Gl. (1.20) der Quotient aus Strahlungsenergie E und dem Produkt aus Fläche und Zeit. Ihre SI-Einheit ist daher das $J/(s \cdot m^2)$. Da der Quotient aus Energie und Zeit aber gerade die Strahlungsleistung P ist ($P = E/t$), kann man die Intensität I auch als flächenbezogene Strahlungsleistung betrachten. Ihre Einheit ist das Watt/m^2, was wegen 1 Watt = 1 J/s natürlich mit der obigen Einheit identisch ist.

Die Ausbreitungsgeschwindigkeit elektromagnetischer Wellen ist im Vakuum unabhängig von der Wellenlänge, der Frequenz oder der Schwingungsdauer der Welle. Sie ist genau die Vakuumlichtgeschwindigkeit c (s. Gl. 1.5). Diese ist die Grenzgeschwindigkeit für die Bewegung von Materie und für die Übermittlung von Signalen oder Information und eine universelle Naturkonstante. In Materie hängt die Ausbreitungsgeschwindigkeit dagegen von der Wellenlänge der Strahlung ab. Dieser Sachverhalt wird als **Dispersion** bezeichnet. Das Verhältnis der Lichtgeschwindigkeit sichtbaren Lichts im Vakuum zu dem in Materie heißt **Brechungsindex n**. Für den Zusammenhang von Wellenlänge, Frequenz und Geschwindigkeit der elektromagnetischen Wellen im Vakuum gilt ebenfalls Gleichung (1.17).

1.4.2 Elektromagnetische Wellenpakete (Photonen)

Reale elektromagnetische Wellen können weder unendlich ausgedehnt noch mono-energetisch, also monofrequent sein. Dies hat mehrere Gründe. Der erste Grund hängt mit der Gesamtenergie eines unendlichen Wellenzugs zusammen. Selbst bei einer endlichen Energiedichte (dem Energieinhalt pro Volumeneinheit) wäre dessen Energieinhalt unendlich groß, was natürlich nicht möglich ist. Ein weiterer Grund ist die **Heisenbergsche Unschärferelation**[12]. Nach ihr ist eine unendlich ausgedehnte mono-energetische Welle weder im Raum noch in der Zeit lokalisierbar. Reale elektromagnetische Wellen füllen den Raum also nicht mit einem unendlichen Kontinuum an elektrischen und magnetischen Feldern aus. Stattdessen sind sie räumlich und zeitlich begrenzt und haben immer eine bestimmte Energieunschärfe ("Frequenzverschmierung") und Ortsunbestimmtheit. Sie treten also in der Form endlicher Wellenzüge auf.

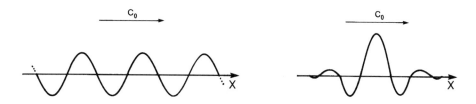

Fig. 1.5: Schematische Ortsdarstellung einer kontinuierlichen elektromagnetischen Welle (links) und eines Wellenzugs bzw. Quants mit variabler Wellenlänge und endlicher Breite (rechts). Es ist nur eine der beiden Feldkomponenten dargestellt.

Diese Wellenpakete nennt man auch **Quanten** oder **Photonen** (s. Fig. 1.5). Will man sie nach ihrer Herkunft kennzeichnen, nennt man sie auch Röntgenquanten, Lichtquanten oder Gammaquanten. Bei der Wechselwirkung dieser räumlich und zeitlich begrenzten Quanten mit Materie stellt sich heraus, dass sie ihre Energie tatsächlich in diskreter Form und nicht kontinuierlich auf die Wechselwirkungspartner übertragen. Für die in einem Photon gebündelte elektromagnetische Energie ergibt sich aus Experimenten wie z. B. dem Photoeffekt folgender Zusammenhang mit der charakterisierenden Frequenz f:

---

[12] Die **Heisenbergsche Unschärferelation** gibt an, mit welcher Genauigkeit kanonisch konjugierte Größen wie Energie und Zeit, Ort und Impuls oder Drehwinkel und Drehimpuls in quantenmechanischen Systemen gleichzeitig bekannt sein können. Für Energie und Zeit gilt beispielsweise die Beziehung: $\Delta E \cdot \Delta t \geq \hbar = h/2\pi$, was bedeutet, dass Energieschärfe und Lebensdauer eines atomaren Zustandes miteinander über das Plancksche Wirkungsquantum h verknüpft sind. Je kurzlebiger ein atomarer Zustand ist, umso unschärfer muss seine Energie werden und umgekehrt. Für die Größen Ort r und Impuls p gilt die Unschärferelation in der Form, dass man nicht gleichzeitig den exakten Ort und den exakten Impuls eines Photons angeben kann. Ihre Unschärfen berechnet man analog aus $\Delta r \cdot \Delta p \geq \hbar$.

$$E_{\text{Ph}} = h \cdot f \qquad\qquad (1.21)$$

$$h = 6{,}626 \cdot 10^{-34} \text{ J·s} \approx 4{,}136 \; 10^{-15} \text{ eV·s} \qquad (1.22)$$

Die Größe h heißt **Plancksches Wirkungsquantum**[13] und ist wie die Vakuumlichtgeschwindigkeit eine universelle Naturkonstante. Sie hat die Einheit einer Wirkung (Energie·Zeit). Sie ist nach *Max Planck*[14] genannt, der bereits um 1900 die Zerlegung der elektromagnetischen Strahlungen in einzelne diskrete Quanten gefordert hatte, um die Theorie der so genannten "schwarzen Strahler" zu begründen. Der Zusammenhang von Vakuumlichtgeschwindigkeit c, Wellenlänge λ (der Kehrwert der Wellenlänge wird als Wellenzahl bezeichnet) und Frequenz f ist wie bei klassischen kontinuierlichen Wellen (Gl. 1.17) durch die folgende Beziehung gegeben:

$$c = \lambda \cdot f = \frac{\lambda}{T} \qquad\qquad (1.23)$$

Die verschiedenen elektromagnetischen Wellen werden nach ihrer Nutzung oder ihrer Herkunft in Gruppen klassifiziert (Tab. 1.5). Man unterscheidet dabei die technischen Wechselströme, den Bereich der Wärmestrahlung (Infrarot), das sichtbare Licht, den Frequenzbereich der ultravioletten Strahlungen (UV), und daran anschließend die Röntgen- und Gammastrahlung. Infrarotstrahlung, sichtbares Licht und UV-Strahlung werden zusammen als optische Strahlungen bezeichnet (hellblaue Unterlegung in Tab. 1.5). Je nach Anwendungszweck werden die optischen Strahlungen wegen der unterschiedlichen biologischen Wirkungen und erforderlichen Schutzmaßnahmen in Untergruppen getrennt. Diese Untergruppen werden in der Regel mit der Erweiterung A, B oder C gekennzeichnet. Zu hohen Energien hin wird das elektromagnetische Spektrum durch die extrem energiereichen kosmischen Strahlungen abgeschlossen, deren Frequenzen bis zu 10^{24} Hz betragen können. Die zugehörigen Wellenlängen liegen zwischen einigen tausend Kilometern bei technischen Wechselströmen und wenigen Bruchteilen von Femtometern (1 fm = 10^{-15} m, Atomkerndurchmesser) bei hochenergetischer Gammastrahlung. Sollen elektromagnetische Wellen mit technischen Anlagen empfangen werden, müssen deren Abmessungen in der Größenordnung der Wellenlängen liegen. Viele Antennen im hochfrequenten Rundfunk- und Fernsehbereich haben daher $\lambda/4$-Größe. Wie man sich durch einen Blick auf die Hausdächer überzeugen kann, sind sie tatsächlich einige Dezimeter groß. Die Wellenlänge der technisch am meisten verwendeten 3-GHz-Radarstrahlung beträgt gerade 10 cm. Dieses Maß bestimmt daher die Antennengröße technischer Radarantennen (z. B. des Polizeiradars) und die Abmessungen der Hohlraumresonatoren in Elektronenlinearbeschleunigern.

---

[13] Das Plancksche Wirkungsquantum hat den exakten Wert: h = 6,626 07015·10^{-34} J·s.

[14] **Max Planck** (23. 4. 1858 - 4. 10. 1947), deutscher Physiker, einer der Begründer der Quantentheorie, erhielt 1918 den Nobelpreis für Physik "als Anerkennung des Verdienstes, das er sich durch seine Quantentheorie um die Entwicklung der Physik erworben hat".

Bezeichnung der Welle	Frequenz (Hz)	Wellenlänge[1]	Energie (eV)[1]
technische Wechselströme	$50 - 3 \cdot 10^3$	6000 - 1000 km	$2 \cdot 10^{-13} - 10^{-11}$
Telegrafiewellen	$3 \cdot 10^2 - 3 \cdot 10^3$	1000 - 100 km	$10^{-12} - 10^{-11}$
Langwellen[3]	$3 \cdot 10^4 - 3 \cdot 10^5$	10 - 1 km	$10^{-10} - 10^{-9}$
Mittelwellen[3]	$3 \cdot 10^5 - 3 \cdot 10^6$	1000 - 100 m	$10^{-9} - 10^{-8}$
Kurzwellen[3]	$3 \cdot 10^6 - 3 \cdot 10^7$	100 - 10 m	$10^{-8} - 10^{-7}$
Ultrakurzwellen[3]	$3 \cdot 10^7 - 3 \cdot 10^8$	10 - 1 m	$10^{-7} - 10^{-6}$
Dezimeterwellen[4]	$3 \cdot 10^8 - 3 \cdot 10^9$	1 – 0,1 m	$10^{-6} - 10^{-5}$
Zentimeterwellen	$3 \cdot 10^9 - 3 \cdot 10^{10}$	10 - 1 cm	$10^{-5} - 10^{-4}$
Millimeterwellen	$3 \cdot 10^{10} - 3 \cdot 10^{11}$	10 - 1 mm	$10^{-4} - 10^{-3}$
Wärmestrahlung[5]	$2 \cdot 10^{11} - 4 \cdot 10^{14}$	1,5 mm - 800 nm	$10^{-3} - 2$
IRC	-	1 mm – 3000 nm	-
IRB	-	3000 – 1400 nm	-
IRA	-	1400 – 780 nm	-
Licht (sichtbar)	$4 \cdot 10^{14} - 7 \cdot 10^{14}$	800 - 400 nm	2 - 3,1
rot	$4,3 \cdot 10^{14}$	700 nm	1,8
violett	$7,5 \cdot 10^{14}$	400 nm	3,1
Ultraviolett	$\mathbf{7,5 \cdot 10^{14} - 1 \cdot 10^{16}}$	**400 - 3 nm**	**3,1 - 40**
UVA[2]	$7,5 \cdot 10^{14} - 1 \cdot 10^{15}$	400 - 320 nm	3,1 - 3,7
UVB[2]	$(0,9 - 1,1) \cdot 10^{15}$	320 - 280 nm	3,7 - 4,5
UVC[2]	$(1,1 - 3,0) \cdot 10^{15}$	280 - 100 nm	4,5 - 7,0
fernes UV	$(1,1 - 1,5) \cdot 10^{15}$	280 – 200 nm	4,4 – 6,2
Vakuum-UV	$(1,5 - 3) \cdot 10^{15}$	200 – 100 nm	6,2 – 12,4
Röntgen-, Gammastrl.	$\mathbf{1 \cdot 10^{15} - 5 \cdot 10^{24}}$	$\mathbf{3 \cdot 10^{-8} - 6 \cdot 10^{-17}}$ **m**	$\mathbf{4 - 2 \cdot 10^{10}}$
extrem weich	$1 \cdot 10^{15} - 1 \cdot 10^{18}$	$3 \cdot 10^{-8} - 3 \cdot 10^{-10}$ m	$4 - 4 \cdot 10^3$
weich	$1 \cdot 10^{18} - 5 \cdot 10^{18}$	$3 \cdot 10^{-10} - 6 \cdot 10^{-11}$ m	$4 \cdot 10^3 - 2 \cdot 10^4$
mittel	$5 \cdot 10^{18} - 3 \cdot 10^{19}$	$6 \cdot 10^{-11} - 1 \cdot 10^{-11}$ m	$2 \cdot 10^4 - 1 \cdot 10^5$
hart	$3 \cdot 10^{19} - 1 \cdot 10^{20}$	$1 \cdot 10^{-11} - 3 \cdot 10^{-12}$ m	$1 \cdot 10^5 - 4 \cdot 10^5$
extrem hart	$1 \cdot 10^{20} - 5 \cdot 10^{20}$	$3 \cdot 10^{-12} - 6 \cdot 10^{-17}$ m	$4 \cdot 10^5 - 2 \cdot 10^{10}$

Tab. 1.5: Das Spektrum elektromagnetischer Wellen: Röntgen- und Gammastrahlung unterscheidet man heute nur nach der Entstehungsweise. Sie sind deshalb in dieser Tabelle nicht wie früher üblich nach der Energie getrennt aufgeführt. (1): Zahlenwerte für Frequenz und Energie teilweise gerundet. (2): Die UV-Wellenlängen-Bereiche sind nach der Definition der WHO angegeben. (3): Nutzung in Rundfunk und Fernsehen. (4): Nutzung in der Radartechnik und in Elektronenlinearbeschleunigern. (5): Infrarotstrahlung. Zum Vergleich: Die Größenordnung der kinetischen Energie eines Luftmoleküls bei 20° Celsius beträgt etwa 1/40 eV = 0,025 eV.

Bei vom Material abhängigen Energien ab 4 bis etwa 25 eV kann Photonenstrahlung ionisieren. Dies ist also bereits bei hochenergetischer UV-Strahlung möglich. Zur administrativen Definition ionisierender Strahlung (s. Kap. 19).

Zusammenfassung

- **Photonen sind räumlich und zeitlich begrenzte elektromagnetische Wellenpakete. Sie haben keine Ruhemasse und bewegen sich im Vakuum mit Lichtgeschwindigkeit.**

- **Sie werden je nach Anwendung durch ihre Energie, die Frequenz oder die Wellenlänge beschrieben.**

- **Wärmestrahlung hat Energien zwischen 10^{-3} und 2 eV, der Bereich des sichtbaren Lichts liegt zwischen 2 und 3,1 eV (800 – 400 nm). Ultraviolette Strahlung hat Energien zwischen 3,1 – 40 eV (3 nm – 400 nm) und wird nach den biologischen Effekten in Klassen A, B und C eingeteilt.**

- **IR, sichtbares Licht und UV werden als optische Strahlungen bezeichnet.**

1.5 Dualismus Teilchen-Welle*

Die moderne Physik beschreibt Korpuskeln und Photonen nicht mehr nach den einfachen Regeln der klassischen Physik, sondern im Rahmen der Quantentheorie. Die Quantentheorie ist zuständig für die Berechnung atomarer Systeme. Die klassische Wellentheorie zur Beschreibung von Photonen ist daher ebenso vereinfachend wie die klassische Vorstellung, auch ein mikroskopisch kleines atomares Teilchen exakt im Raum lokalisieren und gleichzeitig exakt seinen Impuls und seine Energie angeben zu können, wie es in der makroskopischen, klassischen Physik unterstellt wird. Im Laufe der Entwicklung der modernen Quantenphysik tat sich zunächst eine Reihe von Ungereimtheiten auf. So treten Teilchen je nach experimenteller Situation entweder als lokalisierbare Partikel mit einem Impuls, einer Masse und eventuell einem Radius oder mit typischen Welleneigenschaften z. B. mit Interferenzen auf, wie sie bei der Beugung von Licht bekannt sind. Andererseits zeigen Photonen sowohl wellenphysikalische Eigenschaften wie Frequenz und Wellenlänge als auch Teilcheneigenschaften wie eine relativistische Masse und eine zeitlich räumliche Begrenzung. Diese Sachverhalte werden als **Teilchen-Wellen-Dualismus** bezeichnet, der erst im Rahmen der modernen Quantentheorie eine befriedigende Erklärung gefunden hat.

Teilcheneigenschaften von Photonen: An einigen einfachen Beispielen kann dieser Dualismus mit Hilfe der bisher verwendeten Formeln demonstriert werden. Wendet man zum Beispiel die Einsteinsche Massen-Energie-Beziehung (Gl. 1.2) formal auch auf Photonen an, kann man damit die Masse von Photonen berechnen. Man erhält zusammen mit den Gl. (1.21) und (1.23):

$$m_{\mathrm{ph}} \cdot c^2 = h \cdot f \quad \text{bzw.} \quad m_{\mathrm{ph}} = \frac{h \cdot f}{c^2} = \frac{h}{c \cdot \lambda} \qquad (1.24)$$

Es muss darauf hingewiesen werden, dass die Angabe einer Photonenmasse nur bei Lichtgeschwindigkeit sinnvoll ist, da Photonen auch nur bei Lichtgeschwindigkeit existieren. Die Masse eines Photons lässt in manchen Experimenten das Photon nicht wie ein Bündel elektromagnetischer Energie (ein Wellenpaket, Quant) sondern wie ein materielles Teilchen wirken. Da Photonen also eine Masse haben, haben sie wie alle bewegten Masseteilchen auch einen Impuls. Er wird aus relativistischer Masse m_{ph} und Geschwindigkeit des Photons c berechnet.

$$p_{ph} = m_{\mathrm{ph}} \cdot c = \frac{E_{\mathrm{ph}}}{c} = \frac{h}{\lambda} \qquad (1.25)$$

Reflexion, Streuung oder Absorption von Photonen führt deshalb wie bei den Stößen materieller Teilchen (also solche mit einer Ruhemasse) tatsächlich zu Impulsüberträgen. So kommt es z. B. zur Entstehung eines Strahlungsdruckes auf einen Photonenempfänger, der leicht quantitativ mit dem Impulsübertrag durch die Photonen erklärt werden kann[15]. Eine wichtige Anwendung des Teilchencharakters von Photonen ist die Deutung des Compton- und des Photoeffekts bei der Wechselwirkung von Photonen mit Materie. Da Photonen eine Masse haben, unterliegen sie auch der Schwerkraft. Beim Verlassen eines Gravitationsfeldes müssen sie also "leichter" werden, beim Eintauchen in ein Gravitationsfeld dementsprechend "schwerer". Die Massenreduktion von Photonen bedeutet nach Gl. (1.25) eine Verringerung der Frequenz bzw. eine Vergrößerung der Wellenlänge. Tatsächlich ist der Nachweis dieses Effekts, die gravitative Rotverschiebung des Lichts, beim Verlassen eines Gravitationsfeldes mit modernen physikalischen Methoden gelungen. Massenbehaftete Photonen werden von Gravitationsfeldern angezogen und deshalb bei der Passage schwerer Körper abgelenkt. Auch diese Ablenkung von Photonen z. B. bei der Passage von Fixsternen wurde experimentell quantitativ nachgewiesen. Beispiele sind das Sichtbarwerden astronomischer Objekte bei Sonnenfinsternissen, obwohl von der geometrischen Lage diese

---

[15] Eine schöne physikalische Spielerei, die auf dem Impulsübertrag von Photonen auf einen Absorber beruht, ist die "Lichtmühle" Sie besteht aus einem in einem evakuierten Glaskolben reibungsfrei aufgehängten Propellerrad, dessen Flügel auf der einen Seite schwarz, auf der anderen Seite hochglänzend ausgeführt sind. Bei extrem gutem Vakuum treiben die Impulsüberträge der Photonen, die auf der verspiegelten Seite reflektiert werden, das Rad an. Bei schlechterem Vakuum erwärmen die absorbierten Photonen die schwarze Seite. Bei Stößen der Restgasmoleküle mit der schwarzen Seite erfahren diese daher erhöhte Impulsüberträge. Die Mühle dreht dann in die andere Richtung. Kommerziell verfügbare reale Lichtmühlen sind weder reibungsfrei noch ausreichend gut evakuiert. Sie drehen deshalb immer wegen der thermischen Effekte weg von der schwarzen Seite.

Objekte durch die Sonne verdeckt sind, oder das Phänomen der Gravitationslinsen an besonders schweren Objekten wie Schwarzen Löchern[16].

Welleneigenschaften von Korpuskeln: Andererseits können sich materielle Teilchen in manchen Situationen wie Wellen verhalten. Schickt man beispielsweise Elektronen durch einen Doppelspalt, zeigen sie wie Lichtwellen hinter dieser Anordnung Überlagerungserscheinungen (Interferenzen). Man erhält die gleichen typischen Beugungsmuster wie bei der Beugung von Licht. Dies steht im krassen Widerspruch zum klassischen Korpuskularbild eines klar lokalisierbaren materiellen Teilchens, das natürlich nicht teilweise durch den einen und teilweise durch den anderen Spalt fliegen kann.

Wegen dieser Phänomene beschreibt man Teilchen auch mit Hilfe der wellenphysikalischen Darstellungen; man spricht in solchen Fällen von **Materiewellen**. Teilchen einer bestimmten Energie und eines bestimmten Impulses haben demnach auch eine Wellenlänge. Die Wellenlänge von Elektronen erhält man beispielsweise, wenn man in der Gleichung für den Photonenimpuls (Gl. 1.25) die Photonenmasse durch die Gesamtmasse des Elektrons m_e und die Lichtgeschwindigkeit c durch die Elektronengeschwindigkeit v ersetzt.

$$p_e = m_e \cdot v = h/\lambda_e \tag{1.26}$$

Die Elektronenwellenlänge berechnet man daraus zu:

$$\lambda_e = \frac{h}{m_e \cdot v} \tag{1.27}$$

Die Elektronenwellenlänge ist umgekehrt proportional zu ihrem relativistischen Impuls. Die nach Gleichung (1.27) berechneten Wellenlängen von Teilchen werden nach dem Entdecker der Materiewellen als **de-Broglie-Wellenlängen**[17] bezeichnet.

Da Elektronen und andere Teilchen mit Ruhemassen in manchen atomaren Situationen Welleneigenschaften zeigen, muss man mit ihnen auch wie mit Licht Abbildungen erzeugen können. Tatsächlich werden Elektronen z. B. in Elektronenmikroskopen oder selbst schwere Neutronen als Mikroskopierlicht verwendet. Die Größe der noch auflösbaren Objekte entspricht in Analogie zum sichtbaren Licht gerade der Teilchen-

---

[16] Schwarze Löcher enthalten so hohe Massen, dass das Licht ihr Gravitationsfeld nicht mehr verlassen kann. Sie sind deshalb unsichtbar und können nur durch ihre Wirkung auf andere astronomische Objekte entdeckt werden. Der Begriff „Schwarzes Loch" wurde 1967 vom amerikanischen Physiker **John Archibald Wheeler** (9. 7. 1911 -13. 4. 2008) verbreitet.

[17] **Louis Victor Prince de Broglie** (15. 8. 1892 - 19. 3. 1987), französischer Physiker, wichtige Arbeiten zur Untersuchung des Teilchen-Welle-Dualismus und zur Quantentheorie in der Form der Wellenmechanik, erhielt 1929 den Nobelpreis für Physik für die in seiner Dissertation beschriebene "Entdeckung der Wellennatur der Elektronen".

wellenlänge. Je höher also die Energie bzw. der Impuls der verwendeten Teilchen ist, umso besser ist die räumliche Auflösung der Abbildung.

Bei der Untersuchung von Atomkernen werden deshalb hochenergetische "kurzwellige" schwere Teilchen wie Alphastrahlung oder Protonen und Neutronen oder hochenergetische Elektronen verwendet, da deren Wellenlängen der Größe der Strukturen in den Atomkernen entsprechen. Das wohl berühmteste historische Experiment dieser Art stammt von **Ernest Rutherford**, der durch Beschuss von Atomen mit Alphastrahlung die Größe der Atomkerne bestimmen konnte. Will man die Strukturen noch kleinerer Systeme untersuchen, müssen Teilchen mit extrem hohen Energien und Impulsen, also besonders kleinen Wellenlängen, verwendet werden, die nur in riesigen und entsprechend teuren Beschleunigeranlagen erzeugt werden können. Beispiele sind die Elektronen-Hochenergiebeschleuniger bei DESY in Hamburg (Deutsches Elektronen Synchrotron), COSY im Forschungszentrum FZ in Jülich, in Stanford USA (SLAC: Stanford Linear Accelerator) und die Protonen-Antiprotonen-Ringbeschleuniger des CERN Schweiz (Conseil Européenne pour la Recherche Nucléaire), die Beschleuniger der Gesellschaft für Schwerionenforschung in Darmstadt (GSI) und die Beschleuniger der Universität Mainz (MAMI), in denen Teilchen und Antiteilchen bis in den GeV-Bereich beschleunigt werden können.

Wellenbild und Teilchenbild sind also komplementäre Darstellungsweisen von Photonen und Korpuskeln. Sie werden wegen ihrer Anschaulichkeit auch heute noch zur physikalischen Beschreibung mikroskopischer Systeme verwendet. Allerdings kann keine dieser Darstellungen alle Phänomene und experimentellen Ergebnisse allein erklären. Wegen dieser Dualität werden in der etwas saloppen Terminologie des physikalischen Alltags die Photonen oft vereinfachend als Teilchen bzw. die Korpuskeln auch als Quanten bezeichnet, was wegen der Eindeutigkeit des Kontextes in der Regel nicht zu Verständnisproblemen führt. Die Deutsche Normung [DIN 6814-2] hat diese Sprechweise übernommen und bezeichnet sowohl Photonen als auch Korpuskeln zusammenfassend als **Teilchen**.

Zusammenfassung

- **Sowohl Photonen als auch Korpuskeln treten je nach Versuchsbedingungen entweder mit Teilcheneigenschaften oder mit typischen Welleneigenschaften auf.**

- **Typische Teilcheneigenschaften sind der Impuls, die Masse und die damit verbundene Gravitationswirkung.**

- **Typische Welleneigenschaften sind die Frequenz, die Wellenlänge und Interferenz- oder Beugungsphänomene.**

1.6 Beschreibung von Strahlungsfeldern*

Verlassen Teilchen (Korpuskeln oder Photonen) eine Strahlungsquelle, bilden sie ein **Strahlungsfeld**. Ein korpuskulares Strahlungsfeld besteht aus Teilchen mit der Ruhemasse m_0, die mit der Geschwindigkeit $\bar{v}$ in eine durch den individuellen Geschwindigkeitsvektor bestimmte Richtung fliegen. Jedes Teilchen hat eine Bewegungsenergie E_{kin}, eine Gesamtenergie E_{tot}, einen relativistischen Impuls $\vec{p}$, einen Eigendrehimpuls (Spin) und eventuell eine elektrische Ladung. Identische Teilchen mit einer einheitlichen Bewegungsenergie haben auch gleiche Impulsbeträge p, wenn auch die Impulsvektoren $\vec{p}$ ihrer Bewegung in verschiedene Richtungen zeigen können. Ein Photonenstrahlungsfeld enthält die Energie in Form ruhemasseloser Quanten, denen eine Energie, ein Impuls und ebenfalls eine relativistische Masse zugeordnet werden kann.

Handelt es sich um ein **paralleles** Strahlenbündel, stimmen die Teilchenrichtungen überein. Die Energiedichte, die Intensität und die Teilchenzahl/Flächeneinheit bleiben ohne äußere Wechselwirkungen erhalten und sind unabhängig vom Abstand von der Strahlungsquelle. Ein bekanntes Beispiel ist ein gebündelter Laserstrahl, dessen Photonen weitgehend parallel abgestrahlt werden (Fig. 1.6c). Da der Strahl nicht ausein-

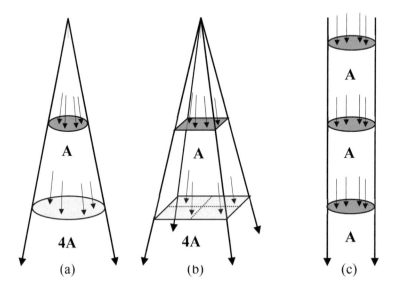

Fig. 1.6: Veränderungen der Teilchenzahldichte bzw. der Intensität bei zunehmendem Abstand vom Strahler. (a) und (b): Durch die quadratische Zunahme des Strahlquerschnitts A mit dem Abstand nimmt die Teilchenzahl bei divergentem Strahlenbündel pro Flächenelement (die Fluenz) quadratisch mit dem Abstand ab (Abstandsquadratgesetz). (c): Wegen der parallelen Ausbreitung der Teilchen bleibt der Strahlquerschnitt A und damit die Zahl der Teilchen pro Flächeneinheit, die Fluenz, erhalten (typische Situation bei Laserstrahlung).

anderläuft, sind auch an spiegelnden Flächen reflektierte Laserstrahlen nahezu energetisch so konzentriert wie bei der Emission und erfordern daher einen sorgfältigen Schutz exponierter Personen (z. B. Augenschutz durch Laserbrillen).

Divergiert das Strahlenbündel dagegen, läuft das Strahlenbündel also auseinander, sind zwar unter Umständen die Impulsbeträge, nicht aber die Impulsvektoren gleich. In solchen Strahlenbündeln verringern sich die räumliche Energiedichte und die Teilchenzahldichte mit zunehmendem Abstand vom Strahler. Ein häufiger Fall ist das Strahlungsfeld einer isotrop in den Raum abstrahlenden Quelle wie beispielsweise bei einem radioaktiven Punktstrahler oder nahezu punktförmigen Photonenquellen (Röntgenbrennfleck, Bremstargets). Aus geometrischen Gründen nimmt bei solchen Strahlern die Intensität, die Teilchenzahl und die Energiedichte quadratisch mit dem Abstand ab (s. Fig. 1.6 a,b). Dieser Sachverhalt wird als **"Abstandsquadratgesetz"** bezeichnet. Es ist von hoher Bedeutung für den praktischen Strahlenschutz.

Im Fall der Korpuskularstrahlung wird die Strahlungsenergie in Form kinetischer Energie der Teilchen und in Form der Ruhemassen transportiert. Der Ruheenergieanteil steht jedoch mit wenigen Ausnahmen wie bei der Paarbildung oder bei Elementarteilchenreaktionen für Energieüberträge auf die bestrahlte Materie nicht zur Verfügung. Bei Photonenstrahlungsfeldern besteht die transportierte Energie aus elektromagnetischer Feldenergie; die primären Wechselwirkungen sind primär ausschließlich elektromagnetischer Art. Zur vollständigen Charakterisierung eines Strahlungsfeldes benötigt man deshalb sowohl die Teilchenart als auch die räumliche, zeitliche und energetische Verteilung der Strahlungsquanten sowie deren Ausbreitungsrichtungen im Raum. Die energetischen Verteilungen im Strahlungsfeld werden als **Energiespektren**, die Verteilungen der Impulse als **Impulsspektren** bezeichnet.

Diese Informationen über das Strahlungsfeld benötigt man auch zur Beschreibung der Wechselwirkungsprozesse. Durch diese kommt es zu zeitlichen und räumlichen Veränderungen der Intensität bzw. der Teilchenzahl im Strahlenbündel sowie zur Streuung der Teilchen. Primäre Teilchen werden sukzessive durch sekundäre Teilchen wie Sekundärelektronen oder -neutronen oder Strahlungsquanten höherer Generationen ersetzt, die das Strahlungsfeld zunehmend "kontaminieren". Zeitlich-räumliche Entwicklungen von Strahlungsfeldern sind Gegenstand der Transporttheorie. Die modifizierten Strahlungsfelder zeigen ihrerseits wieder unterschiedliche Wechselwirkungen mit Absorbern. Die vollständige Kenntnis aller dieser Vorgänge ist die Voraussetzung zur Analyse der Entwicklung des Strahlungsfeldes und seiner Wechselwirkungen. Beispiele sind die Beschreibungen des Schwächungsgesetzes, der Teilchenbremsung und der Teilchenstreuung. Letztlich benötigt man Informationen über den Übertrag von Energie auf das bestrahlte Objekt bzw. die nachfolgende Absorption. Die entsprechenden physikalischen Größen sind die Energiedosis und die Kerma, die auch für die biologischen Wirkungen auf Lebewesen verantwortlich sind.

Während mit den Begriffen Strahlung und Strahlungsfeld also Energie- und Materietransportphänomene beschrieben werden, dient in der angewandten Strahlungsphysik der Begriff **Strahl** nur zur Veranschaulichung des **geometrischen** Verlaufs von Strahlung. Im Rahmen der klassischen Wellenoptik versteht man beispielsweise unter einem Lichtstrahl die Normale (Senkrechte) auf einer sich ausbreitenden Wellenfront. Lichtstrahlen werden in der geometrischen Optik daher zur Darstellung der Lichtausbreitung und der Strahlengänge während der Lichtbrechung oder Reflexion verwendet. In ähnlicher Weise sollte in der Strahlungsphysik der Begriff „Strahl" nur zur Kennzeichnung der räumlichen Ausbreitungsrichtung von Strahlungsfeldern verwendet werden. Spricht man von Korpuskel- oder Photonen**strahlen**, sind daher die Richtungen der Strahlenbündel dieser Strahlungsarten, ihre räumliche Ausdehnung und ihr geometrischer Verlauf nicht aber die Strahlungsquanten selbst oder deren energetische Verteilungen gemeint.

1.6.1 Der stochastische Charakter von Strahlungsfeldern*

Strahlungsfelder bestehen aus diskreten Teilchen. Beim Auftreffen auf Materie kommt es daher zu zufällig auftretenden Wechselwirkungen dieser Teilchen mit den Absorbern und nicht, wie in der klassischen Physik erwartet, zu einem kontinuierlichen Energieübertrag. Dieser stochastische Charakter der Wechselwirkungen wird augenscheinlich, wenn beispielsweise in schwachen Strahlungsfeldern mit einem Teilchenzähler wie dem Geiger-Müller-Zählrohr gemessen wird. Jede Untersuchung von Strahlungsfeldern geringer Intensität zeigt diesen zufälligen Charakter durch typische statistische Schwankungen der Messergebnisse. Eine einzelne Messung ist daher immer mit einem von der Zählrate abhängigen zufälligen "Messfehler" versehen, der mit Hilfe statistischer Methoden abgeschätzt werden kann[18]. Werden viele Messungen unter exakt gleichen experimentellen Bedingungen durchgeführt, erhält man eine Reihe von Ergebnissen, die sich um einen statistischen Mittelwert gruppieren. Die Schwankungen sind umso größer, je kleiner das Messvolumen bzw. die Zahl der auf dieses Messvolumen auftreffenden Teilchen ist. Bei Erhöhung der Teilchenzahlen in einem Strahlungsfeld oder bei einer Vergrößerung des Detektorvolumens werden die statistischen Schwankungen kleiner, die Ergebnisse nähern sich dem statistischen Mittelwert.

Zur Beschreibung von Strahlungsfeldern ist es daher von Bedeutung, wie groß die betrachteten Wechselwirkungsvolumina und die Teilchenzahlen im Strahlungsfeld sind. Werden "makroskopische" Volumina verwendet, kann man mit sehr kleinen statistischen Fehlern der Messergebnisse rechnen. Man kann Strahlungsfelder in diesem Fall näherungsweise mit nichtstochastischen, also statistisch nicht schwankenden Größen

---

[18] Die Zahl der in einer konstanten Anordnung nachgewiesenen Zählereignisse N folgt nach der Theorie einer Poissonverteilung, die für hohe Zählraten durch eine Gaußverteilung angenähert werden kann. Die Halbwertbreite einer solchen Gaußkurve beträgt 2σ. Der statistische Messfehler, die so genannte einfache Standardabweichung, beträgt $\sigma = N^{1/2}$. Innerhalb $\pm\sigma$ werden 68,3%, innerhalb $\pm2\sigma$ schon 95,5% und innerhalb $\pm3\sigma$ sogar 99,7% aller Messergebnisse erwartet (Details s. [Krieger3]).

beschreiben. Diese nichtstochastischen Größen können für infinitesimale Volumina und selbst an mathematischen Punkten mit dem Volumen Null definiert werden. Sie werden mathematisch also als stetige und nach der Zeit oder dem Ort differenzierbare Funktionen betrachtet. Solche Größen sind beispielsweise die "makroskopischen" Dosisgrößen Energiedosis und Kerma, die tatsächlich an einzelnen Raumpunkten angegeben werden. Nichtstochastische Größen können als integrale oder mehrfach in Ort, Zeit oder Energie differenzielle Größen beschrieben werden. Dazu werden infinitesimale Zeitintervalle dt, Ortverschiebungen dr, Winkelangaben $d\Omega$, Volumina dV oder Energieintervalle dE verwendet.

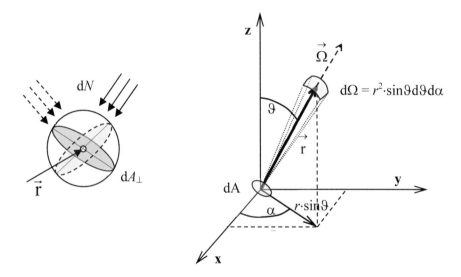

Fig. 1.7: Links: Infinitesimales Wechselwirkungsvolumen zur Beschreibung nichtstochastischer Größen in der Dosimetrie. Im Beispiel dient es zur Veranschaulichung der skalaren Größe Teilchenfluenz, also der Zahl der Teilchen, die ein Flächenelement $dA_\perp$ der infinitesimalen Einheitskugel aus einer beliebigen Richtung durchsetzen. Rechts: Darstellung der infinitesimalen Größe $d\Omega$ (Raumwinkelelement) und seine Definition durch den Radiusvektor $\vec{r}$ und die Winkel δ und φ.

Werden dagegen sehr kleine Messvolumina betrachtet, sind makroskopische, nichtstochastische Größen zur Beschreibung nicht mehr geeignet. Beispiele sind die Untersuchung der Wechselwirkungen von Strahlungen mit menschlichen Zellen oder deren Substrukturen wie den DNS-Molekülen im Rahmen der Mikrodosimetrie. Ein typischer Vertreter dieser stochastischen Größen ist die spezifische Energie (s. Kap. 10.3). In diesem Fall können stetige und differenzierbare, d. h. an mathematischen Punkten definierte Strahlungsfeldgrößen oder Dosisgrößen nicht mehr zur Beschreibung herangezogen werden.

1.6.2 Nichtstochastische Strahlungsfeldgrößen*

Die Kenntnis der Teilchenart (Korpuskeln, Photonen) und der charakteristischen Eigenschaften dieser Teilchen ist nicht ausreichend zur vollständigen Analyse eines Strahlungsfeldes. Strahlungsfelder unterliegen in der Regel zeitlichen und räumlichen Verteilungen und Entwicklungen. Ihre Beschreibung kann mit Hilfe ungerichteter (skalarer) oder gerichteter (vektorieller) Strahlungsfeldgrößen vorgenommen werden. Mit **skalaren** Strahlungsfeldgrößen werden vor allem die energetische Verteilung der Teilchen und die Teilchenzahlen dargestellt. Sollen dagegen Transportphänomene und Richtungsverteilungen der Quanten untersucht werden, benötigt man zusätzliche Informationen über die Bewegungsrichtung jedes Teilchens; in diesem Fall ist man auf **vektorielle** Strahlungsfeldgrößen angewiesen.

Der einfachste Fall eines Strahlungsfeldes ist ein im Vakuum verlaufender paralleler Strahl identischer Teilchen, die gleiche Energie und deshalb auch gleichen Impuls besitzen, und bei dem sich die Intensität des Strahlungsfeldes nicht mit der Zeit ändert. Zur Beschreibung dieses Strahlungsfeldes reichen die Angaben über die Zahl der Teilchen, deren Energie, ihren Impuls und den Strahlquerschnitt aus. Bei zeitlichen Veränderungen der Strahlungsintensität oder der Teilchenzahl werden zusätzliche Informationen über die zeitlichen Entwicklungen benötigt.

Trifft ein Strahlungsfeld auf Materie, kommt es in der Regel zu Wechselwirkungen zwischen Strahlungsfeld und bestrahlter Materie. Dies beeinflusst die Zahl und Energie der Teilchen und ist häufig auch mit dem Übertrag von Strahlungsenergie auf den Absorber verbunden. Das Strahlungsfeld wird dann durch die Verringerung von Teilchenenergien und die Beimischung anderer Strahlungsarten verändert. Es kann nicht mehr ausreichend mit zeitlich und räumlich konstanten Größen beschrieben werden. Man ist dann, wie auch im Fall eines nicht monoenergetischen, zeitlich nicht konstanten Strahlungsfeldes auf **differentielle** Angaben angewiesen. Darunter versteht man die auf die Flächeneinheit, die Zeiteinheit, das Energie- oder Impulsintervall oder das Raumwinkelelement bezogene Größen. Diese können einfach oder mehrfach differentiell angegeben werden.

Beschreibungen von Strahlungsfeldern sind je nach Fragestellung über die Energie oder über die Zahl der Strahlungsquanten möglich. Für die skalaren Größen zur Beschreibung eines Strahlungsfeldes wird dabei folgende Terminologie verwendet. Integrale Größen sind die **Gesamtenergie** R und die insgesamt im Strahlungsfeld enthaltene **Teilchenzahl** N. Zeitlich veränderliche Größen müssen zeitdifferentiell angegeben werden. Sie werden also auf das Zeitintervall bezogen und als **Fluss** bezeichnet. Man spricht beispielsweise von Teilchenfluss oder Energiefluss, wenn man die pro Zeiteinheit transportierte Teilchenzahl oder Energie beschreiben will. Werden Strahlungsfeldgrößen auf die Flächeneinheit bezogen, also flächendifferentielle Größen verwendet, werden sie als **Fluenz** bezeichnet. Als differentielle Bezugsfläche wird dabei die Querschnittsfläche eines Einheitskreises betrachtet, die jeweils senkrecht zur Ausbreitungsrichtung des Strahlungsfeldes steht (s. Fig. 1.7 links).

Name	Formelzeichen	SI-Einheit
Teilchenzahl	N	1
Teilchenfluss	$\overset{\circ}{N} = \mathrm{d}N/\mathrm{d}t$	s^{-1}
Teilchenflussdichte	$\varphi(t, \vec{r}) = \mathrm{d}^2N/\mathrm{d}t\cdot\mathrm{d}A_\perp$	$\mathrm{s}^{-1}\cdot\mathrm{m}^{-2}$
spektrale Teilchenflussdichte	$\varphi_E(t, \vec{r}, E) = \mathrm{d}^3N/\mathrm{d}t\cdot\mathrm{d}A_\perp\cdot\mathrm{d}E$	$\mathrm{s}^{-1}\cdot\mathrm{m}^{-2}\cdot\mathrm{J}^{-1}$
Teilchenradianz	$\varphi_\Omega(t, \vec{r}, \Omega) = \mathrm{d}^3N/\mathrm{d}t\cdot\mathrm{d}A_\perp\cdot\mathrm{d}\Omega\cdot$	$\mathrm{s}^{-1}\cdot\mathrm{m}^{-2}\cdot\mathrm{sr}^{-1}$
spektrale Teilchenradianz	$\varphi_{E,\Omega}(t, \vec{r}, E, \Omega) = \mathrm{d}^4N/\mathrm{d}t\cdot\mathrm{d}A_\perp\cdot\mathrm{d}E\cdot\mathrm{d}\Omega$	$\mathrm{s}^{-1}\cdot\mathrm{m}^{-2}\cdot\mathrm{J}^{-1}\cdot\mathrm{sr}^{-1}$
Teilchenfluenz	$\Phi(\vec{r}) = \mathrm{d}N/\mathrm{d}A_\perp$	m^{-2}
spektrale Teilchenfluenz	$\Phi_E(\vec{r}, E) = \mathrm{d}^2N/\mathrm{d}A_\perp\cdot\mathrm{d}E$	$\mathrm{m}^{-2}\cdot\mathrm{J}^{-1}$
spektrale raumwinkelbezogene Teilchenfluenz	$\Phi_{E,\Omega}(\vec{r}, E, \Omega) = \mathrm{d}^3N/\mathrm{d}A_\perp\cdot\mathrm{d}E\cdot\mathrm{d}\Omega$	$\mathrm{m}^{-2}\cdot\mathrm{J}^{-1}\cdot\mathrm{sr}^{-1}$
Energie	R	J
Energiefluss	$\mathrm{d}R/\mathrm{d}t$	$\mathrm{J}\cdot\mathrm{s}^{-1}$
Energiefluenz	$\mathrm{d}R/\mathrm{d}A_\perp = \Psi(\vec{r})$	$\mathrm{J}\cdot\mathrm{m}^{-2}$
Energieflussdichte*	$\mathrm{d}^2R/\mathrm{d}t\cdot\mathrm{d}A_\perp = \Psi(t, \vec{r})$	$\mathrm{W}\cdot\mathrm{m}^{-2}$
spektrale Energiefluenz	$\mathrm{d}^2R/\mathrm{d}A_\perp\cdot\mathrm{d}E = \Psi(E, \vec{r})$	m^{-2}
spektrale Energieflussdichte	$\mathrm{d}^3R/\mathrm{d}t\cdot\mathrm{d}A_\perp\cdot\mathrm{d}E = \Psi(t, \vec{r}, E)$	$\mathrm{s}^{-1}\cdot\mathrm{m}^{-2}$

Tab. 1.6: Skalare Strahlungsfeldgrößen nach [Reich]. $\mathrm{d}A_\perp$: Kreisquerschnitt einer differentiellen Kugel um den Aufpunkt senkrecht zur Strahlrichtung. R: Bezeichnung für Strahlungsenergie (englisch radiant energy). Sie ist nicht identisch mit der individuellen Energie des einzelnen Strahlungsquants. $\vec{r}$: Ortsvektor des Aufpunkts. *: Für kontinuierliche elektromagnetische Wellen auch als Intensität I bezeichnet. *: Für kontinuierliche elektromagnetische Wellen auch als Intensität I bezeichnet.

Ein Beispiel ist die Teilchenfluenz, die Zahl der Teilchen, die diese Einheitsfläche durchsetzen. Aus ihr lässt sich abhängig von der Teilchenart und der Teilchenenergie die Wechselwirkungswahrscheinlichkeit der Teilchen mit einem Absorber berechnen.

Die Energiefluenz, die die Energie pro Flächeneinheit angibt, ist eine Basis zur Berechnung von Energiedosen im bestrahlten Absorber. Zeitlich und räumlich veränderliche Größen, also nach Fläche und Zeit doppelt differentielle Größen, nennt man **Flussdichten**. Dreifach differentielle Größen, die zusätzlich auf die Energie der Teilchen bezogen sind, werden als **spektrale Flussdichten** bezeichnet. Zusätzlich auf das Raumwinkelelement und den Raumwinkel bezogene, also vierfach differentielle Größen, heißen **Radianz**. Eine Zusammenstellung der einzelnen differentiellen skalaren Strahlungsfeldgrößen findet sich in (Tab. 1.6), die anschaulichen Bedeutungen sind in (Tab. 1.7) zusammengefasst.

Bezeichnung	Bedeutung	
Fluss	Teilchen/Zeit	Energie/Zeit
Fluenz	Teilchen/Fläche	Energie/Fläche
Flussdichte	Teilchen/(Zeit · Fläche)	Energie/(Zeit · Fläche)
spektrale Größen	auf ein Energieintervall dE bezogene Größen	
Radianz	raumwinkelbezogene differentielle Größen	

Tab. 1.7: Anschauliche Bedeutungen der skalaren Strahlungsfeldgrößen.

Durch schrittweise Integration der differentiellen Größen gelangt man zu der nächst niedrigeren Differentiationsstufe. In der Strahlungstransporttheorie benötigt man zusätzliche Richtungsangaben über den Transport der Energie und der Teilchen. Man verwendet deshalb vektorielle Strahlungsfeldgrößen, die man durch Multiplikation der raumwinkelbezogen skalaren Größen mit dem Raumwinkelvektor $\vec{\Omega}$ erhält (s. Fig. 1.7). Eine ausführliche Darstellung zu dieser Thematik sowie zum Zusammenhang von Strahlungsfeldgrößen und Dosisgrößen befinden sich in [Reich] und in [DIN 6814-2].

1.6.3 Der Wirkungsquerschnitt*

In der Atom- und Kernphysik wird als Maß für die Wechselwirkungswahrscheinlichkeit eines Strahlenbündels mit einem Absorber der **Wirkungsquerschnitt** σ verwendet. Bezieht man diesen auf ein einzelnes Elektron oder Atom, wird er als "Wirkungsquerschnitt pro Elektron" $_e\sigma$ oder "Wirkungsquerschnitt pro Atom" $_a\sigma$ bezeichnet. Für den letzteren findet man für Photonenstrahlung auch hin und wieder den Begriff des atomaren Schwächungskoeffizienten $_a\mu$. Die Wirkungsquerschnitte erhalten zur Unterscheidung von den Wechselwirkungskoeffizienten der Photonenwechselwirkungsprozesse (s. Kap. 7) den vorangestellten Index "e" oder "a".

Wirkungsquerschnitte sind ein anschauliches Maß für die "Trefferfläche", die ein Atom oder ein Atomkern einem Photonen- oder Korpuskelstrahl entgegenstellt. Sie haben die Einheit einer Fläche. Die SI-Einheit des Wirkungsquerschnittes ist der Quadratmeter (m^2). Die auch heute noch erlaubte praktische atomphysikalische Einheit des Wirkungsquerschnittes ist das Barn (1 Barn = 1 b = 10^{-28} m^2 = $10^{-24}$$cm^2$), dessen Größe etwa der Querschnittsfläche des Atomkerns eines mittelschweren Atoms entspricht[19]. Je größer der Wirkungsquerschnitt ist, umso größer sind die Trefferflächen und die Trefferwahrscheinlichkeiten für den jeweiligen Prozess.

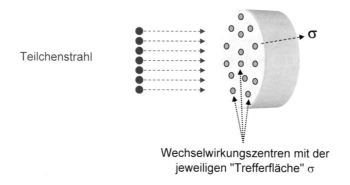

Teilchenstrahl

Wechselwirkungszentren mit der
jeweiligen "Trefferfläche" σ

Fig. 1.8: Wirkungsquerschnitt als Trefferfläche für einen Wechselwirkungsprozess. Die orangefarbenen Kreisflächen stellen die einzelnen effektiven Wechselwirkungszentren dar.

Die anschauliche Deutung von Wirkungsquerschnitten ist bei Wechselwirkungen, die quantentheoretisch beschrieben werden müssen, nicht immer sehr sinnvoll. So sind beispielsweise Atome für Photonenstrahlungen sehr durchlässig. Die Photonen-Wirkungsquerschnitte sind deshalb deutlich kleiner als die tatsächlichen Querschnittsflächen der Atome (s. Beispiel 1.1). In quantenmechanischen Systemen ist der Wirkungsquerschnitt deshalb unterschiedlich, nämlich als **Quotient aus Reaktionsrate R** (Zahl der Reaktionen eines bestimmten Typs pro Zeiteinheit und pro Reaktionszentrum, Einheit: s^{-1}) **und der Stromdichte j der einfallenden Teilchen** (Zahl der Teilchen pro Fläche und Zeiteinheit, Einheit: $m^{-2} \cdot s^{-1}$) definiert.

---

[19] Das Barn ist eine besonders praktische kernphysikalische "Privateinheit". Barn ist das amerikanische Wort für Scheune oder Viehstall und wurde im Physikerjargon verwendet, um die große Wahrscheinlichkeit anzudeuten, mit der Neutronen den Urankern sehen ("big as a barn"). Wirkungsquerschnitte haben die Dimension einer Fläche. Für das Barn gilt: 1 Barn = 1 b = 10^{-24} cm^2. Für einen Atomkern mit dem Radius 6 fm erhält man als Fläche F = r^2 π = $36 \cdot 10^{-30} \cdot 3,1415$ m^2 $\approx$ 10^{-28} m^2 = 10^{-24} cm^2. 1 Barn entspricht also gerade der Querschnittsfläche, die ein mittlerer bis schwerer Atomkern einem Beschussteilchen bei Kernreaktionen entgegenstellt.

$$\sigma = \frac{R}{j} \tag{1.28}$$

Der so definierte Wirkungsquerschnitt hat zwar ebenfalls die Einheit einer Fläche (m^2), ist aber nicht mehr abhängig vom anschaulichen Bild einer dem Strahlenbündel "im Wege stehenden" Trefferfläche.

Bei manchen theoretischen Untersuchungen von Wechselwirkungen ist nicht so sehr der atomare Wirkungsquerschnitt $_a\sigma$ sondern eher der **Wirkungsquerschnitt pro Elektron** $_e\sigma$ von Interesse. Ein wichtiges Beispiel dafür ist die theoretische Behandlung des Comptoneffekts, der ja im Wesentlichen am freien oder schwach gebundenen Elektron stattfindet (s. Kap. 6.2). Den "elektronischen" Wirkungsquerschnitt erhält man aus dem atomaren WQS durch Bezug auf die Elektronenzahl pro Atom, d. h. durch Quotientenbildung aus Wirkungsquerschnitt und Ordnungszahl Z.

$$_e\sigma = \frac{_a\sigma}{Z} \tag{1.29}$$

In kernphysikalischen oder atomphysikalischen Experimenten und bei der theoretischen Behandlung von Streuproblemen werden auch oft **differentielle** Wirkungsquerschnitte bevorzugt. Bezieht sich die Differenzierung auf den Streuwinkel, also die Emissionsrichtung z. B. gestreuter Strahlung, versteht man unter dem differentiellen Wirkungsquerschnitt den Quotienten aus der Zahl der Teilchen, die pro Zeiteinheit und pro Streuzentrum in ein bestimmtes Raumwinkelelement in der Richtung φ gestreut werden und der Stromdichte der einfallenden Teilchen. Winkeldifferentielle Wirkungsquerschnitte werden mit $(d\sigma/d\Omega)_\varphi$ gekennzeichnet. Differentielle Wirkungsquerschnitte können auch auf die Energie der emittierten Teilchen bezogen sein (spektrale Differenzierung) oder als doppeltdifferentielle Wirkungsquerschnitte, also differenziert nach Winkel und Energie, angegeben werden.

Neben dem mikroskopischen Wirkungsquerschnitt ist man oft auch an der "makroskopischen" Schwächung eines Strahlenbündels durch Wechselwirkungsprozesse interessiert, die durch **Schwächungskoeffizienten** μ beschrieben werden. Das wichtigste Beispiel ist der lineare Schwächungskoeffizient für Photonenstrahlungen (s. Kap. 7). Den Zusammenhang von Schwächungskoeffizient und atomarem Wirkungsquerschnitt findet man durch die folgende anschauliche Überlegung. Die Zahl der Atome, die ein Absorber pro Masseneinheit enthält, ist die Atomzahldichte n_a. Sie kann aus der Zahl der Atome pro Mol (Avogadrokonstante A oder N_A) und der molaren Masse M berechnet werden.

$$n_a = N_A/M \tag{1.30}$$

Das Produkt aus dieser Atomzahldichte und dem Wirkungsquerschnitt $_a\sigma$ (der Trefferfläche eines einzelnen Atoms) ist dann die "Gesamttrefferfläche pro Masseneinheit" für die jeweiligen Wechselwirkungen. Da dies gerade die Definition des Massenschwächungskoeffizienten μ/ρ für die betrachteten Wechselwirkungen ist, erhält man als Zusammenhang zwischen atomarem Wirkungsquerschnitt und Massenschwächungskoeffizient zusammen mit Gl. (1.30):

$$\frac{\mu}{\rho} = n_a \cdot {}_a\sigma = \frac{N_A}{M} \cdot {}_a\sigma \qquad (1.31)$$

$$_a\sigma = \frac{\mu}{\rho \cdot n_a} = \frac{\mu}{\rho} \cdot \frac{M}{N_A} \qquad (1.32)$$

Durch Multiplikation der Gleichung (1.31) mit der Dichte ρ erhält man:

$$\mu = \rho \cdot n_a \cdot {}_a\sigma = \rho \cdot {}_a\sigma \cdot \frac{N_A}{M} \qquad (1.33)$$

Das Produkt aus Massendichte ρ und Atomzahldichte n_a ist die Atomzahl pro Volumeneinheit. Multipliziert man diese mit dem atomaren Wirkungsquerschnitt $_a\sigma$, erhält man den linearen Schwächungskoeffizienten μ.

Beispiel 1.1: Totaler atomarer Wirkungsquerschnitt für Photonenwechselwirkungen am Blei für 100-keV-Photonen. *Der Massenschwächungskoeffizient für 100-keV-Photonen am Blei beträgt etwa μ/ρ = 5,79 cm^2/g (s. Daten im Tabellenanhang). Die molare Masse von Blei hat den Wert M = 207 g/mol. Mit der Avogadrozahl ($N_A \approx 6{,}02 \cdot 10^{23}$ mol^{-1}) erhält man als Wirkungsquerschnitt nach Gl. (1.32):*

$$_a\sigma = 5{,}79 \cdot 207/(6{,}02 \cdot 10^{23})\ cm^2 \approx 200 \cdot 10^{-23}\ cm^2 = 2000 \cdot 10^{-28}\ m^2 = 2000\ b.$$

Fasst man diesen Wirkungsquerschnitt als Querschnittsfläche der Bleiatomhülle auf, hätte diese einen Radius von etwa $2{,}5 \cdot 10^{-11}$ cm = $2{,}5 \cdot 10^{-13}$ m. Der physikalische Radius der Atomhülle des Bleiatoms beträgt dagegen etwa $12{,}5 \cdot 10^{-10}$m. Das Verhältnis von "Photonenwechselwirkungsradius" und tatsächlichem Radius von etwa 1:5000 zeigt, dass ein einzelnes Bleiatom für 100-keV-Photonen nahezu durchsichtig ist. Da Photonenwechselwirkungen vor allem mit den "punktförmigen" Elektronen stattfinden und diese in der gesamten Atomhülle verteilt sind, ist dies auch nicht weiter verwunderlich.

Da atomarer Wirkungsquerschnitt $_a\sigma$ und Schwächungskoeffizient zueinander proportional sind, zeigen sie die gleichen Abhängigkeiten von der Teilchenenergie und der Ordnungszahl des Absorbers. Wie aus dem Massenschwächungskoeffizienten der Gesamt-Photonenwirkungsquerschnitt berechnet werden kann, können zu den einzelnen an einer Schwächung beteiligten Wechselwirkungen auch **partielle** Wirkungsquerschnitte bestimmt werden. Man spricht dann beispielsweise bei Photonenstrahlung vom Comptonwirkungsquerschnitt oder dem Photoabsorptionswirkungsquerschnitt. Partielle Wirkungsquerschnitte werden analog zu Gleichung (1.32) aus den verschiedenen partiellen Wechselwirkungskoeffizienten berechnet. Oft wird im physikalischen Alltag das erste Wort "Wirkung" weggelassen, so dass im typischen Laborjargon einfach nur von "Querschnitten" gesprochen wird (z. B. Spaltquerschnitt, Neutroneneinfangsquerschnitt).

Zusammenfassung

- Unter Strahlung versteht man Energie- und Materietransportphänomene.

- Unter einem Strahl versteht man dagegen den geometrischen Verlauf eines Strahlenbündels.

- Aus einer Strahlungsquelle emittierte Teilchen (Korpuskeln, Photonen) bilden ein Strahlungsfeld.

- Strahlungsfelder enthalten neben den Massen und Energien auch die Impulsvektoren der Strahlungsteilchen. Diese bilden ein Impulsspektrum.

- Die energetischen Verteilungen nennt man Energiespektren.

- Die mathematische Beschreibung von Strahlungsfeldern geschieht trotz des stochastischen Charakters der einzelnen Wechselwirkungen näherungsweise mit nichtstochastischen Größen.

- Dazu werden skalare oder vektorielle Größen verwendet. Diese können integrale, einfach oder mehrfach differentielle Größen sein.

- Teilchenzahl oder Energie pro Zeit werden als Fluss bezeichnet.

- Teilchenzahl oder Energie pro Fläche heißen Fluenz.

- Flussdichten sind Teilchen oder Energie pro Zeit und Fläche, also doppelt differentielle Größen.

- Die Wechselwirkungswahrscheinlichkeiten können mit dem "mikroskopischen" Wirkungsquerschnitt σ angegeben werden. Seine angepasste Einheit ist das Barn.

- In der Regel unterscheiden sich Wirkungsquerschnitt und geometrische Querschnittsfläche der Atome oder Atomkerne.

- Die entsprechende makroskopische Größe bei der Beschreibung der Wechselwirkungen indirekt ionisierender Strahlungsarten wie Photonen oder Neutronen ist der Schwächungskoeffizient μ.

Aufgaben

1. Welche Strahlungsarten gibt es? Wie lauten die entsprechenden Begriffe und die Definitionen dazu?

2. Berechnen Sie den Umrechnungsfaktor zwischen der makroskopischen SI-Einheit der Energie (J) und der atomaren Energieeinheit Elektronvolt (eV).

3. Welche der folgenden Teilchen sind nach heutiger Erkenntnis Elementarteilchen: p, u, d (Deuteron), e^-, n, γ, α, μ, ν_e? Geben Sie Gründe dafür an.

4. Ein Elektron bewegt sich mit 85% der Vakuumlichtgeschwindigkeit. Wie groß sind seine relativistische Masse, seine Bewegungsenergie und seine Gesamtenergie?

5. Definieren Sie den Lorentzfaktor. Für welche Teilchenarten kann er angewendet werden?

6. Bis zu welcher Geschwindigkeit kann man die klassischen Formeln für die Bewegungsenergie von Korpuskeln verwenden und wie groß ist der dabei gemachte Fehler?

7. Ein Photon hat eine Wellenlänge von 300 nm. Welche Energie und welche "Farbe" hat es?

8. Wie groß sind die de-Broglie-Wellenlängen, wenn in einem Elektronenmikroskop 100 V, 1 kV, 10 kV, 100 kV und 1 MV als Beschleunigungsspannungen eingestellt werden?

9. Aus einer radioaktiven Strahlungsquelle werden 10^6 Teilchen pro Sekunde isotrop emittiert. Wie groß ist die Teilchenflussdichte in 0,5 m Abstand vom Strahler im Vakuum? Wie groß ist die Energieflussdichte, wenn jedes emittierte Teilchen die Energie von 1,25 MeV mit sich führt?

10. Sie wollen Photonen mit einer Wellenlänge von 100m (Kurzwellenbereich) mit einer Antenne empfangen. Ist die Verwendung einer 10 cm großen Radarantenne zum Empfang mit einer ausreichend großen Amplitude sinnvoll?

11. Sie emittieren einen Lichtimpuls senkrecht nach oben, also weg von Ihren Standpunkt auf der Erde. Bleibt diese Impulslänge beim Verlassen des Gravitationsfeldes erhalten?

12. Erklären Sie das Abstandsquadratgesetz. Unter welchen Voraussetzungen ist es exakt gültig?

13. Sie erzeugen einen exakt parallelen Laserblitz. Nimmt dessen Intensität im Vakuum mit der Entfernung ab? Was passiert, wenn sich der Laserblitz in Materie z. B. in Luft ausbreitet?

14. Kommentieren Sie die folgende Aussage: Die Korpuskelfluenz im Nutzstrahlenbündel dieser Anlage beträgt 1000 Photonen pro Sekunde.

15. Geben Sie eine Definition des Wirkungsquerschnitts an und nennen Sie seine SI-Einheit und die praktische Einheit der Teilchenphysik.

16. Entspricht der Wirkungsquerschnitt der geometrischen Trefferfläche des Targets (Atom, Atomkern) bei einem Wechselwirkungsprozess?

17. Sie verringern den Abstand eines bestrahlen Objekts zum Ort der Strahlenquelle. Verändert sich dabei der Teilchenfluss? Verändert sich die Fluenz?

Aufgabenlösungen

1. Korpuskeln und Photonen, sie werden zusammen als Teilchen bezeichnet. Korpuskeln haben eine Ruhemasse, Photonen nicht.

2. $1\,eV = 1e_0 \cdot 1V = 1{,}602 \cdot 10^{-19}\,C \cdot V = 1{,}602 \cdot 10^{-19}\,J$.

3. Elementarteilchen sind punktförmige Korpuskeln, haben also den Radius $r = 0$ und eine Ruhemasse $m_0 \neq 0$. Dazu zählen also das up-Quark u, das Myon μ, das Elektron e$^-$ und das Elektron-Neutrino ν_e. Proton p, Neutron n, Deuteron d und Alpha α sind aus Quarks zusammengesetzte Teilchen und haben einen endlichen Radius. Sie sind also keine Elementarteilchen. Das Gamma γ ist kein Korpuskel, sondern ein Photon. Es existiert nicht in Ruhe ($m_0 = 0$).

4. $m_{tot} = 1{,}898 \cdot m_0 = 1{,}73 \cdot 10^{-30}\,kg$, $E_{kin} = 459\,keV$, $E_{tot} = 970\,keV$.

5. Der Lorentzfaktor gibt die relativistische Veränderung eines Korpuskelimpulses mit der Teilchengeschwindigkeit an. Er folgt der Gleichung $\vec{p} = m_0 \cdot \dfrac{\vec{v}}{\sqrt{1-v^2/c^2}}$ und gilt nur für Teilchen mit einer von Null verschiedenen Ruhemasse.

6. Bis zu Geschwindigkeiten $v/c = 0{,}1$. Der dabei zugelassene Fehler beträgt etwa 0,5% (s. Tab. 1.3).

7. $E = 4{,}141\,eV$, UV-Licht.

8. Die Wellenlängen (in m) sind: $1{,}23 \cdot 10^{-10}$ / $3{,}88 \cdot 10^{-11}$ / $1{,}22 \cdot 10^{-11}$ / $3{,}7 \cdot 10^{-12}$ und $8{,}7 \cdot 10^{-13}$.

9. Die Teilchenflussdichte ist definiert als Zahl der Teilchen pro Zeiteinheit und Flächeneinheit. Sie hat deshalb den Wert $\varphi = d^2N/(dt \cdot dA) = 10^6 s^{-1}/(4\pi \cdot (0{,}5\,m)^2) = 3{,}18 \cdot 10^5\,s^{-1}\,m^{-2}$. Die Energieflussdichte ist das Produkt aus Teilchenflussdichte φ und mittlerer Energie der Quanten. Sie hat also den Wert $\psi = \varphi \cdot E_m = d^2N/(dt \cdot dA) \cdot E_m = 3{,}18 \cdot 10^5\,s^{-1}\,m^{-2} \cdot 1{,}25\,MeV = 3{,}975 \cdot 10^5\,(MeV\,s^{-1}\,m^{-2})$.

10. Nein, die Antenne sollte eine vergleichbare Größe wie die nachzuweisende Photonenwellenlänge haben, da Amplituden der Photonen an den beiden Enden Ihrer Antenne sich sonst kaum unterscheiden. Die induzierten Ströme in Ihrer Antenne wären für einen zuverlässigen Nachweis zu klein. Der Vorgang ist anschaulich vergleichbar mit einem Wellenreiter, der auf einer Welle reiten möchte, die eine Wellenlänge von vielen Kilometern aufweist (Beispiel Tsunami). Er erfährt in seiner Umgebung keine merklichen Höhenunterschiede und somit kein Gefälle, das ihn transportieren könnte.

11. Da das Gravitationsfeld beim Verlassen der Erde schwächer wird, erfahren die emittierten Photonen eine Rotverschiebung. Dadurch vergrößern sich die Wellenlängen und die Schwingungsdauern der Photonen. Der Lichtimpuls wird länger. Bewegt sich Photonen auf ein Gravitationsfeld zu, erfahren sie eine gravitative Blauverschiebung. Die Wellenlängen verkürzen sich und die Impulslänge nimmt ab. Diese gravitativen Farbverschiebungen im Schwerefeld der Erde sind nur gering, spielen aber bei schwereren Fixsternen, Galaxien und schwarzen Löchern eine erhebliche Rolle.

12. Das Abstandsquadratgesetz ist die mathematische Beschreibung der Abstandsabhängigkeit der Teilchenfluenz bei divergierenden Strahlenbündeln. Da der Strahlquerschnitt mit dem Abstand quadratisch zunimmt, müssen die Teilchenzahlen pro Fläche, die Fluenz, mit dem Abstand quadratisch abnehmen. Die Voraussetzungen für seine exakte Gültigkeit sind eine punktförmige Strahlungsquelle, isotrope Abstrahlung der Strahlungsteilchen, kein Zerfall der Teilchen und keinerlei Wechselwirkungen zwischen Strahler und Aufpunkt im Abstand r.

13. Nein, die wichtigste Voraussetzung für das Abstandsquadratgesetz, die isotrope Abstrahlung, ist nicht erfüllt. Laserstrahlen erfordern deshalb auch in größeren Entfernungen Schutzmaßnahmen. Durchsetzt der Laser Materie, kommt es zur teilweisen Absorption und Streuung der Photonen. Dadurch verbreitert sich der Durchmesser des Laserstrahl geringfügig. Die Schutzmaßnahmen wie eine Laserschutzbrille sind daher immer noch erforderlich.

14. Fluenz ist flächen- und nicht zeitspezifisch, Photonen sind zwar Teilchen aber keine Korpuskeln. Die Aussage ist unsinnig.

15. Die Definition des Wirkungsquerschnitts ist der Quotient von Zahl der Reaktionen eines bestimmten Typs pro Zeiteinheit und pro Reaktionszentrum R und der Stromdichte j der einfallenden Teilchen. Seine SI-Einheit ist der Quadratmeter, seine praktischere Einheit ist das Barn. Es gilt 1 barn = 10^{-28} m^2.

16. Nein, Trefferfläche ist nur eine anschauliche Deutung des WQS (s. Pb-Beispiel).

17. Der Fluss ist definiert als die Zahl der Teilchen pro Zeiteinheit in einem Strahlenbündel und ist in einem Strahlenbündel unabhängig vom Ort und dem Querschnitt des Strahlenbündels. Sein Wert bleibt also bei Annäherung an den Absorber konstant. Die Fluenz verändert sich, da die durch das Strahlenbündel getroffene Fläche auf dem Absorber bei Verminderung des Abstands verkleinert wird (Anstieg der Fluenz).

2 Atomaufbau

Zur Einführung in die Grundlagen des Atomaufbaus wird zunächst ein kurzer Überblick über die Entstehung und Begründung historischer Atommodelle gegeben. Dann werden die grundlegenden Erkenntnisse zum Aufbau der Atomhülle und des Atomkerns - soweit sie für das weitere Verständnis der praktischen Strahlungsphysik und des Strahlenschutzes benötigt werden - nach heutigem Stand der Wissenschaft dargestellt. Es werden bewusst keine quantentheoretischen Formalismen verwendet oder erläutert, da diese zum einen den Rahmen des Buches sprengen würden, und zum anderen bereits ausreichend einschlägige Literatur zu dieser Thematik existiert. Hinweise dazu sind im Literaturverzeichnis zu finden.

Zur Beschreibung von Atomen und anderen mikroskopischen Systemen werden in der Physik Atommodelle verwendet. Sie sind je nach Anwendungszweck mehr oder weniger anschaulich oder kompliziert und abstrakt. Sie sollen ein räumliches Bild vom Aufbau und den Eigenschaften der Atome vermitteln. Für die Brauchbarkeit eines bestimmten Modells kommt es nicht auf seine absolute physikalische "Richtigkeit" an, sondern auf die korrekte Beschreibung des Verhaltens und der Eigenschaften des Atoms in bestimmten Situationen. Atome bestehen aus heutiger Sicht aus Atomkernen und der sie umgebenden Elektronenhülle. Es ist nahe liegend, Hüllen und Kerne weitgehend unabhängig voneinander zu beschreiben. Tatsächlich wechselwirken Atomkerne und Hüllen aber über die elektromagnetische Wechselwirkung (Coulombanziehung) hinausgehend miteinander, wie es am Beispiel der radioaktiven Umwandlungen offensichtlich wird. Für Hülle und Kern existiert tatsächlich eine Reihe von Modellen, die jeweils zwar Teilaspekte richtig beschreiben zu anderen Eigenschaften des Atoms aber keine oder falsche Aussagen machen.

2.1 Historische Atommodelle*

Die ersten historischen Atommodelle stammen von den griechischen Philosophen aus der Zeit vor Sokrates wie z. B. den Vorsokratikern **Leukipp** (* etwa 480-470 v. Chr.) und seinem wichtigsten Schüler **Demokrit von Abdera** (etwa 460 – 380 v. Chr.). Sie behaupteten, alle Materie sei aus unteilbaren Teilchen aufgebaut, den so genannten Atomen. Diese Atome bestünden in einer unendlichen Vielfalt von Formen. Sie seien ständig in Bewegung, stießen gegeneinander und verbinden sich dabei zu den bekannten Formen der Materie. Diese erste atomistische Theorie der Materie war aus philosophischen Überlegungen entstanden. Sie geriet bald in Vergessenheit und wurde durch die Vorstellungen von **Aristoteles** (384-322 v. Chr.) ersetzt, nach dem alle Materie aus den vier Elementen Feuer, Erde, Wasser und Luft entstehen sollte.

An dieser aus der heutigen naturwissenschaftlichen Sicht nicht begründbaren Idee hatte sich bis zu Beginn des 19. Jahrhunderts nur wenig geändert. Im 19. Jahrhundert waren es vor allem die Chemiker **Dalton**, **Prout**, **Avogadro** und **Mendelejew**, die durch die Entdeckung wichtiger chemischer Gesetze die modernen Vorstellungen der

© Der/die Autor(en), exklusiv lizenziert an
Springer-Verlag GmbH, DE, ein Teil von Springer Nature 2023
H. Krieger, *Grundlagen der Strahlungsphysik und des Strahlenschutzes*,
https://doi.org/10.1007/978-3-662-67610-3_2

Atomistik vorbereiteten[1]. Die moderne Atomphysik hat ihre rasante Entwicklung erst um die Jahrhundertwende nach der Entdeckung des Elektrons durch *J. J. Thomson*[2] (1897, [Thomson 1897]) und der Radioaktivität durch *H. Becquerel*[3] (1896, [Becquerel 1896]) begonnen. Das erste moderne atomphysikalische Modell stammt von *J. J. Thomson*. Nach ihm sollte ein Atom aus einer etwa 10^{-10} m großen Kugel bestehen, in der die positive Ladung gleichförmig über das Atom verteilt ist (plum pudding model, [Thomson 1904]). Die punktförmigen Elektronen sollten auf Kreisbahnen gleichmäßig und frei beweglich in die positive Ladung eingebettet sein.

1911 hat *Lord Rutherford*[4] die Hypothese aufgestellt, dass die positive Ladung in einem nahezu punktförmigen Atomkern konzentriert sei. Die Atome seien also im Wesentlichen leere Gebilde [Rutherford 1911]. Ihre Massen und ihre positive Ladung befänden sich in den Atomkernen, die von den Elektronen umkreist würden wie die Sonne von den Planeten (Rutherfordsches Planetenmodell). So anschaulich das Rutherfordsche Atommodell auch war, so schwer taten sich die Physiker mit zwei Problemen dieses Modells. Das eine Problem war die offensichtliche Stabilität der Materie und der Atome, die im Widerspruch zur klassischen Elektrizitätslehre stand. Nach dieser müssen elektrische Ladungen wie die Elektronen, die durch eine Zentralkraft beschleunigt werden, Energie abstrahlen und daher in kürzester Zeit (etwa 10^{-16} s) in den positiv geladenen Atomkern stürzen. Atome könnten daher nicht stabil sein. Zweitens war aus den diskreten Energien der Atomspektroskopie bekannt, dass die Elektronen in der Atomhülle nur ganz bestimmte Umlaufbahnen einnehmen können. Dies widersprach ebenfalls den Regeln der klassischen Physik, nach denen wie bei den Planetenbahnen um die Sonne beliebige Bahnen möglich sind, die nur von den Anfangsbedingungen der Bewegung abhängen.

---

[1] **John Dalton** (6. 9. 1766 - 27. 7. 1844) und **William Prout** (15. 1- 1785 – 9. 4. 1850) englische Chemiker und Physiker, **Dmitri Iwanowitsch Mendelejew** (8. 2. 1834 – 2. 2. 1907) russischer Chemiker aus Sibirien, der eine eigene Systematik der Elemente, das Periodensystem, aufstellte. Die in seiner Aufstellung verbliebenen Lücken wurden nach und nach durch Elemente mit den vorhergesagten Eigenschaften aufgefüllt (z. B. Gallium 1875, Scandium 1879 und Germanium 1886).

[2] **Sir Joseph John Thomson** (18. 12. 1856 - 30. 8. 1940), englischer Physiker, entdeckte 1897 das freie Elektron bei der Untersuchung der so genannten Kathodenstrahlen. Er erhielt 1906 den Nobelpreis für Physik "als Anerkennung des großen Verdienstes, das er sich durch seine theoretischen und experimentellen Untersuchungen über den Durchgang der Elektrizität durch Gase erworben hat".

[3] **Antoine Henri Becquerel** (15. 12. 1852 - 25. 8. 1908), französischer Physiker, entdeckte 1896 die radioaktive Strahlung des Urans und wies 1899 die magnetische Ablenkbarkeit der Betastrahlung nach. Er erhielt 1903 zusammen mit M. Curie den Nobelpreis für Physik "als Anerkennung des außerordentlichen Verdienstes, das er sich durch die Entdeckung der spontanen Radioaktivität erworben hat".

[4] **Ernest Rutherford** (30. 8. 1871 - 19. 10. 1937), englischer Physiker und Mathematiker, wurde 1931 zum Lord of Nelson geadelt, Begründer des Rutherfordschen Atommodells. Er erhielt 1908 den Nobelpreis für Chemie "für seine Untersuchungen über den Zerfall der Elemente und die Chemie der radioaktiven Stoffe".

Abhilfe schaffte ein genialer Verzweiflungsakt von *Niels Bohr*[5], der 1913 das Rutherfordsche Atommodell mit zusätzlichen, physikalisch zunächst nicht erklärbaren Forderungen versah, den **Bohrschen Postulaten** [Bohr 1913]. Sie sollten den Energieverlust der Elektronen durch Abstrahlung vermeiden und die diskreten Bahnen erklären. Nach *Bohr* bilden die Elektronen im Coulombfeld des positiv geladenen Atomkerns diskrete, stationäre Kreisbahnen um den Atomkern, die Elektronenschalen. Es sind nur solche Elektronenbahnen zugelassen, deren Bahndrehimpuls (Drall) bestimmte ganzzahlige Vielfache der elementaren Drehimpulseinheit $\hbar$ beträgt[6]. Diese Einheit ist der halbe Quotient aus Planckschem Wirkungsquantum h (Gl. 1.22) und π (exakter Wert s. Tab. 24.2.1 im Anhang).

$$\hbar = \frac{h}{2\pi} = 1{,}0546 \cdot 10^{-34}\,J \cdot s \qquad (2.1)$$

Die Forderung nach diskreten Bahnradien, Energien und Drehimpulswerten der Elektronenbewegung bezeichnet man als **Quantelung** dieser Größen. Sie gab der Quantentheorie ihren Namen. Der größte Erfolg des Bohrschen Atommodells war die nahezu korrekte Berechnung der Energiezustände und des Spektrums des Wasserstoffatoms und anderer Einelektronen-Systeme. Dies führte dazu, dass die Bohrschen Postulate allgemein akzeptiert wurden, obwohl niemand sie zum Zeitpunkt ihrer Aufstellung physikalisch begründen konnte. Gerechtfertigt wurden die Bohrschen Postulate erst um 1925 durch die theoretischen Arbeiten von *W. K. Heisenberg*[7] und *Erwin Schrödinger*[8]. In der Folgezeit wurde das auf Elektronenkreisbahnen beschränkte Bohrsche Atommodell durch *A. Sommerfeld*[9] verfeinert. Sein modifiziertes Schalenmodell enthielt auch elliptische Elektronenbahnen. Für die Aufgaben dieses Buches

---

[5] **Niels Bohr** (7. 10. 1885 - 18. 11. 1962), dänischer Physiker, Begründer des nach ihm benannten Atommodells, das zum Ausgangspunkt der modernen Quantentheorie wurde, grundlegende Arbeiten zur Theorie der Atome und der Atomkerne. Er erhielt 1922 den Nobelpreis für Physik "für seine Verdienste um die Erforschung der Struktur der Atome und der von ihnen ausgehenden Strahlung".

[6] Die Quantisierungsbedingung für den Bahndrehimpuls erlaubter Elektronenbahnen lautet: r·p = n· $\hbar$.

[7] **Werner Karl Heisenberg** (5. 12. 1901 - 1. 2. 1976), deutscher Physiker, einer der Begründer der Quantentheorie, entwickelte eine von Schrödingers Formulierung mathematisch abweichende aber physikalisch äquivalente Form der Quantentheorie, die allerdings noch nicht die Relativitätstheorie enthielt. Er stellte die berühmte Heisenbergsche Unschärferelation auf, nach der bei atomaren Systemen nicht gleichzeitig exakte Kenntnis so genannter konjugierter Größen wie Energie und Zeit oder Ort und Impuls bestehen kann. Er erhielt 1933 den Nobelpreis für Physik des Jahres 1932 "für die Begründung der Quantenmechanik, deren Anwendung zur Entdeckung der allotropen Formen des Wasserstoffs geführt hat".

[8] **Erwin Schrödinger** (12. 8. 1887 - 4. 1. 1961), österreichischer Physiker, stellte 1926 die nach ihm benannte berühmte quantentheoretische Wellengleichung auf. Er erhielt 1933 zusammen mit Dirac den Nobelpreis für Physik "für die Entdeckung neuer produktiver Formen der Atomtheorie".

[9] **Arnold Sommerfeld** (5. 12. 1868 - 26. 4. 1951), deutscher Physiker und Mathematiker, modifizierte das semiklassische Bohrsche Atommodell durch Einführung von elliptischen Bahnen zum Sommerfeldschen Atommodell. Autor einer renommierten Lehrbuchreihe zum Thema Atombau und Spektrallinien.

genügt im Wesentlichen dieses anschauliche halbklassische Bohr-Sommerfeldsche Schalenmodell ([Sommerfeld 1919], [Sommerfeld 1942]).

Das heute am weitesten entwickelte Atommodell ist das sehr abstrakte und mathematisch anspruchsvolle quantentheoretische Atommodell, das in den ersten 30 Jahren des 20. Jahrhunderts bis zur Reife entwickelt wurde. Es beruht auf den experimentellen Untersuchungen zum Welle-Teilchen-Dualismus und den theoretischen Arbeiten einer Vielzahl von Physikern. Die berühmtesten unter ihnen sind *Niels Bohr*, *de Broglie*, der die Materiewellen entdeckte, *Erwin Schrödinger*, der Erfinder der Schrödinger-Wellengleichung, die auch heute noch zur Basisausbildung jedes Physikers gehört, sowie die Physiker *Max Planck*, *Albert Einstein*, *Max Born*, *Werner Heisenberg*, *Wolfgang Pauli*[10] und *Paul Dirac*[11].

Erste moderne Erkenntnisse zur Größe der Atomkerne basieren auf den Experimenten von *Rutherford* und seinen wissenschaftlichen Mitarbeitern *Hans Geiger* und *Ernest Marsden* zu Beginn des 20. Jahrhunderts. Sie hatten durch Streuexperimente mit Alphateilchen an Goldfolien bewiesen, dass der Radius des positiv geladenen Atomkerns in der Größenordnung von 10^{-15}-10^{-14} m liegt [Geiger 1913]. Die einzige bekannte Wechselwirkung zwischen Atomkern und Atomhülle war die Coulombanziehung. Über den inneren Aufbau der Atomkerne war nichts bekannt. Das Neutron, der zweite wichtige Baustein der Atomkerne neben dem Proton, wurde 1920/21 von *Rutherford* aus theoretischen Gründen vorhergesagt. Experimentell entdeckt wurde es erst 1932 durch *James Chadwick*[12] [Chadwick 1932].

Nachdem die Teilchen im Atomkern bekannt waren, gab es eine stürmische Entwicklung von Kernmodellen wie beispielsweise das Tröpfchenmodell, das Kernmaterie wie einen Flüssigkeitstropfen behandelt. Das erste Mal wurde dieses Tröpfchenmodell von *C. F. von Weizsäcker* und *H. Bethe*[13] 1935 formuliert. Die erste künstliche Erzeugung

---

[10] **Wolfgang Pauli** (24. 4. 1900 - 15. 12. 1958), österreichischer Physiker, arbeitete auf dem Gebiet der Quantentheorie und der Relativitätstheorie. Er stellte 1925 das nach ihm benannte Ausschließlichkeitsprinzip auf. Er erhielt 1945 den Nobelpreis für Physik "für die Entdeckung des als Pauli-Prinzip bezeichneten Ausschlussprinzips".

[11] **Paul Adrien Maurice Dirac** (8. 8. 1902 - 20 .10. 1984), englischer Physiker, er entwickelte eine sehr abstrakte relativistische Quantenmechanik, die eine Verbindung zu Einsteins Relativitätstheorie herstellte, und die die "Eigenrotation der Elektronen", den so genannten SPIN, beschreiben konnte. Er erhielt 1933 zusammen mit **Erwin Schrödinger** den Nobelpreis für Physik "für die Entdeckung neuer produktiver Formen der Atomtheorie".

[12] **James Chadwick** (20. 10. 1891 – 24. 7. 1974), Schüler und Mitarbeiter von Rutherford, entdeckte 1932 das Neutron experimentell und erhielt dafür 1935 den Physiknobelpreis "für die Entdeckung des Neutrons".

[13] **Hans Albrecht Bethe** (2. 7. 1906 – 6. 3. 2005) ist einer der Pioniere der modernen Atomphysik. Er hat unter anderem als Erster 1938 Erklärungen für die Energieproduktion in Sternen durch Kernprozesse veröffentlicht. 1967 erhielt er den Nobelpreis für Physik "für seinen Beitrag zur Theorie der Kernreaktionen, insbesondere seine Entdeckungen über die Energieerzeugung in den Sternen".

radioaktiver Atomkerne durch eine Kernreaktion wurde von *I. Joliot-Curie* und *F. Joliot*[14] 1934 beschrieben. Die Kernspaltung am Uran wurde 1938 von *Otto Hahn*[15] und *F. Straßmann* entdeckt [Hahn 1939]. Die Interpretation ihrer experimentellen Ergebnisse gelang *Lise Meitner* und *Otto Robert Frisch* [Meitner 1939]. Dies löste weitere intensive wissenschaftliche Aktivitäten aus und führte schließlich zu einer ersten quantitativen Abschätzung der bei Kernspaltungen freisetzbaren Energien durch *N. Bohr* und *J. Wheeler* 1939. Die Folge waren weltweite Anstrengungen, die künstliche Kernspaltung für militärische und energiewirtschaftliche Zwecke zu verwenden. Die erste kontrollierte Kernspaltungs-Kettenreaktion gelang *Enrico Fermi*[16] 1942 in Chicago. Heute existieren eine Vielzahl quantentheoretischer Kernmodelle (s. Kapitel 2.3 und die Hinweise im Literaturverzeichnis), die besonders wegen der großen Zahl der zu beschreibenden Teilchen im Kern und der Komplexität der Kernkräfte mathematisch und physikalisch teilweise sehr anspruchsvoll sind.

2.2 Die Atomhülle

2.2.1 Aufbau der Atomhülle

Nach heutiger Kenntnis ist das Atom aus einem elektrisch positiv geladenen, im Vergleich zur Atomhülle nahezu punktförmigen Atomkern und aus einer negativ geladenen Atomhülle aufgebaut, die die Elektronen enthält und den Kern umgibt. Die Elektronen befinden sich wegen der Coulombanziehung in stationären und diskreten, für die Atomart typischen Zuständen, ohne dabei durch ihre Bewegung, wie in der klassischen Physik erwartet, Energie durch Abstrahlung zu verlieren. Die Elektronenzustände unterscheiden sich vor allem in der Bindungsenergie. Die Ortsverteilung der Elektronen in der Atomhülle wird durch die Angabe von Wahrscheinlichkeitsamplituden beschrieben, aus denen die Aufenthaltswahrscheinlichkeit der Elektronen in bestimmten energetischen Zuständen berechnet werden kann. Diese Wahrscheinlichkeitsverteilungen werden in der Regel in der Form räumlicher Elektronenwolken um den Atomkern bildlich dargestellt, den so genannten **Orbitalen**. In der Chemie werden sie zur

---

[14] **Irene Joliot-Curie** (12. 9. 1897 – 17. 3. 1956) und ihr Mann **Frederic Joliot** (19. 3. 1900 – 14. 8. 1958) erzeugten als erste radioaktive Reaktionsprodukte in Kernreaktionen. Sie schossen α's auf Bor und Aluminium und erzeugten so radioaktiven Stickstoff und Phosphor. Sie erhielten 1935 den Nobelpreis für Chemie "für ihre gemeinsam durchgeführten Synthesen von neuen radioaktiven Elementen".

[15] **Otto Hahn** (8. 3. 1879 – 28. 7. 1968), stellte 1938 zusammen mit **Fritz Straßmann** (22. 2. 1902 – 22. 4. 1980) fest, dass beim Beschuss von Uran mit Neutronen Barium entsteht. Hahn erhielt 1945 den Nobelpreis für Chemie des Jahres 1944 "für seine Entdeckung der Kernspaltung von Atomen".

[16] **Enrico Fermi** (29. 9. 1901 - 28. 11. 1954), italienischer Physiker, bedeutender Theoretiker und Experimentalphysiker, dessen grundlegende kernphysikalische Arbeiten die moderne Kerntechnik ermöglichten. Fermi erhielt 1938 den Nobelpreis "für die Bestimmung von neuen, durch Neutronenbeschuss erzeugten radioaktiven Elementen und die in Verbindung mit diesen Arbeiten durchgeführte Entdeckung der durch langsame Neutronen ausgelösten Kettenreaktionen". Ihm zu Ehren wird in der Kernphysik das Femtometer (10^{-15}m = 1 fm) Fermi genannt.

Erklärung der chemischen Bindungen und deren Richtungscharakteristik verwendet. Die Orte der größten Aufenthaltswahrscheinlichkeit in diesen Elektronenorbitalen - genauer deren radiale Anteile - stellen näherungsweise Kugeloberflächen um den Atomkern dar, die man nach dem Bohrschen Modell als **Elektronenschalen** bezeichnen würde.

Elektronenzustände in der Atomhülle werden nach der Quantentheorie mit **5 Quantenzahlen** gekennzeichnet. Diese sind:

- **die Hauptquantenzahl n**

- **die Bahndrehimpuls- (Neben-) quantenzahl ℓ**

- **deren z-Komponente die Magnetquantenzahl m_ℓ**

- **die Spinquantenzahl (Spin) s**

- **deren Komponente m_s.**

Ein Elektronenzustand hat demnach die Kennzeichnung $\{n, \ell, m_\ell, s, m_s\}$. Weitere Angaben über einen Elektronenzustand werden in der Quantentheorie nicht benötigt. Nach den Regeln der Quantenmechanik können aus einem solchen Satz von Quantenzahlen alle wichtigen Informationen über die Atomhülle wie z. B. die Energie eines Elektronenzustandes und seine räumliche Wahrscheinlichkeitsverteilung berechnet werden. Die Darstellung dieser Berechnungsmethoden sprengt allerdings den Rahmen dieses Buches. Interessierte seien deshalb auf die Darstellungen der Quantenmechanik in den einschlägigen Lehrbüchern verwiesen (z. B. [Mayer-Kuckuk/A], [Schiff], [Finkelnburg], [Feynman], [Fließbach]).

Die **Hauptquantenzahl n** entspricht der Bohrschen Schalennummer. Die Schalen werden von innen nach außen bzw. nach der Bindungsenergie der in ihnen befindlichen Elektronen durchnummeriert. Sie werden deshalb mit der Hauptquantenzahl n (n

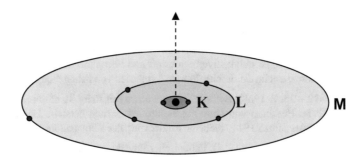

Fig. 2.1: Zur Bezeichnung der Elektronenschalen in der Atomhülle nach dem Bohrschen Atommodell (n=1: K, n=2: L, n=3: M-Schale, usw., s. Text). Die Bahnradien nehmen mit n^2 zu (Gl. 2.7).

= 1, 2, 3, 4, 5) oder mit großen Buchstaben gekennzeichnet (K, L, M, N, O). Man spricht also von K-Elektronen, wenn sich diese auf der kernnahen, innersten Schale einer Atomhülle befinden, von L-Elektronen auf der nächsten Schale usf..

An den Atomkern gebundene Elektronen können nur Zustände mit ganz bestimmten diskreten, von der Hauptquantenzahl n abhängigen Bahndrehimpulswerten[17] einnehmen. Diese werden in ganzzahligen Einheiten des Planckschen Wirkungsquantums $\hbar$ gemessen und mit der **Bahndrehimpulsquantenzahl** ℓ gekennzeichnet (s. Fig. 2.2). Elektronen auf der K-Schale haben in dieser Notation die Bahndrehimpulszahl $\ell = 0$, L-Elektronen die Werte $\ell = 0$ und $\ell = 1$, M-Elektronen $\ell = 0,1,2$[18]. Für Haupt- und Drehimpulsquantenzahl gilt der quantenmechanische Zusammenhang:

$$\ell \leq n - 1 \tag{2.2}$$

Ähnlich wie mit "kreisenden" Ladungen klassisch auch ein Kreisstrom und damit ein Magnetfeld verbunden ist, erzeugen die Hüllenelektronen auch quantenmechanisch ein von ihrer Bahndrehimpulszahl abhängiges Magnetfeld, sie stellen also kleine Elementarmagnete dar (s. Fig. 2.2). In einem äußeren Magnetfeld werden diese Elementarmagnete ausgerichtet. Nach den Regeln der Quantentheorie kennt man dabei nur jeweils eine Komponente des Drehimpulses bezüglich dieses externen Feldes, z. B. die z-Komponente, und den Betrag des Drehimpulses. Diese Komponente des Bahndrehimpulses wird mit m_ℓ (vereinfachend auch als m) bezeichnet; sie heißt auch **Magnetquantenzahl** des Zustandes. Bei einer Drehimpulsquantenzahl mit dem Wert ℓ

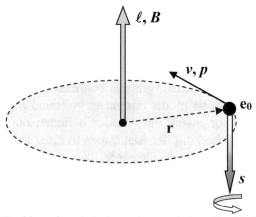

Fig. 2.2: Klassische Drehimpulsverhältnisse einer auf einer Kreisbahn umlaufenden Elementarladung e_0. r: Bahnradius, v,p: Bahngeschwindigkeit bzw. Bahnimpuls, ℓ: Bahndrehimpuls, B: Magnetfeld durch Kreisstrom, s: Eigendrehimpuls der Ladung (Spin).

---

[17] Als Bahndrehimpuls bezeichnet man das Vektorprodukt $\vec{\ell} = \vec{r} \times \vec{p}$ aus Radiusvektor $\vec{r}$ und Bahnimpuls $\vec{p}$ eines Teilchens. Der Drehimpulsvektor steht senkrecht auf Bahn- und Radiusvektor.

[18] Klassisch gibt es natürlich kein auf einer Kreisbahn mit endlichen Radius laufendes Teilchen mit $\ell=0$.

kann m alle ganzzahligen Werte zwischen $-\ell$ und $+\ell$ annehmen.

$$m_\ell = -\ell, -\ell+1, -\ell+2, \ldots\ldots, \ell-1, \ell \qquad (2.3)$$

Das sind jeweils $(2\ell+1)$ Einstellmöglichkeiten des Bahndrehimpulses. Für K-Elektronen gibt es wegen $\ell = 0$ nur eine Einstellmöglichkeit, nämlich $m = 0$. Für Elektronen mit $\ell = 1$ bereits 3 Zustände ($m = 0$, $m = \pm1$), für Elektronen mit $\ell = 2$ schon 5 Möglichkeiten ($m = 0$, $m = \pm1$, $m = \pm2$). Sowohl die Bahndrehimpulsquantenzahl ℓ als auch die Magnetquantenzahl m beeinflussen in der Regel geringfügig die Energie des Elektronenzustandes.

Die letzte wichtige Quantenzahl hängt mit dem **Eigendrehimpuls** des Elektrons zusammen. Anschaulich kann man sich vorstellen, dass Elektronen sich wie Spielkreisel um ihre eigene Achse drehen und dabei ähnlich wie bei der Bewegung um den Atomkern wegen ihrer Ladung ein weiteres Magnetfeld erzeugen. Der Eigendrehimpuls der Elektronen wird **Spin** s (engl. für Rotation) genannt und ebenfalls in Einheiten des elementaren Drehimpulses $\hbar$ gemessen. Sein Wert ist $s = 1/2\,\hbar$. Der Spin wird mit der halbzahligen Spinquantenzahl s gekennzeichnet. Der Spin von Elektronen hat nur zwei Einstellmöglichkeiten, entweder in Richtung oder entgegengesetzt zu einem äußeren Magnetfeld, z. B. dem Bahnmagnetfeld. Seine diesbezüglichen Komponenten m_s haben den Wert $\pm1/2\,\hbar$.

Teilchen mit halbzahligem Spin werden zu Ehren des Physikers **E. Fermi** als **Fermionen**, Teilchen mit ganzzahligem Spin dagegen nach dem indischen Physiker **Bose**[19] als **Bosonen** bezeichnet. Elektronen, Protonen und Neutronen zählen wegen ihres halbzahligen Spins also zur Familie der Fermionen. Photonen, π-Mesonen und einige weitere schwerere Mesonen haben dagegen ganzzahligen Spin, sie sind "Spin-1-Teilchen" und gehören deshalb zu den Bosonen.

Für Fermionen, also Spin-1/2-Teilchen, gilt das berühmte **Pauli-Prinzip**. Es besagt, dass sich in einem atomaren Zustand, der mit einem vollständigen Satz von Quantenzahlen charakterisiert wird, nur jeweils ein Fermion befinden kann. Dies hat wichtige Konsequenzen für die mögliche Zahl der Elektronen in einer bestimmten Schale, die Elektronenkonfiguration verschiedener Elemente, den Aufbau des Periodensystems und die Zahl der Nukleonen in Atomkernzuständen. Die Zahl der Elektronen, die auf einer Schale untergebracht werden können, die **maximale Besetzungszahl** n_{max}, findet man, indem man alle mit einem gegebenen Quantenzahlensatz beschreibbaren Elektronenzustände abzählt. Ist für eine Hauptquantenzahl die maximale Elektronenbeset-

---

[19] **Satyendra Nath Bose** (l. 1. 1894 - 4. 2. 1974), indischer Physiker, wichtige Arbeiten zur statistischen Thermodynamik, die eine der Grundlagen der Theorie der Supraleitung und der Suprafluidität wurden. Er stellte 1925 eine Statistik für Photonen auf, die von Einstein auch auf materielle Teilchen mit ganzzahligem Spin erweitert wurde (die so genannte Bose-Einstein-Statistik).

zung erreicht, spricht man von einer **Edelgaskonfiguration**. Die maximale Besetzungszahl nimmt quadratisch mit der Hauptquantenzahl n zu. Es gilt:

$$n_{max} = 2 \cdot n^2 \qquad (2.4)$$

Beispiel 2.1: Maximale Besetzungszahlen auf der K- und der L-Schale. *Für K-Elektronen gilt*
$n = 1$, $\ell = 0$, $m = 0$ und $s = \pm 1/2$. Es sind daher nur zwei Elektronenzustände in der K-Schale
möglich, nämlich einer mit $s = +1/2$ und einer mit $s = -1/2$. Die maximale Besetzungszahl der
K-Schale ist deshalb $n_{max}(K) = 2$. Die Hüllenkonfiguration entspricht dem Edelgas Helium. L-
Elektronen haben die Hauptquantenzahl $n = 2$. Ihre Bahndrehimpulsquantenzahl kann die
Werte $\ell = 0$ oder $\ell = 1$ haben. Dazu gehören jeweils $(2\ell+1)$ Einstellmöglichkeiten. Zu dem $\ell =$
0 Zustand gehört die Magnetquantenzahl $m_\ell = 0$, zu $\ell = 1$ gehören die Werte $m_\ell = 0$ und $m_\ell =$
± 1. Zusammen ergibt das vier mögliche Bahndrehimpulszustände. Nimmt man noch die beiden
Möglichkeiten für die Spinorientierung hinzu, erhält man für die Hauptquantenzahl $n = 2$ acht
mögliche Elektronenzustände. Die maximale Besetzungszahl ist also $n_{max}(L) = 8 = 2 \cdot n^2$ in der
L-Schale. Besetzt man auch die K-Schale vollständig, hat man auf beiden Schalen zusammen
10 mögliche Elektronenplätze. Dies entspricht der Hülle des Edelgases Neon.

Ähnlich verfährt man für die höheren Elektronenschalen. Die maximalen Elektronenzahlen und ihre Entstehung sind für die ersten 6 Elektronenschalen in Tabelle (2.1)
zusammengestellt. Im neutralen Atom ist die Summe der Elektronen aller Schalen
gerade gleich der Ordnungszahl Z.

Schale	Bahndrehimpuls ℓ/m					Spin s	n_{max}
1 = K	0/0					$\pm 1/2$	2
2 = L	0/0	1/(0, $\pm$1)				$\pm 1/2$	8
3 = M	0/0	1/(0,$\pm$1)	2/(0,$\pm$1,$\pm$2)			$\pm 1/2$	18
4 = N	0/0	1/(0, $\pm$1)	2/(0,$\pm$1,$\pm$2)	3/(0,$\pm$1,$\pm$2,$\pm$3)		$\pm 1/2$	32
5 = O	0/0	1/(0, $\pm$1)	2/(0,$\pm$1,$\pm$2)	3/(0,$\pm$1,$\pm$2,$\pm$3)	4/(0,$\pm$1,$\pm$2,$\pm$3,$\pm$4)	$\pm 1/2$	50
6 = P	0/0	1/(0, $\pm$1)	2/(0,$\pm$1,$\pm$2)	3/(0,$\pm$1,$\pm$2,$\pm$3)	4/(0,$\pm$1,$\pm$2,$\pm$3,$\pm$4)	$\pm 1/2$	72
					5/(0,$\pm$1,$\pm$2,$\pm$3,$\pm$4,$\pm$5)		

Tab. 2.1: Bezeichnungen der ersten 6 Elektronenschalen und maximale Besetzungszahlen nach
dem Paulischen Ausschließungsprinzip (s. Gl. 2.4). Ab Z = 113 werden auch Elektronen in der Q-Schale besetzt, da diese energetisch günstiger ist.

Die Quantenmechanik ist nach heutiger Ansicht physikalisch korrekt und sehr erfolgreich in der Beschreibung mikroskopischer Zustände, sie hat allerdings den Nachteil,

insbesondere für mathematisch Ungeübte schwer zugänglich und unanschaulich zu sein. So hat z. B. der Begriff der Elektronenbahn als Spur, die das Elektron im Raum zieht und dabei einen Bahndrehimpuls definiert, in der Quantentheorie eigentlich keine Bedeutung mehr. Ebenso schwer vorstellbar ist es, dass ein punktförmiges Gebilde wie ein Elektron, einen Eigendrehimpuls haben soll. Andererseits kommt die moderne Naturwissenschaft in vielen Fällen nicht mehr ohne die quantenmechanischen Rechenmethoden aus. Im weiteren Verlauf dieses Buches wird aus Gründen der Anschaulichkeit und weil quantentheoretische Erläuterungen zum Verständnis nicht unbedingt notwendig sind, häufig auf die einfachen Vorstellungen des Bohrschen Atommodells zurückgegriffen.

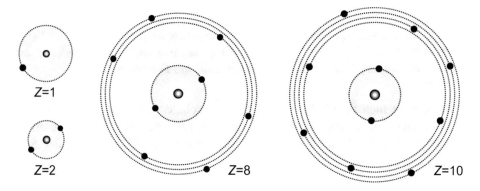

Fig. 2.3: Vereinfachte Darstellung der Elektronenkonfiguration einiger leichter Elemente nach dem Bohrschen Atommodell ($Z = 1$: Wasserstoff, $Z = 2$: Helium, $Z = 8$: Sauerstoff, $Z = 10$: Neon, Elemente mit einer maximal gefüllten äußeren Elektronenschale bzw. 8 Außenelektronen werden Edelgase genannt).

Alle elektrisch neutralen Atome eines Elements haben die gleiche Anzahl an Hüllenelektronen. Man nennt diese Zahl **Ordnungszahl**[20] Z, da nach ihr die Elemente im Periodensystem geordnet sind. Die Angabe der Ordnungszahl eines Elements ist gleichbedeutend mit der Angabe seines chemischen Namens, der in der international vereinbarten Formelsprache mit Abkürzungen des meist lateinischen Namens des Elements bezeichnet wird. Die Ordnungszahl lässt sich unter anderem durch Untersuchungen der aus den Atomhüllen bei Elektronenübergängen ausgesandten charakteristischen Photonenstrahlung bestimmen (s. Kap. 2.2.3). Die Zahl der Elektronen eines Atoms und dessen Schalenkonfiguration bestimmen neben seinem physikalischen

---

[20] Die Bezeichnung Ordnungszahl für die Zahl der Protonen in einem Atomkern geht auf den Physiker **Henri Gwyn-Jeffries Moseley** (23. 11. 1887 – 10. 8. 1915) zurück, der die englische Bezeichnung Atomic Number für die Kernladungszahl einführte. Moseley wurde durch Arbeiten zur Atomspektroskopie und das nach ihm benannte Moseleysche Gesetz bekannt, das die Proportionalität der Energie der charakteristischen Röntgenstrahlung zum Quadrat der Ordnungszahl feststellte (vgl. Gl. 2.8).

auch sein chemisches Verhalten. Die Ordnungszahl Z beeinflusst auch weitere physikalische Eigenschaften des Atoms. So hängt beispielsweise die Wechselwirkungswahrscheinlichkeit von Röntgen- oder Gammastrahlung stark von der Ordnungszahl des bestrahlten Materials ab (s. dazu Kapitel 7). Zusammengesetzte Stoffe oder Stoffgemische werden der Einfachheit halber durch gemittelte Ordnungszahlen gekennzeichnet. Diese werden unter Beachtung der jeweiligen Mengenanteile und der Ordnungszahlabhängigkeiten der betrachteten Wechselwirkungen berechnet. Die Ordnungszahl einer Atomart ist wegen ihrer Definition notwendigerweise immer eine ganze Zahl. Bei gemittelten Ordnungszahlen können dagegen wegen der Massenwichtung auch dezimale Bruchteile auftreten.

Die äußerste gefüllte oder teilweise gefüllte Elektronenschale definiert die Größe der Atomhülle. Die Elektronen dieser Schale werden als **Valenzelektronen** bezeichnet, da sie in der Regel für die chemische Wertigkeit (Valenz) zuständig sind. Die Elektronen auf den verschiedenen Schalen werden wegen der vom Schalenradius abhängigen Stärke der elektrischen Bindungskräfte unterschiedlich stark an den Atomkern gebunden. Diese elektrischen Anziehungskräfte werden nach ihrem Entdecker **Coulombkräfte**[21] genannt. Je dichter sich die Elektronen einer Schale am Atomkern befinden, je kleiner also der Schalendurchmesser ist, umso stärker wirkt auch die elektrische Anziehungskraft auf die Elektronen. Die Anziehung hängt außerdem von der elektrischen Ladung des Atomkerns ab. Die Größe einer zwischen zwei punktförmigen Ladungen q und Q (Elektronenladung und Kernladung) im Abstand r wirkenden Kraft wird durch das Coulombsche Gesetz beschrieben.

$$F = \frac{1}{4\pi\varepsilon_0} \cdot \frac{q \cdot Q}{r^2} \qquad (2.5)$$

Die elektrische Anziehungskraft ist also proportional[22] zu dem Produkt der Ladungen und nimmt quadratisch mit dem Abstand der beiden Ladungen ab. Die Coulombenergie zweier Punktladungen ist ebenfalls proportional zum Produkt der Ladungen, aber umgekehrt proportional nur zum Abstand r. Für den einfachen Fall eines einzelnen Elektrons auf einer Bohrschen Kreisbahn mit dem Radius r um einen Atomkern mit der Ladung Z erhält man als Bindungsenergie also:

$$E_{\text{bind}} \propto \frac{e^2 \cdot Z}{r} \qquad (2.6)$$

Nach dem Bohrschen Modell können sich Elektronen nur auf Bahnen mit diskreten Radien aufhalten, die durch die Schalennummer n, die Hauptquantenzahl, gekenn-

---

[21] **Charles Augustin de Coulomb** (14. 6. 1736 - 23. 8. 1806), französischer Physiker, berühmt für seine quantitativen Arbeiten zur Elektrizitätslehre. Ihm zu Ehren wurde die Einheit der elektrischen Ladung "Coulomb" genannt.

[22] Die Größe ε_0 heißt elektrische Feldkonstante. Sie hat den Wert $\varepsilon_0 = 8{,}854187817\ldots \cdot 10^{-12}$ $(\text{CV}^{-1}\text{m}^{-1})$.

zeichnet sind. Die Bahnradien sind proportional zu n^2 und wegen der für stationäre Bahnen nötigen Gleichgewichtsbedingung[23] von Coulombkraft (Gl. 2.5) und Zentrifugalkraft ($m \cdot v^2/r$) zusätzlich proportional zu $1/Z$. Der Durchmesser der Schalen und damit die Größe der Atome liegen in der Größenordnung von einigen 10^{-10} m.

$$r_n = \frac{n^2 \cdot r_1}{Z} \qquad \text{mit} \qquad r_1 = 0{,}5292 \cdot 10^{-10} m \quad (2.7)$$

Die Größe r_1 heißt **Bohrscher Radius** (wird auch mit dem Zeichen a_0 bezeichnet, exakter Wert s. Anhang 24.2). Für die Bindungsenergie eines einzelnen Elektrons in der Schale n, das sich im Coulombfeld eines Kerns mit Z positiven Ladungen befindet, liefert die Bohrsche Theorie den Ausdruck:

$$E_{\text{bind}} = \frac{R^* \cdot Z^2}{n^2} \tag{2.8}$$

Die Konstante R^* hat den experimentell gesicherten Wert $R^* = 13{,}61$ eV (s. Beispiel 2.2). Sie entspricht gerade der Coulombenergie des K-Elektrons im Wasserstoffatom und wird zu Ehren des schwedischen Physikers **J. R. Rydberg**[24] Rydbergkonstante genannt. Die Energie, die man benötigt, um ein Elektron aus der Anziehung des positiv geladenen Atomkerns zu entfernen, wird als **Bindungsenergie** des Elektrons bezeichnet. Sie ist wegen Gleichung (2.8) charakteristisch für die Elektronen-Schale und für die Kernladungszahl Z. Neutrale Atome enthalten die ihrer Kernladungszahl Z entsprechende Anzahl von Elektronen. Die äußeren Elektronen schwerer Elemente werden durch die inneren Elektronen mehr oder weniger vor der Coulombanziehung des Kerns abgeschirmt. Durch diese Abschirmung und den größeren mittleren Abstand zum Atomkern reduzieren sich die anziehende Kraft und damit auch die Bindungsenergien der Elektronen der äußeren Schalen.

Beispiel 2.2: Bindungsenergien von K-Elektronen wasserstoffähnlicher Atome. Unter wasserstoffähnlichen Atomen versteht man Atome oder Ionen, in deren Elektronenhülle sich nur ein einzelnes Elektron aufhält. Die Hüllen wasserstoffähnlicher Atome sind also alle mehr oder weniger ionisiert. Solche Atome existieren in der Natur normalerweise nicht, sie treten aber in aufgeheizten Gasen (Plasmen) auf. Setzt man in Gleichung (2.8) Z = 1 und n = 1 ein, erhält man gerade die Bindungsenergie des K-Elektrons im Wasserstoffatom. Sie hat den Wert $E_K = 13{,}6\ eV$.

---

[23] Gleichsetzung von Zentrifugal- und Coulombkraft ergibt mit der Drehimpuls-Quantisierungsbedingung $r \cdot p = n \cdot \hbar$ und der Elektronenmasse m_0 nach leichter Umformung: $r = n^2/Z \cdot \hbar^2 \cdot 4\pi\varepsilon_0/m_0 e_0^2 = n^2\ r_1/Z$.

[24] **Janne Robert Rydberg** (8. 11. 1854 - 28. 12. 1919), schwedischer Physiker, Arbeiten zum Periodensystem und den Serienspektren. Die von ihm experimentell gefundene und nach ihm benannte Rydbergkonstante R wurde 1913 von N. Bohr theoretisch abgeleitet. Sie wurde ursprünglich in Einheiten der reziproken Wellenlänge (Wellenzahl) angegeben. Aus praktischen Gründen bevorzugt man heute die Darstellung in der Energieeinheit eV (dem Produkt R·hc). Zur Unterscheidung von der historischen Konstante erhält sie als Index einen Stern (R^*). Der genaue Wert beträgt $R^* = 13{,}605\ 692\ 53(30)$ eV (nach Codata 2010).

	Z	Elektronenschale						
		K	L			M	N	O	P
		(I)	(II)	(III)	(I-V)	(I-VII)	(I-IX)	(I-XI)
H	1	0,0136						
He	2	0,0246						
C	6	0,249	0,013	0,005	0,005			
N	7	0,410	0,037					
O	8	0,543	0,024	0,009	0,009			
Ne	10	0,870	0,049	0,022	0,022			
Al	13	1,558	0,118	0,073	0,073	0,005		
P	15	2,149	0,189	0,136	0,135	0,010-0,002		
K	19	3,608	0,379	0,297	0,295	0,035-0,018		
Ca	20	4,039	0,438	0,350	0,347	0,044-0,025		
Co	27	7,711	0,927	0,796	0,781	0,101-0,004		
Cu	29	8,981	1,099	0,953	0,933	0,123-0,003		
Ga	31	10,367	1,298	1,143	1,117	0,158-0,018	0,002	
Sr	38	16,105	2,216	2,007	1,940	0,358-0,133	0,038-0,020	
Y	39	17,039	2,373	2,155	2,080	0,395-0,158	0,046-0,026	
Tc	43	21,044	3,042	2,793	2,677	0,544-0,253	0,068-0,039	
In	49	27,940	4,238	3,938	3,730	0,826-0,444	0,122-0,077	
I	53	33,170	5,188	4,852	4,557	1,072-0,620	0,186-0,050	
Cs	55	35,985	5,713	5,360	5,012	1,217-0,724	0,231-0,075	0,023-0,011
Ba	56	37,441	5,989	5,624	5,247	1,293-0,781	0,254-0,179	
W	74	69,523	12,099	11,542	10,205	2,817-1,807	0,592-0,032	0,074-0,034
Ir	77	76,111	13,419	12,824	11,215	3,174-2,041	0,690-0,061	0,096-0,051
Au	79	80,722	14,353	13,733	11,918	3,425-2,206	0,759-0,084	0,108-0,054
Tl	81	85,529	15,347	14,698	12,657	3,704-2,390	0,846-0,119	0,137-0,012
Pb	82	88,005	15,861	15,200	13,035	3,851-2,484	0,894-0,136	0,148-0,018
U	92	115,61	21,758	20,948	17,168	5,548-3,552	1,442-0,381	0,324-0,096	0,071-0,033

Tab. 2.2: Experimentell bestimmte Elektronen-Bindungsenergien (in keV) für besetzte Schalen einiger in Strahlenschutz und Radiologie wichtiger Elemente in natürlicher Form im Grundzustand der Atomhüllen. Die römischen Ziffern kennzeichnen die jeweiligen Unterschalen (s. Text). (Daten nach [Lederer], [Storm/ Israel], [X-Ray 2009]).

Für andere Einelektronensysteme mit höherer Kernladung ist diese Bindungsenergie einfach mit dem Quadrat der Ordnungszahl zu multiplizieren. Für ein Helium-Ion (He+, Z = 2) erhält man also die vierfache Bindungsenergie von 4·13,6 eV = 54,4 eV. Für ein Jodion (Z = 53) mit nur einem Elektron in der Hülle erhält man bereits 38,2 keV und für das 91-fach positiv geladene Uranion (Z = 92) eine K-Bindungsenergie von 115,11 keV. Die exakten Werte der K-Bindungsenergien für Jod und Uran sind 33,17 und 115,61 keV (s. Tab. 2.2), allerdings gemessen für vollständige Atomhüllen, in denen die anderen Elektronen die Bindung der inneren Elektronen etwas lockern. Dennoch zeigt diese recht gute Übereinstimmung schon die hervorragende Vorhersagekraft des einfachen Bohrschen Atommodells.

Um auch in diesen Fällen noch mit den einfachen Bohrschen Formeln arbeiten zu können, hat man **effektive Kernladungszahlen Z_{eff}** eingeführt, die diese Abschirmungseffekte berücksichtigen. Effektive Kernladungszahlen können statt der regulären Ordnungszahl Z in Gleichung (2.8) eingesetzt werden, um die Bindungsenergie der Valenzelektronen zu berechnen. Je mehr Elektronen sich zwischen Atomkern und dem Valenzelektron befinden, umso deutlicher ist der Abschirmeffekt. Valenzelektronen sehr schwerer Kerne sehen daher praktisch nur noch die Wirkung einer einzigen resultierenden Kernladung statt diejenige der vollständigen Protonenzahl Z.

Aus Gründen und nach Regeln, die im Rahmen dieses Buches nicht dargestellt werden sollen, spalten Elektronen in den äußeren Schalen in Abhängigkeit von den übrigen Quantenzahlen energetisch geringfügig gegenüber dem Bohrschen Modell auf. So befinden sich in der L-Schale mit ihren maximal 8 Elektronen bereits drei, in der M-Schale fünf unterschiedliche Energieniveaus. Sie werden zur besseren Unterscheidung mit einem Index aus römischen Ziffern versehen (L_I, L_{II}, L_{III}, M_I,...). Beispiele für exakte Bindungsenergien von für die Radiologie wichtigen Elementen zeigt Tabelle (2.2), Übergangsenergien zwischen den Schalen des für die Röntgentechnik besonders wichtigen Elements Wolfram ($Z = 74$) Tab. (2.3). Es kommt außerdem bei schwereren Elementen aus energetischen Gründen zur vorzeitigen Besetzung höherer Schalen, obwohl in den niedrigeren Schalen noch Elektronenplätze unbesetzt sind.

2.2.2 Anregung und Ionisation von Atomhüllen

Die Bindungsenergien von Elektronen kann man mit der Lageenergie schwerer Teilchen (der potentiellen Energie) im Schwerefeld der Erde vergleichen. Befinden sich diese Teilchen beispielsweise in einer Vertiefung, muss man Hubarbeit gegen die Massenanziehung (Gravitation) leisten, wenn man sie aus diesem Loch entfernen will. Genauso können Elektronen durch Aufnahme von Energie die Coulombbindung an den Atomkern ganz oder teilweise überwinden. Führt man dem Elektron mindestens so viel Energie zu, wie es seiner Bindungsenergie entspricht, kann es aus der Atomhülle entfernt werden. Diesen Vorgang nennt man **Ionisation**. Das Elektron befindet sich dann im Kontinuum der ungebundenen Zustände (s. Fig. 2.6). In der Ursprungsschale des Elektrons entsteht dadurch eine Defektstelle, ein **Elektronenloch**. War das Atom vorher elektrisch neutral, ist es nach einer Ionisation einfach positiv geladen.

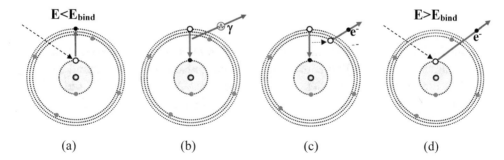

Fig. 2.4: Schematische Darstellung der (a) Anregung, (b) Abregung mit Photonenemission, (c) Abregung mit Augerelektronen-Emission und (d) Ionisation eines Hüllenelektrons an einem C-Atom ($Z = 6$). Beim Rücksprung eines Elektrons aus einem angeregten Zustand kann die Differenz der Bindungsenergien in Form charakteristischer Photonenstrahlung (b) oder durch Augerelektronen-Emission (c) vernichtet werden. In beiden Fällen ist die emittierte Strahlungsenergie charakteristisch für das Atom.

Elektronen können durch Energiezufuhr auch auf energetisch höhere Zustände, in der Regel in höheren Schalen, angehoben werden, sofern auf diesen ein Platz für ein zusätzliches Elektron frei ist. Da der Atomhülle dabei Energie zugeführt werden muss, bezeichnet man diesen Prozess als **Anregung**. Das Elektron wechselt dabei lediglich seinen Platz in der Atomhülle. Die Atomhülle bleibt als ganze neutral. Allerdings ändert sich dabei die Elektronenkonfiguration, d. h. die Anordnung der Elektronen in den einzelnen Schalen. Die zur Anregung erforderliche Energie erhält man als Differenz der Bindungsenergien der beiden Schalen. Für wasserstoffähnliche Ein-Elektronen-Atome kann man diese Anregungsenergie direkt aus Gleichung (2.8) berechnen. Für ein Elektron im Zustand n, das in den Zustand m angehoben werden soll, erhält man dann:

$$E_{n \to m} = E_n - E_m = R^* \cdot Z^2 \left(\frac{1}{n^2} - \frac{1}{m^2} \right) \tag{2.9}$$

Sind ein oder mehrere Elektronen nicht auf ihren "Stammplätzen", bezeichnet man diesen Hüllenzustand als **Anregungszustand**. Befinden sich alle Elektronen auf den energetisch jeweils niedrigsten Elektronenplätzen, d. h. auf den Positionen mit der stärksten Bindung, befindet sich die Atomhülle im **Grundzustand**. Der Grundzustand der Atomhülle ist also der Zustand ihrer minimalen Gesamtenergie.

2.2.3 Hüllenstrahlungen

Ein Elektronenzustand, aus dem durch Anregung oder Ionisation ein Elektron entfernt wurde, enthält nach der Wechselwirkung ein Elektronenloch. Die Atomhülle ist dadurch in einem energetisch ungünstigen Zustand und versucht deshalb, dieses Elektronenloch sofort (in typisch 10^{-8} s) wieder durch Elektronen aus Zuständen mit geringerer Bindungsenergie, also aus äußeren Schalen aufzufüllen (s. Fig. 2.4). Dies ist natürlich nur möglich, wenn dort Elektronen verfügbar sind und die durch Drehimpuls und Spin der beteiligten Elektronenzustände bestimmten **Auswahlregeln** den Rücksprung zulassen. In diesem Fall entsteht in dem energetisch höheren Zustand ein neues Loch. Das Elektronenloch wandert durch sukzessives Auffüllen bis in die äußerste Schale, da dies in der Regel der energetisch günstigste Zustand für die ionisierte Atomhülle ist. Sind keine äußeren Elektronen verfügbar, bleibt die Atomhülle ionisiert. Das Atom wird dadurch chemisch reaktiv und verbindet sich zum Ladungsausgleich mit anderen Atomen. Elektronen höherer Schalen fallen also in freie Plätze auf inneren Schalen zurück.

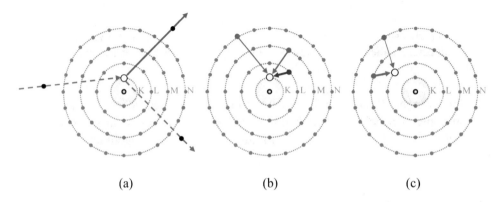

(a)   (b)   (c)

Fig. 2.5: Entstehung der charakteristischen Röntgenstrahlung am Beispiel eines schweren Atoms. (a): Ionisierung des Atoms in einer der inneren Schalen (hier K-Schale) durch Elektronenstoß, falls die Bewegungsenergie des einlaufenden Elektrons größer als die K-Bindungsenergie ist. (b): Verschiedene Möglichkeiten zum Auffüllen des K-Schalen-Lochs durch Elektronen äußerer Schalen. Die beim Auffüllen der K-Schale emittierte Strahlung wird als K-Serie bezeichnet. (c): Auffüllen eines Lochs in der L-Schale und Emission der Bindungsenergiedifferenz in Form von L-Serien-Strahlung (s. Text, nicht maßstabsgerechte Darstellung).

Die Differenz der Bindungsenergien der beteiligten Elektronenzustände wird bei diesem Vorgang aus der Atomhülle emittiert. In Analogie zum Anregungsprozess kann man diesen Vorgang als **Abregung** der Atomhülle bezeichnen. Dabei sind Übergänge zwischen unterschiedlichen Schalen (Interschalenübergänge: $n \neq m$) und zwischen Unterschalen innerhalb einer Schale (Intraschalenübergänge: $n = m$) zu unterscheiden. Die charakteristische Energiedifferenz der beteiligten Elektronenzustände kann nach einer Anregung oder Ionisation auf zwei Arten aus dem Atom emittiert werden (Fig. 2.4). Eine Möglichkeit ist die Abstrahlung der Überschussenergie in Form **charakteristischer Photonenstrahlung**. Die Wahrscheinlichkeit für den Übergang mit Photonenemission heißt **Fluoreszenzausbeute**. Die zweite Möglichkeit zur Abregung ist der direkte Übertrag der Differenzenergie auf weitere Hüllenelektronen. Dies wird als **Augereffekt**, die Wahrscheinlichkeit dafür als Augerausbeute bezeichnet. In Festkörpern oder Flüssigkeiten kann die Abregungsenergie auch zu kollektiven Schwingungen des Kristalls oder der Flüssigkeiten verwendet werden (Phononen).

2.2.3.1 Charakteristische Photonenstrahlung

Diese bei der Abregung emittierte Photonenstrahlung kann je nach der Energiedifferenz der beteiligten Elektronenzustände im Bereich des sichtbaren Lichts liegen oder als ultraviolette Strahlung oder Röntgenstrahlung auftreten. Sind die Abregungsphotonen aus der Elektronenhülle genügend energiereich (vgl. Tab. 1.5), werden sie als charakteristische Röntgenstrahlung, der Vorgang selbst als **Röntgenfluoreszenz** bezeichnet. Die Untersuchung der Zusammensetzung einer unbekannten Substanz durch den Nachweis dieser charakteristischen Röntgenstrahlung heißt deshalb **Röntgenfluoreszenzanalyse**. Die Energiedifferenz der beteiligten Elektronenniveaus, also die bei der Abregung freigesetzte Energie, wird bei Interschalenübergängen genau wie bei der Anregung berechnet (Gln. 2.8, 2.9, 2.10).

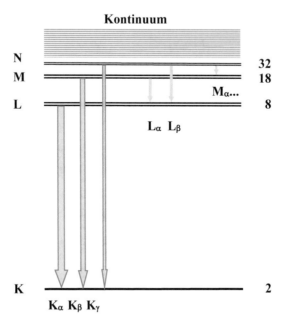

Fig. 2.6: Vereinfachtes Elektronen-Energieniveauschema für ein schweres Atom. Die Ziffern rechts sind die Anzahlen der Zustände in den einzelnen Schalen (s. Tab. 2.1). Die vertikalen Pfeile markieren die Elektronenübergänge bei der Entstehung charakteristischer Röntgenstrahlung nach einer vorhergehenden Ionisation der Elektronenhülle. Die Pfeilbreiten symbolisieren die unterschiedlichen Übergangswahrscheinlichkeiten.

Serie	Linie	Übergang	Energie (keV)	Rel. Intensität (%)
K-Serie	**K-Bindungsenergie:**	E_K: **69,523 keV**		
Linien:	$K\beta_2^1$	$N_{III} \to K$	69,100	8
	$K\beta_2^2$	$N_{II} \to K$	69,005	
	$K\beta_1$	$M_{III} \to K$	67,245	22
	$K\beta_3$	$N_{III} \to K$	66,951	11
	$K\alpha_1$	$L_{III} \to K$	59,318	100
	$K\alpha_2$	$L_{II} \to K$	57,981	57
L-Serie	**L-Bindungsenergien:**	E_{LI}: **12,099 keV**, E_{LII}: **11,542 keV**, E_{LIII}: **10,205 keV**		
Linien:	$L\gamma_1$	$N_{IV} \to L_{II}$	11,287	9
	$L\beta_2$	$N_V \to L_{III}$	9,962	22
	$L\beta_1$	$M_{IV} \to L_{II}$	9,673	52
	$L\alpha_1$	$M_V \to L_{III}$	8,398	100
	$L\alpha_2$	$M_{IV} \to L_{III}$	8,336	11
M-Serie	**M-Bindungsenergien:**	E_{MI}: **2,817 keV**, E_{MII}: **2,572 keV**, E_{MIII}: **2,278 keV**, E_{MIV}: **1,869 keV**, E_{MV}: **1,807 keV**		
Linien:	$M\gamma$	$N_V \to M_{III}$	2,035	
	$M\beta$	$N_{VI} \to M_{IV}$	1,835	
	$M\alpha_1$	$N_{VII} \to M_V$	1,775	
	$M\alpha_2$	$N_{VI} \to M_V$	1,773	

Tab. 2.3: Energien der wichtigsten Elektronenübergänge im Wolframatom ($Z = 74$). Neben der historischen Bezeichnung (nach Siegbahn[25]) sind der Elektronenübergang und die Bindungsenergiedifferenz der beteiligten Niveaus angegeben. Die relativen Intensitäten beziehen sich auf den jeweils stärksten Übergang der Serie. Nicht aufgeführte Übergänge sind verboten oder stark behindert.

---

[25] **Kai Siegbahn** (20. 4. 1918 – 20. 7. 2007), schwedischer Physiker. Er erhielt 1981 den Nobelpreis "für seinen Beitrag zur Entwicklung der hochauflösenden Elektronenspektroskopie".

$$E_{rad} = E_n - E_m \qquad \qquad (2.10)$$

Die charakteristischen Photonen werden nach ihrer "Zielschale" gekennzeichnet; die Schale, in der sich die Leerstelle befindet, gibt also der Linie den Namen. Alle Photonen, bei denen das Elektron in die K-Schale zurückfällt, werden deshalb als **K-Strahlung** bezeichnet, Abregungen in die L-Schale als **L-Strahlung** usw.. Die Herkunft wird nach der klassischen Notation durch griechische Buchstaben gekennzeichnet. Übergänge aus der nächst höheren Schale werden mit "α", aus der übernächsten Schale mit "β" usf. markiert. Zur Unterscheidung der Unterschalen werden weitere Indizes verwendet. Da die höheren Schalen wie oben bereits erwähnt energetisch aufgespalten sind, erhält man eine Vielzahl möglicher Übergänge, die als K-Serie, L-Serie, M-Serie usw. bezeichnet werden (s. Fig. 2.6). Neben den Interschalenübergängen findet man vor allem in der L-Schale Übergänge zwischen den einzelnen Unterschalen (L3 → L1 und L2 → L1). Ihre Fluoreszenzausbeuten sind wegen der kleinen Energiedifferenzen aber sehr viel kleiner als bei Interschalenfluoreszenzen. Da alle Hüllenübergänge monoenergetisch sind, also scharf definierte Energien haben (s. aber Heisenbergsche Unschärferelation), erhält man ein Linienspektrum mit diskreten Intensitäten.

Beispiel 2.3: Charakteristische Röntgenstrahlung am Wolframatom. *Eine für die Röntgentechnik wichtige Anwendung ist die charakteristische Röntgenstrahlung des Wolframs, die beim Beschuss der Wolframanode der Röntgenröhre mit Elektronen ausgelöst wird. Sobald die Elektronenenergie die Bindungsenergie der K-Elektronen (etwa 69,5 keV) überschreitet, können Elektronen durch Elektronenstoß aus der K-Schale entfernt werden. Die daraufhin emittierte charakteristische Röntgenstrahlung mischt sich dem kontinuierlichen Röntgenbremsspektrum bei, das durch Strahlungsbremsung der Elektronen in der Röntgenröhre entsteht. Die Entstehung der charakteristischen Röntgenstrahlung nach Stoßionisation ist in den Figuren (2.5) und (2.6) dargestellt. Numerische Werte der wichtigsten Hüllenübergangsenergien im Wolfram finden sich in (Tab. 2.3).*

2.2.3.2 Augerelektronen

Die zweite Möglichkeit zur Emission überschüssiger Hüllenenergie ist die unmittelbare Energieübertragung vom nach innen fallenden Elektron auf energetisch benachbarte Hüllenelektronen, die dadurch aus der Atomhülle entfernt werden[26]. Findet dieser Elektronenübergang zwischen verschiedenen Hauptschalen statt, nennt man dies **Augereffekt** ([Auger 1925], erste Hinweise stammen von Lise Meitner [Meitner 1922]). Die freigesetzten Elektronen heißen Augerelektronen (Fig. 2.4c). Der Auger-Übergang in eine Unterschale derselben Hauptschale unter Elektronenemission wird als **Coster-Kronig-Übergang** bezeichnet [Coster-Kronig]. Wie bei der Fluoreszenz sind diese Intraschalen-Übergänge deutlich unwahrscheinlicher als die Augerelektronen-Emission. Lösen die in den äußeren Schalen beim Elektronenrücksprung entstehenden neuen Löcher wiederum Augerelektronen aus, kommt es zu einer regelrechten Entla-

---

[26] Augerelektronenemission findet ohne vorherige Emission eines realen Fluoreszenzphotons statt, da beim Augereffekt die Auswahlregeln für Photonenemission verletzt werden können.

dungslawine, der **Augerkaskade,** die zu einer vielfachen Ionisation der Atomhülle führen kann.

2.2.3.3 Fluoreszenz- und Augerelektronenausbeuten

Die Abhängigkeit der relativen Ausbeuten für die beiden konkurrierenden Prozesse beim Auffüllen eines K-Schalen-Lochs von der Ordnungszahl kann man wie folgt abschätzen. Bezeichnet man die relative Ausbeute für die Emission charakteristischer K-Photonenstrahlung (die K-Fluoreszenzausbeute) mit ω_K und die Augerausbeute mit α_K, dann gilt, da die Gesamtwahrscheinlichkeit natürlich immer 100% beträgt:

$$\omega_K + \alpha_K = 1 \qquad (2.11)$$

Aus theoretischen und experimentellen Untersuchungen ist bekannt, dass die Wahrscheinlichkeit für die Rekombination unter Aussendung charakteristischer Photonenstrahlung mit der vierten Potenz der Ordnungszahl Z anwächst. Die Wahrscheinlichkeit für den Augereffekt ist dagegen weitgehend unabhängig von Z. Ihr Wert ist konstant gleich dem Wert für die K-Photonenemission bei $Z \approx 30$. Für den Zusammenhang von Augerelektronen-Emission und Fluoreszenz in der K-Schale gilt also:

$$\omega_K \propto Z^4 \qquad \text{und} \qquad \alpha_K = \text{const} = \alpha_K(30) \qquad (2.12)$$

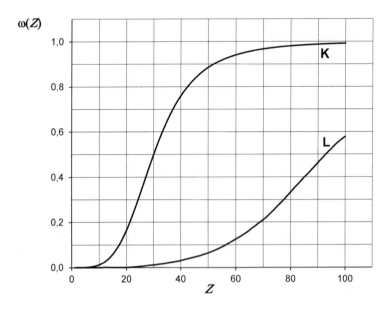

Fig. 2.7: Relative Ausbeuten $\omega_K(Z)$ für die K-Schalen-Fluoreszenz (K: oben) in Abhängigkeit von der Ordnungszahl Z des Absorbers (ω_K nach Gl. 2.14) und für die mittlere L-Schalen-Fluoreszenz ω_L (L: unten) nach numerischen Daten von [Krause 1979].

$$\omega_K(30) = \alpha_K(30) \propto 30^4 \qquad (2.13)$$

Für die relative K-Fluoreszenzausbeute ω erhält man daher (vgl. Fig. 2.7):

$$\omega_K(Z) = \frac{Z^4}{Z^4 + 30^4} \qquad (2.14)$$

Element / Z		Fluoreszenzausbeuten ω				Augerausbeuten α	
		ω_K	ω_{L1}	ω_{L2}	ω_{L3}	α_K*	α_L**
H	1	0,00002				0,99998	1
He	2	0,0001				0,9999	1
C	6	0,0026				0,9974	1
N	7	0,0043				0,9957	1
O	8	0,0069				0,9931	1
Al	13	0,039	0,000026	0,00075	0,00075	0,961	0,999
P	15	0,064	0,000039	0,00031	0,00031	0,956	0,999
K	19	0,143	0,00024	0,00027	0,00027	0,57	0,999
Ca	20	0,169	0,00031	0,00033	0,00033	0,831	0,999
Co	27	0,388	0,0012	0,0077	0,0077	0,612	0,999
Zn	**30**	**0,486**	**0,0018**	**0,011**	**0,012**	**0,514**	**0,992**
Sr	38	0,696	0,0051	0,024	0,026	0,304	0,982
Tc	43	0,782	0,011	0,037	0,040	0,218	0,971
I	53	0,882	0,044	0,079	0,079	0,118	0,933
Cs	55	0,894	0,049	0,090	0,091	0,106	0,923
W	74	0,954	0,147	0,270	0,255	0,046	0,776
Ir	77	0,958	0,120	0,308	0,294	0,042	0,759
Tl	81	0,962	0,107	0,360	0,347	0,038	0,729
Pb	82	0,963	0,112	0,373	0,360	0,037	0,718
U	92	0,970	0,176	0,467	0,489	0,030	0,623

Tab. 2.4: Experimentell bestimmte Fluoreszenzausbeuten und Augerelektronen-Ausbeuten für einige wichtige Elemente nach einer Zusammenstellung des LBNL [Krause 1979]. *: Die α_K-Augerausbeuten sind nach Gleichung (2.11) berechnet. Bei $Z = 30$ (grau unterlegte Zeile) sind ω_K und α_K etwa gleich groß. **: Die α_L-Ausbeuten sind Mittelwerte über L1, L2, L3.

Nach K-Schalen-Ionisationen tritt charakteristische K-Photonenstrahlung also vor allem bei Elementen hoher Ordnungszahl auf, während bei leichteren Elementen der Augereffekt überwiegt. Bei mittelschweren Elementen ($Z \approx 30$) sind beide Effekte für die K-Schale etwa gleich wahrscheinlich (ausführliche Datensammlung in [Bambynek 1972], [Krause 1979]). Bei Ionisationen in den äußeren Schalen kommt es anders als in der K-Schale nahezu unabhängig von der Ordnungszahl überwiegend zur nachfolgenden Augerelektronen-Emission ([ICRU 32] und Tab. 2.4). Dies gilt sowohl für primäre Ionisationen der äußeren Elektronenhülle als auch für sekundäre Übergänge nach einer vorhergehenden Röntgenfluoreszenz. Erst bei sehr schweren Elementen erhält man auch merkliche Fluoreszenzausbeuten für die äußeren Schalen.

In menschlichem Weichteilgewebe ($Z \approx 7$) und anderen Substanzen niedriger Ordnungszahl wird die Rekombinationsenergie beim Auffüllen eines Elektronenlochs in inneren Schalen also überwiegend über die Emission von in der Regel kurzreichweitigen Augerelektronen ausgesendet. Für Materialien höherer Ordnungszahl gilt dies nur für Elektronenlöcher der äußeren Schalen. Die kurzreichweitigen Augerelektronen inkorporierter Radionuklide sind von großer Bedeutung für den Strahlenschutz.

Zusammenfassung

- **Atomhüllen werden in diesem Buch der Einfachheit halber mit Hilfe des Bohrschen Schalenmodells beschrieben. Danach befinden sich Elektronen auf Schalen um den Atomkern, die von innen nach außen fortlaufend von $n = 1$ an nummeriert werden. Sie werden als K-, L-, M-Schalen bezeichnet.**

- **Die maximal mögliche Anzahl von Elektronen auf der Schale n ist $n_{max} = 2n^2$.**

- **Durch Energieübertragung können Elektronen von ihrem Stammplatz aus in höherenergetische Zustände angeregt werden.**

- **Wird mindestens die Bindungsenergie der Elektronen zugeführt, wird das Atom ionisiert. Am ursprünglichen Elektronenplatz bleibt wie bei der Anregung ein Elektronenloch zurück.**

- **Beim Auffüllen des Elektronenlochs durch äußere Elektronen isolierter Atome wird die Energiedifferenz in Form von charakteristischer Photonenstrahlung frei oder sie wird als Bewegungsenergie auf Augerelektronen übertragen.**

- **Die relativen Ausbeuten dieser Prozesse hängen von der Ordnungszahl und den beteiligten Schalen ab.**

- **Für L-K-Übergänge und Ordnungszahlen $Z < 30$ dominiert der Augereffekt. Diese Verhältnisse entsprechen den typischen Vorgängen in menschlichen Geweben.**

2.3 Der Atomkern

Der Atomkern besteht aus Z Protonen[27] und N Neutronen. Proton und Neutron werden zusammen als **Nukleonen** (Kernteilchen) bezeichnet. Die Kernladungszahl Z gibt die Zahl der positiven Elementarladungen im Atomkern an. Sie ist identisch mit der Ordnungszahl. Die elektrischen Ladungen von Elektron und Proton sind entgegengesetzt gleich der Elementarladung e_0. Neutronen tragen keine elektrische Ladung. Im elektrisch neutralen Atom stimmen daher die Zahl der Hüllenelektronen und die Zahl der Protonen überein. Die Gesamtzahl der Nukleonen im Kern wird durch die Nukleonenzahl A angegeben. Für sie gilt:

$$A = Z + N \tag{2.15}$$

Zur Kennzeichnung eines Atomkerns wird dessen Name in Form des chemischen Symbols, die Ordnungszahl Z, die Neutronenzahl N und die Massenzahl A angegeben. Für das Element X mit der Ordnungszahl Z und der Nukleonenzahl A schreibt man also:

$$^A_Z X_N: \quad ^{12}_6 C_6, \ ^{14}_6 C_8, \ ^{22}_{11} Na_{11}, \ ^{238}_{92} U_{146} \tag{2.16}$$

Da die Ordnungszahl und das chemische Kurzzeichen eindeutig zugeordnet sind, kann man die Angabe der Ordnungszahl und der Neutronenzahl bei der Kennzeichnung eines Atomkerns auch weglassen. Verkürzt schreibt man dann:

$$^A X: \ ^{12}C, \ ^{14}C, \ ^{22}Na, \ ^{238}U \qquad \text{oder} \qquad \text{X-A: C-12, C-14, Na-22, U-238} \tag{2.17}$$

Kernmassen: Ein Nukleon hat fast die 2000fache Masse eines Elektrons ($m_p = 1835{,}97 \cdot m_e$ und $m_n = 1836{,}15 \cdot m_e$, s. Tab. 1.1). Seine Masse beträgt etwa $1{,}67 \cdot 10^{-27}$ kg. Die Masse eines Atoms steckt daher nahezu ausschließlich im Atomkern. Sie wird aus praktischen Gründen meist in Vielfachen der **atomaren Masseneinheit u** angegeben. Diese ist definiert als ein Zwölftel der Masse eines neutralen chemisch ungebundenen ^{12}C-Atoms in Ruhe und im Grundzustand, also ohne Anregung oder relativistische Massenzunahme. Ihr Zahlenwert wird aus der experimentell bestimmten molaren Masse dieses Atoms und der **Avogadro-Konstante**[28] N_A berechnet.

$$1u = \frac{m_C}{12} = \frac{m^{12}C_{mol,exp}}{12 \frac{1}{6{,}022 \cdot 10^{23}/mol}}^{-27} \tag{2.18}$$

---

[27] Die Bezeichnung Proton für den Atomkern des einfachsten Wasserstoffatoms geht auf **Rutherford** zurück, der diesen Namen (er kommt aus dem Griechischen und bedeutet "Das Erste") 1919 einführte.

[28] **Lorenzo Romano Amedeo Carlo Avogadro** (9. 8. 1776 - 9. 7. 1858), italienischer Adliger aus Turin, Physiker, Mathematiker und Jurist, grundlegende Arbeiten zur mathematischen Physik. Die nach ihm benannte Avogadro-Konstante N_A ist der Quotient der Teilchenzahl in einer Stoffmenge und dieser Stoffmenge (Teilchen/Mol). Ihr Zahlenwert ist $N_A = 6{,}022\ 14076 \cdot 10^{23} \text{mol}^{-1}$ (s. Tab. 24.1.1).

Der exakte Wert der atomaren Masseneinheit beträgt $u = 1,660\ 539040(20)\cdot10^{-27}$ kg (s. auch Anhang 24.1)[29]. Das entsprechende Energieäquivalent hat den Wert:

$$1\ u\cdot c^2 = 931{,}50157\ \text{MeV} \qquad (2.19)$$

Da Neutronen- und Protonenmasse ungefähr gleich sind, gibt die Summe von N und Z, die Nukleonenzahl A, auch näherungsweise die Masse des Kerns in dieser atomaren Masseneinheit u an. A heißt deshalb auch **Massenzahl**.

Kernradien: Der Radius der Nukleonen beträgt etwa 1,4 Femtometer (1 Femtometer = 1fm = 10^{-15}m). Kerndurchmesser werden aus Streuexperimenten experimentell bestimmt. Werden dazu geladene Teilchen wie Elektronen verwendet, erhält man als Ergebnis der Streuexperimente die Ladungsverteilungen im Atomkern. Verwendet man Teilchen, die auch der starken Wechselwirkung unterliegen, erhält man Informationen über die Nukleonenverteilungen. Atomkerne haben keinen scharfen Rand sondern zeigen eine vom Messverfahren abhängige Oberflächenunschärfe. Angaben über Kernradien nach den unten aufgeführten Formeln sind daher nur Näherungswerte, die die Größenordnung der Kernradien beschreiben sollen. Detaillierte Ausführungen zur Kernradienbestimmung finden sich z. B. in [Mayer-Kuckuk/K]. Der Kernradius nimmt wegen der dichten Nukleonenpackung mit der dritten Wurzel der Nukleonenzahl A zu (s. unten: Dichte der Kernmaterie).

$$r_{\text{kern}} = r_0\cdot A^{1/3} \qquad \text{mit} \qquad r_0 = 1,4\cdot10^{-15}\ \text{m} \qquad (2.20)$$

Typische Kernradien (einige fm) und Hüllenradien des gleichen Atoms (einige 10^{-10} m) unterscheiden sich daher etwa um den Faktor 10^4 bis 10^5.

$$r_{\text{Hülle}}/r_{\text{Kern}} \approx 10'000 : 1 \qquad \text{bis} \qquad r_{\text{Hülle}}/r_{\text{Kern}} \approx 100'000 : 1 \qquad (2.21)$$

Ein anschaulicher Vergleich in makroskopischen Dimensionen verdeutlicht diese Verhältnisse. Für eine Kerngröße von 1 mm hätte die Hülle den Außendurchmesser von 100 m (Abmessungen wie Sandkorn und 100-m-Bahn!). Das Elektron hat nach heutiger Kenntnis einen Durchmesser von weniger als 10^{-19} m, ist daher um mindestens den Faktor 10'000 kleiner als ein Nukleon. Es wird daher wie die anderen Elementarteilchen als punktförmig betrachtet. Das Atom ist also ein nahezu leeres Gebilde. Seine Außenabmessungen werden durch die äußerste Elektronenbahn in der Hülle bestimmt. Der Atomkern ist im Vergleich dazu fast punktförmig, er enthält aber beinahe die gesamte Masse des Atoms.

---

[29] Eine alternative Bezeichnung für die atomare Masseneinheit u ist das Dalton Da, das vor allem im anglomerikanischen Raum verwendet wird. Es wurde zu Ehren des englischen Wissenschaftlers **John Dalton** (s. Fußnote 1) eingeführt.

Beispiel 2.4: *Der Radius eines ^{131}I-Atomkerns beträgt nach Gl. (2.20) $r(^{131}I) = 7,1 \cdot 10^{-15}$ m, der Kernradius eines Uranatoms ist $r(^{238}U) = 8,7 \cdot 10^{-15}$ m und der Kernradius eines leichten Sauerstoff-16-Kerns ist $r(^{16}O) = 3,5 \cdot 10^{-15}$ m.*

Dichte der Kernmaterie*

Aus Kernvolumen und Kernmasse kann man die Dichte der Kernmaterie abschätzen. Vernachlässigt man die Massenunterschiede zwischen Proton und Neutron und den Massendefekt (Massenverlust bei der Nukleonenbindung, s. u.), gilt für die Masse eines Kerns aus A Nukleonen:

$$m_{\text{Kern}} \approx A \cdot m_{\text{p,n}} \tag{2.22}$$

Sein Volumen erhält man mit Gl. (2.21) zu:

$$V_{\text{Kern}} = \frac{4}{3} \cdot \pi \cdot r_{\text{Kern}}^3 = \frac{4}{3} \cdot \pi \cdot (r_0 \cdot A^{1/3})^3 = \frac{4}{3} \cdot \pi \cdot r_0^3 \cdot A \tag{2.23}$$

Die Dichte der Kernmasse ρ erhält man aus diesen Gleichungen zu:

$$\rho = \frac{m_{\text{Kern}}}{V_{\text{Kern}}} \approx 2 \cdot 10^{17} \text{kg/m}^3 = 2 \cdot 10^{14} \text{g/cm}^3 \tag{2.24}$$

Kernmaterie hat also eine extrem hohe und von der Massenzahl A des Atomkerns unabhängige Dichte. Diese ist um ungefähr 14 Zehnerpotenzen größer als die Dichte von Wasser ($\rho \approx 1$ g/cm^3). Die hohe Dichte der Kernmaterie bedeutet unter anderem, dass sich die Nukleonen in unmittelbarem Kontakt zueinander im Atomkern befinden müssen. Dies ist nur möglich, wenn die Nukleonen durch sehr starke und kurzreichweitige Kernkräfte aneinander gebunden werden. Die Reichweite dieser anziehenden Kernkräfte liegt in der Größenordnung des Nukleonendurchmessers (≈ 2 fm). Anders als die weitreichende elektrostatische Coulombanziehung setzt die starke Kernkraft bei größeren Entfernungen schlagartig aus, so dass freie Nukleonen schon wenige Femtometer neben einem Atomkern nicht mehr gebunden sind. Viele Atomkerne ähneln deshalb kompakten, scharf begrenzten Kugeln. Die Kernkräfte müssen die starken abstoßenden elektrischen Kräfte (Coulombkräfte) zwischen den gleichnamig geladenen Protonen übertreffen, die andernfalls den Atomkern sofort instabil werden ließen. Die gegenseitige Bindung der Nukleonen ist wesentlich stärker als die der weitreichenden elektrischen Kräfte, die zwischen elektrisch geladenen Teilchen wirken. Wechselwirkungen zwischen Nukleonen entstehen durch die **starken Wechselwirkungen** der Quarks in den Nukleonen. Die relative Stärke der Kernkräfte in der Nähe des Kerns ist bei gleicher Entfernung etwa 100mal so groß wie die der elektrischen Coulombkraft. Die Kernkräfte sind außerdem kurzreichweitige Paarkräfte, sie wirken also jeweils nur zwischen zwei Nukleonen, die sich in unmittelbarem Kontakt befinden.

2.3.1 Atomkernmodelle

Atomkerne müssen wie Atomhüllen durch geeignete Modelle beschrieben werden. Bei der Bildung der Atomhülle bestimmt die zentrale Coulombkraft den Zusammenhalt von Elektronen und Atomkern. Eine solche Zentralkraft ist im Atomkern auf den ersten Blick nicht feststellbar. Das wichtigste quantitative Atomkernmodell behandelt wegen des Fehlens dieser zentralen Anziehungskraft und einiger anderer formaler Übereinstimmungen die Nukleonen wie Teilchen in einer Flüssigkeit. Das entsprechende Modell wird als **Flüssigkeitströpfchen-Modell** (engl.: liquid drop model) bezeichnet. Es hat sehr große Dienste bei der Berechnung der mittleren Bindungsenergien der Atomkerne, der Erklärung der Kernspaltung und der Instabilität der Atomkerne geleistet und soll deshalb im Folgenden kurz dargestellt werden.

Das Tröpfchenmodell*

Die dichte Packung der Nukleonen im Atomkern ähnelt tatsächlich der Anordnung der Moleküle in einem Flüssigkeitstropfen. Kernmaterie ist wie eine Flüssigkeit auch nicht weiter zu verdichten, da die Kernkräfte bei höherer Annäherung der Nukleonen ähnlich wie bei starren Kugeln abstoßend werden. Die kurze Reichweite der Bindungskräfte der Nukleonen entspricht den molekularen Kräften, die eine Flüssigkeit zusammenhalten. Wie bei der Kondensation einer Flüssigkeit wird beim Zusammentreffen von Nukleonen eine Art Kondensationswärme frei (die Bindungsenergie). Die Nukleonen an der Oberfläche des Atomkerns erfahren darüber hinaus eine zurückhaltende Oberflächenspannung, die den Austritt aus dem Kernverband erschwert. Dies entspricht formal der Oberflächenspannung eines Flüssigkeitstropfens, die den Tropfen am Auseinanderfließen hindert. Zur Aufstellung der Kernbindungsenergiebilanz betrachtet man den Kern also als einen inkompressiblen Flüssigkeitstropfen, der durch kurzreichweitige Paarkräfte zusammengehalten wird. Die Gesamtbindungsenergie B_{tot} setzt sich aus 5 Einzelbeiträgen zusammen:

$$B_{tot} = B_{Kond} + B_{Oberfl.} + B_{Coulomb} + B_{Asym.} + B_{Paar} \qquad (2.25)$$

Der erste Bestandteil wird als Kondensations- oder Volumenenergie bezeichnet. Er ist analog zur Energie, die bei der Kondensation einer Flüssigkeit aus einer gasförmigen Substanz frei wird. Dieser Energieanteil ist proportional zur kondensierenden Masse bzw. zur Zahl der kondensierenden Teilchen A. Mit der empirisch festgelegten Proportionalitätskonstanten a_{vol} erhält man:

$$B_{Kond} = a_{vol} \cdot A = 15{,}85 \, \text{MeV} \cdot A \qquad (2.26)$$

Da die Nukleonen an der Kernoberfläche weniger Nachbarn haben als die Nukleonen im Kerninneren, sind sie auch entsprechend weniger stark gebunden. Dieser Bindungsenergieverlust ist proportional zur Kernoberfläche. Für den Fall eines kugelförmigen Kerns mit dem Radius R erhält man wegen $O = 4\pi \cdot R^2$ zusammen mit Gleichung (2.20) und der empirischen Konstanten $a_{Oberfl.}$:

$$B_{Oberfl.} = -a_{Oberfl.} \cdot A^{2/3} \quad = -18,34 \text{ MeV} \cdot A^{2/3} \tag{2.27}$$

Der dritte Energieanteil betrifft die abstoßenden Coulombkräfte zwischen den Protonen im Kern. Diese Coulombkraft lockert ebenfalls die Bindung. Da die Coulombenergie einer gleichförmig geladenen Kugel umgekehrt proportional zum Radius der Kugel und direkt proportional zum Quadrat der Kernladung $q = e_0 \cdot Z$ ist, erhält man wieder mit einer Proportionalitätskonstanten $a_{Coulomb}$ als Coulombenergieverlust zusammen mit Gleichung (2.20) für den Radius R:

$$B_{Coulomb} = -a_{Coulomb} \cdot A^{-1/3} \cdot Z^2 \approx -0,71 \text{ MeV} \cdot A^{-1/3} \cdot Z^2 \tag{2.28}$$

Betrachtet man die empirische Abhängigkeit der Bindungsenergien vom Unterschied der Neutronenzahl N und der Protonenzahl Z, dem **Neutronenüberschuss** N-Z, stellt man fest, dass Kerne mit einem von Null verschiedenen Neutronenüberschuss weniger stark gebunden sind als symmetrische Kerne. Man verwendet deshalb als vierten Energiebeitrag einen Ausdruck, der diese Bindungsverminderung bei Neutronen-Protonen-Asymmetrie beschreibt, die Asymmetrieenergie. Für sie erhält man mit der Proportionalitätskonstanten $a_{Asymm.}$ den Wert:

$$B_{Asymm.} = -a_{Asymm.} \cdot \frac{(N\text{-}Z)^2}{4A} \approx -92,86 \text{ MeV} \cdot \frac{(N\text{-}Z)^2}{4A} \tag{2.29}$$

Der fünfte, ebenfalls empirisch festgestellte Energiebeitrag ist die Paarungsenergie. Man hat festgestellt, dass Kerne dann besonders stabil sind, wenn sowohl die Neutronenzahl als auch die Protonenzahl gerade sind, also keine ungepaarten Nukleonen im Kern zu finden sind. Der Paarungsenergiebeitrag B_{Paar} ist umgekehrt proportional zur Massenzahl A und außerdem unterschiedlich in gg-Kernen (Neutronen und Protonen gerade), in ug- und gu-Kernen (entweder Protonen oder Neutronen ungepaart) und in uu-Kernen (beide Nukleonenarten ungepaart)[30].

$$B_{Paar} = a_{Paar}/\sqrt{A} \tag{2.30}$$

$$a_{Paar} = 11,46 \text{ MeV} \qquad \text{für gg-Kerne} \tag{2.31}$$

$$a_{Paar} = 0 \qquad \text{für gu-Kerne und ug-Kerne} \tag{2.32}$$

$$a_{Paar} = -11,46 \text{ MeV} \qquad \text{für uu-Kerne} \tag{2.33}$$

Zusammen erhält man als Bindungsenergieformel des Tröpfchenmodells in der Einheit MeV also:

---

[30] Die Notation wird in der Reihenfolge (ZN) angegeben, ein gu-Kern hat also ein gerades Z.

$$B_{\text{tot}} = 15{,}85 \cdot A - 18{,}34 \cdot A^{2/3} - 0{,}71 \cdot A^{-1/3} \cdot Z^2 - 92{,}86 \frac{(N\text{-}Z)^2}{4A} + \frac{a_{\text{Paar}}}{\sqrt{A}} \qquad (2.34)$$

Diese Formel wurde erstmals von **Bethe** und **Weizsäcker**[31] 1935 aufgestellt. Die Proportionalitätskonstanten werden an die empirisch festgestellten Bindungsenergien der Kerne angepasst und variieren daher etwas je nach dem für die Anpassung verwendeten Massenzahlbereich [Wapstra58]. Kerne sind stabil, wenn ihre Bindungsenergie nach Formel (2.34) ein Minimum erreicht; sie sind dagegen instabil und somit radioaktiv, wenn sie eine höhere Energie enthalten. Mit Hilfe der Bethe-Weizsäcker-Formel kann man für verschiedene Nukleonenzahl-Konfigurationen die Bindungsenergie berechnen. Für ein konstantes A, also isobare Atomkerne, hängt die Bindungsenergie nach dem Tröpfchenmodell (Gl. 2.34) quadratisch von der Ordnungszahl der betrachteten Kerne ab. Diese quadratische Ordnungszahlabhängigkeit ist von zentraler Bedeutung für die Betainstabilität von Kernen (vgl. dazu die Ausführungen zu den Beta-Umwandlungen in Kap. 3.2). Das Tröpfchenmodell ist imstande, global die Stabilität von Atomkernen vorherzusagen. Atomkerne sind nach diesem Modell nur dann stabil, d. h. sie haben nur dann im Vergleich zu ihren Nachbarnukliden eine minimale Energie, wenn sie eine ausgewogene Anzahl Neutronen und Protonen enthalten. Bei leichten stabilen Kernen müssen dazu Neutronen- und Protonenzahl etwa gleich sein. Mit

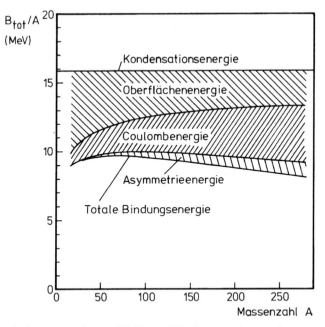

Fig. 2.8: Mittlere Bindungsenergie pro Nukleon B/A für Atomkerne ohne Paarungsenergie als Funktion der Massenzahl, berechnet mit den ersten vier Termen der Bethe-Weizsäcker-Formel (Gl. 2.34).

---

[31] **Carl Friedrich von Weizsäcker** (28. 6. 1912 – 28. 4. 2007), deutscher Physiker, Philosoph und Friedensforscher, arbeitete als Physiker vor allem in der Kernphysik und an den Kernprozessen in Sternen.

zunehmender Massenzahl ist für die Stabilität ein allmählich zunehmender Neutronenüberschuss erforderlich, der bei den schweren Atomkernen (um $A = 200$) bis zu 50% betragen kann. Ist das Neutronen-Protonen-Gleichgewicht gestört, nimmt die Gesamtbindungsenergie ab; die Atomkerne werden instabil. Sie verändern dann durch radioaktive Umwandlung je nach Neutronenüberschuss oder -mangel solange ihre Protonen- bzw. Neutronenzahl, bis ihre Bindungsenergie das Minimum erreicht.

Weitere Kernmodelle:* Da die Parameter des Tröpfchenmodells nur an einige Atomkerne angepasst werden, versagt es bei der Vorhersage der exakten Bindungsenergien individueller Atomkerne aus anderen Massenzahlbereichen und vor allem bei der Berechnung der Veränderungen der Bindungsenergie beim Zufügen oder Entfernen einzelner Nukleonen. Insbesondere sind keine quantitativen Aussagen bei Anregungen von Atomkernen zu erwarten. Auch im Atomkern können nämlich bei Anregungen ähnlich wie in der Hülle diskrete Zustände einzelner Nukleonen auftreten, deren Energien charakteristisch für das betrachtete Nuklid sind, und die mit dem Modell einer Kernflüssigkeit natürlich nicht zu beschreiben sind. Bei bestimmten Massenzahlen, den **magischen Nukleonenzahlen**, treten besonders hohe Bindungsenergien auf. Ein ähnliches Phänomen ist schon aus der Hüllenphysik bekannt. Dort sind die Bindungsenergien immer dann besonders groß, wenn Elektronenschalen gerade voll besetzt sind; man bezeichnet dies dort als Edelgaskonfiguration. Die magischen Zahlen im Atomkern für Protonenzahl Z oder die Neutronenzahl N sind 2, 8, 20, 28, 50, 82 und 126. Die magischen Zahlen im Atomkern sind ebenso wenig wie die Einzelnukleonenzustände durch das Tröpfchenmodell zu erklären.

Die quantitative Deutung dieser Ergebnisse gelang 1949 mit der Entwicklung des **Kernschalenmodells** durch *Goeppert-Mayer*[32], *Haxel*, *Jensen*[33] und *Suess*[34]. In diesem Schalenmodell wird die gegenseitige paarweise auftretende Nukleonenbindung in einen gemeinsamen zentralen Anteil und die so genannten Restwechselwirkungen aufgeteilt, so dass die Nukleonen wenigstens teilweise eine zentrale Kraft spüren. Besonders hohe Kernbindungen sollen nach dem Schalenmodell bei den sogenannten doppelt magischen Nukleonenzahlen auftreten. Darunter versteht man Konfigurationen, bei denen sowohl die Protonenzahl als auch die Neutronenzahl magisch sind. Typische Beispiele für doppelt magische Kerne sind das Alphateilchen ^{4}He (2n + 2p), Sauerstoff ^{16}O (8n +8p), ^{40}Ca (20n + 20p) und das Nuklid ^{48}Ca (28n + 20p), das trotz seines für leichte Nuklide erheblichen Neutronenüberschusses stabil ist.

---

[32] **Maria Goeppert-Mayer** (28. 06. 1906 – 20. 2. 1972), amerikanische Physikerin, arbeitete an Theorien zur Struktur des Atomkerns. Sie erhielt 1963 zusammen mit J. Jensen den Physiknobelpreis "für ihre Entdeckung der nuklearen Schalenstruktur".

[33] **J. Hans Daniel Jensen** (25. 06. 1907 - 11. 2. 1973), deutscher Physiker, erhielt 1963 zusammen mit Goeppert-Mayer und zeitgleich mit E. P. Wigener den Nobelpreis für Physik "für ihre Entdeckung der nuklearen Schalenstruktur".

[34] **Hans Eduard Suess** (16. 12. 1909 -20. 09 1993), österreichischer physikalischer Chemiker und Kernphysiker.

Wegen verschiedener quantitativer Schwierigkeiten dieses Schalenmodells bei der Deutung von Kernreaktionen wurden im Laufe der Zeit noch weitere wichtige Kernmodelle entwickelt, wie das **Fermigasmodell**, das **Kollektive Kernmodell** (von Bohr, Nilsson, Mottelson u. a.), das eine Art Synthese von Tröpfchenmodell und Schalenmodell darstellt, und das vor allem für die Deutung von Kernreaktionen erfolgreiche **Optische Kernmodell,** mit dem besonders die Absorption von Nukleonen bei Kernreaktionen quantitativ beschrieben werden kann. Ausführliche Darstellungen aller Kernmodelle befinden sich z. B. in ([Mayer-Kuckuk/K], [Bethge]). In den weiteren Ausführungen werden im Wesentlichen nur Aussage des Tröpfchenmodells verwendet.

2.3.2 Bindungsenergie und Massendefekt von Atomkernen

Soll ein Nukleon aus dem Kernverband entfernt werden, muss gegen die anziehenden Kernkräfte Arbeit geleistet werden. Bindungsenergien hängen von der Zahl der Nukleonen im Kern und dem Protonen-Neutronen-Verhältnis ab (s. Gl. 2.34). Die mittlere Bindungsenergie von Nukleonen ist wegen der Stärke der Kernkräfte wesentlich größer als die der Hüllenelektronen. Sie liegt in der Größenordnung von 6 - 9 MeV pro Nukleon (s. Fig. 2.9). Bei der Bildung von Atomkernen durch Einfang von freien Nukleonen (Fusion) wird diese Bindungsenergie frei. Sie wird meistens in Form von Gammastrahlung freigesetzt. Die Energie dieser Gammastrahlung entstammt der Masse der Nukleonen entsprechend dem Äquivalenzprinzip von Masse und Energie (Gl. 1.6). Bei der Atomkernsynthese tritt also ein Massenschwund ein, der als **Massendefekt** bezeichnet wird. Er erreicht bei den Zinnisotopen ($Z = 50$) etwa eine atomare Masseneinheit (≈ 1 u) und beträgt bei den Uranisotopen, den schwersten natürlichen Nukliden ($Z = 92$), sogar fast zwei Masseneinheiten, also etwa 1% der Kernmasse. Kerne sind deshalb immer leichter als die Massensumme ihrer Bestandteile. Solche Rechnungen kann man für alle Atomkerne durchführen, deren Massen experimentell ausreichend genau bekannt sind.

Beispiel 2.5: Berechnung des Massendefektes für das C-12-Atom. Zur Bildung eines vollständigen C-12-Atoms werden 6 Protonen, 6 Neutronen und 6 Elektronen benötigt. Für diese Teilchen findet man mit den Massen in Tab. (1.2) und der Umrechnung in atomare Masseneinheiten nach Gleichung (2.19):

$$m(n) = 1{,}008665012 \ u$$

$$m(p) = 1{,}007276470 \ u$$

$$m(e) = 0{,}000548503 \ u$$

Für 6 Protonen, 6 Neutronen und 6 Elektronen erhält man damit die folgende Massenbilanz:

Masse von 6 Neutronen:	*m(6n) = 6,051990 u*
Masse von 6 Protonen:	*m(6p) = 6,043656 u*
Masse von 6 Elektronen:	*m(6e) = 0,003291 u*
***Summe**:*	*m(tot) = 12,098937 u*

Wegen der Definition der atomaren Masseneinheit (Gl. 2.18) hat das C-12-Atom genau die Masse 12 u. Der Massendefekt zwischen vollständigem C-12-Atom und der Masse seiner Bestandteile beträgt also 0,098937 u. Wenn man diese Massendifferenz mit der Einsteinformel in eine Energie umrechnet, erhält man einen Energieverlust bei der Bildung des C-12-Atoms von 92,16 MeV. In dieser Berechnung sind die Bindungsenergien der Elektronen vernachlässigt. Sie betragen nach Tab. (2.2) nur 249 eV in der K-Schale und zwischen 5 und 13 eV in der L-Schale. Der C-12-Kern besteht aus 12 Nukleonen. Die mittlere Bindungsenergie pro Nukleon hat somit den Wert E(B) = 92,16/12 = 7,68 MeV/Nukleon.

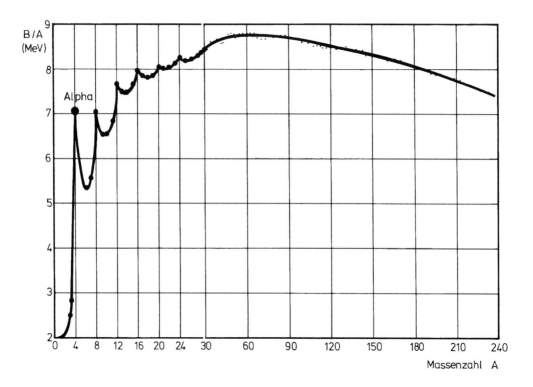

Fig. 2.9: Experimentelle mittlere Bindungsenergien pro Nukleon B/A für die stabilen Atomkerne und die primordialen Radionuklide als Funktion der Massenzahl A. Alpha: Bindungsenergie für das α-Teilchen (nach Daten aus [Evans 55]). Die Massenachse ist ab $A = 30$ gestaucht.

Experimentell werden Kernmassen mit dem Massenspektrografen bestimmt. Dabei werden mehrfach ionisierte Atome in elektrischen und magnetischen Feldern nach ihrer Masse getrennt und auf geeigneten elektronischen Detektoren (PM, SEV) oder früher auf Fotoplatten nachgewiesen. Aus ihrer Flugbahn und den bekannten Feldstärken können die Massen der Ionen mit sehr hoher Genauigkeit bestimmt werden. Da die Kerne bei diesem Verfahren einen Teil ihrer Elektronenhülle behalten, müssen an den experimentellen Ergebnissen Korrekturen für die Zahl der verbliebenen Elektronen und deren Bindungsenergien angebracht werden.

Einen grafischen Überblick über experimentell bestimmte mittlere Bindungsenergien pro Nukleon als Funktion der Massenzahl A gibt Fig. (2.9). Der globale Energieverlauf stimmt sehr gut mit den Vorhersagen des Tröpfchenmodells überein, allerdings zeigen sich die oben schon erwähnten "lokalen" Energieabweichungen. In dieser Aufstellung sind die stabilen Nuklide sowie die primordialen Radionuklide enthalten. Letztere sind instabile (radioaktive) Atomkerne, die während der Bildung der irdischen Materie entstanden und wegen ihrer großen Lebensdauer aber noch heute auf der Erde zu finden sind (s. Kap. 5.1.2). Je stärker ein Nukleon im Mittel gebunden ist, d. h. je größer seine Bindungsenergie ist, umso höher befindet es sich in dieser Darstellung. Die höchsten mittleren Bindungsenergien findet man bei den Atomkernen um $Z = 20$ - 30. Der Atomkern mit der höchsten mittleren Bindungsenergie aller Nuklide ist ^{56}Fe. Zu den leichten Kernen hin nimmt die mittlere Bindungsenergie stark ab, mit einer besonders drastischen Abnahme unterhalb von $Z = 10$. Oberhalb von $Z = 30$ nimmt die mittlere Bindungsenergie allmählich von etwa 9 MeV/Nukleon auf Werte um 7 MeV/Nukleon ab.

Zunehmende Bindungsenergie bedeutet einen höheren Massendefekt, der bei der Bildung der Atomkerne in Form von überschüssiger Energie den Kern verlässt. Die freiwerdende Bindungsenergie wird als Energiegewinn nach außen abgegeben. Sie kann z. B. in Kraftwerken zur Energiegewinnung verwendet werden. Die Unterschiede in den Bindungsenergien für die verschiedenen stabilen Isotope einer Ordnungszahl sind oberhalb von $Z = 25$ so gering, dass sie in Fig. (2.9) nicht mehr getrennt darzustellen sind. Für die Zinnisotope beträgt der maximale Energieunterschied weniger als 5%.

Energiegewinn durch Fusion und Spaltung

Nach Fig. (2.9) gibt es zwei prinzipielle Möglichkeiten des Energiegewinns bei Veränderungen der Ordnungszahl, die Verschmelzung leichter Kerne zu schwereren Isotopen oder die Spaltung schwerer Kerne in mittelschwere Bruchstücke. Die Kernverschmelzung wird auch als **Kernfusion** bezeichnet. Durch die Verschmelzung leichter Nuklide zu schwereren Kernen und die sukzessive Anlagerung weiterer Nukleonen ist es im Verlauf der Entstehung des Kosmos zur Ausbildung der heute bekannten schweren Elemente gekommen. Die Verschmelzung eines Deuteriumkerns mit einem Tritiumkern führt beispielsweise zur Freisetzung von knapp 18 MeV Bindungsenergie in Form kinetischer Energie der Reaktionsprodukte.

$$d + t = {}^4\text{He} + n + 17,6 \text{ MeV} \qquad (2.35)$$

Bei der **Kernspaltung** schwerer Kerne im Massenzahlbereich um $A \approx 235$ entstehen in der Regel zwei asymmetrische Bruchstücke, die Spaltfragmente, mit Massenzahlen um 90-100 und 130-140 (s. Fig. 3.17). Auch beim Spaltprozess wird Energie frei.

Obwohl der Bindungsenergiegewinn pro Nukleon bei der Kernspaltung nur etwa 1 MeV beträgt (s. Fig. 2.9), ist der Gesamtenergiegewinn wegen der hohen Zahl beteiligter Nukleonen beim einzelnen Spaltprozess größer als bei einem Fusionsvorgang. Er liegt, wie das Beispiel der neutroneninduzierten Spaltung des ^{235}U in Gl. (2.36) zeigt, in der Größenordnung von 200 MeV pro Spaltung, ist also um mehr als den Faktor 10 größer als der Energiegewinn bei der Kernverschmelzung in Gl. (2.35).

$$^{235}U + n = {}^{93}Sr + {}^{140}Xe + 3n + 198\ MeV \tag{2.36}$$

Kontrollierte, d. h. gesteuerte und geregelte Kernspaltung wird in Kernreaktoren zur Energiegewinnung und Radionukliderzeugung ausgenutzt, unkontrollierte Kernspaltung ("Atombomben") und unkontrollierte Kernfusion ("Wasserstoffbomben") in der Waffentechnik (Details s. [Krieger2]).

2.3.3 Anregung von Atomkernen und Separation von Nukleonen

Durch Energiezufuhr von außen können Atomkerne ähnlich wie die Elektronenhülle angeregt werden. Dabei kann der Atomkern als Ganzer die übertragene Energie übernehmen. Er wird durch die Energiezufuhr quasi "aufgeheizt". Seine Nukleonen erhalten bei der Anregung wie in einem erhitzten Gas eine zusätzliche "thermische" Energie. Durch zufällige Konzentration der Anregungsenergie auf ein einzelnes Nukleon kann es wie beim Erhitzen einer Flüssigkeit zum Abdampfen einzelner Nukleonen kommen. **"Nukleonenabdampfreaktionen"** sind an der für Kernreaktionen vergleichsweise langen Energieumverteilungszeit von 10^{-15} - 10^{-16} s zu erkennen.

Die auf den Atomkern übertragene Energie kann auch zu **kollektiven Anregungszuständen** des Atomkerns führen. Bei solchen Anregungen führt der Atomkern als ganzer Schwingungen, Rotationen oder Vibrationen aus, die manchmal den Schwingungen eines wassergefüllten Luftballons ähneln. Viele Atomkerne haben im Grundzustand Kugelform, manche sind leicht ellipsoid oder scheibenförmig. Angeregte Atomkerne können bei genügender Anregungsenergie sogar die Form flacher Rotationsellipsoide oder Zigarrenform annehmen. Bei extremen Schwingungsamplituden kann der Atomkern in der Mitte auch mehr oder weniger einschnüren. Ist die Einschnürung so stark, dass sich zwei nahezu getrennte Atomrümpfe bilden, überwiegt die starke Coulombabstoßung der beiden Teilkerne die kurzreichweitigen nuklearen Bindungskräfte. Die Abschnürung wird dadurch so verstärkt, dass es zur **Kernspaltung**, also zu einem Auseinanderreißen des Kerns kommt (Fig. 3.17). Die mittleren Energiebilanzen bei der Kernspaltung können übrigens gut mit der Theorie des Tröpfchenmodells berechnet werden.

Die zur Separation eines einzelnen Nukleons erforderliche Energie ist im Allgemeinen nicht identisch mit den nach dem Tröpfchenmodell berechneten mittleren Bindungsenergien der Nukleonen, die aus dem Massendefekt und der Nukleonenzahl bestimmt werden. Bindungsenergien eines einzelnen Nukleons werden aus der Differenz der

Bindungsenergie der Atomkerne mit der Massenzahl A und der Massenzahl $(A-1)$ berechnet. Dabei muss auch berücksichtigt werden, dass Protonen und Neutronen wegen der zusätzlichen Coulombenergie der Protonen und gepaarte oder ungepaarte Nukleonen verschieden stark gebunden sind. Reicht der Energieübertrag nicht zur Separation eines Nukleons aus, wird es wie ein angeregtes Hüllenelektron auf höhere Energiezustände angehoben. Beim Rücksprung aus diesen angeregten Einzelnukleonenzuständen wird wie bei der kollektiven Abregung der Atomkerne die überschüssige Energie in der Regel in Form von Gammastrahlung (auch über den Konkurrenzprozess innere Konversion) freigesetzt. Die Energie der Gammastrahlung ist charakteristisch für das Nuklid. Sie wird in der Kernspektroskopie zur Untersuchung und Deutung der Kernstruktur herangezogen.

Anregungszustände von Atomkernen werden ähnlich wie bei der Notation der Atomhüllenübergänge durch **Termschemata** bildlich dargestellt (vgl. dazu Fig. 2.6). Diese sind grafische Darstellungen, bei denen der Grundzustand in Form einer waagrechten Linie, die angeregten Zustände als darüber liegende horizontale Linien markiert werden. Diese Linien werden je nach Verwendungszweck mit der Nukleonenkonfiguration, den Anregungsenergien (also den Energiedifferenzen zum Grundzustand des betrachteten Nuklids), der Halbwertzeit oder Lebensdauer der Zustände und sonstigen zur Beschreibung des Anregungszustandes wichtigen Daten gekennzeichnet. Wesentliche Unterschiede zu den Hüllentermschemata sind der andere Energiebereich von Kernzuständen (Nukleonenanregungen haben typischerweise Energien im MeV-Bereich) und die in der Regel zumindest für "Nicht-Kernphysiker" vergleichsweise unsystematische Reihenfolge der Energieniveaus, die durch komplizierte Nukleonenkonfigurationen zustande kommt (vgl. dazu die Beispiele bei den radioaktiven Umwandlungen in Kap. 3).

Bei manchen Kernreaktionen wird die Anregungsenergie unmittelbar auf ein einzelnes Nukleon übertragen. Bei genügender Energiezufuhr kann das getroffene Nukleon dann den Atomkern verlassen, es wird separiert. Solche Wechselwirkungen werden in der Kernphysik als **Direktreaktionen** bezeichnet. Sie laufen in wesentlich kürzeren Zeiten als die oben beschriebenen kollektiven Prozesse ab. Typische Zeiten liegen in der Größenordnung von 10^{-22} s. Das ist die Zeitspanne, die in etwa der Durchlaufzeit eines sich fast mit Lichtgeschwindigkeit bewegenden Beschussteilchens durch das Kernvolumen entspricht[35].

---

[35] Bei einem Kerndurchmesser d von etwa 10^{-14} m und einer Teilchengeschwindigkeit v knapp unterhalb der Lichtgeschwindigkeit ($3 \cdot 10^8$ m/s) erhält man als Abschätzung für die Aufenthaltszeit des Beschussteilchens im Kernvolumen $t \approx d/v = 10^{-14}\text{m}/(3 \cdot 10^8 \text{ m/s}) = 0{,}3 \cdot 10^{-22}\text{s}$. Die Zeit, die zur Passage eines Protons mit Lichtgeschwindigkeit benötigt wird, ergibt sich aus der gleichen Rechnung zu $t \approx 0{,}9 \cdot 10^{-23}$s. Sie wird als Elementarzeit bezeichnet und hat eine große Bedeutung in der Astro- und Elementarteilchenphysik.

Zusammenfassung

- Atomkerne sind aus Neutronen und Protonen zusammengesetzt, die durch die Restwechselwirkungen aus der starken Wechselwirkung zwischen den Nukleonenbausteinen, den Quarks, aneinander gebunden sind.

- Kernkräfte sind kurzreichweitige Paarkräfte, die Nukleonen in unmittelbarem Kontakt aneinander binden. Kernmaterie hat deshalb eine extrem hohe Dichte.

- Mit zunehmender Massenzahl wird für die Stabilität der Kerne ein höherer Neutronenüberschuss benötigt, der bei schweren Kernen bis etwa 50% betragen kann.

- Wegen des Fehlens einer primären zentralen Kernkraft werden Atomkerne durch eine Reihe quantitativer Kernmodelle beschrieben, die je nach Anwendungszweck ausgewählt werden aber jeweils nur Teilaspekte der Kernphysik beschreiben können.

- Das Tröpfchenmodell hat sich als ein für pauschale Energieberechnungen sehr geeignetes Kernmodell erwiesen, das sowohl die Stabilität als auch die Instabilität (Radioaktivität) von Atomkernen näherungsweise vorhersagen kann.

- Es versagt aber bei der Energieberechnung individueller Kerne, vor allem wenn diese sich energetisch weit entfernt vom Stabilitätsbereich befinden.

- Kerne können wie Atomhüllen durch Energiezufuhr in höherenergetische Zustände angeregt werden.

- Die Energiezufuhr kann zu Schwingungen der Atomkerne führen (Vibrationen, Rotationen, Verformungen).

- Beim Zerfall bzw. der Abregung dieser Zustände kommt es zur Emission charakteristischer Kernstrahlung, die in der Regel Gammastrahlung ist.

- Wird ausreichend Energie zugeführt, können Kerne auch zur Emission von Nukleonen veranlasst werden. Dazu ist mindestens die Zufuhr der Separationsenergie des entsprechenden Nukleons nötig.

- Kerne können durch ausreichende Energiezufuhr auch gespalten werden.

2.4 Wichtige Begriffe der Atom- und Kernphysik

In der Atom- und Kernphysik sowie bei der Behandlung der Radioaktivität werden spezielle Begriffe verwendet, die zur Charakterisierung von Atomen oder Atomkernen dienen. Die wichtigsten von ihnen sind in der folgenden Tabelle zusammengefasst.

Abregung	Abgabe von Energie eines angeregten Hüllen- oder Kernzustandes und Übergang in niederenergetische Zustände oder in den Grundzustand, also Verminderung der Energie eines atomaren Systems
Anregung	Zufuhr von Energie in ein atomares System
Antimaterie	Materieart, die entgegen gesetzte Eigenschaften, aber die gleiche Masse wie das entsprechende Materieteilchen besitzt. Diese Eigenschaften können die elektrische Ladung und andere in der Teilchenphysik verwendete Größen sein (Strangeness, Leptonenzahl, Baryonenzahl). Bei Teilchenzahlbilanzen (z. B. bei den Umwandlungsgleichungen für Betazerfälle) werden Antimaterieteilchen negativ gezählt. Beim Zusammentreffen mit entsprechenden materiellen Teilchen wird Antimaterie unter Emission von Vernichtungsstrahlung oder durch Produktion neuer Teilchen vernichtet.
Atom	Gesamtheit aus Atomhülle und Atomkern
Augereffekt	Emission von Hüllenelektronen beim Auffüllen innerer Elektronenlöcher als Konkurrenz zur Fluoreszenz
Baryon	schweres Teilchen (Hadron) aus 3 Quarks (Proton, Neutron) mit halbzahligem Spin
Besetzungszahl	Zahl der Elektronen oder Nukleonen in einem durch einen Satz an Quantenzahlen beschriebenen Zustand
Betateilchen	Synonym für Elektron oder Positron
Bindungsenergie	Beim Einfang von Elektronen in der Hülle oder Nukleonen im Kern frei werdender Energieüberschuss. Zum Freisetzen des Teilchens (Separation) muss die Bindungsenergie des Teilchens wieder aufgebracht werden.
Boson	Teilchen mit ganzzahligem Spin (z. B. Mesonen, Photonen)
Elektronneutrino	ν_e, zählt zu den Leptonen, hat eine Masse nahe Null, übernimmt beim Betazerfall den dem Elektron oder Positron fehlenden Anteil der Zerfallsenergie und sorgt für eine korrekte Teilchenzahlbilanz.
Element	Chemische Bezeichnung für Atome, die sich in chemischen Reaktionen völlig identisch verhalten. Physikalisch bestehen Elemente aus Atomen gleicher Ordnungszahl Z aber nicht notwendigerweise gleicher Massenzahl A.

Erhaltungssätze	grundlegende Regeln z. B. bei Teilchenumwandlungen, die die Konstanz bestimmter Größen bei physikalischen Prozessen vorschreiben (z. B. Energie, Teilchenzahl einer bestimmten Art, elektrische Ladung, Drehimpuls, ...).
Fermion	Teilchen mit halbzahligem Spin (z. B. Quarks, Leptonen, Nukleonen)
Fission	Kernspaltung
Fluoreszenz	Abgabe der überschüssigen Energie eines atomaren Systems durch Emission charakteristischer Photonenstrahlung aus einer angeregten Hülle oder einem angeregten Atomkern. Die emittierte Photonenstrahlung ist charakteristisch für das jeweilige Atom.
Fusion	Kernverschmelzung
Grundzustand	Zustand minimaler Energie für Atomhüllen und Atomkerne
Hadron	Teilchen, die der starken Wechselwirkung unterliegen (Mesonen aus zwei Quarks, Baryonen aus drei Quarks).
Ion	Atom mit ungleicher Elektronen- und Protonenzahl, kann positiven oder negativen Ladungsüberschuss in der Elektronenhülle haben, Kennzeichnung mit chemischem Elementzeichen und der Ladungsdifferenz (z. B. Na^+, Cl^-, Fe^{2+}).
Ionisation	Entfernung eines oder mehrerer Elektronen aus Atomhüllen
Isobare	Nuklide mit gleicher Massenzahl ($A = N+Z$ = const, z. B. ^{14}C, ^{14}N, ^{14}O)
Isomere	Nuklide mit gleicher Massen- und Kernladungszahl aber verschiedenem Anregungszustand. Im engeren Wortsinn werden als Isomere solche Atome bezeichnet, die sich in einem angeregten, metastabilen Kernzustand oberhalb des Grundzustandes befinden und dort während einer mittleren Lebensdauer verbleiben. Eine verbindliche Grenze der Lebensdauer, bei deren Überschreiten ein Zustand als metastabil oder isomer bezeichnet wird, lässt sich nicht angeben. In der praktischen Kernphysik wird man von metastabilen Radionukliden sprechen, wenn diese auf Grund ihrer Lebensdauer eigenständig in Erscheinung treten (z. B. ^{137m}Ba, ^{99m}Tc).
Isotone	Nuklide mit gleicher Neutronenzahl (N = const, z. B. ^{18}O, ^{19}F, ^{20}Ne)
Isotope	Nuklide mit gleicher Protonenzahl (Z = const, z. B. ^{25}Mg, ^{24}Mg, ^{23}Mg)
Kernkräfte	Restwechselwirkungskräfte, die aus der starken Kraft zwischen den Quarks resultieren und z. B. für die Bindung von Nukleonen im Atomkern zuständig sind.
Kernladungszahl	Z, Zahl der Protonen in einem Atomkern

Kernreaktion	Wechselwirkung von Atomkernen mit ionisierender Strahlung
Lepton	Leichtes Elementarteilchen (Elektron, Positron, Neutrinos...)
Magische Zahlen	Bestimmte nach dem Kernschalenmodell vorhergesagte Neutronen- und Protonenzahlen, bei denen Nuklide besonders stabil, also fest gebunden sind.
Massendefekt	Energie-Massen-Äquivalent, das beim Zusammenschluss von Nukleonen zu einem Kern frei wird.
Massenzahl	A, Zahl der Nukleonen im Atomkern
Mesonen	"mittelschwere" Hadronen aus einem Quark-Antiquarkpaar mit ganzzahligem Spin (π^0, $\pi^\pm$, ...)
metastabil	s. isomer
Neutrinos	Gruppe elektrisch neutraler Elementarteilchen der Leptonengruppe
Neutron	Kernteilchen aus drei Quarks, ohne elektrische Ladung mit halbzahligem Spin, unterliegt der starken Wechselwirkung, ist im freien Zustand radioaktiv.
Nukleon	Kernteilchen (Neutron, Proton)
Nuklid	Atomart (Kern + Hülle), Kennzeichnung durch chemisches Symbol, Massenzahl A, Ordnungszahl Z, Neutronenzahl N, kann stabil oder instabil sein.
Ordnungszahl	Zahl der Protonen und Zahl der Elektronen in einem neutralen Atom, dient zur Einteilung der chemischen Elemente im Periodensystem (Symbol Z).
Proton	Kernteilchen aus drei Quarks, mit einer positiven elektrischen Elementarladung und halbzahligem Spin, unterliegt der starken Wechselwirkung.
Quarks	punktförmige Elementarteilchen mit gedrittelten elektrischen Ladungen, existieren nach der Quantenchromodynamik nur als gebundene Bausteine der Baryonen und Mesonen, also nicht als freie Teilchen.
Radioaktivität	Kernumwandlung bzw. Kernzerfall
Radioisotop	Synonym für Radionuklid, wenn besonderer Wert auf die Zugehörigkeit zu einem bestimmten Element gelegt wird (gleiches chemisches Verhalten).
Radionuklid	instabiles bzw. radioaktives Nuklid
Separation	Auslösen eines Nukleons aus dem Kernverband oder eines Elektrons aus der Atomhülle durch Energiezufuhr

Separationsenergie   Energie, die zur Abtrennung eines Elektrons aus der Atomhülle (Ionisation) oder eines Nukleons aus dem Atomkern benötigt wird.

Spin   Eigendrehimpuls eines Teilchens

Valenzelektron   Elektron in der äußersten Schale der Atomhülle bzw. der Schale mit der geringsten Bindungsenergie, ist für das chemische Verhalten des Atoms verantwortlich.

Aufgaben

1. Berechnen Sie die maximale Elektronenzahl in der P-Schale.

2. Reicht die Energiedifferenz bei der Abregung eines Elektrons (Übergang in ein Loch der nächst inneren Schale) immer aus, die Bindungsenergie eines weiteren Elektrons in der Anregungsschale aufzubringen und es aus der Atomhülle zu entfernen (Augereffekt)? Ist dies mit Hilfe des einfachen Bohrschen Atommodells erklärbar?

3. Ab welcher Ordnungszahl übersteigt die Bindungsenergie der K-Elektronen nach dem einfachen Bohrschen Atommodell die Werte 1 keV, 10 keV und 100 keV? Ab wann ist die Energie des L-K-Übergangs größer als 50 keV?

4. Sie ionisieren ein mittelschweres Atom durch Entfernen eines K-Elektrons durch Beschuss mit einem Photon. Danach stellen Sie fest, dass das Atom mehrfach und nicht wie erwartet einfach ionisiert ist. Was ist der Grund?

5. Bis zu welcher Ordnungszahl übertrifft die Wahrscheinlichkeit für den Augereffekt die Photonenemissionswahrscheinlichkeit beim Auffüllen eines "Elektronen-Lochs" in der K-Schale? Wie sind die Verhältnisse von Augerelektronenemission und Photonenfluoreszenz bei Ionisationen in den äußeren Elektronenschalen?

6. Sie ionisieren ein Anzahl schwerer Atome, indem Sie ein K-Elektron entfernen. Die Atome senden daraufhin charakteristische Röntgenstrahlung aus. Wie sind die entsprechenden Linien im Energiespektrum angeordnet und welche Linien haben die höchsten Intensitäten?

7. Definieren Sie den Begriff der atomaren Masseneinheit und geben Sie ihren Zahlenwert an.

8. Wieso nimmt bei Unterstellung einer konstanten Dichte der Kernmaterie der Kernradius mit $A^{1/3}$ zu?

9. Was bedeuten die Klassifizierungen von Atomkernen als ug-, gu-, gg- oder uu-Kerne?

10. Ordnen Sie die folgenden Kernkonfigurationen nach den höchsten Bindungsenergien pro Nukleon: ug, gg, uu, gu.

11. Erklären Sie den Begriff Isobarenparabel und begründen Sie dies mit der Weizsäckerschen Bindungsenergieformel.

12. Hängt die Öffnung der Isobarenparabel von der Massenzahl der betrachteten Isobarenreihe ab?

13. Wie verhalten sich die Halbwertzeiten der radioaktiven Nuklide beim "Abstieg" in das Stabilitätstal der Nuklidkarte?

14. Warum werden für die Energiegewinnung durch Kernspaltung schwere Kerne aus dem Actinoidenbereich mit Massenzahlen um 230-240, für die Kernfusion dagegen sehr leichte Kerne verwendet?

15. Sie bestrahlen einen Atomkern mit 140 keV Röntgenstrahlung. Können Sie mit diesem Experiment ein Nukleon aus dem Atomkern lösen?

Aufgabenlösungen

1. Nach Gl. (2.4) ist die maximale Elektronenzahl in der P-Schale $n_{max} = 72$.

2. Experimentelle Daten zeigen (s. Tab. 2.2), dass die Abregungsenergie in die nächst innere Schale immer für eine Ionisation der abregenden Schale ausreicht. Der Augereffekt ist also energetisch immer möglich. Das einfache Bohrsche Atommodell liefert nach den Gleichungen (2.8 und 2.10) dieses Ergebnis nur für die beiden inneren Schalen ($n = 1$ und $n = 2$). Bei höheren Hauptquantenzahlen (ab $n = 3$) stehen die experimentellen Ergebnisse für die Bindungsenergien der äußeren Schalen im Widerspruch zum Bohrschen Modell. Der Grund ist die Abnahme der effektiven Ordnungszahl durch die Abschirmung der Kernladung durch die inneren Elektronen und die daraus folgende Abnahme der Bindungsenergien mit dem Quadrat dieser verminderten Ordnungszahl Z_{eff}.

3. Gl. (2.8) liefert für diese Z wegen $n = 1$ (K-Schale) den Ausdruck $Z = (E_K/R^*)^{1/2}$. Einsetzen der Energien liefert $Z > 8{,}6$, $27{,}1$ und 86. Die Energie des L-K-Übergangs wird mit Gl. (2.9) berechnet. Auflösen nach Z liefert den Wert $Z = 70$.

4. Die Mehrfachionisation ist beim Auffüllen des K-Lochs durch eine Augerkaskade zustande gekommen.

5. Bis $Z = 30$ dominiert der Augereffekt für den L-K-Übergang. Bei äußeren Schalen dominiert immer der Augereffekt.

6. Da es sich um schwere Atome handelt, sind die äußeren Schalen weitgehend besetzt. Es ist also möglich von allen Schalen aus das K-Loch aufzufüllen. Die höchsten Energien haben die verschiedenen K-Linien, also die Abregung direkt in die K-Schale. Dabei treten die höchsten Energien bei der Abregung äußerer Schalen auf, also N-, M-, L-Übergänge. Werden die Löcher in der L-Schale wieder aufgefüllt, entstehen die L-Linien, wieder in der gleichen energetischen Reihenfolge von außen nach innen. Für die M-Linien, N-Linien usw. findet man analoge Reihenfolgen. Im Energiespektrum liegen daher die K-Linien rechts, nach links folgen die anderen Abregungs-Linien. Die höchsten Intensitäten zeigen immer die K-Übergänge, danach folgen die L-Abregungen usw..

7. Die atomare Masseneinheit u ist definiert als ein Zwölftel der Masse eines neutralen chemisch ungebundenen ^{12}C-Atoms in Ruhe. Die Bedingung der chemischen Ungebundenheit ist deshalb erforderlich, weil gebunden Atome bei der Bindung einen Teil ihres Massenäquivalents als Reaktionsenergie freisetzen, die Ruhe wegen der relativistischen Massenzunahme. Der Zahlenwert beträgt $1u = 1{,}66054 \cdot 10^{-27}$ kg, ist also deutlich kleiner als die Masse eines freien Neutrons oder Protons (vgl. dazu Beispiel 2.5). Das entsprechende Energieäquivalent hat den Wert $1\,u \cdot c^2 = 931{,}502$ MeV.

8. Das Volumen einer Kugel berechnet man aus dem Kernradius R zu $V = 4/3 \, \pi \, R^3$. Unterstellt man für die Kernmaterie eine konstante Dichte ($\rho = m/V$), erhält man für das Volumen $V = m/\rho$. Da die Kernmasse proportional zum Produkt aus Massenzahl A und Nukleonenmasse m_n ist, erhält man $V = A \cdot m_n/\rho = 4/3 \, \pi \, R^3$. Also ist wie unterstellt $R \sim A^{1/3}$ (s. Gl. 2.20).

9. Die Notation kennzeichnet die Nukleonenzahlen in der Reihenfolge ZN. Diese Nukleonenzahlverhältnisse sind z. B. wichtig für die Paarungsenergieanteile nach dem Tröpfchenmodell.

10. Die energetische Reihenfolge ist: gg, ug und gu, uu.

11. Die Isobarenparabel ist ein Begriff, der den Verlauf der Bindungsenergie für isobare Kerne beschreibt, also für Kerne mit konstanter Massenzahl A aber variablem Z. Nach der Gleichung (2.34) hängen die Coulombenergie und die Asymmetrieenergie vom Quadrat der Ordnungszahl Z ab. Dies ergibt einen parabelförmigen Verlauf mit der Bindungsenergie mit der Ordnungszahl (s. auch Fußnote 9 im Kapitel 3.1). Ein grafisches Beispiel einer solchen Isobarenparabel für A = 60 zeigt (Fig. 3.13).

12. Die Öffnung der Isobarenparabel wird durch die Nenner der Terme für die Coulombenergie und die Asymmetrieenergie in (Gl. 2.34) bestimmt. In beiden Fällen steht die Massenzahl ($A^{1/3}$ bzw. A) im Nenner der Gleichungen. Mit zunehmendem A nimmt also die Parabelöffnung zu. Bei schweren Kernen wird das Stabilitätstal der Nuklidkarte daher zunehmend flacher.

13. Die Halbwertzeiten nehmen im Mittel ab, da bei den Zerfällen in Richtung Stabilitätstal der Gleichgewichtszustand von Protonen und Neutronen allmählich erreicht wird. Individuelle lokale Abweichungen treten auf, da spezielle Nukleonenkonfigurationen nicht durch das Tröpfchenmodell beschrieben werden können.

14. Ein Blick auf den Verlauf der Bindungsenergien/Nukleon (Fig. 2.9) zeigt, dass für mittlere Massenzahlen die Bindungsenergien pro Nukleon am höchsten sind (Maximum um A = 60). Da bei höheren Bindungen von Nukleonen dieser Energieüberschuss frei wird, kann Energie bei der Spaltung schwerer Kerne (Verringerung der Massenzahl) bzw. bei der Verschmelzung leichter Kerne (Erhöhen der Massenzahl) der Reaktionsprodukte gewonnen werden.

15. Nein, bei einer Kernreaktion, bei der Nukleonen freigesetzt werden sollen, muss die Einschussenergie die Bindungsenergie der Nukleonen übertreffen. Diese beträgt bei allen Atomkernen mehrere MeV (s. Fig. 2.9). Röntgenbestrahlung macht nicht radioaktiv.

3 Die radioaktiven Umwandlungen

Dieses Kapitel gibt eine Einführung in die Grundlagen der radioaktiven Umwandlungen. Nach einer kurzen Erläuterung der Terminologie und einem Überblick über die Karlsruher Nuklidkarte werden die einzelnen spontanen Umwandlungsarten erläutert. Für jede Umwandlungsart finden sich ein Abschnitt mit der Energie- und Massenbilanz der jeweiligen Zerfallsart sowie praktische Beispiele.

Atomkerne heißen radioaktiv, wenn sie spontan unter Strahlungsemission und Energieabgabe aus einem instabilen Zustand in eine stabilere Konfiguration oder Struktur übergehen. Die zeitliche Abfolge dieser Umwandlungen erfolgt stochastisch, also vom Zufall abhängig, und ist für einen individuellen Atomkern nicht vorhersagbar. Finden die Kernumwandlungsprozesse ohne vorherige Einwirkung auf den Atomkern statt, bezeichnet man dies als natürliche oder spontane Radioaktivität. Künstliche oder induzierte Radioaktivität entsteht dagegen, wenn durch Kernreaktionen oder durch Kernspaltung das energetische Gleichgewicht der als Reaktionsprodukte entstehenden Atomkerne gestört wird (s. Kap. 5). Zur Radioaktivität zählen alle Umwandlungen eines Atomkerns des Mutternuklids in einen Tochterkern mit oder ohne Massenzahländerung. Änderungen des Energieinhalts bzw. der Nukleonenkonfiguration innerhalb eines Atomkerns bezeichnet man als Übergänge. Kernzustände, die mit einer merklichen Zeitverzögerung ohne Änderung von Massen- und Protonzahl in einen Zustand niedrigerer Energie übergehen, bezeichnet man als metastabil oder isomer. Isomere Umwandlungen sind Übergänge aus angeregten Zuständen mit einer für Kernzustände deutlich verlängerten Lebensdauer. Übergänge werden als isomer betrachtet, wenn ihre mittleren Lebensdauern größer als etwa 1 ns (10^{-9} s) sind.

Die stabilen Kerne zeigen einen mit der Ordnungszahl zunehmenden Neutronenüberschuss. Dieser ist besonders für schwere Kerne ausgeprägt, da die starke elektrische Abstoßung der Protonen in schweren Kernen durch eine überproportionale Zunahme der Neutronen kompensiert werden muss (vgl. dazu Kap. 2.3.1, Tröpfchenmodell). Wird dieses Neutronen-Protonengleichgewicht gestört, werden die Atomkerne instabil. Die Gründe für einen radioaktiven Zerfall eines Nuklids liegen letztlich in dessen Überschuss an Bindungsenergie. Bei allen radioaktiven Umwandlungen ist die Bindungsenergie der Endprodukte kleiner als die des Mutternuklids.

Zur besseren Anschauung werden die bekannten Nuklide üblicherweise in N-Z-Diagrammen dargestellt (Z als Ordinate, Fig. 3.1). Im N-Z-Diagramm befinden sich die stabilen schweren Kerne daher in der Nähe einer leicht nach unten gekrümmten Kurve. Für stabile Kerne und kleine Ordnungszahlen sind Protonen- und Neutronenzahl nahezu gleich. Die Kurve der stabilen Nuklide mündet deshalb für leichte Kerne in die Gerade $N = Z$, die erste Winkelhalbierende, ein. Stabile Atomkerne haben im Vergleich zu ihren Nachbarn rechts und links der Stabilitätslinie ein Maximum an Bindung. Da man Bindungsenergien in der Regel negativ aufträgt, bezeichnet man den

Bereich der stabilen Kerne zur Verdeutlichung auch als **Stabilitätstal**[1]. An den Hängen dieses Bereichs minimaler Energie bzw. stärkster Bindung liegen die instabilen, also energiereicheren und daher weniger stark gebundenen Nuklide. Sie können durch radioaktive Umwandlungen überschüssige Energie abgeben und "fallen" dabei in Richtung Stabilitätstal. Oft sind die Tochternuklide ebenfalls radioaktiv und wandeln sich durch sukzessive Zerfälle so lange um, bis sie im Bereich minimaler Energie zu liegen kommen. Diese Abläufe bezeichnet man als **Zerfallsketten**.

Zurzeit sind 4122 Nuklide einschließlich Isomeren von 118 Elementen bekannt ([Nucleonica], 2022). Knapp 7% (284 Nuklide) sind natürlicher Herkunft, von denen die meisten (insgesamt 258) stabil sind. Der weitaus größte Teil aller bekannten Nuklide ist also instabil. Die Unterscheidung von stabilen Nukliden und von Radionukliden mit sehr großer Lebensdauer fällt besonders bei Nukliden mit geringem natürlichem Vorkommen aus analytischen Gründen sehr schwer. Dadurch schwanken die Nuklid-

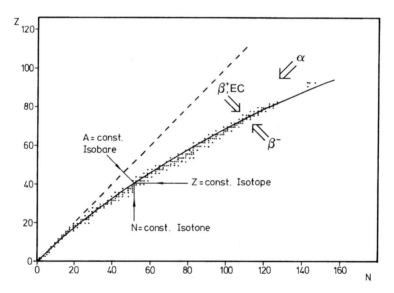

Fig. 3.1: Schematisches N-Z-Diagramm der Atomkerne (Nuklidtafel). Die Pfeile markieren die Verschiebungen der Kerne bei den verschiedenen Umwandlungsarten (s. Text). Z: Zahl der Protonen (Ordnungszahl), N: Neutronenzahl, Punkte: natürliche Atomkerne. Alle Atomkerne mit Ordnungszahlen oberhalb von $Z = 92$ sind künstlich erzeugt. Isotope: Atomkerne mit konstanter Ordnungszahl Z, Isotone: Atomkerne mit konstanter Neutronenzahl N, Isobare: Atomkerne mit konstanter Massenzahl A. Die breiten Pfeile deuten die radioaktiven Umwandlungen in Richtung "Stabilitätstal", dem Bereich minimaler Bindungsenergie, an.

---

[1] In der Nuklidkarte kann man sich zur Veranschaulichung eine dritte Achse (die z- bzw. Energieachse) vorstellen, die Aussagen zur Bindungsenergie der Nuklide macht.

zahl- und eventuelle Halbwertzeitangaben in der Literatur[2]. In der gewählten Darstellung der Nuklide in Fig. (3.1) liegen die neutronenreichen Atomkerne unterhalb der Stabilitätskurve, die neutronenarmen bzw. protonenreichen Nuklide oberhalb. In der Nukliddarstellung der Fig. (3.1) sind nur die vier wichtigsten radioaktiven Umwandlungsarten aufgeführt. Die Pfeile in Fig. (3.1) markieren die Richtungen, längs derer sich die Radionuklide bei Umwandlungen im *N-Z*-Diagramm verschieben. Kerne, die von links oben in Richtung zur Stabilitätslinie zerfallen, erhöhen ihren Neutronenüberschuss und damit die nach dem Tröpfchenmodell berechnete Bindungsenergie. Diese Umwandlungsart ist in Fig. (3.1) mit ("β^+, EC") gekennzeichnet. Atomkerne, die von rechts unten nach links oben zerfallen (Markierung "β^-"), erhöhen dagegen ihre Ordnungszahl; sie bauen also den energetisch ungünstigen Neutronenüberschuss ab. Der dritte Pfeil von rechts oben nach links unten ist mit dem Symbol "α" markiert. Bei dieser Zerfallsart werden simultan Ordnungszahl und Neutronenzahl verringert.

Für die praktische Arbeit werden detailliertere Informationen über die verschiedenen Nuklide, ihre Zerfallsdaten und sonstigen kernphysikalischen Eigenschaften benötigt. Diese Informationen befinden sich entweder in ausführlichen Datentabellen (z. B. [Lederer], [ICRP38], [DDEP]), oder sie werden in grafischer Form dargestellt. Eine sehr wichtige und übersichtliche Darstellung ist die Nuklidkarte des ***Forschungszentrums Karlsruhe*** [Karlsruher Nuklidkarte]. Ein Ausschnitt für die leichten Nuklide ist in Figur (3.2) abgebildet. In dieser Darstellung findet sich für jedes bekannte Nuklid ein farbig markiertes Feld mit einer Reihe kernphysikalischer Informationen. In der Karlsruher Karte wird die Kernladungszahl *Z* wie üblich nach oben, die Neutronenzahl *N* nach rechts aufgetragen. In jeder Zeile stehen die Nuklide mit gleicher Kernladungszahl, also die stabilen und instabilen Isotope eines bestimmten Elements. Zu Beginn der Zeile befindet sich ein weißes Feld mit dem Elementsymbol, dem Standardatomgewicht, d. h. dem mittleren relativen Atomgewicht der natürlichen Isotope in atomaren Masseneinheiten *u* und dem thermischen Neutroneneinfangwirkungsquerschnitt in der kernphysikalischen Einheit Barn (zur Definition des Wirkungsquerschnitts s. Kap. 1.5).

Die häufigsten Umwandlungsarten sind der Alphazerfall, die Betaumwandlungen und der Elektroneinfang (EC, engl.: <u>e</u>lectron <u>c</u>apture). Daneben existieren als weitere Zerfallsarten die spontane Kernspaltung (sf, engl.: <u>s</u>pontaneous <u>f</u>ission), der Protonenzerfall, die Neutronenemission und die Cluster-Emissionen. Die Gamma-Emission (γ, Aussenden eines Gammaquants) und die Innere Konversion (IC, engl.: <u>i</u>nner <u>c</u>onversion) sind in der Regel Folge der anderen Zerfälle.

---

[2] Die angeführten Nuklidzahlen entstammen der neuesten Auflage der Nuklidkarte im Internet-Portal Nucleonica, dessen Daten regelmäßig in die [Karlsruher Nuklidkarte] eingehen. Das bisher schwerste bekannte stabile Nuklid ^{209}Bi ist in der neuesten Ausgabe jetzt auch als primordiales α-instabiles Nuklid aufgeführt und hat eine Halbwertzeit von $2{,}01 \cdot 10^{19}$ Jahren. Die Zerfalls-Energie beträgt 3,077 MeV (Karlsruher Nuklidkarte 2022, [Marcillac 2003]).

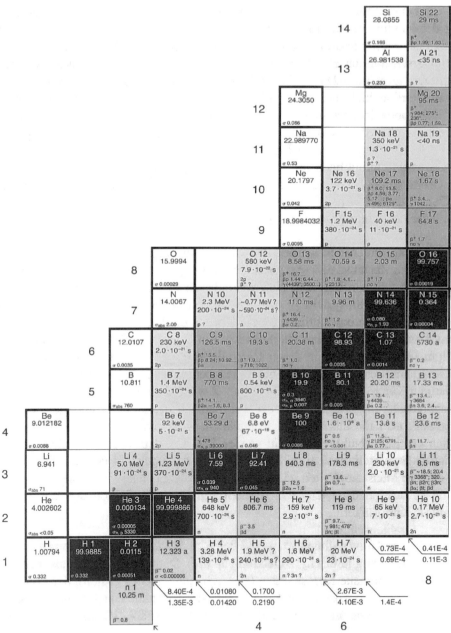

Fig. 3.2: Ausschnitt aus der Nuklidkarte des Forschungszentrums Karlsruhe GmbH ([Karlsruher Nuklidkarte 2012] mit freundlicher Genehmigung der Autoren). Dargestellt sind die leichten Nuklide. Die Ordnungszahl Z wird in dieser Darstellung wie üblich nach oben, die Neutronenzahl N nach rechts gezählt. Schwarze Felder zeigen stabile Nuklide. Rote Felder zeigen ß⁺-aktive, mittelblaue β⁻-aktive, hellblaue Felder Neutronenstrahler, gelbe Felder α-Strahler, orange gefärbte Felder Protonenstrahler. Für weitere Informationen s. Text.

Obwohl bei den meisten radioaktiven Umwandlungen die Atomkerne nicht wirklich zerfallen sondern lediglich einer Veränderung ihrer Neutronen- bzw. Ordnungszahl oder einer Verminderung ihrer Gesamtenergie unterliegen, bezeichnet man im üblichen Sprachgebrauch diese Prozesse etwas salopp und sprachlich vereinfachend als radioaktive Zerfälle. Im englischen Sprachraum werden die spontanen Kernumwandlungen grundsätzlich als "decays" bezeichnet. Echte Kernzerfälle liegen tatsächlich nur beim Protonen-, Neutronen- und Alphazerfall, bei der Kernspaltung und bei Spallationsprozessen, also spontanen Zertrümmerungen der Atomkerne oder Emissionen von Clustern wie ^{12}C oder ^{14}C vor. Der Zerfall betrifft in der Sprachregelung dabei immer das Mutternuklid und nicht die emittierten Teilchen. Die Zerfallsarten werden dagegen nach den bei der Umwandlung emittierten Teilchen benannt.

Die Farbe der Nuklidfelder gibt Hinweise auf die Zerfallsart oder die Stabilität des Nuklids. Schwarz steht für stabile Nuklide, horizontal geteilte schwarz-farbige Felder für die primordialen, also bei der Erdentstehung bereits vorhandenen Nuklide. Die anderen Farben stehen für radioaktive Nuklide und zwar rot für die β^+-Umwandlung oder den Elektroneinfang, blau für die β^--Umwandlung, gelb für den α-Zerfall, grün für die spontane Kernspaltung (sf: spontaneous fission), orange für Protonen und hellblau für Neutronen emittierende Nuklide, violett für Atomkerne, die größere Nukleonenverbände wie ^{12}C, ^{14}C, ^{20}O oder Ähnliches, die so genannten Cluster, emittieren (cluster emission: CE). Die Größe andersfarbiger Teilfelder ist ein grobes Maß für die relative Häufigkeit der konkurrierenden Umwandlungsarten. Isomere Übergänge werden durch weiße Teilfelder markiert. Gammaemissionen des Tochternuklids eines radioaktiven Atomkerns werden in der Karlsruher Karte jeweils beim Mutternuklid mit angegeben. Bei stabilen Nukliden findet man unter dem Elementsymbol die relative Häufigkeit des Nuklids (in Prozent) in der natürlichen Elementmischung. Bei instabilen Nukliden steht an dieser Stelle die Halbwertzeit des radioaktiven Zerfalls. Außerdem enthalten die Felder weitere Informationen zu den Umwandlungsarten, den Zerfallsenergien und zu Neutronenwechselwirkungen. Das Begleitheft zur Nuklidkarte enthält neben Erläuterungen auch nützliche Tabellen und Diagramme zur Atomphysik und zum Strahlenschutz.

Radioaktive Umwandlungen sind nach dem **Energieerhaltungssatz** nur möglich, wenn der Ausgangskern, das Mutternuklid, eine höhere Bindungsenergie enthält als der entstehende Atomkern, das Tochternuklid. Die bei der Umwandlung frei werdende Energie tritt in Form kinetischer Energie der Strahlungsteilchen, als Rückstoßenergie des Mutterkerns, in Form von Gammastrahlung und zum Teil als Anregungsenergie auf. Außerdem müssen die Bindungsenergien von Mutter- und Tochternuklid mit in die Energiebilanzen einbezogen werden (s. Beispiele bei den einzelnen Zerfallsarten). Neben dem Energieerhaltungssatz müssen bei radioaktiven Übergängen auch weitere Erhaltungssätze der Physik beachtet werden. Dazu zählen vor allem die Gesetze von der **Erhaltung der Teilchenzahl** jeder Teilchenart, der **Konstanz der elektrischen Ladung** und der **Impuls-** und **Drehimpulserhaltungssatz**. So dürfen bei Umwandlungsprozessen die Gesamtzahlen der schweren Teilchen (Hadronen: Neutronen und Protonen) und die Zahl der leichten Teilchen (Leptonen: Elektron, Positron, Neutrinos) nicht verändert werden. Entsteht wie beispielsweise bei der β^--Umwandlung durch schwache Wechselwirkung aus einem Kernteilchen ein Elektron (das Betaminus-Teilchen β^-), muss wegen der Konstanzbedingung für die Leptonenzahl gleichzeitig auch ein leichtes Antiteilchen[3], das Antineutrino (Elektronantineutrino) entstehen. Antiteilchen werden in der Teilchenzahlbilanz negativ gezählt.

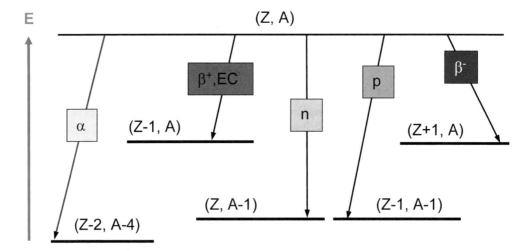

Fig. 3.3: Darstellung radioaktiver Umwandlungen mit Hilfe von Zerfallsschemata. Die vertikale Achse steht für die Energieskala, die wegen der bei radioaktiven Umwandlungen manchmal auftretenden großen Energiedifferenzen oft nicht maßstäblich ist. Betaminus-Zerfälle werden durch schräg nach rechts unten gerichtete Pfeile, Betaplus-Umwandlungen, Elektroneinfang und Alphazerfälle durch schräg nach links gerichtete Pfeile dargestellt (s. Beispiele). Nach rechts weisen also die Übergänge für zunehmende Ordnungszahl der Tochterkerne, nach links alle Übergänge, bei denen die Ordnungszahl abnimmt. Die Farben entsprechen denen der Nuklidkarte.

Radioaktive Umwandlungen werden bildlich durch **Zerfallsschemata** dargestellt, die den Termschemata bei der Anregung von Atomkernen ähneln (Fig. 3.3). Die Zerfallsschemata enthalten waagrechte Linien, die die den Massen der beteiligten Nuklide entsprechenden Energien symbolisieren. Oben in den Energiediagrammen liegende Linien stehen also für hohe Energiegehalte, niedriger befindliche Linien sind Zustände

---

[3] **Antiteilchen** tragen, falls sie nicht elektrisch neutral sind wie die Antineutrinos, die umgekehrte elektrische Ladung wie ihr normaler Partner. Das Antiteilchen des Elektrons e^- ist also das Positron e^+, das Antiteilchen des Protons p^+ ist das Antiproton p^-. Neutrale Antiteilchen werden durch einen Querstrich oberhalb des Teilchensymbols gekennzeichnet. Treffen Teilchen und Antiteilchen zusammen, können sie sich gegenseitig vernichten. Dabei wandelt sich nach der Einsteinschen Massenenergieformel ihre Ruhemasse in Energie um. Tritt diese Energie in Form von Gammastrahlung auf, wird sie als Vernichtungs-Gammastrahlung bezeichnet.

geringerer Energie. Als Bezugsenergie wird der Grundzustand des Tochterkerns verwendet. Finden Zerfälle über mehrere Nuklidgenerationen statt, stellt der Grundzustand des letzten Tochternuklids den Energienullpunkt dar. Schräge und senkrechte Verbindungspfeile oder Verbindungslinien symbolisieren die emittierten Strahlungen. Zusätzlich werden die Strahlungsart und die relative Häufigkeit der Übergänge an den Verbindungslinien angegeben.

Radioaktive Übergänge müssen nicht direkt in den Grundzustand des Tochternuklids führen, sie können auch in angeregten Zuständen des Zerfallsprodukts enden. In diesen Fällen folgen dem radioaktiven Übergang weitere Übergänge im Tochternuklid, die meistens unter Gammastrahlungsemission vor sich gehen. Sind einige der Anregungszustände des Tochternuklids metastabil, kommt es zu den früher erwähnten isomeren Übergängen.

Es sind drei Gruppen von radioaktiven Umwandlungen zu unterscheiden. Zum einen sind es Zerfälle durch die **starke Wechselwirkung**, bei denen die Massenzahl vermindert wird. Zerfälle über die starke Wechselwirkung sind daher nicht isobar. Ein typischer Vertreter ist der Alphazerfall. Die zweite Art radioaktiver Umwandlungen betrifft die **schwache Wechselwirkung**. Die entsprechenden Zerfälle sind die Betaumwandlungen und der Elektroneinfang. Bei diesen Zerfallsarten wandeln sich Nukleonen ohne Änderung der Massenzahl (unter virtueller Emission eines W-Bosons mit hoher Masse) ineinander um. Damit ist eine komplizierte Nukleonen-Umordnung innerhalb der Atomkerne verbunden, die die Ursache für die zum Teil erheblichen Lebensdauern betaaktiver Nuklide ist. Die Betaumwandlungen sind isobar. Bei solchen isobaren Umwandlungen kann die pauschale Energiebilanz der Zerfälle gut mit dem Tröpfchenmodell abgeschätzt werden. Die dritte Art der Kernumwandlungen tritt bei Änderungen des Energieinhalts von Atomkernen durch Umordnen der Nukleonenkonfigurationen außerhalb des Grundzustands auf. Die überschüssige Energie wird in diesem Fall über die Emission von Gammaquanten oder durch Innere Konversion abgegeben, sie betrifft also **elektromagnetische Wechselwirkungen**.

3.1 Der Alphazerfall

Beim Alphazerfall eines Nuklids wird aus dem Mutterkern ein Alphateilchen aus zwei Protonen und zwei Neutronen emittiert. Das **Alphateilchen** α ist also ein doppelt ionisiertes ^{4}He-Atom. Die Kernladungszahl und die Neutronenzahl vermindern sich dadurch um je 2 ($Z \rightarrow Z$-2 und $N \rightarrow N$-2), die Massenzahl um 4 ($A \rightarrow A$-4). Anders als bei den Betaumwandlungen oder dem Elektroneinfang (s. u.) treten beim Alpha-Zerfall keine Teilchenumwandlungen auf. Der nicht isobare Alphazerfall findet deshalb ausschließlich über die starke Wechselwirkung statt, Leptonen sind nicht am Zerfallsakt beteiligt. Alphazerfälle gehorchen der folgenden Zerfallsgleichung.

$$\,^{A}_{Z}\mathrm{X}^{*}_{N} \;\Rightarrow\; \,^{A-4}_{Z-2}\mathrm{Y}^{*}_{N-2} + \alpha + \text{Energie} \qquad (3.1)$$

Alphateilchen haben die größte Bindungsenergie aller leichten Nuklide, sie beträgt 28,29 MeV (s. Fig. 2.9). Dies entspricht einer mittleren Bindungsenergie von 7,07 MeV/Nukleon. Offensichtlich nimmt das doppelt magische α-Teilchen ($Z = N = 2$) eine energetische Sonderstellung ein. Dies führt dazu, dass sich auch innerhalb schwerer Atomkerne so genannte α-Cluster bilden, das Nuklid also aus einer Verbindung mehrerer Alphateilchen bestehen kann (α-Cluster-Modell[4]). Der bei der internen α-Bildung frei werdende Differenz-Energiebetrag kann zur inneren Anregung des Nuklids verwendet werden.

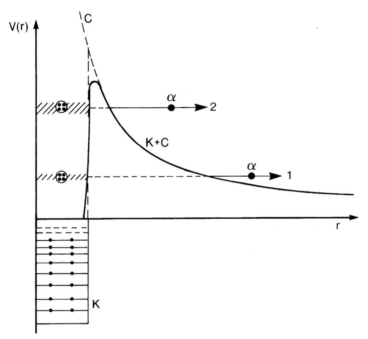

Fig. 3.4: Schematische Darstellung der Kernbindungsenergieverhältnisse beim α-Zerfall. Aus der Überlagerung von Starker Kernkraft (K) und abstoßender Coulombkraft (C) entsteht ein Potentialtopf (K + C) mit einer Coulombbarriere für das Alphateilchen. Je höher die Energie des quasistationären Alphateilchenzustands im Kernpotential ist, umso schmaler ist die vom Alphateilchen zu durchsetzende Potentialbarriere. Die quantentheoretische Wahrscheinlichkeit für das Alphateilchen, den Atomkern zu verlassen, wird als Tunnel-Wahrscheinlichkeit bezeichnet. Je kürzer der Weg durch die Potentialbarriere ist, umso größer ist die Transmissionswahrscheinlichkeit, umso kürzer die Halbwertzeit und umso höher die Alphabewegungsenergie. Die "Zerfallsenergie" des Alphateilchens 1 in der obigen Abbildung ist also kleiner, die Lebensdauer des Mutternuklids dagegen größer als beim "höher angeregten" Alphateilchen 2.

---

[4] Typische, allerdings normalerweise stabile Vertreter für aus Alphaclustern bestehende Nuklide sind der Sauerstoffkern ^{16}O, der bei ausreichender Energiezufuhr in vier Alphateilchen zerfallen kann, oder das aus 3 Alphas zusammengesetzte ^{12}C.

Aus diesen angeregten Zuständen können Alphateilchen spontan mit einer gewissen Wahrscheinlichkeit sogar den Atomkern verlassen, der Atomkern wird α-aktiv. Je höher die Energie der internen α-Zustände ist, umso höher ist auch die Bewegungsenergie der emittierten Alphateilchen und umso kürzer ist die Halbwertzeit des Zerfalls. Dieser Zusammenhang wurde bereits 1911 von **Geiger**[5] und **Nuttal** experimentell festgestellt und wird deshalb als **Geiger-Nuttalsche Regel** bezeichnet. Inzwischen hat diese Regel auch eine befriedigende Erklärung durch die Quantentheorie gefunden. Danach ist die Zerfallswahrscheinlichkeit proportional zur quantenmechanischen Tunnelwahrscheinlichkeit durch die Coulombbarriere (s. Fig. 3.4). Dies war übrigens die erste quantitative Anwendung der Quantentheorie auf Atomkerne [Gamow 1928].

Die Massen- und Energiebilanz beim Alphazerfall*

Alphazerfälle aus dem Grundzustand des Mutternuklids in den Grundzustand eines Tochternuklids können nur stattfinden, wenn der Mutterkern eine höhere Gesamtmasse besitzt als der Tochterkern und das Alphateilchen zusammen. Die diesen Massen entsprechende Energiedifferenz, der **Q-Wert** des Zerfalls, muss also größer oder gleich Null sein. Sie steht den Zerfallsprodukten als Bewegungsenergie zur Verfügung. Solche Q-Werte können nach dem Tröpfchenmodell (s. Gl. 2.34) berechnet werden. Es zeigt sich dabei, dass erst oberhalb der Massenzahl $A \approx 150$ Grundzustands-Alphazerfälle stattfinden können, also Q-Werte größer als Null auftreten (Gl. 3.2). Der leichteste natürliche α-aktive Kern ist tatsächlich das ^{144}Nd ($T_{1/2} \approx 2{,}29 \cdot 10^{15}$ a). Alle Nuklide mit einer Ordnungszahl oberhalb von $Z = 82$ (Blei) sind instabil. Die meisten von ihnen zerfallen über Alphaemission. Sehr viele Alphazerfälle erfolgen nicht in den Grundzustand des Tochternuklids. Die für die Bewegung der Tochterprodukte verfügbare Reaktionsenergie wird in solchen Fällen deshalb um die Anregungsenergie der Tochterzustände vermindert.

Vor dem Zerfall besteht das Mutteratom aus A Nukleonen im Kern und Z Elektronen in der Hülle. Nach dem Zerfall hat sich die Massenzahl um 4 verringert, dafür existiert aber das α-Teilchen. Für die Energiedifferenz Q und die Kernmassen m_X und m_Y gilt die Beziehung:

$$m_X(Z,N,A) = m_Y(Z\text{-}2,N\text{-}2,A\text{-}4) + m_\alpha + Q/c^2 \tag{3.2}$$

Da sich die Gesamtzahl der Elektronen beim α-Zerfall nicht ändert, kann man für die Bilanz direkt die Atommassen statt der Kernmassen verwenden. Vernachlässigt man wie üblich die Elektronenbindungsenergien, erhält man die Zerfallsenergie beim Alphazerfall aus den atomaren Massen nach Umstellung der Gl. (3.2) und Multiplikation mit c^2.

---

[5] **Hans Geiger** (30. 9. 1882 - 24. 9. 1945), deutscher Physiker, wichtige Arbeiten zum Alphazerfall und zur Systematik des Periodensystems. Er erfand 1913 den Spitzenzähler und 1928 zusammen mit W. Müller das nach beiden benannte Geiger-Müller-Zählrohr.

$$Q = [m(Z,N,A) - m(Z\text{-}2,N\text{-}2,A\text{-}4) - m(^4\text{He})] \cdot c^2 \qquad (3.3)$$

Alphaspektren aus radioaktiven Zerfällen sind diskret, da sich die Alphateilchen ihre Zerfallsenergie nicht wie bei den Betazerfällen kontinuierlich und zufällig mit einem zweiten emittierten Teilchen teilen müssen. Man erwartet also, dass das Alphateilchen die gesamte Zerfallsenergie als Bewegungsenergie übernimmt. Bei der Spektroskopie der Alphastrahlung stellt man jedoch fest, dass die kinetischen Energien der α-Teilchen tatsächlich immer kleiner sind als die Zerfallsenergien nach der Energiebilanz in Gl. (3.3). Der Grund ist der auf den Tochterkern beim Zerfall übertragene Rückstoßenergieanteil. Typische Zerfallsenergien von Alphastrahlern liegen im Bereich von $Q = 4$ bis 9 MeV. Solche Alphateilchen sind nach Tab. (1.4) also nicht relativistisch, sie bewegen sich mit Geschwindigkeiten von maximal 10^7 m/s.

Man kann daher die nicht relativistischen Formeln zur Berechnung der Rückstoßverhältnisse verwenden. Dazu müssen der Energieerhaltungssatz und der Impulserhaltungssatz betrachtet werden. Wenn der Mutterkern vor dem Zerfall in Ruhe war, ist der Gesamtimpuls vor dem Zerfall 0. Nach dem α-Zerfall ist die Vektorsumme der Impulse der beiden Zerfallsprodukte wegen der Impulserhaltung nicht verändert. Die Einzelimpulse sind daher zwar entgegengesetzt, aber vom Betrag her gleich.

$$\vec{p}_X = \vec{p}_\alpha + \vec{p}_Y \qquad \text{und} \qquad |\vec{p}_\alpha| = |\vec{p}_Y| \qquad (3.4)$$

Die Zerfallsenergie Q verteilt sich auf die beiden Reaktionspartner Alphateilchen und Tochterkern Y.

$$Q = E_\alpha + E_Y \qquad (3.5)$$

Nach Gl. (1.13) kann man die Energien der rechten Seite durch die Impulsquadrate ausdrücken.

$$Q = \frac{p_\alpha^2}{2m_\alpha} + \frac{p_Y^2}{2m_Y} \qquad (3.6)$$

Da die Impulsbeträge nach Gl. (3.4) für das Alphateilchen und für den Tochterkern gleich sind, kann man diese wahlweise in Gleichung (3.6) einsetzen. Man erhält so die beiden Beziehungen:

$$Q = \frac{p_\alpha^2}{2m_\alpha} + \frac{p_\alpha^2}{2m_Y} \qquad \text{und} \qquad Q = \frac{p_Y^2}{2m_\alpha} + \frac{p_Y^2}{2m_Y} \qquad (3.7)$$

$$E_\alpha = \frac{m_Y}{m_Y + m_\alpha} \cdot Q \qquad \text{und} \qquad E_Y = \frac{m_\alpha}{m_Y + m_\alpha} \cdot Q \qquad (3.8)$$

Die Gleichungen (3.8) für die Energien für α-Teilchen und Tochterkern erhält man durch leichte Umformungen[6] aus den Gleichungen (3.7).

Die kinetischen Energien des Alphateilchens und des Tochterkerns berechnet man also aus der mit den Massenverhältnissen gewichteten Zerfallsenergie Q. Dabei erhält das leichtere Teilchen den größeren, das schwerere Teilchen den kleineren Energieübertrag. Die Summe der beiden Rückstoßenergien ergibt natürlich wieder die Zerfallsenergie. Ähnliche Rechnungen kann man auch für den Betazerfall durchführen. Auch dort gelten selbstverständlich Energie- und Impulserhaltungssatz. Wegen der um etwa den Faktor 2000 kleineren Massen von Elektron und Positron und der zusätzlichen Beteiligung der Neutrinos wird auf den Tochterkern allerdings nur sehr wenig Rückstoßenergie übertragen. Seine Rückstoßgeschwindigkeit ist daher so gering, dass man

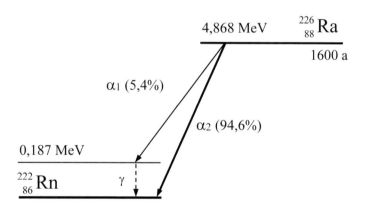

Fig. 3.5: Zerfallsschema des Radium-226. Die Halbwertzeit für diesen Alphazerfall beträgt 1600 a, die Zerfallsenergie 4,868 MeV. Der Zerfall findet zu 94,6% in den Grundzustand, zu 5,4% in den angeregten Zustand des ^{222}Rn statt. Die Grundzustands- Energiedifferenz hat den Wert von 4,7843 MeV. Die Energiedifferenz des Alphateilchens, das in den angeregten Zustand des Radons zerfällt, beträgt 4,599 MeV (Energiebilanzen s. Beispiel 3.1). Der angeregte Zustand des ^{222}Rn zerfällt unter Gammaemission ($E_\gamma = 0{,}187$ MeV) in den Grundzustand des ^{222}Rn. ^{222}Rn ist ebenfalls instabil und zerfällt über einen weiteren Alphazerfall ($T\frac{1}{2} = 3{,}825$ d).

---

[6] Zur Umformung klammert man auf den rechten Seiten der Gln. (3.7) jeweils das Impulsquadrat aus. So erhält man Gleichungen der Form: $Q = p^2 \cdot (1/m_\alpha + 1/m_Y)/2$. Den Klammerausdruck formt man durch Hauptnennersuchen um und erhält so die Gleichung $Q = p^2 \cdot (m_Y + m_\alpha)/(2 \cdot m_\alpha \cdot m_Y)$. Man erhält nach Substitution des Impulsquadrates durch die Energien E_α und Q die Energiegleichungen $Q = E_\alpha(m_Y + m_\alpha)/m_Y$ und $Q = E_Y \cdot (m_Y + m_\alpha)/m_\alpha$. Die Umstellung der beiden Gleichungen nach E_α und E_Y liefert dann die Energieverhältnisse der Gleichungen (3.8).

in guter Näherung davon ausgehen kann, dass der Tochterkern bei den Betazerfällen in Ruhe bleibt.

Beispiel 3.1: Energiebilanz beim Alphazerfall des ^{226}Ra. *Radium-226 zerfällt über einen Alphazerfall zu 94,6% in den Grundzustand und zu 5,4% in einen angeregten Zustand des Radon-222. Die Halbwertzeit des Zerfalls beträgt 1600 a. Die Zerfallsgleichung lautet:*

$$^{226}_{88}\text{Ra}^*_{138} \Rightarrow \, ^{222}_{86}\text{Rn}^*_{136} + \alpha + 4{,}868 \, \text{MeV} \tag{3.9}$$

Die Atommassen betragen m(Ra-226) = 226,025360 u, m(Rn-222) = 222,017531 u und die des He-4-Atoms m(He-4) = 4,002603 u. Der Massendefekt beträgt also Δm = 0,0005226 u, entsprechend einer Energiedifferenz von Q = 4,868 MeV. Das Alphateilchen, das aus dem Grundzustandszerfall herrührt, hat jedoch beim Zerfall nur eine Bewegungsenergie von 4,7843 MeV. Setzt man die Atommassen und die Zerfallsenergie in die Gleichungen (3.8) ein, erhält man als Bewegungsenergien für den Tochterkern ^{222}Rn den Wert E(Rn) = 0,086 MeV und für das Alphateilchen E(α) = 4,782 MeV, was hervorragend mit der experimentellen α-Energie übereinstimmt. Die Summe der beiden Energien beträgt, wie zu erwarten war, exakt 4,868 MeV. In der Karlsruher Nuklidkarte werden die Bewegungsenergien der Alphas angegeben. Radium-226 ist ein Mitglied der natürlichen Uran-Radium-Zerfallsreihe (s. Kap. 5.1.2). Das Zerfallsprodukt Radon-222 tritt daher als natürliches radioaktives Edelgas in der Atemluft auf. Es ist verantwortlich für den Hauptanteil der natürlichen Strahlenexposition der Lungen- und Bronchialschleimhäute.

3.2 Die β-Umwandlungen

Hat ein Radionuklid einen isobaren Nachbarn mit geringerer Energie, erfolgt in der Regel eine β-Umwandlung. Dabei wandeln sich im Kern des Mutternuklids Nukleonen unter Ladungsemission ineinander um. Aus einem Neutron entstehen ein Proton und eine negative Ladung, aus einem Proton ein Neutron und eine positive Ladung. Die frei werdenden Elementarladungen werden in Form eines Elektrons oder Positrons emittiert. Aus historischen Gründen und zur Unterscheidung von Hüllenelektronen werden diese Teilchen als **Betateilchen** bezeichnet. Wegen des Erhaltungssatzes für die Leptonenzahl muss bei einer solchen Betaumwandlung jeweils ein weiteres leichtes Teilchen entstehen, das das neu gebildete Elektron oder Positron "kompensieren" muss. Diese Leptonen sind das Elektronantineutrino $\bar{\nu}_e$ bzw. das Elektronneutrino ν_e. Neutrinos sind ungeladene Elementarteilchen der Leptonengruppe, deren Ruhemasse nahezu Null ist ($m_0 \cdot c^2 < 10{,}8$ eV, s. Tab. 1.1). Betazerfälle werden durch die **schwache Wechselwirkung** verursacht. Die Umwandlungen folgen den beiden Gleichungen[7].

$$n \Rightarrow p + \beta^- + \bar{\nu}_e + Energie \tag{3.10}$$

$$p \Rightarrow \, n + \beta^+ + \nu_e + Energie \tag{3.11}$$

---

[7] Der Betazerfall des freien Protons ist aus energetischen Gründen so nicht möglich, da das Proton eine geringere Masse als das Neutron hat. Die Gleichung soll nur den Umwandlungsprozess darstellen.

Durch Betaumwandlungen ändern sich also die Ordnungszahl und die Neutronenzahl des zerfallenden Nuklids, die Massenzahl bleibt dagegen erhalten. Betazerfälle sind deshalb isobar. Die bei der Umwandlung frei werdende Energie wird in Form kinetischer Energie auf die Zerfallsprodukte Betateilchen, Neutrino und Tochterkern verteilt. Die bei Betaumwandlungen emittierten Neutrinos (ν_e, $\overline{\nu}_e$) sind wegen ihrer äußerst geringen Wechselwirkungswahrscheinlichkeiten mit Materie nur sehr schwer nachzuweisen. Neutrinos spielen daher auch keine Rolle für die Dosimetrie und bis auf wenige Ausnahmen auch keine Rolle für den Strahlenschutz[8]. In der Energiebilanz der Betaumwandlungen dürfen Neutrinos jedoch nicht vernachlässigt werden. Dies liegt vor allem an der stochastischen Verteilung der Bewegungsenergie auf die beiden Zerfallsteilchen Beta und Neutrino. Die Folge ist, dass auf das Betateilchen jede Bewegungsenergie zwischen Null und der maximal verfügbaren Energie entfallen kann. Auf das Neutrino wird der jeweilige Differenzbetrag der Zerfallsenergie als Bewegungsenergie übertragen. Betateilchen haben deshalb eine kontinuierliche Energieverteilung, das Betaspektrum (Fig. 3.8). Die geringe Ruheenergie des Neutrinos spielt in der Bilanz keine Rolle. Die Gesamtheit aller bei β-Umwandlungen aus dem Kern emittierten Elektronen bzw. Positronen wird als **Betastrahlung** bezeichnet.

Die Energieverhältnisse bei Betaumwandlungen*

Betrachtet man die Bethe-Weizsäckersche Massenformel (Gl. 2.34) für isobare Kerne, also für konstante Massenzahlen A, findet man eine quadratische Abhängigkeit der Bindungsenergien[9] von der Ordnungszahl Z. Der einer solchen Formel zugehörige Graph stellt also Parabeln zweiter Ordnung dar, die so genannten **Isobarenparabeln** (s. Fig. 3.6). Für ungerade Kerne (ug- oder gu-Kerne) verschwindet der Paarungsenergiebeitrag B_{Paar} in Gl. (2.34), da er nach Gl. (2.32) gerade den Wert Null hat. Trägt man die Bindungsenergie der isobaren Kerne mit der Massenzahl A als Funktion der Ordnungszahl Z auf, erhält man für ungerade Kerne eine einzige Isobarenparabel, deren Minimum bei einer bestimmten Ordnungszahl Z_0 liegt, für die die Bindungsenergie innerhalb der Isobarenreihe minimal ist (Fig. 3.6 links). Nuklide, die auf den Flanken der Parabel liegen, versuchen durch Erhöhung oder Verminderung ihrer Ordnungszahl in das energetische Tal hinab zu gelangen. Sie wandeln sich über Betaminus-Zerfall (Z erhöhend) oder Betaplus-Zerfall bzw. Elektroneinfang EC (Z vermindernd) so lange um, bis sie das energetische Minimum erreicht haben.

---

[8] Eine dieser Ausnahmen tritt bei der großtechnischen Erzeugung von Neutrinos in der geplanten "Neutrinofabrik" im CERN auf. Die durch Neutrinos dort entstehende Äquivalentdosis wird auf etwa 16 mSv/a abgeschätzt [Silari 2002].

[9] Betrachtet man Gl. (2.34) für isobare Kerne, also für eine konstante Massenzahl A, erhält man mit neuen Konstanten (a, b, c) eine Gleichung der Form $B(A=const) = a-bZ^2-c(N-Z)^2$. Dies ist eine in Z quadratische Gleichung. Ihre erste Ableitung nach Z liefert als Nullstelle das für die Minimalenergie berechnete Z_0, das natürlich in der Regel nicht ganzzahlig zu sein braucht.

In der Regel existiert für ungerade Kerne nur ein stabiles Endnuklid. Falls die aus dem Energieminimum rechnerisch bestimmte Ordnungszahl Z_0 näherungsweise halbzahlig ist, befinden sich in Minimumsnähe dagegen zwei Nuklide. Je nach relativer Lage dieser beiden Nuklide auf der Energieparabel, könnten theoretisch beide stabil sein oder bei nur geringfügigem Energieunterschied auch ineinander zerfallen. Solche, eher seltenen Nuklidpaare bestehen in der Regel daher aus einem stabilen Nuklid und einem "fast stabilen" Radionuklid, das mit sehr kleiner Wahrscheinlichkeit, also sehr hoher Lebensdauer zerfällt, z. B. einem primordialen Nuklid (Beispiel: ^{138}La und ^{139}La).

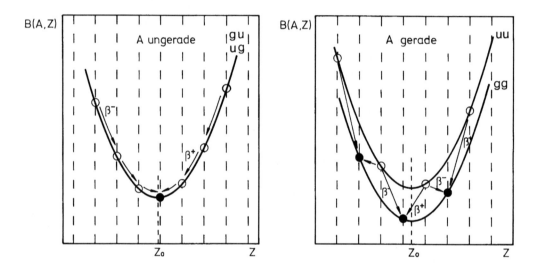

Fig. 3.6: Energieparabeln für isobare Kerne nach der Weizsäckerschen Bindungsenergieformel (Gl. 2.34). Links: Isobarenparabel für Kerne mit ungerader Massenzahl, also für ug- oder gu-Kerne, bei denen nur jeweils eine Nukleonenart ungepaart ist. Der Paarungsterm der Energieformel ist deshalb Null. Nach der Isobarenparabel existiert dann nur ein stabiles Nuklid. Rechts: Isobarenparabeln für uu- bzw. gg-Kerne, also Kerne mit gerader Massenzahl. Bei ihnen unterscheidet sich die absolute Lage der Parabeln um den doppelten Beitrag der Paarungsenergie. Es existieren also zwei energetisch übereinander liegende Parabeln und mehrere stabile Endnuklide. Aus der Grafik ist auch unmittelbar zu ersehen, warum einige gerade Nuklide alternativ über Betaminus- oder Betaplus-Umwandlung unter Energiegewinn zerfallen können.

Für Nuklide mit gerader Massenzahl, also für uu- oder gg-Kerne, erhält man zwei Energieparabeln. Sie unterscheiden in der Bindungsenergie gerade um den doppelten Paarungsterm. Es existieren also eine Parabel für doppelt ungepaarte Kerne (die uu-Kerne) und eine tiefer liegende mit stärkerer Bindung für doppelt gepaarte gg-Kerne. Die uu-Isobaren-Parabel liegt nach den Gln. (2.31-2.33) um etwa ($23/A^{1/2}$ MeV) höher als die der gg-Kerne. Bei der Erhöhung oder Erniedrigung der Ordnungszahl um einen

Schritt innerhalb einer Isobarenreihe findet immer ein Wechsel zwischen diesen beiden Parabeln statt, da die Veränderung der Protonenzahl um 1 automatisch eine entgegen gesetzte Verschiebung der Neutronenzahl nach sich zieht. Aus einem uu-Kern wird also ein gg-Kern und umgekehrt.

Ein uu-Nuklid in der Nähe des Energieminimums sieht in der Regel zwei tiefer liegende gg-Nuklide, zu denen es aus energetischen Gründen zerfallen kann. Dies erklärt das simultane Auftreten beider Betaumwandlungsarten bei einigen uu-Nukliden in der Nähe des Stabilitätstals der Nuklidkarte. Die entsprechenden Nuklide erkennt man an der Farbmischung von Rot mit Blau, die sich immer in der Nähe stabiler schwarzer Nuklide findet (Beispiel ^{128}I). Zwei benachbarte Nuklide unterschiedlicher Bindungsenergie auf der gg-Parabel können sich nicht durch einfachen Betazerfall ineinander umwandeln, da dazu eine Veränderung der Ordnungszahl um 2 notwendig wäre.

Liegt der einem gg-Kern benachbarte Ziel-uu-Kern für einen Betazerfall energetisch höher als der gg-Kern, ist ein einfacher Beta-Übergang energetisch nicht möglich. In solchen Fällen kann es zum seltenen doppelten Betazerfall (2β) kommen, der die direkte Umwandlung innerhalb der gg-Kern-Parabel unter Überspringen des uu-Zwischenkerns ermöglicht. Am besten stellt man sich diese doppelte Umwandlung als simultanen Betazerfall zweier Neutronen vor. Die Wahrscheinlichkeit dafür ist das Produkt der Einzelzerfallswahrscheinlichkeiten und findet deshalb mit sehr großen Lebensdauern um 10^{19}- 10^{20} Jahre statt. Ähnliche Verhältnisse herrschen auch für potentielle Betaplusstrahler. Die Zerfallsalternative sind dann entweder doppelte Be-

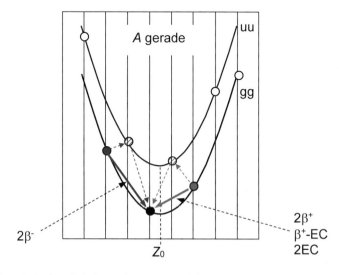

Fig. 3.7: Energieverhältnisse bei doppelten Betazerfall von gg-Kernen. Links: Der uu-Kern für einen einfachen Betaminuszerfall liegt energetisch zu hoch. Rechts: Die gleichen Energieverhältnisse für einen möglichen Betapluszerfall. Alternative sind in beiden Fällen die Doppelzerfälle.

tapluszerfälle, doppelter Elektroneinfang EC oder eine Mischung, also Betaplus + EC. In der Kernphysik werden solche unwahrscheinlichen simultanen Zerfälle als Prozesse zweiter Ordnung bezeichnet. Zurzeit sind 35 gg-Isotope bekannt, die einem doppelten Betaminus-Zerfall unterliegen. Typische Beispiele sind die Nuklide ^{76}Ge ($T_{1/2}$ = 1,53·10^{21} a) und ^{82}Se ($T_{1/2}$ = 0,92·10^{20} a). 6 Isotope sind als Kandidaten für den doppelten Betaplus-Zerfall bekannt.

Alle aus der Weizsäcker Formel abgeleiteten Überlegungen betreffen nur die energetischen Verhältnisse bei den Nuklidumwandlungen. Ob ein Zerfall so tatsächlich stattfindet, ist aber neben der Energiedifferenz auch von weiteren Auswahlregeln der Übergänge für Drehimpuls, Spin u. ä. abhängig.

Die Form der Betaspektren*

Zu Beginn des 20. Jahrhunderts wurde experimentell gezeigt, dass die Energieverteilungen der bei Betaumwandlungen emittierten Elektronen kontinuierlich waren ([Chadwick 1914], [Ellis-Wooster 1927]). Dies stand zum damaligen Zeitpunkt im klaren Widerspruch zu den Vorstellungen, dass eine wohl definierte Zerfallsenergie eines bestimmten Nuklids auch ein diskretes Betaspektrum erwarten lässt. 1930 hat **Pauli** deshalb die Existenz eines weiteren elektrisch neutralen und nahezu masselosen Teilchens gefordert, das die fehlenden Energiebeträge beim Betazerfall aufnehmen sollte [Pauli 1930]. Erste Ansätze zur theoretischen Beschreibung stammen von **Enrico Fermi** [Fermi 1934], der dem Neutrino auch den Namen gab[10].

Heute ist die Existenz der beiden Neutrinos bei Betaumwandlungen experimentell gesichert. Das Ergebnis dieser Theorien ist die folgende Beziehung für die Energieverteilung N(ε) des Betateilchens.

$$N(\varepsilon)\mathrm{d}\varepsilon \propto \varepsilon \cdot \sqrt{\varepsilon^2 - 1} \cdot (\varepsilon_0 - \varepsilon)^2 \mathrm{d}\varepsilon \qquad (3.12)$$

In dieser Gleichung sind die Gesamtenergien ε der Betateilchen in Einheiten der Ruheenergie des Elektrons angegeben ($\varepsilon = E/m_0c^2 = E/511$ keV). Die verfügbare Zerfallsenergie, der Q-Wert der Umwandlung, ist mit ε_0 gekennzeichnet.

Bei kleinen Betaenergien steigt nach (Gl. 3.12) die Zahl der Betas etwa linear mit der Energie an, da die Bewegungsenergien im Vergleich zur Ruheenergie des Betateilchens zu vernachlässigen sind. Bei hohen Energien im Bereich vor der Maximalenergie ε_0 nimmt die Zahl der Betas pro Energieintervall dagegen quadratisch mit der Energie ab. Die Differenz zwischen Elektronenenergie und der maximalen Energie steht dem Neutrino als Bewegungsenergie zur Verfügung.

---

[10] Fermi schlug 1933 auf dem Solvay-Kongress in Brüssel in Anwesenheit von Pauli, der 1930 das hypothetische Teilchen als Neutron bezeichnet hatte, den Namen Neutrino vor, um es vom 1932 entdeckten Neutron zu unterscheiden. Neutrino ist der italienische Ausdruck für das "kleine Neutrale".

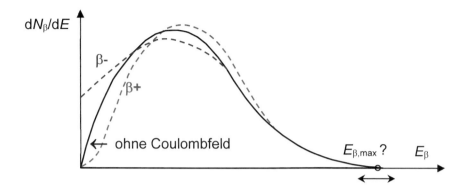

Fig. 3.8: Die relativen Verteilungen der kinetischen Energien der Betateilchen bei β-Umwandlungen (schematisch). Die mittlere Kurve wurde ohne die Wirkung des Coulombfeldes des Atomkerns berechnet. Die mit "β⁺" und "β⁻" bezeichneten Kurven zeigen die durch das Coulombfeld bewirkten spektralen Verschiebungen für das Betateilchen (in Anlehnung an [Bethe/Morrison]). Bei konstanter Emissionsrate verschieben sich zusätzlich die Höhe und die energetische Lage des Maximums im Vergleich zum "coulombfreien" Fall. Die maximale Betaenergie $E_{β,max}$ ist in dieser linearen Auftragungsweise schwer zu bestimmen.

Die Beschreibung des Betaspektrums nach (Gl. 3.12) bedarf noch einer Korrektur, da auch die Auswirkungen des Kerncoulombfeldes auf die emittierten Betateilchen berücksichtigt werden müssen (Coulombkorrektur F_C). Während die Elektronen (β⁻-Teilchen) durch das positive elektrische Kernfeld zurückgehalten werden, also Energie verlieren, müssen Positronen zunächst ähnlich wie die Alphateilchen die Coulombbarriere durchdringen. Sie werden dann aber durch das positive elektrische Feld abgestoßen, also beschleunigt. Die β⁻-Spektren zeigen also eine Erhöhung der Elektronenzahlen bei niedrigen Energien, die β⁺-Spektren dagegen eine Verminderung der Positronenzahl bei kleineren und eine Verschiebung zu höheren Energien (s. Fig. 3.8).

Die maximale Betaenergie muss experimentell bestimmt werden. Sie ist aus der grafischen Darstellung in (Fig. 3.8) wegen des parabelförmigen Verlaufs der Teilchenzahl bei hohen Energien nur schwer zu ermitteln. Sie ist auch deshalb von großem Interesse, da aus den Abweichungen der theoretischen Spektralform im Bereich der Maximalenergic auf die Ruhemasse bzw. die Ruheenergie der beteiligten Neutrinos geschlossen werden kann. Die dazu benötigte linearisierte Darstellung der spektralen Verteilung in (Fig. 3.8) erhält man durch Umformung von Gl. (3.12).

$$\sqrt{N(\varepsilon)/\varepsilon \cdot (\varepsilon^2 - 1)^{1/2}} \propto (\varepsilon_0 - \varepsilon) \qquad (3.13)$$

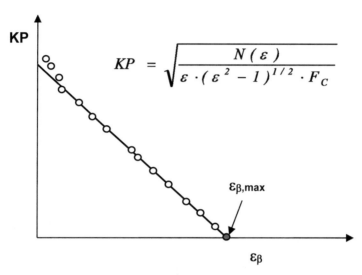

Fig. 3.9: Kurieplot eines Energiespektrums des β⁻-Zerfalls gemäß Gl. (3.13) mit zusätzlicher Coulombkorrektur F_C (s. Text). Für die Energie der Betas wurde ε, also die Energie in Einheiten der Ruheenergie des Elektrons verwendet.

Den zugehörigen Graphen bezeichnet man als **"Fermiplot"** oder auch als **"Kurieplot"** des Betaspektrums (s. Fig. 3.9, [Kurie]). Diese Darstellung erlaubt die gewünschte exakte Analyse des Energiebereichs um die maximale Betaenergie. In vielen Lehrbüchern wird statt des für die Dosimetrie wichtigen Energiespektrums der Betateilchen aus theoretischen Gründen die Impulsdarstellung bevorzugt, so dass sich dadurch leicht unterschiedliche Formeln und Graphen ergeben (z. B. in [Mayer-Kuckuk/K]). An den grundlegenden Sachverhalten ändert sich dadurch jedoch nichts.

3.2.1 Die β⁻-Umwandlung

Weist ein Radionuklid einen Neutronenüberschuss gegenüber stabilen Kernen auf, erfolgt in der Regel eine β⁻-Umwandlung. Dabei wandelt sich im Kern des Mutternuklids nach Gl. (3.10) ein Neutron in ein Proton um. Durch β⁻-Zerfälle erhöht sich also die Ordnungszahl um 1 ($Z \rightarrow Z+1$), die Neutronenzahl vermindert sich um 1 ($N \rightarrow N-1$). Die Massenzahl A bleibt dagegen erhalten. Die beim Zerfall entstehende Energie wird in Form kinetischer Energie auf die Zerfallsprodukte (β⁻, $\bar{\nu}$) verteilt und außerdem zur Bildung des Antiteilchens $\bar{\nu}$ verwendet. Die Kerngleichung für den β⁻-Zerfall des radioaktiven Mutternuklids X in das Tochternuklid Y lautet:

$$^A_Z X^*_N \Rightarrow ^{\ \ A}_{Z+1} Y^*_{N-1} + \beta^- + \bar{\nu}_e + \text{Energie} \qquad (3.14)$$

Ein β^--Zerfall findet übrigens tatsächlich auch beim freien Neutron statt (Gl. 3.10, $T_{1/2}$ = 10,17 min, E_{max} = 0,782 MeV), das also der leichteste Betastrahler ist. Ein freier Neutronenstrahl ist deshalb auch im Vakuum immer mit Betastrahlung kontaminiert.

Die Massen- und Energiebilanz bei der β^--Umwandlung*

Atommassen werden in der Regel massenspektrometrisch bestimmt. Sie sind tabellarisch erfasst (s. Kap. 2.3). Die Massen von Atomkernen unterscheiden sich von den Atommassen durch die fehlenden Elektronen der Atomhülle. Für den Betazerfall kann man die massenspektrometrischen Atommassen daher nicht unmittelbar verwenden. Man muss auch die entsprechende Anzahl der Elektronen berücksichtigen. Vernachlässigt man die Bindungsenergien der Z Elektronen in der Atomhülle und die Ruhemasse des Antineutrinos, kann man die Kernmassen von Mutter- und Tochternuklid als Differenz der Atommassen und der Elektronenmassen im Eingangs- und Ausgangskanal des Betazerfalls berechnen. Für den Mutterkern X mit der Ordnungszahl Z erhält man:

$$m_X(Z,N,A) = m(Z,N,A) - Z \cdot m_e \tag{3.15}$$

Das neutrale Tochteratom besitzt Z+1 Elektronen. Der Tochterkern Y hat daher die Masse

$$m_Y(Z+1,N-1,A) = m(Z+1,N-1,A) - (Z+1) \cdot m_e \tag{3.16}$$

Zur Berechnung der Bindungsenergiedifferenz von Mutter- und Tochterkern muss außerdem die Ruhemasse des beim Zerfall emittierten Elektrons berücksichtigt werden.

$$m_X(Z,N,A) - m_Y(Z+1,N-1,A) = m(Z,N,A) - Z \cdot m_e - [m(Z+1,N-1,A) - (Z+1) \cdot m_e + m_e] \tag{3.17}$$

Nach Auflösen des Klammerausdrucks ergibt sich die Massendifferenz des β^--Zerfalls exakt als die Differenz der Atommassen der neutralen Mutter- und Tochteratome.

$$\Delta m = m(Z,N,A) - m(Z+1,N-1,A) \tag{3.18}$$

Für $\Delta m \le 0$ ist aus energetischen Gründen keine β^--Umwandlung möglich. Die maximale Betaenergie, die also gleichzeitig die gesamte Bindungsenergiedifferenz der Umwandlung ist, erhält man mit Hilfe der Einsteinrelation (Gl. 1.2). Sie wird auch als Wärmewert oder **Q-Wert** des Zerfalls bezeichnet.

$$E_{max} = \Delta m \cdot c^2 = [m(Z,N,A) - m(Z+1,N-1,A)] \cdot c^2 \tag{3.19}$$

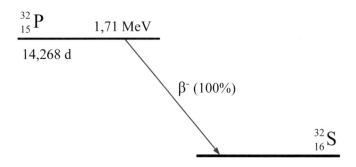

Fig. 3.10: Schema der β⁻-Umwandlung des ³²P, das zu 100% in den Grundzustand des ³²S
zerfällt. Die Halbwertzeit dieser Umwandlung beträgt 14,268 d, die maximale Betaenergie 1,71066 MeV.

*Beispiel 3.2: Massen- und Energiebilanz beim Betazerfall des Phosphor-32. Phosphor-32
zerfällt über einen β⁻-Zerfall zu 100% in den Grundzustand des Schwefel-32. Die Halbwertzeit
des Zerfalls beträgt 14,27 Tage, die experimentell bestimmte maximale Betaenergie 1,71 MeV.*

$$\mathrm{^{32}_{15}P^{*}_{17} \Rightarrow {}^{32}_{16}S_{16} + \beta^{-} + \bar{\nu}_{e} + 1{,}71\ MeV} \tag{3.20}$$

*Die Atommassen der beteiligten Atome werden in der Praxis meistens in atomaren Masseneinheiten u angegeben (s. Gl. 2.18). In diesem konkreten Fall sind ihre Werte m(P-32) =
31,9739095 u und m(S-32) = 31,9720737 u. Die Massendifferenz beträgt also Δm = 0,001835
u. Nach Gleichung (3.18) entspricht sie gerade der Nuklidmassendifferenz des Betazerfalls.
Das Massenenergieäquivalent einer atomaren Masseneinheit beträgt nach Gl. (2.19) 931,5016
MeV. Für die maximale Betaenergie ergibt dies in guter Übereinstimmung mit den experimentellen Resultaten E_{max} = 0,001835 · 931,5016 MeV = 1,71 MeV. Phosphor-32 ist ein wichtiges
Nuklid für die nuklearmedizinische Strahlentherapie.*

3.2.2 Die β⁺-Umwandlung

Atomkerne mit einem energetisch ungünstigen Neutronendefizit im Vergleich zu ihren
Nachbarnukliden können ihre Neutronenzahl bei geeigneten energetischen Verhältnissen durch eine Positronen-Emission erhöhen. Dabei wird innerhalb des Atomkerns ein
Proton spontan in ein Positron, ein Neutrino und ein Neutron umgewandelt. Das Positron ist das Antiteilchen zum Elektron. Es wird auch als β⁺-Teilchen bezeichnet.
Durch β⁺-Zerfall vermindert sich also die Ordnungszahl um 1 ($Z \rightarrow Z-1$), die Neutronenzahl erhöht sich um 1 ($N \rightarrow N+1$), die Massenzahl A bleibt wie beim β⁻-Zerfall
erhalten. β⁺-Zerfälle sind also ebenfalls isobar. Die frei werdende Zerfallsenergie wird
wieder durch die emittierten Teilchen wegtransportiert und zur Bildung des Neutrinos
verwendet. Die Kerngleichung des β⁺-Zerfalls lautet:

$$\mathrm{^{A}_{Z}X^{*}_{N} \Rightarrow {}^{A}_{Z-1}Y^{*}_{N+1} + \beta^{+} + \nu_{e} + Energie} \tag{3.21}$$

Das Positron erhält wie das Elektron beim β^--Zerfall durch die Aufteilung der Energie auf die Zerfallsteilchen ein kontinuierliches Energiespektrum mit einer der Zerfallsenergie entsprechenden maximalen Positronenenergie. Ein β^+-Zerfall des freien Protons nach Gl. (3.11) wurde bisher in der Natur noch nicht beobachtet[11].

Beim Durchgang des Positrons durch Materie tritt eine Besonderheit in der Wechselwirkung auf, die mit dem Antiteilchencharakter des β^+-Teilchens zusammenhängt. Trifft das Positron nämlich auf ein Elektron, z. B. ein Hüllenelektron eines Absorberatoms, vernichten sie sich gegenseitig. Ihr Massenäquivalent wird in Form zweier Gammaquanten, den **Vernichtungsquanten**, emittiert. Deren Energie entspricht gerade der Summe der Ruheenergien von Elektron und Positron, die je 511 keV betragen, und der Bewegungsenergien des Teilchenpaares vor der Vernichtung. Positronenemis-

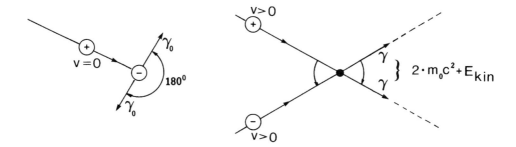

Fig. 3.11: Die Entstehung der Vernichtungsstrahlung bei der Vernichtung des Teilchen-Antiteilchenpaares Elektron-Positron. Die beiden 511-keV-Vernichtungsquanten werden, wenn Elektron und Positron unmittelbar vor der Vernichtung in Ruhe waren, unter 180° zueinander abgestrahlt. Dadurch wird der Impulserhaltung Rechnung getragen (Impuls vor und nach der Vernichtung ist Null, links). Die Energie der Vernichtungsquanten bei der Vernichtung in Ruhe entspricht der Ruheenergie der beiden Leptonen. Findet die Paarvernichtung im Fluge statt (rechts), ist die Emissionsrichtung der beiden Vernichtungsquanten entsprechend dem Impuls der Teilchen vor der Vernichtung nach vorne gerichtet. Die Summe der Photonenenergien erhöht sich um die Bewegungsenergie des Teilchenpaares vor der Vernichtung.

---

[11] Da die Masse eines freien Protons kleiner als die des Neutrons ist, ist ein Zerfall des Protons gemäß Gl. (3.11) nach dem Energiesatz für ungebundene Protonen eigentlich nicht möglich. Andererseits fordert die Vereinheitlichungstheorie der schwachen und der starken Wechselwirkung einen Protonenzerfall mit einer Halbwertzeit in der Größenordnung von $> 10^{31}$ Jahren. Der Protonenzerfall ist also sehr unwahrscheinlich und soll nach der Gleichung $p \rightarrow \pi^0 + e^+$ stattfinden. Dies bedeutet eine Verletzung des Erhaltungssatzes für die Teilchenzahlen, da ein Hadron (das Proton) verschwindet und dafür ein anderes Teilchen, das Meson, auftaucht. Dies ist nur möglich, wenn bei dem beschriebenen Prozess ein down-quark im Proton in das Lepton Positron verwandelt wird, also eine Mischung von starker und schwacher Wechselwirkung stattfindet. Aus diesem Grund wird weltweit mit großem Aufwand nach dem Protonenzerfall gesucht, der bis heute allerdings noch nicht zweifelsfrei nachgewiesen wurde. Für "normale" physikalische Betrachtungen kann die mögliche Instabilität des Protons wegen der mit Sicherheit sehr großen Lebensdauer anders als in der Kosmologie immer vernachlässigt werden.

sionen sind in Materie daher immer von durchdringender Vernichtungsstrahlung begleitet, die selbstverständlich im Strahlenschutz beachtet werden muss (Fig. 3.11).

Die Massen- und Energiebilanz bei der β⁺-Umwandlung*

Die Masse eines Neutrons ist größer als die Masse des Protons (entsprechend einer Energiedifferenz von 0,783 MeV, s. Tab. 1.1). Zusätzlich müssen beim β⁺-Zerfall ein Positron und ein Neutrino gebildet werden. Damit die Umwandlung möglich wird, muss das Mutternuklid deshalb mindestens den notwendigen Energieüberschuss zur Bildung der drei Teilchen aufbringen. Ein β⁺-Zerfall eines Nuklids ist also nur möglich, wenn die Bindungsenergiedifferenz von Mutter- und Tochterkern ausreichend groß ist. Die Massenbilanz beim Positronenzerfall lautet:

$$m_X(Z,N,A) = m_Y(Z-1,N+1,A) + E_{max}/c^2 + m_e \tag{3.22}$$

Will man wie beim β⁻-Zerfall wieder die "neutralen" Atommassen der Reaktionspartner benutzen, addiert man am besten auf beiden Seiten dieser Gleichung Z Elektronenmassen.

$$m_X(Z,N,A) + Z \cdot m_e = m_Y(Z-1,N+1,A) + E_{max}/c^2 + (Z+1) \cdot m_e \tag{3.23}$$

Ersetzt man jetzt wieder die Kernmassen durch die entsprechenden Atommassen (Atom X hat Z Elektronen, Atom Y nur Z-1 Elektronen in der Hülle), erhält man für die Massenbilanz:

$$m(Z,N,A) = m(Z-1,N+1,A) + E_{max}/c^2 + 2 \cdot m_e \tag{3.24}$$

Dies ergibt mit der Massen-Energie-Beziehung (Gl. 1.2) folgende Energiebilanz des β⁺-Zerfalls:

$$[m(Z,N,A) - m(Z-1,N+1,A)] \cdot c^2 = \Delta m \cdot c^2 = E_{max} + 2m_e \cdot c^2 \tag{3.25}$$

Die maximale Betaenergie ist also um die zwei Elektronenruheenergien verminderte Bindungsenergiedifferenz der beteiligten Atome. Steht weniger Energie als zwei Elektronenruheenergien zur Verfügung ($\Delta m \cdot c^2 < 2 \cdot 511$ keV = 1022 keV), kann der β⁺-Zerfall auf keinen Fall stattfinden. Das Positron müsste sonst negative Bewegungsenergien haben. Die Alternative ist dann ein Elektroneinfang.

Beispiel 3.3: Massen- und Energiebilanz bei der Positronenumwandlung des Neon-19. Fig. (3.12) zeigt das Zerfallsschema des Neon-19. Neon-19 zerfällt zu mehr als 99% über einen β⁺-Zerfall direkt in den Grundzustand des Fluor-19. Die Halbwertzeit beträgt 17,22 s, die experimentell festgestellte maximale Positronenenergie 2,26 MeV.

$$^{19}_{10}Ne^*_9 \Rightarrow \, ^{19}_{9}F_{10} + \beta^+ + \nu_e + 2,26 \, \text{MeV} \tag{3.26}$$

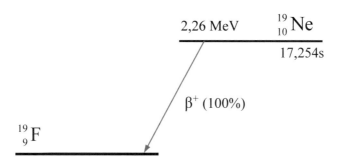

Fig. 3.12: Zerfallsschema des ^{19}Ne, das über eine Positronenumwandlung zu fast 100% direkt in den Grundzustand des ^{19}F zerfällt. Die Halbwertzeit beträgt 17,254 s, die maximale Betaenergie 2,26 MeV.

Die Atommassen betragen m(Neon-19) = 19,0018809 u, die des Fluoratoms m(Fluor-19) = 18,9984046 u. Die Massendifferenz in atomaren Einheiten beträgt also Δm = 0,0034763 u, entsprechend einer Energiedifferenz von 3,238 MeV. Zieht man davon 1,022 MeV für die Ruheenergie von Elektron und Positron ab, verbleiben nach Gleichung (3.25) noch 2,216 MeV für die maximale Positronen-Bewegungsenergie, was etwa mit dem experimentellen Wert von 2,26 MeV übereinstimmt. In dieser Bilanz sind übrigens wieder die Bindungsenergien der Hüllenelektronen und die Ruheenergie des Neutrinos vernachlässigt.

3.3 Der Elektroneinfang (EC)

Die zweite Möglichkeit für Atomkerne, einen Protonenüberschuss zu mindern, ist der Elektroneinfang (engl.: electron capture, EC) durch den Atomkern aus einer der inneren Elektronenschalen. Dies betrifft meistens die K-Schale, da K-Elektronen nach der Quantentheorie eine endliche, wenn auch sehr kleine Aufenthaltswahrscheinlichkeit im Kerninneren haben. Dieser Einfangprozess, bei dem kein Energie-Massenäquivalent für ein Positron benötigt wird, findet immer dann statt, wenn aus energetischen Gründen kein β^+-Zerfall möglich ist. Oft konkurriert der Elektroneinfang aber auch mit dem energetisch möglichen Positronenzerfall. Das eingefangene Elektron und ein Proton bilden über die schwache Wechselwirkung ein Neutron und ein Neutrino. Das Neutrino hat neben der Teilchenzahlerhaltung (ein verschwindendes Lepton, das Elektron, wird durch ein neues, das Neutrino, ersetzt) vor allem die Aufgabe, die überschüssige Energie abzuführen.

$$p + e^- \Rightarrow n + \nu_e + Energie \qquad (3.27)$$

Wie beim β^+-Zerfall vermindert sich bei diesem Prozess die Ordnungszahl um 1 ($Z \rightarrow Z-1$) und die Neutronenzahl erhöht sich um 1 ($N \rightarrow N+1$). Die Massenzahl A bleibt dagegen wieder erhalten. Da die Atomhülle des Tochternuklids ein Elektronenloch in einer der inneren Schalen aufweist, folgt auf einen Elektroneinfang immer die Emission charakteristischer Hüllen-Photonenstrahlung oder deren Konkurrenzprozess, die Augerelektronen-Emission. Die Kerngleichung des Elektroneinfangs hat die folgende Form:

$$\ _Z^A X_N^* + e^- \ \Rightarrow \ _{Z-1}^A Y_{N+1}^* + \nu_e + \text{Energie} \qquad (3.28)$$

Findet der Elektroneinfang direkt in den Grundzustand des Tochternuklids statt, wird lediglich ein Neutrino emittiert. Dieses übernimmt zwar die Zerfallsenergie, macht aber praktisch keine Wechselwirkung mit der umgebenden Materie. Strahlenschutz-

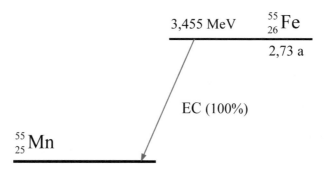

Fig. 3.13: Zerfallsschema des Elektroneinfangs am Eisen-55. ^{55}Fe zerfällt zu 100% in den Grundzustand des Mangan-55. Die Halbwertzeit ist 2,73 a, die Zerfallsenergie beträgt 3,455 MeV.

probleme können also bei solchen reinen "Grundzustandszerfällen" nur durch die nachfolgende Hüllenstrahlung entstehen. Die beim Zerfall freiwerdende Energie verteilt sich auf das Neutrino (Bewegungs- und Ruheenergie) und auf die Bindungsenergie des eingefangenen Elektrons. Da diese einen von der Ordnungszahl des Mutteratoms abhängigen konstanten Wert hat, übernimmt auch das Neutrino einen festen Energiebetrag. Ein Beispiel für einen 100-prozentigen Elektroneinfang in den Grundzustand des Tochternuklids zeigt Fig. (3.13).

3.4 Die Gamma-Emission

Bei radioaktiven Zerfällen werden nicht nur Korpuskeln emittiert. Reicht die Energiebilanz nicht für eine Korpuskelemission aus, kann die beim Mutternuklid verbleibende Anregungsenergie in Form hochenergetischer Photonenstrahlung, den Gammaquanten, ausgesendet werden. Da Gammaquanten zur elektromagnetischen Strahlung zählen, verändern sich die Massenzahlen des "zerfallenden" Kerns nicht. Allerdings vermindert sich die Energie des Kerns um den durch das Photon abtransportierten Energieanteil bzw. die Kernmasse um das Massen-Energie-Äquivalent des Photons. Die Gammaemission ist also weder eine Umwandlung noch ein wirklicher Zerfall des Mutternuklids. Er äußert sich lediglich in einer Verminderung der Nuklidenergie und somit der entsprechenden Kernmasse.

Gammaemissionen werden durch die elektromagnetische Wechselwirkung ermöglicht. Bei radioaktiven Zerfällen mit Korpuskelemission werden sehr oft nicht die Grundzustände sondern angeregte Zustände des Tochternuklids erreicht. Die angeregten Zustände können einfachen Einzelnukleonenanregungen oder kollektiven Zuständen des Kerns entsprechen. Die Übergangswahrscheinlichkeit von zwei nuklearen Zuständen über eine Gammaemission hängt von der Multipolarität der Strahlung (Dipol, Quadrupol, …) und der Art der Übergangs (magnetischer, elektrischer Übergang, z.B. E1, M1, E2, M2) ab (s. z.B. [Mayer-Kuckuk/K]). Während in der Atomhülle einfacher isolierter Atome sehr klare Regeln für die Energien der Elektronenübergänge existieren (s. Abschnitt 2.2), gibt es für nukleare Übergänge wegen der Vielfalt der möglichen Anregungszustände keine einfachen Beziehungen. Entsprechend komplex können die Gamma-Zerfallsschemata sein (Fig. 3.14).

Beispiel 3.4: Gammaemission beim Nickel-60. *Ein typisches Beispiel einer Gammaemission zeigt Fig. (3.14). Dort ist die β^--Umwandlung des ^{60}Co in angeregte Zustände des ^{60}Ni dargestellt. ^{60}Co zerfällt zu 99,9% in das angeregte 2,5057-MeV-Niveau des ^{60}Ni-Tochterkerns. Dieser hoch angeregte Zustand zerfällt über das 1,3325-MeV-Zwischenniveau in den Grundzustand. Dabei werden zwei Gammaquanten von 1,1732 und 1,3325 MeV emittiert. Mit einer Wahrscheinlichkeit von 0,08% findet auch ein β^--Zerfall in das 1,3325-MeV-Niveau statt. ^{60}Co spielt wegen der nachfolgenden hochenergetischen Gammastrahlung eine wichtige Rolle in der Medizin (Strahlentherapie) und bei technischen Radiologieanwendungen (Strahlungs-Sterilisation, Werkstoffprüfung, Kalibrierstrahler).*

$$\ _{27}^{60}Co_{33}^* \ \Rightarrow \ _{28}^{60}Ni_{32}^* + \beta^- + \bar{\nu}_e + E \tag{3.29}$$

$$\ _{28}^{60}Ni_{32}^* \ \Rightarrow \ _{28}^{60}Ni_{32} + \gamma_1 + \gamma_2 \tag{3.30}$$

Bei der β^--Umwandlung des ^{60}Co können aus energetischen Gründen nur die drei untersten Anregungszustände des ^{60}Ni erreicht werden. Tatsächlich ist das Anregungsspektrum des ^{60}Ni-Kerns wesentlich komplizierter, als es aus der vereinfachten Darstellung in den Gleichungen (3.29, 3.30) anzunehmen ist. Steht mehr Anregungsenergie zur Verfügung, wie beispielsweise beim $\beta+$-Zerfall des ^{60}Cu, der in den gleichen Tochterkern stattfindet, werden auch höhere Kernzustände durch den Betazerfall bevölkert. Das vollständige Zerfallsschema aller bis zum Jahr 2006 bekannten Nuklide[12], die letztlich beim Nuklid ^{60}Ni enden, ist im Termschema (3.14) aufgezeichnet, das im Übrigen ein schönes Beispiel für die oben besprochene Isobarenparabel ist. Die früher berichtete wesentlich größere HWZ des Mn-60 von 51 s ging auf eine Kontamination der untersuchten Probe mit einem Isomer aus In-120 zurück [Liddick 2006].

---

[12] In der Karlsruher Nuklidkarte von 2022 sind als zusätzlicher Betaplusstrahler Ge-60 ($T_{1/2}$ = 110 ns) und als zusätzliche Betaminusstrahler Ti-60 ($T_{1/2}$ = 22ms) und Sc-60 ($T_{1/2}$ = 160 ns) aufgeführt.

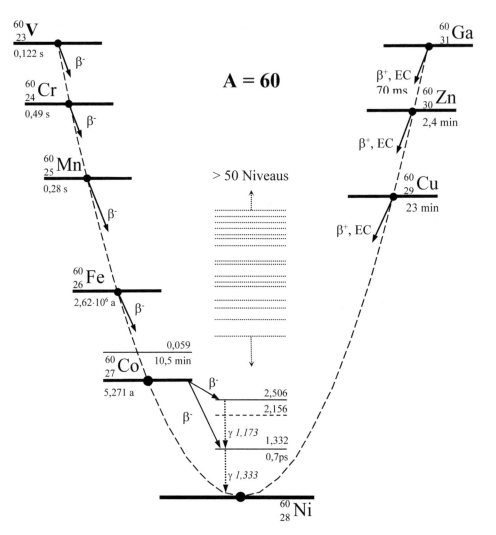

Fig. 3.14: Isobarenparabel für $A = 60$ mit schematischem Termschema des stabilen Nuklids ⁶⁰Ni und Umwandlungen der zugehörigen isobaren Kerne ⁶⁰Cr, ⁶⁰Mn, ⁶⁰Fe, ⁶⁰Co, ⁶⁰Ga, ⁶⁰Zn und ⁶⁰Cu (vereinfacht nach [Lederer], [ICRP38], [Karlsruher Nuklidkar-te]). β⁺-Umwandlungen sind auf der rechten Parabelseite, β⁻-Umwandlungen auf der linken Seite der Isobarenparabel angezeigt. Die Zeitangaben an den Termschemata sind gerundete Halbwertzeiten und umfassen den Zeitbereich von $1{,}5 \cdot 10^6$ Jahren (⁶⁰Fe) bis zu den nahezu prompten Gammaübergängen in weniger als 1 ps (1,33 MeV-Niveau des ⁶⁰Ni). Die Energieangaben sind in MeV angegeben. Für das ⁶⁰Co sind im Energiebereich bis etwa 4 MeV über 70 Anregungszustände bekannt. Für das ⁶⁰Ni sind über 50 Niveaus bis zur Anregungsenergie von 5 MeV experimentell bestimmt. Sie sind in dieser Zeichnung nur schematisch angedeutet. Aus Darstel-lungsgründen sind außerdem die energetischen Abstände der einzelnen isobaren Grundzustände, insbesondere der des ⁶⁰Fe zum ⁶⁰Co gespreizt eingezeichnet. Letzte-rer beträgt tatsächlich nur etwa 0,14 MeV.

Während bei der Betaumwandlung des ^{60}Co nur zwei Gammalinien in Erscheinung treten, ist das Zerfallsspektrum des ^{60}Cu besonders vielfältig. Beim Zerfall des ^{60}Cu tritt konkurrierend zu den β^+-Zerfällen auch Elektroneinfang auf. Zusätzlich zur Kernstrahlung sind daher auch Hüllenstrahlungen des Tochternuklids zu erwarten. Termschemata für Gammaemissionen sind in Gammaspektroskopie-Atlanten zusammengefasst. Wichtige internationale Datenquellen sind die Datensammlung des National Departements for Energy der USA, zusammengestellt von Lederer und Shirley [Lederer], die Atomic Data and Nuclear Data Tables [Nuclear Data Tables], [Erdtmann-Soyka] und [ICRP 38].

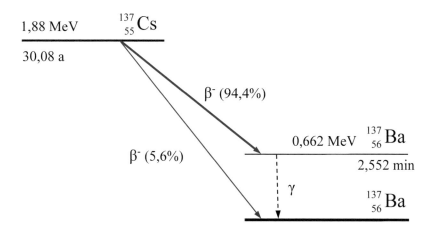

Fig. 3.15: Zerfallsschema des ^{137}Cs. Die Halbwertzeit der Betaumwandlung beträgt 30,08 a, die Zerfallsenergien sind 1,18 und 0,51 MeV. Die Halbwertzeit der ^{137m}Ba-Umwandlung ist 2,552 min. Die Gammaenergie beträgt 0,662 MeV.

Beispiel 3.5: Gammaemission des Barium-137. *Eine weitere für Medizin und Technik bedeutsame Gammaemission findet sich nach der β^--Umwandlung des ^{137}Cs (Fig. 3.15). Cs-137 ist ein künstlich durch Atomkernspaltung erzeugtes Nuklid mit einer Halbwertzeit von 30,08 a. Es zerfällt über eine β^--Umwandlung zu 5,6% in den Grundzustand und zu 94,4% in einen isomeren Zustand des Ba-137. Die zugehörigen maximalen Betaenergien betragen 1,18 und 0,51 MeV.*

$$^{137}_{55}Cs^*_{82} \Rightarrow \; ^{137m}_{56}Ba^*_{81} + \beta^- + \bar{\nu}_e + E \qquad (3.31)$$

$$^{137m}_{56}Ba^*_{81} \Rightarrow \; ^{137}_{56}Ba_{81} + \gamma \qquad (3.32)$$

Das metastabile Bariumniveau Ba-137m hat eine Halbwertzeit von 2,552 min, die emittierte Gammastrahlung eine Energie von 662 keV. Weil sie die einzige vom Tochternuklid emittierte Gammalinie ist, wird ^{137}Cs gerne als Kalibrierpräparat für Gammaspektrometer benutzt. Da

^{137}Cs bei der Kernspaltung in Kernreaktoren oder Atomwaffen entsteht und eine vergleichswei-se lange Lebensdauer hat, ist es eines der Leitnuklide bei kerntechnischen Störfällen. So war dieses Nuklid neben anderen verantwortlich für die langfristige radioaktive Kontamination der Umwelt nach den bis in den Beginn der achtziger Jahre durchgeführten oberirdischen Kern-waffenversuchen. Auch die Reaktorkatastrophe von Tschernobyl vom 26. April 1986 hat bis weit nach West- und Nordeuropa hinein die Umwelt außer mit vielen kurzlebigen Nukliden auch mit dem langlebigen Nuklid ^{137}Cs kontaminiert.

Metastabile, also isomere angeregte Kernzustände treten immer dann auf, wenn das angeregte Nuklid für den Übergang in niedrigere Energiezustände komplizierte Um-ordnungsprozesse seiner Nukleonenkonfiguration durchlaufen muss und die zur Ver-fügung stehende Energiedifferenz im Vergleich zur Bindungsenergie des Nuklids ge-ring ist. Die mittlere Zeit, die für diese Neuordnung der Nukleonen benötigt wird, bestimmt dann die Lebensdauer der metastabilen Niveaus. Ein medizinisch wichtiges Beispiel ist das ^{99m}Tc, das für die Nuklearmedizin verwendet wird (s. Gln. 3.35, 3.36 und Beispiel 4.5). Auch existieren heute noch isomere Nuklide aus der Zeit der Ele-mententstehung, obwohl die Grundzustände dieser Nuklide vergleichsweise schnell zerfallen sind. Bei vielen technisch oder medizinisch verwendeten Nukliden spielt die Halbwertzeit der angeregten Zustände allerdings kaum eine Rolle, da der Zeitverlauf des radioaktiven Zerfalls durch die Halbwertzeit des langlebigen Mutternuklids domi-niert wird.

3.5 Die Innere Konversion (IC)

Sind die Wahrscheinlichkeiten für Gammaemissionen angeregter Kernzustände wegen komplizierter Nukleonenkonfigurationen oder geringer Anregungsenergien sehr klein, kann der Atomkern durch einen weiteren Mechanismus auch ohne Photonenemission überschüssige Energie abgeben. Dabei wird die Anregungsenergie unmittelbar auf ein inneres Hüllenelektron übertragen. Dieser Prozess ist vor allem an K- und L-Elek-tronen beobachtet worden und wird als **Innere Konversion** (engl.: inner conversion, IC) bezeichnet. Innere Konversion tritt häufig bei hohen Kernladungen auf, da bei solchen Nukliden durch die starke Coulombanziehung die inneren Elektronenvertei-lungen dicht an der Kernoberfläche oder teilweise innerhalb der Atomkerne verlaufen und somit dort eine höhere lokale Elektronendichte als bei leichten Kernen besteht. Diese inneren Elektronen haben dann eine erhöhte Aufenthaltswahrscheinlichkeit am Kernort, so dass sie die Anregungsenergie unmittelbar vom Kern übernehmen können. Wie beim Gammazerfall ändern sich auch bei der Inneren Konversion weder die Nuk-leonenzahl A noch die Ordnungszahl Z oder die Neutronenzahl N. Der Mutterkern verliert lediglich Anregungsenergie und ändert dadurch seinen Massedefekt. Die Elektronen aus der direkten Kern-Hülle-Energieübertragung werden als **Konversions-elektronen** bezeichnet. Ihre Energien entsprechen der Differenzenergie des Kernüber-gangs vermindert um die Bindungsenergie des freigesetzten Elektrons. Für die Energie der Konversionselektronen gilt daher der folgende Zusammenhang:

$$E_e = E_\gamma - E_{bind,e} \tag{3.33}$$

Die Energieverteilungen der Konversionselektronenenergien sind deshalb diskrete Linienspektren. Sie unterscheiden sich also von den kontinuierlichen Energiespektren der Betaumwandlungen. Die Energien der Konversionselektronen sind wie die Gammaenergien charakteristisch für ein bestimmtes Nuklid.

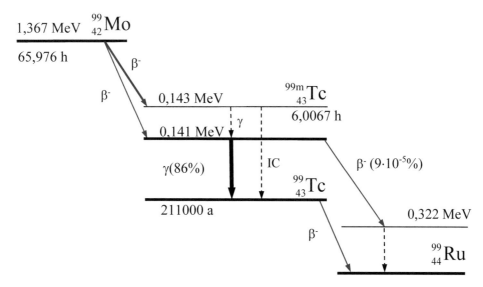

Fig. 3.16: Vereinfachtes Zerfallsschema des Molybdän-99. Es zerfällt mit 66 h Halbwertzeit in angeregte Zustände des Technetium-99. Die Betaübergänge bevölkern zu etwa 14% den Anregungszustand des ^{99}Tc bei 141 keV und zu ca. 86% den metastabilen Zustand ^{99m}Tc. Dieser hat eine Anregungsenergie von 143 keV und zerfällt über einen Zwischenzustand durch Gammaemission und Innere Konversion mit einer Halbwertzeit von etwa 6,01 h in den instabilen Grundzustand des ^{99}Tc (β^--Umwandlung in Ruthenium-99 mit der Halbwertzeit von 211000 a).

Innere Konversion tritt als Konkurrenz zur Gammaemission auf, wenn diese aus den oben genannten Gründen behindert ist. In einem Ensemble radioaktiver Kerne findet man neben den Zerfällen durch Innere Konversion auch die Gammaemissionen der angeregten Mutternuklide. An einem bestimmten Kernindividuum können Innere Konversion und Gammaemission natürlich nicht gleichzeitig stattfinden, da ein einzelner Atomkern sich nur auf die eine oder die andere Art "abregen" kann. Das Verhältnis der Wahrscheinlichkeit für eine Innere Konversion zur Wahrscheinlichkeit für eine Gammaumwandlung aus dem gleichen angeregten Zustand wird als **Konversionskoeffizient** α bezeichnet. Experimentell wird dieser als Verhältnis der Anzahl der pro Zeitintervall emittierten Konversionselektronen N_e und der Zahl der Gammaquanten N_γ bestimmt. Er wird getrennt für die verschiedenen Elektronenschalen angegeben und erhält zur Kennzeichnung als Index die jeweilige Schalenkennung (α_K, α_L ....). K-Konversion nimmt mit Z^3 zu und mit $1/E_\gamma$ ab. Konversionskoeffizienten sind unter anderem in ([Lederer], [Hager-Seltzer]) als Funktion der Gammaenergie, Multipolarität und der Ordnungszahl tabelliert.

$$\alpha = \frac{N_e}{N_\gamma} \tag{3.34}$$

Innere Konversion ist übrigens eine wirkliche Alternative zur Gammaemission, es wird dabei also nicht etwa erst ein reelles Gammaquant emittiert, das dann mit einem der Hüllenelektronen, z. B. über einen Photoeffekt wechselwirkt. Einen direkten Beweis der "Eigenständigkeit" der Inneren Konversion liefert das Zerfallsschema des ^{99}Mo (Fig. 3.16), dessen Tochternuklid ^{99}Tc eine wichtige Rolle in der nuklearmedizinischen Diagnostik spielt. Es wird dort als so genannter **Technetium-Generator** zur Gewinnung des metastabilen gammastrahlenden ^{99m}Tc verwendet.

$$^{99}_{42}\text{Mo}^*_{57} \Rightarrow \,^{99}_{43}\text{Tc}^*_{56} + \beta^- + \bar{\nu}_e + E \tag{3.35}$$

$$^{99m}_{43}\text{Tc}^*_{56} \Rightarrow \,^{99}_{43}\text{Tc}^*_{56} + \gamma \tag{3.36}$$

Die Halbwertzeit des metastabilen Zustandes des ^{99}Tc ist geringfügig beeinflussbar durch die chemische Verbindung, in der das Technetium vorliegt, da die Zerfallswahrscheinlichkeit für die Innere Konversion von der Elektronendichteverteilung am Kernort abhängt und diese wiederum von der chemischen Bindung. Die Wahrscheinlichkeit der konkurrierenden Gammaemission ist dagegen völlig unabhängig von der Hüllenstruktur und kann die mit der chemischen Verbindung variierende Halbwertzeit des metastabilen Zustands nicht erklären. Ein besonders drastisches Beispiel ist die Variation der Halbwertzeit des ^{7}Be mit der chemischen Form [Chih-An Huh 1999]. Sie variiert je nach chemischer Bindung zwischen 53,416 d und 54,226 d. Bei der Inneren Konversion entstehen wie beim Elektroneinfang Elektronenlücken in den inneren Schalen der Atomhülle. Diese werden sukzessiv von Elektronen der äußeren Elektronenschalen aufgefüllt. Dabei wird wie üblich die Bindungsenergiedifferenz der nach innen fallenden Elektronen in charakteristische Photonenstrahlung oder in kinetische Energie von Augerelektronen umgewandelt. Innere Konversion ist also grundsätzlich mit der Emission von Hüllenstrahlung verbunden.

Eine weitere Alternative zur Gammaemission ist die **innere Paarbildung**, die bei Überschreiten der Paarbildungsschwelle von 1022 keV für die Photonenenergie auftreten kann, wenn die Gammaemission wegen der Drehimpulsverhältnisse behindert ist. Dabei wird im Inneren des Atomkerns ähnlich wie bei der Paarbildung in der Atomhülle spontan ein Elektron-Positron-Paar gebildet. Der Prozess ist selten. Seine Wahrscheinlichkeit nimmt anders als bei der inneren Konversion mit der Gammaenergie zu.

3.6 Spontane Kernspaltung

Neben den bisher erwähnten "klassischen" Zerfallsarten besteht besonders für schwere Kerne oder Nuklide weit entfernt vom Stabilitätstal die Möglichkeit, auch auf andere Weise zu zerfallen. Sie können beispielsweise **spontan spalten** (engl.: spontaneous fission, sf). Dieser Prozess findet nur bei einigen sehr schweren Atomkernen statt. Aussagen über die Instabilität schwerer Kerne gegen spontane Spaltung liefert die Theorie des Tröpfchenmodells unter bestimmten Annahmen (wie symmetrische Spaltung, kleine Deformationen) in Form des **Spaltparameters s**.

$$s = \frac{Z^2}{A} \tag{3.37}$$

Für s-Werte oberhalb 50 spalten die Nuklide sofort, für s-Werte zwischen 37 und 47 verzögert, also mit einer bestimmten endlichen Lebensdauer. Je größer der Spaltparameter für ein bestimmtes Nuklid ist, umso kürzer ist die Halbwertzeit des Zerfalls. Für $s = 37$ liegen die aus dem Tröpfchenmodell abgeschätzten Halbwertzeiten in der Größenordnung von 10^{10} a. Die experimentell bestimmten Lebensdauern spontan spaltender Kerne sind oft wesentlich kürzer, da das zur Berechnung von s verwendete kollektive Tröpfchenmodell keine Aussagen über Einzelnukleonenzustände und deren Einflüsse auf den exakten Verlauf der Bindungsenergie der Nuklide mit der Nukleonenzahl macht.

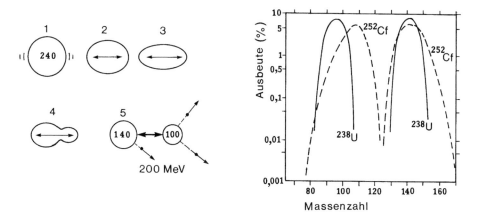

Fig. 3.17: Links: Spontaner Spaltprozess an einem schweren Atomkern. Durch Instabilität in der Deformation schnürt der Atomkern ab. Sobald sich die Einschnürung verstärkt, kommt es zur Coulombabstoßung der beiden Fragmente. Dadurch deformiert der Kern noch mehr und spaltet. Nach dem Tröpfchenmodell werden bei Actinoiden und Transuranen etwa 200 MeV Bindungsenergie frei. Wegen des erheblichen Neutronenüberschusses der Spaltfragmente werden bei Actinoiden sofort 2-3 Neutronen aus den Spaltfragmenten abgedampft. Rechts: Relative Ausbeute an Spaltfragmenten bei der spontanen Spaltung von ^{238}U und ^{252}Cf. Die Massen der Spaltfragmente sind asymmetrisch verteilt, das mittlere Massenverhältnis beträgt etwa 2:3.

Das leichteste Nuklid, an dem spontane Spaltung experimentell beobachtet wurde, ist ^{232}Th [Vandenbosch/Huizenga]. In dieser Referenz befinden sich übrigens eine ausführliche Datensammlung und theoretische Abhandlungen zur spontanen Spaltung. Für Transurane mit Ordnungszahlen > 98 ist die spontane Spaltung ein dominierender Zerfallsprozess. Bekannte spontane Spaltquellen aus diesem Massenzahlbereich sind unter anderem ^{240}Pu, ^{252}Cf, ^{254}Cf, ^{244}Cm und ^{256}Fm (Details s. Kap. 5.2, Tab. 5.5).

3.7 Protonenemission, Neutronenemission, Cluster-Emission*

Spontane **Protonen-Emissionen** von Nukliden sind sehr selten, da die betroffenen Nuklide bei genügendem Energieüberschuss entweder unter Alpha- oder Betaemission zerfallen. Unmittelbare Neutronen- oder Protonenemissionen von Atomkernen finden meistens nur weit außerhalb des Stabilitätstales statt. Sie spielen deshalb in der Technik oder der Medizin keine Rolle. Die Kerngleichungen der Protonenemissionen lauten:

$$_Z^A X_N^* \;\Rightarrow\; _{Z-1}^{A-1} Y_N^* + p + \text{Energie} \tag{3.38}$$

Ein Beispiel für einen der seltenen spontanen Protonenzerfälle in der Nähe des Stabilitätstales und im mittleren Massenzahlbereich ist das hauptsächlich β^+-aktive Nuklid ^{53}Co (Fig. 3.18). Es ist der erste experimentell nachgewiesene Protonenstrahler [Jackson 1970]. ^{53}Co besitzt 3,19 MeV oberhalb seines instabilen Grundzustandes einen angeregten isomeren Zustand. Dieser zerfällt mit einer Halbwertzeit von 0,247 s überwiegend über einen β^+-Zerfall in den Grundzustand des ^{53}Fe. Mit einer kleinen Wahrscheinlichkeit kann der metastabile Zustand aber auch unter Protonenemission in das Nuklid ^{52}Fe zerfallen.

$$_{27}^{53m} Co_{26}^* \;\Rightarrow\; _{26}^{53m} Fe_{26}^* + \beta^+ + \nu + \text{Energie} \tag{3.39}$$

$$_{27}^{53m} Co_{26}^* \;\Rightarrow\; _{26}^{52} Fe_{26}^* + p + \text{Energie} \tag{3.40}$$

Viele Protonenstrahler finden sich am Beginn der Nuklidkarte, also bei niedrigen Massenzahlen der Radionuklide, da dort schon geringfügige Verschiebungen des Protonen-Neutronen-Gleichgewichts zu großen Instabilitäten der Nuklide führen. Sie konkurrieren dort mit nahezu prompten Alphaemissionen und Betaplus-Zerfällen. Einige Nuklide unterliegen sogar doppelten Protonenzerfällen (Beispiele sind ^{6}Be, ^{8}C, ^{16}Ne). Die meisten dieser leichten Nuklide haben extrem kurze Halbwertzeiten, die typisch im Bereich 10^{-23} s liegen. Diese Zeiten entsprechen etwa den Transferzeiten von Korpuskeln, die Atomkerne mit relativistischen Geschwindigkeiten durchqueren, so dass die Abgrenzung zu reinen Kernreaktionen schwierig ist. Die Halbwertzeiten schwererer Protonenemitter betragen dagegen typisch einige ns (10^{-9} s), deuten also wegen der für Kernreaktionen untypisch langen Zeiten tatsächlich auf radioaktive Zerfälle hin.

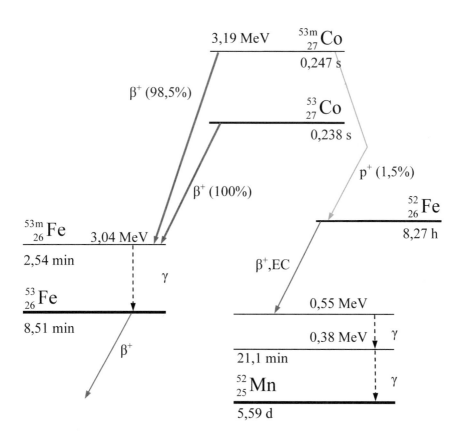

Fig. 3.18: Zerfallsschema des Positronen- und Protonenstrahlers ^{53}Co. Der instabile Grundzustand des ^{53}Co zerfällt zu nahezu 100%, der metastabile Anregungszustand ^{53m}Co zu 98,5% über einen β^+-Zerfall in den instabilen Grundzustand des ^{53}Fe (Halbwertzeit 8,51 min). Daneben besteht mit 1,5% eine kleine Wahrscheinlichkeit für den metastabilen ^{53m}Co-Zustand, über Protonenemission in ^{52}Fe zu zerfallen. ^{52}Fe ist ebenfalls instabil (Halbwertzeit 8,27 h) und zerfällt über β^+-Zerfall und Elektroneinfang in angeregte Zustände des instabilen ^{52}Mn (Halbwertzeit 5,59 d).

Ähnliche Energie- und Instabilitätsverhältnisse findet man auf der neutronenreichen Seite der Nuklidkarte. Bei Nukliden mit einem extremen Neutronenüberschuss kann es zur Emission von Neutronen kommen. Viele Neutronenemitter finden sich auch hier am Beginn der Nuklidkarte mit den typischen kurzen Halbwertzeiten zwischen 10^{-21} und 10^{-23} s, also wieder im Bereich der Transferzeiten von Kernreaktionen. Die allgemeine Kerngleichung für den Neutronenzerfall lautet:

$$_Z^A X_N^* \Rightarrow {}^{A-1}_Z Y_{N-1}^* + n + Energie \tag{3.41}$$

Die meisten Neutronenemitter finden sich bei höheren Kernmassen der Spaltfragmente nach spontaner oder induzierter Kernspaltung, also im Massenzahlbereich zwischen 80-100 und 130 bis 140. Die Halbwertzeiten dieser Neutronenemitter werden durch die vorhergehenden Betaminus-Zerfälle dominiert (s. Kap. 3.8).

Wie schon beim Alphazerfall erwähnt wurde, können sich Protonen und Neutronen in Atomkernen spontan zu schwereren **Nukleonenclustern** zusammenschließen (cluster engl. für Haufen). Die Art der Clusterbildung hängt von den Schalenbedingungen im Atomkern ab. Sind die Kerne weit entfernt von den gefüllten Nukleonenschalen, ist die Clusterbildung durch die zufällige Vereinigung einzelner Nukleonen unter Energiefreisetzung dominiert. Typische Beispiele sind die aus mehreren Alphateilchen bestehenden Cluster ^{12}C und ^{16}O, die auch als Reaktionsprodukte von Kernreaktionen auftreten können und wegen der hohen Bindungsenergie der Alphapartikel energetisch besonders günstig sind. Wenn Nukleonenzahlen der zu erwartenden Tochternuklide dagegen nicht weit entfernt von den magischen Kernschalen für Neutronen und Protonen sind, ist der mögliche Schalenabschluss bestimmend für die Clusterbildung. Dann entstehen aus den verbleibenden Nukleonen Cluster anderer Zusammensetzungen. Typische Nuklidcluster sind ^{14}C, ^{20}O und ^{24}Ne. Wenn die energetischen Verhältnisse es zulassen, kann es zur Emission dieser Cluster durch die Coulombbarrieren des Kernpotentials kommen. Die Halbwertzeiten korrelieren wie bei den einfachen Alphazerfällen mit der Breite des zu durchtunnelnden Potentialwalls und der energetischen Lage der Cluster im Mutternuklid. Der erste Clusterzerfall wurde 1984 experimentell nachgewiesen. Es war der ^{14}C-Clusterzerfall des ^{223}Ra. Inzwischen sind Clusteremissionen auch bei einigen weiteren Actinoidenkernen nachgewiesen worden.

3.8 Betaverzögerte Prozesse*

Radionuklide außerhalb des Stabilitätstales haben einen mehr oder weniger ausgeprägten Neutronen- bzw. Protonenüberschuss. Zerfällt beispielsweise ein solcher Atomkern durch einen Betazerfall (β^- oder β^+) in hoch angeregte Zustände des Tochternuklids, kann es aus diesen angeregten Zuständen zu weiteren spontanen Teilchenemissionen kommen. Diese Teilchen können entweder einzelne Neutronen oder Protonen sein. Auch multiple Neutronenemissionen oder das Aussenden schwererer Teilchen wie Deuteronen, Tritonen, Alphateilchen wurden bereits nachgewiesen. Selbst betaverzögerte spontane Spaltprozesse wurden beobachtet. Das Zeitmuster dieser Zerfälle ist in allen Fällen dominiert durch die Halbwertzeit des jeweiligen Mutternuklids. Das bedeutet, dass simultan zur Aktivitätsabnahme des Mutternuklids auch die Emissionsrate der emittierten sekundären Teilchen abnimmt. In der Nuklidkarte werden solche Kombinationszerfälle mit Kürzeln wie (β^-n), (β^-2n) (β^+p), (β^-d), (β^-t), ($\beta^-\alpha$) oder (β^-sf) gekennzeichnet. Ein typisches Beispiel ist die Betaminusumwandlung des ^{30}Na. Dieses Radionuklid zerfällt über einen Betaminuszerfall in angeregte Zustände des ^{30}Mg. Dabei kommt es zur Emission von einzelnen Neutronen, Doppelneutronen und selbst von Alphateilchen aus dem Tochternuklid, die alle mit der Halbwertzeit des Mutternuklids von 48 ms in Erscheinung treten.

$$^{30}_{11}\text{Na}^*_{19} \Rightarrow {}^{30}_{12}\text{Mg}^*_{18} + \beta^- + \bar{\nu}_e + \text{Energie} \tag{3.42}$$

$$^{30}_{12}\text{Mg}^*_{18} \Rightarrow {}^{29}_{12}\text{Mg}^*_{18} + \text{n} + \text{Energie} \tag{3.43}$$

$$^{30}_{12}\text{Mg}^*_{18} \Rightarrow {}^{27}_{12}\text{Mg}^*_{18} + 2\text{n} + \text{Energie} \tag{3.44}$$

$$^{30}_{12}\text{Mg}^*_{18} \Rightarrow {}^{26}_{10}\text{Ne}^*_{16} + \alpha + \text{Energie} \tag{3.45}$$

Das Tochternuklid des letzten betaverzögerten Prozesses (^{26}Ne) ist übrigens selbst wieder ein (β^-n)-Strahler. Ein betaverzögerter Neutronenzerfall findet auch am Stickstoffnuklid ^{17}N statt, das mit einer Halbwertzeit von 4,17 s zerfällt.

$$^{17}_{7}\text{N}^*_{10} \Rightarrow {}^{17}_{8}\text{O}^*_{9} + \beta^- + \bar{\nu}_e + \text{Energie} \tag{3.46}$$

$$^{17}_{8}\text{O}^*_{9} \Rightarrow {}^{16}_{8}\text{O}^*_{8} + \text{n} + \text{Energie} \tag{3.47}$$

Solche betaverzögerten Neutronen aus Spaltfragmenten spielen eine wichtige Rolle für die effektive Regelung von Kernreaktoren, da die Zeitskala der Neutronenemission wesentlich größer ist als die des Spaltprozesses und der darauffolgenden prompten Neutronenemissionen aus den meisten Spaltfragmenten. Eine Zusammenstellung der für die Reaktortechnik wichtigen Spaltfragmente mit betaverzögerter Neutronenemission und Halbwertzeiten bis über 100 s findet sich in ([Krieger2) und Spaltausbeuten im dortigen Anhang.

Zusammenfassung

- **Zur übersichtlichen Darstellung der Eigenschaften der bekannten Nuklide werden sogenannte Nuklidkarten verwendet.**

- **In diesen Karten werden in der Regel auf der Abszisse die Neutronenzahlen und auf der Ordinate die Ordnungszahlen der bekannten Nuklide aufgetragen.**

- **Die wichtigste Ausgabe im deutschsprachigen Raum ist die Karlsruher Nuklidkarte, die in regelmäßigen Abständen "upgedatet" wird.**

- **Stabile Nuklide werden schwarz, radioaktive Nuklide werden farbig, primordiale (aus der Erdentstehungszeit stammende) Radionuklide mit horizontal geteilten halbschwarzen Feldern dargestellt.**

- Zur Minimierung ihrer Gesamtenergie unterliegen Nuklide radioaktiven Zerfällen bzw. Umwandlungen.

- Bei allen radioaktiven Umwandlungsprozessen muss neben der Energie und dem Impuls auch die Zahl der schweren und leichten Teilchen sowie die elektrische Ladung erhalten bleiben.

- Man unterscheidet die nicht isobaren Zerfälle unter Beteiligung der starken Kernkraft, die mit Änderungen der Massenzahlen verbunden sind, und die isobaren Zerfälle durch die schwache Wechselwirkung, bei der die Massenzahlen erhalten bleiben.

- Der wichtigste nicht isobare Zerfall ist der Alphazerfall.

- Isobare Zerfälle sind die Betaminus- und die Betaplusumwandlung bzw. deren Konkurrenzprozess, der Elektroneinfang.

- Radionuklide können außerdem durch elektromagnetische Übergänge angeregter Zustände Energie abgeben. Diese elektromagnetische "Umwandlung" heißt Gammaemission. Ihr Konkurrenzprozess ist die Innere Konversion.

- Sind durch bestimmte Auswahlregeln und komplizierte Umwandlungsprozesse die Abregungen aus angeregten Kernzuständen behindert, kommt es zur Bildung metastabiler Zustände. Aus diesen Zuständen zerfallen die angeregten Zustände mit einer eigenen Halbwertzeit.

- Solche verzögerten Kernumwandlungen werden als isomere Zerfälle gekennzeichnet. Die Zeitgrenze zur Klassifizierung eines isomeren Zustandes liegt bei Lebensdauern oberhalb einiger ns.

- Seltenere Zerfallsarten sind die spontane Spaltung, die Neutronen- und die Protonenemission.

- In sehr seltenen Fällen kommt es bei uu-Kernen aus energetischen Gründen zur doppelten Betaumwandlung, bei dem zwei Betaminus- oder Betaplusteilchen simultan emittiert werden.

- In einigen Radionukliden kommt es auch zur Clusteremission, also dem Zerfall unter Bildung schwerer Teilchen.

- Eine Besonderheit sind die Zerfälle mit betaverzögerter Teilchenemission. Solche Teilchen können Neutronen, Protonen, und auch schwerere Partikel wie Tritonen oder Alphas sein. Selbst betaverzögerte spontane Kernspaltung ist beobachtet worden.

Aufgaben

1. Schildern Sie den Aufbau der Karlsruher Nuklidkarte. Gibt es in dieser Karte auch Hinweise auf die Bindungsenergie der dargestellten Nuklide?

2. Erklären Sie die sogenannte Isobarenparabel und geben Sie deren Lage auf der Nuklidkarte an.

3. Berechnen Sie die Zerfallsenergie bei der Betaumwandlung des Neutrons in ein Proton.

4. Wie bestimmt man aus experimentellen Betaspektren die maximale Zerfallsenergie E_{max}?

5. Erläutern Sie die Nukleonenzahlverhältnisse bei den Betaumwandlungen.

6. Wieso können manche betaaktiven Nuklide sowohl einem Betaminus- als auch einem Betaplusumwandlung unterliegen?

7. Was ist eine doppelte Betaumwandlung und unter welchen energetischen Bedingungen tritt sie auf? Welche Bedingungen gibt es dabei für die Nukleonenzahlen?

8. Sind ^{99m}Tc und ^{60}Co Gammastrahler?

9. Wieso treten bei gammaemittierenden Radionukliden immer auch charakteristische Hüllenstrahlungen der Mutternuklide auf? Ist dies die Folge eines Photoeffekts des emittierten Gammas am Mutteratom?

10. Welche "radioaktiven" Umwandlungsverhältnisse müssen vorliegen, damit die chemische Bindung eines Atoms die Lebensdauer des radioaktiven Kerns beeinflussen kann?

11. Wieso entstehen bei der Kernspaltung schwerer Nuklide immer freie Neutronen und woher stammen sie?

12. Erklären Sie den Begriff der betaverzögerten Teilchenemission.

13. Ein Atomkern macht einen Alphazerfall mit einer Zerfallsenergie von 5 MeV. Erhält das Alphateilchen den gesamten Energiebetrag als Bewegungsenergie?

14. Welche Größe beschreibt die spontane Spaltwahrscheinlichkeit eines Nuklids und ab welchem Zahlenwert dieser Größe ist mit spontaner Spaltung zu rechnen?

Aufgabenlösungen

1. Die Karlsruher Nuklidkarte ist ein N-Z-Diagramm aller bekannten Nuklide. Die Neutronenzahl ist auf der Abszisse, die Ordnungszahl auf der Ordinate aufgetragen. Hinweise auf die Bindungsenergien erhält man über die Farbe. Nuklide mit der stärksten Bindung, also minimalem Energiegehalt, sind stabil, da sie nicht mehr zerfallen können. Sie befinden sich in schwarzen Feldern entlang des "Stabilitätstals".

2. Die Isobarenparabel ist der Verlauf der Bindungsenergien für isobare Kerne, die aus dem Tröpfchenmodell berechnet werden kann (s. Gln. 2.25 bis 2.34 in Kap. 2.3, s. auch Aufgabe 11 aus Kap. 2). Das Minimum dieser Parabeln ist also der Bereich der maximalen Bindungsenergien isobarer Kerne.

3. Das Neutron wandelt sich durch eine Beta-Umwandlung nach folgender Gleichung in ein Proton um: $n \rightarrow p + e^- + \bar{\nu}_e +$ Energie. Das Massenäquivalent des Neutrons beträgt 939,5654 MeV, das des Protons 938,2708 MeV und das des Elektrons 0,510998946 MeV (s. Tab. 24.3.1). Die Masse des Antineutrinos ist kleiner als $1,1$ eV/c^2 und kann daher vernachlässigt werden. Der Energiegewinn des Neutronenbetazerfalls beträgt also 0,7836 MeV. Er steht den Zerfallsteilchen Elektron und Antineutrino als Bewegungsenergie zur Verfügung. Tatsächlich beträgt die experimentell bestimmte maximale Betaenergie 0,783 MeV.

4. Durch Linearisierung der Betaspektren (Kurieplot, s. Fig. 3.9) und Bestimmung des Schnittpunktes dieses Spektrums mit der Energieachse.

5. Bei einer einfachen Betaumwandlung kommt es immer zu einer Änderung der jeweiligen N- und Z-Zahlen. Da der Zerfall aber isobar ist, die Massenzahl A also konstant bleibt, kommt es bei Umwandlungen von gu-Kernen zu ug-Tochternukliden, bei ug-Kernen zu gu-Töchtern. Sind die Mutternuklide dagegen gg-Kerne, entstehen bei Betaumwandlungen grundsätzlich uu-Tochternuklide. Da sich die Isobarenparabeln von uu-Kernen und gg-Kernen wegen der Paarungsenergie unterscheiden, kommt es zu einigen Besonderheiten bei dieser Art von Mutternukliden wie alternative Betaminus- oder Betaplus-Umwandlung oder doppelter Betaumwandlung (s. Aufgaben 6 und 7).

6. Dies ist möglich, wenn in der Isobarenparabel für uu-Kerne das Endnuklid des Zerfalls nicht eindeutig bestimmt ist und wenn sich energetisch unterhalb des zerfallenden Mutternuklids in der gg-Isobarenparabel zwei energetisch tiefer liegende mögliche Tochternuklide befinden.

7. Eine doppelte Betaumwandlung ist ein sehr unwahrscheinliches Ereignis. Sie kann stattfinden, wenn das für eine einfache Betaumwandlung notwendige Tochternuklid eine höhere Energie auf der Isobarenparabel aufweist, als das zerfallen-

de Mutternuklid (s. Fig. 3.7). Die Bedingung für die Nukleonenzahlen ist ein gg-Mutternuklid und uu-Tochternuklide.

8. Das metastabile ^{99m}Tc ist tatsächlich ein Gammastrahler (E_γ = 140,5 keV). Es ist das wichtigste Radionuklid für die nuklearmedizinische Diagnostik. ^{60}Co ist dagegen kein Gamma- sondern ein Betastrahler. Die therapeutisch und technisch verwendete Gammastrahlung (1,17 und 1,33 MeV) entstammt dem Tochternuklid ^{60}Ni. In der Karlsruher Nuklidkarte sind die prompten Gammas aus den Tochternukliden aus Gründen der Vereinfachung grundsätzlich beim Mutternuklid, die metastabilen Gammazerfälle bei der Tochter (weißes Teilfeld) aufgeführt.

9. Der bei allen gammaemittierenden Radionukliden auftretende Konkurrenzprozess ist die Innere Konversion. Bei ihr werden bevorzugt K-Elektronen aus der Hülle entfernt. In der Folge kommt es zum Auffüllen dieses K-Lochs und daher zur Emission von Hüllenfluoreszenzstrahlung und von Augerelektronen. Zur K-Ionisation wird also kein Photoeffekt des emittierten Gammas am Mutteratom benötigt. Auch L-Konversion ist möglich.

10. Die Atomhüllen müssen beteiligt sein, da chemische Prozesse in der Elektronenhülle stattfinden. Chemische Bindungen beeinflussen die Elektronendichteverteilung am Kernort. Damit ändert sich auch die Wahrscheinlichkeit für eine Wechselwirkung des Atomkerns mit der Elektronenhülle. Die betrachteten Zerfallsarten sind die Innere Konversion als Alternative zur Gammaumwandlung und der Elektroneinfang als Alternative zur Beta-plus-Umwandlung.

11. Schwere Kerne benötigen zu ihrer Stabilität einen mit der Massenzahl zunehmenden Neutronenüberschuss. Die Spaltfragmente mit ihrer geringeren Massenzahl weisen deshalb einen zu hohen Neutronenüberschuss auf, den sie überwiegend durch prompte Emission der überzähligen Neutronen unmittelbar nach der Spaltung (10^{-16} s) vermindern. Etwa 10% der emittierten Neutronen entstehen unmittelbar bei der Spaltung des Mutterkerns. Die Spaltneutronen stammen also vorwiegend aus den Fragmenten.

12. Betaverzögerte Korpuskelemission findet aus angeregten Zuständen von Tochternukliden mit verbleibend hohem Neutronenüberschuss nach einem Betaminuszerfall statt. Da die angeregten Zustände in der Regel sehr kleine Lebensdauern haben, dominiert die Lebensdauer der Mutternuklide das Zeitmuster dieser Teilchenemissionen.

13. Nein, das Alphateilchen erhält nicht die gesamte Zerfallsenergie. Ein Teil der Zerfallsenergie wird als Rückstoßenergie auf den emittierenden Mutterkern übertragen (s. die Energiebilanz für den ^{226}Ra-Zerfall in Beispiel 3.1).

14. Die Wahrscheinlichkeit für prompte Spaltung wird mit dem Spaltparameter, dem Quotienten aus dem Quadrat der Ordnungszahl und der Massenzahl, s $=Z^2/A$ beschrieben, der aus dem Tröpfchenmodell abgeschätzt werden kann. s-Werte oberhalb von 37 führen zur spontanen Spaltung. Je größer der Spaltparameter eines Nuklids ist, umso größer ist die Wahrscheinlichkeit für die spontane Spaltung.

4 Das Zerfallsgesetz

Dieses Kapitel befasst sich zunächst mit den verschiedenen Aktivitätsdefinitionen. Es folgt ein Abschnitt über das Zerfallsgesetz, also über das Zeitgesetz für die radioaktiven Umwandlungen. Der dritte Teil beschreibt ausführlich die Verfahren zur Aktivitätsanalyse und erläutert die Bedingungen für das radioaktive Gleichgewicht. Im vierten Teil werden die Verfahren und Möglichkeiten zur Halbwertzeitbestimmung erläutert.

4.1 Aktivitätsdefinitionen

Die Aktivität einer radioaktiven Probe ist der statistische Erwartungswert des Quotienten aus der Zahl der radioaktiven Umwandlungen, die in einem Zeitintervall stattfinden, und dem Zeitintervall, in dem diese Umwandlungen erfolgen.

$$A = \langle dN/dt \rangle \tag{4.1}$$

Die SI-Einheit der Aktivität ist die reziproke Sekunde (s^{-1}). Sie wird zu Ehren ***Henri Becquerels***, des Entdeckers der Radioaktivität, **Becquerel** genannt.

$$1 \text{ Becquerel} = 1 \text{ Bq} = 1 \text{ s}^{-1} \tag{4.2}$$

Die genaue Definition der Aktivitätseinheit lautet (§ 40 der Ausführungsverordnung zum Gesetz über Einheiten im Messwesen vom 26. Juni 1970):

(1) **"Die abgeleitete SI-Einheit der Aktivität einer radioaktiven Substanz ist die reziproke Sekunde (Einheitenzeichen: s^{-1})."**

(2) **"1 reziproke Sekunde als Einheit der Aktivität einer radioaktiven Substanz ist gleich der Aktivität einer Menge eines radioaktiven Nuklids, in der der Quotient aus dem statistischen Erwartungswert für die Anzahl der Umwandlungen oder isomeren Übergänge und der Zeitspanne, in der diese Umwandlungen oder Übergänge stattfinden, bei abnehmender Zeitspanne dem Grenzwert 1/s zustrebt."** [1]

---

[1] Die reziproke Sekunde wurde 1977 in der zweiten Auflage des zitierten Verordnungstextes in "Bq" umbenannt.

H. Krieger, *Grundlagen der Strahlungsphysik und des Strahlenschutzes*,
https://doi.org/10.1007/978-3-662-67610-3_4

Die historische Einheit der Aktivität war die Aktivität eines Gramms des Radionuklids ^{226}Ra[2]. Sie wurde zu Ehren von *Marie Curie*[3], der Entdeckerin des Radiums und des Poloniums, 1 Curie genannt. Der Umrechnungsfaktor Curie-Becquerel wurde später gesetzlich festgelegt. Die Verwendung der Einheit Curie ist seit 1986 nicht mehr zulässig. Die Umrechnung ist:

$$1 \text{ Curie} = 1 \text{ Ci} = 3{,}70 \cdot 10^{10} \text{ Bq} = 37 \text{ GBq} \qquad (4.3)$$

Spezifische Aktivität: Eine weitere wichtige Aktivitätsgröße ist die spezifische Aktivität. Sie ist der Quotient aus der Aktivität A einer Substanz und ihrer Masse m. Für den Fall einer isotopenreinen Probe der Masse m mit N radioaktiven (instabilen) Kernen kann die spezifische Aktivität aus der Aktivität A, der molaren Masse M, der Avogadrozahl N_A und der Zerfallskonstanten λ berechnet werden.

$$a = \frac{A}{m} = \frac{\lambda \cdot N}{m} = \frac{\lambda \cdot m \cdot N_A}{m \cdot M} = \lambda \cdot \frac{N_A}{M} \qquad (4.4)$$

Spezifische Aktivitäten haben die SI-Einheit (Bq/kg) oder dezimale Vielfache davon. Liegen Substanzen als Isotopengemische des radioaktiven mit den nicht radioaktiven Isotopen desselben Elements vor, wird als spezifische Aktivität dieses Gemisches der Quotient aus Aktivität und Gesamtmasse bezeichnet.

$$A_{\text{tot}} = \frac{A}{m_{\text{tot}}} \qquad (4.5)$$

Beträgt der relative (prozentuale) Gehalt an radioaktiven Nukliden in der Probe p, erhält man die spezifische Aktivität in Analogie zu Gl. (4.4) durch:

$$A_{\text{tot}} = \frac{A}{m_{\text{tot}}} = \lambda \cdot p \cdot \frac{N_A}{M} \qquad (4.6)$$

***Beispiel 4.1: Berechnung der spezifischen Aktivität des natürlichen Radionuklids Kalium-40.** Es kommt mit einer relativen Häufigkeit von 0,0117% = 0,000117 = 1,17 · 10^{-4} in der Natur vor. Die Zerfallskonstante λ berechnet man aus der Halbwertzeit T½ (nach Gl. 4.14) zu λ =*

---

[2] Nach heutiger Kenntnis hat 1 g Radium-226 die Aktivität von 0,989 Curie = 3,66 · 10^{10}Bq.

[3] **Marie Curie**, geb. Sklodowska (7. 11. 1867 - 4. 7. 1934), polnische Physikerin, Chemikerin und Mathematikerin, entdeckte zusammen mit ihrem Mann **Pierre Curie** (15. 5. 1859 - 19. 4. 1906) die Elemente Radium und Polonium durch chemische Trennung aus natürlichem Uran, an dem Becquerel 1896 die Radioaktivität entdeckt hatte. Sie erhielt 1903 zusammen mit ihrem Mann und zeitgleich mit **Henri Becquerel** den Nobelpreis für Physik "als Anerkennung des außerordentlichen Verdienstes, das sie sich durch ihre gemeinsamen Arbeiten über die von Henri Becquerel entdeckten Strahlungsphänomene erworben haben". M. Curie erhielt 1911 einen zweiten Nobelpreis, diesmal für Chemie, "als Anerkennung des Verdienstes, das sie sich um die Entwicklung der Chemie erworben hat durch die Entdeckung der Elemente Radium und Polonium, durch die Charakterisierung des Radiums und dessen Isolierung in metallischem Zustand und durch ihre Untersuchungen über die Natur und die chemischen Verbindungen dieses wichtigen Elements".

ln2/T½. Die Halbwertzeit des ^{40}K beträgt T½ = 1,248 · 10^9 a. Da 1 a = 31,5576 · 10^6 s gilt, erhält man für λ den Wert: λ = 0,693/(1,248 · 10^9 · 31,5576·10^6) s^{-1} = 1,76 · 10^{-17} s^{-1}.

Die molare Masse natürlichen Kaliums beträgt 0,0391 kg/mol. Für die spezifische Aktivität erhält man nach Einsetzen dieser Zahlenwerte: a(tot) = 1,76·10^{-17}·1,17·10^{-4}·6,022·10^{23}/0,0391 Bq/kg = 31701 Bq/kg = 31,7 Bq/g. In jedem Gramm natürlichen Kaliums finden pro Sekunde also 31,7 ^{40}K-Zerfälle statt. Der menschliche Körper enthält im Mittel etwa 2,0 g Kalium pro kg Körpermasse (vgl. Tab. 24.15.3 im Anhang). Für einen 70-kg-Menschen bedeutet das 140 g Kalium im Ganzkörper bzw. eine lebenslange Kalium-40-Aktivität von ≈ 4440 Bq.

Radionuklid	T½ (a)	λ (s^{-1})	Häufigkeit p (%)	spez. Aktivität(Bq/g)
^{40}K	1,28·10^9	1,716·10^{-17}	0,0117	31,7
^{232}Th	14,05·10^9	0,156·10^{-17}	100	4043
^{235}U	0,7038·10^9	3,120·10^{-17}	0,7204	576
$^{235}U*$	0,7038·10^9	3,120·10^{-17}	100*	8995*
^{238}U	4,468·10^9	0,491·10^{-17}	99,2742	12342

Tab. 4.1: Zerfallsdaten einiger natürlicher Radionuklide. Die relativen Häufigkeiten p entsprechen natürlichen Nuklidzusammensetzungen. Die spezifischen Aktivitäten sind nach Gl. (4.6) berechnet (s. Beispiel 4.1). (*): spez. Aktivität reinen ^{235}Urans (weitere Daten in Kap. 5).

Aktivitätskonzentration: Der Quotient aus Aktivität A und Volumen V wird als Aktivitätskonzentration c_A bezeichnet. Ihre SI-Einheit ist das (Bq/m^3) oder praktischer (Bq/cm^3) oder (Bq/l). Die Angabe der Aktivitätskonzentration ist bei Flüssigkeiten oder Gasen oft sinnvoller als die der spezifischen Aktivität.

$$c_A = \frac{A}{V} \qquad (4.7)$$

Quellstärke: Die Quellstärke einer radioaktiven Probe ist der Erwartungswert des Quotienten der Anzahl der aus einem radioaktiven Präparat pro Zeitintervall dt austretenden Strahlungsteilchen einer bestimmten Art oder Photonen einer bestimmten Energie dN_{ex} und diesem Zeitintervall dt. Die Quellstärke (dN/dt) wird auch als **Präparatstärke** oder Emissionsrate bezeichnet. Ihre Einheit ist die reziproke Sekunde (s^{-1}). Die Quellstärke sollte nicht in der Einheit Becquerel angegeben werden, da sie sich nicht auf die Zerfälle sondern auf die austretende Strahlungsquantenzahl bezieht. Für den Fall der verschwindenden Absorption der Strahlungsquanten im Präparat bei hoher Strahlungsquantenenergie oder punktförmigen Präparaten und der Emission nur eines Strahlungsquants pro Zerfallsakt, sind die Zahlenwerte von Aktivität und Quellstärke gleich.

Ausbeute: Die Ausbeute an Strahlungsquanten einer bestimmten Art oder Energie bei radioaktivem Zerfall ist die pro Zerfallsakt emittierte Zahl der Strahlungsquanten. Die relative Ausbeute wird auch als Häufigkeit bezeichnet. Relative Ausbeuten werden entweder auf die gesamte Ausbeute bei einem Zerfall oder auf die jeweils größte Ausbeute bezogen. Der Bezug ergibt sich oft aus dem Zusammenhang oder wird explizit angegeben. Bei Photonenstrahlung spricht man statt von Ausbeuten auch von Intensität oder relativer Intensität (s. Beispiele für Gamma-Emissionen in Kap. 3).

Zusammenfassung

- **Die mittlere Zerfallsrate bzw. Umwandlungsrate einer radioaktiven Substanz wird als Aktivität A bezeichnet.**

- **Die SI-Einheit der Aktivität ist das Becquerel (Bq), die historische Einheit war das Curie (Ci).**

- **Die spezifische Aktivität ist die auf die Masseneinheit bezogene Aktivität.**

- **Die Aktivitätskonzentration ist der Quotient aus Aktivität und Volumen der Probe.**

- **Quellstärke ist die Anzahl der aus einem Präparat austretenden Strahlungsteilchen pro Zeiteinheit. Sie ist im Allgemeinen nicht identisch mit der Aktivität des Präparats.**

- **Unter Ausbeute versteht man die Anzahl der pro Zerfallsakt emittierten Strahlungsteilchen einer bestimmten Art bzw. Energie.**

4.2 Formulierung des Zerfallsgesetzes

Spontane Kernumwandlungen wie auch die Übergänge angeregter Zustände eines Kerns oder einer Atomhülle in andere Niveaus unterliegen statistischen Gesetzen. Für einen bestimmten Kern lässt sich daher der exakte Zeitpunkt seiner Umwandlung oder seines Zerfalls nicht vorhersagen. Dagegen lässt sich die Wahrscheinlichkeit dafür angeben, dass ein Kern seinen Zustand in einem bestimmten Zeitintervall dt ändert. Diese Wahrscheinlichkeit heißt **Zerfallskonstante** λ. Die Zerfallswahrscheinlichkeiten sind für ein bestimmtes Nuklid physikalisch wohl definierte und fast spezifische Größen und durch äußere Einflüsse kaum zu verändern[4]. Für größere Kollektive lassen

---

[4] Diese Aussage ist nur insoweit korrekt, als die Umwandlungsvorgänge Elektroneinfang und Innere Konversion außer Acht gelassen werden, bei denen Hüllenelektronen beteiligt sind. Bei diesen beiden Umwandlungsarten hat die Aufenthaltswahrscheinlichkeit der Elektronen am Kernort einen gewissen

sich damit Gesetze ableiten, die das Verhalten dieses Kollektivs im Mittel beschreiben. Jede aus diesen Gesetzen hergeleitete Aussage über das Verhalten eines Kollektivs instabiler Zustände ist mit einem statistischen Fehler behaftet, der umso kleiner wird, je größer das Kollektiv ist.

Zur Ableitung des Zerfallsgesetzes betrachtet man zunächst ein Kollektiv aus N identischen instabilen Kernen, die alle nur auf eine einzige Art zerfallen können. Die Abnahme der Zahl instabiler Kerne dN pro Zeiteinheit dt ist proportional zur Zahl der instabilen Kerne im Kollektiv und zur Zerfallskonstanten λ. Man erhält also:

$$\frac{dN}{dt} = -\lambda \cdot N \tag{4.8}$$

Dies ist die differentielle Form des Zerfallsgesetzes. Die Zerfallskonstante λ ist die mittlere relative Zerfallsrate der betrachteten radioaktiven Zerfallsart. Sie hat die Einheit einer reziproken Zeit (s^{-1}, min^{-1}, h^{-1}, a^{-1}, usw.). Für eine bestimmte Zerfallsart und ein bestimmtes Nuklid ist also die relative Zahl der Zerfälle pro Zeiteinheit konstant ebenso wie die relative Abnahme der radioaktiven Kerne im Zeitintervall.

$$\frac{dN}{N \cdot dt} = -\lambda = const \tag{4.9}$$

Durch Integration dieses Gesetzes erhält man das Zerfallsgesetz in der exponentiellen Form.

$$N(t) = N_0 \cdot e^{-\lambda \cdot t} \tag{4.10}$$

Dabei ist die Integrationskonstante so gewählt worden, dass zum Zeitpunkt t = 0 gerade N_0 aktive Kerne vorhanden sind. Betrachtet man nicht die Abnahme der Atomkerne des Mutterkollektivs sondern direkt die Zahl der Zerfälle aus diesem Kollektiv, erhält man die Aktivität A. Sie ist zahlenmäßig gleich der Abnahme der aktiven Kerne pro Zeiteinheit, hat aber das entgegengesetzte Vorzeichen.

$$A = -\frac{dN}{dt} = \lambda \cdot N \tag{4.11}$$

Das Zeitgesetz der Aktivität erhält man durch Multiplikation von Gleichung (4.10) mit der Zerfallskonstanten λ. Da das Produkt ($\lambda \cdot N$) gerade die Aktivität A und ($\lambda \cdot N_0$) gleich der Anfangsaktivität A_0 ist, erhält man:

$$A(t) = A_0 \cdot e^{-\lambda \cdot t} \tag{4.12}$$

Einfluss auf die Einfangs- bzw. Konversionswahrscheinlichkeit. Dies führt zu einer von der "chemischen" Umgebung des Kerns geringfügig abhängigen Lebensdauer (vgl. auch die Ausführungen zum ^{99}Tc-Zerfall in Kap. 3.5). Die Spezifität experimentell ermittelter Halbwertzeiten für bestimmte Radionuklide hängt selbstverständlich von der Genauigkeit bei ihrer Bestimmung ab.

Die Zahl e ist die Basis der natürlichen Logarithmen[5]. Aktivität A und Anzahl der aktiven Mutterkerne N zeigen also die gleiche zeitliche Abhängigkeit. Durch beidseitiges Logarithmieren der Gleichungen (4.10) und (4.12) erhält man, da der natürliche Logarithmus und die Exponentialfunktion Umkehrfunktionen sind, linearisierte Darstellungen, die vor allem für grafische Auswertungen vorteilhaft sind (Fig. 4.1).

$$ln\left(\frac{N(t)}{N_0}\right) = -\lambda \cdot t \qquad \text{und} \qquad ln\left(\frac{A(t)}{A_0}\right) = -\lambda \cdot t \qquad (4.13)$$

Das Verhältnis der Aktivität $A(t)$ zum Zeitpunkt t und der Anfangsaktivität A_0 ist in halblogarithmischer Auftragungsweise also eine Gerade mit negativer Steigung. Die Zeit, in der die Aktivität einer Probe auf die Hälfte der Anfangsaktivität abgenommen hat, heißt **Halbwertzeit $T_{1/2}$** des radioaktiven Zerfalls. Zur Unterscheidung von anderen Halbwertzeitdefinitionen (z. B. in der Strahlenbiologie oder der Physiologie) wird sie genauer auch als physikalische Halbwertzeit bezeichnet. Der Zusammenhang von Halbwertzeit und Zerfallskonstante λ ergibt sich aus folgender Gleichung[6].

$$T_{1/2} = \frac{ln\,2}{\lambda} \qquad (4.14)$$

Der Kehrwert der Zerfallskonstanten wird als mittlere **Lebensdauer τ** des Zerfalls bezeichnet. Sie ist ebenso charakteristisch für ein bestimmtes Nuklid wie die Halbwertzeit oder die Zerfallskonstante.

$$\tau = \frac{1}{\lambda} = \frac{T_{1/2}}{ln\,2} \qquad (4.15)$$

Setzt man in Gl. (4.10) als Zeitintervall t die mittlere Lebensdauer τ ein, erhält man (wegen $e(-\tau\cdot\lambda) = e(-\lambda/\lambda)=e(-1) = 1/e \approx 0{,}37$) als Aktivität gerade noch den $(1/e)$-ten Anteil (etwa 37%) der Anfangsaktivität. Die schon in ihrem Namen enthaltene statistische Bedeutung der mittleren Lebensdauer zeigt auch die folgende Überlegung. Kerne, die im Zeitintervall $(t, t+dt)$ zerfallen, haben eine Lebensdauer von t Sekunden. Ihre Zahl ist nach Gleichung (4.12) gerade $dN(t)$. Die mittlere Lebensdauer aller Kerne erhält man durch Mittelwertbildung über alle Zeitintervalle $(t, t+dt)$ und Zahl der Kerne im Intervall $dN(t)$ für Zeiten zwischen $t = 0$ und $t = \infty$. Die Auswertung der Mittelungsintegrale liefert direkt die Beziehung (4.15).

---

[5] Die **Zahl e** ist eine irrationale, d. h. nicht periodische Zahl und definiert als Grenzwert des Ausdrucks $(1 + 1/x)^x$ für $x \to \infty$. Ihr Zahlenwert beträgt $e = 2{,}718281828...$ (s. auch Tab. 24.2.1).

[6] **Zerfallskonstante und $T_{1/2}$:** Einsetzen der Halbwertzeit in Gleichung (4.12) ergibt zusammen mit der Definition der Halbwertzeit: $A(T_{1/2}) = 1/2\,A_0 = A_0 \cdot \exp(-\lambda\cdot T_{1/2})$ bzw. $1/2 = \exp(-\lambda\cdot T_{1/2})$. Logarithmieren beider Seiten liefert $\ln(1/2) = -\lambda \cdot T_{1/2}$ bzw. $\ln 2 = \lambda \cdot T_{1/2}$. Der natürliche Logarithmus von 2 hat etwa den Wert $\ln 2 = 0{,}69315 \approx 0{,}7$.

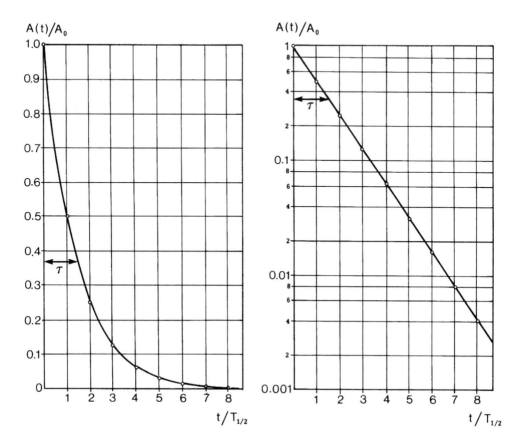

Fig. 4.1: Darstellung des exponentiellen Zeitgesetzes für den radioaktiven Zerfall als Funktion der Zeit in Einheiten der Halbwertzeit (nach Gln. 4.20, 4.21). Links: doppeltlineare Darstellung, rechts: halblogarithmische Darstellung. Beide Kurven sind universell für beliebige Nuklide verwendbar, da die Zeiten in Einheiten der Halbwertzeit aufgetragen sind. Aktivitäten für Zwischenzeiten können grafisch interpoliert werden.

$$\tau = \frac{\int_{t=0}^{\infty} t \cdot dN(t)}{\int_{t=0}^{\infty} dN(t)} = \frac{\int_{t=0}^{\infty} -t \cdot \lambda \cdot N_0 \cdot e^{-\lambda \cdot t} \cdot dt}{\int_{t=0}^{\infty} -\lambda \cdot N_0 \cdot e^{-\lambda \cdot t} \cdot dt} = \frac{1}{\lambda} \tag{4.16}$$

Mit mittlerer Lebensdauer τ und Halbwertzeit $T_{1/2}$ kann man das Zeitgesetz der Radioaktivität für die Zahl der Restkerne N oder die Aktivität A auch folgendermaßen schreiben:

$$N(t) = N_0 \cdot e^{-\frac{t}{\tau}} = N_0 \cdot e^{-\frac{\ln 2 \cdot t}{T_{1/2}}} \tag{4.17}$$

$$A(t) = A_0 \cdot e^{-\frac{t}{\tau}} = A_0 \cdot e^{-\frac{\ln 2 \cdot t}{T_{1/2}}} \tag{4.18}$$

Eine für die praktische Arbeit gut geeignete Darstellung des Zerfallsgesetzes erhält man, wenn man den Exponentialausdruck nach den Regeln der Potenzrechnung als Doppelpotenz umformt.

$$e^{-\frac{ln\,2\cdot t}{T_{1/2}}} = (e^{-ln\,2})^{\frac{t}{T_{1/2}}} \tag{4.19}$$

Da zudem $e^{-ln2} = 1/2$ gilt, erhält man als weitere mathematische Formen des Zerfallsgesetzes:

$$N(t) = \frac{N_0}{2^{\frac{t}{T_{1/2}}}} = N_0 \cdot 2^{-\frac{t}{T_{1/2}}} \quad \text{und} \quad A(t) = \frac{A_0}{2^{\frac{t}{T_{1/2}}}} = A_0 \cdot 2^{-\frac{t}{T_{1/2}}} \tag{4.20}$$

Zeit ($n \cdot T\frac{1}{2}$)	Aktivität (2^{-n})	prozentuale Restaktivität	
0	1	100%	
1	1/2	50%	
2	1/4	25%	
3	1/8	12,5%	
4	1/16	6,25%	$\approx 10\%$
5	1/32	3%	
6	1/64	1,5%	
7	1/128	0,7%	$\approx 1\%$
8	1/256	0,4%	
9	1/512	0,2%	
10	1/1024	0,1%	≈ 1 Promille

Tab. 4.2: Abnahme der Restaktivität mit der Anzahl n der Halbwertzeiten (nach Gl. 4.21). Näherungsweise gelten folgende grobe Faustregeln: Nach 3-4 Halbwertzeiten verbleiben 10%, nach 6-7 Halbwertzeiten 1% und nach 10 Halbwertzeiten 1 Promille der Anfangsaktivität.

Diese Schreibweise des Zerfallsgesetzes ist besonders für grobe Abschätzungen der Restaktivität nützlich, wenn die Zeiten in Einheiten der Halbwertzeit gemessen werden. Beträgt die Zeit t gerade n Halbwertzeiten, vereinfacht sich die rechte Seite in Gl. (4.20) zu:

$$A(n \cdot T_{1/2}) = \frac{A_0}{2^n} \tag{4.21}$$

Die Restaktivität nach n Halbwertzeiten erhält man also durch n-faches Halbieren der Anfangsaktivität, was wegen der Definition der Halbwertzeit natürlich nicht verwunderlich ist. Diese Darstellung ist auch günstig für die Konstruktion einer universellen, für alle Nuklide verwendbaren Zerfallskurve, da die Zeitachse ja in Einheiten der Halbwertzeit aufgetragen wird (Tab. 4.2, Fig. 4.1).

Zerfallskonstante und Halbwertzeit bei konkurrierenden Zerfällen*: Gibt es für einen angeregten oder radioaktiven Kern alternative Zerfallsmöglichkeiten, muss man die Zerfallskonstanten dieser Zerfallsarten addieren. Die Gesamtzerfallswahrscheinlichkeit λ_{tot} ist dann die Summe der n Einzelwahrscheinlichkeiten λ_i.

$$\lambda_{\text{tot}} = \lambda_1 + \lambda_2 + \lambda_3 + \ldots = \sum_{i=1}^{n} \lambda_i \tag{4.22}$$

Für die Halbwertzeit und die mittlere Lebensdauer ergibt diese Beziehung zusammen mit den Gleichungen (4.14) und (4.15):

$$T_{1/2}^{\text{tot}} = ln\, 2 \cdot \frac{1}{\sum_{i=1}^{n} \lambda_i} \tag{4.23}$$

$$\tau_{\text{tot}} = \frac{1}{\sum_{i=1}^{n} \lambda_i} \tag{4.24}$$

Bei konkurrierenden Zerfallskanälen und bekannten partiellen Zerfallskonstanten kann die Halbwertzeit bzw. die mittlere Lebensdauer also aus dem Kehrwert der Summe der partiellen Zerfallswahrscheinlichkeiten berechnet werden. In Tabellen oder Nuklidkarten angeführte experimentelle Halbwertzeiten oder mittlere Lebensdauern beziehen sich immer auf die totale Zerfallswahrscheinlichkeit. Zur Berechnung der Restaktivität eines Präparates muss daher immer die totale Zerfallskonstante, die Lebensdauer oder die Halbwertzeit verwendet werden. Bei einer gegebenen Halbwertzeit ist es für die zeitliche Aktivitätsänderung unwichtig, ob gleichzeitig mehrere partielle Zerfallskanäle existieren. Für die Ausbeute der Zerfallsprodukte ist es dagegen von erheblicher Bedeutung, welche Zerfallsalternativen bestehen, und welche Tochternuklide vorherrschend oder ähnlich wahrscheinlich sind.

Typische Alternativzerfälle desselben Radionuklids sind Elektroneinfang und β^+-Zerfall bzw. α- und β^--Zerfälle, die häufig bei schweren Kernen miteinander konkurrieren. Selbst konkurrierende β^+- und β^--Umwandlungen sind bei einigen Radionukliden zu beobachten. Solche konkurrierend zerfallenden Betastrahler erkennt man in der Nuklidkarte leicht an ihrer Farbenpracht. Kombinierte β^+- und β^--Strahler sind gleichzeitig blau und rot gekennzeichnet (Beispiele: [138]Lanthan, [112]Indium, [86]Rubidium). Ein besonders "vielseitiges" Radionuklid ist [242]Americium, das alternativ über Elektroneinfang, β^+-Umwandlung, β^--Umwandlung, Innere Konversion, α-Zerfall und spontane Spaltung zerfallen kann.

Beispiel 4.2: Zerfallswahrscheinlichkeiten des Jod-128. ^{128}I *zerfällt mit einer Halbwertzeit von 25 min ($\lambda(tot) = 0{,}02773$ min^{-1}) zu p(1) = 94% über eine β^--Umwandlung in Xenon-128, zu p(2) = 0,003% über β^+-Umwandlung und zu p(3) = 6% über Elektroneinfang in Zustände des Tellur-128. Die partiellen Zerfallswahrscheinlichkeiten berechnet man aus $\lambda(i) = p(i) \cdot \lambda(tot)$. Ihre Werte sind daher: $\lambda(\beta^-) = 2{,}606{\cdot}10^{-2}$ min^{-1}, $\lambda(EC) = 1{,}66{\cdot}10^{-3}$ min^{-1} und $\lambda(\beta^+) = 8{,}32{\cdot}10^{-8}$ min^{-1}.*

Beispiel 4.3: Partielle Zerfallswahrscheinlichkeiten für Wismut-212. ^{212}Bi *zerfällt mit einer Halbwertzeit von 60,6 min zu 36% über α-Zerfall in Zustände des Thallium-208 und zu 64% über β^--Umwandlung in Zustände des Polonium-212. Die totale Zerfallswahrscheinlichkeit beträgt deshalb nach Gl. (4.22) $\lambda(tot)=1{,}143{\cdot}10^{-2}$ min^{-1}. Die partiellen Zerfallswahrscheinlichkeiten betragen $\lambda(\alpha) = 0{,}412 \cdot 10^{-3}$ min^{-1} und $\lambda(\beta^-) = 0{,}732 \cdot 10^{-3}$ min^{-1}. Wismut-212 ist ein Glied der natürlichen Thoriumzerfallsreihe (s. Kap. 5).*

Biologische Halbwertzeit: Neben der physikalischen Halbwertzeit spielt in der Strahlenbiologie und Medizin auch die so genannte biologische Halbwertzeit eine wichtige Rolle. Biologische Halbwertzeiten können immer dann angegeben werden, wenn die Verstoffwechselung und Ausscheidung einer Substanz nach einer Exponentialfunktion stattfinden, also die ausgeschiedene Menge ein konstanter prozentualer Anteil der Restsubstanz im Körper ist. Die mathematische Form der Ausscheidungsfunktion ist dann identisch mit der des Zerfallsgesetzes.

Werden radioaktive Substanzen inkorporiert, kommt es außer zur Ausscheidung auch zum Zerfall des Nuklids mit der physikalischen Lebensdauer. Die radioaktive Restsubstanz im Körper wird also durch Zerfall und Ausscheidung vermindert. Die Summe der radioaktiven Stoffmengen innerhalb und außerhalb des Organismus verändert sich allerdings nach wie vor ausschließlich mit der physikalischen Lebensdauer. Wenn Ausscheidung und Zerfall also nach Exponentialfunktionen verlaufen, können in formaler Anlehnung an die partiellen physikalischen Halbwertzeiten physikalische und biologische Halbwertzeit definiert werden. Die resultierende oder **effektive** Halbwertzeit wird aus der reziproken Summe der partiellen Halbwertzeiten berechnet. Man erhält:

$$\frac{1}{T_{\text{eff}}} = \frac{1}{T_{\text{ph}}} + \frac{1}{T_{\text{biol}}} \qquad \text{bzw.} \qquad T_{eff} = \frac{T_{\text{ph}} \cdot T_{\text{biol}}}{T_{ph} + T_{\text{biol}}} \qquad (4.25)$$

Bei gleicher physikalischer und biologischer Halbwertzeit vereinfacht sich diese Gleichung zu:

$$T_{\text{eff}} = \frac{T_{\text{ph}}}{2} = \frac{T_{\text{biol}}}{2} \qquad (4.26)$$

**Beispiel 4.4: Effektive Halbwertzeit von Jod-131 bei der nuklearmedizinischen Schilddrü-
sen-Therapie**. *Jod-131 wird in der Nuklearmedizin zur Therapie von Schilddrüsenerkrankungen verwendet (Autonome Adenome, Überfunktionen, Karzinome). Dazu wird das radioaktive
Jod in flüssiger Form oder als Kapseln dem Patienten verabreicht. ^{131}I ist ein β^--Strahler mit
nachfolgender harter Gammastrahlung des Tochternuklids ^{131}Xe.*

$$^{131}_{53}\text{I}^*_{78} \Rightarrow {}^{131}_{54}\text{Xe}^*_{77} + \beta^- + \bar{\nu} + (0{,}606 \text{ bis } 0{,}8)\text{MeV} \tag{4.27}$$

$$^{131}_{54}\text{Xe}^*_{77} \Rightarrow {}^{131}_{54}\text{Xe}_{77} + \gamma \tag{4.28}$$

*Die physikalische Halbwertzeit des Jod-131 beträgt 8,0252 d, die Energie des intensivsten
Gammaübergangs 364 keV. Für den lokalen therapeutischen Effekt sind vor allem die Betateilchen verantwortlich, da sie in einer etwa 2-3 mm langen Strecke noch innerhalb der Anreiche-
rungszone der Schilddrüse abgebremst werden und dabei ihre Energie auf das erkrankte Gewebe übertragen. Die harte Gammastrahlung verlässt zu über 90% die Schilddrüse und stellt
deshalb neben dem Kontaminations- und Inkorporationsrisiko ein erhebliches zusätzliches
Strahlenschutzproblem für das medizinische Personal dar.*

*Die typische biologische Halbwertzeit von Schilddrüsenkranken für Jod-131 beträgt bei Über-
funktionen 24 Tage. Für die effektive Halbwertzeit ergibt Gl. (4.25) den Wert $T_{eff} = (1/8{,}03 +
1/24)^{-1}$ d ≈ 6 d. Diese Halbwertzeit muss der therapeutischen Dosisberechnung und den Strah-
lenschutzberechnungen zugrunde gelegt werden. Bei sehr ausgeprägter Überfunktion der
Schilddrüse oder versehentlicher Gabe von jodhaltigem Kontrastmittel verkürzen sich die
effektiven Halbwertzeiten auf Werte um 4 Tage. Dies bedeutet nach Gleichung (4.26) biologische und physikalische Halbwertzeiten von je 8 Tagen[7].*

---

[7] Typische empirische Referenzwerte für effektive Halbwertzeiten bei SD-Erkrankungen sind 6,3 d bei
multifokaler Autonomie und Verkleinerung einer blanden (gutartigen) Struma, 5 d bei unifokaler Autonomie, 5,5 d bei Morbus Basedow (Immunhyperthyreose) und etwa 1 d bei Struma m (SD-Krebs). Oft
zeigen die klinischen Ausscheidungsfunktionen mehrere zeitliche Komponenten, sie folgen also i. a.
keiner einfachen Exponentialfunktion.

4.3 Aktivitätsanalyse und radioaktives Gleichgewicht*

Die Tochterprodukte radioaktiver Zerfälle sind häufig nicht stabil, sondern zerfallen über weitere radioaktive Umwandlungen. Das Zeitgesetz der Radioaktivität für eine solche Serie von Zerfällen gilt dann nicht mehr in der bisher beschriebenen einfachen Form. Bei der Frage nach der zu einem Zeitpunkt vorhandenen Zahl einzelner Zerfallsprodukte müssen Be- und Entvölkerung jedes einzelnen Tochternuklids bzw. angeregten Zustands im Tochternuklid berücksichtigt werden.

Nuklidmengen, Halbwertzeiten, Lebensdauern und Zerfallskonstanten der aufeinander folgenden Generationen sollen dazu mit Indizes 0,1,2,...,n bezeichnet werden. Dann bedeutet $n = 0$ das Mutternuklid, $n = 1$ das Tochternuklid, usw.. Zur Zeit $t = 0$ soll außerdem nur das Mutternuklid mit N_0 Kernen existieren. Für die Bildung und den Zerfall der Nuklide jeder einzelnen Generation lässt sich die nachfolgende Bilanz (Gln. 4.29) aufstellen. Dabei entsprechen alle negativen Glieder einer Abnahme der jeweiligen Nuklidzahl (Zerfall) und alle positiven Glieder einer Bildung radioaktiver Kerne der jeweiligen Folgegeneration (Bevölkerung). Zur Analyse sei außerdem vorausgesetzt, dass das Mutternuklid in reiner Form vorliegt, nur über einen Zerfallskanal mit einer Halbwertzeit in das Tochternuklid zerfallen kann und sämtliche Nuklide der Tochtergenerationen ebenfalls nur eine einzige Zerfallsmöglichkeit in den unmittelbaren Nachfolger haben.

0. Generation: $\qquad dN_0/dt = -\lambda_0 \cdot N_0$

1. Generation: $\qquad dN_1/dt = +\lambda_0 \cdot N_0 - \lambda_1 \cdot N_1$

2. Generation: $\qquad dN_2/dt = +\lambda_1 \cdot N_1 - \lambda_2 \cdot N_2$

...

n. Generation: $\qquad dN_n/dt = +\lambda_{n-1} \cdot N_{n-1} - \lambda_n \cdot N_n \qquad$ (4.29)

Die Nuklide jeder Generation werden also mit der Zerfallskonstanten des Vorgängers gebildet und zerfallen mit ihrer eigenen Lebensdauer. Dabei ist zu beachten, dass der Ausdruck (dN_i/dt) auf der linken Seite dieses Gleichungssystems die zeitlichen Änderungen der Zahl der aktiven Kerne der Generation i bedeutet. Diese können größer oder kleiner sein als Null, wenn mehr Kerne zerfallen oder mehr Kerne gebildet werden. Die zeitliche Änderung der aktiven Kerne ist also im Allgemeinen nicht identisch mit den Aktivitäten $A_i(t)$, die ja ausschließlich die Zahl der pro Zeiteinheit zerfallenden Kerne angibt. Zerfallen alle Tochterzustände (1, 2, ..., n) prompt, also ohne messbare Lebensdauer, bestimmt offensichtlich ausschließlich die Zerfallsrate des Mutternuklids ($n = 0$) den radioaktiven Zerfall. In diesem Fall gilt das Zerfallsgesetz in der bisher beschriebenen einfachen Form. In allen anderen Fällen muss eine so genannte **Aktivitätsanalyse** durchgeführt werden. Zur Lösung der Gleichungen (4.29) wählt man folgenden Lösungsansatz für die Nuklidzahlen:

0. Generation: $\qquad N_0(t) = K_{00} \cdot e^{-\lambda_0 \cdot t}$

1. Generation: $\qquad N_1(t) = K_{10} \cdot e^{-\lambda_0 \cdot t} + K_{11} \cdot e^{-\lambda_1 \cdot t}$

2. Generation: $\qquad N_2(t) = K_{20} \cdot e^{-\lambda_0 \cdot t} + K_{21} \cdot e^{-\lambda_1 \cdot t} + K_{22} \cdot e^{-\lambda_2 \cdot t}$

...

n. Generation: $\qquad N_n(t) = K_{n0} \cdot e^{-\lambda_0 \cdot t} + K_{n1} \cdot e^{-\lambda_1 \cdot t} + \ldots + K_{nn} \cdot e^{-\lambda_n \cdot t}$ (4.30)

Für die Konstanten K vor den Exponentialgliedern erhält man die Rekursionsformel (4.31). Sie enthält die Anfangsbedingungen und die Verhältnisse von Zerfallskonstanten und ist nur für ungleiche Indizes (i≠j) definiert.

$$K_{ij} = K_{i-1\,j} \cdot \frac{\lambda_{i-1}}{\lambda_i - \lambda_j} \qquad \text{(für i} \neq \text{j)} \qquad (4.31)$$

Die aktuellen Werte der Konstanten K_{ii} für gleiche Indizes (i = j) muss man in jedem Einzelfall aus den Anfangsbedingungen berechnen. Unter Anfangsbedingungen versteht man die Nuklidzahlen-Verhältnisse zum Zeitpunkt $t = 0$. Unter den oben gemachten Voraussetzungen sind zum Zeitpunkt $t = 0$ alle Nuklidzahlen Null außer der des Mutternuklids, das aus N_0 Kernen besteht (alle $N_i = 0$ außer N_0 zur Zeit $t = 0$). Ähnliche Anfangsbedingungen erhält man für die Aktivitäten aller Generationen. Auch hier gilt wieder, dass die Aktivitäten aller Tochter-Generationen zu Beginn alle Null sind ($A_i(t = 0) = 0$, i > 0), die Aktivität der N_0 Kerne der Muttergeneration zum Zeitnullpunkt betrage A_0. Wie dieser Lösungsansatz und die Anfangsbedingungen praktisch angewendet werden, zeigen die folgenden Beispiele für einfache Zerfallssituationen.

Aktivitätsanalyse für ein instabiles Tochternuklid: Das wichtigste Beispiel einer Aktivitätsanalyse ist der Fall $n = 2$, d. h. eine Zerfallsfolge mit einem instabilen Tochternuklid ohne die Möglichkeit alternativer Zerfallskanäle. In diesem Fall erhält man folgendes Gleichungssystem:

$$N_0(t) = K_{00} \cdot e^{-\lambda_0 \cdot t} \qquad (4.32)$$

$$N_1(t) = K_{10} \cdot e^{-\lambda_0 \cdot t} + K_{11} \cdot e^{-\lambda_1 \cdot t} \qquad (4.33)$$

Die Konstanten K_{00}, K_{10} und K_{11} erhält man durch folgende Überlegung aus den Anfangsbedingungen. Zur Zeit t_0 ist die Zahl der Mutternuklide N_0. Es gilt also $K_{00} = N_0$. Die Zahl der Tochternuklide für t_0 ist Null, da zu Beginn noch kein Mutterkern zerfallen ist ($N_1(0) = 0$). Da die beiden Exponentialfunktionen in den Gleichungen (4.32, 4.33) für $t = 0$ den Wert 1 haben, erhält man für die beiden Konstanten K_{10} und K_{11} die Bilanz:

$$0 = K_{10} + K_{11} \qquad \text{bzw.} \qquad K_{10} = -K_{11} \qquad (4.34)$$

Es ist also ausreichend, eine der beiden Konstanten, z. B. die Konstante K_{10}, mit Hilfe der Rekursionsformel (4.31) zu berechnen. Gleichung (4.31) liefert $K_{10} = K_{00} \cdot \lambda_0/(\lambda_1 - \lambda_0) = N_0 \cdot \lambda_0/(\lambda_1 - \lambda_0)$. Als Lösungen der Gleichungen (4.32, 4.33) für den Zeitverlauf der Nuklidzahlen erhält man also nach Einsetzen der Konstanten und leichten Umformungen:

$$N_0(t) = N_0 \cdot e^{-\lambda_0 \cdot t} \qquad (4.35)$$

$$N_1(t) = N_0 \cdot \frac{\lambda_0}{\lambda_1 - \lambda_0} \cdot (e^{-\lambda_0 \cdot t} - e^{-\lambda_1 \cdot t}) \qquad (4.36)$$

Gleichung (4.35) ist die bekannte Exponentialform für den radioaktiven Zerfall des Mutternuklids. Der Zeitverlauf für die Bevölkerung und den Zerfall der Tochterkerne wird dagegen durch eine mit den Zerfallskonstanten gewichtete Differenz zweier Exponentialfunktionen beschrieben (Gl. 4.36). Die Gleichungen (4.35) und (4.36) geben zwar die zeitliche Veränderung der Nuklidanzahlen an, die Aktivitäten eines Radionuklidensembles werden aber nur durch deren Zerfallsraten bestimmt. Diese erhält man aus den Zeitfunktionen $N_i(t)$ durch Multiplikation mit der jeweiligen Zerfallskonstanten λ_i (s. Gleichung 4.11).

$$A_0(t) = \lambda_0 \cdot N_0(t) = A_0 \cdot e^{-\lambda_0 \cdot t} \qquad (4.37)$$

$$A_1(t) = \lambda_1 \cdot N_1(t) = \lambda_1 \cdot N_0 \cdot \frac{\lambda_0}{\lambda_1 - \lambda_0} \cdot (e^{-\lambda_0 \cdot t} - e^{-\lambda_1 \cdot t}) \qquad (4.38)$$

Gleichung (4.37) ist wieder die vertraute Formel für die Aktivität eines einzelnen mit der Zerfallskonstanten λ_0 zerfallenden Mutternuklids. Gleichung (4.38) enthält dagegen einen Bevölkerungsterm mit der Zerfallskonstanten des Mutternuklids und einen Zerfallsterm mit negativem Vorzeichen und der Zerfallskonstanten der Tochterkerne. Zur Vereinfachung des Gleichungssystems klammert man das erste Exponentialglied in Gl. (4.38) aus und stellt etwas um.

$$A_1(t) = \lambda_0 \cdot N_0 \cdot e^{-\lambda_0 \cdot t} \cdot \frac{\lambda_1}{\lambda_1 - \lambda_0} \cdot (1 - e^{-(\lambda_1 - \lambda_0) \cdot t}) \qquad (4.39)$$

Die ersten drei Faktoren in dieser Gleichung sind gerade die Aktivität $A_0(t)$ (vgl. Gl. 4.37). So erhält man schließlich für die Aktivität des Tochternuklids:

$$A_1(t) = A_0(t) \cdot \frac{\lambda_1}{\lambda_1 - \lambda_0} \cdot (1 - e^{-(\lambda_1 - \lambda_0) \cdot t}) \qquad (4.40)$$

Schon die Aktivitätsanalyse eines einfachen Zweinuklidsystems ist also recht umständlich und erfordert bereits eine ganze Serie mathematischer Umformungen. Zerfallsreihen mit mehreren radioaktiven Tochtergenerationen erfordern eine noch we-

sentlich komplizertere Aktivitätsanalyse, insbesondere wenn neben den Hauptzer-
fallszweigen auch alternative Zerfallsmöglichkeiten mit unterschiedlichen partiellen
Zerfallskonstanten bestehen.

Beispiel 4.5: Aktivitätsverhältnisse am nuklearmedizinischen Technetiumgenerator. *In den
Gleichungen (3.35) und (3.36) sowie Fig. (3.16) wurde der Betazerfall des Mo-99 ausführlich
dargestellt. Seine Halbwertzeit beträgt 65,976 h. Das hier interessierende isomere Tochternuklid ^{99m}Tc zerfällt über eine Gammaumwandlung mit der Halbwertzeit von 6,0067 h in seinen
extrem langlebigen Grundzustand (Halbwertzeit $2,11 \cdot 10^5 a$), der für dieses Beispiel wegen der
sehr kleinen Zerfallskonstanten vereinfachend als stabil betrachtet werden soll. In nuklearmedizinischen Technetiumgeneratoren liegt das Molybdän in einer unlöslichen Form, das Tochternuklid in einer wasserlöslichen Form vor. Letzteres kann deshalb z. B. durch eine physiolo-
gische Kochsalzlösung ausgespült (eluiert) und für die Diagnostik verwendet werden.*

*Die Zerfallskonstanten für die beiden Zerfälle sind $\lambda(^{99}Mo) = \lambda_0 = 0,010506$ h^{-1} und $\lambda(^{99m}Tc) =
\lambda_1 = 0,115390$ h^{-1}. Die Differenz der Zerfallskonstanten beträgt demnach $\lambda_1 - \lambda_0 = 0,104884$
h^{-1}. Der Zerfall des Mutternuklids ^{99}Mo bevölkert nur zu ungefähr 14% direkt den Grundzustand des Technetiums und zu 86% den angeregten isomeren Zustand. Die Ausbeute des Generators vermindert sich deshalb um 14%. Die Zahlenwertgleichung für den Aktivitätsverlauf des
Tochternuklids in diesem speziellen Fall lautet, falls alle Zeiten bzw. Zerfallskonstanten in den
Einheiten h bzw. h^{-1} sowie der obige Wert der partiellen Bevölkerungswahrscheinlichkeit von
0,86 eingesetzt werden, entsprechend Gl. (4.40):*

$$A_1(t) = 0,9463 \cdot A_0 \cdot e^{-0,0105 \cdot t} \cdot (1 - e^{-0,105 \cdot t}) \tag{4.41}$$

*Für t = 0 hat der Klammerausdruck den Wert 0. Zu Beginn ist also, wie zu erwarten war, kei-
nerlei Tochteraktivität vorhanden. Der Technetiumgenerator enthält daher auch kein Tc-99m.
Mit zunehmender Zeit wird der Exponentialausdruck in der Klammer immer kleiner, für große
Zeiten strebt der Klammerausdruck gegen den Sättigungswert 1. Nach etwa 4 Halbwertzeiten
($\approx$ 24 h = 1 d) hat der Klammerausdruck bereits den Wert 0,92 erreicht. Die Aktivität des ^{99m}Tc
im Generator nimmt also ständig zu. Sie könnte ohne die auf 86% reduzierte Übergangswahrscheinlichkeit sogar größer als die aktuelle Aktivität des Mutternuklids werden. Ist die Sättigung erreicht, führt weiteres Abwarten zu keiner weiteren Erhöhung der Bevölkerung des isomeren Zustands sondern zur Abnahme mit der Halbwertzeit des Mutternuklids ^{99}Mo.*

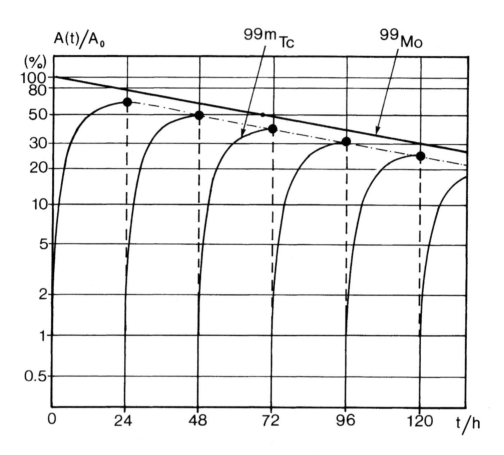

Fig. 4.2: Zeitliche Aktivitätsverläufe von Mutternuklid ^{99}Mo und Tochternuklid ^{99m}Tc am Technetiumgenerator. Am Generator wird alle 24 h, d. h. nach jeweils 4 Halbwertzeiten eluiert. Dadurch nimmt die Tochteraktivität jeweils nach einem Tag auf Null ab und muss danach durch Bevölkerung wieder neu aufgebaut werden. Die strichpunktierte Linie zeigt den Verlauf der ^{99m}Tc-Aktivität, falls nicht eluiert würde. Sie verläuft nur so knapp oberhalb der maximalen Eluierungsaktivitäten (schwarz gefüllte Kreise), dass sie in dieser Figur nicht getrennt dargestellt werden kann (vgl. auch Tab. 4.3).

Die Bevölkerungsrate nimmt von Anfang an wegen des Exponentialgliedes vor der Klammer mit der Halbwertzeit des Mutternuklids von 66 h ab. Hat die Bevölkerung des isomeren Zustands ihre Sättigung erreicht, zerfällt das isomere Tochternuklid nur noch mit der Halbwertzeit von 66 h. Der Mutterzerfall bestimmt damit auch die Aktivität des Tochternuklids. Längeres Warten als etwa einen Tag erhöht also die Ausbeute eines Technetiumgenerators nicht, sondern führt sogar zu einer Verringerung der Aktivität des isomeren Tochternuklids. Nach der Entleerung des Generators muss die Sättigungs-Zeitspanne von etwa 4 Halbwertzeiten abgewartet werden, bevor wieder ausreichend Technetium eluiert werden kann.

Zeit	$A(\text{Mo})$	$A(\text{Tc})$	$A'(\text{Tc})$
0	1,000	0,0	0,0
6	0,939	0,414	0,414
12	0,882	0,597	0,597
18	0,828	0,664	0,664
24	0,777	0,676	0,676
48	0,604	0,568	0,525
72	0,470	0,444	0,409
96	0,365	0,345	0,317
120	0,284	0,268	0,257
144	0,221	0,209	0,192
168	0,171	0,162	0,149

Tab. 4.3: Relative zeitliche Aktivitätsverläufe am Technetium-Generator nach Gleichung (4.41). $A(\text{Tc})$: Aktivität ohne Eluierung. $A'(\text{Tc})$: Aktivität nach regelmäßiger 24 h Eluierung (berechnet ausgehend von den jeweiligen täglichen Mo-Restaktivitäten für eine 24-h-Bevölkerung des Tc-99m).

Das radioaktive Gleichgewicht: Radioaktives Gleichgewicht in einer Zerfallskette liegt vor, wenn die Aktivität der Radionuklide aller Generationen gleich ist, also von jedem Nuklid pro Zeiteinheit genauso viel gebildet wird, wie von ihm zerfällt. Die Nuklidzahlen aller Generationen sind im radioaktiven Gleichgewicht konstant, die zeitlichen Änderungen der Nuklidanzahlen sind alle Null und die Aktivitäten der Nuklide der einzelnen Generationen sind gleich.

$$\mathrm{d}N_0(t)/\mathrm{d}t = \mathrm{d}N_1(t)/\mathrm{d}t = \mathrm{d}N_2(t)/\mathrm{d}t = \ldots = \mathrm{d}N_\mathrm{n}(t)/\mathrm{d}t = 0 \qquad (4.42)$$

$$A_0(t) = A_1(t) = A_2(t) = \ldots = A_\mathrm{n}(t) \qquad (4.43)$$

Der Zustand des perfekten radioaktiven Gleichgewichts tritt in der Natur niemals auf, da nach der dazu erforderlichen unendlich langen Wartezeit alle Aktivitäten Null würden. Insbesondere ist es nicht möglich, dass das Nuklid der ersten Generation, das Mutternuklid, gleichzeitig zerfällt und dabei die Tochternuklide bevölkert und dennoch eine zeitlich konstante aktive Kernanzahl besitzt. Befindet sich in der Zerfallskette aber mindestens ein im Vergleich zu den anderen Nukliden sehr langlebiges Nuklid, wird der Gleichgewichtszustand nach ausreichender Zeit doch in sehr guter Näherung erreicht. Die Zahl der radioaktiven Atomkerne dieses langlebigen Nuklids darf sich dabei kaum verändern, was bei ausreichend großer Halbwertzeit, d. h. bei sehr kleiner Zerfallskonstante auch näherungsweise gegeben ist (s. Beispiel 4.6).

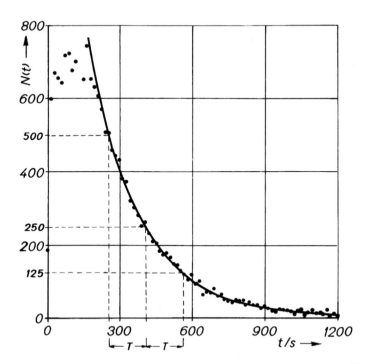

Fig. 4.3: Experimenteller Zeitverlauf der Aktivität des metastabilen Zustands ^{137m}Ba im Eluat in doppeltlinearer Auftragungsweise. Die Halbwertzeit ist im Diagramm mit T bezeichnet und hat den Literaturwert $T = 153$ s $= 2,55$ min. Die Messwerte während der ersten 200 Sekunden sind durch den Präparationsablauf beeinflusst und deshalb für die Bestimmung der Halbwertzeit nicht verwendet worden. Punkte: Messwerte, durchgezogene Linie: Ausgleichskurve an die Messwerte zur Bestimmung der Halbwertzeit, also der Zeit, die zur Halbierung der Aktivität benötigt wird.

Beispiel 4.6: Radioaktives Gleichgewicht beim Zerfall des Cäsium-137. *^{137}Cs zerfällt mit einer Halbwertzeit von 30,08 a zu 94,4% in einen isomeren Zustand des Bariums ^{137m}Ba, der wiederum mit einer Halbwertzeit von 2,55 min über Gammazerfall in den stabilen Grundzustand des ^{137}Ba übergeht (vgl. Beispiel 3.5). Barium und Cäsium zeigen ein unterschiedliches chemisches Verhalten, so dass mit verhältnismäßig einfachen Mitteln ihre chemische Trennung gelingt. Mit Salzsäure der Äquivalentkonzentration 0,04 (0,04-normale Lösung), die mit NaCl gepuffert ist, lassen sich die beim β⁻-Zerfall entstehenden Bariumatome vom Cäsium, das an die Oberfläche eines geeigneten Absorbers gebunden ist, abwaschen und als Lösung (Eluat) separieren. Dieser Vorgang ähnelt den Verhältnissen am oben besprochenen Technetiumgenerator. Wegen der für Laboruntersuchungen angenehm kurzen Halbwertzeit des isomeren Bariumzustands lassen sich die Bevölkerung und das radioaktive Zeitgesetz bequem über mehrere Halbwertzeiten studieren.*

Bei dem in den Figuren (4.3) und (4.4) dargestellten Experiment wurde das bariumhaltige Eluat so dicht wie möglich vor ein Auslösezählrohr gebracht und jeweils über 10 Sekunden die Zahl der Zählrohrimpulse registriert. Zwischen den Messungen lag ein Pauseninterwall von 5

Sekunden. Die Messwerte der ersten 200 s müssen, wie in den Figuren deutlich sichtbar ist, verworfen werden, da sie während des Eluierens erfasst wurden und daher von den Zufällig-keiten der Präparation beeinflusst sind. Die Messungen erstrecken sich über etwa 7 Halbwert-zeiten des Tochterzustands. Der von der Höhenstrahlung und der Umweltaktivität verursachte Untergrund (der so genannte Nulleffekt: je 8 Ereignisse in 10 s bei dem verwendeten Aufbau) wurde von allen Messwerten abgezogen.

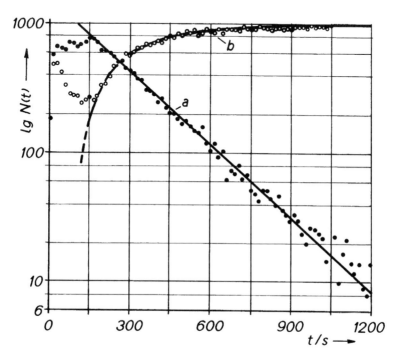

Fig. 4.4: Linearisierte Darstellung der gemessenen Zählraten im Cäsium-Barium-Generator und im Eluat in halblogarithmischer Darstellung. (a): Zählratenverlauf für das meta-stabile ^{137m}Ba im Eluat. Die Halbwertzeit ergab sich aus der Steigung der abfallen-den Geraden über den Zeitbereich von 6 Halbwertzeiten zu (157 ± 5) s. Der Litera-turwert beträgt 153 s. (b): Anstieg der Gamma-Zählrate im Cs-137-Präparat durch Bevölkerung des isomeren Bariumniveaus bis zur Sättigung bzw. zum Erreichen des radioaktiven Gleichgewichts nach Gl. (4.44) nach etwa 4-5 Halbwertzeiten. Die Ak-tivitäten des ^{137}Cs und des ^{137m}Ba sind dann identisch.

Der statistische Fehler bei Zählexperimenten wie diesem (die einfache Standardabweichung) ist gerade die Quadratwurzel aus der Zählrate. Er macht sich vor allem bei geringen Messwer-ten als Streuung der Messwerte bemerkbar. Weil mit der einfachen verwendeten Anordnung nicht energiespezifisch gemessen werden konnte, wurde durch eine geeignete Abschirmung des Cäsiumpräparates die Betastrahlung des ^{137}Cs absorbiert. ^{137m}Ba ist ein monoenergetischer Gammastrahler, so dass die nach der Abschirmung verbleibende Zählrate eindeutig dem Zer-fall des metastabilen Bariumzustands zugerechnet werden konnte.

Zur Aktivitätsanalyse des Cs-Ba-Zerfalls beachtet man die lange Halbwertzeit des ^{137}Cs-Zer-falls. Sie ist etwa um den Faktor $2 \cdot 10^5$ größer als die Halbwertzeit des metastabilen Bariumni-

veaus; die Zerfallskonstante des ^{137}Cs *ist also um mehr als das* 10^5*-fache kleiner. In der Aktivitätsformel (Gl. 4.40) kann die Zerfallskonstante* λ_0 *des* ^{137}Cs *daher weggelassen werden. Die Gleichung für die Aktivität des* ^{137m}Ba *vereinfacht sich deshalb zu:*

$$A_{Ba}(t) = A_{Cs}(t) \cdot (1 - e^{-\lambda_{Ba} \cdot t}) \tag{4.44}$$

Die Bariumaktivität steigt also mit der Zerfallskonstanten des metastabilen Bariumzustands bis zur Sättigung an. Sie nimmt dann mit der Halbwertzeit des $^{137}Cäsium$*-Zerfalls allmählich ab. Da dessen Halbwertzeit mit 30 Jahren aber vergleichsweise lang ist, ist das System* ^{137}Cs*-*^{137m}Ba *trotz der kurzen Lebensdauer des Tochternuklids so langlebig, dass es über Jahre mit nahezu unverminderter Aktivität strahlt.*

4.4 Experimentelle Bestimmung von Halbwertzeiten

Zur Bestimmung der Halbwertzeit einer radioaktiven Probe gibt es prinzipiell mehrere Möglichkeiten. Bei nicht zu großen Halbwertzeiten (maximal bis zu einigen Jahren) kann man den Zeitverlauf der Aktivität unmittelbar beobachten. Aus den Messwerten kann durch grafische oder rechnerische Methoden wie im oben gezeigten Beispiel des Cs-Ba-Zerfalls die Halbwertzeit bestimmt werden. Die absolute Aktivität des Präparats spielt dabei keine Rolle, da nur die Steigung der linearisierten Aktivitätskurve ausgerechnet werden muss. Der Detektor muss daher auch nicht die gesamte vom Präparat emittierte Strahlung nachweisen. Es können auch experimentelle Aufbauten verwendet werden, die nur einen eingeschränkten Raumwinkelbereich und damit nur einen Bruchteil der Strahlungsquanten erfassen. Die einzige Beschränkung ist durch die Zählstatistik gegeben, da bei zu kleinen Zählraten die statistischen Messfehler zu großen Fehlern bei der Halbwertzeitbestimmung führen können.

Bei sehr großen Halbwertzeiten ist die direkte Beobachtung des zeitlichen Aktivitätsverlaufs nicht mehr möglich, da sich während halbwegs vernünftiger Messzeiten die Aktivität der Probe wegen der kleinen Zerfallskonstanten praktisch nicht ändert. Zur Bestimmung der Zerfallskonstanten ist man dann auf die Definitionsgleichung der Aktivität angewiesen (s. Beispiel 4.7 und Gl. 4.11).

Die vom Detektor in einem begrenzten Raumwinkelbereich nachgewiesene Strahlung muss zur Bestimmung der Lebensdauer des Nuklids mehrfach korrigiert werden. Zum einen muss die Umrechnung auf die in den vollen Raumwinkel emittierte Strahlung durchgeführt werden. Zum anderen muss durch geeignete experimentelle Anordnung dafür Sorge getragen werden, dass Strahlungsquanten nicht versehentlich im Präparat, seiner Umhüllung oder der Detektorwand absorbiert werden (s. dazu die unterschiedlichen Definitionen von Aktivität und Quellstärke in Abschnitt 4.1). Ist dies dennoch der Fall, müssen Korrekturrechnungen durchgeführt werden, die die Strahlungsabsorption berücksichtigen. In der Regel müssen auch isotopenselektive Detektoren verwendet werden, damit sowohl die Energie und Art der emittierten Strahlung unterschieden werden können als auch die Zuordnung der Strahlungsquanten zu bestimmten Nukliden eindeutig gemacht werden kann. Die Zahl der aktiven Kerne muss durch Wägung bestimmt werden. Ist das Präparat nicht isotopenrein, muss außerdem seine quantitative Isotopenzusammensetzung ermittelt werden. Je nach Isotopengemisch kann dazu eine massenspektrometrische Untersuchung notwendig sein. Letztlich beeinflusst die geringe Zahl der Zerfälle bei großen Lebensdauern auch die Zählstatistik und damit die Genauigkeit bei der Bestimmung der Zerfallskonstanten.

Beispiel 4.7: Bestimmung der Halbwertzeit aus der Aktivität einer Uran-238-Probe. Eine Probe ^{238}U habe (vereinfacht) die molare Masse von 238 g. Die Zahl der Atome ist dann gerade die Avogadrozahl $N_A = 6,022 \cdot 10^{23}$ Mol^{-1}. Die Aktivität betrage 2,95 MBq = $2,95 \cdot 10^6$ Bq. Die Zerfallskonstante erhält man direkt aus Gleichung (4.11) für die Definition der Aktivität A (A = $\lambda \cdot N$) zu

$$\lambda = A/N_A = 2,95 \cdot 10^6 \ Bq/(6,022 \cdot 10^{23}) = 4,899 \cdot 10^{-16} \ s^{-1}.$$

Für die Halbwertzeit erhält man nach Gl. (4.14)

$$T\frac{1}{2} = ln2/\lambda = 0,693/(4,889 \cdot 10^{-16}) \ s = 1,42 \cdot 10^{15} \ s = 4,49 \cdot 10^9 \ a$$

Der Literaturwert für die Halbwertzeit des Uran-238 beträgt $T\frac{1}{2} = 4,468 \cdot 10^9$ a.

4.5 Aktivierungsanalyse, Fluoreszenzanalyse*

Von den oben besprochenen Aktivitätsanalysen z. B. zur Halbwertzeitbestimmung sind die Aktivierungsanalysen zu unterscheiden. Darunter versteht man die Untersuchung von Substanzen über die aus den Atomkernen emittierte charakteristische Strahlung. Aktivierungsanalysen mit Hilfe von Atomkernstrahlungen erfordern die Anregung der Kerne über Kernreaktionen. Bei einer Aktivierungsanalyse kann aus der Art und Intensität der Strahlungen quantitativ auf die Zusammensetzung von Proben geschlossen werden. Sehr große Empfindlichkeiten erhält man wegen der großen Einfangquerschnitte nach thermischem Neutroneneinfang in (n,γ)-Reaktionen (s. Kap. 9.3). Werden besonders hoch auflösende Gammaspektrometer mit Halbleitersonden verwendet, kann die Empfindlichkeit so gesteigert werden, dass sogar Massen von weniger als 10^{-13} kg nachgewiesen werden können. Allerdings werden dazu auch erhebliche Neutronenflüsse benötigt, die in der Regel nur in Kernreaktoren zur Verfügung stehen. Die Untersuchung von Substanzen über die emittierte Hüllenstrahlung nach Anregungen der Atomhüllen wird als **Fluoreszenzanalyse** bezeichnet. Atomhüllen werden dazu in der Regel mit Elektronen angeregt, so dass sie zur Emission von charakteristischer Photonenstrahlung oder von Augerelektronen veranlasst werden.

Zusammenfassung

- **Der zeitliche Verlauf radioaktiver Umwandlungen wird mit dem Zerfallsgesetz beschrieben. Es stellt eine Exponentialfunktion dar, deren bestimmender Parameter die Zerfallskonstante λ der radioaktiven Umwandlung ist.**

- Die Zerfallskonstante λ ist eine charakteristische Größe für das zerfallende Radionuklid. Ihre Spezifität hängt von der Genauigkeit bei ihrer Bestimmung ab.

- Statt der Zerfallskonstanten wird auch ihr Kehrwert, die mittlere Lebensdauer τ oder die Halbwertzeit $T_{1/2}$ verwendet, die die mittlere Zeitspanne bis zur Halbierung einer Aktivität angibt.

- Bestehen mehrere partielle Zerfallskanäle, müssen die partiellen Zerfallskonstanten addiert werden. Ihre Summe ergibt die totale Zerfallskonstante.

- Die partiellen Halbwertzeiten müssen in solchen Fällen reziprok addiert werden.

- Bei instabilen Tochternukliden nach dem Zerfall des sogenannten Mutternuklids entstehen Zerfallsketten mit einem oder mehreren Nachfolgern.

- Die Aktivitäten dieser Tochternuklide sind durch die Bevölkerung durch den Zerfall der vorgeschalteten Nuklide und durch den Zerfall mit der eigenen Halbwertzeit bestimmt.

- Dies kann dazu führen, dass Tochternuklide eine höhere Aktivität als Mutternuklide oder ihre direkten Vorgänger-Nuklide aufweisen.

- Ein bekanntes Beispiel für eine Zerfallskette ist der in der Nuklearmedizin verwendete Molybdän-Technetium-Generator.

- Ist das Mutternuklid dominierend in der Halbwertzeit, hat es also eine sehr geringe Zerfallskonstante, zeigen allen nachfolgenden Tochternuklide eine konstante Aktivität.

- Dieser Zustand wird als radioaktives Gleichgewicht bezeichnet.

Aufgaben

1. Geben Sie den amtlichen Umrechnungsfaktor Curie-Becquerel an.

2. Mit einem Strahlungsmessgerät (z. B. einem Geigerzähler) messen Sie pro Sekunde eine bestimmte Anzahl von Ereignissen (Impulse/s). Ist diese Zählrate gleich der Aktivität des Präparats?

3. Wie viele Zerfälle macht ein ^{99m}Tc-Präparat mit einer Anfangsaktivität von 1 kBq innerhalb der ersten 10 Halbwertzeiten und bis zum endgültigen Abklingen, also bis zur Restaktivität $A = 0$ Bq?

4. Ein Patient habe eine biologische Halbwertzeit für ein ^{99m}Tc-Medikament von 1,5 h. Wie groß ist in diesem Fall die effektive Halbwertzeit?

5. Ein Mutternuklid zerfällt mit einer Halbwertzeit von 100 h und bevölkert dabei ausschließlich (zu 100 %) ein Isomer im Tochternuklid, das selbst mit einer Halbwertzeit von 10 h zerfällt. Ist es möglich, dass das Tochternuklid eine höhere Aktivität als das Mutternuklid aufweist?

6. Unter welchen Bedingungen sind die Zerfallsraten von Mutter- und Tochternuklid identisch? Wie nennt man diesen Zustand?

7. Bei einem instabilen Nuklid gebe es mehrere Zerfallsmöglichkeiten des Mutternuklids. Für jeden Prozess sei die Zerfallskonstante bekannt. Wie berechnen Sie die totale Zerfallskonstante und wie die Halbwertzeit des vorliegenden Zerfalls? Müssen die betrachteten Umwandlungsmöglichkeiten dazu identisch sein, dürfen also beispielsweise nur Alphazerfälle oder nur Beta-minus-Zerfälle für die Berechnung herangezogen werden?

Aufgabenlösungen

1. 1 Curie = 1 Ci = $3{,}70 \cdot 10^{10}$ Bq = 37 GBq. Dieser Umrechnungsfaktor wurde gesetzlich festgelegt und weicht von der ursprünglichen Definition "1 Curie ist die Aktivität eines Gramms ^{226}Ra" ab.

2. Nein. Zählraten entstehen durch Wechselwirkungen von in den Detektor eintretenden Strahlungsteilchen. Diese Zählraten sind durch die Geometrie des Messaufbaus, durch Emissionswahrscheinlichkeiten (ein Zerfall bewirkt u. U. mehrere emittierte Teilchen), durch Wechselwirkungswahrscheinlichkeiten der Strahlungsteilchen mit dem Detektor sowie eventuelle Absorptions- oder Streuvorgänge der Strahlung mit dem Präparat, dem Detektor und der Umgebung beeinflusst.

3. Die Zahl der Zerfälle erhält man durch Integration des Zerfallsgesetzes für $A(t)$ (s. Gl. 4.12 oder 4.18). Das Ergebnis ist $N(10 \cdot T_{1/2}) = A_0 \cdot T_{1/2}/\ln 2 \cdot (1 - e^{-10 * \ln 2})$. Einsetzen der Zahlenwerte ergibt mit der Halbwertzeit von 6,007 h = 3600s/h $\cdot$ 6,007s insgesamt $N(10 \cdot T^{1/2}) = 31{,}167$ Mio. Zerfälle in 10 Halbwertzeiten. Bis zum völligen Abklingen des Präparats erhält man 31,198 Mio. Zerfälle. Dieser Wert kann einfacher aus dem Zusammenhang von Aktivität, Zerfallskonstanten und Zahl der Kerne berechnet werden (s. Gl. 4.11). Bei sehr kleinen Restaktivitäten versagt allerdings das Zerfallsgesetz, da es nur das mittlere Verhalten eines Kollektivs angibt. Das letzte Nuklid kann ewig überleben oder auch sofort zerfallen, so dass der Zeitpunkt seines Zerfalls unbestimmt ist.

4. Die effektive HWZ wird aus der Kehrwertsumme der partiellen Halbwertzeiten berechnet (Gl. 4.25). Für das angegebene Beispiel ergibt sich eine effektive Halbwertzeit von 1,2 h.

5. Ja, siehe die Berechnungen in Beispiel (4.5) zum Mo-Generator und die entsprechenden Gleichungen.

6. Die Zerfallsraten von Mutter- und Tochternuklid sind nahezu identisch, wenn die Lebensdauer des Mutternuklids deutlich größer als die der Tochternuklide ist. Dieser Zustand heißt radioaktives Gleichgewicht.

7. Die partiellen Zerfallskonstanten müssen addiert werden (Gl. 4.22). Die Halbwertzeit erhält man aus dem Kehrwert der Summe nach (Gl. 4.23). Da das Zerfallsgesetz die Minderung der Anzahl der Mutternuklide beschreibt, ist der Umwandlungsprozess dabei unerheblich. Es müssen also alle möglichen Zerfallskanäle herangezogen werden.

5 Natürliche und künstliche Radioaktivität

Dieses Kapitel gibt zuerst eine Einführung in die Grundlagen der natürlichen Radioaktivität. Diese umfasst die Zerfälle und Umwandlungen der primordialen und der kosmogenen Radionuklide. Im zweiten Teil des Kapitels wird ein Überblick über die Methoden zur Erzeugung künstlicher Radioaktivität gegeben.

5.1 Natürliche Radioaktivität

Bei den natürlich vorkommenden Radionukliden unterscheidet man zwei Gruppen. Die erste und wichtigste Gruppe betrifft die so genannten **primordialen** Radionuklide, die schon zur Zeit der Erdentstehung gebildet wurden. Wegen ihrer sehr großen Halbwertzeiten, die vergleichbar mit dem Erdalter sind (ca. $4{,}5 \cdot 10^9$ a), existieren sie noch heute. Die zweite Gruppe natürlicher Radionuklide sind kosmischen Ursprungs, sie sind **kosmogene** Radionuklide. Sie entstehen ständig neu in den oberen Schichten der Erdatmosphäre durch Beschuss stabiler Elemente mit kosmischer Strahlung. Ihre Lebensdauern sind wesentlich kleiner als die der primordialen Radionuklide.

5.1.1 Die primordialen Radionuklide

Alle heute noch existierenden 30 primordialen (d. h. aus der Urzeit stammenden). Radionuklide stammen aus der Elementbildungsphase der irdischen oder kosmischen Materie. Sie haben daher nur wegen ihrer extremen, mit dem kosmischen Alter vergleichbaren oder größeren Halbwertzeiten bis heute überlebt. Die primordialen Radionuklide werden nach ihrer Zugehörigkeit oder Nichtzugehörigkeit zu einer der heute noch bestehenden drei natürlichen Zerfallsketten unterschieden. Einige wenige primordiale Radionuklide zerfallen in stabile Tochternuklide. Ihre Massenzahlen liegen zwischen $A = 40$ und etwa $A = 240$. Die meisten der primordialen Radionuklide sind schwerer als Blei, sie haben Ordnungszahlen oberhalb von $Z = 82$. Sie zerfallen innerhalb natürlicher radioaktiver Zerfallsketten, haben also radioaktive Nachfolger, bis die Zerfallsketten bei einem stabilen Endnuklid angekommen sind.

Primordiale Radionuklide mit stabilen Tochternukliden: Eine Übersicht der nicht zu den Folgenukliden der Zerfallsketten zählenden primordialen Radionuklide findet sich in Tabelle (5.1). Halbwertzeitbestimmungen bei solch extremen Halbwertzeiten sind wegen der geringen Aktivitäten so schwierig, dass manche der in Tabelle (5.1) zusammengestellten Radionuklide in der Literatur bis vor kurzem als stabile Nuklide geführt wurden (vgl. z. B. [Krieger/Petzold Bd1], 3. Auflage, Tab. 3.6). So ist die Zerfallskonstante des ^{128}Te so klein, dass erhebliche Mengen dieses Nuklids zur Verfügung stehen müssen, um die Aktivität überhaupt eindeutig nachweisen, dem Nuklid zuordnen und außerdem daraus die Halbwertzeit bestimmen zu können. Die Zerfallskonstante des ^{128}Te beträgt $\lambda = \ln 2 / T_{1/2} \approx 0{,}096 \cdot 10^{-24}$ s^{-1}. Ein Mol des Nuklids

© Der/die Autor(en), exklusiv lizenziert an
Springer-Verlag GmbH, DE, ein Teil von Springer Nature 2023
H. Krieger, *Grundlagen der Strahlungsphysik und des Strahlenschutzes*,
https://doi.org/10.1007/978-3-662-67610-3_5

^{128}Te $(6{,}0225 \cdot 10^{23}$ Atome) hat dann (nach Gl. 4.4) die Aktivität von $A = 0{,}096 \cdot 10^{-24}$ $\cdot\, 6{,}0225 \cdot 10^{23}\ \mathrm{s^{-1}} \approx 0{,}06$ Bq, also findet im Mittel im Mol nur 1 Zerfall in 16 s statt.

Ähnliches gilt für das Nuklid ^{209}Bi (s. dazu Fußnote 2, Kap. 3.1). Bis auf die 3 Startnuklide der Zerfallsketten (^{232}Th, ^{235}U, ^{238}U) haben alle Nuklide dieser Tabelle (5.1) stabile Tochternuklide. Ein für den Strahlenschutz sehr bedeutsames Radionuklid ist wegen seiner vergleichsweise "kurzen" Halbwertzeit, seiner relativen Häufigkeit und seiner Beteiligung am menschlichen Stoffwechsel das ^{40}K. Dessen Tochternuklid ^{40}Ar sendet außerdem eine durchdringende Gammastrahlung von 1461 keV aus, die merklich zur externen und internen Strahlenexposition des Menschen beiträgt (s. Fig. 5.1 und Kap. 16.1).

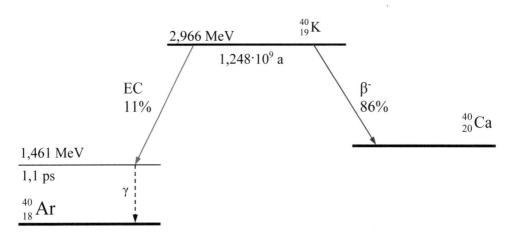

Fig. 5.1: Zerfallsschema des Kalium-40. Das primordiale Radionuklid ^{40}K zerfällt mit einer Halbwertzeit von $1{,}248 \cdot 10^9$ a zu 89% über einen β^--Zerfall direkt in den Grundzustand des ^{40}Ca und zu ca. 11% über einen Elektroneinfang in einen angeregten Zustand des Edelgases ^{40}Ar. Dieses gibt seine Anregungsenergie praktisch prompt über einen Gammazerfall mit einer Photonenenergie von 1,461 MeV ab (Halbwertzeit des Gammazerfalls 1,1 ps). Zu einem geringen Anteil ($\approx 0{,}2\%$) findet auch ein Elektroneinfang und zu 0,001% auch ein β^+-Zerfall direkt in den Grundzustand des ^{40}Ar statt. Beide sind wegen ihrer geringen Bedeutung hier nicht mit eingezeichnet. Die Zerfallsenergie für den β^--Zerfall beträgt 1,31 MeV, die für den Elektroneinfang 1,505 MeV.

Die natürlichen Zerfallsreihen: Neben den 30 langlebigen primordialen Radionukliden (Tab. 5.1) existieren noch 48 weitere "primordiale" Radionuklide innerhalb der natürlichen Zerfallsketten, die als Folgenuklide der noch existierenden primordialen Startnuklide entstehen.

Nuklid	Halbwertzeit (a)	Zerfallsart	Teilchenenergie (MeV)
^{40}K*	$1{,}248{\cdot}10^9$	$\beta+,EC,\beta-$	$1{,}31\text{-}1{,}51$
^{50}V	$1{,}4{\cdot}10^{17}$	$\beta-,EC$	(?)
^{76}Ge	$1{,}53{\cdot}10^{21}$	$2\beta-$	(?)
^{82}Se	$9{,}2{\cdot}10^{19}$	$2\beta-$	(?)
^{87}Rb	$4{,}8{\cdot}10^{10}$	$\beta-$	$0{,}273$
^{96}Zr	$2{,}3{\cdot}10^{19}$	$2\beta-$	(?)
^{100}Mo	$7{,}1{\cdot}10^{18}$	$2\beta-$	(?)
^{113}Cd	$9{\cdot}10^{15}$	$\beta-$	$0{,}3$
^{116}Cd	$2{,}8{\cdot}10^{19}$	$2\beta-$	(?)
^{115}In	$4{,}4{\cdot}10^{14}$	$\beta-$	$0{,}5$
^{123}Te	$1{,}24{\cdot}10^{13}$	EC	-
^{128}Te	$1{,}9{\cdot}10^{24}$	$2\beta-$	$\approx 0{,}65$
^{130}Te	$6{,}8{\cdot}10^{20}$	$2\beta-$	$2{,}984$
^{138}La	$1{,}05{\cdot}10^{11}$	$\beta-,EC$	$0{,}3$
^{144}Nd	$2{,}29{\cdot}10^{15}$	α	$1{,}83$
^{150}Nd	$1{,}7{\cdot}10^{19}$	$2\beta-$	(?)
^{147}Sm	$1{,}06{\cdot}10^{11}$	α	$2{,}235$
^{148}Sm	$7{\cdot}10^{15}$	α	$1{,}96$
^{152}Gd	$1{,}1{\cdot}10^{14}$	α	$2{,}14$
^{176}Lu	$3{,}8{\cdot}10^{10}$	$\beta-$	$0{,}6$
^{174}Hf	$2{,}0{\cdot}10^{15}$	α	$2{,}50$
^{180}Ta	$>10^{15}$	$\beta-,EC**$	$0{,}71\text{-}0{,}87**$
^{187}Re	$5{\cdot}10^{10}$	$\beta-$	$0{,}0026$
^{186}Os	$2{\cdot}10^{15}$	α	$2{,}76$
^{190}Pt	$6{,}5{\cdot}10^{11}$	α	$3{,}17$
^{209}Bi	$1{,}9{\cdot}10^{19}$	α	$3{,}137***$
^{232}Th#	$1{,}405{\cdot}10^{10}$	α,sf	$3{,}95,\ 4{,}013$
^{234}U§	$2{,}455{\cdot}10^{5}$	α,sp	$4{,}723,\ 4{,}775$
^{235}U#	$7{,}038{\cdot}10^{8}$	$\alpha,\beta-$,sf,sp	$4{,}398$
^{238}U#	$4{,}468{\cdot}10^{9}$	$\alpha,2\beta-$,sf	$4{,}198$

Tab. 5.1: Daten der 30 primordialen Radionuklide ohne Folgenuklide der natürlichen Zerfalls-reihen, nach [Karlsruher Nuklidkarte], [Lederer]. (*): wichtigstes Nuklid für die in-terne Strahlenexposition des Menschen außerhalb der Zerfallsreihen, (?): Zerfalls-energie nicht angegeben, ($2\beta^-$): doppelter Betazerfall (vgl. Abschnitt 3.2). (**): Zer-fall des isomeren Zustands in den Grundzustand, der dann über (β-,EC) zerfällt. sp: Spallation. (#): Startnuklide der 3 noch existierenden natürlichen Zerfallsreihen. Das Alter des Universums wird auf etwa $13{,}82{\cdot}10^9$a [Planck 1], das unseres Sonnensys-tems auf ca. $4{,}57{\cdot}10^9$a und das Alter der Erde auf $4{,}5{\cdot}10^9$a geschätzt. ***: s. Fußnote 2, Kap. 3. §: Wird trotz "kurzer" $T_{1/2}$ in [Karlsruher Nuklidkarte] als primordial be-zeichnet.

Die meisten schweren Folgenuklide zerfallen überwiegend über einen Alphazerfall und zum Teil über konkurrierende Betazerfälle. Betaumwandlungen sind isobar, bei ihnen bleibt die Massenzahl also erhalten. Bei Alphazerfällen vermindert sie sich dagegen jeweils um 4 Masseneinheiten. Die Massenzahlen der Tochternuklide eines schweren Alphas emittierenden Radionuklids unterscheiden sich von ihren Vorläufern also immer um ganzzahlige Vielfache von 4. Die Gesamtheit aus Mutternuklid und allen seinen Töchtern bezeichnet man als **Zerfallsreihe**. Wegen der geschilderten Massenzahlverhältnisse sind nur 4 Zerfallsreihen möglich. Die Massenzahlen ihrer Nuklide lassen sich daher als Funktion einer natürlichen Zahl n ausdrücken.

$$A = 4n + 0 \tag{5.1}$$

$$A = 4n + 1 \tag{5.2}$$

$$A = 4n + 2 \tag{5.3}$$

$$A = 4n + 3 \tag{5.4}$$

Nur drei dieser Zerfallsreihen existieren heute noch in der Natur, da ihre Mutternuklide Halbwertzeiten haben, die in der Größenordnung des Erdalters ($4,5 \cdot 10^9$ a) liegen (Gl. 5.1, 5.2, 5.4). Die zweite Zerfallsreihe nach Gl. (5.2) kommt in der Natur nicht mehr vor, da ihr Stammnuklid ^{237}Np wegen seiner "kurzen" Halbwertzeit von $2 \cdot 10^6$ a heute ausgestorben ist. Diese Reihe kann aber durch Kernreaktionen künstlich erzeugt werden. Ihr Startnuklid ist dann das ^{241}Pu, ihr Endnuklid das stabile Isotop ^{205}Tl. Die verbleibenden drei natürlichen Zerfallsreihen werden nach ihren Mutternukliden und wichtigen Töchtern gekennzeichnet; sie enden alle mit einem stabilen Bleiisotop.

Name	Reihe	Startnuklid	Start-n	Halbwertzeit	Endnuklid	End-n
Thorium	$4n$	^{232}Thorium	58	$1{,}405 \cdot 10^{10}$a	^{208}Pb	52
Neptunium	$4n+1$	^{237}Neptunium	59	$2{,}144 \cdot 10^6$a	^{205}Tl	51
Uran-Radium	$4n+2$	^{238}Uran	59	$4{,}468 \cdot 10^9$a	^{206}Pb	51
Uran-Actinium	$4n+3$	^{235}Uran	58	$7{,}038 \cdot 10^8$a	^{207}Pb	51

Tab. 5.2: Kennzeichnung und Daten der 4 natürlichen Zerfallsreihen und ihre Zuordnung zu den Gleichungen (5.1 – 5.4). Die Neptuniumreihe (grau unterlegt) kann heute nur künstlich erzeugt werden.

Die größte Halbwertzeit der Zerfallsreihen hat das jeweilige Mutternuklid. Die Folgenuklide der drei natürlichen Zerfallsreihen sind verglichen mit der Lebensdauer des Mutternuklids durchwegs kurzlebig. Die meisten Folgenuklide haben Halbwertzeiten im Sekunden- bis Jahresbereich. Die langlebigsten Tochternuklide sind das ^{231}Pa der Uran-Actinium-Reihe ($T\frac{1}{2} = 3{,}276 \cdot 10^4$ a), sowie das ^{234}U ($T\frac{1}{2} = 2{,}455 \cdot 10^5$ a), das ^{230}Th ($T\frac{1}{2} = 7{,}54 \cdot 10^4$ a) und das aus einem besonders langlebigen isomeren Zustand heraus zerfallende alphaaktive ^{210}Bi ($T\frac{1}{2} = 3{,}04 \cdot 10^6$ a) aus der Uran-Radium-Reihe. Die Aktivitäten der Thorium- und der Uran-Actinium-Reihe wurden daher von Anfang an ausschließlich von der Aktivität des Mutternuklids bestimmt. Die Reihen befinden sich deshalb heute praktisch alle im radioaktiven Gleichgewicht.

Nuklid	Zerfallsart	Halbwertzeit	λ	hist. Name
^{238}U	α	$4{,}468 \cdot 10^9$ a	$0{,}155 \cdot 10^{-9}$ a^{-1}	UI
^{234}Th	$\beta-$	24,10 d	0,0288 d^{-1}	UX 1
^{234}Pa	$\beta-$	6,7 h	0,103 h^{-1}	UX 2
^{234}U	α	$2{,}455 \cdot 10^5$ a	$0{,}283 \cdot 10^{-5}$ a^{-1}	UII
^{230}Th	α	$7{,}54 \cdot 10^4$ a	$0{,}919 \cdot 10^{-5}$ a^{-1}	Ionium
^{226}Ra	α	1600 a	$0{,}433 \cdot 10^{-3}$ a^{-1}	Radium
^{222}Rn	α	3,825 d	0,181 d^{-1}	Emanation
^{218}Po	$\alpha,\beta-$	3,05 min	0,227 min^{-1}	Radium A
^{218}At	α	2 s	0,347 s^{-1}	
^{214}Pb	$\beta-$	26,8 min	0,0259 min^{-1}	Radium B
^{214}Bi	$\alpha,\beta-$	19,9 min	0,0350 min^{-1}	Radium C
^{214}Po	α	164 µs	$0{,}423 \cdot 10^4$ s^{-1}	Radium C'
^{210}Tl	$\beta-$	1,30 min	0,533 min^{-1}	Radium C"
^{210}Pb	$\alpha,\beta-$	22,3 a	0,0311 a^{-1}	Radium D
^{210}Bi	$\alpha,\beta-$	5,012 d	0,139 d^{-1}	Radium E
^{210}Po	α	138,38 d	0,005 d^{-1}	Radium F
^{206}Hg	$\beta-$	8,15 min	0,085 min^{-1}	-
^{206}Tl	$\beta-$	4,20 min	0,165 min^{-1}	-
^{206}Pb	stabil	-	-	Radium G

Tab. 5.3: Halbwertzeiten und Zerfälle der Nuklide der Uran-Radium-Zerfallsreihe ($4n+2$). Die Zerfallskonstanten sind in den jeweiligen reziproken Einheiten der Halbwertzeit angegeben (s. Gl. 4.14). Die historischen Namen sind heute nicht mehr in Gebrauch (Daten nach [Karlsruher Nuklidkarte]).

Die Thoriumreihe besteht aus insgesamt 12 Nukliden, die Uran-Radiumreihe aus 19 Nukliden und die Uran-Actiniumreihe aus 17 Nukliden. Alle natürlichen Reihen enthalten je ein alphaaktives Nuklid des Edelgases Radon, das durch Emanation aus dem Boden über die Atemluft erheblich zur natürlichen Strahlenexposition des Menschen beiträgt (s. dazu Kap. 18.1). In der Uran-Radiumreihe befindet sich außerdem das von *Marie Curie* entdeckte ^{226}Ra, das bis vor kurzem noch in der Strahlentherapie verwendet wurde.

An den ersten vier Nukliden der Uran-Radium-Reihe (Startnuklid ^{238}U) kann man gut die Einstellung des radioaktiven Gleichgewichts einer Zerfallsreihe untersuchen. Tabelle (5.3) zeigt die Zerfallsdaten der Nuklide dieser Zerfallsreihe. Zur Berechnung der Aktivitätsanalyse müssen die Gleichungssysteme (4.30) und (4.31) verwendet werden. Das Aufstellen der Gleichungen und die Bestimmung der Konstanten sind im Prinzip einfach aber sehr zeitaufwendig; sie sollen deshalb als Übung dem Leser überlassen bleiben. Hilfreich dabei ist, dass die Zerfallskonstante des ^{238}U so klein ist, dass man sie in sehr guter Näherung zu Null setzen kann. Das bedeutet, dass die Aktivität des ^{238}U als zeitlich konstant betrachtet wird. Dadurch vereinfachen sich die Gleichungen für die numerische Berechnung spürbar.

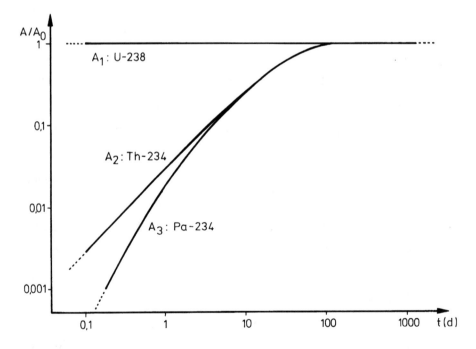

Fig. 5.2: Doppeltlogarithmische Darstellung des zeitlichen Verlaufs der relativen Aktivitäten der ersten 3 Nuklide der Uran-Radium-Reihe, alle bezogen auf die Aktivität des Mutternuklids ^{238}U. A_1: ^{238}U, A_2: ^{234}Th, A_3: ^{234}Pa. Die Aktivitätskurve von ^{234}U ist wegen der vergleichsweise großen Halbwertzeit in dieser Grafik nicht darstellbar (s. Text).

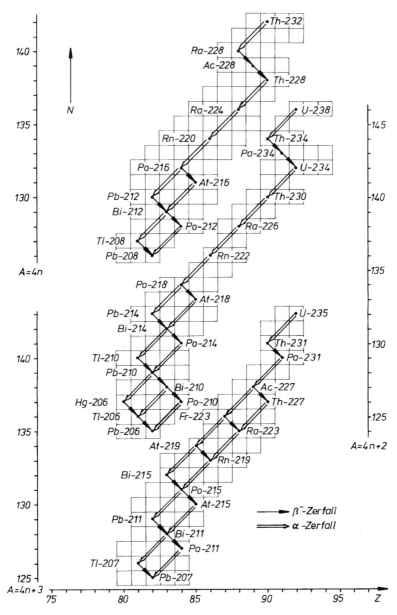

Fig. 5.3: Darstellung der natürlichen Zerfallsreihen im *N-Z*-Diagramm. In dieser Darstellung ist die Neutronenzahl N als Ordinate und die Ordnungszahl Z als Abszisse aufgetragen. Für jede Reihe existiert eine eigene Neutronenachse. Wegen der von der Karlsruher Nuklidkarte abweichenden Orientierung sind die β⁻-Zerfälle durch schräge, nach rechts gerichtete Pfeile, die Alphazerfälle wie üblich durch nach links gerichtete Doppelpfeile markiert. Für einige Nuklide bestehen mehrere alternative Zerfallswege und somit Verzweigungsmöglichkeiten für die jeweilige Zerfallsreihe. Exakte Daten über die relativen Verzweigungswahrscheinlichkeiten finden sich in [Karlsruher Nuklidkarte] und [Lederer].

Das Ergebnis dieser Rechnung ist für die ersten 1000 Tage grafisch in Fig. (5.2) dargestellt. ^{234}Th mit der Halbwertzeit von 24,1 d und ^{234}Pa mit der Halbwertzeit von 6,7 h sind so kurzlebig, dass beide Nuklide praktisch schon nach 100 Tagen mit dem Mutternuklid im Gleichgewicht stehen. ^{234}Pa zerfällt durch β⁻-Zerfall in ^{234}U, das allerdings wieder eine große Halbwertzeit von 2,455·10^5 a besitzt. In dem in Fig. (5.2) gezeigten Zeitraum ist daher praktisch kein Zerfall des ^{234}U zu erwarten. Seine Aktivität steigt wegen der Bevölkerung durch das Mutternuklid ^{238}U so langsam, dass seine relative Aktivität nach 1000 d (≈ 3 Jahre) erst 8·10^{-6}, nach 30 Jahren 8·10^{-5}, nach 300 Jahren 5·10^{-4}, nach 10'000 Jahren 3% und nach 100'000 Jahren etwa 25% der Sättigungsaktivität beträgt. Eine Fortsetzung der Zerfallsreihe nach dem ^{234}U wird also erst nach etwa 10'000 Jahren merklich. Dennoch befindet sich auch die Uran-Radium-Reihe wegen der langen Zeitspanne seit der Erdentstehung mittlerweile völlig im radioaktiven Gleichgewicht.

5.1.2 Die kosmogenen Radionuklide

Aus dem Weltraum trifft ein ständiger Strom hochenergetischer ionisierender Strahlung auf die Erdatmosphäre. Sie wird **Höhenstrahlung** oder **kosmische Strahlung** genannt. Die Energien dieser primären Strahlung aus dem Weltraum liegen im Bereich zwischen 10^9 und 10^{20} eV (Details s. Kap. 18.1). Beim Eindringen eines primären Hochenergieteilchens in die Atmosphäre entsteht durch Wechselwirkungen mit den Luftatomen ein sekundäres Strahlungsfeld aus Protonen, Neutronen, Mesonen, Gammaquanten und anderen hochenergetischen Partikeln, die in Form breiter Teilchenschauer die Erdatmosphäre durchsetzen. Die auf der Erdoberfläche bis zu einigen Quadratkilometern großen kosmischen Sekundärteilchenschauer eines primären kosmischen Quants treffen teilweise unmittelbar auf den Menschen und tragen so zur natürlichen externen Strahlenexposition des Menschen bei.

Teilweise wandeln sie auch Atomkerne der Atmosphäre in Kernreaktionen um und erzeugen auf diese Weise neue radioaktive kosmogene Substanzen. Der wichtigste Vertreter dieser Aktivierungsproduktgruppe ist das radioaktive Kohlenstoffnuklid ^{14}C. Es entsteht aus dem inaktiven Stickstoffnuklid ^{14}N in der thermischen Neutroneneinfangreaktion ^{14}N(n,p)^{14}C. Kohlenstoff-14 ist ein β⁻-Strahler, der mit einer Halbwertzeit von 5730 a in das stabile Tochternuklid ^{14}N zerfällt.

$$^{14}_{7}N_7(n,p)\,^{14}_{6}C_8 \qquad \text{und} \qquad ^{14}_{6}C_8^* \Rightarrow\, ^{14}_{7}N_7 + \beta^- + \bar{\nu}_e + 156 \text{ keV} \qquad (5.5)$$

Das radioaktive ^{14}C-Atom befindet sich in Form von Kohlendioxid in der Atmosphäre und als Karbonat gelöst in den Weltmeeren. Da es ständig mit einer zeitlich relativ konstanten Produktionsrate neu erzeugt wird, wird es von allen Lebewesen zu einem festen Anteil in ihren Organismus eingebaut. Die Inkorporation des radioaktiven Kohlenstoffs endet mit dem Tode des Organismus; ab dann nimmt der Gehalt an radioaktivem Kohlenstoff durch Zerfall ab. Da die Halbwertzeit des ^{14}C sehr genau bekannt ist, kann man aus dem heutigen relativen Gehalt an Kohlenstoff-14 das Alter fossiler Funde, den Zeitpunkt des Todes bzw. der Beendigung des Stoffwechsels bestimmen.

Nuklid	Halbwertzeit	Zerfallsart	Zerfallsenergie (MeV)
^{3}H*	12,312 a	β–	0,0186
^{7}Be*	53,22 d	EC	0,860
^{10}Be	1,387·10^6 a	β–	0,556
^{14}C*	5730 a	β–	0,156
^{22}Na*	2,603 a	β+,EC	0,5, 1,82
^{24}Na	14,96 h	β–	1,4
^{28}Mg	20,9 h	β–	0,5-0,9, 1,832
^{26}Al	7,16·10^5 a	EC, β+	1,2
^{31}Si	2,62 h	β–	1,491
^{32}Si	153 a	β–	0,213
^{32}P	14,268 d	β–	1,710
^{33}P	25,35 d	β–	0,2
^{35}S	87,37 d	β–	0,167
^{38}S	2,83 h	β–	2,936
^{34}Cl(m)	32,0 min	β+	2,5, 5,493
^{36}Cl	3,01·10^5 a	β–,β+,EC	0,71-1,14
^{38}Cl	37,18 min	β–	4,917
^{39}Cl	56 min	β–	3,438
^{37}Ar	35,04 d	EC	-
^{39}Ar	269 a	β–	0,565
^{81}Kr	2,3·10^5 a	EC	-
^{85}Kr	10,76 a	β–	0,687

Tab. 5.4: Zusammenstellung der kosmogenen Radionuklide, Nuklide nach ([Kiefer/Koelzer], [UNSCEAR 2000], Daten nach [Lederer] und [Karlsruher Nuklidkarte], (*): wichtige Radionuklide für die Strahlenexposition des Menschen. Zerfallsenergien: maximale Betaenergie bzw. Q-Wert.

Dieses Verfahren wird als **Radiokarbonmethode**[1] bezeichnet. Sie ist eine der wichtigsten Datierungsmethoden der Biologie, der Altertumsforschung und der Archäologie [Libby 1955]. In dieser Literaturstelle findet sich eine Liste aller bis zur Drucklegung des Buches mit der Radiokarbonmethode datierten historischen Proben mit ihrer Altersangabe. Sie ermöglicht Datierungen bis vor etwa 50000 Jahren (ca. 10 Halbwertzeiten des ^{14}C). Voraussetzungen für das Funktionieren der Radiokarbonmethode sind die Konstanz bzw. die Kenntnis der Erzeugungsrate des ^{14}C während des betrachteten Zeitraums der Erdgeschichte. Eine genaue Analyse der Verteilungsräume weist auf die vollständige und gleichmäßige Durchmischung des radioaktiven Kohlendioxids in der Erdatmosphäre und der sonstigen Ökosphäre nach seiner Produktion hin. Wichtig ist auch die Kenntnis des relativen Anteils in der Atmosphäre und in den untersuchten Organismen bzw. Fossilien sowie der exakten Halbwertzeit des Nuklids. Spektakuläre Erfolge der Radiokarbonmethode sind die Datierung des Turiner Leichentuchs (Herstellung etwa um 1260 - 1390 n. Chr., [Damon 1988]) und des "Ötzi", der Ötztaler Gletschermumie [Bonani 1994], die auf etwa 3200 v. Chr. datiert wurde.

Eine Möglichkeit zur Kontrolle der Genauigkeit der Radiokarbonmethode bietet der Vergleich mit dem aus Jahresringen bestimmten Alter von Bäumen, der **Dendrochronologie**. Werden außer den uralten noch lebenden Baumriesen (im Wesentlichen sind dies Sequoiabäume aus Nordamerika sowie irische und deutsche Eichen) auch noch ältere Baumfossilien herangezogen und diese an die Jahresring-Datierung noch lebender Bäume angeschlossen, ermöglicht das Verfahren eine Kalibrierung der Radiokarbonmethode bis etwa 11000 Jahre vor unsere Zeitrechnung. Baumring-kalibrierte Datierungen vor dieser Zeit sind nach dem heutigen Stand der Wissenschaft nicht möglich, da Wachstum und Verbreitung der üblicherweise zur Kalibrierung verwendeten Eichen durch die damaligen kalten klimatischen Bedingungen unterbrochen wurden.

Die aus der Zeit vor der Kälteperiode stammenden Fossilfunde konnten bisher trotz großer Anstrengungen noch nicht an die jüngeren Eichenfossilien angeschlossen werden. Altersbestimmungen nach der Radiokarbonmethode können für die letzten 13 Jahrtausende mit Hilfe der Dendrochronologie mit einer Genauigkeit von nur wenigen Jahrzehnten vorgenommen werden. Um die Zeit davor zu erschließen, wird die mit massenspektrometrischen Methoden untersuchte relative Verteilung der Aktinoiden Thorium-230 und Uran-234 in Meeressedimenten zur Kalibrierung herangezogen. Diese Nuklide zeigen ein unterschiedliches Lösungsverhalten im Meerwasser und somit zeitlich gestufte und gut verstandene Anreicherungsgrade in Sedimenten, aus denen auf das fossile Alter der Proben geschlossen werden kann. Radiokarbon-Altersbestimmungen in diesem frühen Zeitbereich sind durch die Aktinoiden-Kalibrierung mit einer Genauigkeit von nur wenigen Jahrhunderten möglich.

---

[1] Die Radiokarbonmethode wurde 1946 vom amerikanischen Chemiker **Willard Frank Libby** (17. 12. 1908 – 8. 9. 1980) entwickelt. Er erhielt 1960 den Nobelpreis für Chemie "für seine Methode der Anwendung von Kohlenstoff-14 zur Altersbestimmung in Archäologie, Geologie, Geophysik und anderen Zweigen der Wissenschaft".

Ein weiteres wichtiges kosmogenes Radionuklid ist das Wasserstoffisotop ^{3}H (Tritium, T). Es entsteht unter anderem bei der Wechselwirkung energiereicher Neutronen mit dem Stickstoff der oberen Atmosphärenschichten. Es zerfällt mit einer Halbwertzeit von 12,312 a zu 100 % in den Grundzustand des Helium-3. Die Tritium-Produktionsrate wird auf im Mittel etwa 1/4 Tritiumatom pro Sekunde und Quadratzentimeter der Erdoberfläche geschätzt.

$$^{14}_{7}N_7(n,t)\,^{12}_{6}C_6 \qquad\qquad \text{und} \qquad ^{3}_{1}H^*_2 \;\Rightarrow\; ^{3}_{2}He_1 + \beta^- + \bar{\nu}_e + 18{,}6\,keV \qquad (5.6)$$

Tritium liegt meistens in Form tritiumhaltigen Wassers vor (als THO) und befindet sich daher im normalen Wasserkreislauf und im Stoffwechsel der Organismen. Das ebenfalls durch Kernzertrümmerung der Luftatome kosmogen entstehende Beryllium-Isotop ^{7}Be zerfällt über Elektroneinfang mit einer Halbwertzeit von 53,22 d zu ^{7}Li. Es wird über die Atemluft inhaliert und durch Pflanzenverzehr inkorporiert.

$$^{7}_{4}Be^*_3 + e^- \;\Rightarrow\; ^{7}_{3}Li_4 + \nu_e + 0{,}86\,MeV \qquad\qquad (5.7)$$

Neben vielen anderen kosmogenen Radionukliden (s. Tab. 5.4) interessiert auch das ^{22}Na, da es aufgrund seines Stoffwechselverhaltens und seiner vergleichsweise hohen Zerfallsenergie (1,8 MeV) ebenfalls merklich zur natürlichen Strahlenexposition des Menschen beiträgt. Es zerfällt mit einer Halbwertzeit von 2,603 a über β$^+$-Zerfall und Elektroneinfang in das stabile ^{22}Ne.

$$^{22}_{11}Na^*_{11} \;\Rightarrow\; ^{22}_{10}Ne_{12} + \beta^+ + \nu_e + 1{,}8\,MeV \qquad\qquad (5.8)$$

Zusammenfassung

- **Natürliche Radioaktivität entsteht durch zwei Gruppen von Radionukliden, den primordialen und den kosmogenen Radionukliden.**

- **Primordiale Radionuklide wurden bei der Erdentstehung gebildet und existieren heute noch wegen ihrer mit dem Erdalter vergleichbaren Lebensdauern.**

- **Die schwersten primordialen Radionuklide sind Startnuklide für die natürlichen Zerfallsreihen, von denen heute noch drei nach ihren wichtigsten Nukliden benannte Zerfallsreihen existieren.**

- **Bei ihrem Zerfall entstehen etwa 50 weitere schwere Radionuklide. Sie werden hin und wieder nicht ganz korrekt ebenfalls zu den primordialen Nukliden gezählt, obwohl sie durchwegs erheblich kleinere Lebensdauern als ihre Startnuklide haben.**

- **In jeder der natürlichen Zerfallsreihen befindet sich ein alphaaktives Nuklid des Edelgases Radon, das mit der Atemluft inhaliert wird und deshalb erheblich an der natürlichen Strahlenexposition des Menschen beteiligt ist.**

- **Kosmogene Radionuklide** entstehen durch Wechselwirkungen kosmischer Strahlungsquanten, der so genannten Höhenstrahlung, mit Luftatomen.

- Die wichtigsten kosmogenen Radionuklide sind das ^{22}Na, das Tritium (^{3}H) und das für Altersbestimmungen verwendete ^{14}C.

- Diese drei Nuklide sind ebenfalls merklich an der natürlichen Strahlenexposition des Menschen beteiligt.

5.2 Künstliche Radioaktivität

Um stabile Nuklide radioaktiv zu machen, muss ihre Bindung vermindert bzw. ihr für den jeweiligen Massenzahlbereich optimales Neutronen-Protonen-Verhältnis gestört werden. Dazu gibt es mehrere Möglichkeiten, die beim Studium der mittleren Bindungsenergien von Atomkernen z. B. nach dem Tröpfchenmodell verständlich werden (s. Kap. 2.3). Durch Beschuss von Atomkernen mit Protonen, Neutronen und schwereren Teilchen können in **Kernreaktionen** instabile Radionuklide erzeugt werden. Solche Kernreaktionen können entweder mit dem Einfang einzelner Neutronen und Protonen einhergehen oder in Form von **Fusionen** stattfinden, bei denen Targetkern und Geschoss miteinander verschmelzen. Die zweite Möglichkeit ist die **Spaltung** oder **Spallation** schwerer Kerne, bei der hochinstabile, schnell zerfallende Spalt- oder Spallationsfragmente entstehen. Diese Fragmente haben einen erheblichen Neutronenüberschuss, da sie aus schweren Nukliden, meistens Aktinoidenkernen, entstanden sind, die für ihre Bindung deutlich mehr Neutronen benötigen als leichte Nuklide. Beide Möglichkeiten werden technisch zur Erzeugung radioaktiver Substanzen genutzt.

Radionukliderzeugung durch Kernreaktionen: Die technisch wichtigste zur Erzeugung künstlicher Nuklide verwendete Methode ist die Neutronenaktivierung. Bei diesem Verfahren werden stabile Isotope eines Elements einem Neutronenbeschuss ausgesetzt. Dabei finden bei vielen Nukliden so genannte Neutroneneinfangreaktionen statt. Das entstandene neue Nuklid ist in der Regel wegen seines Neutronenüberschusses betaminusaktiv. Da diese künstlichen Nuklide dicht am Stabilitätstal der Nuklidkarte liegen, haben sie in der Regel ausreichende Lebensdauern für die technische oder medizinische Verwendung. Neutronenaktivierte Radionuklide sind meistens mit Massenzahlen entweder am unteren oder am oberen Ende der Nuklidkarte zu finden, da in diesem Bereich keine Spaltfragmente zur Verfügung stehen.

Typische Vertreter der neutronenaktivierten Nuklide sind das ^{32}P für die endolymphatische Therapie, das ^{60}Co, das in der perkutanen Strahlentherapie, Sterilisation und der Materialprüfung eingesetzt wird, das für die Brachytherapie und Materialprüfung verwendete ^{192}Ir oder das für die interstitielle Brachytherapie in Form von Seeds (engl.: Samen, gekapselte frei bewegliche Strahler) zur "Spickung" angewendete ^{198}Au. Ausführliche Daten dieser und weiterer Nuklide einschließlich der verwendeten Kernreaktionen befinden sich in Kap. (9.3) in diesem Band und in [Krieger2].

Sollen **betaplusaktive** Radionuklide erzeugt werden, verwendet man Kernreaktionen, bei denen die Kernladungszahl des Targetkerns erhöht wird. Dazu müssen Protonen übertragen werden. Man beschießt deshalb stabile Targetkerne mit Protonen, Deuteronen, Tritonen oder Alphateilchen, die bei der dann ablaufenden Kernreaktion einen Teil ihrer Ladung übertragen. Da die geladenen Einschussteilchen durch das elektrische Gegenfeld des Targetkerns abgestoßen werden, benötigt man für ausreichende Erzeugungsraten Beschleunigereinrichtungen wie beispielsweise Zyklotrons, die genügend hohe Teilchenenergien zur Überwindung der Coulombbarriere ermöglichen. Typische Vertreter dieser Art der Radionukliderzeugung sind die Positronenstrahler ^{18}F, ^{11}C und ^{15}O, die alle in der nuklearmedizinischen Diagnostik (Positronen-Emissions-Tomografie: PET) verwendet werden. Da diese Positronenstrahler in der Regel kurzlebiger sind als die Betaminusnuklide, müssen sich die Beschleunigeranlagen in der Nähe des medizinischen Einsatzortes befinden. Details der verwendeten Kernreaktionen finden sich in [Krieger2].

Zu den künstlichen Radionukliden zählen auch die **Transurane**. Sie können auf zwei Arten hergestellt werden. Die erste Methode ist der mehrfache sequentielle Neutroneneinfang durch Aktinoidenkerne in Kernreaktoren. Dieses Verfahren wird als **Brüten** bezeichnet. Das wohl bekannteste Nuklid dieser Art ist das ^{239}Pu, das in Brutreaktoren (Kernreaktoren ohne Wassermoderation der schnellen Spaltneutronen, die deshalb mit flüssigem Natrium gekühlt werden müssen) durch wiederholten Neutroneneinfang aus ^{238}U erzeugt wird. Plutonium ist ein in der Waffentechnik schon 1945 in Nagasaki eingesetztes Transuran, es wird außerdem in den schnellen Brütern und in wassergekühlten Mischoxid-Reaktoren als Spaltmaterial verwendet. Für physikalisch-technische Anwendungen ist auch das Transuran ^{241}Americium von Bedeutung, das u. a. zusammen mit einem Berylliumtarget als kompakter spontaner Neutronenstrahler verwendet wird (s. Gl. 5.9 und 5.10).

Das zweite Verfahren zur Erzeugung schwerer künstlicher Radionuklide ist eine besonders interessante Technik. Bei ihr werden schwere Atome aus dem Aktinoidenbereich mit **Schwerionen** beschossen. Diese Technik wurde schon in den 70er Jahren von den Physikern im Kernforschungsinstitut in Dubna in der UDSSR zur Elementsynthese verwendet. Sehr erfolgreich sind bis heute auch die Arbeitsgruppen in der Gesellschaft für Schwerionen-Forschung in Darmstadt (GSI). Den Forschern in diesen Instituten ist es gelungen, durch Kernverschmelzung von Aktinoidenkernen mit Sauerstoff- und Neonatomen (Dubna) bzw. Chrom-, Eisen- und Nickelnukliden (GSI) schwere Elemente bis hin zur Ordnungszahl $Z = 118$ zu erzeugen (s. Tabn. 20.16). Weitere schwere Elemente wurden ebenfalls in Dubna erzeugt, indem ^{48}Ca Ionen auf Americium-243 geschossen wurden. Dabei entstanden 4 Atome des Elements $Z=115$ und bei Zerfall $Z=113$ [Dubna 2004].

Radionuklidgewinnung durch Kernspaltung: Wie oben schon erwähnt, spalten Aktinoidenkerne in zwei Fragmente, die beide einen deutlichen Neutronenüberschuss aufweisen. Dabei ist zwischen der spontanen Kernspaltung und der induzierten Kern-

spaltung zu unterscheiden. Spontane Kernspaltung findet vor allem an künstlich erzeugten Transuranen statt. Einen Überblick über die überschweren Spontanspalter gibt
(Tab. 5.5).

Nuklid	Halbwertzeit	Ordnungszahl Z	Spaltparameter s
^{240}Pu	6563 a	94	36,8
^{244}Cm	18,10 a	96	37,8
^{248}Cm	$3,40 \cdot 10^5$ a	96	37,2
^{250}Cm	9700 a	96	36,9
^{252}Cf*	2,645 a	98	38,1
^{254}Cf	60,5 d	98	37,8
^{256}Cf	12,3 min	98	37,5
^{255}Es	39,8 d	99	38,4
^{241}Fm	0,73 ms	100	41,3
^{248}Fm	36 s	100	40,3
^{254}Fm	3,24 h	100	39,4
^{256}Fm	2,63 h	100	39,1
^{257}Fm	100,5 d	100	38,9
^{258}Fm	0,38 ms	100	38,8
^{259}Fm	1,5 s	100	38,6
^{259}Md	95 min	101	39,4
^{260}Md	31,8 d	101	39,2
^{250}No	46 µs	102	41,6
^{252}No	2,3 s	102	41,3
^{258}No	1,2 ms	102	40,3
^{257}Db	0,76-1,5 s	105	42,9

Tab. 5.5: Daten einiger aus dem Grundzustand spontan spaltender künstlicher Nuklide (nach
[Karlsruher Nuklidkarte]), Spaltparameter nach [Lederer] und (Gl. 3.37), (*): Nutzung als medizinische Neutronenquelle. (Pu: Plutonium, Cm: Curium, Cf: Californium, Es: Einsteinium, Fm: Fermium, Md: Mendelevium, No: Nobelium, Db: Dubnium).

Die spontane Spaltung begrenzt die Möglichkeit, sehr schwere Nuklide durch Beschuss mit anderen Teilchen zu erzeugen, da die meistens angeregte Reaktionsprodukte sofort durch Spaltung zerfallen. Der künstlichen Produktion überschwerer Elemente ist durch die spontane Spaltung also eine obere Grenze gesetzt.

Die Spaltwahrscheinlichkeit nimmt um viele Größenordnungen zu, wenn den schweren Atomkernen Anregungsenergie zugeführt wird. Dies wird als **induzierte Kernspaltung** bezeichnet. Die Energiezufuhr wird technisch meistens durch Beschuss mit Neutronen durchgeführt (ausführliche Darstellung in [Krieger2]). Neben der spontanen Kernspaltung, die technisch nur eine nachgeordnete Rolle spielt, ist großtechnisch vor allem die neutroneninduzierte Spaltung von Aktinoidenkernen wie ^{235}U, ^{238}U und ^{239}Pu von Bedeutung. Bei der induzierten Spaltung von Aktinoidenkernen entstehen Spaltfragmente mit einem mittleren Massenzahlverhältnis von 3:2. Wegen des großen Neutronenüberschusses werden pro Spaltakt 2-3 Neutronen aus diesen Fragmenten abgedampft, die bei geeigneter Geometrie für weitere Kernspaltungen verwendet werden können. Die leichten Spaltfragmente aus der Aktinoidenkernspaltung weisen also Massenzahlen um $A = 90$-100 und die komplementären schweren Spaltbruchstücke Massen um $A = 130$-140 auf. Bei überschweren Spaltern erhöht sich vor allem die mittlere Massenzahl der leichten Fragmente um die ursprüngliche Massenzahldifferenz zu den Aktinoidenkernen, während die schweren Spaltfragmente mittlere Massenzahlen wie die Aktinoidenfragmente aufweisen (vgl. dazu Fig. 3.17).

Die für Medizin oder Technik erwünschten Radionuklide werden nach einer ausreichenden Zwischenlagerungszeit der Brennelemente zur Verminderung kurzlebiger Nuklidanteile chemisch aufgearbeitet und in die für den Einsatz notwendige Form (Aktivität, Kapselung, Halterung etc.) gebracht. Diese Aufarbeitung ist die Aufgabe der Radiochemie. Typische "Spaltnuklide" aus dem leichteren Spaltfragmentbereich sind ^{99}Mo (Mutternuklid für nuklearmedizinische Technetiumgeneratoren) und das ^{90}Sr oder ^{90}Y z. B. für die endolymphatische oder die endoluminale Strahlentherapie oder für die Verwendung als Prüfstrahler in der klinischen Dosimetrie. Typische schwere medizinisch und technisch genutzte Spaltfragmentderivate sind das ^{137}Cs, eines der Leitnuklide bei kerntechnischen Störfällen, und das ^{131}I, das auch in der nuklearmedizinischen Therapie verwendet wird, sowie eine Reihe von radioaktiven Xenonnukliden.

Neutronenquellen: Eine wichtige Methode zur Erzeugung von Neutronen ist ebenfalls die induzierte oder spontane Kernspaltung. Die entstehenden Spaltfragmente sind zum einen extrem angeregt, zum anderen befinden sie sich weit entfernt von der Stabilität, da sie als Erbe ihres Mutterkerns einen erheblichen Neutronenüberschuss aufweisen. Bei jedem Spaltakt z. B. eines Aktinoidenkerns werden deshalb im Mittel etwa 2-3 Neutronen aus den Spaltfragmenten freigesetzt. Diese Spaltneutronen ermöglichen bei geeigneter Geometrie nukleare Kettenreaktionen. Spontan spaltende Nuklide dienen also gleichzeitig als spontane Neutronenemitter. Eine auch in der Medizin zur Therapie verwendete Neutronenquelle ist das das alphaaktive und spontan spaltende

^{252}Cf, das wegen seiner Halbwertzeit von 2,645 a gerne als physikalisch-technische Neutronenquelle benutzt wird (Daten s. Tab. 5.2).

Andere Neutronenquellen benutzen die Alphateilchen aus α-aktiven schweren Nukliden als Geschossteilchen. Mit den α-Partikeln werden Fusionsreaktionen an leichten Targetkernen ausgelöst, die dann ihrerseits aus angeregten Zuständen Neutronen emittieren. Das bekannteste Beispiel ist die ^{241}Am-Be(α,n)-Quelle, die einfacher auch als **Americium-Beryllium-Quelle** bezeichnet wird. Das α-aktive Nuklid ^{241}Am zerfällt mit einer Halbwertzeit von 432,2 a in das langlebige ^{237}Np. Dieses ist ebenfalls α-aktiv und zerfällt mit einer Halbwertzeit von $2,144 \cdot 10^6$ a. Treffen diese Alphateilchen auf ein Beryllium-Target, entstehen in einer Kernreaktion ein ^{12}C-Kern und ein freies Neutron mit einer mittleren Bewegungsenergie von 2,7 MeV. Americium-Beryllium-Quellen sind also keine spontanen Neutronenemitter, sie erzeugen die Neutronen stattdessen über eine induzierte Kernreaktion.

$$^{241}_{95}Am^*_{146} \Rightarrow \, ^{237}_{93}Np^*_{144} + \alpha + 6{,}18\,MeV \tag{5.9}$$

$$^{9}_{4}Be_5 + \, ^{4}_{2}He_2 \Rightarrow \, ^{12}_{6}C_6 + n + 2{,}7\,MeV \tag{5.10}$$

Eine ausführliche Darstellung medizinisch und technisch genutzter Neutronenquellen findet sich in [Krieger2].

Zusammenfassung

- **Es gibt im Wesentlichen zwei Verfahren zur künstlichen Radionukliderzeugung, die Kernreaktionen und die induzierte Kernspaltung.**

- **Bei den Kernreaktionen können die Neutronenzahl oder die Protonenzahl der Targetkerne erhöht werden. Dadurch erhält man entweder Betaminus-Strahler oder Positronen-Strahler.**

- **Verwendet man schwerere Ionen als Beschussteilchen, können auch überschwere Elemente (Transurane) erzeugt werden.**

- **Die so erzeugten Transurane sind bevorzugt spontan spaltende Nuklide.**

- **Davon zu unterscheiden sind die induziert spaltenden Radionuklide, bei denen in der Regel durch Neutronenzufuhr die Kernspaltung ausgelöst wird.**

- **Bei der Spaltung von Aktinoidenkernen entstehen zwei asymmetrische Spaltfragmente im Massenzahlbereich um $A = 90\text{-}100$ und $A = 130\text{-}140$, die wegen ihres Neutronenüberschusses in der Regel betaminusaktiv sind.**

- Neben den prompten Neutronen aus den Spaltfragmenten entsteht dabei auch ein bestimmter Anteil an verzögerten Neutronen, die durch betaverzögerte Prozesse erzeugt werden.

- Nach einer ausreichenden Zwischenlagerungszeit zur Reduktion kurzlebiger Anteile und anschließender radiochemischer Aufarbeitung können die Fragmente als Strahler für Medizin und Technik eingesetzt werden.

Aufgaben

1. Erklären Sie die Begriffe primordiales und kosmogenes Radionuklid.

2. Haben Sie eine Erklärung für die beiden unterschiedlichen Betaumwandlungen des K-40?

3. Was versteht man unter einer Zerfallsreihe? Geben Sie Beispiele für natürliche Zerfallsreihen an.

4. Woher stammt das radioaktive Nuklid Radium-226?

5. Wieso existieren nur noch 3 natürliche Zerfallsreihen trotz der vier möglichen Startnuklide?

6. Was ist die Radiokarbonmethode?

7. Wie ist das geschätzte Alter des Ötzi?

8. Seit der Erdentstehung besteht eine ständige Konzentration von Tritiumatomen in unserer Umwelt, obwohl dieses Nuklid nur eine Halbwertzeit von etwa 12,3 Jahren hat. Ist Tritium ein aus dem Kosmos her eingestrahltes Radionuklid?

9. Sie benötigen in Ihrem Labor einen permanenten Neutronenstrahler. Können Sie dazu Spaltfragmente aus der Spaltung von Uran-235 einsetzen?

10. Sie erhöhen die Ordnungszahl eines stabilen Nuklids um +3. Mit welcher Reaktion dieses so erzeugten Nuklids müssen Sie rechnen?

11. Auf welche Weise werden Radionuklide im Massenzahlbereich A = 90-100 und A = 130-140 großtechnisch erzeugt? Geben Sie einige in der Medizin eingesetzte Radionuklide aus diesen Herstellungsprozessen an.

12. Welche Atomkerne unterliegen einem spontanen Spaltprozess?

13. Ist das häufig als technischer Strahler eingesetzte Radionuklid Co-60 ein Spaltfragment?

14. Können Spaltfragmente Positronenstrahler sein?

15. Wer emittiert bei einer Americium-Beryllium-Quelle die Neutronen?

16. Zählt angereichertes Uran mit einem erhöhten U-235 Gehalt zu den künstlichen Radionukliden?

Aufgabenlösungen

1. Primordiale Radionuklide stammen aus der Elementbildungsphase und sind nur wegen ihrer sehr großen Halbwertzeiten heute noch vorhanden und nachweisbar. Kosmogene Radionuklide entstehen durch ständige Wechselwirkung der kosmischen Strahlungsquanten mit den Atomen und Molekülen der Erdatmosphäre.

2. Der Zerfall des K-40 mit $Z = 19$ und $N = 21$ ist die typische Situation eines uu-Kernzerfalls in zwei mögliche gg-Kerne (s. Kap. 3, Fig. 3.6 rechts).

3. Eine Zerfallsreihe ist die Abfolge der Zerfälle und Umwandlungen, wenn alle Tochternuklide außer dem Endnuklid der Reihe selbst wieder radioaktiv sind. Typische Beispiele finden sich in (Tab. 5.2). Sehr oft sind die Zerfallsraten durch die Lebensdauer des Startnuklids dominiert.

4. Das Radium-226 entstammt der Zerfallsreihe mit dem Startnuklid ^{238}U.

5. Der Grund ist die vergleichsweise kurze Halbwertzeit des Startnuklids der 2. Zerfallsreihe Np-237 von nur 2,144 Millionen Jahren, das deshalb bereits "ausgestorben" ist.

6. Die Radiokarbonmethode ist ein Datierungsverfahren, bei dem die verbleibende Restaktivität des Nuklids C-14 in ehemals lebenden Organismen nachgewiesen wird. Aus dieser Restaktivität, der bekannten Startaktivität und der bekannten Halbwertzeit des C-14 kann das Alter der Fundstücke bestimmt werden. Eine wichtige Kalibrierungsmethode ist die Baumring-Kalibrierung, die allerdings auf die Lebensdauer dieser Bäume beschränkt ist. Manchmal versagt die Baumring-kalibrierung, weil in sehr kalten Jahren das Rindenwachstum gestoppt wurde.

7. Etwa 5200 Jahre.

8. Das Tritium ist ein kosmogenes Radionuklid, das ständig durch Wechselwirkung des Stickstoffs der Atmosphäre mit den kosmischen Neutronen produziert wird (s. Gl. 5.6).

9. Da die Emission der Neutronen aus den Spaltfragmenten spontan stattfindet und einige Neutronen auch verzögert, aber mit sehr kurzen Halbwertzeiten emittiert werden, sind Neutronenstrahlrohre an Kernreaktoren möglich. Im Labor muss man aber auf andere Neutronenquellen zurückgreifen, die über Kernreaktionen ständig Neutronen produzieren, z. B. die Americium-Beryllium-Quelle.

10. Da zu viele Protonen vorliegen, hat man mit Zerfallsprozessen zu rechnen, die den Protonenüberschuss vermindern, also die Kernladungszahl verringern, wie Beta-plus-Umwandlungen, EC, Protonenemissionen, Alphaemissionen.

11. Durch neutroneninduzierte Kernspaltung von Aktinoidenkernen. Typische medizinische Spaltradionuklide sind Mo-99, I-131, Cs-137, Y-90.

12. Alle Radionuklide, deren Spaltparameter s ($= Z^2/A$) größer ist als 37. Dazu zählen vor allem die künstlich erzeugten Transurane und die überschweren Kerne.

13. Nein, Co-60 ist kein Spaltfragment, es wird statt dessen aus Co-59 durch Neutroneneinfang an speziellen Neutronenstrahlrohren von Kernreaktoren erzeugt (s. [Krieger2]).

14. Direkte Spaltfragmente können keine Positronenstrahler sein, da sie grundsätzlich einen erheblichen Neutronenüberschuss aufweisen. Am Ende ihrer Zerfallskette kann unter Umständen ein alternativer Beta-plus oder Beta-minus Strahler auftreten (s. das Beispiel in Fig. 3.6 rechts im Kap. 3).

15. Am-241 zerfällt über einen Alphazerfall in Np-237. Diese Alphas lösen in einer Kernreaktion mit Be-9 aus, bei der ein Neutron und das Nuklid C-12 entsteht. Am-Be-Neutronenquellen können nicht abgeschaltet werden.

16. Nein bei dem Anreicherungsverfahren werden nur die relativen Isotopenanteile verschoben. Natururan und U-235 sind beides natürliche Radionuklide.

6 Größen zu den physikalischen Strahlungswirkungen

In diesem Kapitel werden nach einem kurzen Überblick die Größen zur Beschreibung der physikalischen Wirkungen ionisierender Strahlung auf Materie dargestellt. Es sind dies die makroskopischen Größen Ionisierungsvermögen, Ionisierungsdichte und Linearer Energieübertrag LET sowie die stochastischen mikrodosimetrischen Messgrößen Lineare Energiedichte und Spezifische Energie.

Es existieren eine Reihe verschiedener Aspekte zur Beschreibung der Wechselwirkungen von ionisierender Strahlung mit Materie, je nachdem ob die Wirkung der eingeschossenen Teilchen auf einen Absorber oder die Wirkung des Mediums auf den Teilchenstrahl beschrieben werden soll.

Wirkungen auf das bestrahlte Medium: Sollen Größen zur Beschreibung der physikalischen Wirkungen eines Strahlungsfeldes auf den Absorber dargestellt werden, müssen die Veränderungen des bestrahlten Materials durch die Strahlenexposition betrachtet werden. Ein Strahlenbündel ionisierender Teilchen wie Photonen, Neutronen oder geladene Korpuskeln kann ein Medium direkt oder indirekt ionisieren. Dabei kann es zu Energieüberträgen auf das Medium kommen. Zur Wirkung des Teilchenstrahlungsfeldes auf einen Absorber zählt auch das Auslösen von Kernreaktionen mit radioaktiven Folgeprodukten.

Die Zahl der durch Beschuss eines Mediums frei gesetzten elektrischen Ladungen wird durch die Größen Ionisierungsvermögen und Ionisierungsdichte beschrieben. Die der im bestrahlten Medium erzeugten Ladung entsprechende dosimetrische Messgröße ist die Ionendosis, die allerdings nur für das Medium Luft definiert ist. Zur Beschreibung des Energieübertrages pro Wegstrecke im Absorber dient der Lineare Energie-Transfer (LET, lineares Energieübertragungsvermögen). Die Dosisgröße zur Messung des Energieübertrags vom Teilchenstrahl indirekt ionisierender Teilchen auf geladene Sekundärteilchen im Absorber ist die in der durchstrahlten Materie entstehende Kerma. Zur Beschreibung der Energieabsorption dient die Energiedosis. Die Energiedosis in Geweben ist für die je nach Teilchenart unterschiedlichen biologischen Strahlenwirkungen verantwortlich. Die Definitionen der Dosisgrößen und biologische Wirkungen werden in gesonderten Kapiteln dargestellt.

Wirkungen auf den Teilchenstrahl: Wechselwirken geladene Teilchen wie Protonen, Alphateilchen und schwerere Ionen oder ungeladene Teilchen wie Photonen und Neutronen mit einem Medium, können diese Teilchen absorbiert oder gestreut werden. Bei den meisten Wechselwirkungen verlieren die Teilchen Energie, die an das Medium abgegeben wird und dort absorbiert wird, oder sie verändern ihre Bewegungsrichtungen. Energie kann auch auf sekundäre Teilchen aus den Wechselwirkungsprozessen übertragen werden, die das Strahlenbündel in seiner Teilchen-Zusammensetzung, seinem Energiespektrum und dem Energieinhalt (Gesamtenergie R)

verändern. Sollen die Wirkungen des bestrahlten Mediums auf den Teilchenstrahl erläutert werden, benötigt man je nach Teilchenart unterschiedliche Beschreibungen. Dabei sind ungeladene Teilchen und geladene Teilchen getrennt zu betrachten, da sie unterschiedlichen Wechselwirkungsprozessen unterliegen.

Die Größen zur Beschreibung der Wirkung des Absorbers auf einen Teilchenstrahl sind bei **ungeladenen** Teilchen die Schwächung des Strahlenbündels (Entnahme oder Energieveränderungen der primären Teilchen im Teilchenstrahl) durch Absorption sowie elastische oder inelastische Streuprozesse. Solche Prozesse werden mit Schwächungskoeffizienten oder Wirkungsquerschnitten beschrieben.

Bei **geladenen** Teilchen werden die eingeschossenen Korpuskeln im Absorber unter Energieverlust abgebremst, sie werden zur Bremsstrahlungserzeugung verwendet oder sie werden vom Medium gestreut. Auch in diesen Fällen wird das primäre Teilchenstrahlungsfeld räumlich und energetisch verändert. Die Größen zur Beschreibung dieser Prozesse sind das Bremsvermögen und das Streuvermögen des Absorbers. Zum Bremsvermögen tragen zwei Komponenten bei, das Stoßbremsvermögen und das Strahlungsbremsvermögen. Bremsvermögen und Streuvermögen geben die mittleren Wirkungen eines Absorbers auf ein korpuskulares Strahlungsfeld an. Solche Größen sind gut geeignet zur Beschreibung der Teilchenzahlverminderung, der Energieverluste von Teilchen und ihrer Richtungsänderungen durch Streuung beim Durchgang durch Materie sowie zur Berechnung von Reichweiten geladener Korpuskeln.

Die angesprochen Größen zur Beschreibung der mittleren Wirkungen eines Absorbers auf ein Strahlenbündel wie Schwächung, Stoßbremsvermögen, Strahlungsbremsvermögen und Streuvermögen werden ausführlich in den folgenden Kapiteln über die Wechselwirkungen der verschiedenen Teilchenarten mit Materie erläutert.

6.1 Ionisierungsvermögen und Ionisierungsdichte

Die durch Wechselwirkung ionisierender Strahlung erzeugten elektrischen Ladungen sind in Gasen, Flüssigkeiten und halbleitenden Festkörpern leicht mit der Ionisationsmethode nachzuweisen. Die Zahl der erzeugten Ionen in Gasen ist proportional zum Gasdruck und zur Fluenz der Korpuskeln oder Photonen. Eine sehr anschauliche Darstellung der Ionisierungsereignisse und ihrer räumlichen Verteilung entlang einer Teilchenbahn ist mit so genannten "Nebelkammern" möglich. In ihnen befinden sich übersättigte Dämpfe, in denen die Ionisationsorte als Kondensationskeime wirken.

Die Zahl der durch ein geladenes Teilchen einer bestimmten Energie erzeugten Ionenpaare pro Weglänge wird als **Ionisierungsvermögen** J bezeichnet (SI-Einheit: C/m, s. Gleichung 6.1). Es hängt von der Teilchenart, der Teilchengeschwindigkeit und der Dichte des Mediums ab. Zu seiner Berechnung ist zu beachten, dass etwa bei der Hälfte aller Wechselwirkungen geladener Teilchen keine Ionisationen sondern nicht ionisierende Energieüberträge stattfinden. Man kann deshalb nicht einfach die zur Verfügung stehende und pro Wegelement übertragene Energie mit der Ionisierungsenergie des bestrahlten Absorbers gleich setzen, sondern muss diesen ionisationsfreien Energieverlusten Rechnung tragen.

Zur Berechnung des Ionisierungsvermögens muss deshalb der mittlere Energieaufwand zur Erzeugung eines Ionenpaares im bestrahlten Medium verwendet werden. In trockener Luft heißt dieser Energiebetrag pro Ladung **Ionisierungskonstante** (W/e)[1].

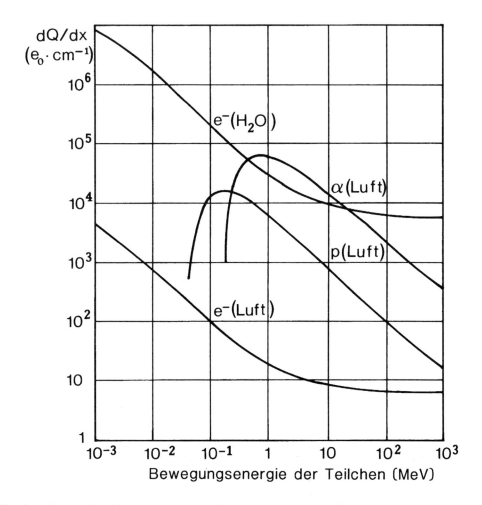

Fig. 6.1: Lineares Ionisierungsvermögen J für Protonen, Alphateilchen und Elektronen in Luft und Wasser als Funktion der Teilchenenergie. Aufgetragen ist die Ionisierung in der Einheit "Elementarladung/cm". Die Ionisierungsvermögen für Elektronen in Luft und Wasser verhalten sich wie die beiden Dichten.

---

[1] Die Ionisierungskonstante W/e gibt den mittleren Energiebedarf zur Erzeugung eines Ionenpaares in trockener Luft in eV pro Elementarladung an. Ihr Wert ist $W/e = (33{,}97 \pm 0{,}06)$ V.

Das Ionisierungsvermögen wird daher als der Quotient aus Stoßbremsvermögen (Energieverlust des Teilchens pro Wegelement) und dieser Ionisierungskonstante berechnet.

$$J = \frac{dQ}{dx} = \frac{S_{col}}{W/e} \qquad (6.1)$$

Stoßbremsvermögen und Ionisierungsvermögen sind also in einem bestimmten Material zueinander proportional und zeigen deshalb auch die gleiche mittlere Energieabhängigkeit. Das Ionisierungsvermögen variiert für nicht relativistische geladene Teilchen etwa mit dem reziproken Geschwindigkeitsquadrat (vgl. Gl. 10.7 und Gl. 10.9). Für schwere geladene Teilchen durchläuft es schon bei hohen Bewegungsenergien (einige 100 keV, s. Fig. 6.1) ein Maximum und strebt bei kleiner werdender Bewegungsenergie sehr schnell gegen Null. In diesem Energiebereich führen die Wechselwirkungen geladener Teilchen mit dem Absorber vorwiegend zu nicht ionisierenden Anregungen der Atomhüllen oder Moleküle, obwohl Ionisationen energetisch noch möglich sind. Unterhalb der Ionisierungsschwelle für den jeweiligen Absorber ist das Ionisierungsvermögen beliebiger Teilchen natürlich identisch Null. Energieüberträge können dann nur noch zu Anregungen führen.

Neben dem linearen Ionisierungsvermögen wird auch die **Ionisierungsdichte Q^*** verwendet. Sie ist der Quotient aus der in einem Volumenelement durch Bestrahlung entstehenden Ladung eines Vorzeichens und dem bestrahlten Volumen.

$$Q* = \frac{dQ}{dV} \qquad (6.2)$$

Die Ionisierungsdichte hängt ebenfalls von der Teilchengeschwindigkeit, der Ladung des Teilchens und den Eigenschaften des Absorbers sowie zusätzlich auch von der Zahl der Teilchen ab, die pro Flächeneinheit auf den Absorber treffen (der Teilchenfluenz). Sie ist proportional zur gesammelten Ladung in einer Ionisationskammer.

Die Ionisierungsdichte kann auch als zeitdifferentielle Größe (als Ladung pro Zeitintervall) angegeben werden. Sie ist dann abhängig von der Teilchenflussdichte, also der Zahl pro Zeiteinheit und Fläche eingestrahlten Teilchen. Sie ist dem Ionisationsstrom in einer bestrahlten gasgefüllten Ionisationskammer proportional.

$$\frac{dQ*}{dt} = \frac{d^2Q}{dV \cdot dt} \qquad (6.3)$$

Ionisierungsvermögen J und Ionisierungsdichte Q^* sind nichtstochastische Messgrößen, also über endliche Volumina oder Weglängen aus vielen Einzelereignissen gemittelt. Sie beschreiben daher nicht die mikroskopische Verteilung der Ionisationen, die nach stochastischen, d. h. zufälligen Kriterien erfolgt. J und Q^* variieren stark mit der Teilchenart, der Teilchenenergie und dem bestrahlten Material.

Locker und dicht ionisierende Strahlungen: Nach dem Zahlenwert der Ionisierungsdichte unterscheidet man locker und dicht ionisierende Strahlungsarten. Elektronen, die Sekundärelektronen produzierende Photonenstrahlung und hochenergetische Protonen zählen wegen ihres geringen Ionisierungsvermögens zu den locker ionisierenden Strahlungsarten. Bei locker ionisierender Strahlung sind die Wechselwirkungsereignisse und die Ionisationen einigermaßen gleichmäßig über das gesamte bestrahlte Volumen verteilt, so dass gleichzeitige Ionisationen mikroskopisch benachbarter Regionen unwahrscheinlich sind. Schwere geladene Teilchen wie Deuteronen, Alphateilchen und Schwerionen zählen dagegen zu den dicht ionisierenden Strahlungen. Bei ihnen befinden sich die Ionisationsereignisse in kleinen kompakten Volumina um die Bahnspur des Teilchens (Fig. 6.2).

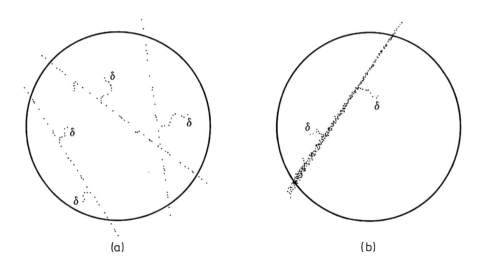

Fig. 6.2: Veranschaulichung der unterschiedlichen Ionisierungsdichten für (a) locker und (b) dicht ionisierende Strahlung in mikroskopischen Volumina. Bei beiden Darstellungen ist die Zahl der Ionisationen und damit die gemittelte Flächendichte und Volumendichte der Ionisationen gleich, also auch die dadurch erzeugte mittlere Energiedosis. Die hohe räumliche Dichte der Wechselwirkungen in Fall (b) ist jedoch biologisch sehr viel wirksamer als die der locker ionisierenden Strahlung in (a). Die seitlichen Ausläufer sind Spuren von δ-Elektronen, die wegen ihres etwas höheren LETs in der Mikrodosimetrie von Bedeutung sind.

Bragg-Kurven: Werden schwere geladene Teilchen in einen Absorber eingestrahlt, nimmt die Zahl der erzeugten Ladungen pro Wegstrecke am Ende der Teilchenbahnen zu, bis die Teilchen bis auf eine so niedrige Restenergie abgebremst worden sind, dass vor allem Anregungen aber keine Ionisationen mehr stattfinden. Die Ionisierungstiefenkurven werden nach **Henry Bragg**[2] Bragg-Kurven oder Bragg-Peaks genannt, ihr Anstieg am Ende der Teilchenbahn heißt Bragg-Maximum (Abb. 6.3). Experimentelle Bragg-Kurven sind über viele Teilchenbahnen gemittelte Ionisierungskurven. Da auch monoenergetische Teilchen beim Durchgang durch Materie immer einer individuellen Streuung in Reichweite, Richtung und Energieverlust unterliegen, sind die Maxima am Ende der Bragg-Kurven nicht so scharf ausgeprägt, wie bei einem monoenergetischen Teilchen.

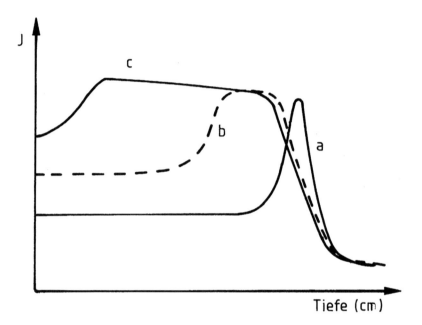

Fig. 6.3: Verläufe des Ionisierungsvermögens J schwerer geladener Teilchen in Materie (schematische Darstellung). (a): monoenergetische Teilchen, (b): Teilchenstrahl mit deutlichem Reichweitenstraggling der einzelnen Teilchen, das zur Verschmierung des scharfen Maximums der Ionisierungskurve J führt. (c): Teilchenstrahl mit breiter Anfangsenergieverteilung der primären eingeschossenen Teilchen.

Das Bragg-Maximum verbreitert sich auch mit der Breite der primären Energieverteilungen der eingeschossenen Teilchen beim Eintritt in den Absorber zu einem Bragg-Plateau (Fig. 6.3c), das für die Strahlentherapie ausgedehnter Tumoren von Vorteil ist. Da eine dichte Ionisierung in der Regel auch mit einer hohen lokalen Energieabgabe

---

[2] **Sir William Henry Bragg** (2. 7. 1862 – 10. 3. 1942), englischer Physiker, der sich unter anderem sehr ausführlich mit Untersuchungen der Kristallstruktur mit Hilfe der Röntgenstrahlungsbeugung befasst hat. Er erhielt 1915 zusammen mit seinem Sohn **William Lawrence Bragg** (31. 3. 1890 – 1. 7. 1971) den Nobelpreis für Physik "für ihre Verdienste um die Erforschung der Kristallstrukturen mittels Röntgenspektroskopie".

verbunden ist, können mit dicht ionisierenden schweren Teilchen bei genügender Reichweite (einige 100 MeV Bewegungsenergie) Tiefendosisverläufe im bestrahlten Material erzeugt werden, die am Ende der Teilchenbahn steil zunehmen. Solche Dosisverteilungen sind dann von besonderem Vorteil, wenn hohe Zielvolumendosen erwünscht sind, die Dosis auf dem Weg zum Zielvolumen und vor allem hinter dem Zielvolumen so klein wie möglich gehalten werden muss. An einigen großen Beschleunigerzentren wurden daher an den Hochleistungsteilchenbeschleunigern zur Forschung zusätzliche Einrichtungen zur strahlentherapeutischen Behandlung von Tumorerkrankungen mit hochenergetischen schweren geladenen Teilchen wie Protonen, Deuteronen, Kohlenstoffkernen, Schwerionen oder Pionen gegründet (ausführliche Informationen s. [Krieger2], [Krieger3]).

Bei der Betrachtung von absoluten Bragg-Kurven muss beachtet werden, dass diese nur den Verlauf der Ionisierungsdichte, nicht aber den exakten Verlauf der Tiefenenergiedosis angeben, weil neben ionisierenden Wechselwirkungen auch die oben erwähnten nicht ionisierenden Energieverluste der eingeschossenen Teilchen stattfinden. Auch diese können biologisch wirksame Anregungen von Atomhüllen und Molekülen vor allem am Ende der Teilchenbahnen bewirken, wo die Energiedichten stark ansteigen. Es sind daher bei der praktischen Anwendung beispielsweise bei der Strahlentherapie mit schweren geladenen Teilchen die Kurven des Ionisierungsvermögens und die Energiedosisverläufe zu beachten.

6.2 Der Lineare Energietransfer (LET)

Die physikalische Größe zur Beschreibung des Energieübertrags auf einen bestrahlten Absorber ist das **lineare Energieübertragungsvermögen** (der LET) mit der Folge der Energieabsorption und der Entstehung einer Energiedosis. Bei einem Teil der Wechselwirkungen ionisierender Strahlungen entstehen neben lokal absorbierten Sekundärstrahlungen auch solche Strahlungen, die Energie vom Wechselwirkungsort wegtransportieren können. Dazu zählen die Bremsstrahlung von Elektronen, hochenergetische Sekundärelektronen und die charakteristische Röntgenfluoreszenzstrahlung. Energieverlustort des Teilchens und Energieabsorptionsort unterscheiden sich deshalb ebenso wie der Energieverlust des Teilchens und die lokal absorbierte Energie.

Das Ausmaß biologischer Wirkungen ionisierender Strahlungen hängt nicht nur von der Energiedosis im Gewebe ab, sondern bei gleicher Energiedosis neben einigen anderen Parametern auch von der mikroskopischen, räumlichen Verteilung der Energieüberträge. So ist α-Strahlung bei gleicher Energiedosis wegen der mikroskopisch dichteren Schadensereignisse in den Zellen biologisch im Mittel um mehr als eine Größenordnung wirksamer als Elektronenstrahlung. Ein weiterer Grund, über die räumliche Verteilung der Energieüberträge bzw. Energieverluste der Teilchen nachzudenken, ist die Verwendung kleiner kompakter Messsonden in der Dosimetrie. Diese können zwar die Energieüberträge auf geladene Sekundärteilchen u. U. aber nicht deren durch hochenergetische δ-Elektronen oder Bremsstrahlungsverluste veränderten lokalen Energieabsorptionen erfassen.

Ein Versuch, nur die lokale Abgabe von Energie durch ionisierende Strahlung zu berücksichtigen, war die Definition des linearen Energieübertragungsvermögens LET (engl.: Linear Energy Transfer). Es sollte angeben, wie viel Energie von direkt ionisierenden Teilchen **lokal** auf das Medium übertragen wird. Diese historische Definition des LET hat sich als nicht sehr zweckmäßig erwiesen, da der Begriff "lokal" messtechnisch nicht eindeutig definiert war. Die heute gültige Definition des LET lautet sinngemäß ([ICRU 16], [ICRU 30], [ICRU 33], [ICRU 40], [DIN 6814-2]):

Der Lineare Energietransfer (LET) geladener Teilchen in einem Medium ist der Quotient aus dem mittleren Energieverlust dE, den das Teilchen durch Stöße erleidet, bei denen der Energieverlust kleiner ist als eine vorgegebene Energie Δ, und dem dabei zurückgelegten Weg des Teilchens ds.

$$\text{LET} = L_\Delta = \left(\frac{dE}{ds}\right)_\Delta \tag{6.4}$$

L_Δ hat die SI-Einheit (Joule/m), wird aber auch heute noch in der für die Mikrodosimetrie anschaulicheren atomaren Einheit (keV/µm) angegeben. Die Energiegrenze Δ wird vereinbarungsgemäß ebenfalls in eV angegeben. So bedeutet die Angabe L_{100}, dass nur Stöße mit Energieüberträgen kleiner als 100 eV betrachtet werden sollen. Durch die Einschränkung der übertragenen Energie auf "kleine" Werte soll der Forderung nach der lokalen Wirkung der Energieübertragung und Energieabsorption Rechnung getragen werden. Diese Definition des LET umfasst nicht nur ionisierende Ereignisse, sondern jede Art von Energieübertrag, z. B. auch durch Anregungen von Absorberatomen oder Absorbermolekülen. Der LET ist aber ausschließlich auf Stoßwechselwirkungen beschränkt und berücksichtigt deshalb keinerlei Energieüberträge durch Strahlungsbremsung des Teilchens.

Für geladene Teilchenstrahlung entspricht der lineare Energietransfer L_Δ zahlenmäßig dem auf den Energieverlust Δ beschränkten Stoßbremsvermögen (s. Kap. 10.2.1), das z. B. für die praktische Elektronendosimetrie benötigt wird. Für Δ → ∞ geht der LET in das unbeschränkte, lineare Stoßbremsvermögen S_{col} über. Deshalb gilt:

$$L_\Delta \leq S_{col} \qquad \text{und} \qquad L_\infty = S_{col} \tag{6.5}$$

LET-Werte für geladene Teilchen verhalten sich also im Wesentlichen wie das Stoßbremsvermögen. Bei der Passage eines Teilchens durch Materie sind sie deshalb nicht konstant, sondern ändern sich mit der Restenergie des Teilchens und somit mit der Tiefe im Absorber. Am Ende der Teilchenbahnen geladener Teilchen sind die LET-Werte wegen der kleinen Teilchenenergien maximal. Die bereits oben erwähnte Einteilung in locker und dicht ionisierende Strahlungsarten kann mit Hilfe des LET quantitativ vorgenommen werden (vgl. z. B. Tab. 11.6).

Direkt ionisierende Strahlung und die Sekundärteilchen indirekt ionisierender Strahlungen, deren unbeschränkter LET weniger als 3,5 keV/μm beträgt (L_∞ < 3,5 keV/μm), werden als locker ionisierende Strahlungen bezeichnet, Strahlungen mit höherem LET (L_∞ > 3,5 keV/μm) als dicht ionisierend.

Der LET ist wie alle bisher besprochenen Wechselwirkungsgrößen eine nichtstochastische Größe, die über alle möglichen Wechselwirkungsereignisse gemittelt wurde. Bei individuellen Wechselwirkungen sind daher Abweichungen des Energieübertrages von diesem Mittelwert zu erwarten. Die Streuung der Energieüberträge ist umso größer, je größer das Energie-, Reichweiten- und Winkelstraggling des Teilchens und je kleiner das betrachtete Volumen ist. Elektronen zeigen die höchsten Streuwerte des individuellen Energieübertrages durch Stöße, die darüber hinaus noch von der Elektronenenergie abhängen (vgl. dazu die Ausführungen in Kap. 10.3, 10.4 und 6.3).

Beispiel 6.1: Berechnung des unbeschränkten Linearen Energietransfers von Sekundärelektronen. Für ein Röntgenphoton mit E_γ = 100 keV, für ^{60}Co-Strahlung und für 10-MeV-Elektronen in Wasser ist der LET zu bestimmen. Dazu verwendet man die Tabellen für das Massenstoßbremsvermögen für Elektronen im Tabellenanhang. Zunächst muss die mittlere Sekundärelektronenenergie für die jeweilige Photonenenergie bekannt sein. Bei ausschließlicher Comptonwechselwirkung können die Daten in (Fig. 7.10) verwendet werden. Für die Röntgenphotonen entnimmt man eine mittlere Sekundärelektronenenergie von etwa 15 keV, für ^{60}Co von etwa 500 keV. Den LET erhält man nach Umrechnung der Einheiten der numerischen Tabellen für das Massenstoßbremsvermögen S/ρ in der Einheit (MeV·cm²/g) nach folgender Beziehung:

$$LET(keV/\mu m) = 0,1 \cdot \rho \cdot S/\rho \qquad (6.6)$$

Mit S/ρ(15 keV) = 16,47 MeV·cm²/g und S/ρ(^{60}Co) = 2,034 MeV·cm²/g erhält man also LET(15 keV) = 1,6 keV/μm und LET(^{60}Co) = 0,2 keV/μm. Für 10-MeV-Elektronen kann man direkt aus der Tabelle (24.7.2) das Massenstoßbremsvermögen ablesen. Nach Umrechnung mit (Gl. 6.6) erhält man LET = 0,197 keV/μm. Alle drei Strahlungsarten haben also LET-Werte unter 3,5 keV/μm und zählen daher zu den locker ionisierenden Strahlungen.

Beispiel 6.2: Berechnung des LET von Protonenstrahlung in Wasser bei 1 MeV, 10 MeV und 100 MeV Protonenbewegungsenergie. Aus Tabellen für das Stoßbremsvermögen (z. B. Tab. 20.10 im Anhang oder [Attix/Roesch/Tochilin], [ICRU 49]) findet man mit aufsteigender Energie folgende S/ρ-Werte: 261 MeV·cm²/g, 45 MeV·cm²/g und 7,3 MeV·cm²/g. Mit der Umrechnung nach Gleichung (6.6) erhält man als entsprechende LET-Werte 27 keV/μm, 4,7 keV/μm und 0,74 keV/μm. Hochenergetische Protonen bis herab zu Energien knapp über 10 MeV zählen also noch zu den locker ionisierenden schweren Teilchen. Protonen mit niedrigeren Energien haben wegen der $1/v^2$-Abhängigkeit des Stoßbremsvermögens LET-Werte im Bereich oberhalb von 20 keV/μm. Sie zählen also zu den dicht ionisierenden Strahlungen.

6.3 Stochastische Messgrößen für die Mikrodosimetrie*

Sollen die individuellen Energieüberträge in mikroskopischen Volumina bestimmt werden, müssen stochastische Messgrößen und Messverfahren verwendet werden. Eine Möglichkeit zur lokalen Zuordnung von Energieüberträgen ist die Angabe der **Linearen Energiedichte y**. Ihre Definition lautet ([ICRU 33], [ICRU 36]):

> **Die Lineare Energiedichte y ist der Quotient der bei einem einzelnen Wechselwirkungsakt auf ein bestrahltes Volumen übertragenen Energie ε dividiert durch die mittlere Sehnenlänge ℓ dieses Volumens.**

Die SI-Einheit der Linearen Energiedichte ist das (J/m) oder praktische Vielfache davon wie z. B. das (keV/μm). Im englischen Schrifttum wird sie als "lineal energy" bezeichnet.

$$y = \frac{\varepsilon}{\ell} \tag{6.7}$$

Die Lineare Energiedichte ist eine stochastische Größe, da sie nicht von mittleren Energieüberträgen sondern von der bei einem Einzelereignis übertragenen Energie ausgeht. Sie wird deshalb nicht durch Angabe eines einfachen Zahlenwertes beschrieben, sondern immer durch die Angabe einer Energieverteilung (Spektrum). Diese ist umso breiter, je niedriger die Dosisleistung ist und je kleiner das betrachtete Volumen wird. Die lineare Energiedichte ist wegen ihres statistischen Charakters besser als der

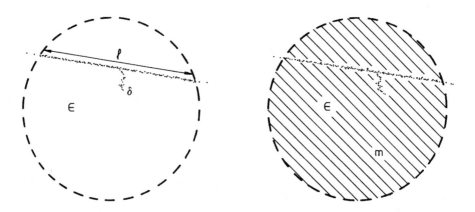

Fig. 6.4: Zur Definition der Linearen Energiedichte y und der spezifischen Energie z nach den Gleichungen (6.7) und (6.8). ℓ ist die mittlere Sehnenlänge des bestrahlten Volumens, ε die beim Durchgang eines einzelnen Teilchens durch Wechselwirkungen übertragene Energie, m die Masse des bestrahlten mikroskopischen Volumens. δ ist die Spur eines δ-Elektrons.

nichtstochastische LET zur Beschreibung der biologisch wirksamen mikroskopischen Energieübertragung geeignet. Sie bezieht sich außerdem nicht auf eine obere Energiegrenze, sondern auf eine geometrische Beschränkung, nämlich die mittlere Sehnenlänge ℓ in einem bestrahlten Volumen, eine Größe, die sich besser biologischen Strukturen zuordnen lässt.

Die Lineare Energiedichte y ist die heute bevorzugte Messgröße der Mikrodosimetrie, deren Aufgabe die Messung von Dosisverteilungen in mikroskopisch kleinen Systemen ist. Die betrachteten Volumina sind dabei typischerweise eine Zelle oder ihre Substrukturen, wie z. B. der die DNS enthaltende Zellkern. Mikrodosimetrie dient unter anderem der Untersuchung von Strahlenschäden in menschlichen Zellen durch die verschiedenen ionisierenden Strahlungsarten. Ihre Ergebnisse sind daher eine wichtige Grundlage zur Festlegung von Dosisgrenzwerten für den Strahlenschutz und zum Verständnis der mikrobiologischen Vorgänge bei der Strahlentherapie.

Typische Abmessungen in der Mikrodosimetrie betragen 10 nm bis etwa 30 µm. Dies entspricht in etwa den Größen von Teilen menschlicher Zellen, deren Außendurchmesser zwischen 20 und 30 µm, bei Zellkernen etwa 10 µm beträgt. Chromosomen haben dagegen Querschnitte von einigen 100 nm. Die zur Berechnung der Linearen Energiedichte benötigte mittlere Sehnenlänge ℓ des biologischen Volumens kann für einfache geometrische Formen wie Kugel ($\ell = 4r/3$), Zylinder ($\ell = 2r \cdot h/(r+h)$) und prolate oder oblate Sphäroide analytisch berechnet werden. In beliebig geformten Körpern kann man sie analytisch nicht bestimmen, sie kann aber aus dem Verhältnis von Volumen V und Oberfläche O abgeschätzt werden ($\ell \approx 4V/O$).

Anders als der meistens nur theoretisch berechnete Lineare Energietransfer ist die Lineare Energiedichte unmittelbar mit Proportionalzählrohren messbar (vgl. [Krieger3]). Man verwendet dazu kugel- oder zylinderförmige Proportionalkammern, die mit gewebeäquivalentem Gas gefüllt werden. Um gewebeäquivalente Dicken von menschlichen Zellen zu simulieren, wird der Gasdruck variiert. Durch sehr niedrige Gasdrucke kann so die Lineare Energiedichte in kleinsten Volumina gemessen werden, z. B. für gewebeäquivalente Durchmesser im µm-Bereich.

Wird der LET zur Beschreibung der Energieabgabe in einem Volumen verwendet, können wegen seines nichtstochastischen Charakters nur gemittelte Angaben über die im Volumen stattfindende Energiedeposition gemacht werden. Die entsprechende Dosisgröße ist die Energiedosis D. Will man dagegen die individuell in einer Zelle übertragene Energie beschreiben, muss man statt des LET die Lineare Energiedichte y verwenden. Das zugehörige massenbezogene Dosismaß ist die **Spezifische Energie z**, die wie die Lineare Energiedichte eine stochastische Größe ist und deshalb ebenfalls eine spektrale Verteilung zeigt.

$$z = \frac{\varepsilon}{m} \qquad (6.8)$$

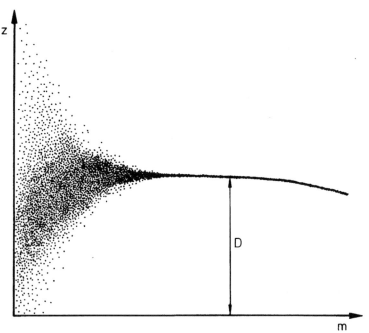

Fig. 6.5: Verlauf der Spezifischen Energie z mit zunehmender Masse m eines bestrahlten Volumenelementes. Bei sehr kleinen Massen schwanken die Messwerte sehr stark, mit zunehmender Masse nähern sich die Messwerte der makroskopischen Energiedosis D an (nach [Reich 1990]).

Je größer die betrachtete Masse ist, umso kleiner werden die statistischen Schwankungen der spezifischen Energie. Für hohe Dosisleistungen, d. h. hohe Wechselwirkungsdichten, und anwachsende Massen der betrachteten Volumenelemente nähert sich der Wert der Spezifischen Energie z der Energiedosis D an (s. Fig. 6.5). Unter bestimmten Voraussetzungen können LET, Lineare Energiedichte und Spezifische Energie ineinander umgerechnet werden. Ausführliche Darstellungen dieser Umrechnungen und der sonstigen Probleme der Mikrodosimetrie befinden sich unter anderem im einschlägigen Report der International Commission on Radiation Units and Measurements [ICRU 36] und in [Reich 1990].

Zusammenfassung

* **Zur Beschreibung der Wirkung geladener Teilchen auf Materie werden die nicht stochastischen Größen Ionisierungsvermögen und Ionisierungsdichte sowie der LET verwendet.**

- **Das Ionisierungsvermögen beschreibt die pro Wegstrecke erzeugte Ladungsmenge eines Vorzeichens, die Ionisierungsdichte gibt die erzeugte Ladungsmenge pro Volumeneinheit an.**

- **Der Lineare Energietransfer LET beschreibt die pro Wegstrecke durch geladene Teilchen auf den Absorber übertragene Energie.**

- **Die entsprechenden stochastischen Dosisgrößen für die Mikrodosimetrie sind die längenspezifische Lineare Energiedichte und die massenbezogene Spezifische Energie.**

- **Für diese beiden Größen müssen anders als bei den makroskopischen Größen Verteilungen angegeben werden.**

Aufgaben

1. Wodurch wird das Bragg-Maximum am Ende der Teilchenbahn dicht ionisierender geladener Teilchen ausgelöst?

2. Was bedeutet LET? Ist er eine Wirkung des Absorbers auf das Strahlenbündel?

3. Ist der LET auf die Eindringtiefe (also die projizierte Weglänge) oder auf den zurückgelegten Weg des Teilchens bezogen?

4. Nennen Sie die stochastischen Größen der Mikrodosimetrie und geben Sie ihre Definitionen an.

5. Wozu dient die Einteilung in locker und dicht ionisierende Strahlungen und wie wird diese Einteilung vorgenommen?

6. Können Teilchen sowohl locker als auch dicht ionisierend sein?

7. Berechnen Sie den LET von Alphateilchen in Plexiglas mit einer Bewegungsenergie von 10 MeV, 50 MeV und 100 MeV. Sind die Alphas dieser Energien dicht oder locker ionisierend?

8. Für welches Medium ist die Ionisierungskonstante $W/e = 33{,}97$ V definiert? Wäre ihr Wert in anderen Substanzen unabhängig vom betrachteten Medium?

9. Ab welchem LET werden Teilchen als locker ionisierend bezeichnet?

10. Kommentieren Sie die Nebelkammerspuren der Deltaelektronen in (Fig. 6.2).

11. Betrachten Sie Fig. 6.2 rechts. Das Alphateilchen wurde exakt in der gezeichneten Ebene eingeschossen. Woher kommt das Alphateilchen, von links unten oder rechts oben?

12. Erklären Sie die behauptete höhere biologische Wirksamkeit der Strahlung mit der konzentrierten Sekundärelektronenspur rechts in Fig. (6.2). Unterstellen Sie dazu, dass Sie eine Eukaryotenzelle bestrahlt haben. Was passiert mit den Unterschieden, wenn Sie die Dosis so erhöhen, dass beide Zellvolumina gleichförmig bestrahlt sind?

Aufgabenlösungen

1. Das Bragg-Maximum entsteht durch den steilen Anstieg des Stoßbremsvermö-
    gens bei niedrigen Teilchenenergien (s. Kap. 9.1.1). Bei Elektronen wird dieser
    Anstieg vom Reichweitenstraggling durch Elektronenstreuprozesse "verborgen".

2. LET bedeutet linearer Energie Transfer, beschreibt also die Übertragung von
    Energie auf den Absorber.

3. Der LET ist der Quotient aus dem Energieübertrag eines Teilchens und dem da-
    bei zurückgelegten Weg des Teilchens. Wenn Teilchen beim Energieübertrag
    Richtungswechsel erleiden, kann der zurückgelegte Weg größer als die projizier-
    te Eindringtiefe sein (Beispiel Elektronen).

4. Die stochastischen Größen der Mikrodosimetrie sind die "Lineare Energiedichte"
    (Energieübertrag bei einem einzelnen Wechselwirkungsakt dividiert durch die
    mittlere Sehnenlänge des mikroskopischen Volumens) und die massenspezifische
    Größe "Spezifische Energie" (absorbierte Energie pro Masse des mikroskopi-
    schen Volumens). Beide Größen zeigen wegen des stochastischen Charakters
    Verteilungen.

5. Locker und dicht ionisierende Strahlungen unterscheiden sich in ihrer Wirkung
    auf die Erbsubstanz in den Zellen (Einteilung anhand des LET).

6. Ja. Ein Beispiel sind die Protonen, die bei Energien oberhalb 10 MeV wegen
    ihres niedrigen LET zur locker ionisierenden Strahlung zählen, bei Energien un-
    ter 10 MeV aber dicht ionisierend sind (s. Beispiel 6.2).

7. Nach (Gl. 6.6) berechnet man den LET (in keV/μm) für Alphateilchen in Plexi-
    glas (Dichte 1,19 g/cm^3) mit einer Bewegungsenergie von 10 MeV zu 62
    (keV/μm), für 50 MeV Alphas zu 17,6 (keV/μm) und für 100 MeV Alphas zu
    10,03 (keV/μm). Alphas der angegebenen Energien sind also alle dicht ionisie-
    rend. Locker ionisierend sind Teilchen, wenn ihr LET kleiner als 3,5 keV/μm ist.

8. Die Ionisierungskonstante ist für trockene Luft definiert. Da sie den Energiebe-
    darf pro freigesetzter Ladungsmenge angibt, ist sie wegen der unterschiedlichen
    Bindungsenergien der Hüllenelektronen, also der verschiedenen Ionisierungs-
    energien medienabhängig. In Wasser ist ihr Zahlenwert für Co-Strahlung etwa 30
    V. Sie ist darüber hinaus abhängig von der Strahlungsart und Teilchenenergie, da
    bei einem gegebenen Energieübertrag auf das Medium immer eine Konkurrenz
    von Anregung und Ionisation vorliegt. Physikalisch wird dies durch Angabe von
    entsprechenden Wirkungsquerschnitten beschrieben. Ausführliche Informationen
    findet man in [ICRU 31].

9. Für LET-Werte kleiner als 3,5 keV/µm spricht man von locker ionisierender Strahlung.

10. Die typischen Zick-Zack-Spuren der Deltateilchen müssten in einer Nebelkammer dichter sein als die schneller Elektronen, da am Ende der Elektronenbahnen und bei niedrigen Elektronenenergien die Ionisierungsdichten wegen des höheren Stoßbremsvermögens zunehmen. In den Fign. des (Kap. 6) können solche Unterschiede wegen der schematischen Abbildungen kaum dargestellt werden.

11. Das Alphateilchen wurde von rechts oben eingeschossen. Erkennbar ist dies an der sich mit der Einschussrichtung verbreiterten Teilchenspur, die durch Streueffekte zustande kommt. Ein weiteres Indiz ist die zunehmende Ionisierungsdichte am Ende der Teilchen Bahn, die einem Braggpeak erinnert.

12. Die in Fig. (6.2) gezeigten Spuren sind die typischen Ionisationsmuster locker und dicht ionisierender Strahlungen. Bei der rechten Spur (Beispiel Alphastrahlung) sind im Bereich des Zellkerns im Chromatingerüst die Schadensraten so konzentriert, dass mit einer höheren DNS-Schadensrate z. B. in Form von Doppelstrangbrüchen gerechnet werden muss. In den Strahlenschutzgrößen wird dies durch entsprechende Strahlungswichtungsfaktoren Q und w_R berücksichtigt. Bei völlig gleichmäßiger Bestrahlung der Zellvolumina werden die Unterschiede gemindert, da dann auch bei der locker ionisierenden Strahlung Mehrfachtreffer an der DNS auftreten.

7 Wechselwirkungen ionisierender Photonenstrahlung

Die Wechselwirkung von Photonen mit Materie findet über fünf elementare Wechselwirkungsprozesse statt. Dabei kann ein Photon mit der Atomhülle oder mit dem Atomkern bzw. dem Coulombfeld des Atomkerns oder der Hüllenelektronen wechselwirken. Alle fünf Wechselwirkungsarten werden wegen ihrer großen Bedeutung für die Strahlungsphysik in diesem Kapitel ausführlich mit ihren Energie- und Materialabhängigkeiten dargestellt. Die Summe der Wechselwirkungskoeffizienten ist der makroskopische lineare Schwächungskoeffizient. Er wird zur Berechnung der Schwächungen von Photonenstrahlungen benötigt. Die davon abgeleiteten Größen Energieumwandlungs- und Energieabsorptionskoeffizient, die vor allem für die Dosimetrie ionisierender Strahlung benötigt werden, werden ebenfalls diskutiert.

Die in Medizin und Technik verwendete ionisierende Photonenstrahlung umfasst den Bereich nieder- und hochenergetischer Röntgenstrahlung aus Röntgenröhren und Beschleunigern (10 keV-50 MeV) und die von radioaktiven Atomkernen ausgesendete Gammastrahlung, die auch Energien zwischen wenigen Kiloelektronvolt und mehreren Megaelektronvolt aufweist. Bei der Wechselwirkung dieser Strahlungen mit Materie kann es zur vollständigen oder teilweisen Absorption der Photonenenergie und zur Streuung (Richtungsänderung) der Photonen kommen. Dabei entstehen in der Regel freie, elektrisch geladene Sekundärteilchen wie Elektronen und Positronen. Diese können ihrerseits die sie umgebende Materie anregen und ionisieren und dabei Energie an die durchstrahlte Materie abgeben. Da deren Ionisation überwiegend indirekt über diese elektrisch geladenen Sekundärteilchen und nur zu einem geringen Anteil unmittelbar von den Photonen verursacht wird, zählt man Photonenstrahlung vereinfachend zu den indirekt ionisierenden Strahlungsarten.

Bei der Beschreibung der Wechselwirkung eines Photonenstrahlenbündels mit Materie sind drei Stufen zu unterscheiden, denen jeweils verschiedene Messgrößen zuzuordnen sind. Die primären Wechselwirkungsprozesse der Photonen mit dem durchstrahlten Material bewirken eine Schwächung des ursprünglichen Photonenstrahls, also einen Intensitäts- bzw. Photonenzahlverlust im Primärstrahlenbündel. Bei der Wechselwirkung der Photonen kommt es auch zur Umwandlung von Photonenenergie in Bewegungsenergie, d. h. zum Energieübertrag von Photonen auf geladene Sekundärteilchen. Dieser Energieübertrag entspricht der dosimetrischen Messgröße Kerma. Die Energieabsorption in der bestrahlten Materie, die vor allem von der Bewegungsenergie dieser Sekundärteilchen herrührt, ist ein Maß für die Energiedosis.

Photonen können mit der Atomhülle oder mit den Atomkernen des Absorbers wechselwirken. Zu den Hüllenwechselwirkungen gehören die klassische kohärente Streuung (Rayleigh-Streuung am ganzen Atom, Thomson-Streuung am freien Elektron), die ohne Energieübertrag stattfindet, der Photoeffekt und der Comptoneffekt (inkohärente Streuung). Der Wechselwirkungsprozess von Photonen mit den Coulombfeldern der Atomkerne oder Elektronen ist die Paar- bzw. Triplettbildung. Die Wechselwir-

kung von Photonen mit dem Atomkern oder einzelnen Nukleonen wird als Kernphotoeffekt bezeichnet, die dabei stattfindenden Kernumwandlungen nennt man Kernphotoreaktionen.

Da Photonen keine elektrischen Ladungen tragen, ist die Wahrscheinlichkeit für eine
Wechselwirkung mit Materie wesentlich kleiner als diejenige für die Wechselwirkungen geladener Teilchen. Photonenstrahlung kann deshalb sehr durchdringend sein und
erfordert einen aufwendigen Strahlenschutz. Andererseits ermöglicht Photonenstrahlung wegen der geringen Schwächung die perkutanen Bestrahlungen tief liegender
Tumoren oder die Durchleuchtung dicker Materieschichten in der Röntgendiagnostik
oder der Materialprüfung. Die Abhängigkeiten der Wahrscheinlichkeiten für die verschiedenen Wechselwirkungsprozesse von der Photonenenergie und den Eigenschaften der durchstrahlten Materie werden in den folgenden Kapiteln ausführlich dargestellt.

7.1 Der Photoeffekt

Beim Photoeffekt (Photoionisation) setzt ein Photon durch Stoß ein Elektron aus inneren Schalen der Atomhülle frei. Dabei wird die gesamte Energie des einfallenden Photons auf das in der K-, L- oder M-Schale befindliche Elektron übertragen. Das Elektron übernimmt die Differenz von Photonenenergie E_γ und Elektronenbindungsenergie
E_b als Bewegungsenergie (Gl. 7.1) und verlässt die Atomhülle.

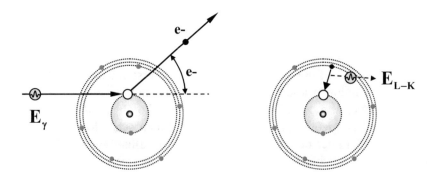

Fig. 7.1: Schematische Darstellung des Photoeffekts an einem K-Elektron. Links: Absorption
des Photons durch ein K-Elektron mit Ionisierung der Atomhülle. In der K-Schale
bleibt ein Elektronenloch. Rechts: Das Elektronenloch wird durch ein äußeres Elektron aufgefüllt. Die Differenzenergie wird als charakteristisches Photon emittiert oder
löst Augerelektronen-Emission aus.

Damit der Photoeffekt stattfinden kann, muss die Photonenenergie also größer sein als die Bindungsenergie des gestoßenen Elektrons[1].

$$E_{kin} = E_\gamma - E_b(K, L, M,...) > 0 \tag{7.1}$$

Ordnungszahlabhängigkeit beim Photoeffekt: Die Wahrscheinlichkeit für eine Photowechselwirkung wird durch den Photoabsorptionskoeffizienten τ beschrieben. Er hängt von der Dichte ρ ab und nimmt mit der Elektronendichte in den inneren Schalen zu, die etwa proportional zu Z^3 ist[2]. Es ist also zur erwarten, dass die Wechselwirkungswahrscheinlichkeit mit der in schwereren Atomen größeren Elektronenbindung anwächst und für K-Elektronen in dichten Absorbern mit hoher Ordnungszahl am größten ist. Die Theorie des Photoeffekts (s. z. B. [Heitler]) ergibt für den Photoeffekt an K-Elektronen für den mittleren Energiebereich eine Ordnungszahlabhängigkeit von Z^5. Etwa 80% aller Photowechselwirkungen finden an K-Elektronen statt, die verbleibenden 20% an Elektronen der äußeren Schalen. Da diese äußeren Elektronen wegen der Abschirmung durch die K-Elektronen eine etwas reduzierte Kernladungszahl sehen, ergeben genauere theoretische und numerische Abschätzungen (s. z. B. [NIST-XCOM]), dass die Photowechselwirkungswahrscheinlichkeit insgesamt etwa mit einer Z-Potenz zwischen 4 und 4,5 zunimmt. Man erhält danach folgende Z-Abhängigkeiten:

$$\tau \propto \rho \cdot \frac{Z^n}{A} \approx \rho \cdot \frac{Z^{4-4,5}}{A} \qquad (n = 4 - 4,5) \tag{7.2}$$

Der Ordnungszahlexponent n hat für leichte Elemente den Wert n ≈ 4,5, für hohe Ordnungszahlen hat er einen Wert um n ≈ 4. Da für die meisten stabilen leichteren Atomkerne die Neutronenzahl N und die Ordnungszahl Z etwa übereinstimmen, ist die Massenzahl A ungefähr doppelt so groß wie Z. Das Verhältnis Z/A hat deshalb für diese leichten Nuklide den Wert $Z/A \approx 1/2$. Bei sehr schweren Nukliden sinkt das Z/A-Verhältnis auf Werte um 0,4 ab. (Z^n/A) kann also unter diesen Bedingungen näherungsweise gut durch $(Z^{n-1}/2)$ ersetzt werden.

$$\tau \propto \rho \cdot Z^{n-1} \approx \rho \cdot Z^{3-3,5} \qquad (n = 4 - 4,5) \tag{7.3}$$

---

[1] Tatsächlich wird wegen der Impulserhaltung bei der Photowechselwirkung ein verschwindend geringer winkelabhängiger Energieanteil auf das Restatom übertragen. Man kann sich diesen Sachverhalt leicht klar machen, wenn man die Impulsverhältnisse im Schwerpunktsystem des einfallenden Photons und des ruhenden Atoms betrachtet. Vor dem Stoß bewegen sich die beiden Stoßpartner so aufeinander zu, dass der Gesamtimpuls Null ist. Nach dem Stoß verlässt das Elektron die Atomhülle mit dem Hauptbetrag des Impulses. Der Kern muss, da der Gesamtimpuls wieder Null betragen soll, einen entsprechenden Rückstoßimpuls erhalten. Wegen der im Vergleich zum Photoelektron großen Masse des Atomrumpfes ist die auf ihn übertragene Bewegungsenergie jedoch sehr klein.

[2] Die Coulombkraft des Kerns auf die Elektronen schrumpft den Bahnradius mit $1/Z$ (s. Gl. 2.7). Die Ladungsdichte in den inneren Schalen nimmt mit dem Kehrwert des Volumens r^3 und somit mit Z^3 zu.

Energieabhängigkeit des Photoabsorptionskoeffizienten: Für zunehmende Photonenenergien oberhalb der K-Schalen-Energie der Absorberatome nimmt τ zunächst stetig mit $1/E^3$ ab. Für Energien deutlich oberhalb der Elektronenruheenergie (511 keV) fällt die Photowechselwirkungswahrscheinlichkeit etwas langsamer mit nur noch etwa $1/E_\gamma$ ab. Die Wahrscheinlichkeit für eine Photoabsorption ist am höchsten, wenn Photonenenergie und Bindungsenergie der Elektronenschale exakt übereinstimmen. So zeigt der Photoabsorptionskoeffizient beispielsweise bei der Energie der K-Schale im Vergleich zu benachbarten Energien ein deutliches Maximum. Beim Unterschreiten der K-Schalen-Energie fällt τ um fast eine Größenordnung ab, steigt dann aber wieder mit abnehmender Energie umgekehrt proportional zur etwa dritten bis

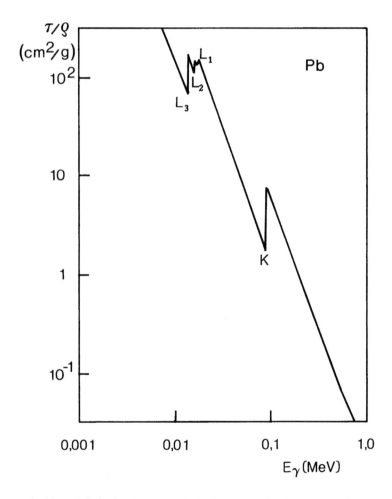

Fig. 7.2: Energieabhängigkeit des Massen-Photoabsorptionskoeffizienten τ/ρ für Blei. L1-L3 und K sind die Absorptionskanten (s. Text).

vierten Potenz der Energie bis zum Erreichen der nächsten Elektronenschalenenergie (L-Schale) an. Diese sprungartigen Veränderungen des Photoabsorptionskoeffizienten bei Erreichen der Energie der einzelnen Elektronenschalen bezeichnet man als **Absorptionskanten** (K-Kante, L-Kanten, M-Kanten, Fig. 7.2). Diese Sprünge des Schwächungskoeffizienten treten immer dann auf, wenn die Energie des eingeschossenen Photons exakt der Bindungsenergie der Elektronen entspricht. Man erhält dann immer einen niedrigeren Wert aus dem stetigen Verlauf und sprungartig einen weiteren höheren Wert, da zu den bisherigen Ionisationen die Wechselwirkung mit der zusätzlichen inneren Schale addiert werden muss. Insgesamt erhält man zusammen mit der Ordnungszahlabhängigkeit der Photokoeffizienten in (Gl. 7.2):

$$\tau \propto \rho \cdot \frac{Z^n}{A \cdot E_\gamma^3} \approx \rho \cdot \frac{Z^{n-1}}{E_\gamma^3} \qquad (E_\gamma \ll 511 \text{ keV}) \qquad (7.4)$$

$$\tau \propto \rho \cdot \frac{Z^n}{A \cdot E_\gamma} \approx \rho \cdot \frac{Z^{n-1}}{E_\gamma} \qquad (E_\gamma \gg 511 \text{ keV}) \qquad (7.5)$$

Die Schutzwirkung von Blei, Wolfram, Wismut oder Uran als Materialien für den Strahlenschutz (hohes Z) bei diagnostischer Röntgenstrahlung (niedrige Photonenenergie) beruht deshalb überwiegend auf dem Photoeffekt. Strahlenschutzschürzen in

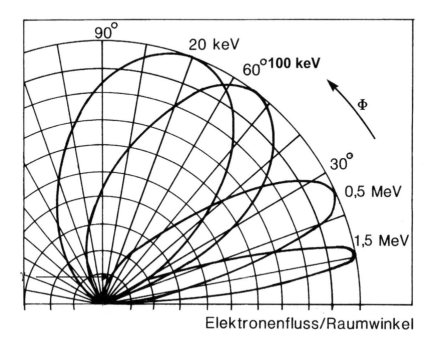

Fig. 7.3: Relative, auf das jeweilige Emissionsmaximum normierte Winkelverteilungen von Photoelektronen in Abhängigkeit von der Photonenenergie und dem Emissionswinkel Φ relativ zur Einschussrichtung der Photonen (von links).

der Röntgendiagnostik sind "Photoeffekt-Schürzen". Wenn für die konkrete Arbeit exakte numerische Daten des Photoabsorptionskoeffizienten benötigt werden, wird dringend empfohlen, sich die aktuellen Werte aus der Literatur zu beschaffen, in der die einzelnen Komponenten des Schwächungskoeffizienten getrennt berechnet und ausgewiesen werden (z. B. [NIST-XCOM]). Für Stickstoff und Blei befinden sich solche Daten auszugsweise im Tabellenanhang (Tab. 24.5).

Die beim Stoß aus der Hülle entfernten Photoelektronen zeigen eine energieabhängige Winkelverteilung relativ zur Einfallsrichtung des Photonenstrahlenbündels. Bei kleinen Photonenenergien werden die meisten Photoelektronen fast senkrecht zum Strahl, einige wenige auch in Rückwärtsrichtung emittiert. Je höher die Energie des stoßenden Photons ist, umso mehr werden die Sekundärelektronen nach vorne emittiert (Fig. 7.3). Die Schale, aus der ein Photoelektron entfernt wurde, enthält nach der Wechselwirkung ein Elektronenloch. Aus energetischen Gründen wird dieses Loch sofort wieder durch Elektronen der äußeren Schalen aufgefüllt, in denen dadurch ebenfalls Elektronenlöcher entstehen. Die charakteristische Energiedifferenz der beteiligten Elektronenzustände wird als charakteristische Photonenstrahlung oder in Form von Augerelektronen aus der Atomhülle emittiert (s. Abschnitt 2.2.3.2). Der Photoeffekt wurde 1905 versuchsweise von *Albert Einstein* als Ergebnis der Wechselwirkung zweier Teilchen, des Photons und eines Elektrons, gedeutet [Einstein 1905]. Einstein erhielt für diese Theorie 1921 den Nobelpreis für Physik.

Zusammenfassung

- **Beim Photoeffekt wird das einfallende Photon absorbiert, aus einer der inneren Schalen der Absorberatome wird ein Photoelektron freigesetzt. Bevorzugt findet der Photoeffekt an K- oder L-Schalenelektronen statt.**

- **Bis auf den ordnungszahlabhängigen Bindungsenergieanteil übernimmt das Elektron die ganze Photonenenergie als Bewegungsenergie.**

- **Bei hohen Photonenenergien und leichten Absorbern mit kleinen Elektronen-Bindungsenergien stimmen deshalb Energie des Photons und kinetische Energie des Elektrons fast überein.**

- **Photoelektronen zeigen eine von der Photonenenergie abhängige Winkelverteilung. Je höher die Energie des Photons ist, umso mehr werden die Photoelektronen nach vorne, also in Strahlrichtung, emittiert.**

- **Neben den Photoelektronen als eigentlichen Sekundärteilchen entstehen als Tertiärstrahlungen die isotrop (d. h. gleichmäßig in alle Richtungen) ausgestrahlte charakteristische Röntgenstrahlung, Augerelektronen und Bremsstrahlung der Photoelektronen vor allem in schweren Materialien. Als Folge-**

produkt der Wechselwirkung mit der Hülle entstehen außerdem unter Umständen hoch ionisierte Ionen.

- Die mit der Absorption der Sekundär- und Tertiärstrahlungen im Absorber verbundene hohe lokale Energiedichte und die hoch ionisierten Atomhüllen sind von wesentlicher Bedeutung für die strahlenbiologischen Effekte in Geweben.

- Der Photoeffekt findet vor allem bei niedrigen Photonenenergien und hohen Ordnungszahlen des Absorbers statt.

- In menschlichem Gewebe spielt er für den Bereich der Medizin nur in der Röntgendiagnostik eine größere Rolle.

- Die starke Abhängigkeit des Photoeffekts von der Ordnungszahl des bestrahlten Gewebes ermöglicht die Unterscheidung von Geweben oder Einlagerungen durch erhöhte Absorption der Röntgenstrahlung. Typische Beispiele sind die mikroskopischen Kalkablagerungen in der Mamma (Mikrokalk) oder die dominante Schwächung durch Knochen.

- In hochatomigen Strahlenschutzabschirmungen ist er insbesondere für Energien bis zu einigen 100 keV die wichtigste Photonenwechselwirkung.

- Ein wichtiges Beispiel für diese Anwendung des Photoeffekts ist die Abschirmung von Photonenstrahlungen mit Schwermetallen wie z. die Bleischürze für den Strahlenschutz in der Röntgendiagnostik.

7.2 Der Comptoneffekt

Der Comptoneffekt ist die inelastische Wechselwirkung eines Photons mit einem äußeren, schwach gebundenen (quasi freien) Hüllenelektron des Absorbers. Dabei überträgt das Photon einen Teil seiner Energie und seines Impulses auf das Elektron. Das Photon wird aus seiner Bewegungsrichtung abgelenkt, also gestreut. Das gestoßene Elektron verlässt die Atomhülle, die dadurch einfach ionisiert wird. Die Comptonwechselwirkung eines Photons wird auch als inkohärente Streuung bezeichnet. Es war das Verdienst von ***A. H. Compton***[3], diese Wechselwirkung mit Hilfe klassischer physikalischer Vorstellungen als elastischen Stoßprozess zweier "Teilchen", dem Photon und dem quasi freien Hüllenelektron, gedeutet zu haben [Compton 1923]. Diese Interpretation hat sehr wesentlich zur Entwicklung der Quantentheorie beigetragen.

Die Wahrscheinlichkeit für das Auftreten des Comptoneffekts wird durch den **Compton-Wechselwirkungskoeffizienten** σ_c beschrieben. Er wird in der Literatur auch oft als Comptonstoßkoeffizient bezeichnet. Da im Ausgangskanal der Comptonwechselwirkung zwei sekundäre "Teilchen" auftreten, das gestreute Photon und das aus der Hülle entfernte Elektron, wird der Wechselwirkungskoeffizient in der Theorie häufig in den Streukoeffizienten σ_{streu} für die inkohärente Photonenstreuung und den Ener-

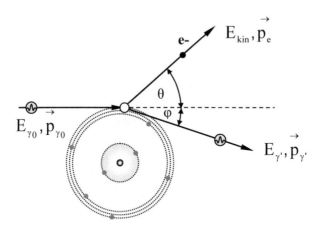

Fig. 7.4: Schematische Darstellung des Comptoneffekts als Stoßprozess des einfallenden Photons mit einem schwach gebundenen äußeren Hüllenelektron. Sowohl Impuls p als auch Photonenenergie E_γ werden in Abhängigkeit vom Photonen-Streuwinkel φ auf das Comptonelektron und das gestreute Photon verteilt. Das Atom wird durch eine Compton-Wechselwirkung einfach ionisiert.

---

[3] **Arthur Holly Compton** (10. 09. 1892 - 15. 3. 1962), amerikanischer Physiker, arbeitete an der Erforschung der Röntgenstrahlen und der spezifischen Wärme von Flüssigkeiten. Er deutete 1923 den inelastischen Streuprozess von Photonen. Später war er mit der großtechnischen Produktion des Spaltstoffes Plutonium-239 beschäftigt. Er erhielt 1927 zeitgleich mit **Ch. Th. Wilson**, dem Erfinder der Nebelkammer, den Nobelpreis "für die Entdeckung des nach ihm benannten Effekts".

gieübertragungskoeffizienten σ_{tr} für den Energietransfer vom primären Photon auf das Comptonelektron aufgeteilt. Diese Unterteilung ist auch dann von Vorteil, wenn einerseits dosimetrische Größen wie Kerma oder Energiedosis und andererseits das Streustrahlungsfeld der Photonen beschrieben werden sollen.

$$\sigma_c = \sigma_{streu} + \sigma_{tr} \tag{7.6}$$

Eine ausführliche quantentheoretische Darstellung des Comptoneffekts findet sich in [Evans 1958], wo sich auch Aussagen zur Wechselwirkungswahrscheinlichkeit und die berühmte Klein-Nishina-Formel finden (s. Abschnitt 7.2.1.2). Wegen der überragenden Bedeutung des Comptoneffekts für die technische und medizinische Strahlenkunde und den Strahlenschutz wird im folgenden Abschnitt diese Theorie in einer kurzen Zusammenfassung dargestellt.

Der Comptonkoeffizient ist danach etwa dem Verhältnis aus Ordnungszahl und Massenzahl des Absorbers Z/A proportional. Bei den meisten stabilen leichten Elementen außer beim Wasserstoff gilt $N \approx Z$ und deshalb auch $Z/A \approx 1/2$. Der Comptonstreukoeffizient ist also weitgehend unabhängig von der Ordnungszahl. Dies ist auch anschaulich wegen der erheblichen Abschirmung des Kernfeldes durch die inneren Elektronen am Ort der äußeren Hüllenelektronen zu erwarten, so dass die Ordnungszahl des Atoms für die Comptonwechselwirkung kaum eine Rolle spielen kann. Der Compton-Wechselwirkungskoeffizient ist wie die anderen Photonenwechselwirkungskoeffizienten proportional zur Dichte ρ des Absorbers. Für die Abhängigkeit des Comptonkoeffizienten σ_c von der Photonenenergie gibt es keinen mathematisch einfachen, physikalisch begründeten formelmäßigen Zusammenhang. Man verwendet für die praktische Arbeit deshalb am besten Tabellen oder Diagramme. In grober Näherung kann man die Energieabhängigkeit des Compton-Wechselwirkungskoeffizienten für Photonenenergien zwischen 0,2 und 10 MeV, das ist der Bereich, in dem der Comptoneffekt für die meisten Materialien vorherrscht, mit einem einfachen empirischen Potenzausdruck beschreiben.

$$\sigma_c \propto \rho \cdot \frac{Z}{A} \cdot \frac{1}{E_\gamma^n} \neq f(Z) \qquad (\text{n} = 0{,}5 \text{ bis } 1) \tag{7.7}$$

7.2.1 Überblick über die Theorie des Comptoneffekts*

7.2.1.1 Berechnung der Energie des gestreuten Photons*

Der Comptoneffekt kann als elastischer Stoß mit den Mitteln der relativistischen klassischen Mechanik beschrieben werden. Dazu werden der Energieerhaltungssatz und der Impulserhaltungssatz benötigt. Nimmt man das Hüllenelektron vor dem Stoß als ruhend an, hat es keine Bewegungsenergie. Seine Energie besteht daher nur aus der Ruheenergie $E_0 = m_0 \cdot c^2 = 511$ keV. Sein Impuls vor dem Stoß ist $p_e = 0$. Das Photon hat vor der Wechselwirkung die Energie E_γ und nach Gl. (1.12) den Impuls $p_\gamma = E_\gamma/c$.

Die Gesamtenergie vor dem Stoß beträgt also:

$$E_{vor} = E_\gamma + m_0 \cdot c^2 \qquad (7.8)$$

Für den Gesamtimpulsbetrag vor dem Stoß erhält man:

$$p_{vor} = E_\gamma/c \qquad (7.9)$$

Nach dem Stoß verlässt das Elektron mit hoher Geschwindigkeit die Atomhülle. Das Photon hat einen richtungsabhängigen Anteil seiner Energie durch den Stoß verloren. Für die Energiebilanz nach dem Stoß erhält man deshalb mit der relativistischen Masse des Elektrons m_e:

$$E_{nach} = E_e + E_\gamma' = m_e \cdot c^2 + E_\gamma' \qquad (7.10)$$

Der Impuls verteilt sich auf das gestreute Photon γ' und das gestoßene Elektron e.

$$p_{nach} = p_\gamma' + p_e = E_\gamma'/c + m_e \cdot v_e \qquad (7.11)$$

Da Gesamtenergie und Gesamtimpuls vor und nach dem Stoß gleich bleiben müssen, ergibt dies unter Vernachlässigung der geringen Elektronenbindungsenergie die folgende Energie- und Impulsbetragsbilanz:

$$E_\gamma + m_0 \cdot c^2 = E_\gamma' + m_e \cdot c^2 \qquad (7.12)$$

$$E_\gamma/c = E_\gamma'/c + m_e \cdot v_e \qquad (7.13)$$

In diesen beiden Gleichungen ersetzt man jetzt die Masse des gestoßenen Elektrons durch die relativistische Massenformel.

$$E_\gamma + m_0 \cdot c^2 = E_\gamma' + \frac{m_0 \cdot c^2}{\sqrt{1 - v_e^2/c^2}} \qquad (7.14)$$

$$E_\gamma/c = E_\gamma'/c + \frac{m_0 \cdot v_e}{\sqrt{1 - v_e^2/c^2}} \qquad (7.15)$$

Neben dem Impulsbetrag muss auch die Impulsrichtung erhalten bleiben. Um die Impulskomponenten des Elektrons und des gestreuten Photons zu berechnen, verwendet man nach dem Stoß (nach Fig. 7.4) den Winkel θ für das Elektron und den Winkel φ für das gestreute Photon. Die Komponentenzerlegung für den Impuls in Gl. (7.15) in den Anteil in der ursprünglichen Photonenrichtung ergibt (Gl. 7.16) und in die Impulskomponente senkrecht dazu (Gl. 7.17).

$$E_\gamma/c = E_\gamma'/c \cdot cos\varphi + \frac{m_0 \cdot v_e \cdot cos\,\theta}{\sqrt{1-v_e^2/c^2}} \qquad (7.16)$$

$$0 = E_\gamma'/c \cdot sin\varphi + \frac{m_0 \cdot v_e \cdot sin\,\theta}{\sqrt{1-v_e^2/c^2}} \qquad (7.17)$$

Aus diesem Gleichungssystem erhält man nach einigen Umformungen die Restenergie des Streuphotons E_γ' als Funktion der Einschussenergie E_γ und des Photonenstreuwinkels φ.

$$E_\gamma' = \frac{E_\gamma}{1+\frac{E_\gamma}{m_0 c^2} \cdot (1-cos\,\phi)} \qquad (7.18)$$

Die Energie und der Impuls des einfallenden Photons werden beim Comptoneffekt also auf das Comptonelektron und das gestreute Photon verteilt. Die übertragene Ener-

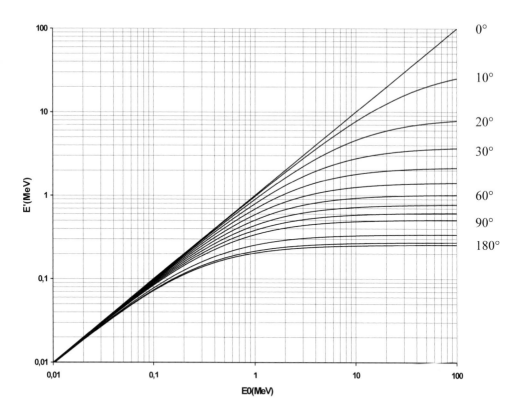

Fig. 7.5: Abhängigkeiten der Energie des Streuphotons von der ursprünglichen Photonenenergie E_0 und dem Streuwinkel φ des Comptonphotons nach Gl. (7.18). Dabei bedeutet der Streuwinkel 0° die Einschussrichtung, der Streuwinkel 180° die Rückstreuung entgegengesetzt zur ursprünglichen Strahlrichtung. Die Streuwinkel von oben nach unten sind: 0° - 90° in 10° Schritten, 120°, 150° und 180°.

gie und der Streuwinkel sind von der Photonenenergie abhängig. Sowohl die Comptonelektronen als auch die gestreuten Photonen zeigen deshalb von der Primärphotonenenergie abhängige Winkel- und Energieverteilungen. Wie häufig bei einer bestimmten Photonenenergie bestimmte Streuwinkel auftreten, lässt sich im Rahmen dieser Formel (7.18) nicht ersehen, Hinweise finden sich im Abschnitt (7.2.1.2).

Variation der Streuphotonenenergie mit der Energie des primären Photons: Aus Gleichung (7.18) kann man auch leicht abschätzen, wie der Energieverlust des Photons von der Photonenenergie abhängt. Entscheidend ist dabei das Verhältnis E_γ/m_0c^2 im Nenner von Gleichung (7.18). Ist dieses Verhältnis deutlich kleiner als 1, die Photonenenergie E_γ also erheblich geringer als die Ruheenergie des Elektrons (511 keV), ist die Restenergie des Photons nur wenig von der ursprünglichen Energie verschieden. Sie ist außerdem auch nur schwach vom Streuwinkel abhängig. Diese Energieverhältnisse treten z. B. bei weicher Photonenstrahlung wie diagnostischer Röntgenstrahlung auf. Gestreute Röntgenstrahlung ist daher verglichen mit der ursprünglichen Strahlung nur geringfügig weicher. Da sie also weitgehend unabhängig vom Streuwinkel nahezu die Strahlungsqualität der primären Strahlung hat, darf sie beim Strahlenschutz im Streustrahlungsfeld von Röntgenstrahlern nicht unterschätzt werden. Das Elektron übernimmt bei weicher Photonenstrahlung im Mittel natürlich auch nur einen entsprechend kleinen Teil der Photonenenergie (s. Fig. 7.10). Comptonelektronen in der Röntgendiagnostik sind daher energiearm und haben in menschlichem Gewebe auch nur eine geringe Reichweite (s. Kap. 10). Für diagnostische Röntgenstrahlung tritt deshalb auch kein Dosisaufbaueffekt durch kontinuierliche Abgabe der Bewegungsenergie ihrer Sekundärelektronen an die Materie auf, wie er durch die Verschiebung des Wechselwirkungsortes gegen den Abgabeort dieser Energie bei hohen Photonenenergien vorkommt.

Ist die Photonenenergie dagegen größer als die Ruheenergie des Elektrons ($E_\gamma \gg 511$ keV), dann ist der Faktor beim Cosinusglied im Nenner von Gleichung (7.18) auch deutlich größer als 1. Dies bewirkt eine merkliche Streuwinkelabhängigkeit des Energieübertrages auf die Elektronen. Der Energieverlust der Photonen durch Comptonstreuung ist bei hohen Photonenenergien also höher und zudem stärker vom Streuwinkel abhängig als bei niedrigen Photonenenergien. Die Elektronen übernehmen in diesem Fall im Mittel einen höheren relativen Anteil der Photonenenergie (Fig. 7.10). Sie sind energiereicher und haben deshalb eine größere Reichweite in Materie. In Materialien niedriger Ordnungszahl wie menschlichem Gewebe oder Wasser hat die Reichweite der Sekundärelektronen Werte bis zu einigen Zentimetern. Dies führt zu dem bekannten Dosisaufbaueffekt höherenergetischer Photonenstrahlung hinter den Oberflächen bzw. an Materialgrenzen der bestrahlten Absorber.

7.2.1.2 Winkelverteilungen der Comptonphotonen*

Während der Energieverlust des gestreuten Photons also gut mit der klassischen Theorie aus Impulssatz und Energiesatz abgeleitet werden kann, muss zur Berechnung der Wechselwirkungswahrscheinlichkeiten bzw. der Wirkungsquerschnitte die relativistische Quantentheorie herangezogen werden. Diese Theorie des Comptoneffekts wurde 1929 zum ersten Mal von **Klein** und **Nishina**[4] ausgearbeitet [Klein/Nishina]. Das Ergebnis ist die auch heute noch aktuelle Klein-Nishina-Formel für den Comptoneffekt, die Aussagen über die Stoß-, Streu- und Transferquerschnitte und die Winkelverteilungen gestreuter Photonen und Elektronen liefert. Die Theorie beschreibt zunächst die bezüglich des Streuwinkels differentiellen Größen pro Elektron. Aus ihnen können durch Integration über die Streuwinkel die zugehörigen integralen Größen, durch Multiplikation mit der Zahl der Elektronen pro Volumenelement auch die Comptonkoeffizienten berechnet werden (s. u.).

Stoßquerschnitt: Unter dem differentiellen Stoßquerschnitt versteht man den Quotienten aus der Zahl der Photonen, die pro Elektron des Absorbers und pro Sekunde in

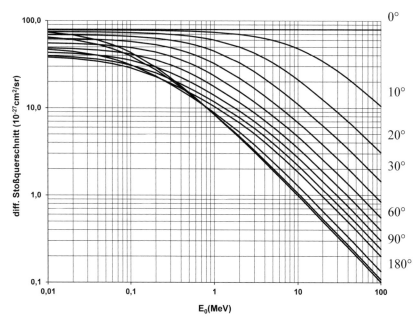

Fig. 7.6: Differentieller Stoßquerschnitt $d(_e\sigma)$ pro Elektron für die Zahl der gestreuten Photonen in das Raumwinkelelement $d\Omega$ in Abhängigkeit von der ursprünglichen Photonenenergie $E_{\gamma 0}$ für Streuwinkel $\varphi = 0°$-$90°$ in $10°$ Schritten, $120°$, $150°$ und 180 (Gl. 7.19).

---

[4] **Oskar Klein** (15. 9. 1894 – 5. 2. 1977), schwedischer Physiker, stellte 1929 zusammen mit dem japanischen Atomphysiker **Yoshio Nishina** (7. 12. 1890 – 10. 1. 1951) die erwähnte relativistische Klein-Nishina-Formel auf der Basis der Diracschen relativistischen Quantentheorie auf.

das Raumwinkelelement gestreut werden, und der auftreffenden primären Photonen-flussdichte (Zahl der primären Photonen pro Zeit und Fläche, zur Definition s. Kap. 1.5.3). Er ist die fundamentale Größe zur Beschreibung der Comptonwechselwirkung. Die Theorie ergibt für den differentiellen Stoßquerschnitt den folgenden Ausdruck.

$$d(\,_e\sigma) = \frac{r_0^2}{2} \cdot d\Omega \cdot \left(\frac{E_\gamma{'}}{E_\gamma}\right)^2 \cdot \left(\frac{E_\gamma{'}}{E_\gamma} + \frac{E_\gamma}{E_\gamma{'}} - sin^2\,\phi\right) \tag{7.19}$$

In dieser Gleichung bedeutet r_0 den klassischen Elektronenradius[5], $d\Omega$ das Raumwin-kelelement, φ den Streuwinkel des Photons und E_γ bzw. $E_\gamma{'}$ die Energie des ursprüng-lichen bzw. des gestreuten Photons. Der differentielle Stoßquerschnitt ist in den Figu-ren. (7.6 und 7.7) als Funktion der Photonenenergie dargestellt. Die Grafiken zeigen, dass bei kleinen Photonenenergien auch eine hohe Wahrscheinlichkeit für die Rück-streuung der Photonen unter Streuwinkeln größer als 90° zum ursprünglichen Strah-lenbündel besteht, während diese Rückstreuung für hohe primäre Photonenenergien um mehrere Größenordnungen abnimmt.

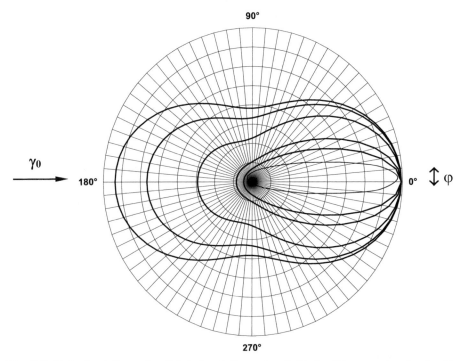

Fig. 7.7: Polardarstellung der Winkelverteilung der Zahl der Streuquanten in das Raumwin-kelelement $d\Omega$ für einige $E_{\gamma0}$ (von außen nach innen: 10, 50, 200 keV, 1, 2 und 10 MeV, nach Gl. 7.19).

---

[5] Als klassischen Elektronenradius bezeichnet man die Größe $r_0 = (e_0)^2/(4\pi\varepsilon_0 m_0 c^2) = 2{,}818\cdot10^{-15}$ m.

Die **Winkelverteilungen** der gestreuten Photonen zeigen die in einen bestimmten Winkel φ gestreuten Photonenzahlen an. Die Raumwinkelverhältnisse sind in Fig. (7.8) erläutert. Der Raumwinkelbereich dΩ, der vom Streuwinkelelement dφ in Richtung φ erfasst wird, stellt einen Ring auf einer Kugeloberfläche dar, dessen Fläche mit dem Sinus des Streuwinkels variiert. Sie ist maximal bei φ = 90° und Null bei φ = 0° bzw. 180°. Dies ist der mathematische Grund für das Verschwinden der Streuphotonenintensität bei 0°-Streuung.

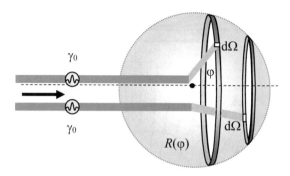

Fig. 7.8: Zur Veranschaulichung der Winkelverhältnisse am Einheitskreis zu Gl. (7.20). Der zu einem bestimmten Winkel φ gehörende, vom Raumwinkelelement dΩ auf der Oberfläche der Einheitskugel beschriebene Ring R(φ) vermindert seine Fläche bei abnehmendem Winkel φ mit *sin*φ (Ringfläche = 2π·*sin*φ·dφ).

$$d\Omega = 2\pi \cdot sin\,\varphi \cdot d\varphi \tag{7.20}$$

Zusammen mit Gl. (7.20) erhält man deshalb für die Winkelverteilung der gestreuten Photonenzahl als Funktion des Streuwinkels φ die folgende Beziehung (Gl. 7.21).

$$\frac{d(_e\sigma)}{d\phi} = 2\pi \cdot sin\,\phi \cdot \frac{d(_e\sigma)}{d\Omega} = 2\pi \cdot sin\,\phi \cdot \frac{r_0^2}{2} \cdot \left(\frac{E'}{E_0}\right)^2 \cdot \left(\frac{E'}{E_0} + \frac{E_0}{E'} - sin^2\,\phi\right) \tag{7.21}$$

Abbildung (7.9, äußere Kurven) zeigt einige solcher Winkelverteilungen für radiologisch übliche Energien. Bei sehr niedrigen Energien sind die gestreuten Photonen nach der Theorie also fast symmetrisch um die Senkrechte zur Strahlrichtung verteilt. Sie werden mit nahezu gleichen Wahrscheinlichkeiten nach vorne und entgegen der Strahlrichtung emittiert. Ist der Streuwinkel der Photonen größer als 90°, bezeichnet man dies als **Rückstreuung** (engl.: Backscatter). Bei höheren Photonenenergien

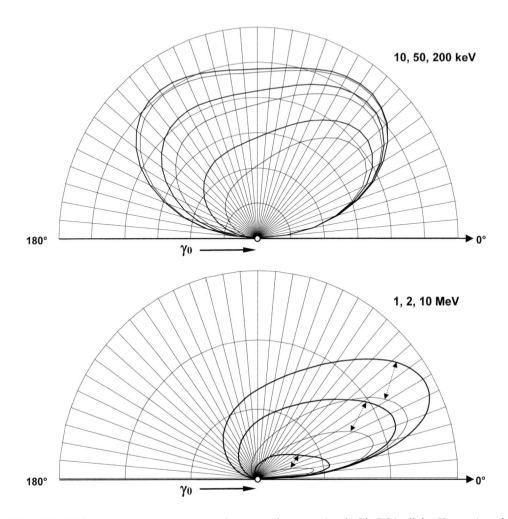

Fig. 7.9: Winkelverteilungen gestreuter Comptonphotonen (nach Gl. 7.21, dicke Kurven) und
der gestreuten Energie (nach Gl. 7.23, dünne Kurven) als Funktion des Streuwinkels
φ und der primären Photonenenergie (niedrige Energien jeweils von außen) mit zunehmendem Einbruch der Streuintensitäten für Rückwärts-Streuwinkel und anwachsendem Energieverlust der Streuphotonen bei höheren Primärphotonenenergien.
Aufgetragen ist jeweils der differentielle Streuquerschnitt in der Einheit $5 \cdot 10^{-26}$
cm^2/sr pro Kreisring. Die untere Grafik ist um den Faktor 2 gespreizt.

kommt es zu einer deutlichen Vorwärtsausrichtung der Streuphotonen. Die Intensität
der rückgestreuten Photonen bzw. der relative Rückstreuanteil nehmen entsprechend
ab. Bei Energien bis etwa 100 keV ähnelt das φ-Winkelverteilungsdiagramm der
Comptonphotonen einem einzelnen Schmetterlingsflügel ("Comptonschmetterling"),
bei hohen Energien schmalen, schräg nach vorne gerichteten Keulen.

Streuquerschnitt für Photonen: Betrachtet man nicht nur die Zahl der gestreuten bzw. eingeschossenen Photonen sondern die mit ihnen transportierten Energien, erhält man den differentiellen Streuquerschnitt d($_e\sigma_s$). Er wird nach (Gl. 7.22) aus dem Produkt des Energieverhältnisses von gestreutem Photon und eingeschossenem Photon E_γ'/E_γ mit dem differentiellen Stoßquerschnitt in Gl. (7.19). berechnet. Der differentielle Streuquerschnitt beschreibt also die energiegewichtete Compton-Streuwahrscheinlichkeit für Photonen in einen vorgegebenen Winkelbereich pro Raumwinkelelement dΩ und pro freiem Elektron.

$$d(\,_e\sigma_s) = \frac{r_0^2}{2} \cdot d\Omega \cdot \left(\frac{E_\gamma'}{E_\gamma}\right)^3 \cdot \left(\frac{E_\gamma'}{E_\gamma} + \frac{E_\gamma}{E_\gamma'} - \sin^2\phi\right) \qquad (7.22)$$

Wie beim differentiellen Stoßquerschnitt erhält man die **Winkelverteilung** der gestreuten Energie durch Beachtung des erfassten Raumwinkelbereichs aus dem differentiellen Streuquerschnitt in (Gl. 7.22).

$$\frac{d(\,_e\sigma_s)}{d\phi} = 2\pi \cdot \sin\phi \cdot \frac{d(\,_e\sigma_s)}{d\Omega} \qquad (7.23)$$

Diese Gleichung stellt also die Energiefluenz in den Winkelbereich dφ in Richtung φ dar. Die differentielle Energiefluenz ist eine wichtige Größe für die Dosimetrie und wird daher in den meisten Darstellungen der Winkelverteilungen der gestreuten Photonen bevorzugt (Fig. 7.9, innere Kurven). Der augenscheinliche Unterschied zur

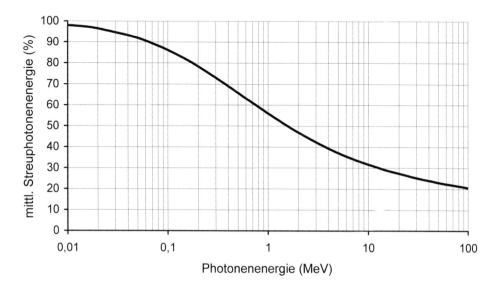

Fig. 7.10: Über alle Streuwinkel gemittelter relativer Restenergieanteil inelastisch gestreuter Photonen beim Comptoneffekt, jeweils bezogen auf die Energie des einfallenden Photons. Gezeichnet nach numerischen Daten von [Evans 1958].

Winkelverteilung der Streuphotonen in (Fig. 7.9, äußere Kurven) ist die Verringerung der energiegewichteten Winkelverteilungen bei Rückwärtswinkeln. Der Grund sind natürlich die verminderten Streuphotonenenergien in diese Richtungen in (Gl. 7.18, Fig. 7.5). Für niedrige Energien (< 0,1 MeV) befindet sich das Maximum der Streuphotonenintensität bei nahezu 45°. Mit zunehmender Energie werden die Photonen mehr und mehr nach vorne gestreut. Die Intensität der rückgestreuten Photonen bzw. der relative Rückstreuanteil nehmen entsprechend ab. Besonders bei weichen Strahlungsqualitäten, wie sie in der Röntgendiagnostik oder der Nuklearmedizin eingesetzt werden, ist daher mit erheblichen Problemen durch rückgestreute Photonen zu rechnen.

Der **integrale Stoßquerschnitt** beschreibt die Gesamtwahrscheinlichkeit für die Comptonwechselwirkung pro Elektron des Absorbers als Funktion der primären Photonenenergie. Man erhält ihn durch Integration des differentiellen Stoßquerschnittes in (Gl. 7.22) über alle möglichen Photonen-Streuwinkel φ. Eine grafische Darstellung des Ergebnisses dieser Integration findet sich in (Fig. 7.10).

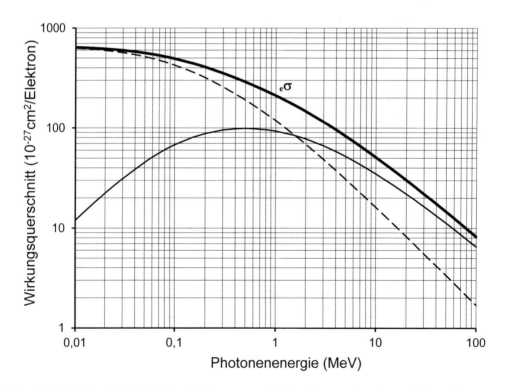

Fig. 7.11: Totale Klein-Nishina-Wirkungsquerschnitte für ungebundene Hüllenelektronen (Stoß-WQS obere durchgezogene Kurve, Streu-WQS gestrichelte Kurve, Energieübertragungs-WQS dünne untere Kurve).

$$_e\sigma = \int_{\varphi=0}^{\pi} \frac{d(_e\sigma)}{d\Omega} \cdot 2\pi \cdot sin(\varphi) \cdot d\varphi \qquad (7.24)$$

Den **totalen Streuquerschnitt** pro Elektron erhält man durch Integration des differentiellen Streuquerschnittes über alle möglichen Photonen-Streuwinkel φ.

$$_e\sigma_S(E_\gamma) = \int_0^{\pi} \frac{d(_e\sigma_s)}{d\Omega} \cdot 2\pi \cdot sin\,\phi \cdot d\phi \qquad (7.25)$$

Seinen Verlauf mit der Energie des eingeschossenen Photons zeigt Fig. (7.11) zusammen mit dem Stoß- und dem Energie-Übertragungsquerschnitt. Bei gebundenen Hüllenelektronen weichen alle diese Wirkungsquerschnitte von den Ergebnissen der Klein-Nishina-Theorie für ungebundene Hüllenelektronen ab. Sie werden vor allem bei niedrigen Photonenenergien durch die konkurrierende kohärente Streuung (klassische Streuung, s. u.) deutlich herabgesetzt. Numerische Daten für einige wichtige Substanzen finden sich im Tabellenanhang (Tabn. 24.5.1-3). Der tatsächliche Verlauf der Stoßkoeffizienten mit der Photonenenergie bei einigen realen Substanzen ist auch in den Abbildungen (7.19) und (7.21) dargestellt.

7.2.1.3 Energie- und Winkelverteilungen der Comptonelektronen*

Auf das Elektron übertragene Energien werden als Differenz der Restenergie von Photonen nach der Streuung und der ursprünglichen Photonenenergie berechnet. Dies hängt von zwei Parametern ab, dem Photonenstreuwinkel φ und der Photonenenergie E_γ. Die kinetische Energie des Elektrons ist nach Gl. (7.26) die Differenz der Energie E_γ des primären Photons, der Restenergie E_γ' nach Gleichung (7.17) und der Bindungsenergie E_b des Elektrons. Da äußere Hüllenelektronen nur sehr schwach gebunden sind (Größenordnung wenige eV) kann die Bindungsenergie E_b, wie schon oben bei der Ableitung der Energie- und Impulsverhältnisse geschehen, im Vergleich zur Photonenenergie in den meisten Fällen vernachlässigt werden.

$$E_{kin} = E_\gamma - E_\gamma' - E_b \approx E_\gamma - E_\gamma' \qquad (7.26)$$

Variation der Energie der Comptonelektronen mit dem Streuwinkel: Gleichung (7.18) kann zwar nicht die Wahrscheinlichkeit für das Auftreten bestimmter Streuwinkel oder Energieüberträge berechnen, sie ist aber sehr nützlich zur Beurteilung der Energieverhältnisse als Funktion des Winkels und der ursprünglichen Photonenenergie. Für eine vorgegebene Energie des einfallenden Photons E_γ ist die Restenergie des gestreuten Photons dann am kleinsten, wenn der Nenner von Gl. (7.18) maximal wird. Das ist der Fall für den Photonen-Streuwinkel φ = 180°. Das Photon und das Elektron stoßen dabei zentral aufeinander. Der Cosinus hat dann den Wert $cos(180°) = -1$, der Nenner in Gleichung (7.18) wird zu $[1 + 2 \cdot E_\gamma/(m_0 \cdot c^2)]$. Bei der 180°-Streuung erhält das Comptonelektron daher den höchsten Impulsübertrag und übernimmt nach Gleichung (7.26) auch den höchsten Energieanteil. Je kleiner der

Streuwinkel des Photons wird, umso kleiner wird auch der Nenner in Gl. (7.18). Das Minimum erreicht der Winkelterm für den Grenzfall der Vorwärtsstreuung des Photons, also für den Streuwinkel $\varphi = 0°$. In diesem Fall verschwindet der Energieausdruck im Nenner, die Energie des gestreuten und des primären Photons werden gleich.

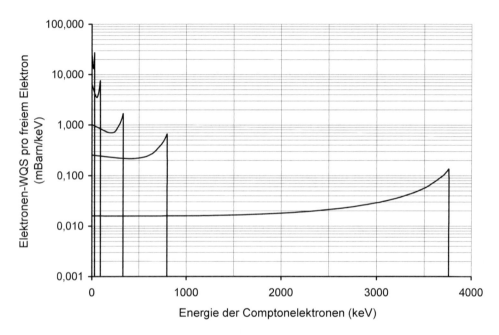

Fig. 7.12: Relative Energieverteilungen von Comptonelektronen für monoenergetische Photonenstrahlung mit Energien zwischen 0,1 und 4 MeV (nach Gl. 7.28). Die scharfe obere Grenze des Comptonelektronen-Spektrums, die so genannte "Comptonkante", entsteht durch das Comptonelektron zu dem unter 180° zurück gestreuten Photon (vgl. Text). Die Energien der eingeschossenen monoenergetischen Photonen zu diesen Elektronenspektren sind von links: 100, 200, 500, 1000 und 4000 keV.

Je geringer der Energieverlust des Photons ist, umso weniger Energie erhält das Comptonelektron. Energieverteilungen von Comptonelektronen sind kontinuierlich und haben eine scharfe obere Grenze, die so genannte **"Comptonkante"** (Fig. 7.12), da nach (Gl. 7.18) keine Elektronen mit höherer Bewegungsenergie durch die Comptonwechselwirkung auftreten können. Die maximale Elektronenenergie entspricht der minimalen Photonenrestenergie, die nach Gl. (7.18) bei der Rückstreuung des Photons unter 180° übrig bleibt. Für die Energieverteilungen der Comptonelektronen liefert die Klein-Nishina-Theorie den folgenden Zusammenhang:

$$\frac{d(_e\sigma)}{dE_{kin}} = \frac{d(_e\sigma)}{d\Omega} \cdot \frac{2\pi \cdot m_0 c^2}{E_\gamma{}'} = \frac{d(_e\sigma)}{d\Omega} \cdot \frac{2\pi \cdot m_0 c^2}{(E_\gamma - E_{kin})} \tag{7.27}$$

Einsetzen des differentiellen Klein-Nishina-Stoßwirkungsquerschnitts (Gl. 7.27) ergibt die etwas unübersichtliche Formel (Gl. 7.28, in der Einheit cm^2/keV).

$$\frac{d(_e\sigma)}{dE_{kin}} = \frac{2\pi \cdot r_0^2}{\varepsilon^2 \cdot m_0 c^2} \cdot \left(2 + \left(\frac{E_{kin}}{E_\gamma - E_{kin}} \right)^2 \cdot \left(\frac{1}{\varepsilon^2} + \frac{E_\gamma - E_{kin}}{E_\gamma} - \frac{2}{\varepsilon} \cdot \frac{E_\gamma - E_{kin}}{E_{kin}} \right) \right) \tag{7.28}$$

Hierbei bedeuten E_{kin} die winkelabhängige Bewegungsenergie des Comptonelektrons, E_γ die Energie des ursprünglichen Photons, r_0 den klassischen Elektronenradius und die Größe ε die ursprüngliche Photonenenergie in Einheiten der Elektronen-Ruheenergie also $\varepsilon = E_\gamma/m_0 c^2$. Mit Gl. (7.28) berechnete kontinuierliche Energieverteilungen der Comptonelektronen zeigen alle die scharfe Comptonkante bei der maximalen Elektronenbewegungsenergie (Fig. 7.12). In Gammaspektrometern sind diese Elektronenenergieverteilungen verantwortlich für den kontinuierlichen Anzeigebereich unterhalb des eigentlichen "Photopeaks", der durch Absorption der Comptonelektronen bei gleichzeitiger Nichtabsorption des Comptonphotons entsteht. Der Photopeak entspricht dagegen der simultanen Absorption der gesamten Energie des ursprünglichen Photons.

Winkelverteilungen der Comptonelektronen: Die Elektronen erhalten ihre Bewegungsenergie durch Stoß von den Photonen. Sie bewegen sich wegen der Impulserhaltung deshalb grundsätzlich nach vorne oder seitlich zum einfallenden Photonenstrahl. Ihr Streuwinkel θ liegt also zwischen 0° und 90° (s. Fig. 7.13). Die Vorwärtsstreukomponente wächst mit der Photonenenergie. Die Klein-Nishina-Theorie liefert dazu die Gleichung:

$$\frac{d(_e\sigma)}{d\theta} = \frac{d(_e\sigma)}{d\Omega} \cdot \frac{2\pi(1 + \cos\phi) \cdot \sin\phi}{(1 + \frac{E_\gamma{}'}{m_0 c^2}) \cdot \sin^2\theta} \tag{7.29}$$

Unterhalb einer Photonenenergie von etwa 0,5 MeV zeigt die Elektronen-Winkelverteilung in (Fig. 7.13) zwei ausgeprägte Maxima bei 25° und 60° Elektronenstreuwinkel. Bei höheren Energien verformt sich die Winkelverteilung allmählich zu kleineren Winkeln hin. Bei Photonenenergien um 10 MeV und mehr besteht die Winkelverteilung der Comptonelektronen nur noch aus einem schmalen Vorwärtspeak.

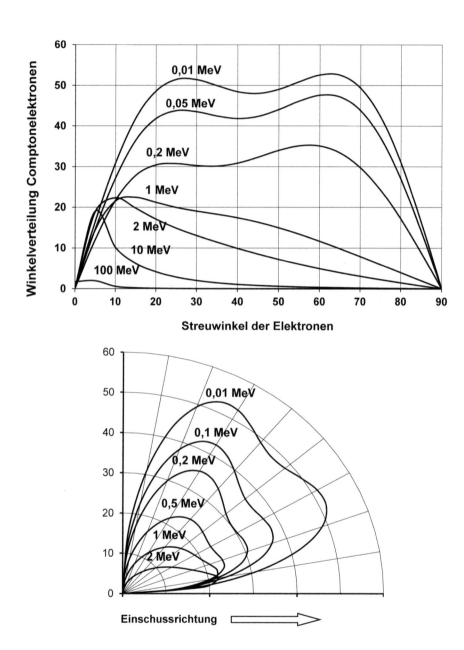

Fig. 7.13: Winkelverteilungen von Comptonelektronen nach (Gl. 7.29). Oben: Darstellung des differentiellen Wirkungsquerschnittes pro Elektron für die Streuung des Compton-elektrons als Funktion des Emissionswinkels der Elektronen in der Einheit 10^{-26} cm²/sr für Photonenenergien zwischen 0,01 und 100 MeV. Unten: Polardarstellung der Winkelverteilungen für γ-Energien zwischen 0,01 und 2 MeV.

Zusammenhang von Wirkungsquerschnitten und Comptonkoeffizienten:
Multipliziert man die Wirkungsquerschnitte pro Elektron mit der Zahl der Elektronen pro Gramm der Substanz, erhält man den Quotienten aus Comptonkoeffizient und Dichte ρ, den Massen-Comptonkoeffizienten. Dieser Umrechnungsfaktor F hängt wegen der unterschiedlichen Ordnungszahl-Massenzahl-Verhältnisse geringfügig vom betrachteten Material ab (vgl. dazu auch Kap. 1.5.3). Für das Material Stickstoff ($Z = 7$, Massenzahl $A = 14$) erhält man den Comptonstoßkoeffizienten σ_c durch Multiplikation des Comptonstoßquerschnittes $_e\sigma_c$ pro Elektron mit der Zahl der Elektronen pro Mol. Man erhält als Umrechnungsfaktor für Stickstoff $F_N = 6{,}022 \cdot 10^{23} \cdot 7/14 = 3 \cdot 10^{23}$ Elektronen pro Gramm. Da bei leichten Elementen die Ordnungszahl Z gleich der halben Massenzahl ist, ergibt das die Faustregel $\sigma_c/\rho = 3 \cdot 10^{23} \cdot _e\sigma_c$. Für Blei ($Z = 82$, Massenzahl 207) erhält man den Umrechnungsfaktor $F_{PB} = 2{,}386 \cdot 10^{23}$ Elektronen/Gramm. Für schwerere Elemente errechnet man je nach Massenzahl also Umrechnungsfaktoren von 2,4 - 2,6·10²³ Elektronen/Gramm.

Zusammenfassung

- **Unter Comptoneffekt versteht man die inelastische (inkohärente) Streuung von Photonen an äußeren nur schwach gebundenen Hüllenelektronen (Valenz-Elektronen). Dabei wird Impuls und Energie vom Photon auf das Elektron übertragen.**

- **Das Elektron wird seitlich oder in Vorwärtsrichtung emittiert. Der dadurch entstehende Sekundärelektronenfluss ist umso stärker nach vorne ausgerichtet, je höher die Photonenenergie ist.**

- **Je höher die Photonenenergie und der Photonenstreuwinkel sind, umso größer ist auch der relative Energieübertrag auf die gestoßenen Elektronen.**

- **Das Photon selbst wird zwar nicht absorbiert, verliert aber einen Teil seiner Energie.**

- **Die Photonen werden bei der Wechselwirkung ebenfalls aus ihrer Richtung gelenkt. Dabei ist sogar Streuung in Rückwärtsrichtung möglich.**

- **Die höchsten Rückstreubeiträge treten bei niedrigen Photonenenergien auf.**

- **Die Winkelverteilung der gestreuten Photonen ähnelt bei kleinen Energien bis etwa 100 keV einem Schmetterlingsflügel ("Comptonschmetterling").**

- **Bei höheren Primärphotonenenergien sind die Streuphotonenverteilungen mehr nach vorne ausgerichtet und haben eine keulenartige Form.**

- Der Energieverlust der Photonen ist sehr klein bei niedrigen Primärphotonen-energien.

- Im Bereich der medizinischen Radiologie (Röntgen) beträgt der mittlere relative Energieverlust der gestreuten Photonen nur etwa 5%.

- Streustrahlung in der Röntgendiagnostik ist deshalb nahezu ebenso so "hart" wie die verwendete Primärstrahlung.

- Dabei ist zu beachten, dass nicht der Strahlfokus auf der Röhrenanode sondern die Eintrittsstelle der Primärstrahlung in das bestrahlte Objekt den geometrischen Ausgangspunkt für die Streustrahlung darstellt.

- Der Comptoneffekt ist in menschlichem Weichteilgewebe und anderen Substanzen mit niedriger Ordnungszahl für Photonenstrahlung mit Energien zwischen etwa 30 keV und 30 MeV der dominierende Wechselwirkungsprozess.

- Er ist verantwortlich für die erheblichen Strahlenschutzprobleme in der medizinischen Radiologie außerhalb des Nutzstrahlenbündels von Röntgenstrahlern.

- Die gestreute Photonenstrahlung muss durch ausreichend dimensionierte Abschirmungen aus Blei, ähnlichen Hoch-Z-Materialien oder Kombinationen von Niedrig-Z- und Hoch-Z-Substanzen vom Personal und den Patienten abgehalten werden.

- Die Comptonelektronen zeigen ebenfalls charakteristische Energie- und Winkelverteilungen.

- Die energetischen Verteilungen der Comptonelektronen werden als Comptonspektren bezeichnet.

- Diese Comptonspektren sind kontinuierlich bis zu einer maximalen Energie der Elektronen, der sogenannten "Comptonkante" im Spektrum.

- Sie prägen die Energieverteilungen der Spektren in Gammaspektrometern unterhalb der Energie der untersuchten Photonen.

7.3 Die Paarbildung durch Photonen im Coulombfeld

Photonen können als elektromagnetische Energiepakete auch mit dem elektrischen Feld geladener Teilchen wie Atomkerne oder Elektronen wechselwirken. Übersteigt die Photonenenergie das Energie-Massen-Äquivalent für zwei Elektronen (2·511 keV), können sich in starken Coulombfeldern von Atomkernen aus der Photonenenergie spontan Elektron-Positron-Paare bilden. Die Photonenenergie wird dabei teilweise für die Ruhemassen des Teilchen-Antiteilchenpaares (e^- und e^+) verwendet, teilweise wird sie in kinetische Energie der beiden Teilchen verwandelt. Das Photon verschwindet bei dieser Paarbildung. Die während der Paarbildung nicht zur Teilchenerzeugung benötigte Photonenrestenergie wird als kinetische Energie beliebig auf die beiden Teilchen verteilt.

Bei der Paarbildung im Kernfeld erhält das positiv geladene Positron wegen der Abstoßung durch das positive elektrische Feld des Atomkerns im Mittel allerdings eine geringfügig höhere Bewegungsenergie als das negative geladene Elektron, das durch die Kernanziehung gebremst wird. Der Atomkern selbst bleibt bei der Paarbildung unverändert. Er dient nur zur Erfüllung des Impuls- und Energieerhaltungssatzes während der Materie-Antimaterie-Erzeugung (s. u.). Das Teilchenpaar wird vorwiegend in der ursprünglichen Strahlrichtung emittiert. Die insgesamt zur Verfügung stehende Bewegungsenergie ist die Differenz der Photonenenergie und der Ruhemasse der beiden Teilchen.

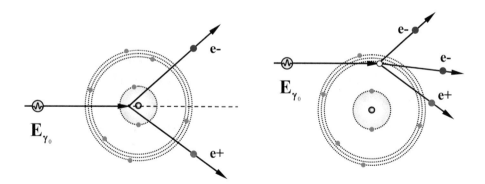

Fig. 7.14: Schematische Darstellung der Paarbildungsprozesse. Links: Paarbildung im Coulombfeld eines Atomkerns. Das erzeugte Teilchen-Antiteilchenpaar besteht aus Elektron und Positron. Damit ist dem Gesetz von der Erhaltung der Teilchenzahl Genüge getan. Aus Gründen der Impulserhaltung werden die Teilchen nach vorne emittiert. Die nach der Massenbildung verbleibende Energie des Photons tritt als Bewegungsenergie des Elektron-Positron-Paares auf. Rechts: "Triplettbildung" im Coulombfeld eines Hüllenelektrons. Die Energieschwelle liegt bei $4 \cdot m_0 \cdot c^2$ (s. Text). Die Positronen zerstrahlen nach Abgabe ihrer Bewegungsenergie oder auch im Fluge mit einem weiteren Elektron des Absorbers unter Emission der so genannten Vernichtungsstrahlung von 2·511 keV (s. Abschnitt 3.2.2).

$$E_{kin} = E_\gamma - 2 \cdot m_0 \cdot c^2 = E_\gamma - 1022 \text{ keV} \qquad (7.30)$$

Der Paarbildungsprozess im Kernfeld kann deshalb erst oberhalb der energetischen Schwelle von 1022 keV stattfinden. Die Wahrscheinlichkeit für die Paarbildung wächst etwa mit dem Logarithmus der Photonenenergie und nimmt proportional zum Verhältnis Z^2/A, für die meisten leichten und mittelschweren Elemente also ungefähr mit Z zu. Für die Energie- und Ordnungszahlabhängigkeit des Paarbildungskoeffizienten κ gilt (für die Paarbildung im Kernfeld):

$$\kappa_{paar} \propto Z \cdot \rho \cdot \log E_\gamma \qquad \text{mit} \qquad E_\gamma > 1022 \text{ keV} \qquad (7.31)$$

Elektron und Positron bewegen sich nach ihrer Entstehung durch den Absorber und geben durch Vielfachstöße ihre Bewegungsenergie in kleinen Portionen an das umgebende Medium ab. Wenn das Positron durch Wechselwirkungen mit dem Absorbermaterial zur Ruhe oder beinahe zur Ruhe gekommen ist, rekombiniert es mit einem Hüllenelektron des Absorbers. Dabei wird die Ruhemasse der beiden Teilchen in der Regel in zwei 511-keV-Photonen umgewandelt. Die beiden Quanten der so genannten **Vernichtungsstrahlung** werden dann unter 180° zueinander abgestrahlt. Findet die Paarvernichtung vor der endgültigen Abbremsung des Positrons statt, bezeichnet man dies als "Vernichtung im Fluge". Dabei wird die restliche Bewegungsenergie des Positrons ebenfalls in Photonenenergie umgesetzt.

Die Paarvernichtung ist der Umkehrprozess der vorherigen Paarbildung, die also in Absorbern immer von der dabei entstehenden Positronen-Vernichtungsstrahlung begleitet ist. In der Regel verlassen die beiden Vernichtungsquanten endliche Absorber, sie tragen nur teilweise zur lokalen Entstehung einer Energiedosis im Absorber bei (s. Fig. 3.11). Bei sehr hohen Photonenenergien und hohen Ordnungszahlen kann die Paarbildung im Kernfeld zur dominierenden Wechselwirkung von Photonen mit Materie werden (vgl. Fig. 7.20).

In seltenen Fällen kann die Paarbildung auch im Feld eines Hüllenelektrons stattfinden. Das beteiligte Hüllenelektron wird wegen seiner kleinen Masse durch den bei der Paarbildung übertragenen Impuls (Rückstoß) anders als die um mehr als 3 Größenordnungen schwereren Atomkerne aus dem Atom entfernt. Es bewegt sich zusammen mit dem Elektron-Positron-Paar durch den Absorber und gibt dabei schrittweise seine Energie an diesen ab. Man nennt den Paarbildungsprozess im Elektronenfeld wegen der drei beteiligten Teilchen **Triplettbildung**, den entsprechenden Wechselwirkungskoeffizienten Triplettbildungskoeffizient κ_{tripl}. Triplettbildung ist wegen der Energieerhaltung und Impulserhaltung erst bei Photonenenergien oberhalb des vierfachen Energiemassenäquivalentes für Elektronen $E_\gamma > 4 \cdot 511$ keV möglich (s. u.).

Notwendigkeit eines Stoßpartners bei der Paarerzeugung*: Bei der Paarbildung gilt wie bei allen Wechselwirkungen der Energie- und der Impulserhaltungssatz. Vor der Paarbildung ist die Gesamtenergie die Photonenenergie E_γ, der Gesamtimpuls ist der Photonenimpuls E_γ/c (Gl. 1.27). Nach der Paarbildung bleibt für die Bewegungsenergie des Teilchenpaares nur die Differenzenergie von Photonenenergie und doppelter Ruhemasse $E_{kin} = E_\gamma - 2 \cdot m_0 \cdot c^2$. Der Gesamtimpulsbetrag des Teilchenpaares soll mit p bezeichnet werden. Wenn Elektron und Positron allein den Impuls des Photons übernähmen, erhielte man nach dem relativistischen Energiesatz (Gl. 1.8) für den Gesamtimpuls der beiden Teilchen nach der Paarbildung durch leichte Umformung:

$$p^2 = \frac{E_\gamma^2 - E_0^2}{c^2} \qquad \text{bzw.} \qquad p = \frac{1}{c} \cdot \sqrt{E_\gamma^2 - (2m_0 \cdot c^2)^2} < \frac{E_\gamma}{c} \qquad (7.32)$$

Da der Wurzelausdruck offensichtlich immer kleiner ist als E_γ, ist auch der Gesamtimpuls der Teilchen immer kleiner als der ursprüngliche Photonenimpuls $p_\gamma = E_\gamma/c$. Es muss also ein weiterer Stoßpartner vorhanden sein, der den vom Elektron-Positron-Paar nicht übernommenen Impulsbetrag erhält. Im Falle der Paarbildung im Kernfeld ist dies gerade der Atomkern. Die Paarbildung kann daher nicht im Vakuum stattfinden. Je höher die Photonenenergie ist, umso weniger Impuls muss der Atomkern nach Gl. (7.32) übernehmen. Den relativ größten Impulsübertrag erhält der Atomkern unmittelbar oberhalb der Paarerzeugungsschwelle, da dann der maximal mögliche Gesamtimpuls p des Teilchenpaares nach Gl. (7.32) wegen $E_\gamma \approx 2 \cdot m_0 \cdot c^2$ praktisch Null ist, der zu übernehmende Photonenimpuls aber nach wie vor $p_\gamma = E_\gamma/c$ bleibt. Zusammen mit dem Impuls erhält der Atomkern auch Bewegungsenergie. Diese wird nach Gl. (1.9) berechnet und beträgt an der Paarbildungsschwelle $p^2/2m_{Kern} \approx E_\gamma - 2 \cdot m_0 \cdot c^2$. Wegen der hohen Kernmasse und der geringen Rückstoßenergie ist die Rückstoßgeschwindigkeit des Kerns sehr klein.

Die Energieschwelle für die Paarbildung kann z. B. aus der Konstanz des relativistischen Viererimpulses zu $E_{\gamma,schwelle} = 2 \cdot m_0 \cdot c^2 (1 + m_e/m_{Kern})$ berechnet werden. Findet die Paarbildung im Feld eines Elektrons statt, werden die Verhältnisse noch komplizierter. Wegen seiner kleinen Masse muss das Elektron mit dem Impuls p nämlich auch eine erhebliche Bewegungsenergie $E_{kin} = p^2/2m_e$ übernehmen, die um das Verhältnis Kernmasse zu Elektronenmasse größer ist als bei der Paarerzeugung im Kernfeld. Ersetzt man in der Schwellengleichung m_K durch m_e, so erhöht sich die Paarbildungsschwelle im elektrischen Feld eines Elektrons auf $E_{\gamma,schwelle} = 4 \cdot m_0 \cdot c^2$.

Zusammenfassung

- **Bei der Paarbildung wird im elektrischen Feld eines Atomkerns aus einem Photon spontan ein Elektron-Positron-Paar gebildet.**

- **Das Photon verschwindet daher aus dem Strahlungsfeld.**

- **Bei diesem Prozess besteht eine Energieschwelle von 1022 keV, da die Ruheenergien des Teilchen-Antiteilchenpaares aufgebracht werden müssen.**

- **Der Atomkern bleibt dabei unverändert, er dient nur zur Impulserhaltung.**

- Die Wahrscheinlichkeit für eine Paarbildung nimmt etwa linear mit der Ordnungszahl des Absorbers und mit dem Logarithmus der Photonenenergie zu.

- Bei der Elektron-Positronen-Paarbildung im Feld eines Hüllenelektrons liegt die Energieschwelle bei 2044 keV.

- Dieser Vorgang wird als Triplettbildung bezeichnet, da nach der Paarbildung das Elektron-Positron-Paar und das bei der Paarbildung aus der Hülle entfernte Elektron existieren.

- Das Positron zerstrahlt nach seiner Abbremsung bei der Rekombination mit einem Elektron des Absorbers zu zwei Vernichtungsgammaquanten mit einer Energie von je 511 keV.

- Findet die Paarvernichtung in Ruhe statt, werden die beiden Vernichtungsquanten unter 180° zueinander abgestrahlt.

- Bei einer Paarvernichtung vor der endgültigen Abbremsung des Positrons wird die restliche Bewegungsenergie des Positrons ebenfalls in Photonenenergie umgesetzt.

- Dieser Prozess heißt Paarvernichtung im Fluge.

- Die beiden Vernichtungsphotonen zeigen dann eine Bewegungskomponente in Vorwärtsrichtungen.

- Die restliche Bewegungsenergie dabei tritt dabei als zusätzliche Photonenenergie auf. Die beiden Vernichtungs-Quanten haben also nicht mehr die Energie von zweimal 511 keV.

7.4 Die kohärente Streuung

Als kohärente Photonenstreuung wird die nicht ionisierende Wechselwirkung von niederenergetischen Photonen mit Atomhüllen ohne Energieverlust des Photons und ohne Ionisation der Atome verstanden. Bei der kohärenten Streuung von niederenergetischen Photonen mit Atomhüllen oder quasi freien Elektronen verliert das Photon keine Energie, sondern ändert nur seine Bewegungsrichtung. Die getroffen Elektronen bleiben bei dabei in der Atomhülle gebunden. Die Streuvorgänge unterscheiden sich je nach Energie des Photons. Bei sehr niedrigen Photonenenergien, also großen Wellenlängen (sichtbares Licht, UV) werden die Elektronen der gesamten Atomhülle durch die elektromagnetischen Schwingungen des Photons kurzfristig zu kollektiven harmonischen Schwingungen angeregt. Dieser Streuvorgang wird als **Rayleigh**-Streuung bezeichnet. Bei höheren Photonenenergien (niederenergetischer Röntgenbereich) kann die Wechselwirkung auch mit einzelnen schwach gebunden Hüllen-Elektronen oder in Festkörpern mit Elektronen, die keinem einzelnen Atom zugeordnet sind, stattfinden. In diesem Fall werden nur die getroffenen Elektronen zu Schwingungen angeregt. Dieser Prozess wird als **Thomson**-Streuung bezeichnet.

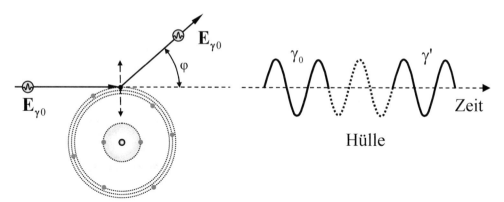

Fig. 7.15: Links: Schematische Darstellung des klassischen Streuvorgangs an gebundenen Elektronen. Das primäre Photon regt die gesamte Elektronenhülle oder einzelne Hüllen-Elektronen zu Schwingungen an. Das gestreute Photon hat zwar dieselbe Energie aber im Allgemeinen eine andere Richtung als das primäre Photon. Rechts: kohärente feste Phasenbeziehung zwischen einlaufendem Photon γ_0, Hüllenschwingung und gestreutem Photon γ'.

In beiden Fällen sind die Frequenzen des einfallenden Photons und der Elektronen bzw. Hüllenschwingung gleich. Die schwingenden Hüllen-Elektronen wirken wie ein Sender und strahlen deshalb die vom Photon absorbierte Energie wieder als Photon ab. Einfallendes und abgestrahltes Photon haben also dieselbe Energie, Frequenz und Wellenlänge und bleiben in einer festen Phasenbeziehung zueinander. Diese feste Phasenbeziehung wird als **Kohärenz** bezeichnet. Beim Streuprozess geht dem Photon also keine Energie verloren. Die gestreuten Photonen werden bevorzugt in Vorwärts- und Rückwärtsrichtung emittiert.

Kohärente Streuung schwächt das Strahlenbündel durch Aufstreuung nicht aber durch Energieumwandlung oder Energieabsorption. Auf den Absorber wird aus diesem Grund auch keine Energie übertragen. Die Wahrscheinlichkeit für kohärente Streuung nimmt für Photonenenergien oberhalb etwa 10 keV ungefähr mit dem Quadrat der Photonenenergie ab. Sie nimmt außerdem mit $Z^{2,5}/A$ und der Dichte ρ des Absorbers zu. Für den kohärenten Streukoeffizienten oberhalb 10 keV gilt ungefähr:

$$\sigma_{kl} \propto \rho \cdot \frac{Z^{2,5}}{A \cdot E_\gamma^2} \approx \rho \cdot \frac{Z^{1,5}}{E_\gamma^2} \tag{7.33}$$

Kohärente Streuung ist für Materialien mit niedrigen Ordnungszahlen wie menschliches Gewebe oder Wasser deshalb nur für Photonenenergien unterhalb von etwa 20 keV von Bedeutung. Das Maximum des Streukoeffizienten wandert mit höherer Ordnungszahl zu höheren Photonenenergien. Kohärente Streuung bewirkt für alle Hoch-Z-Elemente und bei niedrigen Photonenenergien maximal 10-15% der Gesamtschwächung eines Photonenstrahlenbündels.

Kohärente Streuung wird auch als **klassische** Streuung bezeichnet, da sie mit den Methoden der klassischen Physik, also ohne Verwendung der Quantentheorie, beschrieben werden kann. Wird die Energie der Photonen weiter erhöht, geht die kohärente Streuung in den Comptoneffekt über, bei dem die schwach gebundenen Valenzelektronen aus der Hülle oder dem Festkörper entfernt werden.

Zusammenfassung

- **Die kohärente Streuung von Photonen findet ohne Ionisation der Targets und ohne Energieverlust des eingeschossenen Photons statt.**

- **Eingeschossenes und gestreutes Photon haben also die gleiche Energie.**

- **Ihre Schwingungen sind kohärent, also in fester Phasenbeziehung zueinander.**

- **Die Wechselwirkungspartner sind entweder die Atomhülle oder einzelne quasi freie Elektronen (Valenzelektronen).**

- **Kohärente Streuung findet vor allem für niederenergetische Photonen mit großer Wellenlänge statt.**

- **Der Streuquerschnitt nimmt mit dem Quadrat der Photonenenergie ab.**

- **Wegen der geringen Photonenenergie sind die kohärent gestreuten Photonen im Strahlenschutz und der Strahlenbiologie nur von nachgeordneter Bedeutung.**

7.5 Kernphotoreaktionen

Photonen können über ihre elektromagnetischen Eigenschaften auch mit den Nukleonen in Atomkernen wechselwirken. Die Energie des einfallenden Photons wird vom Kern absorbiert, der Kern wird dabei angeregt. Übertrifft die Anregungsenergie die Schwellenenergie zur Freisetzung eines Kernteilchens (Neutron n, Proton p), kann es in der Folge zur Emission eines oder mehrerer Nukleonen kommen. Dazu muss das Photon allerdings mindestens die Separationsenergie, also die Bindungsenergie des letzten Nukleons, auf den Kern übertragen haben. Diese Schwellenenergien liegen bei den meisten Elementen zwischen etwa 6 und knapp 20 MeV (s. Tab. 7.1). Sie können massenspektrometrisch (z. B. [Mattauch 1965]) oder aus theoretischen Berechnungen der Kernbindungsenergien bestimmt werden (vgl. Abschnitt 2.3).

In Analogie zum Photoeffekt in der Hülle nennt man diesen Prozess **Kernphotoeffekt**, den zugehörigen Wechselwirkungskoeffizienten Kernphotoabsorptionskoeffizient σ_{kp}. Der Kernphotoeffekt tritt meistens in Form von Riesenresonanzen auf. Der Verlauf des Wirkungsquerschnittes hat daher die Form einer Resonanzkurve, die bei leichten Kernen durch diskrete Nukleonenzustände des angeregten Targetnuklids strukturiert ist. Der Wirkungsquerschnitt hat bei den meisten leichten Nukliden sein Maximum um 20-25 MeV, bei schweren Kernen um 10-15 MeV. Er fällt bei höheren Photonenenergien schnell auf sehr kleine Werte ab (Fig. 7.17).

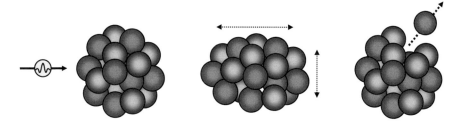

Fig. 7.16: Schematische Darstellung des Kernphotoeffekts an einem mittelschweren Nuklid. Durch die Absorption des Photons wird der getroffene Atomkern entweder aufgeheizt oder er führt kollektive Schwingungen um seine Ruhelage aus. Auch ein einzelnes Nukleon kann direkt getroffen werden. Nach einer vom Reaktionstyp abhängigen Umordnungszeit wird ein Neutron oder Proton emittiert, das die überschüssige Energie als Bewegungsenergie mitnimmt.

Die wichtigsten Kernphotoreaktionen sind die (γ,n)-, die $(\gamma,2n)$- und die (γ,p)-Reaktionen. Schwere Kerne wie Uran können durch Photonen auch gespalten werden. Diese Kernreaktion wird **Photospaltung** genannt und mit dem Kürzel (γ,f) bezeichnet (f = fission, engl. für Spaltung). Reicht die Photonenenergie zur Teilchenemission nicht aus, geht der angeregte Atomkern durch Emission von Gammaquanten wieder in den Grundzustand über (γ,γ'). Dieser Vorgang wird als **Kern-Fluoreszenz** bezeichnet.

Bei Energien oberhalb der Pionen-Ruheenergie ($E_\gamma > 140$ MeV) kommt es auch zur Erzeugung von π^+-Mesonen nach der Gleichung $p(\gamma,\pi^+)n$, wobei das Quark-Anti-quark-Paar "up" und "Anti-down", aus dem das positive Pion π^+ besteht, ähnlich wie bei der Bildung für Elektron und Positron spontan aus der Photonenenergie entsteht. Die Wahrscheinlichkeit für diesen Prozess ist gering und erreicht selbst bei sehr hohen Photonenenergien nur etwa 1/10 Promille der anderen Wechselwirkungsarten.

Für die globalen Abhängigkeiten der Wechselwirkungswahrscheinlichkeiten für Kern-photoreaktionen von der Ordnungs-, Neutronen- oder Massenzahl der Targetkerne gibt es wegen der individuellen Nukleonenkonfigurationen der einzelnen Isotope und der unterschiedlichen Reaktionsmechanismen keine einfachen schematischen Zusammen-hänge. Der Kernphotoabsorptionskoeffizient ist jedoch in erster Näherung unabhängig von der Ordnungszahl.

Reaktion	Schwelle (MeV)	Tochternuklid	Zerfallsart	$T\frac{1}{2}$	E_γ (keV)
$^{12}C(\gamma,n)$	18,7	$^{11}C^*$	$\beta+,EC$	20,4 min	511
$^{14}N(\gamma,n)$	10,5	$^{13}N^*$	$\beta+$	9,96 min	511
$^{16}O(\gamma,n)$	15,68	$^{15}O^*$	$\beta+,EC$	122 s	511
$^{16}O(\gamma,2n)$	28,9	$^{14}O^*$	$\beta+,\gamma$	70,6 s	511,2313
$^{27}Al(\gamma,n)$	12,7	$^{26}Al^*$	$\beta+,EC,\gamma$	6,4 s	511,1810
$^{63}Cu(\gamma,n)$	10,8	$^{62}Cu^*$	$\beta+,EC$	9,73 min	511
$^{208}Pb(\gamma,n)$	7,9	^{207}Pb	stabil	-	-
$^{12}C(\gamma,p)$	16,0	^{11}B	stabil	-	-
$^{16}O(\gamma,p)$	12,1	^{15}N	stabil	-	-
$^{27}Al(\gamma,p)$	8,3	^{26}Mg	stabil	-	-
$^{63}Cu(\gamma,p)$	6,1	^{62}Ni	stabil	-	-
$^{208}Pb(\gamma,p)$	8,0	$^{207}Tl^*$	ß-	4,8 min	-

Tab. 7.1: Reaktions- und Zerfallsdaten für Kernphotoreaktionen an einigen für die Radiologie wichtigen Materialien. *: radioaktives Tochternuklid.

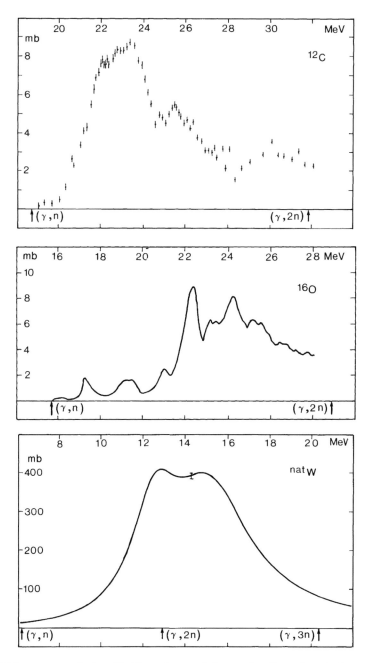

Fig. 7.17: Wirkungsquerschnitte für Kernphotoreaktionen des Typs (γ,xn), für monoenergetische Photonen, (Angaben in mb = $10^{-31}m^2$, Quellen: ^{12}C: [Kneißl 1975], ^{16}O: [Caldwell 1965], ^{nat}W: [Veyssiere 1975]). (Zum Begriff des Wirkungsquerschnittes s. Kap. 1.5). Besonders für ^{16}O sind deutlich die resonanzartigen Strukturen im Wirkungsquerschnitt für die Anregung von Einzelnukleonenzuständen zu erkennen.

Die Reaktionsprodukte der Kernphotoreaktionen sind in vielen Fällen instabil. So weisen die meisten Tochterkerne aus (γ,xn)-Reaktionen wegen der Neutronenemission ein Neutronendefizit auf. Sie sind deshalb Positronenstrahler (s. Tab. 7.1) oder unterliegen einem Elektroneinfang-Prozess (EC). In vielen Fällen sind diese Kernumwandlungen von zusätzlichen Gammaemissionen der Tochternuklide und deren "Konkurrenzzerfall", der inneren Konversion, begleitet. Kernphotoreaktionen führen durch die emittierten Nukleonen unter Umständen zu einer Aktivierung von Strukturmaterialien oder der Luft in Bestrahlungsräumen, die zu messbaren und für den Strahlenschutz des Personals erheblichen Ortsdosisleistungen und Luftkontaminationen führen kann. Bei genügend hoher Strahlungsintensität entsteht ein nicht zu vernachlässigender prompter Neutronenfluss.

Sind die Tochternuklide langlebig genug, kann ihre Aktivierung durch Kernphotoreaktionen dazu verwendet werden, die Grenzenergie von Photonenstrahlungen aus Beschleunigern (das ist die maximal auftretende Energie im Bremsstrahlungsspektrum) zu bestimmen. Dazu werden geeignete Substanzen wie Kupfer, das ^{16}O im Wasser oder das ^{12}C im Benzol als Zielscheibe (engl.: target) für den Photonenbeschuss verwendet. Ihre Aktivierung wird durch die Messung der Gamma- oder Vernichtungsstrahlung nachgewiesen. Da diese erst oberhalb der Reaktionsschwellen auftreten, kann so auf die Grenzenergie der Photonen geschlossen werden.

Zusammenfassung

* **Photonenstrahlung kann über das elektromagnetische Feld mit Atomkernen oder einzelnen Nukleonen wechselwirken.**

* **Bewirkt die Wechselwirkung eine Teilchenemission des Atomkerns, spricht man vom Kernphotoeffekt.**

* **Atomkerne werden durch den Kernphotoeffekt häufig radioaktiv, da ihr Neutronen-Protonen-Gleichgewicht durch Teilchenemission gestört wird.**

* **Für den Kernphotoeffekt gibt es wegen der nuklearen Wechselwirkungen keine einfache formelmäßige Beschreibung seiner Abhängigkeiten von Ordnungszahl und Massenzahl des Absorbers und der Energie der Photonen.**

* **Der Kernphotoeffekt kann wegen seiner geringen Wirkungsquerschnitte für die Schwächung von Photonenstrahlenbündeln in der Regel gegenüber den anderen Photonenwechselwirkungen vernachlässigt werden.**

* **Im Strahlenschutz sind die im Einzelfall auftretenden Aktivierungen von Strukturmaterialien, der Raumluft oder auch der Patienten in der Strahlentherapie dagegen zu beachten.**

7.6 Überblick zu den Photonenwechselwirkungen

Einen Überblick über die Wechselwirkungsmöglichkeiten von Photonenstrahlung gibt die nachfolgende Aufstellung, in der neben den primären Wechselwirkungen auch die dabei entstehenden sekundären und tertiären Strahlungsarten aufgeführt sind.

Kohärente Streuung (auch klassische Streuung) ist die Streuung von Photonen an freien oder quasi freien Elek-tronen. Im Energiebereich des sichtbaren Lichts und für UV-Strahlung findet die Streuung am ganzen Atom statt und wird als Rayleigh-Streuung bezeichnet. Für den Bereich der niederenergetischen ionisierenden Photo-nenstrahlung geschieht die Streuung an einzelnen Elektronen. Sie wird dann Thom-sonstreuung genannt. In beiden Fällen werden die Photonen ohne Energieverlust ge-streut. Die gestreuten Photonen bleiben in der Phase kohärent zum primären Photon. Die Atomhülle bleibt unverändert. Es treten keine Sekundärstrahlungen auf. Der zu-gehörige Wechselwirkungskoeffizient wird als σ_{kl} bezeichnet.

Die **Inkohärente Streuung** wird auch als Comptonstreuung oder Comptoneffekt be-zeichnet. Die eingeschossenen Photonen wechselwirken mit den schwach gebundenen äußeren Elektronen. Eines der äußeren Hüllenelektronen wird aus der Atomhülle ge-stoßen, das Atom ist danach also einfach ionisiert. Die gestreuten Photonen verlieren dabei einen Teil ihrer Energie und ändern ihre Richtung. Aus der Atomhülle des ge-troffenen Atoms werden keine Sekundärstrahlungen emittiert. Bei der Wechselwir-kung der Streuphotonen und des Compton-Elektrons mit dem Absorber kann es zur Bremsstrahlungserzeugung und zur Ionisation weiterer Atome kommen. Die gestreu-ten Photonen haben keine feste Phasenbeziehung zum eingeschossenen Photon. Der zugehörige Wechselwirkungskoeffizient wird σ_c genannt.

Beim **Photoeffekt** (auch Photoelektrischer Effekt) wird ein Elektron aus einer inneren Elektronenschale aus der Hülle gestoßen. Das Photon wird absorbiert, das Elektron übernimmt dessen Energie. Die Bewegungsenergie des Photoelektrons ist die um die Bindungsenergie des ausgelösten Elektrons vermindert. Es kann bei weiteren Wech-selwirkungen Bremsstrahlung auslösen oder weitere Atome ionisieren. Das Defekt-elektron in der Hülle führt zur Emission von Augerelektronen oder charakteristischer Fluoreszenzstrahlung. Der zugehörige Wechselwirkungskoeffizient mit τ bezeichnet.

Bei der **Paarbildung** wird ein Photon im elektrischen Feld des Atomkerns spontan in ein Teilchen-Antiteilchenpaar (Elektron-Positron) verwandelt. Es verschwindet dabei und übergibt seine Energie an das Elektron-Positron-Paar. Die Energieschwelle für diesen Prozess liegt bei 1022 keV. Die beiden Teilchen können bei Wechselwirkungen mit dem Absorber Bremsstrahlung erzeugen oder Atome ionisieren. Trifft das Positron direkt auf ein weiteres Elektron, zerstrahlt es unter Bildung von Vernichtungsstrah-lung. Diese Paarvernichtung kann in Ruhe bei völlig abgebremsten Positron stattfin-den. Die zwei Vernichtungsquanten haben dann eine Energie von jeweils 511 keV, was gerade der Ruheenergie der beiden Leptonen entspricht. Die Paarvernichtung kann auch bei einer endlichen Bewegungsenergie des Positrons stattfinden. In diesem Fall wird die kinetische Energie des Positrons auf die beiden Vernichtungsphotonen verteilt und zur Ruheenergie von jeweils 511 keV addiert. Die Atomhülle um den beteiligten Atomkern bleibt unverändert. Der Wechselwirkungskoeffizient heißt κ_{paar}

In seltenen Fällen kann es zur sogenannten **Triplettbildung** kommen. Dabei wird im elektrischen Feld eines Hüllenelektrons ein Photon in ein Elektron-Positron-Paar verwandelt. Das Hüllenelektron wird dabei aus dem Atom gelöst. Das Atom wird einfach ionisiert. Die drei Teilchen (2 Elektronen, 1 Positron) können bei Wechselwirkungen Bremsstrahlung erzeugen oder weitere Atome ionisieren, das Positron zerstrahlt wie bei der Paarbildung mit einem weiteren Elektron unter Bildung von Vernichtungsstrahlung. Die Energieschwelle liegt bei 2048 keV, also bei der vierfachen Ruheenergie des Elektrons oder Positrons. Der entsprechende Wechselwirkungskoeffizient hat die Bezeichnung κ_{tripl}.

Bei **Kernphotoreaktionen** übertragen Photonen ihre Energie auf einzelne Nukleonen oder den gesamten Atomkern. Sie werden dabei absorbiert. Ein Nukleon wird emittiert oder der Atomkern wird gespalten. Der Atomkern wird dadurch oft radioaktiv, die Spaltfragmente sind meistens Neutronenemitter. Kernphotoreaktionen sind in der Regel auch mit der Emission von Gammastrahlung verbunden. Die Atomhülle des ursprünglichen Atomkerns wird beim primären Wechselwirkungsakt nicht verändert. Bei der Emission von geladenen Teilchen (Protonen, Alphas, Cluster) und bei der Spaltung kommt es zum oft zum Ungleichgewicht zwischen Protonenzahl und Ordnungszahl mit entsprechenden Veränderungen der jeweiligen Atomhüllen. Diese emittieren dann Augerelektronen oder charakteristische Fluoreszenzstrahlung oder geben die überschüssigen Hüllenelektronen über chemische Bindungen an andere Atome weiter. Die Reaktionsprodukte nach einem Kernphotoeffekt wechselwirken mit dem Absorber und können dort Ionisationen und Anregungen auslösen. Der zugehörige Wechselwirkungskoeffizient heißt σ_{kp}.

Die Abhängigkeiten der verschiedenen Photonenwechselwirkungs-Koeffizienten sind in (Tab. 7.2) zusammengefasst. Wie die bisherigen Ausführungen gezeigt haben, hängen die Wahrscheinlichkeiten für die einzelnen Photonen-Wechselwirkungsprozesse in komplizierter Weise von der Photonenenergie und der Ordnungszahl des Absorbers ab). Die wichtigsten Absorber in der Medizin, menschliches Gewebe und die dafür verwendeten Ersatzsubstanzen (Phantome) haben effektive Ordnungszahlen zwischen 7 und 8. Technische Materialien für den Strahlenschutz wie Wolfram, Blei, Wismut und Uran haben dagegen hohe Ordnungszahlen von 74 bis 92. Der medizinisch und technisch genutzte Photonenenergiebereich erstreckt sich von etwa 10 keV bis ungefähr 50 MeV. Je nach Photonenenergie und Ordnungszahl des durchstrahlten Materials sind deshalb verschiedene Wechselwirkungsprozesse für die überwiegende Schwächung, den Energieübertrag und die Energieabsorption der Photonenstrahlung verantwortlich.

Wechselwirkung	f(Z,A)	f(E_γ)	Sekundärstrahlungen
Photoeffekt	Z^4/A bis $Z^{4,5}/A$	$1/E^{3,5}$ ($E \ll 511$ keV), $1/E$ ($E \gg 511$ keV)	e^-, Röntgen- + UV-Strahlung, Auger-Elektronen
Comptoneffekt	Z/A	$1/E^{0,5}$ bis $1/E$	γ, e^-
klass. Streuung	$Z^{2,5}/A$	$1/E^2$	γ
Paarbildung	Z^2/A	$\log E_\gamma$ ($E_\gamma > 1022$ keV)	e^-,e^+
Kernphotoeffekt	Riesenresonanz	$E_\gamma > E_{\text{schwelle}}$	n, p, (Spaltung), γ

Tab. 7.2: Näherungsweise Abhängigkeiten der Photonen-Wechselwirkungskoeffizienten von Photonenenergie, Ordnungszahl und Massenzahl des Absorbers. Alle Koeffizienten sind zusätzlich proportional zur Dichte ρ der Absorber.

Alle Wechselwirkungskoeffizienten sind proportional zur Dichte ρ der durchstrahlten Materie. Die übrigen in Tabelle (7.2) ausgewiesenen Abhängigkeiten der Photonen-Wechselwirkungskoeffizienten von Ordnungszahl, Massenzahl und Photonenenergie stellen Vereinfachungen der tatsächlichen Verhältnisse dar. Sie gelten nur unter den im Text beschriebenen Einschränkungen und sollen einen qualitativ orientierenden Überblick über die wichtigsten Einflussgrößen auf den Photonen-Schwächungskoeffizienten geben.

7.7 Der Schwächungskoeffizient für Photonenstrahlung

Der Schwächungskoeffizient μ für Photonenstrahlung setzt sich additiv aus den Koeffizienten für die einzelnen Photonenwechselwirkungen zusammen (Gleichung (7.34). Aufgrund der verschiedenen Energieabhängigkeiten der einzelnen Komponenten (vgl. Tab. 7.2) zeigt der lineare Schwächungskoeffizient μ keinen einfachen Verlauf mit der Photonenenergie. Er ist eine für das jeweilige Absorbermaterial wohl definierte und charakteristische Größe.

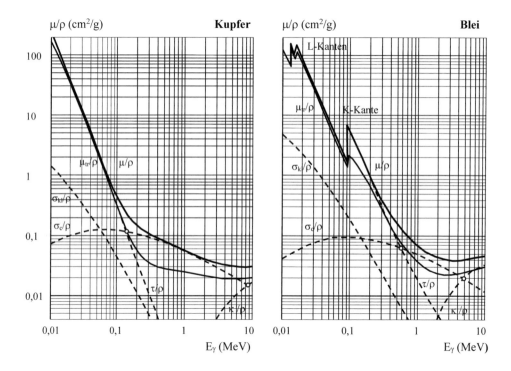

Fig. 7.18: Massenschwächungskoeffizienten von Kupfer (links, $Z = 29$) und Blei (rechts, $Z = 82$). Obere durchgezogene Linie: Massenschwächungskoeffizient μ/ρ (in cm²/g). Untere durchgezogene Linie: Massenenergieumwandlungskoeffizient μ_{tr}/ρ (in cm²/g, s. Abschnitt 7.8). Gestrichelte Linien: Komponenten des Massenschwächungskoeffizienten für die Comptonstreuung σ_c/ρ, kohärente Streuung σ_{kl}/ρ, Photoeffekt τ/ρ und Paarbildung κ/ρ. Die K-Kante für Kupfer liegt außerhalb des dargestellten Energiebereichs (E(K,Cu) = 8,981 keV, s. Tab. 2.2). Die kleinen Kreise markieren diejenigen Energien, bei denen die Massenschwächungskoeffizienten für Photoabsorption und Comptoneffekt bzw. für Comptoneffekt und Paarbildung gleich sind. Daten nach [Storm/Israel 1970], [Veigele 1973].

$$\mu = \tau + \sigma_c + \sigma_k + \kappa_{paar} + \kappa_{tripl} \; (+ \; \sigma_{kp}) \qquad (7.34)$$

Der letzte Summand σ_{kp} wird in Tabellenwerken oder der theoretischen Behandlung der Photonenschwächung (z. B. [Hubbell 1996]) oft weggelassen, da er keine wesentliche quantitative Rolle für den Schwächungskoeffizienten spielt.

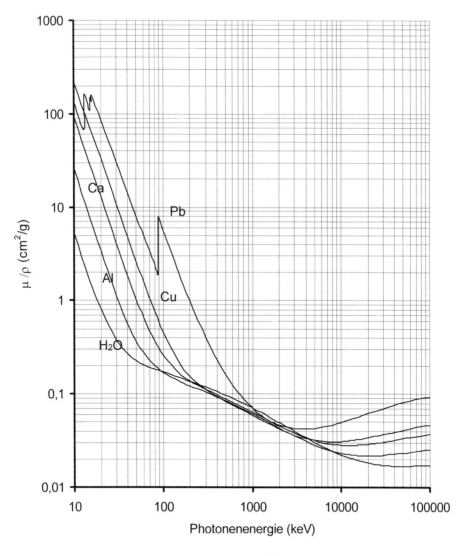

Fig. 7.19: Massenschwächungskoeffizienten μ/ρ (cm^2/g) einiger gebräuchlicher Materialien (von oben: Pb, Cu, Ca, Al, Wasser). Der Massenschwächungskoeffizient für Wasser unterscheidet sich wegen der vergleichbaren Ordnungszahl nur geringfügig von dem für Luft. Im Bereich des dominierenden Comptoneffekts sind die Massenschwächungskoeffizienten für alle Elemente vergleichbar. Die Kurve für den Massenschwächungskoeffizienten des Bleis zeigt deutlich den sprunghaften Anstieg der Photoabsorption (die Absorptionskanten) bei den Bindungsenergien der K- und L-Elektronen.

Wegen der Dichteproportionalität der einzelnen Koeffizienten bezieht man diese gerne auf die Dichte des Absorbers ρ und erhält dann den Quotienten von Schwächungskoeffizient μ und Dichte ρ, den **Massenschwächungskoeffizienten** μ/ρ. Einen grafischen Eindruck vom Verlauf der Massenschwächungskoeffizienten für monoenergetische Photonenstrahlung und verschiedene Absorbersubstanzen zeigt Fig. (7.19), die Zusammensetzung des Massenschwächungskoeffizienten aus den einzelnen energieabhängigen Wechselwirkungskoeffizienten von Kupfer, Blei und Wasser zeigen die Fign. (7.18, 7.21). Für praktische Abschätzungen der Schwächung von Photonenstrahlung in verschiedenen Materialien werden deshalb meistens Massenschwächungskoeffizient und **Flächenbelegung** (Absorbermasse pro Flächeneinheit) herangezogen. Aktuelle Datenzusammenstellungen von Massenschwächungskoeffizienten für verschiedene Materialien und monoenergetische Photonenstrahlung befinden sich im Tabellenanhang.

Der Photoeffekt überwiegt für schwere Elemente bis zu Photonenenergien von etwa 1 MeV. Die wichtigsten Abschirmmaterialien (Blei, Wolfram, Uran) wirken in diesem Energiebereich also vor allem über die Photoabsorption, was neben der hohen Wechselwirkungswahrscheinlichkeit auch wegen der fehlenden Photonenstreustrahlung von Vorteil ist. Allerdings erzeugt der Photoeffekt speziell in schweren Absorbern bevorzugt charakteristische Röntgenstrahlung.

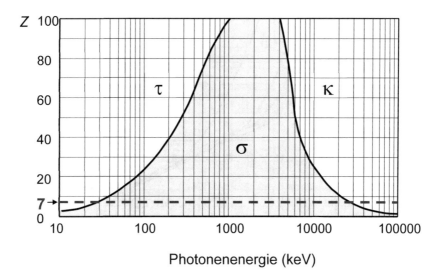

Fig. 7.20: Flächendiagramm der wichtigsten relativen Anteile der Photonen-Wechselwirkungswahrscheinlichkeit in Abhängigkeit von Photonenenergie und Ordnungszahl des Absorbers (nach [Evans 1968]). Gestrichelte blaue Linie: Gewebe, Wasser und Phantommaterialien mit Ordnungszahlen um $Z \cong 7$. Die geschwungenen Linien zeigen die Bereiche von Ordnungszahl und Energie, in denen jeweils angrenzende Effekte (Photoeffekt τ und Comptoneffekt σ bzw. Comptoneffekt und Paarbildung κ) gleich wahrscheinlich sind.

In menschlichem Gewebe leistet der Photoeffekt dagegen nur bei sehr kleinen Photonenenergien einen spürbaren Beitrag zur Energieübertragung, z. B. in der Weichstrahl-Röntgendiagnostik (Mammografie).

Der Comptoneffekt ist für einen breiten Bereich von Photonenenergien und für kleine Ordnungszahlen (bis etwa $Z = 10$) der dominierende Wechselwirkungsprozess. Im Energiebereich um 1-4 MeV, in dem der Comptoneffekt für alle Elemente dominiert, sind die Massenschwächungskoeffizienten daher weitgehend unabhängig vom Material und deshalb für alle Ordnungszahlen etwa gleich groß (vgl. Fig. 7.18). Gleiche Flächenbelegungen von Wasser und Aluminium bewirken für diese Photonenenergien beispielsweise etwa die gleiche Schwächung des Photonenstrahlenbündels, sie sind bezüglich ihrer Schwächungswirkung nahezu äquivalent.

Die klassische Streuung ist dagegen unabhängig vom Absorbermaterial oberhalb von 20 keV im Vergleich zu den sonstigen Photonenwechselwirkungen fast immer zu vernachlässigen. Insbesondere trägt sie wegen des fehlenden Energieübertrages auf das streuende Medium nicht zur Entstehung einer Energiedosis im Absorber bei.

Paarbildung kann erst oberhalb der Paarbildungsschwelle von 1,022 MeV stattfinden. Für niedrige Ordnungszahlen gewinnt sie bei Photonenenergien ab 10-20 MeV, wie sie in Beschleunigern erzeugt werden können, eine gewisse Bedeutung. In schweren Absorbern ($Z > 20$) und für Photonenenergien oberhalb von 10 MeV ist sie allerdings der wichtigste Wechselwirkungsprozess.

Der Wirkungsquerschnitt für Kernphotoreaktionen ist im Vergleich zu den anderen Wechselwirkungsprozessen im Allgemeinen vernachlässigbar klein (maximal 5% der Hüllenwechselwirkungen, vgl. dazu [Greening 1985]). Obwohl Kernreaktionen kaum zur Energiedosis im Absorber beitragen, spielt die Aktivierung der Folgeprodukte nach Kernphotoprozessen für den Strahlenschutz an Beschleunigern mit hoher Photonenenergie eine nicht zu vernachlässigende Rolle. Beiträge zur Energieabsorption und zur Schwächung des Photonenstrahlenbündels durch Kernphotoreaktionen sind nur bei Photonenspektren zu erwarten, die den Bereich der Riesenresonanz (20-30 MeV) mit großer Intensität überlagern.

Zusammenfassung

- **Die Schwächung eines Photonenstrahlenbündels kann durch Streuung oder Absorption der primären Photonen stattfinden.**

- **Streuung findet bei niedrigen Photonenenergien vor allem in Form klassischer kohärenter Streuung statt, bei höheren Energien wird bevorzugt über den Comptoneffekt inelastisch, also mit Energieverlust gestreut.**

- Absorption von Photonenenergie wird durch den Photoeffekt, die Paarbildung und den Kernphotoeffekt verursacht sowie partiell beim Comptoneffekt. Die Schwelle für den Photoeffekt ist die Bindungsenergie der inneren Hüllenelektronen, für die Paarbildung das Massen-Energie-Äquivalent des Elektron-Positron-Paares (1022 keV).

- Die Schwächung eines Photonenstrahlenbündels wird durch energie- und ordnungszahlabhängige Wechselwirkungskoeffizienten beschrieben.

- Für bestimmte Ordnungszahl- und Energiebereiche gibt es dominierende Wechselwirkungen. Für hohe Ordnungszahlen überwiegt bei niedrigen Energien der Photoeffekt, bei hohen Photonenenergien die Paarbildung. Bei Energien zwischen 1 und 5 MeV dominiert bei allen Ordnungszahlen die Comptonwechselwirkung.

- Kohärente (klassische) Streuung ist im Vergleich zu den anderen Photonen-Wechselwirkungen in der Regel zu vernachlässigen. Kernphotoreaktionen spielen für die Photonenschwächung ebenfalls nur eine untergeordnete Rolle.

- Photoeffekt, Comptoneffekt und Paarbildung sind also die in der medizinischen Radiologie und im Strahlenschutz wesentlichen Photonen-Wechselwirkungsprozesse.

- Schwächungsprozesse führen nicht notwendigerweise zur Verminderung der Photonenzahl im Strahlenbündel, aber immer zur Verminderung der Anzahl primärer Photonen.

- Die größten Beiträge zur Energiedosis in menschlichem Gewebe und damit zu den biologischen Strahlenwirkungen liefern die Comptonelektronen nach einem Comptoneffekt.

- Der lineare Schwächungskoeffizient für Photonenstrahlung ist die Summe der Wechselwirkungskoeffizienten der einzelnen Photonenwechselwirkungen. Ein bestimmter Wert des Schwächungskoeffizienten gilt also nur für ein Material mit einer bestimmten Ordnungszahl und Dichte sowie für monoenergetische Photonen.

- Der Koeffizient für die Kernphotoeffekte ist üblicherweise nicht in den Tabellierungen enthalten.

- Für praktische Zwecke verwendet man oft den auf die Absorberdichten bezogenen Massenschwächungskoeffizienten μ/ρ. Bei theoretischen Untersuchungen wird der so genannte Wirkungsquerschnitt bevorzugt, der ebenfalls zum Schwächungskoeffizienten proportional ist.

7.8 Der Schwächungskoeffizient bei Stoffgemischen und Verbindungen*

In der praktischen Dosimetrie und Strahlungskunde hat man es in der Regel nicht mit elementaren Substanzen sondern meistens mit Stoffgemischen oder chemischen Verbindungen zu tun. Typische Substanzgemische oder Verbindungen sind Wasser, menschliche Gewebearten und Materialien für die Herstellung von Dosimetern.

Wegen der unterschiedlichen Abhängigkeiten der Wechselwirkungskoeffizienten von der Ordnungszahl und wegen der Dichteabhängigkeit des linearen Schwächungskoeffizienten μ müssen für Stoffgemische oder chemische Verbindungen Mittelwerte der Schwächungskoeffizienten $\overline{\mu}(Z,A,\rho)$ berechnet werden, die diese Abhängigkeiten berücksichtigen. Unterstellt man die Unabhängigkeit der elementaren Wechselwirkungen am einzelnen Atom von der chemischen Bindung, in der sich das Atom befindet, bzw. vom Vorhandensein weiterer Substanzen, kann man beispielsweise diese Mittelung für den Massenschwächungskoeffizienten durch eine mit dem Massenanteil der jeweiligen Atomart gewichtete Summe über die individuellen Schwächungskoeffizienten berechnen. Man erhält so unter Verwendung der prozentualen Gewichtsfaktoren w_i den Mittelwert:

$$\overline{\left(\frac{\mu}{\rho}\right)} = \Sigma_i\, w_i \cdot \left(\frac{\mu}{\rho}\right)_i \tag{7.35}$$

Da die Wahrscheinlichkeiten für die einzelnen Wechselwirkungsprozesse außerdem noch unterschiedlich von der Teilchenenergie abhängen, sind solche Materialmittelungen allerdings nur für eingeschränkte Energiebereiche gültig (numerische Daten für verschiedene Substanzen s. Tabellenanhang).

7.9 Der Energieumwandlungskoeffizient für Photonenstrahlung

Bei den meisten Wechselwirkungen von Photonenstrahlung mit Materie übertragen die Photonen Energie auf Sekundärteilchen, die in der durchstrahlten Substanz ausgelöst werden. Die Photonen selbst werden dabei entweder völlig absorbiert, oder sie unterliegen Richtungsänderungen und teilweisem Energieverlust. Während beim Photoprozess die Photonenenergie vollständig auf das Photoelektron übertragen wird, wird beim Comptoneffekt immer nur ein winkelabhängiger Anteil der Photonenenergie an das Sekundärelektron übergeben. Das Comptonphoton selbst behält eine gewisse Restenergie, die vom Wechselwirkungsort wegtransportiert wird und unter Umständen sogar den Absorber verlassen kann. Beim Auslösen von Hüllenelektronen muss außerdem deren Bindungsenergie aufgebracht werden, die dann nicht für die kinetische Energie der Elektronen zur Verfügung steht. Bei der Paarbildung wiederum geht derjenige Anteil der Photonenenergie verloren, der dem Massenäquivalent des Elektron-Positron-Paares entspricht (2·511 keV). Ähnliche Energiebilanzen gelten auch bei Kernphotoreaktionen, da hier sowohl die Bindungsenergie des Nukleons als auch eventuelle Anregungsenergien des Restkerns vom einfallenden Photon aufgebracht werden müssen. Die Summe der kinetischen Anfangsenergien der geladenen und ungeladenen Sekundärteilchen aus Photonenwechselwirkungen ist deshalb immer kleiner als der Energieverlust des primären Photonenstrahlenbündels.

Die Energieumwandlung von Photonenenergie in kinetische Energie der Sekundärteilchen wird mit dem linearen **Energieübertragungskoeffizienten** μ_{tr} (tr: wie transfer)[6] beschrieben. Bei bekannter Photonenenergie E_γ kann der Umwandlungskoeffizient aus dem Schwächungskoeffizienten durch Gewichtung mit dem mittleren relativen Energieübertrag $\bar{E}_{tr}$ für alle Wechselwirkungsarten berechnet werden.

$$\mu_{tr} = \frac{\bar{E}_{tr}}{E_\gamma} \cdot \mu \tag{7.36}$$

Der Energieumwandlungskoeffizient setzt sich wie der lineare Schwächungskoeffizient aus den Beiträgen der einzelnen Wechselwirkungen zusammen, wobei wegen des fehlenden Energieübertrages der entsprechende Ausdruck für die klassische Streuung natürlich fehlt.

$$\mu_{tr} = \mu_{tr,\tau} + \mu_{tr,\sigma_c} + \mu_{tr,\kappa_{paar}} + \mu_{tr,\kappa_{tripl}}(+\mu_{tr,kp}) \tag{7.37}$$

Die einzelnen Teilkoeffizienten kann man mit Hilfe der Teilschwächungskoeffizienten aus Gleichung (7.34) für alle möglichen Wechselwirkungen berechnen, wenn man die oben angedeuteten Energieüberträge durch geeignete material- und energieabhängige **Transfer-Faktoren** t_i berücksichtigt. Diese Faktoren beschreiben den auf die Photonenenergie bezogenen relativen Bewegungsenergieanteil, den das geladene Sekundärteilchen bei der jeweiligen Wechselwirkungsart erhält. Sie werden als Wichtungsfaktoren vor die einzelnen Wechselwirkungskoeffizienten geschrieben. Gleichung (7.37) nimmt dann folgende Form an:

$$\mu_{tr} = t_\tau \cdot \tau + t_c \cdot \sigma_c + t_{paar} \cdot \kappa_{paar} + t_{tripl} \cdot \kappa_{tripl} + (t_{kp} \cdot \sigma_{kp}) \tag{7.38}$$

Beim Photoeffekt wird ein inneres Hüllenelektron aus seiner Schale entfernt, die Bewegungsenergie des Elektrons ist also um den elektronenschalenabhängigen Bindungsenergieanteil E_b vermindert. Für den entsprechenden Faktor t_τ findet man also den Wert:

$$t_\tau = \frac{E_\gamma - E_b}{E_\gamma} = 1 - \frac{E_b}{E_\gamma} \tag{7.39}$$

Bei leichten Elementen (Bindungsenergie der inneren Elektronen wenige eV) und hohen Photonenenergien weicht dieser Ausdruck kaum von 1 ab. Allerdings ist der

---

[6] Der Energieübertragungskoeffizient wird auch als Energieumwandlungskoeffizient bezeichnet).

Photoeffekt dann auch nicht sonderlich wahrscheinlich. Anders ist dies bei niedrigen Photonenenergien und schweren Materialien, bei denen der Energieübertragungsfaktor für den Photoeffekt unter Umständen nahezu den Wert Null annehmen kann.

Beispiel 7.1: Photo-Energietransferfaktor bei diagnostischer Röntgenstrahlung und ⁶⁰Co-Strahlung. *Trifft diagnostische Röntgenstrahlung von etwa 90 keV Grenzenergie auf das Wechselwirkungsmaterial Blei, und findet dabei ein Photoeffekt eines 90-keV-Röntgenquants in der K-Schale des Bleis statt, verbleibt dem Photoelektron nur die Differenzenergie zwischen Photonenenergie (90 keV) und der K-Bindungsenergie (88 keV, s. Tab. 2.2) als kinetische Energie. Der Transferfaktor ist dann nach Gl. (7.39) t = 1 - 88/90 ≈ 0,02 = 2%. Der Energieübertragungskoeffizient ist also bei dieser Photonenenergie um den Faktor 50 kleiner als der Photoabsorptionskoeffizient. Kommt es in einem Bleiabsorber stattdessen zur K-Ionisation über den Photoeffekt durch ein 1,33 MeV Gammaquant aus einer ⁶⁰Co-Quelle, erhält das Photoelektron die Energie von E = 1,33 MeV - 88 keV = 1242 keV. Der t-Faktor hat dann den Wert t = 1 - 88/1330 ≈ 0,934. Photoschwächungskoeffizient und Energieübertragungskoeffizient unterscheiden sich in diesem Fall nur noch um knapp 7%.*

Die beim Comptoneffekt auf das Elektron übertragene Energie ergibt sich aus der primären Photonenenergie E_γ, vermindert um die Energie des gestreuten Photons E_γ' und die Bindungsenergie des freigesetzten Elektrons E_b. Da für den globalen Energieübertragungskoeffizienten statt der individuellen die mittleren Energieverhältnisse berücksichtigt werden müssen, ist die winkelabhängige Streuphotonenenergie durch einen über alle Streuwinkel gemittelten Wert $E_{\gamma m}'$ zu ersetzen.

$$t_c = \frac{E_\gamma - E_b - E_{\gamma m}'}{E_\gamma} \tag{7.40}$$

Weil der Comptoneffekt nur am äußeren, schwach gebundenen Hüllenelektron stattfindet, dessen Bindungsenergie in den meisten Fällen klein gegenüber der primären Photonenenergie ist (s. Tab. 2.2), vereinfacht sich Gleichung (7.40) zu:

$$t_c \approx \frac{E_\gamma - E_{\gamma m}'}{E_\gamma} = 1 - \frac{E_{\gamma m}'}{E_\gamma} \tag{7.41}$$

Solange die Energie des gestreuten Photons in der Größenordnung der Primärphotonenenergie liegt, unterscheidet sich der Energieübertragungsfaktor also nur wenig von Null. In der Röntgendiagnostik sind die Comptonelektronen daher niederenergetisch und die gestreute Röntgenstrahlung ist nur geringfügig "weicher" als die Primärstrahlung. Bei höheren Photonenenergien (um 10 MeV) kann der Reduktionsfaktor wegen des erheblichen Photonenenergieverlustes dagegen Werte bis deutlich über 50% annehmen (vgl. dazu die Daten in Fig. 7.9). Dies ist ein Grund für die bereits früher (in Abschnitt 7.2, Gl. 7.6) erwähnte theoretische Aufspaltung des Compton-Wechselwirkungskoeffizienten in einen Koeffizienten für die Streuung σ_{streu} und einen Energieübertragungsanteil σ_{tr}, der gerade dem Compton-Energieübertragungskoeffizienten $\mu_{tr,c}$ entspricht. Den Streuanteil kann man unter der Verwendung von Gleichung (7.41) dann wie folgt berechnen:

$$\sigma_{streu} = \sigma_c - \sigma_{tr} = \sigma_c - \sigma_c \cdot t_c = \sigma_c \cdot \frac{E'_{\gamma m}}{E_\gamma} \tag{7.42}$$

Beispiel 7.2: Compton-Energietransferfaktor bei diagnostischer Röntgenstrahlung und ^{60}Co-Gammastrahlung. *Findet für ein Röntgenphoton von 95 keV Energie ein Comptoneffekt in Blei statt, behält das gestreute Photon im Mittel (nach Fig. 7.10) noch 85% seiner ursprünglichen Energie, hat also etwa 81 keV Restenergie. Die Bindungsenergie der Valenzelektronen beträgt in Blei (nach Tab. 2.2) maximal 0,148 keV, ist also gegenüber der Restenergie des gestreuten Photons zu vernachlässigen. Der Energietransferfaktor beträgt nach Gl. (7.38) t ≈ 1 - 81/95 ≈ 14,7%. Der Compton-Energieumwandlungskoeffizient beträgt also nur knapp 15% des Compton-Wechselwirkungskoeffizienten. Das Comptonelektron erhält in diesem Fall nur eine Bewegungsenergie von (95 - 81) keV = 14 keV und hat daher eine sehr kleine Reichweite im Bleiabsorber, z. B. einer Bleischürze. Die Bindungsenergie des Valenzelektrons von wenigen Zehntel keV kann dagegen vernachlässigt werden. Für einen Comptoneffekt mit einem ^{60}Co-Gammaquant beträgt die mittlere Restenergie des Photons nach der Streuung nach Fig. (7.10) ungefähr 53% von 1,33 MeV, also ≈ 0,71 MeV. Der Compton-Energietransferfaktor ist dann t = 1 - 0,71/1,33 ≈ 0,47 = 47%. Der Compton-Energieumwandlungskoeffizient ist für Kobalt-Gammastrahlung deshalb etwa halb so groß wie der Schwächungskoeffizient. Das Comptonelektron hat dabei immerhin im Mittel eine Energie von 710 keV erhalten.*

Beim Paarbildungsprozess muss die doppelte Ruheenergie des Elektrons vom einfallenden Photon aufgebracht werden. Als kinetische Energie für das Teilchenpaar steht also nur der Anteil

$$t_{paar} = \frac{E_\gamma - 2 \cdot 511 keV}{E_\gamma} = 1 - \frac{2 \cdot m_0 \cdot c^2}{E_\gamma} \tag{7.43}$$

zur Verfügung. Für Photonenenergien in der Nähe der Schwelle für diesen Prozess bleibt also kaum Bewegungsenergie übrig. Allerdings ist die Paarbildung bei so niedrigen Photonenenergien nicht sehr wahrscheinlich. Bei sehr hohen Photonenenergien, bei denen der Paarbildungseffekt vor allem bei schweren Absorbern erheblich an Bedeutung gewinnt, spielt der Energieverlust durch das Massen-Energieäquivalent nur noch eine geringe Rolle. Bei 10-MeV-Photonen wird beispielsweise die primäre Photonenenergie bis auf einen etwa 10% betragenden Anteil auf die geladenen Sekundärteilchen übertragen. Der Energieumwandlungskoeffizient unterscheidet sich hier - anders als an der Paarbildungsschwelle - nur wenig vom Wechselwirkungskoeffizienten. Bei der Triplettbildung erhält man eine ähnliche Beziehung für den Energietransferanteil:

$$t_{tripl} = \frac{E_\gamma - 2 \cdot 511 keV - E_b}{E_\gamma} = 1 - \frac{2 \cdot m_0 \cdot c^2 + E_b}{E_\gamma} \qquad (7.44)$$

E_b ist wieder der Energiebetrag, der benötigt wird, um das Hüllenelektron bei der Triplettbildung aus der Hülle zu lösen. Bei den in Frage kommenden Energien ($E_\gamma > 4 \cdot m_0 c^2$) spielt die Ionisierungsenergie bei leichten bis mittelschweren Absorbern keine Rolle. Werden bei schwereren Absorbern nur die Valenzelektronen zur Triplettbildung herangezogen, kann der Energieanteil E_b ebenfalls vernachlässigt werden. Erst bei

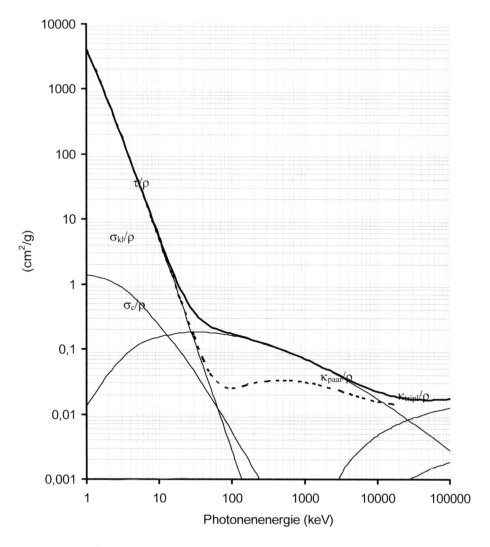

Fig. 7.21: Massenschwächungskoeffizient (μ/ρ) für monoenergetische Photonen in Wasser, seine Zusammensetzung aus den Koeffizienten (τ/ρ, σ_{kl}/ρ, σ_c/ρ, κ_{paar}/ρ, κ_{tripl}/ρ) sowie der Massenenergieabsorptionskoeffizient (gestrichelte Kurve) in Abhängigkeit von der Photonenenergie (exakte numerische Daten s. [NIST XCOM] und Tabellenanhang).

sehr hohen Ordnungszahlen und Ionisation im Inneren der Atomhülle kommt es zu einer Verminderung der kinetischen Energie des Elektronen-Positronen-Tripletts.

Die dem Energietransfer bei Photonenbestrahlung entsprechende dosimetrische Messgröße ist die **KERMA** (engl.: $\underline{k}$inetic $\underline{e}$nergy $\underline{r}$eleased per unit $\underline{ma}$ss), die die Energieübertragung auf die elektrisch geladenen Sekundärteilchen der ersten Generation und deren räumliche Verteilung im Absorber beschreibt. Bezieht man den Energieumwandlungskoeffizienten μ_{tr} auf die Dichte des durchstrahlten Materials, erhält man ähnlich wie beim Schwächungskoeffizienten den **Massenenergieumwandlungskoeffizienten μ_{tr}/ρ**, der nur noch wenig von der Dichte des Absorbers abhängt.

Zusammenfassung

- **Der Energieübertrag von Photonen auf geladene Sekundärteilchen wird durch Energieübertragungskoeffizienten beschrieben, die aus einer Wichtung der Wechselwirkungskoeffizienten mit dem relativen Anteil übertragener Energie berechnet werden können.**

- **Für mittlere Photonenenergien und Niedrig-Z-Materialien entspricht der totale Energieübertragungskoeffizient μ_{tr} im Wesentlichen dem Compton-Energieübertragungskoeffizienten $\sigma_{c,tr}$.**

- **Im Bereich dominierender Wechselwirkung über den Photoeffekt unterscheidet sich der Umwandlungskoeffizient für leichte Absorber dagegen nur geringfügig vom Schwächungskoeffizienten, da die Bindungsenergien der Hüllenelektronen in diesen Materialien vergleichsweise klein sind.**

- **Bei dominierendem Photoeffekt an den K-Elektronen von Absorbern mit hohen Ordnungszahlen kann der Energieübertragungskoeffizient andererseits wesentlich kleiner sein als der Photoschwächungskoeffizient, da je nach Element die Bindungsenergie der K-Elektronen vergleichbar mit der Photonenenergie ist.**

- **Im Bereich überwiegender Paarbildung bei hohen Photonenenergien unterscheiden sich Wechselwirkungskoeffizient und Energieübertragungskoeffizient trotz des Ruheenergie-Verlustes für Positron und Elektron nur wenig.**

7.10 Der Energieabsorptionskoeffizient für Photonenstrahlung

Die lokale Energieabsorption aus dem Photonenstrahlenbündel im Absorber wird fast ausschließlich durch die bei den primären Wechselwirkungen der Photonen mit der Materie entstehenden geladenen Sekundärteilchen vermittelt. Die bei den Wechselwirkungen außerdem entstehenden sekundären Photonen transportieren dagegen wegen der für Photonen typischen niedrigen Wechselwirkungswahrscheinlichkeit ihre Energie weg vom primären Wechselwirkungsort. Entstehende Streustrahlungs- und

Bremsstrahlungsphotonen sowie die höherenergetische charakteristische Photonenstrahlung deponieren ihre Energie deshalb nicht lokal am Wechselwirkungsort des Primärphotons. Sie verlassen stattdessen bei genügend hoher Photonenenergie sogar zum Teil die Oberflächen endlicher Absorber. Von Photonenstrahlenbündeln verursachte Energiedosisverteilungen in Materie rühren daher, wie das nachfolgende Beispiel verdeutlicht, im Wesentlichen von den lokalen Energieverlusten der geladenen Sekundärteilchen und der Absorption deren Bewegungsenergie im bestrahlten Material her. Der räumliche Fluss der Sekundärstrahlungen hängt dagegen sehr wohl mit der Verteilung der primären Photonen zusammen.

Beispiel 7.3: Der Einfachheit halber sei angenommen, dass ein 1-MeV-Photon über Photowechselwirkung in einem Niedrig-Z-Target absorbiert wurde. Bis auf die geringfügige Bindungsenergie des Elektrons wird die gesamte Photonenenergie als Bewegungsenergie auf das Photoelektron übertragen. Der Photoeffekt hinterlässt unmittelbar ein primäres Ionenpaar (Atomrumpf und freies Elektron). Das hochenergetische Elektron wird im Absorbermaterial durch Ionisation und Anregung von Atomen entlang seines Weges allmählich abgebremst. Bei jeder Wechselwirkung wird ein Teil seiner Bewegungsenergie auf den jeweiligen Reaktionspartner übertragen. Dabei kann dieser ionisiert oder angeregt werden. Etwa die Hälfte der Energie des Photoelektrons wird bei nicht ionisierenden Stößen übertragen. Der Rest dient zur Erzeugung freier Ladungsträger (Elektronen, Ionen). Die Ionisationsenergie in Wasser beträgt etwa 15 eV, die mittlere Energie zur Erzeugung eines Ionenpaares dagegen ungefähr 30 eV [ICRU 31].

Bis zur vollständigen Bremsung wird das Elektron also im Mittel 1 MeV/30 eV $\approx$ 33000 Ionenpaare erzeugen und auf diese Bewegungsenergie übertragen. Diese Ionenpaare verlieren ihre vergleichsweise niedrige Energie durch weitere Wechselwirkungen, bei denen die Energie vor Ort, d. h. lokal absorbiert wird. Das hochenergetische Sekundärelektron der ersten Generation bewegt sich in wasserähnlichen Substanzen wie menschlichem Gewebe insgesamt etwa 0,5 cm in der ursprünglichen Strahlrichtung vorwärts und verteilt dabei seine Bewegungsenergie lokal auf die passierten Atome. Der Fluss der geladenen Sekundärteilchen der ersten Generation eines Photonenstrahlungsfeldes ist damit offensichtlich ausschlaggebend für die Energieverteilung und Energieabsorption im bestrahlten Material und das Ausmaß der dabei entstehenden Ionisation. Der Wechselwirkungsort des primären Quants ist deshalb für hochenergetische Photonenstrahlung nicht identisch mit dem Ort der Energieabsorption.

Bei der Berechnung der lokalen Absorption der Bewegungsenergie von Sekundärelektronen aus Photonenwechselwirkungen muss man berücksichtigen, dass diese Elektronen einen Teil ihrer Bewegungsenergie auch über die Strahlungsbremsung im Kernfeld, also durch Erzeugung von Bremsstrahlung, verlieren können (vgl. Kap. 9.1.2). Im Gegensatz zur weichen charakteristischen Photonenstrahlung und ihrer Konkurrenzstrahlung, den Augerelektronen, die in der Regel so niederenergetisch sind, dass sie meistens wieder in der Nähe des Wechselwirkungsortes absorbiert werden, verlässt Bremsstrahlung höherer Energie häufig sogar ohne jede weitere Wechselwirkung den Absorber. Sie trägt deshalb zumindest nicht zur lokalen Energieabsorption bei. Der dadurch bedingte lokale Verlust an Energieabsorption wird in dem auf Bremsstrahlungsverluste korrigierten Energieabsorptionskoeffizienten μ_{en} berücksichtigt. Dieser beschreibt also nur die im Material lokal absorbierte Energie. Für den Zusammenhang der beiden Koeffizienten μ_{tr} und μ_{en} gilt [nach DIN 6814-3]:

$$\mu_{en} = \mu_{tr} \cdot (1 - G) \tag{7.45}$$

Elektronenenergie	rel. Bremsstrahlungsausbeute G (%) in:					
(MeV)	Wasser	Luft	Knochen	PMMA	Wolfram	Blei
0,01	0,01	0,01	0,01	0,01	0,11	0,12
0,05	0,03	0,04	0,04	0,03	0,54	0,61
0,10	0,06	0,07	0,08	0,05	1,03	1,16
0,15	0,08	0,09	0,10	0,07	1,47	1,66
0,50	0,20	0,22	0,26	0,18	3,71	4,24
1,00	0,36	0,40	0,46	0,32	6,03	6,84
2,0	0,71	0,78	0,90	0,64	9,86	10,96
5,0	1,91	2,00	2,37	1,73	19,02	20,45
10,0	4,06	4,11	4,96	3,71	30,06	31,62
20,0	8,33	8,17	9,97	7,67	44,03	45,55
50,0	19,20	18,25	22,19	17,92	63,16	64,39
100,0	31,90	30,22	35,74	30,19	75,26	76,17

Tab. 7.3: Relativer Energieanteil G der Anfangsenergie von Sekundärelektronen aus Photonenwechselwirkungen, der in Bremsstrahlung umgewandelt wird (Angaben gerundet, nach [ICRU 37], PMMA: Plexiglas). Weitere ausführlichere Daten befinden sich im Tabellenanhang.

In dieser Gleichung ist G derjenige relative Anteil der durch die Photonen auf Sekundärelektronen übertragenen Bewegungsenergie, der im Absorber in Bremsstrahlung umgesetzt wird. Ähnliches gilt für die Energieabsorption charakteristischer Röntgenstrahlung, wenn sie genügend Energie zum Verlassen des Absorbers besitzt. Dies könnte bei schweren Materialien der Fall sein, da in diesen sowohl die Fluoreszenzausbeuten und die Röntgenstrahlungsenergien ausreichend hoch als auch die Ausbeuten für die lokal absorbierbaren Augerelektronen dagegen vergleichsweise niedrig sind (vgl. Fig. 2.7). Allerdings sind die Halbwertschichtdicken für charakteristische Röntgenstrahlungen wegen der erhöhten Absorption der Photonen im Energiebereich um die Absorptionskanten (K-, L-Kante) gerade im Ursprungsmaterial besonders niedrig. In Niedrig-Z-Materialien wie menschlichem Weichteilgewebe und dessen Ersatzsubstanzen ist die Ausbeute für charakteristische Röntgenstrahlung wegen der dominierenden Augerelektronen-Emission zu vernachlässigen.

Zusammenfassend ist also festzustellen, dass Röntgenfluoreszenzverluste sowohl in schweren als auch in leichten Absorbern nur eine untergeordnete Rolle spielen. Sie werden deshalb in der von DIN verwendeten Umrechnungsformel (Gl. 7.45) außer Acht gelassen. Die numerischen Daten in Tabelle (7.3) zeigen, dass sich die Energieabsorption nur in Materialien höherer Ordnungszahl merklich von der Energieübertragung unterscheidet. Dies gilt allerdings nur für Absorber, deren Abmessungen klein gegen die mittlere freie Weglänge der Photonenstrahlung und Bremsstrahlung sind. Bei niedrigen Energien der Sekundärelektronen und bei Absorbern niedriger Ordnungszahl wie menschlichem Gewebe oder Wasser sind die Bremsstrahlungsverluste dagegen gering.

Die dosimetrische Messgröße zum Energieabsorptionskoeffizienten ist die **Energiedosis**. Im Allgemeinen sind primärer Energieübertragungsort und Energieabsorptionsort für Photonenstrahlung nicht identisch. Da die durch die geladenen Sekundärteilchen vom Photon übernommene Energie in der Regel in Strahlvorwärtsrichtung wegtransportiert wird, zeigen die Kerma und die Energiedosis besonders für höhere Photonenenergien eine unterschiedliche räumliche Verteilung (vgl. dazu die Ausführungen in [Krieger3]). Die Kenntnis der Energieumwandlungs- und Energieabsorptionsprozesse ist eine wesentliche Voraussetzung für das Verständnis der Dosisverteilungen von Photonenstrahlung in Materie. Detaillierte numerische Werte für Absorptions- und Übertragungskoeffizienten finden sich in der einschlägigen Literatur ([Jaeger/Hübner], [Reich 1990] und [Hubbell 1982], [Hubbell 1996]) sowie auszugsweise für die wichtigsten dosimetrischen Substanzen und Stoffgemische im Tabellenanhang.

Zusammenfassung

- **Für die Entstehung einer Energiedosis in Materie durch Photonenstrahlung sind vor allem die Energieüberträge der Sekundärelektronen der Photonenwechselwirkungen auf Absorberatome verantwortlich.**

- **Die lokale Absorption der Bewegungsenergie der Sekundärteilchen wird durch den linearen Energieabsorptionskoeffizienten μ_{en} beschrieben, der den Verlust von Bewegungsenergie der Sekundärteilchen durch Bremsstrahlungsproduktion mit berücksichtigt.**

- **Der Energieabsorptionskoeffizient ist allein ein Maß für die Zuordnung der aus einem Sekundärteilchenfeld in mit Photonen durchstrahlter Materie lokal absorbierten Energie.**

- **Die zugehörige dosimetrische Messgröße ist die Energiedosis.**

- Bei niedrigen Photonenenergien unterscheiden sich die Zahlenwerte für die Energieübertragung und die Energieabsorption nur wenig. Energiedosis und Kerma sind also etwa gleich groß.

- Bei hohen Photonenenergien unterscheiden sich die räumliche Verteilung der Energieübertragung auf Sekundärteilchen und der Energieabsorption deutlich.

Aufgaben

1. Überprüfen Sie die Z-Abhängigkeit des Massenphotoabsorptionskoeffizienten für 100 keV-Photonen nach (Gl. 7.2) für die Elemente der folgenden Tabelle.

Z	A	$\tau/\rho(cm^2/g)$	ρ (g/cm³)
7	14	0,00187	0,00116
10	20	0,00712	0,00084
14	28	0,025	2,33
20	40	0,0893	1,55
27	59	0,228	8,9
30	65	0,324	7,133
35	81	0,509	0,0071
40	90	0,776	6,51
50	119	1,47	7,3
60	144	2,45	6,9

2. Bei einem Photoeffekt wird das eingeschossene Photon absorbiert. Wieso treten dann vor allem bei schweren Nukliden nach der Wechselwirkung dennoch oft mehrere Photonen im Ausgangskanal dieser Reaktion mit diskreten Photonenenergien auf?

3. Kann nach einem Photoeffekt an einem isolierten Wasserstoffatom charakteristische Hüllenstrahlung entstehen? Wie sind die Verhältnisse beim Heliumatom?

4. Erklären Sie den Begriff "Comptonschmetterling". Für welchen Energiebereich tritt er auf und welche praktische Bedeutung hat er? Wie verformt sich der Comptonschmetterling bei hohen Photonenenergien?

5. Wieso sind Bleischürzen in der Röntgendiagnostik "Photoeffekt-Schürzen"?

6. Photonen von 100 keV sollen einem Comptonprozess unterliegen. Welche Photonen haben die höhere Energie, die unter 45° nach vorne oder die um 45° rückgestreuten Photonen? Begründung?

7. Wie hoch ist der über alle Streuwinkel gemittelte beim Streuphoton verbleibende Energieanteil für 80-kV-Röntgenstrahlung?

8. Um welchen Energiebetrag des Photons muss bei der Paarbildung im Kernfeld des Bleis die doppelte Ruheenergie des Elektrons überschritten werden?

9. Berechnen Sie die Schwellenenergie für die Triplettbildung aus dem relativistischen Energiesatz.

10. Werden bei der Triplettbildung tatsächlich 3 Teilchen "erzeugt"?

11. Wieso sind die Massenschwächungskoeffizienten für Photonenenergien um 1 – 2 MeV für alle Materialien nahezu gleich groß?

12. In welchem Energiebereich unterscheiden sich der Schwächungskoeffizient und der Energieübertragungskoeffizient für Photonenstrahlung und Niedrig-Z-Materialien wie Weichteilgewebe oder Wasser am wenigsten?

13. Sie bestrahlen einen Grafitblock aus ultrareinem C-12 mit Photonen unbekannter Energie. Dabei stellen Sie die Emission von 511 keV Photonen fest. Können Sie damit eine Aussage zu der Strahlenenergie Ihrer eingestrahlten Photonen machen?

14. Werden Patienten, die mit diagnostischer Röntgenstrahlung bestrahlt werden, radioaktiv?

15. Wie groß ist der Energieumwandlungskoeffizient eines Materials, wenn ausschließlich klassische Streuung der eingeschossenen Photonen stattfindet?

16. Wieso findet man in Tabellen (z. B. Tab. 24.5.2) oder Graphen (Fig. 7.16 und 7.19) bei bestimmten Photonenenergien 2 unterschiedliche Werte für den Schwächungskoeffizienten?

17. Vermindert die Wechselwirkung eines Photonenstrahlenbündels mit Materie in allen Fällen die Anzahl der Photonen im Strahlenbündel?

18. Bei welchen Photonenwechselwirkungen treten keine geladenen Sekundärteilchen auf?

Aufgabenlösungen

1. Zur Überprüfung dividieren Sie die Massenphotoabsorptionskoeffizienten durch
    $Z^{4,5}/A$. Das Ergebnis und die die Abweichungen zum Mittelwert (in %) zeigen die
    folgende Tabelle und Grafik. Die Z-Abhängigkeit für mittlere Ordnungszahlen ist
    mit einem Fehler bis maximal -19% korrekt.

Z	$\tau/\rho(\mathrm{cm^2/g})$	(%)
7	4,12E-06	95,2
10	4,50E-06	104,0
14	4,87E-06	112,4
20	4,99E-06	115,3
27	4,87E-06	112,5
30	4,75E-06	109,6
35	4,64E-06	107,2
40	4,31E-06	99,6
50	3,96E-06	91,4
60	3,51E-06	81,1

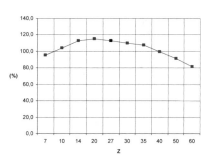

2. In der einfachen Bilanz des Photoeffekts sind die Sekundärstrahlungen nicht be-
    rücksichtigt. Natürlich entsteht beim Auffüllen des erzeugten Elektronenlochs die
    charakteristische Hüllenstrahlung, die bei schweren Atomen für die K-Schalen
    Löcher im Wesentlichen aus Röntgen-Fluoreszenzstrahlung besteht. Bei leichte-
    ren Atomen und bei primären Löchern in den äußeren Schalen entstehen zu ei-
    nem erheblichen Anteil Augerelektronen.

3. Nein, da an einem ionisierten Wasserstoffatom kein Elektron aus äußeren Scha-
    len zum Auffüllen des K-Lochs zur Verfügung steht. Beim Helium ist es genau-
    so.

4. Der Comptonschmetterling ist die anschauliche Beschreibung der Polardiagram-
    me für die inelastisch gestreuten Photonen (Photonenzahl, gestreute Energie, Fig.
    7.9) bei niedrigen Photonenenergien (z.B. im Röntgen). Diese Winkelverteilun-
    gen führen zu einer erheblichen Strahlenexposition des Personals bei Röntgenun-
    tersuchungen (z.B. bei Durchleuchtungen). Mit zunehmender Photonenenergie
    nehmen diese Verteilungen eine vorwärts gerichtete Keulenform an. Der Rück-
    streuanteil nimmt also ab.

5. Der Grund sind die starke Energieabhängigkeit und die Ordnungszahlabhängig-
    keit des Photowechselwirkungskoeffizienten (Gl. 7.4). Für niedrige Energien und
    hohe Ordnungszahlen dominiert der Photoeffekt in Bleischürzen alle anderen
    Wechselwirkungen bis zum Faktor 100 (vgl. dazu Tab. 20.5.2).

6. Die Winkelabhängigkeit der Energie der gestreuten Photonen wird in (Gl. 7.18) durch das Cosinusglied im Nenner beschrieben. Für 45° erhält man etwa 95 keV, für 135 Grad (Rückwärtsstreuung) nur 75 keV Energie der gestreuten Quanten. Der Grund für dieses Ergebnis sind die winkelabhängigen Impulsüberträge vom stoßenden Photon auf das Comptonelektron.

7. Die mittlere Photonenenergie für ein diagnostisches 80-kV-Röntgenspektrum beträgt etwa 40 keV. Aus (Fig. 7.10) entnimmt man eine relative Photonenrestenergie von ca. 93%. Die gestreute Strahlung hat also im Mittel eine Energie von 37 keV und ist daher nahezu so hart wie die Primärstrahlung.

8. Die Schwellenenergie für die Elektron-Positron-Paarbildung im Kernfeld liegt bei $2m_0c^2(1+m_e/m_{Kern})$. Für Blei setzt man die Massenzahl des Bleis (m_{Pb} = etwa 207), für die Elektronenmasse 1/1836 einer Nukleonenmasse ein. Dies ergibt einen Bruch von etwa $1/(207\cdot1836) =1/173000$, also einen Unterschied von 6×10^{-6} zu 1. Je leichter der Atomkern wird, umso größer ist die Abweichung der Schwellenenergie von der doppelten Ruhemasse.

9. Der relativistische Energiesatz beschreibt die Energie- und Impulsverhältnisse unter relativistischen Bedingungen im bewegten und im Schwerpunktsystem. Er lautet (s. Kapitel 1 Gleichung 1.8) $E^2 = E_0^2 + p^2 \cdot c^2$. Umformung ergibt $E_0^2 = E^2 - p^2 \cdot c^2$. An der Schwelle befinden sich alle beteiligten Teilchen relativ zueinander in Ruhe. Die Ruheenergie beträgt deshalb $3m_ec^2$, die Gesamtenergie besteht aus der minimalen Photonenenergie und der Ruheenergie des ursprünglichen Elektrons ($E_{\gamma,min}+m_ec^2$), der Impuls besteht aus dem minimalen Impuls des Photons $E_{\gamma,min}/c$. Einsetzen in den obigen Impuls-Energiesatz ergibt $(3m_ec^2)^2 = (E_{\gamma,min}+m_ec^2)^2 - (E_{\gamma,min}/c)^2c^2$. Auflösen dieser Gleichung nach $E_{\gamma,min}$ ergibt $E_{\gamma,min} = 4\ m_ec^2$, also die vierfache Ruheenergie des Elektrons. Die gleiche Bilanz erhält man, wenn man in der Beziehung der Aufgabe 8, die aus dem relativistischen Impulssatz abgeleitet wurde, die Kernmasse durch eine Elektronenmasse ersetzt.

10. Nein, diese Bezeichnung soll nur die drei freien Teilchen bei dieser Reaktion beschreiben, da anders als bei der Paarbildung das beteiligte Hüllenelektron wegen der Impulsverhältnisse die Atomhülle des Targetatoms verlässt.

11. Das liegt an der absoluten Dominanz der Comptonwechselwirkung in diesem Energiebereich. Der Compton-Wechselwirkungskoeffizient ist vom Verhältnis Z/A abhängig, das für die meisten Substanzen den Wert von etwa 1/2 hat. Die Dichteabhängigkeit der Wechselwirkungskoeffizienten ist durch die Verwendung von Massenschwächungskoeffizienten berücksichtigt.

12. Im niederenergetischen (Röntgen-)Bereich. Der Grund ist die geringe auf die Sekundärelektronen übertragene Energie bei der dominierenden Wechselwirkung, dem Comptoneffekt (vgl. dazu Aufgabe 5, und Beispiel 7.2).

13. Die Vermutung ist naheliegend, dass Sie einen Beta-plus-Strahler erzeugt haben, dessen Positron-Elektron-Paarvernichtungsquanten Sie detektieren. Also muss die Energie der eingeschossenen Photonen höher als die Neutronenemissionsschwelle für Kohlenstoff sein, d. h. größer als 18,7 MeV (Tab. 7.1). Es könnte auch die Paarvernichtung nach einem Paarbildungsprozess sein. Allerdings ist dieser Prozess wegen der niedrigen Ordnungszahl des C ($Z = 6$) bis zu sehr hohen Energien nicht sehr wahrscheinlich.

14. Patienten werden beim Röntgen nicht radioaktiv, da die Energie der verwendeten Strahlung weit unterhalb der Schwellenenergien für den Kernphotoeffekt liegt.

15. Null, da bei der klassischen Streuung keine Energie vom Photon auf das Atom übertragen wird. Der Fall der ausschließlich klassischen Streuung ist allerdings nicht sehr wahrscheinlich, da der Streukoeffizient in den meisten Materialien von nachgeordneter Bedeutung ist.

16. Diese Sprünge des Schwächungskoeffizienten treten immer dann auf, wenn die Energie des eingeschossenen Photons exakt der Bindungsenergie der Elektronen entspricht. Man erhält dann immer einen niedrigeren Wert aus dem stetigen Verlauf und sprungartig einen weiteren höheren Wert, da zu den bisherigen Ionisationen die Wechselwirkung mit der zusätzlichen inneren Schale addiert werden muss. Dieser Wert kann bei schweren Atomen bis zum Faktor 6 erhöht sein. Die Sprünge nennt man je nach beteiligter Schale K-, L- und M-Kanten. Zuständig für diesen Effekt ist immer der Photoeffekt, da bei den anderen Wechselwirkungen primär keine inneren Elektronen aus den Atomen ausgelöst werden.

17. Nein, bei vielen Wechselwirkungen wird die Anzahl der Photonen nicht vermindert. Es kommt aber zur Reduktion der ursprünglichen Primärphotonenzahl.

18. Bei der klassischen kohärenten Streuung und Kernphotoeffekt mit einem Neutron im Ausgangskanal der Reaktion.

8 Schwächung von Strahlenbündeln ungeladener Teilchen

Nach einer kurzen Definition des Schwächungsbegriffs wird in diesem Kapitel zunächst das exponentielle Schwächungsgesetz ausführlich erläutert. Dieses Gesetz beschreibt die Verminderung der Anzahl primärer Teilchen durch die von Teilchenart und Teilchenenergie abhängigen Wechselwirkungen mit dem Absorbermaterial. Die deutlichen Abweichungen von diesem einfachen exponentiellen Gesetz bei offener Geometrie, bei der die sekundären und tertiären Wechselwirkungsprodukte im Strahlungsfeld mit erfasst werden, werden im zweiten Abschnitt dieses Kapitels dargestellt.

─────────────────────────

Ungeladene Strahlungsquanten wie Photonen oder Neutronen haben wegen ihrer fehlenden elektrischen Ladung nur sehr kleine Wechselwirkungswahrscheinlichkeiten mit den Atomen eines bestrahlten Absorbers. Einige der Quanten werden bei der Wechselwirkung absorbiert oder gestreut, andere können insbesondere dünne Absorber aber ohne jede Wechselwirkung bzw. ohne jeden Energieverlust wieder verlassen. Meistens kommt es nur zu singulären Wechselwirkungsereignissen, die aber mit hohen Energieverlusten verbunden sein können. Wegen der geringen Wechselwirkungsraten sind selbst hinter dicken Absorbern immer noch unbeeinflusste Primärquanten anzutreffen. Ungeladene Teilchen haben daher keine endlichen Reichweiten in Materie. Zur Beschreibung der Wechselwirkungswahrscheinlichkeit ungeladener Quanten eines Strahlenbündels wird das so genannte **Schwächungsgesetz** verwendet. Dieses Gesetz beschreibt das mittlere Verhalten der primären Quanten eines Strahlenbündels ungeladener Teilchen in einem Absorber. Seine Aussagen gelten daher nur für hinreichend große Teilchenzahlen. Die Wechselwirkungsraten individueller Teilchen zeigen dagegen immer zufällige Abweichungen von diesem Schwächungsgesetz. Diese treten in realen Experimenten als statistische Schwankungen der Messergebnisse in Erscheinung.

Die Wechselwirkungen ungeladener Teilchen können zur Absorption, zur elastischen oder inelastischen Streuung, zur Paarbildung bei Photonen und zu Kernreaktionen der primären Teilchen führen. Alle folgenden Ableitungen und Ausführungen zum Schwächungsgesetz gelten grundsätzlich für jede Art ungeladener Strahlungsquanten, also beispielsweise für Photonen und Neutronen. Der Einfachheit halber und wegen der überragenden Bedeutung der Photonenstrahlung in der Radiologie und im Strahlenschutz werden die Darstellungen in diesem Kapitel vorwiegend für Photonenstrahlung ausgeführt. Sie gelten sinngemäß und in gleicher mathematischer Form auch für Neutronenstrahlenbündel.

Der Begriff Schwächung wird in der Dosimetrie und im Strahlenschutz etwas unpräzise auch für die Verminderung einer Dosisleistung durch einen Absorber, (z. B. Patienten oder eine Strahlenschutzabschirmung) verwendet. Diese Art von Dosisleistungsveränderungen können nicht mit dem einfachen exponentiellen Schwächungsgesetz beschrieben werden, da in diesen Fällen Streustreustrahlungen, Sekundärstrahlungen und tertiäre Strahlungskomponenten auftreten und miterfasst werden.

8.1 Exponentielle Schwächung

Das Schwächungsgesetz beschreibt die Abnahme der Zahl der primären Quanten eines schmalen, parallelen und monoenergetischen Strahlenbündels beim Durchgang durch einen Absorber mit konstanter Dichte ρ und Ordnungszahl Z. Das Verhältnis der Zahl der primären Quanten $N(x)$ hinter einer Absorberdicke x und der Zahl der primären Quanten N vor dem Absorber wird als **Transmission** $T(x)$ bezeichnet.

$$T(x) = \frac{N(x)}{N} \tag{8.1}$$

Bei der Formulierung des Schwächungsgesetzes für monoenergetische Strahlung können neben den Primärquantenzahlen N und $N(x)$ auch die Primärteilchenfluenz (Teilchen/Fläche) oder Energieflussgrößen wie die Intensität I ("Energie pro Fläche und Zeit"), die Energiefluenz oder Kermagrößen verwendet werden. Wenn die durch Wechselwirkungen bewirkte Verminderung primärer Teilchen dN proportional zu der auf einen Absorber eingeschossenen primären Teilchenzahl N ist, erhält man das exponentielle Schwächungsgesetz in der differentiellen Form.

$$dN = -\mu \cdot N \cdot dx \qquad \text{bzw.} \qquad \frac{dN}{N} = -\mu \cdot dx \tag{8.2}$$

Die Abnahme dN der primären Teilchenzahl N durch Wechselwirkungen mit dem durchstrahlten Material ist also proportional zur Zahl der primären Quanten und zur durchsetzten infinitesimalen Schichtdicke dx (Gl. 8.2 links). Stellt man die Gleichung etwas um, erkennt man, dass die relative Abnahme der Primärquanten dN/N proportional zur durchsetzten Absorberdicke ist (Gl. 8.2 rechts). Die Proportionalitätskonstante dieser Gleichungen ist der **lineare Schwächungskoeffizient** μ.

$$\mu = -\frac{dN}{N} / dx \tag{8.3}$$

Der Schwächungskoeffizient μ ist also der Quotient aus dem relativen Primärteilchenzahlverlust dN/N (der relativen Anzahl der Wechselwirkungen auf einem Wegstück dx) und der Wegstrecke dx. μ hat deshalb die Einheit einer reziproken Länge (z. B. 1/cm).

Schwächung von Strahlenbündeln bedeutet im engeren Sinn "Herausnahme" von primären Teilchen aus dem Strahlengang. Essentiell für das Auftreten der exponentiellen Schwächung ist eine endliche Chance für ein primäres Teilchen, ohne Wechselwirkungen auch dicke Absorber zu passieren. Entscheidend für die exponentielle Schwächung ist dabei nicht die Teilchenart, sondern eine endliche, deutlich von 100% verschiedene Wahrscheinlichkeit für das Auftreten fataler Ereignisse, also von Wechselwirkungen, die zum Verschwinden des primären Teilchens führen. Voraussetzung zum Nachweis einer exponentiellen Schwächung ist die Unterscheidung primärer Strahlungsquanten und solcher Quanten, die bereits irgendeiner Wechselwirkung unterlagen. Dabei ist es im Prinzip unerheblich, welches Schicksal diese Teilchen bei einer Wechselwirkung erlebt haben, ob es also dabei zu Energieverlusten, Richtungsänderungen oder sonstigen Einflüssen wie Polarisationsänderungen o. ä. gekommen ist. Theoretisch und experimentell müssen die Unterscheidungen von primären und nachfolgenden Quanten durch Einschränkungen der Phasenräume für die auslaufenden Teilchen vorgenommen werden. Wichtige Beispiele sind die Untersuchung der Teilchenenergie, der Teilchenimpulse (Vektoren, Beträge) und der Teilchenrichtungen (Winkel) hinter Absorbern. Verwirklicht wird dies z. B. durch Energieanalysen (Spektrometrie) und durch Aufbauten in so genannter schmaler Geometrie, die zur Winkelselektion notwendig ist.

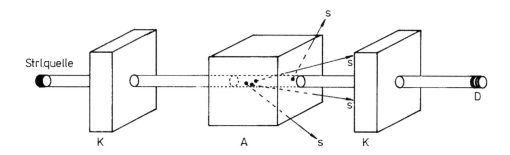

Fig. 8.1: Experimenteller Aufbau zur Messung der Schwächung eines Strahlenbündels ungeladener Teilchen in "schmaler" Geometrie: Die Strahlungsquelle befindet sich so weit vom Detektor D entfernt, dass ein nahezu paralleles Strahlenbündel entsteht. Das Strahlenbündel ist durch ein Blendensystem aus zwei Kollimatoren (K) ausgeblendet. Der Detektor (D) befindet sich in einem festen Abstand zum Strahler, um Dosisleistungsänderungen durch das Abstandsquadratgesetz zu vermeiden. Er sieht nur den vom Absorber (A) durchgelassenen Primärstrahlungsanteil im schmalen Strahlenbündel. Finden Mehrfachwechselwirkungen im Absorber statt, werden sie durch ihre unterschiedliche Energie erkannt und ausgesondert. Im Absorber entstehende Streustrahlung (S) wird durch das Blendensystem K ("Kollimator") wirksam ausgeblendet.

Im Experiment nähert man diese Forderungen durch fein ausgeblendete, also kollimierte Strahlungsquellen und Detektoren und Messungen in fester Geometrie an, bei der die relative Lage von Strahlungsquelle und Detektor während des Experiments nicht verändert wird (Fig. 8.1). Bei monoenergetischen Teilchenbündeln können die Untersuchungen auch mit Hilfe von Spektrometern durchgeführt werden, in denen die Quanten nach ihrer Energie unterschieden werden können (s. [137]Cs- und Neutronen-

Beispiele in Kap. 8.4). Auf diese Weise können alle Teilchen, die bereits einer Wechselwirkung mit Energieverlust unterlagen, von primären Teilchen diskriminiert werden. Von primären Quanten allein durch eine Energieanalyse nicht zu unterscheiden sind dagegen die ohne Energieverlust elastisch gestreuten Strahlungsquanten. Hier wird zusätzlich eine Winkeldiskriminierung benötigt.

In den meisten Fällen finden Wechselwirkungen von Strahlungsfeldern mit Absorbern jedoch in "offener" Geometrie statt. Die breiten Strahlungsfelder sind deshalb in der Regel mehr oder weniger divergent und enthalten nach der Wechselwirkung mit einem Absorber auch gestreute Quanten und deren Sekundärteilchen, die zusammen mit den in Energie und Richtung unveränderten Primärquanten im Detektor nachgewiesen werden (s. Fig. 8.7).

Integrale Form des Schwächungsgesetzes*

Für praktische Anwendungen des Schwächungsgesetzes muss die Differentialgleichung (8.2) in die übliche integrale Form überführt werden. Diese Gleichung ist formgleich mit der differentiellen Form des Zeitgesetzes der Aktivität beim radioaktiven Zerfall (Gl. 4.8). Sie wird deshalb mathematisch genauso behandelt. Dazu integriert man die Differentialgleichung (8.2) links über die Teilchenzahl von N_0 bis N_d und rechts von der Tiefe $x = 0$ bis zur Tiefe $x = d$ im Absorber.

$$\int_{N=N_0}^{N_d} \frac{dN}{N} = -\int_{x=0}^{d} \mu \cdot dx \qquad (8.4)$$

Da das unbestimmte Integral von dN/N der natürliche Logarithmus $\ln(N)$ ist, erhält man den Ausdruck

$$[ln\,N]_{N_0}^{N_d} = -[\mu \cdot x]_{x=0}^{d} \qquad \text{bzw.} \qquad ln\,N_d - ln\,N_0 = ln\frac{N_d}{N_0} = -\mu \cdot d \qquad (8.5)$$

Anwenden der Umkehrfunktion auf diesen Ausdruck liefert die bekannte exponentielle Form des Schwächungsgesetzes für die verbliebene Primärquantenzahl $N(d)$ hinter der Schichtdicke d:

$$N(d) = N_0 \cdot e^{-\mu \cdot d} \qquad (8.6)$$

Für die Teilchenflussdichte $\varphi(d)$ erhält man die analoge Form

$$\phi(d) = \phi_0 \cdot e^{-\mu \cdot d} \qquad (8.7)$$

und für die Intensität $I(d)$ die Gleichung:

$$I(d) = I_0 \cdot e^{-\mu \cdot d} \qquad (8.8)$$

jeweils unter den geometrischen Voraussetzungen der schmalen Geometrie. Die Transmission T (Gl. 8.1) entspricht gerade dem Exponentialterm der rechten Seiten dieser Gleichungen.

$$T = \frac{N(d)}{N_0} = \frac{\phi(d)}{\phi_0} = \frac{I(d)}{I_0} = e^{-\mu \cdot d} \qquad (8.9)$$

Die Primärquantenzahl N, die Teilchenflussdichte φ und die Intensität I nehmen also exponentiell mit der Dicke des Absorbers ab. In linearer grafischer Darstellung erhält man wie beim Zerfallsgesetz wegen der Exponentialfunktion einen asymptotisch gegen Null verlaufenden exponentiellen Graphen, in halblogarithmischer Auftragungsweise Geraden mit negativer Steigung (Fig. 8.2, vgl. auch Fig. 4.1). Wegen der mathematischen Gleichheit der beiden Beziehungen von Zerfallsgesetz und Schwächungsgesetz kann man in formaler Analogie zur Halbwertzeit der Radioaktivität beim Schwächungsgesetz die **Halbwertschichtdicke** ($d_{1/2}$, d_{50}, s_1 oder HWSD) definieren (Gl. 8.10). Sie gibt diejenige Schichtdicke an, hinter der die Intensität bzw. die Zahl der primären Quanten eines schmalen Strahlenbündels im Mittel auf 50% abgenommen hat. Die Halbwertschichtdicke für eine bestimmte Teilchenenergie ist ebenso charakteristisch für das Material wie der Schwächungskoeffizient.

$$d_{1/2} = \frac{\ln 2}{\mu} \qquad \text{und} \qquad N(d) = N_0 \cdot e^{-\frac{\ln 2 \cdot d}{d_{1/2}}} \qquad (8.10)$$

Wie beim Zerfallsgesetz kann man die Exponentialausdrücke mit Hilfe der Halbwertschichtdicke $d_{1/2}$ in eine für praktische Abschätzungen besonders geeignete Potenzform bringen.

$$N(n \cdot d_{1/2}) = N_0 \cdot \frac{1}{2^n} \qquad (8.11)$$

Die Zehntelwertschichtdicke ist diejenige Dicke eines Absorbers, nach der die Primärteilchenintensität auf ein Zehntel (10%) abgenommen hat. Etwa drei Halbwertschichtdicken entsprechen einer Zehntelwertschicht (exakt: $d_{1/10} = 3{,}32 \cdot d_{1/2}$).

$$d_{1/10} = \frac{\ln 10}{\mu} \approx \frac{2{,}303}{\mu} \qquad (8.12)$$

In formaler Analogie zu den Überlegungen zur mittleren Lebensdauer radioaktiver Atomkerne kann man die mittlere Weglänge bis zu einer Wechselwirkung, die sogenannte **Schwächungslänge** R (früher: mittlere freie Weglänge) ungeladener Teilchen durch folgende Integralbeziehung berechnen.

$$R = \frac{\int_{x=0}^{\infty} x \cdot dN(x)}{\int_{x=0}^{\infty} dN(x)} = \frac{\int_{x=0}^{\infty} -x \cdot \mu \cdot N_0 \cdot e^{-\mu \cdot x} \cdot dx}{\int_{x=0}^{\infty} -\mu \cdot N_0 \cdot e^{-\mu \cdot x} \cdot dx} = \frac{1}{\mu} \qquad (8.13)$$

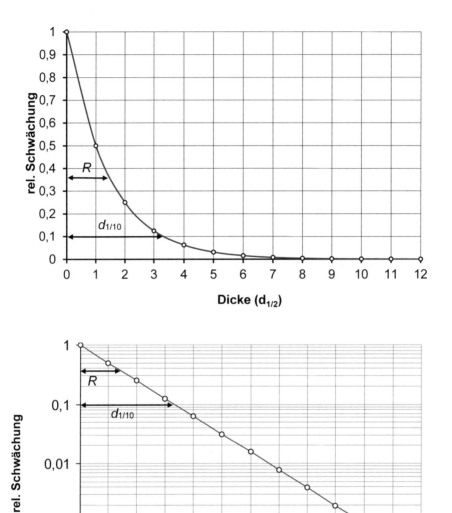

Fig. 8.2: Schematische Darstellung des exponentiellen Schwächungsgesetzes für monoenergetische Strahlung ungeladener Teilchen in schmaler Geometrie. Ordinaten: Relative
Primärquantenzahl bzw. Intensität, Abszissen: Absorberdicke d in Einheiten der
Halbwertschichtdicke $d_{1/2}$. Oben lineare, unten halblogarithmische Darstellung. Eingezeichnet sind die Zehntelwertdicke $d_{1/10}$ und die Schwächungslänge R.

Die Schwächungslänge R ist also gerade der Kehrwert des linearen Schwächungskoeffizienten μ. Damit erhält man das Schwächungsgesetz in einer weiteren Form:

$$N(d) = N_0 \cdot e^{-\frac{d}{R}} \qquad \text{mit} \qquad R = \frac{1}{\mu} \qquad (8.14)$$

Durch Einsetzen von $d = R$ findet man, dass die Zahl der Primärquanten nach einer Schwächungslänge gerade auf $1/e$ (ca. 37%), nach zwei Schwächungslängen auf $1/e^2$ (13%) abgenommen hat.

Im Allgemeinen hängen Schwächungskoeffizienten sowohl von der Teilchenenergie und Teilchenart als auch von den Eigenschaften des Absorbers wie Dichte, Ordnungszahl und Massenzahl ab. Für Photonenstrahlungen werden die Schwächungskoeffizienten aus den Wahrscheinlichkeiten für die verschiedenen Photonenwechselwirkungsprozesse theoretisch berechnet (gemäß Gl. 7.34, Daten z. B. [Hubbel 1996]) oder aus Schwächungsmessungen in geeigneter Geometrie experimentell abgeleitet. Für Neutronenstrahlung werden Schwächungskoeffizienten in der Regel aus Experimenten in schmaler Geometrie bestimmt (s. Fig. 8.9). Für die praktische Arbeit entnimmt man die numerischen Werte aus geeigneten Tabellenwerken (s. Anhang) oder bei geringeren Genauigkeitsanforderungen auch grafischen Darstellungen.

Alle Schwächungskoeffizienten sind proportional zur Dichte des Absorbers. Sieht man von der Ordnungszahlabhängigkeit der Wechselwirkungswahrscheinlichkeiten ab, unterscheiden sich die vom Material abhängigen Schwächungskoeffizienten also wie die Dichten der bestrahlten Materie. Dichten typischer Substanzen in der medizinischen Radiologie wie menschliches Weichteilgewebe oder Wasser ($\rho \approx 1$ g/cm^3), Luft ($\rho \approx 0{,}0013$ g/cm^3) und Blei ($\rho = 11{,}35$ g/cm^3) umfassen 4 Größenordnungen. Um mindestens die gleichen Faktoren variieren daher die Schwächungskoeffizienten. Um das "Mitschleppen" großer Zehnerpotenzen zu vermeiden und aus praktischen Gründen, bezieht man Schwächungskoeffizienten auf die Dichten. Man bildet also den Quotienten aus linearem Schwächungskoeffizient und der Dichte, den **Massenschwächungskoeffizienten** μ/ρ. Der Massenschwächungskoeffizient und seine massenbezogenen Bestandteile (für Photonen sind dies die Teilkoeffizienten τ/ρ, σ/ρ, κ/ρ, usw.) unterscheiden sich für verschiedene Absorber deshalb nur noch wegen deren Ordnungszahlen. Das Schwächungsgesetz schreibt sich mit dem Massenschwächungskoeffizienten in der Form:

$$N(d \cdot \rho) = N_0 \cdot e^{-\frac{\mu}{\rho} \cdot d \cdot \rho} \qquad (8.15)$$

Das Produkt aus Dichte und Absorberdicke $\rho \cdot d$ heißt **Massenbedeckung** oder **Flächenbelegung** eines Absorbers und ist die übliche Kennzeichnung von Folienstärken in der Industrie. Sie hat die Einheit Masse/Fläche (z. B. g/cm^2).

Beispiel 8.1: Die Schwächung eines monoenergetischen Photonen-Strahlenbündels mit Energien von 50 keV, 100 keV und 1 MeV durch eine 1 mm dicke Bleischürze in schmaler Geometrie ist zu berechnen. Die Massenbedeckung beträgt mit der Dichte $\rho(Pb) = 11,35$ g/cm^3 deshalb $11,35 \cdot 0,1$ g/cm^2. Für die Massenschwächungskoeffizienten entnimmt man den Tabellen im Anhang oder (Fig. 6.18) etwa die folgenden gerundeten Werte $\mu/\rho(50keV) = 8,5$ cm^2/g, $\mu/\rho(100keV) = 5,55$ cm^2/g und $\mu/\rho(1MeV) = 0,07$ cm^2/g. Gleichung (8.15) ergibt die Transmissionen $T(50) = 0,0001$, $T(100) = 0,0018$ und $T(1000) = 0,923$. Die Transmissionen unterscheiden sich also um 4 Größenordnungen. Je höher der Schwächungskoeffizient ist, umso höher ist auch die Schwächung des Strahlenbündels und umso geringer ist die Transmission.

Zusammenfassung

- **Die Schwächung schmaler, monoenergetischer Strahlenbündel ungeladener Teilchen wird durch das exponentielle Schwächungsgesetz für den Teilchenfluss, die Primärteilchenzahl oder die Intensität mit Hilfe des material- und energieabhängigen linearen Schwächungskoeffizienten μ beschrieben. Dieser ist umgekehrt proportional zur Halbwertschichtdicke $d_{1/2}$ im Material.**

- **Für praktische Zwecke verwendet man oft den auf die Absorberdichten bezogenen Massenschwächungskoeffizienten μ/ρ.**

- **Schwächungskoeffizienten für verschiedene Strahlungsarten, Teilchenenergien und Absorbermaterialien sind tabelliert (s. Anhang) oder können grafischen Darstellungen entnommen werden.**

8.2 Schwächung schmaler heterogener Strahlenbündel ungeladener Teilchen*

Sind mehrere Teilchenenergien im Strahlenbündel enthalten, bezeichnet man die Energieverteilung der Quanten als **heterogen**. Beispiele für heterogene Photonenstrahlungen sind die Strahlenbündel aus Röntgenröhren oder medizinischen Beschleunigern und die diskreten Spektren aus Gammaemissionen aus Atomkernen und der Hüllenfluoreszenz mit mehreren unterschiedlichen Photonenenergien. Ein wichtiges heterogenes Neutronenspektrum entsteht bei der Kernspaltung in Kernreaktoren. Wegen der Energieabhängigkeiten der Schwächungskoeffizienten der ungeladenen Teilchen (s. Kap. 7 für die Wechselwirkungsprozesse der Photonen, für Neutronen s. Kap. 9) folgt die Gesamtschwächung für heterogene Spektren ungeladener Teilchen auch in "schmaler Geometrie" im Allgemeinen keiner Exponentialfunktion mehr.

Für das Beispiel der heterogenen Photonenstrahlung (Fign. 8.4, 8.5) müsste das exponentielle Schwächungsgesetz eigentlich für jede im Spektrum vorhandene Photonenenergie einzeln berechnet werden. Die Gesamtschwächung ergäbe sich bei diesem Verfahren dann aus einer mit dem Photonenspektrum gewichteten Summe (bei diskre-

ten Spektren) bzw. Integration (bei kontinuierlicher Verteilung) dieser Einzelschwä-
chungen. Man kann stattdessen auch ersatzweise eine mittlere Photonenenergie durch
Integration über das Photonenspektrum berechnen. Beide Methoden sind nur anwendbar, wenn die energetische (spektrale) Verteilung des Photonenspektrums hinreichend
bekannt ist. Dies ist in der Regel nur für Photonenstrahlung aus Röntgenröhren mit
standardisierter Strahlungsqualität (Filterung, Hochspannung) oder für Kerngammas-
pektren, nicht aber für Photonenstrahlungen aus Beschleunigern der Fall. Solche
Rechnungen sind in der Regel so aufwendig, dass sie in der üblichen Routine kaum
durchgeführt werden können. Man beschreibt die Schwächung heterogener Photonenstrahlung daher besser mit Hilfe empirischer Schwächungskurven (Fig. 8.3).

8.3 Aufhärtung und Homogenität heterogener Photonenstrahlung*

Im üblichen Sprachgebrauch werden unabhängig von der Wirkung auf einen Absorber
niederenergetische Strahlungen etwas salopp als "weich" und höherenergetische Strahlungen als "hart" bezeichnet. Richtig verwendet werden diese Begriffe dagegen nur im
Zusammenhang mit der Transmission durch einen Absorber. Weichere Strahlung hat
eine geringere Durchdringungsfähigkeit und einen größeren Schwächungskoeffizienten, härtere Strahlung dagegen eine höhere Transmission bzw. einen kleineren Schwächungskoeffizienten. Unter Aufhärtung eines energetisch heterogenen Strahlenbündels

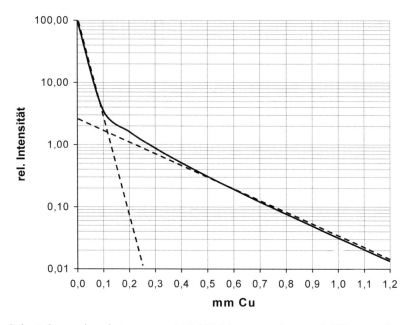

Fig. 8.3: Schwächung eines heterogenen 150 kV-Röntgenspektrums (völlig ungefiltertes Drei-
ecksspektrum) durch Kupfer. Die Steigungen der Tangenten an die Schwächungskurve sind die effektiven Schwächungskoeffizienten, die Abnahme der Steigung mit zunehmender Absorbertiefe ist durch Aufhärtung (bevorzugte Absorption weicher
Strahlungsanteile) bewirkt.

versteht man also solche spektrale Veränderungen, bei denen die **Durchdringungsfähigkeit** der Strahlung zunimmt.

Bei einem heterogenen Photonenstrahlenbündel werden wegen der großen Werte des Schwächungskoeffizienten bei kleinen Photonenenergien beim Durchgang durch Materie vor allem die niederenergetischen Strahlungsanteile herausgefiltert. Dadurch ändert sich die spektrale Zusammensetzung des Photonenspektrums mit der durchstrahlten Schichtdicke des Absorbers in Richtung höherer mittlerer Energie. Das Strahlenbündel wird durchdringender. Der energiegemittelte Schwächungskoeffizient wird wegen der anwachsenden effektiven Photonenenergie kleiner. Die Aufhärtung eines

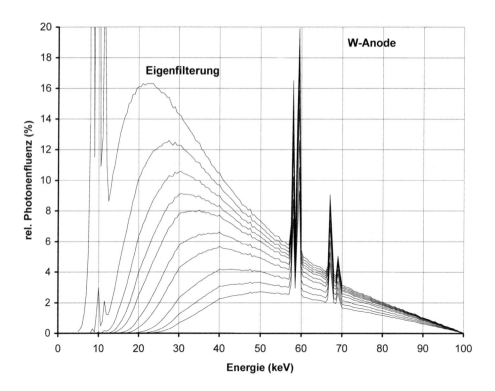

Fig. 8.4: Spektrale Verformung eines realistischen 100 kV Röntgenspektrums an einer Wolframanode (aus [Krieger2]) mit Aluminium zunehmender Dicke. Von oben: nur Eigenfilterung, 0,5 / 1,0 / 1,5 / 2 / 3 / 4 / 6 / 8 / 10 mm Al. Alle Spektren sind auf das Fluenzmaximum des ausschließlich eigengefilterten Spektrums im Bereich der L-Linien normiert. Deutlich sichtbar ist die erhebliche Formveränderung der Spektren mit zunehmender Filterung, die völlige Unterdrückung der L-Linien der Wolframanode (Energien um 10 keV) und die Verschiebung der mittleren Energie hin zu höheren Werten durch bevorzugte Schwächung weicher Strahlungsanteile. Genaue Energien der charakteristischen Strahlungen finden sich in (Tab. 2.3).

heterogenen Strahlenbündels ist daher mit einer Zunahme der Halbwertschichtdicken und in der Regel auch mit einer Zunahme der mittleren Energie des Spektrums verbunden. Bei höheren Photonenenergien, bei denen in manchen Materialien der Schwächungskoeffizient wegen der dominierenden Paarbildung wieder anwächst, und in der Nähe der Absorptionskanten (K-Kanten usw.) kann die selektive Schwächung aber auch mit einer Erniedrigung der effektiven Energie verbunden sein.

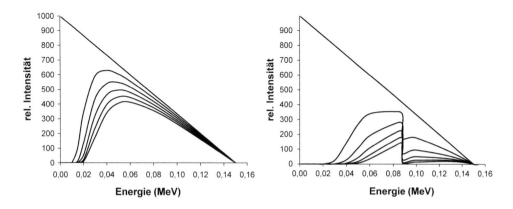

Fig. 8.5: Sukzessive Aufhärtung eines 150 kV-Dreiecksphotonenspektrums durch stufenweise Filterung mit Aluminium von je 1 mm zusätzlicher Filterdicke (links) und mit Blei von je 0,1mm Filterdicke (rechts). Man beachte die erhebliche Formveränderung der Spektren rechts im Bereich der K-Kanten-Energie des Bleis bei ca. 88 keV.

Wegen der Aufhärtung im Medium ist die zweite Halbwertschichtdicke bei heterogener niederenergetischer Photonenstrahlung immer größer als die erste. Das Verhältnis von erster zu zweiter Halbwertschichtdicke wird als **Homogenitätsgrad** H bezeichnet. Monoenergetische Photonenstrahlung hat definitionsgemäß den Homogenitätsgrad $H = 1$, da der lineare Schwächungskoeffizient und die Halbwertschichtdicken in "schmaler" Geometrie unabhängig von der Tiefe im Absorber sind. Für heterogene Strahlung dagegen ist der Homogenitätsgrad immer kleiner als 1. In der radiologischen Praxis werden Strahlungen mit Homogenitätsgraden $H > 2/3$ oft schon als "praktisch homogen" betrachtet.

$$H = \frac{d_{1/2}^1}{d_{1/2}^2} \leq 1 \qquad (8.16)$$

Die wichtigste heterogene Photonenstrahlungsquelle ist die Röntgenröhre. Das in ihr erzeugte Photonenspektrum besteht aus einer Überlagerung der kontinuierlichen Röntgenbremsstrahlung und der charakteristischen Röntgenstrahlung. Letztere besteht aus einer Reihe diskreter Linien, ist also wie die Bremsstrahlung heterogen. Die weichen Anteile des Röntgenspektrums werden bei der Bestrahlung eines Absorbers wegen der hohen Schwächungskoeffizienten bevorzugt an den Oberflächen der Absorber absorbiert. Bei medizinischen Anwendungen kommt es daher zu einer unerwünscht hohen Strahlenexposition der Patienten auf der Strahleintrittsseite. Da die weichen Anteile im Röntgenspektrum keinen Beitrag zur Bildgebung leisten können, schreibt der Gesetzgeber bei der medizinischen Anwendung von Röntgenstrahlung auf den Menschen eine Mindestfilterung der Röntgenstrahlung vor, die das Spektrum aufhärten soll und so die hohe oberflächliche Strahlenexposition der Patienten mindert. Sehr strenge Vorschriften bestehen bei der Filterung von Röntgenspektren für Kinder und Jugendliche (z. B. Zusatzfilter aus Kupfer).

Bei technischen Anwendungen für den Strahlenschutz, dosimetrischen Aufgaben und Kalibrierungen mit Röntgenstrahlung besteht vor allem das Problem der Vergleichbarkeit von Strahlungsqualitäten und der damit zusammenhängenden Schwächungen. Hier ist eine **Homogenisierung**, also eine "genormte" Aufhärtung des Röntgenspektrums nötig.

Die Strahlungsqualität von Röntgenstrahlung wird, falls Einzelheiten des Intensitätsspektrums nicht bekannt sind oder nicht erfasst werden sollen, nach [DIN 6814-2] vereinfachend durch die Angabe der maximalen Photonenenergie (Röhrenspannung), der Halbwertschichtdicke oder der Filterung und des Homogenitätsgrades (nach Gl. 8.16) bezeichnet (Details zu den Strahlungsqualitäten s. [Krieger3]). Halbwertschichtdicken werden für Röntgenstrahlung meistens in Kupfer oder Aluminium, den typischen Filtermaterialien für diese Strahlungsart, angegeben. Bei der Filterung versucht man immer einen möglichst hohen Homogenitätsgrad zu erreichen. Das Spektrum der Röntgenphotonen soll also so weit wie möglich aufgehärtet werden. Für praktische Anwendungen hat man dabei allerdings einen Kompromiss zwischen der Homogenität und der erwünschten Intensität zu schließen, da jede Aufhärtung natürlich auch mit Intensitätsverlusten des nutzbaren Spektralbereichs verbunden ist.

Da sich heterogene Photonenspektren beim Durchsetzen von Medien selbst in "schmaler" Geometrie durch Aufhärtung mit der durchstrahlten Schichtdicke verändern, sind über das Röntgenspektrum gemittelte Halbwertschichtdicken oder die dazu umgekehrt proportionalen Schwächungskoeffizienten immer nur für kurze Strecken im Absorber gültig. Einige Autoren verwenden deshalb tiefenabhängige mittlere Schwächungskoeffizienten $\bar{\mu}(z)$, deren Werte außer von der Tiefe natürlich auch vom jeweiligen Absorbermaterial abhängen [Nilsson/Brahme 1983]. Insbesondere reicht für heterogene Photonenstrahlungen wie Röntgenstrahlung die Angabe der ersten Halbwertschichtdicke zur vollständigen Charakterisierung der Strahlungsqualität nicht aus. Es muss zusätzlich mindestens die zweite Halbwertschichtdicke oder am besten sogar das vollständige Energiespektrum angegeben werden.

Wie die unterschiedliche Filterung auf Röntgenstrahlung wirkt, zeigen die experimentellen Spektren in Fig. (8.4 und 8.5) und die Systematik in Fig. (8.6), in der die Strahlungsqualität in Form der ersten Halbwertschichtdicke in Aluminium als Funktion von Filterung und Röhrenspannung dargestellt ist. Die Kurven geben nur Anhaltswerte, da verschiedene apparatespezifische Einflüsse nicht berücksichtigt sind. Deutlich erkennbar ist die Zunahme der Halbwertschichtdicken für eine konstante Röhrenspannung mit zunehmender Filterung, die durch die fortschreitende Reduzierung weicher Strahlungsanteile bewirkt wird. Der relative Anteil harter Strahlung nimmt durch die Filterung zu, die Schwächung wegen des dann kleineren Schwächungskoeffizienten entsprechend ab. Das Abflachen der Kurven für hohe Filterungen zeigt den zunehmenden

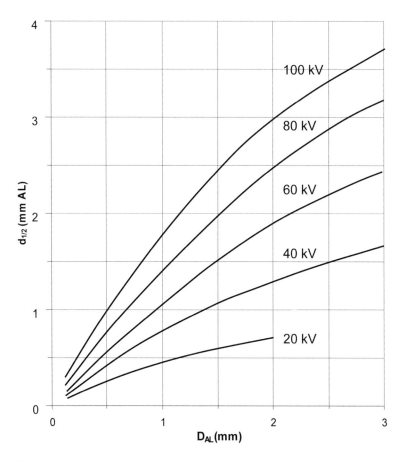

Fig. 8.6: Änderungen der ersten Halbwertschichtdicke $d_{1/2}$ in Aluminium für Röntgenstrahlung als Funktion der Röhrenspannung und der Filterung durch Aluminiumfilter der Dicke D_{Al}. Das Abflachen der Kurven deutet auf den zunehmenden Homogenitätsgrad bei starker Filterung hin. Der Effekt ist umso größer, je niedriger die Röhrenspannung ist.

Effekt der Homogenisierung. Aufeinanderfolgende Halbwertschichtdicken unterscheiden sich bei starker Filterung weniger als bei schwacher Filterung. Bei einem Homogenitätsgrad von $H = 1$, also bei monoenergetischer Photonenstrahlung in schmaler Geometrie, würden alle Kurven in Fig. (8.6) horizontal verlaufen.

Normalstrahlungen: Für Kalibrier- und Prüfzwecke werden Strahlungsquellen mit genormten spektralen Verteilungen benötigt. Ein Sonderfall sind die Normalstrahlungen. Kontinuierliche Photonenspektren werden als Normalstrahlung bezeichnet, wenn die gemessene erste Halbwertschichtdicke ebenso groß ist wie die Halbwertschichtdicke einer monoenergetischen Photonenstrahlung, deren Energie halb so groß ist wie die Grenzenergie der heterogenen Strahlung. Zur Erzeugung der Normalstrahlung werden standardisierte Filter verwendet (Details s. [Krieger2]).

Zusammenfassung

- **Bei heterogener Photonenstrahlung weicht der Verlauf der Schwächung mit der Tiefe im Absorber von der einfachen Exponentialform ab.**

- **Durch die mit der Eindringtiefe zunehmende Aufhärtung des Energiespektrums durch bevorzugte Absorption niederenergetischer Photonen unterscheiden sich erste und zweite Halbwertschichtdicke.**

- **Diese können daher zur Kennzeichnung der Strahlungsqualität von Photonenstrahlung verwendet werden.**

8.4 Veränderungen ausgedehnter, divergenter Strahlenbündel in dicken Absorbern*

Reale Strahlenbündel sind in der Regel nicht schmal und parallel, sie verlaufen stattdessen meistens mehr oder weniger divergent. Außerdem verändern sie ihr Energiespektrum durch Aufhärtung oder Moderation. Sekundärstrahlungserzeugung mischt dem Strahlenbündel andersartige Strahlungskomponenten z. B. geladene Sekundärstrahlungen (Sekundärelektronen oder Rückstoßprotonen) bei, deren Wechselwirkungen anderer Art sind als die ungeladener Teilchen. Außerdem verändert sich nicht nur die energetische Verteilung im Strahlenbündel sondern auch die Richtungsverteilung der Teilchen mit der durchstrahlten Tiefe im Absorber durch Beimischen gestreuter Quanten.

Bestrahlungen von Absorbern und fast alle realen Messaufgaben der Dosimetrie und des Strahlenschutzes finden in einer **offenen Geometrie** statt. Bei einigen Dosismessungen wie der Energiedosisbestimmung mit Ionisationskammern in Phantomen ist die offene Geometrie geradezu erwünscht, da hierbei nicht Teilchenspektren oder Schwächungskoeffizienten bestimmt werden sollen, sondern das Augenmerk auf der Bestimmung der vom Absorber absorbierten Energie liegt. Sollen dagegen Veränderungen eines Strahlenbündels durch einen Absorber ermittelt werden, müssen eine Reihe geeigneter Korrekturen der Messergebnisse vorgenommen werden. Dazu zählen vor allem die Abstandskorrektur und die Korrektur unerwünschter Streustrahlungsanteile. Zusätzliche Probleme treten wegen der Energieabhängigkeit der Messsonden und ihrer Richtungscharakteristik auf.

Divergenzkorrektur

Die Divergenz realer Strahlenbündel führt zu einer vom Absorbermaterial unabhängigen zusätzlichen Abnahme der Strahlungsintensität mit der Entfernung von der Strahlungsquelle, die in vielen Fällen durch das Abstandsquadratgesetz beschrieben werden kann. Für die Teilchenflussdichte φ gilt deshalb die Schwächungsfunktion auch nicht in der in Gl. (8.7) dargestellten einfachen Form; sie besteht stattdessen aus einer Überlagerung des Schwächungsgesetzes mit einer geeigneten Geometriefunktion G.

$$\phi(x) = G \cdot \phi_0 \cdot e^{-\frac{\mu}{\rho} \cdot x \cdot \rho} \qquad (8.17)$$

G heißt **Geometriefaktor**. Er stellt bei Punktstrahlern und näherungsweise auch bei ausgedehnten Strahlungsquellen, sofern der Abstand zwischen Strahler und Aufpunkt mindestens der 5-fachen Strahler-Ausdehnung entspricht, einen Korrekturausdruck nach dem einfachen Abstandsquadratgesetz dar. Ist r_0 die Bezugsentfernung, lautet diese Korrektur für den Messort r:

$$G(r) = \frac{r_0^2}{r^2} \qquad (8.18)$$

Bei ausgedehnten Linien- oder Flächenstrahlern mit geringeren Abständen von Messsonde und Strahlerort muss diese Korrektur durch entsprechende Integralausdrücke, z. B. ein Linienintegral über die Strahler-Ausdehnung, ersetzt werden. Ist man nur an der Schwächungswirkung der durchstrahlten Materie auf ein Strahlenbündel interessiert, muss der Einfluss der Geometrie auf die experimentellen Daten entweder nach Gl. (8.18) rechnerisch korrigiert oder am besten von vorneherein durch einen geeigneten experimentellen Aufbau, also Messungen in konstantem Sondenabstand von der Strahlungsquelle, vermieden werden (vgl. Fig. 8.1).

Sekundärstrahlungen

Ausgedehnte Strahlenbündel enthalten beim Verlassen der Absorber neben den ungeschwächten Anteilen primärer Strahlung auch Anteile von Sekundärstrahlungen, die bei den Wechselwirkungen mit dem durchstrahlten Material entstehen. Diese Sekundärstrahlungen können sich bei Photonenstrahlenbündeln je nach Absorbermaterial und Photonenenergie aus gestreuten Photonen aus Comptonwechselwirkungen oder klassischer Streuung, aus den nach einer Paarbildung entstehenden Vernichtungsquanten, aus Bremsstrahlungsphotonen nach Wechselwirkungen der Sekundärelektronen

mit dem Absorbermaterial und aus charakteristischer Röntgenstrahlung aus den Hüllen der Absorberatome (Röntgenfluoreszenzstrahlung) und Teilchen aus Kernphotoreaktionen zusammensetzen. Die relativen Anteile dieser verschiedenen Zusatzstrahlun-
gen hängen von der primären Photonenenergie bzw. dem Photonenspektrum, dem
durchstrahlten Material und von den geometrischen Verhältnissen wie Volumen und
Blenden ab. Daneben mischen sich bei entsprechender Anordnung auch die Sekundärelektronen aus den Photonenwechselwirkungen dem Strahlenbündel bei. Im Bereich
der diagnostischen Röntgenstrahlungen haben diese Sekundärelektronen so kurze
Reichweiten, dass sie außerhalb des Absorbers keinen wesentlichen Beitrag zum
Strahlungsfeld liefern. Bei hochenergetischer Photonenstrahlung dürfen die Sekundärteilchen wegen ihrer zunehmenden Durchdringungsfähigkeit (Reichweite) weder für
Strahlenschutzbelange noch bei der Interpretation der Messsonden-Signale vernachlässigt werden (Details zur Wechselwirkung der geladenen Teilchen s. Kap.10).

Bei schweren Absorbern (hohe Ordnungszahlen und Dichten) und niedrigen Photo-
nenenergien treten wegen der Dominanz des Photoeffekts und der erheblichen lokalen
Abschirmwirkung dieser Absorber auf die Röntgenfluoreszenzstrahlung kaum außer-
halb des Absorbers feststellbare Sekundärstrahlungen auf. Dies ist zum Beispiel in
Abschirmungen aus Blei für diagnostische Röntgenstrahlungen der Fall. In leichteren
Materialien und bei höheren Photonenenergien ist wegen des dominierenden Comp-
toneffekts dagegen mit erheblichen Streustrahlungsanteilen zu rechnen. Ein typisches
Beispiel dafür sind Betonabschirmungen um ^{60}Co-Bestrahlungsanlagen.

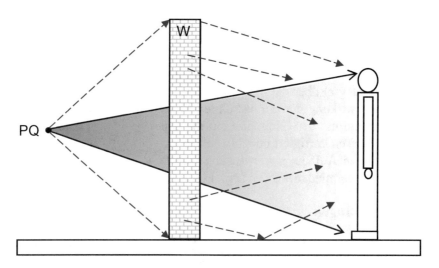

Fig. 8.7: Schematische Darstellung der relativen Erhöhung der Ortsdosisleistung einer Punktquelle PQ hinter einer ausgedehnten Strahlenschutzwand W im Vergleich zur trans-
mittierten Primärstrahlung (rot). Grund ist die im Abschirmmaterial und dem Boden
entstehende Streustrahlung (blau) in offener Geometrie.

Bei den sehr hohen Photonenenergien aus medizinischen Linearbeschleunigern wird dem Materie durchsetzenden Strahlenbündel auch die der Elektron-Positron-Paarbildung folgende Positronen-Vernichtungsstrahlung (2 Photonen mit 511 keV) beigemischt. Zusätzlich entstehen durch den Kernphotoeffekt auch Kernteilchen wie freie Neutronen und Protonen oder selbst schwerere Nuklide, die sich ebenfalls dem Strahlungsfeld beimischen.

Bei Neutronenstrahlenbündeln kommt es durch Einfangprozesse zu einer Kontamination des primären Strahlenbündels mit hochenergetischen Einfanggammas (Photonen-

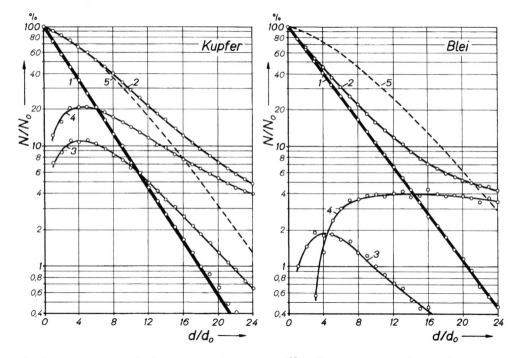

Fig. 8.8: Experimentelle Schwächungskurven von ^{137}Cs-Gammastrahlung in Kupfer und Blei. Aufgetragen ist die relative Photonenzahl im jeweils betrachteten Energiebereich bezogen auf die Zahl der primären Photonen ohne Absorber als Funktion der Anzahl der Absorberdicke in Einheiten der Kupfer- bzw. Bleiblechstärke). Als Detektor wurde ein Szintillationsdetektor mit nachgeschalteter Energiediskriminierung verwendet.
Kurve 1: Ausschließlicher Nachweis der 662-keV-Photonen. Diese Auswertung entspricht einer Schwächungsmessung in schmaler Geometrie.
Kurve 2: Integraler Nachweis aller Photonen hinter dem Absorber mit Energien von 10 keV bis 662 keV. Diese Auswertung entspricht einer Messung in offener Geometrie, bei der sekundäre und auch vielfach gestreute Photonen simultan mit den Primärphotonen unabhängig von ihrer Energie nachgewiesen werden.
Kurve 3: Nachweis von Streustrahlung mit Energien zwischen 250 und 450 keV.
Kurve 4: Nachweis der Streustrahlung mit Energien von 50 bis 250 keV. Die Kurven 3 und 4 enthalten keine Primärphotonen.
Kurve 5: Berechnete Schwächung unter Verwendung eines Aufbaufaktors nach Gl. (8.19).

strahlung). Stoßprozesse führen außerdem zu einem mit der Absorberdicke zunehmenden Anteil von Rückstoßprotonen und zur Beimischung von Sekundärelektronen.

Sind die durchstrahlten Materieschichten genügend dick, kann es bei breiten Strahlungsfeldern auch zu Mehrfachwechselwirkungen der primären und sekundären Strahlungsquanten kommen. Diese Mehrfachwechselwirkungen sowie die oben erläuterten Sekundärstrahlungen werden natürlich nicht durch das einfache exponentielle Schwächungsgesetz erfasst. Die zusätzlichen Strahlungskomponenten in breiten Strahlenbündeln erhöhen die Strahlungsintensität hinter endlich breiten und dicken Absorbern im Vergleich zum einfachen Schwächungsgesetz. Durch Erweiterung des Schwächungsgesetzes um den **Aufbaufaktor** B kann dem für Strahlenschutzüberlegungen Rechnung getragen werden. Bei einem Photonenstrahlenbündel nimmt das so modifizierte Schwächungsgesetz für die Photonenflussdichte φ dann die folgende Form an:

$$\phi(x) = B \cdot \phi_0 \cdot e^{-\frac{\mu}{\rho} \cdot x \cdot \rho} \qquad (8.19)$$

Den Aufbaufaktor B kann man näherungsweise durch einen Summenausdruck der Form $B = 1 + \varepsilon$ darstellen. Solange die Schwächung des Photonenstrahlenbündels überwiegend durch den Photoeffekt stattfindet wie beispielsweise bei diagnostischer Röntgenstrahlung und einer Bleiwand, ist der Photonenfluss hinter dem ausgedehnten Absorber im Wesentlichen identisch mit Fluss der ungeschwächten primären Photonen, der Summand ε ist daher ungefähr Null ($\varepsilon \to 0$) und der Aufbaufaktor ist ungefähr 1. Erfolgt die Schwächung dagegen überwiegend durch Streuprozesse wie bei hochenergetischer Photonenstrahlung und einer Wand aus Normalbeton oder wie bei Betonabschirmungen um Neutronenstrahlungsquellen, kann man den Streuzusatzfaktor ε näherungsweise durch die totale relative Häufigkeit der zur Streuung führenden Wechselwirkungen ersetzen. In guter Näherung kann dafür $\varepsilon \approx - dN/N = \mu \cdot x$ nach Gleichung (8.2) verwendet werden. Für den Aufbaufaktor hinter einer Absorberschicht der Dicke x erhält man unter diesen vereinfachenden Bedingungen:

$$B = 1 + \mu \cdot x \qquad (8.20)$$

Wie das Beispiel für die Schwächung der Photonenstrahlung aus dem ^{137}Cs-Zerfall in Fig. (8.8) zeigt, ist diese einfache Näherung für den Aufbaufaktor oft nicht ausreichend. Der Aufbaufaktor B hängt tatsächlich in komplizierter Weise von der durchstrahlten Absorberdicke x, dem Querschnitt des Strahlenbündels, der Entfernung des Detektors von der Absorberaustrittsfläche, dem Absorbermaterial und der Photonenenergie ab. In praktischen Berechnungen für den Strahlenschutz werden bei Photonenstrahlungen bevorzugt solche empirischen Schwächungsfunktionen verwendet, die meistens in grafischer Form vorliegen (z. B. [DIN 6804-1], [DIN 6844-2/3], [Reich 1990]).

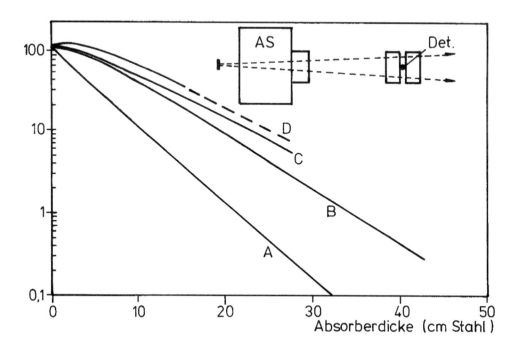

Fig. 8.9: Experimentelle relative Intensitätsverläufe von 14 MeV Neutronenstrahlung hinter Stahlabsorber (gezeichnet nach Daten aus [Attix 1976]) gemessen mit einer Ionisationskammer im Abstand von etwa 1,6 m von der Abschirmung AS. Die kleine Skizze rechts oben zeigt schematisch den experimentellen Aufbau.
Kurve A: Der Absorber befindet sich direkt an der Abschirmwand AS. Durch den großen Abstand zum Detektor spielen Sekundärstrahlungen wegen ihrer höheren Divergenz (Entstehung im Absorber) am Ort des Detektors kaum eine Rolle. Der Strahldurchmesser war am Ort der der Ionisationskammer 3 cm. Die Messung erfolgte also in nahezu schmaler Geometrie und ergibt wie erwartet einen rein exponentiellen Verlauf der Schwächungskurve.
Kurve B:. Strahldurchmesser am Detektorort 13x13 cm², Absorber direkt vor dem Detektor
Kurve C: Strahldurchmesser am Detektorort 28x28 cm², Absorber direkt vor dem Detektor
Kurve D: Strahldurchmesser am Detektorort 28x28 cm², Absorber direkt vor und hinter dem Detektor
Kurven **B-D** zeigen zunehmende Abweichungen von der exponentiellen Schwächung der Neutronen durch Beimischung von Sekundärstrahlungen.

Weitere Ausführungen zur Schwächung ionisierender Strahlungen in ausgedehnten Absorbern, insbesondere zur Problematik der Fluoreszenzstrahlungen in Abschirmmaterialien in der Röntgendiagnostik, finden sich im Kapitel über den praktischen Strahlenschutz (Kap. 20). Eine Demonstration der Schwächung eines Neutronenstrahlenbündels in ausgedehnten Absorbern bei offener Geometrie und deren Analyse zeigt das Beispiel in Fig. (8.9).

Zusammenfassung

- **Neben der Schwächung eines Strahlenbündels durch Streuung und Absorption beeinflussen in realen Anordnungen sowohl der Abstand Messsonde-Strahlungsquelle als auch das endliche Volumen und die seitliche Ausdehnung der Absorber die vom Detektor "gesehene" Intensität eines aus dem Absorber austretenden Strahlenbündels.**

- **Sollen nur die Schwächungen von Strahlenbündeln in Absorbern experimentell bestimmt werden, muss entweder der Abstand Strahler-Messsonde während der Experimente konstant gehalten werden oder eine rechnerische Abstandskorrektur der Dosisleistungen vorgenommen werden.**

- **Diese rechnerische Korrektur kann bei vorliegender Punktgeometrie (Abstand größer als 5 Strahlerdurchmesser) mit dem Abstandsquadratgesetz bestimmt werden.**

- **Bei sehr ausgedehnten Strahlern müssen Abstandsintegrale über die Ausdehnung des Strahlers verwendet werden.**

- **Schwächungen unterscheiden sich nach der Art der erfassten Strahlungsarten. Werden die Sekundärstrahlungen nach Photonenwechselwirkungen miterfasst, ergeben sich immer niedrigere "Schwächungswerte".**

- **Befinden sich hinter dem Messaufbau oder seitlich vom eigentlichen Strahlenbündel weitere streuende Materialien, kommt es durch Streuprozesse zu einer Erhöhung der Dosisleistungen am Ort der Messsonde durch diese Sekundärstrahlungen.**

- **Die bei der Durchstrahlung ausgedehnter Absorber zusätzlich auftretenden Sekundär- und Streustrahlungen aus der durchstrahlten Materieschicht können bei Strahlenschutzberechnungen entweder näherungsweise mit einem vom Aufbau abhängigen Aufbaufaktor B berücksichtigt oder bevorzugt durch empirische Funktionen für bestimmte Geometrien und Materialien in grafischer oder tabellarischer Form beschrieben werden.**

Aufgaben

1. Was sind die Voraussetzungen für die strenge Gültigkeit des exponentiellen Schwächungsgesetzes (Gln. 8.6 – 8.8)?

2. Kann das Schwächungsgesetz auch für die Berechnung der Transmission von Elektronen verwendet werden?

3. Beschreibt der lineare Schwächungskoeffizient auch die Menge der Sekundärstrahlungen in einem Strahlenbündel?

4. Macht es Sinn, eine Röntgenschutzschürze aus Blei oder ähnlichen Hoch-Z-Materialien auf der Körperrückseite offen zu lassen, damit die im Körper entstehende Streustrahlung besser den Körper verlassen kann?

5. Geben Sie den Formelzusammenhang und die Einheiten von Schwächungskoeffizient, Halbwertschichtdicke und Schwächungslänge an.

6. Berechnen Sie die Schwächung eines Photonenstrahlenbündels aus 120-kV-Röntgenstrahlung und von ^{99m}Tc-Gammastrahlung durch eine 0,5 mm dicke Bleischürze. Beachten Sie dabei, dass nach einer Faustregel die mittlere Photonenenergie (in keV) in einem diagnostischen Röntgenstrahlenbündel "kV/2" beträgt.

7. Berechnen Sie die Halbwertschichtdicken für folgende typische **mittlere** Photonenenergien der Röntgendiagnostik und Nuklearmedizin in Weichteilgewebe: 20 keV (Mammografiestrahlung), 50 keV (Abdomenaufnahme), 140 keV (Technetium-Gammas) und bestimmen Sie die Austrittsdosen für die beiden Röntgenenergien auf der strahlabgewandten Seite für eine auf 6 cm komprimierte Brust bzw. ein 21 cm dickes Abdomen (ohne Abstandsquadratgesetz).

8. Was versteht man unter Aufhärtung eines Photonenspektrums? Geben Sie Gründe für die Aufhärtung niederenergetischer Röntgenbremsstrahlung beim Durchgang durch Materie an und beschreiben Sie ihre Auswirkung auf die Halbwertschichtdicken dieser Strahlung.

9. Warum müssen Röntgenspektren für die medizinische Bildgebung gefiltert werden?

10. Spielt die charakteristische K-Fluoreszenzstrahlung in einem wie üblich klinisch gefilterten 50-kV-Röntgenspektrum aus einer Wolframanode eine Rolle? Wie hoch ist der L-Fluoreszenzanteil in einem 100-kV-Röntgenspektrum an einer Wolframanode bei einer Filterung mit 5 mm Aluminium? Hängen die Fluoreszenzausbeuten bei der Entstehung von Röntgenspektren von einer am Austrittsfenster der Röntgenröhre angebrachten Filterung ab?

11. Versuchen Sie eine Erklärung für die bei der Weichteildiagnostik verwendeten niedrigen Röhrenspannungen z. B. bei der Mammografie, obwohl wegen der sehr geringen Halbwertschichtdicken bei weicher Strahlung hohe Röhrenspannungen günstiger für den Strahlenschutz des Patienten wären.

12. Gilt das exponentielle Schwächungsgesetz für die Dosisleistung einer monoenergetischen Strahlungsquelle hinter einem Absorber auch in offener Geometrie?

Aufgabenlösungen

1. Bedingungen für das exponentielle Schwächungsgesetz sind das Vorliegen monoenergetischer Strahlung ohne elektrische Ladung, das Bestehen einer schmalen Geometrie mit ausgeblendeten Streustrahlungen und parallelem Strahlenbündel und ein Absorber mit einheitlicher Zusammensetzung (nur ein Z) und homogener Dichte.

2. Das Schwächungsgesetz gilt nur für indirekt ionisierende Strahlungen, also ungeladene Teilchen.

3. Nein, der lineare Schwächungskoeffizient gibt nur Auskunft über Zahl der Wechselwirkungen eines Strahlenbündels in einem Absorber.

4. Schürzen halboffen zu tragen macht physikalisch keinen Sinn. Die bei weitem dominierende Wechselwirkung diagnostischer Röntgenstrahlung in Blei ist der Photoeffekt. Aus dem Körper auf die Bleischürze auftreffende Streustrahlung nach einem Comptoneffekt ist nur geringfügig weicher als die ursprüngliche Strahlung und hat daher sogar eine etwas höhere Photoeffekt-Wahrscheinlichkeit als die Primärstrahlung. Die in der Schürze entstehende Fluoreszenzstrahlung des Bleis bei Beschuss mit üblichen Röntgenenergien hat Energien um 10 keV (M-L-Fluoreszenz, s. Tab. 2.2). Diese weiche Strahlung wird in der Bleischürze daher weitgehend selbstabsorbiert. Das Offenlassen des Rückens macht aber physiologisch bei starker körperlicher Belastung wegen des Wärmestaus bei geschlossenen Systemen einen Sinn. Voraussetzung für "Halbschürzen" ist jedoch die garantiert frontale Position des Schürzenträgers zum Röntgenstrahler bzw. zum Ort der Streustrahlungsentstehung.

5. $\mu = \ln 2 / d_{1/2} = 1/R$. Die Einheiten sind in cm: $[\mu]$: cm^{-1}, $[d_{1/2}]$ und $[R]$: cm.

6. Die mittlere Photonenenergie der 120-kV-Röntgenstrahlung beträgt nach der "kV/2"-Regel 60 keV (Hartstrahltechnik wie CT oder Thoraxaufnahmeplatz), die Energie der Tc-Strahlung 140,5 keV. Die Massenschwächungskoeffizienten (Tab. 24.4.1 bzw. Fig. 6.18) betragen für die Röntgenstrahlung $\mu/\rho = 5,021$ cm^2/g bzw. $\mu/\rho = 2,3$ g/cm^2 für Tc. Die Dichte von Pb beträgt 11,3 g/cm^3. Dies ergibt folgende Transmissionen T(Rö) = 5,86%, T(Tc) = 27%. Die Schutzwirkung der Bleischürze bei Hartstrahlung ist mit immerhin knapp 6% Transmission für Röntgenverhältnisse ziemlich gering. Bei den üblichen Spannungen um 70 kV wird auf etwa 1% geschwächt. Im nuklearmedizinischen Alltag kann mit einer 0,5 mm Pb-Schürze eine geringere Schutzwirkung, aber immerhin eine Reduktion der Strahlenexposition um den Faktor 3 erreicht werden.

7. Die Halbwertschichtdicken erhält man aus $d_{1/2} = \ln 2/\mu$ (Gl. 8.10) und den interpolierten Tabellenwerten (0,616, 0,2223 und 0,14 cm^{-1}) aus (Tab. 24.4.2) zu 0,91

cm, 3,12 cm und 4,95 cm. Die Mamma-Austrittsdosis beträgt etwa $1/2^{6,6} = 1/97$ der Eintrittsdosis, also ca. 1 Prozent. Beim Abdomen und einer Halbwertschichtdicke von 3 cm erhält man für Röntgenstrahlung mit einer mittleren Energie von 50 keV eine Schwächung von $1/2^7 = 1/128$, also ungefähr 0,7%.

8. Unter Aufhärtung versteht man die Erhöhung der Durchdringungsfähigkeit von Strahlung. Bei niederenergetischer Photonenstrahlung ist die Aufhärtung mit einer Erhöhung der mittleren Energie verbunden. Gründe sind die bevorzugte Schwächung niederenergetischer Photonen vor allem über den sehr stark energieabhängigen Photoeffekt (vgl. Gl. 6.5). Dadurch nimmt die zweite Halbwertschichtdicke im Vergleich zur ersten HWSD zu.

9. Da weiche Photonenstrahlungsanteile in den Röntgenspektren wegen ihrer erhöhten Absorption in den dem Strahl zugewandten oberflächennahen Gewebeschichten des Patienten kaum einen Betrag zur Bildgebung in den hinter dem Patienten befindlichen Detektoren leisten können, ist die Herausfilterung weicher Strahlungsanteile aus Strahlenschutzgründen gesetzlich vorgeschrieben.

10. Da die Bindungsenergie der K-Elektronen in Wolfram 69,5 keV beträgt (s. Tab. 2.2), werden bei 50 kV Röhrenspannung unabhängig von jeder Filterung keine K-Elektronen in der Anode ausgelöst. Es tritt deshalb auch keine K-Strahlung auf. Es wird allerdings L-Fluoreszenzstrahlung erzeugt und emittiert. Bei einer Filterung eines an Wolfram erzeugten 100 kV Spektrums mit 5 mm Al werden die L-Strahlungen wegen ihrer geringen Energie nahezu vollständig aus den Spektren gefiltert (s. Fig. 8.4). Die Ausbeuten bei der Entstehung von Fluoreszenzstrahlungen sind unabhängig von einer nachgeschalteten Filterung, sie hängen allerdings von der Röhrenspannung und dem Anodenmaterial ab.

11. Gewebearten in der weiblichen Brust unterscheiden sich nur sehr wenig in der Dichte. Man ist deshalb für die Erzeugung eines erkennbaren Bildkontrastes auf die geringen Unterschiede in den mittleren Ordnungszahlen der verschiedenen Gewebearten angewiesen. Die deutlichste Ordnungszahlabhängigkeit bietet im Röntgenstrahlungsbereich der Photoeffekt. Also müssen niedrige Photonenenergien (Röhrenspannungen) verwendet werden, da die Unterschiede zwischen den Schwächungskoeffizienten am deutlichsten bei kleinen Energien sind (Dominanzbereich des Photoeffektes, s. Fig. 6.18).

12. Nein, in offener Geometrie werden auch Sekundärstrahlungen erfasst. Das Schwächungsgesetz beschreibt nur die Verminderung der primären Teilchen im Strahlenbündel. Dosisleistungen geben keine Auskunft über die Art der Energiedeposition.

9 Wechselwirkungen von Neutronenstrahlung

Die in diesem Kapitel beschriebenen Wechselwirkungsprozesse von Neutronen sind dadurch charakterisiert, dass Neutronen keine elektrische Ladung tragen. Sie können also überwiegend nur über die starken Kernkräfte mit Atomkernen reagieren. Die Wechselwirkungen sind entweder die elastische oder die inelastische Streuung der Neutronen oder Einfangprozesse. Reaktionsprodukte nach Neutroneneinfang sind oft radioaktiv und können daher als Strahler für Medizin und Technik eingesetzt werden. Neutronen können Atomkerne auch spalten oder durch Spallation zerlegen. Die dabei entstehenden betaminus-aktiven Spaltfragmente oder Kernbruchstücke sind in der Regel wichtige Strahlungsquellen für Physik, Technik und Medizin.

Wechselwirkungen von Neutronen mit Materie finden fast ausschließlich mit den Atomkernen des Absorbers über die starke Wechselwirkung, nicht aber mit den Atomhüllen statt. Der Grund ist die fehlende elektrische Ladung bzw. das nicht vorhandene Coulombfeld der Neutronen.[1] Neutronenstrahlenbündel werden deshalb in schmaler Geometrie wie Photonenstrahlenbündel exponentiell geschwächt. Die Ladungsneutralität der Neutronen ermöglicht das ungehinderte Eindringen der Neutronen in das Absorbermaterial, da sie weder durch die negativ geladenen Elektronenhüllen noch durch die positiven Kernladungen in ihrer Bewegung beeinflusst oder gehindert werden. Neutronenwechselwirkungen mit Atomkernen können erst stattfinden, wenn das einlaufende Neutron in den Wechselwirkungsbereich der kurzreichweitigen starken Kernkräfte eingetreten ist. Dies bedeutet Annäherungen an die Zielkerne von nur wenigen Nukleonenradien (einige 10^{-15} m). Das Neutron wird dann entweder mit oder ohne Kernanregung am Kernpotential gestreut, oder es wird in den Targetkern hineingezogen. Es unterliegt also einer so genannten Einfangreaktion, bei der der Targetkern angeregt wird und eventuell auch instabil werden kann. Die Wahrscheinlichkeit und die Art der Wechselwirkung von Neutronen hängt außer von der Neutronenenergie auch vom Kernradius des Reaktionspartners, dessen individuellen nuklearen Eigenschaften wie Nukleonenkonfiguration, Drehimpuls und Bindungsenergie sowie der Entfernung Neutron-Targetkern (exakt: dem Stoßparameter) ab. Anders als bei Elektronen- oder Photonenwechselwirkungen lassen sich daher nur schwer systematische quantitative Angaben über die Größe der Wahrscheinlichkeit für die bei bestimmten Neutronenenergien dominierenden Wechselwirkungsarten machen.

Neutronen-Wirkungsquerschnitte

Obwohl für Neutronenstrahlung unter bestimmten Bedingungen Schwächungskoeffizienten definiert werden können, werden die Wechselwirkungswahrscheinlichkeiten in der Neutronenphysik bevorzugt durch Wirkungsquerschnitte beschrieben (zur Definition s. Kap. 1.6.3). Für jede Art von Reaktionsmöglichkeiten der Stoßpartner können Teilwirkungsquerschnitte definiert werden. Diese partiellen Wirkungsquerschnitte un-

---

[1] Wechselwirkungen mit den Elektronen der Atomhülle sind nur über das magnetische Moment möglich.

terscheiden sich erheblich sowohl in ihrer Größe als auch in ihrem energetischen Verlauf. Der totale Wirkungsquerschnitt ergibt sich aus der Summe dieser Partialquerschnitte für alle möglichen Kernreaktionen.

Die Einheit des Wirkungsquerschnitts ist das Barn (1 Barn = 1 b = 10^{-28} m²). Experimentell bestimmte Kernradien mittelschwerer Nuklide betragen etwa $5 \cdot 10^{-15}$ m. Die geometrischen Querschnittsflächen F der Atomkerne berechnen sich damit zu $F = \pi \cdot r^2$ $\approx 10^{-28}$ m². Die Querschnittsfläche von Atomkernen entspricht also der Größenordnung vieler experimenteller totaler Wirkungsquerschnitte (vgl. dazu beispielsweise die Summen der partiellen Neutronenwirkungsquerschnitte in Tab. 9.3).

Dieser Sachverhalt ist übrigens nicht sehr verwunderlich, da Kernradien durch Kernstreuexperimente bestimmt werden, bei denen gerade die Reichweite der Kernkräfte abgetastet wird. Viele partielle Wirkungsquerschnitte unterscheiden sich aber vom geometrischen Querschnitt. Sie können um einige Größenordnungen kleiner oder größer als die "Fläche" der Targetkerne sein. Ein Beispiel für einen besonders großen Wirkungsquerschnitt zeigt der Neutroneneinfang des Kadmiums ($\approx 7 \cdot 10^3$ Barn, Fig. 9.1), dessen Wirkungsquerschnitt um fast 4 Zehnerpotenzen größer ist als der geometrische Querschnitt des Kadmiumkerns. Auch der totale Neutronenwirkungsquerschnitt für Protonen mit ca. 20 Barn überschreitet deutlich die geometrischen Abmessungen. Für konkrete praktische Arbeiten sind deshalb unbedingt experimentell ermittelte Wirkungsquerschnittsdaten und nicht die Kernquerschnittsflächen zu verwenden.

Einen für viele Nuklide typischen Neutronen-Wirkungsquerschnittsverlauf zeigt Fig. (9.1, oben). Bei niedrigen Energien bis zu einigen Elektronvolt (eV) findet man zunächst einen etwa zur Neutronengeschwindigkeit reziproken Abfall ($\sigma \propto 1/v$). In diesem Energiebereich dominieren die Neutroneneinfangprozesse. Anschließend folgt meistens ein breiter Energiebereich, der sich je nach Nuklid bis in den MeV-Bereich erstrecken kann. Hier hat der Wirkungsquerschnitt oft eine ausgeprägte Resonanzstruktur mit einer erhöhten Wechselwirkungsrate, die auf angeregte Einzelnukleonenzustände oder kollektive Resonanzen der Atomkerne zurückzuführen ist. Die dominierenden Wechselwirkungen sind hier elastische und inelastische Streuung sowie verschiedene Kernreaktionen nach Neutroneneinfang. Oberhalb dieses Energiebereichs bleibt der Wirkungsquerschnitt dann oft nahezu konstant, ist also weniger abhängig von der Energie des Neutrons. Hier finden vor allem die elastische Streuung und die von der Nuklidart bestimmten verschiedenen Kernreaktionen statt, deren Wahrscheinlichkeit i. a. mit größerer Neutronenenergie zunimmt. Da beim einzelnen Proton keine Kernanregungszustände möglich sind, entfällt der Resonanzbereich (Fig. 9.1 unten).

Arten von Neutronenwechselwirkungen

Neutronen werden in einem bestrahlten Material also entweder gestreut oder absorbiert, oder sie verlassen den Absorber ohne jede Wechselwirkung. Sie haben deshalb ähnlich wie die Photonenstrahlung auch keine endlichen Reichweiten in Materie. Da sie selbst Atome nicht ionisieren können, zählen sie zu den indirekt ionisierenden Strahlungen.

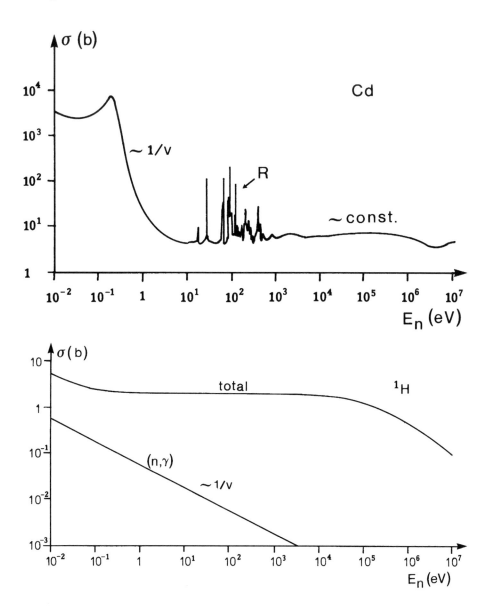

Fig. 9.1: Oben: Totaler Neutronen-Wirkungsquerschnitt für Kadmium. Für Energien bis etwa 10 eV gilt die reine 1/v-Abhängigkeit, die dann durch vielfältige Resonanzen (R) bis etwa 1 keV Neutronenenergie abgelöst wird. Oberhalb dieser Resonanzen verändert sich der Wirkungsquerschnitt bis in den MeV-Bereich nur noch wenig. Unten: Totaler Wirkungsquerschnitt für Protonen (1/v-Abhängigkeit für Neutroneneinfang bis etwa 1 eV, ab da etwa konstanter, von der Neutronenenergie unabhängiger Wirkungsquerschnitt für elastische Neutronenstreuung, nach Daten aus [Jaeger/Hübner]).

Je nach den Ausgangsprodukten der Neutronenwechselwirkungen unterscheidet man folgende Reaktionsarten.

- **Elastische Neutronenstreuung**

- **Inelastische Neutronenstreuung**

- **Neutroneneinfang mit Gammaquantenemission (thermischer Einfang)**

- **Neutroneneinfang mit Emission einzelner geladener Teilchen**

- **Neutroneninduzierte Spaltung und Spallation.**

Klassifikation der Neutronen nach ihrer Energie

Neutronen werden entsprechend ihrer Bewegungsenergie grob in langsame (subthermische bis epithermische), mittelschnelle und schnelle Neutronen unterteilt. Unter thermischen Neutronen versteht man Neutronen, deren Bewegungsenergie der Größenordnung der wahrscheinlichsten thermischen Energie eines Gasatoms bei Zimmertemperatur entspricht, genauer $E = k \cdot T$. Die Boltzmannkonstante k hat den Wert $k = 1{,}381 \cdot 10^{-23}$ J·K^{-1}. T ist die Zimmertemperatur in Kelvin $T = 293{,}15$ K. Die anderen Einteilungen finden sich in (Tab. 9.1). Solche Energieklassifikationen dienen nur zur groben Orientierung. Für die Dosimetrie wird eine etwas unterschiedliche Klassifikation der Strahlungsqualität von Neutronenstrahlung verwendet (s. [Krieger3]). Für genaue Berechnungen oder Tabellenentnahmen von Wirkungsquerschnitten sind pauschale Angaben über die Neutronenenergie jedoch nicht exakt genug.

Kennzeichnung	Energiebereich	v_n (km/s)
subthermisch	< 0,02 eV	< 2,200
thermisch*	0,0252 eV	2,200
epithermisch	< 0,5 eV	9,800
mittelschnell	0,5 eV bis 10 keV	1 – 1400
schnell	> 10 keV	> 1400
relativistisch	> 5 MeV	$> 0{,}1 \cdot c = 30000$

Tab. 9.1: Einteilung von Neutronen nach ihrer Bewegungsenergie. *: Neutronen im thermischen Gleichgewicht mit der Umgebung bei 293,15 K (Zimmertemperatur).

Dies hat zwei Gründe. Zum einen zeigen die meisten Neutronenwirkungsquerschnitte starke Abhängigkeiten von der Neutronenbewegungsenergie. Zum anderen sind Neutronenspektren schon beim Verlassen der Neutronenquelle selten monoenergetisch. Sie ändern sich darüber hinaus erheblich mit der Tiefe im Absorber. Schnelle Neutronen werden durch Wechselwirkungen mit Absorbermaterialien schon nach wenigen Wechselwirkungen sehr verlangsamt. Dies wird als **Moderation** der Neutronen bezeichnet. Monoenergetische Neutronenspektren werden dadurch im Mittel "weicher". Gemischte Spektren aus hochenergetischen und langsamen Neutronen werden je nach bestrahlter Materialart und -tiefe durch Einfangprozesse dagegen aufgehärtet.

Für die praktische Arbeit werden deshalb experimentell ermittelte tiefenabhängige Neutronenenergiespektren vorgezogen. Die Neutronenspektren verändern sich nicht nur energetisch durch Wechselwirkungen mit der Tiefe im bestrahlten Material, die Strahlenbündel werden beim Durchgang durch Materie auch stark durch direkt und indirekt ionisierende Sekundärstrahlungen (Photonen, geladene Teilchen) kontaminiert. Berechnungen von Neutronendosisverteilungen und die Dosimetrie von Neutronenstrahlungsfeldern sind daher weit schwieriger als bei den anderen Strahlungsarten (vgl. dazu die Ausführungen in [Krieger3]).

Kennzeichnung von Neutronenreaktionen

Reaktionen von Neutronen mit Atomkernen werden, wie in der Kernphysik allgemein üblich, symbolisch mit Reaktionsgleichungen beschrieben. Für einen Targetkern T, den Ausgangskern E (E: exit) und das "Reaktionsprodukt" x sind diese Gleichungen für Neutronen außer bei der induzierten Kernspaltung (n,f) immer von der Form:

$$T(n,x)E \tag{9.1}$$

Einschussteilchen und Targetkern werden zusammen mit ihrem inneren und äußeren Zustand als **"Eingangskanal"** der Kernreaktion bezeichnet, Restkern und emittiertes Teilchen entsprechend als **"Ausgangskanal"**. Der Ausgangskern E kann je nach Reaktionstyp mit dem Targetkern identisch sein. Er kann sich dabei entweder im Grundzustand oder in einem durch Energieübertragung angeregten Zustand befinden (E = T oder E = T*). In beiden Fällen ist das Reaktionsteilchen x also ein Neutron.

In allen anderen Fällen besteht der Ausgangskern aus einem anderen Nuklid als der Targetkern. Im Ausgangskanal der Kernreaktion befinden sich dann neben dem Restkern E auch andere Teilchen wie Protonen, Alphateilchen, mehrere Neutronen oder sogar größere Bruchstücke des Targetkerns, die auch zusammen mit Gammaquanten emittiert werden können. Ausführliche Darstellungen der wichtigsten Neutronenwechselwirkungen und zahlreiche grafische und numerische Informationen über Neutronen-Wirkungsquerschnitte finden sich in [Attix/Roesch/Tochilin], [Kohlrausch], [Reich 1990], [Jaeger/Hübner] und vor allem im Report des Brookhaven National Laboratory [NNCSC].

9.1 Elastische Neutronenstreuung

Bei der **elastischen Streuung** von Neutronen am Kernfeld wird das einlaufende Neutron am Targetkern gestreut, ohne dabei den Atomkern anzuregen oder in seiner inneren Struktur zu verändern. Das Neutron wird aus seiner Richtung gelenkt und verliert Bewegungsenergie. Der Atomkern erhält einen Rückstoß und übernimmt einen Energieanteil vom Neutron. Dies ähnelt formal dem Stoß zweier starrer, unterschiedlich schwerer Kugeln. Die Streuung der Neutronen findet natürlich nicht an einer starren "Kernkugel", sondern an dem durch die Reichweite der Kernkräfte bestimmten Volumen statt. Die Reaktionsgleichung für die elastische Neutronenstreuung lautet:

$$T(n,n)T \tag{9.2}$$

Nach der Theorie ist der partielle Wirkungsquerschnitt für elastische Neutronenstreuung an einem bestimmten Nuklid unabhängig von der Neutronenenergie. Es gilt also $\sigma_{el} \neq f(E) = \text{const}$.

9.1.1 Labor- und Schwerpunktsystem*

Zur leichteren mathematischen Behandlung werden Stoß- und Streuprozesse in der Kernphysik meistens in einem besonderen Koordinatensystem, dem Schwerpunktsystem, dargestellt (s. Fig. 9.2). Darunter versteht man ein Bezugssystem relativ zur Bewegung des Schwerpunktes einer Kernreaktion. Wird ein Neutron auf einen im Laborsystem ruhenden Targetkern geschossen, bewegen sich im Schwerpunktsystem beide Teilchen relativ zum Schwerpunkt aufeinander zu, da dieser Schwerpunkt sich im Laborsystem wie das Einschussteilchen in Richtung zum Targetkern hin bewegt. Im Schwerpunktsystem ist der Gesamtimpuls vor der Streuung gleich Null, er muss daher wegen der Impulserhaltung auch nach dem Stoß Null sein. Bei elastischen Wechselwirkungen bleibt die Summe der Bewegungsenergien der beiden Stoßpartner erhalten. Die Bewegungsenergie des Schwerpunktes im Schwerpunktsystem ist definitionsgemäß Null. Da also sowohl Impuls als auch Bewegungsenergie des Schwerpunktes als konstant vorausgesetzt werden können, genügt die Betrachtung im Relativsystem des Stoßprozesses.

Elastische Streuung ist im Schwerpunktsystem isotrop. Alle Streuwinkel des Neutrons sind also gleich wahrscheinlich und unabhängig von der Neutronenenergie. Gestreutes Neutron und der Rückstoßkern bewegen sich im Relativsystem wegen der Impulserhaltung immer unter 180 Grad zueinander. Im Laborsystem muss dieser Bewegung die Schwerpunktbewegung überlagert werden. Der Streuwinkel im Schwerpunktsystem δ und derjenige im Laborsystem φ werden nach Gl. (9.3) ineinander umgerechnet.

$$tan\,\phi = \frac{sin\,\delta}{cos\,\delta + m_n/M_k} \tag{9.3}$$

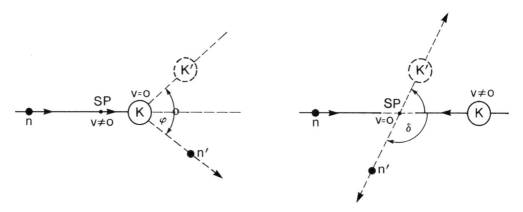

Fig. 9.2: Streuwinkel bei der Behandlung von Streuexperimenten. Links: Laborsystem, rechts: Relativsystem bezogen auf die Bewegung des Schwerpunktes SP von einfallendem Neutron n und Targetkern K.

Für kleine Massenverhältnisse ($m_n/M_k \ll 1$), wie sie beispielsweise bei der Streuung eines Neutrons an einem schweren Actinoidenkern auftreten, sind die Streuwinkel in beiden Systemen gleich ($tan\varphi = sin\delta/cos\delta = tan\delta$). Bei leichteren Targetkernen überwiegt die Vorwärtsstreuung, da der Laborwinkel wegen des Massensummanden im Nenner von Gl. (9.3) kleiner als der Schwerpunktswinkel ist.

9.1.2 Neutronenrestenergie bei der elastischen Streuung*

Die beiden Stoßpartner teilen sich nach dem Stoß entsprechend ihren Massen und dem Stoßparameter die Bewegungsenergie des Neutrons auf. Bezeichnet E_0 die Neutronenbewegungsenergie vor dem Stoß, E_n diejenige nach dem Streuprozess und δ den Streuwinkel im Relativsystem, erhält man aus der Theorie der elastischen Streuung für die beim Neutron verbleibende Restenergie:

$$E_n = E_0 \cdot \frac{M_k^2 + m_n^2 + 2 \cdot M_k \cdot m_n \cdot cos\,\delta}{(M_k + m_n)^2} \qquad (9.4)$$

Die relative Restenergie des Neutrons (E_n/E_0) und damit auch der relative Energieübertrag auf den Stoßpartner ist nach dieser Beziehung unabhängig von der Neutronenenergie vor dem Stoß, aber i. a. abhängig von Streuwinkel und den beteiligten Massen. Den minimalen Energieverlust, d. h. den maximalen beim Neutron verbleibenden Bewegungsenergieanteil, erhält man bei der Vorwärtsstreuung ($\delta = 0°$, $cos\delta = 1$). Da in diesem Fall Nenner und Zähler von Gl. (9.4) gleich sind, erhält man:

$$E_n = E_0 \qquad (9.5)$$

Den größten Energieverlust erleidet das Neutron bei der Rückwärtsstreuung ($\delta = 180°$, $cos\delta = -1$). Die Restenergie beträgt in diesem Fall:

$$E_n = E_0 \cdot \frac{(M_k - m_n)^2}{(M_k + m_n)^2} \qquad (9.6)$$

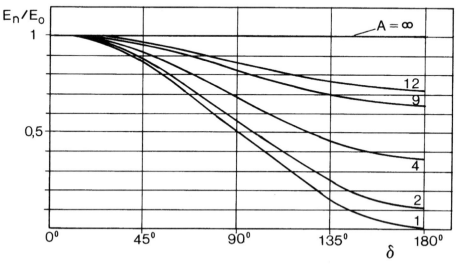

Fig. 9.3: Relative Neutronenrestenergie bei elastischer Neutronenstreuung als Funktion der Massenzahl A des Targetkerns und des Streuwinkels δ im Schwerpunktsystem, berechnet nach Gl. (9.4).

Beide Ergebnisse sind auch unmittelbar anschaulich zu verstehen, da $0°$-Streuung ungestörte Vorwärtsbewegung des Neutrons, $180°$-Streuung dagegen zentralen Stoß und maximalen Impulsübertrag vom Neutron auf den Targetkern bedeuten. Bei sehr schweren Stoßpartnern ($m_k \to \infty$) wird der Energieverlust des Neutrons nach Gl. (9.4) unabhängig vom Winkel, die beim Neutron verbleibende Energie strebt gegen $E_n = E_0$. Man sieht andererseits auch leicht ein, dass Energieüberträge maximal werden, wenn die Masse des Targetkerns wie beim Wasserstoffkern (p) besonders klein ist. In diesem Fall erhält man, da Protonen- und Neutronenmasse nahezu gleich sind, für die relative Restenergie des Neutrons:

$$\frac{E_n}{E_0} \approx \frac{1 + cos \, \delta}{2} \qquad (9.7)$$

Für die elastische Neutronenstreuung an Protonen bleibt der Energieverlust des gestreuten Neutrons also winkelabhängig. Die minimale Restenergie erhält man wieder beim zentralen Stoß ($\delta = 180°$). Sie beträgt dann wegen $cos(180°) = -1$ gerade Null, was exakt den bekannten Ergebnissen eines zentralen Stoßes gleich schwerer starrer Kugeln entspricht (klassisches Analogon: geführte Stahlkugeln an Mehrfachpendeln).

9.1.3 Energieübertrag durch Neutronen

Der Energieübertrag vom Neutron auf einen Targetkern wird als Differenz der Neutronenenergien vor und nach dem Stoß berechnet. Nach leichten Umformungen von Gl. (9.4) erhält man für den Energieübertrag $\Delta E = E_0 - E_n$ im Schwerpunktsystem:

$$\frac{\Delta E}{E_n} = 2 \cdot (1 - \cos \delta) \cdot \frac{M_k \cdot m_n}{(M_k + m_n)^2} = 4 \cdot \sin^2 \frac{\delta}{2} \cdot \frac{M_k \cdot m_n}{(M_k + m_n)^2} \tag{9.8}$$

9.1.4 Elastische Vielfachstreuung von Neutronen

In ausgedehnten Neutronenabsorbern sind die einzelnen Streuwinkel der Neutronen nicht bekannt. Zur Berechnung der mittleren Neutronenenergie nach elastischer Streuung muss daher eine Mittelwertbildung über alle Streuwinkel durchgeführt werden. Nach Umrechnung in Laborkoordinaten ergibt diese Mittelung von der Neutronenenergie unabhängige, aber von den Massen der Stoßpartner abhängige relative **Energieverlustfaktoren** f (s. Gl. 9.9 und Tab. 9.2), die für isotrope Streuung gelten.

$$f = \frac{\bar{E}_n}{E_0} \tag{9.9}$$

Diese Energieverlustfaktoren sind unter den gemachten Voraussetzungen (isotrope Streuung, elastische Wechselwirkung) Materialkonstanten, also typisch für einen bestimmten Absorber. Ihr Wert ist immer deutlich kleiner als 1. Bei jedem elastischen Streuprozess verlieren Neutronen im Mittel also einen konstanten prozentualen Anteil ihrer jeweiligen Energie vor dem Stoß. Ihre Restenergie beträgt nach Gl. (9.9) dann:

$$\bar{E}_n = E_0 \cdot f \tag{9.10}$$

Mit jedem zusätzlichen Stoßvorgang vermindert sich die Restenergie um den gleichen Faktor f. Man erhält nach m Streuvorgängen daher im Mittel die Restenergie:

$$\overline{E}_n = E_0 \cdot \prod_m f = E_0 \cdot f^m \tag{9.11}$$

9.1.5 Moderation und Lethargie von Neutronen*

Bei elastischen Streuprozessen können schnelle Neutronen durch mehrfache Stöße mit leichten Atomkernen sehr schnell nahezu ihre gesamte Bewegungsenergie verlieren und auf den Absorber übertragen. Dieser Effekt wird als **Moderation** der Neutronen bezeichnet. Er spielt eine bedeutende Rolle in der Neutronendosimetrie und in der Physik der Kernreaktoren, in denen das Wasser neben dem Wärmeabtransport auch die Aufgabe des Moderators übernimmt. In der Theorie der Kernreaktoren wird oft eine zum Verlustfaktor f verwandte Größe, die so genannte **Lethargie L**, verwendet.

Als Lethargie bezeichnet man den natürlichen Logarithmus des Quotienten der mittleren Neutronenenergien vor und nach einem Stoß.

$$L_0 = ln\frac{E_0}{\bar{E}_n} = ln\frac{1}{f} \tag{9.12}$$

Die Lethargie L ist wegen Gl. (9.12) wie der Energieverlustfaktor f eine Materialkonstante. Je höher der Energieverlust des gestreuten Neutrons ist, umso langsamer wird es, und umso größer wird seine Lethargie. Die Theorie (z. B. [Hertz]) liefert für die mittlere Lethargie pro Stoß den folgenden etwas umständlichen und hier nicht bewiesenen Ausdruck:

$$L = \frac{1-(1+q)\cdot e^{-q}}{1-e^{-q}} \qquad \text{mit} \qquad q = ln\left(\frac{(M_k+m_n)^2}{(M_k-m_n)^2}\right) \tag{9.13}$$

Bei zwei aufeinander folgenden Streuvorgängen (Index 1 und 2) erhält man für die Lethargie:

$$L = ln\left(\frac{E_0}{E_1}\cdot\frac{E_1}{E_2}\right) = ln\left(\frac{E_0}{E_1}\right) + ln\left(\frac{E_1}{E_2}\right) \tag{9.14}$$

Da der mittlere relative Energieverlust f der Neutronen in einem bestimmten Absorber unabhängig von der Neutronenenergie und damit auch unabhängig von der Stoßzahl ist, nimmt die Lethargie des Neutrons bei jeder Streuung im Mittel um den gleichen Summanden zu. Nach m Streuungen erhält man als Gesamtlethargie des Neutrons in Analogie zu Gl. (9.14) die Summe der Einzellethargien.

$$L_m = \sum_{k=1}^{m} L_k = m \cdot L_0 \tag{9.15}$$

Mit Hilfe dieser Beziehung kann auf sehr einfache Weise berechnet werden, wie viele elastische Streuungen ein Neutron in einem Moderatormaterial erleiden muss, bis es eine bestimmte Restenergie erreicht hat. Ein für die Kerntechnik wichtiges Beispiel ist die Thermalisierung von Reaktorneutronen (mittlere Neutronenanfangsenergie ≈ 2 MeV) an den Protonen des Kühlwassers. Für Protonen und Neutronen beträgt die Lethargie bei einer einzelnen Streuung nach Tab. (9.2) im Mittel $L = 1$. Dies bedeutet, dass die Bewegungsenergie von Neutronen bei jedem elastischen Protonenstoß auf 1/e ($\approx 1/2{,}71828$) herabgesetzt wird. Die Bewegungsenergie thermischer Neutronen entspricht der wahrscheinlichsten Bewegungsenergie der Moderatoratome von im Mittel 0,025 eV. Die Gesamtlethargie erhält man mit Gl. (9.15) deshalb zu:

$$L_{\text{tot}} = ln(E_0/E_{\text{th}}) = ln(2\text{ MeV}/0{,}0252\text{ eV}) = 18{,}19 = m \cdot L \tag{9.16}$$

Aus der Gesamtlethargie erhält man wegen $L = 1$ unmittelbar die Zahl m der erforderlichen Stöße. Nach nur 18 elastischen Streuungen des Neutrons sind die schnellen Spaltneutronen in einem Absorber mit quasi freien Protonen also auf thermische

Energien moderiert. Sie stehen dann im thermodynamischen Gleichgewicht mit dem Absorber und bewegen sich im Mittel mit einer Geschwindigkeit von etwa 2200 m/s. Diese Abschätzung der Streuzahl m aus der Lethargie geht von ruhenden Moderator-Atomen aus. Tatsächlich bewegen sich die Atome des Moderators aber ebenfalls mit thermischer Energie. Die Moderation wird außerdem bei thermischen Neutronenenergien von der chemischen Bindung und bei festen Moderatoren von der Kristallstruktur beeinflusst. Die tatsächlichen Stoßzahlen bis zur völligen Thermalisierung der Neutronen sind daher geringfügig größer als die nach Tab. (9.2).

n-Absorber	Massenzahl	f-Faktor	Lethargie L	m
Wasserstoff	1	1/e* = 0,368	1	18
Deuterium	2	0,484	0,725	25
Beryllium	9	0,811	0,209	86
Kohlenstoff	12	0,854	0,158	114
Sauerstoff	16	0,887	0,120	150
Uran	238	0,992	0,00838	2172

Tab. 9.2: Energieverlustfaktoren f und Lethargien L für den mittleren Energieverlust von Neutronen in verschiedenen Absorbern, berechnet für elastische isotrope Streuung, m ist die Zahl der erforderlichen elastischen Streuungen für Spaltneutronen von 2 MeV mittlerer Energie in den verschiedenen Substanzen zur Moderation auf 0,0252 eV Restenergie (L-Werte berechnet nach Gl. 9.13). *: e ist die Eulersche Zahl.

In Kernreaktoren können langsame Neutronen wegen der $1/v$-Abhängigkeit des Neutroneneinfangwirkungsquerschnittes mit besonders hoher Wahrscheinlichkeit thermische Kernspaltung an ^{235}U und ^{239}Pu auslösen. Thermische Neutronen bewegen sich "statistisch", d. h. sie diffundieren mit beliebiger Richtung durch das bestrahlte Material. Für die technische Eignung als Moderatorsubstanz kommt es aber nicht allein auf geringe Stoßzahlen bis zur Thermalisierung der Neutronen an. Ebenso wichtig ist ein geringer Neutroneneinfangquerschnitt bei thermischen Energien, da sonst die für die thermische Spaltung benötigten langsamen Neutronen vom Moderator "verschluckt" werden. Trotz des optimalen Bremsverhaltens der Protonen in leichtem Wasser (H_2O) ist schweres Wasser (D_2O) deshalb besser als Moderator geeignet.

Sofern die thermischen Neutronen nicht sofort durch Einfangreaktionen oder durch Diffusion durch die Oberflächen des Mediums "beseitigt" werden, können sie erhebliche Überlebenszeiten in Moderatoren aufweisen. Da bei schwereren Kernen der Energieübertrag auf den Targetkern wegen des Massenverhältnisses von Neutron und Atomkern nach Gl. (9.8) etwa umgekehrt proportional zur Masse des Targetkerns abnimmt, sind schwere Substanzen als Moderatoren weniger gut geeignet. In vielen elastischen Prozessen sind die Winkelverteilungen nicht exakt isotrop. Die anschaulichen klassischen Gleichungen (9.3) bis (9.15) gelten dann nur näherungsweise.

9.1.6 Elastische Neutronen-Wechselwirkungen mit menschlichem Gewebe

Die Streuung schneller Neutronen an den Protonen der Wassermoleküle stellt in menschlichem Gewebe die wichtigste Neutronen-Wechselwirkungskomponente dar. Die Neutronen werden dort wie im Kühlwasser eines Kernreaktors moderiert. Sie geben dabei ihre Bewegungsenergie schrittweise an die direkt ionisierenden Protonen ab. Die Rückstoßprotonen aus der elastischen Neutronenstreuung in Wasser bewegen sich mit der vom Neutron übernommenen Bewegungsenergie (s. Gl. 9.8) durch den Absorber. Da Protonen elektrisch geladen sind, unterliegen sie den üblichen Wechselwirkungen schwerer geladener Teilchen. Sie sind wegen ihrer mit den Neutronenenergien vergleichbaren Bewegungsenergie dicht ionisierend und übertragen deshalb ihre Energie in der unmittelbaren Nähe des Wechselwirkungsortes. Die Rückstoßprotonen sind hauptsächlich für die Entstehung der Energiedosis durch Neutronen in menschlichem Weichteilgewebe verantwortlich. Neutronenstrahlung ist also strahlenbiologisch sehr wirksam.

Bei thermischen Energien werden die Neutronen mit großer Wahrscheinlichkeit durch Wasserstoffkerne eingefangen (s. Fig. 9.1). Der thermische Neutronen-Einfangquerschnitt für Protonen beträgt etwa 0,33 Barn. Die beim Einfang freiwerdende Bindungsenergie (p + n = d + 2,225 MeV, s. Abschnitt 9.3) wird bis auf einen kleinen Verlust durch Rückstoß in Form hochenergetischer Photonenstrahlung freigesetzt. Bei höheren Neutronenenergien nimmt die relative Bedeutung anderer Reaktionstypen zu. Elastische Neutronenstreuungen finden natürlich auch an den anderen im Gewebe vertretenen Nukliden statt, wie an Stickstoff-, Sauerstoff- und Kohlenstoffkernen. Die mit dem Massenanteil dieser Nuklide in menschlichem Gewebe gewichteten Wirkungsquerschnitte sind jedoch für die meisten Neutronenenergien um 1 bis 2 Größenordnungen kleiner als der für die Protonenstreuung. Hinweise zur Entstehung von Neutronendosisverteilungen finden sich in ([Krieger3].

9.2 Inelastische Neutronenstreuung

Bei dieser Reaktionsart wird das Neutron kurzfristig von den Kernkräften des Targetkerns eingefangen. Ein Teil der Bewegungsenergie des Neutrons wird dabei auf den
Kern übertragen und dort zur inneren Anregung verwendet. Der Kern gibt seine Anregungsenergie entweder sofort oder je nach Kernstruktur auch erst nach einer endlichen
Lebensdauer in Form einzelner oder mehrerer Gammaquanten wieder ab. Die Reaktionsgleichungen für diese Prozesse lauten:

$$T(n,n')T^* \qquad \text{und} \qquad T^* = T + \gamma \qquad (9.17)$$

Inelastische Neutronenstreuung kann selbstverständlich nur an Mehrnukleonenkernen
stattfinden, da innere Anregungen oder Kernreaktionen bei den technisch üblichen
Neutronenenergien am einzelnen Proton oder Neutron nicht möglich sind. In menschlichem Weichteilgewebe kann inelastische Neutronenstreuung also im Wesentlichen
nur an den Kernen des Kohlenstoffs, des Sauerstoffs und des Stickstoffs und insbesondere an den Nukliden ^{12}C, ^{14}N und ^{16}O stattfinden.

Die aus den angeregten Atomkernen emittierten Gammaquanten haben in der Regel
hohe Photonenenergien in der Größenordnung einiger MeV (s. Tab. 9.3). Sie sind
deshalb sehr durchdringend und transportieren ihre Energie wie bei den Photonenwechselwirkungen üblich auch in entfernte Bereiche des Absorbers. Zum Teil verlassen sie diesen auch und erzeugen auf diese Weise ein intensives Photonenstrahlungsfeld innerhalb und außerhalb des bestrahlten Materials. Die aus inelastischen Reaktionen herrührenden Photonen können bis zu 10% der in einem Weichteilphantom entstehenden Energiedosis ausmachen.

9.3 Neutroneneinfangreaktionen

9.3.1 Einfang langsamer Neutronen

Neutronen können von Nukliden, an denen sie sich vorbeibewegen, eingefangen werden. Bei langsamen Neutronen wird diese Einfangreaktion als thermischer Neutroneneinfang (engl.: thermal neutron capture, nc) bezeichnet. Die Einfangwahrscheinlichkeit wächst mit der Aufenthaltsdauer des Neutrons im Kernfeld. Je schneller das Neu-
tron ist, umso kürzer ist die Aufenthaltszeit im Bereich des Targetnuklids. Der Wirkungsquerschnitt für den Neutroneneinfang σ_{nc} ist deshalb bei niedrigen Neutronenenergien für viele Kerne etwa umgekehrt proportional zur Neutronengeschwindigkeit
v_n (vgl. auch Fig. 9. 1).

$$\sigma_{nc} \propto 1/v_n \qquad (9.18)$$

Die einfache $1/v$-Abhängigkeit wird bei vielen Kernen von resonanzartigen Strukturen
überlagert, die von den inneren Zuständen der Atomkerne herrühren. Da das Neutron

bei Einfangreaktionen völlig in den Kernverband aufgenommen wird, steht nicht nur seine restliche Bewegungsenergie sondern vor allem die Differenz der Bindungsenergien des Targetkerns und des Restkerns nach der Reaktion zur Verfügung. Diese Überschussenergie kann wie bei den inelastischen Neutronenstreuungen in Form hochenergetischer Gammaquanten emittiert werden. Kernreaktionen mit einer positiven Bilanz für die Bindungsenergien der Reaktionsprodukte bezeichnet man als **exotherm**. Zu dieser Kategorie zählen u. a. alle inelastischen Neutronenstreuprozesse. Hat der Restkern dagegen eine höhere Bindungsenergie als der Targetkern, muss diese durch das einfallende Neutron aufgebracht werden. Man spricht dann von einer **endothermen** Reaktion. Die Energiebilanzen werden mit positiven (exotherm) oder negativen (endotherm) Q-Werten beschrieben (s. Tab. 9.3). Der für die Kerntechnik und die Radioonkologie wichtigste Vertreter dieser exothermen Einfangreaktionen mit anschließender Gammaquantenemission ist der Einfang langsamer Neutronen am Wasserstoffkern. Die dabei emittierten Gammaquanten haben eine Energie von 2,225 MeV. Sie mischen sich dem Neutronenstrahlungsfeld bei. Dabei tragen sie zwar nur wenig zur lokalen Energieabsorption an ihrem Entstehungsort bei, können aber wie alle hochenergetischen Photonenstrahlungen in endlichen Phantomen große Beiträge zur Gesamtenergiedosis leisten.

$$p(n,\gamma)d \tag{9.19}$$

Der nächst wichtige Einfangprozess langsamer Neutronen in menschlichem Gewebe findet an Stickstoffkernen statt. Im Ausgangskanal dieser Reaktion tritt statt des Einfanggammas ein Proton mit einer Energie von ca. 0,58 MeV auf. Den Rest der Reaktionsenergie von insgesamt etwa 0,2 MeV erhält der Kohlenstoffatomkern (vgl. auch die Reaktionsgleichung 5.5 in Kapitel 5.1.2). Das Proton und der übrigens radioaktive Kohlenstoff übertragen ihre Bewegungsenergie wegen ihrer elektrischen Ladung in unmittelbarer Nähe des Wechselwirkungsortes auf den Absorber.

$$^{14}N(n,p)^{14}C^* + 0,6 \text{ MeV} \tag{9.20}$$

Für technische Fragestellungen ist der Einfang thermischer Neutronen durch Materialien mit sehr hohen thermischen Einfangwirkungsquerschnitten von besonderer Bedeutung. Dazu zählen die Elemente Bor, Kadmium und Gadolinium (Tab. 9.4). Mit ihrer Hilfe kann wegen des selektiven Einfangs thermischer Neutronen ein gemischtes Neutronenspektrum, wie es beispielsweise einen Kernreaktor verlässt, von thermischen Neutronen befreit, also aufgehärtet werden. Diese Materialien werden auch teilweise im Neutronenstrahlenschutz verwendet. Ein Beispiel ist die Abschirmung schneller Neutronen mit einer Sandwichanordnung aus Bor-Paraffin, Kadmiumblech und Blei. Bor-Paraffin dient zur Moderation der Neutronen durch den Protonenanteil des Paraffins mit anschließendem Neutroneneinfang durch Bor. Kadmium hat die Aufgabe, verbliebene thermische Neutronen einzufangen. Da dabei sehr durchdringende Gammastrahlung entsteht, wird zusätzlich Blei zur Abschirmung dieser Gammastrahlung benötigt.

Reaktion	Energieschwelle (MeV)	Wirkungsquerschnitt (mb)[4]	Gammaenergie/Q-Wert (MeV)
$^1H(n,\gamma)^2H$	thermisch	332,6	2,225
$^6Li(n,\alpha)^3H$	thermisch	$9,41\cdot10^5$	4,78
$^{12}C(n,n')^{12}C^*$	4,8	530	4,43
$^{12}C(n,n')^{12}C^*$	11	50	6,8[2]
$^{12}C(n,\alpha)^9Be$	7,6	70	-5,70[3]
$^{12}C(n,\alpha)^9Be^*$	9,4	50	1,75
$^{12}C(n,n')3\alpha$[1]	11	160	
$^{12}C(n,3\alpha)n$[2]	10,3	120	
$^{14}N(n,n')^{14}N^*$	5,5	50	1,63
$^{14}N(n,n')^{14}N^*$	4,8	95	2,31
$^{14}N(n,n')^{14}N^*$	5,6	90	5,1
$^{14}N(n,n')^{14}N^*$	10	75	1,0
$^{14}N(n,n')^{14}N^*$	11	95	1,1
$^{14}N(n,2n)^{13}C^*$	12	1,0	-10,6[3]
$^{14}N(n,p)^{14}C^*$	<0,2	280	+0,63[3]
$^{14}N(n,t)^{12}C^*$	5,5	30	-4,01[3]
$^{14}N(n,\alpha)^{11}B$	1,2	480	-0,16[3]
$^{14}N(n,\alpha)^{11}B^*$	4	90	2,14
$^{14}N(n,\alpha)^{11}B^*$	6	57	4,46
$^{14}N(n,\alpha)^{11}B^*$	7	80	5,0
$^{16}O(n,n')^{16}O^*$	6,6	320	6,1
$^{16}O(n,n')^{16}O^*$	7,6	60	7,0
$^{16}O(n,n')^{16}O^*$	10,5	250	3,8
$^{16}O(n,n')^{16}O^*$	12,5	170	4,8
$^{16}O(n,p)^{16}N$	10,8	80	-9,63[3]
$^{16}O(n,d)^{15}N^*$	-	-	-9,90[3]
$^{16}O(n,\alpha)^{13}C$	3,7	200	-2,21[3]
$^{16}O(n,\alpha)^{13}C^*$	11,9	80	3,1
$^{16}O(n,\alpha)^{13}C^*$	8,2	220	3,8
$^{16}O(n,\alpha)^{13}C^*$	1,2	100	7,0

Tab. 9.3: Reaktionsdaten für inelastische Streuung und Neutroneneinfang an ^1H, ^6Li, ^{12}C, ^{14}N, ^{16}O (nach Daten von [Auxier], 1 mb = 1 Millibarn = 10^{-31} m^2).

(1): Reaktionskaskade $^{12}C(n,\alpha)^9Be^*$, $^9Be^* \rightarrow {}^5He^* + \alpha$, $^5He^* \rightarrow \alpha + n$.

(2): Reaktionskaskade $^{12}C(n,n')^{12}C^*$, $^{12}C^* \rightarrow {}^8Be^* + \alpha$, $^8Be^* \rightarrow \alpha + \alpha$.

(3): Q-Werte der Reaktion ($Q < 0$: endotherme, $Q > 0$: exotherme Reaktion).

(4): Maximumswerte der Wirkungsquerschnitte für die jeweilige Reaktion.

Nuklid	therm. Einfangquerschnitt (b)
^{1}H	0,3326
^{2}H	0,00052
^{3}He	5333
^{4}He	0
^{6}Li	941
^{7}Li	0,0454
Li(nat)	70,5
^{10}B	3838
^{12}C	0,0035
^{23}Na	0,537
^{16}O	0,000178
^{59}Co	37,2
^{98}Mo	0,13
^{113}Cd	20600
Cd(nat)	2520
^{154}Gd	60900
^{157}Gd	254000
Gd(nat)	48890
^{191}Ir	954
^{235}U	680,9
^{238}U	2,68

Tab. 9.4: Wirkungsquerschnitte für thermischen Neutroneneinfang (Einheit 1b = 10^{-28} m^2), Daten aus [Kohlrausch Bd. III], Energie der thermischen Neutronen 0,0252 eV.

Thermischer Neutroneneinfang an Li-Isotopen spielt eine wichtige Rolle in der Thermolumineszenzdosimetrie. Werden LiF-Detektoren aus ^{6}Li angefertigt, kann die in Gl. (9.21) dargestellte Reaktion zum selektiven Nachweis thermischer Neutronen verwendet werden.

$$^6\text{Li}(n,\alpha)t + 4{,}78 \text{ MeV} \tag{9.21}$$

Die hohe thermische Einfangwahrscheinlichkeit des ^{10}B hat neben dem Einsatz in der Kerntechnik (Regelstäbe, Borsäurezusätze zum Wasser im Primärkühlkreislauf von

Druckwasserreaktoren) auch eine Anwendung in der experimentellen Strahlentherapie gefunden. ^{10}B fängt thermische Neutronen in folgenden Reaktionen ein:

$$^{10}\text{B}(n,\alpha)^7\text{Li} + 2,79 \text{ MeV} \qquad (6,1\%)$$

$$^{10}\text{B}(n,\alpha)^7\text{Li} + 2,40 \text{ MeV} \qquad (93,9\%)$$

$$^7\text{Li*} \rightarrow {}^7\text{Li} + \gamma \ (0,478 \text{ MeV}) \qquad\qquad (9.22)$$

Die Reichweiten dieser α-Teilchen in Weichteilgewebe betragen ca. 8 µm, die des Rückstoßkerns ^{7}Li etwa 4 µm. Bei einer Anreicherung von Bor in erkrankten Zellen und der Bestrahlung mit thermischen Neutronen wird wegen ihrer verschwindend kleinen kinetischen Energie außer bei Einfangprozessen normalerweise nur wenig Energie auf Absorber übertragen. Dagegen entsteht durch die Hoch-LET-Teilchen[2] α und ^{7}Li eine sehr hohe lokale Energiedosis, die selektiv die erkrankte Zelle schädigen kann. Thermische Neutronen werden außer durch Bor aber auch durch Wasserstoff-kerne eingefangen. Deshalb und wegen einer Reihe weiterer Probleme (selektive An-reicherung von Bor, Tiefendosisverläufe der Neutronen in menschlichem Gewebe, hohe Neutronenflüsse) kommt diese Technik erst allmählich aus dem experimentellen Stadium heraus.

9.3.2 Einfang schneller Neutronen

Für Neutronen höherer Energie gibt es eine Vielzahl von Einfangprozessen, bei denen sich im Ausgangskanal Teilchen höherer Masse wie d, t oder α befinden. Werden diese Teilchen emittiert, verteilt sich die Überschussenergie durch Rückstoß entspre-chend den Massenverhältnissen auf den Restkern und die ausgesendeten Teilchen. Da diese dicht ionisierend sind, führen sie zu einer hohen lokalen Energieübertragungs- und Ionisierungsdichte und sind biologisch sehr wirksam.

Sind die Restkerne nach der Emission des ersten geladenen Teilchens noch ausrei-chend angeregt, können bei manchen Kernen auch weitere Teilchen ausgesendet wer-den. Der Targetkern zerlegt sich dann quasi von selbst durch sukzessive Teilchen-emission. Diese Reaktionen finden bei instabilen Restkernen statt, wenn durch den Einfang eines Neutrons die Kernstruktur so verändert wird, dass sich alle Nukleonen in ungebundenen Zuständen befinden. Die Reaktionen ähneln auf den ersten Blick einem Abdampfprozess, bei dcm sich der heiße Restkern durch Teilchenverdampfung seiner Überschussenergie entledigt und dabei sozusagen abkühlt. Tatsächlich verlau-fen diese Reaktionen aber in wesentlich kürzeren Zeiten (etwa 10^{-22} s), so dass von einem langsamen thermischen Ausgleich keine Rede sein kann. Ein typischer Vertre-ter dieser Reaktionsart ist der Einfang sehr schneller 10-MeV-Neutronen am Kohlen-

---

[2] LET bedeutet linearer Energie-Transfer, gibt also die pro Wegstrecke an das Material abgegebene Ener-gie an. Je höher der LET ist, umso höher ist die biologische Wirkung. Der LET hat die Einheit keV/µm.

stoffkern, der ^{12}C(n,3α)n-Prozess (s. Tab. 9.3), bei dem der Targetkern in drei Alpha-teilchen und ein Neutron zerlegt wird. Kaskadenzerfälle der geschilderten Art sind nicht ohne weiteres von "echten" Spallationen zu unterscheiden (s. Abschnitt 9.4).

9.4 Neutroneninduzierte Kernspaltung und Spallation

Schwere Kerne können durch Neutroneneinfang auch gespalten oder zertrümmert werden. Die **Kernspaltung** spielt vor allem bei Actinoidenkernen eine auch technisch bedeutsame Rolle (Kernreaktoren, Atombomben). Im Ausgangskanal der Kernspaltung befinden sich meistens zwei, seltener auch drei Spaltfragmente und mehrere schnelle Neutronen (bei Uranisotopen 2 bis 3 Neutronen aus den Fragmenten). Das Massenverhältnis der Fragmente beträgt im Mittel etwa 3:2. Ein Actinoidenkern mit der Massenzahl um A = 240 wird durch Spaltung also in Fragmente mit durchschnittlichen Nuklidmassen um A = 140 und A = 100 zerlegt (ohne Berücksichtigung der Spaltneutronen). Die Massen individueller, zugehöriger Spaltfragmente sind um diese mittleren Massen etwa gaußförmig verteilt. Spaltfragmente sind meistens hoch angeregt und weisen einen mehr oder weniger ausgeprägten Neutronenüberschuss auf.

Da sie sich in der Regel weit vom Stabilitätsbereich der Atomkerne befinden, durchlaufen sie eine Reihe sukzessiver radioaktiver Zerfälle. Diese dienen außer zur Verminderung der überschüssigen Anregungsenergie auch zur Wiederherstellung des durch die Spaltung gestörten Neutronen-Protonen-Gleichgewichts. Bei Annäherung an die stabilen Endnuklide nehmen die Lebensdauern der Kerne so zu, dass die Spaltfragment-Abkömmlinge als radioaktive Quellen für Medizin und Technik verwendet werden können. Wichtige Beispiele solcher Reaktorprodukte sind die in der Nuklearmedizin eingesetzten Nuklide ^{131}I, ^{99}Mo mit seinem Folgeprodukt ^{99m}Tc und die auch für technische Zwecke verwendeten Nuklide ^{137}Cs oder ^{90}Sr.

Die Zahl der Spaltneutronen von Actinoidenkernen liegt je nach gespaltenem Material im Mittel zwischen 2 und 3. Die Neutronen zeigen eine breite Energieverteilung mit maximalen Neutronenenergien bis 10 MeV. Die mittlere Energie der Spaltneutronen beträgt etwa 2 MeV, die wahrscheinlichste Energie etwa 1 MeV. Kernspaltung an Actinoiden kann mit schnellen oder mit thermischen Neutronen stattfinden. Bei thermischer Spaltung reicht die beim Neutroneneinfang freiwerdende Bindungsenergie aus, um die Spaltschwelle des Einfangkerns zu überschreiten. Bei schneller Spaltung wird dagegen der Beitrag an kinetischer Neutronenenergie benötigt, um die Schwellenenergie für die Spaltung zu erreichen. Der wichtigste Vertreter überwiegend thermischer Spaltung ist das ^{235}U, das in thermischen Reaktoren als Spaltmaterial verwendet wird. Schnelle Spaltung findet sich u. a. am ^{238}U, ^{239}Pu und ^{232}Th. Sehr ausführliche Informationen zur neutroneninduzierten Kernspaltung und zu Kernreaktoren finden sich in [Krieger2].

Unter **Spallation** (engl.: Absplitterung) versteht man die Zertrümmerung eines Atomkerns in einzelne Nukleonen oder Nukleonengruppen durch einen einzelnen Wechselwirkungsakt. Dabei finden sich als Ergebnis des Neutroneneinfangs oft mehrere Bruchstücke des Ausgangskerns, unter denen relativ häufig Alphateilchen zu finden sind. Dies liegt an der außergewöhnlichen Stabilität gerade dieses Nuklids, das unter den leichten Atomkernen die höchste Bindungsenergie hat. Dieser Sachverhalt führt auch zu dem vor allem bei schweren Kernen häufig zu beobachtenden spontanen Alphazerfall. Da für Spallationen ein Großteil der Bindungsenergie des Targetkerns durch Bewegungsenergie aufgebracht werden muss, finden sie mit wenigen Ausnahmen erst bei hohen Neutronenenergien statt. In menschlichem Gewebe und bei den in Medizin und Nukleartechnik zugänglichen Neutronenquellen und Neutronenenergien spielt Spallation kaum eine Rolle.

Zusammenfassung

- **Bei Wechselwirkungen können Neutronen entweder oder inelastisch gestreut werden. Sie übertragen dabei einen Teil ihrer Bewegungsenergie auf ihre Stoßpartner.**

- **Elastische Streuung verändert nicht den inneren Energiezustand oder die Struktur der Targetkerne.**

- **Bei inelastischer Streuung werden die Targetkerne dagegen angeregt und emittieren entweder geladene Teilchen, Neutronen oder hochenergetische Gammaquanten.**

- **Neutronen können außerdem Einfangreaktionen unterliegen, bei denen neben Gammastrahlung auch hochenergetische geladene Sekundärteilchen entstehen können.**

- **Das Strahlungsfeld der Neutronen wird also durch "fernwirkende" Photonen und geladene nukleare Teilchen mit hohem LET kontaminiert. Letztere sind vor allem für den lokalen Energieübertrag der Neutronen auf den Absorber verantwortlich.**

- **Bei der Wechselwirkung mit menschlichem Gewebe dominiert die elastische Streuung (Moderation) der Neutronen am Wasserstoff des Zellwassers, die mit einem hohen Energieübertrag auf die kurzreichweitigen Protonen verbunden ist.**

- **Neutroneneinfang am Proton und am Stickstoff ist in menschlichem Gewebe vor allem für die Photonenkontamination des Neutronenstrahlenbündels verantwortlich.**

- **Thermischer Neutroneneinfang ist auch für einige kerntechnische Fragestellungen von Bedeutung (Reaktorregelung).**

- **Zur Neutronenabschirmung werden Nuklide oder Nuklidgemische mit besonders hohen Wirkungsquerschnitten für Neutroneneinfang wie Kadmium oder Bor verwendet.**

- **Durch thermische Neutronen ausgelöste Kernspaltung wird großtechnisch in Kernreaktoren zur Energieerzeugung eingesetzt.**

Aufgaben

1. Was versteht man unter Moderation von Neutronen?

2. Was versteht man unter dem Eingangskanal und dem Ausgangskanal einer Kernreaktion?

3. Verliert ein Neutron bei einer elastischen Streuung Bewegungsenergie?

4. Wird bei einer elastischen Streuung der Targetkern angeregt?

5. Kann ein Neutron einer Entfernung von 10^{-10} m zu einem Atomkern an diesem gestreut werden?

6. Berechnen Sie die Restenergien von 1 MeV Neutronen nach einem elastischen Stoß mit einem Bleikern ($A = 208$) und mit einem Proton für die Streuwinkel 0°, 90° und 180°. Verwenden Sie statt der exakten Massen der Stoßpartner der Einfachheit halber die Massenzahlen. Ist Blei als Moderator geeignet?

7. Warum ist zur Moderation von Neutronen Deuterium ($A = 2$) besser geeignet als einfacher Wasserstoff ($A = 1$)?

8. Beim Beschuss eines Patienten oder einer Wasserprobe mit Neutronen treten Gammaquanten mit einer Energie von etwa 2,23 MeV auf. Erklären Sie die Herkunft dieser Gammastrahlung.

9. Zählt Neutronenstrahlung zu den direkt oder zu den indirekt ionisierenden Strahlungsarten?

10. Unterliegen Neutronen in schmaler Geometrie dem exponentiellen Schwächungsgesetz (Begründung)?

11. Welche Aufgaben hat das Wasser in Kernreaktoren, die ^{235}U als Brennstoff verwenden?

12. Was versteht man in der Neutronenphysik unter einem elastischen, was unter einem inelastischen Prozess?

13. Welche Nuklide eignen sich besonders als Abschirmmaterialien für thermische Neutronen?

14. Erklären Sie die Funktionsweise einer Abschirmung für schnelle Neutronen mit einer Sandwich-Anordnung aus Bor-Paraffin und Kadmium.

15. Erklären Sie die Existenz von Energieschwellen bei endothermen Neutroneneinfangreaktionen.

16. Versuchen Sie eine Erklärung für das häufige Auftreten von Alphateilchen im Ausgangskanal von Neutronen-Kernreaktionen z. B. in (Tab. 9.3).

17. Sind Neutronen aus einer Kernspaltung monoenergetisch?

18. Geben Sie an Hand der (Tab. 9.4) ein Beispiel für ein Beispiel für eine besonders markante Abweichung des Wirkungsquerschnitts von der geometrischen Trefferfläche des Targetkerns.

Aufgabenlösungen

1. Moderation von Neutronen ist der Bewegungsenergieverlust der Neutronen durch Stöße mit leichten Atomkernen.

2. Einschussteilchen und Targetkern werden zusammen mit ihrem inneren und äußeren Zustand als Eingangskanal einer Kernreaktion bezeichnet, Restkern nach der Kernreaktion und emittiertes Teilchen bilden den Ausgangskanal.

3. Ja, bei einer elastischen Neutronenstreuung verliert das stoßende Neutron einen Teil seiner Bewegungsenergie, die der Targetkern als Rückstoßenergie aufnimmt.

4. Bei elastischen Prozessen wird der Targetkern nicht angeregt, sein innerer Kernzustand bleibt erhalten.

5. Damit ein Neutron in Wechselwirkung mit einem Atomkern tritt, muss es sich im Bereich der Kernkräfte befinden. Nur so kann es der starken Wechselwirkung unterliegen. Die Reichweite der Kernkräfte liegt bei etwa 10^{-15} m. Die in der Frage angegebene Entfernung ist der Durchmesser einer Atomhülle. Streuung am Kern ist unter den gegebenen Bedingungen nicht möglich.

6. Beim Stoß eines Neutrons mit einem Atomkern des Bleis erhält man für die Winkel 0°, 90° bzw. 180° Neutronenrestenergien von 1 MeV, 0,9905 MeV und 0,981 MeV. Blei ist wegen des geringen Energieverlustes der Neutronen als Moderator völlig ungeeignet. Beim Stoß mit einem ruhenden Proton sind die Restenergien 1 MeV, 0,5 MeV und 0 MeV. Der letzte Wert entspricht dem klassischen zentralen Stoß zweier gleich schwerer Kugeln.

7. Deuterium ist als Moderator besser geeignet als Protonen, da es nur einen verschwindend kleinen Einfangwirkungsquerschnitt für schnelle Neutronen hat (s. Tab. 9.4). Protonen fangen mit einer fast um 3 Größenordnungen höheren Wahrscheinlichkeit als Deuterium schnelle Neutronen ein, statt sie zu moderieren.

8. Diese Gammaquanten (2,225 MeV) entstehen beim Einfang langsamer Neutronen an freien Protonen (s. Gl. 9.19), aus denen dann Deuteronen entstehen.

9. Da Neutronen ungeladene Teilchen sind, zählen sie zu den indirekt ionisierenden Strahlungsarten. Die Ionisation der Absorberatome geschieht über die geladenen Stoßpartner, in Wasser oder menschlichem Gewebe also überwiegend durch Protonen.

10. Ja, da sie wie Photonen ungeladene Teilchen sind.

11. Die Aufgaben des Wassers in Kernreaktoren sind die Moderation der schnellen Spaltneutronen und die Kühlung. Bei Kühlwasserverlust oder beim Verdampfen des Kühlwassers werden die schnellen Neutronen nicht mehr ausreichend moderiert. Dadurch vermindert sich der Fluss thermischer Neutronen unter den für einen stationären Betrieb des Reaktors erforderlichen Wert. Der Reaktor kommt automatisch zum Stehen.

12. Bei elastischen Neutronenprozessen wird keine Bewegungsenergie des Neutrons für innere Anregungen der Atomkerne verwendet. Eventuelle Energieverluste des Neutrons tauchen als übertragene Bewegungsenergie des beschossenen Targetkerns auf. Bei inelastischen Vorgängen werden die Targetkerne dagegen angeregt.

13. Einige Bor-, Gadolinium- und Cadmium-Nuklide wegen ihrer teilweise extrem hohen Einfangwirkungsquerschnitte für thermische Neutronen (s. Tab. 9.4). Bei allen diesen Reaktionen treten allerdings harte Gammastrahlungen der Tochternuklide auf, die mit geeigneten Abschirmmaterialien geschwächt werden müssen, und die außerhalb der Neutronenfänger-Schicht angebracht werden müssen.

14. Um schnelle Neutronen abzuschirmen, müssen sie zunächst verlangsamt werden. Diese Aufgabe nimmt das Paraffin (Moderation durch Protonenstöße). Bor und Kadmium fangen die thermischen Neutronen mit hoher Wahrscheinlichkeit ein (s. dazu die Einfangquerschnitte in Tab. 9.4).

15. Bei endothermen Neutronenreaktionen ist die Bindungsenergie des Tochteratomkerns nach der Reaktion größer als die des Targetkerns. Diese Energiedifferenz, die typisch im MeV-Bereich liegt, ist vom eingeschossenen Neutron als Bewegungsenergie (Schwellenenergie) mitzubringen (s. Tab. 9.3).

16. Da Alphateilchen von allen leichten Nukliden die höchste Bindungsenergie besitzen (28,29 MeV), liegt die Vermutung nahe, dass sich bei der Anregung der Targetkerne bei Umordnungsprozessen nach Neutroneneinfang häufig aus energetischen Gründen solche Alphacluster bilden.

17. Nein, sie zeigen ein kontinuierliches Energiespektrum bis etwa 10 MeV.

18. Den größten Einfangsquerschnitt für thermische Neutronen zeigt das Nuklid ^{157}Gd. Dieser Querschnitt ist etwa 250000 mal größer als die Querschnittsfläche des Gadolinium-Kerns. Wirkungsquerschnitte sind also offensichtlich keine geometrischen "Trefferflächen". Details finden sich in (Kap. 1.6.3).

10 Wechselwirkungen geladener Teilchen

Thema dieses Kapitels sind die Wechselwirkungsprozesse von geladenen Teilchen mit Mate-rie. Die Wechselwirkungsart hängt von der Masse, der Ladung und vom Abstand des einlau-fenden Teilchens zum Wechselwirkungszentrum ab. Ausführlich dargestellt wird die Stoß-bremsung, die der wichtigste Einfluss eines Absorbers auf ein Strahlenbündel geladener Teilchen ist. Dabei verliert das einlaufende Teilchen durch Ionisationsakte und Anregungen stetig Bewegungsenergie. Leichte geladene Teilchen wie die Elektronen können wegen ihrer leichten Ablenkbarkeit auch durch Strahlungsbremsung Energie verlieren oder sie können gestreut werden. Schwere Teilchen erzeugen bei üblichen radiologischen Energien kaum Bremsstrahlung und werden wegen ihrer hohen Massen auch nur wenig elektronisch ge-streut, unterliegen aber bei ausreichender Energie nuklearen Wechselwirkungen.

Zu den geladenen Teilchen zählen die Elektronen und die Protonen, aber auch Mehr-nukleonensysteme wie das Deuteron (d), das Triton (t), die Alphateilchen (α), Atom-ionen und schwere Nuklide sowie ihre jeweiligen Antiteilchen. Geladene Teilchen sind immer von ihrem ausgedehnten elektrischen Feld umgeben. Bei der Passage von Atomen liegt die Wechselwirkungswahrscheinlichkeit daher anders als bei ungelade-nen Teilchen wie Photonen oder Neutronen bei nahezu 100%. In der Regel finden bei solchen Wechselwirkungen nur geringe Energieüberträge vom Teilchen auf den Ab-sorber statt, so dass es zur vollständigen Bremsung geladener Projektile vieler Wech-selwirkungsprozesse bedarf. Durch die Vielzahl an kleinen Energieverlusten werden die geladenen Teilchen mehr oder weniger gleichmäßig bis zum Stillstand abge-bremst. Die zurückgelegte Wegstrecke im Absorber wird als **Bahnlänge** bezeichnet. Für Teilchen einheitlicher Art und Energie kann man aus den Bahnlängen mittlere Eindringtiefen in den Absorber, die so genannten **Reichweiten** definieren.

Durch ihre elektrischen Felder wechselwirken geladene Teilchen vorwiegend mit Hül-lenelektronen des Absorbers. Bei ausreichender Annäherung an die Atomkerne kommt es aber auch zu Wechselwirkungen mit dem Coulombfeld der Atomkerne oder sogar zu Kernreaktionen mit den Nukleonen. Wechselwirkungen über das elektrische Feld werden als **Coulomb**-Wechselwirkungen bezeichnet.

10.1 Abhängigkeit der Wechselwirkungen vom Stoßparameter

Die Art der Wechselwirkungen geladener Teilchen hängt vor allem vom Abstand zwi-schen dem einlaufenden Teilchen und seinem Wechselwirkungspartner, dem so ge-nannten **Stoßparameter** s, ab. Unter dem Stoßparameter versteht man den Abstand zwischen der Asymptote an die Bahn des einlaufenden Teilchens und dem Schwer-punkt des Stoß- oder Wechselwirkungszentrums (s. Fig. 10.1). Die Wechselwir-kungsmechanismen unterscheiden sich je nach Abstand zwischen einfliegendem Teil-chen und Absorberatomen. Das Größenverhältnis von Stoßparameter s und Atomradi-us erlaubt deshalb eine grobe Einteilung der Coulomb-Wechselwirkungen in mehrere Kategorien, je nachdem ob $s \gg r_{atom}$ (große Teilchenentfernung), $s \approx r_{atom}$ (Entfernung

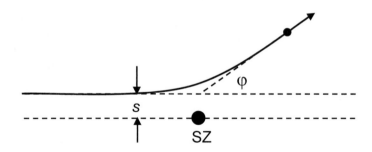

Fig. 10.1: Zur Definition des Stoßparameters *s* bei den Wechselwirkungen geladener Teilchen, SZ: Stoßzentrum, *s*: Stoßparameter als Abstand der Asymptote an die Bahn des einfliegenden Teilchens vom Stoßzentrum, φ: Streuwinkel.

etwa Atomradius) oder $s \ll r_{atom}$ (Flugbahn innerhalb der Hülle der Absorberatome) gilt. Bei noch kleineren Stoßparametern kommt es auch zu Teilchen-Kern-Wechselwirkungen.

Der Fall großer Stoßparameter ($s \gg r_{atom}$): Bei Wechselwirkungsentfernungen, die deutlich größer als die Atomdurchmesser sind (also bei großen Stoßparametern), finden die Coulomb-Wechselwirkungen mit der gesamten Atomhülle statt. Wird diese durch die Ladung des vorbei fliegenden Teilchens zwar verformt und polarisiert aber nicht ionisiert oder angeregt, verliert das stoßende Teilchen nur einen sehr geringen Energiebetrag, der lediglich zur Erfüllung des Impulssatzes benötigt wird. Das einlaufende Teilchen ändert durch den Stoß aber seine Flugrichtung, es wird elastisch gestreut (Fig. 10.3a). Kommt es bei der Wechselwirkung dagegen zu Anregungen oder zu Ionisationen der äußeren Elektronenschalen der passierten Atome, verliert das einlaufende Teilchen den zur Ionisation oder Anregung eines äußeren Hüllenelektrons benötigten Energiebetrag (wenige eV) und ändert außerdem seine Richtung. Es wird inelastisch gestreut. Die aus der Hülle freigesetzten Sekundärelektronen sind niederenergetisch und geben deshalb ihre Energie in unmittelbarer Umgebung des Wechselwirkungsortes ab. Beide Vorgänge werden wegen der geringen Energieüberträge als weiche Stöße (soft collisions) bezeichnet. Weiche Stöße sind für etwa 50% des Energieverlustes geladener Teilchen verantwortlich. Wegen der kleinen Energieverluste pro Stoß werden die einlaufenden Teilchen quasi kontinuierlich abgebremst, man spricht daher vom "continuous slowing down" (csd).

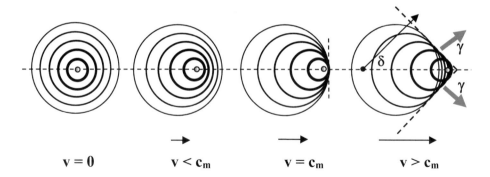

$$v = 0 \qquad v < c_m \qquad v = c_m \qquad v > c_m$$

Fig. 10.2: Schematische Darstellung der Entstehung des Cerenkov-Lichtes γ als Funktion der relativen Geschwindigkeit v/c_m eines geladenen Teilchens (c_m: Phasengeschwindigkeit des Lichts im Medium m, Kreise symbolisieren das mitlaufende elektrische Feld des Teilchens). Für $v > c_m$ entsteht das blaue Cerenkov-Licht. Der halbe Öffnungswinkel des Strahlenkegels, also der Winkel zwischen abgestrahltem Licht und Teilchenbahn, ist der Cerenkov-Winkel δ.

Cerenkov-Strahlung:* Eine besonders interessante Wechselwirkung geladener Teilchen mit Materie ist die Erzeugung der nach ***P. Cerenkov***[1] benannten Cerenkov-Strahlung. Sie entsteht immer dann, wenn sich geladene Teilchen mit großem Stoßparameter in einem Medium schneller als die dort geltende Lichtgeschwindigkeit bewegen. Bei der Passage der Atomhüllen werden diese kurzfristig polarisiert. Sie schwingen dabei wie elektrische Dipole und emittieren elektromagnetische Strahlung, die sich langsamer als das geladene Teilchen ausbreitet. Die Entstehung der Cerenkov-Strahlung ist anschaulich vergleichbar mit der Bildung eines Überschallknalls durch Objekte, deren Geschwindigkeit größer als die Schallgeschwindigkeit im Medium ist. Das Verhältnis der Lichtgeschwindigkeiten im Vakuum und in Materie ist der Brechungsindex n_m. Das Cerenkov-Licht wird unter einem Winkel δ zur Bewegungsrichtung des Teilchens emittiert (s. Fig. 10.2). Für den Zusammenhang von Brechungsindex des Mediums n_m, Teilchengeschwindigkeit v und Emissionswinkel δ gilt:

$$\cos \delta = c_0/(v \cdot n_m) \tag{10.1}$$

Das Cerenkov-Licht ist linear polarisiert. Für Gase, Wasser und verschiedene Festkörper (Glas, Plexiglas) liegt seine Wellenlänge im sichtbaren bis UV-Bereich. Für Teilchengeschwindigkeiten, die größer als die Phasengeschwindigkeit des Lichts im Medium sind ($v > c_m$), bildet die Wellenfront der emittierten Cerenkov-Photonen einen Strahlungskegel mit einem Öffnungswinkel von 2δ. Ein sehr imponierendes Beispiel ist das blaue Cerenkov-Licht, das im Kühlwasser von Kernreaktoren durch schnelle β-

---

[1] **Pavel Aleksejvič Čerenkov** (28. 7. 1904 – 6. 1. 1990), russischer Physiker, erhielt 1958 zusammen mit **Il'ja Michajlovič Frank** (23. 10. 1908 – 23. 6. 1971) und **Igor Jevgen'evič Tamm** (8. 7. 1895 – 12. 4. 1971) den Physiknobelpreis "für die Entdeckung und Interpretation des Cerenkov-Effekts".

Teilchen erzeugt wird. Der Energieverlust von Elektronen durch Cerenkov-Strahlungserzeugung beträgt in Plexiglas nur etwa 1 keV/cm, wobei etwa 200 sichtbare Cerenkov-Photonen erzeugt werden. Dem steht beispielsweise für schnelle Elektronen ein Energieverlust von ungefähr 2 MeV/cm durch weiche Stöße gegenüber. Cerenkov-Strahlung kann also bei der Berechnung der Teilchenenergieverluste in der Regel vernachlässigt werden. Da aus dem Emissionswinkel der Cerenkov-Strahlung auf die Teilchengeschwindigkeit geschlossen werden kann, hat der Cerenkov-Effekt in der Grundlagenforschung, in der er zum Nachweis und zur Energiebestimmung relativistischer Elementarteilchen verwendet wird, eine große Bedeutung (Cerenkovzähler).

Der Fall mittlerer Stoßparameter ($s \approx r_{atom}$): Bei abnehmendem Stoßparameter, also Flugbahnen der einlaufenden Teilchen dicht an den oder innerhalb der Außengrenzen einzelner Atome, können die Teilchen Wechselwirkungen mit einzelnen auch inneren Hüllenelektronen unterliegen, also direkte Stöße mit Hüllenelektronen erleiden (Fign. 10.3b, c). Diese Wechselwirkungen werden wegen der höheren Energieverluste als harte Stöße (englisch: hard collisions) gekennzeichnet. Hin und wieder werden sie wegen der Wechselwirkung mit einzelnen Hüllenelektronen auch als binäre Stöße (Zweierstöße, englisch: binary collisions) bezeichnet. Die gestoßenen Hüllenelektronen werden dann mit deutlich höheren Energien als die Elektronen der weichen Stöße und mit größeren Streuwinkeln emittiert, sie werden als δ-Elektronen bezeichnet[2]. Die Bahnen der δ-Elektronen verlassen seitlich die ursprüngliche Teilchenbahn (vgl. Fign. 10.3 und 6.2) und übertragen ihrerseits ihre Bewegungsenergie über weiche Stöße auf den Absorber. Sie sind von besonderer Bedeutung bei der Mikrodosimetrie, also der Untersuchung der Dosisverhältnisse in mikroskopischen Systemen wie der DNS, Zellorganellen und Zellen sowie in der Theorie der Ionisationskammern.

Der Fall kleiner Stoßparameter ($s \ll r_{atom}$): Ist die Teilchenenergie so hoch, dass die einlaufenden Korpuskeln die den Atomkern abschirmende Elektronenhülle durchsetzen können, können sie auch direkt mit dem Coulombfeld der Atomkerne wechselwirken. Werden sie dabei ohne Energieverlust gestreut, bezeichnet man dies als Coulombstreuung bzw. elastische Kernstreuung (Fig. 10.3d). Diese Ereignisse sind relativ selten, führen aber zu einer Verbreiterung des einlaufenden Teilchenstrahls. Werden die Teilchen dagegen unter Energieverlust im Kernfeld abgelenkt, wird ein Teil ihrer Energie in Photonenstrahlung umgewandelt.

Dieser Vorgang heißt Bremsstrahlungserzeugung oder unelastische Kernstreuung (Fig. 10.3e) und ist mit der Produktion und Emission von Photonenstrahlung verbunden. Diese Bremsstrahlungsphotonen mischen sich dem ursprünglichen Strahlungsfeld bei, sie kontaminieren den Korpuskelstrahl. Elastische und unelastische Kernstreuung sind

---

[2] Als δ-Elektronen bezeichnet man Sekundärelektronen, die ausreichend Bewegungsenergie haben, um selbst weitere Ionisationen auszulösen.

bei den üblichen radiologischen Energien nur bei Elektronen von wesentlicher Bedeutung, da sie wegen ihrer kleinen Massen leichter ablenkbar sind als schwerere geladene Teilchen.

Der Fall sehr kleiner Stoßparameter (s $\approx r_{kern}$): Bei noch kleineren Stoßparametern, also Annäherungen des Teilchens an den Rand des Atomkerns der Absorberatome, kann das geladene Teilchen auch in direkte Wechselwirkung mit dem Atomkern treten. Sind die einlaufenden Teilchen Elektronen (Leptonen), findet die Wechselwirkung nur über die Coulombkräfte statt (Ladungswechselwirkung). Das Elektron bleibt in diesem Fall als freies Teilchen erhalten, wird also nicht im Atomkern absorbiert.

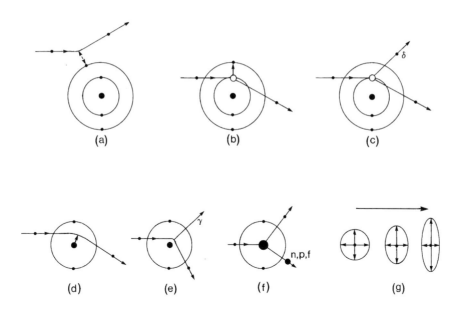

Fig. 10.3: Wechselwirkungenarten geladener Teilchen mit Materie in Abhängigkeit vom Stoßparameter. Oben: Hüllenwechselwirkungen (a: elastische Streuung, b: Anregung von Hüllenelektronen, c: Ionisation mit δ-Elektron-Emission). Unten: Wechselwirkungen mit dem Atomkern (d: elastische Coulombstreuung, e: unelastische Kernstreuung = Strahlungsbremsung, f: teilcheninduzierte inelastische Kernreaktionen). g: Verformung des elektrischen Feldes und Erhöhung des Wechselwirkungsradius mit zunehmender Geschwindigkeit geladener Teilchen (Lorentzkontraktion).

Sind die Teilchen dagegen schwere Teilchen (Hadronen), kommt es auch zu Wechselwirkung über die starken Kernkräfte (Fig. 10.3f). Schwere Teilchen können dabei mit dem ganzen Kern wechselwirken oder auch mit einzelnen Kernteilchen. Durch die bei der Kernreaktion übertragene Energie können daher einzelne Nukleonen oder auch größere Nukleonenpakete (Cluster) ausgelöst werden. An geeigneten Targetkernen kann es auch zur induzierten Kernspaltung kommen. Besteht der Teilchenstrahl aus hadronischer Antimaterie wie beispielsweise den negativen Pionen, kann der Targetkern nach Absorption der Antimaterieteilchen durch die bei der Teilchenvernichtung freiwerdende Energie auch völlig zerlegt werden (Fig. 10.23). Für den Energieverlust geladener Teilchen spielen diese inelastischen Kernwechselwirkungen wegen ihrer geringen Häufigkeit in der Regel eine untergeordnete Rolle.

Die Wahrscheinlichkeiten für die einzelnen Wechselwirkungen hängen dabei außer vom Stoßparameter auch von der Teilchenenergie, der Teilchenart und von den Absorbereigenschaften ab. Insbesondere spielt die Masse des eingeschossenen Teilchens eine dominierende Rolle für alle solche Wechselwirkungen, die mit Richtungswechseln der Teilchen verbunden sind. Schwere Teilchen haben, wie ihr Name schon andeutet, erheblich größere Massen als ihre wichtigsten Wechselwirkungspartner, die Hüllenelektronen. Sie werden deshalb bei Stößen mit den Atomhüllen des Absorbers nur wenig aus ihrer Bahn abgelenkt. Sie bewegen sich stattdessen mehr oder weniger geradlinig durch das Absorbermaterial. Andererseits sind die Impulsüberträge durch Elektronen auf Absorberatome trotz erheblicher Ablenkwinkel wegen des Massenverhältnisses der Stoßpartner deutlich geringer als bei schwereren Teilchen. Wegen der geringen Winkelaufstreuung bleiben Strahlenbündel schwerer Teilchen beim Durchgang durch Materie zunächst bis zum Einsetzen der Kernstreuung räumlich kompakter als die Bündel der leichteren Elektronen. Die seitlichen Begrenzungen der Strahlenbündel sind am Beginn ihrer Tiefendosiskurven schärfer als z. B. bei Elektronenstrahlung. Geladene Teilchenstrahlenbündel haben seitliche Halbschattenbereiche von etwa 1-2 mm (bei Elektronen etwa 1 cm) und sind daher besser für die Therapie von Tumoren in der Nähe kritischer gesunder Organe geeignet. Sie werden beispielsweise für Bestrahlungen des Gehirns verwendet (z. B. stereotaktische Bestrahlungen mit Protonen oder Kohlenstoffkernen).

Wegen der großen Ruhemassen in der Größenordnung von 1 GeV sind schwere Teilchen oft bis zu hohen kinetischen Energien nicht relativistisch. Ihre Bewegungsenergie ist also geringer als ihre Ruheenergie ($E_{kin} < m_0 \cdot c^2$). Sie erzeugen bei gleicher kinetischer Energie wie Elektronen deshalb vergleichsweise wenig Bremsstrahlung, die den Teilchenstrahl kontaminieren könnte. Schwere Teilchen sind oft mehrfach elektrisch geladen. Sie verändern unter Umständen sogar ihren Ladungszustand beim Durchgang durch Materie. Dieser wechselnde Ladungszustand muss anders als bei den grundsätzlich immer einfach negativ geladenen Elektronen bei der Berechnung der Wechselwirkungen berücksichtigt werden.

Zusammenfassung

- Die Wechselwirkungen geladener Teilchen hängen vom Stoßparameter, also dem asymptotischen Abstand vom Wechselwirkungspartner, ab.

- Die Wechselwirkungen mit einem Absorber können ohne mit Energieverlust des Teilchens stattfinden.

- Bei großem Stoßparameter dominieren die elastische und die inelastische Wechselwirkung.

- Die bei großem Stoßparameter ebenfalls erzeugte Cerenkov-Strahlung kann für die Teilchenbremsung wegen der geringen Energieverluste vernachlässigt werden.

- Elastische Streuung an Atomhüllen führt zu einer Richtungsänderung des eingeschossenen Teilchens durch Rückstoß.

- Bei der inelastischen Wechselwirkung werden Atomhüllen angeregt und äußere Hüllen-Elektronen durch Ionisationen entfernt.

- Wegen der geringen dazu erforderlichen Energieüberträge werden diese Vorgänge als soft collisions bezeichnet.

- Die freigesetzten Elektronen sind niederenergetisch und geben deshalb ihre Bewegungsenergie Energie in unmittelbarer Nähe des Wechselwirkungszentrums ab.

- Das einlaufende geladene Teilchen verliert dadurch kontinuierlich kleine Anteile seiner Bewegungsenergie. Dieser Vorgang wird als continuous slowing down bezeichnet.

- Bei mittlerem Stoßparameter kommt es zu binären inelastischen Stößen mit einzelnen auch inneren Hüllenelektronen, den sogenannten hard collisions. Die Atomhüllen werden dabei ionisiert.

- Bei kleinen Stoßparametern findet elastische Coulombstreuung oder inelastische Coulombstreuung an Atomkernen statt.

- Inelastische Coulombstreuung an Atomkernen führt zur Bremsstrahlungserzeugung.

- Bei sehr kleinen Stoßparametern in der unmittelbaren Nähe der Atomkerne kann es zu inelastischen Kernreaktionen kommen.

10.2 Das Bremsvermögen für geladene Teilchen

Energieverluste geladener Teilchen können entweder durch Stoßbremsung oder durch Strahlungsbremsung stattfinden. Das totale Bremsvermögen für geladene Teilchen in einem Medium (S_{tot}, englisch: stopping power) ist definiert als der Quotient des durch alle Wechselwirkungen bedingten gesamten mittleren Energieverlustes des geladenen Teilchens und der dabei vom Teilchen im Absorber zurückgelegten Wegstrecke. Aus theoretischen Gründen beschreibt man die beiden Komponenten der Teilchenbremsung getrennt. Das totale Bremsvermögen setzt sich additiv aus den beiden Komponenten **Stoßbremsvermögen** und **Strahlungsbremsvermögen** zusammen.

$$S_{tot} = \left(\frac{dE}{dx}\right)_{tot} = S_{col} + S_{rad} \qquad (10.2)$$

Wegen seiner zentralen Bedeutung für die Strahlungsphysik und Dosimetrie wurde das Bremsvermögen von zahlreichen Autoren theoretisch und experimentell untersucht (z. B. [Bethe], [Moeller], [Berger/Seltzer]). Datenzusammenstellungen finden sich in [ICRU 35], [ICRU 37], [ICRU 49] [Kohlrausch], [Reich] und Auszüge für einige ausgesuchte Materialien und Strahlungsarten im Tabellenanhang.

10.2.1 Das Stoßbremsvermögen

In Analogie zur Definition des totalen Bremsvermögens wird das lineare **Stoßbremsvermögen** S_{col} definiert als Quotient aus dem Energieverlust eines geladenen Teilchens durch inelastische Stöße und der im Absorber zurückgelegten Wegstrecke.

$$S_{col} = \left(\frac{dE}{dx}\right)_{col} \qquad (10.3)$$

Protonen und andere schwere Teilchen wie Alphastrahlung aus Kernzerfällen oder schwere Ionen sind im Energiebereich wegen der hohen Ruhemassen bis etwa 5 MeV nicht relativistisch. Sie bewegen sich also auch bei hohen kinetischen Energien mit Geschwindigkeiten, die klein im Vergleich zur Lichtgeschwindigkeit sind ($v/c < 0,1$). Eine Ausnahme bilden die für die Strahlentherapie eingesetzten Protonen mit Energien bis 250 MeV (s. [Krieger3]). Bei 145 MeV Bewegungsenergie erreichen Protonen halbe Lichtgeschwindigkeit. Ihre Massenzunahme beträgt dann allerdings erst 15%. Für Elektronen gilt die Einschränkung auf nicht relativistische Bedingungen wegen der um den Faktor 2000 kleineren Massen (das Ruhemassenverhältnis von Proton zu Elektron beträgt 1836 : 1) nur für vergleichsweise niedrige Bewegungsenergien. So erreichen Elektronen in Röntgenröhren bei den üblichen Beschleunigungsspannungen bereits die halbe Vakuumlichtgeschwindigkeit ($v = c/2$). Aus Gründen der Anschaulichkeit unterteilt man bei der Analyse der Stoßbremsung daher gerne die Teilchenenergien in den nichtrelativistischen und den relativistischen Bereich, was grobe klassische Abschätzungen des energetischen Verlaufs der Stoßbremsvermögen erlaubt.

Für eine korrekte numerische Behandlung ist diese grobe Einteilung zu ungenau. Man ist stattdessen auf eine vollständige theoretische Behandlung einschließlich relativistischer und quantentheoretischer Effekte angewiesen. Dabei werden die weichen und harten Stöße in der Regel getrennt betrachtet. Insbesondere "harte" Elektronenwechselwirkungen mit Atomelektronen erfordern wegen der vergleichbaren Massen von stoßendem und gestoßenem Elektron eine spezielle theoretische Behandlung.

Klassische Abschätzung des Energieverlaufs des Stoßbremsvermögens

Mit Hilfe einer einfachen Modellüberlegung lässt sich für geladene Teilchen die Abhängigkeit des Energieverlustes von der Teilchenenergie abschätzen. Nach der klassischen Mechanik ist der Impulsverlust des einlaufenden Teilchens und damit der Impulsübertrag dp auf das Hüllenelektron beim Stoß proportional zum Zeitintervall, während dessen sich die beiden Teilchen im gegenseitigem Wechselwirkungsbereich befinden ($dp \propto dt$ = Wechselwirkungszeit). Dieses Zeitintervall und damit auch der Impulsübertrag auf das Hüllenelektron ist umgekehrt proportional zur Differenzgeschwindigkeit der beiden stoßenden Teilchen ($dt \propto dp \propto 1/v$). Nimmt man das Hüllenelektron vor dem Stoß näherungsweise als ruhend an, ist sein Gesamtimpuls gleich dem Impulsübertrag ($p = dp$) und seine Bewegungsenergie gleich der beim Stoß übertragenen Energie. In klassischer Näherung ist die Bewegungsenergie proportional zum Quadrat des Impulses ($E = mv^2/2 = p^2/2m$). Der Energieübertrag ist also proportional zum Quadrat des Impulsübertrages. Für den Energieverlust nichtrelativistischer Teilchen gilt deshalb $dE/dx \propto (dp)^2 \propto 1/v^2$.

$$\frac{dE}{dx} \propto \frac{1}{v^2} \tag{10.4}$$

Mit zunehmender Bewegungsenergie nähert sich die Geschwindigkeit der Teilchen der Lichtgeschwindigkeit an ($v \rightarrow c$). Der Ausdruck $1/v^2 \approx 1/c^2$ ändert sich nicht mehr mit der Energie; der Energieverlust pro Wegstrecke bleibt nach diesem einfachen Modell daher bei relativistischen Teilchenenergien konstant.

$$\frac{dE}{dx} \propto const \tag{10.5}$$

Exakte Berechnung des Stoßbremsvermögens

Die exakte relativistische und quantentheoretische Behandlung des Stoßbremsvermögens geht auf Theorien von **H. A. Bethe** zurück und ist von vielen Autoren wegen ihrer großen Bedeutung für die Strahlenkunde verfeinert und korrigiert worden. Die entsprechenden Darstellungen übersteigen bei weitem den Umfang dieses Buches. Wichtige Zusammenfassungen und numerische Ergebnisse finden sich in der zitierten Literatur, vor allem in [ICRU 37]. Für das Stoßbremsvermögen **schwerer geladener** Teilchen mit der Ladung z und der relativen Geschwindigkeit $\beta = v/c$ liefert die Theorie den folgenden Ausdruck:

$$S_{col} = \left(\frac{dE}{dx}\right)_{col} = \rho \cdot 4\pi \cdot r_e^2 \cdot m_0 c^2 \cdot \frac{Z}{u \cdot A} \cdot z^2 \cdot \frac{1}{\beta^2} \cdot R_{col}(\beta) \qquad (10.6)$$

Dabei ist ρ die Dichte des Absorbers, u die atomare Masseneinheit (Gl. 2.18) und $R_{col}(\beta)$ eine dimensionslose "Restfunktion", die die komplizierte Energie- und Materialabhängigkeit des Wirkungsquerschnittes für die Stoßbremsung schwerer geladener Teilchen enthält. Einsetzen der numerischen Werte für die Konstanten in (Gl. 10.6) ergibt für das Stoßbremsvermögen in der Einheit (MeV/cm) den etwas einfacheren Ausdruck:

$$S_{col} = \left(\frac{dE}{dx}\right)_{col} = 0,30707 \cdot \rho \cdot \frac{Z}{A} \cdot z^2 \cdot \frac{1}{\beta^2} \cdot R_{col}(\beta) \qquad (10.7)$$

Das Geschwindigkeitsverhältnis $\beta = v/c$ für geladene Teilchen als Funktion ihrer Bewegungsenergie kann aus den Tabellen (1.2 und 1.3) entnommen werden. Die numerischen Werte der "Restfunktion" $R_{col}(\beta)$ werden für die praktische Arbeit am besten Tabellenwerken wie beispielsweise [ICRU 37] entnommen. Die Zahlenkonstante ist in der Einheit (MeV cm²/g), die Dichte in (g/cm³) angegeben.

Für **Elektronen** oder **Positronen** muss Gl. (10.6) modifiziert werden. Der Hauptgrund ist die von schweren Teilchen verschiedene Behandlung harter binärer Stöße von Hüllenelektronen und eingeschossenen Elektronen oder Positronen sowie die Ununterscheidbarkeit der beiden Elektronen nach dem Stoß. Der Einfachheit halber wird das Elektron mit der höheren Energie nach solchen harten Stößen als das ursprüngliche betrachtet, so dass ein eingeschossenes Elektron definitionsgemäß nur maximal die Hälfte seiner Bewegungsenergie bei einem Stoß übertragen und verlieren kann. Für Elektronen bzw. Positronen mit der Bewegungsenergie E in Einheiten der Ruheenergie $m_0 c^2$ erhält man dann die folgende Beziehung für das Stoßbremsvermögen:

$$S_{col} = \left(\frac{dE}{dx}\right)_{col} = \rho \cdot 2\pi \cdot r_e^2 \cdot m_0 c^2 \cdot \frac{Z}{u \cdot A} \cdot z^2 \cdot \frac{1}{\beta^2} \cdot R_{col}^*(\beta) \qquad (10.8)$$

Dabei ist r_e der so genannte klassischen Elektronenradius[3]. Nach Einsetzen der Konstanten vereinfacht sich diese Gleichung in der Einheit (MeV/cm) zu:

$$S_{col} = \left(\frac{dE}{dx}\right)_{col} = 0{,}15354 \cdot \rho \cdot \frac{Z}{A} \cdot z^2 \cdot \frac{1}{\beta^2} \cdot R^*_{col}(\beta) \qquad (10.9)$$

mit einer neuen und zudem für Elektronen und Positronen unterschiedlichen Restfunktion R_{col}* (Formelableitung und numerische Werte s. z. B. [ICRU 37]).

Nach den Gleichungen (10.6 bis 10.9) ist das Stoßbremsvermögen also proportional zum Quadrat der Teilchenladung z, zum Verhältnis Z/A des Absorbers und umgekehrt proportional zum Quadrat der Teilchengeschwindigkeit ($1/\beta^2$-Ausdruck). Zusätzliche Abhängigkeiten finden sich in den beiden Restfunktionen R_{col} für schwere geladene Teilchen und R_{col}* für Elektronen und Positronen. Diese Abhängigkeiten werden im Folgenden diskutiert. Das Stoßbremsvermögen für schwere Teilchen ist darüber hinaus unabhängig von deren Masse m.

Abhängigkeit des Stoßbremsvermögens von der Teilchenladung z

Das Stoßbremsvermögen ist nach den Gleichungen (10.6 bis 10.9) proportional zum Quadrat der elektrischen Ladungszahl z des einlaufenden Teilchens. Für Elektronen, Positronen und Protonen beträgt die Ladungszahl $z = 1$. Schwerere Teilchen können auch höhere oder sogar wechselnde Ladungszahlen aufweisen. Bei doppelter bzw. dreifacher Ladung erhöht sich beispielsweise unter sonst gleichen Bedingungen das Stoßbremsvermögen deshalb bereits um den Faktor 4 bzw. 9. Bei schwereren Teilchen ist die Ladungszahl allerdings keine Konstante, stattdessen kommt es durch **Ladungsaustausch der Einschussteilchen** teilweise zur Änderung der Ladungszahl auf dem Weg durch den Absorber. Bei kleinen Geschwindigkeiten bzw. Teilchenenergien können positiv geladene Teilchen während der Passage durch Materie Hüllenelektronen der Absorberatome einfangen. Dieser Elektroneneinfang findet vor allem bei hoch ionisierten Schwerionen statt, da bei diesen wegen der wenig abgeschirmten hohen Kernladung die elektrischen Anziehungskräfte und Bindungsenergien der inneren Elektronenschalen entsprechend groß sind. Er ist am häufigsten, wenn die Geschwindigkeit des schweren Teilchens und der Hüllenelektronen etwa gleich sind. Das betroffene Hüllenelektron wird dabei durch die elektrische Anziehung quasi "mitgezogen". Langsame schwere Teilchen können auch einen Teil ihrer verbliebenen Elektronenhülle bei der Passage anderer Atome abstreifen. Sie wechseln also bei Durchgang durch Materie häufig ihren Ladungszustand entweder durch Einfang oder Abstreifen von Elektronen.

---

[3] Unter dem klassischen Elektronenradius versteht man den Radius einer mit einer Elementarladung e_0 gleichmäßig geladenen Kugel, die als Feldenergie gerade die Ruheenergie eines Elektrons von 0,511 MeV ergibt. Der Zahlenwert ist $r_e = 2{,}818 \cdot 10^{-15}$ m.

Bei der Berechnung des Bremsvermögens müssen diese komplexen Vorgänge selbstverständlich berücksichtigt werden. Dazu verwendet man in den Formeln für das Stoßbremsvermögen mittlere Ionenladungen (effektive Ladungszahlen). Die Teilchenladung z in den Gleichungen (10.6 bis 10.9) ist in solchen Fällen durch die effektive Teilchenladung z_{eff} der teilabgeschirmten Ionen zu ersetzen.

Wegen der quadratischen Abhängigkeit des Stoßbremsvermögens von der Teilchenladung ist im Vergleich zum vollständig ionisierten Ion je nach Ladungszustand eine erhebliche Reduktion für die Stoßbremsung zu erwarten. Numerische Berechnungen zeigen, dass erst bei Teilchenenergien $E > z^2/2$ (E in MeV, z: Ladungszahl des Teilchens) schwere Ionen im Mittel völlig ionisiert sind [Bichsel]. Sie haben dann also ihre gesamte Elektronenhülle abgestreift. Dieser Effekt wird beim Durchschuss hochenergetischer Schwerionen durch dünne Absorber, den Elektronen-Stripping-Reaktionen, zur Erzeugung hoch geladener Ionen für die Grundlagenforschung oder die medizinische Verwendung technisch ausgenutzt.

Sehr langsame schwere Teilchen umgeben sich durch sukzessive Einfangprozesse mit vollständigen Elektronenhüllen. Da sie dann nach außen hin elektrisch neutral sind, unterliegen sie nicht mehr den elektrischen Wechselwirkungen mit den Targetatomhüllen. Sie können deshalb ihre restliche Bewegungsenergie auch nicht durch Elektronenstöße verlieren. In diesem unteren Energiebereich werden schwere Teilchen wie auch bei sehr hohen Energien nur noch durch nukleare Stöße mit den Targetkernen gebremst. Wegen der dann aber niedrigen Restbewegungsenergien der Teilchen spielen diese Energieverluste jedoch keine große Rolle mehr für das Bremsvermögen des Absorbers für die Projektile und den Energieübertrag auf den Absorber.

Abhängigkeit des Stoßbremsvermögens von der Teilchenenergie E bzw. der Geschwindigkeit v

Für den nichtrelativistischen Energiebereich, also für langsame Teilchen, kann man die Gleichungen (10.6 bis 10.9) wegen der ungefähren Konstanz der Restfunktionen R_{col} bzw. $R_{col}*$ in diesem Energiebereich auch folgendermaßen schreiben.

$$S_{col} = \left(\frac{dE}{dx}\right)_{col} \propto \rho \cdot \frac{Z}{A} \cdot z^2 \cdot \frac{1}{v^2} \tag{10.10}$$

Sie zeigt als energetischen Verlauf die typische $1/v^2$-Abhängigkeit, wie sie bereits aus den klassischen Abschätzungen bekannt ist (vgl. Gln. 10.4 und 10.5). Da man in der praktischen Strahlungsphysik eher Teilchenenergien als Teilchengeschwindigkeiten angibt, ist man mehr an der Energie- und nicht der Geschwindigkeitsabhängigkeit des Stoßbremsvermögens interessiert. Gleichung (10.10) kann für nicht relativistische Teilchen (wegen $E_{kin} = m \cdot v^2/2$ und $1/v^2 = m/(2E_{kin})$) auch folgendermaßen geschrieben werden.

$$S_{\text{col}} = \left(\frac{\mathrm{d}E}{\mathrm{d}x}\right)_{\text{col}} \propto \rho \cdot \frac{Z}{A} \cdot z^2 \cdot \frac{m}{E} \tag{10.11}$$

Das Stoßbremsvermögen ist also abgesehen von den Restfunktionen R umgekehrt proportional zur massenspezifischen kinetischen Energie E/m des Einschussteilchens oder anders ausgedrückt:

Das Stoßbremsvermögen eines Absorbers ist gleich für alle Teilchen mit gleicher kinetischer Energie pro Masse und gleicher elektrischer Ladung.

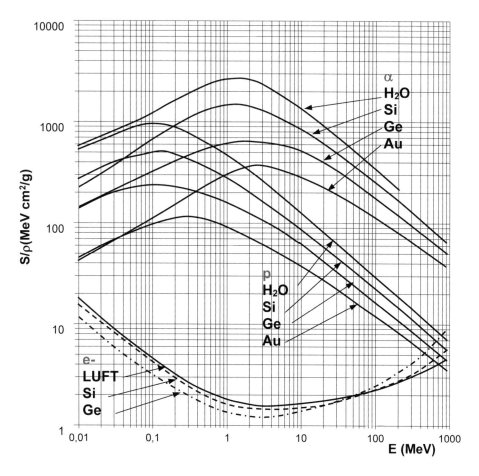

Fig. 10.4: Totales Massenbremsvermögen S_{tot}/ρ für Elektronen, Protonen und Alphateilchen in verschiedenen Materialien (nach Daten aus [Kohlrausch], Band III). Schwere Teilchen sind im dargestellten Energiebereich nichtrelativistisch.

So sind beispielsweise in dieser einfachen Näherung die Energieverluste pro Wegstrecke eines Deuterons mit 2 MeV Bewegungsenergie (1 MeV/Nukleon), eines einfach geladenen ^{12}C-Ions mit 12 MeV und der eines 1-MeV-Protons gleich, da sowohl die massenspezifischen Energien E/m als auch die Teilchenladungen identisch sind. Die umgekehrte Proportionalität zum Quadrat der Teilchengeschwindigkeit führt wegen der abnehmenden Geschwindigkeit zu einer quadratischen Zunahme der auf die Wegstrecke bezogenen Energieverluste am Ende der Teilchenbahn (s. Fig. 10.4). Aus Gründen, die im Rahmen dieses Buches nicht quantitativ dargestellt werden sollen, durchläuft das Stoßbremsvermögen für schwere Teilchen bei abnehmender Bewegungsenergie ein Maximum zwischen 0,1 - 0,8 MeV. Betrachtet man statt der Energieverluste des Teilchens die Ionisation bzw. den Energieübertrag auf das bestrahlte Medium, dann ist deshalb am Ende der Bahn schwerer Teilchen, also dort wo die Teilchenenergie klein wird, ein steiler Anstieg der Ionisation bzw. der Energiedosis zu beobachten (Bragg-Maximum, vgl. Kapitel 6.1). Je schneller das Teilchen ist, umso geringer ist wegen des $1/v^2$-Ausdrucks sein Energieverlust.

Bei einer Zunahme der Bewegungsenergie des Einschussteilchens nähert sich die Geschwindigkeit allmählich der Lichtgeschwindigkeit an. Das Verhältnis v/c bleibt also wegen $v \to c$ nahezu konstant, so dass beim Übergang vom nicht relativistischen Energiebereich zum relativistischen Bereich die $1/v^2$-Abhängigkeit verschwindet. Das Gleiche gilt auch für die massenspezifische Energie, da Masse und Energie um den gleichen relativistischen Korrekturausdruck zunehmen, ihr Verhältnis also ebenfalls konstant bleibt. Bei genauer Berechnung und in Experimenten finden man dennoch einen Anstieg des Stoßbremsvermögens für hohe Teilchenenergien (s. Fig. 10.4, Elektronenkurven). Diese Zunahme des Stoßbremsvermögens rührt ausschließlich von den Restfunktionen R und R* her.

Abhängigkeit des Stoßbremsvermögens von der relativen Ladungszahl des Absorbers Z/A

Das Stoßbremsvermögen für geladene Teilchen hängt nach der Theorie vom Verhältnis Z/A ab und ist somit proportional zur Elektronendichte des Mediums (der Zahl der Elektronen pro Volumen) und außerdem näherungsweise proportional zur Massendichte ρ des Absorbers. Das Verhältnis Z/A ist für die meisten leichten und mittelschweren Elemente nahezu unabhängig von der Ordnungszahl ($Z/A \approx 1/2$). Für leichte Absorber erwartet man daher abgesehen von der Massendichte kaum eine Abhängigkeit des Stoßbremsvermögens von den Absorbereigenschaften. Ein Vergleich des dichtebezogenen Massenstoßbremsvermögens in den Abb. (10.4, 10.8) und die Werte im Tabellenanhang für leichte Absorbermaterialien bestätigen diesen Sachverhalt.

Für hohe Ordnungszahlen findet man jedoch deutliche Unterschiede im Stoßbremsvermögen für die verschiedenen Absorber. Dies hat zwei Gründe. Zum einen verringert sich das Verhältnis Z/A mit zunehmender Massenzahl, da schwere Elemente einen deutlichen Neutronenüberschuss zeigen. Bei ^{238}U beträgt das Z/A-Verhältnis beispielsweise nur noch 0,38, was eine Verminderung auf 77% des Wertes leichter Materialien bedeutet. Zum anderen führt die hohe Ordnungszahl zu höheren Elektronenbindungsenergien für die inneren Hüllenelektronen von hochatomigen Materialien. Die Wahrscheinlichkeit für Wechselwirkungen mit den inneren Elektronen nimmt daher für schwere Materialien ab.

Dieser Sachverhalt wird in den Restfunktionen mit Hilfe der mittleren Ionisierungsenergie in diesen Materialien und einer empirischen Schalenkorrektur berücksichtigt. Sowohl die Z/A-Abnahme als auch die beiden letzteren Korrekturen mindern den durch die Lorentzverbreiterung[4] des elektrischen Feldes des Einschussteilchens bewirkten relativistischen Anstieg der Stoßbremsung mit zunehmender Ordnungszahl (vgl. dazu Fig. 10.3g).

Abhängigkeit des Stoßbremsvermögens von der Absorberdichte, Dichteeffekt

Eine genaue theoretische Analyse zeigt, dass die einfache Dichteproportionalität des Stoßbremsvermögens der Gln. (10.7, 10.9) bei relativistischen Bedingungen nicht mehr exakt gilt. Stattdessen findet man eine zusätzliche Minderung des Stoßbremsvermögens mit zunehmender Absorberdichte, die mit der Dichteeffekt-Korrektur in den Restfunktionen der Gln. (10.6 bis 10.9) berücksichtigt wird. Das auf die Absorberdichte korrigierte Stoßbremsvermögen, das so genannte Massenstoßbremsvermögen, ist daher in Absorbern hoher Dichte immer niedriger als in leichteren Materialien (vgl. dazu beispielsweise die Daten für Blei und Wasser im Tabellenanhang). Diese relativistische Dichteabhängigkeit des Massenstoßbremsvermögens wird als **Dichteeffekt** bzw. Polarisationseffekt bezeichnet ([Fermi 1940], [Sternheimer 1971]).

Der Grund dafür ist die Polarisation der Absorberatome durch das relativistisch verzerrte elektrische Feld des einlaufenden geladenen Teilchens in der Nähe der Teilchenbahn. Der Polarisationsgrad hängt von der lokalen Ladungsdichte und damit auch von der Dichte des Absorbers ab, da Elektronendichte und Massendichte etwa proportional zueinander sind. Polarisierte Atome schirmen weiter entfernte Regionen des Absorbers jedoch gegen das elektrische Feld des einlaufenden Teilchens ab und mindern dadurch die lokale Wechselwirkungswahrscheinlichkeit und somit das Bremsvermögen des Absorbers. Dies verringert also den relativistischen Anstieg des Bremsvermögens durch die Verbreiterung des elektrischen Feldes des einlaufenden Teilchens in Festkörpern im Vergleich mit weniger dichten Materialien. In Gasen spielen

---

[4] **Hendrik Antoon Lorentz** (18. 7. 1853 – 4. 2. 1928), holländischer Physiker, erhielt 1902 zusammen mit dem Holländer **Pieter Zeeman** (25. 5. 1865 – 10. 10. 1943) den zweiten Nobelpreis in Physik "als Anerkennung des außerordentlichen Verdienstes, das sie sich durch ihre Untersuchungen über den Einfluss des Magnetismus auf die Strahlungsphänomene erworben haben".

Polarisationseffekte daher eine geringere Rolle. Das Stoßbremsvermögen nimmt in ihnen schneller mit der Energie zu als in dichteren Substanzen.

Für Elektronen setzt der Dichteeffekt des Stoßbremsvermögens schon bei Energien unter 1 MeV ein, da auch vergleichsweise niederenergetische Elektronen wegen ihrer sehr geringen Masse bereits weitgehend relativistisch sind. Das Verhältnis von Elektronengeschwindigkeit und Lichtgeschwindigkeit v/c beträgt beispielsweise für 100-keV Elektronen schon $v/c \approx 0{,}55$, für 0,5-MeV Elektronen bereits $v/c \approx 0{,}85$. Bei schweren nichtrelativistischen Teilchen ist der Dichteeffekt dagegen immer zu vernachlässigen.

Datensammlungen: Ausführliche neuere Datensammlungen des Stoßbremsvermögens von Elektronen und ausführliche theoretische Begründungen dazu finden sich in den ICRU-Reports [ICRU 35] und [ICRU 37] sowie der Zusammenstellung von **Berger** und **Seltzer** vom NBS [Berger/Seltzer 1982]. Auszüge numerischer Daten für einige wichtige Substanzen und Stoffgemische sind im Tabellenanhang zusammengefasst. Die Bremsung des Elektronenstrahls durch unelastische Stöße mit Hüllenelektronen (Stoßbremsung) ist nach diesen Daten für leichtere Materialien und Elektronenenergien bis etwa 40 MeV, für Wasser sogar bis 80 MeV der dominierende Wechselwirkungsmechanismus mit den Elektronen (vgl. Fig. 10.7). Er bestimmt deshalb den Energieverlust von Elektronen in menschlichem Gewebe, Luft, Wasser und sonstigen gewebeähnlichen Phantomsubstanzen bei den üblicherweise in der Radiologie verwendeten Energien von Elektronenstrahlung.

Das Massenbremsvermögen

Wegen der näherungsweisen Proportionalität des Bremsvermögens zur Dichte des Absorbers verwendet man in der praktischen Strahlungsphysik bevorzugt den Quotienten aus Bremsvermögen und Dichte S/ρ, das **Massenbremsvermögen** (engl.: mass stopping power), das nach den obigen Ausführungen im Wesentlichen unabhängig von der Absorberdichte sein sollte. Für das totale Massenbremsvermögen gilt dann analog zu Gl. (10.9):

$$\left(\frac{S}{\rho}\right)_{\text{tot}} = \left(\frac{S}{\rho}\right)_{\text{col}} + \left(\frac{S}{\rho}\right)_{\text{rad}} \tag{10.12}$$

Das Massenbremsvermögen zeigt natürlich die gleichen Energieabhängigkeiten und Ordnungszahlabhängigkeiten wie die linearen Bremsvermögen in den Gln. (10.7, 10.9, 10.11). Für den nicht relativistischen Bereich erhält man deshalb für das Massenstoßbremsvermögen

$$\frac{S_{\text{col}}}{\rho} \propto \frac{Z}{A} \cdot z^2 \cdot \frac{m}{E} \cdot R_{\text{col}}^{(*)} \tag{10.13}$$

für den relativistischen Energiebereich die besonders einfache Form:

$$\frac{S_{col}}{\rho} \propto \frac{Z}{A} \cdot z^2 \cdot R_{col}^{(*)} \tag{10.14}$$

Beschränktes Massenbremsvermögen:* In der Dosimetrie ist man vor allem an der lokalen Energiedeposition interessiert, da diese zum einen den biologischen Wirkungen in der Zelle entspricht und zum anderen nur sie die eindeutige Zuordnung von absorbierter Energie zu einem Messvolumen in der Theorie der Ionisationskammern ermöglicht. Wegen der endlichen Reichweite der aus den Atomhüllen durch Stoßprozesse freigesetzten Sekundärelektronen in Materie wird ein Teil ihrer Energie bei den Wechselwirkungen jedoch vom Wechselwirkungsort wegtransportiert. Dies gilt erst recht für die Strahlungsbremsung von Elektronen, bei der die Elektronen im Mittel einen erheblichen Teil ihrer Energie durch einen einzelnen Wechselwirkungsakt verlieren. Die Bremsstrahlung ist daher in der Regel durchdringend und trägt kaum zur lokalen Energiedeposition am Entstehungsort bei.

Bei der Stoßbremsung kann man durch die Beschränkung auf kleine Energieüberträge der stoßenden Elektronen der Forderung nach lokaler Absorption jedoch Rechnung tragen. Die entsprechende Messgröße heißt **beschränktes Stoßbremsvermögen** (engl. restricted stopping power). Sie wird mit $S_{col,\Delta}$ bezeichnet, wobei der Index Δ die zulässige Energieobergrenze angibt, für die Stoßbremsprozesse betrachtet werden sollen. Dieses beschränkte Stoßbremsvermögen ist wegen seines lokalen Charakters besser zur Bestimmung der Energiedosis geeignet als die nicht beschränkten Massenbremsvermögen S_{col}/ρ und S_{rad}/ρ.

10.2.2 Das Strahlungsbremsvermögen

Werden elektrisch geladene Teilchen im Coulombfeld eines Atomkerns oder anderer geladener Teilchen gebremst, können sie einen Teil ihrer Bewegungsenergie durch Photonenstrahlung verlieren. Anders als bei den Stoßbremsverlusten von geladenen Teilchen entsteht bei der Strahlungsbremsung also als zusätzliche, bei der Wechselwirkung gebildete durchdringende Strahlungsart die elektromagnetische Strahlung. Diese Strahlung wird wegen ihrer Entstehungsweise **Bremsstrahlung** genannt. Ihre Anteile mischen sich dem Teilchenstrahlungsfeld bei; der Teilchenstrahl wird daher mit Photonen "kontaminiert". Die dabei entstehenden Bremsspektren (das sind die Energieverteilungen der Bremsstrahlungsphotonen) sind wegen der zufälligen Stoßentfernung kontinuierlich, mit einem Übergewicht für niedrige Photonenenergien.

Der Energieverlust ist umso höher, je größer der Ablenkwinkel ist und je näher das geladene Teilchen an den Atomkern bzw. das andere ablenkende Teilchen herankommt. Das Projektil benötigt also eine hohe Bewegungsenergie bzw. einen kleinen Stoßparameter, um Bremsstrahlung auszulösen. Das Strahlungsbremsvermögen spielt nur für hochenergetische Teilchen eine Rolle. Da die Ablenkbarkeit eines Teilchens umso geringer ist, je höher die Masse des Teilchens ist, tritt die Strahlungsbremsung im Bereich der radiologisch üblichen Energien fast ausschließlich bei Elektronen als Einschussteilchen auf.

Strahlungsbremsung von Elektronen: Trifft ein Elektron auf ein Atom, kann Strahlungsbremsung entweder am Coulombfeld des Atomkerns oder an einzelnen Hüllenelektronen stattfinden. Dies wird mit zwei getrennten Wirkungsquerschnitten für die Kernstrahlungsbremsung und die Hüllenstrahlungsbremsung beschrieben. Für das Strahlungsbremsvermögen eines Absorbers liefert die Theorie für Elektronenstrahlung den folgenden Ausdruck:

$$S_{\text{rad}} = \left(\frac{dE}{dx}\right)_{\text{rad}} = \rho \cdot \frac{1}{u} \cdot r_e^2 \cdot \alpha \cdot \frac{Z^2}{A} \cdot E_{\text{tot}} \cdot \left(R_{\text{rad,n}} + \frac{1}{Z} R_{\text{rad,e}}\right) \qquad (10.15)$$

E_{tot} ist dabei die Gesamtenergie des einlaufenden Elektrons, also die Summe aus Ruheenergie E_0 und Bewegungsenergie E_{kin}, r_e wieder der klassische Elektronenradius

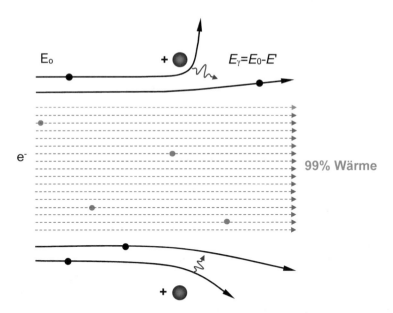

Fig. 10.5: Entstehung elektromagnetischer Strahlung bei der Strahlungsbremsung von Elektronen im elektrischen Feld eines Atomkerns. Die Differenz der kinetischen Teilchenenergien vor und nach der Ablenkung (E_0-E') wird in Form von Bremsstrahlung emittiert. In der Anode von Röntgenröhren werden etwa 99% der Elektronen stoßgebremst, nur etwa 1% verliert Bewegungsenergie über Bremsstrahlungsproduktion. Der Energieverlust hängt vom Stoßparameter der einlaufenden Elektronen ab (Skizze nicht maßstäblich).

und α die Feinstrukturkonstante[5]. Die dimensionslosen "Restfunktionen" $R_{rad,n}$ und $R_{rad,e}$ enthalten die skalierten Wirkungsquerschnitte für die Bremsung der einlaufenden Elektronen durch Bremsstrahlungserzeugung. Dabei bedeutet der Index "n" Strahlungsbremsung im elektrischen Kernfeld und der Index "e" diejenige im Coulombfeld eines Elektrons. Den Energieverlauf der Restfunktionen $R_{rad,n}$ und $R_{rad,e}$ entnimmt man am besten Tabellenwerken (z. B. [ICRU 37]), grafische Beispiele finden sich in den Figuren (10.6). Für Niedrig-Z-Materialien und Bewegungsenergien bis etwa 10 MeV kann man für grobe Abschätzungen in guter Näherung den Wert $R_{rad,n} = 5$ verwenden. Der Wirkungsquerschnitt $R_{rad,e}$ für die Strahlungsbremsung im Elektronenfeld der Absorberatome spielt für kleine Energien bis etwa 0,1 MeV dagegen kaum eine Rolle. Bei etwa 1 MeV ist $R_{rad,e}$ etwa halb so groß wie die Restfunktion für die Kernbremsung. Bei noch höheren Energien ab etwa 10 MeV hat das Verhältnis der beiden Restfunktionen unabhängig vom Absorbermaterial etwa den Wert 1. Wegen des $1/Z$-Faktors vor $R_{rad,e}$ in (Gl. 10.15) dominiert für typische radiologische Energien und schwerere Kerne grundsätzlich die Kernbremsung. Einsetzen der numerischen Werte der Konstanten in (Gl. 10.15) liefert die folgende Zahlenwertgleichung.

$$S_{rad} = \left(\frac{dE}{dx}\right)_{rad} = 0,349 \cdot 10^{-3} \cdot \rho \cdot \frac{Z^2}{A} \cdot E_{tot} \cdot \left(R_{rad,n} + \frac{1}{Z}R_{rad,e}\right) \qquad (10.16)$$

Die Zahlenkonstante ist wieder in der Einheit (MeV cm²/g), die Dichte in (g/cm³) angegeben. Bremsstrahlungsausbeuten in leichten Materialien sind wegen der kleinen Ordnungszahlen (menschliches Gewebe, Luft, Wasser und Plexiglas haben effektive Ordnungszahlen um $Z = 7$) und der damit verbundenen geringen Teilchenablenkungen für Elektronen in der Regel nahezu vernachlässigbar. Die Strahlungsbremsung nimmt jedoch mit Z^2/A zu. Wegen $Z^2/A \approx Z/2$ bedeutet dies allerdings nur einen linearen Anstieg mit der Ordnungszahl Z. Bei höherer Ordnungszahl und höheren Elektronenenergien gewinnt die Strahlungsbremsung zunehmend an Bedeutung. Für Blei ist die Strahlungsbremsung von Elektronen beispielsweise bereits bei etwa 10 MeV Elektronenenergie der dominierende Energieverlust-Prozess. Einzelheiten der Elektronenstrahlungsbremsung werden im folgenden (Kap. 10.2) dargestellt.

Strahlungsbremsung schwerer Teilchen: Für beliebige schwere geladene Teilchen mit der Ladung $(z \cdot e)$ und der Teilchenmasse m erhält man unter Vernachlässigung der Konstanten und der Restfunktionen die folgende Beziehung für das Strahlungsbremsvermögen im Kernfeld:

$$S_{rad} = \left(\frac{dE}{dx}\right)_{rad} \propto \rho \cdot \left(\frac{z \cdot e}{m}\right)^2 \cdot \frac{Z^2}{A} \cdot E_{tot} \qquad (10.17)$$

---

[5] Die Feinstrukturkonstante α ist die Kopplungskonstante für die elektromagnetische Wechselwirkung. Sie beschreibt mit einer dimensionslosen Zahl die Stärke der Wechselwirkung zwischen Photonen und geladenen Teilchen. Sie hat den Wert $\alpha = e^2/(2 \cdot h \cdot c \cdot \varepsilon_0) = 1/137{,}0359910$.

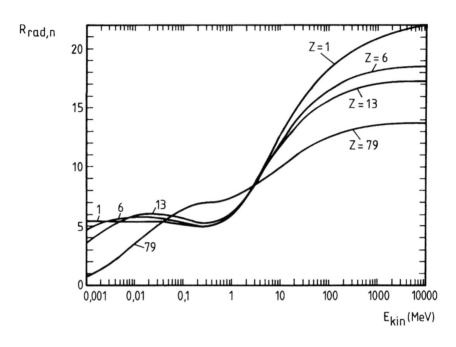

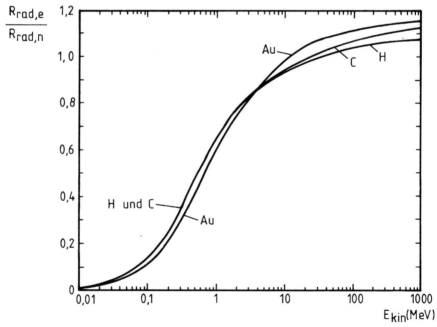

Fig. 10.6: Oben: Restfunktionen $R_{rad,n}$ für die Strahlungsbremsung von Elektronen im Kernfeld für verschiedene Ordnungszahlen Z des Absorbers und Bewegungsenergien der einlaufenden Elektronen zur Verwendung in (Gl. 9.16). Unten: Verhältnisse der Restfunktionen R_e und R_n für Elektronenstrahlbremsung und Kernstrahlungsbremsung für verschiedene Materialien (H: H_2-Gas, nach Daten aus [ICRU 37]).

Der Energieverlust schwerer geladener Teilchen durch Bremsstrahlungserzeugung ist also wie bei den Elektronen proportional zur Dichte ρ und wieder zum Quotienten Z^2/A des Absorbers. Er ist proportional zur Gesamtenergie E_{tot} des Teilchens und verringert sich wegen der Abnahme der elektrischen Feldstärke mit der Entfernung (dem Stoßparameter) des einlaufenden Teilchens vom Absorberatom. Er ist außerdem proportional zum Quadrat der spezifischen Ladung ($z \cdot e/m$) des Teilchens.

Bei schweren geladenen Teilchen (Protonen, α-Teilchen) spielt die Bremsstrahlungserzeugung wegen der großen Teilchenmassen und der damit verbundenen geringeren Ablenkung im Kernfeld bei radiologisch üblichen Teilchenenergien keine wesentliche Rolle. Elektronen sind wegen ihrer um mehr als 3 Größenordnungen kleineren Massen dagegen leichter aus ihrer Bewegungsrichtung abzulenken. Bei gleicher Teilchenladung und Teilchenenergie unterscheiden sich die Strahlungsbremsvermögen für Elektronen und schwere Teilchen mit mindestens einer Nukleonenmasse wegen der $1/m^2$-Abhängigkeit in (Gl. 10.17) bereits um mehr als sechs Zehnerpotenzen ((m_e/m_p)$^2 \approx$ $0,3 \cdot 10^{-6}$). Die Strahlungsbremsung ist daher für Protonen und erst recht für schwerere Teilchen im Vergleich zu dem Strahlungsbremsvermögen gleichenergetischer Elektronen völlig zu vernachlässigen. Nähert sich die Teilchengeschwindigkeit jedoch der Lichtgeschwindigkeit, gewinnt Strahlungsbremsung auch für schwere Teilchen zunehmend an Bedeutung. Dies ist der Fall, wenn die Bewegungsenergie vergleichbar mit der Ruheenergie ($E_0 = m_0 \cdot c^2$) der Teilchen ist oder diese überschreitet. Für Protonen bedeutet dies beispielsweise Energien im GeV-Bereich. Protonentherapie verwendet aber nur Energien bis etwa 250 MeV.

Zusammenfassung

- **Die Wechselwirkung geladener Teilchen unterscheidet sich von der Photonenwechselwirkung vor allem dadurch, dass geladene Teilchen bei den Wechselwirkungen ihre Bewegungsenergie in der Regel in vielen Einzelschritten verlieren. Sie werden dabei gebremst, die Anzahl der Teilchen wird dadurch aber anders als bei Photonenstrahlung durch Wechselwirkungen nicht verringert.**

- **Das bei der Teilchenbremsung erzeugte Sekundärelektronenfeld enthält vorwiegend niederenergetische Elektronen. Ereignisse mit großen Energieüberträgen (δ-Elektronen) sind selten.**

- **Energieverluste von geladenen Teilchen beim Durchgang durch Materie finden überwiegend durch Vielfachwechselwirkungen mit den Elektronenhüllen und durch Bremsstrahlungserzeugung im elektrischen Feld der Atomkerne des Absorbermaterials statt.**

- **Unter Bremsvermögen eines Materials versteht man den Quotienten aus dem Energieverlust des einlaufenden Teilchens durch alle Wechselwirkungsarten und der vom Teilchen dabei zurückgelegten Wegstrecke im Absorber.**

- Das Stoßbremsvermögen ist kaum von der Ordnungszahl des Absorbers abhängig, es ist aber proportional zum Quadrat der effektiven Teilchenladung. Es ist außerdem umgekehrt proportional zum Geschwindigkeitsquadrat des eingeschossenen Teilchens. Für Elektronen oberhalb einiger 100 keV Bewegungsenergie ist es wie bei anderen relativistischen Teilchen nur noch wenig von der Energie abhängig.

- Das Strahlungsbremsvermögen und damit die Bremsstrahlungsausbeute nehmen mit der relativistischen Gesamt-Energie der geladenen Teilchen und der Ordnungszahl des Mediums zu.

- Strahlungsbremsung geladener Teilchen spielt nur bei relativistischen Teilchenbewegungsenergien eine Rolle. Es ist daher bei radiologisch üblichen Energien nur für Elektronenstrahlung von Bedeutung.

- Bei hohen Bewegungsenergien und schweren Absorbern dominiert für Elektronen als Energieverlustprozess die Strahlungsbremsung.

- Das Massenbremsvermögen ist der Quotient aus Bremsvermögen und Absorberdichte.

10.3 Besonderheiten bei der Bremsung von Elektronen

Der wesentliche Unterschied der Wechselwirkungen von Elektronen und schweren Teilchen mit Materie ist auf die kleinen Massen der Elektronen zurückzuführen. Elektronenbremsung zeigt deshalb einige Besonderheiten, die bei schweren geladenen Teilchen nicht zu beachten sind und im Folgenden gesondert dargestellt werden.

10.3.1 Richtungsverteilung der Bremsstrahlungsphotonen für Elektronenstrahlung

Die wichtigsten technischen Anwendungen der Strahlungsbremsung von Elektronen sind die Erzeugung der Röntgenstrahlung in Röntgenröhren[6] für die medizinische Diagnostik oder die Materialprüfung und die Erzeugung hochenergetischer Bremsstrahlung in Elektronenbeschleunigern für die Strahlentherapie, die Strukturanalyse und die kernphysikalische Grundlagenforschung. Die bei der Strahlungsbremsung von Elektronen erzeugte Bremsstrahlung wird (nach Fig. 10.7) nicht gleichförmig in alle Richtungen emittiert. In dünnen Absorbern zeigt die Bremsstrahlung eine ausgeprägte Winkelverteilung. Bei niedrigen Elektronenenergien (unter 100 keV) liegt das Emissi-

---

[6] **Wilhelm Conrad Röntgen** (27. 3. 1845 - 10. 2. 1923), deutscher Physiker, Entdecker der nach ihm benannten Röntgenstrahlung, die er selbst X-Strahlen nannte. Er erhielt 1901 den ersten Nobelpreis für Physik "als Anerkennung des außerordentlichen Verdienstes, das er sich durch die Entdeckung der nach ihm benannten Strahlen erworben hat".

onsmaximum seitlich unter 60-90 Grad zum einfallenden Elektronenstrahl. Die Intensitätsverteilung entspricht dem Strahlungsfeld eines Dipols. Je höher die Teilchenenergie ist, umso mehr wird die Bremsstrahlung nach vorne abgestrahlt. Bei den in Elektronenbeschleunigern erzeugten hohen Elektronenenergien (bis 50 MeV) sind die Bremsstrahlungs-Intensitätsverteilungen scharf nach vorne gebündelt. Die Maxima liegen in der Elektronen-Einschussrichtung.

Werden dicke Absorberschichten zur Strahlungsbremsung verwendet, kommt es bei niedrigen Elektronenenergien zu Mehrfachwechselwirkungen und zur Diffusion der Elektronen; die Bremsstrahlungsverteilungen werden dadurch isotroper. In Röntgenröhren mit dicken Anoden, in denen zusätzlich zur Bremsstrahlung ein erheblicher Anteil isotrop emittierter charakteristischer Röntgenstrahlung erzeugt wird, sind die Gesamt-Intensitätsverteilungen im Wesentlichen unabhängig von der Emissionsrichtung. Bei hohen Elektronenenergien spielen Diffusionsprozesse keine merkliche Rolle, die Intensitätsverteilungen zeigen deshalb auch für dicke Bremstargets in die ursprüngliche Strahlrichtung. Sie enthalten wegen der Mehrfachwechselwirkungen der Elektronen und der schon im Absorber dadurch deutlich abnehmenden Elektronenenergie höhere niederenergetische Intensitätsanteile im Photonenspektrum. Darstel-

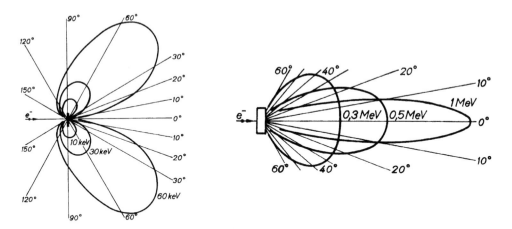

Fig. 10.7: Winkelverteilungen (Polardiagramme) der Bremsstrahlungsphotonen bei der Strahlungsbremsung von Elektronen in hochatomigen Bremstargets (Wolfram, Z = 74) als Funktion der Elektronenenergie. Links: Für ein dünnes Bremstarget und niedrige Elektronenenergien zeigt die Intensität der emittierten Röntgenbremsstrahlung seitliche Maxima. Die Verteilungen entsprechen etwa dem Strahlungsfeld eines strahlenden Dipols. Mit zunehmender Energie werden die Intensitätsmaxima in Strahlrichtung verschoben. Rechts: In dicken Bremstargets kommt es zur Diffusion der Elektronen und zu Mehrfachwechselwirkungen. Die Intensitätsverteilungen der Bremsstrahlungsphotonen werden deshalb isotroper. Bei hohen Elektronenenergien zeigen die Intensitätsmaxima zunehmend in Vorwärtsrichtung.

lungen und Diskussionen der Winkelverteilungen von Bremsstrahlungsphotonen sowie ausführliche theoretische Herleitungen finden sich in [ICRU 37], bei [Heitler 1954] und bei [Koch/Motz 1959].

10.3.2 Verhältnis von Stoßbremsvermögen und Strahlungsbremsvermögen für Elektronen

Zur Abschätzung des Verhältnisses von Massenstoß- und Massenstrahlungsbremsvermögen in verschiedenen Absorbern für Elektronenstrahlung existieren praktische empirische Formeln (Gln. 10.18, 10.19). Das Stoßbremsvermögen relativistischer Elektronen mit Energien $E_{kin} > 500$ keV ist nach Fig. (10.8) kaum von der Elektronenenergie abhängig. Das Strahlungsbremsvermögen ist in diesem Energiebereich dagegen nach (Gl. 10.15) proportional zur Elektronenenergie. Mit den Ordnungszahlabhängigkeiten aus den Gleichungen (10.8, 10.9 und 10.15) und den entsprechenden Konstanten ergibt sich für das Verhältnis von Strahlungs- zu Stoßbremsvermögen extrem relativistischer Elektronen die folgende Näherungsformel.

$$\frac{S_{rad}}{S_{col}} \approx \frac{Z \cdot E}{800} \qquad \text{(für E > 500 keV)} \qquad (10.18)$$

Die Elektronenenergie E ist hier in MeV einzusetzen. Z ist die Ordnungszahl des Absorbers. Für Elektronenenergien bis 150 keV (das ist der Elektronen-Energiebereich zur Erzeugung diagnostischer Röntgenstrahlung) ist das Stoßbremsvermögen umgekehrt proportional zur Elektronenenergie, das Strahlungsbremsvermögen ist dagegen in diesem Energiebereich nach (Fig. 10.8) nur wenig von der Energie abhängig, so dass das Verhältnis wieder ungefähr proportional zur Elektronenenergie ist. Dies ergibt mit den üblichen Konstanten für kleine Elektronenenergien die zweite Näherungsformel:

$$\frac{S_{rad}}{S_{col}} \approx \frac{Z \cdot E}{1400} \qquad \text{(für E < 150 keV)} \qquad (10.19)$$

Beispiel 10.1: Abschätzung der "kritischen Energie" von Elektronen. Darunter versteht man diejenige Energie, bei der die Strahlungsbremsung die Stoßbremsung für Elektronen übertrifft, also $S_{rad}/S_{col} > 1$ gilt. Die effektive Ordnungszahl von Wasser beträgt etwa $Z \approx 7,2$. Aus Formel (10.18) findet man damit $E > 800/Z \approx 111$ MeV. Die Strahlungsbremsung für Elektronen in Wasser wird also erst oberhalb von 110 MeV dominant. Für Blei (Z = 82) ergibt sich aus der gleichen Rechnung $E > 9,76$ MeV; die Strahlungsbremsung in Blei überwiegt deshalb bereits bei den üblichen Elektronenenergien medizinischer Elektronenbeschleuniger.

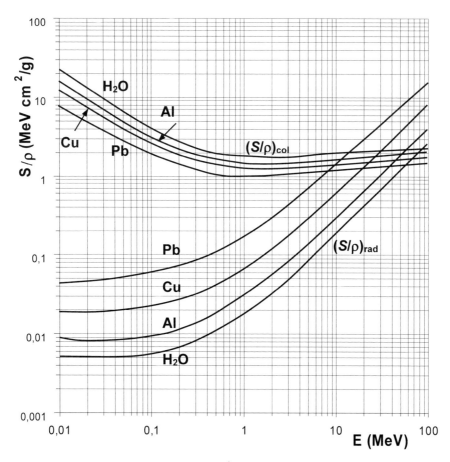

Fig. 10.8: Massenstoß- und Massenstrahlungsbremsvermögen $(S/\rho)_{col}$ bzw. $(S/\rho)_{rad}$ für Elektronen in verschiedenen Materialien als Funktion der Bewegungsenergie der Elektronen (nach Daten von [Berger/Seltzer 1964, 1966]). Das Massenstrahlungsbremsvermögen übertrifft das Massenstoßbremsvermögen je nach Material ab Elektronenenergien von etwa 10-100 MeV.

Beispiel 10.2: Abschätzung der Bremsstrahlungsausbeute in Wolfram. *Für die relative Bremsstrahlungsproduktionsrate für Elektronen in der Wolframanode einer Röntgenröhre (Z = 74) bei 90 kV liefert Gleichung (10.19) $S_{rad}/S_{col} \approx 74 \cdot 0{,}09/1400 \approx 0{,}5\%$. Der gleiche Anteil wird noch einmal an charakteristischer Röntgenstrahlung erzeugt, so dass praktisch die gesamte Elektronenbewegungsenergie (etwa 99%) durch Stoßbremsung verloren geht und auf die Anode übertragen wird ($\rightarrow$ Kühlprobleme in der Röntgenröhre).*

10.3.3 Energiespektren von Elektronen in Materie

Die Häufigkeitsverteilungen der Elektronenenergien in einem Elektronenstrahlenbündel im Medium oder im Vakuum bezeichnet man als Energiespektren. Energiespektren im Medium setzen sich aus der mit der Tiefe im Absorber veränderlichen energetischen Verteilung der primären Elektronen und den durch sie auf dem Weg durch den Absorber freigesetzten höherenergetischen Sekundärelektronen, den δ-Elektronen, zusammen. Zusätzliche Elektronen entstammen den Wechselwirkungen der den Elektronenstrahl verunreinigenden Photonen. Solche Photonen können beispielsweise Bremsstrahlungsphotonen sein, die durch die Strahlungsbremsung von Elektronen direkt im durchstrahlten Medium entstanden sind, oder auch solche, die bereits in den Strahlungsquellen erzeugt wurden und dem primären Elektronenstrahl bereits beigemischt waren. Die zur Beschreibung der Spektren verwendeten Größen sind in (Fig. 10.9) dargestellt. Es sind die mittlere, die wahrscheinlichste und die maximale Energie der Elektronen, die Energiebreite des Spektrums (Halbwertbreite, FWHM: <u>f</u>ull <u>w</u>idth at <u>h</u>alf <u>m</u>aximum) und der mittlere und wahrscheinlichste Energieverlust der Elektronen in der Tiefe.

Da die primären Elektronen bei der Durchdringung eines Absorbers durch ihre Wechselwirkungen ständig Energie verlieren, ist die Form des Elektronenenergiespektrums tiefenabhängig. Mit zunehmender Tiefe im Medium nimmt der mittlere Energieverlust zu und damit die mittlere bzw. wahrscheinlichste Restenergie der Elektronen ab. Da-

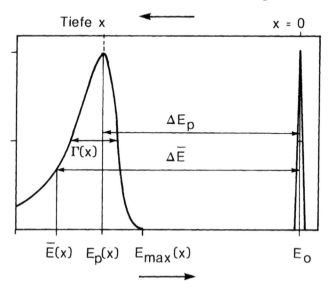

Fig. 10.9: Charakterisierende Größen der Energiespektren von Elektronen nach [ICRU 35]. Die Energieverteilungen sind auf das jeweilige Maximum normiert: $\bar{E}$ bzw. $\Delta\bar{E}$: mittlere Energie bzw. mittlerer Energieverlust, E_0: mittlere bzw. wahrscheinlichste Energie beim Eintritt in das Medium, Γ: Breite des Energiespektrums in der Tiefe x im Medium, E_p: wahrscheinlichste Energie, ΔE_p: wahrscheinlichster Energieverlust.

neben findet man eine mit der Tiefe und dem durchstrahlten Volumen zunehmende Verbreiterung der Energieverteilung (engl.: energy-straggling). Sie ist durch unterschiedliche Energieverluste individueller Elektronen aber auch durch die anwachsende Kontamination des Primärstrahlenbündels mit Sekundärelektronen verursacht.

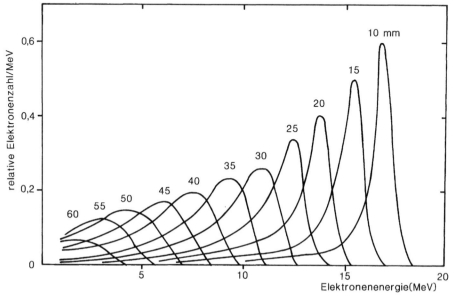

Fig. 10.10: Energiespektren eines planparallelen 20-MeV-Elektronenstrahlenbündels hinter Kohlenstoff als Funktion der Dicke x des durchstrahlten Absorbers. Die Spektren sind auf die planare Fluenz des einfallenden Elektronenstrahls normiert, nach [Harder 1966].

Die dosimetrisch wichtige wahrscheinlichste Energie E_p in der Tiefe x des Absorbers kann (nach [Harder 1965], [DIN 6809-1]) näherungsweise durch die mittlere Elektronenenergie ersetzt werden. Für sie gilt folgende empirische Formel:

$$\bar{E}(x) \approx E_p(x) = E_{p,0} \cdot (1 - \frac{x}{R_p}) \tag{10.20}$$

Dabei bedeuten x die Eindringtiefe in das Medium, $E_{p,0}$ die wahrscheinlichste Energie beim Eintritt in das Medium ($x = 0$), die bei symmetrischen schmalen Elektronenspektren gleich der mittleren Eintrittsenergie ist, und R_p die Praktische Reichweite (vgl. Abschnitt 10.4). Nach dieser Beziehung nimmt die mittlere Elektronenenergie also linear und kontinuierlich mit der Eindringtiefe im Medium ab. Dies stellt zwar eine Vereinfachung der tatsächlichen Verhältnisse dar, ist aber eine für dosimetrische Zwecke gut brauchbare Näherung.

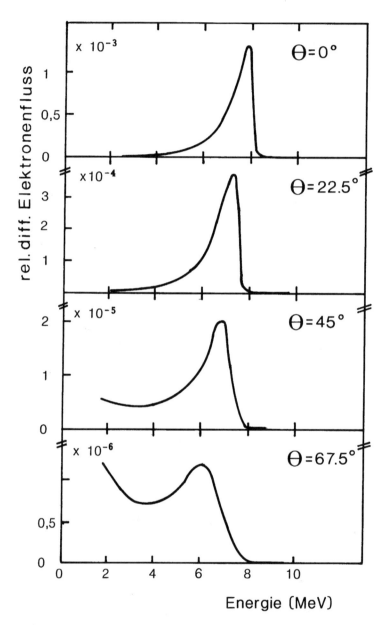

Fig. 10.11: Energiespektren von 10-MeV-Elektronen hinter 1 cm Kohlenstoff als Funktion des Winkels Θ relativ zur ursprünglichen Strahlrichtung, nach [Harder 1966], gezeichnet nach einer Grafik in [ICRU 35]. Die niederenergetischen Ausläufer der Energiespektren für zunehmende Streuwinkel sind durch Sekundärelektronen verursacht (unterschiedliche Skalierung der Ordinatenachse der einzelnen Graphen).

Ein experimentelles Beispiel für die Entwicklung des Energiespektrums eines schmalen, monoenergetischen Elektronenstrahls als Funktion der durchstrahlten Kohlenstoffschicht zeigt Fig. (10.10). Eine ähnliche Entwicklung des Energiespektrums findet man als Funktion des Streuwinkels. Je größer dieser ist, umso höher sind die mittleren Energieverluste der Elektronen und das Energiestraggling. Zusätzlich sind Elektronenspektren bei großen Winkeln relativ zur Strahlrichtung durch niederenergetische δ-Elektronen kontaminiert (Fig. 10.11).

10.4 Das Streuvermögen für geladene Teilchen

10.4.1 Das Streuvermögen für Elektronen

Bei jeder Wechselwirkung von Elektronen mit Materie werden diese wegen ihrer kleinen Masse mehr oder weniger aus ihrer ursprünglichen Bewegungsrichtung abgelenkt. Diese Richtungsänderungen, die mit oder ohne Energieverluste stattfinden können, werden als **Elektronenstreuung** bezeichnet. Elektronenstreuungen können am Coulombfeld der Atomkerne oder an der Atomhülle des Absorbers stattfinden. Beiträge zur Kern-Elektronenstreuung liefern die elastische Kernstreuung, die im Wesentlichen ohne Energieverlust des Elektrons vor sich geht, und die Strahlungsbremsung im Coulombfeld der Atomkerne, bei denen die Bremsstrahlung entsteht. Energieverluste aus Kernstreuung sind nur bei hohen Elektronenenergien und schweren Absorbern von Bedeutung (vgl. Abschnitt 10.1). Wechselwirkungen von Elektronen mit den Hüllenelektronen der Absorber, die sogenannten elektronischen Wechselwirkungen, sind vor allem für die Stoßbremsung der Elektronen und die damit verbundenen zahlreichen und vorwiegend kleinwinkligen Richtungsänderungen verantwortlich.

Je nach der Zahl der von einem Elektron durchlaufenen Streuprozesse spricht man von **Einzelstreuung**, bei 2-20 Streuprozessen von **Mehrfachstreuung** und bei mehr als 20 Streuungen von **Vielfachstreuung**. Mehr- und Vielfachstreuungen sind meistens mit kleinen Streuwinkeln, Einzelstreuungen oft mit großen Streuwinkeln verbunden.

Großwinkelstreuungen sind seltener als Vielfachstreuungen und haben daher nur wenig Einfluss auf die globalen Winkelverteilungen gestreuter Elektronen und den geometrischen Verlauf des Elektronenstrahlenbündels im Absorber. Die Wahrscheinlichkeit für die unterschiedlichen Streuprozesse und die dabei auftretenden Streuwinkel hängen in komplizierter Weise von der Elektronenenergie und den Eigenschaften (ρ, Z) des streuenden Materials ab. Mit zunehmender Schichtdicke des Absorbers wächst die Wahrscheinlichkeit für Mehr- und Vielfachstreuung.

Das beim Eintritt in ein Medium anfangs stark nach vorne ausgerichtete Elektronenstrahlenbündel wird mit zunehmender Tiefe im Absorber divergenter und breiter, da Streuung immer auch mit einem seitlichen Versatz der Elektronen verbunden ist. Die Winkelverteilungen der Elektronen können nach ausreichend vielen kleinwinkligen

Streuvorgängen statistisch beschrieben werden. Die Verteilung der Streuwinkel $W(\Theta)$ geht in eine Normalverteilung (Gaußverteilung) über, deren Breite von der Tiefe im Absorber, den Materialeigenschaften und der Elektroneneinschussenergie abhängt.

$$W(\Theta) = W(0) \cdot e^{-\frac{\Theta^2}{\overline{\Theta^2}}}\qquad(10.21)$$

Die Größe $\overline{\Theta^2}$ im Nenner des Exponenten heißt mittleres Streuwinkelquadrat und ist ein Maß für die Breite der Verteilungen nach Gleichung (10.21) und damit für die mittlere Strahlaufstreuung. Es nimmt zunächst proportional zur Dicke der durchstrahlten Schicht zu und zwar umso langsamer, je höher die Elektronenenergie ist (Fig. 10.13). Die Winkelverteilung wird also mit zunehmender Eindringtiefe in den Absorber breiter. Etwa ab der halben praktischen Reichweite im jeweiligen Material verändern sich die Winkelverteilungen für leichte Elemente kaum noch. Das Streuwinkelquadrat erreicht dann einen Sättigungswert. Die bis dahin erzeugte Divergenz bleibt

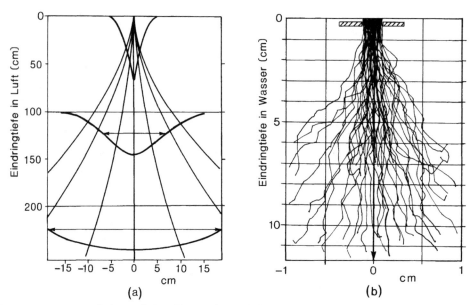

Fig. 10.12: (a): Seitliche Teilchenfluenz eines Elektronenstrahlenbündels in Luft (mit einge-
zeichneten Trajektorien, schematisch). (b): Bahnspuren von 22-MeV-Elektronen
in Wasser (gezeichnet nach Nebelkammeraufnahme in flüssigem Propan, korrigiert auf die Reichweite in Wasser).

im Wesentlichen konstant. Den experimentellen Daten in Fig. (10.13) entnimmt man auch, dass die Streusättigung am schnellsten für hohe Ordnungszahlen, also schwere Absorber, erreicht wird. Diesen Zustand nennt man "vollständige Diffusion". Für die Abhängigkeit des mittleren Streuwinkelquadrates von der Elektronenenergie und der Dichte und Ordnungszahl des Absorbers gilt nach theoretischen Untersuchungen:

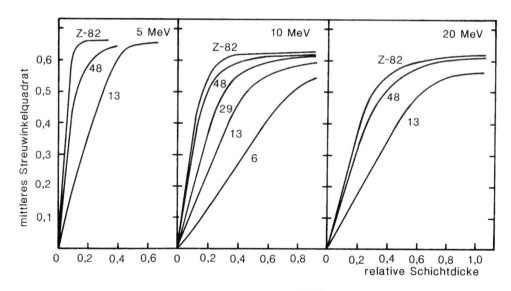

Fig. 10.13: Verlauf des mittleren Streuwinkelquadrates $\overline{\Theta^2}$ (Einheit rad²) mit der Schichtdicke (in Einheiten der wahren mittleren Bahnlänge L) in unendlich ausgedehnten Absorbern für Kohlenstoff ($Z = 6$), Aluminium ($Z = 13$), Kupfer ($Z = 29$), Cadmium ($Z = 48$) und Blei ($Z = 82$) für Elektroneneintrittsenergien von 5 bis 20 MeV, gezeichnet nach Daten von [Roos 1973].

$$\overline{\Theta^2} \propto \frac{\rho}{A} \cdot \frac{Z^2}{E^2} \tag{10.22}$$

In Anlehnung an die Beschreibung der Energieverluste von Elektronen mit Stoß- und Strahlungsbremsvermögen kann man für Elektronen das **Massenstreuvermögen** T/ρ definieren.

$$\frac{T}{\rho} = \frac{\overline{\Theta^2}}{\rho \cdot x} \propto \frac{Z^2}{A \cdot E^2} \tag{10.23}$$

Das Produkt aus Dichte und Weglänge der Elektronen ($\rho \cdot x$) ist die **Massenbedeckung**, also die flächenbezogene Masse, die der Elektronenstrahl durchsetzt hat. Numerische Werte für das Massenstreuvermögen als Funktion von Elektronenenergie und Ordnungszahl sind für einige dosimetrisch interessante Stoffgemische in [ICRU 35] tabelliert. Dort befinden sich auch weitere Ausführungen zur Theorie und Literaturverweise.

Zusammenfassung

- Jede Wechselwirkung von Elektronen mit Materie ist mit einer Streuung der Elektronen verbunden, verändert also deren Bewegungsrichtung und die seitliche Ausdehnung des Strahlenbündels.

- Die Streuung ist umso stärker, je niedriger die Energie der Elektronen und je höher Dichte und Ordnungszahl des durchstrahlten Mediums sind.

- Dies wird durch das mittlere Streuwinkelquadrat beschrieben. Es erreicht bei genügender Eindringtiefe einen Sättigungswert. Das Erreichen der Streusättigung wird als vollständige Diffusion bezeichnet.

10.4.2 Transmission und Rückstreuung von Elektronen

Treffen Elektronen auf eine Materieschicht, werden sie entweder zurückgestreut, absorbiert oder sie durchdringen den Absorber und verlassen ihn auf der strahlabgewandten Seite. Die entsprechenden relativen Anteile des Primärelektronenflusses eines Strahlenbündels bei der Wechselwirkung mit Materie beschreibt man mit dem Rückdiffusions- bzw. **Rückstreukoeffizienten** η_b, dem **Absorptionskoeffizienten** η_a und dem **Transmissionskoeffizienten** η_t. Für Primärelektronen muss die Summe der drei relativen Anteile 100% ergeben, deshalb gilt:

$$\eta_b + \eta_a + \eta_t = 1 \tag{10.24}$$

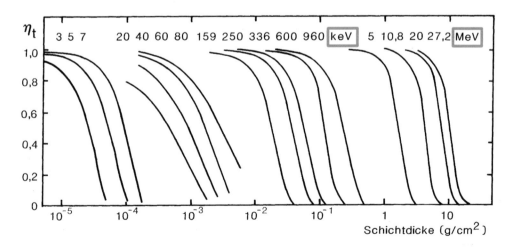

Fig. 10.14: Transmissionskurven von Elektronen in Aluminium (nach Daten aus [Jaeger/Hübner], Tiefenachse logarithmisch gestaucht). Transmissionskurven haben durch das Reichweitenstraggling bei niedrigen Elektronenenergien einen sehr flachen Abfall.

Rückstreuung und Transmission der primären Elektronen sind Experimenten direkt zugänglich. Experimentelle Transmissionskurven zeigen einen von der Energie der Elektronen beim Eintritt in das Medium weitgehend unabhängigen und sehr charakteristischen Verlauf (vgl. Fig. 10.14). Der primäre Elektronenfluss bleibt bei dünnen durchstrahlten Schichten zunächst nahezu konstant bei 100% und fällt bei größerer Absorbertiefe schnell gegen Null. Die abfallende Flanke der Transmissionskurven in der Tiefe des Absorbers ist umso steiler, je niedriger die Ordnungszahl des Mediums ist. Erst bei hohen Elektroneneintrittsenergien hängt die Steigung auch von der Elektronenenergie ab. Transmissionskurven beschreiben die Veränderung des primären Teilchenflusses mit der Tiefe und nicht die Restenergie der Primärelektronen oder die vom Medium absorbierte Energie, die ja maßgeblich mit vom Sekundärteilchenfluss beeinflusst wird.

Der Abfall der Transmissionskurven ist neben der Verminderung der primären Elektronen durch Absorption auch wesentlich von Streuvorgängen abhängig. Obwohl Transmissionskurven den Teilchenfluss beschreiben und nicht die Energieübertragung, ähneln sie am Ende der Elektronenbahnen dem Verlauf von Tiefendosiskurven, wie sie aus der Dosimetrie therapeutischer Elektronenstrahlung bekannt sind. Der Wert des Rückstreukoeffizienten von Elektronen ist abhängig von der Flächenbele-

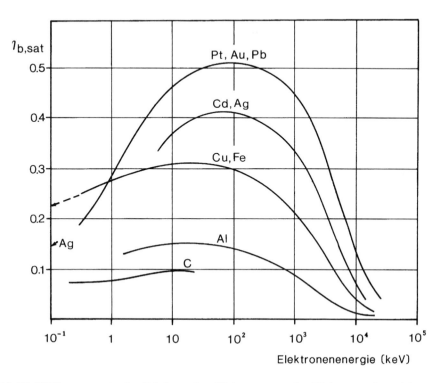

Fig. 10.15: Sättigungswerte des Rückstreukoeffizienten $\eta_{b,sat}$ für Elektronen (gezeichnet nach [Jaeger/Hübner]).

gung (dem Quotienten aus Absorberdicke und Dichte) und der Ordnungszahl des rückstreuenden Materials. Bei derjenigen Streukörperdicke, die etwa der Hälfte der mittleren Elektronenreichweite in diesem Material entspricht, erreicht der Rückstreukoeffizient den **Sättigungswert** $\eta_{b,sat}$, da Elektronen aus größeren Tiefen nicht mehr an die Eintrittsseite des Streumediums zurückgelangen können (Fig. 10.15).

Je dicker die Absorberschicht ist, umso niedriger ist die mittlere Energie der aus der Tiefe zurück gestreuten Elektronen, da sie ja nach der Streuung auf dem Weg zur Phantomoberfläche weiter Energie verlieren. In schweren Materialien und bei Elektroneneinschussenergien um 0,5-1,0 MeV können die Sättigungswerte der Rückstreukoeffizienten Werte bis zu 50% annehmen. Sie spielen deshalb bei der Dosimetrie von Elektronenstrahlung in der Nähe von Materialgrenzen durch Störung des ursprünglichen Elektronenfluenz eine erhebliche Rolle. Ein Beispiel ist die Veränderung der Elektronendosisverteilung im Medium durch Einbringen von Detektoren (Feldstörung, englisch: perturbation). Für relativistische Elektronenenergien kann der Sättigungsrückstreuanteil durch die folgende einfache empirische Formel abgeschätzt werden:

$$\eta_{b,sat} \approx 2,2 \cdot (Z \cdot \frac{m_0 \cdot c^2}{E_0})^{1,3} \tag{10.25}$$

Beispiel 10.3: Kollimatorrückstreuung in Elektronenlinearbeschleunigern. *Der Gebrauch der Gleichung (10.25) und die Bedeutung der Rückstreuung soll an einem für die Dosimetrie von Elektronenstrahlung an Beschleunigern wichtigen Beispiel erläutert werden. In Beschleunigern für die Strahlentherapie wird die Dosisleistung durch interne Durchstrahlmonitore ständig überwacht. Die Monitorkammern befinden sich vor dem beweglichen Strahlkollimator zur Einstellung des Bestrahlungsfeldes. Beim Zufahren der Wolframblenden (Z = 74) trifft der primäre Elektronenstrahl deshalb auf die dem Patienten abgewandte Seite des Kollimators. Elektronenstrahlung wird in die Monitorkammern zurückgestreut und erhöht dadurch je nach eingestellter Feldgröße (Kollimatoröffnung) und Abstand des Monitors die Messanzeige des Dosisüberwachungssystems. Dies ist eine der Ursachen für die Feldgrößenabhängigkeit der Kenndosisleistungen bei der Monitorkalibrierung. Für ein beinahe völlig geschlossenes Blendensystem unmittelbar unterhalb des Strahlungsmonitors und eine Elektronenenergie von 5 MeV ergibt Gl. (10.25) den relativen Rückstreuanteil:*

$$\eta_{b,sat} \approx 2,2 \cdot (74 \cdot \frac{0,511}{5})^{1,3} \approx 30,5\%$$

Bei der Monitorkalibrierung von 5-MeV-Elektronenstrahlung an Linearbeschleunigern muss deshalb ohne Maßnahmen zur Streustrahlungsunterdrückung (z. B. dicke Monitorkammerwände) mit einer Feldgrößenabhängigkeit der Dosisleistungskalibrierung in ähnlicher Größenordnung gerechnet werden. Abhilfe gegen die Rückstreuung von Elektronen kann der Einbau von mobilen, dünnen und leichtatomigen Abschirmplatten zwischen Monitorkammer und Kollimatoroberseite bringen. Diese Platten absorbieren je nach Elektronenenergie und Materialstärke einen erheblichen Anteil der zurück diffundierenden Elektronen, ohne dabei wegen ihrer niedrigen Ordnungszahl zu hohe Energieverluste der Primärelektronen oder intolerable Bremsstrahlungskontaminationen zu erzeugen. Auf diese Weise kann die extreme Feldgrößenabhängigkeit der Monitorsignale in manchen Beschleunigerkopfkonstruktionen gemildert werden.

Elektronenfangplatten müssen im Photonenstrahlungsbetrieb aus dem Strahlengang geschwenkt werden, da sie das primäre Photonenstrahlenbündel mit zusätzlichen hochenergetischen Sekundärelektronen kontaminieren würden. Dadurch würden die niedrigen Oberflächendosisleistungen moderner Linearbeschleuniger im Photonenbetrieb wieder zunichte gemacht (vgl. dazu die Ausführungen über Aufbau und Lage von Strahlungsmonitoren in [Krieger2]).

10.4.3 Streuung von Protonen am Coulombfeld der Kerne

Bei den in der Technik und Strahlentherapie üblichen hohen Protonenbewegungsenergien kommt es zu Wechselwirkungen der Protonen mit dem Coulombfeld der Atomkerne. Dabei werden die Protonen durch das elektrische Feld der Kerne abgestoßen.

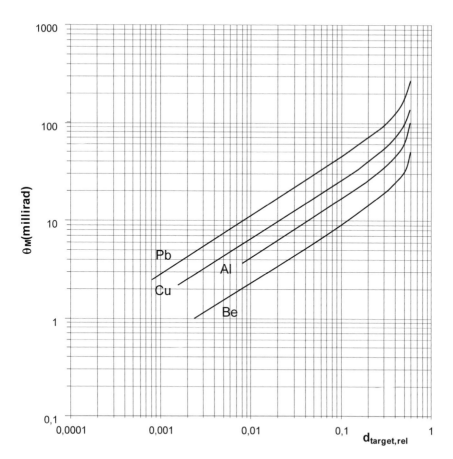

Fig. 10.16: Mittlere charakteristische Streuwinkel (im Bogenmaß) für multiple Streuung beim Durchgang von Protonen durch einige Metalle verschiedener Targetstärken (d_{targ}= 1 bedeutet: Dicke ist gleich Reichweite im entsprechenden Material), nach Daten von [Molière] und [Gottschalk].

Sie werden in Abhängigkeit von ihrem Stoßparameter (dem Abstand vom Kernfeld) statistisch in bestimmten Winkeln gestreut und dabei aus ihrer Bahn gelenkt. Die meisten Streuprozesse geschehen unter kleinen Winkeln, nur wenige Protonen erfahren große Richtungswechsel. Die Winkelverteilung für kleinere Streuwinkel ist gaußförmig. Die Breite der Gaußkurve wird mit dem mittleren Streuwinkel für Einfach- oder Vielfachstreuungen beschrieben. Das mittlere Streuwinkelquadrat für Einfach- streuprozesse (Gl. 10.26) ist proportional zur Ladungszahl des Einschussteilchens ($z=1$ für p), zum Quadrat der Ordnungszahl Z des Absorbers und umgekehrt proportional zum Quadrat des Produktes aus Protonenimpuls p und Protonengeschwindigkeit v.

$$\theta^2 \propto \rho \cdot z \cdot \frac{Z^2}{A} \cdot \frac{1}{(p \cdot v)^2} \tag{10.26}$$

Die Abhängigkeit des Streuwinkelquadrates von Z^2/A des Absorbers (Gl. 10.26) hat zur Folge, dass schwere Materialien deutlich stärker streuen als Substanzen mit kleinerer Ordnungszahl. Die Wahrscheinlichkeiten für größere Streuwinkel weichen von der einfachen Gaußform ab. Vielfachstreuung kann ebenfalls mit einem charakteristischen Streuwinkel θ_M beschrieben werden (Fig. 10.16, [Molière]). Auch für multiple Streuung kann für kleinere, in der Praxis bedeutende Streuwinkel in erster Näherung eine Gaußform unterstellt werden. Streuung am durch Hüllenelektronen teilweise abgeschirmten Coulombfeld der Kerne ist der wichtigste Streuprozess für Protonen. Die Protonen verlieren bei diesem Streuprozess auch einen Teil ihrer Bewegungsenergie, die der Kern als Rückstoßenergie übernimmt. Die Gesamtsumme der Bewegungsenergien vor und nach der Streuung bleibt erhalten. Dieser Streuprozess wird deshalb als **elastische** Streuung bezeichnet. Bei elastischen Streuprozessen bleibt der betroffene Atomkern in seiner inneren Struktur also unverändert.

10.4.4 Nukleare Wechselwirkungen von Protonen

Alle nuklearen Prozesse, bei denen die Gesamtbewegungsenergie durch die Wechselwirkungen vermindert wird, werden als nichtelastisch bezeichnet. Werden die beschossenen Atomkerne lediglich angeregt, aber bis auf diese Anregungen nicht verändert, wird der Prozess zur Unterscheidung von Kernreaktionen mit Korpuskelemission als inelastisch klassifiziert. In der Notation der Kernreaktionen erhalten die angeregten Kerne dann einen Stern (*). Eine Sonderform nichtelastischer Kernwechselwirkungen sind Kernreaktionen, bei denen einzelne Nukleonen oder Nukleonencluster aus dem Targetkern herausgeschossen werden. Diese sekundären Teilchen können je nach Targetmaterial Protonen, Neutronen, Deuteronen, Tritonen, Helium-3-Kerne oder Alphateilchen und Kombinationen dieser Reaktionsprodukte sein. Die geladenen Sekundärteilchen übergeben ihre Energie kontinuierlich an den Absorber und führen deshalb wie die energieverminderten primären Protonen zu einer Verschiebung der Energieabsorption zu geringeren Tiefen.

Die beteiligten Protonen werden bei allen diesen Wechselwirkungsarten deutlich aus ihrer ursprünglichen Bewegungsrichtung abgelenkt und bewirken ein Auseinanderlaufen des Strahlenbündels, also eine durch die Kernwechselwirkung ausgelöste Strahlaufweitung. Die folgende Aufstellung zeigt typische Kernwechselwirkungen am Beispiel von Sauerstoffkernen und ihre Klassifikation (in Anlehnung an [ICRU 63]).

$$^{16}O + p \rightarrow {}^{16}O + p \qquad \text{oder} \qquad {}^{16}O(p,p)^{16}O \qquad \text{(elastische Kernstreuung)}$$

$$^{16}O + p \rightarrow {}^{16}O^* + p \qquad \text{oder} \qquad {}^{16}O(p,p)^{16}O^* \qquad \text{(inelastische Kernstreuung)}$$

$$^{16}O + p \rightarrow {}^{15}N + 2p \qquad \text{oder} \qquad {}^{16}O(p,2p)^{15}N \qquad \text{(Kernreaktionen)}$$

Das ursprüngliche Strahlenbündel wird durch diese Prozesse mit den sekundären Partikeln verunreinigt. Eine typische Aufstellung der relativen Energieüberträge von 150 MeV-Protonen auf diese Teilchen zeigt die folgende Zusammenstellung (Tab. 10.1) für Kernreaktionen an Sauerstoffkernen.

Sekundärteilchenart	rel. Häufigkeit (%)
Protonen	57
Deuteronen	1,6
Tritonen	0,2
He-3	0,2
Alphas	2,9
Neutronen	20
Rückstoßkerne	1,6
geladene Sekundärteilchen total	*64*
Neutronen	20
Gammas	16

Tab. 10.1: Relative Energieüberträge von 150 MeV Protonen bei nuklearen Wechselwirkungen mit Sauerstoffkernen [NISTIR 5221].

Bei Wechselwirkungen von Protonen mit Absorbern aus Wasser kommt es zusätzlich zu Streuprozessen der primären Protonen mit den quasi freien Absorberprotonen.

$$^{1}H + p \rightarrow 2p \qquad \text{oder} \qquad {}^{1}H(p,p)p \qquad \text{(Ionisation)}$$

Alle nuklearen Streuprozesse und Kernreaktionen führen zu Energieverlusten und lenken die Protonen aus ihrer ursprünglichen Bahn ab, so dass Bahnlänge und Reichweite (die Projektion der Bahnlänge auf die Tiefenachse, s. Kap. 10.5.2) nicht mehr exakt übereinstimmen. Die erwähnten Prozesse führen zu einer Veränderung der experimentellen Reichweiten im Vergleich zu den theoretisch aus der Stoßbremsung erwarteten Werten. Insgesamt unterliegen bei mittleren Protonenenergien etwa 20% der Protonen einer Wechselwirkung mit dem Kernfeld oder direkt mit dem Kern.

10.5 Reichweiten geladener Teilchen

10.5.1 Reichweiten schwerer geladener Teilchen

Schwere geladene Teilchen verlieren ihre Energie überwiegend quasi-kontinuierlich, d. h. in vielen kleinen Einzelschritten. Im englischen Schrifttum wird dies als "*continuous slowing down*" bezeichnet. Da schwere Teilchen dabei nur wenig aus ihrer Bahn abgelenkt werden, stimmen ihre Reichweiten und Bahnlängen gut überein. Die Bahnlängen monoenergetischer schwerer Teilchen zeigen nur eine geringe Energieverschmierung (Energiestraggling). Wie bei den Elektronen lassen sich verschiedene Reichweiten (mittlere, praktische und maximale Reichweite, s. Fig. 10.19) definieren, die sich bei den schweren Teilchen weniger als bei Elektronen voneinander unterscheiden.

Für schwere Teilchen lässt sich die mittlere Reichweite wie die Bahnlänge bei den Elektronen durch Integration über den Kehrwert des Bremsvermögens berechnen. Da

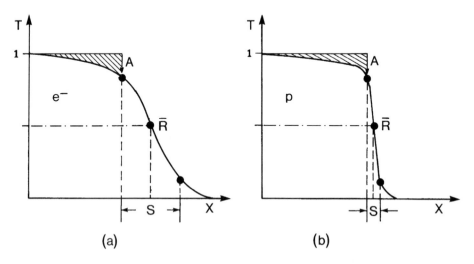

Fig. 10.17: Schematische Transmissionskurven für Elektronen (links) und Protonen (rechts). Die Reichweitenverschmierung (das Reichweitenstraggling S) ist bei Elektronen wegen der hohen Anteile an großwinkligen Streuereignissen vor allem bei hohen Elektronenenergien wesentlich stärker ausgeprägt als bei schweren Teilchen. Die mittlere Reichweite ist definiert wie in (Fig. 10.19). Die Teilchenverluste A sind durch Absorption und Streuung verursacht.

das totale Bremsvermögen bei schweren Teilchen aber im Wesentlichen nur aus dem zur Teilchenenergie E umgekehrt proportionalen Stoßbremsvermögen besteht, das Strahlungsbremsvermögen also zu vernachlässigen ist, erhält man die mittleren Reichweiten für Teilchen mit der Anfangsenergie E_0 und der Ladungszahl z durch Integration über das Stoßbremsvermögen näherungsweise zu:

$$\overline{R}(E_0) = \int_0^{R_{max}} dx = \int_{E_0}^{0} (-dE/dx)^{-1} dE = \int_{E_0}^{0} -1/S_{col} dE \approx \int_{E_0}^{0} \frac{-E}{\rho \cdot m \cdot z^2 \cdot e^2} dE \qquad (10.27)$$

Bis auf hier unwesentliche Konstanten ergibt diese Integration für die mittlere Reichweite die folgenden Abhängigkeiten von den Teilchen- und Absorbereigenschaften:

$$\overline{R}(E_0) \propto \frac{E_0^2}{\rho \cdot m \cdot z^2 \cdot e^2} \qquad \text{(für } E \ll m \cdot c^2) \qquad (10.28)$$

Die Reichweite geladener Teilchen ist in nicht relativistischer Näherung also proportional zum Quadrat der Anfangsenergie E_0 des Teilchens. Dieser Zusammenhang von Teilchenenergie und Reichweite wird als **Reichweitengesetz von Geiger** bezeichnet. Berücksichtigt man bei einer genaueren Rechnung zusätzlich den schwach mit der Energie zunehmenden relativistischen Energiefaktor des Stoßbremsvermögens nach (Gl. 10.7) bei höheren Teilchenenergien, vermindert sich der Energieexponent der Geigerschen Formel (10.28) auf etwa 3/2. Für die Reichweite gilt dann näherungsweise die Proportionalität $R \propto E^{1,5}$.

$$\overline{R}(E_0) \propto \frac{E_0^{3/2}}{\rho \cdot m \cdot z^2 \cdot e^2} \qquad \text{(für } E \gg m \cdot c^2) \qquad (10.29)$$

Die Reichweiten geladener Teilchen in Materie sind außerdem umgekehrt proportional zur Dichte des Absorbers und zum Ladungsquadrat des Teilchens. Für zwei Materialien und identische Einschussteilchen verhalten sich die Reichweiten eines Teilchens unter den oben gemachten Voraussetzungen deshalb umgekehrt wie die Dichten.

$$\frac{R_1}{R_2} = \frac{\rho_2}{\rho_1} \qquad (10.30)$$

Man bevorzugt daher auch bei schweren Teilchen für praktische Zwecke wieder das Produkt aus Dichte und Reichweite ($\rho \cdot R$), die so genannte **Massenreichweite**, die für eine bestimmte Teilchenart und Energie dann näherungsweise unabhängig vom Absorbermaterial ist. Massenreichweiten verschiedener geladener Teilchen sind als Funktion der Teilchenenergie in Fig. (10.18) dargestellt.

Restenergie eines nicht relativistischen geladenen Teilchens: Für ein nicht relativistisches Teilchen hat das Stoßbremsvermögen nach Gl. (10.11) die Form $S = k/E$ mit einer Konstanten k, die die Ladung, die Dichte und die Masse des Teilchens und sonstige Konstanten enthält. Die Restenergie eines Teilchens in der Tiefe x kann durch Integration aus dem Kehrwert des Stoßbremsvermögens $1/S = -dx/dE$ berechnet werden. Für x ergibt sich analog zu Gl. (10.27):

$$x = \int_{E_0}^{E(x)} -dE/S = \int_{E_0}^{E(x)} -dE \cdot E/k = \left[\frac{-E^2}{2k}\right]_{E_0}^{E(x)} = \frac{E_0^2 - E(x)^2}{2k} \tag{10.31}$$

Durch einfache Umformung erhält man daraus das **Whiddington-Gesetz** für die Restenergie schwerer nicht relativistischer Teilchen in der Tiefe x eines Absorbers zu:

$$E(x)^2 = E_0^2 - 2 \cdot k \cdot x \tag{10.32}$$

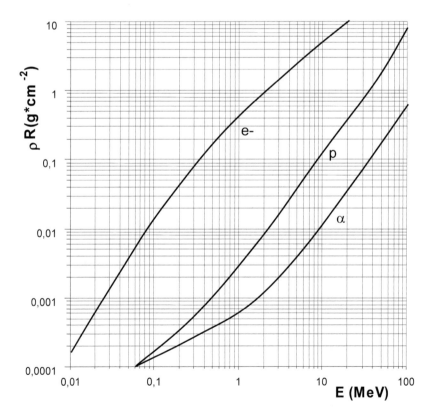

Fig. 10.18: Massenreichweiten ($\rho \cdot R$) für Elektronen, Protonen und Alphateilchen als Funktion der Teilchenbewegungsenergie E für Absorber mit niedriger Ordnungszahl, in denen die Strahlungsbremsung keine wesentliche Rolle spielt.

Setzt man in diese Gleichung als Restenergie $E(x) = 0$ ein, d. h. als Wegstrecke die Reichweite $\bar{R}$, erhält man wieder die Geigersche Reichweitenformel (10.28).

Bei der Umrechnung der Reichweiten verschiedener Teilchen muss man darauf achten, ob die gesamte Teilchenbewegungsenergie oder die kinetische Energie pro Nukleon angegeben wurde. Für den letzteren Fall ist es günstiger, die Energie-Reichweite-Beziehung (Gl. 10.28) durch Erweiterung mit der Teilchenmasse m etwas umzuformen. Man erhält dann:

$$\bar{R}(E_0) \propto \left(\frac{E_0}{m}\right)^2 \cdot \frac{m}{\rho \cdot z^2 \cdot e^2} \qquad (10.33)$$

Daten für Massenreichweiten geladener schwerer Teilchen in numerischer oder grafischer Form finden sich u. a. in ([Attix/Roesch/Tochilin], Bd. I bei [Bichsel]), in ([Kohlrausch], Bd. III), in [Jaeger/Hübner]) und Auszüge für Elektronen, Protonen und Alphateilchen im Tabellenanhang.

Beispiel 10.4: Reichweiten schwerer geladener Teilchen in Wasser. *Die Reichweite eines 100-MeV-Protons in Wasser betrage 78 mm (s. Tab. 20.10.2 im Anhang). Wie groß sind die Reichweiten eines Deuterons d und eines α-Teilchens mit der gleichen Bewegungsenergie? Gl. (10.33) ergibt für das Deuteron wegen der doppelten Masse aber der gleichen Ladungszahl den Faktor 1/2, für das Alphateilchen wegen der vierfachen Masse und der doppelten Ladungszahl den Faktor 1/16. Die entsprechenden Reichweiten sind also R(d) = 39 mm und R(α) = 4,9 mm.*

Beispiel 10.5: *Die Reichweiten der gleichen Teilchen sollen berechnet werden, wobei die Bewegungsenergie jetzt aber 100 MeV/Nukleon betragen soll. Für das Proton bleibt die Reichweite bei 78 mm. Für das Deuteron ergibt Gl. (10.33) wegen der doppelten Masse jetzt den Faktor 2, für das Alphateilchen mit der vierfachen Masse und doppelten Ladung den Faktor $4/2^2 = 1$. Die Reichweiten sind deshalb R(d) = 156 mm und R(α) = 78 mm. Protonen- und α-Reichweiten sind in den gleichen Absorbern und bei gleicher Energie/Nukleon also gleich.*

Zusammenfassung

- **Schwere geladene Teilchen haben sehr scharf definierte Reichweiten in Materie, die etwa vom Quadrat der Teilchenenergie und dem reziproken Ladungsquadrat abhängen.**

- **Die Reichweiten sind außerdem umgekehrt proportional zur Dichte des Absorbers aber weitgehend unabhängig von dessen sonstigen Eigenschaften.**

- **Wegen des geringen Streuvermögens der Absorber und der daher rührenden geringen Ablenkungen aus der Einschussrichtung unterscheiden sich die**

Reichweiten der einzelnen schweren Teilchen eines Strahlenbündels nur wenig voneinander.

- **Die Strahlenbündel schwerer geladener Teilchen bleiben beim Durchgang durch Materie, solange die Teilchenenergien ausreichend groß sind, daher scharf begrenzt und kompakt.**

- **Am Ende der Teilchenbahnen schwerer geladener Teilchen kommt es durch nukleare Prozesse jedoch zu deutlichen Aufweitungen der Strahlenbündel.**

10.5.2 Bahnlänge und Reichweiten monoenergetischer Elektronen

Nach den bisherigen Ausführungen zur Wechselwirkung von Elektronen mit einem Medium ist klar, dass nicht alle in einen Absorber eingestrahlten Elektronen dort das gleiche Schicksal erleiden. Sie erleben eine zufällige Energie- und Winkelaufstreuung (Energie- und Winkelstraggling) und legen deshalb statistisch bestimmte Bahnen im Absorber zurück, wobei auch Rückwärtsbewegungen auftreten können (Fig. 10.18).

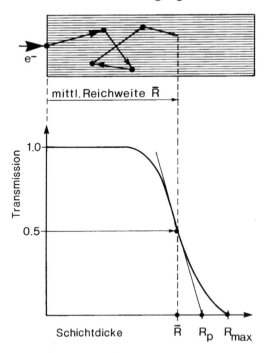

Fig. 10.19: Oben: schematische Darstellung der Bahn eines niederenergetischen Elektrons in Materie, die mittlere Reichweite ist der Mittelwert der Projektionen aller möglichen Elektronenbahnen auf die ursprüngliche Strahlrichtung. Die Bahnlänge L ist die Summe der einzelnen, individuellen Wegstücke. Unten: Transmissionskurve mit der Definition der verschiedenen Reichweiten für monoenergetische Elektronenstrahlung in Materie.

Wegen der großen Richtungsänderungen, die für die Elektronen beim Stoß mit den gleich schweren Hüllenelektronen oder bei Bremsstrahlungsereignissen möglich sind, ähneln die Bahnen von Elektronen dem Gang eines Betrunkenen und werden deshalb salopp als "drunken man's walk" bezeichnet. Der typische Zick-Zack-Lauf von Elektronen ist bei geringen Energien auch aus Nebelkammeraufnahmen experimentell bekannt (Fig. 10.12b).

Der insgesamt in einem Medium zurück gelegte Weg eines Elektrons, seine Bahnlänge L, lässt sich aus dem Bremsvermögen des Absorbers und der Eintrittsenergie des Elektrons theoretisch berechnen. Für die mittlere wahre Bahnlänge L von Elektronen gilt mit $S_{tot} = (dE/dx)_{tot}$ näherungsweise:

$$L = \int_{x=0}^{R} dx = \int_{dE=0}^{E_0} (dE/dx)_{tot}^{-1}\ dE = \int_{dE=0}^{E_0} \frac{1}{S_{tot}}\ dE \qquad (10.34)$$

Für den Verlauf der Elektronenverteilung in der Tiefe ist weniger der von den Elektronen zurückgelegte mittlere Weg (die wahre Bahnlänge L) bestimmend. Vielmehr sind die auf die Strahlrichtung projizierten Eindringtiefen, die verschiedenen **Reichweiten R**, von Bedeutung (Fig. 10.18). Wegen der großen statistisch verteilten Richtungsänderungen, denen die Elektronen aufgrund ihrer kleinen Masse beim Durchgang durch ein Medium unterliegen, sind die mittleren Bahnlängen von Elektronen immer größer als ihre durchschnittlichen Reichweiten. Das Verhältnis von wahrer mittlerer

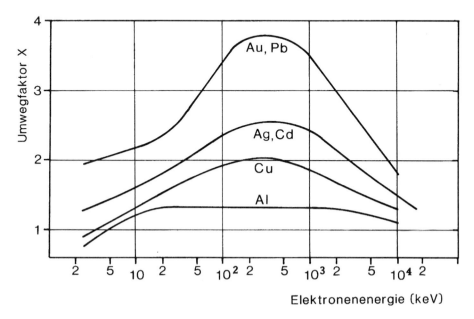

Fig. 10.20: Umwegfaktoren X für Elektronen in verschiedenen Materialien, nach Daten aus [Jaeger/Hübner].

Bahnlänge L und praktischer Reichweite R_p wird **Umwegfaktor X** genannt.

$$X = \frac{L}{R_p} \tag{10.35}$$

Umwegfaktoren hängen von der Elektronenenergie und dem streuenden Material ab (s. Fig. 10.19). Für leichte Materialien sind Umwegfaktoren nur wenig von 1 verschieden, für hohe Ordnungszahlen werden Werte bis etwa $X = 4$ erreicht. Schwerere geladene Teilchen (p, d, α) werden dagegen wegen ihrer wesentlich größeren Massen durch Hüllen-Wechselwirkungen weit weniger von ihrer ursprünglichen Bahn abgelenkt. Ihre Bahnlängen stimmen deshalb besser mit ihrer Reichweite überein, für den Umwegfaktor dieser Teilchen gilt in guter Näherung $X = 1$.

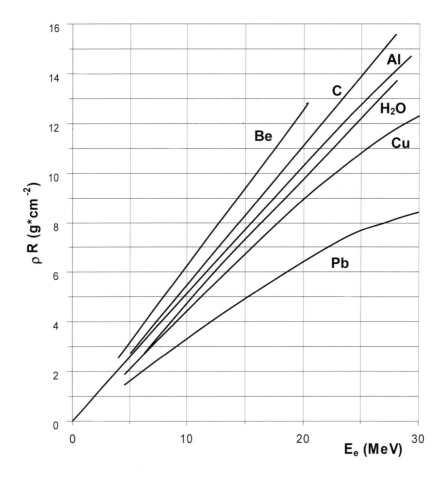

Fig. 10.21: Praktische Massenreichweiten für Elektronen in verschiedenen Materialien als Funktion der Elektronenenergie beim Eintritt in den Absorber.

Anhand der aus Teilchenzählungen hinter Absorberschichten gewonnenen Transmissionskurven können verschiedene Elektronenreichweiten definiert werden (Fig. 10.18 unten). Neben der mittleren Reichweite $\bar{R}$ (50% Tiefe der Transmissionskurve) verwendet man die praktische Reichweite R_p und die maximale Reichweite R_{max}. Die praktische Reichweite R_p ist definiert als Projektion des Schnittpunktes der Wendetangente an die Transmissionskurve auf die Tiefenachse (Abszisse). Die maximale Reichweite R_{max} entspricht der Stelle, an der die Transmissionskurve die Tiefenachse erreicht. Reichweiten werden zur Charakterisierung der Energie eines Elektronenstrahlenbündels verwendet. Sie sind etwa umgekehrt proportional zum Stoßbremsvermögen. Da das Stoßbremsvermögen proportional zur Dichte des Absorbers ist und für nichtrelativistische Energien auch umgekehrt proportional zur Elektronenenergie (vgl. Gl. 10.11), sind die Reichweiten für nicht zu hohe Elektronenenergien etwa proportional zur Elektroneneintrittsenergie und verhalten sich umgekehrt wie die Dichten der Absorber.

Für praktische Zwecke verwendet man daher die Produkte aus Dichte und Reichweite ($\rho \cdot R$), die **Massenreichweiten**. Massenreichweiten sind näherungsweise unabhängig von der Dichte (vgl. Fig. 10.21). Bei nicht zu hohen Elektronenenergien und niedrigen Ordnungszahlen sind die experimentellen, praktischen Massenreichweiten (Fig. 10.21) und die Eintrittsenergie der Elektronen ins Medium zueinander proportional (s. o.). Für schwere Absorbermaterialien weichen die Reichweiten allerdings wegen der mit zunehmender Elektronenenergie anwachsenden Bremsstrahlungsverluste vom linearen Verlauf ab. Für Tiefendosiskurven therapeutischer Elektronenstrahlung in Weichteilgeweben oder anderen körperähnlichen Substanzen existieren eine Reihe ähnlich definierter Reichweiten, die allerdings anhand der Energie- oder Ionentiefendosisverläufe ermittelt werden müssen (s. dazu [Krieger3]).

Zusammenfassung

- **Wegen ihrer kleinen Masse laufen Elektronen beim Durchgang durch Materie vor allem bei niedrigen Energien auf Zick-Zack-Bahnen mit teilweiser Richtungsumkehr. Dieser Verlauf wird anschaulich als "drunken mans walk" bezeichnet.**

- **Die Projektionen dieser Bahnen auf die Strahlachse werden als Reichweiten bezeichnet.**

- **Das Verhältnis von Bahnlänge und praktischer Reichweite wird Umwegfaktor genannt. Je schwerer der Absorber ist, umso größer ist bei Elektronen dieser Umwegfaktor.**

- **Die Reichweiten von Elektronen sind umgekehrt proportional zur Dichte des Absorbers und etwa proportional zur Elektronenenergie. Die Massenreichwei-**

ten, das Produkt aus Reichweite und Dichte, unterscheiden sich für Niedrig-Z-Materialien nur wenig.

10.5.3 Reichweiten und Transmission von β-Strahlung

Elektronen aus dem Betazerfall von Radionukliden haben keine einheitliche Energie (s. Fig. 3.8). Ihre Energieverteilungen (die Betaspektren) sind wie Röntgenbremsstrahlungsspektren heterogen. Aus der Zerfallsgleichung für die Betaminus-Umwandlung (Kap. 3.2: $n \Rightarrow p^+ + \beta^- + \bar{\nu}_e + E$) entnimmt man, dass sich die beim Zerfall übrig bleibende Zerfallsenergie als Bewegungsenergie statistisch auf das Teilchenpaar Betateilchen-Antineutrino verteilt. Charakteristisch für das zerfallende Radionuklid ist deshalb nur die maximale Betaenergie, die sich aus den Massen-Energie-Äquivalenten der am Zerfall beteiligten Atomkerne berechnen lässt. Betateilchen können die maximale Energie nur erreichen, wenn das konkurrierende Antineutrino gleichzeitig nahezu keine Bewegungsenergie übernimmt. Für Dosimetriezwecke und zur Berechnung der mittleren Reichweite von Betastrahlung benötigt man die mittlere Betaenergie, die sich nach der folgenden Formel berechnen lässt:

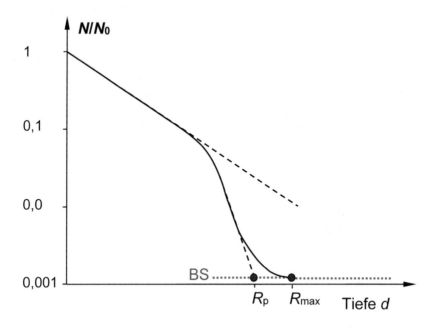

Fig. 10.22: Transmission von Betastrahlung in Materie: Logarithmische Darstellung der relativen Betateilchenzahl als Funktion der Tiefe d im Absorber. Die Transmissionskurve ist eine Faltung des Betaspektrums mit den Transmissionskurven für monoenergetische Elektronen. Außerdem sind die praktische Reichweite und die maximale Reichweite eingezeichnet. BS symbolisiert den so genannten Bremsstrahlungsschwanz, also die durch die Strahlungsbremsung der Elektronen erzeugte durchdringende Bremsstrahlung.

$$\bar{E}_\beta = \frac{\int_0^{Emax} E \cdot N(E) \cdot dE}{\int_0^{Emax} N(E) \cdot dE} \qquad (10.36)$$

$N(E)$ ist hierbei die Form des Elektronenenergiespektrums (die spektrale Fluenz), die aus kerntheoretischen Ansätzen berechnet oder experimentell bestimmt werden kann. Für viele Zwecke der praktischen Dosimetrie ist es ausreichend, mit der folgenden groben Näherungsformel (10.37) zu rechnen.

$$\bar{E}_\beta \approx \frac{1}{3} \cdot E_{\beta,max} \qquad (10.37)$$

Numerische Werte für mittlere und maximale Betaenergien kann man der Literatur entnehmen ([Jaeger/Hübner] und dortige Referenzen, [DIN/ISO 7503-1], [Reich 1990]). Daten einiger für die Radiologie wichtiger β-Strahler befinden sich im (Kap. 3) und in [Krieger2].

mittl. β-Energie (MeV)	$\overline{R}$ in Luft (m)	$\overline{R}$ in Gewebe (mm)
0,1	0,13	0,14
0,2	0,4	0,43
0,5	1,7	1,7
1,0	4,1	4,3
3,0	14,0	15,0

Tab. 10.2: Mittlere Reichweiten von Betateilchen in Luft und Weichteilgewebe n. [ICRP 38].

Die kontinuierlichen Energieverteilungen der Betastrahlungen und die Umwegfaktoren für Elektronen oder Positronen führen dazu, dass die Betateilchenzahlen bei der Transmission durch einen Absorber zunächst exponentiell abnehmen (Fig. 10.21); sie bleiben also nicht wie bei den monoenergetischen Elektronen oder wie bei den schweren geladenen Teilchen zunächst konstant. Für Strahlenschutzzwecke werden sicherheitshalber die maximalen Betaenergien zugrunde gelegt. Bezüglich der Betateilchentransmission befindet man sich damit auf der "sicheren Seite", allerdings ist die bei der Wechselwirkung der Betateilchen entstehende Bremsstrahlung zu berücksichtigen (vgl. dazu Tabellenanhang Tab. 24.8.1).

Die meisten Betastrahler haben maximale Betaenergien von einigen 100 keV bis zu mehreren MeV. Für ihre mittlere Reichweite in Materie ist allerdings die mittlere Betaenergie nach den Gleichungen (10.36) und (10.37) verantwortlich. In Tabelle (10.2) sind für die Medien Luft und Wasser einige dieser mittleren Reichweiten als Funktion

der mittleren Betaenergie zusammengestellt. Ein Vergleich mit den maximalen Betaenergien für radiologisch bedeutsame und in der Medizin häufig verwendete Betastrahler zeigt, dass diese Reichweiten für medizinische Radionuklide nur Bruchteile
von Millimetern oder maximal einige Millimeter betragen. Ihre Energie wird also an
das Gewebe in der unmittelbaren Nachbarschaft der Elektronenbahnen abgeben. Auf
dieser lokalen Wirkung bei gleichzeitiger Schonung der weiteren Umgebung beruht
die Anwendbarkeit inkorporierter, betastrahlender Radionuklide in der Strahlentherapie. Ein wichtiges Beispiel ist die Therapie von Schilddrüsenerkrankungen mit dem
β^--Strahler ^{131}I.

Zusammenfassung

- **Wegen der kontinuierlichen Energieverteilungen von Betastrahlung haben die
  einzelnen Betateilchen unterschiedliche Reichweiten in Materie.**

- **Transmissionskurven von Betastrahlung zeigen zunächst wie Photonenstrahlung einen exponentiellen Abfall mit der Tiefe im Absorber, fallen dann aber
  gegen Ende der Teilchenbahnen steil ab.**

- **Man kann die mittleren Reichweiten von Betastrahlung in Wasser und äquivalenten Materialien grob aus mittleren Betaenergien abschätzen. Sie entsprechen etwa einem Drittel der maximalen Betaenergie in cm (R(cm) $\approx$ MeV/3).
  Dies wird als MeV/3-Regel bezeichnet.**

- **In Materialien anderer Dichte müssen die Reichweiten mit der Dichte skaliert
  werden $R_{med} = R_{H20}/\rho_{med}$.**

- **Reichweiten von Betastrahlung in menschlichem Gewebe oder Wasser liegen
  in der Größenordnung von Millimetern.**

- **Betastrahler können deshalb gut für die lokale Strahlentherapie bei Schonung
  umliegender Gewebe eingesetzt werden.**

- **Sollen Abschätzungen erforderlicher Abschirmdicken im Strahlenschutz vorgenommen werden, müssen selbstverständlich die maximalen Betaenergien
  herangezogen werden.**

- **Es ist außerdem darauf zu achten, dass keine Hoch-Z-Materialien von den
  Betateilchen erreicht werden können, da sonst wegen der teilweise hohen Betaenergien eine erhebliche Bremsstrahlungsproduktion stattfinden kann.**

10.6 Wechselwirkungen negativer Pi-Mesonen*

Negative Pi-Mesonen zählen wegen ihrer relativ geringen Ruhemasse eigentlich nicht zu den dicht ionisierenden Teilchen (s. Tab. 1.1 in Kap. 1). Ihre besondere Bedeutung gewinnen sie aber aus der am Ende ihrer Teilchenbahn zusätzlich zur normalen Wechselwirkung stattfindenden Vernichtung nach Einfang in einem Targetkern. Negative Pionen sind Antimaterie wie die Positronen. Sie geben daher bei der Verschmelzung mit Materie ähnlich wie bei der Elektron-Positron-Paarvernichtung ihre Ruheenergie in Form von Bewegungsenergie an die Umgebung ab. Wegen ihrer negativen Ladung werden Pi-Mesonen nach der Abbremsung durch Stöße am Ende ihrer Teilchenbahn in den Targetkern hineingezogen, der durch die freiwerdende Energie dabei in der Regel völlig zerlegt wird.

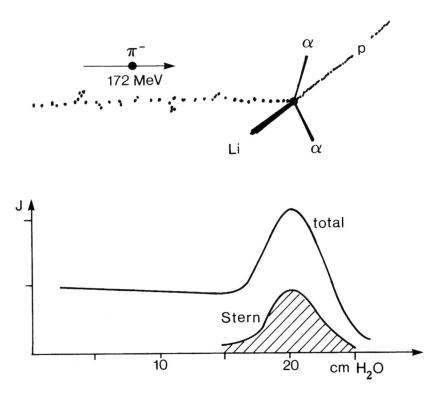

Fig. 10.23: Oben: Bahnspur (Ionisationsspur) eines negativen Pi-Mesons mit 172 MeV Bewegungsenergie in Materie und Nuklearer Stern am Ende der Bahn durch Einfang und Zerstrahlung des π^- in einem Atomkern. Man beachte die dichten Ionisierungsspuren der schweren Teilchen p, α, Li. Unten: Ionisierungsdichteverteilung eines Pi-Mesonenstrahlungsbündels in Materie und seine Zusammensetzung aus der Ionisation durch den Nuklearen Stern und der "normalen" Ionisierung entlang der π^--Bahn (schematisch nach [Fowler 1981]).

Die frei werdende Bindungsenergie wird als kinetische Energie auf die Kernbruchstücke übertragen, die zum Teil elektrisch geladen und daher dicht ionisierend sind.
Diese Teilchen fliegen explosionsartig auseinander und übertragen ihre Bewegungsenergie lokal in die unmittelbare Umgebung des Targetkerns. Dies wird wegen der
sternförmigen Ausbreitung dieser Teilchen als **"Nuklearer Stern"** bezeichnet. Pro
eingefangenem Pion entstehen in Wasser im Mittel etwa je ein Proton und Alphateilchen, 0,78 sonstige Partikel (mit $Z > 2$, z. B. ^{7}Li) und 2-3 Neutronen mit insgesamt
ungefähr 100 MeV Bewegungsenergie [Fowler 1965]. Wegen des hohen Linearen
Energietransfers (LET) dieser Teilchen sind ihre Energieüberträge biologisch besonders wirksam.

Aufgaben

1. Ordnen Sie die folgenden Größen den Teilchen bzw. dem Absorber zu: Stoß-
    bremsvermögen, LET, Energiedosis, Streuvermögen, Ionisierungsvermögen.

2. Definieren Sie die Größe Bremsvermögen und geben Sie ihre zwei Komponenten
    an.

3. Begründen Sie den typischen Verlauf des Stoßbremsvermögens mit der Teilchen-
    energie bei niedrigen (nicht relativistischen) und bei relativistischen Energien.

4. Wie ist das Verhältnis von Strahlungsbremsvermögen und Stoßbremsvermögen
    für 100 keV Elektronen in Calcium und in Weichteilgewebe ($Z = 7,3$)?

5. Wie hoch sind die relativen Bremsstrahlungsausbeuten für 100 keV und 10 MeV-
    Elektronen in Wolfram?

6. Sie erhöhen die Bewegungsenergie von Alphateilchen von 2 MeV auf 5 MeV.
    Um welchen Faktor verändern sich dabei die mittleren Reichweiten in einem be-
    stimmten Material? Was passiert, wenn die Materialdichte verdoppelt wird?

7. Schätzen Sie anhand der numerischen Werte für das Massenstoßbremsvermögen
    (Tab. 20.7) die maximalen Massenreichweiten von 20-MeV-Elektronen in Was-
    ser und in Blei ab. Warum unterscheiden sich die Werte für die beiden Materia-
    lien so erheblich, obwohl das Massenstoßbremsvermögen nach (Gl. 10.13) unab-
    hängig von der Dichte des Absorbers sein soll? Berechnen Sie aus den Massen-
    reichweiten die "einfachen" maximalen Reichweiten.

8. Warum unterscheiden sich die Bahnlängen und maximalen Reichweiten von
    Elektronen in einem Absorber so deutlich, nicht aber die von Alphateilchen?

9. Ist Bremsstrahlungsproduktion schwerer geladener Teilchen bei der Wechselwir-
    kung mit Targetmaterialien von Bedeutung (Gründe)?

Aufgabenlösungen

1. Teilcheneigenschaften sind der LET und das Ionisierungsvermögen. Absorber haben ein Stoßbremsvermögen, ein Strahlungsbremsvermögen und ein Streuvermögen und in ihnen entsteht durch Energieabsorption eine Energiedosis.

2. Das Bremsvermögen eines Absorbers ist definiert als der einem Teilchen durch Wechselwirkungen zugefügte mittlere Energieverlust pro Wegstrecke. Es setzt sich aus Stoß- und Strahlungsbremsvermögen zusammen.

3. Nach den Gln. (10.6 – 10.9) ist das Stoßbremsvermögen eines Absorbers proportional zum Kehrwert von $\beta^2 = (v/c)^2$. Für nicht relativistische Teilchen verläuft S_{col} daher mit $1/v^2$, für relativistische Teilchen ist $v \approx c$, β ist also unabhängig von der Teilchenenergie. Daher bleibt das Stoßbremsvermögen für relativistische Energien in erster Näherung konstant (vgl. dazu Fig. 10.4 für Elektronen, Fig. 10.8 und die numerischen Werte in Tab. 24.7).

4. Das Verhältnis von Strahlungsbremsvermögen und Stoßbremsvermögen für 100 keV Elektronen kann mit (Gl. 10.19) abgeschätzt werden. Man erhält in Kalzium den Wert $S_{rad}/S_{col} = 0,14\,\%$, in Weichteilgewebe den Wert $S_{rad}/S_{col} = 0,05\,\%$. Beide Materialien (Knochen, Weichteilgewebe) sind also schlechte Targets zur Erzeugung von Röntgenstrahlung.

5. Die Bremsstrahlungsausbeuten sind definiert als relativer Anteil der Bewegungsenergie eines Einschussteilchens beim Auftreffen auf einen Absorber, der bis zur völligen Abbremsung des Teilchens in Bremsstrahlung umgewandelt wird. Tab. (20.9) ergibt für die beiden Energien und Wolfram ($Z = 74$) die Werte 1,032% und 30,06%. In beiden Fällen sind also signifikante Bremsstrahlungsausbeuten zu erwarten. Allerdings werden bei 100 keV Elektronenenergie fast 99% der Anfangsenergie, bei 10 MeV immerhin noch 70% durch Stoßbremsung in Wärme verwandelt. Wolfram ist wegen der deshalb erforderlichen Temperaturbeständigkeit und der selbst im Röntgenbereich signifikanten Ausbeute das bevorzugte Material für Röntgenanoden oder Bremstargets in Hochenergiebeschleunigern.

6. Bei den angegebenen Energien sind Alphateilchen nicht relativistisch. Gl. (10.28, Geigersches Reichweitengesetz) ergibt eine quadratische Abhängigkeit der Reichweiten von der Teilchenenergie. 5-MeV-Alphas sollten deshalb eine etwa um den Faktor 6 größere Reichweite als 2-MeV-Alphateilchen haben. Tab. 20.10 zeigt Reichweiten in Wasser von 0,012 mm bzw. 0,039 mm in Wasser. Die Reichweitenformel von Geiger überschätzt die Reichweiten für höherenergetische Alphateilchen. Die experimentellen Alpha-Reichweiten entsprechen 1-2 Zelldurchmessern menschlicher Zellen. Da die Oberfläche der menschlichen Haut aus mehreren Schichten abgestorbener Zellen (Hornzellschicht) aufgebaut ist, kann perkutane Alphastrahlung aus radioaktiven Präparaten daher keine

Strahlenschäden auslösen. Die Reichweiten sind umgekehrt proportional zur Dichte des Absorbers, bei doppelter Dichte halbieren sich daher die Reichweiten.

7. Die Werte für das Massenstoßbremsvermögen bei einer Elektronenenergie von 20 MeV sind 2,046 (MeV·cm^2/g) für Wasser und 1,277 (MeV·cm^2/g) für Blei. Die Massenreichweite von Wasser beträgt 20/2,046 (g·cm^2) = 10 (g·cm^2) bzw. die lineare Reichweite 10 cm. Vernachlässigt man den 1/v^2-Anstieg bei niedrigen Bewegungsenergien, erhält man für Wasser daher die Faustregel: die Reichweite hochenergetischer Elektronen in Wasser ist "MeV/2 in cm". Für Blei erhält man als Massenreichweite 20/1,277 (g·cm^2) = 16,66 (g·cm^2), bzw. die lineare Reichweite von 1,4 cm. Tatsächlich betragen die experimentellen Massenreichweiten (s. Fig. 10.21) etwa 10 (g·cm^2) für Wasser, aber nur etwa 7 (g·cm^2) für Blei. Der Grund ist der hohe konkurrierende Energieverlust der 20-MeV-Elektronen durch intensive Strahlungsbremsung im Hoch-Z-Material Blei ($Z = 82$).

8. Reichweiten sind auf die Einschussrichtung projizierte Eindringtiefen in den Absorber. Die Hauptwechselwirkungspartner geladener Teilchen sind bei nicht zu hochenergetischen Teilchen die Hüllenelektronen. Beim Stoß sehen Elektronen daher etwa gleich schwere Stoßpartner und können daher stark aus ihrer ursprünglichen Richtung abgelenkt werden. Ihre Eindringtiefe verringert sich durch diese Streuprozesse. Die Umwegfaktoren von Elektronen können in schweren Absorbern wie Blei fast einen Wert von 4 annehmen (Fig. 10.20). Alphateilchen haben eine um etwa den Faktor 8000 größere Masse als Elektronen. Sie werden bei Stößen mit Elektronen daher kaum abgelenkt oder gestreut. Ihre Bahnlängen und Reichweiten stimmen daher sehr gut überein.

9. Nein, das Strahlungsbremsvermögen eines Targetmaterials ist umgekehrt proportional zum Quadrat der Masse des eingeschossenen Teilchens (Gl. 10.17). Wegen der im Vergleich mit der Elektronenmasse um mehr als 3 Größenordnungen höheren Teilchenmassen schwerer Nuklide spielt die Bremsstrahlungserzeugung durch Strahlungsbremsung bei radiologisch üblichen Energien nur für Elektronen eine Rolle.

11 Dosisgrößen

In diesem Kapitel werden die verschiedenen Dosisgrößen für die Dosimetrie und den Strahlenschutz beschrieben. Man unterscheidet die physikalischen Dosisgrößen Ionendosis, Energiedosis und Kerma sowie die operativen und rechnerischen Strahlenschutzdosisgrößen, die Äquivalentdosen. Operative Größen sind die Messäquivalentdosis mit ihren Untergruppen Ortsdosen und Personendosen. Nur berechenbar sind die beiden Schutzgrößen Organäquivalentdosis und Effektive Dosis. Das Kapitel endet mit einem Rückblick auf die historischen Vorläufer der heutigen Strahlenschutzdosisgrößen und die Entwicklung der Wichtungsfaktoren für Strahlungsarten und Gewebe.

Alle Strahlenwirkungen auf den Menschen beruhen letztlich auf der Absorption von Strahlungsenergie im Gewebe. Die fundamentale physikalische Dosisgröße ist daher die pro Massenelement absorbierte Energie, die Energiedosis. Sie ist die primäre Größe zur Beschreibung biologischer Wirkungen bei der Exposition von Lebewesen. Neben der Energiedosis werden weitere physikalische Dosisgrößen verwendet wie die Ionendosis und die Kerma, die entweder messtechnischen oder rechnerischen Bedürfnissen mehr entgegenkommen. Die Dosisbegriffe für den Strahlenschutz basieren alle auf der Energiedosis, sind aber im strengen Sinn keine physikalischen Dosisgrößen mehr, da sie strahlenbiologische Bewertungen der Gewebeenergiedosis beinhalten. Diese Strahlenschutzdosisgrößen werden nach der neuen [DIN 6814-3 2016] jetzt pauschal als Äquivalentdosen bezeichnet. Sie werden eingeteilt in die Messgrößen und die Schutzgrößen. Messgrößen sind die Messäquivalentdosis und die davon abgeleiteten Größen Personendosis und Ortsdosis, die an bestimmten Raumpunkten definiert werden und deshalb messbare Größen sind. Die zweite Gruppe der Strahlenschutzdosisgrößen sind die Organ-Äquivalentdosis und die Effektive Dosis, die nicht unmittelbar gemessen werden können. Die Schutzgrößen sind rechnerische Dosisgrößen und werden zur Beurteilung des stochastischen Strahlenrisikos einer exponierten Referenzperson herangezogen. Sie werden zum einen über bestrahlte Volumina gemittelt (Organdosen) und zum anderen ändern sie ihren Wert je nach bestrahltem biologischem Gewebe (Effektive Dosis). Werden sie als Zeitintegrale über Dosisleistungen für einen bestimmten Zeitraum errechnet, werden sie als Folgedosen bezeichnet. Alle Dosisgrößen sind massenspezifisch, also immer auf die Masse des bestrahlten Volumens bezogen. Die historischen Vorläufer werden in (Kap. 11.3) dargestellt. Die stochastischen Dosisgrößen für die Mikrodosimetrie werden in Kap. (6) erläutert.

11.1 Die physikalischen Dosisgrößen

Die **Ionendosis** J ist die durch Bestrahlung eines wasserdampffreien Luftvolumens durch ionisierende Strahlung mittelbar oder unmittelbar erzeugte elektrische Ladung eines Vorzeichens dQ geteilt durch die Masse der bestrahlten Luft dm_a (Index a = air).

$$J = \frac{dQ}{dm_a} = \frac{1}{\rho_a} \cdot \frac{dQ}{dV} \tag{11.1}$$

© Der/die Autor(en), exklusiv lizenziert an
Springer-Verlag GmbH, DE, ein Teil von Springer Nature 2023
H. Krieger, *Grundlagen der Strahlungsphysik und des Strahlenschutzes*,
https://doi.org/10.1007/978-3-662-67610-3_11

Die SI-Einheit der Ionendosis ist das Coulomb durch Kilogramm (C/kg). Die historische, heute aber veraltete und nicht mehr zugelassene Einheit war das Röntgen (R). Es war definiert als die Strahlungsmenge, die in einem Kubikzentimeter trockener Luft der Dichte ρ = 1,293 mg/cm^3 eine elektrostatische Ladungseinheit (3,3362·10^{-10} C) an Ladungen eines Vorzeichens erzeugte. Das entspricht 2,082·10^9 Ionenpaaren pro cm^3 trockener Luft. Der gesetzlich festgelegte Umrechnungsfaktor ist:

$$1\ R = 2{,}58 \cdot 10^{-4}\ C/kg \qquad (11.2)$$

Die **Energiedosis D_{med}** ist die mittlere bei einer Bestrahlung mit ionisierender Strahlung von einem Absorbermaterial (med = Medium) der Dichte ρ lokal absorbierte Energie dE_{abs} dividiert durch die Masse m des bestrahlten Volumenelements dm.

$$D_{\mathrm{med}} = \frac{dE_{\mathrm{abs}}}{dm_{\mathrm{med}}} = \frac{1}{\rho_{\mathrm{med}}} \cdot \frac{dE_{\mathrm{abs}}}{dV} \qquad (11.3)$$

Die SI-Einheit der Energiedosis ist das Joule durch Kilogramm (1 J/kg = 1 Gy). Die alte Einheit der Energiedosis war das Rad (rd) vom englischen Ausdruck für absorbierte Strahlung (radiation absorbed dose). Es gilt durch Festlegung 100 rd = 1 Gy bzw. 1 rd = 0,01 Gy. Für die Absorption der Energie sind vor allem die bei der Wechselwirkung entstehenden Sekundärelektronen verantwortlich. Um diese aus den Atomen freizusetzen, benötigt man für verschiedene Atome auch verschiedene Separationsenergien. Das bedeutet, dass die Energiedosis bei gleicher Strahlungsintensität bzw. bei gleicher Anzahl von Ionisationsakten in jeder Materie unterschiedlich ist. Bei der Energiedosisangabe muss deshalb immer das Absorbermaterial genannt werden.

Unter **Kerma K_{med}** versteht man den Quotienten aus der durch indirekt ionisierende Strahlung in einem bestrahlten Materievolumen auf geladene Sekundärteilchen der ersten Generation übertragenen Bewegungsenergie dE_{tran} (also die Summe der kinetischen Anfangsenergien) und der Masse dm des bestrahlten Volumenelements.

$$K_{\mathrm{med}} = \frac{dE_{\mathrm{tran}}}{dm_{\mathrm{med}}} = \frac{1}{\rho_{\mathrm{med}}} \cdot \frac{dE_{\mathrm{tran}}}{dV} \qquad (11.4)$$

Die Kerma wird vor allem aus messtechnischen und rechnerischen Erwägungen bei niederenergetischer Photonen- oder Teilchenstrahlung der Energiedosis vorgezogen. Kerma ist ein von der ICRU 1962 übernommenes englisches Kunstwort, das 1958 nach einem Vorschlag von [Roesch] aus kinetic energy released per unit mass gebildet wurde. Die SI-Einheit der Kerma ist ebenfalls das Gray[1]. Sie ist im Allgemeinen kein direktes Maß für die Energiedosis, da die Sekundärteilchen ihre Energie teilweise

---

[1] **Louis Harald Gray** (10. 11. 1905 - 9. 7. 1965), englischer Physiker, wichtige Arbeiten zur kosmischen Strahlung, Dosimetrie, Medizinischen Physik und zum Strahlenschutz. Ihm zu Ehren wurde die Einheit der Energiedosis Gray genannt.

außerhalb des Referenzvolumens und durch Bremsstrahlung sogar an ihre weitere Umgebung abgeben können.

Die Kerma ändert sich bei gleicher Strahlungsqualität und Strahlungsart wie die Energiedosis mit dem bestrahlten Material, da die Bindungsenergien der geladenen Sekundärteilchen (Hüllenelektronen, Kernprotonen), die Erzeugungsrate dieser Sekundärteilchen und damit auch die insgesamt freigesetzte Bewegungsenergie von den Eigenschaften des bestrahlten Mediums abhängen. Auch bei der Kerma muss deshalb das bestrahlte Material genannt werden.

Dosisleistungen sind die Differentialquotienten der Dosen nach der Zeit. Sie können für alle Dosisgrößen definiert werden. **Integrale** Dosisgrößen sind die insgesamt auf einen Absorber übertragene Energie W_D sowie das Dosisflächenprodukt DFP und das Dosislängenprodukt DLP, die vor allem in der Röntgendiagnostik eine Rolle spielen (s. dazu Kap. 21, 22).

Dosisgröße	Zeichen	SI-Einheit	Einheit alt	Umrechnung
Ionendosis	J	C/kg	R (Röntgen)	1 R = 2,58·10^{-4} C/kg
Energiedosis	D	Gy (Gray)	rd (Rad)	1 Gy = 100 rd
Kerma	K	Gy (Gray)	rd (Rad)	1 Gy = 100 rd

Dosisleistungen	Zeichen	SI-Einheit		
Ionendosisleistung	$\overset{\circ}{J}$	A/kg = C/(s·kg)		
Energiedosisleistung	$\overset{\circ}{D}$	Watt/kg		
Kermaleistung	$\overset{\circ}{K}$	Watt/kg		

Tab. 11.1: Einheiten und Zeichen der physikalischen Dosisgrößen.

11.2 Die Dosisgrößen im Strahlenschutz

Dosisgrößen im Strahlenschutz müssen die verschiedenen biologischen Wirkungen ionisierender Strahlung beschreiben. Dabei sind zwei grundsätzliche Gesichtspunkte maßgeblich. Strahlung wirkt verschieden, wenn die Strahlungsenergie auf kurzen oder längeren Wegstrecken absorbiert wird. Dies wird durch die Ionisierungsdichte oder den LET beschrieben (s. Abschnitte 6.1 und 6.2). Man unterscheidet danach locker ionisierende Strahlung wie Photonen, Elektronen und β-Teilchen und dichter ionisierende Strahlungen wie die α-Teilchen oder langsame Protonen. Dicht ionisierende Strahlungen geben wegen ihrer begrenzten Reichweite ihre Bewegungsenergie oft schon in einer einzigen menschlichen Zelle vollständig ab. Sie erzeugen dabei eine höhere mikroskopische Schadensdichte entlang ihrer Bahn als locker ionisierende Strahlungen und haben deshalb auch eine andere biologische Wirkung. Die entsprechenden Dosisgrößen sind die **Mess-Äquivalentdosen** und die **Organ-Äquivalentdosen**. Sie werden aus der Weichteilenergiedosis durch Wichtung mit dimensionslosen strahlungsspezifischen Qualitätsfaktoren Q bzw. w_R berechnet.

Für praktische Anwendungen im Strahlenschutz müssen und können die komplexen Zusammenhänge von LET, Bestrahlungsbedingungen und Relativer Biologischer Wirksamkeit (RBW) vereinfacht werden. Der experimentelle Zusammenhang zwischen LET und RBW (s. Kap. 16) bietet die Möglichkeit, im Strahlenschutz die verschiedenen Energieüberträge dicht- und locker ionisierender Strahlungsarten pauschal durch Angabe von Qualitätsfaktoren Q bzw. Strahlungswichtungsfaktoren w_R zu berücksichtigen. Q-Faktoren und w_R-Faktoren werden international durch Vereinbarung festgelegt ([ICRU 51], [ICRP 60], [ICRP 103]). Als Kriterium werden die verschiedenen L_∞-Werte für Hoch- und Niedrig-LET-Strahlung verwendet. Bei LET-Angaben für Photonen sind natürlich diejenigen für deren Sekundärelektronen gemeint, da Photonenstrahlung keine direkt ionisierende Strahlungsart ist. Als Bezugsstrahlung wird wie bei der RBW harte Photonenstrahlung zugrunde gelegt.

Die zweite Betrachtungsmöglichkeit der biologischen Wirkung von Strahlung ist die Einteilung nach der Strahlensensibilität verschiedener Gewebe, Körperteile oder Organe und der daraus für das Individuum insgesamt entstehenden Gefährdung der Gesundheit oder des genetischen Materials. Diese Gesichtspunkte waren der in der Röntgenverordnung und der Strahlenschutzverordnung bis 2001 verwendeten "effektiven Äquivalentdosis" zugrunde gelegt und werden auch in der neuen internationalen **Effektiven Dosis** zur Berechnung der Dosisgrößen verwendet. Die Effektive Dosis ist also eine Kenngröße für die Gefährdung des Menschen durch stochastische Strahlenwirkungen. Sie wird aus den Organdosen durch Wichtung mit risikorelevanten Faktoren bestimmt. Diese Wichtungsfaktoren werden international so festgelegt, dass gleiche Werte der Effektiven Dosis auch gleiche Gefährdungen des Menschen ergeben.

Die Angleichung bzw. Modifikation der bisherigen nationalen Dosisgrößen an die internationalen Gepflogenheiten und Sprachregelungen ist mittlerweile abgeschlossen. Die Ausschüsse der DIN haben deshalb ein Regelwerk erarbeitet, in dem Dosisbegriffe, Dosisgrößen, sowie Mess- und Kalibrierverfahren an die internationalen Vorgaben angepasst wurden. Bis 2001 galten in der Bundesrepublik noch die alten Festlegungen und Grenzwerte. Aus diesem Grund werden zum Vergleich neben den neuen von ICRP vorgeschlagenen und heute auch national verbindlichen Strahlenschutzdosisgrößen die bisherigen alten deutschen Dosisbegriffe am Ende dieses Kapitel (Abschnitt 11.3) dargestellt. Nach DIN sollen in Zukunft nur noch die neuen Dosisgrößen und ihre zeitbezogenen Ableitungen (Dosisleistungen) verwendet werden.

Dosisgrößen im praktischen Strahlenschutz: Im praktischen Strahlenschutz werden zwei Kategorien von Dosisgrößen benötigt (s. Tab. 11.2). Zum einen braucht man die **Dosismessgrößen,** die für Messungen in der Orts- und Personendosimetrie geeignet sind ([PTB-Dos-23], [DIN 6814-3], [ICRU 43]). Zum anderen braucht man Dosisangaben, die im Zusammenhang mit den stochastischen Risiken einer Strahlenexposition des Menschen stehen. Diese Größen der zweiten Kategorie werden als **Schutzgrößen** bezeichnet. Alle Strahlenschutzdosisgrößen haben die Einheit Sv (Sievert).

Kategorie	Bezeichnung	Kurzzeichen	Bemerkung
Messgrößen	Mess-Äquivalentdosis	H	neue Qualitätsfaktoren Q als f(LET)
	Ortsdosen	$H^*(d)$	Umgebungs-Äquivalentdosis
		$H'(d, \vec{\Omega})$	Richtungs-Äquivalentdosis
	Personendosen	$H_p(10)$	Personentiefendosis für durchdringende Strahlungen
		$H_p(0.07)$	Personenoberflächendosis für Strahlung geringer Eindringtiefe
		$H_p(3)$	Augenlinsen-Personendosis
Schutzgrößen	Organ-Äquivalentdosen	H_T	berechnete Größen mit Strahlungswichtungsfaktoren w_R
	Effektive Dosis	E	berechnete Größe mit Organ-Wichtungsfaktoren w_T

Tab. 11.2: Die Bezeichnungen der Dosisgrößen im Strahlenschutz ab 2016, die Äquivalentdosen, alle haben die Einheit Sv (J/kg), nach [ICRU 43], [DIN 6814-3].

Dosismessgrößen: Die Ausgangsgröße für die Dosismessgrößen ist die **Mess-Äquivalentdosis H,** die man aus der Weichteilenergiedosis und einem Wichtungsfaktor für die Strahlungsqualität berechnen kann. Sie ist additiv, da sie als Summe der zeitgleichen oder zeitversetzten Einwirkungen verschiedener Strahlungsqualitäten und Strahlenfelder bestimmt wird. Mit ihrer Hilfe sollen die weiteren operativen Dosisgrößen, die Ortsdosis und die Personendosis, zu Strahlenschutzzwecken experimentell bestimmt werden.

Die **Ortsdosen** sind als *"Äquivalentdosen an einem bestimmten Raumpunkt"* definiert und dienen zur Abschätzung der Effektiven Dosis einer Person, wenn diese sich am Ort der Ortsdosis aufhalten würde. Diese Abschätzung soll konservativ sein, die tatsächliche Effektive Dosis einer exponierten Person also eher über- als unterschätzen, da die Orientierung dieser Personen zum Strahlenfeld im Allgemeinen bei der Ortsdosismessung nicht bekannt ist. Mit Hilfe von Ortsdosismessungen wird der "Sperrbereich" im praktischen Strahlenschutz festgelegt.

Die zweite Gruppe der Messäquivalentdosisgrößen sind die **Personendosen**. Sie sind ein personenbezogenes, also individuelles Maß für die Strahlenexposition einer bestimmten Person durch externe Strahlungsfelder. Personendosen werden am Körper der strahlenexponierten Personen mit so genannten Personendosimetern ermittelt. Gemessene Personendosen für durchdringende Strahlungsarten werden zu Strahlenschutzzwecken unterhalb bestimmter Personendosiswerte in grober Näherung der Effektiven Dosis dieser Person gleichgesetzt, obwohl der menschliche Körper natürlich das ohne ihn bestehende Strahlungsfeld durch Absorption, Schwächung und Streuung verändert. Sowohl für Ortsdosen als auch für Personendosen müssen Verfahren vorgehalten werden, mit denen Dosimeter mit ausreichender Genauigkeit kalibriert werden können. Orts- und Personendosen sind also messbare und zu messende Dosisgrößen.

Schutzgrößen: Sie werden zur Abschätzung der stochastischen Risiken und für die Festlegung von Personendosisgrenzwerten verwendet. Körperdosis ist ein Sammelbegriff für die **Organ-Äqivalentdosis** H_T und die **Effektive Dosis** E. Ab 2001 beziehen sich alle gesetzlichen Personendosisgrenzwerte auf diese Körperdosisgrößen. Sie sind anders als die Dosismessgrößen nicht unmittelbar messtechnisch erfassbar, weil sie über die Organvolumina gemittelt sind und bei der Effektiven Dosis mit gewebeabhängigen Risikofaktoren zur Abschätzung des Strahlenrisikos dienen sollen.

11.2.1 Die Mess-Äquivalentdosis

Die Mess-Äquivalentdosis H ist das Produkt aus Weichteilgewebe-Energiedosis D_w und Qualitätsfaktor Q an einem Punkt im Gewebe (H vom engl. Wort hazard: Gefährdung, Risiko). Der Qualitätsfaktor hat die Dimension 1. Er wird durch Vereinbarung für verschiedene Strahlungsqualitäten so festgelegt, dass gleiche Äquivalentdosen verschiedener Strahlungsqualitäten unter Strahlenschutzgesichtspunkten gleich bewertet werden können. Für Röntgen- und Gammastrahlung gilt definitionsgemäß Q = 1.

$$H = Q \cdot D_w \tag{11.5}$$

Als Qualitätsfaktoren sollen im Gültigkeitsbereich der deutschen Normung die anhand des unbeschränkten LET L_∞ von ICRP und ICRU festgelegten Beziehungen in (Tab. 11.3) verwendet werden.

L_∞ (keV/µm) in Wasser	$Q(L)$
< 10	1
10 - 100	$0{,}32 \cdot L - 2{,}2$
> 100	$300/L^{1/2}$

Tab. 11.3: Zusammenhang von unbeschränktem LET und Qualitätsfaktor $Q(L)$ nach [ICRP 60].

Die SI-Einheit der Mess-Äquivalentdosis ist das "Joule durch Kilogramm" (J/kg). Zur Unterscheidung von der Einheit für die Energiedosis oder die Kerma (s. Tab. 11.1) hat man dafür den Namen **Sievert**[2] eingeführt. Die historische Einheit der Äquivalentdosis war das Rem (Zeichen rem), das aus dem englischen Ausdruck "<u>r</u>adiation <u>e</u>quivalent <u>m</u>an" abgeleitet wurde. Die Umrechnung rem → Sv entspricht dem Umrechnungsfaktor des Rad in das Gray.

$$1 \; Sv = 1 \; J/kg = 100 \; rem \tag{11.6}$$

Beispiel 11.1: *Mit den Werten für den Qualitätsfaktor Q(L) aus Tabelle (11.3) erhält man für eine Strahlenexposition, die eine Energiedosis von 1 mGy im Menschen erzeugt, für Elektronen und Photonenstrahlung definitionsgemäß eine Mess-Äquivalentdosis von 1 mSv, da für diese Strahlungsarten Q = 1 gesetzt ist.*

Für alle anderen Strahlungsarten ist zunächst der unbeschränkte LET L_∞ zu bestimmen. Für 2 MeV-Alphateilchen erhält man für das Stoßbremsvermögen in Wasser (nach Fig. 10.4) knapp den Wert $2 \cdot 10^9$ eV·cm^2/g. Da unbeschränkter LET und Stoßbremsvermögen zahlenmäßig gleich sind (vgl. dazu Gl. 10.5), ergibt dies mit der Wasserdichte von 1g/cm^3 einen LET von $L_\infty = 2 \cdot 10^9$ eV/cm = 200 keV/µm. Setzt man diesen Wert in die Formel der Tabelle (11.3) ein, erhält man für den Qualitätsfaktor von Alphastrahlung mit 2 MeV Bewegungsenergie etwa $Q = 21$. Für andere kinetische Energien der Alphas variieren natürlich die L-Werte etwas, so dass man bei 1 mGy Energiedosis durch α-Strahlung typische Mess-Äquivalentdosen zwischen 10 und 20 mSv erhält, also Werte bis zum Zwanzigfachen der Mess-Äquivalentdosis für Niedrig-LET-Strahlung.

Dies trägt der bekannten Radiotoxizität hochenergetischer α-Strahler Rechnung. Beispiele solcher α-Strahler sind das ^{222}Rn und seine Tochterprodukte aus dem natürlichen Zerfall der Actinoiden. Sie befinden sich in der Luft von Uranbergwerkstollen oder in der Raumluft von aus Energiesparnisgründen schlecht belüfteten Wohnräumen. Dazu zählen auch die α-strahlenden Actinoiden in nuklearen Abfällen aus Kern-

---

[2] **Rolf Maximilian Sievert** (6. 5. 1896 - 3. 12. 1966), schwedischer Physiker, grundlegende Arbeiten zur Radiologie, zum Strahlenschutz und zur Dosimetrie. Ihm zu Ehren wurde 1978 die Einheit der Äquivalentdosis Sievert genannt.

reaktoren wie das in Brutreaktoren in großen Mengen erbrütete ^{239}Pu oder das besonders radiotoxische ^{210}Po. Wegen der geringen Reichweiten der α-Teilchen in menschlichem Gewebe (je nach Energie nur einige 10 μm, dies entspricht etwa der Größenordnung eines Zelldurchmessers) sind besonders die Oberflächen der Lungen (Lungenepithel) von der Strahlenwirkung der in der Atemluft enthaltenen α-Strahler betroffen. α-Strahlung aus natürlichen Quellen ist deshalb an der Entstehung von Lungentumoren (Bronchialkarzinomen) beteiligt. Perkutane Exposition mit Alphastrahlern führt dagegen zu keiner biologischen Wirkung, da die Reichweiten der Alpha-Teilchen kleiner als die Dicke der Hornzellschicht der Haut sind.

Liegt am interessierenden Messpunkt eine spektrale Verteilung des unbeschränkten Energieübertragungsvermögens vor, ist der Qualitätsfaktor durch eine L-Mittelung über das Energiedosisspektrum zu berechnen.

$$\bar{Q} = \frac{1}{D} \cdot \int_L Q(L) \cdot D_L \cdot dL \qquad (11.7)$$

Wirken mehrere Strahlungsarten in einem Zielvolumen zusammen, ist als Mess-Äquivalentdosis die Summe der einzelnen Äquivalentdosen anzugeben. Mess-Äquivalentdosen verschiedener Zielvolumina dürfen dagegen nicht addiert werden. Statt der Einzelqualitätsfaktoren kann auch ein über alle Strahlungsarten am interessierenden Punkt gemittelter Qualitätsfaktor $\overline{Q}$ verwendet werden.

$$H = \sum_i Q_i \cdot D_i = \bar{Q} \cdot \sum_i D_i \qquad (11.8)$$

11.2.2 Die Ortsdosisgrößen

Unter Ortsdosis versteht man die "*Mess-Äquivalentdosis in Weichteilgewebe gemessen an einem bestimmten Ort*" ([StrlSchV-2018], Anlage 18). Die Aufgaben der Ortsdosismessungen unterscheiden sich nach der Strahlungsart und der Strahlungsqualität. Zum einen hat man es mit durchdringenden Strahlungen wie Röntgenstrahlung ausreichender Energie, Hochenergiephotonen, Neutronen oder Elektronen hoher Energie zu tun. Zum anderen müssen die Strahlungsfelder wenig durchdringender Strahlungen (z.B. Betastrahlung mit $E_{max} < 2$ MeV oder sehr niederenergetische Röntgenstrahlung mit einer Grenzenergie $E_g < 15$ keV) überwacht werden. Im ersten Fall ist die Messaufgabe die Bestimmung der **Umgebungs-Äquivalentdosis $H^*(d)$**, die üblicherweise mit Detektoren wie Kugel- oder Zylinderionisationskammern mit dünner Kammerwand vorgenommen wird. Solche Instrumente haben bei geeigneter Konstruktion eine weitgehend von der Einstrahlrichtung unabhängige Empfindlichkeit (s. [ICRU 47]). Die Dosimeteranzeige ist deshalb unabhängig von der Orientierung der einfallenden durchdringenden Strahlungsfelder. Dieser Sachverhalt soll durch den Stern (*) im Formelzeichen symbolisiert werden. Der Parameter d ist die Messtiefe im Phantom in Millimetern, die als Bezugstiefe für die Kalibrierung der Umgebungssonden verwendet wird.

Im zweiten Fall der wenig durchdringenden Strahlungen sind die richtungsbezogenen Oberflächendosen, die **Richtungs-Äquivalentdosen $H'(d,\Omega)$**, abzuschätzen. Wegen der geringen Durchdringungsfähigkeit der Strahlung ist die Messanzeige eines geeigneten Detektors von der Strahleinfallsrichtung abhängig. Dies wird durch den Strich (') symbolisiert. Die Größe d ist wie oben die Bezugstiefe im Phantom in Millimetern, der Parameter Ω ist der Richtungsvektor des Strahleinfalls.

Beide Ortsdosen dienen zur Abschätzung von Körperdosen. Sie werden deshalb nicht mehr wie bisher durch Messungen in Luft sondern mit Hilfe eines Phantoms, der anthropomorphen, also menschenähnlichen **ICRU-Kugel** definiert und kalibriert (s. Fig. 11.1). Diese besteht aus 76,2% Sauerstoff, 11,1% Kohlenstoff, 10,1% Wasserstoff und 2,6% Stickstoff und ist weitgehend muskelgewebeäquivalent. Sie hat einen Durchmesser von 30 cm, ihre Dichte beträgt $\rho = 1 \text{g/cm}^3$. Mit diesen Daten nähert sie einen menschlichen Körper im Strahlenfeld bezüglich der Streuung und Schwächung in einer für Strahlenschutzzwecke ausreichenden Genauigkeit an. Wegen ihrer einfachen Geometrie ist sie gut für rechnerische Simulationen geeignet.

Im Vergleich zu ICRU-Kugel oder zum Körper des Menschen sind die Detektortypen für die beiden Messaufgaben punktförmig. Werden sie einem realen Strahlenfeld ausgesetzt, wird die Messanzeige durch die lokalen Eigenschaften dieses Strahlungsfeldes bestimmt. Sie zeigen also "Punktdosen" frei in Luft an. Damit ihre Messanzeige zur Abschätzung der Dosis im ausgedehnten Phantom verwendet werden kann, benötigt man zwei Hilfs-Strahlenfelder, das **aufgeweitete** und das **ausgerichtete und aufgeweitete** Strahlenfeld. Definitionen dieser für die Kalibrierung der Detektoren benötigten Felder finden sich in [ICRU 39], [ICRU 43], [DIN 6814/3]. Sie lauten:

> **Ein aufgeweitetes Strahlenfeld ist ein Strahlenfeld, das an allen Punkten eines ausreichend großen Volumens die gleiche spektrale und raumwinkelbezogene Teilchenflussdichte besitzt wie das tatsächliche Strahlenfeld am interessierenden Punkt.**

> **Ein ausgerichtetes und aufgeweitetes Strahlenfeld ist ein Strahlenfeld einheitlicher Richtung, das zusätzlich die Bedingung des aufgeweiteten Strahlenfeldes erfüllt.**

Ortsdosimeter zur Messung der Umgebungs-Äquivalentdosis $H^*(d)$ werden deshalb so kalibriert, dass sie die in der ICRU-Kugel entstehende Dosis mit dem ausreichend aufgeweiteten und ausgerichteten Strahlenfeld in der Messtiefe d anzeigen. Die Messtiefe in der Kugel ist dabei auf demjenigen Radiusvektor festgelegt, der dem ausgerichteten Feld entgegengerichtet ist. Werden so kalibrierte Sonden dann einem realen Strahlenfeld in Abwesenheit der ICRU-Kugel ausgesetzt, haben sie deshalb eine Anzeige, die der Dosis im entsprechenden aufgeweiteten und ausgerichteten Kalibrierstrahlungsfeld der Kugel in der Messtiefe d entspricht. Diese geschickt gewählte Kalibrierung ermöglicht eine halbwegs realistische Abschätzung der perkutanen Strahlenexposition einer Person mit durchdringender Strahlung durch eine frei in Luft durchgeführte Ortsdosismessung. Ortsdosimeter zur Anzeige der Richtungsäquivalentdosis $H'(d, \vec{\Omega})$ für Strahlung geringer Eindringtiefe werden in einer anderen Messtiefe d ebenfalls in der ICRU-Kugel aber im nur aufgeweiteten Strahlungsfeld kalibriert. Die Richtungsabhängigkeit ihrer Anzeige bei schrägem Strahleinfall bleibt also erhalten. Die Einstrahlrichtung muss deshalb zusammen mit dem Dosiswert dokumentiert werden.

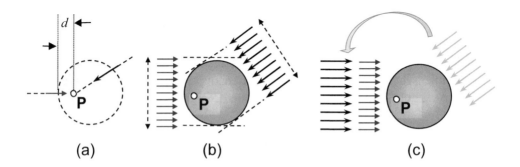

Fig. 11.1: Veranschaulichung der Begriffe zur Definition der Ortsdosisleistungen im Strahlenschutz: (a): Reales Feld am Punkt P. (b): Auf das Volumen der muskeläquivalenten ICRU-Kugel (Durchmesser 30 cm) aufgeweitetes Strahlenfeld, (c): Zusätzlich ausgerichtetes Strahlenfeld mit einheitlicher Auftreffrichtung der Strahlungsteilchen auf die ICRU-Kugel und vorgegebener Messtiefe d (10 mm bzw. 0,07 mm, s. Text).

Reale Strahlungsfelder haben im Allgemeinen weder eine im Raum homogene Fluenz noch sind sie einheitlich in der Richtung ihrer Strahlungsquanten. Bei einer Messung im realen Strahlungsfeld entsteht wegen der speziellen Kalibrierung ein Dosiswert wie im Kalibrierfeld der ICRU-Kugel. Die Dosimeter für durchdringende Strahlung zeigen also so an, als würden sie senkrecht zu ihrer Eintrittsfläche mit dem zur realen Expositionsbedingung analogen, aber aufgeweiteten und ausgerichteten Strahlungsfeld bestrahlt. Auf diese Weise ergeben ICRU-Kugel-kalibrierte Ortsdosimeter eine konservative Abschätzung der tatsächlichen Körperdosen. Sie "übertreiben" in der Regel in ihrer Anzeige. Dieser Sachverhalt wird offensichtlich im Extremfall eines Nadelstrahls, der gerade die Ausdehnung des Detektors hat aber außerhalb keinerlei Teilchenfluenz aufweist.

Für durchdringende Strahlungsarten wie Photonen oder Neutronen wird die Messung der Umgebungs-Äquivalentdosis $H^*(10)$ empfohlen. Sie ist entsprechend den obigen Ausführungen wie folgt definiert.

Die Umgebungs-Äquivalentdosis $H^*(10)$ am interessierenden Punkt im tatsächlichen Strahlenfeld ist die Äquivalentdosis, die im zugehörigen ausgerichteten und aufgeweiteten Strahlenfeld in 10 mm Tiefe in der ICRU-Kugel auf dem der Einfallsrichtung entgegen gesetzten Radiusvektor erzeugt würde.

Die Umgebungs-Äquivalentdosis $H^*(10)$ entspricht also der Dosis in 10 mm Gewebetiefe im ausgerichteten und aufgeweiteten Strahlenfeld. Sie ist die für hochenergetische Photonen-, Neutronen oder Elektronenstrahlung anzugebende Ortsdosisgröße. Die Umgebungsäquivalentdosis $H^*(10)$ unterscheidet sich durch die spezielle geometrische Anordnung und Kalibriervorschrift von der einfach im freien Raum definierten Mess-Äquivalentdosis H. Der Grund ist zum einen die von Null verschiedene Messtiefe und zum anderen die im ausgedehnten Kugelphantom erzeugte Streustrahlung, die in der Messsonde im Phantom mit registriert wird. Die beiden Dosiswerte können sich je nach Strahlungsqualität bis zu 50% unterscheiden.

Für Strahlung geringer Eindringtiefe wie Beta-, Alphastrahlung oder niederenergetische Röntgenstrahlung soll die Richtungsäquivalentdosis $H'(0{,}07; \vec{\Omega})$ verwendet werden. Zur Dosisabschätzung für die Augenlinsenexposition wird die Messtiefe 3 mm vorgeschlagen. Beide Ortsdosen haben als Mess-Äquivalentdosen wieder die Einheit Sievert und können selbstverständlich auch als Dosisleistungen angegeben werden. Die Definition der Richtungsäquivalentdosis lautet:

Die Richtungs-Äquivalentdosis $H'(d; \vec{\Omega})$ am interessierenden Punkt im tatsächlichen Strahlenfeld ist diejenige Äquivalentdosis, die im zugehörigen aufgeweiteten Strahlenfeld auf einem Radiusvektor der Richtung $\vec{\Omega}$ der ICRU-Kugel in d mm Tiefe erzeugt würde.

11.2.3 Die Personendosisgrößen

Personendosen sind die Mess-Äquivalentdosen in Weichteilgewebe, gemessen an einer für die Strahlenexposition repräsentativen Stelle der Körperoberfläche. Als Personendosis wird deshalb bei durchdringender Strahlung die Tiefenpersonendosis in ICRU-Weichteilgewebe in 10 mm Tiefe im Körper an der Tragestelle des Personendosimeters $H_p(10)$ verwendet. Sie dient zur Abschätzung der Effektiven Dosis und der Organdosen. Bei Strahlung geringer Eindringtiefe ist die offizielle Personendosisgröße die Äquivalentdosis für ICRU-Weichteilgewebe in der Tiefe von 0,07 mm im Körper $H_p(0{,}07)$ an der Tragestelle des Personendosimeters. Diese Größe dient der Abschätzung der Hautdosis auf der Trageseite des Dosimeters. Für die Augenlinsen wird die Augenlinsenpersonendosis $H_p(3)$ verwendet. Alle Personendosen haben wieder die Einheit Sievert. Anders als die Ortsdosisgrößen sind Personendosen im tatsächlichen Strahlenfeld mit anwesender Person definiert und werden am Körper der exponierten Person gemessen. Personendosen sind wegen der individuellen Einflüsse des Körpers auf Absorption und Streuung auch bei gleichem Strahlenfeld von Person zu Person verschieden und variieren zusätzlich mit dem Position des Dosimeters.

Personendosimeter können selbstverständlich nicht an Personen kalibriert werden. Man verwendet stattdessen drei geometrische Phantome, die Teile des menschlichen Körpers annähern sollen (Fig. 12.1). In ihnen wird in der jeweils erforderlichen Messtiefe (10 mm, 0,07 oder 3 mm) kalibriert.

Die Phantome sind aus ICRU-Weichteilgewebe aufgebaut. Das Quaderphantom (300 x 300 x 150 mm^3) dient zur Annäherung des menschlichen Rumpfes und wird zur Kalibrierung von Ganzkörperdosimetern wie die Röntgenfilmplakette oder ihren modernen Nachfolgern verwendet, da es etwa gleiche Absorptions- und Streuverhältnisse wie ein menschlicher Körperstamm aufweist. Zur Simulation eines Unterarms oder Unterschenkels wird ein Säulenphantom (300 mm Länge, 73 mm Durchmesser) benutzt, das zur Kalibrierung von Handgelenk- oder Beindosimetern dient. Das dritte Phantom ist ein Stabphantom (300 mm Länge und 19 mm Durchmesser) und dient bei der Kalibrierung von Fingerringdosimetern als Ersatz für einen menschlichen Finger.

11.2.4 Die Organ-Äquivalentdosen

Die Organ-Äquivalentdosen sind definiert als Produkt aus der **mittleren** Energiedosis D_T der jeweils bestrahlten Körperpartie (Organ, Gewebe) einer idealisierten Person (Referenzperson) und einem pauschalen Strahlungswichtungsfaktor w_R für die vorliegende Strahlungsqualität R.

$$H_T = w_R \cdot D_T \qquad (11.9)$$

Im Falle der stochastischen Strahlenwirkungen ist D_T über das Volumen des exponierten Organs, sonstigen Körperteils T oder im Falle der Haut über deren gesamte Oberfläche zu mitteln. Bei paarigen Organen (z. B. Nieren, Lungen) sind beide Organe bei der Mittelung zu berücksichtigen. Diese Mittelung ist legitim, da die Dosisverteilung innerhalb eines Organs für die stochastischen Wirkungen unerheblich ist, es kommt stattdessen nur auf die Anzahl der getroffenen Zellen an. Bei deterministischen Strahlenwirkungen z. B. an der Haut oder an der Augenlinse spielt die räumliche Konzentration der Exposition dagegen sehr wohl eine Rolle, da sie den Schweregrad der Strahlenwirkungen beeinflusst. Der Index T steht für ein bestimmtes Gewebe (T wie t̲issue: engl. Gewebe). Organ-Äquivalentdosen sind wegen anatomischer Unterschiede für weibliche und männliche Referenzpersonen für einige Gewebe getrennt zu ermitteln und mit einem hochgestellten Index w/m zu versehen (s. Gl. 11.16).

Die dimensionslosen Strahlungsqualitätsfaktoren heißen jetzt **Strahlungswichtungsfaktoren** w_R (R wie r̲adiation). Sie sollen laut ICRP zur Charakterisierung und biologischen Wichtung des vorliegenden Strahlungsfeldes dienen (Tab. 11.4, [ICRP 103]) und die mittleren Qualitätsfaktoren Q (nach Gl. 11.7) dieses Feldes annähern. Begründet wird diese Vereinfachung mit der geringen erreichbaren Genauigkeit biologischer Daten zur Karzinogenese. Werte für die Strahlungswichtungsfaktoren werden in groben Stufen für die Strahlungsart und Strahlungsqualität des primären Strahlungsfeldes festgelegt. Als primäres Strahlungsfeld gilt bei perkutaner Bestrahlung das Feld in Abwesenheit des bestrahlten Körpers, das heißt ein Feld mit derjenigen Strahlungsqualität, die auf die Körperoberfläche auftrifft. Bei einer internen Exposition ist das Strahlungsfeld dasjenige, das die Anfangsenergien der von inkorporierten Nukliden ausgesendeten Strahlungsquanten enthält.

Die Festlegung von Neutronen-Wichtungsfaktoren ist besonders problematisch, da Neutronen beim Eindringen in Wasser oder andere Niedrig-Z-Materialien sehr schnell ihr Energiespektrum ändern und das Strahlungsfeld zudem durch Einfanggammas kontaminiert wird. Sie werden nicht mehr wie früher nach ihrem LET bewertet, sondern in Abhängigkeit von ihrer "freien" Bewegungsenergie vor dem Auftreffen auf das Phantom oder das Gewebe. Beschrieben wird dies durch stetige Funktionen für den Wichtungsfaktor in Abhängigkeit vom Energiebereich der Neutronen.

Strahlungsart	Strahlungswichtungsfaktor w_R
Photonen	1
Elektronen und Myonen*	1
Protonen und geladene Pionen	2
Alphateilchen, Spaltfragmente, Schwerionen	20
Neutronen	stetige Funktionen (Gl. 11.10 bis 11.12, Fig. 11.2), bei unbekannter Neutronenenergie ist als Mittelwert $w_R = 10$ geeignet.

Tab. 11.4: Aktuelle pauschalierte Strahlungswichtungsfaktoren w_R als Funktion der Strahlungsart nach [ICRP 103]. *: gilt nicht für Augerelektronen aus Atomkernzerfall innerhalb der DNS, da dort die sonst durchgeführte Mittelung über ein großes Volumen unsinnig ist (Details dazu in [ICRP 60]).

In Abweichung zur bisherigen Stufenfunktion für Neutronen (ICRP 60, s. Tab. 11.7) hat die ICRP jetzt eine stetige Funktion zur Entnahme von Neutronenwichtungsfaktoren angegeben (Fig. 11.2). In ICRP 103 gibt es dazu Formelvorschläge, die an diese empirisch abgeleitete Wirkungskurve angepasst wurden (Formeln 11.10 bis 11.12). Diese stetige Funktion entspricht den zurzeit verfügbaren wissenschaftlichen Daten und ist besonders geeignet für rechnerische Simulationen. Die Neutronenwichtungsfaktoren beziehen sich ausschließlich auf externe Strahlenexpositionen. Der aktuelle und in der StrlSchV verwendete Formelvorschlag nach [ICRP 103] lautet:

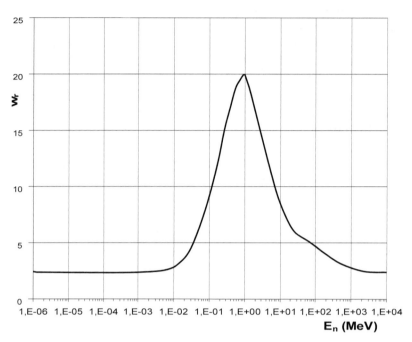

Fig. 11.2: Stetige Abhängigkeit des Strahlungswichtungsfaktors $w_R(E_n)$ für Neutronen von der freien Neutronenenergie vor Auftreffen auf den Absorber (nach [ICRP 103]).

$$w_R(E_n) = 2{,}5 + 18{,}2 \cdot e^{-\frac{(ln(E_n))^2}{6}} \qquad \text{(für } E_n < 1 \text{ MeV)} \qquad (11.10)$$

$$w_R(E_n) = 5{,}0 + 17{,}0 \cdot e^{-\frac{(ln(2 \cdot E_n))^2}{6}} \qquad \text{(für } 1{,}0 \leq E_n \leq 50 \text{ MeV)} \quad (11.11)$$

$$w_R(E_n) = 2{,}5 + 3{,}25 \cdot e^{-\frac{(ln(0{,}04 \cdot E_n))^2}{6}} \qquad \text{(für } E_n > 50 \text{ MeV)} \qquad (11.12)$$

Weitere Änderungen der Strahlungswichtungsfaktoren betreffen die Protonen, geladene Pionen, Spaltfragmente und Schwerionen. Die neu aufgenommenen Pionen und Schwerionen spielen eine Rolle in der Luftfahrt und in der Nähe von hochenergetischen Teilchenbeschleunigern. Protonen mit Energien größer als 2 MeV und Pionen werden jetzt einheitlich mit $w_R = 2$, alle schwereren Teilchen pauschal mit $w_R = 20$ berücksichtigt. Die empfohlenen neuen Strahlungswichtungsfaktoren sind in (Tab. 11.4) zusammengefasst. Rührt die Organ-Äquivalentdosis von mehreren Strahlungsqualitäten her, ist pro "Zielorgan" T über diese Strahlungsqualitäten zu summieren. Sind mehrere Strahlungsarten oder Strahlungsqualitäten beteiligt, wird die Organ-

Äquivalentdosis also als gewichtete Summe dieser mittleren Organ-Energiedosen berechnet.

$$H_T = \textstyle\sum_R w_R \cdot D_{T,R} \qquad (11.13)$$

Eine besondere Organdosis ist die "deterministische" **lokale Hautdosis** H_{Haut} in 0,07 mm Tiefe, die wegen der oben genannten Gründe als über eine Fläche von $1\,\text{cm}^2$ gemittelte, strahlengewichtete Hautdosis berechnet wird. Eine ähnliche Größe ist die ebenfalls "deterministische" **Augenlinsendosis** $H_P(3)$, die in 3 mm Tiefe, der mittleren Linsentiefe hinter der strahlenunempfindlicheren Hornhaut, bestimmt wird.

11.2.5 Die Effektive Dosis

Die **Effektive Dosis** E ist die komplexeste Dosisgröße. Sie ersetzt die frühere "effektive Äquivalentdosis". Die Effektive Dosis ist wie die Organ-Äquivalentdosen nicht unmittelbar messbar sondern muss aus den verschiedenen Organ-Äquivalentdosen berechnet werden. Sie ist eine auf den ganzen Körper oder einzelne Bereiche des Körpers bezogene Größe und soll ein Maß für das mit einer Strahlenexposition verbundene stochastische Risiko sein. Sie ist definiert als Summe der mit den zugehörigen **Gewebe-Wichtungsfaktoren** w_T multiplizierten Organdosen H_T in 14 relevanten Organen und Geweben und einem Rest von 13 weiteren Geweben.

$$E = \textstyle\sum_T w_T \cdot H_T \qquad (11.14)$$

Neben den bisher berücksichtigten stochastischen Strahlenwirkungen (Krebsinduktion, heriditäre Schäden) sind weitere vermutlich stochastische Effekte bekannt geworden wie die strahlenbedingte Katarakt (Augenlinsentrübung) ohne Dosisschwelle und der stochastische IQ-Verlust bei der Exposition von Föten im dritten und vierten Schwangerschaftsmonat. Beide Effekte werden zurzeit nicht bei der Berechnung der Effektiven Dosis berücksichtigt.

ICRP macht wegen neuerer Erkenntnisse zum Detriment (Krebsinduktionsrate, heriditäre Schäden) den in (Tab. 11.5) dargestellten Vorschlag zur Festlegung neuer Gewebewichtungsfaktoren. Die angegebenen Wichtungsfaktoren summieren sich wie bisher zu 100% und sind über alle Altersgruppen und Geschlechter gemittelt. Sie beziehen sich ausdrücklich nicht auf die Eigenschaften einzelner Personen. Risikoorgane mit w_T = 0,12 sind rotes Knochenmark, Colon, Lunge, Magen, Brust und eine Gruppe von weiteren Geweben, die zusammen ebenfalls 12% des Detriments ausmachen. Die Keimdrüsen erhalten einen neuen verkleinerten Wichtungsfaktor von 0,08. Dies bedeutet eine Reduktion des bisher in [ICRP 60] unterstellten heriditären Risikos um den Faktor 2,5. Blase, Ösophagus, Leber und Schilddrüse erhalten einen einheitlichen Wichtungsfaktor von jeweils 0,04, also eine Verringerung des unterstellten Risikos um jeweils 1%. Die Knochenoberfläche, das Gehirn, die Speicheldrüsen und die Haut erhalten Faktoren von jeweils 0,01. Die neue Empfehlung der ICRP sieht ausdrücklich vor, dass die Effektive Dosis für Strahlenschutzzwecke über beide Geschlechter gemittelt werden soll. Dazu werden die Effektiven Dosen für die von den Abmessungen her unterschiedlichen weiblichen und männlichen Referenzmenschen gemittelt. Die Organdosen für die 13 restlichen Gewebe werden aber für Frauen und Männer getrennt ermittelt und zu den anderen Organdosen addiert.

	ICRP 103
Gewebeart, Organ	w_T-Faktor
Keimdrüsen	0,08
Colon	0,12
Lunge	0,12
Magen	0,12
rotes Knochenmark	0,12
Brust	0,12
Summe restl. Gewebe	0,12
Blase	0,04
Oesophagus	0,04
Leber	0,04
Schilddrüse	0,04
Knochenoberfläche	0,01
Gehirn	0,01
Speicheldrüsen	0,01
Haut	0,01

Tab. 11.5: Neuer ICRP Vorschlag für die Gewebe-Wichtungsfaktoren w_T zur Berechnung der Effektiven Dosis (nach [ICRP 103]) Die restlichen Gewebe sind: Nebennieren, obere Atemwege, Gallenblase, Herz, Nieren, Lymphknoten, Muskelgewebe, Mundschleimhaut, Bauchspeicheldrüse, Prostata (beim Mann), Gebärmutter/Gebärmutterhals (bei der Frau), Dünndarm, Milz, Thymus.

$$E = \sum_T w_T \cdot \left[\frac{H_{rest}^w + H_{rest}^m}{2} \right] \qquad (11.15)$$

Die bisherige komplizierte Splittingregel (s. Kap. 11.3.4) für die Verteilung des Risikos der restlichen Gewebe wird nicht mehr angewendet. Stattdessen muss von den in der Tabellenunterschrift (Tab. 11.5) aufgeführten restlichen Geweben die durchschnittlichen Organdosis aller geschlechtsspezifischen 13 Organe und Gewebe gebildet und mit dem gesamten Wichtungsfaktor für die restlichen Gewebe $w_T = 0,12$ gewichtet werden.

$$H_{rest}^w = \frac{1}{13} \cdot \sum_{T=1}^{13} H_T^w \qquad\qquad H_{rest}^m = \frac{1}{13} \cdot \sum_{T=1}^{13} H_T^m \qquad (11.16)$$

Diese Rest-Organdosen für weibliche (Index w) und männliche Personen (Index m) sind in der geschlechtsgemittelten Formeln (Gl. 11.16) als Summanden enthalten. Die Mittelung über beide Geschlechter bedeutet, dass die Effektiven Dosen nur für Strahlenschutzzwecke (Referenzpersonen) nicht aber zur Risikobeurteilung einzelner Individuen benutzt werden dürfen. Die in [ICRP 103] angesprochenen Änderungen sind im 2017 erlassenen vereinheitlichten deutschen Strahlenschutzgesetz eingearbeitet.

Bei gemischten Strahlungsfeldern können die Organ-Äquivalentdosen von verschiedenen Strahlungsqualitäten herrühren. In diesem Fall sind die Beiträge der jeweiligen Strahlungsqualitäten zu summieren. Man erhält daher die folgende Doppelsumme.

$$E = \sum_T w_T \cdot H_T = \sum_T w_T \cdot \left(\sum_R w_R \cdot D_{T,R} \right) \tag{11.17}$$

Bedeutung der Wichtungsfaktoren: *Um die radiologische Bedeutung der Wichtungsfaktoren verständlich zu machen, soll ein kleines Gedankenexperiment durchgeführt werden. Bestrahlt man ausreichend viele Individuen einer Population homogen mit einer bestimmten Ganzkörperäquivalentdosis, treten in den verschiedenen Organen bzw. Organsystemen dieser Personen mit organspezifischen Häufigkeiten P_T Krebserkrankungen auf, die von den jeweiligen Strahlensensibilitäten der Organe abhängen. Die Gesamthäufigkeit für alle Krebserkrankungen nach dieser Strahlenexposition soll P_{tot} betragen. Sie setzt sich additiv aus den Einzelhäufigkeiten P_T für die Krebserkrankungen in den verschiedenen Organen zusammen.

$$P_{tot} = \sum_T P_T \tag{11.18}$$

Die relative Wahrscheinlichkeit w_T, an Krebs in einem bestimmten Organ "T" zu erkranken, ist dann der Quotient der entsprechenden absoluten Einzelhäufigkeit P_T und der Gesamthäufigkeit P_{tot}.

$$w_T = \frac{P_T}{P_{tot}} \tag{11.19}$$

Die Summe der relativen Einzelwahrscheinlichkeiten für Krebserkrankungen aller betrachteten Organe ist unabhängig von der absoluten Höhe des Krebsrisikos P_{tot} immer genau 100% bzw. 1, wie leicht aus der folgenden Gleichung einzusehen ist.

$$\sum_T w_T = \sum_T \frac{P_T}{P_{tot}} = \frac{1}{P_{tot}} \cdot \sum_T P_T = \frac{1}{P_{tot}} \cdot P_{tot} = 1 = 100\% \tag{11.20}$$

Da die relativen Wahrscheinlichkeiten gerade die in den Gln. (11.18 und 11.20) verwendeten Wichtungsfaktoren sind, ergibt die Summe aller Wichtungsfaktoren ebenfalls 1 (bzw. 100%). Sofern sich die relativen Krebshäufigkeiten einzelner Organe nicht unterschiedlich mit der Dosis oder der Dosisleistung verändern, müssen weder der Absolutwert der Krebshäufigkeiten noch die dazu benötigten Dosen oder die absoluten Strahlenempfindlichkeiten für diese Überlegung bestimmt oder festgelegt werden. Es spielt also hier keine Rolle, ob die strahleninduzierte Krebsrate 1%/Sv oder 6%/Sv beträgt. Der letztere Wert ist übrigens die von ICRP unterstellte mittlere Morbiditätsrate bei niedrigen Dosisleistungen (s. Kap. 17.4). Durch diese Definition und Normierung der Wichtungsfaktorsumme ist gewährleistet, dass geringfügige Verschiebungen der Morbiditätsraten einzelner Organe oder Gewebe durch eine Neubewertung der organspezifischen Risiken sich nur wenig auf die Effektive Dosis und damit auf das relative Gesamtrisiko auswirken, da bei der Änderung einzelner Faktoren die sonstigen Faktoren neu normiert werden. Obwohl, wie oben schon angedeutet, das absolute Risiko nicht in die Definition der Wichtungsfaktoren eingeht, hat die absolute Höhe des Strahlenrisikos selbstverständlich Auswirkungen auf die Bewertung des Strahlenrisikos nach einer Strahlenexposition und die daraus abgeleiteten gesetzlichen Grenzwerte.

Die Effektive Dosis ermöglicht wegen der Risikobewertung einzelner Organe eine einheitliche Beurteilung des Gesamtrisikos nach einer Strahlenexposition. Dabei kann die Exposition an einzelnen oder mehreren Körperpartien oder gleichförmig am Ganzkörper vorgenommen sein. Das von der Effektiven Dosis beschriebene Risiko ist bei einer Teilkörperexposition wegen der Wichtung und der Summenbildung bei gleicher Effektiver Dosis ebenso groß wie das Risiko bei einer homogenen Bestrahlung des gesamten Individuums. Die Strahlenrisiken, die durch die Effektive Dosis abgeschätzt werden, sind das **Krebs-Morbiditäts-Risiko**, also das Krebserkrankungsrisiko für einen strahlungsinduzierten Tumor im Gewebe oder im blutbildenden System, und das **heriditäre Risiko** für die Erzeugung von dominanten Erbschäden in der Keimbahn durch Bestrahlung der Gonaden.

Beispiel 11.2: Effektive Dosis nach gleichförmiger Ganzkörperbestrahlung. *Eine homogene Bestrahlung mit 1,2 mGy z. B. durch Inkorporation eines gleichmäßig im Körper verteilten Radionuklids wie ^{137}Cs erzeugt wegen $w_R = 1$ identische Organdosen von 1,2 mSv in allen "erlaubten" Organen. Die Effektive Dosis erhält man in diesem Sonderfall durch einfache Addition der Gewichte der getroffenen Organe und Multiplikation mit der Organdosis.*

$$E = (0{,}08 + 6 \cdot 0{,}12 + 4 \cdot 0{,}04 + 4 \cdot 0{,}01) \cdot 1{,}2 \ mSv = 1{,}2 \ mSv$$

also genau 1,2 mSv, da die Summe der Wichtungsfaktoren gerade auf 100% festgelegt wurde.

Beispiel 11.3: Berechnung der Effektiven Dosis nach einer ^{131}I-Kontamination. *Durch Inkorporation von Jod-131 sei es zu einer Schilddrüsenorgandosis von 100 mSv gekommen. Wenn sonst keine weiteren Organe oder Körperteile mitbestrahlt wurden, ergibt dies wegen des Organ-Wichtungsfaktors $w_{SD} = 0{,}04$ eine Effektive Dosis von 4 mSv. Das Risiko, an einem durch 100 mSv Organdosis strahleninduziertem Schilddrüsenkarzinom zu erkranken, ist daher ebenso groß wie das gesamte Krebsmorbiditätsrisiko nach einer Ganzkörperexposition mit 4 mSv. Übrigens werden bei einer Jodkontamination selbstverständlich weitere Körperteile sowohl durch Betastrahlung als auch durch die harte Gammastrahlung exponiert (z. B. Speicheldrüsen, Gonaden, Magen, rotes Knochenmark), so dass das Beispiel die realistische Effektive Dosis etwas unterschätzt.*

Zusammenfassung

- **Alle Dosisgrößen sind massenspezifisch, also auf die Masse des bestrahlten Absorbers bezogen.**

- **Dosisgrößen werden in die physikalischen Dosisgrößen und die Äquivalentdosen im Strahlenschutz unterteilt.**

- **Physikalische Dosisgrößen sind die Ionendosis (Einheit C/kg), die nur für das Medium Luft definiert ist, und die Energiedosis und die Kerma (Einheit J/kg bzw. Gy) für beliebige Materialien und Umgebungsmedien.**

- **Die Strahlenschutzdosisgrößen werden in die operativen Messgrößen und die nur berechenbaren Schutzgrößen eingeteilt.**

- **Sie haben ebenfalls die Einheit (J/kg), die aber zur Unterscheidung von den physikalischen Dosisgrößen jetzt Sievert (Sv) genannt wird.**

- **Die operativen Messdosisgrößen basieren auf der Mess-Äquivalentdosis, die neben der Weichteilenergiedosis über Qualitätsfaktoren Q die Strahlungsart und deren LET berücksichtigt.**

- **Die wichtigsten operativen Dosisgrößen im Strahlenschutz sind die Personendosis sowie ein Reihe von Teilkörperdosen.**

- **Die berechenbaren Schutzgrößen sind die Organ-Äquivalentdosen und die Effektive Dosis, die beide nicht messbar sind.**

- **Körperdosisgrößen dienen zur Abschätzung des stochastischen Strahlenrisikos exponierter Personen.**

- **Organ-Äquivalentdosen sind mittlere Energiedosen in einem Risikoorgan oder Gewebe, die mit pauschalierten Faktoren für die Strahlungsqualität (Ionisierungsdichte, LET), den Strahlungswichtungsfaktoren w_R, gewichtet werden.**

- **Die Effektive Dosis ist die Summe der mit Faktoren für das stochastische Risiko, den Organ-Wichtungsfaktoren w_T, gewichteten Organ-Äquivalentdosen einer exponierten Referenz-Person.**

- **Die Effektive Dosis gibt das relative stochastische Risiko für die Krebsinduktion und für die Erzeugung dominanter Erbschäden in der Keimbahn, den sogenannten heriditären Schäden, für eine durchschnittliche Population an.**

11.2.6 Probleme mit den aktuellen Strahlenschutzdosisgrößen*

Bei den zurzeit international festgelegten und angewendeten Strahlenschutzdosisgrößen gibt es eine Reihe von Kritikpunkten und Diskussionen, die im Folgenden kurz angedeutet werden sollen. Organe bestehen meistens aus unterschiedlichen funktionellen Gewebearten (functional subunits of tissues, FSU) mit verschiedenen Strahlenempfindlichkeiten. Typische Beispiele sind die Nephronen in den Nieren, die innen auskleidenden Epithelien von Hohlorganen (z. B. Darm, Speiseröhre), die verschiedenen funktionellen Gewebe in der Mamma oder die Alveolen in den Lungen. Die bisher vorgeschriebene Mittelung der Energiedosen zur Berechnung der Organdosen über die gesamten Volumina solcher Risikoorgane reduziert durch die Mittelung die wirksame Dosis in den eigentlichen Risikogeweben insbesondere bei stark inhomogener Dosisverteilung im Gesamtorgan (Beispiele Mammografie und hot spots bei Nuklidinkorporationen). So wurde von ICRP beispielsweise angeregt [ICRP 60], die verschiedenen Lungengewebe wegen ihrer unterschiedlichen stochastischen Empfindlichkeiten getrennt nach tracheo-bronchialen Geweben und pulmonärem Gewebe zu beurteilen[3].

Weitere Diskussionen betreffen die Strahlungswichtungsfaktoren für die unterschiedlichen Strahlungsarten und Strahlungsqualitäten. Die Qualitätsfaktoren Q zur Berechnung der Messäquivalentdosis und die Strahlungswichtungsfaktoren w_R zur Bestimmung der Organäquivalentdosen haben teilweise fragwürdige LET-Bewertungen. Dies betrifft vor allem die niederenergetischen Neutronen, die Protonen und die Einordnung der Augerelektronen, die in aller Regel sehr geringe Bewegungsenergien aufweisen (Energien unter 500 eV). Die Reichweiten der Augerelektronen in Weichteilgewebe betragen daher nur einige nm bis μm. Da das Stoßbremsvermögen von solch niederenergetischen Elektronen deutlich über dem höher energetischer Elektronen liegt, führt der pauschale Wichtungsfaktor von $w_R = 1$ zu einer Unterschätzung der mikroskopischen biologischen Wirkung. Diese wird noch dadurch verstärkt, dass bei Niedrig-Z-Materialien wie menschlichem Gewebe der Augereffekt der dominierende Abregungsprozess in der Elektronenhülle ist und bei einer Ionisation in den inneren Schalen lokale Ladungscluster um den Emissionsort entstehen können.

Besonders dramatisch ist dieser Effekt beim Einbau von Atomen mit höherer Ordnungszahl wie beispielsweise Jodatomen in die DNS. Augereffekt an diesen Atomen kann zu regelrechten "Coulombexplosionen" der DNS-Moleküle führen. Für Augerelektronen existiert bisher noch keine wissenschaftlich befriedigende Lösung ihrer Bewertung im Strahlenschutz. Hinweise auf die sehr hohe biologische Wirksamkeit dieser Augerelektronen finden sich u. a. in ([BMU-2005-659], [BMU-2008-712]). Augeremitter innerhalb der DNS könnten deshalb Strahlungswichtungsfaktoren w_R von 20 oder größer erhalten, Augeremitter außerhalb der DNS Faktoren zwischen 1,5 und 8 [ICRP 92]. Die erhöhte biologische Wirksamkeit von Augerelektronen oder

---

[3] Tracheo-bronchiale Gewebe sollten nach diesem Vorschlag w_T-Faktoren zwischen 0,08 - 0,09, pulmonäre Gewebe 0,04 - 0,03 erhalten.

Tritiumatomen, die in die DNS eingebaut sind, wird wegen der nur lokalen mikroskopischen Wirkung auf die DNS in einzelnen Zellen aber der fehlenden Bedeutung für die Organdosen oder die Effektive Dosis in der neuen ICRP Empfehlung dennoch unverändert mit $w_R = 1$ berücksichtigt. Organdosen sind für diese Expositionsbedingungen nicht die korrekte Beschreibung des durch Augerelektronen lokal verursachten Strahlenrisikos.

Das strahleninduzierte Krebsrisiko ist zudem altersabhängig, sein Wert verändert sich also mit dem Alter der betroffenen Person zum Zeitpunkt der Exposition (s. Fig. 15.6). Dennoch gibt es bisher keinen pauschalierten Faktor zur Berücksichtigung der Altersabhängigkeit des stochastischen Risikos. Die Risikokoeffizienten für die Krebsinduktion sind in der Jugend bis zum Faktor 3,5 zu niedrig, im Alter um etwa den Faktor vier zu hoch. Allerdings haben die nationalen Strahlenschutzgesetzgebungen durch die Einführung altersbedingter Grenzwerte dieser Altersabhängigkeit teilweise Rechnung getragen (s. dazu die Strahlenschutzgrenzwerte in Kap. 19, Tab. 19.6).

11.3 Änderungen der Dosisgrößen im Strahlenschutz*

Mit der Einführung der neuen Dosisgrößen im Strahlenschutz 2018 nach den Vorschlägen der ICRP [ICRP 103] wurden die alten Dosisbegriffe außer Kraft gesetzt. Änderungen der Strahlenschutzphilosophie betreffen die Definitionen und Kalibrierverfahren der Dosismessgrößen (Orts- und Personendosis) und die Berechnungsmethoden für die alten Dosisgrößen Äquivalentdosis und effektive Äquivalentdosis. Zum Vergleich werden die alten Größen und ihre Definition hier nochmals kurz zusammengefasst. In der Bundesrepublik wurden seit 1986 zwei wesentliche Änderungen der Strahlenschutz-Dosisgrößen vorgenommen. Diese umfassen zum einen die Bezeichnung der Dosisgrößen und zum anderen die Berechnungsmethoden der Äquivalentdosen mit Hilfe von Wichtungsfaktoren. Da in der Literatur und in Patientenunterlagen nach wie vor die veralteten Einheiten verwendet werden, soll in diesem Kapitel ein kurzer Überblick über die historischen Dosisgrößen gegeben werden.

11.3.1 Die ehemaligen Dosismessgrößen im Strahlenschutz*

In der Strahlenschutzgesetzgebung der Bundesrepublik Deutschland vor 2001 wurden je nach Art des Strahlungsfeldes unterschiedliche Dosismessgrößen verwendet. Für **Photonenstrahlung** war die offizielle Messgröße für Orts- und Personendosis die Photonen-Äquivalentdosis (s. z. B. [Reich 1990], [DIN 6814/3] von 1985). Für Photonenenergien bis 3 MeV wurde diese Größe aus der Standardionendosis J_s abgeleitet (zur Definition von J_s vgl. [Krieger3]). Die Photonen-Äquivalentdosis wurde mit Hilfe eines Umrechnungsfaktors C_1 berechnet.

$$H_X = C_1 \cdot J_s \qquad \text{mit } C_1 = 38{,}76 \ (\text{Sv·kg/C}) = 0{,}01 \ \text{Sv/R} \qquad (11.21)$$

Bei Photonenstrahlung mit Energien oberhalb von 3 MeV erhielt man die Photonen-Äquivalentdosis aus dem Messwert eines Dosimeters mit "Verstärkungskappe", das zur Messung der Standardionendosis frei in Luft für ^{60}Co-Strahlung kalibriert wurde, durch Multiplikation mit dem C_1-Faktor der Gl. (11.21). Diese Umrechnung erleichterte insbesondere die Weiterverwendung von Strahlenschutzdosimetern mit der alten "Röntgen-Kalibrierung". Die pauschale Umrechnung Sv ↔ R konnte unter Umständen Probleme bereiten, falls Strahlenschutzdosimeter für andere Zwecke als den bestimmungsgemäßen Gebrauch eingesetzt wurden, z. B. wenn aus der Dosisleistung in einem bestimmten Abstand über die Dosisleistungskonstante auf die Aktivität eines radioaktiven Präparates geschlossen werden sollte.

In solchen Fällen empfahl sich die Bestimmung eines "hauseigenen" Kalibrierfaktors. Dieser konnte entweder anhand der Dosisleistungskonstanten für das jeweilige Präparat berechnet oder durch Anschlussmessungen mit Präparaten definierter Aktivität, wie sie von der Physikalisch-Technischen Bundesanstalt mehrmals im Jahr verschickt wurden, experimentell bestimmt werden.

Für **Betastrahlung** wurde ein anderes Dosiskonzept verwendet. Als Orts- oder Personendosis war der Messwert eines Dosimeters anzugeben, das zur Messung der Energiedosis in einem halbunendlichen weichteiläquivalenten Phantom mit der Dichte 1g/cm^3 in 0,07 mm Tiefe kalibriert ist. Dieser Messwert war mit dem Faktor 1Sv/Gy umzurechnen.

Für **Neutronenstrahlung** wurden für Ortsdosis und Personendosis verschiedene Vorgehensweisen vorgeschrieben. Die Ortsdosis war aus dem Messwert eines richtungs- und energieunabhängigen Neutronendosimeters zu berechnen, das mit geeigneten Faktoren zur Umrechnung der Neutronenfluenz in der Größe Äquivalentdosis kalibriert worden war. Zur Berechnung der Personendosis sollte ein Dosimeter verwendet werden, das an der Oberfläche eines zylinderförmigen Phantoms von 30 cm Durchmesser und 60 cm Länge mit Hilfe von Neutronenfluenz-Äquivalenz-Konversionsfaktoren kalibriert war.

11.3.2 Die ehemalige Größe Äquivalentdosis*

Unter Äquivalentdosis verstand man vor 2001 die durch Bestrahlung von Weichteilgewebe erzeugte Energiedosis D_{weich} multipliziert mit einem dimensionslosen Bewertungsfaktor q. Weichteilgewebe steht näherungsweise für die strahlensensiblen menschlichen Gewebe wie Muskelsubstanz, Fettgewebe, Keimdrüsen und Knochenmark. Für dosimetrische Zwecke im Strahlenschutz wird Weichteilgewebe wie üblich durch homogene Substanzen mit definierten Massenanteilen dargestellt (z. B. ICRU-Weichteilgewebe aus 10,1% H, 11,1% C, 2,6% N, 76,2% O). Für die Äquivalentdosis H galt somit:

$$H = q \cdot D_{\text{weich}} \quad = N \cdot Q \cdot D_{\text{weich}} \tag{11.22}$$

Der Bewertungsfaktor q enthielt Informationen über die Strahlungsqualität und die Bestrahlungsbedingungen. Der dimensionslose Qualitätsfaktor Q enthielt nur die Informationen über die Strahlungsqualität. Er machte im Wesentlichen Aussagen über die biologische Wirksamkeit der betrachteten Strahlungsart und -qualität und wurde durch Vereinbarung so festgesetzt, dass gleiche Äquivalentdosen unter Strahlenschutzgesichtspunkten gleich bewertet werden konnten.

Der Faktor N wurde als **modifizierender Faktor** bezeichnet, der die besonderen Bestrahlungsbedingungen in konkreten Strahlenschutzsituationen wie eine nicht gleichmäßige räumliche Verteilung der Energiedosis oder unterschiedliche Energiedosisleistungen berücksichtigen sollte. Da bisher in der praktischen Arbeit noch niemals ein anderer Wert als $N = 1$ zugeordnet worden war, wurde schließlich empfohlen, auf den modifizierenden Faktor N völlig zu verzichten [ICRP 60]. Die Empfehlungen der ICRP 60 zu den neuen Strahlungswichtungsfaktoren w_R ersetzten also diese alten Bewertungsfaktoren q der damaligen Strahlenschutz- und Röntgenverordnung.

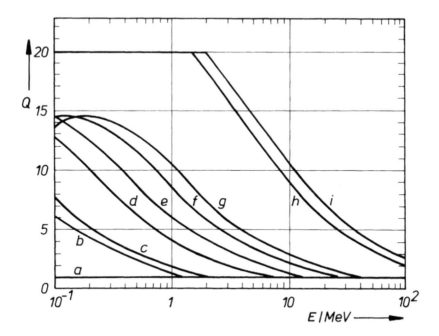

Fig. 11.3: Früher gültige Abhängigkeit des Qualitätsfaktors Q geladener Teilchen von ihrer kinetischen Energie E zur Berechnung der Äquivalentdosis H nach Gl. (11.22). (Nach Anlage XIV der Strahlenschutzverordnung von 1989 [StrlSchV-alt]). (a): Elektronen, Röntgen-, Gammastrahlung, (b): Myonen, (c): π-Mesonen, (d): K-Mesonen, (e): Protonen, (f): Deuteronen, (g): Tritonen, (h): ^{3}He-Ionen, (i): Alphas.

Strahlungsart	L_∞ (keV/µm) in H_2O	Bewertungsfaktor q
e⁻, β⁻, Photonen	< 3,5	1
α, p, d, n (je nach Energie)	3,5-7,0	1-2
	7-23	2-5
	23-53	5-10
	53-175 und mehr	10-20

Tab. 11.6: LET (L_∞) in Wasser und Bewertungsfaktoren q in Anlehnung an ([StrSchV-alt], Anhang VII).

Strahlungsart	Strahlungswichtungsfaktoren w_R (ICRP60)	
Photonen	pauschal	1
Elektronen (incl. β⁺)*, Myonen	alle e⁻, e⁺, µ	1
Neutronen	E < 10 keV	5
	10 - 100 keV	10
	0,1 - 2 MeV	20
	2 - 20 MeV	10
	E > 20 MeV	5
Protonen**	E > 2 MeV	5
α, Schwerionen, Spaltfragmente		20

Tab. 11.7: Von ICRP 1991 vorgeschlagene und in die deutsche Strahlenschutzgesetzgebung bis 2018 übernommene pauschalierte Strahlungswichtungsfaktoren w_R als Funktion der Strahlungsqualität und Strahlungsart zur Berechnung der Organdosen. *: gilt nicht für Augerelektronen aus Atomkernzerfall innerhalb der DNS, da dort die sonst durchgeführte Mittelung über ein großes Volumen unsinnig ist (Details dazu in [ICRP 60]). **: Für Protonen, die keine Rückstoßprotonen sind.

11.3.3 Die ehemalige Größe effektive Äquivalentdosis*

Sie war wie die heutige Effektive Dosis nicht unmittelbar messbar, sondern musste aus den verschiedenen Teilkörperäquivalentdosen berechnet werden. Unter der effektiven Äquivalentdosis H_{eff} verstand man die Summe der mit den zugehörigen **Wichtungsfaktoren** w_i multiplizierten mittleren Äquivalentdosen H_i der für den Strahlenschutz relevanten Organe oder Gewebe (Index i) für die Strahlungsqualitäten k.

$$H_{eff} = \sum_i w_i \cdot H_i = \sum_i w_i \cdot \left(\sum_k q_k \cdot D_{weich,k} \right) \qquad (11.23)$$

Die in der Summenbildung über die verschiedenen Teilkörperdosen H_i verwendeten Größen w_i waren strahlenbiologische Wichtungsfaktoren. Sie wurden durch Vereinbarung festgelegt [ICRP 26] und waren in der alten Strahlenschutz- und Röntgenverordnung tabelliert. Sie trugen den unterschiedlichen Strahlenrisiken der verschiedenen Gewebearten Rechnung und sind die Vorläufer der moderneren Gewebe-Wichtungsfaktoren w_T in Tab. (11.5).

Zu den "anderen Geweben und Organen" dieser Tabelle zählten nach der RöV Blase, oberer Dickdarm, unterer Dickdarm, Dünndarm, Gehirn, Leber, Magen, Milz, Nebenniere, Niere, Bauchspeicheldrüse, Thymus, Gebärmutter. Zur Berechnung der Effektiven Äquivalentdosis durften von diesen anderen Organen nur die 5 am stärksten strahlenexponierten Organe verwendet werden. Der Wichtungsfaktor für die Strahlenexposition der Gonaden (25%) war eine willkürliche Festlegung für das vermutete vererbbare genetische Risiko. Die Wichtungsfaktoren für die sonstigen Gewebe und Organe wurden aus plausiblen **Mortalitäts**wahrscheinlichkeiten nach entsprechenden Krebserkrankungen abgeleitet. Sie sind in Tab. (11.8) zusammen mit den neueren Gewebewichtungsfaktoren aus ICRP 60 für die Krebsmorbidität tabelliert.

Im praktischen Strahlenschutz dürfen die in der Strahlenschutzüberwachung ermittelten Personendosen, effektive Äquivalentdosis und Effektive Dosis ohne Korrektur addiert werden, um die Lebenszeitdosis zu ermitteln, da die damit verbundenen Fehler angesichts der großen Unsicherheiten der biologischen Bewertungen ohne große Bedeutung sind.

11.3.4 Die Entwicklung der Gewebe-Wichtungsfaktoren*

Organ- bzw. Gewebe-Wichtungsfaktoren wurden seit 1989 zweimal wesentlich modifiziert. Die alten Faktoren entstammten einer Abschätzung der heriditären Schadenswahrscheinlichkeiten und der Mortalität nach einer Krebserkrankung. Seit ICRP 60 werden stattdessen Wahrscheinlichkeiten für die **Krebsmorbidität**, also die Erkrankungsraten verwendet. Außerdem wurden die Gewebe-Wichtungsfaktoren modifiziert, die neueren Untersuchungen der ICRP entsprechen. Zu den "anderen Geweben und Organen" der Tabelle (11.8) zählen nach ICRP 60 Nebennieren, Gehirn, Dünndarm, Nieren, Muskeln, Bauchspeicheldrüse, Milz, Thymus und Gebärmutter. Zur Berechnung der Effektiven Dosis dürfen von diesen anderen Organen nur die 5 am stärksten strahlenexponierten Organe verwendet werden, eine im konkreten Einzelfall nicht ganz einfach zu lösende Aufgabe. Sollte eines der 5 weiteren Organe so strahlenexponiert werden, dass es alle anderen "regulären" 12 Organe in der Organ-Äquivalentdosis übertrifft, soll diesem Organ die Hälfte der 5%, also der Wichtungsfaktor 0,025, den anderen 4 Organen zusammen 0,025 zugeordnet werden. Diese Verteilung der verbleibenden 5% auf die weiteren Gewebe wird als "Splitting-Regel" bezeichnet.

ICRP 60*		RöV + StrlSchV (alt)	
Gewebeart, Organ	w_T-Faktor	Gewebeart, Organ	w_i-Faktor
Keimdrüsen	0,20	Keimdrüsen	0,25
Brust	0,05	Brust	0,15
rotes Knochenmark	0,12	rotes Knochenmark	0,12
Lunge	0,12	Lunge	0,12
Schilddrüse	0,05	Schilddrüse	0,03
Knochenoberfläche	0,01	Knochenoberfläche	0,03
Colon	0,12		
Magen	0,12		
Blase	0,05		
Leber	0,05		
Oesophagus	0,05		
Haut	0,01		
Rest	total: 0,05	Rest (max. 5)	je 0,06

Tab. 11.8: Gewebe-Wichtungsfaktoren w_T zur Berechnung der Effektiven Dosis nach den Empfehlungen der [ICRP 60] zusammen mit den veralteten deutschen Wichtungsfaktoren w_i für die effektive Äquivalentdosis nach dem bisherigen Strahlenschutzrecht ([RöV-alt], [StrlSchV-alt]). *: Ab 2001 bis 2017 im deutschen Strahlenschutzrecht verwendet. Die ICRP-60-Faktoren enthalten das so genannte Detriment, das also Beeinträchtigungen der Gesundheit und nicht mehr ausschließlich die Krebsmortalität beschreibt.

Die Gewebe-Wichtungsfaktoren entstammten einer Neubewertung sowohl der organspezifischen Krebsraten als auch des absoluten Risikos durch ICRP [ICRP 60]. Die alten deutschen Wichtungsfaktoren [ICRP 26] sind zum Vergleich in Tab. (11.8) mit aufgeführt. Die absoluten Risikokoeffizienten sind in Kap. (15.4) dargestellt. Im ICRP-Vorschlag von 1990 [ICRP 60] finden sich nur noch vier Klassen von 12 Risikoorganen mit den Wichtungsfaktoren 0,20 - 0,12 - 0,05 und 0,01, aber deutlich mehr Organe als bei den alten Faktoren. Der Wichtungsfaktor für das heriditäre Risiko wurde von 25% auf 20% reduziert, ist aber nach wie vor eine willkürliche Festlegung für das aus Tiermodellen abgeschätzte Risiko für vererbbare menschliche Erbgutschäden und die dadurch bewirkte Beeinträchtigung der exponierten Person bzw. ihrer Nachkommen. Die Faktoren für die sonstigen Gewebe und Organe wurden aus der Morbiditätswahrscheinlichkeit für entsprechende Krebserkrankungen abgeleitet, sind also nicht mehr wie früher [ICRP 26] ein unmittelbares Maß für die Krebsmortalität. Die w_T-Faktoren wurden mittlerweile überarbeitet und teilweise variiert ([ICRP 103]).

Die pauschalierten Wichtungsfaktoren aus [IRCP 60] entstammen im Wesentlichen einer Analyse der stochastischen Strahlenrisiken der japanischen der Atombombenopfer. Dieses Kollektiv weist einige biologische und strahlenbiologische Besonderheiten auf, die sich von den Populationen in den westlichen Industrienationen unterscheiden. Das strahleninduzierte Brustkrebsrisiko für die japanische Bevölkerung beträgt beispielsweise nur etwa 1/3 des Risikos der westlichen Bevölkerungen, das strahleninduzierte Magenkrebsrisiko der Japaner ist dagegen etwa um den Faktor 3 höher. In (Tab. 17.5), in der die Risiken für strahleninduzierte Krebserkrankungen nach (ICRP 60) zusammengestellt sind, wäre also der Risikokoeffizient für Brustkrebs von 0,2%/Sv auf etwa 0,6%/Sv zu erhöhen, das Magenkrebsrisiko dagegen von 1,1%/Sv auf etwa 0,4%/Sv zu verringern.

Aufgaben

1. Nimmt der Schweregrad einer strahleninduzierten Krebserkrankung mit der Höhe der Strahlenexposition zu?

2. Beim Umgang mit einem radioaktiven Präparat hat ein Arbeiter 1 min lang seine rechte Hand bestrahlt. Sein Kollege hantiert dasselbe Präparat unter gleichen Bedingungen, exponiert dabei aber beide Hände je eine Minute. Hat er die gleiche oder die doppelte Energiedosis erhalten? Wie sind die Verhältnisse für die Effektive Dosis?

3. Wie groß ist die in einem Absorber entstehende Kerma, wenn bei der Wechselwirkung eines hochenergetischen Photonenstrahlenbündels ausschließlich Kernphoto-Wechselwirkungen mit (γ,n)-Prozessen stattfinden? Wie sind die Verhältnisse bei ausschließlich klassischer Streuung bei der Wechselwirkung eines niederenergetischen Photonenstrahlenbündels mit einem menschlichen Gewebe?

4. Was ist der Unterschied zwischen w_R und w_T?

5. Gelten die Grenzwerte der StrlSchV für deterministische Strahlenwirkungen?

6. Berechnen Sie die Effektive Dosis bei folgender Strahlenexposition eines Kernkraftarbeiters: Gleichförmige Bestrahlung des gesamten Körpers mit 1 mGy Energiedosis mit harter Photonenstrahlung, 5 mGy Energiedosis am gesamten Lungenepithel mit Alphastrahlung des Radons, 2 mGy Energiedosis in einer Niere und im gesamten Knochenmark (Mittelwert) durch Neutronen mit unbekannter Energie.

7. Berücksichtigen die Wichtungsfaktoren w_T das Alter der exponierten Person?

8. Erklären Sie die Unterschiede zwischen der "alten" effektiven Äquivalentdosis und der "neuen" Effektiven Dosis.

9. Welche Dosisgrößen haben die Einheit J/kg?

10. Wie lautet die Einheit der Strahlenschutzdosisgrößen?

11. Gelten für weibliche und männliche Personen die gleichen Wichtungsfaktoren zu Berechnung der Effektiven Dosen?

12. Was bedeuten die Symbole $H_p(10)$, $H_p(0,07)$ und $H_p(3)$?

Aufgabenlösungen

1. Nein, Krebsinduktion zählt zu den stochastischen Strahlenschäden. Bei stochastischen Schäden hängen nur die Wahrscheinlichkeiten eines strahleninduzierten Ereignisses nicht aber dessen Malignität (Schweregrad) von der Dosis ab.

2. Dosisgrößen sind massenspezifische Größen, also immer bezogen auf die Masse des bestrahlten Volumens. Beide Arbeiter haben deshalb die gleiche Energiedosis erhalten. Tatsächlich ist das Krebsinduktionsrisiko beim zweiten Arbeiter doppelt so hoch, da er das zweifache Volumen strahlenexponiert hat. Er hat deshalb auch die doppelte Wahrscheinlichkeit für einen nicht reparierten Strahlenschaden und eine eventuelle maligne Entartung. In der Röntgendiagnostik wird daher zur Minimierung des Strahlenrisikos grundsätzlich die Einblendung auf das medizinisch unbedingt erforderliche Volumen vorgeschrieben. Die ausschließliche Angabe der Energiedosis ist also nicht ausreichend, stochastische Risiken zu beschreiben.

3. In beiden Fällen werden keine geladenen Sekundärteilchen erzeugt. Da die Kerma die auf geladene Sekundärteilchen der ersten Generation übertragene Bewegungsenergie pro Masse ist, ist in beiden Fällen die Kerma Null. Der Fall ist nicht sehr realistisch, da bei der Wechselwirkung von Photonenstrahlung immer auch WW-Prozesse mit erzeugten Sekundärelektronen stattfinden.

4. Der Index R bedeutet Beschreibung der biologischen Wirkung der Strahlung über den LET, der Index T beschreibt die gewebe- bzw. organabhängige Strahlenwirkung.

5. Nein, die Grenzwerte sind für stochastische Expositionen vorgesehen, da die vorgeschriebenen Grenzdosen unterhalb der Schwellendosen für deterministische Wirkungen liegen.

6. Zur Berechnung der Effektiven Dosis sind zunächst die Organdosen mit Hilfe der Strahlungswichtungsfaktoren w_R zu berechnen. Man erhält 1 mGy Photonendosis = 1 mSv Ganzkörperdosis = 1 mSv Effektiver Dosis. Die 5 mGy Alphas in der gesamten Lunge ergeben 100 mSv Lungendosis bzw. einen Effektiven Dosisbeitrag von 12 mSv. Die 2 mGy Nierendosis ergeben mit dem mittleren Wichtungsfaktor $w_R = 10$ für Neutronen und der ausschließlichen Bestrahlung nur einer Niere die Nierenorgandosis von 20 mSv/2 = 10 mSv und einen effektiven Beitrag wegen $w_T = 0,01$ (1 von 5 Restorganen) von 0,1 mSv. Der Grund für die Halbierung der Organdosis ist die Vorschrift, bei paarigen oder ausgedehnten Organen die lokal entstehende Energiedosis über das Gesamtvolumen bzw. die Gesamtmasse zu mitteln. Dadurch werden bei der Bestrahlung eines einzelnen Organs bei paarigen gleich schweren Organen die Organdosen pro Teilorgan quasi halbiert. Das Knochenmark erhält eine Organdosis von 20 mSv und mit $w_T = 0,12$

einen effektiven Beitrag von 2,4 mSv. Alle effektiven Dosisbeiträge müssen addiert werden. Dies ergibt insgesamt eine Effektive Dosis von $E = 15{,}5$ mSv.

7. Nein, die Wichtungsfaktoren werden als altersunabhängig betrachtet. Da die Risiken jedoch tatsächlich vom Alter der exponierten Personen abhängen, werden die zulässigen Grenzwerte der StrlSchV altersabhängig angegeben.

8. Die alte "effektive Äquivalentdosis" basierte auf den Krebsmortalitäten nach einer Strahlenexposition und verwendete bezüglich der Organanzahl eingeschränkte w_i-Faktoren. Das relative heriditäre Risiko wurde früher zu 25% festgelegt. Die Effektive Dosis verwendet epidemiologische Krebsmorbiditäten (Erkrankungsraten) und berücksichtigt erheblich mehr Risikoorgane. Das relative heriditäre Risiko wird jetzt mit 8% bewertet.

9. Alle Dosisgrößen haben die Einheit J/kg bis auf die Ionendosis. Diese hat als Einheit das C/kg.

10. Strahlenschutzdosisgrößen haben die Einheit J/kg. Zur Unterscheidung von den physikalischen Dosisgrößen (Gy) wird diese Einheit Sievert (Sv) genannt.

11. Nein, da unterschiedliche geschlechtsspezifische Organe betrachtet werden müssen (Uterus, Gebärmutterhals, Prostata). Keimdrüsen und Mamma werden nicht unterschiedlich bewertet.

12. Diese Symbole sind die Zeichen für Personendosen, die mit Personendosimetern gemessen werden. Das Zeichen "p" steht für Person, die Ziffern geben die Messtiefe im Körper der das Dosimeter tragenden Person in mm an, 10 mm für Körperdosen, 0,07 mm für Hautdosen und 3 mm für die Dosis in Augenlinsen.

12 Strahlenschutzphantome

In diesem Kapitel werden die zur Simulation der menschlichen Anatomie und für die Strahlungsmessung eingesetzten unterschiedlich differenzierten Phantome dargestellt. Diese sind entweder Phantome von einfacher geometrischer Form oder mehr oder weniger detailgetreue anatomische Modelle des Menschen. Da die Schutzdosisgrößen Organäqivalentdosis und Effektive Dosis definitionsgemäß rechnerische Größen und daher nicht unmittelbar zu messen sind, benötigt man zu ihrer Berechnung Rechenmodelle des Menschen. Die wichtigsten sind die Voxel- und die Mesh-Phantome. Die in diesem Kapitel gezeigten realistischen Voxelphantome beruhen auf CT-Untersuchungen von lebenden Menschen.

Im Strahlenschutz verwendete Dosisgrößen sind zum einen Dosismessgrößen wie die Mess-Äquivalentdosis oder die Personendosen und zum anderen die nur rechnerisch ermittelbaren Körperdosisgrößen Organäquivalentdosis und Effektive Dosis. Für die erste Gruppe der Dosismessgrößen benötigt man Anordnungen, mit denen man Strahlungsmesssonden für verschiedene Strahlungsfelder kalibrieren kann. Während frühere Dosisgrößen oft als Frei-Luft-Dosiswerte definiert wurden, zieht man heute die Bestimmung in realistischeren Anordnungen vor. Da bis auf wenige Ausnahmen Dosismessungen am Menschen nicht unmittelbar durchgeführt werden können, ist man zur Bestimmung der menschlichen Strahlenexposition auf geeignete Ersatzsubstanzen, die so genannten **Phantome**, angewiesen.

Die Bauweise solcher Phantome reicht von einfachen geometrischen Formen wie Quadern, Zylindern oder Kugeln bis zu mehr oder weniger differenzierten menschenähnlichen Phantomen. Diese Phantome sollen je nach zu bestimmender Dosisgröße

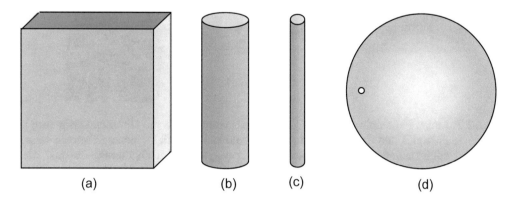

      (a)   (b)   (c)   (d)

Fig. 12.1: Phantome aus ICRU-Weichteilgewebe zur Kalibrierung von Personendosimetern. (a): Quaderphantom (300 x 300 x 150 mm³) zur Annäherung des menschlichen Rumpfes, (b): Säulenphantom (Durchmesser 73 mm, Länge 300 mm) zur Annäherung eines menschlichen Unterarmes oder Unterschenkels, (c): Stabphantom (Durchmesser 19 mm, Länge 300 mm) zur Annäherung eines menschlichen Fingers zur Kalibrierung von Fingerringdosimetern, (d): ICRU-Kugelphantom mit einem Durchmesser von 30 cm zur Kalibrierung von Ortsdosimetern.

© Der/die Autor(en), exklusiv lizenziert an
Springer-Verlag GmbH, DE, ein Teil von Springer Nature 2023
H. Krieger, *Grundlagen der Strahlenphysik und des Strahlenschutzes*,
https://doi.org/10.1007/978-3-662-67610-3_12

das Strahlenfeld nicht nur schwächen und aufstreuen, sondern auch die energetischen Veränderungen der Strahlungsquanten durch Wechselwirkung korrekt beschreiben. Sie müssen außerdem realistische Geometrien und ausreichend rückstreuendes Medium bieten. Neben geeigneten Formen und Abmessungen der Phantome sind auch deren atomare Zusammensetzungen von Bedeutung. Der Grund ist die Abhängigkeit der Wechselwirkungsvorgänge und der Dosisentstehung von der Dichte, der Ordnungszahl und der Massenzahl der bestrahlten Substanzen (vgl. dazu die Ausführungen in den Kapiteln 6-10). Ein typisches Phantommaterial für den Strahlenschutz besteht aus 76,2% Sauerstoff, 11,1% Kohlenstoff, 10,1% Wasserstoff und 2,6% Stickstoff. Diese Substanz hat die Dichte $\rho = 1 \text{g/cm}^3$ und ist weitgehend muskelgewebeäquivalent. Es wird als **ICRU-Weichteilgewebe** bezeichnet.

Fig. 12.2: Links: Plattenphantome mit Kammeraussparungen für die klinische Dosimetrie aus Plexiglas und dem für einen großen Photonen- und Elektronenenergiebereich wasseräquivalenten weißen RW3-Material (Polystyrol mit TiO_2-Zusatz). Rechts: Menschenähnliches Scheibenphantom (Rando-Phantom) mit einem echten menschlichen Skelett und bis zu 10000 Aufnahmen für TL-Detektoren zur Überprüfung dreidimensionaler Dosisverteilungen (mit freundlicher Genehmigung der PTW-Freiburg).

Die Differenzierung und Komplexität der eingesetzten Phantome hängt von den Genauigkeitsanforderungen der jeweiligen Dosimetrieaufgabe und der Kenntnis der Expositionsbedingungen ab. Sehr oft reichen einfache geometrische Phantome für die gestellten Messaufgaben völlig aus. Beispiel sind die in (Fig. 12.1) abgebildeten rein geometrischen Phantome zur Kalibrierung von Personendosimetern in Quader- oder Zylinderform oder die auch in (Fig. 11.1) dargestellte ICRU-Kugel aus ICRU-Weichteilgewebe zur Kalibrierung von Ortsdosimetern. Ähnlich einfache geometrische Phantome werden in der klinischen Basisdosimetrie eingesetzt wie die Plattenphantome aus gewebeäquivalentem Plastik (Fig. 12.2) und Zylinderphantome zur Messung der Kenndosisleistung von Afterloadingstrahlern [Krieger3] oder zur Bestimmung des CTDI bei Computertomografie-Untersuchungen (Kap. 22).

Höher entwickelte Phantome ähneln geometrisch der menschlichen Anatomie. Das realistischste "anfassbare" Mensch-Phantom ist das kommerziell verfügbare **Alderson-Rando-Phantom**, das nicht nur korrekte menschliche Abmessungen aufweist,

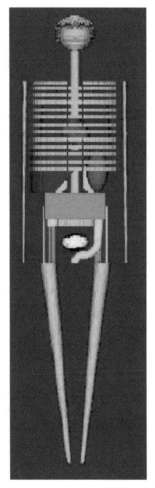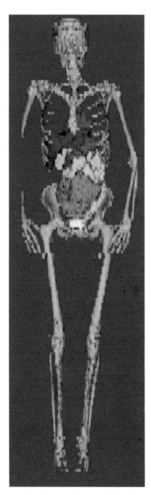

Fig. 12.3: Optische Gegenüberstellung des mathematischen Phantoms Eva mit dem Voxelphantom Donna der GSF zur Berechnung Effektiver Dosen. Links: Phantom "Eva" mit rein geometrischer Darstellung der inneren und äußeren Konturen (z. B. Blase, Sigma, Intestinum = Rechteck, Leber, Rippen, Herz etc., [Kramer/GSF]), rechts: Innenansicht des realistischen weiblichen Voxelphantoms "Donna" aus CT-Schnitten an einer realen Person mit identisch eingefärbten Innenorganen ([Fill 2004], mit freundlicher Genehmigung der Autoren).

sondern sogar innere Organe mit naturidentischer Geometrie und atomarer Zusammensetzung sowie ein echtes menschliches Skelett enthält. Dieses Phantom enthält standardisierte Organgrößen und Lagen. Es existiert in männlicher und weiblicher Ausfertigung. Es wird vor allem in der klinischen Dosimetrie im Rahmen der radioonkologischen Aufgaben und zu Strahlenschutzmessungen verwendet.

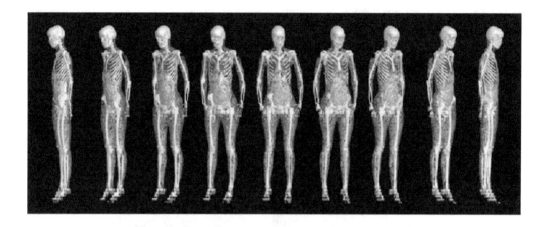

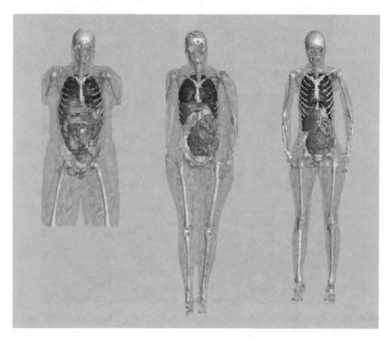

Fig. 12.4: Moderne weibliche Voxelphantome der GSF in Neuherberg. Obere Reihe: neun Ganzkörper-Ansichten des realistischen weiblichen Voxelphantoms "Irene" in halbtransparenter Darstellung. Untere Reihe: weibliche Voxel-Phantome unterschiedlichen Ernährungszustandes (von links Helga, Donna, Irene, [Fill 2004], mit freundlicher Genehmigung der Autoren).

Sollen die Körperdosisgrößen berechnet werden, werden keine physikalischen Festkörperphantome sondern **Rechenphantome** benötigt. Für Strahlenschutzberechnungen wurde deshalb von der Internationalen Strahlenschutzkommission ([ICRP 23], [ICRP 89], [ICRU 46]) ein durchschnittliches Menschmodell, der so genannte Standard- oder Referenzmensch entwickelt. Der heutige männliche Standardmensch in

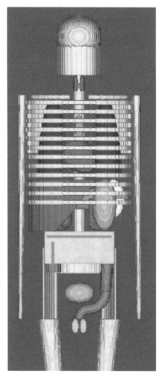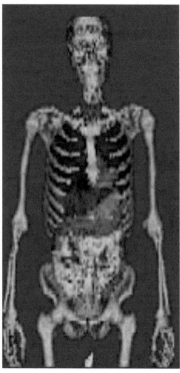

Fig. 12.5: Männliche Phantome der GSF zur Berechnung Effektiver Dosen. Links: mathematisches Phantom "Adam" mit rein geometrischer Darstellung der inneren und äußeren Konturen (z. B. Blase, Sigma, Intestinum = Rechteck, Leber, Rippen, Herz etc., [Kramer/GSF]). Rechts: Innenansicht des realistischen männlichen Voxelphantoms "Golem" aus CT-Schnitten an einer realen Person mit identischer Einfärbung ([Fill 2004], mit freundlicher Genehmigung der Autoren).

Mitteleuropa ist 1,76 m groß und wiegt 73 kg, seine weibliche Partnerin wiegt 60 kg und ist 1,63 m groß. Die äußeren und inneren Abmessungen und Massen des weiblichen Referenzmenschen betragen im Mittel nur 83 % des männlichen Modells (s. Anhang 24.15). Sie dienen beide als Grundlage physikalischer und physiologischer Rechenmodelle.

Beispiele solcher Referenzmodelle sind die bekannten geometrischen Röntgenphantome "Adam" und "Eva" der GSF [Kramer/GSF], bei denen versucht wurde, die Anatomie durch mathematische Beziehungen in Lage und Größe zu definieren (s. Fig. 12.3 und 12.5 links). Dazu zählt auch deren Vorläufer, das MIRD-Phantom des Medical International Radiation Dose Committee [MIRD 1969], das auch heute noch zur Berechnung von Dosisverteilungen in der Nuklearmedizin eingesetzt wird.

Voxelphantome basieren dagegen auf computertomografischen Ganzkörper-Messungen an realen Menschen, also den tatsächlichen Schwächungswerten (Hounsfield-Units: HU) lebender Personen. Sie existieren nicht nur für Frauen, Männer und Kinder sondern wurden mittlerweile auch für verschiedene Körpergrößen. Aus den Hounsfield-Units in den CT-Datensätzen wird dazu durch geeignete Algorithmen (Segmentierung) jedes einzelne Volumenelement (Voxel) einem bestimmten Organ bzw. Gewebe zugeordnet. Die zugehörigen Organkennzahlen werden zusammen mit den Lage-Koordinaten des Voxels in mehrdimensionalen Matrizen gespeichert. Diese Datenbasis ermöglicht die exakte Berechnung von Organdosen und der Effektiven Dosis für unterschiedliche Anatomien, Geschlecht und Alter für verschiedene Expositionsbedingungen.

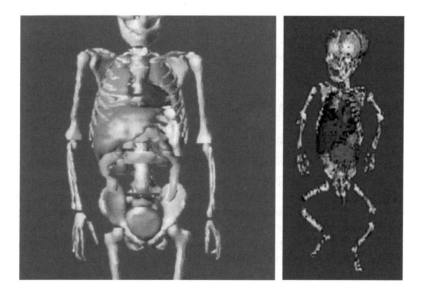

Fig. 12.6: Realistische kindliche Voxelphantome "Child" (links) und "Baby" (rechts) der GSF in Neuherberg ([Zankl 1988], [Zankl 2007] mit detaillierter Darstellung der inneren Organe und Strukturen. Einfärbungen linkes Bild: Schilddrüse gelb, Lungen grün, Herz und Nieren rot, Leber violett, Colon (Dickdarm) türkis, Blase blau (mit freundlicher Genehmigung der Autoren).

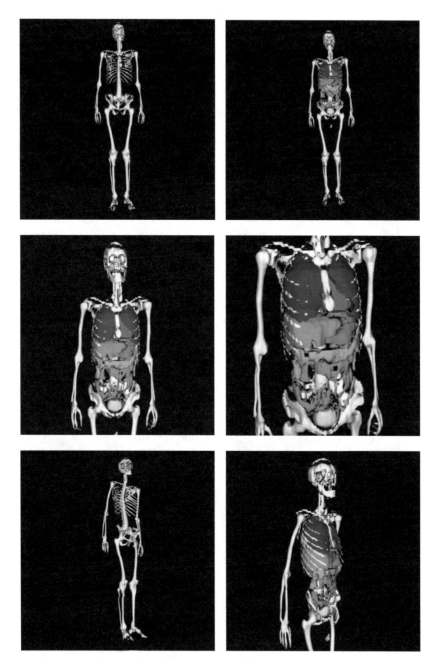

Fig. 12.7: Details zum männlichen Voxelphantom "Golem" der GSF in Neuherberg. Die Ansichten sind in der Größe und im Blickwinkel skalierbar und können durch Wahl der geeigneten Organziffern als leere Skelette oder mit inneren Organen gefüllt dargestellt werden (nach [Zankl 2001], mit freundlicher Genehmigung der Autoren).

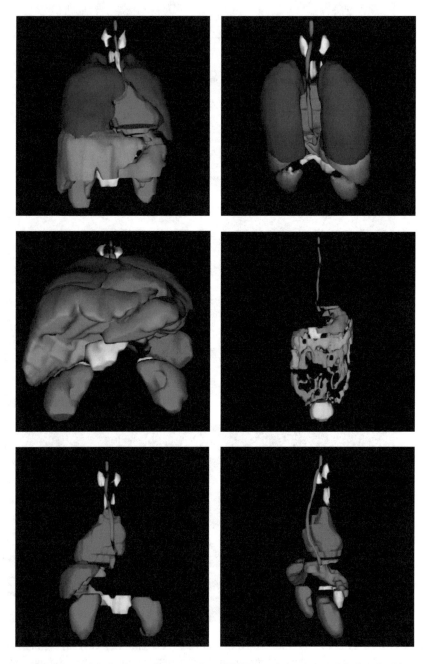

Fig. 12.8: Darstellungen der inneren Organe des GSF-Voxelphantoms "Golem". Oben und Mitte links: Thorax und oberes Abdomen, Mitte rechts: Verdauungstrakt (Speiseröhre, Magen, Dünn-, Dickdarm, Blase), unten: Schilddrüse, Herz, Nieren, Milz und Speiseröhre mit Magen in dorsaler und lateraler Sicht ([Zankl 2001], mit freundlicher Genehmigung der Autoren).

Zur Berechnung von Organäquivalentdosen oder der davon abgeleiteten Effektiven Dosis werden die Voxel-Phantome rechnerisch verschiedenen Expositionssituationen unterzogen. Diese können einfache bildgebende Röntgenuntersuchungen wie Filmaufnahmen oder CT-Untersuchungen, Durchleuchtungen, Angiografien oder auch die Verabreichung von nuklearmedizinischen Radiopharmaka sein. Ihre Exposition kann auch für Streustrahlungsfelder beliebiger Strahlungsquellen oder für Strahlenunfälle berechnet werden. Die Abbildungen (12.3 bis 12.9) zeigen eine Reihe moderner Voxelphantome der GSF in Neuherberg im teilweisen Vergleich mit den mathematischen Phantommodellen (s. u. a. [Zankl 1988-2007]). Ergebnisse dieser Phantomrechnungen sind für den praktischen Strahlenschutz sehr wertvolle Tabellenwerke oder Rechenprogramme, die z. B. für die gängigen Expositionsbedingungen und Techniken der medizinischen Radiologie Organdosen und Effektive Dosiswerte liefern. Insbesondere erlauben sie mit erstaunlich hoher Präzision die Abschätzung von Uterusdosen und der Strahlenexposition der Leibesfrucht (z. B. [Zankl 2002], [Zankl 2002-2]). Voxelphantom-Darstellungen ermöglichen wegen ihrer hohen räumlichen und Dichte-Auflösung selbst realistische Berechnungen der Strahlenexposition des roten Knochenmarks in den Plattenknochen des menschlichen Skeletts.

Der unmittelbare Vergleich der dargestellten Voxelphantome gegen die mathematisch-geometrischen Phantome in den Figuren (12.3, 12.5 und 12.9) zeigt die teilweise deutlichen Fehllagen und Fehlgrößen innerer Organe in den mathematischen Modellen, die trotz großer geometrischer Sorgfalt kaum vermeidbar sind. Dies erschwert natürlich die realistische Berechnung Effektiver Dosen und der wechselseitigen Dosisbeiträge verschiedener Organe bei Nuklidinkorporationen oder durch im Körper entstehende Streustrahlung. Ein Nachteil dieser Voxelphantome ist die Einschränkung auf die vorgegebene Anatomie (Statur, Organgröße und Organposition) der untersuchten Personen. Dies erschwert die Anwendung der berechneten Ergebnisse auf eine durchschnittliche Population.

Abhilfe schaffte die Entwicklung sogenannter rechnerischer **MESH-Phantome**, mit denen die Größen einzelner Organe, ihre Formen und relative Positionen individuell angepasst werden können. Die Phantomentwicklung hat mittlerweile rasante Fortschritte gemacht. Es existieren beispielsweise justierbare Phantome schwangerer Frauen in den unterschiedlichen Phasen der Schwangerschaft. Einige der Phantom-Algorithmen erlauben auch die Separation und Bearbeitung einzelner Organe oder Körperpartien aus dem Phantom. Einen Überblick über die weltweit verfügbaren Phantome und Rechenmethoden und eine ausführliche Literaturliste enthält die Webseite des **Consortiums of Computational Human Phantoms** [Human Comp]. Hinweise zur Erstellung von Phantomen, der Skalierung ihrer Größe und der inneren Organe findet man u. a. in [Zankl 2007]. Die Vorgehensweise bei der Erstellung von Voxelmodellen aus den Daten realer Personen wird beispielsweise in [Zankl 2004] und ausführlich im Handbuch der anatomischen Modelle [Xu/Eckermann] beschrieben.

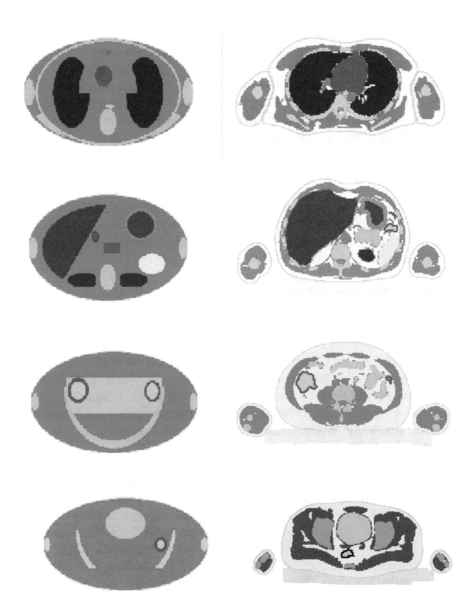

Fig. 12.9: Vergleich einiger Transversal-Schichten des mathematischen Phantoms Adam (links, [Kramer/GSF]) mit den entsprechenden CT-Schnitten des männlichen Phantoms "Golem" der GSF (rechts, [Zankl 2001]). Oben: Lunge und Herz, zweite Reihe: Leber, Milz, dritte Reihe: Colon und Dünndarm, unten: Blase und Becken. Man sieht deutlich die groben Vereinfachungen und teilweise Fehllagen und Fehlgrößen der mathematischen Organe (mit freundlicher Genehmigung der Autoren).

13 Dosisleistungskonstanten, Hautdosisfaktoren und Inkorporationsfaktoren

In diesem Kapitel werden zunächst die Dosisleistungskonstanten für die verschiedenen Strahlungsarten eingeführt und abgeleitet. Mit ihrer Hilfe können aus den Strahlerdaten Ortsdosisleistungen um die Strahler abgeschätzt werden. Aus diesen Ortsdosisleistungen können näherungsweise die für den Strahlenschutz erforderlichen Körperdosen berechnet werden. Im zweiten Teil dieses Kapitels werden die Verfahren zur Berechnung von Hautdosen bei der Kontamination mit Alpha-, Beta- und Gammastrahlungen erläutert. Im letzten Teil werden die Verfahren zur Berechnung von Körperdosen nach Inkorporation von Radionukliden beschrieben.

13.1 Dosisleistungskonstanten für ionisierende Photonenstrahlungen

Für radioaktive Strahler kann unter bestimmten Bedingungen die im Abstand r vom Strahler erzeugte Ortsdosisleistung aus der Aktivität des Strahlers berechnet werden. Dabei wird in der Regel das Abstandsquadratgesetz für den geometrischen Verlauf der Strahlungsintensität und eine vernachlässigbare Absorption oder Streuung der Strahlung zwischen Strahler und Aufpunkt unterstellt. Die Berechnungsmethoden unterscheiden sich dabei je nach der Strahlungsart, der Form des Strahlers und der untersuchten Dosisgröße. In allen Fällen wird vorausgesetzt, dass die gesuchte Dosisgröße und die Aktivität des Strahlers zueinander proportional sind. Die Proportionalitätskonstanten werden als **Dosisleistungskonstanten** bezeichnet. In Analogie zu den Dosisleistungskonstanten radioaktiver Strahler werden selbst für Röntgenstrahler Dosisleistungskonstanten verwendet, die in diesem speziellen Fall allerdings die Proportionalität zwischen Röhrenstrom und Ortsdosisleistung beschreiben.

13.1.1 Kermaleistungskonstanten für Gammastrahler

Vernachlässigt man bei kleinvolumigen, nahezu punktförmigen und isotrop abstrahlenden Gammastrahlern die Selbstabsorption im Strahler, seiner Hülle und in der Luft zwischen Strahler und Aufpunkt, kann man die Kermaleistung im Abstand r vom Strahler mit Hilfe der Dosisleistungskonstanten Γ_δ und der Aktivität A berechnen.

$$\dot{K}_\delta(r) = \Gamma_\delta \cdot \frac{A}{r^2} \tag{13.1}$$

Dabei ist δ die Grenzenergie der Photonen, deren Beiträge zur Kermaleistung berücksichtigt werden sollen. Sie wird in keV angegeben und hängt von der jeweiligen Anwendung ab. Vereinbarungsgemäß soll die Dosisleistungskonstante auch Beiträge charakteristischer Röntgenstrahlungen nach Elektroneinfang oder Innerer Konversion enthalten sowie die Vernichtungsstrahlung aus der Positronen-Elektronen-Anihilisation. Die SI-Einheit der Dosisleistungskonstanten ist das Gy·m²/(s·Bq) und die ent-

sprechenden dezimalen Vielfachen. Dosisleistungskonstanten werden theoretisch berechnet, da in realen experimentellen Anordnungen immer Abweichungen von den
oben genannten Randbedingungen auftreten. Die Werte der Dosisleistungskonstanten
können experimentell also nur näherungsweise aus Messungen der Ortskermaleistung
bestimmt werden.

Berechnung der Dosisleistungskonstanten:* Man betrachtet dazu zunächst einen punktförmigen Photonenstrahler der Aktivität A, der bei jedem Zerfall genau ein
Photon definierter Energie E_γ emittiert. Die Abstrahlung soll isotrop sein. Zwischen
Strahler und Aufpunkt im Abstand r soll sich Vakuum befinden, um Absorption und
Streuung zu vermeiden. Da die Kerma die durch Photonen auf geladene Sekundärteilchen der ersten Generation übertragene Energie pro Masse ist, wird zunächst die Zahl
der Photonen, die den Absorber treffen, benötigt. In der Zeit Δt werden genau $N = A \cdot \Delta t$ Photonen emittiert, die gleichförmig die Oberfläche ($O = 4 \cdot \pi \cdot r^2$) einer gedachten
Kugel mit dem Radius r durchsetzen. Die Zahl n der die Kugel in dem Zeitintervall Δt
verlassenden Photonen pro Flächenelement der Kugeloberfläche t ist:

$$n = \frac{N}{O} = A \cdot \frac{\Delta t}{4\pi \cdot r^2} \qquad (13.2)$$

Hat der Absorber im Abstand r die Eintrittsfläche F, ist die Zahl der ihn im Zeitintervall Δt treffenden Photonen daher das Produkt aus n und F.

$$N_F = F \cdot n = F \cdot A \cdot \frac{\Delta t}{4\pi \cdot r^2} \qquad (13.3)$$

Alle N_F Photonen zusammen transportieren im Zeitintervall Δt die Energie E_{tot} durch
die Absorberfläche.

$$E_{tot} = N_F \cdot E_\gamma = F \cdot A \cdot \frac{\Delta t}{4\pi \cdot r^2} \cdot E_\gamma \qquad (13.4)$$

Tragen die wechselwirkenden Photonen die Energie E_γ, wird davon bei der Energieübertragung im Mittel pro Photon nur der Anteil $dE = \mu_{tr} \cdot E_\gamma \cdot dx$ in der Absorberschicht
der Dicke dx auf Sekundärteilchen übertragen. μ_{tr} ist der lineare Energieumwandlungskoeffizient für Photonenstrahlung (s. Kap. 7.8). Die für die Bestimmung der
Kerma benötigte Masse des Absorbers der Dicke dx berechnet man zu $dm = \rho \cdot dV = \rho \cdot F \cdot dx$. Für die Kerma aus allen Photonen erhält man daher:

$$K = \frac{dE_{tot}}{dm} = \frac{dE_{tot}}{\rho \cdot dV} = \mu_{tr} \cdot N_F \cdot E_\gamma \cdot \frac{dx}{\rho \cdot F \cdot dx} = \frac{\mu_{tr}}{\rho} \cdot \frac{N_F \cdot E_\gamma}{F} \qquad (13.5)$$

Ersetzt man jetzt N_F durch Gleichung (13.3), erhält man nach einfacher Umformung
für die Kerma die Gleichung:

$$K = \frac{dE_{tot}}{dm} = \frac{\mu_{tr}}{\rho} \cdot A \cdot E_\gamma \cdot \frac{\Delta t}{4\pi \cdot r^2} \qquad (13.6)$$

Die Kermaleistung $\mathrm{d}K/\mathrm{d}t$ erhält man daraus zu:

$$\dot{K} = \frac{\mathrm{d}K}{\mathrm{d}t} = \frac{1}{4\pi} \cdot \frac{\mu_{\mathrm{tr}}}{\rho} \cdot E_\gamma \cdot \frac{A}{r^2} \tag{13.7}$$

Der direkte Vergleich dieser Gleichung (13.7) mit Gleichung (13.1) ergibt für die Dosisleistungskonstante die Beziehung:

$$\Gamma_\delta = \frac{1}{4\pi} \cdot \frac{\mu_{\mathrm{tr}}}{\rho} \cdot E_\gamma \tag{13.8}$$

In dieser Definition der Dosisleistungskonstanten für die Kerma sind neben der Photonenenergie die Eigenschaften des Absorbers über den Massen-Energieumwandlungskoeffizienten (μ_{tr}/ρ) enthalten. Bei Dosisleistungskonstanten muss deshalb wie bei der Kerma oder der Energiedosis das Bezugsmaterial angegeben werden. Übliche dosimetrische Materialien sind Wasser und Luft, die deshalb meistens als Bezugssubstanzen verwendet werden. Bei Radionukliden, die pro Zerfall mehrere Photonen mit den jeweiligen Wahrscheinlichkeiten p_i und den Energien E_i emittieren, muss die Dosisleistungskonstante als gewichtete Summe über alle Photonenenergien berechnet werden.

$$\Gamma_\delta = \frac{1}{4\pi} \cdot \sum_i p_i \left(\frac{\mu_{\mathrm{tr}}}{\rho}\right)_i \cdot E_i \tag{13.9}$$

Sind die Emissionswahrscheinlichkeiten für die charakteristischen Röntgenstrahlungen bekannt, kann auf diese Weise auch deren Beitrag berücksichtigt werden. Für Gammastrahler mit kurzlebigen instabilen Tochternukliden werden Dosisleistungskonstanten einschließlich aller im radioaktiven Gleichgewicht emittierten Photonen angegeben. Das Gleiche gilt für die Berücksichtigung der Vernichtungsstrahlung von Positronenstrahlern.

Beispiel 13.1: Berechnung der Dosisleistungskonstanten für die Luftkerma für ^{60}Co-Strahlung. *Der γ-Zerfall des ^{60}Ni folgt dominierend zu 99,9% einem β^--Zerfallszweig des ^{60}Co mit einem nachfolgenden Gammakaskadenzerfall und mit einer sehr kleinen Wahrscheinlichkeit (< 1 Promille) über einen zweiten Zerfallszweig (s. Fig. 3.14). Die exakten numerischen Daten für die Zerfallswahrscheinlichkeiten und die Wahrscheinlichkeiten für die nachfolgenden Photonenemissionen finden sich zusammen mit den benötigten Gammaenergien und Energien der Röntgenstrahlungen in Tab. (13.1).*

Die Dosisleistungskonstante für die Luftkerma (Index a) wird nach Gl. (13.9) zunächst für die Gammaquantenemission berechnet. Die Energien der Gammaquanten in SI-Einheiten betragen $E_1 = 1332 \cdot 1{,}602 \cdot 10^{-16}$ J und $E_2 = 1173 \cdot 1{,}602 \cdot 10^{-16}$ J; die Umwandlungskoeffizienten in SI-Einheiten $(\mu_{tr}/\rho)_1 = 0{,}00262$ m^2/kg und $(\mu_{tr}/\rho)_2 = 0{,}00272$ m^2/kg. Für die Photonenwahrscheinlichkeiten müssen jeweils die Produkte aus Betazerfallswahrscheinlichkeit und Gammaverzweigung $p_i = p_\beta \cdot p_\gamma$ aus der Tabelle (13.1) verwendet werden. Dabei werden die geringfügig verminderten Emissionen durch die konkurrierende Innere Konversion vernachlässigt. Dies ergibt folgende Summanden:

$$\Gamma_{a,\delta} = \frac{1}{4\pi} \cdot \left[E_1 \cdot p_1 \cdot \left(\frac{\mu_{tr}}{\rho}\right)_1 + E_2 \cdot p_2 \cdot \left(\frac{\mu_{tr}}{\rho}\right)_2 + E_1 \cdot p_3 \cdot \left(\frac{\mu_{tr}}{\rho}\right)_1 \right] \tag{13.10}$$

Für die Dosisleistungskonstante erhält man nach Einsetzen der Zahlenwerte den Wert:

$$\Gamma_{a,\delta} = 0{,}850 \cdot 10^{-16} \cdot \frac{Gy \cdot m^2}{s \cdot GBq} = 0{,}306 \cdot \frac{mGy \cdot m^2}{h \cdot GBq} \tag{13.11}$$

β^--Zerfall des ^{60}Co:

	$E_{\beta,max}$ (keV)	p_β	E_γ (keV)	p_γ	$p_i = p_\beta \cdot p_\gamma$	α	μ_{tr}/ρ (cm^2/g)
β_1	1491	0,0008	1332	1,00	0,0008	$1{,}1 \cdot 10^{-4}$	0,0262
β_2	318	0,9992	1173	0,999	0,9982	$1{,}5 \cdot 10^{-4}$	0,0272
			1332	0,999	0,9982	$1{,}1 \cdot 10^{-4}$	0,0262

Charakteristische Röntgenstrahlung des ^{60}Ni:

Ni-K$_\alpha$			7,5	0,88			11,7
Ni-K$_\beta$			8,3	0,12			8,5

Tab. 13.1: β^--Zerfall des ^{60}Co: Zahlenwerte der für die Berechnung der Dosisleistungskonstan-
ten notwendigen Energien und Zerfallswahrscheinlichkeiten (nach [Nuclear Data
Sheets 28, 1979]). $E_{\beta,max}$: maximale Betaenergie, p_β: Wahrscheinlichkeit für den β-
Zerfallszweig, p_γ: Wahrscheinlichkeiten für den γ-Zerfall bzw. die charakteristische
Röntgenstrahlung nach Innerer Konversion im Nickel-60, E_γ: Photonenenergien, α:
Konversionskoeffizient für die konkurrierende Innere Konversion nach Gl. (3.34).
μ_{tr}/ρ: Massen-Energieumwandlungskoeffizienten für die jeweiligen Photonenener-
gien in Luft.

*Da Massen-Energieumwandlungskoeffizienten nur auf einige Prozente genau sind, sind die
Werte der so berechneten Dosisleistungskonstanten mit den gleichen Fehlern behaftet. Im
zweiten Schritt müssen die Beiträge der charakteristischen Röntgenquanten beachtet werden.
Wegen der sehr kleinen Konversionskoeffizienten in der Größenordnung von nur $\approx 10^{-4}$ ist
keine größere Ausbeute an Röntgenstrahlung zu erwarten. Da zudem die Röntgenenergien
relativ klein sind, ergibt eine hier nicht vorgeführte Abschätzung mit den numerischen Werten
aus Tab. (13.1) nur eine geringfügige Korrektur von etwa 0,03%, die wegen der erwähnten
Fehler der (μ_{tr}/ρ)-Werte vernachlässigt werden kann. Dies kann auch durch die geeignete
Wahl der Energiegrenze der Dosisleistungskonstanten berücksichtigt werden, die in diesem
Fall einfach auf δ=10 keV festgelegt wird. Das korrekte Ergebnis für ^{60}Co lautet dann:*

$$\Gamma_{a,10}(^{60}Co) = 0{,}306 \cdot \frac{mGy \cdot m^2}{h \cdot GBq} \tag{13.12}$$

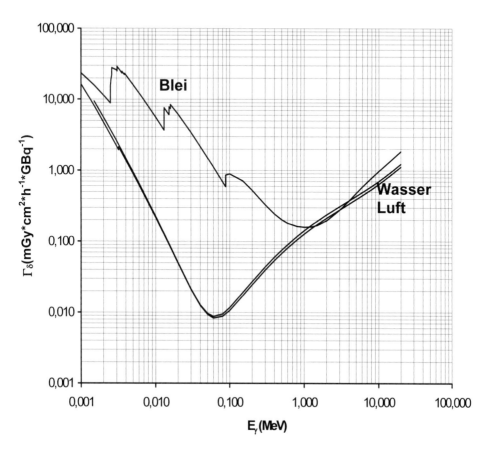

Fig. 13.1: Nach Gleichung (13.8) berechnete Dosisleistungskonstanten für die Kerma in Abhängigkeit von der Photonenenergie für monoenergetische Photonenstrahlung in verschiedenen Materialien (von oben: Blei, Wasser, Luft).

Beispiel 13.2: Berechnung der Luftkermaleistungskonstanten für ^{137}Cs-Gammastrahlung.
Das Zerfallsschema des ^{137}Cs befindet sich in (Fig. 3.15), exakte numerische Daten in Tab. (13.2). ^{137}Cs zerfällt über zwei Betazerfallszweige einmal in den Grundzustand ($\approx 5,6\%$) und mit einer Wahrscheinlichkeit von 94,43% in den angeregten ^{137}Ba-Zustand bei 662 keV, der über Gammaemission seinerseits in den Grundzustand des Bariums zerfällt. Bei den gegebenen Verhältnissen konkurriert die Innere Konversion spürbar mit dem Gammazerfall; der totale Konversionskoeffizient für diesen Gammaübergang beträgt $\alpha_{tot} = 0,1097$, der partielle K-Konversions-Koeffizient hat den Wert $\alpha_K = 0,0810$. Es muss daher die K-Röntgenstrahlung (Energien etwa 32 - 36 keV) zusätzlich berücksichtigt werden. Durch Innere Konversion vermindert sich die Gammaquantenemissionswahrscheinlichkeit um den Faktor $1/(1+\alpha_{tot})$. Dafür entsteht die K-Strahlung mit einer Wahrscheinlichkeit von $\alpha_K/(1+\alpha_K)$. Eventuelle L-Strahlung wird wegen der geringen Energien (4 - 5 keV) wieder vernachlässigt.

	$E_{\beta,max}$ (keV)	p_β	E_γ (keV)	p_γ	$p_i = p_\beta \cdot p_\gamma$	α_{tot}	$\mu_{tr}/\rho (cm^2/g)$
β_2	514	0,9443	662	1,00	0,851*	0,1097	0,0294

β^--Zerfall des ^{137}Cs (nur Zweig 2):

Charakteristische Röntgenstrahlung des ^{137}Ba:

Ba-Kα			32,0	0,81	0,063**	(α_K=0,089)	0,320
Ba-Kβ			36,4	0,19	0,015**		0,275

Tab. 13.2: β-Zerfall des zweiten Zerfallszweiges des ^{137}Cs: Zahlenwerte der für die Berechnung der Dosisleistungskonstanten notwendigen Energien und Zerfallswahrscheinlichkeiten (nach [Nuclear Data Sheets 38, 1983]. Totaler Konversionskoeffizient: α_{tot} = 0,1097, Bedeutung der Variablen wie in (Tab. 13.1). *: $p_i = p_\beta \cdot p_\gamma \cdot 1/(1+\alpha_{tot})$. **: $p_i = p_\beta \cdot p_\gamma \cdot \alpha_K/(1+\alpha_K)$.

Für die Gammakomponente erhält man nach Umrechnen der Photonenenergie in SI-Einheiten zusammen mit Gleichung (13.8) unter Berücksichtigung der totalen Konversion den Beitrag

$$\Gamma_a = 1/4\pi \cdot 0,851 \cdot 0,00294 \cdot 662 \cdot 1,602 \cdot 10^{-16} \; Gy \cdot m^2/(s \cdot Bq)$$

Für die charakteristischen K-Strahlungen erhält man mit den Daten aus Tabelle (13.2) die beiden Summanden:

$$\Gamma_a = 1/4\pi \cdot [0,063 \cdot 0,0320 \cdot 32,0 + 0,015 \cdot 0,0275 \cdot 36,4] \cdot 1,602 \cdot 10^{-16} \; Gy \cdot m^2/(s \cdot Bq)$$

Insgesamt erhält man aus der Summe als Wert für die Dosisleistungskonstante für die Luftkerma und die Grenzenergie $\delta = 10$ keV für das ^{137}Cs:

$$\Gamma_{a,10}(^{137}Cs) = 0,221 \cdot 10^{-16} \; Gy \cdot m^2/(s \cdot Bq) = 0,0796 \; mGy \cdot m^2/(h \cdot GBq) \qquad (13.13)$$

Radionuklid	$\Gamma_{a,20}$ (mGy·m²·h⁻¹·GBq⁻¹)	Γ_H (mSv·m²·h⁻¹·GBq⁻¹)
²²Na	0,281	0,3206
⁵⁷Co	0,0133	0,0152
⁶⁰Co	0,307	0,3503
⁹⁹Mo	0,0341	0,0389
⁹⁹ᵐTc	0,0141	0,0161
¹³¹I	0,0518	0,0591
¹³³Xe	0,0121	0,0138
¹³⁷Cs*	0,0768	0,0876
¹⁹²Ir	0,109	0,1244
¹⁹⁸Au	0,0548	0,0625
²⁰¹Tl	0,0104	0,0119
²²⁶Ra**	0,197	0,225
²⁴¹Am	0,00576	0,00657

Tab. 13.3: Dosisleistungskonstanten für Photonenstrahlung aus [Reich]. Kermakonstanten $\Gamma_{a,20}$ zur Berechnung der Luftkermaleistung für verschiedene gammastrahlende Nuklide (mittlere Spalte). Die Äquivalendosisleistungskonstante Γ_H (rechte Spalte) wird verwendet zur Berechnung der Mess-Äquivalendosisleistung in menschlichem Gewebe und kann deshalb aus der Luftkermakonstanten mit dem im Text erwähnten Umrechnungsfaktor f aus den Kermakonstanten Γ_{20} berechnet werden (s. Gln. 13.16, 13.18). *: im Gleichgewicht mit Folgeprodukten, **: gefiltert mit 0,5 mm Pt und im Gleichgewicht mit Folgeprodukten. Die numerischen Werte für ¹³⁷Cs und ⁶⁰Co unterscheiden sich geringfügig von den Ergebnissen in den Beispielen (13.1 und 13.2), da dort etwas abweichende Werte für die Energieumwandlungskoeffizienten verwendet wurden.

Gammastrahlenkonstante Γ: Die früher verwendete Gammastrahlenkonstante Γ war im Bereich der Deutschen Normung über die heute nicht mehr zulässige Standardionendosisleistung $\dot{j}_s$ definiert worden ($\Gamma = \dot{j}_s \cdot r^2/A$) und enthielt nicht die Beiträge der charakteristischen Röntgenstrahlungen nach Innerer Konversion oder Elektroneinfang. Lässt man diese Strahlungskomponenten unberücksichtigt, können Gammastrahlenkonstante und Dosisleistungskonstante für die Luftkerma mit Hilfe der Ionisierungskonstanten in Luft ($W/e = 33,97$ V) umgerechnet werden.

$$\Gamma_\delta = \frac{w}{e} \cdot \Gamma \tag{13.14}$$

Wird Γ in der Einheit [R·m²/h·Ci] und Γ_δ in [Gy·m²/h·Bq] angegeben, beträgt der Umrechnungsfaktor:

$$\Gamma_\delta = 0{,}237 \cdot 10^{-12} \cdot \left(\frac{Gy \cdot Ci}{R \cdot Bq}\right) \cdot \Gamma \tag{13.15}$$

13.1.2 Strahlenschutz-Dosisleistungskonstanten für Gammastrahler

Für Strahlenschutzzwecke werden zwei weitere Dosisleistungskonstanten für die oben besprochenen Dosisgrößen verwendet. Dazu zählen die Äquivalendosisleistungskonstante Γ_H für die Mess-Äquivalentdosisleistung $\dot{H}$ von Photonenstrahlung und die Konstante $\Gamma_H{}^*$ für die Umgebungsäquivalentdosisleistung $\dot{H} * (10)$ im Photonenstrahlungsfeld von Radionukliden. Die Grenzenergie für die Photonenkonstanten wird für Strahlenschutzzwecke einheitlich zu $\delta = 20$ keV festgesetzt. Die SI-Einheit beider Konstanten ist (Sv·m²·s⁻¹·Bq⁻¹). Sollte es erforderlich sein, eine andere Energiegrenze als 20 keV zu verwenden, muss der Wert der Dosisleistungskonstanten gesondert ermittelt werden (z. B. nach den oben angeführten Methoden zur Berechnung der Kermaleistungskonstanten). Die Definitionsgleichungen der beiden Dosisleistungskonstanten lauten in Analogie zu Gl. (13.1) für die Äquivalentdosisleistungskonstante:

$$\Gamma_H = \frac{\dot{H} \cdot r^2}{A} \tag{13.16}$$

und für die Umgebungsäquivalentdosisleistungskonstante:

$$\Gamma_H * = \frac{\dot{H} * (10) \cdot r^2}{A} \tag{13.17}$$

Die Dosisleistungskonstanten Γ_H für die Mess-Äquivalentdosis (in ICRU-Weichteilgewebe) können aus der Dosisleistungskonstanten für die Luftkerma durch Multiplikation mit dem Faktor $f = 1{,}141$ umgerechnet werden. Da die Äquivalentdosis auf der Energiedosis basiert, also der absorbierten Energie, die Kerma aber auf der übertragenen Energie, entspricht der Umrechnungsfaktor dem mittleren Verhältnis des Massenenergieabsorptionskoeffizienten in Weichteilgewebe zum Massenenergieübertragungskoeffizienten in Luft.

$$f = \frac{\overline{(\mu_{en}/\rho)_{weich}}}{(\mu_{tr}/\rho)_a} = 1{,}141 \tag{13.18}$$

Vorberechnete Zahlenwerte für Kermaleistungskonstanten und Äquivalentdosisleistungskonstanten finden sich unter anderem in [Reich], Auszüge für einige wichtige Radionuklide in Tabelle (13.3).

Schwieriger ist die Berechnung der Umgebungs-Äquivalentdosisleistungskonstanten nach (Gl. 13.17). Sie gelten für ein aufgeweitetes und ausgerichtetes Strahlungsfeld in Anwesenheit des ICRU-Phantoms und werden außerdem in der Messtiefe d im Phantom definiert (s. Kap. 11.3.2). Von einem Punktdosiswert frei in Luft unterscheiden sich diese Doswerte also durch den Phantomstreuanteil und durch die vorgegebene Messtiefe im Phantom. Tab. (13.4) enthält eine Zusammenfassung der wichtigsten Umgebungs-Äquivalentdosisleistungskonstanten nach [DIN 6844-3].

Radionuklid	Γ_{H*} (mSv·m²·h⁻¹·GBq⁻¹)	Radionuklid	Γ_{H*} (mSv·m²·h⁻¹·GBq⁻¹)
¹¹C	0,1704	⁹⁹Mo+⁹⁹ᵐTc	0,045
¹³N	0,1705	⁹⁹ᵐTc	0,0216
¹⁵O	0,1707	¹¹¹In+¹¹¹ᵐCd	0,0891
¹⁸F	0,1653	¹²³I	0,0465
²²Na	0,333	¹²⁵I	0,0354
⁵⁷Co	0,0205	¹³¹I+¹³¹ᵐXe	0,0660
⁵⁸Co	0,1539	¹³⁷Cs+¹³⁷ᵐBa	0,0927
⁶⁰Co	0,354	¹⁶⁵Dy	0,00508
⁶⁷Cu	0,01984	¹⁸⁶Re	0,00383
⁶⁷Ga	0,0268	²⁰¹Tl	0,01003
⁷⁵Se	0,0658	²²⁴Ra + Tochternukl.	0,221

Tab. 13.4: Dosisleistungskonstanten Γ_{H*} für die Umgebungs-Äquivalentdosisleistungen einiger Photonen emittierender radioaktiver Nuklide nach [DIN 6844-3].

Für nicht tabellierte Radionuklide kann die Dosisleistungskonstante Γ_H* nach der numerischen Gleichung (13.19) aus den bekannten Dosisleistungen berechnet werden. In diese Gleichung müssen die Photonenenergien in MeV eingesetzt werden. Die Größen p sind die Photonenemissionswahrscheinlichkeiten pro Zerfallsakt und der Quotient (μ_{en}/ρ) ist wieder der Massenenergieübertragungskoeffizient.

$$\Gamma_H *= 4{,}59 \cdot \Sigma_i E_i \cdot p_i \cdot \left(\frac{\mu_{en,i}}{\rho}\right) \cdot \frac{\dot{H}*(10)}{K_a} \qquad (13.19)$$

In dieser Gleichung wurde unterstellt, dass der mittlere Energieaufwand pro Ionenpaar in Luft 33,97 eV beträgt. Auch für den Quotienten aus Umgebungsäquivalentdosisleistung und Luftkermaleistung wird eine numerische Näherungsgleichung in [DIN 6844-3] angegeben, die nach [ICRU 47] zitiert wurde. Sie lautet:

$$\frac{\dot{H}*(10)}{\dot{K}_a} = \frac{x}{ax^2+bx+c} + d \cdot arctan(g \cdot x) \qquad (13.20)$$

Bedeutung und numerische Werte der Parameter kann man der Tab. (13.5) entnehmen.

Symbol	Bedeutung/Wert
x	$\ln(E/E_0)$
E_0	0,00985 MeV
a	1,465
b	-4,414
c	4,789
d	0,7006
g	0,6519

Tab. 13.5: Parameter zur ICRU-Gleichung (13.20)

13.1.3 Dosisleistungskonstanten für Beta-Bremsstrahlungen

Photonenstrahlung in Form von Bremsstrahlungen ist auch von betastrahlenden Radionukliden durch die Abbremsung der emittierten Betateilchen im Umgebungsmaterial zu erwarten. In Analogie zu den Photonenkonstanten können deshalb Bremsstrahlungskonstanten für Betastrahler definiert werden. Wegen der Abhängigkeit der Bremsstrahlungsproduktion von der Ordnungszahl Z des bremsenden Materials hat die entsprechende Gleichung die Form:

$$\Gamma_{Br,Z,\Delta E} = \frac{\dot{H}_{Br} \cdot r^2}{A} \qquad (13.21)$$

Wieder wird als Energiegrenze der Bremsstrahlungsphotonen $\Delta E = 20$ keV unterstellt. Die Energiegrenze wird oft nicht explizit in der Dosisleistungskonstanten deklariert. Außerdem ist bei dieser Form der Definition Voraussetzung, dass die Betateilchen in einem Z-homogenen Material vollständig abgebremst werden. Das wichtigste Umhüllungsmaterial für technisch und medizinisch eingesetzte Betastrahler ist Stahl (Eisen, $Z = 26$). Tabelle (13.6) enthält eine Zusammenstellung dieser Bremsstrahlungskonstanten für radiologisch wichtige Betastrahler.

Radionuklid	$\Gamma_{Br,26,20}$ (mSv·m^2 h^{-1}·GBq^{-1})
^{32}P	$2,28 \cdot 10^{-3}$
^{89}Sr	$1,78 \cdot 10^{-3}$
^{90}Y*	$3,73 \cdot 10^{-3}$
^{169}Er	$1,21 \cdot 10^{-4}$
^{209}Pb	$3,70 \cdot 10^{-4}$

Tab. 13.6: Bremsstrahlungsdosisleistungskonstanten $\Gamma_{Br,26,20}$ für einige technisch bedeutsame Betastrahler in Eisen ($Z = 26$, nach [DIN 6844-3], [Schultz], *: gilt auch für ^{90}Sr).

Für andere Umhüllungsmaterialien ändert sich wegen der dann unterschiedlichen Ordnungszahl natürlich auch die Bremsstrahlungsausbeute. Die Dosisleistungskonstanten können wegen der Proportionalität der relativen Bremsstrahlungsausbeuten zu $Z^2/A \approx Z$ des bremsenden Materials (s. Gl. 10.15) nach Gl. (13.22) umgerechnet werden.

$$\Gamma_{Br,Z} = \frac{Z}{26} \cdot \Gamma_{Br,26} \qquad (13.22)$$

Nach DIN wird vorgeschlagen, für nuklearmedizinische Betastrahler in wässriger Lösung, die sich in einer Glasampulle befinden, beispielsweise die effektive Ordnungszahl $Z = 10$ zu verwenden. Ein Vergleich der Betakonstanten (Tab. 13.6) und der Photonen-Dosisleistungskonstanten (Tabellen 13.3, 13.4) zeigt, dass die durch Betas erzeugten Bremsstrahlungsdosisleistungen reiner Betastrahler bei gleicher Aktivität der Strahler zwar um ein bis zwei Größenordnungen kleiner als die Gammadosisleistungen von Photonen emittierenden Radionukliden sind, bei ausreichend großen Nuklidmengen jedoch wegen der beim Hantieren oft geringen Abstände nicht vernachlässigt werden dürfen. Dies gilt insbesondere dann, wenn die Zerfallsenergie und somit die maximale Betaenergie ausreichend hoch ist, da dann die maximale Bremsstrahlungsenergie der maximalen Betaenergie entspricht (Beispiel: ^{90}Y hat $E_{\text{beta,max}} = 2,28$ MeV). Solche Photonenstrahlung ist nur sehr schwer abzuschirmen. Es ist daher zu empfehlen, bei offenen Betastrahlern die Betas zunächst in Niedrig-Z-Material wie Plastik zu stoppen, da dort nur eine geringe Bremsstrahlungsausbeute zu erwarten ist, und dieses Material dann mit einer Photonenabschirmung aus Blei zu umgeben.

13.1.4 Dosisleistungskonstanten für Röntgenstrahler

In formaler Analogie zu den radioaktiven Strahlern wird auch bei Röntgenstrahlern - die Gültigkeit des Abstandsquadratgesetzes für die Dosisleistung vorausgesetzt - die Äquivalentdosisleistung im Nutzstrahl in der Entfernung r vom Brennfleck für Strahlenschutzzwecke wird mit Hilfe einer Dosisleistungskonstanten Γ_R definiert.

$$\dot{H}_X = \frac{\Gamma_R \cdot i_E}{r^2} \tag{13.23}$$

Statt der Aktivität der radioaktiven Strahler ist hier als "Strahlerstärke" der Röhrenstrom i_E zugrunde gelegt. Die praktische Einheit dieser Röntgen-Äquivalentdosisleistungskonstanten Γ_R ist (mSv·m²·min⁻¹·mA⁻¹). Γ_R hängt sowohl von der Röhrenspannung als auch von der Filterung des Spektrums ab. Werte finden sich in grafischer Form in [DIN 6812] und auszugsweise in Fig. (13.2). Da Röntgenstrahler anders als radioaktive Strahlungsquellen nur während ihrer Einschaltzeit strahlen, muss zur Berechnung der Strahlenexposition einer Person im Strahlenfeld die tatsächliche Betriebsdauer der Röntgenröhre zusätzlich berücksichtigt werden.

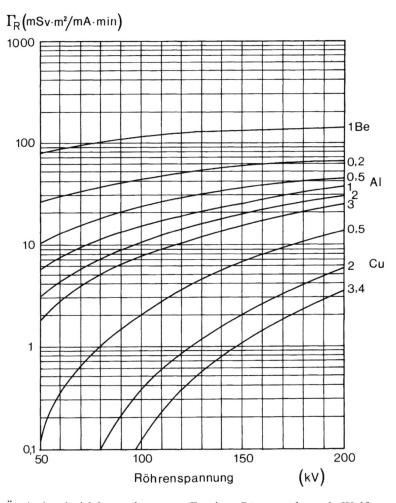

Fig. 13.2: Äquivalentdosisleistungskonstante Γ_R einer Röntgenröhre mit Wolframanode für verschiedene Gesamtfilterungen und Röhrenspannungen von 50-200 kV nach [DIN 6812]. Die Materialstärken sind in mm angegeben. Ein typischer Röhrenstrom bei Zielaufnahmen beträgt 1 mA.

13.1.5 Umrechnung der Ortsdosen in Körperdosen für Photonen

Zur Abschätzung der Strahlenexpositionen von Personen in einem Photonenstrahlungsfeld müssen aus den Ortsdosisleistungen die Organäquivalentdosen und die Effektiven Dosen berechnet werden. Bei der Wechselwirkung eines Photonenfeldes mit einer Person entstehen im menschlichen Gewebe Tiefendosisverteilungen, die von der Gewebeart, der Photonenenergie und den geometrischen Verhältnissen wie Strahlfeldgrößen, Einstrahlrichtung und Strahldivergenz abhängen. Anders als in der klinischen Dosimetrie, in der die therapeutisch angewendeten Strahlenfelder und Dosisverteilungen quantitativ ausgemessen werden können, ist man bei der Bestimmung der Strahlenschutzdosisgrößen wegen der Mittelung der Dosisleistungen über Organe und die Wichtung mit den Organwichtungsfaktoren auf rechnerische Simulationen beispielsweise mit Monte-Carlo-Verfahren angewiesen (s. dazu die Ausführungen zu den Strahlenschutzdosisgrößen in Kap. 11). Dazu werden entweder antropomorphe Phantome oder realistische Patientendaten verwendet.

Als Ergebnis solcher Berechnungen erhält man Konversionsfaktoren f_k für die unterschiedlichen Expositionsbedingungen, die die einfache Berechnung der gewünschten Körperdosen H_k (Organdosen bzw. Effektive Dosis) aus den Ortsdosen H_0 (Umgebungsäquivalentdosis $H^*(10)$ oder Richtungsäquivalentdosis $H'(0,07)$) ermöglichen. Der einfachste Fall sind parallele Photonenfelder. Die Körperdosen erhält mit dem Konversionsfaktor f_k zu

$$H_k = f_k \cdot H_0 \tag{13.24}$$

Die Konversionsfaktoren sind wegen der je nach Einstrahlrichtung unterschiedlichen Organtiefen vom Blickwinkel auf die bestrahlte Person abhängig. Die wichtigsten Projektionen eines Strahlenfeldes auf ein Phantom sind die in der Radiologie üblichen Richtungen ap, pa, rlat und llat. Die Abkürzungen bedeuten ap anterior-posterior (von vorne nach hinten), pa posterior-anterior (von hinten nach vorne), lat lateral (seitlich von links llat oder von rechts rlat). Beispiele für Konversionsfaktoren zur Berechnung der Effektiven Dosis zeigt Fig. 13.3. Werden bei den Berechnungen der Körperdosen divergente Strahlenfelder untersucht, müssen neben der Divergenz des Strahlenbündels auch die Einflüsse streuender Materialien berücksichtigt werden.

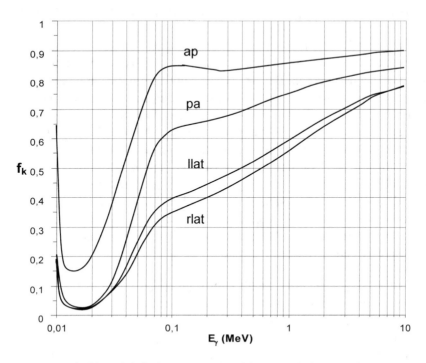

Fig. 13.3: Energieabhängigkeit der Konversionsfaktoren f_k bei Exposition mit einem parallelen Photonenstrahlungsfeld zur Abschätzung der Effektiven Dosis einer exponierten Person für verschiedene Projektionsrichtungen (von oben: ap, pa, llat und rlat, s. Text) nach Berechnungen von ([Zankl 1998], [SSK 43]).

Bei divergenten Strahlenbündeln nehmen die Tiefendosisverteilungen im Phantom wegen des Abstandsquadratgesetzes schneller ab als bei parallelem Strahlengang. Die Dosisleistung an den Zielorganen ist daher im Vergleich zum parallelen Strahlenbündel vermindert. Andererseits entsteht durch Streuung am Boden oder an sonstigen im Strahlengang befindlichen Streuern eine Dosiserhöhung am Ort der exponierten Person. Beide Effekte werden bei den Monte-Carlo-Berechnungen durch einem zusätzlichen "geometrischen" Korrekturfaktor k_k berücksichtigt, der von der Höhe des Strahlers über dem Boden und dem Abstand der bestrahlten Person von der Strahlungsquelle abhängt. Dieser Faktor ist von der Photonenenergie abhängig, da die Streubeiträge natürlich eine Funktion der Photonenenergie sind. Für Strahlenschutzzwecke wird aus Einfachheitsgründen und um konservative Abschätzungen zu erhalten der Maximalwert des k-Faktors als energieunabhängige Korrektur verwendet.

$$k_k = \frac{H_{k,div}}{H_{k,par}} \qquad (13.25)$$

Divergenz-Korrekturfaktoren k_k für die Effektive Dosis

	d_{QH} (m)		
d_{QB} (m)	**0,5**	**1,5**	**2,5**
0	1,0	1,0	1,0
1	1,1	1,1	1,0
1,5	1,2	1,1	1,1

Tab. 13.7: Korrektionsfaktoren k_k zur Berücksichtigung des divergenten Strahlengangs eines Photonenstrahlungsfeldes bei der Berechnung der Effektiven Dosen nach (Gl. 13.25) für divergente Photonenstrahlungsfelder als Funktion des Quelle-Haut-Abstandes d_{QH} und des Quelle-Boden-Abstandes d_{QB}, nach Daten aus [SSK 43].

Insgesamt erhält man für die Effektiven Dosen die folgende Abschätzungsformel aus der Photonenortsdosis H_0:

$$H_k = f_k \cdot k_k \cdot H_0 \tag{13.26}$$

Zur Berechnung der Organdosen existieren ähnliche Konversionsfaktoren $f_k(\text{org})$ und Divergenzkorrekturen $k_k(\text{org})$ wie für die Effektive Dosis. Für Details sei auf die Ausführungen in [SSK 43] verwiesen.

Zusammenfassung

- **Ortsdosisleistungen von Photonenstrahlern können unter der Voraussetzung kleiner Strahlerausdehnungen, isotroper Abstrahlung und vernachlässigbarer Absorption und Streuung der Photonen auf dem Weg zum Aufpunkt mit Hilfe des Abstandsquadratgesetzes, der Aktivität des Strahlers und spezieller Dosisleistungskonstanten berechnet werden.**

- **Diese Photonendosisleistungskonstanten können für die Kermaleistung und die Äquivalentdosisleistung berechnet werden.**

- **Für Bremsstrahlungen von Betastrahlern werden spezielle Dosisleistungskonstanten verwendet, die wegen der Z-Abhängigkeit der Bremsstrahlungsproduktion von der Ordnungszahl der Umhüllungen der Strahler abhängen.**

- **Für Röntgenstrahlungsquellen werden spezielle Röntgendosisleistungskonstanten und der Röhrenstrom statt der Aktivität verwendet.**

- **Sollen aus den Ortsdosen Körperdosen berechnet werden, müssen spezielle Konversionsfaktoren verwendet werden.**

13.2 Dosisleistungsfunktionen für reine Betastrahler

13.2.1 Dosisleistungsfunktionen für Betapunktstrahler

Die durch die Betastrahlung reiner **punktförmiger** Betastrahler erzeugten Äquivalent-Ortsdosisleistungen werden mit Hilfe des folgenden modifizierten "Abstandsquadratgesetzes" berechnet.

$$\dot{H} = \frac{I(E_{max}, \rho \cdot r) \cdot A}{r^2} \tag{13.27}$$

Dabei ist A die Aktivität und r wie üblich der Abstand vom Strahler. Die Dosisleistungskonstanten Γ der Photonenstrahlungsfelder werden hier aber durch eine Dosisleistungsfunktion I ersetzt, die so genannte **Äquivalentdosisleistungsfunktion**. Sie ist anders als die nur von der Photonenenergie abhängigen Dosisleistungskonstanten für harte Photonenstrahlung auch abhängig vom Abstand, der maximalen Betaenergie und dem Druck der den Strahler umgebenden Luft. Das Produkt aus Luftdichte ρ und dem Abstand r ist die flächenbezogene Luftmasse (Flächenbelegung) der Luft zwischen

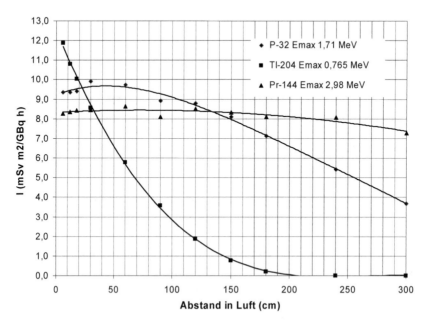

Fig. 13.4: Äquivalentdosisleistungsfunktionen I nach Gl. (13.27) in Luft für drei nicht abgeschirmte oder gekapselte reine punktförmige Betastrahler (^{204}Tl mit der maximalen Betaenergie von 0,765 MeV, ^{32}P mit der maximalen Betaenergie von 1,71 MeV und ^{144}Pr mit 2,98 MeV). In Anlehnung an Daten aus [SSK 43].

Strahler und Aufpunkt, die die Betateilchen bereits abbremst. Klinisch übliche Nuklide unterscheiden sich durch die maximale Betaenergie im Betaspektrum. Äquivalentdosisleistungen als Funktion des Abstandes in Luft sind in [SSK 43] grafisch und tabellarisch dargestellt.

Drei typische Abstandsverläufe der Äquivalentdosisfunktion I für zwei hochenergetische (^{144}Pr, ^{32}P) und einen niederenergetischen Betastrahler (^{204}Tl) zeigt (Fig. 13.4). Einen Überblick über die Abstandsfunktion gibt (Tab. 13.8) für eine Reihe von Betastrahlern mit zunehmender maximaler Betaenergie. Aus diesen Werten berechnete Dosisleistungen als Funktion des Abstandes Strahler-Luft zeigt (Fig. 13.5) für alle in (Tab. 13.8) aufgeführten Betastrahler. Deutlich ist die mit zunehmender Luftschichtdicke und kleiner werdender maximaler Betaenergie über das Abstandsquadratgesetz hinausgehende Dosisleistungsminderung zu erkennen.

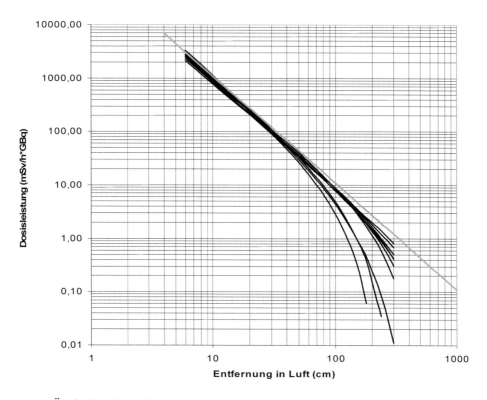

Fig. 13.5: Äquivalentdosisleistungen von Betastrahlern unterschiedlicher Energie als Funktion des Abstandes in Luft nach Gl. (13.27) für die in Tab. (13.4) aufgeführten Betastrahler (Kurven von unten nach oben zunehmende maximale Betaenergie). In Anlehnung an Daten aus [SSK 43]. Die graue Gerade deutet den Verlauf der Dosisleistungsfunktion ohne Abbremsung der Betas durch die Luft zwischen Strahler und Messort an. Sie entspricht dem reinen Abstandsquadratgesetz.

	Radionuklid: E_{max} **(MeV)**				
Abstand	**Tl-208**	**Au-198**	**Bi-210**	**Na-24**	**Y-91**
r(cm)	**0,765**	**0,96**	**1,16**	**1,39**	**1,54**
6	11,9	11,9	11,9	10,1	9,7
12	10,8	11,2	10,9	10,1	9,6
18	10,0	10,7	10,4	10,0	9,7
30	8,6	9,9	9,0	9,9	9,0
60	5,8	7,6	6,8	10,1	9,0
90	3,6	5,6	5,0	8,9	8,1
120	1,9	3,7	3,5	8,1	7,8
150	0,8	2,3	2,3	6,8	7,0
180	0,2	1,3	1,5	5,5	6,2
240	0,0	0,2	0,5	3,3	4,4
300	0,0	0,0	0,1	1,6	2,8

	P-32	**Rb-86**	**Ga-68**	**Y-90**	**Pr-144**
r (cm)	**1,71**	**1,77**	**1,89**	**2,28**	**2,98**
6	9,4	9,7	7,6	9,0	8,3
12	9,4	9,5	7,9	8,9	8,4
18	9,4	9,4	8,1	8,7	8,4
30	9,9	9,0	8,2	8,8	8,5
60	9,7	8,6	8,3	8,6	8,6
90	8,9	8,1	8,1	8,9	8,1
120	8,8	7,5	8,2	8,4	8,5
150	8,1	7,0	7,7	8,1	8,3
180	7,1	6,5	7,1	7,8	8,1
240	5,4	5,1	5,8	6,9	8,1
300	3,7	3,8	4,6	6,0	7,3

Tab. 13.8: Numerische Werte der Abstandsfunktion I in Luft nach (Gl. 13.27) berechnet mit Daten aus [SSK 43]. Die Energieangaben entsprechen den maximalen Betaenergien im ungefilterten Betaspektrum und ohne Kapselungen der Strahler.

In 5 m Entfernung sind die Betas auch hochenergetischer Betastrahler in Luft völlig abgebremst. Da die meisten klinischen oder technischen Betastrahler entweder gekapselt sind, oder sich bei der Applikation in Glasampullen, Spritzen oder Ähnlichem befinden, wird die Betaenergie durch die umgebenden Materialien bereits deutlich herabgesetzt oder die Betas werden sogar in der Hülle schon bis zum Stillstand abgebremst. Dies führt zu deutlich verminderten Reichweiten in Luft. Sind die Betastrahler keine idealen Punktstrahler bzw. gekapselt, werden in den Behältnissen auch Betas zurückgestreut und erhöhen auf diese Weise die Dosisleistungen in der Bezugsrichtung. Außerdem entstehen in den Hüllen je nach Material schwache Bremsstrahlungsfelder. Weiche Betastrahler wie ^{131}I oder ^{204}Tl zeigen aber außerhalb der Transportbehälter kein signifikantes Betastrahlungsfeld mehr.

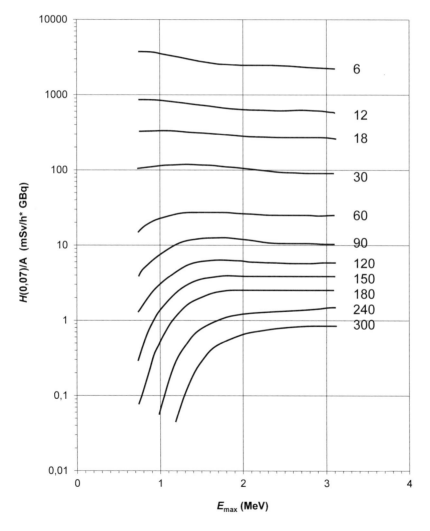

Fig. 13.6: Berechnete Äquivalentdosisleistungen von Betapunktstrahlern als Funktion der maximalen Betaenergie E_{max} für unterschiedliche Abstände Quelle-Messort in Luft (nach [SSK 43]). Die Entfernungsangaben rechts sind in cm. Auffällig ist die Abnahme der Dosisleistungen für kleine Betaenergien bei großen Messabständen.

13.2.2 Dosisleistungen für Beta-Linien- und Beta-Flächenstrahler

Bei der Bestimmung der Dosisleistungen von Linien- oder Flächenstrahlern treten eine Reihe weiterer Probleme auf, die die formelmäßige Darstellung sehr erschweren. Einer der Gründe ist das durch die Strahlerausdehnung nicht mehr streng gültige Abstandsquadratgesetz. Die Dosisleistung in einer bestimmten Messentfernung muss in Fällen ausgedehnter Strahlenquellen durch Integration über die Ausdehnungen der Linien- oder Flächenquelle (l bzw. F) berechnet werden (Fig. 13.7). Das Ergebnis einer solchen Integration über eine Linienquelle zeigt (Fig. 13.8). Für Linienstrahler ist danach bei Abständen, die fünf Mal größer als die maximale Quellenausdehnung l sind, das Abstandsquadratgesetz mit einem Fehler < 0,3% anwendbar. Bei Flächenquellen beträgt der Fehler maximal 0,5%. Soll die Dosisleistung von linienförmigen oder flächenförmigen Betastrahlern mit der "Punktquellengleichung" (13.27) abgeschätzt werden, ist daher darauf zu achten, dass der minimal zu verwendende Abstand mindestens dem 5-fachen Wert der Quellenausdehnung (Strahlerlänge bzw. Flächendurchmesser) entspricht.

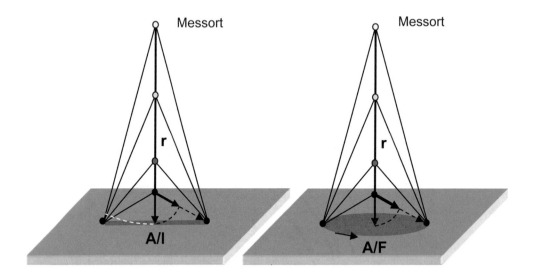

Fig. 13.7: Geometrische Verhältnisse bei Linienstrahlern und Flächenquellen: Der Zentralabstand r zwischen Strahlermitte und Messort muss bei ausgedehnten Strahlern und homogener Aktivitätsbelegung durch ein Integral der Abstände über die Strahlerlänge bzw. Strahlerfläche ersetzt werden. Der Abstand zu mittennahen Punkten der Strahler erfährt relativ größere Änderungen als periphere Punkte bei einer Veränderung des Bezugsabstandes r. Dadurch kommt es vor allem im Nahbereich der Strahler zu deutlichen Abweichungen vom Abstandsquadratgesetz für die Dosisleistungen.

Für ausreichend große Entfernungen vom Strahler kann der Formalismus für Punkt-strahler (Gl. 13.27) also mit vernachlässigbaren Fehlern verwendet werden.

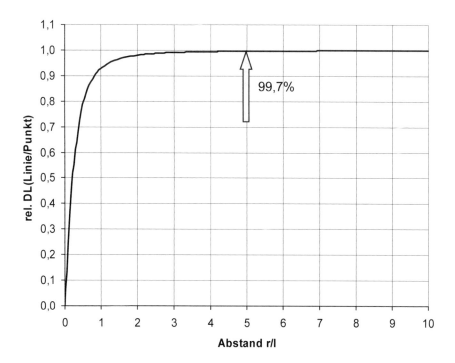

Fig. 13.8: Verhältnis der Äquivalentdosisleistungen eines Linienstrahlers und einer Punktquel-le mit gleichen Aktivitäten und homogener Aktivitätsverteilung als Funktion des Abstandes *r* in Einheiten der Quellenlänge *l*. Ab der 5fachen Entfernung ist die rela-tive Abweichung der Dosisleistungen Linienquelle zu Punktquelle kleiner als 0,3%, für Flächenstrahler beträgt die Abweichung weniger als 0,5%, wenn die maximale Ausdehnung der Flächenquelle als Bezugsgröße verwendet wird.

Bei kleineren Messabständen ist man auf andere Verfahren angewiesen. Der häufigste Fall ausgedehnter Betastrahler ist die Untersuchung kontaminierter Flächen unter-schiedlicher Ausdehnungen. Die Aktivität von Flächenstrahlern wird üblicherweise als flächenspezifische Aktivität A/F - z. B. in der Einheit Bq/cm^2 - angegeben. Oft sind die Strahlerdurchmesser mit der Messentfernung vergleichbar oder sogar größer. Bei flächenhaften Betastrahlern gilt dann wie oben ausgeführt bei geringen Abständen das Abstandsquadratgesetz nicht exakt. Die Abweichungen vom Abstandsquadratgesetz können versuchsweise mit einer modifizierten Äquivalentdosisleistungsfunktion I_F berücksichtigt werden, die wie die Punktquellenfunktion I von der maximalen Beta-energie und der Luftflächenbelegung, zusätzlich aber auch von der Fläche F des Strahlers abhängt (Gl. 13.28). Werte dieser Flächen-Äquivalentdosisleistungsfunktionen I_F könnten durch Computersimulationen oder experimentell bestimmt werden.

$$\dot{H} = \frac{I_F(E_{max}, \rho \cdot r, F)}{r^2} \cdot \frac{A}{F} \qquad (13.28)$$

Wegen der komplizierten Abhängigkeiten der Dosisleistungen von Betaflächenstrahlern von der maximalen Betaenergie und der Strahlerausdehnung werden für die praktische Arbeit besser experimentelle Dosisleistungsbeschreibungen bevorzugt.

Ein zusätzliches Problem bei ausgedehnten Strahlern ist die Veränderung der Ortsdosisleistungen wegen der Elektronenrückstreuung durch das Material der kontaminierten Fläche. So finden sich je nach Ordnungszahl der Flächen Erhöhungen des Rückstreubeitrages, die bei hohen Ordnungszahlen bis zu 25% Prozent im Vergleich zu Aluminiumträgern betragen können. Ausführliche Daten dazu und weitere Erläuterungen finden sich in [SSK 43].

13.2.3 Dosisleistungen in betakontaminierten Luftvolumina

Sollen Dosisleistungen innerhalb kontaminierter Luftvolumina beschrieben werden, benötigt man die volumenspezifische Aktivität A/V. Da die Massenbelegungen von Luft von den klimatischen Bedingungen wie Luftdruck, Luftfeuchte und Temperatur abhängig sind, müssen diese Randbedingungen bei Messungen, wie in der Dosimetrie üblich, natürlich beachtet werden. Aus den bereits oben erwähnten Gründen sind die Dosisleistungen auch bei kontaminierten Luftvolumina durch Abbremsung der Betateilchen wieder energieabhängig. Die folgende Abbildung (Fig. 13.9) zeigt eine für die praktische Arbeit gut geeignete Zusammenstellung experimenteller Dosisleistungsfaktoren (nach [SSK 43]).

Für Betastrahler mit verschiedenen Partialspektren oder Nuklidmischungen unterschiedlicher Maximalenergien in den Spektren überschätzt eine Berechnung der Dosisleistungen mit der maximalen Betaenergie aus der Volumenaktivität nach (Fig. 13.9) die tatsächlichen Ergebnisse. Besser ist dann die Berechnung mit einer Wichtung der einzelnen Spektren mit den partiellen Zerfallsraten nach der folgenden Gleichung (13.29).

$$\dot{H}'(0,07) = \sum_i p_i \, \dot{H}'_i(0,07) \qquad (13.29)$$

Bei Luftvolumina, deren größte Abmessungen kleiner sind als die doppelte maximale Reichweite der Betateilchen, verlassen einige Betateilchen das Bezugsvolumen mit signifikanten Restenergien. Werden unter solchen Bedingungen die Werte aus (Fig. 13.9) zur Dosisleistungsberechnung herangezogen, führt dies deshalb zu einer volumenabhängigen Überschätzung der berechneten Ortsdosisleistungen. Für Strahlenschutzzwecke erhält man dann konservative Abschätzungen der tatsächlichen Dosisleistungen und befindet sich somit auf der "sicheren Seite".

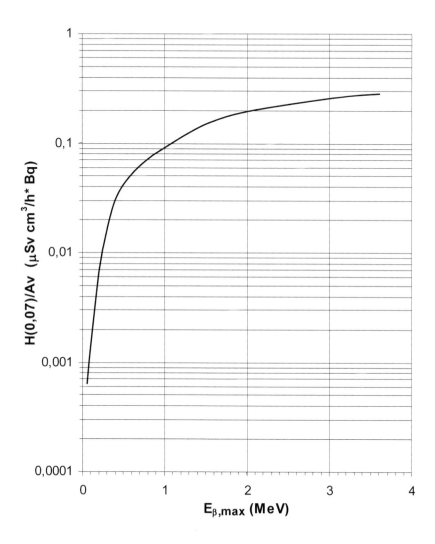

Fig. 13.9: Ortsdosisleistungen $\dot{H}'(0,07)$ innerhalb kontaminierter Luftvolumina für Betastrahler unterschiedliche Maximalenergie in Anlehnung an Daten aus [SSK 43]. Die Dosisleistungswerte sind für eine Wassertiefe von 0,07 mm angegeben.

13.2.4 Umrechnung der Ortsdosen in Körperdosen für Betastrahler*

Wegen der geringen Reichweiten typischer Betastrahler in menschlichem Gewebe von wenigen Millimetern können die Ortsdosen $H'(0,07)$ in den meisten Fällen unmittelbar als Körperdosis verwendet werden. Die einzigen Körperdosen sind die Dosen in der Basalschicht der Haut und gegebenenfalls in der Augenlinse in 3 mm Tiefe. Die Bezugstiefe für die Hautdosis ist wie oben ausgeführt ja gerade die Tiefe von 0,07 mm, so dass die Ortsdosis bei senkrechtem Einfall der Betas auf den Körper auch unmittelbar die Basalschichtdosis angibt. Befindet sich die exponierte Haut hinter einer die Betas abbremsenden Schicht wie beispielsweise bei bekleideten Hautpartien, werden die Betas vor Erreichen der Basalschicht mehr oder weniger abgebremst.

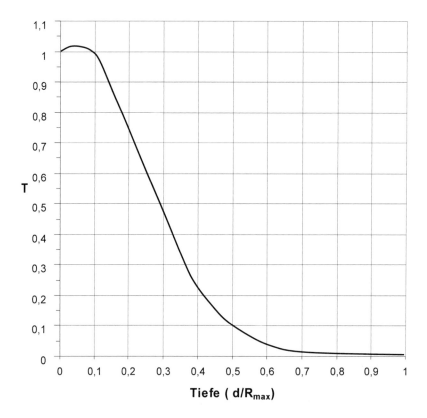

Fig. 13.10: Transmissionsfaktoren T nach (Gl. 13.30) als Funktion der Vorschaltdicke d eines durchstrahlten Materials zur Abschätzung der Körperdosen in der Basalschicht aus den unabgeschirmten Ortsdosisleistungen eines Betastrahlenbündels. Die Materialstärke d ist in Einheiten der maximalen Reichweite R_{max} spezifiziert (nach [SSK 43]).

Die Schichtdicke bis zum völligen Abbremsen der Betateilchen entspricht gerade der maximalen Reichweite R_{max} im vorgeschalteten Material. Die Verwendung der Ortsdosis überschätzt dann die tatsächliche Exposition der Haut. Bei ausreichender Materialstärke können die Betas die Haut nicht mehr erreichen, so dass die die Basalschicht exponierende Dosis Null ist. In allen anderen Fällen kann man die Dosisreduktion näherungsweise mit den so genannten Transmissionsfaktoren T bestimmen. Diese

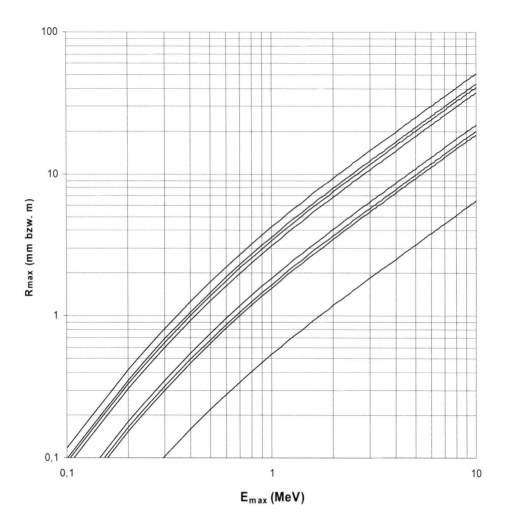

Fig. 13.11: Maximale Reichweiten von Betastrahlung in Materialien unterschiedlicher Dichten berechnet nach (G. 13.31). Die Reichweiten sind in mm, für Luft in m angegeben. Die Materialien sind von oben nach unten: Wasser ($\rho = 1,0$ g/cm^3), Plexiglas ($\rho = 1,18$ g/cm^3), Luft ($\rho = 0,00125$ g/cm^3), PVC ($\rho = 1,0$ g/cm^3), Beton ($\rho = 1,0$ g/cm^3), Glas ($\rho = 2,55$ g/cm^3), Aluminium ($\rho = 2,699$ g/cm^3) und Eisen ($\rho = 7,9$ g/cm^3).

Transmissionsfaktoren sind das Verhältnis der Dosen oder Dosisleistungen $H'_d(0,07)$ hinter einem Absorber der Dicke d zur unabgeschirmten Ortsdosis $H'_0(0,07)$.

$$T = \frac{H'_d(0,07)}{H'_0(0,07)} \qquad (13.30)$$

Diese berechneten Transmissionsfaktoren werden entweder in Einheiten der linearen maximalen Reichweiten R_{max} (s. Fig. 13.10) oder aus praktischen Gründen für die Massenreichweiten, also als Produkte aus maximaler Reichweite und der Dichte des Absorbers ($R_{max} \cdot \rho$) angegeben. Maximale Reichweiten (in cm) bei Betaspektren mit einem Zerfallszweig und einer Zerfallsenergie kann man nach der folgenden Näherungsformel aus der maximalen Betaenergie (in MeV) berechnen (s. Fig. 13.11).

$$\rho \cdot R_{max} = -0,11 + \sqrt{0,0121 + (E_{\beta,max} / 1,92)^2} \qquad (13.31)$$

Beispiel 13.3: Berechnung der maximalen Reichweite von Sr-90-Betateilchen in Wasser. *Sr-90 zerfällt mit einer Halbwertzeit von 28,64 Jahren über einen β^--Zerfall in Y-90. Die maximale Betaenergie dieser Betaumwandlung beträgt 0,55 MeV. (Gl. 13.31) ergibt mit der Dichte von Wasser ($\rho = 1$ g/cm³) eine maximale Reichweite von 0,197 cm, also knapp 2 mm. Die Betateilchen durchsetzen also die Hornzellschicht der Haut und müssen bei Strahlenexpositionen der Haut beachtet werden. Das Tochternuklid des Sr-90-Zerfalls ist das Y-90. Es ist ebenfalls ein Beta-minus-Strahler mit einer Halbwertzeit von 64 h aber einer wesentlich höheren maximalen Betaenergie von 2,28 MeV. (Gl. 13.31) ergibt hierfür in Wasser eine maximale Reichweite von 1,08 cm. Das Tochternuklid des Sr-90-Zerfalls ist also dominierend bei Personenexpositionen. Eine geeignete Abschirmung besteht aus einem Sandwich aus 1 cm Plexiglas und einer Zusatzabschirmung für die im Plexiglas entstandene Bremsstrahlung.*

Beispiel 13.4: Berechnung der Transmissionsfaktoren für die Radionuklide Sr-90 und Y-90 durch eine 0,5 cm dicke Wasserschicht. *Die maximale Reichweite der Sr-90-Betas in Wasser beträgt nach Beispiel (13.3) nur 0,2 cm. Das Verhältnis von Materialdicke und maximaler Reichweite ist deshalb 0,5/0,2 = 2,5. (Fig. 13.10) weist einen Transmissionsfaktor um $T = 0$ aus, wie auch nicht anders zu erwarten ist. Das Tochternuklid hat nach Beispiel (13.3) eine maximale Reichweite von 1,08 cm. Das Verhältnis d/R_{max} beträgt jetzt 0,5/1,08 = 0,463. Als Transmissionsfaktor erhält man für die hochenergetischen Betas aus dem Y-90-Zerfall aus der Grafik (13.10) den Wert von $T = 0,15$.*

13.3 Dosisfaktoren bei Hautkontaminationen

Bei Arbeiten mit offenen Radionukliden kann es leicht zu Kontaminationen der Hautoberfläche kommen. Als kritisches Volumen wird dabei die Basalschicht der Haut angenommen. Die Dicke der Epidermis ist abhängig von der Körperregion. So befindet sich die Basalschicht an wenig beanspruchten Stellen wie am Schädel, am Körperstamm, an Oberarmen und Hüften in einer Tiefe ca. 40 μm, an den Innenflächen der Hände und den Fußsohlen dagegen deutlich tiefer bei 0,5 bis 1 mm. International wird eine mittlere Basalschichttiefe von 70 μm unterstellt. Daher rührt die Vorschrift, für Strahlenschutzzwecke die Körperdosis $H'(0,07)$ zu verwenden.

Hautkontaminationen können je nach Radionuklid zu Strahlenexpositionen durch Alpha-, Beta-, Gammastrahlung oder Neutronen führen. Es sind auch Expositionen mit Spaltfragmenten denkbar. Die Kontaminationen sind abhängig von der flächenspezifischen Aktivität und dem Radionuklid oder Radionuklidgemisch. Im Strahlenschutz wird außerdem nach großflächigen (typisch 100 cm^2) und kleinflächigen (typisch 1 cm^2) Kontaminationen unterschieden. Punktförmige Kontaminationen sollen wie kleinflächige Kontaminationen behandelt werden, die Aktivität und die daraus entstehende Hautdosen sollen also über eine Fläche von 1 cm^2 gemittelt werden.

Zur Berechnung der Hautdosen verwendet man nuklidspezifische theoretisch berechnete Hautdosisleistungsfaktoren, die pro Flächenaktivität angegeben werden. Die Dosis $H'(0,07)$ aus einer Hautkontamination nach einer bestimmten Expositionszeit ist proportional zur flächenbezogenen Aktivität, zum Hautdosisleistungsfaktor und zum Integral über die Expositionszeit. Sie wird mit folgender Formel berechnet:

$$H'(0,07) = A_{F,0} \cdot I_c \cdot \frac{1}{\lambda}(1 - e^{-\lambda \cdot t}) \qquad (13.32)$$

In dieser Gleichung bedeutet $A_{F,0}$ die flächenbezogene Aktivität auf der Haut, I_c den Dosisleistungsfaktor, λ die Zerfallskonstante des betrachteten Radionuklids und t die Expositionsdauer. Typische Einheiten sind Dosisangaben in μSv, Flächenaktivitätsangaben in Bq/cm^2, Stunden (h) für die Expositionsdauer und reziproke Stunden (h^{-1}) für die Zerfallskonstanten. Sind die Halbwertzeiten des Radionuklids wesentlich größer als die Expositionsdauern t, vereinfacht sich (Gl. 13.32) wegen der im Expositionszeitraum nahezu konstanten Aktivität $A_{F,0}$ zu

$$H'(0,07) = A_{F,0} \cdot I_c \cdot t \qquad (13.33)$$

Die Dosisleistungsfaktoren unterscheiden sich je nach Zerfallsart des betrachteten Radionuklids und der kontaminierten Fläche (groß- bzw. kleinflächig). Da die Dosen abhängig sind von den Reichweiten und dem LET der die Haut exponierenden Teilchen, entstehen bei gleichen Aktivitäten wegen der unterschiedlichen Ionisationsdichten und der damit verbundenen Energieabsorptionen die höchsten Dosen bei Teilchen geringer Reichweite. Die Größe der I_c-Faktoren nimmt daher ab von den höchsten Werten bei Spaltfragmenten über die Alphateilchen, Betas zur locker ionisierenden Photonenstrahlung. Die I_c-Faktoren werden deshalb je nach Teilchenart spezifiziert. Für den Sonderfall, dass bei einem Zerfall verschiedene Teilchen simultan emittiert werden, kann man den I_c-Faktor als Summe über die einzelnen partiellen $I_{c,i}$-Faktoren für die beteiligten Strahlenarten beschreiben.

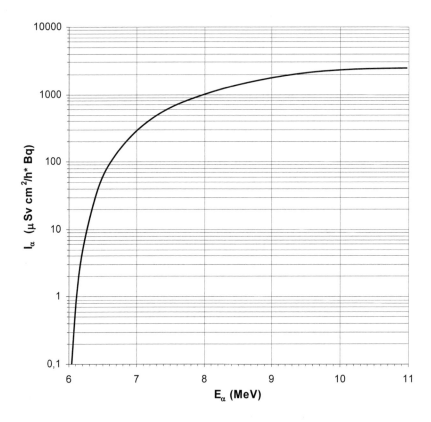

Fig. 13.12: Hautdosisleistungsfaktoren $I_{c,\alpha}$, also die auf die Flächenaktivität bezogenen Haut-
dosisleistungen, bei einer großflächigen Kontamination der Haut mit Alphastrah-
lung als Funktion der Energie der Alphateilchen. Alphaenergien unterhalb 6 MeV
sind nicht aufgeführt, da solche Alphateilchen wegen ihrer geringen Eindringtiefe
nicht zur Dosis in 0,07 mm Tiefe beitragen (nach [Heinzelmann 1996-2], in Anlehnung an eine Darstellung in [SSK 43]).

$$I_c = \sum_i I_{c,i} \qquad (i = \alpha, \beta, \gamma, n, f) \tag{13.34}$$

Alphastrahlung spielt wegen der geringen Reichweiten der Alphas in der Bezugstiefe
von 0,07 mm nur bei sehr hochenergetischen Teilchen eine Rolle. Alphas mit Energien unterhalb 6 MeV exponieren bei einer unterstellten Schichtdicke von 0,07 mm
nur die Hornzellschicht der Haut und tragen deshalb nicht zur H'(0,07) bei (s. Fig.
13.12). Bei Kontaminationen mit 1 Bq/cm² hochenergetischer Alphastrahler sind allerdings schon Dosisleistungen bis 1 mSv/h pro cm² zu erwarten.

Der in der Praxis häufigste und von der Dosis her wichtigste Fall für eine Hautdo-
sisentstehung ist die Kontamination mit Betastrahlung (Fig. 13.13). Die berechneten

Dosisleistungsfaktoren liegen bei Betas mit maximalen Energien unter 1 MeV typisch bei 1-2 μSv·cm^2/(h·Bq), bei hochenergetischen Betaspektren werden auch $I_{c,\beta}$-Werte von 3 μSv·cm^2/(h·Bq) erreicht. Die Bedeutung des Zahlenwertes dieser Faktoren wird klar, wenn man die Hautdosis für eine im nuklearmedizinischen Alltag nicht unübliche Hautkontamination von 1 MBq/cm^2 ^{131}I berechnet. Für ^{131}I ($E_{\beta,max}$ = 0,6 – 0,8 MeV) erhält man aus (Fig. 13.13) einen $I_{c,\beta}$-Faktor um 1,4 μSv·cm^2/(h·Bq) und eine zu erwartende Hautdosisleistung von 1,5 Sv/h. Die dem Betazerfall des Jods folgende Gammastrahlung des Tochternuklids ^{131}Xe spielt vom Dosisleistungsfaktor nur eine untergeordnete Rolle.

Die durch Photonenstrahlungen erzeugten Hautdosen sind wegen der geringeren Ionisationsdichte typisch um zwei Größenordnungen kleiner als die der kurzreichweitigen Betateilchen. Für einen reinen Gammastrahler mit 100 keV Photonenenergie erhält man einen Dosisleistungsfaktor um 10^{-2} μSv·cm^2/(h·Bq).

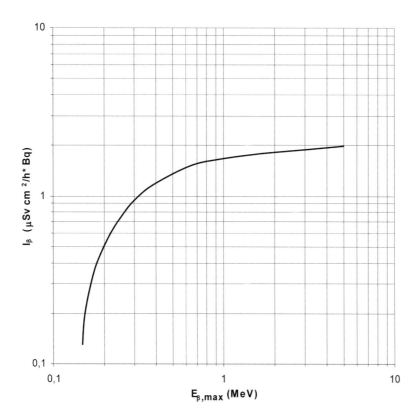

Fig. 13.13: Hautdosisleistungsfaktoren $I_{c,\beta}$ bei einer großflächigen Kontamination der Haut mit Betastrahlern als Funktion der maximalen Betaenergie (nach [Cross 1992] und [SSK 43]).

Der Verlauf der $I_{c,\gamma}$-Faktoren in (Fig. 13.14) zeigt einen sehr charakteristischen Verlauf, der durch die stark von der Photonenenergie abhängigen Schwächung und Streuung der Photonen im Gewebe und durch die Energieübergabe der durch Wechselwirkungen entstandenen Sekundärelektronen und deren Reichweiten geprägt ist. Bei sehr niedrigen Photonenenergien erreichen die Photonen die Basalschicht nicht, es entsteht deshalb auch kaum eine Dosisleistung. Mit zunehmender Energie nehmen die $I_{c,\gamma}$-Werte bis zu einem Maximum um 8 keV zu. Die in diesem Bereich entstehenden Sekundärelektronen werden lokal bis zum Stillstand abgebremst und übertragen deshalb ihre gesamte Bewegungsenergie am Entstehungsort. Anschließend sinkt wegen der maximalen Photonenstreuung in diesem Energiebereich bis zu Photonenenergien um 80 keV der Dosisleistungsfaktor ab. Mit weiter zunehmender Photonenenergie erhöht

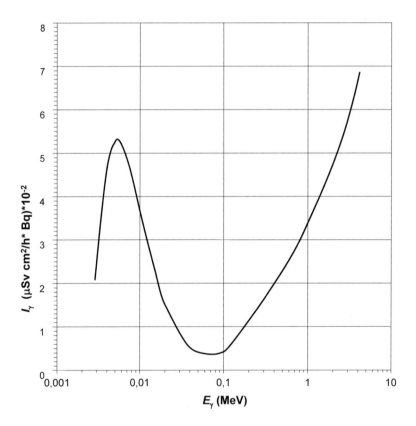

Fig. 13.14: Hautdosisleistungsfaktoren $I_{c,\gamma}$ bei punktförmiger Kontamination der Haut mit Gammastrahlern als Funktion der Photonenenergie [Heinzelmann 1996-1], exakte Werte s. Anhang (Tab. 24.18).

sich wegen der anwachsenden Sekundärelektronenenergie und der damit verbundenen zunehmenden Reichweiten der Sekundärelektronen der Dosisbeitrag rückgestreuter Elektronen und Photonen aus der Tiefe des Gewebes zur Basalschicht. Bei den Berechnungen der Photonenfaktoren werden üblicherweise die Beiträge der Konversionselektronen mit berücksichtigt, die in einigen Fällen die unerwartet hohen $I_{c,\gamma}$-Werte plausibel machen.

Bei den Computerberechnungen der totalen I_c-Faktoren für konkrete Radionuklide mit unterschiedlichen Zerfallszweigen und Zerfallsarten sind die partiellen $I_{c,i}$-Faktoren durch die unterschiedlichen Alphaenergien und Betaspektren bei mehreren Beta-Zerfallszweigen sowie eventuell auch mehrere konkurrierende Gammaemissionen berücksichtigt. Zur Berechnung werden also die einzelnen partiellen Hautdosisleistungsfaktoren in einer mit den für die einzelnen Zerfallszweige zugehörigen relativen Zerfallswahrscheinlichkeiten p_k gewichteten Summe berechnet. So erhält man beispielsweise für mehrere "beteiligte" Betazerfallszweige "k" für $I_{c,\beta}$ die Beziehung:

$$I_{c\beta} = \sum_k p_k \cdot I_{c\beta,k} \tag{13.35}$$

Der häufigste Fall solcher "Mischfelder" sind kombinierte Beta-Gamma-Strahler, die eventuell auch mehrere Photonenenergien oder Betaspektren aufweisen können.

Liegen Radionuklidgemische mit unterschiedlichen Nukliden "j" vor, müssen zur Berechnung der Hautdosis die nuklidspezifischen Einzelflächenaktivitäten $A_{F,j}$ bekannt sein. Die Berechnungen werden dann bei bekannter Gesamtaktivität A_F aus der mit den relativen Teilaktivitäten berechneten Summe über die $I_{c,j}$ berechnet.

$$I_c = \frac{1}{A_F} \cdot \sum_j A_{F,j} \cdot I_{c,j} \tag{13.36}$$

Im Tabellenanhang (Tab. 24.18) findet sich eine Auflistung der I_c-Faktoren für die wichtigsten Radionuklide des radiologischen Alltags, in der - anders als in den Fign. (13.12 - 13.14) - alle möglichen Zerfallszweige und Strahlenarten nuklidspezifisch berücksichtigt sind.

Bei Alphas und Betastrahlung sind die Dosisleistungsfaktoren weitgehend unabhängig von der Größe der kontaminierten Hautfläche. Bei Photonenstrahlung verringern sich im Vergleich zur großflächigen Kontamination wegen der abnehmenden Streubeiträge die Dosisleistungsfaktoren erheblich. Üblicherweise wird das Verhältnis der Hautdosen bei großflächiger Kontamination zur Dosis bei Punkt-Kontamination als Korrekturfaktor k_F angegeben.

$$k_F = \frac{H_F}{H_P} \tag{13.37}$$

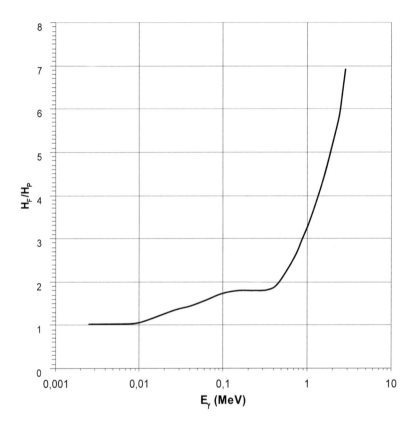

Fig. 13.15: Korrekturfaktoren k_F nach (Gl. 13.37) als Funktion der Photonenenergie zur Abschätzung der Dosisleistungsfaktoren für kleinflächige Photonenkontaminationen aus den Faktoren I_c für Photonenstrahlungen (nach [Heinzelmann 1996-1], [SSK 43]).

Mit Hilfe der k_F-Faktoren kann aus den $I_{c,\gamma}$-Faktoren im Anhang die Kontamination bei kleinflächigen Kontaminationen abgeschätzt werden. Für Punktkontaminationen oder Kontaminationen mit "heißen Teilchen" werden dazu die "großflächigen" $I_{c,\gamma}$-Faktoren für Photonenstrahlungen verwendet und durch den k_F-Faktor geteilt. Bei kleinflächigen Kontaminationen mit Flächen größer als 1 cm^2 kann man mit Hilfe des k_F-Faktors den maximalen Überschätzungsfaktor bei der Hautdosisberechnung abschätzen.

13.4 Dosisfaktoren bei Radionuklidinkorporation

Zu Berechnung von Organäquivalentdosen oder Effektiven Dosen durch inkorporierte Radionuklide benötigt man Kenntnisse über deren biochemische Eigenschaften, die Resorption und Verteilung der Radionuklide im Körper, den Stoffwechsel einschließlich den Ausscheidungsfunktionen oder den organspezifischen Anreicherungen. Zur Berechnung der Verweildauern und Wirkungszeiten im Körper benötigt man Informationen über die effektiven Halbwertzeiten der Radionuklide. Zur Beurteilung der Strahlenwirkungen müssen wie bei den Organäquivalentdosen aus perkutaner Strahlung wieder die Strahlungswichtungsfaktoren w_R, zur Berechnung der Effektiven Dosen die Organwichtungsfaktoren w_T berücksichtigt werden.

Expositionen durch Radionuklide unterscheiden sich auch nach dem Zeitmuster der Inkorporation. Man unterscheidet dabei die kontinuierliche Inkorporation oder die Inkorporation durch Einmalzufuhr. Beispiele für die kontinuierlichen Inkorporationen sind die Expositionen durch deponierte oder natürliche Radionuklide in der natürlichen oder zivilisatorischen Umwelt, die zu einer langfristigen Aktivitätszufuhr und einer stetigen Exposition der inneren Organe führen können. Ein Beispiel für eine Einmalzufuhr ist die nuklearmedizinische Verabreichung von Radiopharmaka für Patienten wie bei den Szintigrammen oder der Schilddrüsentherapie mit radioaktivem Jod.

Die Verteilung, die Ausscheidungsraten und die organspezifischen Anreicherungen hängen zusätzlich vom Inkorporationsweg ab. So finden sich je nach Radionuklid deutliche Unterschiede in den erzeugten Dosiswerten bei Inhalation oder Ingestion. Radionuklide können auch über Hautwunden oder selbst die intakte Haut inkorporiert werden. Bei der Inhalation von Radionukliden kommt es zusätzlich auf die chemische und physikalische Form der Aerosole oder der sonstigen Formen an. Dies wird durch Angabe von Retentionsklassen berücksichtigt.

Aus allen diesen Daten werden die so genannten Organfolgedosen oder die effektive Folgedosis berechnet. Als Organfolgedosis bezeichnet man das Zeitintegral der Organdosisleistungen im untersuchten Gewebe bzw. Organ T über die Expositionszeit τ, die durch eine Inkorporation zum Zeitpunkt t_0 entstanden sind.

$$H_T(\tau) = \int_{t_0}^{t_0+\tau} \dot{H}_T(t)dt \qquad (13.38)$$

Falls der Zeitraum τ nicht explizit spezifiziert wird, schreibt die Strahlenschutzverordnung für Erwachsene den Zeitraum von 50 Jahren, für Kinder zusätzlich zum aktuellen Alter einen Zeitraum von 70 Jahren vor. Die effektive Folgedosis $E(\tau)$ wird dann als gewichtete Summe der Organfolgedosen berechnet. Dabei sind die üblichen Organwichtungsfaktoren w_T zur Berechnung der Effektiven Dosis zu verwenden.

$$E(\tau) = \sum_T w_T \cdot H_T(\tau) \tag{13.39}$$

Bei vielen Radionukliden kommt es auf Grund des Stoffwechselverhaltens zu einer gleichmäßigen Exposition der strahlenschutzrelevanten Organe. Bei anderen Nukliden werden dagegen selektive Expositionen einzelner Organe festgestellt. Besonders markante Beispiele sind die Expositionen der Schilddrüse bei Inkorporation von Radionukliden des Jods oder die von Leber, Milz und Nieren beim ^{210}Po. Inkorporationsfaktoren sind für alle bekannten Radionuklide in einem Report der Internationalen Strahlenschutzkommission zusammengefasst [ICRP 72]. Sie werden auf die zugeführte Aktivität bezogen und berücksichtigen die unterstellten Folgezeiten von 50 bzw. 70 Jahren. Auszugsweise finden sich solche Faktoren für Ingestion und Inhalation für die wichtigsten Radionuklide im Anhang (Tab. 24.19). Bei den dort tabellierten Organdosisfaktoren sind nur solche Organe explizit aufgeführt, die erhebliche Anreicherungen gegenüber anderen Organen aufweisen.

Die Organdosen bzw. Effektiven Dosen werden mit diesen vorkalkulierten aktivitätsspezifischen Faktoren I_{org} und I_{eff} nach einem vereinfachten Verfahren berechnet. Die Organdosen erhält man aus der inkorporierten Aktivität zu:

$$H_T = I_{org} \cdot A \tag{13.40}$$

Die Effektiven Dosen berechnet analog man mit den entsprechenden I_{eff}-Faktoren.

$$E = I_{eff} \cdot A \tag{13.41}$$

Ein besonderer Fall ist die pränatale Strahlenexposition der Leibesfrucht durch von der Mutter inkorporierte Radionuklide. Aktuelle Reports dazu sind die Ausführungen der Internationalen Strahlenschutzkommission [ICRP 88] und [ICRP 90] sowie eine daran angelehnte Stellungnahme der deutschen Strahlenschutzkommission SSK von 2004 [SSK 2004]. In diesen Berichten werden neben den möglichen Wirkungen auf den Embryo vor oder nach der Implantation und den Fetus auch Modellüberlegungen und deren Ergebnisse für das praktische Verhalten bei Expositionen der gebärfähigen berufstätigen bzw. schwangeren Frauen diskutiert.

Zusammenfassung

- Betastrahlungen sind nicht monoenergetisch sondern weisen kontinuierliche Energiespektren auf.

- Soll das gleiche Konzept wie bei Photonenstrahlern auch für Betastrahler eingesetzt werden, müssen die Dosisleistungskonstanten daher durch Äquivalentdosisleistungsfunktionen ersetzt werden, die Form dieser Energiespektren, die Energieminderung der Betas in Abhängigkeit vom Abstand Strahler-Aufpunkt, dem Luftdruck und der maximalen Betaenergie berücksichtigen.

- Zur Berechnung der Betadosisleistungen von Linien- oder Flächenstrahlern mit Hilfe des Abstandsquadratgesetzes muss darüber hinaus sichergestellt sein, dass der Abstand vom Strahler mindestens 5 Strahlerabmessungen beträgt. Bei kleineren Distanzen ist das Abstandsquadratgesetz durch Linien- oder Flächenintegrale über die Ausdehnung des Strahlers zu korrigieren.

- Hautkontaminationen können aus der Flächenkontamination, also der Aktivität pro Hautfläche, und flächenbezogenen Hautdosisleistungsfaktoren abgeschätzt werden, die sich je nach Nuklid und Strahlungsart unterscheiden.

- Die höchsten Hautdosen sind wegen der begrenzten Reichweiten der Betateilchen bei Kontaminationen mit Betastrahlern zu erwarten.

- Alphateilchen haben in der Regel zu geringe Eindringtiefen, um die vitalen Schichten der Haut zu erreichen. Photonenstrahler verteilen ihre Energieabgabe dagegen auf größere Volumina, so dass die durch sie verursachten Hautdosen geringer bleiben.

- Dosisabschätzungen bei Inkorporationen von radioaktiven Strahlern werden mit Inkorporationsfaktoren für Inhalation und Ingestion beschrieben, die sich wegen der teilweise unterschiedlichen Aufnahmemechanismen und Stoffwechselvorgänge auch für ein bestimmtes Nuklid voneinander unterscheiden können. Inkorporationsfaktoren stehen für alle strahlenschutzrelevanten Organe und für die Effektive Dosis zur Verfügung.

- Die höchsten Organäquivalentdosen und Effektiven Dosen entstehen nach Inkorporation von Alphastrahlern.

Aufgaben

1. Berechnen Sie die Äquivalentdosisleistung für einen punktförmigen hochenergetischen Betastrahler (P-32) in einem halben Meter Abstand in Luft für eine Strahleraktivität von 1 GBq. Folgt die Dosisleistung auch für größere Abstände dem Abstandsquadratgesetz?

2. Erklären Sie den Verlauf der Kermaleistungskonstanten mit der Photonenenergie in Fig. (13.1).

3. Warum werden bei Berechnung der Dosisleistungskonstanten die charakteristischen Hüllenphotonenstrahlungen (charakteristische Röntgenstrahlung) mit berücksichtigt, obwohl eigentlich die Dosisleistungen für Gammastrahlung berechnet werden sollen?

4. Sie arbeiten mit einem kreisförmigen Betaflächenstrahler mit dem Radius von 0,5 cm. Ab welcher Entfernung vom Strahler gilt in ausreichender Näherung das Abstandsquadratgesetz für die Dosisleistung?

5. Ist das Abstandsquadratgesetz zur Beschreibung der Dosisleistungsvariation mit dem Abstand in Luft gültig für alle Betapunktstrahler, also unabhängig von den individuellen Radionuklideigenschaften? Erklären Sie die Kurvenverläufe in (Fig. 13.6) für eine Entfernung der Messsonde von 3 m und 6 cm vom Strahler.

6. Welchen Wert hat die Hautdosisleistung bei einer großflächigen Hautkontamination mit einem reinen Betastrahler (E_{max} = 2,28 MeV) bei einer flächenspezifischen Aktivität von 1 MBq/cm^2.

7. Warum fallen die Hautdosisleistungsfaktoren für Betas in (Fig. 13.13) zu kleinen Betaenergien so steil ab?

8. Berechnen Sie die Luftkermaleistung für die durch einen hochenergetischen Betastrahler (^{32}P) mit einer Aktivität von 1 GBq in einer Bleiabschirmung erzeugte Bremsstrahlung in 10 cm Abstand vom Strahler. Lassen Sie dabei mögliche Abschirmeffekte durch diesen Bleiabsorber außer Acht. Wie sollte ein Betastrahler korrekt gelagert werden, um eine solche Bremsstrahlungsproduktion zu minimieren?

9. Berechnen Sie die spezifische Aktivität von Po-210. Welche Masse dieses Radionuklids benötigt man, um bei Ingestion eine Effektive Dosis von 10 Sv zu erzeugen? Wie hoch ist die Effektive Dosis nach Ingestion von 1 µg Po-210?

10. Sie haben sich beim Experimentieren mit einer Ra-226-Lösung an der Hand kontaminiert. Haben Sie von den Alphateilchen dieses Radionuklids eine Strahlenwirkung auf die Basalschicht Ihrer Haut zu erwarten?

Aufgabenlösungen

1. Man erhält aus der Grafik in Fig. (13.4) für die Äquivalentdosisleistungsfunktion einen Wert von etwa 10 (mSv·m^2/GBq·h). Dies ergibt (mit Gl. 13.27) eine Äquivalentdosisleistung in 0,5 m Abstand von 40 mSv/h. Das Abstandsquadratgesetz gilt für diesen Strahler nur für Entfernungen bis etwa 1 m. Durch die Abbremsung der Elektronen in Luft wird die Dosisleistung des Betastrahlers bei großen Abständen zusätzlich vermindert. In etwa 7 m Entfernung sind alle Elektronen wegen der MeV/2-Regel nach Umrechnung auf die Luftdichte von 1,3 mg/cm^3 und der maximalen Betaenergie des P-32 (s. auch die Daten in Fig. 13.5 und Tab. 13.8) abgebremst.

2. Kermaleistungskonstanten sind proportional zum Massenenergieübertragungskoeffizienten für Photonenstrahlung und zur Photonenenergie. Sie zeigen daher einen ähnlichen Verlauf wie die Energieübertragungskoeffizienten, werden aber durch die Proportionalität zur Photonenenergie vor allem bei hohen Energien deutlich angehoben (Gl. 13.8). Vgl. dazu auch die Ausführungen in (Kap. 7.8) und die numerischen Tabellen in Anhang (24.4 – 24.6).

3. Der Grund ist die innere Konversion. Bei der Gammaemission aus Atomkernen kommt es zu einer nuklidabhängigen Rate an innerer Konversion, in deren Folge wegen der entstandenen Lücken in den Atomhüllen die charakteristische Photonenstrahlung aus den Hüllen emittiert wird. In der alten Gammastrahlenkonstanten war dieser Anteil nicht berücksichtigt worden. Es fehlte auch der Anteil an Hüllenphotonenstrahlung, der nach einem Elektroneinfangprozess entsteht.

4. Die Faustregel in (Fig. 13.8) besagt, dass ab einem Abstand, der der 5-fachen maximalen Strahlerausdehnung entspricht, das Abstandsquadratgesetz in ausreichender Näherung gilt (Fehler < 0,5%). Im vorliegenden Fall bedeutet dies eine Mindestentfernung von 5 cm.

5. Nein, das Abstandsquadratgesetz hat nur eingeschränkte Gültigkeit für Betastrahler. Der Grund ist die Abbremsung der Betateilchen im Medium Luft zwischen Strahler und Aufpunkt. Mit zunehmender Entfernung werden vor allem die weichen Anteile aus den Betaspektren völlig abgebremst, so dass zusätzlich zum geometrischen Verlauf (reines Abstandsquadratgesetz) ein von der Form und Energie der Betaspektren abhängiger Anteil aus dem Strahlenbündel entfernt wird. Vergleichen Sie dazu die Kurvenverläufe in (Fig. 13.6) oder die numerischen Werte für die Abstandsfunktion I aus (Gl. 13.27), die beide die deutliche Dosisleistungsabnahme für niedrige Betaenergien bei großen Abständen zeigen.

6. Es handelt sich um das Radionuklid ^{90}Y, einen als Folgenuklid des ^{90}Sr häufig in der Strahlungsmesstechnik eingesetzten Prüfstrahler. Aus (Fig. 13.13) entnimmt man einen Hautdosisleistungsfaktor von etwa 2,8 µSv·cm^2 Bq^{-1}·h^{-1}. Gleichung

(13.33) liefert als Hautdosisleistung einen Wert von 2,8 Gy/h. Beim Umgang mit offenen Betastrahlern müssen deshalb unbedingt Schutzhandschuhe getragen werden, die eine dauerhafte Strahlenexposition der Haut vermeiden können.

7. Wegen des speziellen Form der Betaspektren erreichen viele Betas bei kleinem $E_{beta,max}$ die vitalen Hautschichten (Basalschicht in 70 µm Tiefe) nicht mehr. Die Faktoren sind zudem nur für eine idealisierte dünne Haut berechnet. Hautregionen mit einer dickeren Hornzellschicht schirmen die Betas bereits durch ihre Hornhaut teilweise oder sogar maximal ab, wenn ihre Dicken größer sind als die maximalen Reichweiten der Betateilchen.

8. Aus den Gleichungen (13.19 und 13.22) sowie dem Wert der Dosisleistungskonstanten für ^{32}P in Tab. (13.6) berechnet man eine Dosisleistung von 0,72 mSv/h in 10 cm Abstand vom Strahler. Die korrekte Abschirmung eines Betastrahlers besteht aus einer Sandwichanordnung eines Niedrig-Z-Materials (z. B. PE, Plexiglas) zur strahlungsarmen Abbremsung der Betateilchen und einer anschließenden Kapselung mit einem Hoch-Z-Absorber zur Schwächung der geringeren Bremsstrahlungsintensität, die in diesem Niedrig-Z-Stopper entstanden ist. Die Abschätzung der Bremsstrahlungsdosisleistung für ein $Z = 7$ Material ergibt eine Ortsdosisleistung in 10 cm Entfernung von 0,061 mSv/h, also eine Reduktion der Bremsstrahlungsproduktion um mehr als einen Faktor 10.

9. Nach (Gl. 4.4) berechnet man die spezifische Aktivität des ^{210}Po ($T_{1/2} = 138,4$ d) zu $1,662 \cdot 10^{17}$ Bq/kg. Um 10 Sv Effektiver Dosis zu erzeugen, benötigt man eine Aktivität von $10~\text{Sv}/I_{eff} = 10~\text{Sv}/1,2 \cdot 10^{-6}$ (Sv/Bq) = 8,33 MBq. Ingestion von 1µg ^{210}Po erzeugt eine Effektive Dosis von 199,4 Sv. Bei Dosen in dieser Größenordnung ist die Effektive Dosis nicht das richtige Maß, da sie ja nur für stochastische Strahlenschäden definiert ist. Tatsächlich kommt es bei einer Po-Ingestion zu einer gleichmäßigen Verteilung im Körper (45%) mit erhöhten Anreicherungen in Leber (30%), Knochenmark (10%), Milz (5%) und Nieren (10%). Dosen in der Größenordnung von 200 Sv erzeugen akute Strahlenschäden in diesen Organen und im Restkörper und sind daher auf jeden Fall innerhalb weniger Tage tödlich.

10. Die erste Information, die man dazu benötigt ist die unterstellte Tiefe der Basalschicht der Haut. Sie beträgt an dünnen Hautpartien 0,07 mm. Die zweite Information ist die maximale Alphateilchenenergie beim Radiumzerfall. Sie beträgt 4,868 MeV (Gl. 3.9, dabei ist der Rückstoßenergieverlust vernachlässigt). Aus Tabellen oder Grafiken kann man die Massenreichweite für diese Energie entnehmen (s. Fig. 10.18 oder Tab. 24.10.1). Dort findet man als Massenreichweite den Wert 0,0037 MeV cm²/g. Unterstellt man die Dichte der Haut als Wasserdichte (1 g/cm³), erhält man direkt die Reichweite von 0,0037 cm = 0,037 mm. Die Hornzellschichten der Haut vor der Basalschicht haben also die Alphas auf den ersten 40 µm völlig abgebremst.

14 Grundlagen zur Biologie menschlicher Zellen

In diesem Kapitel werden die Grundlagen zur Biologie der Zelle erläutert, soweit sie für das Verständnis der Strahlenbiologie und der Strahlenwirkungen im praktischen medizinischen und technischen Strahlenschutz erforderlich sind. Nach einer schematischen Einführung in die Struktur menschlicher Zellen werden der Aufbau der DNS sowie ihre Replikation und Transskription dargestellt. Danach werden Details der Vorgänge in den verschiedenen Zellzyklus-Phasen beschrieben.

14.1 Aufbau menschlicher Zellen

Menschliche Zellen[1] haben wie alle Eukaryotenzellen eine äußere Membran (das Plasmalemma), die das Protoplasma (das Zellinnere) von der Umgebung trennt (s. Fig. 14.1). Das Zellinnere ist durch Membranen in verschiedene morphologische und funktionelle Unterräume gegliedert. Diese Kompartimente werden als Zellorganellen bezeichnet. Außerdem befindet sich in Eukaryotenzellen außerhalb der Mitosephase ein von der Kernmembran umschlossener Zellkern, der in seinem Inneren das Kernplasma (Karyoplasma) und die Erbsubstanz enthält. Die Größe von Säugetierzellen schwankt zwischen 10 µm und etwa 50 µm. Ausnahmen bilden die menschlichen Eizellen mit Durchmessern von 0,1 bis 0,15 mm, die damit an der Sichtbarkeitsgrenze für das bloße Auge liegen, die Muskelzellen (Längen bis 10 cm) und die Nervenzellen mit Längen bis zu 1 m.

Zytoplasma: Das solartige Zellplasma besteht zu etwa 80% aus Wasser. In ihm ist eine Vielzahl von Substanzen gelöst, die nicht an Organellen oder feste Strukturen gebunden sind. Dazu zählen unter anderem die verschiedenen Proteine (Enzyme, Hormone), Nukleinsäuren, Glukose, Fette und natürlich die Elektrolyte. Es enthält außerdem das sogenannte Zytoskelett, eine Ansammlung fadenförmiger Proteinstrukturen. Das Zytoskelett dient der mechanischen Stabilisierung der Zelle und übernimmt Transportaufgaben im Inneren der Zelle. Im Zellplasma findet eine Reihe von Stoffwechselvorgängen statt wie z. B. die Glykolyse und die Proteinsynthese.

Membranen: Membranen (Plasmalemma) der Eukaryotenzellen bestehen aus einer flächenhaften Lipiddoppelschicht (Fig. 14.2). Ihre Grundstruktur wird von einer Doppelschicht aus polaren Phospholipiden gebildet, die in ihrem Inneren hydrophobe (Wasser abstoßende) Fettsäuren enthalten. Mit ihrem hydrophilen (Wasser anziehenden) Ende richten sich die Lipide zum wasserhaltigen Plasma oder zum interzellulären Raum aus. Ihre Dicke beträgt etwa 6-10 nm. In die Membranen sind Proteine einge-

---

[1] Säugetierzellen zählen zu den Eukaryotenzellen (auch Eukaryontenzellen). Das sind Zellen mit einem außerhalb der Mitose vom Zytoplasma abgetrennten Zellkern. Die Bezeichnung entstammt dem griechischen Wort für "Kern" oder "Nuss" (karyon) und bedeutet "nussartig". Die andere Zellart wird als Prokaryoten bezeichnet. Sie sind kernlos und enthalten außerdem keine durch Membranen separierten Zellorganellen.

© Der/die Autor(en), exklusiv lizenziert an
Springer-Verlag GmbH, DE, ein Teil von Springer Nature 2023
H. Krieger, *Grundlagen der Strahlungsphysik und des Strahlenschutzes*,
https://doi.org/10.1007/978-3-662-67610-3_14

bunden, die unterschiedliche Funktionen erfüllen. Sie sind z. B. als Transportproteine für die Kontrolle des Stoffaustauschs verantwortlich, indem sie aktiv Substanzen in die Zelle einschleusen oder aus dem Zellinneren hinausbefördern. Sie sind also für verschiedene Stoffwechselprozesse und darüber hinaus für die Immunabwehr zuständig. Darüber hinaus stellen sie den Kontakt zu anderen Zellen her und sind Rezeptoren für Hormone und Neurotransmitter.

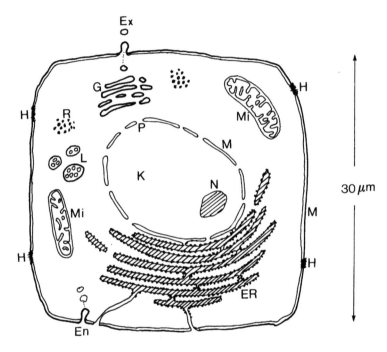

Fig. 14.1: Schematischer vereinfachter Aufbau einer menschlichen Zelle mit den wichtigsten Zellorganellen, K: Zellkern, N: Nucleolus, P: Kernporen, M: Membranen, R: Ribosomen, ER: raues endoplasmatisches Retikulum, Mi: Mitochondrien, G: Golgi-Apparat, L: Lysosomen, H: Haftstellen, Ex: Exozytose, En: Endozytose (Darstellung nicht maßstäblich).

Auf der Außenseite der Zellmembran ragt ein komplizierter Aufbau von Polysaccharidmolekülen hervor, die mit den Membranproteinen oder Phospholipiden verknüpft sind. Sind diese Zuckermoleküle mit Proteinen verbunden, werden sie als Glykoproteine bezeichnet, diejenigen, die mit Fettmolekülen binden, dagegen als Glykolipide. Die Vielfalt aller dieser Moleküle der Außenseite der Zellmembran wird **Glykokalix** genannt. Ihre Moleküle haben Aufgaben im Rahmen der Signalübertragung zwischen den Zellen und dem extrazellulärem Raum.

In der Glykokalix befinden sich auch Proteine, mit deren Hilfe das Zellwachstum, der Zelltod und der Zellstoffwechsel gesteuert werden können, und Rezeptoren, die für die Beweglichkeit bzw. Unbeweglichkeit von Zellen verantwortlich sind. Spezielle Strukturen , die Oberflächenantigene, dienen als Erkennungs-Codes für das Immunsystem. Bei Tumorzellen ist die Glykokalix oft in typischer Weise verändert.

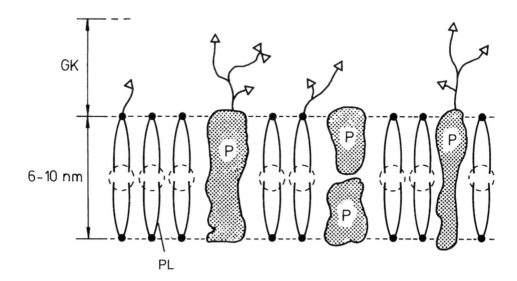

Fig. 14.2: Typische Struktur einer Zellmembran als Doppelschicht aus polaren Phospholi-pidmolekülen (PL). Die schwarzen Kreisflächen stellen die polaren hydrophilen Enden der Lipide dar. Sie enthalten in der Regel ein Phosphatmolekül. Die Enden der Doppelmoleküle im Inneren der Membran sind die unpolaren hydrophoben En-den der Fettsäuremoleküle (gestrichelte Kreise). In der Membran finden sich einge-lagerte Proteine (P). Die Gesamtheit der Moleküle an der Außenseite wird als Gly-kokalix (GK) bezeichnet. Die offenen Dreiecke sind an Proteine oder Lipide ge-bundene Zuckerreste.

Die äußere Zellmembran agiert also als steuerbare Barriere für den Stoffaustausch, bietet aber anders als Zellwände bei Pflanzenzellen in der Regel nur wenig mechani-sche Stabilität. Sie enthält im Mikroskop sichtbare Ein- und Ausstülpungen, die sich abschnüren können und dem Stofftransport in das und aus dem Zellplasma (der Endo-und Exozytose) dienen. Auf diese Weise betreten und verlassen auch einige pathogene Viren ihre Wirtszelle. Direkter Kontakt zu den Nachbarzellen besteht nur über Haft-stellen, im Übrigen ist die Zelle von interzellulärer Flüssigkeit umgeben. Eukaryote Zellmembranen sind bei üblichen Temperaturen übrigens keine starren Gebilde, son-dern ähneln eher beweglichen Hüllen, in denen die ihnen eingelagerten Moleküle fast frei beweglich sind.

14.2 Die Zellorganellen*

Unter Zellorganellen versteht man von Membranen umgebene Körper im Zytoplasma. Einige von ihnen sind entwicklungsgeschichtlich vermutlich aus in das Zellinnere eingeschleusten und dort integrierten Prokaryoten (z. B. Bakterien) entstanden und enthalten daher teilweise auch eigene Erbsubstanz, wie beispielsweise die mitochondriale DNS. Die wichtigsten Organellen in menschlichen Zellen sind das endoplasmatische Retikulum, der Golgiapparat, die Mitochondrien, die Lysosomen und der Zellkern.

Das **Endoplasmatische Retikulum** (ER, lat.: kleines Netz) besteht aus einem System untereinander vernetzter Membranen, das die gesamte Zelle durchzieht und das mit kleinen Körnern besetzt sein kann. Man unterscheidet das raue ER und das glatte ER. Das raue ER ist mit kugelförmigen Ribosomen besetzt. Diese enthalten zusammengefaltete Ribonukleinsäuren, mit denen Proteine synthetisiert werden und die den Ribosomen den Namen gegeben haben. Ribosomen finden sich auch frei schwimmend im Zellplasma. Ihr Durchmesser beträgt einige 10 nm. Das raue ER hat unmittelbaren Kontakt zur Hüllenmembran des Zellkerns. Neben dem rauen mit Ribosomen besetzten Endoplasmatischen Retikulum, das sich vor allem in proteinsyntheseaktiven Geweben findet, gibt es auch ein glattes ER ohne Ribosomen, das für die Synthese bestimmter Hormone benötigt wird. Das ER ist auch für den intrazellulären Stofftransport und die Synthese von Glyceriden, Phospholipiden sowie einiger anderer Substanzen zuständig.

Der **Golgi-Apparat**[2] besteht aus mehreren stapelförmigen und zusammenhängenden Ansammlungen von blasen-, schlauch- oder sackförmigen Hohlkörpern (den Vesikeln, Tubuli oder Zisternen). Diese haben einen Durchmesser von etwa 1 µm. Ein solcher Hohlkörper wird als Dictyosom bezeichnet. Die Aufgabe des Golgi-Apparates ist die Bildung komplexer Eiweiße wie Enzyme oder Hormone; er ist deshalb besonders deutlich im Drüsengewebe ausgeprägt. Abgelöste Teile des Golgi-Apparates werden samt ihrem Inhalt aus Hormonen oder Enzymen durch Exozytose aus der Zelle geschleust. Neben der Hormonbildung hat der Golgi-Apparat auch die Aufgabe, die vielfältigen Membranen innerhalb der Zelle zu bilden und zu verarbeiten (s. unten).

Lysosomen sind blasenartige Gebilde, die oft aus dem Golgi-Apparat entstehen und aus einer einschichtigen Membran gebildet sind. Sie enthalten Enzyme, mit denen sie Nahrung oder auch Bakterien "verdauen", die durch Endozytose in die Zellen gelangt sind. Diese Auflöseaktivitäten werden als Lyse bezeichnet. Lysosomen beseitigen auch Zellorganellen, die für die jeweilige Zellphase nicht benötigt werden. Dazu werden die Organellen zunächst von den Lysosomen eingeschlossen, ihre Membranen

---

[2] Genannt nach **Camillo Golgi** (7. 7. 1843 oder 1844 - 21. 1. 1926), italienischer Mediziner und Physiologe, erhielt 1906 zusammen mit dem Spanier **Ramón y Cajal** (1. 5. 1852 – 17. 10. 1934) den Nobelpreis für Medizin "in Anerkennung ihrer Arbeit über die Struktur des Nervensystems".

aufgelöst und der Enzyminhalt der Lysosomen in die aufzulösende Struktur entleert. Unverdauliche Reste werden durch Exozytose aus der Zelle entfernt oder verbleiben im Zellplasma als Ablagerung. Da die Verdauungsenzyme in den Lysosomen auch die Zelle selbst zerstören können, sind sie normalerweise von wirksamen Membranen umgeben. In manchen Umorganisierungsphasen des Organismus werden Lysosomen zur makroskopischen Strukturveränderung (Metamorphose) durch programmierten Zelltod (Apoptose) verwendet, bei der ganze Gewebeabschnitte durch Selbstauflösung zurückgebildet werden.

Mitochondrien haben eine etwa ellipsoide bis brotlaibartige Struktur. Die Größe eines Mitochondriums beträgt ungefähr 0,2-1 μm im Durchmesser und 3-10 μm in der Länge. Es besteht aus einem durch zwei Doppelmembranen definierten Hohlkörper. Der Innenraum wird als Matrixraum bezeichnet. In diesen ragen stark gefaltete Ausstülpungen der Innenmembran hinein. Blattförmige Faltungen werden als Cristae bezeichnet, sackförmige als Sacculi und röhrenförmige als Tubuli. Durch diese Faltung besitzt die Innenseite der Mitochondrien eine vergleichsweise große Oberfläche. Im Intramembranraum, dem Raum zwischen den mitochondrialen Membranen, finden Stoffwechselvorgänge statt. Dabei werden u. a. durch Abbau von Kohlehydraten energiereiche Verbindungen des Phosphors wie Adenosintriphosphat (ATP) gebildet. Dieses ATP ist der Hauptenergielieferant der Organismen. Mitochondrien sind also die Energiezentralen der Zelle und verantwortlich für die Zellatmung. Zellen mit besonders hohem Energieverbrauch (Herzmuskel) oder Zellen mit hoher Stoffwechselaktivität (z. B. Leber) können mehrere tausend Mitochondrien enthalten. In ihnen ist außerdem die Zahl der Cristae erhöht und damit die atmungsaktive Oberfläche erheblich vergrößert.

Mitochondrien enthalten ringförmige DNS-Moleküle, die über die mitochondriale Ribonukleinsäure (mtRNA) für die endomitochondriale Proteinsynthese zuständig sind. Sie enthalten etwa 16570 Basenpaare und formen 37 Gene. Mitochondrien unterliegen während des Zellzyklus einem Größenwachstum und können sich ähnlich wie vollständige Zellen sogar durch Teilung vermehren[3]. Mitochondrien werden überwiegend über die weibliche Eizelle vererbt. Durch Untersuchungen des mitochondrialen Genoms können daher Abstammungslinien und ethnische Zuordnungen sowie deren Altersbestimmungen vorgenommen werden. Es finden sich allerdings auch im Mittelteil der Spermien eine geringe Anzahl Mitochondrien, die für die Energieproduktion zur Bewegung der Geißeln zuständig sind. Diese Mitochondrien werden in der Regel schnell nach dem Eindringen in die Eizelle eliminiert. Ihre DNS kann daher bei regulärem Ablauf der Befruchtung nicht vererbt werden.

Der **Zellkern** befindet sich im Inneren der meisten Eukaryotenzellen. Einige Eukaryotenzellen sind jedoch auch kernlos wie die reifen roten Blutkörperchen der Säuger

---

[3] Die eigene DNS und die Teilungsfähigkeit deuten auf die Herkunft der Mitochondrien als eingeschleuste Bakterien hin.

oder die reifen Zellen des Augenlinsenkörpers. Zellen ohne Kern können sich weder vermehren noch dauerhaft Proteine synthetisieren, sie sterben über kurz oder lang ab. Der Zellkern ist außerhalb der Zellteilungsphase von einer Membran, der Kernhülle, umschlossen. Diese Kernhülle ist von Poren durchsetzt, durch die der Austausch von Makromolekülen mit dem Zytoplasma stattfindet. Die Porenöffnung beträgt bis zu 10 nm. Die Außenseite der Kernmembran ist mit Ribosomen, die Innenseite oft mit Chromatin besetzt. Der Zellkern hat einen typischen Durchmesser in der Größenordnnung von einigen µm. Im Zellkern findet sich das Kernplasma (Karyoplasma).

Es enthält unter anderem das Chromatin (Verbindungen von DNS mit Kernproteinen, Moleküldurchmesser ca. 25-30 nm, s. Fig. 14.8c) und den Nukleolus (RNS-Anhäufungen), in denen die Ribosomen fertig gestellt werden. Das Chromatingerüst ist in der Regel lichtmikroskopisch nicht erkennbar. Es kann aber durch Proteinfärbung[4] als Ganzes sichtbar gemacht werden, da es als eine ungeordnete Anhäufung langer Fadenmoleküle vorliegt. Diese werden in der Zellteilungsphase räumlich gefaltet und stellen sich dann in Form sichtbarer Chromosomen unter dem Lichtmikroskop dar (Fig. 14.8). Das Chromatin wird nach seiner Färbbarkeit in locker strukturiertes, wenig kondensiertes Euchromatin und in das deutlicher verdichtete fakultative Heterochromatin eingeteilt. Euchromatin ist transkriptionsaktiv, das fakultative Heterochromatin ist in der Regel nur wenig am Zellstoffwechsel und der Proteinsynthese beteiligt. Eine Untergruppe des Heterochromatins bildet das konstitutive Heterochromatin, das grundsätzlich immer inaktiv ist. Es enthält vorwiegend einfach strukturierte DNS-Wiederholungen, die "DNA-Repeats".

Neben den bisher besprochenen Zellbestandteilen existieren weitere Zellorganellen oder diskrete Bestandteile der Zelle. Ein Teil von ihnen stellt sich wegen ihrer speziellen Aufgaben nur während bestimmter Zellzyklusphasen dar. Dazu zählen die frei beweglichen Ribosomen, das Zentriol, der Nukleolus, die Kinetosomen, die Peroxisomen (Mikrobodies) und die Protein-Filamente, die das Zytoskelett bilden.

---

[4] Der Name Chromatin kommt vom griechischen Wort für Farbe "chroma".

14.3 Struktur und Replikation der DNS

Die **Desoxyribonukleinsäure DNS** (englisch DNA) ist der Träger der genetischen Information. Sie hat eine geschlossene Ringform bei den Prokaryoten. Bei den Eukaryoten ist sie linear angeordnet, was besondere Aktionen und Schwierigkeiten bei der Replikation verursacht. DNS-Moleküle bestehen aus einer strickleiterartigen Anordnung von Phosphatmolekülen (PO_4-Gruppen) und ringförmigen Zuckermolekülen (Desoxyribosen). Diese bilden die Stränge der DNS. Die beiden Stränge werden ausgehend von den Zuckermolekülen durch die so genannten Basen verbunden (Fign. 14.3 und 14.4)[5].

Die Basen sind einfache oder mehrfache Kohlenstoff-Ringmoleküle, bei denen an typischen Stellen die C-Atome durch Stickstoff ersetzt wurden. In der DNS befinden sich die Basen Adenin, Thymin, Guanin und Cytosin. Adenin und Guanin sind chemisch verwandt mit der Harnsäure und werden deshalb als Purinbasen bezeichnet. Sie bestehen aus einer Doppelring-Verbindung, bei der eine Aminogruppe ($-NH_2$) und Sauerstoffatome zugefügt sind. Thymin und Cytosin sind Derivate des Pyrimidins und heißen daher Pyrimidinbasen. Sie enthalten entweder eine an den Ring gebundene Aminogruppe oder eine Methyl-Gruppe ($-CH_3$) sowie Sauerstoffatome. Uracil ist ein Thymin-Molekül, bei dem die Methyl-Gruppe fehlt. Uracil ersetzt in der RNS das Thymin.

Je zwei der Basen sind zueinander komplementär und zwar Adenin und Thymin, die durch eine Zweifach-Wasserstoffbrücke miteinander verbunden sind, sowie Guanin und Cytosin mit einer Dreifach-Wasserstoffbrücke.

Die beiden Stränge der DNS haben eine entgegen gesetzte Polarität. Um dies zu verdeutlichen, werden Kohlenstoffatome im Desoxyribosering durchnummeriert (s. Fig. 14.3). Das mit den Basen verbundene C-Atom hat die Nummer 1, das C-Atom der CH_2-Gruppe die Nummer 5. Die Phosphatmoleküle sind deshalb immer mit den C-Atomen 3 und 5 verbunden. Bei chemischen Wechselwirkungen von Enzymen mit der DNS wird durch diese Polarität die Richtung der chemischen Aktionen festgelegt, da die meisten Enzyme nur in einer bestimmten räumlichen Abfolge wirksam werden können. Der dreidimensionale Aufbau der DNS wurde 1953 von *Watson* und *Crick*[6] mit Methoden der Röntgenkristallstrukturanalyse geklärt [Watson-Crick 1953].

---

[5] Die Kombination einer Base mit einem Zuckermolekül wird als Nukleosid, die Dreifachverbindung Base-Zucker-Phosphat als Nukleotid bezeichnet.

[6] **James Dewey Watson** (*6. 4. 1928) aus den USA, **Francis Harry Compton Crick** (8. 6. 1916 – 28. 7. 2004) und **Maurice Hugh Frederick Wilkins** (15. 12. 1916 – 5. 10. 2004) aus Großbritannien erhielten 1962 neun Jahre nach ihrer Jahrhundertentdeckung den Nobelpreis für Medizin "für ihre Entdeckungen über die Molekularstruktur der Nukleinsäuren und ihre Bedeutung für die Informationsübertragung in lebender Substanz".

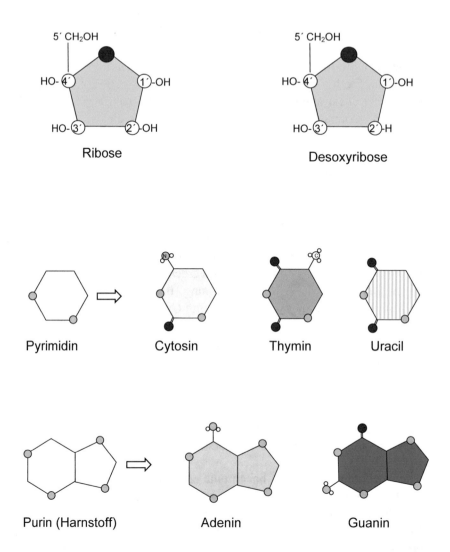

Fig. 14.3: Oben: Die Ribosen in der RNS und der DNS. Beides sind Pentosen (5fach Ring-Zucker) und unterscheiden sich durch das fehlende "O" in C-Position 2´ der Desoxyribose. Die Zählung beginnt rechts neben dem O-Atom im Uhrzeigersinn. Die C-Atomnummern der Ribosen erhalten nach der biochemischen Notation einen Apostrophen (´: "Strich" ausgesprochen). Die C-Atome in den Basenmolekülen werden einfach nummeriert. Mitte: Die DNS-Pyrimidin-Basen: Cytosin, Thymin (mit Methylgruppe -CH₃) und die RNS-Form Uracil (als modifizierte Benzolringe). Unten: Die Purinbasen Adenin und Guanin (als Harnstoffderivate, bestehend aus einem Pyrimidinring mit -NH₂-Gruppe und einem Imidazolring, kleine Kreise: H-Atome, große schwarze Kreise: Sauerstoff, mittelgroße graue Kreise: Stickstoff).

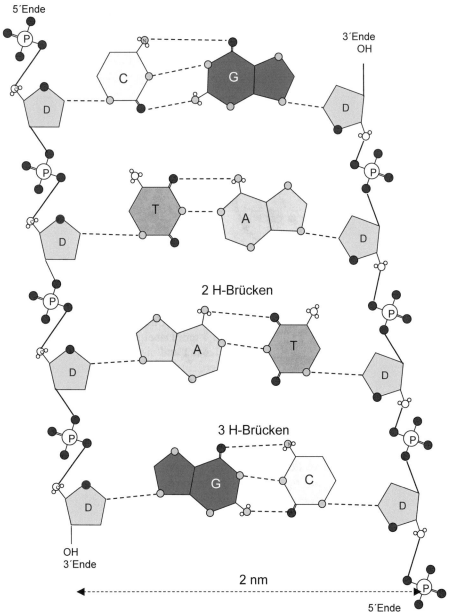

Fig. 14.4: Schematischer Aufbau der DNS (D: Desoxyribose, P: Phosphatgruppe, die Basen: A = Adenin, T = Thymin, G = Guanin, C = Cytosin, H: Wasserstoffbrücken, kleine Kreise H-Atome, große schwarze Kreise: Sauerstoff, mittelgroße graue Kreise: Stickstoff). Die gestrichelten Linien stellen normale chemische Bindungen dar, die hier nur aus Darstellungsgründen gedehnt sind. Die Darstellung ist nicht ganz maßstabsgerecht, einige H-Atome sind weggelassen und die DNS ist kompliziert räumlich gefaltet. Ihre Breite beträgt etwa 2 nm. Die beiden Teilstränge der DNS haben eine unterschiedliche Polarität (Orientierung), die bei der Replikation, der Transkription und bei Reparaturvorgängen eine sehr wichtige Rolle spielt.

Der Durchmesser eines DNS-Strangs beträgt etwa 2 nm. Im entfalteten Zustand hat die DNS die Form einer Doppelspirale. Diese wird als **Doppelhelix** bezeichnet. Eine Windung der Doppelhelix hat eine Länge von 3,4 nm.

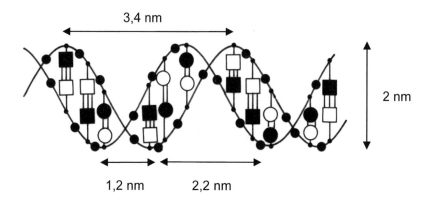

Fig. 14.5: Die Abmessungen der Doppelhelix: Eine volle Umdrehung umfasst etwa 10,5 Basenpaare und hat eine Ganghöhe von 3,4 nm. Dabei bilden sich 2 Furchen aus, die kleine Furche mit einer Öffnung von 1,2 nm und die große Furche mit einer Weite von 2,2 nm. Die Basen liegen in den Vertiefungen, sind also von außen durch Phosphat und Desoxyribose vor Stößen geschützt, aber dennoch zugänglich (nicht maßstäblich).

Die Erbinformation steckt in der Basenabfolge beider Teilstränge, die komplementär zueinander sind. Durch Spaltung der DNS-Helix und Neusynthese des jeweils gegenüberliegenden Halbstrangs kann die DNS verdoppelt werden. Dabei werden vollständige, im Idealfall fehlerfreie Kopien der DNS erzeugt (Fig. 14.6), die dann bei der Zellteilung auf die beiden Tochterzellen verteilt werden.

Diese Art der DNS-Verdopplung wird als semikonservative **Replikation** bezeichnet und ist die bewiesene Replikationsform bei Eukaryoten. Die Replikation der DNS dient zur Verdopplung der DNS als Vorbereitung für die Zellteilung. Die DNS wird dazu in den Bereichen, in denen sich Basensequenzen befinden, aufgetrennt. Diese Aufspaltung geschieht gleichzeitig an verschiedenen Stellen. An den beiden Teilsträngen wird der jeweils komplementäre Teilstrang neu synthetisiert. Die Abläufe der Neusynthese unterscheiden sich je nach Polarität der DNS-Stränge. Der Teilstrang, der von 3′ nach 5′ abgelesen wird, heißt Leitstrang ("leading strand"), der andere Halbstrang heißt Folgestrang ("lagging strand"). Eine Synthese des neuen Tochterstrangs kann kontinuierlich nur in dessen (5′- 3′)-Richtung erfolgen. Der "leading strand" erzeugt durch seine Leserichtung kontinuierlich den neuen Tochterhalbstrang in dessen (5´- 3´)-Richtung. Am "lagging strand" muss der neue Tochterstrang auch in (5´- 3´)-Richtung synthetisiert werden. Da er aber von 5´nach 3´ geöffnet wird, ist das Ablesen des in (3´ - 5´)-Richtung immer nur für kurze Teilstücke möglich. Der Tochterstrang kann deshalb nur diskontinuierlich synthetisiert werden.

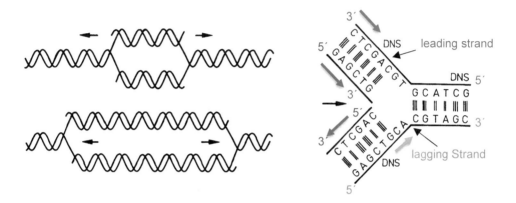

Fig. 14.6: Die Replikation der DNS an der rechten Gabelung in der frühen S-Phase (s. Fig. 14.9). Sie dient zur Verdopplung der DNS als Vorbereitung für die Zellteilung. Die DNS wird in den Bereichen, in denen sich Basensequenzen befinden, aufgetrennt. Der obere alte Halbstrang ist der "leading strand". Er wird von den Syntheseenzymen von 3´ nach 5´ abgelesen (blauer Pfeil). Der entsprechende neue Tochterhalbstrang wird kontinuierlich in 5´ - 3´-Richtung von links synthetisiert (roter Pfeil). Der untere Halbstrang ("lagging strand") wird von 5´ nach 3´ geöffnet (grüner Pfeil), muss aber in Gegenrichtung und daher diskontinuierlich synthetisiert werden (roter Pfeil). An der linken Replikationskabel tauschen Leitstrang und Folgestrang ihre Positionen.

Die DNS zeigt in dieser Replikationsphase eine blasenartige Struktur. Mit fortschreitender Replikation vergrößern sich die Blasen solange, bis sie mit den Nachbarblasen verschmelzen. Zur Reparatur von Strahlenschäden während der Replikation kann die Synthese angehalten werden. Am Ende der Replikation existieren bei fehlerfreiem Verlauf zwei identische DNS-Stränge, die Schwesterchromatine, die bis zur Zellteilung durch umgebende ringförmige Proteine (Cohesine) miteinander verbunden bleiben und so die postreplikativen homologen DNS-Reparaturen ermöglichen.

Bei Replikation müssen neben den Basensequenzen auch die strukturierenden Proteine (Histone) und alle sonstigen Substanzen, die die Genexpression steuern, wiederhergestellt werden. Treten dabei Fehler auf, bleiben zwar die Basensequenzen korrekt erhalten, das Ablesen, also die Zugänglichkeit zum Erbgut, ist dann unter Umständen fehlerhaft. Solche Veränderungen werden als epigenetische Änderungen bezeichnet, bei denen die Tochterzellen andere Genexpressionen zeigen als die Mutterzellen.

14.4 Erzeugung von Proteinen*

Im menschlichen Genom (der Erbsubstanz) befinden sich nach Angaben des NCBI (National Center for Biotechnology Information der US-Regierung) ungefähr $3{,}2 \cdot 10^9$ Basenpaare. Je drei Basen, ein so genanntes Basentriplett oder Codon, bilden die genetische Basis-Informationseinheit. Ein solches Codon dient zur Kodierung einer einzelnen Aminosäure. Die vier Basen können daher $4 \cdot 4 \cdot 4 = 4^3 = 64$ Aminosäuren kodieren. Tatsächlich sind nur 20 im Menschen von der DNS kodierte Aminosäuren bekannt. Sie werden als **proteinogene** Aminosäuren bezeichnet[7]. Die Kodierung ist also redundant, so dass wichtige oder häufig benötigte Aminosäuren mehrfach kodiert werden können (s. Tab. 14.1). Eine Strecke von mehreren Basentripletts bildet ein Gen und kodiert ein Protein.

Proteine entstehen zunächst durch kettenförmige - also unverzweigte - Aneinanderreihung von Aminosäuren. Diese einfache Molekülkette wird als Primärstruktur der Proteine bezeichnet. Durch Bildung von Wasserstoffbrücken rollt sich diese Molekülkette entweder zu einer Spiralform, der sogenannten α-Helix mit sich wiederholenden Mustern auf oder sie bildet Abschnitte parallel zueinander verlaufender Aminosäureketten, die man als β-Faltblätter bezeichnet (Sekundärstrukturen). Auf Grund weiterer Wechselwirkungen zwischen den Seitenketten einzelner Aminosäuren innerhalb dieser Kettenmoleküle, den R-Gruppen, entstehen charakteristische Raumstrukturen, die als Tertiärstrukturen bezeichnet werden. Die Verbindung mehrerer solcher Polypeptide bildet dann als Quartärstruktur ein vollständiges Protein. Proteine sind also komplexe Verbindungen einzelner Aminosäuren, die vielfältige Aufgaben im menschlichen Körper, u. a. im Rahmen der Immunabwehr übernehmen. Ein Protein benötigt zu seiner Kodierung einige Dutzend bis mehrere hundert Basentripletts.

Mit Hilfe der im gesamten menschlichen Erbgut vorhandenen etwa 25000 aktiven Gene werden nach Informationen des Human Genom Project gleichviel Proteine kodiert, von denen pro Zelle aber nur ungefähr 1000 Proteine ausgedrückt sind. Proteine können durch unterschiedliche Anordnung (Faltung) bei gleicher Genform verschiedene räumliche Formen einnehmen, die Isoformen. Dadurch vermehrt sich die Zahl der Proteine über die Zahl der Gene im Erbgut hinaus. Schätzungen der Vielfalt der Isoformen liegen zwischen 1 und 100 pro Gen. Die Art und Zahl der exprimierten Gene und somit Proteine sind ein Maß für die Differenzierung der Zellen. Die Proteinsynthese findet an verschiedenen Orten im Zellplasma aber außerhalb des Zellkerns statt. Zur Produktion von Proteinen muss zunächst die benötigte Erbinformation von der DNS abgelesen und auf ein mobiles Transportmolekül übertragen werden.

---

[7] Die nicht durch das menschliche Erbgut codierten Aminosäuren müssen über die Nahrung zugeführt werden. Sie werden als essentielle Aminosäuren bezeichnet.

Aminosäure	Kodierung (RNS-Tripletts)	mittlere Häufigkeit (%)
Alanin	GCA, GCC, GCG, GCU	9,0
Arginin	AGA, AGG, CGA, CGC, CGG, CGU	4,7
Asparagin	AAC, AAU	4,4
Asparaginsäure	GAC, GAU	5,5
Cystein	UGC, UGU	2,8
Glutamin	CAA, CAG	3,9
Glutaminsäure	GAA, GAG	6,2
Glycin	GGA, GGC, GGG, GGU	7,5
Histidin	CAC,CAU	2,1
Isoleucin[#]	AUA, AUC, AUU	4,6
Leucin	CUA, CUC, CUG, CUU, UUA, UUG	7,5
Lysin[#]	AAA, AAG	7,0
Methionin[#]	AUG (Startcodon)	1,7
Phenylalanin[#]	UUC, UUU	3,5
Prolin	CCA, CCC, CCG, CCU	4,6
Serin	AGC, AGU, UCA, UCC, UCG, UCU	7,1
Threonin[#]	ACA, ACC, ACG, ACU	6,0
Tryptophan[#]	UGG	1,1
Tyrosin	UAC, UAU	3,5
	UAA (Stoppcodon)	
Valin[#]	GUA, GUC, GUG, GUU	6,9
Selenocystein	UGA (auch Stoppcodon)	selten*
Pyrrolysin	UAG (auch Stoppcodon)	selten**

Tab. 14.1: Die 22 proteinogenen Aminosäuren, ihre mRNS-Kodierung und die relativen Häufigkeiten ihres Vorkommens in Proteinen (A: Adenin, C: Cytosin, G: Guanin, U: Uracil (in der DNS Thymin T). *: 1986 entdeckt [Chambers 1986], **: 2002 entdeckt in einem Enzym zur Nutzung von Methan in Bakterien [Hao 2002]. Nur die ersten 20 Aminosäuren (kanonische Aminosäuren)werden im Menschen zur Proteinsynthese verwendet. Die beiden letzten Basentripletts sowie das Triplett UAA fungieren bei der menschlichen Proteinsynthese als sogenannte Stoppcodons, die die Proteinsynthese beenden, AUG als entsprechendes Startcodon. #: essentielle AS, können vom Menschen nicht selbst synthetisiert werden.

Dazu werden die Wasserstoffbrücken gegenüber liegender Basen in der DNS getrennt. Die Doppelhelix wird entrollt und der Länge nach gespalten. Diese Auftrennung geschieht allerdings nur lokal. An den geöffneten Basenstrecken wird die Basenreihenfolge abgelesen und eine Teilkopie einer Seite der DNS erzeugt. Dieser Vorgang wird als **Transkription** bezeichnet (Fig. 14.7).

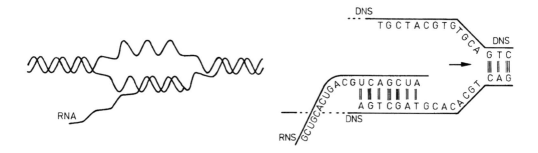

Fig. 14.7: Transkription der Basenreihenfolge auf RNS-Moleküle. Dabei wird die DNS-Helix gezielt lokal aufgespalten. Die Teilstränge werden richtungsgebunden abgelesen und eine einseitige Kopie der Basenreihenfolge wird erzeugt. Transkription findet nur in Teilbereichen der DNS statt, da zur Proteinsynthese durch die RNS nur eine beschränkte Zahl an Basentripletts benötigt wird.

Die erstellten Kopien bestehen aus einsträngigen, mit der DNS chemisch verwandten Fadenmolekülen, die als Ribonukleinsäuren (RNS) bezeichnet werden. Die ursprüngliche Erbinformation ist also auch in der einsträngigen RNS enthalten, in ihr ist aber die Base Thymin durch Uracil und die Desoxyribose durch eine einfache Ribose ersetzt. Die Abfolge der Basentripletts auf der DNS besteht aus kodierenden Abschnitten, den sogenannten Exons, und nicht kodierenden Bereichen, den Introns. Die Kopien der abgelesenen Exons werden auf der RNS ohne die Introns in Serie angeordnet.

RNS-Moleküle weisen bei störungsfreier Transkription die komplementäre Basenfolge wie das entsprechende Teilstück der DNS auf. Es ist allerdings auch möglich, dass die Kopien der Exons in ihrer Abfolge auf der RNS vertauscht werden, so dass aus einer bestimmten Basenfolge der DNS unterschiedliche RNS-Kopien entstehen können. Die RNS kann den Zellkern durch die Poren der Kernmembran verlassen und dient zur Übertragung der Erbinformation z. B. auf das raue Endoplasmatische Retikulum, in dessen Ribosomen die Proteinsynthese entsprechend der vorgegebenen Basenreihenfolge stattfinden kann.

Die RNS-Moleküle werden je nach ihrer Funktion als messenger-RNS (mRNS: Boten-RNS), transfer-RNS (tRNS), ribosomale RNS (rRNS) oder als mitochondriale RNS (mtRNS) bezeichnet. Sie haben wie die von ihnen kodierten Proteine im Zellplasma nur eine begrenzte Lebensdauer. Bei Bedarf müssen sie daher immer wieder neu von der DNS transkribiert und synthetisiert werden. Dies macht die besondere Tragweite und Bedeutung von Defekten an der DNS, dem zentralen Code der Zelle, und den molekularen Verstärkungseffekten von Schäden in der Zelle verständlich.

14.5 Chromosomen*

Vor der Zellteilung liegt die Erbsubstanz in Form des Chromatingerüstes vor. Es besteht aus DNS-Strängen, die im Wechsel auf kompakte Proteinkörper (Cores aus 8 Histonen) gewickelt und an gestreckte Proteinfäden angeheftet sind. Ein solches Paket aus Histonen und DNS bezeichnet man als Nukleosom. Auf und in den Cores befinden sich etwa zwei Wicklungen der DNS mit 150-200 Basenpaaren. Die Strecken zwischen den Cores (die Linker) enthalten zwischen 0 und 60 Basenpaare. Der Durchmesser des Nukleosoms beträgt ca. 10 nm. Durch diese Anordnung bildet die DNS eine perlenkettenartige Struktur, die **Chromatinfaser** (Fig. 14.8b).

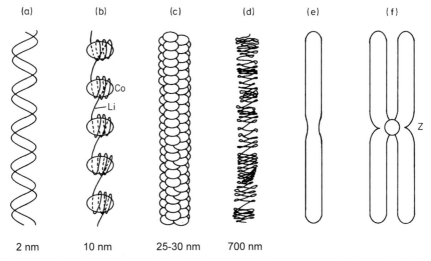

Fig. 14.8: Schematische Darstellung der Entstehung von Chromosomen durch mehrfache Faltung einfacher DNS-Stränge. (a): DNS-Doppelhelix in entfaltetem Zustand. (b): Chromatinfaser als perlschnurartig Aneinanderreihung von Nukleosomen mit Cores (Co) und Linkern (Li). (c): Zur Chromatinfibrille aufgerollte Chromatinfaser. (d): Faltungsvorgang der Chromatinfibrille zum Chromatid, (e): fertig gefaltetes Chromatid mit angedeutetem Zentromer, (f): Chromosom aus zwei am Zentromer (Z: zur Anheftung des Spindelapparates während der Mitose) verbundenen identischen Schwesterchromatiden.

Während der Zellteilung werden diese Chromatinfasern mehrfach räumlich gefaltet. Man bezeichnet dies als **Kondensierung** der DNS. Sie kann gut im Lichtmikroskop beobachtet werden. Im Laufe der Kondensierung sieht man die DNS erst als dünne fadenförmige Strukturen, die sich zunehmend verkürzen und verdicken, bis sie sich letztlich als Chromosomen darstellen. Die Mechanismen der Kondensation der Chromatinfasern sind noch nicht endgültig geklärt. Eine denkbare Version ist die folgende: Zunächst rollen bzw. falten sich die Chromatinfasern wie eine Spiralfeder zu Chromatinfibrillen auf (Fig. 14.8c). Sie ähneln dann vom Aussehen her einem lang gestreckten Maiskolben mit einem Durchmesser zwischen 25 und 30 nm. Diese Zylinderspulen ähnelnden Fibrillen falten sich erneut und legen sich dabei mehrfach spiralig zu Schleifen zusammen (Fig. 14.8d). Ein einzelner auf diese Weise kondensierter Faden wird als **Chromatid** bezeichnet. Dieses hat einen Durchmesser von etwa 700 nm und bereits ein Zentromer (Fig. 14.8e). Ein Chromatid enthält die vollständige Erbinformation der jeweiligen ursprünglichen Chromatinfaser.

Da die Chromatinkondensierung in der Mitosephase erfolgt, hat zuvor schon die Replikation der DNS stattgefunden. Ein Chromosom besteht deshalb nach fehlerfreier Replikation aus zwei identischen Schwesterchromatiden (Fig. 14.8f), die sich während der Mitose miteinander verbinden. Chromosomen sind wegen ihres Durchmessers gut im Lichtmikroskop sichtbar. Die Haftstelle der beiden Chromatiden sind die Positionen der einzelnen Zentromere. An ihm heften sich während der Mitose die Spindelfasern (Microtubuli) an, die die Chromatiden während der Anaphase der Zellteilung voneinander trennen und in Richtung der dann peripher liegenden Zentriolen ziehen. Chromatiden haben Längen von wenigen μm und Durchmesser um 700 nm. Chromosomen bestehen zu etwa 20% aus DNS und zu 80% aus Nukleoproteinen, die als Träger und Strukturmaterialien für die DNS dienen.

Im menschlichen Erbgut sind normalerweise 2x23 Chromosomen enthalten, in Keimzellen findet sich dagegen nur jeweils ein einfacher Chromosomensatz, der bei der Verschmelzung wieder zu einem vollständigen Satz aus 46 Chromosomen ergänzt wird. Weiteres Erbgut befindet sich in der mitochondrialen DNS, die wegen des speziellen Aufbaus weiblicher und männlicher Keimzellen in der Regel nur mütterlicherseits weitergegeben werden kann. Auch mitochondriale DNS wird über Replikation oder Transkription kopiert. Veränderungen der DNS durch Strahlenwirkungen oder andere Einflüsse auf das Erbgut führen zu Fehlkodierungen der RNS und so eventuell zu Modifikationen in der Proteinsynthese und im Zellstoffwechsel.

Die Telomere: An den Enden aller Chromatiden befinden sich die Telomere. Sie bestehen aus einer langen Kette mit etwa zehntausend Basenpaaren. Die Basen-Sequenz beim Menschen ist in (5′ - 3′)-Richtung "TTAGGG". Die Telomere sind wahrscheinlich zu einer Quadrupolhelix geformt. Das Ende der Telomere ist zurück zum DNS-Strang gewunden und verbindet sich dort über eine Schleife (T-loop) mit dem Telomer selbst. Auf diese Weise wird verhindert, dass die DNS-Stränge und die

Chromosomen am Ende offen sind. Sie können so von den Reparaturenzymen von geöffneter DNS z. B. nach Doppelstrangbrüchen unterschieden werden.

Bei jeder DNS Replikation verkürzen sich die Telomere am Leitstrang um mehrere Sequenzen. Dadurch verlangsamt sich u. a. die Teilungshäufigkeit. Wird bei der Replikation eine Mindestgrenze verbliebener Sequenzen unterschritten, wird die Zelle unfähig zur weiteren Zellteilung. Die Zahl der möglichen Zellteilungen beim Menschen wird auf etwa 60 geschätzt. Wird diese Zahl der Replikationen überschritten, stirbt die Zelle entweder durch Apoptose ab oder gerät in einen teilungs-inaktiven Ruhezustand, die replikative Seneszenz. Solche seneszenten Zellen bleiben allerdings stoffwechselaktiv und sondern dabei durch fehlerhaftes Erbgut u. a. auch toxische Proteine ab, die das Immunsystem schwächen können. In seneszenten Zellen werden zudem die Reparaturfähigkeiten gegen Doppelstrangbrüche schlechter.

Die durch die Telomerverkürzung bewirkten Abschaltmechanismen verhindern die Teilung von Zellen mit angehäuften DNS-Fehlern und wirken so u. a. der Krebsentstehung und Stoffwechselveränderungen entgegen. Die Verkürzung der Telomere kann durch ein spezielles Enzym (Telomerase) rückgängig gemacht werden. In den meisten menschlichen Zellen ist diese Telomerase aber nicht vorhanden. Ausnahmen sind die Zellen in der Keimbahn, Stammzellen des Immunsystems und etwa 94% aller proliferierenden Tumorzellen.

14.6 Die Phasen des Zellzyklus

Proliferierende - also teilungsaktive - Zellen durchlaufen einen Generationszyklus mit verschiedenen charakteristischen Phasen, während derer die zur Zellteilung (Mitose) erforderlichen Vorbereitungen und Prozesse oder die Zellteilung selbst ablaufen ([Howard/Pelc], Fig. 14.9). Der Zellzyklus einer aktiven Säugetierzelle dauert in vitro im Mittel zwischen etwa 10 h und 24 h. Im lebenden Organismus zeigt er allerdings auch für gleichartige Zellen eine erhebliche individuelle Streubreite. Embryonale Gewebe und Gewebe von Neugeborenen zeigen mit den in-vitro-Kulturen vergleichbare Zykluszeiten zwischen 12 und 36 h. Zellgleiche Gewebe erwachsener Organismen haben dagegen in-vivo-Zykluszeiten bis zu 30 Tagen, was auf eine vom umliegenden Gewebe bewirkte Steuerung von Zellwachstum bzw. Wachstumsstillstand hinweist. Manche Tumorzellen haben Zyklusdauern von nur wenigen Stunden (10-20 h), die vergleichbar mit denen embryonaler Gewebe sind.

In einem erwachsenen Organismus ist die Mehrzahl der Zellen mitotisch inaktiv, sie unterliegen also keiner Zellteilung. Nur ein geringer Teil der Zellen, die **Wachstumsfraktion**, deren Größe von äußeren Bedingungen wie Gewebeart, Leistungsanforderungen, Zellverlust durch Verletzung oder Bestrahlung u. ä. abhängt, befindet sich im aktiven Zellzyklus. Dieser besteht aus der Zellteilungsphase (der Mitose) und der Zeit zwischen den Zellteilungen, der **Interphase**. Letztere wird nach den in ihr ablaufenden Aktivitäten in die G_1-Phase (das präsynthetische Intervall), die S-Phase (DNS-

Synthesephase) und die G_2-Phase (das postsynthetische Intervall) eingeteilt. Die Bezeichnung "G" steht für das englische Wort "gap" (Pause, Lücke), um anzudeuten, dass in diesen Zeitabschnitten wenig äußerlich sichtbare Aktivität in der Zelle festzustellen ist.

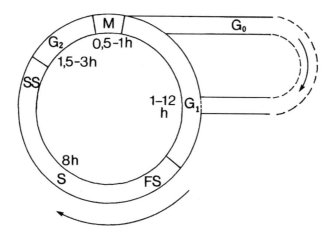

Fig. 14.9: Phasen des menschlichen Zellzyklus mit typischen Phasendauern nach [Hug]. Die Phasen G_1, G_0, S und G_2 werden zusammen als Interphase bezeichnet, die Phase M als Mitose. Die Mitose besteht aus der Pro-, Meta-, Ana- und Telophase. Sie unterscheiden sich durch den unterschiedlichen Kondensations- und Trennungsgrad der DNS. Die G_0-Phase enthält Zellen, die teilungsinaktiv sind. Die S-Phase wird zur weiteren Differenzierung in frühe (FS) und späte (SS) S-Phase unterschieden.

In der **G_1-Phase** finden das Zellwachstum und die Bildung der für die DNS-Synthese erforderlichen Enzyme statt. Die bei der Zellteilung "verloren gegangenen" Zellorganellen und das reduzierte Volumen werden ergänzt. Die G_1-Phase zeigt die größte zeitliche Variation und ist daher hauptverantwortlich für die Veränderungen der Gesamtzykluszeiten. Zellen, die sich in Teilungsruhe befinden, werden der **G_0-Phase** zugeordnet, aus der sie bei gegebenem Anlass wieder in den Zellzyklus eintreten können. In der G_0-Phase findet man nur geringfügige Enzym- und RNS-Aktivitäten und nur einen minimalen Stoffwechsel, der zur Erhaltung der Grundfunktionen der Zellen erforderlich ist. In vielen Geweben findet ein ständiger Übergang zwischen G_1- und G_0-Phase statt, die Einteilung in G_1- oder G_0-Phase ist also etwas willkürlich. Der G_0-G_1-Übergang führt z. B. zum Wiedereintritt ruhender Tumorzellen in den aktiven Zellzyklus nach einer Bestrahlung. Dies ist unter anderen einer der Gründe für die fraktionierte Bestrahlung von Tumoren. Auch Leistungsanforderungen an Gewebe nach einem Trauma oder partieller Entfernung von Gewebeteilen reaktiviert G_0-

Zellen, die dann nach kurzer Zeit wieder aktiv am Zellzyklus teilnehmen. Die Neuverteilung der Zellen im Zellzyklus wird als **Redistribution** bezeichnet.

In der **S-Phase** findet die DNS-Replikation, also die Verdopplung der chromosomalen Erbsubstanz statt. Zusätzlich werden die zur Strukturierung der Erbsubstanz als Nukleosomen, Chromatiden oder Chromosomen erforderlichen Proteine synthetisiert. Die S-Phase wird für strahlenbiologische Zwecke nochmals in die frühe und die späte S-Phase unterteilt, da diese unterschiedlich strahlensensibel sind (s. Fign. 15.9, 15.28). Ihr folgt die **G₂-Phase**, in der die Mitose vorbereitet wird. In der G_2-Phase liegt die Erbsubstanz bereits in verdoppelter, miteinander durch Ringproteine verlinkter aber noch nicht kondensierter Form vor.

In der **Mitose** erfolgt die Kondensation und Trennung der in der S-Phase verdoppelten DNS auf Tochterchromosomen und die Teilung der Zelle. Die Mitose besteht aus der Pro-, Meta-, Ana- und Telophase, die sich durch den unterschiedlichen Kondensations- und Trennungsgrad der DNS unterscheiden. In der Prophase wird zunächst wie oben beschrieben das Chromatin komprimiert. Dazu wird das Chromatin in eine vorübergehend inaktive Form (passageres Heterochromatin) überführt, so dass in dieser Zeit weder RNS-Aktivitäten noch besonders wirksame Reparaturen an DNS-Schäden vorgenommen werden können.

Danach wird die Kernmembran aufgelöst. Das Zentriol teilt sich in zwei an den Zellrand wandernde Zentralkörper, von denen ausgehend mit der Bildung des Spindelapparates begonnen wird. In der Metaphase werden die jetzt maximal kondensierten Chromosomen in der Zellmitte angeordnet. In der Anaphase werden die Schwesterchromatiden getrennt und zum Zellrand gezogen. Die Zelle beginnt, sich einzufurchen. In der Telophase lösen sich die Chromosomen wieder auf, der Spindelapparat wird beseitigt und die eigentliche Zellteilung findet statt, also die Trennung der ursprünglichen Zelle in zwei selbständige Einheiten.

14.7 Wichtige Begriffe der Zellbiologie

Die wichtigsten in der Zellbiologie verwendeten Begriffe sind in der folgenden Tabelle zusammengefasst.

akrozentrisch	nicht in der Chromosomenmitte angeordnetes Zentromer
Aminosäuren	organische Säuren zur Synthese von Proteinen
Apoptose	programmierter Zelltod (meistens während der Mitose)
Autosomen	nicht das Geschlecht bestimmende Chromosomen
Basen	Oberbegriff für Adenin, Guanin, Thymin, Cytosin und Uracil
Basentriplett	Basensequenz aus drei Basen, zuständig für Erzeugung einer Aminosäure
Chromatid	DNS-Doppelstrang mit Proteinen (Hälfte eines Chromosoms)
Chromatin	Verbindung von DNS, Histonen und weiteren Proteinen in weitgehend entfalteter Form
Chromosom	Verbindung zweier Chromatiden während der Mitose
Codon	Basentriplett, dient zur Kodierung einer Aminosäure
Desoxyribose	Ringzucker mit fehlendem Sauerstoffatom, DNS-Baustein
DNS	Desoxyribonukleinsäure (Doppelhelix), Molekülform der Erbsubstanz in den Chromosomen (englisch DNA)
Doppelhelix	Spiralform der entfalteten DNS
ER	Endoplasmatisches Retikulum
Endozytose	Einschleusung von Stoffen in das Zellinnere
Enzym	organisches Katalysator Molekül, echte Enzyme bleiben nach der Erledigung ihrer Aufgabe unverändert und sind wieder verwendbar
Eukaryotenzellen	Zelle mit einem außerhalb der Mitose durch eine Membran umgebenen Zellkern
Exon	Die nach der Transkription von DNS-Strecken auf die RNS verbleibende Basenfolge auf der RNS, kodierend oder nicht kodierend
Exozytose	Absondern von Stoffen aus der Zelle
G_1-Phase	zeitlich an die Mitose anschließende Phase des Zellzyklus
G_2-Phase	Phase des Zellzyklus nach der S-Phase und vor der Mitose
G_0-Phase	Zellzyklusphase außerhalb des Regenerationszyklus von Zellen, also ohne Teilungsaktivitäten
Gen	Abfolge von Basentripletts, die für die Kodierung von Proteinen zuständig ist

Glykokalix	Gesamtheit der Moleküle an der Außenseite des Plasmalemmas
heriditär	Über die Keimbahn vererbt
homolog	gleiche oder nahezu gleiche Basentriplettabfolge in der DNS
Interphase	Zellphasen außerhalb der Mitose
Intron	nicht kodierende Basenfolge auf der DNS, wird nach der Transskription von DNS-Sequenzen auf die RNS aus der RNS entfernt, bevor diese den Zellkern verläßt.
Karyoplasma	Inneres des Zellkerns
lagging strand	Folgestrang, wird diskontinuierlich synthetisiert
leading strand	Leitstrang, stetig replizierter Halbstrang, wird während der Replikation (von 3´nach 5´abgelesen, in 5´- 3´-Richtung repliziert)
Methylierung	Anheften eines -CH_3-Moleküls an ein C-Atom einer Base
metazentrisch	mittig im Chromosom angeordnetes Zentromer
Mitose	Zellteilungsphase
Nuklease	Enzym zum Abbau von Nukleinsäuren
Nukleolus	Kernkörperchen in Eukaryotenzellen, mikroskopisch sichtbar in der Interphase, dient dem Aufbau der rRNS (ribosomale RNS)
Nukleosid	Verbindung einer Base mit dem Zuckermolekül
Nukleotid	Dreifachverbindung von Phosphat, Zuckerring und Base
Plasmalemma	äußere Zellmembran
Polymerase	Enzym zur Herstellung von Nukleinsäureketten wie DNS oder RNS
Prokaryoten	Zellen ohne Zellkern
Proteine	Mehrfach gefaltete Kettenverbindungen von Aminosäuren
Protoplasma	Zellinneres
Purinbasen	Derivate der Harnsäure (Adenin, Guanin)
Pyrimidine	Derivate des Pyrimidins (Thymin, Cytosin, Uracil)
Replikation	Verdopplung der DNS
Ribose	Ringzucker in der RNS
RNS	Ribonukleinsäure, u. a. zuständig für Proteinsynthese
Schwesterchromatid	zum Chromatid gefaltetes Tochterchromatin während der Mitose
Seneszenz	Beendigung der Mitosefähigkeit (replikative S.) oder sonstige Vergreisung der Zelle
S-Phase	Phase des Zellzyklus, in dem die DNS verdoppelt (repliziert) wird

Telomer	Enden der linearen Chromosomen, besteht aus wiederholten Basensequenzen mit verbundenen Proteinen
T-loop	Rückwärts gerichtete und an das Telomer gebundene Schleife des Telomers, schließt die Chromosenenden
Tochterchromatin	während der Replikation erzeugte Kopie eines DNS-Strangs
Transkription	Ablesen eines Teils der DNS zur Erzeugung von RNS
Wachstumsfraktion	relativer Anteil aller Zellen eines Gewebes, die sich im teilungsaktiven Zellzyklus befinden
Zellorganellen	funktionelle Untereinheiten in Eukaryotenzellen
Zellzyklus	zeitliche Abfolge der verschiedenen Phasen einer Eukaryotenzelle

Aufgaben

1. Wie viele 3-fach Kombinationen der 4 Basen in der DNS zur Kodierung von Aminosäuren sind möglich? Wie viele davon sind im menschlichen Erbgut realisiert?

2. Welche Basen werden mit A, T, C und G bezeichnet?

3. Woran erkennt man Purine?

4. Was sind essentielle Aminosäuren?

5. Was bedeutet Chromatin?

6. Welches Chromatin ist an der Proteinsynthese beteiligt?

7. Wo werden Proteine synthetisiert?

8. Teilen sich Zellen in der G_0-Phase?

9. In welchen Phasen des Zellzyklus sind die Schwesterchromatide räumlich zueinander fixiert?

10. Was sind homologe DNS-Abschnitte?

11. Wo befinden sich die Telomere und was ist ihre Aufgabe?

Aufgabenlösungen

1. Es gibt $4 \cdot 4 \cdot 4 = 4^3 = 64$ Möglichkeiten. Zwanzig proteinogene Aminosäuren sind im Menschen bekannt. Dies ermöglicht die Verwendung von Mehrfachcodes, was die Sicherheit der Kodierung deutlich erhöht (s. Tab. 14.1).

2. Adenin, Thymin, Cytosin und Guanin.

3. Purine haben wie Harnstoff eine Doppelringstruktur.

4. Essentielle Aminosäuren sind Aminosäuren, die ein Organismus benötigt aber nicht selbst synthetisieren kann. Sie müssen über die Nahrung zugeführt werden.

5. Chromatin ist das Ergebnis der ersten Faltung des DNS-Strangs. Es besteht aus einer Abfolge von freien Nukleotid-Sequenzen, den Linkern, und auf Eiweißkörper (Histone) auf- und eingewickelten Nukleotiden, den Cores.

6. Die Codes für die Proteinsynthese werden am locker strukturierten, wenig kondensierten Euchromatin abgelesen.

7. Die Erzeugung von Proteinen findet im Zytoplasma außerhalb des Zellkerns statt. Auch in den Mitochondrien werden Proteine synthetisiert, die allerdings nur Aufgaben in den Mitochondrien selbst übernehmen.

8. Nein, Zellteilung ist nur im aktiven Zellzyklus möglich. Zellen können aber bei Anforderung wieder aus der G_0-Phase in den aktiven Zellzyklus eintreten.

9. In der späten G_2-Phase werden die replizierten Schwesterchromatiden durch Proteine fixiert. In der Mitosephase liegt die DNS als Chromosom vor, also mit kondensierter und fixierter DNS.

10. Homologe DNS-Abschnitte enthalten gleiche oder nahezu gleiche Basentriplettabfolge in der DNS, sie sind wichtig für die Reparatur von DNS-Schäden.

11. Telomere befinden sich an den beiden Enden der Chromatiden. Sie verschließen die offenen Enden der DNS-Stränge, um Eingriffe von Reparaturenzymen zu verhindern. Sie werden bei jeder Zellteilung verkürzt. Wenn sie eine bestimmte Länge unterschritten haben, lösen sie eine Apoptose der Zelle aus. Sie dienen also dazu, die Lebensdauer von Zellen zu beschränken, um die mit dem Alter zunehmenden Defekte im Erbgut der betroffenen Zellen auszuschalten.

15 Strahlenbiologie der Zelle

In diesem Kapitel werden die wichtigsten Grundlagen zur Strahlenbiologie der Zelle erläutert. Zunächst werden die strahlenbiologische Wirkungskette in Zellen, die verschiedenen Strahlenschäden der DNS und ihre Reparaturmechanismen dargestellt. Ausführlich werden die verschiedenen Dosis-Wirkungsmodelle erklärt. Es folgt eine Übersicht über die verschiedenen Parameter der Strahlenwirkung auf menschliche Zellen.

Die Strahlenbiologie befasst sich mit den durch ionisierende Strahlung verursachten Einwirkungen auf lebende Zellen und Gewebe. Diese unterscheiden sich in ihrer Auswirkung nicht prinzipiell von anderen chemischen oder physikalischen Wechselwirkungen. Sie sind also genau wie diese imstande, Veränderungen des Erbgutes zu bewirken oder durch gehäufte Schäden an Zellen und ihren Untereinheiten den Zell- bzw. Gewebeuntergang zu verursachen. Dies gilt sowohl für chemische Reagenzien (chemische Mutagene) als auch für physikalische Prozesse wie Ultraschall oder thermische Einwirkung oder für die Bestrahlung mit energiereicher ultravioletter und ionisierender Strahlung. Bei allen diesen Wechselwirkungen mit Zellen sind es die Energieüberträge, die letztlich zur Ursache aller biochemischen und biologischen Veränderungen werden.

Kommt es in biologischen Systemen nach der Einwirkung ionisierender Strahlungen zur Absorption von Strahlungsenergie, folgt diesem primären physikalischen Wechselwirkungsakt eine physikalisch-chemische, eine biochemische und eine biologische Wechselwirkungsphase. Biochemische Wirkungen, die zur Zerstörung oder Beeinträchtigung von Biomolekülen beitragen können, sind immer dann zu erwarten, wenn die Energieübertragung zu Ionisationen oder zu Struktur verändernden Anregungen von Biomolekülen führt. Der Energiebedarf für eine Ionisation beträgt im Mittel etwa 15 eV, was der typischen Bindungsenergie von Valenzelektronen einzelner Atome oder Moleküle entspricht. Tatsächlich wird in Wasser oder typischen menschlichen Geweben im Mittel ein Energiebetrag von etwa 30 eV zur Erzeugung eines Ionenpaares benötigt. Die Hälfte der Energie wird also offensichtlich ohne Ionisierung übertragen. Die biochemische Wirksamkeit solcher nichtionisierenden Energieüberträge hängt von der Bindungsstärke der betroffenen Moleküle ab. Die höchsten biochemischen Bindungsenergien zeigen kovalent gebundene Moleküle, die deshalb besonders resistent gegen energetische Einwirkungen sind. Solche stabilen kovalenten Bindungen finden sich vor allem innerhalb der DNS und in einigen anderen wichtigen Biomolekülen in den Zellmembranen und den Zellorganellen. Je niedriger die chemische Bindungsenergie ist, umso empfindlicher werden die entsprechenden Moleküle auch gegen kleinere Energieüberträge (s. dazu Tab. 24.17). Oft reicht schon eine Erhöhung der Temperatur um nur wenige Grad zu Veränderungen der Biomolekülstrukturen aus.

© Der/die Autor(en), exklusiv lizenziert an
Springer-Verlag GmbH, DE, ein Teil von Springer Nature 2023
H. Krieger, *Grundlagen der Strahlungsphysik und des Strahlenschutzes*,
https://doi.org/10.1007/978-3-662-67610-3_15

Aus dem mittleren Energiebedarf von 30 eV für eine Ionisation in Wasser kann man die Zahl der Ionisationsprozesse bei der Bestrahlung von Geweben mit einer vorgegebenen Dosis abschätzen. Bei einer homogenen Ganzkörperexposition mit einer Dosis von 2,4 mGy (das entspricht vom Zahlenwert etwa der mittleren jährlichen effektiven natürlichen externen und internen Strahlenexposition eines Bewohners der westlichen Industrienationen) entstehen ungefähr $5 \cdot 10^{14}$ Ionenpaare pro Kilogramm Körpergewebe. Im Gesamtorganismus eines männlichen Standardmenschen (Masse = 73 kg) entstehen im Laufe eines Jahres durch die natürliche Strahlenexposition von 2,4 mGy also ungefähr $3,6 \cdot 10^{16}$ Ionisationen[1]. Auch ohne auf weitere Einzelheiten einzugehen, wird aus dieser immensen Zahl und der Tatsache, dass der Mensch dieses "Bombardement" mit ionisierender Strahlung offensichtlich ertragen kann, sofort klar, dass er über hochwirksame Mechanismen verfügen muss, die die Schäden durch Ionisationen und die daraus eventuell folgenden biochemischen und mikrobiologischen Folgen beseitigen und reparieren können.

15.1 Die strahlenbiologische Wirkungskette in Zellen

Menschliche Zellen bestehen zu etwa 70-80% aus Wasser, der Rest besteht hauptsächlich aus organischen Verbindungen wie Proteinen, Enzymen, Lipiden und den Erbträgern DNS bzw. RNS. Die im Zellplasma schwimmenden Zellorganellen und die RNS-Moleküle sind am Zellstoffwechsel, der Proteinsynthese und sonstigen intrazellulären Vorgängen beteiligt. Sie sind mehrfach in jeder Zelle vorhanden, die DNS als zentrale Steuereinheit nur einfach. Veränderungen an der DNS durch Strahlenschäden nach Wechselwirkungen mit ionisierender Strahlung oder durch sonstige Einflüsse, die das Erbgut verändern können (chemische Wirkungen, virale Einflüsse, thermische oder sonstige physikalische Einwirkungen) sind deshalb und wegen der zentralen Steuerfunktionen der DNS für die Abläufe in der Zelle besonders schwerwiegend. Schäden an den Zellorganellen sind dagegen erst dann gravierend, wenn sie bei sehr hohen Strahlendosen an allen Organellen gleichzeitig stattfinden und so der gesamte Zellstoffwechsel zum Erliegen kommt.

Die strahlensensibelsten Bereiche der Zelle sind der Zellkern und die in ihm befindliche DNS, dann folgen bei höheren Dosen die Membranen um den Zellkern, um die Zellorganellen und die äußere Zellhülle. Veränderungen der DNS sind für die Mutationen verantwortlich, irreversible Schäden an den Membranen bewirken den Untergang der Zellkerne oder Zellen und den daraus folgenden prompten Zelltod. Strahlungswirkungen lösen vor allem Veränderungen des Zellstoffwechsels durch Eingriffe in die Proteinsynthese aus, beeinflussen so die Zellatmung und den Energiehaushalt

---

[1] Der mittlere Energieaufwand pro Ionenpaar in Wasser beträgt 30 eV = $30 \cdot 1,6 \cdot 10^{-19}$ J = $48 \cdot 10^{-19}$ J. Durch die Dosis von 2,4 mGy = $2,4 \cdot 10^{-3}$ J/kg entstehen in einem kg daher $(2,4 \cdot 10^{-3}$ J/kg)/$(48 \cdot 10^{-19}$ J/Ionenpaar) = $5 \cdot 10^{14}$ Ionenpaare/kg. Im 73-kg-Menschen erzeugt die natürliche Jahresdosis also etwa $3,65 \cdot 10^{16}$ Ionenpaare im Jahr. Jahresdosen werden in mSv deklariert, der Zahlenwert dient nur als Beispiel.

der Zelle und bewirken Verzögerungen oder Störungen der Zellteilung (Replikations-störungen).

Die Kette der Wechselwirkungen ionisierender Strahlungen mit Geweben beginnt mit der **physikalischen Phase**. In ihr kommt es zur primären Wechselwirkung der Strahlungsquanten mit Atomen oder Molekülen des bestrahlten Organismus durch die in den Kapiteln (6 bis 10) beschriebenen Wechselwirkungsprozesse. Diese sind in der Regel mit einer lokalen Absorption eines Teils der Strahlungsenergie verbunden. Die zugehörige Zeitspanne erstreckt sich von 10^{-16} s bis etwa 10^{-13} s, was ungefähr der Transferzeit der Strahlungsquanten durch die entsprechenden Strukturen entspricht. Ergebnis der physikalischen Wechselwirkungen sind ionisierte oder angeregte Atome und Moleküle am Ort der physikalischen Wechselwirkung. Diese Moleküle können biologische Moleküle wie beispielsweise die Nukleinsäuren (DNS und RNS), Aminosäuren, Proteine, Enzyme, Teile einer Zellmembran oder vorzugsweise die Wassermoleküle im Zellplasma sein.

In der **physikalisch-chemischen Phase** zwischen etwa 10^{-13} s und 10^{-2} s kommt es zu einer Verteilung der absorbierten Energie in die nähere Umgebung des Wechselwirkungsortes vor allem durch thermodynamischen Energieausgleich. Dies geschieht entweder über eine intramolekulare Energiewanderung (Weitergabe der Absorptionsenergie innerhalb eines Moleküls, Energieleitung) oder durch einen intermolekularen Energietransfer (Ausgleich zwischen verschiedenen Molekülen, z. B. durch Stöße). Der intramolekulare Energietransport in größeren Molekülen kann zu Veränderungen der Struktur oder zur Zerstörung dieser Moleküle durch Abspalten von funktionellen Gruppen oder auch zu Brüchen in den Kettenmolekülen führen. Der intermolekulare Energieaustausch ist vor allem bei primärer Wechselwirkung mit Molekülen des Zellwassers von Bedeutung. Er findet vorwiegend durch die Ausbildung und Diffusion von Wasserradikalen statt. Das Ergebnis dieser Wechselwirkungen sind Molekülfragmente und Radikale im Zytoplasma und im Karyoplasma.

In der folgenden **biochemischen Phase** (Zeitbereich etwa 10^{-2} bis 1 s), kommt es zu weiteren Wechselwirkungen der Radikale und Molekülfragmente mit anderen Molekülen. Dadurch entstehen strukturelle und funktionelle Veränderungen der in der Zelle vorhandenen Biomoleküle vorwiegend über oxidative Prozesse. Sind bei diesen Veränderungen die niederenergetischen sekundären Reaktionsprodukte der primären Wechselwirkung beteiligt, kommt es zu Häufungen der lokalen Schäden in kleinen Volumina. Solche Vorgänge werden wegen der räumlichen Konzentration als **Cluster-Schäden** bezeichnet. Ein erheblicher Anteil der Doppelstrangbrüche ist auf solche Cluster-Schäden zurückzuführen.

Die anschließende **biologische Phase** umspannt den Zeitbereich von wenigen hundertstel Sekunden bis zu mehreren Jahren oder Jahrzehnten. In die biologische Phase fallen zunächst die in der Zelle durchgeführten Strahlenschadensreparaturen von DNS-Schäden (s. Kap. 15.3). Durch die nicht beseitigten Veränderungen in den Biomolekülen kommt es zur Beeinflussung des Zellstoffwechsels, zu Modifikationen der Erbsubstanz der Zelle und zu Veränderungen der Proteinsynthese. Dadurch entstehen submikroskopische und gegebenenfalls sogar sichtbare Schäden an den Zellen und ihren Organellen. Sichtbare Zeichen sind Chromosomenbrüche und Ringchromosomenbildungen, die im Rahmen der biologischen Dosimetrie nachgewiesen werden können, sowie Zerstörungen der Kern- oder Zellmembran bei hohen Dosen.

Unsichtbare bleibende Veränderungen können Mutationen an der Erbsubstanz und Denaturierung von Proteinen sein, die auch zu malignen Entartungen von Zellen führen können. Die mikrobiologischen Veränderungen können nach einer oder mehreren Zellteilungen zum Zelltod führen, dessen Auftreten dosisabhängig ist (s. Kap. 15.4). In die biologische Phase fallen auch die makroskopischen Folgen einer Strahlenkrankheit durch verändernde und zerstörende Einwirkungen auf verschiedene Gewebe und der mögliche Tod des betroffenen Organismus durch eine Krebserkrankung.

Die Angabe von Phasen und von Zeitintervallen für diese Phasen dient nur zur Veranschaulichung der jeweils dominierenden Prozesse. Tatsächlich sind die Übergänge der Phasen fließend.

15.2 Direkte und indirekte Strahlenwirkungen

Bei der Wechselwirkung ionisierender Strahlungen unterscheidet man die direkten und die indirekten Strahlenwirkungen, je nachdem ob die Strahlung die Biomoleküle wie z. B. die DNS unmittelbar oder mittelbar zerstört bzw. verändert (Fig. 15.1). Die unmittelbare einstufige Wechselwirkung ionisierender Strahlung mit den organischen Molekülen in einer Zelle wird als **direkte** Strahlenwirkung bezeichnet. Bei den direkten Strahlenwirkungen werden durch Ionisationen und Anregungen der Makromoleküle direkt Radikale dieser Verbindungen gebildet oder ihre Struktur z. B. durch Aufbrechen von Wasserstoffbrückenbindungen verändert.

Die Wahrscheinlichkeit für eine direkte Strahlenwirkung an einem individuellen Molekül ist unabhängig von der Konzentration der betroffenen Substanz in der Zelle, da bei dieser Art von primären Strahlungseffekten zwischen den einzelnen Molekülen zunächst keine wechselseitige Beeinflussung stattfindet. Die direkte Strahlenwirkung ist außerdem unabhängig von der Anwesenheit anderer Stoffe im Zellplasma wie freiem Sauerstoff, Zellwasser, chemischen Radikalfängern (Strahlenschutzsubstanzen) oder Strahlensensitizern, also Stoffen, die die Strahlenwirkung durch ihre in der Regel oxidierende Wirkung erhöhen. Insbesondere wird die Anzahl der direkten Strahlentreffer nicht von der Temperatur beeinflusst, da direkte Strahlendefekte nicht auf die Diffusion von strahleninduzierten Radikalen oder den thermischen Energietransport angewiesen sind. Die wichtigste direkte Strahlenwirkung ist diejenige unmittelbar an der DNS, bei deren Veränderung bleibende Schäden am Erbgut entstehen können. Wegen des geringen relativen Massen- bzw. Volumenanteils der DNS in der Zelle

sind direkte DNS-Strahlenwirkungen im lebenden Organismus allerdings vergleichsweise selten.

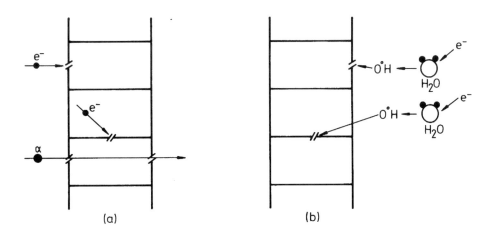

Fig. 15.1: Schematische Darstellung der direkten (a) und der indirekten (b) Strahlenwirkung
an der DNS. Bei der direkten Wirkung trifft das ionisierende Teilchen unmittelbar
auf ein Biomolekül und zerstört dort eine (im Beispiel Einzeltreffer durch Elektronen) oder mehrere Bindungen (Doppelstrangbruch durch Alphateilchen). Bei der
indirekten Strahlenwirkung ist der primäre Wechselwirkungspartner des Strahlungsquants ein Wassermolekül, dessen chemische Bruchstücke (Radikale) erst in
einer weiteren Wechselwirkungsstufe Biomoleküle zerstören.

Die zweite Möglichkeit der Wechselwirkung ionisierender Strahlung findet auf dem
Umweg über chemische Sekundärprozesse mit dem Zellplasma, dem Zellwasser und
den benachbarten Strukturen in der DNS statt. Dabei werden zunächst durch physikalische Wechselwirkungen vor allem Wassermoleküle verändert, die dann ihrerseits
durch chemische Wechselwirkung die DNS oder andere Biomoleküle beeinflussen.
Diese Art der Wechselwirkung wird wegen des Mehrstufenprozesses als **indirekte**
Strahlenwirkung bezeichnet. Sie ist die häufigste Wechselwirkungsart von Strahlung
mit der DNS oder den anderen organischen Molekülen lebender Zellen. Wassermoleküle sind wegen ihres hohen Massenanteils in der Zelle die Hauptwechselwirkungspartner bei einer Strahlenexposition. Die Anregung bzw. Ionisation führt in der Regel
zu einer Dissoziation der Wassermoleküle und zur Bildung teilweise chemisch hoch
aktiver, freier Radikale[2] und Molekülbruchstücke. Dieser Vorgang wird als **Radiolyse**
des Zellwassers bezeichnet und findet in einem Zeitraum von etwa 10^{-12} s nach der
Absorption der Strahlungsenergie statt (Beispiele in Fig. 15.2).

---

[2] Radikale sind elektrisch neutrale Einzelatome oder chemische Verbindungen mit einem ungepaarten
äußeren Elektron (Valenzelektron), die daher chemisch hoch reaktiv sind.

Die wichtigsten dabei aus dem Wasser unmittelbar entstehenden Bruchstücke sind das freie Elektron, das freie Proton, das ungebundene Wasserstoffatom und elektrisch geladene oder neutrale OH-Gruppen (e, p, H, OH). Sind Elektronen durch Stöße ausreichend abgebremst (thermalisiert), umgeben sie sich in wässriger Umgebung sofort mit einer Hülle aus Wassermolekülen. Sie werden also hydratisiert durch Anlagerung

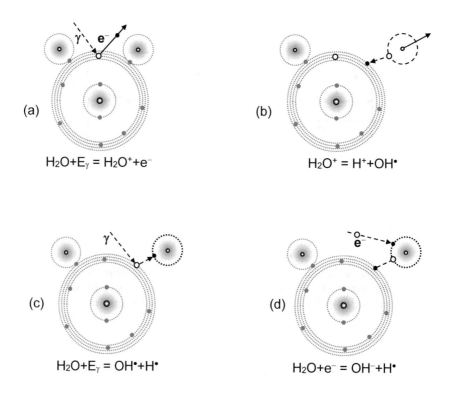

(a)

$$H_2O + E_\gamma = H_2O^+ + e^-$$

(b)

$$H_2O^+ = H^+ + OH^\bullet$$

(c)

$$H_2O + E_\gamma = OH^\bullet + H^\bullet$$

(d)

$$H_2O + e^- = OH^- + H^\bullet$$

Fig. 15.2: Einige typische Vorgänge bei der Radiolyse des Zellwassers. (a): Ionisation eines H_2O-Moleküls durch Wechselwirkung mit einem Photon, und Zerfall in ein H_2O^+-Radikal und ein freies Elektron, (b): direkter Zerfall eines H_2O^+-Radikals in H^+ und $OH^\bullet$. Dieses $OH^\bullet$-Radikal erhält man auch beim Einfang eines intakten Wassermoleküls durch das Wasserradikal ($H_2O^+ + H_2O = H_3O^+ + OH^\bullet$), (c): Zerfall eines H_2O-Moleküls in $OH^\bullet$ und $H^\bullet$ nach Absorption eines Photons, (d): Zerlegung von Wasser in OH^- und ein neutrales Wasserstoffatom $H^\bullet$ durch Einfang eines freien Elektrons.

von 5-7 Wassermolekülen ($e_{aq} = e + 5$ bis $7 \cdot H_2O$) und wirken in diesem Zustand ebenfalls wie chemische Radikale. Diese und die weiteren Radikale lagern sich entweder sofort an neutrale Moleküle oder an andere Radikale in der unmittelbaren Umgebung des Wechselwirkungsortes an. Dabei entstehen zusätzlich die weniger reaktiven Verbindungen H_2 und H_2O_2. Man erhält bei der Radiolyse des Zellwassers also folgende Radikale bzw. Verbindungen.

$$e_{aq}, H^•, HO^•, H^+, OH^-, H_2, H_2O_2 \qquad (15.1)$$

Die Ausbeute an Molekülen oder Radikalen bei der Radiolyse des Zellwassers bei einem Energieübertrag von 100 eV wird als **G-Wert** bezeichnet. Dieser hängt vom LET der Strahlung ab. Für ^{60}Co-Gammastrahlung betragen die G-Werte in Wasser beispielsweise 3,2 $H^•$, 2,7 $OH^•$, 0,45 H_2 und 0,7 H_2O_2. Pro 100 eV übertragener Energie werden also im Mittel ungefähr 7 Radikale erzeugt. [3]

Bei höherem LET kommt es zu lokalen Konzentrationen der Radikale, die daher eine im Vergleich zu Niedrig-LET-Strahlung höhere Rekombinationsrate zeigen. Diese Rekombinationsprozesse sind die Ursache für die ansteigende Zahl der Peroxide (H_2O_2) mit dem LET der Strahlung Die durch Bestrahlung im Zellwasser entstandenen Radikale diffundieren nach ihrer Bildung in die nähere Umgebung. Dabei lagern sie sich entweder an andere Wassermoleküle an oder sie wechselwirken mit Biomolekülen und verändern diese dabei in ihrer chemischen Struktur. Organischen Verbindungen werden durch die Wasserradikale meistens Wasserstoffatome z. B. an den Wasserstoffbrücken der DNS, entzogen. Die Zeitspanne dafür beträgt typischerweise einige Mikrosekunden (10^{-6} s), die Diffusionsentfernung nur einige 10 nm, also ungefähr den halben Durchmesser einer Chromatinfibrille.

Beispiel 15.1: Zahl der Radikale bei einer Dosis von 10μGy in 1 Gramm Körpergewebe. *10 μGy = 10^{-5} Gy/($1,602·10^{-19}$ J/eV) = 0,624 · 10^{14} eV/kg = 0,624 · 10^{11} eV/g. Die Ausbeuten sind pro 100eV angegeben, daher erhält man als Umrechnungsfaktor 0,624 · 10^9. Dies ergibt die Radikalausbeuten in Spalte 3 der Tabelle (15.1).*

Radikalart	Radikalzahl/100eV	Radikalzahl in 1 g pro 10μGy
$H^•$	3,2	2,0 · 10^9
$OH^•$	2,7	1,7 · 10^9
e^-	2,7	1,7 · 10^9
H_2	0,45	0,28 · 10^9
H_2O_2	0,7	0,44 · 10^9

Tab. 15.1: Zahl der Wasserradikale pro Gramm Weichteilgewebe bei einer Bestrahlung mit 10 μGy (Berechnung s. Beispiel 15.1).

---

[3] G-Werte spielen übrigens auch eine wichtige Rolle bei der Radiochemie des Kühlwassers in Kernreaktoren.

Die der Primärwechselwirkung folgenden physikalisch-chemischen und chemischen Veränderungen der Biomoleküle finden bei der indirekten Strahlenwirkung also vor allem nach der Radiolyse des Zellwassers statt und sind daher an die Anwesenheit von Wasser gebunden. Die indirekte Strahlenwirkung ist wegen des hohen Wasseranteils in lebenden Zellen für die Effekte locker ionisierender Strahlungen dominierend. Befindet sich neben dem Zellwasser auch freier Sauerstoff im Zellplasma, wird die Ausbeute an Radikalen bei Niedrig-LET-Strahlung zusätzlich erhöht. Dies ist der Grund für das experimentell beobachtete Anwachsen der Strahlenwirkung bei Anwesenheit von Sauerstoff (Sauerstoffeffekt, s. Abschn. 15.5.1). Bei Hoch-LET-Strahlung spielt der freie Sauerstoff wegen der lokalen Konzentration der Peroxidbildung nur eine nachgeordnete Rolle. Systeme, die kein Wasser enthalten, wie Viren, die im Wesentlichen aus hoch kondensierter DNS oder RNS und Proteinen bestehen, sowie gefrorene Zellen sind wesentlich unempfindlicher gegen Strahlenexpositionen, da sie ausschließlich über die direkte Strahlenwirkung geschädigt werden können.

Zusammenfassung

- **Strahlenwirkungen werden in direkte und indirekte Wirkungen eingeteilt.**

- **Bei direkten Strahlenschäden wechselwirkt das Strahlungsfeld unmittelbar mit Biomolekülen.**

- **Indirekte Strahlenschäden entstehen vor allem auf dem Umweg über Wasserradikale.**

- **Beide Strahlenwirkungen können zu folgenden Reaktionen in Zellen führen:**

  - **Erzeugung von DNS-Schäden,**

  - **Telomerverkürzung,**

  - **Zellteilungshemmungen (Mitosehemmungen) oder Erhöhung der Zellteilungsraten,**

  - **Änderungen der Kommunikation von Zellen über Botenstoffe,**

  - **Stoffwechselveränderungen in der Zelle,**

  - **Zerstörung oder Veränderung von Membranen oder Zellorganellen,**

  - **Zelltod.**

15.3 DNS-Schäden

Die Strahlenexposition einer Zelle kann zu einer Vielzahl von Defekten der DNS und ihrer Abkömmlinge, den verschiedenen Formen der RNS, führen. Schäden an den Basen sind chemische Modifikationen einzelner Basen, Basenfehlpaarungen, Basenverluste und die Basen-Überkreuzverbindungen (Basen cross links). Schäden an den Zucker- und Phosphorverbindungen können Brüche der Längsverbindungen auslösen. Die Folge sind einseitige oder beidseitige Strangbrüche der DNS. Durch die biochemischen Folgeeffekte einer Strahleneinwirkung kann es auch zu Vernetzungen von Proteinen mit der DNS (DNA-Protein cross links) oder von DNS-Molekülen mit DNS-Molekülen kommen (DNA-DNA cross links).

Mutationen: Bleibende Veränderungen der genetischen Information werden als Mutationen bezeichnet. Diese können entweder spontan bei der Replikation des Erbgutes entstehen, sie können die Folge einer chemischen oder physikalischen Einwirkung auf das Erbgut sein oder nach einer fehlerhaften DNS-Reparatur auftreten. Betreffen Erbgutveränderungen die Körperzellen, werden sie **somatische** Mutationen genannt. Betreffen Mutationen einzelne Gene, also Veränderungen einzelner Nukleotide innerhalb einer ein Protein kodierenden Nukleotidsequenz, werden sie als Punktmutationen oder Genmutationen bezeichnet. Ihre Auswirkung ist eventuell eine veränderte Proteinsynthese. Diese Mutation kann sich nur dann auf die Zelle und den Organismus auswirken, wenn der entsprechende Abschnitt der DNS aktiviert ist. In der Folge können Punktmutationen zu einer malignen Transformation von Zellen führen, Störungen der Enzymaktivität bewirken oder Veränderungen des Stoffwechsels und der Eigenschaften der Glykokalix von Zellen auslösen. Somatische Mutationen werden nicht weiter vererbt. Betreffen Mutationen dagegen die Keimzellen von Lebewesen, können sie an die Nachkommen weitergegeben werden. Diese **Keimbahnmutationen** werden als genetische Mutationen im engeren Sinne bzw. als heriditäre Mutationen bezeichnet. Die meisten heriditären Mutationen sind rezessiv, sie wirken sich also in der Regel nur im Genotyp nicht jedoch im Phänotyp des betroffenen Individuums aus. Rezessive Erbeigenschaften manifestieren sich im Phänotyp nur, wenn beide Allele die gleiche Mutation tragen, die Erbanlage also homozygot vorliegt.

Chromosomenaberrationen: Betreffen Chromosomenveränderungen größere Bereiche der DNS innerhalb eines Chromosoms (Fig. 15.4), werden sie als **strukturelle** Chromosomenaberrationen bezeichnet. Sie umfassen Verdopplungen (Duplikationen), Löschungen (Deletionen), Einbau zusätzlicher Gensequenzen (Insertionen), um 180° gedrehter Einbau von Chromosomenstücken (Inversionen) und Übertragung bestimmter Gensequenzen auf andere Chromosomen (Translokationen). **Numerische** Chromosomenaberrationen betreffen dagegen die Veränderung der Zahl einzelner Chromosomen, die Polysomien (z. B. die Trisomie 21: Verdreifachung des Chromosoms 21), oder die Vervielfachung des kompletten normalerweise diploiden Chromosomensatzes, die Ploidiemutationen. Bei beiden Aberrationen bleiben die Nukleotidsequenzen korrekt erhalten. Ploidiemutationen sind beim Menschen in der Regel letal.

15.3.1 Arten von DNS-Schäden

Basenschäden: Treten Änderungen an einzelnen Basen oder ihren Verbindungen auf, wird dies als Basenschaden bezeichnet. In der Folge eines Basenschadens kann es zum Bruch der Wasserstoff-Brückenbindungen zur gegenüberliegenden komplementären Base, zur Veränderung der chemischen Struktur der Base, zum vollständigen Basenverlust, zum Einbau einer falschen Base mit der Folge einer anschließenden Basenfehlpaarung kommen. Typische chemische Veränderungen sind die Oxidationen, die Desaminierungen (Abbau eines NH_2-Moleküls) und die Alkylierungen, bei denen an ein Kohlenstoffatom einer Base Alkylgruppen[4] angefügt werden. Ein häufiger Fall ist die Methylierung, also der Anbau eines Methanmoleküls (CH_3).

Bei der Replikation solcher chemisch modifizierter Basen kommt es durch die veränderte chemische Struktur häufig zu Fehlpaarungen. Basenfehlpaarungen werden in die Transitionen und die Transversionen eingeteilt. Bei Transitionen werden innerhalb eines Nukleotids die Purinbasen (A, G) gegen die jeweils andere Purinbase oder einzelne Pyrimidinbasen gegen die jeweils andere Pyrimidinbase ausgetauscht. Bei den Transversionen kommt es zum Austausch einer Purin- gegen eine Pyramidinbase oder einer Pyrimidin- gegen eine Purinbase (Beispiele s. Tab. 15.2). Möglich sind auch Fehlvernetzungen einzelner Basen in der DNS zu einer schräg gegenüberliegenden Base des Nachbarnukleotids (Basen cross link).

Eine Sonderform der Basendefekte ist die Bildung von **Basendimeren**, die häufig nach UV-Exposition von Zellen in der Haut auftreten. Dabei verbinden sich zwei auf der gleichen Seite der DNS liegende Pyrimidinbasen unter Bruch der Wasserstoffbrücken zu Doppelmolekülen. Zwischen den Basen bildet sich ein Cyclobutan-Ring[5] aus. Wegen dieser Besonderheit werden Basendimere ausschließlich von den Pyrimidinbasen Thymin und Cytosin gebildet (TT, CC, TC-Dimere, Fig. 15.3c).

Die Strahlenempfindlichkeit für Basendefekte nimmt ab von T über C, A nach G. Da in der Reihenfolge der Basen die genetische Information kodiert ist, führen Basendefekte bei ausbleibender Reparatur und bei Aktivierung des jeweiligen Gens zu Störungen oder falscher Weitergabe der Erbinformationen bei der Replikation oder der Transkription.

---

[4] Alkyle sind Molekülteile aus verbundenen C- und H-Atomen. Sie haben die Formel C_nH_{2n+1}. Beispiele sind die Methylgruppe CH_3 und die Ethylgruppe C_2H_5.

[5] Cyclobutan hat die Formel C_4H_8 mit einem zentralen Ring aus 4 C-Atomen, von denen bei der Dimerbildung je 2 den benachbarten Basen zugehören.

Strangbrüche: Voraussetzung für einen Strangbruch ist die Trennung von Phosphor-Zuckerverbindungen oder Zerstörungen der Ringstruktur des Desoxyribosemoleküls. Wird nur eine Seite der DNS aufgebrochen, spricht man von **Einzelstrangbrüchen**. Die Trennung beider Seiten wird als **Doppelstrangbruch** bezeichnet. Diese Doppelstrangbrüche können gerade oder schräg verlaufen. Die beiden Varianten unterscheiden sich durch den jeweils auf dem Halbstrang übrigbleibenden Rest. Dort können sich neben Strangmolekülen (Zucker, Phosphat) auch ungepaarte Basen, also isolierte Reste des jeweiligen Halbstrangs der DNS befinden. Oft treten zusammen mit Strangbrüchen auch Basenverluste oder Basenveränderungen auf. Der Grund ist die Emission von Sekundärelektronen am primären Wechselwirkungsort. Dadurch bilden sich in der näheren Umgebung sogenannte "Cluster", also massive Veränderungen der molekularen Strukturen. Durch diese Clusterbildung können weitere Doppelstrangbrüche, Einzelstrangbrüche und Basenveränderungen sowie auch sekundäre Reaktionsprodukte auf indirektem Wege entstehen. Werden Einzelstrangbrüche nicht rechtzeitig vor der Replikation repariert, können aus ihnen im Bereich der Replikationsgabeln auch Doppelstrangbrüche entstehen.

Bei Niedrig-LET-Strahlung überwiegen die Einzelstrangbrüche. Unmittelbare Doppelstrangbrüche sind um mehr als eine Größenordnung unwahrscheinlicher. Mit zunehmendem LET der Strahlung erhöht sich der relative Anteil der Doppelstrangbrü-

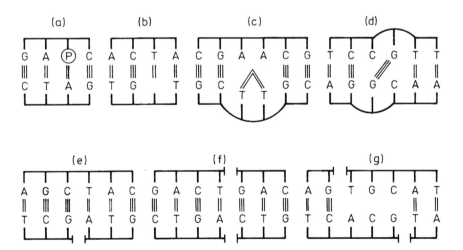

Fig. 15.3: Schadenstypen an DNS-Molekülen. (a): Falsch eingebaute Base (Paarungsfehler P) durch Störung bei der Replikation, (b): vollständiger Verlust einer Base (Basenlücke gegenüber T), (c): Dimerbildung (Doppel-T, auch Doppel-C) aus der gleichseitigen Verbindung zweier benachbarter Basen, (d): Kreuzverkopplung zweier Basen (cross link, GG), (e): Einzelstrangbruch auf einem Teilstrang der DNS, (f): gerader Doppelstrangbruch durch gleichzeitigen Bruch direkt gegenüberliegender DNS-Stränge, (g): schräger Doppelstrangbruch an versetzten Stellen der beiden DNS-Stränge. (a-d) werden als Basendefekte bezeichnet.

che. Beide Arten von Strangbrüchen können repariert werden, wobei die Wahrscheinlichkeit für die Reparatur eines Doppelstrangbruchs erheblich kleiner als für Einzelstrangbrüche ist. Strangbrüche sind bisher nur für ionisierende Strahlungen und chemische Substanzen, nicht aber nach UV-Exposition nachgewiesen worden, da die UV-Absorption spezifisch in den Pyrimidinbasen T und C stattfindet und dort ausschließlich Basendefekte auslöst.

Strukturelle Chromosomenaberrationen: Nicht reparierte Doppelstrangbrüche führen zu makroskopischen Veränderungen der DNS, die sich in der Mitose als strukturelle Chromosomenaberrationen unter dem Lichtmikroskop darstellen können (Beispiele Fig. 15.4). Chromosomenaberrationen entstehen in zwei Stufen, der Bildung eines nicht reparierten Doppelstrangbruchs oder einer sonstigen chemischen Instabilität im Chromosom, die zum Chromosomenzerfall führen kann, und der anschließenden Neuverbindung (Fusion) der Strangfragmente. Die Verschiebung eines Fragments wird als **Translokation** bezeichnet. Der Einbau kann mit und ohne Inversion (Richtungsumkehr) der Fragmente stattfinden. Man unterscheidet die intrachromosomalen Aberrationen innerhalb eines einzelnen Chromosoms und die interchromosomalen Veränderungen durch Austausch von Stücken verschiedener Chromosomen[6]. Für Strahlungswirkungen sehr typische Chromosomenaberrationen sind die dizentrischen Chromosomen und die Ringchromosomenbildungen, die heute mit Hilfe radioaktiver Markierungsverfahren gut erforscht sind und deshalb in der biologischen Dosimetrie verwendet werden (s. [Krieger3]).

DNS-Vernetzungen: Solche Ereignisse sind erst bei hohen Strahlendosen zu erwarten, da als Vorbereitung für die Vernetzung simultane Schäden an benachbarten Molekülen entstehen müssen. Es ist also eine hohe räumliche Schadenskonzentration erforderlich. Die chemische Verknüpfung von freien Proteinmolekülen mit dem DNS-Strang nach einem Ionisationsereignis werden als "DNS-Protein cross links" bezeichnet. Verbindungen unterschiedlicher DNS-Moleküle als "DNS-DNS cross links". Diese entstehen vorwiegend an den Pyrimidinbasen T und C.

Nicht reparierte Schäden an der DNS haben unterschiedliche Auswirkungen auf die Zelle. Bestimmte Schadensarten behindern unmittelbar die Replikation der DNS oder die Transkription auf die RNS, da die zuständigen Replikationsenzyme in ihrer Funktion durch die veränderte Molekülgeometrie gestört werden.

---

[6] Eine spektakuläre Variante ist die Verbindung zweier nicht homologer akrozentrischer Chromosomenfragmente zu einem zentrischen Chromosom unter Verlust der kurzen Chromosomenarme, z. B. zentrische Fusion der Chromosomen 13+14, heißt Robertson-Translokation, häufig beim Down-Syndrom.

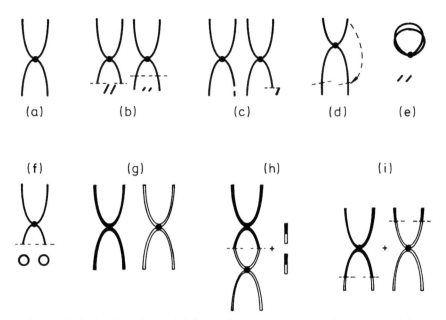

Fig. 15.4: Einige typische in der Mitose sichtbare Chromosomenaberrationen nach nicht reparierten Doppelstrangbrüchen der DNS. (a): normales Chromosom, (b): endständige (terminale) Deletion links, interstitielle Deletion rechts, (c): Chromatidenaberrationen (links Lücke, rechts endständiger Defekt), (d): perizentrische Inversionen durch Versatz zweier endständiger Fragmente, (gedrehter Fragmenteinbau innerhalb eines Chromosomenarmes heißt parazentrische Inversion, ohne Abb.), (e): zentrischer Ring mit Fragmenten, (f): nichtzentrische Ringe aus Fragmenten, (g): normales Chromosomenpaar, (h): asymmetrischer interchromosomaler Austausch mit dizentrischem Chromosom und gemischten Fragmenten, (i): reziproke Translokation durch Austausch endständiger Chromatidstücke. (b-f) sind intrachromosomale, (h+i) interchromosomale Aberrationen.

Dazu zählen vor allem die Basendimere, die Strangbrüche und die Vernetzungen. Zellen mit solchen Defekten sind von der Weitergabe der Erbinformation ausgeschlossen, da sie beim nächsten oder übernächsten Teilungsversuch dem mitotischen Tod unterliegen. Bei gehäuftem Auftreten können durch massiven Zelluntergang klinisch feststellbare Gewebeschäden auftreten. DNS-Schäden, die die Struktur der DNS nicht zu sehr verändert haben, behindern die Replikation dagegen wenig oder nicht. Solche strukturell tolerierten DNS-Veränderungen treten vor allem bei lokalisierten Defekten an Basen und bei Basen-Fehlpaarungen auf. Diese werden bei der Replikation also an die Schwesterchromatine weitergegeben und verändern so dauerhaft das Erbgut der Zelle. Die Folge sind Mutationen im Erbgut, die auch maligne Entartungen beinhalten können.

DNS-Defekt	Details	Beispiele
Basenveränderung	Strukturveränderungen	Desaminierung: Abspalten der NH$_2$-Gruppe, dadurch wird z. B. Cytosin zu Uracil
		Alkylierung: Anfügen eines Alkylrestes z.B. CH$_3$
Basenfehlpaarung: Transitionen	Purintausch (A ↔ G)	AT → GT
	Pyrimidintausch (C ↔ T)	AT → AC
Basenfehlpaarung: Transversionen	Tausch Purin → Pyrimidin	A → C oder T: AT → CT oder TT
	Tausch Pyrimidin → Purin	T → G oder A: AT → AG oder AA
Dimerbildung an Pyrimidinbasen	UV induziert nur an Pyrimidinen	TT, CC, TC
fehlende Einzelbase	einseitiger Basenverlust	Basenlücke mit intakter Reststruktur
Basen cross link	schräge Basenverbindung zum Nachbarnukleotid	
Einzelstrangbruch	Basen unversehrt	
Doppelstrangbrüche	gerade, schräg	strukturelle Chromosomenschäden
Clusterbildung	Strukturveränderungen durch Sekundärprozesse	mögliche Folge eines Clusters sind alle anderen Effekte
DNS Vernetzungen	hohe Dosen	DNS-DNS oder DNS-Protein cross links

Tab. 15.2: Überblick über mögliche DNS-Schäden

Schadensraten: Bei Bewertungen der Schadensrisiken muss die Zahl der strahleninduzierten Schäden der DNS mit der spontanen Fehlerrate der DNS-Replikation verglichen werden. In menschlichen Zellen beträgt diese etwa 10^{-8} bis 10^{-9} pro Replikation. Die Zahl der Nukleotiden (ein Basenpaar mit Zucker- und Phosphormolekül) der menschlichen DNS liegt bei etwa $3 \cdot 10^{9}$. Die obige Fehlerfrequenz, die ungefähr dem Kehrwert der Nukleotidfrequenz entspricht, bedeutet, dass pro Replikation 1 bis 10 fehlerhafte Basen auftreten, die spontan ohne jeden externen toxischen Einfluss entstanden sind. Sie sind verantwortlich für die hohe spontane Mutationsrate. Interessanterweise ist das Verhältnis von Basenpaaren und Fehlerrate, also die relative Fehlerrate, bei allen Eukaryotenzellen trotz der erheblichen Unterschiede in der absoluten Zahl der Gene nahezu konstant. Bei deutlichen Abweichungen von dieser Regel wird eine Population durch zu hohe genetische Fehlerraten instabil oder durch zu geringe Mutationsraten unfähig zur Anpassung an geänderte Umgebungsbedingungen (Evolution). Dem gegenüber treten bei einer Bestrahlung menschlichen Gewebes mit nur 10 mGy locker ionisierender Strahlung 20 DNS-Defekte/Zellkern auf, die zu Chromosomenaberrationen führen können. Von diesen 20 Chromosomenaberrationen bleiben etwa 10^{-3}-10^{-2} pro Zelle unrepariert. Das Verhältnis nicht reparierter radiogener zu den verbleibenden spontanen genetischen Defekten, also die relative radiogene Fehlerrate, beträgt ca. 10^{-4} bis 10^{-3} [UNSCEAR 1986].

15.4 Die Reparaturen von DNS-Schäden

Im Laufe der Evolution haben sich wegen der ständig anwesenden natürlichen Strahlenexposition und der spontanen Mutationen sehr effektive Reparaturmechanismen ausgebildet, die molekulare Veränderungen der DNS erkennen und imstande sind, diese bei intaktem Erbgut enzymatisch gesteuert in den meisten Fällen wieder rückgängig zu machen. Während der Reparatur kann der Zellzyklus in bestimmten Phasen angehalten werden, insbesondere während der DNS-Replikation. Im Zellplasma finden sich außerdem Substanzen, die chemische Radikale neutralisieren können, bevor sie einen Schaden an der DNS oder den Zellorganellen anrichten, die Radikalfänger. Die Reparatur- und Schutzmechanismen hängen in ihrer Wirksamkeit unter anderem auch vom Schadenstyp, von der Zellzyklusphase, dem Energiegehalt und Sauerstoffgehalt der Zelle, der Konzentration von Reparaturenzymen und Schutzsubstanzen im Zellplasma und der Temperatur sowie der Unversehrtheit des genetischen Materials in der betroffenen Zelle ab (s. Abschn. 15.5). Sie sind dafür verantwortlich, dass in gesunden Zellen strahlungsbedingte und durch chemische Einflüsse bedingte Struktur- und Informationsänderungen der DNS weitgehend beseitigt werden, so dass sich Zellen nach einer Bestrahlung mit nicht zu hoher Dosis wieder erholen können.

Je höher die mitotische Aktivität eines Gewebe ist, umso weniger Zeit bleibt im Mittel für die biochemische Reparatur von Schäden vor der nächsten Zellteilung. Dies macht die experimentell festgestellten erhöhten Strahlenempfindlichkeiten schnell teilender Gewebe wie Mausergewebe (Gewebe die zur Erneuerung ständig abgestoßen werden) verständlich. Solche Gewebe sind z. B. innere Schleimhäute, das blutbildende System oder die Tumorgewebe, die darüber hinaus oft noch gestörte Reparaturmechanismen und fehlerhaft synthetisierte Enzyme enthalten. Reparaturvorgänge in Zellen sind wegen ihres stochastischen Charakters mit einer von den individuellen Bedingungen abhängigen Fehlerrate behaftet. Enzymatisch gesteuerte Reparaturen sind übrigens nicht auf Strahlenschäden beschränkt, sondern werden auch durch sonstige biochemische Einflüsse auf die DNS ausgelöst. Besonders fatal sind Schäden an der DNS, die sich gerade auf die Wirksamkeit oder die Funktion von Reparaturvorgängen auswirken oder das Wachstumsverhalten von Zellen durch Modifikationen der Oberflächenproteine der Glykokalix verändern.

Einige enzymatisch gesteuerte Reparaturen von Strahlenschäden setzen unmittelbar nach der Entstehung eines Strahlenschadens ein und können innerhalb weniger Minuten oder Stunden beendet sein. Finden sie nach der Mitose aber vor der nächsten DNS-Verdopplung statt, werden sie als **präreplikative** Reparaturen bezeichnet. Entstehen

DNS-Schäden kurz vor oder während der Replikation, können sie u. U. nicht mehr rechtzeitig vor Ende der DNS-Replikation repariert werden. Dann treten die **postreplikativen** Reparaturprozesse in Kraft. Diese verhindern weitgehend die Übergabe defekten Erbmaterials an die Tochterzellen in der nächsten Mitose.

Manche Reparaturen benötigen Lichtenergie und werden deshalb **Photoreparaturen** genannt. Alle anderen Reparaturen verwenden die in der Zelle in Bindungen vorhandene chemische Energie und werden wegen des Nichtbedarfs an sichtbarem Licht als **Dunkelreparaturen** bezeichnet.

Reparaturen von DNS-Schäden unterscheiden sich außerdem nach ihrem Umfang der beteiligten Moleküle und der Vollständigkeit des Vorganges. Werden die Schäden ausschließlich unmittelbar an den betroffenen Molekülen (in der Regel die Basen) rückgängig gemacht, bezeichnet man dies als **Direktreparaturen**. Voraussetzung ist die klare räumliche Begrenzung des Schadensereignisses.

Die zweite Gruppe von Reparaturverfahren repariert Schäden nicht direkt sondern schneidet stattdessen betroffene Partien aus der DNS aus und synthetisiert die entfernten Teile neu. Als Matrize für die Neusynthese dient der gegenüberliegende Halbstrang der DNS. Eine Voraussetzung ist daher die Unversehrtheit und die Gegenwart dieses zweiten Halbstrangs. Diese Verfahren werden als **Exzisionsreparaturen** bezeichnet.

Die dritte Gruppe ist das System der **homologen Rekombinationsreparaturen**. Sie werden immer dann angewendet, wenn der gegenüberliegende DNS-Halbstrang ebenfalls fehlerbehaftet ist oder durch Doppelstrangbrüche räumlich getrennt wurde. Bei diesen Verfahren wird das Schwesterchromatin als Reparaturmatrize eingesetzt. Eine Bedingung ist deshalb die räumliche Nähe dieses Chromatins und seine lokale Unversehrtheit. Solche Reparaturen können also nur nach der Replikation der DNS und vor der nächsten Mitose stattfinden; sie sind postreplikativ und erfordern die Fixierung der beiden Chromatine durch die Ringproteine (Cohesine).

Eine letzte Gruppe von Reparaturen sind die SOS-Reparaturen, bei denen über die schadensbehaftete DNS-Stelle hinweg repariert wird oder eine Matrize mit den benötigten Informationen nicht zur Verfügung steht. In diesem Fall bleibt also ein permanent verbleibender Restschaden. Diese Gruppe dieser Schadensreparaturen wird unter dem Begriff der **Transläsionsreparaturen** zusammengefasst. Ausführliche Beschreibungen der DNS-Reparaturen mit vielen biochemischen Details und Darstellungen der Nachweismethoden finden sich bei ([Laskowski 1981], [Tubiana], [Bielka/Börner], [Hug], [Hall 2000], [Watson Molekularbiologie]).

15.4.1 Direktreparaturen von Basenschäden

Die wichtigste Direktreparatur ist die so genannte Photoreaktivierung von UV-induzierten Pyrimidindimeren. Durch ultraviolette Strahlung erzeugte Basendimere werden durch ein spezielles Enzym, die Photolyase, erkannt und lokalisiert. Dieses Enzym verbindet sich mit etwa 10 Nukleotiden des DNS-Stranges so, dass in der Mitte dieses Basensegmentes das Dimer zu liegen kommt. Sobald die Photolyase nach der Positionierung ein Lichtquant aus dem sichtbaren (blauen) Spektralbereich absorbiert, wird die Dimerbindung aufgehoben. Dazu wird der bei der Dimerbildung entstandene Cyclobutanring chemisch getrennt. Das Reparaturenzym löst sich von der DNS (Fig. 15.5) und kann für weitere Reparaturen verwendet werden. Da dieser Reparaturprozess erst nach Absorption sichtbaren Lichts beendet werden kann, wird er als **Photoreparatur** bezeichnet. Diese findet ausschließlich präreplikativ statt. Das Reparaturenzym Photolyase in funktionierender Form existiert nach heutiger Kenntnis nur in Prokaryoten, Hefen, Pflanzen und einigen plazentalosen Säugern (Beuteltieren wie die australische Beutelmaus). Nach neuesten Erkenntnissen sind die Photolyase produzierenden Gene im Menschen nicht mehr aktiv oder nicht mehr vorhanden.

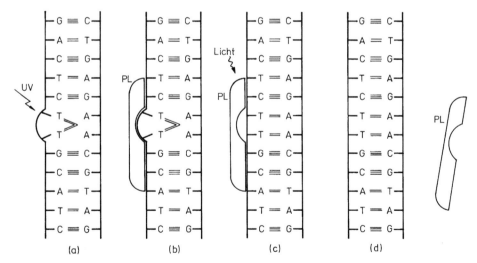

Fig. 15.5: Vorgänge bei der Photoreparatur von Pyrimidinbasendimeren nach UV-Exposition. (a): Das Enzym Photolyase (PL) erkennt das Dimer und bildet mit ihm einen Komplex. (b): Erst nach Absorption eines sichtbaren Lichtquants kommt es zur Monomerisierung des Dimers (c) und zur Wiederherstellung der Zweifachwasserstoffbrücke zu den gegenüberliegenden Basen. Die Stränge werden durch die Reparatur nicht beeinflusst (nach [Laskowski 1981]).

Eine weitere verstandene Direktreparatur ist die enzymatisch bewirkte Beseitigung von chemischen Veränderungen an Basen wie die Alkylierung. Besteht der angefügte Alkylrest beispielsweise aus einer Methylgruppe, muss diese durch geeignete Enzyme erkannt und beseitigt werden. Diese Aufgabe wird z. B. von dem Enzym Methyltransferase wahrgenommen, das allerdings wegen seines chemischen Umbaus anschließend nicht mehr weiter verwendet werden kann.

15.4.2 Exzisionsreparaturen von Basenschäden

Präreplikative Exzisions-Reparaturen von Basendefekten: Sie zählen wie auch die anderen im Folgenden aufgeführten Mechanismen zu den Dunkelreparaturen. Dieser Name dient zur Veranschaulichung der Energiegewinnung bei der Reparatur. Bei Dunkelreparaturen entstammt die chemische Energie letztlich dem ATP-Zyklus. Bei Exzisionsreparaturen werden entweder einzelne Basen, ein einzelnes oder mehrere Nukleotide ausgeschnitten und durch die mit Hilfe des komplementären DNS-Stranges neu synthetisierten Verbindungen ersetzt.

Einzelbasenexzision: Bei isolierten Basendefekten verändert sich die Lage der fehlerhaften Base relativ zum intakten DNS-Strang, sie ragt seitlich heraus. Diese Lageveränderung wird von auf einzelne Basen spezialisierten Formen des Enzyms DNS-Glykosylase erkannt. Bei der Einzelbasenexzision muss die als defekt erkannte Base durch die DNS-Glykosylase zunächst von den Desoxyribose-Molekülen, also vom DNS-Strang getrennt werden. Anschließend wird die entfernte Base durch Kopieren der komplementären DNS-Seite neu gebildet und mit Hilfe weiterer Enzyme (Exonukleasen, Insertasen, Polymerasen) wieder in die Lücke eingepasst (Fig. 15.6a) und der für die Reparatur geöffnete DNS-Strang wieder geschlossen. In der Regel werden dabei die Desoxyribose-Moleküle ebenfalls ersetzt. Es wird also das komplette Nukleotid ausgetauscht.

Kurzstrangexzisionen: Werden begrenzte Bereiche des DNS-Stranges (mehrere Phosphate und Desoxyribose-Moleküle) zusammen mit den veränderten Basen ausgeschnitten, bezeichnet man die Reparaturen als Kurzstrangexzisionen. Bei solchen Kurzstrangexzisionen werden durch die Reparaturenzyme keine einzelnen Basendefekte erkannt, sondern räumliche Faltungen und Verzerrungen der DNS-Moleküle, die beispielsweise durch Dimerbildung von Basen oder Ausstülpungen verschiedener voluminöser Moleküle nach Clusterbildung entstehen. Die Reparaturmethode ist die Exzision von Nukleotidstrecken und deren Ersatz durch Neusynthese.

Bei der Kurzstrangexzision werden nur wenige Nukleotide (beim Menschen etwa 30) aus der DNS entfernt. Zuständig ist hier ein Enzym aus der Gruppe der Endonukleasen, das richtungsgebunden die DNS-Helix entrollt und aufschneidet. Es existiert in verschiedenen, dem Schadenstyp angepassten Formen. Ein weiteres Enzym, die DNS-Polymerase, baut die defekten Nukleotide ab und synthetisiert mit Hilfe der komplementären, gegenüber liegenden Seite der DNS die korrekten Basen und zugehörigen

Nukleotiden neu. Am Ende dieser Neubildung wird das noch offene neue Strangende von einem weiteren Enzym, einer Ligase, wieder verbunden (Fig. 15.15b). Insgesamt sind mehr als 20 verschiedene Enzyme an der Kurzstrangexzision von Eukaryotenzellen beteiligt. Kurzstrangexzisionsreparaturen sind sehr schnell und effektiv. Sie benötigen nur wenige Minuten und verlaufen bei ausreichender Zeitspanne bis zur nächsten DNS-Replikation weitgehend fehlerfrei. Die Kurzstrangexzisions-Reparatur ist der wichtigste präreplikative Reparaturmechanismus in menschlichen Zellen. Die dafür benötigten Enzyme finden sich bei gesundem Genom ständig im Zell- und Kernplasma vorrätig. Sie sorgen auch ohne akuten Anlass durch laufende Kontrollen der DNS für einen intakten Zustand der Erbsubstanz.

Dimerbildung in der DNS der Hautzellen wie beispielsweise nach der UV-Exposition des Menschen kann wegen der fehlenden menschlichen Photolyasen präreplikativ nur über die Kurzstrangexzision stattfinden. Störungen dieser Reparaturen von UV-Schäden führen zu einer erhöhten Hautkrebsrate für Spinaliome, Basaliome, seltener auch für maligne Melanome.

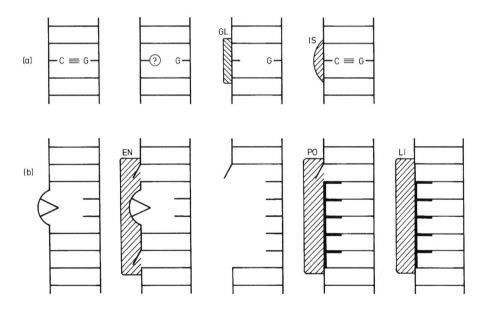

Fig. 15.6: Exzisions-Resynthetisierungs-Reparaturen an der DNS nach Basendefekten. (a): Einzelbasenexzision nach Strukturveränderung einer Base (?), Erkennung und anschließende Neusynthese durch das Enzym Glykosylase (GL) und Einfügen der richtigen Base durch das Enzym Insertase (IS). (b): Fehlerfreie Kurzstrangexzision nach einem einseitigen Basendefekt (hier ebenfalls ein Basendimer, EN: Endonuklease, PO: Polymerase, LI: Ligase).

In einigen niederen Organismen wie Bakterien hat man auch Hinweise für eine **Lang-strangexzisions-Reparatur** gefunden. Bei ihr werden bis zu 1500 Nukleotide ersetzt. Dieser Reparaturmechanismus benötigt mehrere Stunden, ist aber stark fehlerbehaftet und erzeugt eine Reihe von Mutationen. Beim Menschen wurde die Langstrangexzisi-ons-Reparatur bisher noch nicht nachgewiesen.

Postreplikative Reparatur von Basendefekten: Werden Schäden an der DNS nicht rechtzeitig vor der nächsten Replikation beseitigt, weil entweder das Schadens-ereignis unmittelbar vor der DNS-Verdopplung stattgefunden hat, oder weil zeitlich zurückliegende Schäden nicht repariert wurden, bleiben als Reparaturmöglichkeiten nur die postreplikativen Reparaturen (Fig. 15.7). Die wichtigste von ihnen ist die **Re-kombinations-Reparatur**. Rekombinationen, also Neumischungen des Erbgutes, sind ein seit langem bekannter Prozess bei der Reifeteilung der Geschlechtszellen (Meiose) und bei der Befruchtung, der Vereinigung von Eizelle und Spermium. In beiden Fällen werden die homologen Chromosomen parallel zueinander gelegt und durch geeignete Enzyme aufgespalten. Dabei können Stücke der DNS von einem Chromosom zum anderen wechseln. Nach erfolgtem partiellem Genaustausch werden die während der Rekombination geöffneten und entfalteten DNS-Stränge wieder verbunden. Dieser Mechanismus, die interchromosomale Rekombination, ist verantwortlich für die durch Mischung von Teilen des Erbgutes neu entstehende Vielfalt an Erbeigenschaften aus dem vorgegebenen mütterlichen und väterlichen Erbgut.

Die **homologe Rekombinations-Reparatur** von nicht reparierten Basendefekten geht wahrscheinlich wie folgt vor sich (Fig. 15.7a). Sind vor der Replikation nicht reparier-te DNS-Schäden mit räumlich separierten, also nicht direkt gegenüberliegenden Scha-denstellen der beiden Halbstränge zurückgeblieben, kommt es zunächst zu einer Rep-likation über diese Schadensstellen hinweg. Im einfachsten Fall bleibt dadurch im jeweils neu synthetisierten Strang eine einfache Basenlücke, es können aber auch Lü-cken mit mehreren Basenpaaren entstehen. Die beiden Halbstränge des betroffenen Chromatins haben nach der Replikation also an der jeweiligen Schadensstelle einen Defekt (ursprünglicher Schaden, Lücke). Mit dem intakten homologen Teilstrang der Schwester-DNS, der sich inzwischen auch repliziert hat, kommt es zur partiellen Re-kombination, bei der intakte Halbstrangstücke gegen die defekten DNS-Stränge ausge-tauscht werden. Danach sind beide Schwesterchromatine lokal mit je einem korrekten und einem defekten Teilstrang ausgestattet. Diese einseitigen Defekte können jetzt wie üblich durch Exzisions-Reparaturen beseitigt werden. Ein ähnlicher Reparaturmecha-nismus greift auch bei Doppelstrangbrüchen, bei denen es also ebenfalls zu einem Abgleich homologer Chromosomenstücke durch Rekombination kommen kann (s. u.).

Eine weitere Art der postreplikativen Reparatur ist die **SOS-Reparatur** von Basendefekten, die nicht vor der Replikation beseitigt werden konnten. Ist der Schaden auf
einen Elternhalbstrang beschränkt, entsteht im günstigsten Fall bei der Replikation nur
ein defekter Tochterhalbstrang mit Basenlücken. Wenn auf beiden Seiten der DNS
aber kein korrektes Ablesen der Basenabfolge mehr möglich ist, entstehen bei der
Replikation in beiden Halbsträngen Basenlücken. Diese beidseitigen Defekte können
daher nicht wie bei der Rekombinations-Reparatur mit den homologen intakten Halbsträngen abgeglichen werden. Sie werden stattdessen in einem zweiten Schritt durch
lokales Kopieren der in den schadhaften Halbsträngen noch um die Defektstelle vorhandenen Basensequenzen so gut wie möglich geschlossen. Der Vorteil dieses Verfah-
rens ist, dass so ein Großteil des Erbgutes im letzten Moment restauriert werden kann.
Das Risiko ist allerdings der verbleibende Defekt, der als dauerhafte Mutation an die
Tochterzellen bei der Zellteilung weitergegeben wird und die eventuell falsche neu
eingefügte Basensequenz. Auch die SOS-Reparatur benötigt eine ganze Reihe sehr
spezieller Enzyme zur Erkennung und Durchführung der Reparatur, deren Funktions-

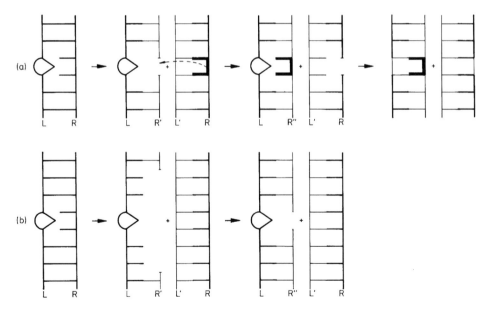

Fig. 15.7: (a): Fehlerfreie Rekombinations-Reparatur eins Einzelstrangschadens durch Austausch von homologen Strangstücken zwischen den Schwestersträngen und anschließendem Abgleich der Basensequenzen, neu synthetisierte Teilstränge R' mit
Lücke, L' fehlerfrei, R": reparierter R'. (b): Fehlerbehaftete SOS-Reparatur bei ein-
seitigem Schaden in einem DNS-Halbstrang ohne Beteiligung des Schwesterchromatins. Die bei der Replikation des defekten Halbstrangs L entstandene große Lücke im Halbstrang R´ wird durch eine eingeschränkte Kopie ("Notkopie") des entsprechenden fehlerhaften Halbstranges L weitgehend geschlossen (R': neu synthe-
tisierter Teilstrang mit großer Lücke, R": fast reparierte R' mit nur noch kleiner Lücke, aber eventuell falscher Basenreihenfolge).

weise bis heute noch nicht eindeutig geklärt ist. SOS-Reparaturen zählen zu den kompliziertesten bisher bekannten DNS-Reparaturen und sind wegen der guten experimentellen Bedingungen vor allem bei Bakterien bekannt.

Basenfehlpaarungen, die bei einer präreplikativen Reparatur nicht erkannt wurden oder erst danach entstanden sind, können noch kurz nach der Beendigung der Replikation durch die **Mismatch-Reparatur** behoben werden. Voraussetzung dazu ist die chemische Unterscheidbarkeit von altem Elternstrang und neu gebildetem Tochterhalbstrang. Diese Möglichkeit bietet die noch nicht vollzogene Methylierung gerade erst neu gebildeter DNS-Halbstränge. Die noch nicht methylierten Stellen des Tochterstranges können auch nach der Replikation und vor der Zellteilung von geeigneten Enzymen erkannt werden. Diese Enzyme verbinden Elternstrang und Tochterstrang durch Komplexbildung, schneiden zwischen 50 und 100 Nukleotide des Tochterstranges aus und füllen die so entstandene Lücke wie üblich durch Kopieren der komplementären Elternbasen wieder auf.

15.4.3 Reparaturen von DNS-Strangbrüchen

Reparaturen von Einzelstrangbrüchen: Einzelstrangbrüche werden durch spezialisierte Enzyme erkannt, die die offenen Strangenden erkennen und von dort aus mit der Reparatur starten. Da die gegenüberliegende Seite der DNS intakt geblieben ist, werden Einzelstrangbrüche nach der Lokalisation in ähnlicher Weise wie bei den Basendefekten durch Kurzstrangexzisions-Reparatur beseitigt.

Reparaturen von Doppelstrangbrüchen: Führen Doppelstrangbrüche zu einer sofortigen räumlichen Trennung der beiden DNS-Fragmente, können die unmittelbaren Exzisions-Resynthetisierungs-Mechanismen nicht wirksam werden. Eine Folge können die oben beschriebenen strukturellen Chromosomenveränderungen sein (Fig. 15.4). Man hat wegen dieser häufig festgestellten Chromosomenschäden lange Zeit Doppelstrangbrüche für irreparabel gehalten. Heute sind drei ausgeklügelte und wirksame Verfahren zur Doppelstrangreparatur bekannt. Es sind dies die homologe Rekombinations-Reparatur, die nichthomologe Endverknüpfungs-Reparatur und das Einzelstrangvernichtungs-Verfahren.

Homologe Rekombinations-Reparatur: Bei der homologen Rekombination werden die Informationen auf dem homologen Schwesterchromatin als Matrize für die korrekte Basenreihenfolge benutzt. Da dazu die Fixierung der beiden Schwesterchromatine erforderlich ist, findet die homologe Rekombination vor allem in der späten S-Phase nach der Beendigung der Replikation und in der G_2-Phase des Zellzyklus statt. Die homologe Rekombinations-Reparatur geht in folgenden Schritten vor sich (Fig. 15.8). Zunächst werden in der Nähe des Ortes des Doppelstrangbruchs weitere Halbstrangbrüche im geschädigten Chromatin erzeugt. Diese dienen dazu, unterschiedlich lange Halbstrangenden zu erzeugen.

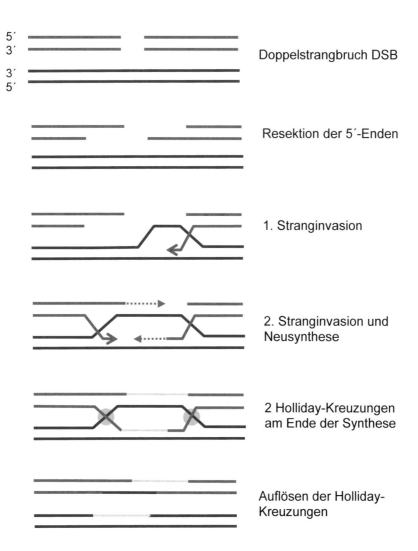

5′
3′

Doppelstrangbruch DSB

3′
5′

Resektion der 5′-Enden

1. Stranginvasion

2. Stranginvasion und Neusynthese

2 Holliday-Kreuzungen am Ende der Synthese

Auflösen der Holliday-Kreuzungen

Fig. 15.8: Schematischer Ablauf einer homologen Rekombinationsreparatur eines Doppelstrangbruchs. Zunächst werden die 5′-Enden verkürzt. Das überstehende 3′-Ende beginnt mit der Stranginvasion des unteren Chromatins. Nach Beginn der 2. Invasion beginnt die Neusynthese mit der DNS-Abfolge des unteren Chromatins als Matrize. Dabei bilden sich Überkreuzungen aus (Holliday-Kreuzungen). Nach dem Ende der Synthese kommt es zur Auflösung dieser Kreuzungen. Je nach Auflösungsmechanismus kann sich neusynthetisierte DNS entweder nur im oberen Chromatin oder wie hier im Beispiel in beiden Chromatinfäden befinden (hellblaue Strangbereiche).

Es folgt das Eindringen dieser Halbstränge in das Schwesterchromatin (Stranginvasion) mit anschließender Neusynthese der fehlenden DNS-Strecken des geschädigten Chromatins mit Hilfe der Nukleotidsequenzen des Schwesterchromatins. Dadurch bildet sich eine Überkreuzstruktur, die die DNS entlang wandert (Holliday-Kreuzungen). Nach Auflösen der Überkreuzungen existieren wieder zwei parallel liegende DNS-Stränge. Wenn das Tochterchromatin eine völlig korrekte Kopie des ursprünglichen DNS-Moleküls war, sind die so erzeugten neuen Chromatinfäden ebenfalls identisch. Die Doppelstrangreparatur ist in diesem Fall fehlerfrei. Sehr häufig kommt es bei der Replikation während der S-Phase aber zu leichten Veränderungen der Nukleotidsequenzen, so dass bei der homologen Rekombination Fehlpaarungen auftreten, die nach Beendigung der homologen Rekombination mit den üblichen Methoden repariert werden müssen.

Nichthomologe Endverknüpfungs-Reparatur: Findet ein Doppelstrangbruch außerhalb der späten S-Phase oder der G_2-Phase statt, stehen keine Schwesterchromatine als Reparaturmatrize zur Verfügung. Diffundieren die beiden Strangfragmente vor Beginn der Reparatur auseinander, kommt es zu den üblichen DNS-Schäden, die später als strukturelle Chromosomenveränderung manifest werden. Bleiben die beiden DNS-Fragmente dagegen in räumlicher Nähe, kann es zur nicht homologen Endverknüpfungs-Reparatur kommen.

An jedem DNS-Fragment laufen simultan folgende Vorgänge ab (Fig. 15.9). Zunächst werden beide Doppelstrangenden durch ein spezielles ringförmiges Enzym umschlossen. Dieser Vorgang verhindert die weitere Aufspaltung der Doppelstrangenden. An diese Klammerenzyme binden die weiteren Reparaturenzyme. Bei einfachen stumpfen und geraden Doppelstrangbrüchen werden die beiden Strangenden durch diese Enzyme einfach wieder miteinander verknüpft und verschlossen. Dabei kann es allerdings zu Basenverlusten und Basenfehlern im Bruchbereich kommen. Befinden sich an beiden Strangenden freiliegende Basen auf den Halbsträngen, wie dies vor allem bei schrägen Strangbrüchen oft der Fall ist, kommt es zu folgendem Ablauf. Die durch den Doppelstrangbruch freigelegten Basen werden auf jeder Seite des Doppelstrangbruchs mit dem jeweils komplementären Halbstrang erneut verknüpft. Dabei werden wie üblich diese Basen durch die entsprechenden Wasserstoffbrücken mit einander verbunden. Dieser Prozess wird als Hybridisierung der Strangenden bezeichnet. Häufig kann nur eine einzelne Base auf dieser Weise hybridisiert werden, weil nur noch ein kurzes Stück des gegenüberliegenden Halbstrangs zur Verfügung steht. Dies ist vor allem bei geraden Doppelstrangbrüchen der Fall. Im günstigsten Fall können bis zu 6 Basenpaare erneut verknüpft werden[7].

---

[7] Tatsächlich entsprechen diese lokalen Hybridisierungen vom Ablauf her den homologen Verknüpfungen, so dass der Ausdruck "nichthomologe Endverknüpfungs-Reparatur" hier nicht ganz korrekt ist. Die Mikrobiologen sprechen deshalb bevorzugt von Mikrohomologie.

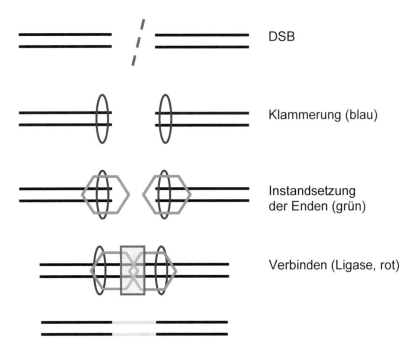

Fig. 15.9: Schematischer Ablauf einer einfachen nichthomologen Endverknüpfungs-Reparatur. Nach Klammerung der Enden werden die Strangenden instand gesetzt (mit oder ohne Basenrestaurierung). Danach werden die reparierten Strangenden durch ein Ligase-Enzym verbunden. In der Regel ist die DNS verändert (hellblauer Bereich), da einige Basen verloren gegangen sind oder falsch restauriert wurden.

Anschließend werden die überstehenden Strangenden, bei denen die gegenüberliegende Seite für eine Hybridisierung fehlte, durch Nukleasen abgeschnitten. Die so gekürzten Strangenden werden dann durch DNS-Polymerasen falls erforderlich mit den nötigen Strukturmolekülen (Zucker, Phosphat) aufgefüllt und anschließend mit Hilfe eines Ligaseenzyms wieder miteinander verbunden. Im günstigsten Fall, d. h. ohne den Verlust überstehender ungepaarter Nukleotiden kann der Doppelstrangbruch dadurch fehlerfrei repariert werden. In der Regel fehlen aber ein oder mehrere Nukleotide der ursprünglichen DNS, so dass Veränderungen des Erbgutes überbleiben.

Die schwierigsten Endverknüpfungen sind bei stark zerstörenden und von Clusterbildung begleiteten Doppelstrangbrüchen erforderlich, den so genannten "schmutzigen DSBs" (double strand breaks). Hierbei kommt es neben Basenverlusten, Basenveränderungen und Basenfehlpaarungen auch zu Veränderungen der Strang-Strukturmoleküle. In solchen Fällen ist die nicht homologe Endverknüpfungs-Reparatur oft mit erheblichen Nukleotidverlusten verbunden. Die nichthomologe Endverknüpfungs-Reparatur ist beim Menschen die häufigste Reparaturmethode von Doppelstrangbrüchen.

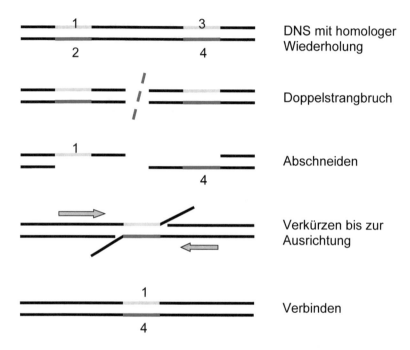

Fig. 15.10: Ablauf des "Single Strand Annealings" an einem DNS-Stück mit homologer Wiederholung einer Nukleotidsequenz (1-2 gleich 3-4, blaue Markierung). Nach DSB werden die beiden Halbstränge gegenläufig bis hinter die homologe Sequenz abgeschnitten. Es entstehen dadurch Einzelstränge ohne gegenüberliegende Basen. Die freien Enden werden ausgelenkt, die beiden Halbstränge werden zusammengeschoben, die Einzelstrangüberstände werden abgeschnitten. Nach dem Verbinden der beiden gekürzten Halbstränge entsteht ein um die ursprüngliche Strecke zwischen den homologen Wiederholungen und um eine homologe Sequenz verkürzter Doppelstrang.

Die Einzelstrangvernichtungs-Reparatur: Falls sich in der Nachbarschaft eines Doppelstrangbruchs homologe Nukleotidsequenzen, also Wiederholungen von gleichgerichteten Basenabfolgen, befinden, kann eine partielle Instandsetzung über die Einzelstrangvernichtungs-Reparatur, das so genannte "Single Strand Annealing" stattfinden (Fig. 15.10). Dazu wird zunächst durch entsprechende Enzyme nach homologen Bereichen rechts und links des DSB gesucht. Sind diese geortet, werden Einzelstrangbereiche ausgehend vom Ort des DSB auf beiden Halbsträngen gegenläufig bis hinter die jeweiligen homologen Bereiche erzeugt. Die dabei entstehenden Einzelstrangüberstände am oberen und unteren Halbstrang (es sind die 3′-Enden der beiden Halbstränge) werden ausgerichtet und abgeschnitten. Die so verkürzten Halbstränge werden zusammen geschoben, bis die homologe obere und untere verbleibende Halbsequenz übereinander liegen. Dazu müssen die Halbstrangüberstände vor diesen Sequenzen gestreckt, ausgelenkt und ebenfalls abgeschnitten werden. Nach dem Verbinden der beiden DNS-Hälften entsteht ein neues DNS-Molekül, das um eine homologe Sequenz und die Nukleotidstrecke zwischen den beiden ursprünglichen Homologiebereichen verkürzt ist. Die Einzelstrangvernichtungs-Reparatur ist also mit einem erheblichen Basenverlust verbunden. Häufig sind die zwischen den Wiederholungsbereichen liegenden Basensequenzen aber nicht aktiv, so dass die entsprechenden Informationsverluste ohne Konsequenz für das Genom bleiben.

DNS-Defekt	Reparaturmechanismus	Zeitpunkt
UV-Dimere an Pyrimidin-basen	Photo-Reparatur	sofort nach Lichteinfall, prä-replikativ, nicht beim Men-schen
Einzelbasen ohne Strangschäden	Einzelbasenexzisions-Reparatur	präreplikativ, in Minuten
Basendefekte, Einzel-strangbrüche	Kurzstrangexzisions-Reparatur	präreplikativ, in Minuten, sehr wirksam
größere Basen- und Einzel-strangdefekte	Langstrangexzisions-Reparatur	präreplikativ, fehlerbehaftet, nicht beim Menschen
Basenfehlpaarung	Mismatch-Reparatur	postreplikativ, sicher
Basen- und Einzelstrangde-fekte	Rekombinations-Reparatur	postreplikativ, sehr wirksam, benötigt Schwesterchromatin
Basen- und Einzelstrangde-fekte	SOS-Reparatur	postreplikativ, fehlerbehaftet, langsam, bei Bakterien
Doppelstrangbruch	homologe Rekombinations-Reparatur	postreplikativ, benötigt Schwesterchromatin, sehr wirksam
Doppelstrangbruch	nichthomologe Endverknüp-fungs-Reparatur	postreplikativ, oft fehlerbe-haftet, häufigste DSB-Rep.
Doppelstrangbruch	Einzelstrangvernichtung	viele Basenverluste, nur bei Sequenzwiederholungen möglich, beim Menschen selten

Tab. 15.3: Überblick über die verschiedenen DNS-Reparaturmechanismen.

Falls die beiden ursprünglichen Homologiebereiche völlig identisch waren, ist nach der Reparatur die entsprechende Basenabfolge korrekt wiederhergestellt. Waren die beiden homologen Basenbereiche dagegen leicht unterschiedlich oder eventuell fehlerbehaftet, verbleiben nach der Reparatur kodierende Fehler im neuen Homologiebereich. Solche DNS-Verluste sind für die betroffene Zelle allerdings einem völligen DNS-Verlust vorzuziehen und deshalb biologisch sinnvoll.

Bisherige Erkenntnisse in Tierexperimenten haben gezeigt, dass viele der benötigten Reparaturenzyme oft erst nach einer vorherigen Strahlenexposition oder chemischen Einwirkung erzeugt und in ausreichender Menge zur Verfügung gestellt werden. Zellen ohne die Möglichkeit, diese Enzyme bei einer nicht letalen, früheren Exposition zu bilden, reagieren deutlich empfindlicher auf Strahlenschäden als vorbestrahlte Zellen, was als deutlicher Hinweis auf die genetische Expression der benötigten Enzyme durch Strahlungseinwirkung gedeutet wird. Dieser Effekt wird als **"Hormesis"** oder als "adaptive response" bezeichnet. Der natürliche Strahlenpegel reicht für diesen Effekt beim Menschen in der Regel bereits aus.

Zusammenfassung

- **Strahlenschäden an der DNS werden in Basenschäden und Strangbrüche unterschieden.**

- **Nicht reparierte Basendefekte können zu Erbgutveränderungen führen.**

- **Strangbrüche sind die Ursache von strukturellen Chromosomenaberrationen.**

- **Beide Schadensarten können durch zelleigene Enzyme repariert werden.**

- **Findet die Reparatur vor der nächsten DNS-Verdopplung statt, nennt man sie präreplikative Reparatur.**

- **Reparaturen nach der DNS-Verdopplung werden als postreplikative Reparaturen bezeichnet.**

- **Die zur Instandsetzung der DNS benötigte Energie kann entweder von Quanten sichtbaren Lichts geliefert werden (Photoreparatur) oder sie entstammt der chemischen Energieerzeugung in der Zelle (Dunkelreparaturen).**

- **Die Reparatur von Basendefekten findet entweder direkt an der geschädigten Base oder deren Lokation statt und wird als Einzelbasen-Excisionsreparatur bezeichnet.**

- **Wird die Reparatur durch Ausschneiden eines Teils des DNS-Strangs vorgenommen, bezeichnet man dieses Verfahren als Kurzstrang-Excisions-Reparatur.**

- **Bei Exzisions-Resynthetisierungs-Reparaturen werden defekte Teile der DNS ausgeschnitten und neu synthetisiert. Als Matrize dient dabei der intakte andere Halbstrang.**

- **Bei Rekombinations-Reparaturen kommt es nach Parallellegen homologer DNS-Abschnitte zum Austausch von DNS-Stücken und anschließender Neusynthese defekter DNS-Partien.**

- **Die homologen DNS-Partien als Reparaturmatrize befinden sich in den Schwesterchromatinen. Rekombinations-Reparaturen sind also nur postreplikativ in der späten S-Phase oder der G_2-Phase möglich.**

- **Reparaturen von Doppelstrangbrüchen sind sehr schwierig und oft mit Basenverlusten oder Mutationen verbunden.**

- **Die geringsten Basenverluste treten bei der homologen Rekombinations-Reparatur von Doppelstrangbrüchen auf.**

- **Der häufigste DSB-Reparaturmechanismus beim Menschen ist die nichthomologe Endverknüpfungs-Reparatur.**

- **Die Einzelstrangvernichtungs-Reparatur eines DSB bewirkt den höchsten Basenverlust bei Doppelstrangbruch-Reparaturen und ist an die Existenz von homologen Basenwiederholungssequenzen gebunden.**

- **Die Möglichkeit und Effektivität von DNS-Reparaturen hängt sehr stark von der Unversehrtheit des Erbgutes ab, das für die Bereitstellung der Reparaturenzyme zuständig ist.**

15.4.4 Genetische Defekte der DNS-Reparaturmechanismen*

Die bisher beschriebene Reparaturmechanismen setzten voraus, dass die zur Reparatur benötigten Enzyme in ausreichender Zahl und Funktionsfähigkeit zur Verfügung stehen. Ist die Produktion dieser Reparaturenzyme wegen Defekten in den zuständigen Genen nicht möglich, kann es zu massiven Fehlern bei der Replikation oder Transkription der DNS kommen. Entstehen solche Genmutationen in einzelnen Zellen eines Individuums, kann die betroffene Zelle zwar Schwierigkeiten bei der Reparatur haben und z.B. über Apoptose oder Seneszenz inaktiviert werden. Die sonstigen Zellen des Organismus sind von solchen Mutationen in einzelnen Zellen nicht betroffen. Es ist in diesen Einzelfällen also nicht mit einer Symptomatik zu rechnen. Werden die Gen-Mutationen dagegen über die Keimbahn weitergegeben, treten sie in allen Zellen des Organismus auf und erzeugen dann je nach Reparaturdefekt erhebliche Beeinträchtigungen und Erkrankungen der betroffenen Personen.

Es sind eine Reihe von Erkrankungen bekannt, bei denen solche Gendefekte über die Keimbahn weitergegeben wurden. Sie unterliegen meistens einem autosomal-rezessiven Erbgang. Sie wirken sich nur bei Homozygotie (Reinerbigkeit) aus und zeigen dann die entsprechenden Symptome. Bei Mischerbigkeit (Heterozygotie) können die benötigten funktionierenden Reparaturenzyme über die intakten allelen Gene hergestellt werden, so dass die betroffenen Individuen weitgehend symptomfrei bleiben.

Sehr häufig sind Vielfachmutationen zuständig für das Auftreten des Reparaturdefektes. Die meisten dieser Veränderungen konnten mittlerweile exakt verschiedenen Genloci zugeordnet werden. Das Zusammenspiel dieser multiplen Defekte bei der Verhinderung einer korrekten Reparatur sind mikrobiologisch weitgehend geklärt. Klinisch sind die verschiedenen Syndrome oft schlecht abzugrenzen, da häufig eine ähnliche Symptomatik besteht. Zur genauen Diagnostik sind daher gentechnische Verfahren erforderlich.

Ein bekanntes Beispiel für solche Erkrankungen ist die Xeroderma pigmentosum, die auf rezessiv vererbte Defekte an 7 Genen zurückgeht. Bei dieser Erkrankung werden durch UV-Strahlung gebildete Dimere zwar schnell erkannt und lokalisiert, die zuständigen Reparaturenzyme sind jedoch defekt. Meistens ist diese Erkrankung mit weiteren schweren Beeinträchtigungen des betroffenen Individuums wie einer allgemein erhöhten Krebsanfälligkeit, zerebralen Störungen, Minderwuchs, vorzeitige Alterung u. ä. verbunden ("Mondscheinkinder").

Die Wahrscheinlichkeiten für das Auftreten dieser rezessiv weitergegebenen Erbdefekte sind sehr klein. Ob die beteiligten Gendefekte in den Keimzellen durch ionisierende Strahlung erzeugt werden, ist wegen der geringen Fallzahlen daher bisher wissenschaftlich nicht ausreichend geklärt aber nicht auszuschließen.

Die folgende Tabelle gibt einen Überblick über die wichtigsten Syndrome, die durch defekte Reparatur-Enzyme ausgelöst werden.

Bezeichnung	Reparaturdefekt	Symptome
Xeroderma pigmentosum	Nukleotid-Excisionsreparatur von UV-induzierten Basendimeren, Chromosomenbrüche	Übersensibilität gegen Sonnenlicht ("Mondscheinkinder"), Bildung prämaligner Warzen, Hauttumoren, neurologische Defekte
Ataxia teleangiectasia (Louis Bar Syndrom)	Nukleotid-Excisionsreparatur, Chromosomenbrüche	abnorme Immunreaktionen, neurologische Defekte, Tumoren, Leberschäden, sterile Gonaden, Überempfindlichkeit gegen ionisierende Strahlungen. Heterozygot: Überempfindlichkeit gegen ionisierende Strahlungen
Fanconis Anämie	Crosslink-Reparatur, Doppelstrangbruchreparatur nach Crosslink, Bildung von Vierfachstrukturen (Quadriradiale)	Mangel an weißen und roten Blutkörperchen, homozygot: Wachstumshemmung, anormale Hautpigmentierung, Blutbildveränderungen, Entstehung von Leukämien und Tumoren. Heterozygot: erhöhtes Krebsrisiko
Cockaynes Syndrom	Nukleotid-Excisionsreparatur, Basenexcision	Zwergwuchs, Retina-Defekte, neurologische Defekte, Microzephalie, Lichtüberempfindlichkeit, eingesunkene Augäpfel, "Vogelgesicht"
Blooms Syndrom	Erhöhter Austausch von Chromosomenstücken in der Interphase in den Schwesterchromatiden, Chromosomenbrüche, Quadriradiale	Wachstumsstörungen (Zwergwuchs), Teleangiektasien der Haut, Schädeldeformitäten, Lichtüberempfindlichkeit mit Hypo- oder Hyperpigmentierung, männl. Unfruchtbarkeit, weibl. Fruchtbarkeitsschwäche, Immundefekte, erhöhte Rate an Malignomen (z.B. Leukämien),
Ligase IV Syndrom	Ligase-Defekt bei nichthomologer Endverknüpfungs-Reparatur	Erhöhte Strahlenempfindlichkeit, Wachstumsstörungen; Mikrozephalie, Gesichtsmissbildungen, erhöhtes Leukämierisiko, Immundefizite, Mangel an Erythrozyten
Nijmegen-Breakage-Syndrom	Homologe Reparaturen	Mikrozephalie, Gesichtsmissbildungen, Erhöhte Strahlenempfindlichkeit und Lymphom-Risiko, Chromosomeninstabilität, Fruchtbarkeitsstörungen
Werner Syndrom	Chromosomenbrüche, DNS-Verkürzung, beschleunigte Telomerverkürzung	Vorzeitiges Altern nach der Pubertät, Hautveränderungen (Pigmentierung, Verlust von Unterhautfettgewebe), maligne Tumore, typ. Alterserkrankungen (Diabetes, Katarakt, Muskelabbau, Osteoporose, Arteriosklerose)

Tab. 15.4: Überblick über einige Syndrome bei heriditären DNS-Reparaturdefekten

15.5 Wichtige Begriffe der Strahlenbiologie

Die wichtigsten in der Strahlenbiologie verwendeten Begriffe sind in der folgenden Tabelle zusammengefasst.

Alkane	Gesättigte nicht zyklische Kohlenwasserstoffverbindungen (wie Methan CH_4, Ethan C_2H_6)
Alkyle	Molekülteil aus Kohlenwasserstoffverbindungen (CH_3, C_2-CH_3)
Aminogruppe	-NH_2
Basendefekt	Schäden an einzelner Base oder ihren Verbindungen
Basenfehlpaarung	Verbindung nicht komplementärer Basen
Basentriplett	Basensequenz aus drei Basen, zuständig für Erzeugung einer Aminosäure
Basenverlust	Fehlen einer Base nach Bestrahlung oder Strahlenschadensreparatur
Chromosomenaberration	Veränderungen von Chromosomenstrukturen oder -anzahlen
Cluster	komplexe DNS-Molekülzerstörungen nach Bestrahlung
Cross link	irreguläre Überkreuzverbindung von Basen
Cyclobutan	Ringverbindung aus 4 C-Atomen, in der DNS durch Fehlverbindung von 2 benachbarten Pyrimidin-Basen
Desaminierung	Abbau einer -NH_2-Gruppe
Desoxyribose	Ringzucker mit fehlendem Sauerstoffatom, DNS-Baustein
direkte Strahlenwirkung	unmittelbare Wechselwirkung eines Strahlungsquants mit der DNS
Direktreparatur	unmittelbare Reparatur eines DNS-Schadens durch isolierte lokale chemische Wechselwirkung mit der Fehlerstelle
DNS Cross Link	Verknüpfung von DNS mit DNS oder DNS mit freien Proteinen aus dem Zellplasma bei hohen Strahlendosen
DSB	Doppelstrangbruch der DNS
Dunkelreparatur	DNS-Reparatur mit Hilfe chemischer Energie
Einzelbasenexzision	DNS-Reparatur durch Ausschneiden und Neusynthese einer einzelnen Base
Einzelstrangvernichtungsreparatur	DSB-Reparatur mit Hilfe homologer DNS auf dem eigenen Chromatin
Enzym	organisches Katalysator Molekül, echte Enzyme bleiben nach der Erledigung ihrer Aufgabe unverändert und sind wieder verwendbar

Exzisionsreparatur	DNS-Reparaturmechanismus, bei dem Teile der DNS ausgeschnitten und mit Hilfe der gegenüberliegenden komplementären Seite der DNS neu synthetisiert werden
G-Wert	Zahl der Radikale in Wasser bei einem Energieübertrag von 100 eV
homologe Rekombinations-Reparatur	Reparatur von DSB mit Schwesterchromatin als Matrize
indirekte Strahlenwirkung	mittelbare Wechselwirkung eines Strahlungsquants über primär gebildete Reaktionsprodukte (Radikale)
interchromosomal	zwischen verschiedenen Chromosomen
Interphasentod	Zelltod während der Interphase, an hohe Dosen gekoppelt
intrachromosomal	innerhalb eines Chromosoms
LD	Letale Dosis
leading strand	Leitstrang, stetig replizierter Halbstrang, wird während der Replikation (von 3´ nach 5´ abgelesen, in 5´- 3´-Richtung repliziert)
LET	Linearer Energie-Transfer
Ligase	Enzym zur DNS-Strangverbindung
Lyase	Enzym zur Auflösung von Molekülbindungen (Molekülspaltung)
Mutation	Veränderung des Erbgutes
nichthomologe Endverknüpfungs-Reparatur	DSB Reparatur mit partieller Rekonstruktion der offenen DNS-Enden ohne Hilfe des Schwesterchromatins
NSD	Nominal-Standard-Dose (Ellis-Formel)
OER	Sauerstoffverstärkungsfaktor (oxigen enhancement ratio)
Photolyase	Enzym zur Reparatur von Pyrimidindimeren, benötigt blaues Licht als Energiespender, im Menschen durch Evolution ausgemerzt
Photoreparatur	Reparatur von Basendimeren mit Enzym Photolyase, das sichtbares Licht als Energiequelle benötigt
Polymerase	Enzym zur Herstellung von Nukleinsäureketten wie DNS oder RNS
Polyploidie	mehrfaches Vorhandensein des kompletten normalerweisc diploiden Chromosomensatzes (z. B. Triploidie, beim Menschen letal)
Polysomie	mehrfaches Vorhandensein eines normalerweise diploiden Chromosoms (z. B. Trisomie 21)
postreplikativ	nach der DNS-Verdopplung (Replikation)
präreplikativ	vor der DNS-Verdopplung
Radikale	hoch reaktive Atome oder Molekülbruchstücke mit einem oder meh-

	reren ungepaarten Elektronen
Radiolyse	Zerlegen von Molekülen in reaktive Bruchstücke der ursprünglichen Moleküle durch Bestrahlung, z. B. Wasserradikale
RBW, RBE	Relative biologische Wirksamkeit
Rekombinationsre-paratur	DNS-Reparatur bei der das Schwesterchromatin als Reparaturmatri-ze eingesetzt wird
Seneszenz	Beendigung der Mitosefähigkeit (replikative S.) oder sonstige Ver-greisung der Zelle
Strangbruch	Auftrennen der Phosphor-Desoxyriboseverbindung in der DNS
TER	Thermal Enhancement Ratio
UV-Dimer	Verbindung zweier Pyrimidinbasen auf der gleichen Seite der Dop-pelhelix (häufig nach UV-Exposition)

Aufgaben

1. Die $LD_{50/30}$ beim Menschen beträgt bei einer einzeitigen Ganzkörperbestrahlung etwa 4,5 Gy. Berechnen Sie die Anzahl der Ionisationen und die Anzahl der betroffenen Zellen in 1 kg Gewebe. Unterstellen Sie dabei, dass 70% der Gewebemasse aus Zellen besteht. Wie viele Ionisationen erhält jede Zelle?

2. Welche Substanz in der menschlichen Zelle ist der Hauptwechselwirkungspartner mit einem ionisierenden Strahlungsfeld?

3. Erklären Sie die Begriffe direkt und indirekt ionisierend und direkte und indirekte Strahlenwirkung.

4. Geben Sie Gründe für die besondere Strahlenempfindlichkeit stark proliferierender Gewebearten an.

5. Was ist ein Basendimer?

6. Erklären Sie den Begriff des Einzelstrangbruchs. Sind dabei die Basen unmittelbar beteiligt?

7. Was sind Doppelstrangbrüche?

8. Was versteht man unter einer Dunkelreparatur?

9. Warum ist es von Vorteil, wenn UV-Expositionen von Lebewesen mit gleichzeitiger Exposition sichtbaren Lichts vorgenommen werden?

10. Was sind Doppelstrangbrüche, sind sie reparabel und wenn ja, wie?

11. Was sind Rekombinationsreparaturen?

12. Was sind homologe DNS-Reparaturen?

13. Was sind Holliday-Kreuzungen?

14. Welcher Reparaturmechanismus von Doppelstrangbrüchen ist beim Menschen vorrangig?

15. Bei einer Strahlenexposition kommt es zu Strangbrüchen, die das Telomer komplett abtrennen. Welche Folgen kann das auslösen?

Aufgabenlösungen

1. Der mittlere Energieaufwand zur Erzeugung eines Ionenpaares in Wasser oder Weichteilgewebe beträgt 30 eV. Die Umrechnung in SI-Einheiten ergibt 30 eV$\cdot$1,6$\cdot$10^{-19} J = 48$\cdot$10^{-19} J. 4,5 Gy sind 4,5 J/kg. Die Zahl der Ionisationen ergibt sich aus dem Verhältnis dieser beiden Zahlen zu 4,5/48$\cdot$10^{19} = 9,4$\cdot$10^{17} Ionisationen. Die Zahl der Zellen schätzt man mit unterstellter Wasserdichte von 1 g/cm^3 aus dem Zelldurchmesser (30 μm Kubus, s. Fig. 14.1) ab. Man erhält also 0,7/27$\cdot$10^{-3}/10^{-15}= 26$\cdot$10^9 Zellen/kg. Jede Zelle erhält daher im Mittel 36 Millionen Ionisationen.

2. Das Wasser, das 80% des Zellvolumens ausmacht.

3. Direkt ionisierende Strahlungen sind Strahlungen, die durch Stöße unmittelbar Ionen erzeugen können. Dazu zählen alle geladenen Teilchen. Bei indirekt ionisierenden Strahlungen sind die in Wechselwirkungen der primären Teilchen freigesetzten geladenen Sekundärteilchen für die überwiegende Zahl der Ionisationen im Absorber verantwortlich. Zu den indirekt ionisierenden Teilchen zählen die ungeladenen Teilchen wie Photonen oder Neutronen (s. Kap. 1). Als direkte Strahlenwirkung wird die unmittelbare Erzeugung von DNS-Schäden durch die Strahlungsquanten bezeichnet. Indirekte Strahlenwirkungen finden auf dem "Umweg" über Radikale vorwiegend des Zellwassers statt, die durch Wechselwirkungen der ionisierenden Strahlung mit dem Zellwasser erzeugt wurden.

4. In Geweben mit einer hohen Zellteilungsrate befinden sich die Zellen häufig in der frühen S-Phase, der G$_2$-Phase und der Mitose. In der frühen S-Phase und während der Mitose ist die DNS besonders strahlenempfindlich. In der frühen S-Phase während der Zeit der Replikation ist die Informationsredundanz durch das zeitweise Fehlen des gegenüberliegenden DNS-Halbstranges vermindert. In der Mitose ist die DNS mehrfach gefaltet, so dass Reparaturenzyme keinen Zugriff auf die DNS-Moleküle haben. In der G$_2$-Phase reicht die Zeit für eine Schadensreparatur oft nicht aus. Alles zusammen führt zu einer erhöhten an Tochterzellen weitergegebenen Fehlerrate bestrahlter DNS. Typische Beispiele sind die Gewebe von Heranwachsenden, Kindern oder der Leibesfrucht sowie Gewebearten wie innere Schleimhäute (Darmepithel, Bronchialepithel) und blutbildendes System (Knochenmark). Schleimhäute und Knochenmark sind deshalb bei Strahlenunfällen vor allem für die Frühsymptome der Strahlenkrankheit verantwortlich.

5. Bei der Bildung von Basendimeren verbinden sich zwei auf der gleichen Seite der DNS liegende Pyrimidinbasen unter Bruch der Wasserstoffbrücken zu Doppelmolekülen. Zwischen den Basen bildet sich dabei ein Ringmolekül, das Cyclobutan aus. Basendimere treten häufig nach UV-Exposition der Haut auf.

6. Einzelstrangbrüche finden statt, wenn es zu einer Trennung von Phosphor-Zuckerverbindungen oder Zerstörungen der Ringstruktur des Desoxyribosemoleküls kommt. Die Basenmoleküle sind daran nicht direkt beteiligt.

7. Bei Doppelstrangbrüchen werden simultan beide Stränge der Doppelhelix durchtrennt. Verlaufen die Doppelstrangbrüche gerade, sind die DNS-Basen primär nicht beteiligt. Bei schrägen Doppelstrangbrüchen werden mit hoher Wahrscheinlichkeit auch die Basenmoleküle beschädigt.

8. Eine Dunkelreparatur bezieht die chemische Reparaturenergie aus dem ATP-Zyklus der Mitochondrien, ist also nicht wie bei der Photoreparatur auf das Einwirken von Licht als Energiespender angewiesen.

9. Ein typischer DNS-Schaden bei UV-Exposition ist die Bildung von Basendimeren in der DNS (z. B. TT-Dimere). Das zuständige Reparaturenzym ist die Photolyase, das seine Reaktionsenergie aus der Absorption eines Lichtquants aus dem sichtbaren Bereich bezieht (Photoreparatur nach Photoaktivierung). Photolyasen in funktionierender Form existieren nicht mehr im Menschen, aber in Prokaryonten, Pflanzen und in einigen plazentalosen Beuteltieren. Der Mensch benötigt eine Kurzstrang-Excisionsreparatur.

10. Doppelstrangbrüche sind Unterbrechungen der Phosphat-Desoxyribose-Verbindungen auf beiden Seiten der Doppelhelix. Obwohl man sie lange Zeit für irreparabel gehalten hat, weiß man heute, dass sie repariert werden können. Da die Bruchstücke nach der Schadensentstehung oft schnell auseinander driften, müssen die Reparaturen so schnell wie möglich einsetzen. Die 3 heute bekannten Methoden sind die homologe Rekombinationsreparatur, die nichthomologe Endverknüpfungsreparatur und die Einzelstrangvernichtungsreparatur (Details s. Kap. 15.3.2.3).

11. Rekombinationsreparaturen sind DNS-Reparaturen, bei denen das Schwesterchromatin als Reparaturmatrize, also als Kopiervorlage eingesetzt wird.

12. Bei homologen Reparaturen werden die "Tochterstränge " (Schwesterchromatine) nach der Replikation als Matrize für die Reparatur herangezogen. Solche Reparaturen sind also nur in der späten S-Phase und der G2-Phase möglich, da dort die beiden identischen DNS-Stränge nach der Replikation durch Ringproteine miteinander verknüpft sind. Typische Beispiele sind die homologe Rekombinationsreparatur bei Doppelstrangbrüchen und die postreplikative Rekombinationsreparatur von Basendefekten.

13. Holliday-Kreuzungen sind Überkreuzverknüpfungen von DNS-Strängen der Schwesterchromatine, die bei einer homologen Rekombinations-Reparatur auftre-

ten. Um die Schwesterchromatine zu separieren, müssen diese Verknüpfungen am Enden des Reparaturvorgangs durch spezielle Enzyme aufgelöst werden.

14. Es ist die nichthomologe Endverknüpfungs-Reparatur. Sie ist allerdings mit hohen Fehlerquoten verknüpft.

15. Beim Abtrennen eines Telomers entsteht ein offenes DNS-Ende. Dadurch wird die DNS von Enzymen als offen erkannt und u. U. setzt ein Reparatur-Mechanismus ein, da das offene DNS-Ende als Doppelstrangbruch interpretiert wird. Die weitere Möglichkeit ist die Unfähigkeit zur einer weiteren Zellteilung und die folgende Apoptose.

16 Dosiswirkungsbeziehungen und RBW

Dieses Kapitel beginnt mit einem Überblick zu den Strahlenwirkungen auf Zellen. Zur grafischen Darstellung wird je nach Aufgabenstellung zwischen Dosiswirkungskurven und Überlebenskurven unterschieden. Nach einer ausführlichen mathematischen Beschreibung der unterschiedlichen Modelle zur Erläuterung von Überlebenskurven folgt eine Übersicht über die verschiedenen Parameter der Strahlenwirkung auf menschliche Zellen. Den Abschluss des Kapitels bilden die Definition und Erläuterung der relativen biologischen Wirksamkeit RBW verschiedener Strahlungsarten und ihrer Abhängigkeiten.

Bei der Wechselwirkung ionisierender Strahlungen mit Zellen kommt es bei kleineren Dosen zunächst bevorzugt zu Veränderungen des Erbgutes und zur Zerstörung oder Modifikation der RNS und von im Plasma befindlichen Proteinen. Erst bei sehr hohen Dosen sind unmittelbare strukturelle Schäden an Zellorganellen und Membranen zu erwarten. Selbst bei den hohen in der Strahlentherapie üblichen Energiedosen ist der Auslöser für den Tod einzelner Zellen nicht die direkte Zerstörung dieser Strukturen, sondern die durch Erbgutveränderungen bewirkte Unfähigkeit, reguläre Zellzyklen zu durchlaufen. Betroffene Zellen erleiden dadurch bei dem Versuch, sich zu teilen, während der Mitose den reproduktiven Tod. Beispiele für Zellarten, die vor allem über diese strahleninduzierte Teilungsunfähigkeit zu Schaden kommen, sind Zellen stark proliferierender Gewebe wie von bösartigen Tumoren, vom Blut bildenden System oder die Zellen der innen auskleidenden Schleimhäute und Epithelien.

Zu den strahlenbiologischen Folgen einer zellulären Strahlenexposition zählen aber neben den letalen Erbgutschäden auch Modifikationen an Zellen, die zwar die Teilungsfähigkeit nicht verhindern, aber sonstige funktionelle Veränderungen in der Zelle auslösen. Beispiele für diese Art von Strahlenwirkungen sind vorstellbar bei funktionellen, also hoch differenzierten Zellen wie Muskelzellen, Nervenzellen, Drüsenzellen oder sonstigen langlebigen Zellen. Sie weisen in der Regel nur eine geringe Teilungsaktivität auf. Die meisten dieser Zellen befinden sich also in der G_0-Phase und können deshalb nicht oder nur mit sehr geringer Wahrscheinlichkeit in den besonders strahlenempfindlichen Phasen angetroffen werden.

Besonders bedenklich für Organismen sind Zellen, die nach einer erbgutverändernden Strahlenwirkung nicht dem reproduktiven Tod unterliegen, sondern ihre Teilungsfähigkeit beibehalten oder sogar erhöhen. Verlieren sie bei der Bestrahlung durch genetische Defekte ihre Steuerungs- und Regelfähigkeit durch die umliegenden Gewebe und deren Botenstoffe, können sie einem ungebremsten Wachstum unterliegen. Sie können auch in andere Gewebe einwachsen und dabei deren reguläre Strukturen zerstören (bösartiges Tumorwachstum). Sind diese Gewebe Lymphbahnen oder Blutgefäße, können die eingedrungen Zellen in diesen Transportsystemen über den ganzen Organismus verteilt werden (Metastasierung). Werden solche im Erbgut veränderten Zellen nicht durch das Immunsystem ausgesondert, können sie zum Ausgangspunkt einer malignen Erkrankung des betroffenen Organismus werden. Betreffen Erbgutmodifikationen die Keimzellen, entstehen heriditäre Änderungen in der Keimbahn. Betroffene Personen sind dann nicht mehr die strahlenexponierten Individuen selbst sondern ihre Nachkommen.

16.1 Dosiswirkungskurven und Überlebenskurven

Die im Strahlenschutz übliche Einteilung in deterministische und stochastische Wirkungen auf Organismen und die dabei üblichen grafischen Darstellungen (sigmaförmige deterministische Schwellenkurven mit Sättigung, stochastische Wahrscheinlichkeitskurven ohne Dosisschwelle, s. Kap. 17) sind bei Zellkulturen oder bei Betrachtungen auf der zellulären Ebene nicht sehr hilfreich. Strahlenwirkungen an einzelnen Zellen und Zellkulturen können besser auf die folgenden zwei Arten dargestellt und unterschieden werden. Will man die untersuchte Wirkung in Zellen als Funktion der Energiedosis darstellen, verwendet man bevorzugt **Dosiswirkungskurven** (Fig. 16.1a). Ein Beispiel für eine solche Dosiswirkungskurve ist die Darstellung der Zahl struktureller Chromosomenveränderungen wie dizentrische Chromosomen, Chromosomenfragmente oder Ringchromosomen in Zellkulturen als Funktion der Dosis.

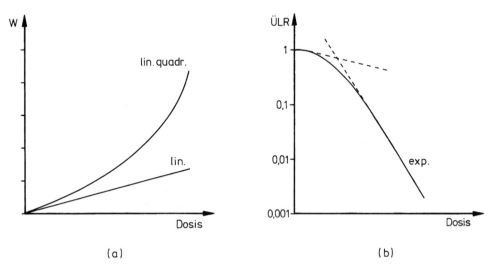

Fig. 16.1: Schematische Darstellung von Dosiseffektkurven für Strahlenwirkungen an Zellen. (a): Dosiswirkungskurve mit einer Darstellung der relativen Anzahl der "Einheiten" mit der untersuchten Wirkung wie letal geschädigte Zellen oder Zellen mit strukturellen Chromosomenveränderungen. Experimentell findet man häufig rein lineare oder linear-quadratische Wirkungskurven. (b): Exponentielle Überlebenskurve mit der typischen "Schulter" bei kleinen Dosen für locker ionisierende Strahlungen in halblogarithmischer Darstellung. Hier ist ÜLR die relative Zahl der Zellen ohne die untersuchte Wirkung, z. B. der Anteil nicht letal geschädigter Zellen.

Die zweite Darstellungsart ist die grafische Auftragung des relativen Anteils überlebender und teilungsfähiger Zellen als Funktion der Dosis in **Überlebenskurven** (Fig. 16.1b). Eine solche Überlebenskurve für teilungsaktive Zellen erhält man beispielsweise beim Auszählen von Zellklonzahlen einzelner überlebender Zellen in Kultur nach einer Strahlenexposition und Auftragen der Anzahl der aktiven Zellen über der Dosis. Hier stellt man also nicht die Wirkung sondern die trotz Bestrahlung überlebenden, also nicht letal veränderten Zellen einer Population als Funktion der Energiedosis dar. Überlebenskurven nehmen mit zunehmender Dosis ab. Sie sind die bevorzugte Darstellungsart in der experimentellen Strahlenbiologie, die überwiegend mit invitro-Zellkulturen arbeitet. Überlebenskurven werden üblicherweise in halblogarithmischer Weise aufgetragen, da so am besten die sich über viele Größenordnungen erstreckenden Zellzahlen dargestellt werden können.

Die Verläufe solcher Überlebenskurven unterscheiden sich je nach den Applikationsbedingungen, dem untersuchten Material und dem Effekt. Einige Überlebenskurven zeigen rein exponentielle Abnahmen mit der Dosis. Solche Überlebenskurven findet man häufig bei der einzeitigen Niedrig-LET-Bestrahlung isolierter Zellarten mit hoher Zellteilungsaktivität wie Stammzellen des blutbildenden oder lymphatischen Systems oder bei Bestrahlung von Zellkulturen mit Hoch-LET-Strahlung. Halblogarithmisch dargestellt erhält man dann einen linearen Kurvenabfall, also eine Gerade mit negativer Steigung. Vom exponentiellen Abfall abweichende Kurvenverläufe sind wegen der halblogarithmischen Darstellung sehr gut abzugrenzen. Viele andere Überlebenskurven zeigen dagegen zunächst bei kleinen Dosen einen flach verlaufenden Anteil, die **Dosisschulter**, und fallen erst bei höheren Dosen exponentiell ab (Fig. 16.1b).

Charakterisierende Größen von Überlebenskurven sind die Steigung des exponentiellen Teils, die 50%-Dosis D_{50}, also die für eine 50%-Inaktivierung erforderliche Dosis, oder die mittlere Dosis D_{37} für eine 1/e-Abnahme der überlebenden Zellen und die Extrapolationszahl n. Letztere wird aus dem Schnittpunkt des rückwärts verlängerten linearen Kurventeils bei hohen Dosen mit der Ordinate bestimmt (s. Fig. 16.3a) und gibt die Zahl der für den Zelltod erforderlichen getroffenen Bereiche (Targets) an.

Aus Experimenten abgeleitete und doppelt linear aufgezeichnete Dosiswirkungskurven für locker ionisierende Strahlungsarten zeigen häufig rein lineare oder linearquadratische Verläufe als Funktion der applizierten Dosis. Die Modellvorstellungen des linearquadratischen Dosiswirkungsverlaufs sind die folgenden. Bei sehr kleinen Dosen (einige mGy) durch Niedrig-LET-Strahlung ist die Ionisierungsdichte in den Zellen so gering, dass die meisten für Mutationen wichtigen Strukturen im Zellkern keinerlei Strahlenexposition erfahren. Wird die Dosis erhöht, erhöht sich zunächst zwar die Zahl der getroffenen Zellen, nicht aber die individuelle Ionisierungsdichte im einzelnen Zellkern. Der Mechanismus der DNS-Schadensentstehung bleibt daher zunächst dosisunabhängig, die Wahrscheinlichkeit für einen genetischen Defekt nimmt aber proportional zur Dosis zu (linearer Bereich).

Bei zunehmender Dosis bzw. Dosisleistung durch Niedrig-LET-Strahlung (etwa bei einigen 100 mGy) entstehen in einzelnen Zellkernen im Bereich der empfindlichen Strukturen Häufungen von Schadensereignissen. Dadurch werden entweder Doppelstrangbrüche ausgelöst (s. Beispiel unten) oder Reparaturenzyme deaktiviert oder verändert. Die Schadenswahrscheinlichkeit hängt dann nicht mehr nur allein von der Dosis, also dem primären Schadensereignis, sondern auch von den erschwerten komplexen Vorgängen in den Zellen bei der Reparatur dieser Mehrfachschäden ab. Diese Art der "Qualitätsänderung" führt zu einem steileren Anstieg der Schadensraten mit der Dosis. Sind diese Zusatzschäden ebenfalls dosisproportional, erhält man eine quadratische Abhängigkeit des Schadens. Insgesamt erhält man also eine **linearquadratische** Dosiswirkungsbeziehung.

Offensichtlich wird dieser Zusammenhang am Beispiel von Doppeltreffern, die zu strukturellen Chromosomenveränderungen wie der Ringchromosomenbildung oder der Entstehung dizentrischer Chromosomen führen und kaum reparabel sind. Räumlich dicht beieinander liegende Doppeltreffer, wie sie bei Doppelstrangbrüchen an

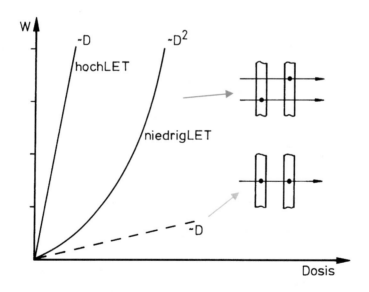

Fig. 16.2: Schematische Darstellung des linearquadratischen Treffermodells für Doppeltreffer bei Niedrig-LET-Strahlung und Hoch-LET-Strahlung. Bei locker ionisierender Strahlung und niedrigen Dosen ist die Doppeltrefferwahrscheinlichkeit klein, geht aber auf ein einzelnes Teilchen zurück. W ist daher proportional zur Dosis (W∝D). Bei höheren Dosen werden zwei Treffer bevorzugt von zwei verschiedenen Teilchen erzeugt, die Wahrscheinlichkeit ist dann höher aber proportional zum Dosisquadrat (W ∝ D^2, in Anlehnung an [Hall]). Bei dicht ionisierender Strahlung sind die Doppeltreffer-Wahrscheinlichkeiten durch ein einzelnes Teilchen wesentlich höher und bleiben für einen großen Dosisbereich dosisproportional.

zwei beieinander liegenden Chromatinen zur Entstehung der beschriebenen Schäden erforderlich sind, sind bei niedrigen Dosen locker ionisierender Strahlungen wegen der seltenen Wechselwirkungsereignisse nicht sehr wahrscheinlich. Finden sie aber dennoch statt, werden sie mit hoher Wahrscheinlichkeit durch ein und dasselbe Teilchen ausgelöst, das sukzessive die beiden Strukturen passiert und in jeder einen Treffer landet. Die Wirkung ist daher proportional zur Dosis. Die entsprechenden Dosiswirkungskurven beginnen deshalb bei niedrigen Dosen zunächst mit einem linearen Anstieg mit geringer Steigung. Bei höheren Dosen nimmt die Wahrscheinlichkeit für von zwei verschiedenen Teilchen ausgelöste, aber dicht benachbarte Effekte zu. Die Wahrscheinlichkeit für die Doppelbruch-Wechselwirkung jedes einzelnen Teilchens ist wieder dosisproportional, die Gesamtwahrscheinlichkeit als Produkt der Einzelwahrscheinlichkeiten also proportional zum Dosisquadrat. Insgesamt erhält man eine linearquadratische Dosiswirkungsbeziehung (Fig. 16.2 "niedrigLET").

Werden dagegen dicht ionisierende Strahlenarten verwendet, erhält man rein lineare Wirkungskurven, da sowohl bei niedrigen als auch bei hohen Dosen die Wahrscheinlichkeiten für Mehrfachtreffer durch dasselbe Teilchen in der betroffenen Struktur besonders groß sind. Die Wirkung hängt deshalb nur linear von der Dosis ab, sie ist dosisproportional. Allerdings verlaufen diese linearen Dosiswirkungskurven wegen der deutlich höheren Trefferwahrscheinlichkeiten dicht ionisierender Strahlungen wesentlich steiler als bei locker ionisierender Strahlung (Fig. 16.2 "hochLET").

16.1.1 Mathematische Beschreibung von Überlebenskurven*

Es gibt eine Reihe unterschiedlicher theoretischer Ansätze zur Beschreibung der experimentellen Kurvenverläufe. Diese Modelle sind in der Mehrzahl allerdings nur näherungsweise imstande, experimentelle Kurvenverläufe eindeutig zu reproduzieren. Dies liegt weniger an der mathematischen Unzulänglichkeit der Algorithmen als an der hohen Fehlerbreite experimenteller Daten, die die Festlegung auf ein bestimmtes Modell sehr erschwert. Der genaue Verlauf der Überlebenskurven ist vor allem bei niedrigen Dosen wegen experimenteller Schwierigkeiten nicht so leicht zugänglich. Theoretische Modelle zur Beschreibung experimenteller Überlebenskurven sind deshalb immer nur so präzise wie die verwendeten experimentellen Daten. Man ist für den Niedrigdosisbereich oft noch auf Vermutungen und extrapolative Näherungen angewiesen.

Rein exponentielle Kurvenverläufe von Überlebenskurven werden mit der **Ein-Treffer-Theorie** beschrieben, bei der die Letalität der Zelle nach einem einzigen Treffer pro Zelle unterstellt wird (s. u.). Sobald der einzelne Treffer nicht mehr letal ist, z.B. durch das Eingreifen von Reparaturmechanismen oder durch synergistische, also verstärkende Effekte nach Mehrfachtreffern, weichen die Überlebenskurven vom einfachen exponentiellen Verlauf ab. Die Überlebenskurven bei Niedrig-LET-Strahlungen zeigen dann bei kleinen Dosen oft einen zunächst schwach gekrümmten Verlauf, die "Erholungs-Schulter", und fallen erst dann exponentiell mit der Dosis ab. Auch Überlebenskurven an höher organisierten Organismen zeigen oft keinen rein exponentiellen Abfall der Überlebensfraktion (Fig. 16.3a).

Daneben findet man im Experiment auch überexponentielle Kurvenverläufe bei hohen Dosen sowie unterschiedliche Tangenten der Erholungsschulter bei der Extrapolation zur Dosis Null. Der Grund sind vermutlich die komplexen Vorgänge nach Mehrfachtreffern wie die sich durch vorhergehende Bestrahlungen ändernden Zellteilungsraten, die durch den Wiedereintritt inaktiver Zellen in den Teilungszyklus bewirkten Proliferationsänderungen in Geweben oder die erschwerte Reparatur durch Enzymverlust bzw. Änderungen des Enzymstatus in den bestrahlten Zellen.

Zur Beschreibung dieser komplexeren Verläufe werden eine Reihe weiterer Modelle benötigt, die entweder der Gruppe der Treffertheorien oder den Mehrkomponentenmodellen zugeordnet werden. Zur Kategorie der Mehrkomponentenmodelle zählt das in den vergangenen Jahren weit verbreitete Linearquadratische Modell, das beispielsweise sogar in der Brachytherapie an "makroskopischen" Volumina erfolgreich zur strahlenbiologischen Planung verwendet wird. Ein typischer Vertreter der Treffertheorien ist das in den Gln. (16.1) bis (16.3) vorgestellte **Ein-Treffer-Modell**, das zur Beschreibung von Überlebenskurven mit Erholungsschulter allerdings nicht taugt. Treten solche Dosisschultern auf, müssen deshalb die aufwendigeren Mehr-Treffer-Mehr-Target-Modelle verwendet werden. Man unterstellt dabei das Vorhandensein eines oder mehrerer strahlensensibler Bereiche (Targets) in den Zellen, die durch einfache oder mehrfache Strahlungswechselwirkungen inaktiviert werden können.

Die einzelnen Modelle unterscheiden sich durch die Annahmen zur Letalität von Treffern. Die **Mehr-Target-Ein-Treffer-Modelle** unterstellen, dass einzelne Treffer in mehreren voneinander unabhängigen Targets letal für die Zelle sind. Dahinter steckt die Vorstellung, dass durch mehrere Einzelschäden an funktionellen Gruppen in einer Zelle beispielsweise die Produktion und die Verfügbarkeit von Enzymen so beeinträchtigt werden, dass die Zelle ihre Teilungs- und Reparaturfähigkeit verliert. Die **Ein-Target-Mehr-Treffer-Modelle** erfordern dagegen mehrere Treffer an demselben Target, um die Zelle letal zu schädigen. Ein typischer Vertreter dieser Modellvorstellung wären die Doppelstrangbrüche an der DNS, die ja in der Regel bei ausbleibender Reparatur zum reproduktiven Tod der Zelle während der Mitose führen. Die Schadenswahrscheinlichkeiten werden bei allen Modellen aus den Wahrscheinlichkeiten der voneinander unabhängigen Treffer in den verschiedenen Targets berechnet. Wenn alle diese Modelle versagen, weil experimentelle Verläufe von Überlebenskurven nicht korrekt wiedergegeben werden können, verwendet man **Mehrkomponentenmodelle**, die als eine Kombination mehrerer Treffermodelle betrachtet werden können.

Das Ein-Treffer-Modell: Rein exponentielle Verläufe von Überlebenskurven können theoretisch leicht mit der Ein-Treffer-Theorie verständlich gemacht werden. Diese

Theorie besagt, dass die Zahl der überlebenden Einheiten dann exponentiell abnimmt, wenn jeder der zufällig verteilten Einzeltreffer bereits zur Inaktivierung der Zelle führt, also keine Reparaturchance besteht. Da die Zahl der Treffer proportional zur Zahl der bei der Bestrahlung noch vorhandenen restlichen Zellen ist, erhält man als differentielle Form die Beziehung:

$$\frac{dN}{dD} \propto N \tag{16.1}$$

Es wird also die letale Wirkung eines einzelnen Treffers bzw. eine konstante relative (letale) Schädigungsrate unterstellt, d. h. eine Schädigung ohne verstärkende Effekte durch weitere Treffer der betroffenen Zelle oder ihrer Umgebung. Die mathematische Form dieser Gleichung (16.1) ist die gleiche wie beim Schwächungsgesetz für Photonenstrahlung oder beim Gesetz für den radioaktiven Zerfall. Die Integration von Gl. (16.1) liefert wie dort deshalb eine Exponentialfunktion mit einer charakteristischen Konstanten α.

$$\frac{N(D)}{N_0} = e^{-\alpha \cdot D} \tag{16.2}$$

Die Inaktivierungskonstante α ist gerade der Kehrwert der mittleren Überlebensdosis D_{37}, also der Dosis bei der gerade der $1/e$-Anteil der ursprünglichen Zellen überlebt. Man erhält deshalb einen rein exponentiellen Abfall mit der Steigung ($-\alpha = -1/D_{37}$) (Fig. 16.3b).

$$\frac{N(D)}{N_0} = e^{-\frac{D}{D_{37}}} = e^{-\frac{\ln 2 \cdot D}{D_{50}}} \tag{16.3}$$

Das Mehr-Target-Ein-Treffer-Modell: Bei diesem Modell wird unterstellt, dass die Zelle erst dann letal geschädigt ist, wenn n verschiedene in der Zelle vorhandene Targets je einmal getroffen wurden. Möglich wäre dies zum Beispiel bei der dichten Zerstörungsspur eines Alphateilchens. Die Zellanzahl mit einmal getroffenen Targets ist die Differenz der ursprünglichen Zellzahl und der Zahl der nicht getroffenen Zellen. Man erhält deshalb als Anzahl der an genau einem Target getroffenen Zellen T_1 analog zu (Gl. 16.2):

$$\frac{T_1}{N_0} = 1 - e^{-\alpha \cdot D} \tag{16.4}$$

Die Wahrscheinlichkeit für eine Zelle, gleichzeitig an n Targets getroffen zu sein, ergibt sich als n-faches Produkt dieser Einzeltarget-Wahrscheinlichkeit. Für die Zahl der getroffenen Zellen T_n erhält man daher:

$$\frac{T_n}{N_0} = (1 - e^{-\alpha \cdot D})^n \tag{16.5}$$

Die Überlebensrate erhält man als Differenz der Zahl der ursprünglichen und der n-fach getroffenen Zellen zu:

$$\frac{N}{N_0} = 1 - \frac{T_n}{N_0} = 1 - (1 - e^{-\alpha \cdot D})^n \qquad (16.6)$$

Für $n = 1$ ergibt sich gerade wieder (Gl. 16.2) für die Ein-Treffer-Theorie. Für $n > 1$ erhält man bei kleinen Dosen eine Schulter, die mit horizontaler Tangente in die Ordinate mündet. Für sehr große Dosen ergibt sich ein exponentieller Verlauf (Fig. 16.23a). Die Reihenentwicklung von Gl. (16.6) ergibt für diesen Fall:

$$\frac{N(D \to \infty)}{N_0} \Rightarrow n \cdot e^{-\alpha \cdot D} \qquad (16.7)$$

Die Steigung dieser Kurve bei großen Dosen ist die Inaktivierungskonstante α bzw. der Kehrwert der mittleren Inaktivierungsdosis D_{37}. Die Extrapolation des exponentiellen Teils zur Dosis Null ergibt als Wert von Gl. (16.7) die Extrapolationszahl n, die also identisch mit der Zahl der für einen Zelltod zu treffenden Targets ist.

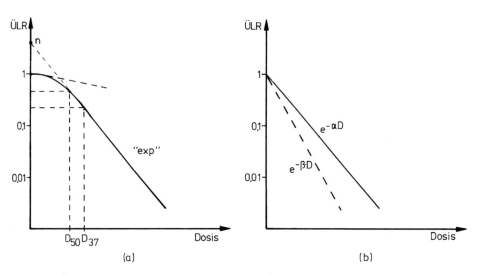

Fig. 16.3: (a): Überlebenskurve mit Erholungsschulter und anschließendem exponentiellem Abfall. D_{50}, D_{37} und n sind die Dosen für das 50%- bzw. das 1/e-Überleben, n ist die Extrapolationsziffer, die die Anzahl der getroffenen Targets angibt (s. Text). (b): Rein exponentielle Überlebenskurven nach dem Eintreffermodell mit unterschiedlichen Steigungen α bzw. β aber ohne Erholungsschultern.

Das Ein-Target-Mehr-Treffer-Modell: Diese Modellvorstellung geht davon aus, dass zur letalen Schädigung einer Zelle eine bestimmte strahlenempfindliche Substanz von mehreren unabhängigen Treffern (Teilchen) jeweils subletal geschädigt werden muss. Da die Wahrscheinlichkeit für jeden einzelnen Treffer proportional zur Dosis ist, ist die Wahrscheinlichkeit für den Zelltod durch m Treffer an demselben Target proportional zur m-ten Potenz der Dosis. Mit einer neuen Inaktivierungskonstanten β erhält man deshalb für die Überlebensrate in diesem Modell:

$$\frac{N(D)}{N_0} = e^{-\beta \cdot D^m} \tag{16.8}$$

Für den Sonderfall $m = 2$, also zwei benötigte Treffer, erhält man mit der gleichen Konstanten β:

$$\frac{N(D)}{N_0} = e^{-\beta \cdot D^2} \tag{16.9}$$

Auch diese Gleichung ergibt eine horizontale Erholungsschulter bei kleinen Dosen, sie zeigt aber einen überexponentiellen Abfall der überlebenden Zellen bei großen Dosen (Fig. 16.4b). Theoretisch denkbar wäre eine Überlagerung von Überlebenskurven für verschiedene Treffermultiplizitäten, also aus $m = 1$, $m = 2$, $m = 3$, usw. zusammengesetzte Überlebenskurven. Experimentelle Daten deuten jedoch bisher lediglich auf eine maximal quadratische Komponente hin (Gl. 16.9).

Mehrkomponenten-Modelle: Bei ihnen werden zwei Einzelmodelle miteinander kombiniert. Welche der möglichen Kombinationen "korrekter" ist, lässt sich nur durch Anpassung experimenteller Daten an die theoretisch berechneten Kurvenverläufe erschließen. Bei einer der vielen Kombinationsmöglichkeiten kann man beispielsweise von der folgenden Modellvorstellung ausgehen. Zur Deaktivierung einer Zelle wird entweder ein inaktivierender Einzeltreffer an einem bestimmten Target oder mehrere allein nur teilweise inaktivierende Treffer an n Targets benötigt. Sind diese Inaktivierungsmethoden voneinander unabhängig, beeinflussen sie sich also gegenseitig nicht, sind die Überlebenswahrscheinlichkeiten miteinander zu multiplizieren. Die Gesamtinaktivierungsrate erhält man dann als Produkt der Einzelraten. In dieser Version eines Mehrkomponentenprozesses hat man also das Ein-Treffer-Ein-Target-Modell (Gl. 16.3) mit dem Ein-Treffer-Mehr-Target-Modell (Gl. 16.6) zu kombinieren. Man erhält den folgenden, etwas komplizierten Ausdruck eines Mehrkomponentenmodells.

$$\frac{N(D)}{N_0} = e^{-\alpha \cdot D} \cdot [1 - (1 - e^{-\gamma \cdot D})^n] \tag{16.10}$$

Die aus Gründen der Übersichtlichkeit hier zu γ umbenannte Inaktivierungskonstante der Gl. (16.6) ist ein Maß für subletale Einzelschäden, die Konstante α für die letalen Einzeltreffer in der Zelle. Gl. (16.10) nähert sich für große Dosen den Werten der Gl. (16.7) an, nimmt also für große Dosen ebenfalls rein exponentiell mit der Dosis ab.

Bei kleinen Dosen zeigt Gl. (16.10) eine Erholungsschulter mit der Anfangssteigung Null.

Eine zweite Möglichkeit zur Modellkombination wird verständlich, wenn man den Zusammenhang zwischen Doppelstrangbrüchen an der DNS und Zelltod beachtet. Aus Chromosomenuntersuchungen ist bekannt, dass nicht reparierte Doppelstrangbrüche bei den nächsten Mitosen zum Zelltod führen. Doppelstrangbrüche eines DNS-Stranges können z. B. durch zwei dicht beieinander liegende Teilchenspuren verschiedener Teilchen (zwei Treffer, ein Target) bewirkt werden. Die Wahrscheinlichkeit dafür müsste nach dem Ein-Target-Mehr-Treffer-Modell berechnet werden. Doppelstrangbrüche sind aber auch möglich, wenn beispielsweise ein einzelnes Hoch-LET-Teilchen beide Seiten der DNS durchtrennt, wie oben wieder ein typischer Fall für das Ein-Treffer-Ein-Target-Modell. Die Überlebenskurve für Doppelstrangbrüche könnte deshalb eine Überlagerung dieser beiden Möglichkeiten sein (Gl. 16.2 und Gl. 16.9 für $m = 2$). Eine Zelle kann wahlweise nach einem der beiden Mechanismen geschädigt werden. Die Inaktivierungsmöglichkeiten hängen einmal linear und einmal quadratisch von der Dosis ab. Die Gesamtüberlebensrate erhält man daher bei Unabhängigkeit der beiden Prozesse wieder als Produkt der Einzelraten bzw. als einen Exponentialausdruck mit einer Summe mehrerer Komponenten.

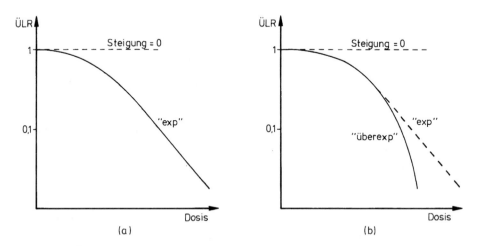

Fig. 16.4: (a): Überlebenskurve mit horizontaler Erholungsschulter und anschließendem einfach exponentiellem Abfall bei hohen Dosen nach dem Mehr-Target-Ein-Treffer-Modell (Gl. 16.7). (b): Überlebenskurven nach dem Ein-Target-Mehr-Treffer-Modell mit breiter horizontaler Erholungsschulter und anschließendem überexponentiellem Kurvenverlauf (nach Gl. 16.10).

$$\frac{N(D)}{N_0} = e^{-\alpha \cdot D} \cdot e^{-\beta \cdot D^2} = e^{-(\alpha \cdot D + \beta \cdot D^2)} \qquad (16.11)$$

Dies ist die mathematische Formulierung des oben schon erwähnten **Linearquadratischen Modells**. Der bestimmende Parameter dieses Modells ist das Verhältnis (α/β) der beiden Inaktivierungskonstanten. Es gibt die relativen Anteile der beiden Mechanismen bei einer bestimmten Dosis an. Für große (α/β)-Verhältnisse, also wenig Einfluss der quadratischen β-Komponente, verlaufen die Überlebenskurven im Wesentlichen exponentiell ohne ausgeprägte Erholungsschulter. Für kleine (α/β)-Verhältnisse dominiert offensichtlich der quadratische Term in (Gl. 16.11). Man erhält eine breite Erholungsschulter mit einem anschließenden überexponentiellen Abfall der Überlebenskurve. Die Erholungsschulter beim Linearquadratischen Modell hat anders als in allen bisher betrachteten Fällen bei der Dosis Null eine von Null verschiedene Steigung (die Steigung "-α", s. Fig. 16.5).

Viele experimentelle Ergebnisse aus strahlenbiologischen und klinischen Versuchen mit locker ionisierenden Strahlungen zeigen tatsächlich quadratische Anteile mit ihrem leicht überexponentiellen Abfall bei großen Dosen und Erholungsschultern bei kleinen Dosen (Fig. 16.3a). Bestrahlungen mit Hoch-LET-Strahlung weisen dagegen immer exponentielle Überlebenskurven auf (Fig. 16.3b). Unterstellt man die Richtigkeit der Modellannahmen des linearquadratischen Modells, bedeutet dies, dass Zellre-

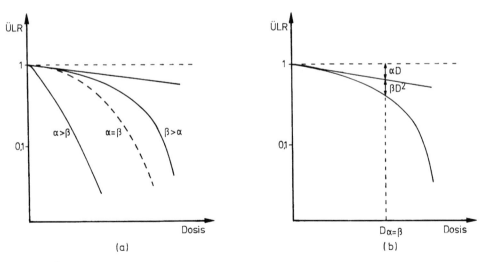

Fig. 16.5: Überlebenskurven nach dem linearquadratischen Modell. (a): Kurvenverläufe bei unterschiedlichem linearen und quadratischen Anteil des ÜLR-Verlaufs. Dominierender linearer Anteil ohne merkliche Erholungsschulter ($\alpha > \beta$), gleiche Anteile ($\alpha = \beta$) und dominierender quadratischer Anteil mit breiter Erholungsschulter und überexponentieller Verlauf bei großen Dosen ($\beta > \alpha$). (b): Komponenten der Überlebenskurve nach dem linearquadratischen Modell und Dosis gleicher Beiträge des linearen und des quadratischen Anteils $D_{\alpha=\beta}$ (s. Text).

paraturen nur bei locker ionisierenden Strahlungen eine Rolle spielen, während bei dicht ionisierenden Strahlungen Einzeltreffer bereits letal wirken und Reparaturen daher kaum von Bedeutung sind. Das Linearquadratische Modell wird deshalb für Niedrig-LET-Strahlung von vielen Autoren bevorzugt und hat in den letzten Jahren auch Einzug in die strahlentherapeutische Praxis gehalten. Aus dem experimentell gut zugänglichen (α/β)-Verhältnis kann die Dosis $D_{\alpha=\beta}$ bestimmt werden, bei der beide Komponenten zu gleichen Anteilen beteiligt sind, also $\alpha \cdot D = \beta \cdot D^2$ gilt (Fig. 16.5b), ohne die absoluten Werte der beiden Inaktivierungskonstanten zu kennen. Man erhält

$$D_{\alpha=\beta} = \frac{\alpha}{\beta} \tag{16.12}$$

Werte von (α/β)-Verhältnissen haben deutliche Auswirkungen auf den Verlauf der Überlebenskurven (s. Fig. 16.5a) und auch auf das strahlentherapeutische Vorgehen bei der Behandlung von Tumoren. Bei Geweben oder Strahlungsarten, die keine Erholungsschulter aufweisen, bei denen also das (α/β)-Verhältnis deutlich größer als 1 ist (kein bedeutender quadratischer Anteil), spielt das Zeitmuster der Bestrahlung kaum eine Rolle. Zeigen die Überlebenskurven dagegen Erholungsschultern, wird zum Erreichen der gleichen Wirkung eine höhere Dosis benötigt (s. dazu die Ausführungen zu den zeitlichen Einflüssen auf die Strahlenwirkung in Kap. 16.2.4).

16.2 Parameter der Strahlenwirkung

Die Wirkung ionisierender Strahlung auf lebende Organismen hängt von einer Vielzahl von Umgebungs- und Zellzustandsbedingungen ab. Zu ihnen zählen die physikalischen und chemischen Bedingungen in den Zellen wie Sauerstoffversorgung, pH-Wert, Anwesenheit von Schutzsubstanzen oder Sensibilisatoren, Temperatur und Energiegehalt. Strahlenwirkungen hängen auch vom morphologischen Differenzierungsgrad der Zellen (ihrer Spezialisierung) sowie der Zellzyklusphase der bestrahlten Zellen und der Anzahl der teilungsaktiven Zellen in einem Gewebe ab. Eine wichtige Rolle spielt z. B. in der Strahlentherapie oder bei Strahlenunfällen die Größe des gleichzeitig mitbestrahlten Volumens. Die wichtigsten Parameter sind natürlich die Energiedosis, die Strahlungsart, der LET und damit die mikroskopische Schadensdichte sowie der zeitliche Ablauf der Bestrahlung und die Dosisleistung.

- **Energiedosis, Energiedosisleistung**

- **Strahlungsart (LET, RBW)**

- **Sauerstoffeffekt**

- **Chemische Modifikatoren (Radioprotektoren, Radiosensitizer)**

- **Zellzyklusphase**

- **Zeitliches Bestrahlungsmuster**

- **Morphologischer Differenzierungsgrad**

- **Volumeneffekte und Temperaturabhängigkeit**

16.2.1 Der Sauerstoffeffekt

Befindet sich freier Sauerstoff im Zellwasser, kommt es zusätzlich zur bereits besprochenen Radikalbildung (Tab. 15.1) auch zur Bildung von weiteren hoch reaktiven Perhydroxyl- und Peroxid-Radikalen. Diese Radikale erhöhen die Strahlenempfindlichkeit von Zellen. Das Ausmaß der Empfindlichkeitssteigerung hängt von der Sauerstoffversorgung der Zelle, dem Sauerstoffpartialdruck im Zellwasser ab. Indirekte Strahlenwirkungen werden durch die bei Präsenz freien Sauerstoffs zusätzlich entstehenden stark oxidierenden Radikale ($\dot{H}O_2$, O_2^-) bis zum etwa Dreifachen verstärkt.

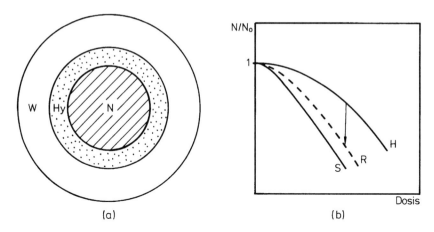

Fig. 16.6: (a): Schematische Darstellung eines soliden Tumors mit Wachstumszone (W) mit ausreichender Sauerstoffversorgung, hypoxischer Zone (Hy) mit geringer Gefäßversorgung, aber noch überlebensfähigen Zellen und einem anoxischen, nekrotisierenden Zentrum (N). (b): Schematische Zellüberlebenskurven von sauerstoffversorgten (S), hypoxischen (H) und sensibilisierten hypoxischen Zellen nach der Gabe von Radiosensitizern (R).

Das Verhältnis der für die gleiche Strahlenwirkung ohne und mit Sauerstoff in der Zelle erforderlichen Energiedosen wird als **Sauerstoff-Verstärkungsfaktor** (engl.: <u>O</u>xygen <u>E</u>nhancement <u>R</u>atio, OER, Gl. 16.13) bezeichnet.

$$\text{OER} = \frac{\text{Dosis}_{\text{ohne sauerstoff}}}{\text{Dosis}_{\text{mit sauerstoff}}} \quad \text{(für die gleiche Wirkung)} \quad (16.13)$$

Der Sauerstoffeffekt ist am größten für Niedrig-LET-Strahlung und liegt dort je nach bestrahltem System in der Größenordnung von 2-3. Mit zunehmendem LET sinkt er auf Werte um 1 ab und bleibt für LET-Werte oberhalb von 100 keV/μm etwa konstant bei 1,0 (Fig. 16.7).

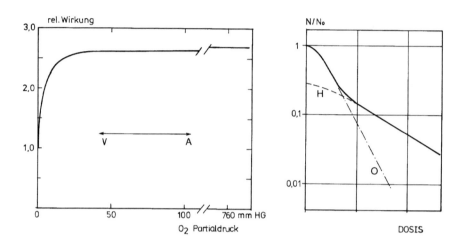

Fig. 16.7: Links: Abhängigkeit des Sauerstoffverstärkungsfaktors vom Sauerstoffpartialdruck für Tumorzellen, V - A: Normalbereich des Sauerstoffdrucks in venösem und arteriell versorgtem Gewebe für Niedrig-LET-Strahlung (nach [Raju]). Rechts: Schematische Zweikomponenten-Überlebenskurve für eine gemischte Zellpopulation mit hypoxischen Zellen (H) und normal mit Sauerstoff versorgten und deshalb strahlenempfindlicheren Zellen (O). Hypoxische Zellen wurden in den meisten soliden Tumoren nachgewiesen.

Eine große Bedeutung hat der Sauerstoffeffekt bei der radioonkologischen Behandlung von soliden Tumoren, da diese oft eine im Vergleich zum gesunden Gewebe schlechtere Sauerstoffversorgung in ihrem Zentrum aufweisen und dort deshalb weniger strahlensensibel sind. Überleben einige der hypoxischen Zellen wegen ihrer verminderten Strahlensensibilität, können sie Ausgangspunkt eines Tumorrezidivs werden. Dieser Sachverhalt ist einer der Gründe für die fraktionierte Strahlentherapie. Wird die zur Tumorvernichtung benötigte Dosis nicht in einer einmaligen Bestrahlung sondern in ausreichendem zeitlichen Abstand in mehreren Fraktionen verabreicht, kommt es in vielen Tumoren in den Bestrahlungspausen zur Reoxigenierung von vorher hypoxischen und deshalb weniger strahlenempfindlichen Zellen durch Bildung neuer Kapillaren. Auf diese Weise kann teilweise die Gefahr von Lokalrezidiven vermindert werden (vgl. dazu auch die Ausführungen zum Zeitmuster der Strahlenexposition in Kap. 16.2.4). Reoxigenierung von Tumorzellen ist so schnell, dass sie selbst unter kontinuierlicher Bestrahlung mit niedrigen Dosisleistungen bei der klassischen

Brachytherapie mit Radiumpräparaten oder der moderneren Variante, dem LDR-Afterloading, wirksam wird.

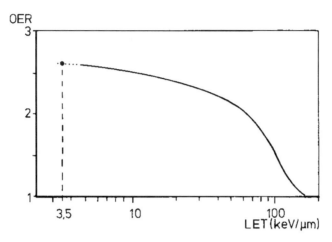

Fig. 16.8: Abhängigkeit des OER vom LET_∞ für Sauerstoffsättigung (nach [Raju]). Der LET-Wert von 3,5 keV/µm stellt den Grenzwert für locker ionisierende Strahlung dar.

16.2.2 Chemische Modifikatoren der Strahlenwirkung

Durch chemische Substanzen kann die Wirkung einer Bestrahlung entweder vermindert oder verstärkt werden. Wie die Ausführungen zur Radikalbildung (Kap. 15.1) gezeigt haben, entsteht die zerstörende Wirkung der Wasserradikale durch Entzug von Elektronen aus den Molekülen der DNS mit anschließendem Bruch der Bindungen.

Radioprotektoren: Substanzen, die die Elektronenentzugsrate, also die oxidative Wirkung der Radikale, durch Neutralisation verringern, werden als Radioprotektoren oder Strahlenschutzstoffe bezeichnet. Sie wirken als Antioxidantien und können die verstärkende Wirkung des Sauerstoffeffektes mindern. Um wirksam werden zu können, müssen sich diese Substanzen bereits vor der Strahlenexposition im Zellplasma befinden, da die Radikale innerhalb von Mikrosekunden zu den empfindlichen Strukturen diffundieren und dort chemisch wechselwirken. Ein weiterer Wirkmechanismus von Radioprotektoren kann die Abgabe von Elektronen unmittelbar an die defekten Bindungen der DNS sein, also eine Art chemischer Reparaturprozess. Radioprotektoren müssen daher der Gruppe der Elektronendonatoren ("Reduktionsmittel") angehören. Strahlenschutzstoffe sollen zwar durch Radikale oxidiert werden, der in den Zellen natürlich vorkommende freie Sauerstoff (O_2) soll die Radioprotektoren dagegen wenn möglich nicht oder nur geringfügig neutralisieren. Radioprotektoren können vor allem die Folgen indirekter Strahlenwirkungen mindern, da ihr Wirkmechanismus auf die Neutralisation von Radikalen ausgelegt ist. Es ist also davon auszugehen, dass sie bei Hoch-LET-Bestrahlungen weniger wirksam sind.

In der Strahlentherapie können solche radioprotektiven Substanzen nur dann eingesetzt werden, wenn sie gesundes Gewebe und Tumorzellen nicht in gleicher Weise schützen, da sonst der therapeutische Effekt der Bestrahlung konterkariert würde. Erforderlich ist also eine selektive Anreicherung in den zu schützenden gesunden Geweben oder eine gewebespezifische Wirkung, die in Tumoren weniger ausgeprägt ist als in gesunden Zellen. Als Radioprotektoren dienen vor allem einige organische Schwefelverbindungen wie die Thiole, die eine SH-Gruppe als funktionelle Gruppe enthalten. Bekannte Strahlenschutzstoffe sind das Glutathion, das auch natürlich in Geweben vorkommt und im Tierversuch eine Reduktion von Strahlenschäden um den Faktor 2 ergeben hat, die Verbindungen Cystein (NH_2-$(CH_2)_2$-SH) und Cysteamin (NH_2-$(CH_2)_2$-S-S-$(CH_2)_2$-NH_2), und eine Reihe weiterer synthetischer Verbindungen wie das bekannte WR-2721 (Amifostin, Gammaphos: Aminopropyl-Aminoäthyl-Thiophosphat). Wegen ihrer zum Teil toxischen Wirkung (Übelkeit, Erbrechen, Hypotonie) können die eventuell therapeutisch verwendbaren Radioprotektoren nicht zur allgemeinen Strahlenschutzvorsorge eingesetzt werden, zumal sie vor möglichen Expositionen verabreicht werden müssten. Natürliche Antioxidantien, die sich in jedem vernünftig ernährten und versorgten gesunden Organismus in ausreichender Menge befinden, sind die Vitamine A, C und E, die der Reduktion der Strahlenradikale in lebenden Zellen, besonders bei der Embryonalentwicklung dienen (s. auch [Fritz-Niggli], [Tubiana]), und die in Beeren, Gemüse und Rotwein vorkommenden Polyphenole (rote Farbstoffe).

Ähnlich wie beim Sauerstoffeffekt kann die Wirkung von Radioprotektoren mit einem Dosisreduktionsfaktor DRF beschrieben werden.

$$DRF = \frac{Dosis_{ohne\ protektor}}{Dosis_{mit\ protektor}} \quad \text{(für die gleiche Wirkung)} \quad (16.14)$$

Je höher der DRF ist, umso besser wirkt der Radioprotektor. Experimentelle DRF-Werte aus Tierversuchen liegen bei 2-3 und sind abhängig vom exponierten Gewebe und Organ.

Radiosensitizer: Die entgegen gesetzte Wirkung, also eine Steigerung der Schadensrate, ist von Substanzen zu erwarten, die die Wirkung einer Strahlendosis auf Zellen verstärken. Diese Radiosensitizer oder auch Radiosensibilisatoren werden nach ihrem Wirkungsmechanismus in vier Gruppen unterteilt. Die erste Gruppe enthält Stoffe, die die Radikalausbeute im Zellplasma erhöhen, die zweite solche, die die Reparatur von Schäden erschweren. Die dritte Stoffart synchronisiert den Zellzyklus und die letzte Gruppe sind die die DNS modifizierenden Substanzen.

Beschrieben werden die Wirkungen von Sensitizern mit dem Sensitizer-Verstärkungs-faktor SER (sensitizer enhancement ratio). Dabei werden wie üblich die Dosen ohne und mit Sensitizern für die gleiche Wirkung verglichen.

$$SER = \frac{Dosis_{ohne\,sentisizer}}{Dosis_{mit\,sentisizer}} \qquad \text{(für die gleiche Wirkung)} \quad (16.15)$$

Typische SER-Werte liegen zwischen 1- und 2 und sind wieder abhängig von der bestrahlten Gewebeart und dem LET der Strahlung.

Substanzen, die die **Radikalausbeute** erhöhen, sollen eine oxidierende Wirkung ausüben. Sie müssen also wie der Sauerstoff oder die Wasserradikale Elektronen aus organischen Verbindungen abziehen und deshalb eine hohe Elektronenaffinität besitzen. Die Ausbeuteerhöhung durch solche "Oxidantien" ist insbesondere in hypoxischen oder anoxischen Tumorzellen von Bedeutung, die im Vergleich zu euoxischen Zellen durch Fehlen des Sauerstoffeffektes geschützt sind. Allerdings treten bei in-vivo-Anwendungen solcher Substanzen u. a. wegen der schlechten Gefäßversorgung von Tumoren Probleme mit der selektiven Anreicherung im therapeutischen Volumen und mit der zum Teil erheblichen Toxizität auf, die den klinischen Einsatz sehr erschweren. Radiosensitizer dürfen daher wie andere Chemotherapeutika nur unter medizinisch streng kontrollierten Bedingungen verabreicht werden.

Die zweite Gruppe von Substanzen, die **Reparaturinhibitoren**, sollen die Reparaturrate vermindern. Sie müssen dazu entweder in den Haushalt der Reparaturenzyme der Zellen (vorwiegend der Polymerasen) eingreifen oder die Ankopplung von Enzymen an der geschädigten DNS verhindern. Bei in-vitro-Versuchen kann eine Behinderung der Schadensreparatur an der Verringerung oder dem Verschwinden der Erholungsschulter festgestellt werden. Sie sind deshalb nur unter solchen Bedingungen einsetzbar, bei denen eine Erholungsschulter existiert, also an Zellen außerhalb der G_2- oder M-Phase und bei Exposition mit Niedrig-LET-Strahlung. Eine Reihe dieser Substanzen (z. B. cis-Platin, Bleomycin, Adriamycin, u. ä.), die auch als reine Chemotherapeutika verwendet werden, kombiniert man inzwischen im klinischen Einsatz erfolgreich mit der Strahlentherapie (Radio-Chemo-Therapie). Dazu werden diese Substanzen in einem festen Zeitmuster unmittelbar vor der Bestrahlung verabreicht.

Chemische Verbindungen, die selektiv an Zellen in bestimmten Phasen des Zellzyklus angreifen, können entweder dic Zellen in diesen Phasen **blockieren** (z. B. durch Verhinderung der DNS-Synthese in der S-Phase) oder die Strahlenempfindlichkeit der Zellen in sonst eher unempfindlichen Phasen so **erhöhen**, dass eine nachfolgende Bestrahlung auch diese Zellen schädigt (s. Fig. 16.6b). Im Fall einer Phasenblockade kann man erhoffen, dass nach Aufheben der Blockade die Zellen der Population zeitlich synchronisiert sind und deshalb den nächsten Zellzyklus mehr oder weniger synchron durchlaufen. Wenn die zeitliche Abfolge von Medikation und Bestrahlung entsprechend eingerichtet wird, sollte es deshalb möglich sein, die so medikamentös synchronisierte Zellpopulation in den besonders strahlenempfindlichen Phasen zu "erwischen". Tatsächlich sind solche Synchronisationsversuche bei in-vitro Experimenten gut gelungen. Die klinische Anwendung ist dagegen aus noch nicht ausreichend verstandenen zellkinetischen Gründen bisher nicht sehr erfolgreich. Eine Substanz, die vor allem die Synthese-Phase blockiert, ist das im klinischen Einsatz seit langer Zeit verwendete 5-Fluoruracil. Andere Substanzen blockieren den G_2/M-Übergang (Bleomycin) oder die Mitose (Vincristin).

Die letzte Gruppe der Sensibilisatoren, die **DNS-Modifikatoren**, greift unmittelbar in die chemische Struktur der DNS ein und macht diese wegen ihrer dann geringeren chemischen Stabilität empfänglicher für Strahlenschäden. Dazu werden die Pyrimidinbasen Thymin und Cytosin durch weniger stabile halogenisierte Varianten ersetzt (z. B. Bromodesoxiuridin), die während der S-Phase selbstverständlich bereits im Zellplasma vorrätig sein müssen. Während der DNS-Replikation werden sie dann in die Tochterstränge eingebaut. Zellen mit einer hohen Proliferationsrate wie Tumorzellen sollten deshalb bevorzugt die modifizierten Basen enthalten. Obwohl in-vitro Versuche eine eindeutige Erhöhung der Schadensrate nach Gabe dieser Substanzen gezeigt haben, gibt es wegen der nicht ausreichenden Selektivität und nicht zu vernachlässigender toxischer Nebenwirkungen bisher kaum klinische Erfolge.

16.2.3 Abhängigkeit der Strahlenwirkung von der Zellzyklusphase

Proliferierende Zellen zeigen eine phasenabhängige Empfindlichkeit gegen Strahlenschäden. Bestrahlung von Zellen kann zum reproduktiven Zelltod während oder kurz nach der Mitose oder vor allem bei hohen Dosen auch zum Interphasentod führen. Bestrahlung kann außerdem Störungen im Zellzyklus verursachen wie beispielsweise eine vorübergehende Teilungshemmung oder -verzögerung. Daneben sind die bereits oben ausführlich dargestellten Effekte auf das genetische Material zu erwarten. Mikroskopisch sichtbare Veränderungen des Erbgutes sind die Chromosomenaberrationen. Alle diese Effekte sind in ihrem Ausmaß außer von der Energiedosis auch von der Phase abhängig, in der sich die Zelle während der Strahlenexposition befindet.

Chromosomenaberrationen sind am wahrscheinlichsten nach Abschluss der DNS-Synthese, also ab Mitte der G_2-Phase bis zum Beginn der Mitose (G_2-M-Übergang). **Teilungshemmungen** sind nach experimentellen Ergebnissen vor allem bei Zellen in der G_2-Phase zu erwarten. Bei solchen Teilungsverzögerungen treten die bestrahlten Zellen nach einer dosisabhängigen Erholungszeit wieder in den Zellzyklus ein. Dieser Effekt kann ebenso wie die Einwirkung bestimmter chemischer Verbindungen zur teilweisen Synchronisation des Zellzyklus der Zellen in einer Kultur oder in einem Gewebe verwendet werden. Für strahlentherapeutische Zwecke ist dies wegen der unterschiedlichen Empfindlichkeit der verschiedenen Zellzyklusphasen von großem Interesse.

Zum **Zelltod** kann es während des gesamten Zellzyklus kommen. Tritt der Zelltod während der Interphase oder der G_0-Phase ein, wird dies als **Interphasentod** bezeichnet. Als Ursachen werden massive Störungen des Zellstoffwechsels und der Enzymbildung, Veränderungen der Membranen, der Zellorganellen und ihrer Funktion, der Atmungsfähigkeit der Zelle oder der durch Einwirkungen verursachte oder genetisch vorprogrammierte Tod (Apoptose) vermutet. Interphasentod ist in der Regel an hohe Dosen gekoppelt. Findet der Zelltod während oder unmittelbar nach einer Zellteilung statt, wird dies als **reproduktiver** oder **mitotischer** Tod bezeichnet. Seine Ursachen sind vielfältiger Art. Unter anderem werden nicht reparierte Schäden am Erbgut der Zelle sowie Zerstörungen oder irreparable Veränderungen von Zellorganellen, die sich auf die nächsten Zellteilungen auswirken, als Ursache angenommen. Der mitotische Tod kann unter Umständen auch erst nach mehreren Zellteilungen stattfinden, während derer sich die Strahlendefekte durch fortlaufende Replikation solange vermehren, bis sie für die Zelle letal werden. Für den mitotischen Tod von Zellen werden in der Regel geringere Strahlendosen als für den Interphasentod benötigt.

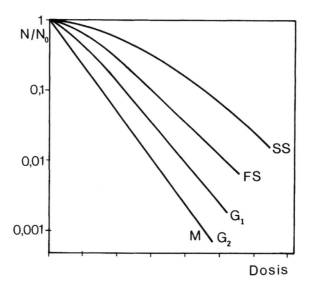

Fig. 16.9: Typische schematische Überlebenskurven von Zellen in Kultur nach Bestrahlung mit Niedrig-LET-Strahlung als Funktion der einzeitigen Strahlendosis für unterschiedliche Zellzyklusphasen.

Zellen in der Mitose und der G_2-Phase sind bezüglich letaler Schädigungen am empfindlichsten. Ihnen folgen die G_1- und die frühe S-Phase. Am strahlenresistentesten sind Zellen in der G_0-Phase und in der späten S-Phase, in der die Verdopplung der DNS bereits abgeschlossen ist (Fig. 16.9), die neu synthetisierten DNS-Stränge aber noch bei den alten DNS-Strängen angeordnet sind. Durch diese räumliche Nähe erhöhen sich die Reparaturchancen durch homologe Reparaturen. Bei der Bestrahlung einer Zellkultur oder eines Gewebes, in denen sich die Zellen in typischer zeitlicher Verteilung in den einzelnen Phasen befinden, kommt es daher zunächst zur bevorzugten Verminderung der Zellen in der G_2-Phase und in der Mitose mit einer nachfolgenden Reaktivierung von G_0-Zellen. Die Überlebenskurven der G_2- und der M-Phase zeigen eine kaum ausgeprägte bzw. nicht vorhandene "Erholungsschulter". Dies lässt darauf schließen, dass die Reparaturvorgänge in diesen beiden Phasen nicht oder weniger wirksam sind als in den übrigen Phasen des Zellzyklus (Fig. 16.9).

Ein Grund dürfte die hohe Kondensation der DNS in diesen Phasen sein, die den Zugang der Reparaturenzyme erschwert. Diese besonderen Eigenschaften der G_2- und M-Phase machen die hohe Strahlensensibilität stark proliferierender Gewebe verständlich. In diesen Geweben befinden sich viele Zellen im aktiven Zellzyklus, sie weisen eine hohe Wachstumsfraktion auf. Bei ihrer Bestrahlung werden also mehr Zellen in den empfindlichen Phasen angetroffen als in weniger teilungsaktiven Geweben. Im Menschen zählen das blutbildende und lymphatische System sowie die Mausergewebe wie die inneren Schleimhäute zu den stark proliferierenden und deshalb strahlensensiblen Geweben. Sie sind daher auch für die ersten Symptome der Strahlenkrankheit verantwortlich. Die menschliche Leibesfrucht ist wegen der in der Organbildungsphase in der dritten bis zwölften Schwangerschaftswoche sehr hohen mitotischen Aktivität ebenfalls besonders strahlenempfindlich.

16.2.4 Abhängigkeit der Strahlenwirkung vom zeitlichen Bestrahlungsmuster

Je nach dem zeitlichem Verlauf der Bestrahlung unterscheidet man kurzzeitige oder langzeitige (protrahierte) Bestrahlungen sowie einzeitige oder fraktionierte (auf viele Einzelbestrahlungen verteilte) Strahlenexpositionen. Neben dem zeitlichen Verteilungsmuster der Strahlenexposition (der Dosisportionierung und der Dosisleistung) ist auch der Gesamtbestrahlungszeitraum von Bedeutung. Einige biologische Systeme zeigen bei den beobachteten Dosiseffektkurven nur wenig Beeinflussbarkeit durch das Dosis-Zeitmuster. Ihre Überlebenskurven verlaufen unter allen Bestrahlungsbedingungen rein exponentiell und weisen keine Erholungsschulter auf. In diesen Fällen ist davon auszugehen, dass die bei der Bestrahlung gesetzten Schäden irreversibel sind und nach den theoretischen Vorstellungen des Eintreffermodells ablaufen. Es müssen also singuläre letale Treffer unterstellt werden, die nicht repariert werden können. Außerdem müssen alle Zellen des bestrahlten Kollektivs eine homogene Reaktion auf die Strahlenexposition zeigen. Sie müssen also nach den Erläuterungen zur Zellphasenabhängigkeit (Kap. 16.2.3) alle in Phasen mit der gleichen Strahlensensibilität vorliegen und entweder gleichmäßig mit Sauerstoff (Kap. 16.2.1) versorgt sein oder keinerlei Sauerstoffeffekt aufweisen. Substrate mit diesen Eigenschaften finden sich vor allem in Zellkulturen, deren Zellen bezüglich ihrer Phase synchronisiert sind, bei Anwendung von Hoch-LET-Strahlung und bei ausschließlicher Betrachtung letaler Schäden.

Reparatur: Die meisten biologischen Systeme reagieren dagegen auf unterschiedliche Zeitmuster mit einer Vielzahl möglicher Änderungen ihres Überlebensverhaltens. Sowohl in-vivo-Zellen als auch Zellen in Kultur weisen, wie in (Kap. 15) ausführlich beschrieben, sehr wirksame Reparaturmechanismen auf. Wenn Systeme auf eine zeitliche "Verdünnung" der Dosis durch Protrahierung oder Fraktionierung, also eine Bestrahlung mit kleinerer mittlerer Dosisleistung reagieren, ist dies ein Beweis für einen anderen Schädigungsmechanismus als den des singulären letalen Eintreffermodells. Die gesetzten Schäden kommen durch wie auch immer geartete Mehrfacheffekte (multiple Realisierungen) zustande, deren Wahrscheinlichkeit natürlich von der zeitlichen Schadensdichte abhängt. Solche Mechanismen können z. B. die durch zeitliche Konzentration bewirkten simultanen Wasserradikalbildungen sein. Einzelne isolierte Wasserradikale zeigen kaum Wirkung in einer Zelle. Treten die Radikale wie das OH-Radikal aber simultan auf, kommt es zur Bildung von Wasserstoffperoxid (H_2O_2) mit seiner besonders zytotoxischen Wirkung. Das gleiche gilt für die simultane Entstehung organischer Radikale, die vor einer Reparatur miteinander reagieren können und so beispielsweise Ringchromosomen u. ä. erzeugen.

Auch subletale reparierbare Einfach-Schäden an Substrukturen der Zelle können nur dann zum Zelltod führen, wenn sie in zeitlicher Häufung auftreten (Mehrtreffer-

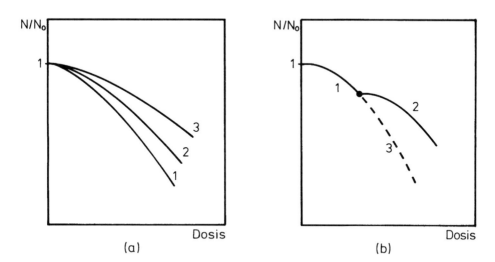

(a) (b)

Fig. 16.10: Schematische Darstellung der Veränderungen von Zellüberlebenskurven bei Niedrig-LET-Strahlung durch zeitlich ermöglichte Reparaturen subletaler Schäden. (a): Protrahierte Bestrahlung mit abnehmender Dosisleistung (1 hohe DL, 2 mittlere, 3 niedrige DL). Die Kurven zeigen die typischen Veränderungen in der Erholungsschulter und der Steigung des exponentiellen Teils. (b): Bei fraktionierter Bestrahlung kommt es zur Bildung einer erneuten Erholungsschulter bei der zweiten Fraktion (1+3: Schulter und exponentieller Verlauf bei einzeitiger Bestrahlung, 1+2: reiner Schulterkurven-Verlauf bei Fraktionierung).

Modelle). Werden subletale Schäden in den Zellen gesetzt, die zu ihrer Aktivierung weitere Energiezufuhr benötigen, werden bei zeitlicher Verdünnung weniger Strahleneffekte sichtbar werden als bei zeitlicher Konzentration der Energieüberträge. Ein Beispiel ist die vorübergehende Veränderung des Enzymhaushaltes von Zellen durch Bestrahlung. Enzymvorräte können bei ausreichendem zeitlichem Abstand bis zum nächsten Schadensereignis in der betroffenen Zelle wieder durch Neusynthese ergänzt werden. Bei hoher zeitlicher Schadensdichte werden Enzymdefizite dagegen durch noch nicht stattgefundene Reparaturen überlebenswichtiger Targets (den "Enzymproduktionsstätten") zum Zelltod führen. Bei protrahierter Bestrahlung kommt es deshalb in reparaturfähigen Systemen zu typischen Modifikationen der Überlebenskurven (s. Fig. 16.10a). Die Steigungen des exponentiellen Kurventeils nehmen mit kleinerer Dosisleistung ab, die Dosisschulter wird flacher und ist bei sehr kleiner Dosisleistung wegen des insgesamt flacheren Kurvenverlaufs kaum noch auszumachen. Bei einer Fraktionierung (Fig. 16.10b) kommt es in der Bestrahlungspause zur Erholung subletaler Schäden. Bei der nächsten Bestrahlung bildet sich deshalb eine erneute Erholungsschulter aus. Bei einer multiplen Fraktionierung z. B. in 20 bis 30 Einzelfraktionen mit Niedrig-LET-Strahlung besteht die Überlebenskurve unter sonst gleichen zellulären Bedingungen aus einer Überlagerung der 20-30 Erholungsschultern. Die Gesamtwirkung bei Fraktionierung bleibt deshalb erheblich hinter der einer einzeitigen Bestrahlung mit gleicher Dosis zurück.

Bei für die Zelle nicht letalen Wirkungen gelten die gleichen Grundprinzipien. Auch dort ist bei Niedrig-LET-Strahlung eine geringere erbgutverändernde Schadensrate bei einer Protrahierung zu erwarten als bei einzeitiger Strahlenexposition. Bei Hoch-LET-Strahlung kann durch zeitliche Verdünnung die nicht letale, aber erbgutverändernde Wirkung dagegen sogar erhöht werden, weil bei einzeitiger Exposition eine Sättigung bzgl. der nicht letalen DNS-Veränderungen eintritt und es stattdessen zu konkurrierenden letalen Wirkungen in der Zelle kommt.

Reoxigenierung: Neben den Reparaturvorgängen, deren Effektivität von der zeitlichen Schadensdichte abhängt, spielt bei Niedrig-LET-Strahlung und lebenden, in einem Organismus eingebundenen Geweben wie solide Tumoren auch der Sauerstoffeffekt eine zentrale Rolle. Bei einer Bestrahlung werden zunächst euoxische Zellen bevorzugt geschädigt. Dies bewirkt eine relative Anreicherung hypoxischer Zellen. In den Bestrahlungspausen kommt es bei fraktionierter Bestrahlung zur Reoxigenierung dieser hypoxischen und deshalb weniger strahlenempfindlichen Zellen durch Eindiffundieren von Sauerstoff in das betroffene Gewebe oder die Wiedereröffnung vorher pathologisch verschlossener Kapillargefäße. Außerdem kommt es innerhalb weniger Stunden zur Revaskularisation, einer Neueinsprossung von Gefäßen, in das Tumorgebiet. Dies bewirkt neben der erhöhten Sauerstoffperfusion auch eine allgemein bessere Nährstoffversorgung, die zu einer Aktivierung vorher inaktiver Zellen im bestrahlten Gebiet führt. Bei einer erneuten Bestrahlung befinden sich also einige der vorher inaktiven hypoxischen Zellen wieder im aktiven Zyklus und weisen wegen der dann höheren Strahlenempfindlichkeit eine größere Schädigungsrate auf. Die Reoxigenierung geht so schnell vor sich, dass selbst unter Dauerbestrahlung, also bei Protrahierung, Zellen reaktiviert werden.

Redistribution: Bestrahlung von Zellpopulationen trifft die besonders strahlensensiblen Zellen, also Zellen die sich entweder in der späten G_2-Phase oder in der Mitose befinden. Solche Zellen unterliegen nach einer Strahlenexposition einer vorübergehenden oder dauerhaften Mitosehemmung. Im letzteren Fall erleiden sie dadurch über kurz oder lang den mitotischen Tod. Bei einer Strahlenexposition kommt es durch Selektion zu einer Redistribution (Umverteilung) der Zellen im Zellzyklus. In den Bestrahlungspausen einer fraktionierten Bestrahlung können sich Zellen von ihrer Mitosehemmung erholen, sie treten also mehr oder weniger gleichzeitig (synchronisiert) in den aktiven Zellzyklus ein. Diese partielle Synchronisation wurde tatsächlich in vielen in-vitro Versuchen an Zellkulturen festgestellt. Wird jetzt im richtigen Zeitabstand erneut bestrahlt, also in der Mitose der reaktivierten Zellen, ist die Strahlenwirkung auf die Population größer als bei Nichtsynchronisation, da Zellen in der Mitose ja besonders strahlenempfindlich sind. In vivo ist die partielle Synchronisation wegen der sehr inhomogenen Zellzyklusverteilung in Tumorgeweben weniger wirksam. Außerdem verändern Tumoren unter Bestrahlung ihr Wachstumsverhalten in nicht vorhersagbarer Weise, so dass Synchronisationsversuche allein durch Bestrahlung unter klinischen Bedingungen bisher wenig erfolgreich waren.

Repopulation: Unter Repopulation versteht man eine Neubevölkerung von Geweben oder Zellkulturen mit aktiven Zellen. Diese Repopulation entsteht entweder durch den Wiedereintritt von G_0-Zellen in den aktiven Zellzyklus nach einer Leistungsanforderung oder durch Einschwemmung gesunder, nicht geschädigter Zellen aus der unbestrahlten Umgebung. In Tumoren führt die Repopulation zu einer erhöhten Proliferationsrate nach einer Bestrahlung. Bei manchen Tumorarten dürfen deshalb keine Bestrahlungspausen eingelegt werden, da die in der Pause nach Repopulation entstehenden Volumenvergrößerungen den Tumor wegen der dann zu seiner Vernichtung benötigten höheren Dosen und der damit verbundenen Nebenwirkungen auf das gesunde Gewebe inkurabel machen würden. In gesunden Geweben führt die Repopulation bei fraktionierter Bestrahlung zu einer erhöhten Toleranz, die für den Tumor größere Gesamtdosen ermöglicht.

Die vier bisher besprochenen Abhängigkeiten der Strahlenwirkung vom Zeitmuster der Bestrahlung werden oft anschaulich als die "4R der Strahlenbiologie" zusammengefasst:

- **Recovery (Erholung von Strahlenschäden durch Reparatur)**

- **Reoxigenierung (Wiederherstellen der Sauerstoffversorgung)**

- **Redistribution (Neuverteilung der Zellen in den Zellzyklusphasen, Synchronisation)**

- **Repopulation (G_0-Reaktivierung, Einschwemmung)**

In der Radioonkologie ist die Fraktionierung eine der wichtigsten Maßnahmen, um Nebenwirkungen auf gesunde und reparaturfähige Gewebe zu minimieren. Bei jeder Fraktionierung kommt es allerdings auch zu Auswirkungen auf das Tumorüberleben, so dass die Gesamtdosen für die gleiche Wirkung in Abhängigkeit vom verwendeten Zeitschema erhöht werden müssen. Es hat deshalb nicht an Versuchen gefehlt, Algorithmen zu finden, um diese **Isoeffektdosen** in bestimmten klinischen Situationen zu berechnen bzw. abzuschätzen. Einige dieser Beziehungen sind einfache Adaptionen an klinische Erfahrungswerte, die also auf keinen strahlenbiologischen Modellen beruhen, sondern nur Parametrisierungen klinischer Daten sind. Die bekannteste Beziehung dieser Art ist die **Ellis-Formel**, die 1967 empirisch aufgestellt wurde [Ellis].

$$NSD = D \cdot N^{-0.24} \cdot t^{-0.11} \tag{16.16}$$

Sie berechnet die Isoeffektdosis, die Nominal-Standard-Dose NSD, für die Reaktionen gesunder Gewebe als Funktion der Zahl der Fraktionen N und der Gesamtbestrahlungszeit t in Tagen. Die Ellis-Formel war der erste Versuch, ein Fraktionierungsschema mathematisch zu erfassen. Sie ist im Laufe der Zeit heftig in Kritik geraten, weil sie für andere als die ursprünglich vorgesehenen klinischen Situationen missbraucht wurde. Die Ellis-Formel war eigentlich nur zur Berechnung der Reaktionen gesunden Gewebes, nicht aber für die Berechnung von Tumorüberlebensraten gedacht. Außerdem basierte sie auf Studien von Frühreaktionen an Bindegeweben, sie wurde aber klinisch auch für Spätschäden an den sonstigen Zellarten der Haut verwendet.

Es hat deshalb eine Reihe von Modifikationen der Gl. (16.16) für andere Gewebearten wie Nervengewebe und für Spätreaktionen gegeben sowie Versuche, direkt auf dem linearquadratischen Wirkungsmodell basierende Formalismen zu erzeugen. Die Therapeuten ziehen wegen der Komplexität der Reparaturabläufe und der klinischen Randbedingungen individueller Tumoren in der Regel aber die klinischen Erfahrungen einer mathematischen Berechnung der Isoeffektdosen vor. Dies hat zu der heutigen Vielzahl von Fraktionierungs- bzw. Protrahierungsschemata geführt, die an die individuellen Verhältnisse jedes einzelnen Tumors angepasst werden. Wegen der Steilheit der Dosiswirkungsverläufe mit der Dosis ist es in diesem Zusammenhang von ganz besonderer Bedeutung, die Dosisverteilungen so exakt und eindeutig zu beschreiben, dass die klinischen Erfahrungen auch tatsächlich in anderen Institutionen zu Vergleichen herangezogen werden können (vgl. [Krieger3]).

Alle bisher dargestellten Abhängigkeiten für die Strahlenempfindlichkeiten gelten in ähnlicher Weise auch bei der nichttherapeutischen Strahlenexposition von Menschen. So macht es beispielsweise einen großen Unterschied, ob es bei Strahlenunfällen zu einer kurzzeitigen Exposition mit hohen Dosen (akute Strahlenkrankheit) oder zu einer protrahierten Bestrahlung mit der gleichen Gesamtdosis gekommen ist (chronische Strahlenschäden).

16.2.5 Einflüsse des morphologischen Zelldifferenzierungsgrades

Nach experimentellen Untersuchungen ist die Strahlenempfindlichkeit vieler Zellkulturen oder Gewebe abhängig vom morphologischen Differenzierungsgrad, also dem histologischen Unterschied im Aufbau der Zellen. Die älteste diesbezügliche strahlenbiologische Regel stammt von den Autoren *Bergonie* und *Tribondeau* aus dem Jahre 1906 und gehört auch heute noch zu den gerne zitierten Grundregeln der Strahlenbiologie [Bergonie/Tribondeau]. Sie besagt sinngemäß:

"Die Empfindlichkeit von Geweben ist proportional zur reproduktiven Aktivität und umgekehrt proportional zum morphologischen Differenzierungsgrad der Zellen."

Nach heutiger Erkenntnis erscheint der erste Teil dieses "Gesetzes" unmittelbar aus der oben ausführlich dargestellten Zellzyklusabhängigkeit der Strahlenempfindlichkeit verständlich. Bei hohen Dosen, wie sie bei Strahlenunfällen oder im Rahmen strahlentherapeutischer Maßnahmen appliziert werden, stellt sich allerdings die Frage, ob letale Strahlenschäden trotz der unterschiedlichen Empfindlichkeiten der einzelnen Zellzyklusphasen nicht mit ausreichender Wahrscheinlichkeit in allen Phasen des Zellzyklus erzeugt werden. Letale Schäden an Zellen, die später zum mitotischen Tod führen, können natürlich erst zum Zeitpunkt dieser Mitose festgestellt werden. Dies führt dazu, dass die Strahlenwirkung schnell proliferierender Gewebe bereits in vergleichsweise kurzen Zeitabständen nach der Strahlenexposition zu beobachten ist und daher auch klinisch besonders auffällig wird. Die Schädigung schnell proliferierender Gewebe ist deshalb für die Symptome der akuten Strahlenkrankheit und die frühen Strahlenreaktionen zuständig. Weniger teilungsaktive Gewebe zeigen die Strahlenwirkung dagegen erst zu einem späteren Zeitpunkt, nämlich dem Zeitpunkt ihrer nächsten oder übernächsten Mitose. Diese Wirkungen sind deshalb aber keinesfalls weniger schwerwiegend, wie das Beispiel der sich oft erst nach Jahren manifestierenden radiogenen Querschnittslähmung zeigt. Die Radioonkologie und der administrative Strahlenschutz unterscheiden deshalb folgerichtig eher nach der klinischen Erfahrung in **früh** und **spät** reagierende Gewebearten.

Der mit dem Differenzierungsgrad der Zellen befasste zweite Teil dieser Regel von *Bergonie* und *Tribondeau* wird heute ebenfalls kritischer beurteilt, wenn er auch in vielen Fällen noch als korrekt betrachtet wird. In der Originalarbeit waren als Maß für die Strahlenempfindlichkeit ausschließlich der mikroskopisch feststellbare, früh eintretende Zelltod, nicht aber funktionelle Störungen oder Transformationen in der Zelle herangezogen worden, die unter dem Mikroskop in der Regel nicht beurteilt werden können. Heute sind sowohl eine Reihe von Geweben bekannt, die trotz hoher Differenzierung sehr strahlenempfindlich sind, als auch Gewebe, die zwar wenig differenziert aber dennoch weitgehend strahlenresistent sind. Der Grund für die im Allgemeinen zutreffende Regel, dass hohe Differenzierung auch geringe Strahlensensibilität bedeutet, liegt zum einen wahrscheinlich an den besonders ausgeprägten Enzymaktivitäten in differenzierten Zellen und der so erhöhten Reparaturfähigkeit. Zum anderen sind in hoch differenzierten Geweben große Teile der DNS inaktiviert. Sie sind also für das Überleben und das Funktionieren der Zellen nicht unmittelbar notwendig.

16.2.6 Volumeneffekte der Strahlenwirkung

Für die biologische Strahlenwirkung spielt neben den bisher besprochenen Faktoren auch die räumliche Verteilung der Strahlung eine wesentliche Rolle. So findet man bei der Bestrahlung von Geweben oder Zellsystemen eine deutliche Abhängigkeit der Strahlenwirkung vom gleichzeitig mitbestrahlten benachbarten Volumen. Volumeneffekte hängen mikroskopisch mit Störungen der interzellulären Kommunikation über die Oberflächenproteine auf der Glykokalix zusammen, die die Redistribution und die Repopulation in Geweben einschließlich ihrer Reparaturfähigkeit und die Vorgänge zur Proliferation steuern. Von Bedeutung sind auch die durch Bestrahlung veränderten Umgebungsbedingungen wie Sauerstoff- und Nährstoffversorgung, die u. a. über die Zerstörung und Veränderung des Kapillarsystems verursacht werden. Dies hat Auswirkungen auf den Energiehaushalt und indirekt auf die Immunantwort und das Reparatur- und Stoffwechselsystem der Zellen. Aus der klinischen Erfahrung vor allem zu Beginn der modernen Radiologie sind eine ganze Reihe solcher Volumeneffekte bekannt geworden, die zu einer überproportionalen Zunahme der Nebenwirkungen mit anwachsendem Bestrahlungsvolumen führen. Dazu zählen die Hautveränderungen einschließlich der Nekrosen, Funktionsausfälle von Geweben und Organsystemen, die Schädigungen peripherer Nerven und die radiogene Querschnittslähmung. Besonders schwerwiegend wird der Volumeneffekt bei Ganzkörperbestrahlungen, bei denen unter Umständen das komplette blutbildende System und das Immunsystem so geschädigt werden, dass Reparaturen von Strahlenschäden kaum noch möglich sind. Das Immunsystem hat dann nur noch so wenige Reserven, dass es selbst mit banalen Infekten nicht mehr fertig wird. Dies erschwerte beispielsweise die therapeutische Anwendung von Ganzkörperexpositionen bei Leukämie-Patienten, deren Knochenmark vor einer Transplantation fremden Knochenmarks supprimiert werden sollte.

16.2.7 Temperaturabhängigkeit der Strahlenwirkung

Aus experimentellen Untersuchungen und medizinischer Erfahrung ist schon lange bekannt, dass eine auf über 42°C erhöhte Temperatur eine Schädigung von Zellen zur Folge haben kann. So kann extrem erhöhtes, lang anhaltendes Fieber zu spontanen Tumor-Remissionen führen. Thermische Schäden lassen sich wie bei der Strahlenexposition von Zellen durch Zellüberlebenskurven darstellen. Auch thermische Überlebenskurven zeigen den typischen Verlauf von Mehrkomponentenschäden mit einer Erholungsschulter (Fig. 16.11). Da die thermischen Defekte bereits weit unterhalb der Koagulationstemperatur der biologischen Substrate ausgelöst werden, handelt es sich bei diesen Effekten nicht um Verbrennungen, sondern um diskrete molekulare Verän-

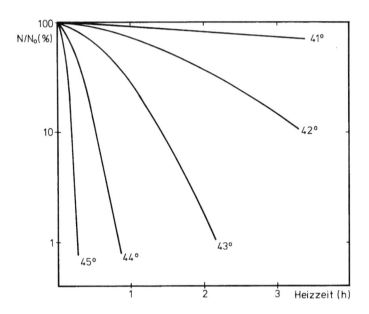

Fig. 16.11: Schematische Darstellung von Veränderungen der Zellüberlebenskurven als Funktion der Heizzeit für verschiedene Temperaturen (nach [Tubiana]). Die Überlebenskurven für eine bestimmte Temperatur ähneln in der Form den Dosis-Überlebenskurven. Sie zeigen insbesondere "Erholungsschultern". Oberhalb von 42° Celsius zeigt sich, dass sowohl eine Erhöhung der Temperatur als auch eine Verlängerung der Heizzeit zu ähnlichen Schädigungsraten bzw. Überlebensfraktionen führen können. Eine Erhöhung der Heizzeit um 1 h bewirkt etwa die gleiche Schädigung wie eine Temperaturerhöhung um 1°C.

derungen. Erhöhte Temperatur ist nur imstande, chemisch schwach gebundene Moleküle zu zerstören oder zu verändern. Es wundert daher nicht, dass bisher keine Auswirkungen auf die DNS oder Chromosomenaberrationen nach Hyperthermie festgestellt wurden. Die im Zell- und Kernplasma gelösten, weniger stark gebundenen Proteine und Enzyme sowie die Membranen von Hülle und Kern und der Zellorganellen sind dagegen weniger wärmeresistent. Als Gründe für die erhöhte Membranempfindlichkeit werden Labilitäten der Lipoproteine bei erhöhter thermischer Bewegung vermutet (Membranen sind flüssige, also bewegliche Gebilde, s. dazu Kap. 15.1).

Experimentell hat man eine gesteigerte Wärmesensibilität von Zellen in der frühen S-Phase festgestellt. Sie ist im Detail bisher nicht verstanden. Ihr muss, da die S-Phase bei Strahlenschäden eher zu den stabileren Phasen zählt, ein völlig anderer Wirkungsmechanismus als bei Strahlungseinwirkungen zugrunde liegen. Erhöhte Temperatur in Zellen führt wahrscheinlich auch zu einer geringeren Reparaturfähigkeit und einer höheren Fehlerrate bei den Reparaturen, da bei kombinierter Hyperthermie und Strahlenexposition die Erholungsschultern weniger ausgeprägt sind als bei einer Schädigung durch ein einzelnes Agens. Wärmeschäden führen in der Regel innerhalb weniger Stunden zum Interphasentod der erwärmten Zellen, während strahlengeschädigte Zellen vorwiegend über den reproduktiven Tod nach ein oder mehreren Zellteilungsversuchen ausgeschaltet werden und dazu typische Zeiten von einem Tag oder mehr benötigen. Die thermische Wirkung scheint vorwiegend von der thermisch deponierten Energie, der "Wärmedosis", abzuhängen, also proportional zum Produkt aus Temperatur und Expositionszeit zu sein. Die Analyse experimenteller Daten hat gezeigt, dass man zum Erreichen der gleichen Wirkung entweder bei niedriger Temperatur die Erwärmungszeit verlängern oder die Temperatur geringfügig erhöhen kann. Als grobe Faustregel gilt, dass ein Grad Temperaturerhöhung die für eine bestimmte Wirkung erforderliche benötigte Expositionszeit um etwa den Faktor 2 reduziert, sobald die kritische Temperatur von 42°C überschritten ist (Fig. 16.11).

In Geweben sind Hyperthermieeffekte wegen zahlreicher Einflüsse auf die Wärmeverteilung nicht so einfach zu deuten wie in Zellkulturen. Zum einen ist es technisch sehr schwierig, auch tief liegende Gewebeschichten so gleichförmig zu erwärmen, dass verlässliche Aussagen zu den Wirkungsbeziehungen möglich sind. Zum anderen wird durch unterschiedliche Gefäßversorgung gesundes, gut durchblutetes Gewebe besser gekühlt als mangelvaskularisierte Tumoren, so dass kaum homogene Wärmeverteilungen erreicht werden können. Dennoch hat sich eindeutig herausgestellt, dass schlecht versorgte, hypoxische Gewebe, wie sie Tumoren üblicherweise aufweisen, deutlich wärmesensibler sind als gesunde Normalgewebe. Als einer der Gründe wird das unterschiedliche Verhalten der die Gewebe versorgenden Kapillaren genannt. Während es in gesunden Geweben schon wenige Minuten nach Beginn der Erwärmung zu einer wärmebedingten Dilatation (Erweiterung) der Kapillargefäße und damit einer erhöhten Durchblutung mit lokaler Kühlwirkung kommt, zeigen Tumoren sehr frühzeitig Wärmedefekte an ihren Mikrogefäßen, die die Mangelversorgung und Minderdurchblutung noch verstärken.

Ein besonderes Problem ist die induzierte **Thermotoleranz**, die in den Stunden und Tagen nach einer Hyperthermie auftritt. Ihr Mechanismus ist unklar. Thermotoleranz bedeutet, dass vorbehandelte Gewebe bei einer zweiten Exposition deutlich höhere Wärmemengen benötigen, um den gleichen Effekt wie bei der ersten Exposition auszulösen. Werden die Gewebe ausreichend lange bei Normaltemperatur gehalten, verschwindet die Thermotoleranz wieder weitgehend. Die induzierte Thermotoleranz erschwert die therapeutische Anwendung der Hyperthermie und erfordert wie bei der Bestrahlung mit ionisierender Strahlung ausgeklügelte Fraktionierungstechniken.

Hyperthermie erhöht die simultane Strahlenwirkung oder die gleichzeitige Einwirkung chemischer zytotoxischer Substanzen. Obwohl die Mechanismen dieser Empfindlichkeitssteigerung mit der Temperatur und die exakte zeitliche Abhängigkeit der thermischen Wirkungen noch nicht im Einzelnen bekannt sind, wird dieser Effekt heute bereits in der kombinierten Strahlentherapie-Hyperthermie verwendet. Die Empfindlichkeitssteigerung unter Hyperthermiebedingungen wird durch das Verhältnis TER der für einen Effekt benötigten Energiedosen ohne und mit gleichzeitiger Hyperthermie angegeben. TER steht für **Thermal Enhancement Ratio**, also den thermischen Verstärkungsfaktor.

$$\text{TER} = \frac{\text{Dosis}_{\text{ohne Temperaturerhöhung}}}{\text{Dosis}_{\text{mit Temperaturerhöhung}}} \quad \text{(für die gleiche Wirkung)} \quad (16.17)$$

Die Übererwärmung von Geweben kann bei oberflächlicher Zielvolumenlage durch direkte Wärmeapplikation durch Infrarotstrahler, Heizkissen oder Heißwasserbäder erzeugt werden. Bei Ganzkörperhyperthermie werden Patienten in Bädern oder in Klimakammern überhitzt, was in der Regel eine Narkose und eine sorgfältige Überwachung des Herz-Kreislaufsystems erfordert. Sollen tiefer gelegene Gewebeschichten selektiv erhitzt werden, werden Verfahren verwendet, mit denen die Wärmeenergie in der Tiefe gebündelt werden kann. Zu diesen Verfahren zählen die Mikrowellentechnik mit gerichteten Antennen, die aus der "orthopädischen" Anwendung in der Balneologie bekannt ist, die Erwärmung mit Ultraschallmethoden oder die interstitielle oder intrakavitäre Erwärmung mit direkt in das Zielvolumen implantierten Antennen oder von Wasser durchflossenen Heizelementen, die meistens in Kombination mit der Brachytherapie appliziert werden. Trotz vieler klinischer Versuche ist die therapeutische Hyperthermie noch in einem experimentellen Stadium.

Zusammenfassung

• **Die Anwesenheit freien Sauerstoffs im Zellplasma während der Strahlenexposition erhöht für Niedrig-LET-Strahlung in den meisten Fällen die Wirkung um den Faktor 2-3.**

• **Chemische Substanzen im Zellplasma können die Strahlenwirkung mindern (Radioprotektoren) oder sie erhöhen (Radiosensitizer).**

• **Die Strahlenempfindlichkeit von Zellen hängt in charakteristischer Weise von der jeweiligen Zellzyklusphase ab. Am empfindlichsten sind die G_2- und die M-Phase.**

• **Die Strahlenwirkung zeigt wegen der für Reparaturen und Repopulation erforderlichen Zeit eine erhebliche Abhängigkeit vom zeitlichen Bestrahlungsmuster.**

- Der morphologische Differenzierungsgrad der Zellen beeinflusst die Strahlenwirkung.

- Die Strahlenwirkung auf ein Gewebe hängt vom simultan mitbestrahlten Volumen des umgebenden Gewebes ab.

- Gleichzeitige Übererwärmung von Geweben erhöht die Strahlenwirkung.

16.3 Die Relative Biologische Wirksamkeit (RBW)

Zum Vergleich der biologischen Wirkungen zweier Strahlungsarten wird die **Relative Biologische Wirksamkeit** (RBW, engl.: RBE, relative biological effectiveness) verwendet. Der Begriff geht auf Arbeiten von [Faila/Henshaw] im Jahr 1931 zurück, die Untersuchungen zur biologischen Wirkung von Gamma- und Röntgenstrahlungen durchführten. Unter RBW versteht man das Verhältnis der für einen bestimmten biologischen Effekt erforderlichen Energiedosis einer Referenzstrahlung D_{ref} und der Energiedosis der untersuchten Strahlungsart D_u für die gleiche biologische Wirkung unter sonst gleichen experimentellen Bedingungen.

$$RBW = D_{ref}/D_u \qquad \text{(für gleiche Wirkung)} \qquad (16.18)$$

Als Referenzstrahlung wird meistens eine Niedrig-LET-Strahlung wie 250-kV-Röntgenstrahlung oder die Gammastrahlung des ^{60}Co ($E_\gamma = 1{,}17$ und $1{,}33$ MeV) verwendet. RBW-Faktoren können sowohl für Zellkulturen als auch in der radiologischen Anwendung oder im Strahlenschutz für stochastische oder deterministische Schäden an Geweben oder ganzen Organismen angegeben werden.

Zur Bestimmung der RBW vergleicht man experimentelle Überlebenskurven oder Dosiswirkungskurven für einen bestimmten Effekt. Dazu wird die Wirkung in Art und Ausmaß quantitativ festgelegt und dann die beiden für diese Wirkung benötigten Energiedosen der Referenzstrahlung und der untersuchten Strahlungsart den experimentellen Kurven entnommen (s. Fig. 16.12). Im Allgemeinen ist die RBW dosisabhängig, man erhält also je nach untersuchtem Dosisbereich auch unter sonst gleichen Bedingungen unterschiedliche RBW-Werte (s. Kap. 16.3.1). Für den Strahlenschutz im stochastischen Dosisbereich ist besonders die biologische Wirkung bei kleinen Dosen von Bedeutung.

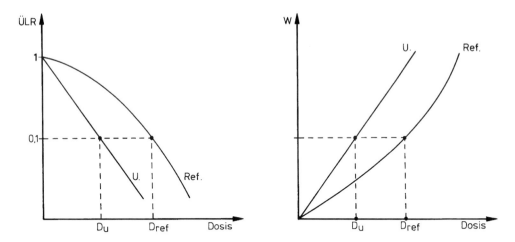

Fig. 16.12: Bestimmung der RBW an Zellüberlebenskurven (links) und Dosiswirkungskurven (rechts). Die Referenzstrahlung "Ref." benötigt für eine bestimmte Wirkung W oder Überlebensrate ÜRL eine höhere Dosis, die Hoch-LET-Strahlung "U" kleinere Dosiswerte für den vorgegebenen Effekt. Die RBW ist jeweils das Verhältnis von D_{ref}/D_u für die gleiche Wirkung (Gl. 16.17) und ist daher in diesen grafischen Beispielen immer größer als 1.

Man erhält sie nach Linearisierung der experimentellen Wirkungsfunktionen im Niedrigdosisbereich als Verhältnis der Tangentensteigungen der beiden untersuchten Wirkungsverläufe bei der Extrapolation zur Dosis Null. Diese Relative Biologische Wirksamkeit bei kleinen Dosen ist maximal und wird in der Literatur deshalb mit dem Index "M" versehen, also als **RBW$_M$** bezeichnet.

16.3.1 Die Dosisabhängigkeit der RBW*

Experimentell bestimmte RBW-Werte sind im Allgemeinen nicht unabhängig von den applizierten Dosen. Eine Ausnahme ist gegeben, wenn die mathematische Form der beiden betrachteten Wirkungskurven gleich ist. Dies ist unmittelbar einsichtig z. B. bei rein linearen oder einfach exponentiellen Verläufen beider Dosiswirkungskurven. Können beide Kurven beispielsweise durch Geradengleichungen mit unterschiedlichen Steigungen a und b beschrieben werden, erhält man als RBW einfach das Verhältnis der Steigungen (s. untenstehendes Beispiel). Unterscheiden sich die mathematischen Formen der untersuchten Wirkungsverläufe, ist dagegen mit einer zum Teil ausgeprägten Dosisabhängigkeit der RBW zu rechnen. Zur Interpretation der RBW-Verläufe ist es möglich, die RBW entweder als Funktion der Energie der untersuchten Strahlungsart "u" oder als Funktion der Strahlungsart "ref" darzustellen. Letztere Darstellungsweise wird im Strahlenschutz bevorzugt.

RBW bei linearen Wirkungskurven: Beide Wirkungskurven sind durch Geradengleichungen darstellbar. Also gilt $W_{ref} = W_0 + b \cdot D_{ref}$ und $W_u = W_0 + a \cdot D_u$. Viele experimentelle Dosiswirkungskurven zeigen auch schon bei der Dosis Null eine bestimmte Schwellenwirkung W_0. Da diese in beiden Geradengleichungen als Offset in der Wirkungsachse auftaucht, spielt sie als additiver Term bei der Gleichsetzung bei-

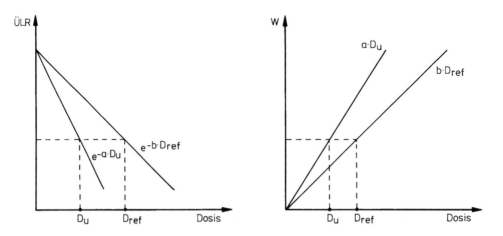

Fig. 16.13: Wirkungskurven ohne Energieabhängigkeit der RBW: Links einfach exponentielle Überlebenskurven der Form $\ddot{U}LR = e^{-a \cdot D}$ in logarithmischer Darstellung, rechts einfach lineare Wirkungskurven der Form $W = a \cdot D$. Die RBW berechnet man jeweils aus dem Verhältnis der Steigungen der logarithmisch dargestellten Exponentialfunktionen bzw. der Geraden zu RBW = a/b. In beiden Fällen ist die RBW also unabhängig von der Dosis D.

der Funktionen in (Gl. 16.19) wie auch bei anderen mathematischen Verläufen der Dosiswirkungskurven keine Rolle. Man erhält also wegen der Forderung $W_{ref} = W_u$

$$b \cdot D_{ref} = a \cdot D_u \quad \text{bzw.} \quad D_{ref}/D_u = a/b \tag{16.19}$$

Also ist die RBW unabhängig von den Dosen und hat den Wert RBW = a/b (s. Fig. 16.13 rechts). Gleiche Überlegungen gelten für reine Potenzfunktionen der Form $W = a \cdot D^n$. Hier erhält man als RBW als verallgemeinerte Form ebenfalls einen energiedosisunabhängigen Wert RBW = $(a/b)^{1/n}$, also die n-te Wurzel des Verhältnisses a/b.

RBW bei einfach exponentiellen Wirkungskurven: Für einfache Exponentialfunktionen der Form $(e^{-a \cdot D}, e^{-b \cdot D})$ für die Überlebensraten erhält man als Beziehung für die gleiche Wirkung die Gleichung $e^{-a \cdot D_u} = e^{-b \cdot D_{ref}}$. Das Dosisverhältnis errechnet man durch Logarithmieren dieser Gleichung und erhält wie bei linearen Kurven:

$$D_{ref}/D_u = a/b \tag{16.20}$$

RBW bei unterschiedlicher mathematischer Form der Wirkungskurven:
Ist die Dosiswirkungsbeziehung für die untersuchte Hoch-LET-Strahlung linear, die
für die Referenzwirkung rein quadratisch, erhält man die beiden Beziehungen $W_{ref} = b \cdot D_{ref}^2$ und $W_u = a \cdot D_u$. Gleichsetzung der beiden Beziehungen für eine gleiche Wirkung ergibt die Beziehung $b \cdot D_{ref}^2 = a \cdot D_u$. Für das Verhältnis der Dosen bei gleicher Wirkung erhält man jetzt die Gleichung

$$\text{RBW} = D_{ref}/D_u = a/(b \cdot D_{ref}) \tag{16.21}$$

Man erhält also eine inverse Dosisabhängigkeit der RBW von D_{ref}, die für kleine Dosen zu anwachsender RBW führt. Will man diese Beziehung als Funktion der Dosis der untersuchten Strahlungsart darstellen, ersetzt man in (Gl. 16.21) D_{ref} durch $(a \cdot D_u/b)^{1/2}$ und erhält

$$RBW(D_u) = \sqrt{\frac{a}{b \cdot D_u}} \tag{16.22}$$

Eine häufige experimentelle Situation ist das Zusammentreffen einer linearen Dosiswirkungsbeziehung für die untersuchte Strahlungsart "u" und einer linear-quadratischen Beziehung für die Referenzstrahlung "ref". Man erhält dann die Gleichungen

$$W_u = W_0 + a \cdot D_u \qquad \text{und} \qquad W_{ref} = W_0 + b \cdot D_{ref} + c \cdot (D_{ref})^2 \tag{16.23}$$

Gleichsetzen ergibt:

$$a \cdot D_u = b \cdot D_{ref} + c \cdot D_{ref}^2 \tag{16.24}$$

Bei kleinen Dosen erhält man durch Linearisierung den Grenzwert der RBW.

$$\text{RBW}_M = a/b \tag{16.25}$$

Bei Dosen größer als Null kann man die RBW entweder als Funktion von D_{ref} oder D_u darstellen. Durch wenige Umformungen der (Gl. 16.24) und der Verwendung von (Gl. 16.25) erhält man für die RBW-Abhängigkeiten die beiden Gleichungen[1]

$$\text{RBW}(D_{ref}) = \text{RBW}_M/(1+c/b \cdot D_{ref}) \tag{16.26}$$

$$RBW(D_u) = \frac{1}{2D_u} \cdot \frac{b}{c} \cdot \left[\sqrt{1 + 4 \cdot \text{RBW}_M \cdot \frac{c}{b} \cdot D_u} - 1) \right] \tag{16.27}$$

---

[1]Zum Berechnen der Gleichung (16.26) schreibt man die Beziehung $D_u = D_{ref}$ als quadratische Gleichung in D_{ref} auf und löst diese auf die übliche Weise. Nach etwas aufwendiger Umformung bildet man das Verhältnis D_{ref}/D_u und ersetzt den Bruch a/b durch RBW_M.

Verläuft die Wirkungskurve für die Hoch-LET-Strahlung linear ($W_u = a \cdot D_u$) und die-jenige für die Referenzstrahlung beispielsweise exponentiell ($W_{ref} = e^{b \cdot Dref}$), erhält man die Gleichung $a \cdot D_u = e^{b \cdot Dref}$. Aus einer solchen Beziehung erhält man die RBW als Funktion von D_u zu $RBW(D_u) = \ln(a \cdot D_u)/(b \cdot D_u)$ und als Funktion von D_{ref} zu $RBW(D_{ref}) = 1/a \cdot D_{ref} \cdot \exp(-b \cdot D_{ref})$. Sind die Energieabhängigkeiten noch komplizierter, bleibt oft nur die punktweise Bestimmung der RBW.

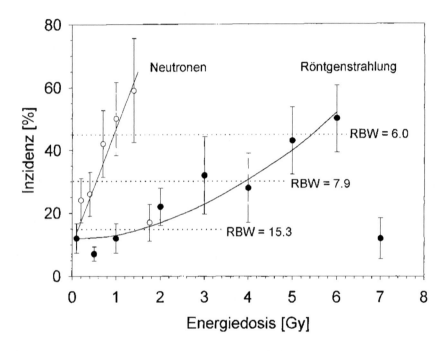

Fig. 16.14: Experimentelle Dosis-Wirkungskurven für die Induktion von Lebertumoren an 3 Monate alten genveränderten Labormäusen mit Spaltneutronen und 250 kV Rönt-genstrahlung als Referenzstrahlung nach [UNSCEAR 1993] als Beispiel für die Kombination von linearem und linear-quadratischem Kurvenverlauf. Die RBW va-riiert in diesem Beispiel mit der Energiedosis zwischen RBW = 6 und RBW = 15,3. Grafik aus [Harder 2002] mit freundlicher Genehmigung durch die Autoren.

Die RBW ist also im Allgemeinen dosisabhängig (vgl. dazu die experimentellen Daten in Fig. 16.14). Sie nimmt mit abnehmender Dosis zu und erreicht für den $D_{ref} \to 0$ den maximalen Wert RBW_M. Dieser lässt sich wie oben schon angedeutet aus den Stei-gungen der Geraden und der Tangenten an die nicht linear verlaufende Funktion für kleine Dosen berechnen. Dies entspricht einer Reihenentwicklung der nicht linearen Funktion bei ausschließlicher Verwendung des linearen Gliedes.

16.3.2 Abhängigkeit der RBW vom Linearen Energietransfer LET*

Die biologische Wirkung einer Strahlungsart ändert sich vor allem mit der mikroskopischen Energieverteilung im bestrahlten Volumen und somit mit dem LET (vgl. dazu Fig. 16.15). So zeigt Hoch-LET-Strahlung in der Regel eine höhere relative biologische Wirksamkeit als Niedrig-LET-Strahlung. Ein Grund dafür ist die Abhängigkeit der Reaktionen zweiter Ordnung, also der Erzeugung und der chemischen Umwandlung z. B. von Wasserradikalen vom gegenseitigen Abstand der Ionisierungsspuren. Als zentraler Parameter zur Beschreibung der RBW-Faktoren wird deshalb der LET herangezogen. Da der LET und damit die biologischen Wirkungen der oben genannten Referenzstrahlungen niedriger sind als die der meisten anderen ionisierenden Strahlungsarten, ist der Wert der RBW-Faktoren vieler Strahlungsarten größer als 1.

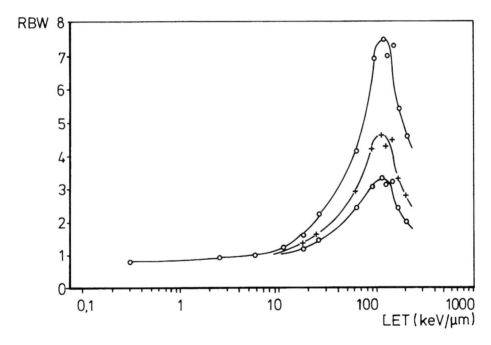

Fig. 16.15: Experimentelle Abhängigkeiten der RBW vom LET für Alphateilchen (E_α = 2,5 – 26 MeV) und Deuteronen (E_d = 3 und 14,9 MeV) im Vergleich zur Wirkung von 250 kV Röntgenstrahlung als Referenzstrahlungsart für das 80%, 10% und 1% Überleben menschlicher Zellen (von oben nach unten, nach [Barendsen 1968], in Anlehnung an eine Darstellung in [ICRP 58]).

Für die beiden als Referenzstrahlung verwendeten Strahlungsarten und Strahlungsqualitäten unterscheiden sich allerdings sowohl die LET-Werte (vgl. dazu Beispiel 6.1) als auch deren biologische Wirksamkeit. Aus strahlenbiologischen Experimenten ist bekannt, dass der RBW-Faktor für 250-kV-Röntgenstrahlung für bestimmte stochasti-sche Schäden etwa doppelt so groß ist wie der für Kobalt-Gamma-Strahlung ($RBW_{250kV} \approx 2 \cdot RBW_{Co-60}$). Daher sind die Wahl der Referenzstrahlung und deren ein-deutige Kennzeichnung von großer Bedeutung für den Vergleich strahlenbiologischer Experimente und für die Festlegung der Qualitätsfaktoren im Strahlenschutz.

Die Relative Biologische Wirksamkeit für einen bestimmten Effekt hängt neben der Dosis und dem LET der verwendeten Strahlungsarten auch von den sonstigen Parame-tern wie simultan bestrahltem Volumen, Sauerstoffumgebung, Dosisleistung sowie der Zellart und deren Differenzierung ab. Der RBW-Faktor ist also für eine bestimmte Strahlungsart mit einem bestimmten LET keine Konstante, sondern variiert zusätzlich mit den sonstigen experimentellen Bedingungen. Die RBW ist auch abhängig von der jeweils untersuchten biologischen Wirkung, also der experimentellen Fragestellung. So können RBW-Faktoren für Chromosomenaberrationen andere sein als die für den reproduktiven Tod bestrahlter Zellen. RBW-Faktoren für das 80%-Überleben können höher sein als diejenigen für die 1%-Überlebensrate (vgl. dazu das Beispiel in Fig. 16.15). Der Grund für diesen Sachverhalt ist die überexponentielle Schädigungsrate der Zellen bei hohen Dosen der Niedrig-LET-Strahlung als Referenzstrahlungsart, wie sie beispielsweise beim linearquadratischen Modell zu beobachten ist.

Da Hoch-LET-Strahlung kaum einen Sauerstoffeffekt zeigt und oft auch weniger von anderen Bedingungen wie Zellzyklusphase, chemischen Modifikatoren u. ä. abhängt, sind Situationen denkbar, in denen die RBW für Hoch-LET-Strahlung für zelletale oder deterministische Wirkungen sogar geringer sein kann als diejenige für nicht letale z. B. stochastische Effekte. Falls dies im Strahlenschutz bei einer Risikobewertung vernachlässigt wird, kommt es zu einer Unterschätzung der stochastischen bzw. zur Überschätzung der entsprechenden deterministischen Strahlenwirkung.

Viele experimentelle LET-Abhängigkeiten der RBW aus strahlenbiologischen Unter-suchungen zeigen, dass die RBW zunächst stetig bis zu einem Wirkungsmaximum bei LET-Werten um 100-200 keV/μm auftritt und anschließend sehr steil abfällt. Dieser abrupte Abfall ist mit hoher Wahrscheinlichkeit auf lokale Sättigungseffekte mögli-cher Schadenswirkungen in den Zellen zurückzuführen.

Weitere sehr aufschlussreiche Ausführungen und Daten zu RBW-Faktoren finden sich in Reports der Internationalen Strahlenschutzkommission [ICRP 58], [ICRP 92], der ICRU [ICRU 49], im Report der Vereinten Nationen [UNSCEAR 1993] und den dort zitierten Literaturstellen. Die experimentelle Bestimmung der RBW ist von zentraler Bedeutung für den Strahlenschutz.

16.3.3 RBW und Wichtungsfaktoren Q und w_R im Strahlenschutz*

Bei der Berechnung der Organäquivalentdosen als Eingangsgrößen für die Bestimmung der Effektiven Dosis werden grob nach dem LET gestufte und dosisunabhängige Strahlungs-Wichtungsfaktoren w_R für die verschiedenen Strahlungsarten verwendet. Organäquivalentdosen dienen zur Abschätzung der Inzidenz der stochastischen Schäden an verschiedenen Gewebearten und Organen bei kleinen Dosen, der Karzinogenese und der Erzeugung heriditärer Schäden. Die induzierten Schadensraten werden dabei als dosisproportional unterstellt. Dies bedeutet also die Verwendung einer rein linearen Dosiswirkungskurve mit einer dosisunabhängigen RBW. Der Grund für diese Vereinfachung sind die nur beschränkt verfügbaren epidemiologischen Daten der untersuchten menschlichen Kollektive wie die Induktionsraten solider Tumoren bei Atombombenopfern von Hiroshima und Nagasaki, die Brustkrebsinduktion bei japanischen Frauen und die Erkrankungen der Radonkollektive bei kleinen Dosen. Alle diese Untersuchungen zeigen einen im Wesentlichen rein linearen Zusammenhang von Dosis und Inzidenz bei höheren Dosen. Im Niedrigdosisbereich sind die Fehler der Daten allerdings zu groß, um andere Kurvenverläufe (Schwelle, linearquadratische Abhängigkeiten u. ä.) eindeutig zu belegen und zu rechtfertigen. Durch geeignete Wahl der Steigung der unterstellten linearen Funktion werden die strahleninduzierten Krebsraten und das am Menschen bisher noch nicht wissenschaftlich eindeutig belegte Auslösen heriditärer Schäden bei kleinen Dosen für Strahlenschutzzwecke eher überschätzt. Man befindet sich somit auf der "sicheren Seite".

Strahlungswichtungsfaktoren wie die zur Berechnung von Organäquivalentdosen verwendeten w_R-Faktoren oder die Qualitätsfaktoren Q zur Bestimmung der Messäquivalentdosen werden im Strahlenschutz nicht nur als dosisunabhängig unterstellt, sie werden darüber hinaus auch nicht nach den individuellen Expositionsbedingungen differenziert. Insbesondere werden unterschiedliche Proliferationsraten in verschiedenen Organen und Zelldifferenzierungen nicht berücksichtigt. Der Grund für dieses vereinfachende Verfahren liegt in der ausschließlichen Verwendung der entsprechenden Dosisgrößen für stochastische Effekte im administrativen Strahlenschutz, in dem allgemeingültige Grenzwerte für standardisierte, also durchschnittliche Personenkreise angegeben werden müssen, die individuellen Bedingungen also prinzipiell nicht bekannt sein können.

Eine weitere Schwierigkeit tritt dadurch auf, dass für locker ionisierende Strahlungen im administrativen Strahlenschutz grundsätzlich ein vom LET unabhängiger Strahlungswichtungsfaktor $w_R = 1$ verwendet wird, obwohl aus experimentellen Untersuchungen die unterschiedliche RBW locker ionisierender Strahlungen mit verschiedenem LET bekannt ist. Biologisch besonders wirksam scheinen nach experimentellen Untersuchungen Augerelektronen mit ihrer sehr begrenzten Reichweite und ihrem bei niedrigen Energien hohen LET zu sein. Der Grund für die dennoch vereinfachte Vorgehensweise im praktischen Strahlenschutz ist die Herkunft der meisten RBW-Werte entweder aus in-vitro Experimenten an isolierten Zellen oder aus tierexperimentellen Untersuchungen. In beiden Fällen bestehen massive Schwierigkeiten, diese Daten auf den menschlichen Organismus zu übertragen. Zum einen zeigen Organismen anders als isolierte Zellen eine komplexe Immunabwehr und Reparaturfähigkeit, zum anderen weisen sie individuelle vom Alter, der Stoffwechsellage und dem Gesundheitszustand und sonstigen Bedingungen abhängige Reaktionsmuster auf. Beides erschwert die Übertragung der in-vitro Ergebnisse oder der tierexperimentellen Daten auf den im administrativen Strahlenschutz betrachteten durchschnittlichen Menschen. Eine etwas unterschiedliche Situation ergibt sich bei der Bewertung des Risikos individueller Strahlenexpositionen bestimmter Einzelpersonen. Hier können und müssen die Kenntnisse der unterschiedlichen RBW der untersuchten Strahlungsarten und der individuellen Bedingungen bei der Strahlenexposition aus strahlenbiologischen und juristischen Gründen berücksichtigt werden. Hilfreiche Ausführungen zu dieser Problematik befinden sich beispielsweise in [UNSCEAR 1993] und in [Harder 2002].

Zusammenfassung

- **Die Relative Biologische Wirksamkeit RBW ist definiert als das Verhältnis der für eine bestimmte Wirkung benötigten Dosen für eine Referenzstrahlung mit niedrigem LET und der untersuchten Strahlungsart.**

- **Die RBW der als Referenz eingesetzten locker ionisierender Strahlungen wie ^{60}Co-Gammas oder niederenergetische Röntgenstrahlung unterscheiden sich wegen ihres unterschiedlichen LET und der damit verbundenen mikroskopischen Wirkungen.**

- **Die eindeutige Definition der Referenzstrahlung (LET, Röhrenspannungen, Filterungen, Energien) sind von hoher Bedeutung für die eindeutige Angabe der RBW.**

- **Die RBW hängt direkt mit dem LET der betrachteten Strahlungsart zusammen. Sie ist umso höher, je höher der LET ist. Die RBW durchläuft ein Maximum und fällt dann bei hohem LET wegen Sättigungseffekten steil ab.**

- **Hoch-LET-Strahlung kann strahlenbiologisch um mehr als eine Größenordnung (Faktor 10) wirksamer sein als Niedrig-LET-Strahlung.**

- **Die RBW ist u. a. abhängig vom untersuchten Effekt und den experimentellen Randbedingungen wie Zellart, Dosisleistung und anwesendem Sauerstoff.**

- **Die RBW kann dosisunabhängig sein oder einen komplexen Verlauf mit zunehmender Dosis zeigen.**

- **Die RBW-Werte sind unabhängig von der Dosis bei linearen oder einfach exponentiellen Dosis-Wirkungsverläufen sowohl für die untersuchte Strahlungsart bzw. Strahlungsqualität und die Referenzstrahlung.**

- **Bei anderen Kombinationen von Dosiswirkungsverläufen sind die RBW-Werte dosisabhängig. Beispiele sind die linear-quadratische Dosiswirkungskurve für die untersuchte Strahlungsart und die lineare Wirkungskurve für die Referenzstrahlung.**

- **In diesen Fällen ist die RBW bei sehr kleinen Dosis maximal. Sie wird als RBW$_M$ bezeichnetet.**

- **Im Strahlenschutz werden aus Gründen der administrativen Erleichterung dosisunabhängige und grob nach dem LET gestufte Strahlungswichtungsfaktoren w_R verwendet. Sie entsprechen nicht unbedingt den in der experimentellen Strahlenbiologie an Zellkulturen oder in Tierexperimenten ermittelten RBW-Faktoren, da diese nur schwer direkt auf den Menschen übertragbar sind.**

- **Individuelle Randbedingungen können im administrativen Strahlenschutz bei Grenzwertfestlegungen ebenfalls nicht berücksichtigt werden.**

Aufgaben

1. In einer Zellüberlebenskurve taucht eine Abweichung vom rein exponentiellen Verlauf (Erholungsschulter) auf. Erklären Sie die Gründe für dieses Phänomen. Welche Art von Strahlung (locker oder dicht ionisierend) wurde eingestrahlt?

2. Was ist die Bedingung für eine exponentiell abfallende Überlebenskurve?

3. Was ist das linearquadratische Modell?

4. Kann man aus einer Überlebenskurve die Zahl der Treffer für einen Zelltod bestimmen?

5. Was sind Radioprotektoren?

6. Können Radioprotektoren als "Heilmittel" nach einer Strahlenexposition wirken?

7. Was versteht man unter dem Sauerstoffeffekt? Was bedeutet OER? Unter welchen Bestrahlungsbedingungen tritt ein Sauerstoffeffekt auf? Wie groß ist der zu erwartende Sauerstoffeffekt bei 2 MeV Alphateilchen?

8. Spielt der Sauerstoffeffekt eine Rolle bei der Strahlenbehandlung solider Tumoren?

9. Nennen Sie die 4R der Strahlenbiologie.

10. In welcher Phase des Zellzyklus sind Chromosomenaberrationen am häufigsten?

11. Sie benutzen zur Bestimmung der RBW einer dicht ionisierenden Strahlung als Referenz eine locker ionisierende Strahlung. Ist die RBW größer oder kleiner als 1?

12. Welche Form müssen Zellüberlebenskurven oder Dosiswirkungskurven haben, damit die RBW unabhängig von der Dosis ist?

Aufgabenlösungen

1. Erholungsschultern in Zellüberlebenskurven treten auf, wenn bei niedrigen Dosen wegen der vorliegenden Einzeltreffer die DNS Schäden repariert werden können, Einzeltreffer also nicht zellletal sind. Bei höheren Dosen häufen sich die Doppeltreffer, die oft letal für die Zellen sind. Die Überlebenskurven gehen dann in den exponentiellen Verlauf über. Erholungsschultern können nur auftreten, wenn bei kleinen Dosen die Einzeltreffer dominieren. Dies ist nur möglich bei locker ionisierenden Strahlungsarten wie Photonen oder Elektronen. Bei Alphastrahlung sind wegen der hohen lokalen Schadensdichte auch schon bei niedrigen Dosen die Doppeltreffer dominant.

2. Exponentiell abfallende Überlebenskurven treten nur dann auf, wenn ein einzelner Treffer bereits letal für die betroffene Zelle ist.

3. Das linear-quadratische Modell beschreibt der Verlauf der Überlebenskurven bei einer Schädigung durch zwei Mechanismen, die zum Zelltod führen können. Dabei muss einmal ein linearer Zusammenhang und zum anderen ein quadratischer Zusammenhang bestehen. Ein typisches Beispiel ist die Erzeugung von Doppelstrangbrüchen durch zwei mögliche Mechanismen. Einmal DSB durch ein einzelnes Teilchen mit hohem LET (lineare Abhängigkeit), das andere Mal durch zwei Teilchen, die nebeneinander liegende Einzelstrangbrüche erzeugen (quadratische Abhängigkeit). Die Kombination beider Möglichkeiten ergibt die linear-quadratische Dosis-Abhängigkeit.

4. Ja, die Extrapolation des exponentiellen Teils der Überlebenskurve zur Dosis=0 ergibt eine Gerade, die die y-Achse bei der Extrapolationszahl n schneidet. Diese Extrapolationszahl ist die Anzahl der simultan benötigten Treffer für den Zelltod (s. Gl. 16.7).

5. Radioprotektoren sind Substanzen, die durch Elektronenabgabe Oxidationen an wichtigen Bausteinen der DNS verhindern.

6. Nein, sie müssen zum Zeitpunkt der Bestrahlung bereits in den Zellen verfügbar sein, da sie vor den prompten indirekten Strahlenwirkungen schützen sollen.

7. Der Sauerstoffeffekt ist die Erhöhung der Strahlenwirkung in der Zelle bei Anwesenheit freien Sauerstoffs. Dadurch werden vermehrt Radikale erzeugt, die durch ihre oxidierende Wirkung die Schadensrate an der DNS erhöhen. Voraussetzung ist die Diffusionsfähigkeit dieser Radikale im bestrahlten Medium. Der Sauerstoffeffekt kann nur bei indirekter Strahlenwirkung vorkommen. Er ist dominierend bei locker ionisierenden Strahlungsarten. Der OER ist das Verhältnis der Dosen, die man ohne und mit Sauerstoff zum Erreichen der gleichen Strahlungswirkung benötigt. 2 MeV Alphas haben ein Stoßbremsvermögen S_{col} von 1625

MeV/cm. Da der unbegrenzte LET und das Stoßbremsvermögen gleich sind, hat man also einen LET von 1625 MeV/cm. Umrechnung der Einheiten ergibt einen LET von 162,5 keV/μm. Aus Fig. (16.8) findet man einen OER von 1, was bei dicht ionisierenden Strahlungen wie hochenergetischen Alphas natürlich nicht anders zu erwarten ist.

8. Der Sauerstoffeffekt ist ein wesentlicher Parameter bei der Strahlentherapie solider Tumoren mit Niedrig-LET-Strahlung, da die mit Sauerstoff versorgenden Gefäße nur die oberflächlichen Schichten des Tumors erreichen. Bis zur nächsten Bestrahlung, also innerhalb weniger Stunden, kommt es nach einer Bestrahlung zur erneuten Kapillarbildung mit entsprechender Sauerstoffsättigung der oberflächlich liegenden Gewebe ("Zwiebelschalenmodell").

9. Bei den 4R der Strahlenbiologie handelt es sich um eine anschauliche Merkregel zur Erholung bestrahlter Gewebe. Die 4R sind Abkürzungen für **R**ecovery (Erholung von Strahlenschäden durch Reparatur), **R**eoxigenierung (Wiederherstellen der Sauerstoffversorgung durch Kapillarwachstum), die **R**edistribution (Neuverteilung der Zellen in den Zellzyklusphasen mit nachfolgender Synchronisation der Mitosen) und die **R**epopulation (Reaktivierung von G_0-Zellen in den aktiven Zellzyklus).

10. Bleibende Chromosomenschäden sind am häufigsten am Ende der G_2-Phase, also beim Übergang G_2-M, da hier keine ausreichende Zeit und wegen der DNS-Kondensation zu wenig Gelegenheit für die Reparatur von Doppelstrangbrüchen bleibt.

11. Der RBW-Wert ist größer als 1 (s. Gl. 16.18).

12. Soll die RBW unabhängig von der Dosis sein, müssen die Wirkungskurven linear, die Überlebenskurven von Zellkulturen exponentiell abfallen, in einer logarithmischen Darstellung also ebenfalls linear sein (s. Kap. 16.6.1, Fig. 16.13).

17 Risiken und Wirkungen ionisierender Strahlung

In diesem Kapitel werden nach einer Darstellung der allgemeinen Strahlenschutzbegriffe und des Risikobegriffs die Schadensarten bei einer Exposition des Menschen mit ionisierender Strahlung behandelt. Diese werden in die Gewebereaktionen und die stochastischen Strahlenschäden eingeteilt. Die deterministischen Effekte sind durch kollektiven Untergang oder Veränderungen der bestrahlten Zellen in Geweben oder Organismen charakterisiert. Wegen der Erholungsfähigkeit der meisten Gewebe existieren für deterministische Expositionen Schwellendosen, unterhalb derer keine klinischen Symptome feststellbar sind. Anschließend wird die zweite Kategorie von Strahlenschäden, die stochastischen Schäden, dargestellt. Diese werden durch nicht letale Erbgutveränderungen einzelner Zellen ausgelöst. Die Folgen können die Krebsentstehung im bestrahlten Individuum oder die Bildung von an die Nachkommen vererbbaren Gendefekten sein. Letzteres wird als heriditärer Schaden bezeichnet. Gesondert behandelt werden die Straleneffekte auf die Leibesfrucht bei einer pränatalen Strahlenexposition.

Die schädigenden Wirkungen ionisierender Strahlung auf den lebenden Organismus bei hohen Dosen sind schon lange bekannt. So trug **H. Becquerel** 1901 ein Radiumpräparat in der Westentasche mit sich herum. Nach zwei Wochen zeigte die Bauchhaut Verbrennungssymptome mit einer schwer abheilenden geschwürartigen Wunde. Im gleichen Jahr machte **Pierre Curie** einen Selbstversuch mit einem Radiumpräparat an seinem linken Unterarm, der ebenfalls zu einem dauerhaften Geschwür führte. Im Jahr 1902 wurde bereits der erste Strahlenkrebs, also ein stochastischer Strahlenschaden, beobachtet. 1903 und 1904 entdeckte man bei Tierversuchen die sterilisierende Wirkung der Röntgenstrahlung auf die Keimdrüsen sowie die Schädigung der Blut bildenden Organe. Schon 1899 wurde der erste Hautkrebs mit Röntgenstrahlung, 1907 der erste Hautkrebs mit Radium behandelt. Zu den am frühesten bekannt gewordenen deterministischen Strahlenwirkungen zählt das Hauterythem (die Hautrötung) nach Bestrahlung mit ionisierender Strahlung, die bei den Pionieren der Radiologie zu erheblichen Problemen und Erkrankungen geführt hat. Bei Ärzten und anderen Personen, die sich berufsmäßig mit Röntgenstrahlen beschäftigten, traten in der Folgezeit strahlenbedingte chronische Entzündungen, schmerzhafte Geschwüre und dauerhafte Veränderungen der Haut auf, die zu einer schweren Plage für die Betroffenen wurden. Auf dem Gelände des Krankenhauses St. Georg in Hamburg wurde 1936 durch die Deutsche Röntgengesellschaft ein Denkmal für die Opfer der Radiologie errichtet, auf dem 169 Namen bei seiner Errichtung, bis 1960 schon 359 Namen derer eingemeißelt wurden, die ihre berufsmäßige Beschäftigung mit ionisierender Strahlung mit dem Leben bezahlten ([Vogel], [Vogel R], [Ehrenmal]).

Die gesundheitlichen Schäden, die gerade die Pioniere der Radiologie an sich selbst erfuhren, hatten schon bald Maßnahmen für einen umfassenden Strahlenschutz zur Folge. Die Entdeckung der Mutationen auslösenden Wirkung ionisierender Strahlung durch **H. J. Muller** im Jahre 1927 [Muller] und der durch sie bedingten Erbschäden machte es erforderlich, auch kleinste Dosen ionisierender Strahlung in die Beobachtung einzubeziehen, weil eine Schädigung nicht nur das Individuum selbst sondern im Falle eines vererbbaren Strahlenschadens auch dessen Nachkommenschaft betrifft und somit ein populationsgenetisches Risiko darstellt.

Heute arbeiten eine Reihe internationaler und nationaler Kommissionen an Empfehlungen, die als Grundlage für die nationalen Gesetzgebungen und Normungen der Mitgliedstaaten dienen. Dadurch wird ein international vernetzter einheitlicher Sicherheitsstandard und Strahlenschutz beim Umgang mit ionisierender Strahlung angestrebt. Ihre Empfehlungen haben zwar keinen bindenden Charakter für nationale Strahlenschutzregelungen, werden aber in aller Regel in die nationalen Gesetzeswerke eingearbeitet.

Die wichtigsten mit dem Strahlenschutz befassten Kommissionen und Ausschüsse sind: UNSCEAR (United Nations Scientific Committee on the Effects of Atomic Radiation, gegr. 1955), Arbeitsgruppen der amerikanischen Akademie der Wissenschaften NAS (National Academy of Sciences) und ihre BEIR-Reports über Biological Effects of Ionizing Radiations), der nationale Rat für Strahlenschutz in Maryland USA NCRP (National Council on Radiation Protection and Measurements), die internationale Kommission über radiologische Einheiten ICRU (International Commission on Radiation Units and Measurements, gegr. 1925) und als wichtigste empfehlende Institution die Internationale Strahlenschutzkommission ICRP (International Commission on Radiological Protection, gegründet 1928) sowie die deutsche Strahlenschutzkommission SSK (gegründet 1974).

Der untere "Grenzwert" für eine Strahlenexposition des Menschen ist durch die natürliche Strahlenexposition festgelegt, die durch vernünftige Maßnahmen nur in geringem Umfang verringert werden kann. Eine Zusammenstellung der mittleren natürlichen und zivilisatorischen Strahlenexpositionen befindet sich im Kap. (18). Die obere "Grenze" ist der Bereich der für den Menschen akut letalen Dosen.

17.1 Allgemeine Strahlenschutzbegriffe

Für den Bereich der Gültigkeit der deutschen Strahlenschutzverordnung und des deutschen Normenwerkes DIN sind die einschlägigen Begriffe in Anlehnung an den internationalen Sprachgebrauch (z. B. [ICRP 26], [ICRP 60], [ICRP103]) in den Radiologienormen [DIN 6814/3] und [DIN 6814/5] festgehalten. Die wichtigsten Begriffe des Strahlenschutzes werden in der Folge sinngemäß erläutert.

Unter **Strahlenschutz** versteht man alle Voraussetzungen und Maßnahmen, die dem Schutz des Menschen vor den Wirkungen ionisierender Strahlungen dienen. Nicht enthalten ist dabei der Schutz vor Strahlungen, die Energien unterhalb 5 keV aufweisen[1]. Der Strahlenschutz kann sich entweder auf Einzelpersonen richten und dient dann dem Schutz vor somatischen Schäden des Individuums, oder er bezieht sich auf die Gesamtbevölkerung und umfasst dann somatische und vererbbare genetische Strahlenrisiken.

Strahlenschäden sind die Gesamtheit aller krankhaften Reaktionen des menschlichen Körpers sowie genetischer Veränderungen nach der Einwirkung ionisierender Strahlung. Dabei unterscheidet man die Wirkungen nach einer Bestrahlung des gesamten Organismus (Ganzkörperbestrahlung) und die Reaktionen nach einer Strahlenexposition einzelner Körperregionen (Teilkörperbestrahlung). Die Symptome der Strahlenexposition können klinisch feststellbar sein oder sie bleiben zunächst latent, um sich eventuell erst später klinisch zu manifestieren.

Eine für die biologischen Strahlenwirkungen und den Strahlenschutz übliche und nützliche Einteilung der Strahlenwirkungen ist die in stochastische Effekte und die Gewebereaktionen (früher deterministische Schäden). Man unterscheidet außerdem die heriditären (über die Keimbahn vererbbaren) und die somatischen (nur den bestrahlten Körper betreffenden) Wirkungen. Legt man besonderen Wert auf das Verständnis der biologischen Wirkungskette, unterteilt man die Strahlenwirkungen auch in direkte und indirekte Strahlenwirkungen (s. Kap. 15). Genaue Definitionen zu diesen Begriffen finden sich in [DIN 6814/5] und in [ICRP 103]. Die Dosiswirkungsbeziehungen von Gewebereaktionen und stochastischen Wirkungen unterscheiden sich grundsätzlich und werden deshalb in diesem Kapitel einzeln dargestellt.

Stochastische Strahlenwirkungen: Als stochastische Strahlenwirkungen werden alle biologischen Effekte bezeichnet, die zufallsabhängig, also nach Wahrscheinlichkeitsgesetzen, verlaufen. Ihre Definition lautet sinngemäß ([ICRP 26], [ICRP 60], [ICRP 103]):

> **Stochastische Strahlenwirkungen sind solche, bei denen die Eintrittswahrscheinlichkeit für einen Strahleneffekt, nicht aber dessen Schweregrad von der Energiedosis abhängt ohne eine Dosisschwelle.**

Zu den stochastischen Strahlenwirkungen zählen die Induktion von Tumoren (die Kanzerogenese) und die heriditären, also an die Nachkommen vererbbaren Schäden. Für stochastische Strahlenschäden werden dosisabhängige Eintrittswahrscheinlichkeiten ohne Schwellendosis unterstellt (s. Abschnitt 17.2.1).

Gewebereaktionen, deterministische Schäden: Unter Gewebereaktionen versteht man allgemeine und lokale Strahleneffekte, deren Schweregrad von der Dosis

---

[1] Nach dieser administrativen Definition zählt UV-Strahlung zu den nicht ionisierenden Strahlungsarten. Physikalisch können UV-Strahlungen sehr wohl ionisierend wirken. UV hat Energien zwischen etwa 3 und 40 eV, s. Tab. 1.5, die Bindungsenergie von Valenzelektronen liegt typisch bei etwa 15 eV (3,9 – 24,6 eV, s. Tab. 20.17). Das gleiche gilt für Fluoreszensstrahlungen leichter Atome.

abhängt. Die meisten dieser Wirkungen treten erst oberhalb einer individuellen Dosisschwelle auf. Die Definition deterministischer Strahlenwirkungen lautet in Anlehnung an ([ICRP 26], [ICRP 60, [ICRP 103]]:

Deterministische Strahlenwirkungen sind solche Wirkungen, bei denen der Schweregrad des Strahlenschadens eine Funktion der Dosis ist. Bei vielen deterministischen Wirkungen besteht eine Dosisschwelle, unterhalb derer keine klinischen Symptome auftreten.

Deterministische Wirkungen sind immer durch eine zeitliche und räumliche Häufung von Strahlenschadensereignissen in einer bestrahlten Region oder einem strahlenexponierten Individuum charakterisiert. Neben den lokalen und "regionären", also auf eine bestimmte Körperregion beschränkten Wirkungen, zählen auch die Strahlenkrankheit und der Strahlentod zu den deterministischen Strahlenwirkungen. Obwohl der Begriff "deterministisch" unterstellt, dass die Folgen einer deterministischen Strahlenexposition vorbestimmt (determiniert) und deshalb unvermeidbar sind, weiß man heute, dass viele deterministische Strahlenwirkungen durch geeignete Maßnahmen nach der Exposition modifizierbar oder sogar völlig zu unterdrücken sind. Die internationale Strahlenschutzkommission [ICRP 103] schlägt deshalb vor, deterministische Effekte zukünftig bevorzugt als **Gewebereaktionen** (harmful tissue reactions) zu charakterisieren. Deterministische Strahlenwirkungen an erkrankten Geweben sind im Übrigen das Ziel der therapeutischen Anwendung ionisierender Strahlungen in der Radioonkologie und der nuklearmedizinischen Therapie. Die möglichen deterministischen Strahlenwirkungen am Menschen sind ausführlich in Kap. (17.3) dargestellt.

Genetische Wirkungen: Unter genetischen Wirkungen, also DNS-Modifikationen, versteht man die durch Strahlung verursachten Mutationen am Erbgut von Organismen. Sie können sich entweder als dauerhafte Veränderung der Eigenschaften des Erbgutes des bestrahlten Individuums oder bei Strahlenexposition der Keimzellen des bestrahlten Individuums erst bei den Nachkommen bemerkbar machen, an die das Erbgut über die Keimbahn weitergegeben wurde. Die letztere Art genetischer Veränderungen wird als **heriditäre** Wirkung im engeren Sinne bezeichnet. Solche heriditären Erbgutmodifikationen können als nicht letale aber beeinträchtigende Erbschäden auftreten oder in schweren Fällen bereits in einem frühen Entwicklungszustand die Lebensfähigkeit der Nachkommen ausschließen. Viele dieser Veränderungen unterliegen einem rezessiven Erbgang, werden also erst bei zufälliger Kombination gleichartig mutierten Erbgutes in Erscheinung treten. Rezessive Veränderungen des Erbgutes stellen deshalb ein populationsgenetisches Risiko, in der Regel aber kein Risiko der unmittelbaren Nachkommen des bestrahlten Individuums dar. Einige Mutationen sind jedoch dominant, treten also bei jedem das mutierte Erbgut tragenden Individuum unmittelbar in Form somatischer (körperlicher) Veränderungen in Erscheinung. Manche Mutationen führen zur Sterilität der Nachkommen. Sind Mutationen bereits in einem frühen Entwicklungsstadium des Individuums letal, kann mutiertes Erbgut natürlich nicht mehr an Nachkommen weitergegeben werden.

Somatische Strahlenwirkungen: Darunter versteht man alle solchen Wirkungen ionisierender Strahlung, die sich unmittelbar auf den Organismus des bestrahlten Individuums beziehen. Damit sind sowohl die deterministischen Strahlenwirkungen gemeint, die sich in Veränderungen der Beschaffenheit und Funktionsfähigkeit von Körpergeweben darstellen, als auch die strahlenbedingten Veränderungen an einzelnen Körperzellen, die beispielsweise zu malignen Tumorerkrankungen führen können. Somatische Strahlenschäden können je nach Dosis wie bei der akuten Strahlenkrankheit sehr schnell eintreten oder sich erst nach mehreren Jahrzehnten auswirken wie bei der Krebsentstehung. Somatische Schäden können also deterministischer oder stochastischer Art sein. Als Frühwirkungen bezeichnet man somatische Strahlenwirkungen, die innerhalb eines Jahres nach Beginn der Bestrahlung erkennbar werden. Spätwirkungen sind alle somatischen Schäden, die erst nach Jahresfrist erkennbar werden und zwar unabhängig vom Auftreten eventueller Frühwirkungen. Diese zeitliche Abgrenzung ist etwas willkürlich und dient lediglich zur administrativen Erleichterung im praktischen Strahlenschutz.

Strahlenexposition: Eine Strahlenexposition ist jeder Vorgang, bei dem ein Mensch oder ein sonstiges Individuum eine Körperdosis erhält. Die natürliche Strahlenexposition entstammt der natürlichen Umgebung des Menschen. Die zivilisatorische Strahlenexposition rührt dagegen von der durch den Menschen künstlich erzeugten Strahlung oder der durch Eingriffe modifizierten natürlichen Strahlungsumgebung her. Die Begriffe Teilkörper-, Ganzkörperstrahlenexposition sowie interne und externe Strahlenexposition erklären sich von selbst. Strahlenbelastung ist ein heute veraltetes Synonym für Strahlenexposition. Es ist zum einen aus psychologischen Gründen heute nicht mehr erwünscht; zum anderen ist die alte Bezeichnung irreführend, da nicht jede Strahlenexposition gleichbedeutend mit einer tatsächlichen Schadensbelastung des bestrahlten Individuums ist.

Für administrative Strahlenschutzzwecke werden quantitative Angaben zur Strahlenexposition eindeutiger definiert. Berufliche Strahlenexposition betrifft nur die Expositionen auf Grund beruflicher Beschäftigung. Die medizinische Strahlenexposition umfasst ausschließlich die Exposition von Patienten und von helfenden Personen sowie die Exposition von Probanden in biophysikalischen Forschungsprogrammen. Die Strahlenexposition der Bevölkerung (public exposure, z. B. bei der Definition von Grenzwerten) schließt die Berücksichtigung der Expositionen durch natürliche Hintergrundstrahlung, die medizinische und die berufliche Strahlenexposition aus.

17.2 Der Risikobegriff im Strahlenschutz*

Häufig steht der Anwender ionisierender Strahlungen am Menschen vor der Aufgabe, seinen Eingriff gegen die möglichen objektiven oder subjektiven Nebenwirkungen zu rechtfertigen. Er muss also das durch die beabsichtigte Strahlenexposition erzeugte "Risiko" gegen die Folgen des Unterlassens seines Eingriffs abwägen. Für die medizinische Radiologie ist dieses Vorgehen in der Strahlenschutzverordnung [StrlSchV-2018] vorgeschrieben. In solchen Fällen muss der Mediziner das individuelle Risiko des Patienten gegen mögliche auch subjektive individuelle Folgen abwägen. Diese Aufgabe erfordert eine klare Definition und ein Mindestmaß an Quantifizierbarkeit des Strahlenrisikos des Patienten.

In der mathematisch-naturwissenschaftlichen Risikotheorie wird das Risiko als Verknüpfung des eintretenden Schadens S und seiner Wahrscheinlichkeit P betrachtet. Wenn die Schadenshöhen quantitativ beispielsweise als materieller Verlust bestimmt werden können, berechnet sich das Gesamtrisiko R multipler Einzelschäden als mit den Einzelwahrscheinlichkeiten P_i gewichtete Summe über die verschiedenen Schadenshöhen S_i.

$$R = \sum_i P_i \cdot S_i \tag{17.1}$$

Falls nur ein einzelner Schaden betrachtet wird, vereinfacht sich diese Beziehung zu dem Produkt aus Eintrittswahrscheinlichkeit P des Schadens und der Schadenshöhe S.

$$R = P \cdot S \tag{17.2}$$

Absolute numerische Angaben der Schadensschwere im Strahlenschutz sind problematisch. Für Schadensfälle, deren Schweregrad eine Funktion der Dosis ist (deterministischer Schaden), kann man ein relatives Schadensmaß einführen. Typische Beispiele wären die Quantifizierung einer Hautrötung oder die Schwere des Haarverlusts nach Strahlenexposition einer bestimmten Körperpartie. In solchen Fällen hätte die Schadensfunktion stetige oder diskrete S Werte zwischen 0% und 100% mit Zwischenwerten, die allerdings häufig vom Beurteiler des Schweregrades abhängig sind.

Ist man nicht an abgestuften relativen numerischen Werten für die Schadenshöhe interessiert, sondern nur an einem einzelnen Schadensbild, das auftritt oder nicht, kann die Schadenshöhe mit binären numerischen Werten für die Schadensschwere s ($s = 0$ oder $s = 1$) beschrieben werden. Eine für den Strahlenschutz typische Überlegung dieser Art ist die Betrachtung einer möglichen Krebserkrankung nach einer Strahlenexposition, also ein stochastisches Risiko. Für diesen Sonderfall erhält man die gängige Formulierung des Risikos als Produkt der Eintrittswahrscheinlichkeit P mit dieser vereinfachten binären Schadensfunktion s.

$$R = P \cdot s \tag{17.3}$$

Der multiplikative Zusammenhang von Schadenshöhe und Schadenswahrscheinlichkeit zeigt zwei wesentliche Gesichtspunkte bei der Beurteilung des Risikos. Ist die Wahrscheinlichkeit für das betrachtete Ereignis 0, ist unabhängig von der denkbaren Schadenshöhe das Risiko immer Null ($R = 0$). Ist dagegen die Schadenshöhe durch die Fragestellung festgelegt ($s = 1$: der Schaden hat die Höhe 1, da er auftreten kann), ist die Größe des Risikos gleich der Eintrittswahrscheinlichkeit P des Schadens.

Im Strahlenschutz bezeichnet man deshalb die Wahrscheinlichkeit für das Eintreten einer durch eine Strahlenexposition bewirkten nachteiligen Wirkung bei einem Individuum in einem bestimmten Zeitraum direkt als **Strahlenrisiko**. Die **Schadenserwartung** R_{pop} ist das entsprechende Risikomaß für eine Population. Sie wird als Produkt aus der Populationsgröße N und dem mittleren individuellen Strahlenrisiko berechnet.

$$R_{pop} = N \cdot R \tag{17.4}$$

Das Strahlenrisiko kann auch mit einer mit dem Schweregrad der Strahlenwirkung gewichteten Summe über die Schadenswahrscheinlichkeiten von Individuen dieser Population berechnet werden. In diesem Fall müssen dann wieder komplexere Schadensschwerefunktionen als die einfache binäre Beziehung $s = 1$ oder $s = 0$ angegeben werden. Das Risiko ist dann nicht mehr allein durch die Wahrscheinlichkeit für das Entstehen des betrachteten Strahleneffekts definiert.

Die im Strahlenschutz betrachteten Risiken sind üblicherweise die stochastischen Wirkungen. Unter dem diesbezüglichen Schadensmaß (engl.: detriment für Nachteil, Schaden) versteht man im Strahlenschutz deshalb die Wahrscheinlichkeit für den durch Strahlenexposition verursachten stochastischen Schaden eines Einzelnen oder eines Kollektivs. Die stochastische Wahrscheinlichkeit setzt sich aus der Summe für die Möglichkeient einer Krebsmorbidität (Erkrankungsrate) oder Krebsmortalität (d. h. Krebserkrankungen mit Todesfolge) und der Wahrscheinlichkeit für möglicherweise vererbbare Defekte (heriditäre Schäden) zusammen. Soll eine Wichtung der Schadensschwere hinzugezogen werden, kann beispielsweise als quantifizierbares Schadensmaß der relative, einer solchen stochastischen Wirkung zugeordnete Verlust an Lebenszeit und Lebensqualität mit verwendet werden (s. Gln. 17.1 und 17.2).

Zur praktischen Berechnung der stochastischen Schadenswahrscheinlichkeit werden dosisbezogene Risikofaktoren verwendet. So wird beispielsweise das Krebsinduktionsrisiko durch ionisierende Strahlungen bei einer Langzeitexposition zu 6%/Sv beschrieben (ICRP-Abschätzung, s. Kap. 17.4.2). Das Risiko erhält man mit solchen Risikofaktoren RF als Produkt der durch die Strahlenexposition applizierten Effektiven Dosis E und des Risikofaktors RF.

$$R = RF \cdot E \tag{17.5}$$

Solche Risikofaktoren sind das Ergebnis epidemiologischer Untersuchungen an großen repräsentativen Kollektiven. Die wichtigste Population ist die Gruppe der japanischen Atombombenopfer.

Als Orientierung bei der Risikoanalyse für ein spezielles Individuum können durchschnittliche Krebsstatistiken wegen der Mittelung über alle Mitglieder der betrachteten
Populationen nur mit großen Einschränkungen herangezogen werden. Insbesondere
sind solche Quantifizierungen des durchschnittlichen Strahlenrisikos im Vergleich zu
den Folgen einer möglichen Unterlassung eines Eingriffs am konkreten Patienten sehr
problematisch. Typische Beispiele sind die Unterlassung eines interventionellen an-
giografischen Eingriffs am Herzen eines schwer herzkranken Patienten, die Verweige-
rung einer lebenserhaltenden Strahlentherapie mit der Folge einer Metastasierung des
Tumors und des vorzeitigen Krebstodes des Patienten oder die Strahlenanwendungen
an Schwangeren. Da solche Entscheidungen oft sehr schwierig zu treffen sind, werden
dem behandelnden Mediziner in Leitlinien Beurteilungskriterien zur Verfügung gestellt, die auch die materiellen Randbedingungen berücksichtigen.

Hilfreich können mittlere Risikovergleiche dagegen immer dann sein, wenn Kollektive mit und ohne Einwirkung verglichen werden sollen. Ein typisches historisches Beispiel war die Röntgen-Reihenuntersuchung zur Eindämmung der Tuberkulose. Ein
aktuelles Beispiel ist das Mammografie-Screening, bei dem verbesserte Heilungs- und
Überlebensraten durch Früherkennung mit der möglichen Zahl der durch das Mammografie-Screening zusätzlich erzeugten Mammakarzinomfälle verrechnet werden.

Der hier beschriebene naturwissenschaftliche Risikobegriff enthält keine Aussagen zur
subjektiven oder gesellschaftlichen Bewertung der bei einer Einwirkung entstehenden
Schäden. Der Schweregrad eines Schadens wird häufig subjektiv unterschiedlich empfunden und hängt in seiner individuellen Beurteilung selbst von der Freiwilligkeit bei
der Exposition oder einem eventuell mit der Exposition verbundenen Zwang ab.

Zusammenfassung

- **Unter Strahlenrisiko versteht man im Strahlenschutz in der Regel die Eintrittswahrscheinlichkeit für eine stochastische Strahlenfolge.**

- **Die Schadenserwartung ist das mit der Populationsgröße multiplizierte mittlere Risiko.**

- **Aus Krebsstatistiken abgeleitete Grenzwerte sind sinnvoll für Kollektive wie
  die Bevölkerung oder die Gruppe der beruflich strahlenexponierten Personen.**

- **Sie taugen aber nur bedingt zur Beurteilung von Risiken individueller Patienten bei einer medizinisch indizierten Strahlenexposition.**

- **Risikoanalysen in der medizinischen Radiologie sollten die individuellen Bedingungen des jeweiligen Patienten wie Alter, Lebenserwartung, Schweregrad der Erkrankung, allgemeine körperliche Verfassung, Vorerkrankungen und seine psychologische und soziologische Situation berücksichtigen.**

- **Zum anderen sollten Risikoanalysen eine nicht unbedingt ausschließlich materiell verstandene Kosten-Nutzen-Analyse für die jeweilige radiologische Maßnahme enthalten.**

17.3 Gewebereaktionen - Deterministische Strahlenwirkungen

Gewebereaktionen (deterministische Strahlenschäden) können definitionsgemäß nur an dem strahlenexponierten Individuum auftreten. In vielen menschlichen Geweben besteht ein dynamisches Gleichgewicht zwischen Zelltod und Zellerneuerung. Zellen können durch Bestrahlung neben den bereits in Kap. (15) besprochenen subletalen Mutationen auch ihre Teilungs- und Funktionsfähigkeit einbüßen. Dadurch sterben sie über kurz oder lang ab. Das Gleichgewicht der Zellerneuerung wird gestört. Ist die diesbezügliche Schadensdichte in einer bestrahlten Region besonders hoch, führt sie zu massivem Untergang oder zu morphologischen Veränderungen der bestrahlten Gewebe.

Deterministische Wirkungen sind also immer durch eine zeitliche und räumliche Häufung von Strahlenschadensereignissen charakterisiert. Für sie existiert daher im Allgemeinen eine **Schwellendosis** (Fig. 17.1). Die Höhe der Dosisschwelle hängt von vielen gewebespezifischen Eigenschaften und den Bedingungen bei der Strahlenexposition wie Zeitmuster, Strahlungsart und Bestrahlungsvolumen ab. Der Grund ist die durch diese Parameter beeinflusste unterschiedliche Regenerationsfähigkeit bestrahlter Gewebe durch Repopulation, Gefäßneubildung, Redistribution der Zellen im Zellzyklus und die DNS-Schadensreparaturen in den Zellen. Erst wenn alle diese Mechanismen die untergegangenen Gewebeanteile nicht mehr ersetzen oder instand setzen können, kommt es zu klinisch, d. h. makroskopisch feststellbaren, also deterministischen Symptomen. Unterhalb der Schwellendosen werden keine deterministischen Strahlenschäden beobachtet. Die niedrigsten bisher beobachteten Schwellendosen liegen zwischen 0,1 und 0,5 Gy (s. Tab. 17.2).

Der Zusammenhang zwischen deterministischer Strahlenwirkung und Energiedosis wird durch Dosiswirkungsbeziehungen beschrieben. Die dabei betrachteten Effekte betreffen den Untergang von in-vivo Zellkollektiven, die lokalen Hautreaktionen bei unvorsichtigem Umgang mit Strahlungsquellen wie Röntgenröhren oder radioaktiven Präparaten sowie die eher großvolumigen Wirkungen der Radioonkologie wie Verminderung von Tumorvolumina, die Nebenwirkungen auf mitbestrahlte gesunde Gewebe, Blutbildveränderungen oder den Strahlentod z. B. nach Strahlenunfällen. Grafische Darstellungen dieser Dosiswirkungsbeziehungen werden als **Dosiswirkungskurven** oder **Dosiseffektkurven** bezeichnet. Werden sie für ein bestimmtes Individuum

mit seinen typischen Strahlenempfindlichkeiten und Dosisschwellen verwendet, beschreiben sie den individuellen Schweregrad der Strahlenwirkung. Ein sehr anschauliches Beispiel ist der Sonnenbrand oder das durch ionisierende Strahlung ausgelöste
Hauterythem (Rötung), die bei einer individuellen Schwelle beginnen und dann oberhalb dieser Schwelle mit der Exposition gravierender werden. Wird statt eines Individuums eine mittlere Population betrachtet, zeigen Dosiswirkungsbeziehungen die
Schadensraten (Häufigkeiten) als Funktion der Dosis. Ein typisches Beispiel ist die
Ganzkörperbestrahlung einer Population mit durchdringender Strahlung, bei der erst
oberhalb einer Dosisschwelle die ersten Todesfälle auftreten. Im Fall der Populationen
können bei Dosiswirkungsbeziehungen entweder die Schadensraten oder auch die
ohne Schäden, also ohne deterministische Wirkung, überlebenden Individuen betrachtet werden. Das letztere Beispiel wird oft bei Tierversuchen eingesetzt.

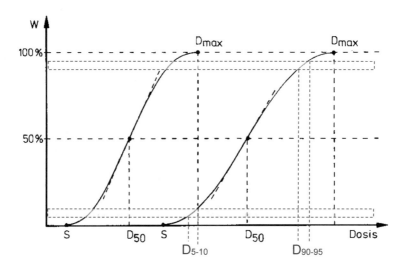

Fig. 17.1: Schematische Darstellung von Dosiseffektkurven für deterministische Strahlenschäden mit unterschiedlichen Schwellen und Steigungen. Typischer sigmoider (s-
förmiger) Verlauf bei logarithmischer Dosisachse mit Schwellendosen S, unterhalb
derer keine klinischen Wirkungen signifikant feststellbar sind. 50%-Wirkungsdosen
D_{50} und den Sättigungsdosen D_{max} (100%-Wirkung) erzeugen 50% bzw. 100 der
Fälle. "W" steht hier für den Schweregrad bei Individuen und für die Häufigkeit der
Wirkung bei Populationen. Individuelle Kurven unterscheiden sich je nach untersuchter Wirkung durch die Höhe der Dosisschwelle, die Steigungen im mittleren
Kurvenbereich und die Sättigungsdosen.

Werden Dosiswirkungskurven mit logarithmischer Dosisskala verwendet, zeigen sie
einen typischen sigmoiden Verlauf (Fig. 17.1). Sie beginnen erst oberhalb eines bestimmten Dosiswertes, der Schwellendosis S, unterhalb derer die deterministische
Wirkung klinisch nicht feststellbar ist. Wegen der statistischen Unsicherheiten und der

unterschiedlichen individuellen Empfindlichkeiten wird die Schwellendosis in der Regel bei 1% der Wirkung oder der Häufigkeiten festgelegt. Im mittleren Dosisbereich der Wirkungskurven erhält man einen nahezu linearen Anstieg, also eine Proportionalität der Wirkung oder der Fälle mit dem Logarithmus der Dosis. Die Wirkungskurve nimmt mit steigender Dosis solange zu, bis es zum massiven Auftreten der untersuchten Wirkung, also zu einer Wirkungssättigung kommt. Dies kann die maximale Schädigung von Geweben oder die Zahl der Schadensfälle (z. B. Todesfälle) einer Population betreffen.

Neben der Schwellendosis und der Steigung der Kurve im mittleren Kurvenbereich werden als charakterisierende Größen der Wirkungskurven die Dosis D_{50} für die 50%-Wirkung und die Dosen D_{5-10} und D_{90-95} verwendet. Betrachtet man als deterministische Wirkung beispielsweise den Strahlentod, tritt dieser bei den betrachteten Dosen also bei 5-10% bzw. 90-95% der exponierten Individuen ein. Ein Beispiel ist die Angabe der letalen Dosis für 50% Todesfälle innerhalb von 30 Tagen nach einer einzeitigen Ganzkörperexposition des Menschen mit locker ionisierender Strahlung, die $LD_{50/30}$, die übrigens etwa 3 - 4,5 Gy beträgt (vgl. dazu Tab. 17.4).

Lage, Anstieg und Form der Kurven hängen von vielen Parametern ab. Die wichtigsten Einflussgrößen sind die bestrahlte Gewebe- oder Zellart, Proliferationsaktivitäten der Gewebe, Zellzyklusphase, Sauerstoffversorgung, die Anwesenheit intakter umgebender Zellen, der LET der Strahlung, die Anwesenheit von den Effekt vermindernden oder verstärkenden Substanzen und das Zeitmuster der Strahlenexposition (s. Kap. 15).

Treten die Strahlensymptome unmittelbar oder innerhalb weniger Tage bis Monate nach der Strahlenexposition auf, bezeichnet man sie als **Frühschäden**. Betroffen sind vor allem Gewebe mit hohen Zellerneuerungsraten. In solchen Geweben führen Strahlenexpositionen bevorzugt zum Verlust oder der Sterilisation von Stamm- und Vorläuferzellen der eigentlichen Gewebe. Typische Beispiele sind Schädigungen der Haut mit Hautrötungen (Erythemen) und Schuppungen, die Verletzung von Schleimhäuten oder die Schädigungen des blutbildenden Systems.

Strahlenwirkungen, die sich erst nach mehreren Monaten oder Jahren manifestieren, werden als **Spätschäden** bezeichnet. Betroffen sind zum einen Gewebe mit geringeren Erneuerungsraten, also kleiner Zellproliferation, da die Zellen dann nicht so häufig in den strahlensensiblen Zellzyklusphasen angetroffen werden. Spätschäden können zum anderen auch durch gestörte Kommunikationsabläufe der Gewebe und Zellen untereinander ausgelöst werden. Für die Schäden an gesunden Geweben in der Strahlentherapie wird als Zeitgrenze zwischen Früh- und Spätschäden 90 Tage nach Beginn der Bestrahlungen festgesetzt. Bei Spätschäden handelt es sich meistens um Degeneration oder Atrophie von Geweben (Umbildungen, Funktionsverlust, Zerfall), Veränderungen der Gewebestruktur durch Fibrosen (Bindegewebswucherungen, Verengungen und Verhärtungen) oder um partielle oder vollständige Nekrosen (Gewebetod). Beispiele sind auch das Aussetzen von Drüsenfunktionen (Versagen der Speicheldrüsen, der Bauchspeicheldrüse oder Schilddrüse, Sterilität von Keimdrüsen), die Katarakt der Augenlinsen und viele aus der Radioonkologie bekannte Strahlenspätschäden. Dazu zählen ebenfalls Veränderungen der Struktur der Haut und des Blut bildenden Systems, Stenosen (Gefäßverengungen), Atrophie des Rückenmarks (mit der möglichen Folge der Querschnittslähmung) und die radiogenen Lungenfibrosen. Bei ihnen allen besteht ein Zusammenhang zwischen der applizierten Dosis und dem Schweregrad bzw. der Häufigkeit der Wirkung und eine Dosisschwelle.

Deterministische Strahlenwirkungen können nach einer bestimmten Latenzzeit aber auch akut sogar noch während der Bestrahlung zum Tod des bestrahlten Individuums führen. Für administrative Zwecke wird übrigens eine abweichende Definition der Früh- und Spätschäden verwendet (s. Kap. 17.1 bei den somatischen Strahlenwirkungen).

Die deterministischen Wirkungen ionisierender Strahlung unterscheiden sich wegen der in Kap. (15) angedeuteten Abhängigkeiten biologischer Wirkungen vom simultan mitbestrahlten Volumen erheblich bei Ganzkörper- und Teilkörperexpositionen. So werden in der Radioonkologie fraktionierte Teilkörperdosen in einer Höhe appliziert und toleriert, die bei Ganzkörperexposition der Patienten bereits nach wenigen Fraktionen letal wären.

Teilkörperexpositionen: Die für den Strahlenschutz wichtigsten Teilkörperexpositionen beim Menschen betreffen die Haut, die Augenlinsen, das Blut bildende System, den Verdauungstrakt und die Keimdrüsen. Kenntnisse darüber stammen vor allem aus der Analyse von Unfällen und aus der strahlentherapeutischen Anwendung ionisierender Strahlungen. Sie werden in den folgenden Abschnitten dargestellt. Daneben sind auch Wirkungen auf andere Teilkörpersysteme von Bedeutung wie die Exposition des Rückenmarks und innerer Organe (Nieren, Leber, Lunge, etc.), die für das bestrahlte Individuum zu erheblichen Beeinträchtigungen führen können.

Hautreaktionen: Wegen der guten Zugänglichkeit der Haut sind ihre deterministischen Strahlenreaktionen bisher am besten untersucht worden. Bei niedrigen Dosen kommt es nur zur Hautrötung, dem strahlenbedingten **Erythem,** und eventuell zur trockenen Schuppung der Haut. Die Schwelle für diesen Effekt liegt je nach sonstigen Bedingungen und Hauttyp bei einigen Gray (2-6 Gy). Bei kurzzeitigen Hautexpositionen mit hohen β- oder γ-Dosen mit niederenergetischen Photonen kommt es zu schwereren Formen des Erythems. Erytheme treten in zeitlichen Schüben auf, die durch Pausen ohne äußerlich sichtbare Reaktionen getrennt sind. Die Hautreaktionen werden daher in das Früherythem (Auftreten nach 1 - 4 Tagen, Dauer nur wenige Tage), das Haupterythem (Auftreten nach 1 - 4 Wochen) und die langfristigen Schäden eingeteilt. Die Gründe für die Erythembildung sind schubweise auftretende Veränderungen im Gefäßsystem sowie entzündliche Prozesse in den bestrahlten Hautgeweben.

Die Symptome der Erytheme ähneln denen eines schweren Sonnenbrandes. Sie sind allerdings, abhängig von der Dosis, stärker ausgeprägt und wesentlich langwieriger. Das Erythem beginnt mit der Ausbildung einer Rötung im Bestrahlungsfeld, der je nach Dosis eine Schwellung oder sogar Blasenbildung folgen kann. Während des Haupterythems kommt es zu einer trockenen Schuppung der Haut, die auf akute Schädigungen der Schweiß- und Talgdrüsen zurückgeht, oder zur feuchten Hautreaktion durch Zerstörung der Basalschicht, die in schweren Fällen in Blasenbildung oder Strahlengeschwüre übergehen kann. In besonders schweren Fällen kommt es zu flächenhaften Hautnekrosen, dem nekrotischen Strahlenulkus. In der Regel folgen dem Haupterythem eine lang anhaltende Pigmentierung oder der Pigmentverlust der bestrahlten Hautregion und die Ausbildung sichtbarer radiogener Erweiterungen der peripheren Gefäße, den so genannten **Teleangiektasien**. Diese Gefäßerweiterungen beobachtet man oft auch bei Personen, die während ihres Lebens intensiver UV-Strahlung ausgesetzt waren vor allem an exponierten Hautpartien wie Nasenrücken und Wangen ("Besenreiser"). Langfristig muss mit verminderter mechanischer Festigkeit und Belastbarkeit der Haut, einer Fibrosierung des Unterhautfettgewebes (in schweren Fällen so genannte "Fibrosebretter"), mit Keratosen und natürlich auch mit zusätzlichen stochastischen malignen Entartungen der Haut gerechnet werden.

Zeit	klinischer Schadensverlauf
Nach 24 h	**1. Welle der Schädigung:** Erythembildung (entzündliche Rötung der Haut)
Einige Tage	Ödembildung (schmerzlose, nicht gerötete Schwellung infolge wässriger Flüssigkeitsansammlung in den Gewebespalten, z. B. der Haut)
2 Wochen	Entzündung
3 Wochen	Schmierig belegtes Strahlengeschwür
5 Wochen	Deutliche Erholung
10 Wochen	**2. Welle der Schädigung:** erneut Epitheldefekte, anschließend Besserung bis etwa zur 20. Woche
24 Wochen	**3. Welle der Schädigung:** Auftreten von Geschwürbildungen
12-25 Monate	Amputation der bestrahlten Finger

Tab. 17.1: Typischer klinischer Verlauf der Strahlenschädigung einer Hand nach einer einzeitigen intensiven Exposition mit Röntgenstrahlung und hohen Energiedosen von etwa 30 bis 60 Gy (in Anlehnung an [Sauter]).

Der Schweregrad der Strahlenschäden an der Haut hängt außer von der Dosis, der Strahlungsqualität und dem zeitlichen Dosismuster (einzeitige, protrahierte, fraktionierte Bestrahlung) auch von einer Vielzahl weiterer Begleitumstände ab. Dazu zählen die Größe der bestrahlten Hautfläche, die Grundpigmentierung der Haut, der Hauttyp

(Rothaarige sind an der Haut strahlenempfindlicher als Menschen vom südländischen Typus), das Alter der exponierten Person und die Körperregion (Haut auf der Innenseite der Arme, in der Achselhöhle und auf der Innenseite der Oberschenkel ist empfindlicher als Gesichtshaut). Einen Einfluss hat auch der Hautzustand (Narben, chemische Reizung, mechanische Irritation, die Gefäßversorgung, und die Anwesenheit einer ausreichend dicken Rückstreuschicht unter der Haut). Einen Überblick über die typische klinische Symptomatik nach einzeitiger Bestrahlung einer Hand mit hohen Dosen einer Röntgenstrahlung zeigt die Tabelle (17.1).

Von den akuten Wirkungen des Strahlenerythems bei hohen einzeitigen oder kurzfristigen Dosen sind die Folgen langfristiger Strahlenexpositionen mit niedrigeren Dosen zu unterscheiden, die bei sorglosem Umgang in der medizinischen Radiologie oder bei Wartungs- und Reparaturarbeiten auftreten können. Die Zeitspanne bis zur klinischen Manifestation der Strahlenreaktionen kann einige Jahre bis Jahrzehnte betragen. Langfristige Strahlenreaktionen der Haut führen zu einer Verflachung des Hautprofils und zum dünner Werden der Haut durch mangelhafte Regeneration der Hautschichten. Die Haut erhält dadurch ein pergamentartiges Aussehen, weist Teleangiektasien auf und ist nur noch wenig mechanisch belastbar. Die Fingernägel sind brüchig und verfärbt. Diese Symptome bezeichnet man anschaulich und treffend als **Radiologenhaut**. Chronische berufliche Strahlenexposition der Hände führt nicht selten auch zur Entstehung von Strahlenkrebs in Form des Plattenepithelkarzinoms (Stachelzellkrebs, Spinaliom) oder anderer Röntgenkrebsformen und erfordert u. U. die Amputation von Fingergliedern oder ganzen Fingern.

Augenlinse: Bestrahlungen des Auges führen in der Regel zunächst zur Ausbildung von Bindehautentzündungen (Rötungen der Schleimhaut), die sich nach einiger Zeit wieder zurückbilden. Das Auge selbst ist mit Ausnahme der Augenlinse vergleichsweise strahlenunempfindlich. Strahlenexpositionen mit ausreichend hoher einzeitiger Dosis, aber auch bei chronischer Strahlenexposition, können zu bleibenden Trübungen der Augenlinsen, der **Strahlenkatarakt**, führen. Der Grund ist die bindegewebsartige, faserige Veränderung der regenerierenden Zellen, die am Linsenrand gebildet werden und von dort in den Linsenkörper wandern, um abgestorbene Zellen zu ersetzen. Bis zum Auftreten der Katarakte vergehen dosisabhängige Latenzzeiten zwischen wenigen Wochen und einigen Jahrzehnten. Die Wirkung einzelner Dosen ist kumulativ, die Schwellen hängen vom zeitlichen Bestrahlungsmuster und der Strahlungsqualität (dem LET) ab. Gravierende Wirkungen zeigt deshalb die Bestrahlung mit schnellen Neutronen. Die Schwellen für die Strahlenkatarakt liegen für einzeitige Niedrig-LET-Bestrahlung bei etwa 2 Gy, bei protrahierter Exposition zwischen 4 und 5,5 Gy [Hall]. Bei Hoch-LET-Strahlung sind die Schwellen deutlich herabgesetzt und liegen typischerweise bei etwa 30-50% der Niedrig-LET-Werte. Besonders wirksam sind Neutronenbestrahlungen oder die Exposition mit Schwerionen, bei denen die RBW bei hohen Dosen etwa bei 20, bei sehr kleinen Neutronendosen bis zu 50 betragen kann. Die strahlenbedingte Katarakt wird anders als z. B. in ICRP 60 zurzeit auch als stochastischer Strahlenschaden ohne Schwellendosis diskutiert [SSK 234]. Extrem erhöhte Kataraktraten finden sich in der Raumfahrt. So sind Katarakte bei 48 von 295 Astronauten schon bei Dosen von weniger als 100 mSv aufgetreten, die sich in ihrem Ausmaß nicht allein auf den hohen LET der kosmischen Strahlung zurückführen lassen. Hinweise auf den stochastischen Charakter geben auch Untersuchungen russischer Arbeiter in der Uranindustrie.

Als möglicher Wirkungsmechanismus wird ein stochastisches Schädigungsmodell der Stammzellen in der Äquatorialebene der Augenlinse vermutet, deren kernlose und mitochondrienfreie Tochterzellen den Linsenkörper aufbauen. In der vorderen Äquatorialebene teilen sich Zellen. Diese wandern nach hinten und bauen dabei den Zellkern und die Mitochondrien durch spezielle Enzyme ab. Die wichtigsten synthetisierten Proteine heißen Kristallinproteine. Sie sind wasserlöslich und durchsichtig. Dadurch entstehen transparente Bindegewebszellen, aus denen der Linsenkörper besteht. Bei Störungen dieses Prozesses z. B. durch fehlerhafte Enzyme, die durch Bestrahlung, Chemikalien oder Bakterien entstanden sind, kommt es auch zur Verminderung der Transparenz z.B. durch zellkernhaltige Zellen und trübe Protein-Konglomerate, die sich im hinteren Linsenteil anreichern und die Durchsichtigkeit reduzieren.

Andauernde chronische Bestrahlungen der Augenlinse erzeugen Katarakte schon ab jährlichen Dosisleistungen von nur 0,15 Gy/a. Solche Bedingungen können in der Medizin beispielsweise bei Durchleuchtungsuntersuchungen mit geringem Abstand zum Patienten (Quelle der Streustrahlung ist dessen Strahleintrittsseite) auftreten und machen daher den Einsatz von Röntgenschutzbrillen an solchen Arbeitsplätzen zur Pflicht.

Blutbildendes System: Das menschliche Blut setzt sich aus Blutkörperchen und dem Blutplasma zusammen. Das Plasma besteht aus dem Serum und in diesem gelösten Eiweißkörpern (Albumin, Globulin, Fibrinogen). Die Blutkörperchen unterteilt man in die roten und weißen Blutzellen. Rote Blutkörperchen (Erythrozyten) werden in Milz, Leber, Lymphknoten und im roten Knochenmark gebildet. Sie haben Lebensdauern von etwa 120 d, enthalten den Blutfarbstoff Hämoglobin, sind im reifen Zustand zellkernfrei und vor allem für den Sauerstofftransport verantwortlich. Ein Mangel an roten Blutzellen wird als Anämie bezeichnet. Anämische Patienten weisen eine typische Blässe und in schweren Fällen Atemnot durch mangelnde Sauerstoffversorgung auf.

Weiße Blutkörperchen:* Sie werden in Thrombozyten und Leukozyten unterschieden. **Thrombozyten** (oder Blutplättchen) dienen der Blutgerinnung. Sie haben einen eigenen Stoffwechsel, sind oval mit einem Durchmesser von 1-3 μm und haben Lebensdauern von ungefähr 6 - 11 d. Sie werden in der Leber abgebaut. Bei einer Verringerung der Thrombozytenzahl (Thrombopenie) kommt es zu Gerinnungsstörungen mit erhöhter Blutungsneigung (innere Blutungen, Blutergüsse). Bei massivem Stammzelluntergang der Thrombozyten kommt es durch Störung der Hämatopoese im Knochenmark nach etwa einem Monat zu einer Blutgerinnungskrise, die nicht selten mit dem Tod endet.

Leukozyten:* sind verantwortlich für die Immunabwehr. Ihre Verminderung durch Bestrahlung oder andere Einflüsse (Leukozytopenie) führt daher zu erhöhter Infektionsgefahr. Man unterteilt sie in Lymphozyten (20-30%), Monozyten (6-8%) und Granulozyten (65 - 70%). Lymphozyten werden im lymphatischen System gebildet. Sie haben Lebensdauern von bis zu 1000 d und sind sehr strahlensensibel. Periphere Lymphozyten erleiden bei ausreichender Strahlendosis den Interphasentod. Ihre Zahl verringert sich dadurch innerhalb eines Tages je nach Dosis bis zu 10%. Monozyten entstammen dem Reticulo-Endothelialen System (RES, auch retikulohistiozytäres System RHS). Granulozyten sind die wichtigsten Abwehrzellen des menschlichen Körpers. Sie entstehen vor allem im roten Knochenmark und werden nach ihrer Anfärbbarkeit in basophile (in alkalischem Medium anfärbbar, 0,5%), eosinophile (Affinität zu sauren Farbstoffen, 0,5%) und neutrophile Granulozyten (65-70%) eingeteilt. Die verschiedenen Leukozyten sind bei einem Infekt zu unterschiedlichen Zeiten hauptaktiv. Zunächst kommt es zur neutrophilen Kampfphase, nach ein paar Tagen beginnt die monozytäre Abwehr, die ihren Schwerpunkt auf dem Höhepunkt der Erkrankung hat. Im ausklingenden Stadium einer Infektion dominiert die lymphozytäre-eosinophile Phase.

Zerstörung und Verminderung der weißen Blutkörperchen durch Eingriffe in das blutbildende System durch Bestrahlung führen also zu einer zeitlich gestaffelten Wirkung auf die Infektabwehr mit symptomfreien Intervallen und überraschenden Krisen. Die Schwelle für eine klinisch signifikante Knochenmarksdepression bei gleichförmiger Knochenmarksbestrahlung liegt bei 0,5 Gy, für Langzeitexpositionen über viele Jahre bei einer Dosisleistung von 0,4 Gy/a. Die letale Knochenmarksdosis $LD_{50/60}$, das ist die letale Dosis für 50% der bestrahlten Personen innerhalb zweier Monate nach der Exposition, liegt zwischen 3 und 6 Gy. Lokale, also auf kleine Areale beschränkte Teilkörperbestrahlungen führen selten zu gravierenden Folgen für das Blutbild, da in den Depots ausreichende Reserven an Blutkörperchen vorhanden sind. Dennoch gehören laufende Blutbildkontrollen auch bei Teilkörperbestrahlungen zur strahlentherapeutischen Routine. Frühe Blutbildveränderungen sind dagegen hauptverantwortlich für die Symptome der frühen Strahlenkrankheit bei Ganzkörperbestrahlungen. Die Stammzellen der Blutkörperchen im Knochenmark sind empfindlicher als die peripheren Blutzellen. Beim erwachsenen Menschen befindet sich der Hauptteil des aktiven Knochenmarks in der Wirbelsäule (40%), den Rippen und dem Brustbein (etwa 25%). Der Rest verteilt sich auf flache Knochen wie Schädelkalotte, Becken und die sonstigen Knochen.

Keimdrüsen: Bestrahlungen der Hoden können zu einer vorübergehenden oder andauernden Verminderung der Spermienproduktion und zur Bildung abnormaler Spermien führen. Daraus resultiert entweder verminderte Fruchtbarkeit oder sogar andauernde Sterilität. Vorübergehende Sterilität tritt schon ab 0,15 Gy einzeitiger bzw. 0,4

Gy/a langzeitiger Bestrahlung auf. Die für eine andauernde Sterilität erforderlichen Schwellendosen liegen bei 3,5 - 6 Gy für einzeitige und bei 2,0 Gy/a für protrahierte Exposition. Bestrahlung von Ovarien führt altersabhängig ebenfalls zu vorübergehender oder dauerhafter Sterilität. Die für dauerhafte Sterilität erforderlichen Dosen in den Eierstöcken liegen bei 2,5 - 6 Gy einzeitiger Dosis und bei 0,2 Gy/a bei langzeitiger Exposition.

Gewebeart - Effekt	Bemerkung	Schwellendosis (Gy) für einzeitige Exposition	Schwellendosisleistung für langzeitige Exposition (Gy/a) (Schwellendosis)*
Hoden Sterilität:	vorübergehend	0,15	0,4
	andauernd	3,5 – 6,0	2,0
Ovarien Sterilität:		2,5 – 6,0	> 0,20 (ab 6,0 Gy total)*
Augenlinsen**:	leichte Trübung	0,5 – 2,0	> 0,10 (ab 5 Gy total)*
	Katarakt	5,0 (2 – 10)	> 0,15 (ab 8 Gy total)*
Knochenmark***:	Unterdrückung der Hämatopoese	0,5	> 0,4

Tab. 17.2: Schätzungen für Schwellenenergiedosen und jährliche Schwellendosisleistungen für verschiedene Teilkörpereffekte bei einzeitiger oder lang anhaltender protrahierter oder hoch fraktionierter Bestrahlung, nach [ICRP 41], entnommen [ICRP 60]. *: Die klinische Symptomatik setzt bei Erreichen der in Klammern aufgeführten totalen Dosen ein. **: Die strahlenbedingte Katarakt wird anders als in ICRP 60 zurzeit auch als stochastischer Strahlenschaden ohne Schwellendosis diskutiert (s. Text). ***: Bildung und Reifung der Blutzellen im Knochenmark.

Ganzkörperexpositionen: Die Ganzkörperbestrahlung von Organismen führt zu einer komplexen Vielzahl unterschiedlicher Reaktionen, so dass es schwer wird, einen Überblick zu behalten. Oft werden die eigentlichen Strahlensymptome durch weitere Einflüsse und Reaktionen des Körpers überdeckt. Eine Möglichkeit, die Vielfalt der Strahlenwirkungen zu ordnen, ist deren Einteilung nach der applizierten Dosis und der damit verbundenen klinischen Hauptsymptomatik [Herrmann]. Die Übergänge sind selbstverständlich fließend, da sich im konkreten Einzelfall verschiedene Strahlenwirkungen überlagern (vgl. dazu Tab. 17.3).

Bei Ganzkörperexpositionen zwischen 1 bis 10 Gy stehen die hämatologischen Symptome im Vordergrund. Die wichtigsten Folgen der Blutbildveränderungen sind eine Schwächung der Immunabwehr und Blutungen. Bei Dosen zwischen 10 und 50 Gray dominieren als Sofortwirkung die intestinalen Symptome. Sie entstehen durch Zerstörung der inneren Schleimhäute im Magen-Darmtrakt und Störung ihrer Regenerationsfähigkeit. Die Folge sind Übelkeit, Appetitlosigkeit, Durchfälle, blutige Ausscheidungen, Elektrolytverluste, mangelnde Resorption von Flüssigkeit und dadurch bedingtes Austrocknen des Organismus. Durch den Epithelverlust im Darm können Darmbakterien in den Bauchinnenraum eindringen und dort Infektionen auslösen. Außerdem greifen die Verdauungsfermente die epithelfreie ungeschützte Darmwand an. Es kommt zur Selbstverdauung der Darmwand ähnlich wie bei Magen- oder Darmgeschwüren. Besonders problematisch ist dann auch die verminderte Aufnahmefähigkeit von Medikamenten über die geschädigte Darmwand. Bei einzeitigen Ganzkörperdosen zwischen 50 und 100 Gy kommt es zu akuten toxischen Wirkungen durch zerfallende Eiweißkörper. Bei ausreichender Konzentration führt diese Intoxikation zu Schock, Kreislaufversagen und Tod. Oberhalb von 100 Gy dominieren die Strahlenwirkungen auf das Nervensystem. Diese bestehen aus akuten Nervenentzündungen und Nekrosen der Hirnsubstanz, begleitet von Hirnödembildung und Störungen der Nerven des Herz-Kreislaufsystems wie nervös bedingter Weitstellung der Gefäße und daraus folgendem Kreislaufkollaps. Die sichtbaren Hauptsymptome sind Übelkeit, Erbrechen, Krampfanfälle, Zittern, Apathie und Lethargie, Vernichtungsgefühl und der Tod, der schon nach Minuten oder wenigen Stunden eintritt. Bei entsprechend hohen Dosen (oberhalb von 1000 Gy) kann der zerebrale Tod bereits während der Bestrahlung durch sofortige Zerstörung der Synapsen des Zentralen Nervensystems (ZNS) und die dadurch bedingten Lähmungen auftreten.

Die Zusammenstellung in (Tab. 17.3) gibt einen Überblick über die deterministischen Strahlenwirkungen auf den Menschen nach einer kurzzeitigen Ganzkörperbestrahlung in Abhängigkeit von der Energiedosis in Anlehnung an [Jaeger/Hübner], [Pschyrembel/S] und [Fritz-Niggli]. Die geschilderten Effekte auf den Menschen werden als **Strahlensyndrom** (Strahlenkrankheit) bezeichnet. Die Übergänge zwischen den einzelnen Dosis-Wirkungsbereichen sind fließend. Bei ausreichend hohen Dosen kommt es also über kurz oder lang zum Tod des bestrahlten Individuums. Die dazu benötigten Dosen, die so genannten **Letaldosen**, hängen sehr von den sonstigen Umständen wie Allgemeinzustand des Patienten, seinem Alter, der medizinischen Versorgung, dem Auftreten von Verletzungen usw. ab. Letaldosen werden durch die Wahrscheinlichkeit für den Strahlentod in einer bestrahlten Population und die Zeit bis zum Eintreten des Todes in Tagen gekennzeichnet. $LD_{100/30}$ und $LD_{50/30}$ sind die für 100% bzw. 50% eines bestrahlten Kollektivs innerhalb von 30 Tagen letalen Dosen ohne ausreichenden medizinischem Eingriff. Letaldosen für den Menschen unterscheiden sich erheblich von denen anderer bestrahlter Organismen. Eine Zusammenstellung von Anhaltswerten für die mittleren letalen Dosen für verschiedene Lebewesen nach Publikationen der International Atomic Energy Agency (IAEA) bei einzeitiger Bestrahlung mit locker ionisierender Strahlung enthält Tab. (17.4). Die Gründe für die unterschiedlichen Werte der $LD_{50/30}$ verschiedener Organismen werden in dem Gehalt an DNS im Zellkern und im Wassergehalt des Zellplasmas (indirekte Strahlenwirkung) vermutet.

0-0,25 Gy: Keine klinisch erkennbaren Sofortwirkungen, Spätwirkungen möglich

0,25-1 Gy: leichte vorübergehende Veränderung des Blutbildes (Rückgang von Lymphozyten und Neutrophilen). Betroffene Personen können in Notfällen ihre Tätigkeit fortsetzen, da eine unmittelbare Beeinträchtigung ihrer Arbeitsfähigkeit kaum zu erwarten ist. Spätwirkungen möglich, Wahrscheinlichkeit für ernste somatische Schäden gering.

1-2 Gy: Übelkeit und Müdigkeit bei Energiedosen von mehr als 1,25 Gy, eventuell mit Erbrechen verbunden. Akute Veränderungen des Blutbildes (Rückgang von Lymphozyten und Neutrophilen) mit verzögerter Erholung. Mögliche Spätfolgen: Anämien, Katarakte (Linsentrübungen), maligne Tumoren, insbesondere Leukämien, Fertilitätsstörungen, Wachstumsstörungen bei Kindern im Bereich des Skeletts, Mikrozephalie. Verringerung der statistischen Lebensdauer um ca. 1%. Bereich des subakuten/chronischen Strahlensyndroms mit überwiegend chronischen Strahlenschäden (0,8-2 Gy).

2-3 Gy: Übelkeit und Erbrechen am 1. Tag. Nach einer Latenzzeit bis zu 2 Wochen leichte Formen von Appetitmangel, allgemeiner Übelkeit, Halsschmerzen, Blässe, Durchfall, mittelmäßiger Gewichtsverlust. Falls Gesundheitszustand vor der Bestrahlung nicht beeinträchtigt war und keine Komplikationen durch überlagerte Schäden oder Infektionen zu erwarten sind, Erholung innerhalb von 3 Monaten wahrscheinlich.

3-6 Gy: Übelkeit, Erbrechen und Durchfall nach wenigen Stunden. Nach kurzer Latenzzeit (ca. 1 Woche) Haarausfall (Epilation), Appetitmangel, allgemeines Unwohlsein, während der zweiten Woche Fieber, danach Hämorrhagie (innere Blutungen durch zerreißende Gefäße), Purpura (purpurfarbene Flecken auf der Haut, bedingt durch subkutanen Austritt von Blut aus den Blutgefäßen), Petechie (punktförmige Hautblutung durch Zerreißen von Kapillargefäßen), Durchfall, mittlere Abmagerung in der dritten Woche, Entzündungen in Mundhöhle und Rachenraum, Sepsis ("Blutvergiftung"), Ulzerationen (Geschwürbildung). Ab vierter Woche gehäuft Todesfälle. Bei gleichförmiger Ganzkörperbestrahlungen mit einer Energiedosis von etwa 4,5 Gy muss bei 50% der exponierten Personen innerhalb von 30 Tagen mit dem Tod gerechnet werden. Bereich des akuten und subakuten Strahlensyndroms und der $LD_{50/30}$.

6-8 Gy: Übelkeit, Erbrechen und Durchfall nach wenigen Stunden. Nach kurzer Latenzzeit gegen Ende der ersten Woche kommt es zu Durchfall, Hämorrhagie, Purpura, Entzündung in Mund- und Rachenraum, Fieber, schneller Abmagerung, Blutdruckabfall, Abgeschlagenheit, Vernichtungsgefühl, Geistesverwirrung. Tod meistens in der Mitte der zweiten Woche. Ab der dritten Woche Mortalität 100%. Bereich des akuten Strahlensyndroms (6-8 Gy, $LD_{100/30}$).

50-100 Gy: Akute toxische Wirkungen durch zerfallende Eiweißkörper, Bereich des hyperakuten Strahlensyndroms mit Störungen des Nervensystems durch Reizleitungsstörungen, Krämpfen, ausgedehnten inneren Blutungen, wechselnde Übererregbarkeit und Mattigkeit.

Um 1000 Gy: Sofortige Zerstörung des Nervensystems, dadurch Tod teilweise noch während der Bestrahlung ("Sekundentod").

Tab. 17.3: Deterministische Strahlenwirkungen auf den Menschen nach einer einzeitigen Ganzkörperbestrahlung nach Daten aus [Jaeger/Hübner], [Pschyrembel/S], [Fritz-Niggli]).

Es ist überraschend, wie gering die $LD_{50/30}$ für den Menschen ist, wenn man diese Dosis mit Energie-Expositionen des Alltags vergleicht. Eine leichte Rechnung[2] zeigt, dass die halbletale Dosis von 4,5 Gy einer Energiezufuhr entspricht, die die Körpertemperatur um nur 1/1000 °C erhöht. Bei einer Zufuhr der Bestrahlungsenergie in Form von Wärme wäre deshalb keinerlei biologische Wirkung festzustellen. Gründe für dieses Missverhältnis sind die biologischen Verstärkungsmechanismen (vor allem in der DNS) und die kleinen auf atomarer Ebene benötigten Energien, die sich schon in den verwendeten atomaren und makroskopischen Energieeinheiten symbolisieren (die atomare Einheit 1 eV entspricht nur etwa $1,6 \cdot 10^{-19}$ J).

Organismus	$LD_{50/30}$ (Gy)
Tabak-Mosaik-Virus	2000
Amöben, Wespen	1000
Schnecke	200
Fledermaus	150
Escherichia Coli	50
Forelle	15
Hamster	9-11
Goldfisch	8,5
Kaninchen, Ratte	6
Rhesusaffe	5,5
Hund	4-5,5
Mensch	**3-4,5***
Schwein	4-5,5
Ziege	3,5
Meerschweinchen	2,5-4

Tab. 17.4: $LD_{50/30}$ für verschiedene Organismen bei Ganzkörperbestrahlung und ohne medizinische Eingriffe oder Therapieversuche (nach Daten der IAEA umgerechnet aus der dort verwendeten Standardionendosis in Energiedosis mit der vereinfachten Umrechnung (1 Gy = 100 R). *: Die angegebene $LD_{50/30}$ beim Menschen ist wie bei allen anderen deterministischen Strahlenschäden dosisleistungsabhängig.

Die zu 100 % letale Dosis bei einer Ganzkörperbestrahlung des Menschen ohne medizinische Hilfe beginnt bei etwa 7 Gy ($LD_{100/30}$). Durch medizinische Eingriffe kann die $LD_{100/30}$ auf über 10 Gy verschoben werden. Ab Ganzkörperdosen oberhalb von 12-15

---

[2] Die $LD_{50/30}$ für den Menschen beträgt 4,5 Gy = 4,5 J/kg. Die Energie, die einem Kilogramm Wasser zugeführt werden muss, um seine Temperatur um 1 °C zu erhöhen, ist $4,1868 \cdot 10^3$ J/kg. Diese Zahl wird als das mechanische Wärmeäquivalent bezeichnet. Der direkte Vergleich der beiden Zahlen ergibt bei einer Bestrahlung menschlichen Gewebes mit 4,5 Gy eine Temperaturerhöhung von $4,5/4,2 \cdot 10^3 \approx 0,001$ °C.

Gy ist der Strahlentod kaum zu vermeiden. Er kann allerdings durch geeignete Maßnahmen verzögert werden. Eine Zusammenstellung der Symptome, der Therapiemöglichkeiten und der Prognosen von Strahlenschäden nach akuter Ganzkörperbestrahlung des Menschen in Abhängigkeit von der Energiedosis sowie Ratschläge zum Verhalten der zuständigen Behörden befindet sich in einem Bericht der Internationalen Strahlenschutzkommission [ICRP 28].

Zusammenfassung

- **"Deterministische Wirkung" ist der etwas missverständliche Begriff für durch Strahlenexposition ausgelöste Gewebereaktionen, da nicht jede Strahlenexposition zwangsweise zu einem klinisch nachweisbaren Gewebeschaden führt.**

- **Deterministische Strahlenwirkungen sind immer durch eine Häufung zellulärer Strahlenschäden in einem Gewebe oder dem Ganzkörper gekennzeichnet, die durch Reparaturen und die anderen Regelvorgänge in Geweben ohne medizinische Unterstützung nicht mehr kompensiert werden können.**

- **Dosiswirkungsbeziehungen sind die Darstellungen dieser deterministischen Wirkungen entweder an einem exponierten Individuum oder an einer durchschnittlichen Population.**

- **Im Falle des Individuums beschreibt eine Dosiswirkungskurve den Schweregrad des Schadens, beginnend mit einer minimalen deterministischen Wirkungsdosis bis hin zur maximalen Schädigung.**

- **Im Falle einer durchschnittlichen Population beschreiben Dosiswirkungsbeziehungen die Häufigkeiten des deterministischen Schadenseintritts.**

- **Für deterministische Wirkungen bestehen individuelle Dosisschwellen, unterhalb derer keine klinischen Wirkungen feststellbar sind.**

- **Die individuellen Dosisschwellen hängen von der Gewebeart, dem Ernährungszustand (Vitaminversorgung, Hydrierung), dem allgemeinen Gesundheitszustand und dem Alter der bestrahlten Person und ihren genetischen Dispositionen ab.**

- **Sie werden außerdem beeinflusst durch das Zeitmuster der Exposition, die Dosisleistung, die Strahlungsart (LET) und die relative biologische Wirksamkeit (RBW) dieser Strahlung.**

- **Die Höhe der Dosisschwellen unterliegt einer individuellen Bandbreite.**

- **Unterhalb dieser Dosisschwellen treten dagegen schon häufig stochastische Schäden wie die Krebsinduktion und Erbschäden auf.**

- **Deterministische Strahlenwirkungen zeigen oft unterschiedliche Dosisverläufe und Schweregrade bei einzeitigen Bestrahlungen, mehrzeitigen (fraktionierten) Bestrahlungen und Dauerexpositionen jeweils mit hoher, mittlerer oder geringer Dosisleistung.**

- **Die Dosiswirkungskurven zeigen in einer halblogarithmischen Darstellung (log. Dosisachse) einen sigmoiden Verlauf mit einem Sättigungsbereich bei hohen Dosen.**

- **Deterministische Strahlenwirkungen können zu vorübergehenden oder andauernden Veränderungen von Gewebestrukturen und ihrer Funktion führen.**

- **Beispiele sind die seit langem bekannten Hautschäden (Hautverbrennungen und Rötungen, Radiologenhaut), die Katarakt (Linsentrübung), Blutbildveränderungen, Fibrosierungen von Geweben und Stenosen von Gefäßen.**

- **Deterministische Wirkungen können prompt einsetzen und sofort feststellbar sein oder erst nach einer Latenzzeit von vielen Monaten bis Jahren klinisch manifest werden.**

- **Alle diese Wirkungen können zur langfristigen Beeinträchtigung der Lebensqualität sowie in schweren Fällen zum Tod des Individuums führen.**

17.4 Stochastische Strahlenwirkungen

Stochastische Schäden gehen auf nicht zellletale Schädigungen des Erbgutes einzelner Zellen zurück. Diese Erbgutveränderungen können Ausgangspunkt einer malignen Entartung von Körperzellen oder einer Mutation in der Keimbahn werden. Die Wahrscheinlichkeit für das Eintreten mutagener, also das Erbgut verändernder Ereignisse, unterliegt den Regeln der Statistik, so dass auch bei sehr kleinen Dosen eine endliche wenn auch geringe Wahrscheinlichkeit für einen Strahlenschaden besteht bzw. unterstellt wird. Es wird deshalb angenommen, dass für stochastische Schäden keine Schwellendosis existiert, unterhalb derer stochastische Wirkungen ausbleiben. Der Zusammenhang von Dosis und stochastischer Schadensrate wird zudem bei kleinen Dosen aus administrativen Gründen und im praktischen Strahlenschutz grundsätzlich als linear unterstellt. Zusammenfassend wird dies als **"linear no threshold model" (LNT)** bezeichnet.

Befindet sich die mutierte Zelle im Körper eines Individuums, kann sie zur Ausgangs-zelle für die Bildung eines soliden Tumors oder einer Leukämie werden. Der Zeitraum bis zur Ausbildung eines klinisch manifesten Tumors beträgt je nach Tumor- und Zell-art einige Jahre bis zu mehreren Jahrzehnten. Die Wahrscheinlichkeit einer Erbgutän-derung in einer Zelle ist immer größer als die Wahrscheinlichkeit für die Entstehung einer entsprechenden Tumorerkrankung des Organismus. Gründe dafür sind u. a. die Redundanz der genetischen Informationen in der DNS, die Inaktivierung (Abschal-tung) vieler Gene in hoch differenzierten spezialisierten Zellen, die in den Zellen wir-kenden Reparaturmechanismen und die vielfältigen Einwirkungschancen des Immun-systems auf die Entwicklung, das Wachstum und die Ausprägung von Tumoren.

Mutierte Keimzellen führen zu genetischen Fehlern, die sich unter Umständen bei den Nachkommen der bestrahlten Individuen auswirken. Man unterscheidet dabei die **Punktmutationen**, das sind Änderungen von Erbmerkmalen in einzelnen Genen, und die **Chromosomenschäden** (Chromosomenaberrationen). Befinden sich die defekten Genloci auf den Geschlechtschromosomen, werden sie als geschlechtsgebunden oder X-linked bezeichnet. Veränderungen von Genen auf den sonstigen 2 x 22 Chromoso-men, den Autosomen, heißen autosomale Mutationen. Die Erbschäden an Genen kön-nen rezessiv oder dominant auftreten. Sie wirken sich im letzteren Fall unmittelbar beim betroffenen Individuum, dem Träger des ererbten Defektes, aus. Rezessive De-fekte können sich eventuell erst nach vielen Generationen manifestieren. Da beim Menschen keine genetische Selektion stattfindet und stattfinden kann, kann die "Wir-kungszeit" von Mutationen am Erbgut des Menschen Hunderte von Jahren, also viele Generationen betragen. Nicht alle strahleninduzierten Veränderungen des Erbgutes führen allerdings zu einer genetischen Belastung der menschlichen Population, da zur Realisierung die Mutationen zum einen an Nachkommen weitergegeben werden müs-sen, und zum anderen viele genetische Veränderungen wegen der hohen Redundanz des Erbgutes und eines erheblichen Anteils inaktivierter DNS-Bereiche biologisch nicht von Bedeutung sind.

Die **chromosomalen** Schäden entstehen durch Doppelstrangbrüche oder Vernetzun-gen der Chromosomen. Sie werden als **strukturelle** Schäden bezeichnet. Typische, auch im Lichtmikroskop sichtbare strukturelle Chromosomenveränderungen sind mehrzentrische oder nichtzentrische Chromosomen, die also mehrere oder keine Ver-bindungsstellen aufweisen, Ringchromosomen, die sich durch Zusammenschluss von abgetrennten Chromosomenendstücken gebildet haben, einzelne Teilstränge, Translo-kationen eines Teilchromosoms in andere Chromosomen usw. (s. Fig. 14.11).

Chromosomenschäden können sich aber auch als **numerische** Aberrationen, also als erhöhte oder verminderte Chromosomenzahlen in der Zelle darstellen. Sie werden in die Polysomien (mehrfaches Auftreten einzelner Chromosomen) und die Polyploidien (Vervielfältigung des kompletten Chromosomensatzes) eingeteilt. Viele Polysomien sind mit schweren Beeinträchtigungen ihrer Träger verbunden. So führt zum Beispiel die Trisomie 21, also das dreifache statt doppelte Auftreten des Chromosoms 21, zum

Down-Syndrom. Andere numerische Aberrationen führen zu schwerem Kretinismus, Sterilität, Immunschwächen und Missbildungen. Polyploidien sind beim Menschen bereits frühzeitig letal.

Sehr umfassende Darstellungen der stochastischen somatischen und genetischen Schäden am Menschen befinden sich in den Datenreports der Vereinten Nationen ([UNSCEAR 1986], [UNSCEAR 2000], [UNSCEAR 2001] und [UNSCEAR 2010]), ausführliche Darstellungen der diesbezüglichen internationalen Strahlenschutzphilosophie in ([ICRP 60], 1990) und der Nachfolgeempfehlung [ICRP 103] von 2007.

17.4.1 Dosis-Wahrscheinlichkeitskurven für stochastische Schäden

Dosiswirkungen im Niedrigdosisbereich sind in der Regel stochastische Wirkungen, da die meisten deterministischen Wirkungen eine Dosisschwelle aufweisen. Unterhalb dieser Schwellen sind also ausschließlich stochastische Schäden zu erwarten. Die Wahrscheinlichkeiten für stochastische Strahlenschäden wurden in der Vergangenheit meistens aus der Strahlenschadenshäufigkeit bei hohen Dosen durch Extrapolation zu niedrigen Dosiswerten berechnet, da dort die Wahrscheinlichkeiten für eine Tumorentstehung oder genetische Defekte größer als bei kleinen Dosen sind. Man ist für diesen stochastischen Bereich also auf Extrapolationen der Ergebnisse bei höheren Dosen angewiesen. Dies führt zu erheblichen Unsicherheiten bei der Vorhersage der stochastischen Strahlenwirkungen und kann so Risikoabschätzungen im Niedrigdosisbereich erschweren. In den letzten Jahren mehren sich jedoch zum Glück auch die experimentellen Ergebnisse bei kleineren Strahlendosen und die Literaturangaben dazu, so z. B. in [ICRU 36], [ICRU 40], [ICRP 92] und den dortigen Referenzen, so dass man für Schadensvorhersagen und Risikobeurteilungen inzwischen auf solidere wissenschaftliche Daten zurückgreifen kann.

Man findet nach diesen Untersuchungen je nach Strahlungsart und LET eine schwach sublineare oder linear-quadratische Zunahme der Strahlenschäden mit der Energiedosis (s. dazu die Ausführungen im Kap. 16). Zwei von vielen mathematisch möglichen Formen der Dosis-Wirkungsbeziehungen für stochastische Schäden sind die lineare Abhängigkeit (Proportionalität von Dosis und Wirkung) und der linear-quadratische Zusammenhang (Fig. 17.2). Nach den heutigen Analysen der Daten der japanischen Atombombenopfer hängt die strahlenbedingte Karzinogenese für einzeitige Niedrig-LET-Strahlung höchstwahrscheinlich linearquadratisch von der Dosis ab. Eine Schwelle tritt dabei nicht auf. Das linearquadratische Modell wird deshalb von ICRP für Projektionsrechnungen stochastischer Schäden verwendet. Der linear-quadratische Kurvenverlauf zeigt ab einer bestimmten Dosis eine Sättigung und nimmt dann mit zunehmender Dosis wieder ab (lq-Kurve in Fig. 17.2). Der Grund sind die bei hohen Dosen eintretenden deterministischen Strahlenwirkungen mit gehäuftem Tod der betroffenen Zellen.

Werden die Dosen aus Niedrig-LET-Strahlung fraktioniert oder protrahiert verabreicht, kommt es zu einer zeitlichen "Verdünnung" der Schadensereignisse in den
relevanten Strukturen der Zellen. Die Wirkungskurven bleiben daher länger linear und
verlaufen so flach wie bei einzeitiger Exposition mit kleinen Dosen. Man erhält rein
lineare bis schwach quadratische Dosiswirkungskurven.

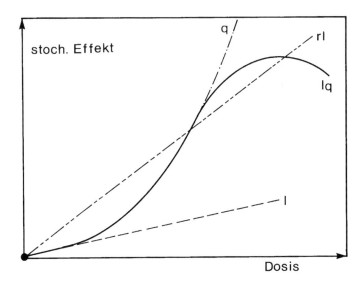

Fig. 17.2: Schematische Form von Dosiswahrscheinlichkeitskurven für stochastische Wirkungen bei einzeitiger Exposition mit Niedrig-LET-Strahlung. lq: linear-quadratischer
Kurvenverlauf mit Sättigung und Abnahme bei hohen Dosen. 1: Extrapolation des
linearen Anteils bei kleinen Dosen, q: quadratischer Anteil bei mittleren Dosen. rl:
rein linearer Zusammenhang, der bei den experimentellen Daten bei mittleren Dosen
gemittelt wurde. Er überschätzt die Wirkung bei kleinen Dosen (zur weiteren Erläuterung s. Text).

Hoch-LET-Strahlungen zeigen wegen der höheren Ionisationsdichten völlig andere
Dosisabhängigkeiten. Sie verlaufen auch bei kleinen Dosen bereits wesentlich steiler
(s. dazu Kap. 15). Der Kurvenverlauf ist in der Regel konkav, also zur Dosisachse hin
geöffnet, was auf die oben erwähnten lokalen deterministischen Effekte bei hoher
Schadensdichte hindeutet. Dosiswirkungskurven für Hoch-LET-Strahlungen erreichen
auch früher die Sättigung. Werden die Hoch-LET-Expositionen protrahiert oder fraktioniert, verlaufen nicht selten die Wirkungskurven sogar höher als bei einzeitiger
Hoch-LET-Bestrahlung, da die Schadensdichte dann geringer ist und weniger schnell
in die Sättigung übergeht (Fig. 17.3). Bei diesen modellhaften Überlegungen ist natürlich zu beachten, dass die Erzeugung eines Strahlenschadens in der Zelle nur der erste
Schritt zur Krebsentstehung ist. Ihm folgt eine bisher kaum verstandene Reihe von

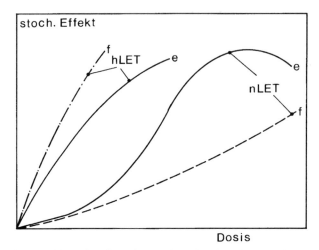

Fig. 17.3: Schematische Abhängigkeiten der Dosiswahrscheinlichkeitskurven für stochastische Wirkungen von LET und zeitlichem Bestrahlungsmuster. e: Einzeitexposition, f: fraktionierte oder protrahierte Bestrahlung. nLET: Niedrig-LET-Exposition, hLET: Hoch-LET-Strahlung (Erläuterungen s. Text).

Reaktionen in der Zelle bis zur Manifestation des Tumors, die alle zusammen für die experimentelle Form der Dosiswahrscheinlichkeitskurven verantwortlich sind.

Die Wahrscheinlichkeit für stochastische Schäden hängt bei einer gegebenen Dosis in erheblichem Ausmaß von der Strahlungsart und der Art des betroffenen Gewebes ab. Besonders strahlensensibel sind schnell proliferierende Gewebe, also alle Gewebe mit hohen Zellteilungsraten wie das Blut bildende System, die inneren Schleimhäute und die Wachstumszonen im Körper von Kindern, Jugendlichen und die Leibesfrucht. Gründe dafür sind die schlechten Reparaturchancen in den Phasen kondensierter DNS z. B. in Zellen während der Mitose- oder G_2-Phase (s. Kap. 14.5), in denen Zellen mit hoher Teilungsaktivität oft anzutreffen sind.

17.4.2 Abschätzungen des stochastischen Strahlenrisikos

Die Aufgabe des Strahlenschutzes ist es, durch Vorgabe wissenschaftlich begründeter Dosisgrenzwerte das Risiko für stochastische Strahlenschäden, also für die Karzinogenese und heriditäre Veränderungen in einem vertretbaren Rahmen zu halten. Da die Dosisschwellen für deterministische Strahlenschäden in der Regel höher sind als die Grenzwerte der Strahlenschutzgesetze, werden so automatisch auch diese erst oberhalb der Schwellen auftretenden Schäden vermieden. Bei Risikoanalysen müssen daher in erster Linie die stochastischen Risiken untersucht werden. Zu den stochastischen Strahlenwirkungen zählen nach ICRP die **Karzinogenese** (Krebsinduktion) für

Leukämien und solide Tumoren, die **genetischen** (vererbbaren oder heriditären) **Schäden** und einige Einwirkungen auf die **Leibesfrucht** bei einer pränatalen Strahlenexposition.

17.4.2.1 Abschätzung des Krebsrisikos

Datenquellen für Risikoanalysen müssen wegen der statistischen Fehler große Populationen, eindeutige Dosimetrie, lange Beobachtungszeiten und sehr detaillierte Kenntnisse aller relevanten Randbedingungen aufweisen. Zur quantitativen Erfassung der durch ionisierende Strahlungen erzeugten Krebserkrankungsrate wird heute international vor allem das Kollektiv der Atombombenopfer von Hiroshima und Nagasaki herangezogen. Die Dosisfestlegung geschieht innerhalb von **Dosimetriesystemen**, die im Laufe der Zeit durch neuere Erkenntnisse zusammen mit den daraus gezogenen Schlussfolgerungen allerdings revidiert werden mussten. Die wichtigsten Dosimetriesysteme sind das TD65 (<u>t</u>entative <u>d</u>osimetry 19<u>65</u>), das DS86 (<u>d</u>osimetry <u>s</u>ystem 19<u>86</u>), das sich vor allem in der Berechnung der Neutronendosen durch die Uranbombe in Hiroshima unterscheidet, und das aktuelle DS02 von 2002 [RERF 2003].

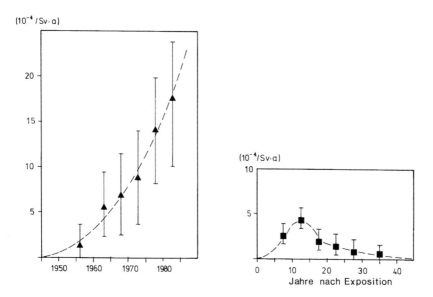

Fig. 17.4: Die zeitliche Variation der jährlichen zusätzlichen Krebsmortalitätsraten für je 10'000 Personen der japanischen Atombombenüberlebenden für Expositionen mit mehr als 0,2 Gy für den Beobachtungszeitraum 1950 - 1985 (nach Berechnungen von [Jacobi], in Anlehnung an eine Darstellung von [Jung]). Links: Alle Krebstodesfälle ohne Leukämien, rechts: nur Leukämien.

Im Beobachtungszeitraum von 1950 bis 1985 wurden im TD65 anfangs 91000 Personen, im DS86 immerhin noch 76000 Personen überwacht. Die Strahlenexposition der beobachteten Personen war eine einzeitige Ganzkörperbestrahlung mit einer Mischung aus locker ionisierender Photonenstrahlung und dicht ionisierender Neutronenstrahlung mit hohen Dosisleistungen, also eine Kurzzeitexposition. Über 50000 Personen des untersuchten Kollektivs erhielten dabei Dosen unter 0,1 Sv, ca. 17000 Dosen von 0,1 - 1 Sv. 2800 Personen wurden mit 1 - 4 Sv und etwa 250 Personen mit höheren Dosen als 4 Sv bestrahlt. Naturgemäß wurden die meisten heute noch im Kollektiv vorhandenen Personen in jugendlichem Alter bestrahlt. Die Tumorerkrankungen können wegen der hohen Personenzahl teilweise zeitlich gestaffelt nach einzelnen Tumorarten aufgeschlüsselt werden. Nach den neuesten Publikationen ([Preston 2004], [UNSCEAR 2006]) sind im Beobachtungszeitraum 86611 Personen mit auswertbarer Dosimetrie auf solide Tumoren überwacht worden. Als Bezugsdosis wurde die Dosis im Dickdarm (Colon) herangezogen. Bis zum Jahr 2000 starben aus diesem Kollektiv 10127 Personen an soliden Tumoren. Dies bedeutet einen Überschuss von 479 Fällen gegenüber der statistisch erwarteten Krebsmortalität von 9647 Fällen. Bei den Leukämien waren es 86955 überwachte Personen, deren Knochenmarksdosis ausreichend genau bestimmt werden konnte. Aufgetreten sind im Überwachungszeitraum 296 Leukämietodesfälle. Bei einer erwarteten Leukämiemortalität von 203 Fällen bleibt somit ein durch die Strahlenexposition durch die Atombomben bewirkte Zusatzrate an Leukämietodesfällen von 93 Fällen.

Daneben werden zur Vervollständigung der Daten und zu Vergleichszwecken zahlreiche weitere in Medizin, bei Strahlenunfällen oder auf sonstige Art exponierte Kollektive herangezogen ([UNSCEAR 1988], [UNSCEAR 2000], [ICRP 60]). Die wichtigsten Personengruppen entstammen der Medizin. Dazu zählen ein Kollektiv von etwa 14000 Patienten, die in England in 5 Jahrzehnten wegen degenerativer Wirbelsäulenerkrankungen (Morbus Bechterew) strahlentherapeutisch behandelt wurden, eine Gruppe gynäkologischer Patientinnen mit radioonkologisch behandelten Cervixcarcinomen und Thorotrastpatienten (Röntgenuntersuchungen mit Thorium enthaltenden Kontrastmitteln) aus Europa. Die aus allen diesen Kollektiven abgeleiteten Risikokoeffizienten sind bei Berücksichtigung der jeweiligen Verhältnisse innerhalb der statistischen Fehler miteinander verträglich, wenn auch ICRP in Zweifelsfällen die Daten der japanischen Untersuchungen ausdrücklich vorzieht.

Das Ergebnis der aktuellen Analyse der japanischen Daten ist aus zwei Gründen bemerkenswert. Im früheren Dosimetrieprotokoll TD65 war der Anteil dicht ionisierender Neutronenstrahlung in Hiroshima und die entsprechende Strahlenexposition des Hiroshima-Teilkollektivs überschätzt worden, da u. a. der die Neutronen moderierende Wasserdampfgehalt der Atmosphäre nicht korrekt berücksichtigt worden war. Die neueren Dosimetriesysteme zeigen dagegen für Hiroshima und Nagasaki nur geringe Beiträge der Neutronen zur Gesamtdosis. Die ursprünglich der Neutronen- und nicht der Gammastrahlenexposition zugerechneten Effekte müssen heute deshalb überwiegend der Photonendosis zugeordnet und die Risikoabschätzungen für letale Krebsraten durch Photonenexpositionen deutlich erhöht werden.

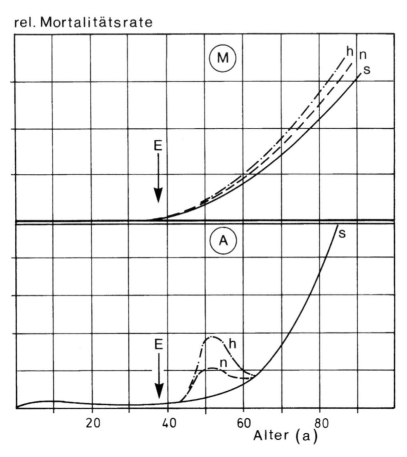

Fig. 17.5: Schematische Darstellung des additiven und des multiplikativen Risikomodells für strahleninduzierte letale Krebsfälle. Aufgetragen sind jeweils die altersabhängigen spontanen Tumorraten (s) über dem Alter (durchgezogene Linien), und die induzierten letalen Krebsraten nach einer Strahlenexposition für niedrige (n) und höhere Dosen (h, durchbrochene Kurven). Im additiven Modell (A: unten) tritt nach einer Latenzzeit von wenigen Jahren eine dosisabhängige zusätzliche Krebsrate auf, die nach einer Zeit von 10-15 Jahren gegen Null strebt und in die Spontankurve übergeht. Das additive Modell ist nach heutiger Kenntnis gültig für Leukämien. Im multiplikativen Modell (M, oben) bewirkt eine Strahlenexposition (Pfeil) nach einer entsprechenden Latenzzeit eine dosisabhängige zusätzliche Krebsrate, die zudem zur spontanen Rate proportional ist und deshalb bis zum Lebensende ständig zunimmt.

Diese Interpretation wird durch neueste Untersuchungen langlebiger Aktivierungsprodukte aus den Reaktionen $^{63}Cu(n,p)^{63}Ni$ für den Einfang schneller Neutronen und

^{40}Ca(n,γ)^{41}Ca für thermischen Neutroneneinfang unterstützt. Dazu wurden kupferhaltige Materialien wie Dachrinnen und Rohre auf ^{63}Ni und Zahnschmelz von Hiroshima-Opfern untersucht, die sich in Entfernungen vom Hypozentrum ("Ground Zero") der Explosionen aufhielten, die ein Überleben ermöglichten ([Straume 2003], [Wallner 2002]).

Die zweite sehr viel bedeutendere Änderung ergibt sich aus der erst nach der langen Beobachtungzeit feststellbaren neuen zeitlichen Struktur der Krebsinzidenzen. Die zeitliche Entwicklung der Leukämien entspricht den bisherigen Kenntnissen. Danach treten erste strahleninduzierte Leukämien nach einer Latenzzeit von nur 2-5 Jahren auf, erreichen das Maximum der nach etwa 10 Jahren und fallen danach stetig ab. Ab etwa 20 Jahren nach der Exposition ist kaum noch mit strahleninduzierten Leukämien zu rechnen, die Gesamtleukämieraten nähern sich wieder der spontanen Rate, die wie die meisten Tumoren stetig mit dem Alter der beobachteten Personen anwächst (Fig. 17.5 unten). Strahleninduzierte Leukämien entstehen mit einer zur Dosis proportionalen Häufigkeit, die unabhängig von der spontanen altersbedingten Leukämierate ist. Je höher die Dosis ist, umso höher ist also auch der Beitrag an induzierten Leukämien, der sich dem spontanem Anteil vorübergehend als additiver Beitrag überlagert. Diesen Sachverhalt bezeichnet man als **additives** oder **absolutes Risikomodell**. Es wird heute als gültig für die Leukämieinduktion betrachtet (Fig. 17.5 unten).

Die Manifestationsrate für alle anderen beobachteten Tumoren zeigt ein völlig anderes Zeitverhalten (Fig. 17.4 links). Bisher war Schulwissen, dass strahleninduzierte Tumoren nach einer Latenzzeit von 5-10 Jahren allmählich auftreten mit einer maximalen Rate nach etwa 20-25 Jahren. Nach dieser Zeit sollte die zusätzliche Tumorrate schnell abnehmen und sich wie bei den Leukämien dann nicht mehr von der spontanen Rate unterscheiden. Die induzierte Rate sollte dosisproportional und additiv sein. Nach den Erkenntnissen des DS86 ist diese Vermutung falsch. Tatsächlich nahm die strahleninduzierte zusätzliche Tumorrate selbst 40 Jahre nach der Exposition noch ständig zu. Sie ist darüber hinaus nicht nur dosisabhängig sondern auch proportional zur spontanen altersbedingten Tumorrate. Dies gilt nicht nur für die totale Tumorinzidenz, sondern lässt sich aus der neuen Datenanalyse selbst für einzelne Tumorarten und Teilpopulationen nachweisen. Das entsprechende Risikomodell wird als **multiplikatives** oder **relatives Risikomodell** bezeichnet (Fig. 17.5 oben) und wird nach Expertenmeinung außer bei Leukämie als gültig für alle Tumorarten betrachtet.

Die Bedeutung dieses Ergebnisses kann nicht hoch genug eingeschätzt werden. Wenn die Interpretationen des multiplikativen Modells korrekt sind, werden durch eine Strahlenexposition offensichtlich lebenslang andauernde "Tumorkeime" gelegt, die erst bedingt durch multifaktorielle Einflüsse wie die mit dem Lebensalter veränderliche Immunsystem- und Hormonlage, chemische oder thermische Einwirkungen u. ä. mit dem gleichen Zeitmuster wie die spontanen Tumoren zum Ausbruch kommen. Der menschliche Körper scheint also frühere Strahlenexpositionen auch nach vielen Jahrzehnten nicht zu vergessen.

Um aus den Rohdaten der japanischen Studien allgemeingültige Risikoabschätzungen für stochastische Strahlenwirkungen ableiten zu können, müssen die speziellen japanischen Ergebnisse auf die verschiedenen Expositionsbedingungen erweitert werden. Dies geschieht im Rahmen so genannter **Projektionsmodelle**.

Organ	Krebstodesfälle pro 10^4 Personen und Sv $(10^{-4} \cdot Sv^{-1})$	Risikokoeffizient (%/Sv)	Lebenszeitverlust (Jahre)	relativer letaler Anteil an allen Krebsfällen (%)
Blase	30	0,3	10	50
Brust	20	0,2	18	50
Colon	85	0,85	12,5	55
Haut	2	0,02	1,5	0,2
Knochenmark*	50	0,5	3,1	99*
Knochenoberfläche	5	0,05	15	70
Magen	110	1,1	12,5	90
Lunge	85	0,85	13,5	95
Leber	15	0,15	15	95
Ovarien	10	0,1	17	70
Schilddrüse	8	0,08	15	10
Speiseröhre	30	0,3	11,6	95
Restkörper	50	0,5	13,7	
Total:	**500**	**5,0**	**15**	**80**
Cervix				45
Hirn				80
Nieren				65
Pankreas				99
Prostata				55
Uterus				30

Tab. 17.5: Zusätzliches Lebenszeitrisiko für letale Krebserkrankungen für je 10'000 exponierte Personen bei einer Effektiven Dosis von 1 Sv bei niedriger Dosisleistung. Der Risikokoeffizient gibt das mittlere persönliche Risiko an, das zu dem natürlichen Lebenszeitkrebsrisiko von ca. 20% (in westlichen Industrienationen 25%) addiert werden muss. Der Verlust an Lebenszeit durch strahleninduzierten letalen Krebs beträgt im Mittel 15 Jahre. Aus dem relativen Anteil der Krebserkrankungen, die zum Tode führen, kann man die totale strahleninduzierte Krebsrate berechnen. Letalitätsanteile für die im unteren Teil der Tabelle aufgeführten Organe stammen nicht aus japanischen Daten, da für diese Tumorarten zu wenig Daten vorhanden sind, nach Daten aus [ICRP60]. *: Leukämien.

Zentrale Fragen sind dabei die Dosis- und Dosisleistungsabhängigkeit der stochastischen Strahlenwirkungen, Unterschiede in der Wirkung einzeitiger oder protrahierter Bestrahlung, der Einfluss des LET, Einflüsse von Teilkörper- und Ganzkörperexpositionen, populationstypische Parameter wie Lebensweise, genetische Dispositionen, geografische Einflüsse, die Alters- und Geschlechtsabhängigkeit des Strahlenrisikos und vieles mehr.

Mit Hilfe eines linear-quadratischen Dosiseffektmodells für stochastische Strahlenwirkungen wurden durch ICRP die japanischen und einige zusätzliche Daten aus anderen Quellen analysiert und auf andere Populationen projiziert. Dies führte zu einer Neueinschätzung des Strahlenkrebsrisikos und zu neuen Empfehlungen der internationalen Strahlenschutzgremien. Die Ergebnisse sind Tabellen oder Kurven für die mittleren Krebsmortalitäten (die Wahrscheinlichkeiten, an einem Strahlenkrebs zu sterben), die Gesamtzahl der durch Strahlung induzierten Krebsfälle, Lebenszeitverkürzungen durch induzierte letale Krebsfälle und eine Reihe von Skalierungsfaktoren für Alter und Geschlecht exponierter Personen, die entsprechende Abhängigkeiten der Krebsmortalitäten berücksichtigen sollen.

Auszüge aus den Datensammlungen der ICRP für eine mittlere Weltbevölkerung [(ICRP 60] sind in Tabelle (17.5) zusammengestellt. Danach werden bei einer Strahlenexposition von 10'000 Personen mit einer Effektiven Dosis von 1 Sv bei niedriger Dosisleistung also 500 zusätzliche letale Krebsfälle induziert. Zusätzlich entstehen zwischen 90% (Schilddrüse) und 1% (akute Leukämien) nicht letale Krebserkrankungen. Die Gesamtzahl an letalen und nichtletalen Krebsfällen für ein bestimmtes Organ erhält man, wenn man die letalen Krebsfälle durch den relativen letalen Anteil dividiert (Beispiel: Gesamtzahl der Colon-Krebsfälle = 85/0,55 = 155).

Für die arbeitende Bevölkerung kommt es wegen des kürzeren betrachteten Zeitabschnitts (18-64 Jahre = Lebensarbeitszeit) zu einer Verminderung der induzierten letalen Krebsfälle auf im Mittel (400/10000)/Sv (entsprechend 4%/Sv). Die in Tab. (17.5) aufgeführten Krebsraten sind nur etwa halb so groß, wie die beim japanischen Kollektiv tatsächlich beobachteten Raten. Dies ist eine Folge der oben angedeuteten Projektionsrechnung, die die damalige Exposition wegen der zum Teil höheren Dosisleistung gemäß der linear-quadratischen Dosiswirkungskurve um etwa den Faktor 2 nach unten korrigiert hat. Die relative Verteilung der organspezifischen Krebsraten ist wegen einiger Besonderheiten des japanischen Kollektivs umstritten. Es wurde darüber nachgedacht, sie vielleicht für die westlichen Industrienationen für Brustkrebs (Faktor 3 nach oben) und Magenkrebs (Faktor 1/3) zu revidieren ([Jung], [ICRP 103]). Die neuen Faktoren sind mittlerweile pauschaliert in die aktuellen Strahlenschutznormen eingearbeitet. Auch für andere Tumorinduktionen werden heute in der Wissenschaft leicht unterschiedliche Daten unterstellt und verwendet.

Zusammenfassung

* **Stochastische Schäden können Krebserkrankungen, vererbbare genetische Defekte oder Schäden an der Leibesfrucht sein (s. Kap. 17.5).**

* **Zur Abschätzung der stochastischen Risiken dienen vor allem die Daten der überlebenden Atombombenopfer von Hiroshima und Nagasaki.**

* **Die Wahrscheinlichkeiten für stochastische Risiken werden durch Risikokoeffizienten ausgedrückt, die üblicherweise pro Einheit der Effektiven Dosis angegeben werden.**

* **Das Risiko für die Induktion einer letalen Krebserkrankung durch Strahlenexposition mit niedriger Dosisleistung beträgt im Mittel für alle Krebsarten 5%/Sv. Bei hoher Dosisleistung ist es wegen des linear-quadratischen Dosiswirkungsverlaufs etwa doppelt so hoch. Es beträgt also ca. 10%/Sv.**

* **Das strahleninduzierte Krebsmorbiditätsrisiko liegt bei niedriger Dosisleistung bei 6%/Sv.**

17.4.2.2 Das heriditäre Strahlenrisiko

Die Häufigkeit strahleninduzierter hereditärer genetischer Schäden wird auch heute noch meistens aus Tierexperimenten abgeleitet. Selbst in dem großen japanischen Kollektiv der Atombombenüberlebenden konnten keine statistisch einwandfrei gesicherten Daten für den heriditäre Schäden am Menschen abgeleitet werden. Als Methode wird das **Verdopplungsdosisverfahren** angewendet. Dabei wird die Dosis angegeben, bei der sich die Zahl der natürlichen genetischen Schäden in einer Population verdoppelt, die sich im genetischen Gleichgewicht befindet. Bei diesem Verfahren kann natürlich nicht die Anzahl aller genetischen Schäden der Beurteilung zugrunde gelegt werden, vielmehr werden bekanntermaßen genetisch bedingte Erkrankungen, Missbildungen und ähnliche Auswirkungen herangezogen. Es werden also nur solche genetischen Veränderungen erfasst, die zu feststellbaren Beeinträchtigungen (englisch: disorders) des Menschen führen.

Diese Schäden werden in drei Gruppen eingeteilt. Die erste Gruppe sind die **Mendelschen Schäden** durch autosomal dominante, autosomal rezessive und X-linked (geschlechtsgebundene) Mutationen. Die zweite Gruppe umfasst die **chromosomalen Schäden** durch numerische und strukturelle Aberrationen der Chromosomen. Die dritte Gruppe beschreibt die **multifaktoriellen genetischen Schäden**, die aus dem Wechselspiel von Mehrfachpunktmutationen mit der Umwelt entstehen. Die letzte Gruppe sind die angeborenen, also **congenitale Defekte.** Etwa 30-50 % aller genetischen Defekte werden als schwerwiegend betrachtet und in der Beeinträchtigung des menschlichen Lebens einer letalen Krebserkrankung gleichgesetzt. ICRP hat diesen

Schäden daher sogar ähnlich wie bei den Tumoren einen Lebenszeitverlust von 20 Jahren zugeordnet. Eine wichtige Grundlage genetischer Untersuchungen ist die Kenntnis der spontanen Schadensrate (Tab. 17.6). Die Zunahme der Zahl der genetischen Defekte durch Strahlenexposition wird als dosisproportional angenommen.

Die Erhöhung der genetischen Schadensrate durch Bestrahlung wird von ICRP für schwere genetische Schäden auf 0,01/Sv = 1%/Sv genetisch signifikanter Dosis geschätzt, die Wahrscheinlichkeit für einen sich manifestierenden strahleninduzierten schweren genetischen Schaden in den ersten beiden Generationen auf je 0,15%/Sv. Das mittlere genetische Risiko beträgt also nur 1/5 des strahleninduzierten Krebsmortalitätsrisikos von 5%/Sv. Wird nur die arbeitende Bevölkerung betrachtet, reduziert sich die genetische Schadensrate durch Strahlenexposition wieder wegen der kürzeren Zeitspanne auf 0,6%/Sv. Eine ausführliche Darstellung zu heriditären Schäden gibt [UNSCEAR 2001].

genetische Schadensart	Häufigkeit (%)	Manifestationszeitpunkt
autosomal dominant	0,9	bei Erwachsenen
autosomal rezessiv	0,25	Kindheit, Jugend
X-linked	0,1	Kindheit, Jugend
chromosomal	0,38	Kindheit, Jugend
congenital	6,0	Geburt
multifaktoriell	6,5	bei Erwachsenen

Tab. 17.6: Relative Häufigkeiten spontan auftretender genetischer Schäden nach [ICRP 60].

Zusammenfassung

- **Durch ionisierende Strahlung ausgelöste heriditäre, also an die Nachkommen vererbbare Schäden sind beim Menschen bisher nicht bewiesen aber nicht auszuschließen.**

- **Sie werden nach Extrapolationen aus Tiermodellen jedoch erwartet und ihre Existenz deshalb aus Sicherheitsgründen und wegen der eventuell langwierigen Folgen für das menschliche Erbgut unterstellt.**

- **Die Wahrscheinlichkeit für schwere genetische Schäden beim Menschen wird zu 1%/Sv angenommen, von denen je 0,15%/Sv in Form dominanter Schäden in der ersten und der zweiten Folgegeneration auftreten.**

17.4.3 Altersabhängigkeit des stochastischen Strahlenrisikos

Die numerischen Werte für das stochastische Risiko nach den amtlichen Abschätzungen der ICRP sind in der folgenden Tabelle (17.7) zusammengefasst. Danach beträgt die totale Krebsinzidenz (Krebsmorbidität) bei Erwachsenen und Kindern jeweils 6%/Sv, die Krebsmortalität bei Erwachsenen beträgt 5%/Sv. 1% aller Krebsfälle sind also nicht letal. Die heriditären Schäden sind reine Schätzungen, da es für den Menschen keine experimentellen Daten gibt.

Relatives Risiko (10^{-2}/Sv)

Population	totale Krebsinzidenz	nicht letaler Krebs	Erbschäden	Total
Erwachsene	6,0	1,0	1,0	7,0
Leibesfrucht	6,0		0,1-0,3	6,1 – 6,3

Tab. 17.7: Relatives altersgemitteltes stochastisches Gesamtrisiko durch Strahlenexposition für niedrige Dosisleistungen nach [ICRP 60]. Bei den Erbschäden ist nur der Anteil schwerer Erbschäden, nicht aber der Anteil multifaktorieller Schäden berücksichtigt. Für hohe Dosisleistungen verdoppeln sich die Krebsrisiken.

Abschätzungen möglicher stochastischer Schäden nach diesen Risikowerten berücksichtigen allerdings nicht das Alter, das Geschlecht der Personen zum Zeitpunkt der Exposition und die Art der Tumorerkrankungen, da sie nur aus altersgemittelten Daten ermittelt wurden und für sämtliche Tumorarten pauschal gelten sollen. Die strahlenbiologische Bewertung z.B. radiologischer Maßnahmen oder im praktischen Strahlenschutz ausschließlich nach diesen Risikokoeffizienten der ICRP ist daher aus mehreren Gründen fragwürdig. Eine von der ICRP publizierte numerische Zusammenstellung der altersbedingten Krebsmortalitäten der amerikanischen Bevölkerung zeigt die gravierenden Abweichungen dieser Daten von den unterstellten pauschalierten mittleren Risikowerten.

Man findet in (Tab. 17.8) und in der grafischen Darstellung (Fig. 17.6) sehr typische altersabhängige Verläufe mit einer starken Abnahme der einer Exposition zugerechneten Sterberate oberhalb von 20 Jahren und einer weiteren stetigen Reduktion ab etwa 50 Jahren. Die Daten zeigen zusätzlich geschlechtsspezifische Unterschiede und unterscheiden sich außerdem nach der Art der entstehenden Tumorerkrankungen (Tab. 17.8). Die Krebssterberaten dieser Tabelle wurden für die Leukämien nach einem linearquadratischen Modell, die Nicht-Leukämiefälle nach einem linearen Extrapolationsmodell für die Sterbetafeln der US-amerikanischen Bevölkerung berechnet. Die von ICRP neuerdings unterstellten totalen Krebsraten in (Tab. 17.7) unterscheiden

sich geringfügig von den mittleren Werten dieser amerikanischen Untersuchung, da
hier eine andere Altersstruktur und Lebenserwartung der Populationen vorliegt.

Alter bei der Exposition	Sterbewahrscheinlichkeit Männer pro 1000 Personen					
(Jahre)	Summe	Leukämie	ohne Leukämie	Brust	Atemtrakt	Verdau-ungstrakt	Andere
5	12,76	1,11	11,65	-	0,17	3,61	7,87
15	11,44	1,09	10,35	-	0,54	3,69	6,12
25	9,21	0,36	8,85	-	1,24	3,89	3,72
35	5,66	0,62	5,04	-	2,43	0,28	2,33
45	6,00	1,08	4,92	-	3,53	0,22	1,17
55	6,16	1,66	4,50	-	3,93	0,15	0,42
65	4,81	1,91	2,90	-	2,72	0,11	0,07
75	2,58	1,65	0,93	-	0,90	0,05	-
85	1,10	0,96	0,14	-	0,17	-	-
Mittelwert	**7,70**	**1.10**	**6,60**		**1,90**	**1,70**	**3,00**

Alter bei der Exposition	Sterbewahrscheinlichkeit Frauen pro 1000 Personen					
(Jahre)	Summe	Leukämie	ohne Leukämie	Brust	Atemtrakt	Verdau-ungstrakt	Andere
5	15,32	0,75	14,57	1,29	0,48	6,55	6,25
15	15,66	0,72	14,94	2,95	0,70	6,53	4,76
25	11,78	0,29	11,49	0,52	1,25	6,79	2,93
35	5,57	0,46	5,11	0,43	2,08	0,73	1,87
45	5,41	0,73	4,68	0,20	2,77	0,71	1,00
55	5,05	1,17	3,88	0,06	2,73	0,64	0,45
65	3,86	1,46	2,40	-	1,72	0,52	0,16
75	2,27	1,27	1,00	-	0,72	0,26	0,03
85	0,90	0,73	0,17	-	0,15	0,04	-
Mittelwert	**8,10**	**0,80**	**7,30**	**0,70**	**1,50**	**2,90**	**2,20**

Tab. 17.8: Zusätzliche strahleninduzierte Krebsmortalität der amerikanischen Bevölkerung nach einer einzeitigen homogenen Ganzkörperexposition mit einer Effektiven Dosis von 100 mSv als Funktion des Lebensalters zum Expositi-
onszeitpunkt, nach [ICRP 60]. Angegeben ist die Zahl der erwarteten
Krebstodesfälle für je 1000 Personen.

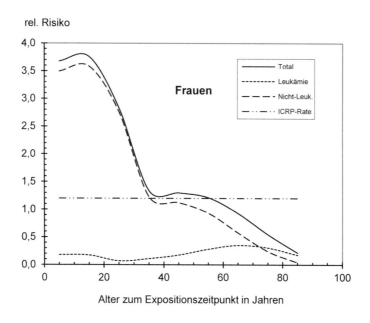

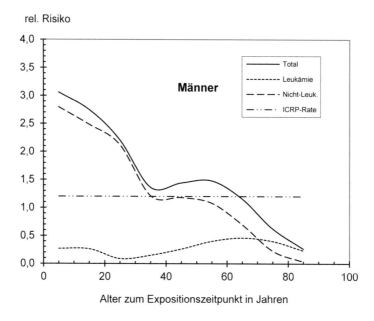

Fig. 17.6: Zeitlicher Verlauf der Krebsmortalitätsrate von Frauen und Männern für eine Strahlenexposition von 10^4 Personen mit einer Effektiven Dosis von 2,4 mSv (einer zusätzlichen Effektiven natürlichen Jahresdosis), berechnet für Niedrig-LET-Strahlung für die US-Bevölkerung nach Daten aus [ICRP 60]. Zum Vergleich ist die mittlere zusätzliche Krebsmortalitätrate nach der ICRP-Schätzung (5%/Sv) eingezeichnet (ICRP-Rate nach Tab. 17.9).

Aus strahlenbiologischen Gründen ist die Exposition junger Individuen mit ihren mitotisch aktiven und im Aufbau befindlichen Geweben mit einem wesentlich höheren Strahlenrisiko verbunden als vergleichbare Expositionen älterer Menschen. Wegen ihrer höheren mittleren Lebenserwartung manifestieren sich die induzierten Krebsfälle und die Mortalität. Die zu erwartende Krebsrate nach einer Strahlenexposition bei jüngeren Menschen ist daher wesentlich größer als bei älteren Personen mit ihrer geringeren Lebenserwartung. Ältere Personen "erleben" ihren im Alter strahleninduzierten soliden Krebs oft nicht mehr. Neben der Altersabhängigkeit der Strahlenrisiken findet man auch deutliche Unterschiede nach der Art des induzierten Krebses. Induktion solider Tumoren spielen für ältere Personen keine bedeutende Rolle. Die Fälle letaler solider Tumoren beträgt nur ein Viertel bis ein Fünftel der unterstellten Raten.

Bei Kindern und Jugendlichen ist die Rate dagegen etwa um den Faktor 3 gegenüber der ICRP-Rate erhöht. Ein anderes Bild zeigen die Leukämien. Die kurze Zeit bis zur Manifestation der Leukämien (s. Fig. 17.4 und 17.5) und das im Alter nachlassende Immunsystem und die sonstige altersbedingten Einflussparameter lassen die Leukämien bei einer Exposition im Alter zur dominierenden Tumorart werden. Auffällig ist auch die erhöhte Krebsmortalität für Frauen für die soliden Tumoren bei einer Exposition in jugendlichem Alter. Im mittleren Alter, also in der Zeitspanne der beruflichen Tätigkeiten, entsprechen die Mortalitätsraten in guter Näherung den von ICRP unterstellten Werten.

Ein weiteres Problem ist die pauschale Angabe von Morbiditäts- und Mortalitätssraten in (Tab. 17.7). Die moderne Onkologie erzielt mittlerweile erheblich bessere Heilungsraten als die von ICRP unterstellten ca. 20%. Die Heilungschancen unterscheiden sich außerdem erheblich je nach Tumorart und Diagnosezeitpunkt. Die aktuelle Strahlenschutzverordnung und die Effektive Dosis verwenden deshalb als Kriterium nicht mehr die Krebsmortalität sondern beziehen sich in den Grenzwerten und den Berechnungen auf das Erkrankungsrisiko.

Obwohl die Effektive Dosis das Strahlenrisiko wegen der Altersmittelung für ältere Patienten also in der Regel deutlich überschätzt und in der Jugend unterschätzt, kann die Angabe der Effektiven Dosen neben der Spezifikation von Organdosen zumindest als nützliche Vergleichsgröße in der medizinischen Radiologie herangezogen werden. Weitere Ausführungen zu Kosten-Nutzen-Analysen in der Radiologie befinden sich in [ICRP 60] und [SSK 30] und in (Kap. 17.2).

Zusammenfassung

- **Pauschale Angaben über strahlenbedingte Krebsinduktionen berücksichtigen nicht das Alter betroffener Individuen.**

- **Kinder und Jugendliche weisen aus strahlenbiologischen Gründen bis zum Faktor 3,5 höhere Krebsrisiken auf als Menschen mit mittlerem Alter.**

- **Die pauschalen Angaben für das stochastische Risiko (6% Krebsmorbiditäts-risiko, 1% heriditäre Schadensinduktion) entsprechen sehr gut den Werten der Teilpopulation im mittleren berufsfähigen Alter.**

- **Ältere Personen haben wegen ihrer geringeren Lebenserwartung ein deutlich vermindertes strahleninduzierbares Krebsmortalitätsrisiko.**

- **Bei hohen Dosisleistungen sind die Schadenserwartungen pauschal zu ver-doppeln.**

- **Aussagen zur Krebsmortalität, die in der amerikanischen Studie gemacht wurden, sind wegen der heute deutlich verbesserten Heilungschancen und Früherkennung nicht mehr hinreichend aussagekräftig zur Beurteilung eines stochastischen Strahlenschadens.**

- **Zur Schadensabschätzung wird daher die Krebsmorbidität vorgezogen.**

- **Auch bei den erwähnten geringeren heutigen Sterberaten bleibt die beschrie-bene Form der Altersverteilungen erhalten.**

17.5 Risiken pränataler Strahlenexposition

Strahlenexpositionen der Leibesfrucht durch Strahlenanwendungen auf Schwangere sind wegen der erhöhten Zellteilungsraten der Leibesfrucht wesentlich kritischer als die Bestrahlung ausgewachsener Personen. Bei Embryonen oder Feten[3] können im Prinzip die folgenden Strahlenrisiken auftreten: Letale Wirkungen auf den Embryo oder Fetus, Missbildungen und Wachstumsstörungen, geistige Retardierung, Intelli-genzverlust, Induktion von soliden Tumoren oder Leukämien und vererbbare Defekte ([UNSCEAR 1986], [UNSCEAR 1993], [ICRP 49], [ICRP 90]). Die ersten vier Wir-kungen sind deterministischer Natur und treten deshalb erst oberhalb einer Dosis-schwelle auf, die drei letzteren sind dagegen stochastischer Art, werden also als "schwellenlos" angenommen. Die Wahrscheinlichkeit der Strahleneffekte hängt von den Entwicklungsstadien der Leibesfrucht ab. Die angeführten Risikokoeffizienten entstammen Schätzungen der Vereinten Nationen und der Internationalen Strahlen-schutzkommission ICRP.

Wirkungen auf den Embryo: Die Präimplantationsphase dauert maximal bis zum 10. Tag nach der Empfängnis. Wird bis zu diesem Zeitpunkt ein menschlicher Embryo mit ausreichend hohen Dosen bestrahlt, ist mit einer Wahrscheinlichkeit von 100%/Sv mit dem Tod zu rechnen. Die Dosisschwelle liegt bei 100 mSv. Ein der Strahlenexpo-sition entsprechender Anteil der Embryonen stirbt ab, alle anderen entwickeln sich

---

[3] Beim Menschen wird die Leibesfrucht bis zum Ende der Organausbildung (Ende der 8. Woche) als Embryo, ab dann als Fetus oder Fötus bezeichnet.

normal. Bestrahlung im Zeitraum von der 2. bis zur 8. Woche führt oberhalb einer Schwelle von 100 mSv mit einer Wahrscheinlichkeit von 50%/Sv zu schweren Missbildungen oder zum Tod. Die Art der Missbildung ist abhängig vom Entwicklungszustand. Schwere Verformungen des Hirns oder Spinalkanals treten während der Ausbildung der Körperachse auf (Zeitraum etwa 16 bis 18 Tage p. c.). Während der Organogenese dominieren Organmissbildungen (29 bis 32 Tage p. c.). Die entsprechende spontane Missbildungsrate beträgt 6% (s. Tab. 17.9).

Wirkungen auf die Hirnentwicklung: Strahlenexpositionen während der Bildung des zentralen Nervensystems von der 8. bis zur 25. Woche können schwerwiegende geistige Retardierung durch Störung des ZNS-Wachstums und der Ausbildung der Hirnstrukturen verursachen. Der Risikokoeffizient beträgt zwischen 40%/Sv und 10%/Sv. Die Dosisschwelle wurde beim japanischen Kollektiv zwischen 0,6 Sv (Woche 8 – 15) und 0,9 Sv (Woche 16 – 25) bestimmt. Sicherheitshalber wird sie für Strahlenschutzzwecke bei nur 300 mSv angenommen [Otake]. Die mittlere spontane Rate für schwere geistige Retardierung beträgt 0,8% aller Lebendgeburten.

Effekt	Zeitraum nach Konzeption	Dosisschwelle (mSv)	Risikokoeffizient* (1/Sv)
Tod während Präimplantation	bis 10 d	100	100%
Missbildungen	10 d-8. Woche	100	50%
Schwere geistige Retardierung	8.-17. Woche	300	40%
	16.-25. Woche	300	10%
Intelligenzverlust	8.-17. Woche	-	30 IQ-Punkte
	16.-25. Woche	-	10 IQ-Punkte
Induktion maligner Erkrankungen		-	6%
Erzeugung vererbbarer Defekte		-	0,1-0,3% (w/m)

Tab. 17.9: Risikokoeffizienten bei pränataler Strahlenexposition nach [ICRP 103], [DGMP7] und [ICRP 49]. *: oberhalb der Schwelle.

Exposition mit Niedrig-LET-Strahlung und niedrigeren Dosen kann bereits Intelligenzminderungen bewirken. ICRP gibt zwischen der 8. und 17. Woche einen aus der Analyse Daten der japanischen Atombombenopfer abgeleiteten Koeffizienten von 30 IQ-Punkten/Sv mit einer linearen Abhängigkeit von der Dosis an. Von der 16. bis zur 25. Woche werden IQ-Verluste von 10 Punkten/Sv nach einem linear-quadratischen Modell unterstellt. Für diesen Effekt existiert nach heutigem Wissen, anders als früher unterstellt, keine Schwellendosis ([UNSCEAR 1993], [UNSCEAR 2000]). Strahlenbedingte Intelligenzminderung zählt also zu den stochastischen Schäden. Diskutiert wird eine Schädigung einzelner den Cortex aufbauender Stammzellen. Für fraktionierte Bestrahlung und Hoch-LET-Strahlungen gibt es keine unmittelbaren menschlichen Daten, Ergebnisse können jedoch aus Tierexperimenten abgeleitet werden.

Fetale Karzinogenese: Strahleninduzierte Tumoren von Feten entstehen durch Mutatationen embryonaler oder fetaler Stammzellen. Nach ([ICRP 60], [ICRP 90], [ICRP 103]) treten sie in Form von Leukämien und eventuell soliden Tumoren (Wilms-Tumoren, Neuroblastome) innerhalb der ersten 15 Lebensjahre auf. Danach ist nach heutiger Kenntnis mit keiner weiteren Erhöhung der strahlungsinduzierten kindlichen Tumorraten zu rechnen (additives Risikomodell, s. Fig. 17.5), [UNSCEAR 1986]). Die Strahleninduktion von soliden Tumoren bei Feten ist umstritten ([ICRP 90], [ICRP 103], Annex A). Es wird vermutet, dass solide Tumoren wie auch die Leukämien vor allem im ersten und auch im dritten Schwangerschaftstrimester auslösbar sind. Die Wahrscheinlichkeit für das Auslösen einer malignen Erkrankung im Mutterleib wird der Rate während der gesamten Kindheit und Jugend gleichgestellt. Der Risikokoeffizient für das Auftreten von Leukämien und soliden Tumoren durch intrauterine Strahlenexposition im Zeitraum bis 15 Jahre wird mit 6%/Sv gleich hoch eingeschätzt wie das gesamte Lebenszeitrisiko für strahleninduzierte Krebserkrankungen des Erwachsenen (nach Daten der OSCC: Oxford Survey of Childhood Cancers, z. B. [Doll 1997]). Als wahrscheinlicher Grund für diese Rate werden die hohen Proliferationsraten, also Zellteilungsraten, fetaler Gewebe vermutet. Über die Krebsinduktion in der Präimplantationsphase gibt es keinerlei verwertbare Daten, so dass davon ausgegangen werden kann, das in diesem Zeitraum keine Tumoren ausgelöst werden.

Heriditäre Effekte: Genetische Defekte in der ersten Generation sind bei Bestrahlung der Gonaden in utero doppelt so häufig zu erwarten wie bei der Strahlenexposition der durchschnittlichen Bevölkerung unterstellt wird. Der Risikokoeffizient beträgt 0,3%/Sv bei männlichen und 0,1%/Sv für weibliche Feten.

Zusammenfassung

* **Die Wahrscheinlichkeiten für stochastische Schäden an der Leibesfrucht hängen vom Schadenstyp ab.**

* **Zu den stochastischen Schäden zählen neben der Erzeugung von malignen Erkrankungen (vor allem Leukämien) auch der strahleninduzierte IQ-Verlust während der Entwicklung des Großhirns.**

* **Stochastische Schäden an der Leibesfrucht sind wahrscheinlicher als bei erwachsenen Personen, da Embryonen und Feten höhere Zellteilungs- und Wachstumsraten aufweisen und weniger Reparaturenzyme bereit haben.**

- **Zusätzliche Fetalschäden sind deterministischer Natur. Sie betreffen die Missbildung von Organen und vermindertes zerebrales Wachstum. Die Dosisschwellen dafür werden typisch bei Dosen von 100-300 mSv angenommen.**

- **Der Schweregrad dieser deterministischen Wirkungen ist abhängig vom Zeitpunkt und den Dosen bei der Exposition.**

Aufgaben

1. Was bedeuten die Begriffe Strahlenrisiko und Schadenserwartung?

2. Was versteht man unter der $LD_{50/30}$? Wie groß ist ihr Wert beim Menschen und beim Tabakmosaik Virus? Versuchen Sie eine Erklärung für die um fast 3 Größenordnungen unterschiedlichen Werte.

3. Was versteht man unter einer Polyploidie und einer Polysomie. Zu welchen Strahlenschäden zählen diese beiden Ereignisse?

4. Bei welcher Art von Strahlenwirkungen wird der Schweregrad der Wirkung als Funktion der Dosis angegeben?

5. Bei welchen Strahlenwirkungen treten Dosisschwellen auf? Begründen Sie Ihre Aussage.

6. Was bedeutet die Abkürzung LNT und was beschreibt sie?

7. Erklären Sie den konkaven Kurvenverlauf der Dosis-Wahrscheinlichkeitskurven für stochastische Schäden bei Hoch-LET-Strahlung.

8. Sie bestrahlen ein Gewebe mit einer konstanten hohen Dosis. Ändert sich der Schweregrad des deterministischen Schadens mit dem bestrahlten Volumen?

9. Ist die Trübung der Augenlinsen (die Katarakt) nach einer Strahlenexposition ein deterministischer oder ein stochastischer Schaden?

10. Woher stammen die wichtigsten Erkenntnisse über die stochastischen Strahlenwirkungen am Menschen?

11. Welche Bedingungen bestehen für die Ausbildung eines stochastischen Schadens?

12. Wie hoch ist die mittlere strahleninduzierte Krebsmorbidität bei 1 Sv Effektiver Dosis?

13. Was ist ein heriditärer Schaden? Ist die Strahleninduktion von heriditären Schäden beim Menschen bewiesen?

14. Ist die Wahrscheinlichkeit für einen strahleninduzierten Krebs unabhängig vom Alter bei der Strahlenexposition?

15. Gilt die Krebsmorbiditätsrate von 6%/Sv für jedes Individuum einer Population?

16. Welche Krebsart wird bevorzugt bei einer Strahlenexposition des Fetus induziert? Geben Sie Wahrscheinlichkeit bei einer Langzeitexposition der Leibesfrucht für die Erzeugung kindlicher Krebserkrankungen an. Vergleichen Sie diesen Wert mit der strahleninduzierten Krebswahrscheinlichkeit beim Erwachsenen.

17. Erklären Sie die Begriffe additives und multiplikatives Risikomodell. Für welche Art von Strahlenwirkungen sind diese Begriffe definiert?

Aufgabenlösungen

1. Das Strahlenrisiko ist die Wahrscheinlichkeit für ein Individuum, eine nachteiligen Wirkung bei einer Strahlenexposition zu erleiden. Die Schadenserwartung ist das Risikomaß für eine Population. Sie wird aus dem Produkt der mittleren individuellen Risiken mit der Populationsgröße berechnet.

2. Unter der $LD_{50/30}$ versteht man die Dosis, bei der 50% der Mitglieder eines bestrahlten durchschnittlichen Kollektivs innerhalb von 30 Tagen ohne medizinischen Eingriff sterben würden. Für eine einzeitige Strahlenexposition des Menschen beträgt ihr Wert 3-4,5 Gy, beim Tabakmosaikvirus sind es etwa 2000 Gy. Der erhebliche Unterschied in den Dosen ist durch den unterschiedlichen DNS-Gehalt, den fehlenden eigenen Stoffwechsel und die fehlende DNS-Reproduktion im Virus sowie die in menschlichen Zellen durch den hohen Wassergehalt bewirkte zusätzliche indirekte Strahlenwirkung verursacht.

3. Beide zählen zu den numerischen Chromosomenaberrationen. Polyploidien sind Vervielfachungen des kompletten Chromosomensatzes, Polysomien Vervielfachungen einzelner Chromosomen über die normale Verdopplung in der Synthesephase hinaus. Sie zählen zu den numerischen Chromosomenaberrationen.

4. Bei deterministischen Strahlenwirkungen ist der Schweregrad abhängig von der Dosis, bei stochastischen Schäden die Eintrittswahrscheinlichkeit.

5. Dosisschwellen treten bei deterministischen Strahlenwirkungen auf. Der Grund ist die verminderte Regenerationsfähigkeit des bestrahlten Gewebes bei hohen Dosen. Die Dosisschwellen sind organabhängig und hängen u. a. vom LET der Strahlung ab.

6. LNT ist die Abkürzung für das "linear no threshold" Model. Dieses beschreibt den vereinfachten Zusammenhang zwischen Dosis und stochastischer Schadenswahrscheinlichkeit für administrative Zwecke. Dabei wird unterstellt, dass die stochastischen Schäden linear mit der Dosis und ohne eine Dosisschwelle zunehmen (rl-Linie in Fig. 17.2).

7. Bei einzeitiger Hoch-LET-Bestrahlung erhält man experimentell einen konkaven Verlauf der stochastischen Wahrscheinlichkeitskurven. Dies deutet auf die wegen Doppeltreffern gehäuft einsetzenden konkurrierenden lokalen und letalen Schäden in einzelnen Zellen hin. Die stochastischen Kurven zeigen deshalb bei höheren Dosen auch früher Sättigungseffekte als bei Niedrig-LET-Strahlung.

8. Die Strahlenwirkung auf ein Gewebe hängt vom simultan mitbestrahlten Volumen des umgebenden Gewebes ab. Gründe dafür sind u. a. die veränderte Blut-

versorgung, die gestörten Reparaturchancen und die stark verminderte Repopulation gesunder Zellen aus der Umgebung des bestrahlten Volumens.

9. Die Katarakt nach einer Strahlenexposition kann sowohl deterministischer als auch stochastischer Natur sein. Beide Effekte führen zu einer Trübung der Augenlinse. Im Fall der deterministischen Katarakt sind bindegewebsartige Veränderungen (Fibrosierungen) die Ursache. Bei stochastischen Trübungen sind die Enzyme zur Denuklearisierung durch Strahlenschäden verändert, so dass Zellkern und Mitochondrien bei der Zellerneuerung im Linsenkörper nicht abgebaut werden.

10. Die international akzeptierten epidemiologischen Daten basieren vor allem auf der Analyse der Krebsfälle bei den japanischen Atombombenopfern von Hiroshima und Nagasaki. Weitere Daten entstammen einem Kollektiv von Bechterew-Patienten und einem weiteren Kollektiv von Thorotrastpatienten aus Europa. Vollständige Datenzusammenfassungen finden sich in [UNSCEAR 2000].

11. Ausgangspunkt eines stochastischen Schadens ist die maligne Erbgutveränderung einer einzelnen Zelle. Diese Zelle muss subletal geschädigt werden, darf also keine durch die Exposition ausgelöste Apoptose erleiden. Die Immunabwehr des Körpers darf darüber hinaus nicht imstande sein, die mutierte Zelle auszumerzen.

12. Nach heutiger Kenntnis beträgt die mittlere Wahrscheinlichkeit für die Induktion von Krebserkrankungen bei niedriger Dosisleistung 6%/Sv. Bei hoher Dosisleistungen verdoppelt sich die Wahrscheinlichkeit auf 12%/Sv.

13. Ein heriditärer Schaden ist ein Schaden in der Keimbahn, also ein genetischer Defekt der Keimzellen, der an die Nachkommen weitergegeben werden kann. Da man beim Menschen ohne Gentechnik nur dominante Erbschäden erfassen kann, werden auch nur die dominanten, also im Phänotyp auftauchenden heriditären Schäden berücksichtigt. Heriditäre Schäden am Menschen sind nicht bewiesen, da die statistische Aussagekraft der großen herangezogenen Kollektive nicht eindeutig ist. Sie werden aber aus Tiermodellen plausibel extrapoliert.

14. Die Wahrscheinlichkeit, für eine strahleninduzierte Tumorerkrankung ist stark abhängig vom Alter bei der Exposition. Kinder und Jugendliche haben ein um den Faktor 3-4 erhöhte Wahrscheinlichkeit, nach Strahlenexposition einen Krebs zu entwickeln und daran zu sterben. Der Grund ist die besonders hohe Schadenswahrscheinlichkeit bei schnell proliferierenden Geweben heranwachsender Menschen wie Leibesfrucht, Kinder und Jugendliche. Bei Expositionen in hohem Alter nimmt die Sterbewahrscheinlichkeit für solide strahlenbedingte Tumoren deutlich ab, da der Zeitraum bis zur Manifestation eines solchen letalen Krebsschadens je nach Tumorart viele Jahrzehnte dauern kann, erleben alte Menschen ihren soliden Krebs oft nicht mehr.

15. Nein, diese Krebsmorbiditätsrate ist über die Bevölkerung gemittelt, also eine durchschnittliche Angabe. Bestimmte Personen können aus genetischen Gründen, wegen Vorerkrankungen und insbesondere wegen des Alters sehr unterschiedliche stochastische Risiken aufweisen.

16. Nach heutiger Kenntnis sind das ausschließlich Leukämien. Die Wahrscheinlichkeit für Leukämien und die eventuellen weiteren fetalen Tumorarten wird mit 6%/Sv unterstellt. Dieser Wert entspricht der Gesamtinduktionsrate für alle Krebsraten bei Exposition im Erwachsenenalter für niedrige Dosisleistungen.

17. Beim additiven Risikomodell für stochastische Schäden wird der Kurve der spontanen Inzidenzraten nach einer bestimmten Latenzzeit eine Zusatzrate aufaddiert. Nach einer typischen Zeit von etwa 20 Jahren sind keine Zusatzraten mehr feststellbar. Dieser Verlauf ist typisch für systemische strahleninduzierte Krebserkrankungen wie die Leukämien. Beim multiplikativen Risikomodell wird die spontane Inzidenzrate je nach Dosis um einen zusätzlichen multiplikativen Beitrag strahleninduzierter Krebsfälle erhöht, der proportional zur spontanen Inzidenzrate ist. Dieses Modell wird derzeit für alle soliden Tumoren unterstellt (s. Fig. 17.5).

18 Mittlere Strahlenexpositionen des Menschen

Die Strahlenexposition des Menschen mit ionisierender Strahlung besteht aus zwei Anteilen, der natürlichen und der zivilisatorisch erzeugten bzw. veränderten natürlichen Komponente. In diesem Kapitel werden die einzelnen Quellen dieser Strahlenexpositionen detailliert dargestellt. Der Hauptbeitrag zur natürlichen Strahlenexposition ist im Bevölkerungsmittel auf die interne Exposition mit dem radioaktiven Edelgas ^{222}Rn zurückzuführen. Den größten Beitrag zur mittleren zivilisatorischen Strahlenexposition liefert die medizinische Röntgenstrahlungsanwendung im Rahmen der radiologischen Diagnostik und der Interventionen. Die geeignete Dosisgröße zur Beschreibung der in der Regel stochastischen Strahlenexpositionen ist die Effektive Dosis.

Bei den üblichen natürlichen oder zivilisatorischen Strahlenexpositionen ist bis auf die Ausnahme von Strahlenunfällen, kriegerischen Auseinandersetzungen oder gezieltem therapeutischen Einsatz von Strahlung z.B. zur Krebsbehandlung im Rahmen der Strahlentherapie nur mit stochastischen Strahlenwirkungen zu rechnen. Die zur Bewertung von Strahlrisiken benötigte Dosisgröße ist daher die Effektive Dosis, die die Krebsinduktion und mögliche heriditäre Wirkungen am durchschnittlichen Menschen adäquat beschreibt. Zur Abschätzung der Effektiven Dosen werden sehr erfolgreich menschenähnliche Phantome wie die mathematischen Phantome oder die realistischeren Voxelphantome verwendet, die in Kap. (12) beschrieben wurden. In vielen Fällen reichen zur Dosisabschätzung auch einfache geometrische Anordnungen aus.

In diesem Kapitel werden mehrfach Ortsdosisleistungen oder Energiedosisleistungen angegeben. In der Regel müssen solche Dosisangaben natürlich zur Bewertung in Effektive Dosen umgerechnet werden. Dabei spielen neben der Bestrahlungsgeometrie auch die Größe der Personen und vor allem die Strahlungsart zentrale Rollen. Angaben von Energiedosen sind vor allem bei durchdringender niedrig-LET Strahlung und Ganzkörperexpositionen wegen der nahezu gleichförmigen Bestrahlung der Menschen jedoch vom Zahlenwert oft mit den Effektiven Dosiswerten vergleichbar. Dies gilt beispielsweise für die kosmische Strahlung oder die terrestrische Gammastrahlung, bei denen die Energiedosisleistungen meistens schon korrekte Größenordnungen der möglichen Strahlenexposition des Menschen angeben. Ein wichtiger Einflussfaktor bei solchen Dosisabschätzungen ist auch die mittlere Aufenthaltsdauer der betrachteten Kollektive in umschlossenen Räumen, im Freien oder an bestimmten Arbeitsplätzen.

Schwieriger zu beurteilen sind dagegen isolierte Angaben von Aktivitätskonzentrationen in Baustoffen oder Nahrungsmitteln oder der Radonkonzentrationen in der Atemluft. Solche Daten müssen vor ihrer Beurteilung erst in Effektive Dosen oder zumindest in Organdosen umgerechnet werden. Dabei sind neben den unterschiedlichen Stoffwechselvorgängen und Anreicherungen in Organen und Geweben auch die biologischen Halbwertzeiten bestimmter Nuklide zu beachten. Auch die Reichweiten der lokal emittierten Strahlungsarten in menschlichen Geweben müssen bei der Berechnung Effektiver Dosen berücksichtigt werden (s. dazu die Ausführungen in Kap. 13).

18.1 Natürliche Strahlenexposition

Die natürliche Strahlenexposition des Menschen setzt sich aus einer äußeren (externen) und einer inneren (internen) Komponente zusammen. Die externe Strahlung besteht aus der **terrestrischen** Strahlung aus dem Boden, den natürlichen Baumaterialien und den Gasen der Atmosphäre sowie der **kosmischen** Strahlung aus dem Weltraum. Die interne Strahlenexposition rührt von den über die Nahrung und mit der Atemluft **inkorporierten** Radionukliden her. Alle Komponenten der natürlichen Strahlenexposition unterliegen starken lokalen Schwankungen durch geologische und geografische Umweltbedingungen. Wichtige Einflussgrößen sind die Höhe über dem Meeresspiegel sowie die geografische Breite, die dominierenden Gesteinsarten in der betrachteten Region, die überwiegend verwendeten Baumaterialien und nicht zuletzt bestimmte Lebens-, Wohn- und Ernährungsgewohnheiten der betrachteten Populationen.

18.1.1 Externe terrestrische Strahlenexposition

Die natürliche externe terrestrische Strahlenexposition entstammt zwei Quellen, den primordialen Radionukliden und den auf der Erdoberfläche deponierten kosmogenen Radionukliden. Für die externe Strahlenexposition ist vor allem die Gammastrahlung dieser Radionuklide verantwortlich. Von den **kosmogenen** Radionukliden (Tab. 5.4) sind nur ^{3}H, ^{7}Be, ^{14}C und ^{22}Na wegen ihrer Konzentration merklich an der Strahlenexposition des Menschen beteiligt. Ihre Beiträge zur externen Strahlenexposition sind im Vergleich zu den primordialen Radionukliden jedoch zu vernachlässigen, da bis auf ^{22}Na alle zitierten Radionuklide keine durchdringende Gammastrahlung emittieren. In der Folge des Betazerfalls des ^{22}Na kommt es zwar zur Emission harter Gammastrahlung aus dem Tochternuklid ^{22}Ne ($E_\gamma = 1{,}275$ MeV), allerdings ist die Produktionsrate und die Konzentration des ^{22}Na auf der Erdoberfläche so gering, dass die externe Strahlenexposition durch die Gammastrahlung aus dem Zerfall dieses Nuklids ebenfalls keine Rolle spielt. Die erwähnten kosmogenen Radionuklide tragen wegen ihres Stoffwechselverhaltens allerdings erheblich zur internen Strahlenexposition bei.

Dosisbeiträge zur terrestrischen Strahlenexposition stammen also überwiegend von den **primordialen** Radionukliden. Sie sind im Allgemeinen unterschiedlich, wenn sie für den Aufenthalt im Freien oder in Gebäuden bestimmt werden. Dies liegt an den zusätzlichen Dosisbeiträgen aus dem Baumaterial bzw. an der Abschirmung durch diese Substanzen. Die Ortsdosisleistungen in den folgenden Tabellen werden im Freien in 1 m Höhe über dem Erdboden angegeben. Das wird als ein für Strahlenschutzzwecke repräsentativer Ort betrachtet (Rumpfmitte bzw. Gonadenhöhe). Die gemessenen oder berechneten Ortsdosisleistungen sind natürlich nicht exakt identisch mit der mittleren Strahlenexposition des Menschen, da zur Berechnung der für den Strahlenschutz signifikanten mittleren Effektiven Dosen selbstverständlich die Aufenthaltszeiten, die Dosisverteilungen im Körper und die Bevölkerungsdichte in dem untersuchten Gebiet berücksichtigt werden müssen.

Material	Aktivitätskonzentration (Bq/kg)			Ortsdosisleistung	
	^{40}K	$^{232}Th*$	$^{238}U*$	(nGy/h)	(mGy/a)
Gesteine:					
Granit	1000	80	60	82,9	0,73
Diorit	700	30	20	58,5	0,51
Basalt	250	10	10	21,6	0,19
Durit	150	25	0.4	23,2	0,20
Kalkstein	90	7	30	21,3	0,19
Sandstein	350	10	20	30,2	0,26
Tonschiefer	700	50	40	84,3	0,74
Bodenarten Deutschland:					
Grauerde (Fahlerde)	650	50	35		
Graubrauner Boden	700	40	30		
Kastanienfarbener Boden	550	40	25		
Schwarzerde	400	40	20		
Forstboden	400	25	20		
Rasenpodsolboden	300	20	15		
Bleicherde	150	10	7		
Moorboden	100	7	7		
Mittel:	400	30	20	**45,6**	**0,40**
UNSCEAR Weltmittel:	400	35	30		
populationsgewichtet:	420	33	45		
Dosisleistungsfaktoren (nGy · h^{-1}/Bq · kg^{-1}):	*0,0417*	*0,662**	*0,427**		
Luftenergiedosisleistung (nGy/h) bzw. (mGy/a)	17	16	18	**51,0**	**0,447**
populationsgewichtet:	18	15	27	**60,0**	**0,526**

Tab. 18.1: Oberer Tabellenteil: Aktivitätskonzentrationen der primordialen Radionuklide ^{40}K, ^{232}Th und ^{238}U in Gesteins- und Bodenarten in Deutschland nach einer Zusammenstellung von [Kiefer/Koelzer]. *: ^{232}Th und ^{238}U stehen im radioaktiven Gleichgewicht mit ihren Tochternukliden. Aus den Radionuklidkonzentrationen abgeschätzte Ortsdosisleistungen in Luft in 1 m Höhe über dem Erdboden. Unterer Tabellenteil: gemittelte Weltdaten nach [UNSCEAR 2000].

Dosisleistungen im Freien: Der Hauptanteil der externen Strahlenexposition im Freien und an der Erdoberfläche ist "Bodenstrahlung" und stammt von dem primordialen Radionuklid ^{40}K und den Nukliden der Thorium- und der Uran-Radiumreihe (s. dazu Kap. 5). Die externe Strahlenexposition hängt deshalb von den Konzentrationen dieser Nuklide im Boden ab. Mit Hilfe der Nuklidkonzentrationen und der Dosisleistungsfaktoren aus Tabelle (18.1) lässt sich abschätzen, dass im Mittel etwa 30% der terrestrischen Ortsdosisleistung vom ^{40}K, 25% von den Nukliden der ^{232}Th-Reihe und rund 45% von den Nukliden der Uran-Zerfallsreihe herrühren.

Land	Ortsdosisleistungen	Mittelwerte	
	(nGy/h)	(nGy/h)	(mGy/a)
Ägypten	8-93	32	
China	2-340	62	
Deutschland	4-350	50	0,44
Dänemark	35-70	52	0,463
Finnland	45-139	71	
Frankreich	10-250	68	0,60
Großbritannien	8-89	34	
Iran	36-130	71	
Irland	1-180	42	0,37
Italien	3-228	74	
Japan	21-77	53	0,46
Kanada	43-101	63	
Mexiko	42-140	78	
Norwegen	20-1200	73	0,64
Österreich	2-150	43	0,38
Polen	18-97	45	0,39
Portugal	4-230	84	
Schweiz	15-120	45	0,39
Slowenien	4-147	56	
Spanien	40-120	76	
Ungarn	15-130	61	
USA	14-118	47	0,41
Weltmittelwert:		**59***	**0,52***
(davon entfallen auf ^{40}K: 0,16, auf ^{232}Th: 0,13 und auf ^{238}U: 0,23 mGy/a)			

Tab. 18.2: Gemessene terrestrische Ortsdosisleistungen im Freien in verschiedenen Ländern nach Daten aus [UNSCEAR 2000] angegeben als Luftenergiedosisleistungen 1 m über dem Boden. *: Bevölkerungsgewichteter Mittelwert.

Da die Boden- und Gesteinszusammensetzungen lokal sehr unterschiedlich sind, schwanken die externen terrestrischen Jahresdosisleistungen je nach geografischer Lage. Einen Überblick über die geografische Verteilung der mittleren Ortsdosisleistungen gibt Tab. (18.2). Signifikante Abweichungen der mittleren Dosisleistungen finden sich in Europa in einigen Gebieten Italiens (in Latium und Kampanien), in Frankreich, in Tschechien, der Slowakei und in Deutschland. Die höchsten bekannten Ortsdosisleistungen aus terrestrischen Quellen wurden in Indien, Brasilien und im Iran gefunden (Tab. 18.3). Die Strände in Indien und Brasilien enthalten das Cermineral Monazit ($CePO_4$), in dem sich bis zu etwa einem Zehntel Thorium befindet.

Regionen hoher Dosisleistungen			(nGy/h)	Bem.
Brasilien	Guarapari	Monazitsand, Küstenregion	90-170 90-90000	Straßen Strände
China	Yangjiang, Quangdong	Monazitpartikel	370	Mittelw.
Ägypten	Nildelta	Monazitsand	20-400	
Frankreich	Centralregion Südwesten	Granit, Schiefer + Sandstein Uranmineralien	20-400 10-10000	
Indien	Kerala, Madras Ganges Delta	Monazitsand Küste (200 km)	200-4000 1800 260-400	Mittelw.
Iran	Ramsar Mahallat	Quellen	70-1700 800-4000	
Italien	Lazio Kampanien Orvieto Stadt Südtoskana	Vulkanböden	180 200 560 150-200	Mittelw. Mittelw. Mittelw.
Niue Insel	Pazifik	Vulkanböden	100	Max.
Schweiz	Tessin, Alpen, Jura	Gneiss, ^{226}Ra in Karstböden	100-200	

Tab. 18.3: Regionen erhöhter natürlich bedingter Ortsdosisleistungen nach Daten aus [UN-SCEAR 2000].

Die hohen Dosisleistungen an den anderen Orten entstehen vor allem durch einen erhöhten Gehalt verschiedener Thorium- und Uranmineralien oder durch Radiumverunreinigungen in den entsprechenden lokalen Urgesteinen, so z. B. in Ramsar Iran [UN-SCEAR 2000]. Als Faustregel kann man sich merken, dass die Strahlenexposition über Urgestein immer größer ist als die über Sedimenten, und dass zusammengesetzte Gesteine die gleichen Dosisleistungen aufweisen wie die Komponenten, aus denen sie zusammengesetzt sind (Beispiel Gneis). Es existieren auch eine Reihe von Ausnahmen wie die Monazitstrände in Indien und Brasilien.

Bundesland	mittlere Ortsdosis-leistung (nSv/h)	mittlere Ortsdosis-leistung (mSv/a)
Baden-Württemberg	62	0,54
Schwarzwald (Menzenschwand)	2053	18,00
Kaiserstuhl	171	1,50
Katzenbuckel Odenwald	630	5,52
Bayern	69	0,61
Berlin	31	0,27
Bremen	42	0,37
Hamburg	56	0,49
Hessen	60	0,53
Mecklenburg-Vorpommern	36	0,32
Niedersachsen	48	0,42
Nordrhein-Westfalen	59	0,52
Rheinland-Pfalz	68	0,60
Saarland	79	0,69
Sachsen	57	0,50
Westerzgebirge Tannenbergstal	227	1,99
Wessel Oberlausitz	10	0,09
Sachsen-Anhalt	43	0,38
Schleswig-Holstein	52	0,46
Thüringen	63	0,55
Schwerborn	22	0,19
östl. Thüringerwald	202	1,77
Mittelwerte:		
neue Bundesländer	43	0,38
alte Bundesländer	60	0,53
BRD Mittelwert flächengewichtet	55	0,48
BRD Mittelwert populationsgewichtet	57	0,50

Tab. 18.4: Gemessene mittlere terrestrische Ortsdosisleistungen im Freien in Ländern und Orten der Bundesrepublik nach Daten des Bundesamtes für Strahlenschutz [BFS 2003], angegeben als Mess-Äquivalentdosisleistungen 1m über dem Boden.

Eine Aufstellung der terrestrischen Äquivalentdosisleistungen in 1 m Höhe über dem Boden für die deutschen Bundesländer nach aktuellen Daten des Bundesamtes für Strahlenschutz [BFS 2003] zeigt Tabelle (18.4). Die Dosisleistungen korrelieren sehr gut mit den geologischen Gegebenheiten, also dem Gehalt an Urgesteinen in den Böden und zeigen im Mittel ein deutliches Süd-Nordgefälle. Besonders hohe Dosisleistungen treten an Stellen auf, an denen die radioaktiven Materialien unmittelbar an der

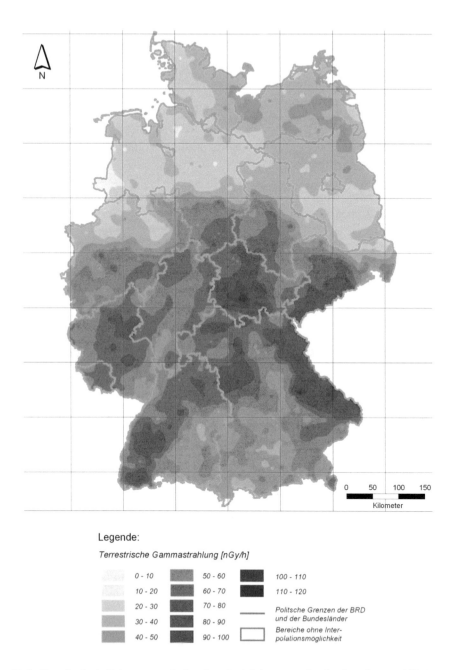

Fig. 18.1: Durchschnittliche terrestrische Ortsdosisleistungen in der Bundesrepublik Deutschland im Oktober 2002, (Quelle für die Grafik: Bundesamt für Strahlenschutz, mit freundlicher Genehmigung des BFS).

Oberfläche auftreten. Beispiele sind einige Stellen im Schwarzwald, am Katzenbuckel im Odenwald, im Erzgebirge und im Oberpfälzer- und Thüringerwald.

Der Weltmittelwert der populationsgewichteten terrestrischen Ortsenergiedosisleistung beträgt 59 nGy/h bzw. 0,52 mGy/a. Zusätzliche externe Dosisbeiträge durch die in der Luft enthaltenen natürlichen Radionuklide werden zu etwa 0,01 mGy/a abgeschätzt [Sauter]. Sie sind deshalb im Vergleich zur sonstigen externen und vor allem internen Exposition durch primordiale Radionuklide zu vernachlässigen.

Dosisleistungen in Gebäuden: Die terrestrischen Ortsdosisleistungen im Inneren von Gebäuden spielen wegen der vergleichsweise großen Aufenthaltsdauern (in westlichen Industrienationen etwa 80% in Gebäuden und 20% im Freien) eine große Rolle für die Strahlenexposition des Menschen. Die relativen Anteile der Dosisleistungen im Freien und in Gebäuden hängen empfindlich von der Bauweise, den verwendeten Baumaterialien und der Auslegung der Gebäudefundamente ab. Holzhäuser ohne schwere Fundamente schwächen die äußere Dosisleistung praktisch überhaupt nicht, sie sind andererseits aber auch keine zusätzlichen Strahlungsquellen. Das Verhältnis von innerer zu äußerer Ortsdosisleistung liegt in diesem Fall knapp unter 1. Gebäude aus Naturstein, Beton oder Ziegeln haben zwar eine erhebliche Abschirmwirkung für äußere Strahlungsquellen, sie sind aber je nach verwendetem Material selbst eine Quelle für zusätzliche Strahlenexpositionen.

Luftdosisleistungen in 1m Höhe über dem Boden	Innen		Im Freien		
	(nGy/h)	(mGy/a)	(nGy/h)	(mGy/a)	
	82,6	0,72	59	0,52	
Effektive Dosisbeiträge	(nSv/h)	(mSv/a)	(nSv/h)	(mSv/a)	Total (mSv/a)
Kleinkinder	59,5	0,52	10,6	0,09	0,61
Jugendliche	52,9	0,46	9,4	0,08	0,54
Erwachsene	46,3	0,41	8,3	0,07	0,48

Tab. 18.5: Zusammenfassung der externen terrestrischen Dosisleistungen durch Gammastrahlung und ihre Beiträge zur Effektiven Dosis nach Daten aus [UNSCEAR 2000].

Werden die gleichen Materialien zum Hausbau verwendet, die sich auch in der Umgebung befinden, erhöht sich die Ortsdosisleistung wegen der veränderten Geometrie bis zum Faktor 2 (innen: allseitige Bestrahlung durch Wände, Böden, Decken, außen: nur Erdboden). Für die in Europa übliche Bauweise und bei der Verwendung von Beton und Ziegeln ergibt sich ein mittleres Verhältnis aus innerer und äußerer Dosisleistung von etwa 1,3:1. Populationsgewichtet erhöht sich dieser Wert auf 1,4:1. Die mittlere Gammaenergiedosisleistung in Innenräumen beträgt also 59 nGy/h · 1,4 ≈ 82,6 nGy/h (7,24 mGy/a). Beim Einsatz industrieller oder industriell veränderter Verbundmaterialien bestimmen eventuelle radioaktive Beimischungen dieser Materialien die Exposition. Weitere Ausführungen finden sich im Kapitel (18.2) über zivilisatorische Strahlenexpositionen. Eine Zusammenstellung der Aktivitäten von Baustoffen befindet sich in [UNSCEAR 1988] und auszugsweise im Kap. (18.2.6). In Deutschland beträgt die natürliche Photonenäquivalentdosisleistung über nicht versiegelten Flächen im Mittel 57 nSv/h, in Gebäuden verursacht durch die Baumaterialien 80 nSv/h.

Effektive Dosen durch terrestrische externe Strahlenexposition: Um die für den Menschen bedeutsame mittlere Effektive Dosis zu erhalten, muss die Energiedosisleistung DL in Luft der externen terrestrischen Strahlungsfelder in die Effektive Dosis E umgerechnet werden. Dabei sind neben der Schwächung der Strahlungsfelder im Körper und den unterschiedlichen Aufenthaltszeiten im Freien und in umschlossenen Räumen auch die Umrechnungsfaktoren der Dosisleistungen in die Effektive Dosis zu berücksichtigen. Bisher wurde als Konversionsfaktor der Luftdosisleistung in die Effektive Dosis für alle Personen einheitlich ein mittlerer Faktor von $f_E = 0{,}7$ verwendet. Nach neueren Berechnungen [Saito 1998] ist dieser Umrechnungsfaktor nur für Erwachsene korrekt. Für 8 Wochen alte Kleinkinder beträgt der Umrechnungsfaktor dagegen $f_E = 0{,}9$, für siebenjährige Kinder $f_E = 0{,}8$. Diese höheren Faktoren sind wegen der kleineren Abmessungen und somit der Tiefenlage der Risikoorgane der Kinder unmittelbar einleuchtend. Obwohl die berechneten Umrechnungsfaktoren für die Luftkermaleistung bestimmt wurden, werden sie in [UNSCEAR 2000] ohne Korrektur direkt zur Umrechnung der Luftenergiedosisleistung in die Effektive Dosis verwendet.

Als Faktoren f_A für die Aufenthaltsdauern werden 20% im Freien und 80% in Gebäuden verwendet[1]. Das ergibt eine mittlere jährliche Effektive Dosis für Erwachsene von 0,48 mSv/a, davon 0,41 mSv/a in Gebäuden und 0,07 mSv/a im Freien. Für Kleinkinder und Kinder sind die Effektiven Dosen wegen der neueren Konversionsfaktoren um 30% bzw. 10% höher. Man erhält aus ähnlicher Rechnung daher externe Effektive Dosisbeiträge von 0,62 mSv/a bzw. 0,55 mSv/a. Neben den gammastrahlenden natürlichen Radionukliden tragen auch die in der Luft enthaltenen natürlichen Betastrahler zur externen Strahlenexposition des Menschen bei. Ihr Beitrag zur Ortsdosisleistung beläuft sich auf etwa 10 µSv/a. Da Betas wegen der geringen Eindringtiefen nur die Haut bestrahlen, beträgt der Beitrag zur mittleren Effektiven Dosis nur 7 µSv/a und spielt daher im Vergleich zu sonstigen Strahlenexpositionen und deren Unsicherheiten quantitativ kaum eine Rolle. Wegen unterschiedlicher Zusammensetzung der Gesteine und der entsprechenden Populationsdichten sind die Werte in Deutschland geringfügig niedriger. Der Mittelwert der Effektiven Dosis beträgt 0,4 mSv/a. Davon entfallen auf den Aufenthalt im Freien 0,1 mSv/a und auf den in Gebäuden 0,3 mSv/a.

---

[1] Effektive Dosisbeiträge durch externe terrestrische Strahlung werden z. B. für Erwachsene in Innenräumen folgendermaßen berechnet: $E_{terr} = DL \cdot f_E \cdot f_A$, $E_{terr} = 82{,}6 \cdot 0{,}7 \cdot 0{,}8 = 46{,}3$ nSv/h = 0,41 mSv/a.

Zusammenfassung

- Die externe terrestrische Strahlenexposition ist bestimmt von den Gammastrahlungen des im Erdreich befindlichen primordialen Radionuklids ^{40}K und der primordialen Nuklide der Actinoidenzerfallsreihen.

- Die Umrechnung der Ortsdosisleistungen in Effektive Dosen berücksichtigt die typischen Aufenthaltszeiten der Populationen und den durchdringenden Charakter dieser Gammastrahlungen.

- Die höchsten terrestrischen Ortsdosisleistungen treten über Urgesteinen auf.

- Werden solche Gesteine als Baumaterialien verwendet, addiert sich ihr Dosisbeitrag zeitgewichtet in Innenräumen zu der externen terrestrischen Dosisleistung im Freien.

- Wegen der langen relativen Aufenthaltszeiten in umschlossenen Räumen (im Mittel etwa 80% des Tages) übertrifft dieser effektive Dosisbeitrag im Weltmittel die terrestrische Dosisleistung im Freien.

- Die Verwendung moderner Baumaterialien verringert die externe Strahlenexposition im Inneren von Gebäuden.

- Die teilweise um mehrere Größenordnungen intensiveren Gammadosisleistungen an einigen Orten der Welt entstammen lokalen Anreicherungen radioaktiver Materialien wie Thorium enthaltende Monazitsände (Indien, Brasilien) oder mit Radium oder Uranmineralien angereicherten Oberflächengesteinen.

- An solchen Orten bestehen zwar hohe Ortsdosisleistungen. Diese tragen aber wegen der in der Regel geringen Populationsdichten und kurzen Aufenthaltsdauern nur wenig zur über die Populationen gemittelten Effektiven Dosis bei.

- Terrestrische externe Dosisbeiträge von betastrahlenden Radionukliden sind im Populationsmittel ohne Belang.

- Der Weltjahresmittelwert der externen terrestrischen Effektiven Dosis für Erwachsene beträgt 0,48 mSv/a.

- In der BRD ist die mittlere jährliche Dosisleistung effektiv 0,4 mSv/a mit den Beiträgen im Freien von 0,1 mSv/a und dem in Gebäuden von 0,3 mSv/a.

- Die höheren effektiven Dosisbeiträge von Kindern und Jugendlichen sind nicht auf den geringeren Abstand des Körperschwerpunktes vom Erdboden

(Abstandsquadratgesetz) sondern auf die geringere Tiefenlage der Risikoorgane im Körper zurückzuführen.

18.1.2 Externe kosmische Strahlenexposition

Kosmische Strahlung besteht aus zwei Komponenten, erstens aus der primären Strahlung aus dem Weltraum (galaktische Komponente) einschließlich der daraus in der Erdatmosphäre entstehenden sekundären kosmischen Strahlung und zweitens aus der solaren Strahlungskomponente.

Primäre galaktische Strahlung: Sie besteht zu 98% aus Nukleonen sowie aus etwa 2% Elektronen. Der nukleonische Anteil setzt sich aus 88% Protonen, 11% Alphateilchen und 1% schwereren Nukliden zusammen. Die Nuklidzusammensetzung ähnelt der stellaren Materie. Die schwersten nachgewiesenen Atome sind Actinoidenkerne. Galaktische Strahlung wird offensichtlich überall im Weltall - wahrscheinlich bei Explosionen von Super-Novae erzeugt. Die die Erde exponierende primäre galaktische Strahlung kommt aber überwiegend aus unserer eigenen Galaxie. Nur Teilchen mit besonders hohen Energien sind extragalaktisch, sie stammen also aus der Tiefe des Weltraums. Der ungestörte primäre Fluss galaktischer Teilchen ist im Wesentlichen zeitlich konstant und isotrop. Der Grund für diese gleichförmige Verteilung ist die

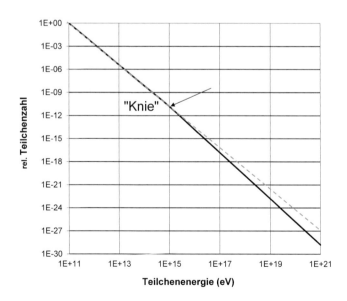

Fig. 18.2: Energiespektrum der primären kosmischen Strahlung (rel. Teilchenzahl: Produkt aus spektraler Teilchenradianz mit dem Quadrat der Teilchenenergie). Bis 10^{15} eV Teilchenenergie nimmt die Intensität mit $E^{-2,7}$ ab, oberhalb von 5×10^{15} eV folgt die Energieverteilung der Funktion E^{-3}. Der Übergangsbereich (Abknicken der Kurve) wird als "Knie" bezeichnet. Die Teilchenflüsse vermindern sich also etwa um den Faktor 1000 bei Zunahme der Energie um den Faktor 10.

Wechselwirkung der kosmischen Partikel mit dem interstellaren Magnetfeld. Durch vielfache Ablenkung der Teilchen kann daher nicht auf die ursprüngliche Strahlungs-quelle zurück geschlossen werden. Das Energiespektrum der primären galaktischen Strahlungsquanten reicht mit nahezu exponentiell abnehmender Häufigkeit bis zu Energien von 10^{20} eV (s. Fig. 18.2). Es wurde sogar einmal ein Höhenstrahlungsereig-nis mit der Energie von $0{,}3 \cdot 10^{21}$ eV nachgewiesen [O'Halloran 1998]. Die Protonen werden durch das intragalaktische Magnetfeld gebündelt und am Entweichen aus der Galaxie gehindert.

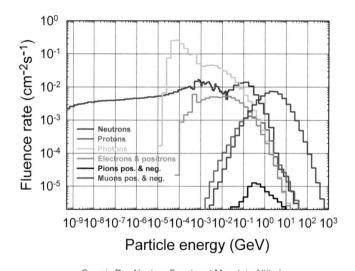

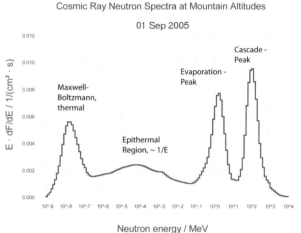

Fig. 18.3: Oben: Berechnete Teilchenflussdichten (fluence rate) der sekundären kosmischen Strahlung auf der Zugspitze. Unten: Experimentelles Neutronenenergiespektrum auf der Zugspitze (priv. Mitteilung V. Mares, nach Daten des Helmholtzzentrums, oben [Roessler], unten [Leuthold], mit freundlicher Genehmigung der Autoren).

Sekundäre kosmische Strahlung: Beim Auftreffen der primären kosmischen Strahlungsquanten auf die Luftmoleküle der Atmosphäre kommt es zu Elementarteilchenreaktionen. Die dabei entstehende Strahlung nennt man sekundäre kosmische Strahlung. Sie tritt in Form breiter Teilchenkaskaden auf und besteht aus geladenen und ungeladenen Teilchen wie Pionen, Kaonen (Mesonen aus einem Quark-Antiquark-Paar), Neutronen, Protonen, Myonen, Elektronen, Positronen und einigen leichten Nukliden (Fig. 18.3 oben). Vor allem die Neutronen und Protonen erzeugen bei weiteren Wechselwirkungen mit der Atmosphäre eine intensive nukleonische Kaskade, von der ein erheblicher Neutronenfluss ausgeht. Die Energien der hochenergetischen Kaskaden-Neutronen liegen zwischen 50 und 500 MeV mit einem Zusatzpeak bei etwa 2 MeV, der durch abgedampfte Neutronen hoch angeregter Luftatomkerne entsteht (Fig. 18.3 unten). Der Peak im thermischen Bereich entsteht nach Moderation der schnellen Neutronen durch Regen, Schnee und sonstige Materialien.

Die Zusammensetzung der sekundären kosmischen Strahlung und ihr Teilchenfluss variiert mit der Höhe in der Atmosphäre. In 20 - 25 km Höhe dominieren noch die Protonen, Neutronen und Elektronen, in Höhen um 10 km bereits die Elektronen und Neutronen und in Meereshöhe die Myonen, da die Nukleonen durch nukleare Stöße und Ionisationsprozesse in der dichter werdenden Atmosphäre schnell ihre Energie verlieren (s. Fign. 18.4 und 18.6). Der Teilchenfluss nimmt von 10 km Höhe bis zur Meereshöhe um etwa zwei Größenordnungen ab. Bei der Wechselwirkung der sekun-

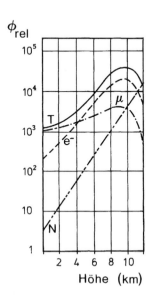
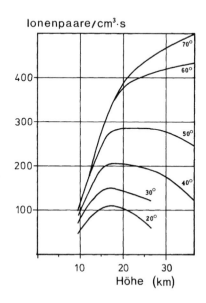

Fig. 18.4: Links: Zusammensetzung der rel. Teilchenflussdichte der sekundären kosmischen Strahlung und ihre Variation mit der Höhe für mittlere geografische Breiten. N: Nukleonen, μ: Myonen, e: Elektronen, T: Total, nach [Kiefer/Koelzer]. Rechts: Variation der Ionisierungsdichte mit der Höhe und der geografischen Breite nach [UNSCEAR 1982].

dären kosmischen Strahlung mit der Atmosphäre entstehen durch Kernreaktionen auch eine Reihe weiterer kosmogener Radionuklide wie ^{3}H, ^{7}Be, ^{10}Be, ^{14}C und ^{22}Na.

Solare Strahlung: Die zweite kosmische Strahlungskomponente ist die solare Strahlung, die auch anschaulich als "**Sonnenwind**" bezeichnet wird. Bei dieser Strahlungsart handelt es sich um von der Sonne wegströmendes Plasma, das vorwiegend aus niederenergetischen Protonen (85%), Alphateilchen (13%) und Elektronenstrahlung

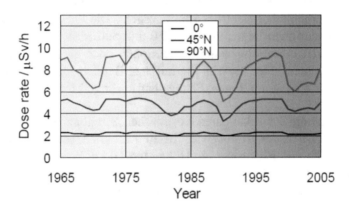

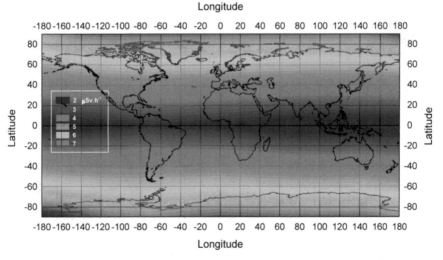

Fig. 18.5: Oben: Variationen der Effektiven Dosisleistungen für geografische Breiten von 0° (Äquator), 45° und an den Polen in einer Höhe von 11,3 km zwischen 1965 und 2005. Deutlich zu sehen sind die Unterschiede mit der geografischen Breite, die auf die abschirmende Wirkung des Erdmagnetfeldes zurückzuführen sind, und die Variation mit dem bekannten 11 Jahres-Rhythmus der Sonnenaktivität. Unten: Breitengradabhängige Abschirmwirkung des Erdmagnetfeldes gegen kosmische Strahlungen in einer Höhe von 11,3 km (im April 2005, priv. Mitteilung Vladimir Mares, [Schraube], mit freundlicher Genehmigung der Autoren).

besteht. Die Protonenenergien liegen bei wenigen keV, Elektronenenergien bei unge-
fähr 1 eV. Die weiche Teilchenstrahlung des Sonnenwindes wird bereits in den oberen
Atmosphärenschichten absorbiert, sie trägt also nicht zur Strahlenexposition auf der
Erde bei. Bei Raumflügen muss sie allerdings durch Schutzanzüge und entsprechende
Kapselkonstruktionen abgeschirmt werden, da allein durch die niederenergetische
Protonenkomponente Oberflächendosisleistungen bis zu 10'000 Gy/h entstehen kön-
nen. Die Sonnenaktivität variiert langfristig mit einer Periode von 11 Jahren (Fig. 18.5
oben).

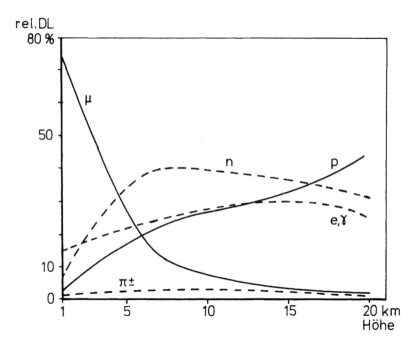

Fig. 18.6: Relative Äquivalentdosisbeiträge der primären und sekundären kosmischen Strahlungsteilchen in Abhängigkeit von der Höhe über dem Meeresspiegel nach [UN-
SCEAR 2000]. Auf Meereshöhe dominieren die Myonen, in Flughöhe (10 km) die
Neutronen, Elektronen und Protonen. Bei noch größeren Höhen spielen auch die
schwereren Nuklide eine Rolle.

Bei Sonneneruptionen, den so genannten **Flares**, werden dagegen große Mengen
hochenergetischer Protonen und Heliumkerne explosionsartig aus der Sonnenoberflä-
che ausgestoßen. Flares dauern nur wenige Stunden bis Tage. Die emittierten Teilchen
überlagern sich dem stetigen Sonnenwind und beeinflussen dadurch die mit dem Teil-
chenstrom transportierte elektrische Ladung. Das dabei entstehende Magnetfeld verändert den Fluss der primären galaktischen Strahlung. Obwohl die Teilchenenergien
wesentlich größer als beim Sonnenwind sind (bis in den GeV-Bereich), tritt auf der
Erdoberfläche keine erhöhte Strahlung auf. Tatsächlich hat man experimentell festge-

stellt, dass während der Corona-Entladungen der Sonne die Strahlenexposition in den Raumstationen sogar einige Prozent, in der ISS bis zu 30% geringer war als während normaler Sonnenaktivität. Der Grund ist das mit dem Eruptionsplasma mitlaufende magnetische Feld, das die geladenen Teilchen des normalen Sonnenwinds ablenkt und so von der Erdatmosphäre abhält. Dieser Effekt wird **Forbush-Effekt**[2] genannt. In großen Höhen weit außerhalb der Atmosphäre kann jedoch eine nicht unerhebliche Dosisleistung entstehen, die bei Astronauten beispielsweise bei Mondflügen zu merklichen Strahlenexpositionen führen kann. Solche Raumflüge werden deshalb, falls vorhersehbar, nicht zu Zeiten erhöhter Sonnenfleckenaktivität durchgeführt.

Bestimmung der Effektiven Dosis: Die Berechnung Effektiver Dosen geht wie üblich in mehreren Schritten vor sich. Zunächst muss aus den Strahlungsfeldern die Energiedosisleistung oder eine ähnliche Größe wie die Luftkerma bestimmt werden. Dann werden abhängig von der Strahlungsart und Teilchenenergie durch Wichtung mit den Strahlungswichtungsfaktoren Q oder w_R Äquivalentdosisleistungen oder Organdosen berechnet. In einem weiteren Schritt bestimmt man daraus die Effektiven

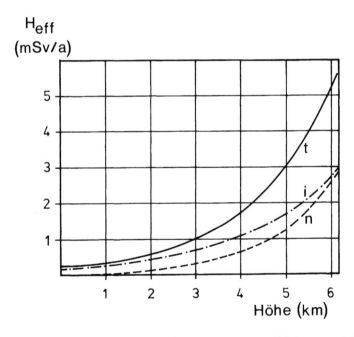

Fig. 18.7: Zunahme der durch kosmische Strahlung erzeugten Effektiven Dosisleistungen mit der Höhe über dem Meeresspiegel für mittlere geografische Breiten (nach [UNSCEAR 1988], i: direkt ionisierende Komponente, n: Neutronenkomponente, t: Summe). Die jährliche Dosisleistung auf dem höchsten deutschen Berg (Zugspitze 2962 m) beträgt effektiv etwa 1 mSv/a.

---

[2] Genannt nach **Scott Ellsworth Forbush** (10. 4. 1904 – 4. 4. 1984), einem amerikanischen Astro- und Geophysiker, der ihn bereits in den 30 und 40 Jahren des 20. Jahrhunderts entdeckte und deutete.

Dosen, die zusätzlich mit der Bevölkerungsdichte und den Aufenthaltsdauern gewichtet werden müssen. Die Strahlenexposition kann für kosmische Strahlung beispielsweise aus dem **Energiedosisleistungsindex DLI** berechnet werden. Darunter versteht man die maximale Energiedosisleistung in einer gewebeäquivalenten Kugel von 30 cm Durchmesser, die als Modell für den menschlichen Körper verwendet wird.

Das kosmische Strahlungsfeld besteht aus einer Komponente **direkt ionisierender** Strahlung (Myonen, Elektronen, s. Fign. 18.3, 18.4) und einer **Neutronenkomponente**. Beide Komponenten sind von der geografischen Breite und der Höhe über dem Meeresboden abhängig. Durch Multiplikation mit geeigneten Strahlungswichtungsfaktoren Q erhält man höhenabhängige Äquivalentdosisleistungen (Fig. 18.6). Berücksichtigt man jetzt noch die Aufenthaltsdauern, die typischerweise bewohnten Höhen über dem Meeresspiegel, die Abschirmeffekte von Gebäuden und die jeweiligen Populationsdichten, erhält man Abschätzungen für die mittlere jährliche Effektive Dosis aus kosmischer Exposition. Für die direkt ionisierende Komponente und die Photonenkomponente berechnet man einen Effektiven Dosiswert von 280 µSv/a. Dabei ist ein Abschirmfaktor von 20% und wie üblich eine Aufenthaltsdauer in Gebäuden von 80% unterstellt. Der Effektive Dosisbeitrag durch Neutronen wird zu 100µSv/a abgeschätzt. Dieser Wert ist deutlich höher, als in der Berechnung von UNSCEAR 1982, da man mittlerweile bessere Kenntnisse zu den Neutronenflüssen im kosmischen Strahlungsfeld durch bessere Detektoren und Messverfahren erworben hat. Zusammen erhält man eine mittlere jährliche Effektive Dosisleistung von 380 µSv/a.

Den Verlauf der kosmischen Strahlendosen mit der Höhe zeigen die Figuren (18.6, 18.7). Die Erhöhung der kosmischen Effektiven Dosisleistung mit der Höhe führt in der Regel zu einer Zunahme der Strahlenexposition des Menschen. Dabei ist zu beachten, dass die Zunahme der kosmischen Dosis weit höher ist als die Variation der terrestrischen Dosisleistungen durch einen Wechsel des Aufenthaltsortes. Aus der Figur (18.7) entnimmt man außerdem, dass ein Wohnortwechsel von Meereshöhe auf den höchsten deutschen Berg, die Zugspitze (2962 m), mit einer Erhöhung der kosmischen Dosis von 0,38 mSv/a auf nur etwa 1 mSv/a verbunden ist. Bei Höhenunterschieden von wenigen hundert Metern spielt die Veränderung der kosmischen Strahlenexposition dagegen angesichts der großen Variabilität der terrestrischen Strahlungskomponente kaum eine Rolle.

Etwas andere Verhältnisse treten bei Flügen in großen Höhen auf. Interkontinentalflüge werden wegen der geringeren Turbulenzen und der Wetterunabhängigkeit in der Regel in der unteren Stratosphäre, also bei Höhen um 10000 m (7-12 km) durchgeführt. Auf der Nordhalbkugel führen viele Transatlantikflüge zudem über die Polarregion bzw. bei hohen geografischen Breitengraden. Dies erhöht zusätzlich die Strahlenexposition wegen der Bündelung der kosmischen Strahlung im Erdmagnetfeld und der dortigen Durchlässigkeit der Magnetosphäre für geladene Teilchen. Bei der Berechnung der kosmischen Dosen bei Flügen muss Ablenkbarkeit der Teilchen durch das Erdmagnetfeld berücksichtigt werden. Den geringsten Widerstand sehen Teilchen an

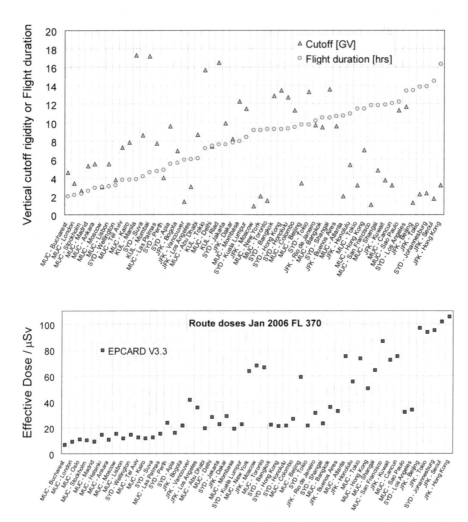

Fig. 18.8: Oben: Untersuchte Flugrouten mit Flugdauern von Interkontinentalflügen (rote Kreise) und Abschirmwirkung (blaue Dreiecke: Cut off Rigidity) des Erdmagnetfeldes. Unten: Daraus berechnete Effektive Dosen für diese Interkontinentalflüge in 11,3 km Höhe im Januar 2006 für Flugdauern zwischen 2 und 18 h (priv. Mitteilung V. Mares, [Mares], [Schraube] mit freundlicher Genehmigung durch die Autoren).

den Polen, wenn sie parallel zu den Erdmagnetfeldlinien also etwa in Richtung der Erdachse radial einfallen.

Am Äquator treffen die Teilchen stattdessen im Wesentlichen senkrecht auf die magnetischen Feldlinien und werden deshalb auf Kreisbahnen gezwungen. Unterhalb einer bestimmten Mindestenergie können sie daher die Erdatmosphäre nicht mehr erreichen.

Der Widerstand von geladenen Teilchen gegen eine magnetische Ablenkung wird in der Beschleunigerphysik mit Hilfe der Abschneidesteifigkeit berücksichtigt (engl.: cut off rigidity), die aus dem Quotienten von Teilchenimpuls und der Teilchenladung berechnet wird. Je höher die wirksamen Feldstärken eines Magnetfeldes sind, umso größere Steifigkeit benötigen die geladenen Teilchen zu dessen Passage.

Die Effektiven Dosisleistungen für Flüge in großen Höhen betragen zwischen 5-8 µSv/h, ein 9-Stunden-Transatlantikflug (z. B. München-New York) exponiert also mit 45-70 µSv. Eine Zusammenstellung berechneter Effektiver Dosen für verschiedene interkontinentale Flüge findet sich in (Fig. 18.8). Flüge in großen Höhen (um 16 bis 20 km), wie sie bis vor Kurzem noch bei kommerziellen Interkontinentalflügen üblich waren, führten zu kosmischen Dosisleistungen von etwa 10-12 µSv/h und abhängig von der Flugdauer zu zusätzlichen Strahlenexpositionen von typisch 40-50 µSv/Flug.

Zusammenfassung

- **Kosmische Strahlung besteht aus einer primären und der durch Wechselwirkungen dieser Teilchen in der Erdatmosphäre entstehenden sekundären Komponente.**

- **Die primäre kosmische Strahlung besteht zu 98% aus Nukleonen und zu 2% aus Elektronen.**

- **Die sekundäre kosmische Strahlung tritt in Form breiter Teilchenschauer (Kaskaden) auf. Sie enthält geladene Teilchen wie Pionen, Protonen, Myonen und Elektronen und einen erheblichen Neutronenanteil. Diese Neutronen haben Energien vom thermischen Energiebereich bis zu Energien über 100 MeV.**

- **Eine weitere kosmische Strahlenkomponente ist der Sonnenwind aus Protonen, Alphateilchen und Elektronen. Wegen der vergleichsweise geringen Teilchenenergien kann diese solare Strahlung die Atmosphäre nicht durchdringen. Sie muss aber in der Raumfahrt beachtet werden.**

- **Die kosmische Strahlenexposition ist abhängig von der Höhe über dem Meeresspiegel und nimmt zudem wegen der Bündelung der geladenen Teilchen im Erdmagnetfeld mit zunehmender geografischer Breite zu.**

- **Bei den in der Bundesrepublik üblichen Höhen von Siedlungen spielt die Variation der kosmischen Strahlung mit der Höhe über dem Meeresspiegel nur eine geringe Rolle.**

- **Beiträge der kosmischen Strahlung zur Effektiven Dosis entstehen durch transkontinentale Flugreisen in den üblichen Flughöhen um 10000 m über**

Normal-Null. Ein Transatlantikflug in ca. 10000 m Flughöhe über die Nordpolarroute exponiert die Passagiere und das fliegende Personal mit ungefähr einer bis zwei zusätzlichen natürlichen Wochendosen.

18.1.3 Interne Strahlenexposition durch natürliche Radionuklide

Radionuklide aus der Biosphäre gelangen über die Ingestion von Nahrungsmitteln und Getränken und über die Inhalation in den menschlichen Körper. Dort verteilen sie sich nach ihren biochemischen Eigenschaften in die verschiedenen Gewebe und Organsysteme. Die Stoffwechselmuster der radioaktiven Nuklide unterscheiden sich nicht von denen ihrer nicht radioaktiven Verwandten. Einige Nuklide wie das Kalium sind nahezu gleichförmig im Körper verteilt, andere bevorzugen wie das Thorium oder das Jod bestimmte Organe, in denen sie dann stark angereichert auftreten. Die fraglichen Radionuklide sind die gleichen, die auch für die natürliche externe Strahlenexposition des Menschen verantwortlich sind, also solche kosmogenen Ursprungs und die primordialen Radionuklide.

Die Berechnung der Strahlenexposition geht wieder in mehreren Schritten vor sich. Zunächst müssen die physikalischen Eigenschaften wie Zerfallsart, Zerfallsenergie, Verzweigungsverhältnisse, die Aktivität und die physikalische Halbwertzeit der fraglichen Nuklide bekannt sein. In einem weiteren Schritt sind die Aktivitätskonzentrationen in Nahrungsmitteln und der Atemluft sowie die Ingestions- und Inhalationsraten zu ermitteln. Dann wird die Verteilung in verschiedenen Kompartimenten im menschlichen Körper untersucht oder modellhaft angenähert. Dazu zählt auch die experimentelle Untersuchung der Verweildauern der Radionuklide im Körper, die in einfachen Fällen zu Angaben der biologischen Halbwertzeiten, in komplizierteren Fällen zu Angaben komplexerer Ausscheidungsfunktionen führen. Sind die Aktivitätskonzentrationen und ihr zeitlicher Verlauf für jedes Kompartiment und Radionuklid bekannt, werden in einem weiteren Schritt ausgehend von den physikalischen Daten der inkorporierten Radionuklide die Energiedosis- oder Energiedosisleistung im betroffenen Organ und seiner Umgebung berechnet.

Durch Bewertung mit der relativen biologischen Wirksamkeit der verschiedenen Strahlungsarten und -qualitäten erhält man die Äquivalentdosis und die Organdosen, durch Multiplikation mit den Organ-Wichtungsfaktoren w_T die Effektive Dosis. Mit Hilfe statistischer Methoden ist es möglich, daraus Risikoabschätzungen für die verschiedenen stochastischen Strahlenschäden vorzunehmen, die letztlich zu den Grenzwerten in den einschlägigen Gesetzen und Verordnungen führen. Strahlenschutzberechnungen für inkorporierte Radionuklide sind wegen der Vielzahl der zu beachtenden Parameter wesentlich schwieriger als die Berechnung externer Strahlenexpositionen. Sie werden seit vielen Jahren ausführlich von den internationalen Strahlenschutzgremien durchgeführt und publiziert (ICRP, UNSCEAR, ICRU). Wegen ihres Umfangs sollen in diesem Buch die Berechnungsmethoden nur modellhaft an zwei einfachen Fällen (^{14}C, ^{40}K) angedeutet werden, ansonsten werden lediglich die in der wissenschaftlichen Literatur dargestellten Ergebnisse zusammengefasst.

18.1.3.1 Interne Strahlenexposition durch kosmogene Radionuklide

Diejenigen kosmogenen Radionuklide, die spürbar zur natürlichen internen Strahlenexposition beitragen, sind ^{3}H, ^{7}Be, ^{14}C und ^{22}Na (physikalische Daten s. Tab. 5.4).

Natürliches **Tritium** entsteht durch Wechselwirkungen der kosmischen Strahlung mit den Molekülen der Luft. Es wird bereits in der Luft zu 99% zu tritiumhaltigem Wasser THO gebunden und kontaminiert durch Niederschläge die Meere und kontinentalen Süßwässer. Seine Konzentration im Süßwasser liegt zwischen 200 und 900 Bq/m^3, im oberflächlichen Meerwasser etwa bei 100 Bq/m^3. Das meiste Tritium findet sich deshalb in Nahrungsmitteln als THO und verteilt sich im Körper des Menschen wie normales Wasser. Es kann auch in Form organischer Verbindungen auftreten, z. B. in DNS-Molekülen, wo es beim Zerfall zu unmittelbaren Strahlenschäden führen kann. Die pro Jahr durch Wasser zugeführte Tritiumaktivität beträgt ca. 500 Bq/a, die daraus entstehende Ganzkörperenergiedosis etwa 10 nGy/a. Der Effektive Dosisbeitrag berechnet sich wegen der Gleichverteilung im Körper und dem Strahlungswichtungsfaktor w_R=1,0 zu 10 nSv/a.

Beryllium-7 befindet sich in geringer Konzentration in der Atemluft (ca. 3 mBq/m^3) und in deutlicher Konzentration im Regenwasser ($\approx$ 700 Bq/m^3). Beryllium wird vom Menschen vor allem durch den Verzehr von Blattpflanzen (Salat, Gemüse) inkorporiert. Die mittlere inkorporierte Aktivität beträgt 1000 Bq/a, die daraus entstehende Effektive Dosisleistung ungefähr 0,03 µSv/a.

Kohlenstoff-14: Die Aktivitätskonzentration des ^{14}C in einem natürlichen Kohlenstoff-Isotopengemisch beträgt nach experimentellen Untersuchungen 227 Bq/kg. Die Zerfallskonstante hat den Wert λ = ln2/5730a = 3,836·10^{-12} s^{-1}. Für die Zahl der radioaktiven ^{14}C-Atome pro kg erhält man somit N(C-14) = A/λ = 227 Bq/3,836·10^{-12} s^{-1} kg^{-1} = 5,92·10^{13} kg^{-1}. Die Zahl der ^{12}C-Atome in einem Kilogramm reinen Kohlenstoffs berechnet man als Quotienten von Avogadrokonstante und molarer Masse. Man erhält N(C-12) = N$_A$/M = 1000 g/kg · (6,02·10^{23}/mol)/(12 g/mol) = 5,02 · 10^{25} kg^{-1}. Die relative Häufigkeit des Kohlenstoff-14 beträgt also:

$$N_{C-14}/N_{C-12} = 5,92·10^{13} \text{ kg}^{-1}/5,02·10^{25} \text{ kg}^{-1} = 1,2·10^{-12} \qquad (18.1)$$

Zur Berechnung der durch ^{14}C im Körper bewirkten Energiedosisleistung benötigt man die Menge des Kohlenstoffs im Gewebe und den Zahlenwert der pro Zerfallsakt im Gewebe deponierten Energie. Der männliche Standardmensch enthält 16 kg Kohlenstoff. Dies entspricht 23% seiner Körpermasse (s. Anhang). Jedes Kilogramm Gewebe, das den entsprechenden relativen Anteil Kohlenstoff enthält, weist daher für ^{14}C die spezifische Aktivität 23%·227Bq/kg = 52Bq/kg auf. ^{14}C ist ein reiner β$^-$-Strahler mit einer Zerfallsenergie von 156 keV (s. Tab. 5.4). Pro Zerfallsakt befindet sich im Mittel 1/3 der Zerfallsenergie beim Betateilchen (vgl. Gl. 9.37). Die Reichweite solcher Betateilchen in Weichteilgewebe beträgt nach Tab. (9.2) weniger als einen halben Millimeter. Man kann also in guter Näherung annehmen, dass die gesamte Betaenergie im Gewebe lokal absorbiert wird. Dies bedeutet pro Zerfallsakt eine Energiedeposition von 156 keV/3 $\approx$ 52 keV = $8,3 \cdot 10^{-15}$ J. In jedem Kilogramm Weichteilgewebe zerfallen pro Sekunde 52 ^{14}C-Kerne. Die Dosisleistung beträgt also:

$$\mathrm{d}D/\mathrm{d}t = 52 \text{ Bq/kg} \cdot 8,3 \cdot 10^{-15} \text{ J} \approx 4,33 \cdot 10^{-13} \text{ J/kg} \cdot \text{s} = 4,33 \cdot 10^{-13} \text{ Gy/s} \qquad (18.2)$$

Da ein Jahr $3,156 \cdot 10^7$ Sekunden hat, ergibt dies eine jährliche Energiedosis im Weichteilgewebe von $3,16 \cdot 10^7 \cdot 4,33 \cdot 10^{-13}$ Gy/a $\approx$ 13,7 µGy/a. Bei dieser Abschätzung wurden die zeitliche Konstanz der ^{14}C-Aktivitätskonzentration in menschlichem Gewebe und die vollständige lokale Absorption der Zerfallsenergie vorausgesetzt, was wegen der vergleichsweise großen physikalischen Halbwertzeit und des reinen β^--Zerfalls in diesem Fall auch zulässig war. Ähnliche Rechnungen kann man übrigens für alle anderen Körpergewebe durchführen, wenn dort die ^{14}C-Konzentrationen bekannt sind. Die Berechnungen der Vereinten Nationen ergeben für ^{14}C in guter Übereinstimmung zum obigen Energiedosiswert eine mittlere Effektive Dosis von 12 µSv/a.

Natrium-22: Das durch kosmische Strahlungswechselwirkung erzeugte ^{22}Na befindet sich zu etwa 20% in der Biosphäre des Menschen und zu ungefähr 44% in den Ozeanen. Der Rest befindet sich in den höheren Atmosphärenschichten. Es wird überwiegend durch Ingestion in den Menschen verbracht. Die jährliche Aufnahme beträgt etwa 50 Bq. Obwohl die Gesamtaktivität des ^{22}Na weniger als 0,3% der Welt-Tritium-Aktivität beträgt, erhält der Mensch wegen der höheren Zerfallsenergie (E_β = 2,842 MeV, s. Tab. 5.4) und des Stoffwechselverhaltens des Natriums Energiedosen zwischen 0,1 und 0,3 µGy/a, die somit 10 bis 30 Mal größer als beim Tritium sind. Als mittlere Effektive Dosis gibt UNSCEAR 0,15 µSv/a an.

18.1.3.2 Interne Strahlenexposition durch primordiale Radionuklide

Bedeutend für die interne Strahlenexposition durch primordiale Radionuklide sind die Nuklide ^{40}K, ^{87}Rb und die Mitglieder der natürlichen Zerfallsreihen des Urans und des Thoriums.

Kalium-40 ist nach den Radonnukliden das wichtigste Radionuklid für die interne Ganzkörperexposition des Menschen. Nach Beispiel (4.1) befinden sich im Kilogramm Körpergewebe etwa 2 g Kalium und entsprechend dem natürlichen Isotopengemisch ungefähr 64 Bq/kg ^{40}K. Das Zerfallsschema des ^{40}K (Fig. 5.1) zeigt eine Verzweigung in einen β^--Zerfallszweig (Häufigkeit 89%) mit einer Zerfallsenergie von 1,31 MeV und einen Elektroneinfang (11%, Zerfallsenergie 1,505 MeV). Dem Elektroneinfang folgen ein Gammazerfall (E_γ=1,461 MeV = $2,34 \cdot 10^{-13}$ J) sowie Hüllenübergänge des Tochternuklids ^{40}Ar. Man erhält daher als partielle Aktivitätskonzentrationen im kg Weichteilgewebe für den Betazerfall 89%·64 Bq/kg=57 Bq/kg und für den Elektroneinfang 11%·64 Bq/kg = 7 Bq/kg. Kalium ist im Körper weitgehend gleich verteilt. Es ist also auch mit einer gleichförmigen Energiedeposition zu rechnen. Die einzige wichtige Ausnahme bildet das rote Knochenmark, in dem die Kaliumkonzentration doppelt so hoch wie im übrigen Gewebe ist.

Die Dosis aus der Betakomponente wird ähnlich wie beim ^{14}C-Beispiel berechnet. Der maximalen Betaenergie von 1,31 MeV entspricht eine mittlere Betaenergie von etwa 450 keV ($\approx$ 7,2·10^{-14} J) und dieser nach Tab. (9.2) eine Reichweite in Weichteilgewebe von etwa 2 mm. Die Betaenergie wird also wieder lokal absorbiert. Die entsprechende Dosisleistung beträgt:

$$dD_\beta/dt = 57 \text{ Bq/kg·7,2·10}^{-14} \text{ J} = 4,1·10^{-12} \text{ Gy/s} \tag{18.3}$$

Für den Elektroneinfang und den nachfolgenden Gammazerfall muss der Energieverlust durch solche Gammaquanten berücksichtigt werden, die die Oberfläche des Menschen ohne Energieübertrag verlassen. Die entsprechende dosimetrische Größe ist der Energieübertragungskoeffizient. Die Schwächungslänge der Photonen (Strecke für die Schwächung auf 1/e) in Wasser erhält man nach Gl. (7.14) aus dem Schwächungskoeffizienten, dessen Wert für 1,461 MeV nach Fig. (6.18) $\mu \approx$ 0,05 cm^{-1} beträgt, zu R = 1/μ = 20 cm. Bei Gleichverteilung des Kaliums im Standardmenschen (Durchmesser 30 cm) kann der mittlere Energieübertrag deshalb konservativ zu etwa 50% der Photonenenergie abgeschätzt werden. Die entsprechende Dosisleistung berechnet man daher wie folgt:

$$dD_\gamma/dt = 7 \text{ Bq/kg} \cdot 0,5·2,34·10^{-13} \text{ J} = 0,82·10^{-12} \text{ Gy/s} \tag{18.4}$$

Für beide Strahlungskomponenten zusammen erhält man also als Dosisleistung:

$$dD_{tot}/dt = (4,1 + 0,82) \cdot 10^{-12} \text{ Gy/s} \approx 155 \text{ µGy/a} \tag{18.5}$$

Exaktere Berechnungen nach den Modellen der ICRP ergeben eine Jahresenergiedosis um 180 µGy/a für großvolumiges Weichteilgewebe. Je nach Speichermuster, Organgröße und Kaliumgehalt der anderen Gewebe erhält man Dosen zwischen 100 µGy/a (Schilddrüse) und 270 µGy/a (rotes Knochenmark). Die Größe der Organe spielt vor allem eine Rolle für den im Kompartiment absorbierten Anteil der Photonenenergie. Die Oberflächen der Organe beeinflussen den durch die Oberflächen verloren gegangenen Betaenergieanteil. Die Effektiven Dosisbeiträge des ^{40}K betragen 165µSv/a für Erwachsene und 185 µSv/a für Kinder [UNSCEAR 2000].

Rubidium-87 ist mit einer mittleren Aktivität um 8 Bq/kg in menschlichem Gewebe enthalten. Da es ein reiner Betastrahler ist, deponiert es seine Zerfallsenergie lokal. Die Energiedosen schwanken je nach Organ zwischen 3 und 14 µGy/a, entsprechend einer jährlichen Effektiven Dosis von 6 µSv/a.

Natürliche Zerfallsreihen: Für die Strahlenexposition des Menschen spielen von den drei noch existierenden natürlichen Zerfallsreihen (s. Abschnitt 5.1.1) nur die Uran-Radium- und die Thoriumreihe eine Rolle. Die Uran-Actinium-Reihe ist wegen der niedrigen Konzentration des Mutternuklids ^{235}U und dessen geringer spezifischer Aktivität ohne große Bedeutung (s. Tab. 5.2). Die Radionuklide der natürlichen Zerfallsreihen befinden sich insgesamt zwar im radioaktiven Gleichgewicht mit ihren jeweiligen Startnukliden, ihr Vorkommen im Gestein und im Erdreich weicht dennoch durch Diffusions- und Anreicherungsprozesse teilweise von der Gleichgewichtskonzentration ab. Der Grund dafür sind die Beweglichkeit und die nach dem Zerfall erfolgende Umverteilung einiger Folgenuklide durch Ausschwemmung oder Lösung. In der Atmosphäre finden sich beispielsweise bis auf geringe Staubanteile der festen Nuklide nur die gasförmigen Nuklide des Radons, die durch Emanation aus dem Erdreich in die Atemluft übertreten. Organismen übernehmen durch Stoffwechselvorgänge die Mitglieder der Zerfallsreihen ebenfalls nicht in der durch das radioaktive Gleichgewicht bestimmten natürlichen Zusammensetzung. Sie selektieren stattdessen bestimmte Radionuklide wegen ihrer biochemischen Eigenschaften. So sind einige verblüffende Anreicherungsmechanismen von Pflanzen und niedrigen Tieren bekannt. Tabakpflanzen, Seefische und -muscheln konzentrieren beispielsweise ^{210}Po, Paranüsse ^{226}Ra und Rentierflechten ^{210}Po und ^{210}Pb.

Für Inkorporationsberechnungen werden die Zerfallsketten aus methodischen Gründen in Teilabschnitte zerlegt, deren Startnuklide wegen ihrer chemischen Eigenschaften inkorporiert werden, und die dann im Körper die Konzentrationen ihrer Tochternuklide durch ihre Lebensdauer dominieren. Die Uran-Radiumreihe (Startnuklid ^{238}U) wird deshalb in 5 Teilreihen zerlegt, die aus den Nukliden ^{238}U - ^{234}U, ^{230}Th, ^{226}Ra, ^{222}Rn - ^{214}Po und ^{210}Pb - ^{210}Po bestehen (vgl. Fig. 5.2). Die Folgenuklide des ^{238}U, ^{222}Rn und ^{210}Pb haben erheblich kürzere Halbwertzeiten als ihre jeweiligen Startnuklide und stehen deshalb mit diesen im radioaktiven Gleichgewicht. Sie haben also die gleiche spezifische Aktivität wie die Startnuklide. Die Thoriumreihe wird aus den gleichen Gründen in drei Unterreihen (^{232}Th, ^{228}Ra - ^{224}Ra und ^{220}Rn - ^{208}Pb) unterteilt. Beide Reihen enthalten überwiegend α-emittierende Radionuklide, unter denen sich jeweils ein Radionuklid des gasförmigen Radons befindet. Die Zerfallsenergie wird wegen der sehr kleinen Reichweiten der Alphateilchen (wenige μm ≈ Zelldurchmesser) im Wesentlichen in den speichernden Organen lokal absorbiert. Wegen der völlig anderen Verteilungsprozesse der festen und der gasförmigen Radionuklide werden beide Gruppen getrennt behandelt.

Die Zufuhr der festen Radionuklide kann über Inhalation oder Ingestion von Nahrungsmitteln stattfinden. Verantwortlich für den Transfer der Radionuklide in die Atemluft sind anorganische und organische Staubpartikel, die von den Böden ausgehen und für eine mittlere spezifische Beladung der Atemluft von etwa 50 μg/m³ sorgen. Da sich in den Böden zwischen 20 und 50 μBq/kg finden, führt diese Staubbelastung zu Aktivitätskonzentrationen von 1-2 μBq pro m³ Atemluft. Das für die Strahlenexposition dominierende Radionuklid ist ^{210}Pb gefolgt von seinem Tochternuklid ^{210}Po. Eine Zusammenstellung der mittleren Radionuklidkonzentrationen und der dadurch verursachten Effektiven Dosen für Kleinkinder (1 Jahr), Kinder (10 Jahre) und Erwachsene zeigt Tabelle (18.6). Insgesamt beträgt der Dosisbeitrag durch inhalierte radioaktive Staubpartikel effektiv nur zwischen 5-6 µSv/a.

Nuklid	spez. Luftaktivität (µBq/m³)	Effektive Dosis (µSv/a)			
		Kleinkinder	Kinder	Erwachsene	Altersmittel
^{238}U	1	0,018	0,022	0,021	0,021
^{234}U	1	0,021	0,027	0,026	0,026
^{230}Th	0,5	0,033	0,045	0,051	0,048
^{226}Ra	1	0,021	0,027	0,026	0,026
^{210}Pb	500	3,5	4,2	4,0	4,0
^{210}Po	50	1,0	1,3	1,2	1,2
^{232}Th	0,5	0,048	0,073	0,091	0,084
^{228}Ra	1	0,019	0,026	0,019	0,021
^{228}Th	1	0,25	0,31	0,29	0,29
^{235}U	0,05	0,001	0,001	0,001	0,001
Summe:		**5,0**	**6,0**	**5,8**	**5,8**
Jährliches Atemvolumen:		*1900 m³/a*	*5600 m³/a*	*7300 m³/a*	

Tab. 18.6: Effektive jährliche Dosisbeiträge durch Inhalation für die Nuklide der natürlichen Zerfallsreihen (ohne Radonnuklide) nach [UNSCEAR 2000].

Radionuklide, die sich in Lebensmitteln befinden, führen abhängig von den zur Verfügung stehenden Nahrungsmitteln (pflanzliche Kost, Fleisch, Fisch), Nahrungsgewohnheiten und dem altersgemäßen Konsum bestimmter Kost (z. B. Milch bei Kindern und Kleinkindern) zu deutlich höheren Strahlenexpositionen als die inhalierten Radionuklide.

Die jährliche Aufnahme an **Uran-238** beträgt in Gebieten normaler Bodenaktivität etwa 5-6 Bq/a. Vergleichbare Aktivitäten treten für die Folgenuklide auf, sofern diese im radioaktivem Gleichgewicht stehen. ^{238}Uran wird zu etwa 70% in den Knochen und zu 30% in Weichteilgeweben gespeichert. Die Inkorporationswege des **Thorium-230** sind nicht genau bekannt. Die Aufnahme über den Magen-Darmtrakt ist jedenfalls gering. Befindet sich Thorium jedoch erst im Körper, wird es vorwiegend im Knochen und dort bevorzugt an der Knochenoberfläche abgelagert. Thorium ist also ein Knochensucher. Es bleibt dort praktisch lebenslang gespeichert, was zu einer allmählichen Anreicherung des Thoriumgehaltes der Knochen mit dem Alter führt. **Radium-226** wird in der Regel ebenfalls über Nahrungsmittel zugeführt, Inkorporation über das Trinkwasser ist nur in Gebieten erhöhter natürlicher Aktivität von Bedeutung. Radium ist chemisch verwandt mit Kalzium und wird deshalb ähnlich verstoffwechselt. Etwa 70 - 90% des Radiums befinden sich daher im Knochen. Die daraus entstehende Effektive Dosis wird altersgemittelt zu 8μSv/a geschätzt.

Nuklid	Aktivitätszufuhr über Ingestion (Bq/a) / Eff. Dosis (μSv/a)						E (μSv/a)
	Kleinkinder		Kinder		Erwachsene		Altersmittel
^{238}U	1,9	0,23	3,8	0,26	5,7	0,25	0,25
^{234}U	1,9	0,25	3,8	0,28	5,7	0,28	0,28
^{230}Th	1,0	0,42	2,0	0,48	3,0	0,64	0,58
^{226}Ra	7,8	7,5	15	12	22	6,3	8,0
^{210}Pb	11	40	21	40	30	21	28
^{210}Po	21	180	39	100	58	70	85
^{232}Th	0,6	0,26	1,1	0,32	1,7	0,38	0,36
^{228}Ra	5,5	31	10	40	15	11	21
^{228}Th	1,0	0,38	2,0	0,30	3,0	0,22	0,25
^{235}U	0,1	0,011	0,2	0,012	0,2	0,012	0,011
Summe:		260		200		110	140

Tab. 18.7: Mittlere jährliche Aktivitätszufuhr über Ingestion und Effektive Dosisbeiträge für die Nuklide der natürlichen Zerfallsreihen nach [UNSCEAR 2000].

Pb-210 und **Po-210** sind auch diejenigen durch Ingestion die Effektive Dosis dominierenden Radionuklide (s. Tab. 18.7). Die jährliche mittlere Aufnahme an Pb-210 wird auf 40 Bq/a geschätzt. Die Dosen der ^{210}Pb-Serie entstehen zu ungefähr 90% durch den α-Zerfall des ^{210}Po, die Betadosen betragen nur etwa 10%. Pb-210 und Po-210 gelangen vor allem über Nahrungsmittel in den menschlichen Körper. Blei ist wie Thorium ein Knochensucher, es befindet sich zu etwa 70% im Knochen und zu 30% in Weichteilgeweben. Polonium wird bei der Inkorporation dagegen gleichmäßig im Körper verteilt. Beide Nuklide finden sich in deutlich höherer Konzentration als im

Mittel unterstellt in Muscheln, Krustentieren und Seefisch. In Regionen, in denen diese Meeresfrüchte bevorzugt verspeist werden, sind deshalb auch deutlich höhere Effektive Dosisbeiträge durch diese beiden Radionuklide zu erwarten. Bei Menschen in arktischen Regionen, die hauptsächlich von Rentierfleisch leben, beträgt die mittlere ^{210}Pb-Aufnahme bis zu 140 Bq/a und für ^{210}Po bis zu 1400 Bq/a. Die mittlere jährliche Effektive Dosis für Erwachsene durch diese Nuklide liegt weltweit bei 110 μSv/a.

Eine überraschende Strahlungsquelle ist der Tabakgenuss. Tabakpflanzen nehmen aus dem Boden über die Wurzeln ^{210}Pb und über die Blätter ^{222}Rn aus der Atmosphäre auf, die beide durch Zerfall in das extrem radiotoxische ^{210}Po übergehen. In der Zigarettenglut verdampft das Polonium und gelangt so mit dem Zigarettenrauch in das Bronchialsystem, wo es bei Gewohnheitsrauchern je nach Herkunft des Tabaks jährliche Organdosen in der Lunge bis zu 40 mSv, in Extremfällen sogar bis zu 400 mSv bewirkt.

Radonnuklide: ^{222}Rn und seine kurzlebigen Tochternuklide deponieren ihre Zerfallsenergie überwiegend in den oberflächlichen Gewebeschichten des Atemtrakts. Die Energie des ^{222}Rn-Zerfalls beträgt 5,59 MeV, die Summation der Alphaenergien der kurzlebigen Folgeprodukte ^{218}Po bis ^{214}Po ergibt eine Gesamtenergie von 13,7 MeV. Diese Zerfallsprodukte lagern sich an Staubteilchen und Aerosole der Atemluft an. Sie werden anders als das Radongas beim Ausatmen nicht mehr ausgeschieden sondern im Atemtrakt deponiert. Aus den Gleichgewichtskonzentrationen des Radons und seiner Töchter im oberen und unteren Atemtrakt kann nach einem dosimetrischen Modell der ICRP [ICRP 32] die jährliche Effektive Dosis pro Aktivitätskonzentration (Bq/m^3) abgeschätzt werden. Die Gleichgewichtskonzentrationen des Radons und seiner Tochternuklide im Lungentrakt hängen vom Atemvolumen und der mittleren Radonkonzentration in der Luft ab. Sie unterscheiden sich deshalb je nach Bewegungsmuster und Aufenthaltsort. Als Gleichgewichtskonzentrationen werden beim Aufenthalt in Innenräumen 40% und bei Aufenthalt im Freien 60% der in der Luft vorhandenen Radonkonzentration im Atemtrakt unterstellt. UNSCEAR geht von einem Umrechnungsfaktor von 9 nSv/(Bq·h·m^{-3}) und wie üblich von relativen Aufenthaltszeiten von 20% im Freien und 80% in Innenräumen aus. Es ergibt sich daher folgende Bilanz für die jährlichen Effektiven Dosisbeiträge durch Exposition des Bronchialepithels mit ^{222}Rn und seinen Tochternukliden in Innenräumen und im Freien:

$$E_{innen} = 40 Bq/m^3 \cdot 0,4 \cdot 0,8 \cdot 9 nSv/(h \cdot Bq \cdot m^{-3}) \cdot 8760 \ (h/a) = 1,0 \ mSv/a \qquad (18.6)$$

$$E_{außen} = 10 Bq/m^3 \cdot 0,6 \cdot 0,2 \cdot 9 nSv/(h \cdot Bq \cdot m^{-3}) \cdot 8760 \ (h/a) = 0,095 \ mSv/a \qquad (18.7)$$

Ähnliche Berechnungen müssen für das zweite Radonnuklid ^{220}Rn durchgeführt werden. Der entsprechende jährliche Effektive Dosisbeitrag beträgt 0,09 mSv/a. Daneben gibt es noch zwei weitere Expositionsmöglichkeiten, die allerdings für die Effektive Dosis ebenfalls nur geringere Beiträge liefern (s. Tab. 18.8). Der erste Teil entstammt dem Radongas, das vor allem aus der Lunge direkt in das Blut diffundiert, ohne vorher im Luftvolumen zu zerfallen. Der zweite Beitrag rührt vom Radongas her, das im

Trinkwasser gelöst ist und kleinere Dosisbeträge durch Ingestion und Inhalation erzeugt. Der inhalierte Anteil ist bereits bei der Radonaktivität der Raumluft mit erfasst.

Alle Dosisangaben zur Radonexposition stellen populations- und altersgewichtete Weltmittelwerte dar. Bei geografischen Besonderheiten wie hohem Gehalt an Urgestein in der natürlichen Umgebung und dessen Verwendung als Baumaterial kann die durch Radon bewirkte Effektive Dosis allerdings um mehr als eine Größenordnung nach oben abweichen. Die höchsten Radonkonzentrationen in der Atemluft wurden in einigen Gebieten in Schweden (bis 85000 Bq/m³), Norwegen (50000 Bq/m³), Finnland (20000 Bq/m³), Tschechien (20000 Bq/m³) und Spanien (15400 Bq/m³) gefunden. Bei sehr hohen Radonkonzentrationen z. B. in der Nähe von Abraumhalden von Uranbergwerken kann die Effektive Dosis (Luft-Radonkonzentrationen in Häusern um 1700 Bq/m³) sogar auf Werte bis 40 mSv/a ansteigen. In einigen Gegenden in den USA und in Finnland wurden Radonspitzenkonzentrationen in der Innenraumluft festgestellt, die bei üblichem Aufenthalt zu Effektiven Dosen von ungefähr 200 mSv/a führen können. Solche Spitzenexpositionen spielen allerdings für das mittlere Krebsrisiko wegen der geringen Bevölkerungsdichten und der insgesamt kleinen Populationszahlen kaum eine Rolle.

	^{222}Rn		^{220}Rn	
	Bq/m³	mSv/a	Bq/m³	mSv/a
Lungenepithel in Häusern im Freien	40 10	1,0 0,095	0,3 0,1	0,084 0,007
Blut in Häusern im Freien	40 10	0,048 0,002	10 10	0,008 0,002
Wasser Inhalation* Ingestion	10^4 10^4	0,025 0,002		
Summe:		1,15		0,1

Tab. 18.8: Weltmittel der jährlichen Effektiven Dosisbeiträge durch die beiden Radonnuklide ^{222}Rn und ^{220}Rn und ihre kurzlebigen Folgenuklide nach [UNSCEAR 2000]. Neben der Exposition des Bronchialepithels sind auch die Effektiven Dosisbeiträge durch im Blut gelöstes Radon und das aus dem Trinkwasser inhalierte und durch Ingestion in den Körper verbrachte Radon berücksichtigt. *: Dieser Beitrag ist bereits beim Lungenepithel-Wert enthalten.

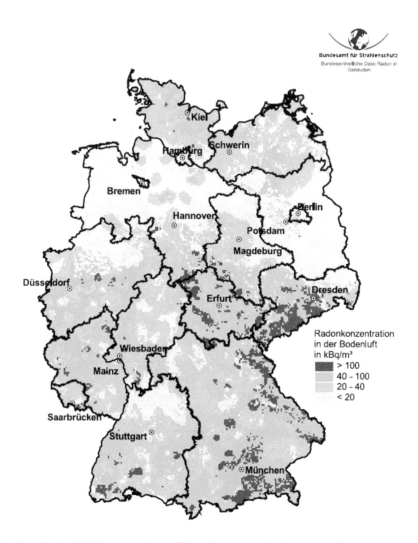

Fig. 18.9: Durchschnittliche experimentell bestimmte Radonkonzentrationen in der Bodenluft in 1 m Bodentiefe in Deutschland (Quelle für die Grafik: Bundesamt für Strahlenschutz, mit freundlicher Genehmigung des BFS, Erläuterungen s. Text).

Die von UNSCEAR berechneten Mittelwerte sind auch typisch für die durchschnittliche Radonexposition in der Bundesrepublik Deutschland. Seit 2005 besteht das weltweite WHO-Radon-Projekt. In der Bundesrepublik ist das Bundesamt für Strahlenschutz (BFS) an diesen Untersuchungen beteiligt. Danach ist die Hauptquelle für die Radonkontamination nicht das Ausgasen aus Baumaterialien oder Wasser, sondern das Eindiffundieren der im Boden befindlichen Radonkonzentrationen durch Risse und Fugen in den Gebäudewänden. Fig. (18.9) zeigt eine aktuelle Karte der Bodenluft-Radonkonzentrationen in Deutschland. Darunter versteht man die Radonkonzentration in den luftgefüllten Poren des Erdbodens in 1 m Tiefe. Die Messungen zeigen eine Bandbreite von weniger als 10 kBq/m³ bis über 100 kBq/m³. Hohe Bodenluftkonzentrationen korrelieren deutlich mit den dominierenden Gesteinsarten der jeweiligen Region. So finden sich besonders hohe Werte an Radonkonzentrationen in den Regionen über Urgestein (Alpen, Erzgebirge, Thüringerwald, Schwarzwald, Eifel) aber auch in den eiszeitlichen Ablagerungen von Gesteinen aus Skandinavien in norddeutschen Gebieten.

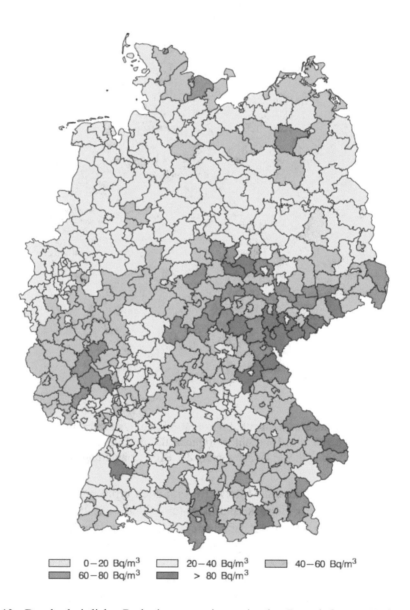

0 − 20 Bq/m^3 20 − 40 Bq/m^3 40 − 60 Bq/m^3
60 − 80 Bq/m^3 > 80 Bq/m^3

Fig. 18.10: Durchschnittliche Radonkonzentrationen in der Raumluft von Wohnungen in Deutschland ([Menzler 2006], Quelle für die Grafik: Bundesamt für Strahlenschutz, mit freundlicher Genehmigung des BFS).

Die Radonkonzentrationen in der Bodenluft korrelieren allerdings nicht automatisch mit hohen Raumluftkonzentrationen an Radon, da der Transfer vom Boden in die Innenluft von Wohnräumen sehr stark von der Bauausführung, den verwendeten Baumaterialien und der Sorgfalt bei der Abdichtung von Fugen oder Rissen abhängt. Eine Faustregel besagt, dass Häuser modernerer Bauart bei gleichen Bodenluftkonzentrationen deutlich weniger belastet sind als Häuser älterer Bauart. Fig. (18.10) zeigt eine Karte experimentell bestimmter Raumluftkonzentrationen in Regionen der Bundesrepublik. Gezeigt sind die mittleren regionalen Raumluftkonzentrationen von Radon in Landkreisen und kreisfreien Städten. Individuelle Raumluftkonzentrationen einzelner Standorte und insbesondere einzelner Gebäude können deutlich von den dargestellten Mittelwerten abweichen. Gründe sind die unterschiedliche Bauweise und die das Auftreten kleinräumiger lokaler Konzentrationsunterschiede in der Bodenluft. Eine Möglichkeit zur Minimierung der Raumluftkonzentration an Radon ist die Abdichtung von Rissen und Fugen und häufiges Lüften der Wohnräume (Energie sparendes Stoßlüften).

Zusammenfassung

- **Bei der internen Strahlenexposition dominieren die Effektiven Dosisbeiträge der radioaktiven Edelgase ^{222}Rn und ^{220}Rn und ihrer Folgeprodukte. Sie belasten vor allem den Atemtrakt.**

- **Da Radon aus der Bodenluft emittiert wird, kann sein Dosisbeitrag in Häusern durch sorgfältige Bauausführung (Abdichten von Fugen, Vermeidung von Gullys in Kellern) und häufiges Lüften der Wohnräume vermindert werden.**

- **Die nächst wichtigen Radionuklide für die Effektive Dosis sind ^{40}K und ^{210}Po, die sich gleichmäßig im Körper verteilen.**

- **Signifikante Teilkörperdosen an den Knochenoberflächen entstehen durch ^{232}Th und ^{210}Pb, da diese sich aufgrund ihres Stoffwechselverhaltens bevorzugt in Knochen ablagern.**

- **Einige Nahrungsmittel (Seefisch, Rentierfleisch, Paranüsse) und Genussmittel (Tabak) können zu deutlichen individuellen Erhöhungen der natürlichen Strahlenexposition durch Ingestion oder Inhalation der enthaltenen Radionuklide führen**

- **Kosmogene Radionuklide tragen nur unwesentlich zur internen Strahlenexposition bei.**

- **Der höchste kosmogene Beitrag entstammt dem Radiokarbon (^{14}C) mit etwa 10 μSv/a.**

18.1.4 Zusammenfassung zur mittleren natürlichen Strahlenexposition

- Die natürliche Strahlenexposition des Menschen besteht aus einer externen und einer internen Komponente. Sie wird am besten mit Hilfe der Effektiven Dosis beschrieben.

- Angaben der Effektiven Dosis beziehen sich immer auf die mittlere Exposition des betrachteten Kollektivs.

Quelle		Effektive Dosisbeiträge (mSv/a)	
extern durch terrestrische Strahlung:		**Mittel**	(typ. Bereich)
Erwachsene		0,48	
Kleinkinder		*0,61*	
Jugendliche		*0,54*	
Weltmittel (β)		*0,007*	
Summe extern terrestrisch		**0,48**	(0,3-1,0)
extern durch kosmische Strahlung			
Neutronenkomponente		0,10	
direkt ionisierende Strahlung		0,28	
Summe kosmisch extern		**0,38**	(0,3-0,6)
intern durch kosmogene Radionuklide			
^{3}H, ^{7}Be, ^{14}C, ^{22}Na		**0,012**	
intern durch primordiale Nuklide			
^{40}K	Ingestion	0,17	
^{87}Rb	Ingestion	0,006	
^{238}U – ^{226}Ra, ^{232}Th - ^{224}Ra	Ingestion	0,11	
^{238}U – ^{226}Ra, ^{232}Th - ^{224}Ra	Inhalation	0,006	
^{222}Rn – ^{214}Po	Inhalation	1,15	(0,2-10)
^{220}Rn- ^{208}Tl	Inhalation	0,1	
Summe intern primordial		**1,54**	
Summe intern + extern		**≈2,4**	(1-10)

Tab. 18.9: Beiträge zur mittleren Effektiven Dosis des Menschen durch natürliche externe und interne Strahlenexposition sowie durch zivilisatorisch beeinflusste natürliche Strahlung nach Abschätzungen der Vereinten Nationen [UNSCEAR 2000]. Kosmische Strahlung und terrestrische Strahlung sind auf die mittlere Höhe über dem Meeresspiegel bezogen. Die Werte sind über die Populationsdichte, die Wohnorte und die Ernährungsgewohnheiten gemittelt. Für die Bundesrepublik erhält man wegen geografisch bedingter geringfügig unterschiedlicher Einzelbeiträge im Mittel etwa eine natürliche jährliche Effektive Dosis von 2,1 mSv/a.

- Dabei wird sowohl über das Alter dieses Personenkreises gemittelt als auch über die Wohnhöhe (Höhe über dem Meeresspiegel), über den Aufenthalt im Freien und in umschlossenen Räumen sowie über das Ernährungsverhalten.

- Die externe Strahlenexposition macht im Mittel nur knapp die Hälfte der natürlichen internen Exposition aus. Die externe Strahlenexposition entsteht zu ungefähr gleichen Teilen aus kosmischer und terrestrischer Strahlung.

- Zivilisatorische Veränderungen der natürlichen Strahlenexposition entstehen in erster Linie durch Inhalation von Radonisotopen in den Innenräumen von Wohngebäuden und durch Flugreisen. Bei den in der Bundesrepublik üblichen Höhen von Siedlungen spielt die Variation der kosmischen Strahlung mit der Höhe über dem Meeresspiegel nur eine geringe Rolle.

- Das Gleiche gilt für den Aufenthalt in Gegenden, die viel Urgestein aufweisen. Überdurchschnittliche Radonpegel und Gamma-Ortsdosisleistungen können deutlich höhere Strahlenexpositionen bewirken.

- Die durchschnittliche jährliche Effektive Dosis aus natürlicher Strahlenexposition beträgt im Weltmittel etwa 2,4 mSv/a, für die Bundesrepublik etwa 2,1 mSv/a.

- Durch lokale Bedingungen variiert die natürliche Effektive Jahresdosis mit Werten zwischen 1-10 mSv/a. Diese Veränderungen sind vor allem durch unterschiedliche Radonexpositionen, Bautechniken von Gebäuden, in geringerem Ausmaß auch durch veränderte terrestrische Ortsdosisleistungen bewirkt.

18.2 Zivilisatorisch bedingte Strahlenexposition

Zur natürlichen Strahlenexposition, die die Individuen einer Population mehr oder weniger gleichmäßig betrifft, kommt die zivilisatorische Strahlenexposition durch vom Menschen modifizierte, künstlich erzeugte oder verbreitete Strahlung hinzu. Quellen zivilisatorischer Strahlenexposition sind die Anwendung medizinisch-radiologischer Maßnahmen auf Patienten in Diagnostik und Therapie, einschlägige berufliche Betätigung (Medizin, Kerntechnik, Bergbau, Forschung, Luft- und Raumfahrt), Produktion und Einsatz von Baumaterialien, Energiegewinnung aus fossilen Brennstoffen und in kerntechnischen Anlagen, Kernwaffentests, der Betrieb von Störstrahlern, Erzeugung von Düngemitteln und deren Einsatz in der Landwirtschaft sowie eine Reihe industrieller, wissenschaftlicher und kleintechnischer Anwendungen der Radioaktivität.

Zivilisatorische Strahlenexpositionen stellen in der Regel wegen der niedrigen Dosen für den Einzelnen ein erhöhtes stochastisches Risiko in Form möglicher Krebserkrankungen, für die Population ein genetisches Risiko dar. Bei hohen Dosen durch gewollte oder im Rahmen von Unfällen oder kriegerischen Auseinandersetzungen mit Atomwaffen auftretenden Strahlenexpositionen besteht das kurzfristige Risiko vor allem aus den die Lebenszeit verkürzenden deterministischen somatischen Schäden der betroffenen Individuen; das langfristige Risiko betrifft wieder die stochastischen Schäden (Krebsinduktion, heriditäre Erbgutveränderungen).

Die ersten zivilisatorisch bedingten Strahlenschäden entstanden durch den unvorsichtigen Umgang mit Röntgenröhren und Radiumpräparaten bei Wissenschaftlern und Ärzten um die Jahrhundertwende, der vielen Anwendern das Leben kostete. Aus dieser Zeit stammt eine Vielzahl von Informationen über die Wirkung der Röntgenstrahlung auf den Menschen. Das wohl prominenteste Opfer der Radioaktivität war *M. Curie*, die ihren unbesorgten Umgang mit radioaktiven Substanzen wie viele andere mit dem Leben bezahlen musste. Sie starb 1934 an aplastischer perniziöser Anämie, später auch ihre Tochter *Irene Joliot Curie* an Leukämie. Gehäufte Strahlenexpositionen fanden auch bei den Zifferblattmalerinnen in den zwanziger Jahren statt. Die verwendeten Farben enthielten Radiumsalze, die durch ihren Zerfall die Ziffern zum Leuchten brachten. Durch Anspitzen und Anfeuchten der Pinsel mit den Lippen kam es zu erheblichen Radiuminkorporationen, die gehäuft zu Knochentumoren führten.

Eine medizinische Quelle gravierender zivilisatorischer Strahlenexposition war der jahrzehntelange Einsatz thoriumhaltiger Röntgenkontrastmittel (Thorotrast: wässrige kolloidale Lösung mit etwa 20% Thoriumdioxid). Obwohl entsprechende wissenschaftliche Warnungen schon 1932 in den USA ausgesprochen worden waren, wurden thoriumhaltige Kontrastmittel in Deutschland bis in die 50er Jahre verwendet. Sie führten zu signifikant erhöhten induzierten Krebsraten (Sarkome, Leukämien, Leber-, Milz- und Lymphknotenkrebs). Besonders dramatisch waren die Strahlenfolgen der Atombombenabwürfe in Hiroshima (Uranbombe mit ca. 16 ± 2 kt Sprengkraft am 6.

8. 1945) und Nagasaki (Plutoniumbombe mit 21 ± 2 kt am 9. 8. 1945, nach Daten des DS02 [RERF 2003]), deren Folgen noch heute zur Beurteilung von Strahlenrisiken dienen, sowie Folgen der Exposition von Freiwilligen bei oberirdischen Atomwaffenversuchen in den 50er Jahren in den USA. Alle diese ungewollten oder gewollten "Großversuche" am Menschen haben zum heutigen Kenntnisstand über Strahlenwirkungen beigetragen. Im Vergleich zur Frühzeit der Radiologie nehmen sich heutige zivilisatorische Strahlenexpositionen geradezu bescheiden aus.

18.2.1 Medizinische Strahlenexpositionen

Medizinische Strahlenexpositionen rühren von diagnostischen und interventionellen Maßnahmen mit Röntgenstrahlung, von nuklearmedizinischen Untersuchungen oder Behandlungen und von der Strahlentherapie her. Aus strahlenhygienischer Sicht sind vor allen mittlere Expositionen von Populationen von Interesse. Individuelle Strahlenexpositionen aus diesen Anwendungen werden ausführlich in (Kap. 21-23) erläutert.

Röntgendiagnostik und interventionelle Radiologie: Den wichtigsten Beitrag zur mittleren medizinischen Strahlenexposition liefert die medizinische Anwendung von Röntgenstrahlung. Die genetisch signifikante Strahlendosis für die bundesdeutsche Bevölkerung aus röntgendiagnostischen und interventionellen Maßnahmen beträgt etwa 0,5 mSv/a, die über die gesamte Population gemittelte Effektive Dosis betrug im Jahr 2019 etwa 1,6 mSv/a [BFS Parlamentsbericht 2019-2022]. Sie ist also nur geringfügig kleiner als die natürliche Strahlenexposition in der BRD. Sie steigt trotz moderner Dosis sparender bildgebender Systeme und verbesserter Qualitätssicherung wegen der simultanen Zunahme der Untersuchungsfrequenzen und der Zahl der interventionellen Maßnahmen sowie durch die Verlagerung der konventionellen Techniken auf dosisintensive Untersuchungsmethoden (CT, Angiografien) stetig an (s. Fig. 18.12). Der individuelle Patient muss bei Röntgenuntersuchungen natürlich mit erheblich höheren effektiven Strahlenexpositionen pro Untersuchung rechnen als das Populationsmittel. Dabei ist zwischen Röntgenaufnahmetechniken, dem Durchleuchtungsbetrieb, der CT-Untersuchung und der Dentalradiologie zu differenzieren, da diese sehr unterschiedlich zur Strahlenexposition beitragen. Insbesondere im Rahmen der interventionellen Radiologie können wegen der erheblichen Durchleuchtungszeiten hohe Effektive Dosen zustande kommen.

Bei konventionellen Röntgenaufnahmen wird der Patient pro Aufnahme nur von einer Seite her bestrahlt. Die Einstrahlrichtung wird üblicherweise mit "ap" (anterior-posterior), "pa" (posterior-anterior) oder lateral (seitlich) bezeichnet. Üblich sind Aufnahmen in zwei Ebenen z. B. "ap" und "lateral". Die Ausleuchtung des Patienten ist sehr inhomogen, da diagnostische Röntgenstrahlung in Weichteilgewebe Halbwertschichtdicken von typischerweise 3 - 4 cm bei Röhrenspannungen um 70 - 80 kV aufweist. Die Patientendosis ist neben der Spannung und Filterung natürlich abhängig von der Empfindlichkeit des Bildaufnahmesystems (der Empfindlichkeitsklasse der

Film-Folien-Kombination[3] bzw. dem Dosisindikator bei digitalen Systemen) und vom Patientendurchmesser. Die niedrigsten Patientendosen entstehen bei der Thoraxübersicht in Hartstrahltechnik mit hochempfindlichen Film-Folien-Kombinationen oder moderneren digitalen Halbleiterdetektoren und bei der Dentalradiologie. Die höchsten Einfallsdosiswerte erhält man bei der Diagnostik von Weichteilgeweben, da dort mit vergleichsweise niedrigen Röhrenspannungen zur ausreichenden Gewebedichteauflösung bei gleichzeitig hoher räumlicher Detailauflösung, also unempfindlichen Film-Folien-Kombinationen oder Detektoren gearbeitet werden muss. Das wichtigste Beispiel dieser für den Strahlenschutz problematischen Expositionsbedingungen ist die Mammografie, bei der sowohl besonders niedrige Röhrenspannungen (typisch 28 - 35 kV) als auch wegen der erforderlichen hohen räumlichen Auflösung wenig empfindliche Film-Folien-Kombinationen bzw. Festkörperdetektoren eingesetzt werden.

Die höchsten Energiedosen und Effektiven Dosen entstehen bei der interventionellen Radiologie am Herzen (Herzkatheter) oder peripheren Gefäßen (endovasale Techniken mit interventionellem Eingriff), der Nieren-Angiografie, bei interventionellen Maßnahmen wie der Embolisation von erkrankten Geweben (Beispiel Embolisation von Uterusmyomen) und bei der Computertomografie am Körperstamm. Verantwortlich dafür sind die durch die Untersuchungstechniken insbesondere bei konventionellen Durchleuchtungsanlagen ohne Pulstechnik oder digitaler Speichermöglichkeit der Bilder bedingten langen Durchleuchtungszeiten. Eine Faustregel besagt, dass 1 Minute Durchleuchtungszeit die gleiche Strahlenexposition wie eine Röntgenfilmaufnahme mit der Empfindlichkeitsklasse 100 erzeugt. Da heute am Körperstamm mit "200-400er"-Filmen bzw. entsprechend empfindlichen digitalen Detektoren wie Speicherfolien oder Halbleiterdetektoren gearbeitet wird, entspricht eine Minute Durchleuchtung bei sonst gleicher Geometrie und Röntgenstrahlungsqualitäten 2 - 4 Filmaufnahmen. Erzeugt eine Röntgenfilmuntersuchung des Abdomens eine Effektive Dosis von 1 mSv, so belastet eine 30-minütige Durchleuchtung bereits mit 30 mSv, also wie 60-120 Filmaufnahmen mit EK 200 - 400. Die Prinzipien der bildgebenden Detektoren und ihr Dosisbedarf sind ausführlich in [Krieger3] dargestellt.

Die hohen Dosen bei CT-Untersuchungen entstehen dagegen durch die nahezu homogene Ausleuchtung des diagnostischen Zielvolumens, die durch eine "Quasi Mehrfelder-Technik" über einen Winkel von 270-360 Grad erreicht wird. Dadurch unterscheiden sich die Energiedosen in 1 cm Tiefe und in der Körpermitte des Patienten bei CT-Untersuchungen nur um etwa 20-30%. Eine Faustregel für die Energiedosen bei CT-Untersuchungen am Körperstamm besagt, dass die repräsentativen Energiedosen bei

---

[3] Die Empfindlichkeitsklasse EK nach [DIN 6867/10] ist der Bereich des Dosisbedarfs in der Bildebene für die optische Dichte 1 auf dem Film für bestimmte Film-Folien-Kombinationen (EK 100: 10µGy, EK 200: 5 µGy, EK 400: 2,5 µGy). Die EK ist definiert als das Verhältnis von 1 mGy und der für die optische Dichte 1 über Grundschleier im Mittel erforderlichen Kerma auf dem Film: EK = (1 mGy/K$_B$). Die Empfindlichkeitsklassen für Röntgenfilm-Folien-Kombinationen entsprechen der auch bei fotografischen Filmen üblichen Notation ("ASA", ausführliche Informationen s. Kap. 21).

einem Röhrenstromzeitprodukt von 100 mAs (der CT-Dosis-Index) zwischen 5-20 mGy betragen. Typische mAs-Werte bei CT-Untersuchungen liegen zwischen 240-500 mAs, bei Spezialuntersuchungen treten auch mAs-Werte bis 1000, also Energiedosen bis 100 mGy auf. Einige Hinweise zur Abschätzung von Organdosen und typischen Effektiven Dosen für die Radiologie unter günstigen Bedingungen (moderne Bildtechnik, keine Fehlaufnahmen) finden sich in (Tabn. 21.4 und 21.5).

Nuklearmedizinische Diagnostik und Therapie: In der bildgebenden nuklearmedizinischen Diagnostik werden reine Gammastrahler oder kombinierte Beta-Gammastrahler eingesetzt. Die Gammastrahlung wird in der Regel mit ortsauflösenden Detektoren wie den Gammakameras oder speziellen Organsonden nachgewiesen. Das wichtigste Radionuklid ist das ^{99m}Tc. Es ist ein reiner Gammastrahler mit einer Halbwertzeit von etwa 6 h und einer Photonenenergie von 140,5 keV (s. Kap. 3.2). Die kurze physikalische und durch schnelle Ausscheidung bedingte geringe biologische Halbwertzeit verursachen auch bei hohen applizierten Aktivitäten eine nur geringe Strahlenexposition der Patienten (s. Tabellen 24.10, 24.11).

Eine sehr moderne Variante ist die Szintigrafie mit Positronenstrahlern. Das wichtigste Radionuklid ist ^{18}F, das vor allem in der Onkologie verwendet wird (chemische Form: FDG Fluoro-Desoxy-Glukose, $T_{1/2}$ = 109,7 min, nachgewiesene Strahlung 511 keV Vernichtungsquanten). Alle anderen heute noch üblichen nuklearmedizinischen Untersuchungen erzeugen deutlich geringere individuelle Strahlenexpositionen.

Obwohl die individuellen Dosen im Bereich einiger mSv/Untersuchung liegen, ist die nuklearmedizinische Diagnostik im Bevölkerungsmittel nicht von großer Bedeutung. Der Beitrag der nuklearmedizinischen Diagnostik zur mittleren Effektiven Dosis der Bevölkerung wird auf etwa 0,1 mSv/a geschätzt, ist also im Vergleich zur Röntgendiagnostik zu vernachlässigen [BFS Parlamentsbericht 2013]).

Strahlentherapeutische Radionuklidanwendungen im Bereich der Nuklearmedizin betreffen in erster Linie die Therapie von benignen und malignen Schilddrüsenerkrankungen. Die dabei verabreichten Energiedosen in den Organen liegen typischerweise bei einigen Hundert Gray. Die Radiojodtherapie führt wegen der selektiven Anreicherung des Radionuklids im Zielorgan trotz der hohen therapeutischen Dosen nur zu geringen effektiven Belastungen der Patienten. Eine weitere wichtige Nuklidtherapie ist die Behandlung erkrankter Gelenke nach Entzündungen, die so genannte Radiosynoviorthese (RSO, Synovialis: Gelenkschleimhaut, Orthese: Wiederherstellung), und von schmerzhaften Knochenmetastasen.

Noch nicht so sehr verbreitet ist die Radioimmuntherapie mit radioaktiv markierten Antikörpern in der Krebstherapie. Wegen der insgesamt geringen Fallzahlen spielen diese Behandlungsarten trotz der individuell hohen Dosen im Bevölkerungsmittel nur eine nachgeordnete Rolle. Die Zahl der nuklearmedizinischen Untersuchungen ist rückläufig. Zwischen 2008 bis 2012 wurden in Deutschland jährlich im Mittel 2,8

Millionen nuklearmedizinische Untersuchungen vorgenommen, was im Mittel 34,5 Untersuchungen pro 1000 Einwohnern entspricht. Zwischen 1996 und 2005 waren es noch 4,2 Millionen Untersuchungen pro Jahr. Eine Abschätzung der aktuellen Häufigkeitsverteilung und der relativen kollektiven Dosisbeträge zeigt (Fig. 18.12) nach Daten des BMU [BFS Parlamentsbericht 2013].

Radioonkologie und Strahlentherapie gutartiger Erkrankungen: Die in der Radioonkologie verwendeten Methoden sind die perkutane Therapie mit Beschleunigeranlagen und die Anwendungen der Brachytherapie mit ferngesteuerten Anlagen oder implantierten radioaktiven Dauerstrahlern (Seeds). Wie die nuklearmedizinische Nuklidtherapie setzt auch die Radioonkologie deterministische Strahlendosen ein. In den behandelten Zielvolumina ist daher kaum mit stochastischen Strahlenwirkungen zu rechnen. Die Induktion von Krebserkrankungen durch diese therapeutischen Strahlenexpositionen ist in der Regel nur außerhalb der eigentlichen Zielvolumina, also beispielsweise außerhalb der Strahlenfelder, d. h. im Streustrahlungsbereich zu erwarten. Die in der Radioonkologie applizierten Dosen überschreiten wegen der beabsichtigten deterministischen Wirkungen die Dosiswerte der anderen radiologischen Disziplinen um mehrere Größenordnungen. Die verwendete Dosisgröße für die Bestrahlung von Patienten ist wegen der vergleichsweise hohen Dosiswerte die Energiedosis in den Zielvolumina und den verschiedenen mitbestrahlten Geweben und Organen. Zur Beschreibung der Dosisverteilungen wird durchgängig die Wasserenergiedosis verwendet. Bei Einsatz moderner Planungsalgorithmen und Planungssysteme und vollständiger Erfassung der Patientendaten mit Hilfe bildgebender Verfahren sind die dreidimensionalen Dosisverteilungen im interessierenden Volumen weitgehend bekannt. Die Ermittlung der Energiedosisverteilungen in speziellen Organen ist daher unproblematisch. Sie wird in der Regel im Rahmen der klinischen und physikalischen Therapieplanung bewerkstelligt und soll deshalb hier nicht weiter besprochen werden.

Im Bevölkerungsmittel sind die so entstehenden Effektiven Dosisbeiträge der Strahlentherapie im Vergleich zur Röntgendiagnostik zu vernachlässigen. Obwohl die therapeutischen Dosen der Patienten wegen der beabsichtigten deterministischen Strahlenwirkungen teilweise sehr hohe Werte annehmen (typisch 45- 70 Gy je nach Tumorart), spielen die konventionelle Strahlentherapie (Radioonkologie) zur kurativen oder palliativen Behandlung von Krebserkrankungen für die kollektiven Dosisbeiträge nur eine nachgeordnete Rolle.

Nutzen und Strahlenrisiko in der medizinischen Strahlenanwendung: Die Verwendung der Effektiven Dosis zur Beschreibung des Strahlenrisikos radiologischer Patienten und zur Ableitung individueller Risikokoeffizienten ist umstritten. Zum einen ist die aus der Effektiven Dosis abgeleitete zusätzliche Krebsmorbiditätsrate über alle Lebensalter und beide Geschlechter gemittelt, sie berücksichtigt also nicht die unterschiedliche individuelle Strahlensensibilität und die Lebenserwartung der Menschen zum Zeitpunkt der Exposition (s. dazu Fig. 17.6 und Tab. 17.8). Tatsächlich werden die meisten Röntgenuntersuchungen naturgemäß an älteren Menschen vorge-

nommen, deren verminderte Lebenserwartung die Erkrankungsraten an strahleninduzierten Krebsarten im Vergleich zum Bevölkerungsmittel deutlich verringert.

Dies gilt insbesondere für die dosisintensiven CT-Untersuchungen und Angiografien.
Der Anteil der Krebspatienten an allen CT-Untersuchungen wird zu 15 - 20% geschätzt [BFS JB2007]. Zum anderen enthalten ausschließlich auf die Krebsinduktion
ausgerichtete Risikobeurteilungen keinerlei Aussagen zum Nutzen radiologischer Expositionen. Dies ist unmittelbar einleuchtend bei lebenserhaltenden strahlentherapeutischen Maßnahmen an Krebspatienten oder bei der Therapie und Diagnose von lebens-
bedrohenden Herzerkrankungen mit Hilfe der Cardangiografie und ähnlichen Strahlenanwendungen. Es ist also bei Strahlenanwendungen immer eine Art Kosten-Nutzen-Analyse vorzunehmen. Die Strahlenschutzgesetzgebung spricht dabei von "recht-
fertigender Indikation" (StrlSchV 2018 §119).

Da für Patienten deshalb bewusst keine Grenzwerte in der Strahlenschutzverordnung
angegeben werden, wurden von den radiologischen Fachgesellschaften (Deutsche
Röntgen Gesellschaft DRG, Gesellschaft für Nuklearmedizin DGN, Deutsche Gesellschaft für Radioonkologie DEGRO) zusammen mit dem Bundesamt für Strahlenschutz orientierende Leitlinien für medizinische Strahlenexpositionen und Verfahren
erarbeitet und in regelmäßigen Abständen aktualisiert. Diese werden als Empfehlungen zur Minimierung der Strahlenexposition von Patienten an die Mediziner weitergegeben. Ihre Einhaltung wird durch die zuständigen Behörden oder von diesen ermächtigten Institutionen wie den Landesärztekammern oder den kassenärztlichen Vereini-
gungen überwacht. Hinweise zu individuellen Patientendosen in der Radiologie und
Nuklearmedizin finden sich in (Kap. 19.7 und Kap. 21-23).

Beiträge und zeitlicher Verlauf medizinischer Strahlenexpositionen

Einen aktuellen Vergleich der relativen Häufigkeiten radiologischer Untersuchungen
und Maßnahmen und der dadurch bewirkten kollektiven Effektiven Dosisbeiträge für
die deutsche Bevölkerung zeigt (Fig. 18.11 und Tab. 18.10). Die häufigsten Röntgen-
anwendungen mit etwa 43% liefert die Zahn- und Kiefermedizin, die wegen der speziellen Technik und der an Risikoorganen armen Untersuchungsregion nur 0,4% der
kollektiven Effektiven Dosis erzeugt. Fast ebenso häufig sind die Untersuchungen des
Skeletts mit ebenfalls knapp 27% der Anwendungen aber Effektiven Dosisbeiträgen
von nur 7%. Die Computertomografie (9% Häufigkeit) und die Angiografien und Interventionen (3% der Fälle) erzeugen dagegen die höchsten effektiven Dosisbeiträge
(CT 67%, Angiografien 18%) mit einer seit Jahren ansteigenden Tendenz. Seit 1996
hat sich die mittlere Effektive Dosis pro Kopf der Bevölkerung durch CT-Untersuchungen von 0,5 mSv/a auf etwa 1,1 mSv/a verdoppelt. Insgesamt wurden in der
Bundesrepublik im Jahr 2005 132 Millionen Röntgenuntersuchungen, davon 84,5
Millionen Untersuchung in der Zahnmedizin vorgenommen. Im Mittel erhielt jeder
Deutsche 1,6 Röntgenuntersuchungen pro Jahr [BFS JB2007].

Die aktuellen Daten in der Bundesrepublik Deutschland sind in der folgenden Tabelle (18.19) nochmals numerisch zusammengefasst.

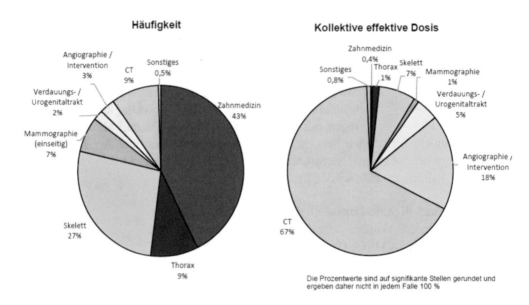

Fig. 18.11: Häufigkeitsverteilung der verschiedenen radiologischen Untersuchungsarten und entsprechender relativer Beitrag zur kollektiven Effektiven Dosis in der Bundesrepublik im Jahr 2016 (nach Daten des BFS Jahresberichts 2019-2022).

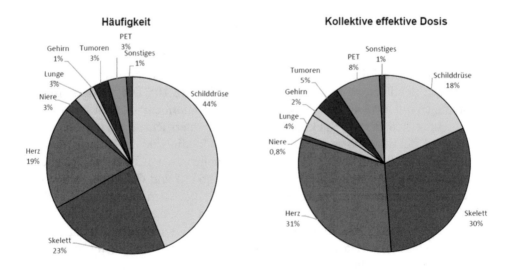

Fig. 18.12: Häufigkeitsverteilung der verschiedenen nuklearmedizinischen Untersuchungsarten (links) und entsprechender relativer Beitrag zur kollektiven Effektiven Dosis (rechts) in der Bundesrepublik [BFS Parlamentsbericht 2019-2022].

Untersuchung	Häufigkeit (%)	Beitrag zur Eff. Dosis (%)
Radiologie		
Sonstiges	0,5	0,8
Zahnmedizin	43	0,4
Thorax	9	1
Skelett	27	7
Verdauungs-, Urogenital-, Gallentrakt	2	5
Mammographie (einseitig)	7	1
Angiografie, Intervention	3	18
CT	9	67
Nuklearmedizin		
Schilddrüse	44	18
Sonstige	1	1
Tumoren	3	5
Gehirn	1	2
Niere	3	0,8
Lunge	3	4
Herz	19	31
Skelett	23	30

Tab. 18.10: Aktuelle numerische Daten der relativen Häufigkeitsverteilungen der verschiedenen radiologischen und nuklearmedizinischen Untersuchungsarten und relative Beiträge zur kollektiven Effektiven Dosis in der Bundesrepublik (nach Daten des BMU [BFS Parlamentsbericht 2019-2022]).

Die zeitliche Entwicklung radiologischer Untersuchungen in Deutschland und deren mittleren Beitrag zur jährlichen Effektiven Dosis zeigt (Fig. 18.13). Obwohl die Anzahl der Röntgen-Untersuchungen im betrachteten Zeitraum der (Fig. 18.11) konstant geblieben ist, hat sich der Wert für die mittlere Effektive Dosis erhöht. Dies ist auf die Verlagerung der Untersuchungen vom konventionellen Röntgen zu den CT-Untersuchungen zurückzuführen. Die Nuklearmedizinischen Untersuchungen zeigen nur geringe zeitliche Veränderungen der Häufigkeiten und der damit verbundenen Strahlenexpositionen. Angaben der medizinischen Effektiven Dosen hängen von der Art der Datenerhebung und den Meldeverfahren ab, können also in der Regel nur als Schätzungen betrachtet werden.

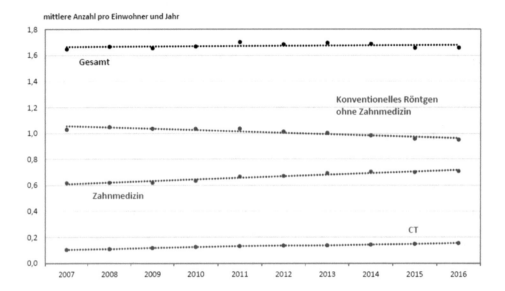

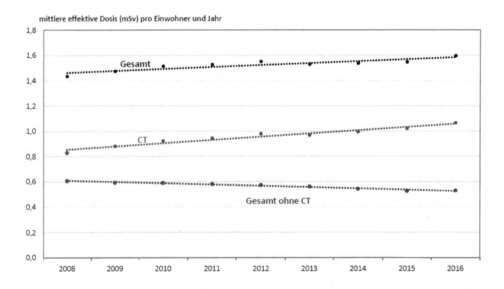

Fig. 18.13: Zeitliche Entwicklung der Häufigkeitsverteilung (oben) der verschiedenen radiologischen Untersuchungsarten in Deutschland. Mittlere effektive Dosis pro Einwohner und Jahr durch Röntgen- und CT-Untersuchungen in Deutschland (unten) [BFS Parlamentsbericht 2019-2022].

Die zeitliche Entwicklung Effektiver Dosen in der Radiologie im internationalen Vergleich zeigt eine Studie von 2008 [Regulla 2008]. Weltweit werden pro Jahr über 3 Billionen Röntgenuntersuchungen vorgenommen. Tab. (18.11) zeigt einen Überblick über die Entwicklung der Effektiven Dosen pro Kopf der Bevölkerung aus radiologischen Untersuchungen in den letzten Jahren für verschiedene Länder. Absolute "Spitzenreiter" sind Japan und die USA, dicht gefolgt von BRD, Belgien und Luxemburg. Besonders auffällig ist die Verdreifachung der Dosisbeiträge in Japan seit dem Jahr 2000 und die um den Faktor 6,3 angestiegenen Dosen in den USA seit 2003, die in beiden Ländern vor allem auf den vermehrten Einsatz der Computertomografie zurück zu führen sind.

Land	Mittlere jährliche Effektive Dosis pro Kopf der Bevölkerung	
	Datenstand bis 2004	Datenstand Okt. 2008
Japan	etwa 2,2*	3,7 - 6,0
USA	0,5	3,2
Luxemburg	-	1,98
BRD Röntgen NUK Diagn.	2,0 0,15	1,8
Belgien	-	1,78
Kanada	-	0,94
Schweiz	1,0	1,2
Frankreich	1,0	1,0
Norwegen	0,8	
Russland	-	0,9
Australien	-	0,8
Polen	-	0,8
Schweden	0,68	0,68
Niederlande	0,51	0,51
UK	0,33	0,4

Tab. 18.11: Weltweiter Vergleich der Effektiven Dosen durch radiologische Untersuchungen im Bevölkerungsmittel und ihrer zeitlichen Entwicklung [Regulla 2008]. *: Geschätzter Wert [Regulla 2003].

Zusammenfassung

- Die durchschnittliche medizinische Strahlenexposition in den westlichen Industrienationen entspricht etwa einer zusätzlichen natürlichen Jahresdosis.

- Der höchste Beitrag zur mittleren zivilisatorischen Effektiven Dosis entsteht bei radiologischen Untersuchungen mit CT und bei der interventionellen Radiologie mit Durchleuchtungstechniken.

- Länder mit besonders hohen mittleren medizinischen Strahlenexpositionen sind Japan, die USA, Belgien und die Bundesrepublik Deutschland.

- Trotz der zeitlichen Konstanz der Häufigkeit röntgendiagnostischer Untersuchungen in Deutschland nimmt die dadurch bewirkte mittlere Effektive Dosis zu.

- Der Grund ist die deutliche Verlagerung der Untersuchungstechniken vom konventionellen Röntgen hin zu CT-Untersuchungen.

- Nuklearmedizinische Anwendungen tragen nur in den westlichen Industrienationen zu etwa 10% zur mittleren Effektiven Jahresdosis der Bevölkerung bei.

- Strahlentherapeutische Anwendungen spielen trotz der sehr hohen Dosen, die für die gewollten deterministischen Strahlenwirkungen in den therapeutischen Zielvolumina appliziert werden, im Bevölkerungsdurchschnitt nur eine nachgeordnete Rolle.

- Bei der Analyse medizinischer Strahlenexpositionen und ihrer Bewertung ist zu beachten, dass die meisten medizinisch strahlenexponierten Menschen eine medizinische Indikation aufweisen.

- Hochrechnungen, die die Anzahl von Krebstoten aus den Effektiven Dosen untersuchter oder behandelter Patienten berechnen, berücksichtigen nicht den Nutzen, also die rechtfertigende Indikation, der radiologischen Strahlenexpositionen.

- Da die meisten Patienten sich darüber hinaus bei ihren medizinischen Strahlenexpositionen naturgemäß im höheren Alter befinden, erleben sie in der Regel die stochastischen Schäden wegen ihrer verminderten Lebenserwartung und der großen Latenzzeiten bis zum Ausbruch einer strahlenbedingten Krebserkrankung nicht mehr.

18.2.2 Kernwaffentests

Seit der ersten Zündung einer Atombombe durch die Amerikaner am 18. Juli 1945 bis ins Jahr 1980 wurden weltweit oberirdische Atomwaffenversuche und zivile Atomtestexplosionen durchgeführt. Seither werden die Testexplosionen unterirdisch vorgenommen, um die Kontamination der Atmosphäre und der Erdoberfläche durch Fallout zu verringern. Die bei nuklearen Explosionen entstehenden Radionuklide sind direkte Spaltfragmente und deren Zerfallsprodukte, erbrütete oder nicht gespaltene Kerne des Plutoniums und des Urans, sowie durch Kernreaktionen entstandenes ^{14}C und Tritium. Je höher die Sprengkraft einer Bombe ist, umso höher ist auch die Ausbeute an Spaltprodukten. Eine besonders schmutzige Variante war die "Kobalt-Bombe", die mit ^{59}Co umhüllt war, um das langlebige ^{60}Co durch Neutroneneinfang zu erbrüten.

Radionuklid	$T_{1/2}$	Spaltausbeute (%)	Gesamtaktivität (PBq)
^{3}H	12,33 a		186000
^{14}C	5730 a		213
^{54}Mn	312,3 d		3980
^{55}Fe	2,73 a		1530
^{89}Sr	50,53 d	3,17	117000
^{90}Sr	28,78 a	3,50	622
^{91}Y	58,51 d	3,76	120000
^{95}Zr	64,02 d	5,07	148000
^{103}Ru	39,26 d	5,20	247000
^{106}Ru	373,6 d	2,44	12200
^{125}Sb	2,76 a	0,40	741
^{131}I	8,02 d	2,90	675000
^{140}Ba	12,75 d	5,18	759000
^{141}Ce	32,5 d	4,58	163000
^{144}Ce	284,9 d	4,69	30700
^{137}Cs	30,07 a	5,57	948
^{239}Pu	24110 a		6,52
^{240}Pu	6563 a		4,35
^{241}Pu	14,35 a		142

Tab. 18.12: Daten der wichtigsten bei oberirdischen nuklearen Tests von 1945 bis 1980 erzeugten Radionuklide nach [UNSCEAR 2000], (1 PBq = 10^{15} Bq).

Oberirdische Testexplosionen hoher Intensität verbringen einen Großteil der Spaltprodukte in die Stratosphäre, von wo aus sie mit den atmosphärischen Bewegungen über die ganze Erde verteilt werden. Die höchsten Anteile des Fallouts gingen in der nördlichen Hemisphäre und dort in den gemäßigten Breiten nieder. Bis zum Jahr 2000 waren 543 oberirdische und 1876 unterirdische Atomtests bekannt.

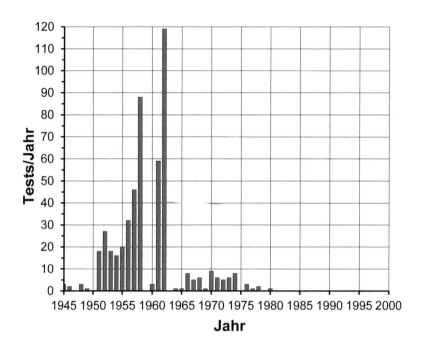

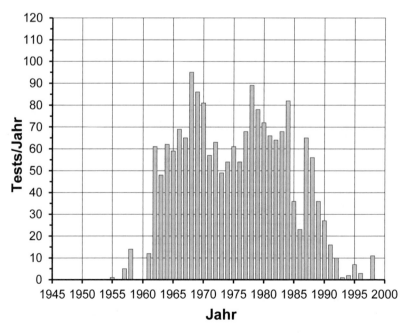

Fig. 18.14: Anzahl der oberirdischen (oben) und unterirdischen (unten) Atomwaffentests nach Daten der Vereinten Nationen [UNSCEAR 2000].

Jahr	Tests	Fission (Mt)	Fusion (Mt)	^{90}Sr (PBq/a)	^{131}I (PBq/a)	^{137}Cs (PBq/a)
1945	3	0,06	-	0,2	13,6	0,3
1946	2	0,04	-	0,1	9,8	0,2
1947	0	-	-	0,0	0,0	0,0
1948	3	0,10	-	0,2	15,9	0,3
1949	1	0,02	-	0,0	3,3	0,1
1950	0	-	-	0,0	0,0	0,0
1951	18	0,51	0,08	1,2	96,5	1,7
1952	11	6,08	4,95	1,2	94,9	1,8
1953	18	0,35	0,36	5,7	72,6	8,6
1954	16	30,90	17,40	17,4	145,0	26,1
1955	20	1,18	0,88	24,0	70,1	35,9
1956	32	10,00	12,90	22,6	331,0	33,9
1957	46	5,25	4,37	24,0	529,0	36,0
1958	88	26,50	30,30	32,7	1110,0	49,1
1959	0	-	-	45,8	0,3	68,6
1960	3	0,07	-	15,9	10,4	23,9
1961	59	18,20	68,30	19,4	395,0	29,2
1962	119	71,80	98,50	63,2	1900,0	94,8
1963	0	-	-	108,0	40,7	163,0
1964	1	0,02	-	76,9	3,0	115,0
1965	1	0,04	-	41,8	11,0	62,7
1966	8	0,94	0,20	19,8	121,0	29,7
1967	5	1,88	1,30	10,3	32,4	15,5
1968	6	4,16	3,44	11,0	17,1	16,5
1969	1	1,90	1,10	10,7	11,4	16,0
1970	9	3,38	2,40	12,4	46,4	18,5
1971	6	0,84	0,62	12,5	24,4	18,8
1972	5	0,13	-	6,7	33,9	10,1
1973	6	1,42	1,10	2,3	13,4	3,5
1974	8	0,75	0,46	5,9	64,7	8,9
1975	0	-	-	3,4	0,0	5,1
1976	3	2,32	1,80	1,8	34,0	2,7
1977	1	0,02	-	3,8	6,7	5,7
1978	2	0,04	-	4,4	5,5	6,6
1979	0	-	-	1,6	0,5	2,3
1980	1	0,50	0,10	1,5	35,6	2,3
Total	**504***	**189,4**	**250,6**	**612,1**	**5299,2**	**918,8**

Tab. 18.13: Daten oberirdischer Kernwaffentests 1945-1980 nach [UNSCEAR 2000]. Zusätzlich wurden noch 39 Sicherheitstests vorgenommen, die Summe beträgt also 543 Tests. Mt: Sprengkraft in Megatonnen des konventionellen Sprengstoffes TNT, PBq: Fallout-Aktivitäten 10^{15} Bq. Die weltweiten Nuklid-Summen (nördliche und südliche Hemisphäre) enthalten auch die kleineren Fallout-Beiträge bis 1999.

Die meisten oberirdischen Tests wurden Ende der 50er Jahre und zu Beginn der 60er Jahre durchgeführt. Personen, die zu dieser Zeit dem Fallout ausgesetzt waren, haben merkliche Mengen langlebigen ^{90}Sr in ihre Knochen eingebaut, die heute noch nachzuweisen sind. Die letzten bekannten oberirdischen Tests stammen aus China (1980 und Indien 1974), die letzten 16 unterirdischen Tests wurden 1998 von Indien und Pakistan sowie 6 Tests 2006-2017 von Nordkorea vorgenommen. Die Gegenden mit der höchsten Testanzahl sind Nevada, die Mururoa Inseln, Bikini und Eniwetok, Novaja Semlja, Lop Nor und Semipalatinsk.

Die wichtigsten Radionuklide für die langfristige Strahlenexposition des Menschen durch Fallout sind in absteigender Bedeutung ^{14}C, ^{137}Cs, ^{95}Zr, ^{90}Sr, ^{106}Ru, ^{144}Ce und ^{3}H. Heute spielen wegen ihrer vergleichsweise großen Lebensdauern nur noch die Nuklide ^{90}Sr, ^{137}Cs, ^{3}H und ^{14}C eine spürbare Rolle für die langfristige menschliche Strahlenexposition. Ein sehr geringer Beitrag von weniger als 0,1% ist, allerdings für viele Tausende von Jahren, von den Actinoiden ^{239}Pu, ^{240}Pu und ^{241}Am zu erwarten. Die momentane mittlere jährliche Effektive Dosis durch externe und interne Strahlenexposition durch Kernwaffenfallout wird in der Bundesrepublik wie weltweit auf unter 10μSv/a geschätzt, die Folgedosen bis zum Abklingen der Radionuklide auf etwa 3,5 mSv [UNSCEAR 2000].

Deutlich höhere Expositionen ergaben sich lokal und regional um die oberirdischen Testorte. So wurden maximale lokale Effektive Dosen um 2 mSv und maximale Schilddrüsendosen bei Kindern von bis zu 200 Sv in Nevada USA ermittelt. In der näheren Umgebung beliefen sich die Effektiven Dosen durch regional transportierte und deponierte Radionuklide auf Werte zwischen 0,2 und 90 mSv mit einem Bevölkerungsmittel von 2,8 mSv. Bei den Tests auf den Marshallinseln entstanden lokale Effektive Dosen zwischen 1,9 Sv und 0,1 Sv. Die mittleren Schilddrüsendosen der dortigen Bevölkerung lagen bei 12 Gy (maximal 42 Gy bei Erwachsenen, 82 Gy bei Kindern bis 9 Jahren und Dosen bis 200 Gy bei Einjährigen). Ähnliche Dosen traten in den sowjetischen Testsites in Semipalatinsk in Kasachstan, im chinesischen Lop Nor und an den Testorten der Franzosen im Südpazifik auf. Die lokalen Dosen überschritten in vielen Fällen die deterministischen Schwellen, führten also zu Symptomen der Strahlenkrankheit und teilweise selbst zu akuten Verbrennungen.

Trotz der erheblich höheren Anzahl unterirdischer nuklearer Tests spielen diese für die weltweite mittlere Strahlenexposition kaum eine Rolle, da die produzierten und freigesetzten Radionuklide im Wesentlichen im Erdreich gebunden blieben.

18.2.3 Kernenergie

Möglichkeiten zur Strahlenexposition im Rahmen der Verwendung von Kernbrennstoffen bestehen bei der Gewinnung der Erze und ihrer Aufbereitung, der industriellen Herstellung von Brennelementen, der Erzeugung der Kernenergie in Reaktoren, der

Wiederaufarbeitung ausgebrannter Brennelemente und bei der Zwischen- oder Endlagerung radioaktiven Abfalls. Die Strahlenexpositionen unterscheiden sich erheblich je nach betrachtetem Personenkreis. Während die mit dem Kreislauf von Kernbrennstoff unmittelbar befassten Personen bei mangelnder Sorgfalt einem zum Teil erheblichen Risiko ausgesetzt sind, ist im Regelbetrieb der Kernanlagen nur mit geringfügigen Strahlenexpositionen der Bevölkerung zu rechnen. Die Vereinten Nationen befassen sich seit vielen Jahren mit den Risiken der Kernenergie und möglichen Strahlenexpositionen der Bevölkerung. Ausführliche Darstellungen der Problematik und der Analysemethoden finden sich daher in den Reports der Vereinten Nationen [UNSCEAR 1982], [UNSCEAR 1988], [UNSCEAR 1993] und [UNSCEAR 2000].

Abbau und Trennung von Uranerzen: Die vor allem mit der Uranerzgewinnung befassten Nationen sind Australien, Kanada, Kazachstan, Namibia, Niger, die Russische Föderation, die Vereinigten Staaten und Uzbekistan. Während der Gewinnung von Uranerz werden große Mengen an Radongasen freigesetzt. Das Ausmaß ist allerdings sehr stark abhängig von der Gewinnungsmethode. Unterirdische Bergwerke setzen deutlich weniger Radon frei als oberirdische Anlagen. Das Gleiche gilt für die Aufbereitung der Erze. Radonexpositionen sind von den Erzresten (Abfallhalden) und den chemischen Substanzen während der Extraktion des Urans zu erwarten. Hier sind es vor allem die langlebigen Radionuklide ^{226}Ra ($T_{1/2} = 1600$ a) und ^{230}Th ($T_{1/2} = 75400$a), die als Vorläufer des ^{222}Rn für eine langfristige Radonexposition sorgen können. Die Erzgewinnung und Trennung exponiert die Menschen im 100 km-Umkreis der entsprechenden Anlagen im Mittel mit jährlichen Effektiven Dosen um 40 µSv/a. Diese Dosisabschätzung wurde von UNSCEAR unter günstigen Voraussetzungen (abgedeckte Abraumhalden, dünn besiedelte Region um die Gewinnungsstätten) errechnet. Sie kann je nach regionalen Bedingungen um eine Größenordnung nach oben oder unten abweichen.

Urananreicherung und Fabrikation von Brennelementen: Werden angereicherte Brennstoffe benötigt wie bei Leichtwasserreaktoren oder gasgekühlten und graphitmoderierten Anlagen, muss der natürliche Gehalt an ^{235}U auf etwa 2-5% erhöht werden. Dazu wird zunächst das Uran in Oxidform überführt (U_3O_8), chemisch umgewandelt in Urantetrafluorid (UF_4) und anschließend in gasförmiges Uranhexafluorid UF_6 umgewandelt. Diese Substanzen werden nach der Anreicherung (z. B. in Ultrazentrifugen) wie auch die nur schwach angereicherten Uranverbindungen für Schwerwasserreaktoren zu UO_2-Pellets verarbeitet und mit Zirkonium-Legierungen und Edelstahlhüllen umgeben. Möglicherweise freigesetzte Substanzen bei der Produktion der Pellets sind Uranisotope. Im Regelbetrieb der Brennelementfabriken ist nur mit vernachlässigbaren Strahlenexpositionen der Bevölkerung zu rechnen.

Betrieb der Kernreaktoren: Beim Regelbetrieb von Kernkraftwerken entstehende Radionuklide können über die Abluft und über das Kühlwasser in die Umwelt gelangen. Die wichtigsten beteiligten Radionuklide sind gasförmige Aktivierungssubstanzen wie ^{14}C, ^{16}N, ^{35}S und ^{41}Ar, bei der Kernspaltung entstehende radioaktive Edelgase des Krypton und Xenon, sowie Tritium und Jodisotope. Sie können durch Inhalation oder Ingestion in den Körper von Menschen gelangen, die sich im Immissionsgebiet kerntechnischer Anlagen befinden. Modellrechnungen ergaben mittlere Effektive Dosen zwischen 1 und maximal 10 μSv/a. Umfangreiche Messungen der Abluft, der Abwässer und der Deposition von Radionukliden in der Umgebung von Kernkraftwerken ergeben für die Bundesrepublik mittlere Effektive Dosen unter 1 μSv/a.

Kernunfälle: Bei Unfällen, bei denen Inventar der Reaktoren freigesetzt wird, kann es zu wesentlich höheren auch nicht lokalen oder regionalen Strahlenexpositionen kommen. Durch den bisher größten Reaktorunfall im 1500 km entfernten Kernreaktor in Tschernobyl 1986 mit großräumiger Verteilung der Radionuklide erhielt die süddeutsche Bevölkerung z. B. im Mittel Effektive Dosen von 0,2-1,2 mSv im ersten Jahr und 50-Jahres-Folgedosen bis 4 mSv. Der lokal mit dem Reaktorunfall befasste Personenkreis hat dagegen so hohe Strahlendosen erhalten, dass deterministische Schäden bis zum Strahlentod vieler Menschen ausgelöst wurden. Innerhalb weniger Tage und Wochen kam es zu schweren Symptomen der akuten Strahlenkrankheit bei 134 der 237 beteiligten Personen und zum Strahlentod von 28 Menschen, die versucht haben, die Auswirkungen der Katastrophe durch lokale Maßnahmen zu verringern ("Terminatoren").

Bis 1998 sind weitere Todesfälle in diesem Personenkreis als langfristige deterministische Folge dokumentiert. Ungefähr 600000 zivile und militärische Personen waren bis 1990 mit Aufräumarbeiten beschäftigt ("Liquidatoren"). Anders als die direkt während der Katastrophe exponierten Mitarbeiter des Kernkraftwerkes und die Feuerwehrleute war dieser Personenkreis dosimetrisch überwacht, so dass präzise Informationen über deren Strahlenexposition zur Verfügung stehen. Insgesamt mussten etwa 116 Tausend Menschen dauerhaft evakuiert werden. Bis 2000 wurden 1800 Fälle von Schilddrüsenkrebs bei Kindern diagnostiziert, die dem Reaktorunfall zugeschrieben werden. Eine Erhöhung weiterer Krebserkrankungen wie Leukämien oder sonstige solide Tumoren konnten bisher nicht signifikant festgestellt werden, was natürlich auch auf die großen Latenzzeiten bis zur klinischen Manifestation der Krebserkrankungen zurückzuführen ist. Die Vereinten Nationen haben einen sehr informativen und detaillierten Report zum Tschernobyl-Unfall erstellt (Annex J des Reports [UNSCEAR 2000]).

Deterministische Schäden, allerdings nur für wenige Personen im unmittelbaren Umkreis hatte der durch krasses Fehlverhalten provozierte Kritikalitätszwischenfall in einer Wiederaufarbeitungsanlage im japanischen Tokaimura 1999 [Tokaimura]. Die unmittelbar beteiligten Arbeiter erhielten Dosen zwischen 1- 4,5 Gy, 6-10 Gy und 16-20 Gy, Personen im Umkreis bis 350 m vom Unfallort erhielten stochastische Dosen bis 21 mSv. Die Reaktorkatastrophe nach dem Erdbeben im März 2011 in Fukushima in Japan hat bisher nur zu hohen lokalen Strahlenexpositionen geführt (IAEA Report Juni 2011).

18.2.4 Energie- und Wärmeerzeugung durch fossile Brennstoffe

Steinkohle enthält im Mittel 50 Bq/kg ^{40}K und je 20 Bq/kg ^{232}Th und ^{238}U und deren Folgenuklide. Bei der Verbrennung von Steinkohle zur Energie- und Wärmeerzeugung werden diese radioaktiven Bestandteile freigesetzt. Sie reichern sich in der Asche an. Flugasche enthält vor allem die Nuklide der Uran- und Thoriumreihe, die mit dem Abgas in die Atmosphäre entweichen können. In Großanlagen, deren Rauchgas gefiltert wird, befindet sich die Aktivität anders als beim Hausbrand vor allem in der festen Asche und dem Filtrat. Werden die industriellen Filtrate von Kohlekraftwerken in Baustoffe eingearbeitet, erhöhen sie auf dem Umweg über die Gebäudestrahlung die externe und interne Strahlenexposition. Die im Rauchgas emittierten Radionuklide erhöhen durch Gammastrahlung die externe und nach Inkorporation die interne Strahlendosis (Knochenoberfläche). Für die Bundesrepublik wird der Beitrag zur Effektiven Dosis durch Kraftwerksemissionen auf etwa 1 µSv/a geschätzt. In der Nähe von Großfeuerungsanlagen werden in ungünstigen Fällen Effektive Dosen bis 0,7 mSv/a erreicht. Wegen der mangelnden Filterung sind die Strahlenexpositionen in der Nähe von kohlegeheizten Wohngebäuden unter Umständen höher als in der Nähe von modernen Kohlekraftwerken.

Die Verbrennung von Erdgas, die Koksfabrikation und die Verwendung von Erdöl tragen nicht wesentlich zur Erhöhung des natürlichen Strahlenpegels bei. Bei einer genaueren Analyse stellt sich sogar heraus, dass die Verbrennung fossiler Energieträger zu einer Verringerung der Strahlenexposition durch natürliches ^{14}C führt. Fossile Brennstoffe enthielten zum Zeitpunkt ihrer Entstehung ^{14}C in der damaligen Gleichgewichtskonzentration. Da die Aufnahme mit der Ablagerung beendet war, ist der Anteil des ^{14}C durch radioaktiven Zerfall mittlerweile nahezu verschwunden. Fossile Brennstoffe sind also weitgehend C-14-frei. Das im Rauchgas in riesigen Mengen emittierte fossile CO_2 verdünnt daher den ^{14}C-Anteil in der heutigen Atmosphäre. Die entsprechende Dosisreduktion von knapp 1µSv/a kompensiert fast den Dosisbeitrag durch die anderen bei der fossilen Energiegewinnung freigesetzten Radionuklide.

18.2.5 Weitere zivilisatorische Strahlungsquellen

Neben den bisher erwähnten dominierenden Quellen für die menschliche Strahlenexposition gibt es eine Reihe nicht so bedeutender Strahlungsquellen, die entweder nur wenige Personen betreffen oder von der Dosisleistung her im Vergleich zur natürlichen Strahlenexposition zu vernachlässigen sind. Dazu zählen die so genannten Störstrahler. Das sind Geräte oder Anlagen, bei denen Strahlung als Nebenprodukt entsteht. Typische Vertreter dieser Kategorie von Strahlern sind Fernsehröhren, Radaranlagen, Hochfrequenzgeneratoren, Rechnerbildschirme älterer Bauart. In ihnen entsteht weiche Röntgenstrahlung, die bei direktem Kontakt vor allem bei älteren nicht abgeschirmten Geräten zu einer Exposition führen kann. Die Anforderungen an Störstrahler sind in der Strahlenschutzverordnung geregelt. Durch Fernsehgeräte oder Bildschirmarbeitsplätze neuerer Bauart erzeugte Dosisleistungen sind heute so gering, dass sie selbst von hochempfindlichen Messgeräten kaum noch nachgewiesen werden können.

Viele industrielle Produkte enthielten und enthalten radioaktive Substanzen. Bekannt sind die kräftig leuchtenden uranhaltigen Farben, die häufig für Keramiken verwendet wurden. Sie sind bei uns heute nicht mehr zugelassen, da sie beim Gebrauch sowohl Ortsdosisleistungen von einigen hundert µSv/h erzeugten als auch die Möglichkeit zur Inkorporation der alphastrahlenden Nuklide der Uranzerfallsreihen bei Beschädigungen der Glasuren bestand. Verwendet werden radioaktive Stoffe heute noch als Leuchtfarben für Instrumentenskalen oder Uhren, für Rauchmelder nach dem Ionisationsprinzip, für Füllstandskontrollen in Silos (Absorption der Strahlung durch den Inhalt) und an sonstigen unzugänglichen Stellen, in Leuchtröhren und einigen elektronischen Bauelementen sowie in Geräten zur Dichte- und Dickenmessung. Die wichtigsten dazu verwendeten Radionuklide sind das Tritium, der Alphastrahler ^{241}Am, und das betastrahlende ^{147}Pm, deren Strahlungen schon in den Gehäusen der Uhren und Geräte weitgehend absorbiert werden. Die von solchen Produkten ausgehenden Strahlenexpositionen sind daher im Regelbetrieb unerheblich, es sei denn entsprechende Geräte werden mutwillig geöffnet oder zerstört. Der Beitrag der besprochenen Industrieprodukte zur mittleren Effektiven Dosis liegt unter 1 µSv/a.

Eine nicht zu unterschätzende Quelle radioaktiver Strahlung ist die industrielle Verarbeitung von natürlichen Phosphatgesteinen zur Erzeugung von Kunstdünger oder sonstigen Phosphorverbindungen. Phosphatgesteine enthalten bis 1500 Bq/kg Nuklide der Uran-Radium-Reihe, die bis zum Faktor 50 über dem normalen Gehalt angereichert sind, die Nuklide der Thoriumreihe und das ^{40}K in der für Gesteine üblichen Konzentration (s. Tab. 18.1). Neben Düngemitteln ist Phosphatgips ein typisches industrielles Phosphorprodukt, das teilweise auch als Baumaterial verwendet wird. Strahlenexpositionen entstehen bei der Phosphatgewinnung, bei der industriellen Verarbeitung und durch Ausbringen der Düngemittel. Die jährlichen Dosen durch Phosphat betragen für landwirtschaftliches Personal bis zu 20 µSv/a, für die Industriearbeiter bis 0,5 mSv/a. Für die Bevölkerung entsteht eine Strahlenexposition vor allem durch die phosphathaltigen Baumaterialien (s. u.).

18.2.6 Baumaterialien*

Strahlenexpositionen durch natürliche Baumaterialien können vor allem durch ^{40}K und die Radionuklide der natürlichen Zerfallsreihen des ^{238}U und des ^{232}Th entstehen. Von besonderer Bedeutung ist dabei das ^{226}Ra und sein Folgenuklid ^{222}Rn. Diese Nuklide exponieren perkutan über die durchdringende Gammastrahlung und intern durch Inhalation des freigesetzten Radons. Werden statt natürlicher lokal vorkommender Baumaterialien industriell hergestellte oder veränderte Werkstoffe verwendet, in die Fremdsubstanzen wie Schlacken oder sonstige Abfälle der Industrie eingemischt wurden, kommt es unter Umständen zu gravierenden Änderungen der Aktivitätskonzentrationen in den verwendeten Baumaterialien.

Die neue deutsche Strahlenschutzgesetzgebung (StrlSchG, StrlSchV) regelt die Verwendung solcher Rückstände zu Bauzwecken. Zusammenstellungen der typischen Aktivitätskonzentrationen von Baumaterialien wie Fliesen, Steinen und sonstigen Substanzen wie Beton, Gips und Ähnlichem findet man in ([BFS 2003], [BFS JB 2009] zur Umweltradioaktivität, [Oldenburg 2003] und in [UNSCEAR 2000].

Radionuklidkonzentrationen

Material	^{226}Ra (Bq/kg)		^{232}Th (Bq/kg)		^{40}K (Bq/kg)	
Granit	100	30-500	120	17-311	1000	600-4000
Gneis	75	50-157	43	22-50	900	830-1500
Diabas	16	10-25	8	4-12	170	100-210
Basalt	26	6-36	29	9-37	270	190-380
Granulit	10	4-16	6	2-11	360	9-730
Kies, Sand, Kiessand	15	1-39	16	1-64	380	3-1200
Nat. Gips, Anhydrit	10	2-70	<5	2-100	60	7-200
Tuff, Bims	100	<20-200	100	30-300	1000	500-2000
Ton, Lehm	<40	<20-90	60	18-200	1000	300-2000
Ziegel, Klinker	50	10-200	52	12-200	700	100-2000
Beton	30	7-92	23	4-71	450	50-1300
Kalksandstein, Porenbeton	15	6-80	10	1-60	200	40-800
Kupferschlacke	1500	860-2100	48	18-78	520	300-730
Gips aus Rauchgasentschwefelung	20	<20-70	<20		<20	
Braunkohlefilterasche	82	4-200	51	6-150	147	12-610

Tab. 18.14: Typische Radionuklidkonzentrationen in verschiedenen Baumaterialien nach einer Datenzusammenstellung des Bundesamtes für Strahlenschutz [BFS 2003].

Zur Bewertung der Radionuklidgehalte verschiedener Baustoffe wird empfohlen, so genannte **Bewertungszahlen B** aus den Aktivitätskonzentrationen C_{Ra} für ^{226}Ra, C_{Th} für ^{232}Th und C_K für ^{40}K zu errechnen und nur solche Baustoffe einzusetzen, bei denen die Aktivitätskonzentrationen und die daraus berechnete Bewertungszahl bestimmte Grenzen nicht überschreiten. Die Europäische Kommission schlägt die gerundeten Nuklidfaktoren in (Gl. 18.8) vor [RP112].

$$B = C_{Ra}/300 + C_{Th}/200 + C_K/3000 \qquad (18.8)$$

Andere Arbeitsgruppen bevorzugen wegen modifizierter biologischer Bewertungen der Strahlenpegel und der akzeptierbaren Zusatzdosen leicht unterschiedliche Zahlenwerte für Nuklidfaktoren (370/259/4810 [Oldenburg 2003]) oder (1000/1000/670

[Steger 1999]). Als Dosisgrenzen für die Bewertungszahlen nach (Gl. 18.8) schlägt die Europäische Kommission je nach national tolerierter Jahresdosis für Wandmaterialien Bewertungszahlen $B \leq 0,5 - 1,0$ vor, für oberflächliche Substanzen Werte zwischen $B \leq 2 - 6$, die bei üblichem Aufenthalt Effektive Jahresdosen in Innenräumen zwischen 0,3 mSv/a und 1 mSv/a erzeugen würden. Ausnahmen sollen nur bei bestimmten lokal verfügbaren natürlichen Baumaterialien zugelassen werden. Da massive Wände von Gebäuden die natürliche Bodenstrahlung schwächen, muss für eine radiologische Bewertung von Baumaterialien dieser Abschirmeffekt mit berücksichtigt werden.

Spezifische Dosisleistungsfaktoren DF (nGy/h)/(Bq/kg)

Bauform	^{226}Ra	^{232}Th	^{40}K
allseits umschlossene Räume	0,92	1,1	0,08
Boden + Wände Beton, Decke Holz	0,67	0,78	0,057
Holzhaus mit massiven Böden	0,24	0,28	0,02
Oberflächenmaterialien (3cm, 2,6 g/cm^3)	0,12	0,14	0,0096

Tab. 18.15: Spezifische Dosisleistungsfaktoren DF für das EU-Referenzhaus nach [RP112], berechnet wurden diese in der finnischen Originalarbeit [Markkanen 1995].

Die Nuklidfaktoren zur Berechnung der Bewertungszahlen werden unter den folgenden Randbedingungen berechnet (s. Beispiele 18.1 und 18.2 unten). Unterstellt wird ein quaderförmiger Referenzraum von 4x5x2,8 m^3 Volumen, mit Wandstärken von 20 cm Beton mit der Dichte von 2,3 g/cm^3. Als Aufenthaltszeit in Gebäuden werden 70000 h/a angesetzt und ein Konversionsfaktor von 0,7 Sv/Gy für die Umrechnung der Ortsenergiedosisleistung in die Effektive Dosis dort befindlicher Personen verwendet. Als natürliche Ortsdosisleistung in unbebauter Umgebung wird 50 nSv/h angenommen. Die Umrechnung der Aktivitätskonzentrationen in Ortsdosisleistungen ist wegen der Abschirmeffekte der Wandmaterialien schwierig. Die in [RP112] verwendeten Umrechnungsfaktoren sind in (Tab. 18.15) für verschiedene Bauarten des Referenzhauses zusammengestellt.

Beispiel 18.1: Die Dosisleistungsbeiträge in einem allseits umschlossenen Referenzraum sind zu berechnen. *Das verwendete Baumaterial Beton enthalte 40 Bq/kg Radium, 40 Bq/kg Thorium und 400 Bq/kg Kalium. Man erhält mit den Faktoren in (Tab. 18.15) als Ortsdosisleistungen DL(Ra) = 40·0,92 nGy/h = 36,8 nGy/h, DL(Th) = 40·1,1 nGy/h = 44 nGy/h und DL(K) = 400·0,08 nGy/h = 32 nGy/h, zusammen also 112,8 nGy/h. Für die Effektive Jahresdosis erhält man daraus E = 112,8 nGy/h·7000h/a·0,7 Sv/Gy = 0,55 mSv/a. Soll unter den gegebenen Bedingungen die Dosis von 1 mSv/a nicht überschritten werden, könnten also fast die doppelten Aktivitäten zugelassen werden.*

Beispiel 18.2: *Bestimmung der Bewertungszahlen bei einer zulässigen Effektiven Jahresdosisleistung von 1 mSv/a. Dazu stellt man für jedes Radionuklid die folgende Gleichung auf:*

$$1 \; mSv/a = DF(nuklid) \cdot C_{nuklid} \; 0{,}7 \; Sv/Gy \cdot 7000h/a$$

Man löst diese Gleichung nach den Radionuklidkonzentrationen C_{nuklid} auf und erhält nach Einsetzen der numerischen Werte die folgenden zulässigen Aktivitäten für die drei betrachteten Radionuklide:

$$C_{Ra} = 276 \; Bg/kg \qquad C_{Th} = 231 \; Bq/kg \qquad C_K = 3176 \; Bq/kg.$$

Da jedes einzelne Radionuklid schon für sich allein die Jahresdosis von 1 mSv/a erzeugen würde, erhält man bei einer zulässigen Gesamtdosis von 1 mSv/a und Beiträgen aller drei Radionuklide die folgende Bedingung für die zulässigen Radionuklidkonzentrationen:

$$C_{Ra}/276 + C_{Th}/231 + C_K/3176 \leq 1 \; mSv/a$$

Auf- und Abrundung der Nenner ergibt unmittelbar die Beziehung in (Gl. 18.8).

18.2.7 Berufliche Strahlenexposition

Beruflich strahlenexponierte Personen sind Personen, die bei ihrer Berufsausübung oder bei ihrer Berufsausbildung ionisierender Strahlung ausgesetzt sind und dabei Körperdosen akkumulieren können, die bestimmte in den gesetzlichen Strahlenschutzregelungen vorgegebene Grenzwerte überschreiten können. Die Grenzwerte sind dabei so festgelegt, dass ausschließlich stochastische Wirkungen zu erwarten sind, deren Häufigkeiten als tolerabel betrachtet werden. Dazu zählen in erster Linie alle in der medizinischen Radiologie beschäftigten Personen. Sie stellen beispielsweise in der Bundesrepublik zwei Drittel der beruflich strahlenexponierten Personen, erhalten in der Summe allerdings nur etwa 20% der beruflich bedingten kollektiven Strahlendosen. Zur Beurteilung der beruflichen Exposition wird die so genannte Jahreskollektivdosis verwendet. Sie ist das Produkt aus der Anzahl der Beschäftigten und deren mittlerer Personendosis. Ihre Einheit ist das Personen-Sievert/a.

Da die meisten beruflich strahlenexponierten Personen zur gesetzlich überwachten Personendosimetrie verpflichtet sind, hat man über ihre Strahlenexposition die vollständigsten Kenntnisse, vorausgesetzt die Dosimeter wurden bei der Berufsausübung tatsächlich getragen und führten nicht ein Schattendasein in den Schreibtischschubladen oder Spinden der Beschäftigten. In der Bundesrepublik wird die berufliche Strahlenschutzüberwachung von der Strahlenschutzverordnung geregelt. Die vorgeschriebenen Dosimeter sind an einer für die jeweilige Strahlenexposition repräsentativen Stelle zu tragen. In der Regel ist das die Vorderseite des Rumpfes. In vielen Fällen muss aber auch an anderen Körperregionen gemessen werden, z. B. an den Händen von Radiologen oder Technikern, die Strahlungsquellen hantieren oder in den Nutzstrahl einer Röntgenanlage fassen. Die mit den amtlichen Strahlenschutzdosimetern gemessenen Personendosen stellen allerdings wegen der unvollständigen Erfassung der Strahlenexpositionen naturgemäß nur Schätzwerte der tatsächlichen Äquivalentdosen bzw. Effektiven Dosen dar.

Weitere beruflich Strahlenexponierte sind Arbeitnehmer in der gesamten Kernindustrie, Bergleute, fliegendes Personal der Luftfahrtgesellschaften und sonstige Beschäftigte in der Industrie oder Wissenschaft, die ionisierender Strahlung ausgesetzt sein können. Die mittlere berufliche Strahlenexposition ausgedrückt als Äquivalentdosis in Deutschland ist kleiner als 0,5 mSv/a [Martignoni/Nitschke]. Allerdings kommt es in einigen Fällen zu erheblichen höheren Expositionen einzelner Beschäftigter. Hohe berufliche Strahlenexpositionen erhalten in der Bundesrepublik die Mitarbeiter von Leistungskernkraftwerken. Ihnen folgen die in sonstigen kerntechnischen Anlagen Beschäftigten. Beide zusammen erhalten etwa zwei Drittel der kollektiven Effektiven Dosis. Nach Informationen der Vereinten Nationen [UNSCEAR 2000] beträgt die mittlere jährliche Effektive Strahlenexposition der in Kernkraftwerken und der Zulieferindustrie weltweit Beschäftigten 1,8 mSv/a. Dazu kommt die industrielle Nutzung radioaktiver Substanzen mit 0,5 mSv/a, die mittlere jährliche Strahlenexposition für in der Medizin beschäftigte Personen von 0,3 mSv/a mit einem individuellen Dosisbereich bis 3 mSv/a. Umgerechnet auf die Welt-Gesamtbevölkerung erhält man aus den offiziellen Messdaten der beruflich strahlenexponierten Personen mittlere genetisch signifikante Strahlenexpositionen von nur wenigen µSv/a.

Fliegendes Personal erhält im Weltmittel jährliche Effektive Dosen von 3 mSv/a, bei 40 Tagen Flugzeit pro Jahr auf der Nordhalbkugel können Werte bis knapp 6 mSv/a erreicht werden. Die mittlere jährliche Effektive Dosis beim deutschen Flugpersonal betrug im Jahr 2009 2,4 mSv/a mit einem Maximalwert von 7 mSv/a [BFS JB 2009]. Da über 36000 Personen im Flugbetrieb beschäftigt sind, erzielte dieser Personenkreis die höchste Jahreskollektivdosis aller beruflich strahlenexponierten Personen. Im Jahr 2009 betrug der Wert 86 Personen-Sv. Die mittleren Jahresdosen des fliegenden Personals in der BRD stiegen wegen der zunehmenden Sonnenaktivität (11 Jahres-Zyklus) seit 2004 von 2,0 mSv/a bis 2015 2,4 mSv/a ständig an. Eine ähnliche Größenordnung erreichen die Minenarbeiter in Erzbergwerken (im Mittel 2,7 mSv/a), die Arbeiter in Kohlebergwerken (0,7 mSv/a) und in der Mineral verarbeitenden Industrie (1 mSv/a). Mittlere Effektive Dosen von bis zu 4,8 mSv/a erhalten Personen, die beruflich Radonpegeln ausgesetzt sind.

18.3 Überblick zur natürlichen und zivilisatorischen Strahlenexposition

Die durchschnittliche natürliche Effektive Strahlenexposition der Weltbevölkerung beträgt 2,4 mSv/a, Der Hauptbeitrag zur natürlichen Strahlenexposition von etwa 50% (1,2 mSv/a) entstammt der Inkorporation des radioaktiven Radonnuklids ^{222}Rn. Kosmische und terrestrische Strahlenexposition tragen zu etwa gleichen Teilen bei (je ca. 0,4 mSv/a). Einen merklichen Beitrag leistet auch das ^{40}K, das auch natürlich in Nahrungsmitteln vorkommt. Von der natürlichen Exposition zu unterscheiden sind individuelle Expositionen durch berufliche Strahlenexposition, die zwar für das Individuum erhöhte Strahlenbelastungen darstellen, im Bevölkerungsmittel aber unerheblich sind. Den Hauptbeitrag zur zivilisatorischen Strahlenexposition liefern die radiologischen Anwendungen in der Medizin mit einem weltweiten Jahresmittelwert von etwa 0,4 mSv/a. In westlichen Industrienationen beträgt der medizinische Dosisbeitrag zur Effektiven Dosis mittlerweile je nach Region zwischen 1 und mehreren mSv/a mit nach wie vor zunehmender Tendenz. Daneben gibt es noch eine Reihe kleinerer Dosisbeiträge aus der Kernenergiegewinnung, aus Kernunfällen und den oberirdischen Atomwaffenversuchen.

Strahlungsquelle	mittlere Effektive Dosis	individueller Bereich
	(mSv/a)	(mSv/a)
natürl. Strahlenexposition	2,4	1 – 10
mediz. Röntgen Weltmittel	0,4	0,1 – 10
mediz. Röntgen BRD**	1,8-2,0	
nuklearmed. Diagnostik	0,1 - 0,3	bis 1000
nuklearmed. Therapie	0,01	bis 800 Gy/Therapie
berufliche Exposition	0,002	0,5 – 5
Kernenergieproduktion	0,0002	0,001 – 0,1
fossile Energie BRD	0,001	0,001 – 0,7
Kernenergie BRD	0,001	
Tschernobyl-Unfall	0,002	0,2 – 1,2*, bis 4
Kernwaffentests	< 0,01	0,01
Industrieprodukte	0,001	0,02 - 0,5
Summe zivilisatorisch:	≈ 0,5 – 1,0	
Total Weltmittel:	**2,9 - 3,4**	-
Total westl. Industrienationen:	**4,4**	-

Tab. 18.16: Mittelwerte der Effektiven Dosen aus zivilisatorischer und natürlich bedingter Strahlenexposition und individuelle Dosisbereiche nach Daten der Vereinten Nationen [UNSCEAR 2000]. *: mittlere Strahlenexposition in Deutschland West im ersten Jahr nach dem Unfall. **: gilt auch für andere westliche Industrienationen.

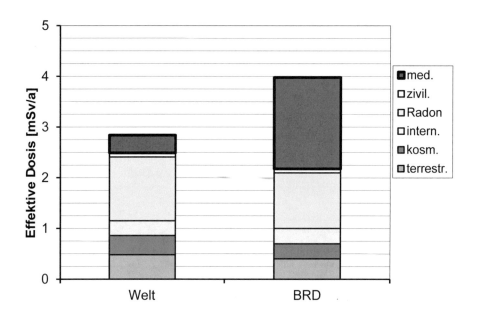

Fig. 18.15: Mittlere jährliche Effektive Dosen aus natürlichen und zivilisatorischen Quellen. Links: Weltmittel. Rechts: westliche Industrienationen. Insbesondere ist der fast 50%ige Anteil des Radons zur effektiven natürlichen Dosis zu beachten. Die mittlere Effektive Dosis aus medizinischer Exposition beträgt in der Bundesrepublik wegen der intensiveren medizinischen Versorgung ca. 1,8 mSv/a, liegt also um den Faktor 4-5 höher als im Weltmittel. Der medizinische Anteil hat mittlerweile vor allem durch die Zunahme der interventionellen Techniken und CT nahezu die natürliche Strahlenexposition von 2,1 mSv/a erreicht. Die genetisch signifikante Dosis aus medizinischer Exposition beträgt in der BRD 0,5 mSv/a.

Zusammenfassung

- **Die natürliche Strahlenexposition führt im Weltmittel einschließlich der durch Baumaterialien entstehenden Strahlenexposition zu einer Effektiven Dosis von 2,4 mSv/a mit einer typischen individuellen Streubreite zwischen 1 und 10 mSv/a. In der Bundesrepublik beträgt die mittlere Effektive Jahresdosis 2,1 mSv/a.**

- **Die wichtigste Quelle zivilisatorischer Strahlenexpositionen von knapp 0,4 bis über 6 mSv/a ist weltweit auf die medizinische Radiologie zurückzuführen, die sowohl für die Gesamtbevölkerung als auch für das medizinische Personal erhebliche Dosisbeiträge liefert.**

- **Weniger bedeutend als Strahlungsquelle ist die industrielle Erzeugung fossiler oder nuklearer Energie, die aber messbar zur regionalen Exposition der Bevölkerung und der einschlägig Beschäftigten führt.**

- **Eine nicht zu unterschätzende Quelle für zivilisatorisch bedingte und modifizierte Strahlendosen sind die verschiedenen natürlich vorkommenden oder industriell erzeugten Baumaterialien, die neben ^{40}K oft erhebliche Beimengungen der Nuklide der Uran-Radium- und der Thoriumreihe enthalten.**

- **Diese tragen über die Emanation radioaktiver Edelgase und die emittierte Gammastrahlung zur externen und internen Exposition der Bevölkerung bei.**

- **Durch unsachgemäßes Hantieren verschiedener industrieller Produkte kann es im Einzelfall auch zu deterministischen Strahlenexpositionen kommen, die für das Individuum erheblich sein können. Sie spielen für die mittlere Effektive Dosis oder die genetisch signifikante Dosis allerdings kaum eine Rolle.**

- **Die Bedeutung der Radonexposition wurde lange Zeit unterschätzt. Sie wird heute als eine der wesentlichen Quellen für die natürliche und zivilisatorisch bedingte bzw. modifizierte Strahlenexposition betrachtet. Ihr Beitrag zur natürlichen Effektiven Dosis beträgt etwa 50%.**

- **Die durch externe und interne Strahlenexposition in Gebäuden entstehenden Effektiven Dosen unterliegen einer durch individuelle Bedingungen beeinflussten breiten Streuung.**

Aufgaben

1. Geben Sie die jährlichen Beiträge zur mittleren effektiven natürlichen Strahlenexposition an. Welcher Anteil ist der dominierende Beitrag und warum?

2. Ist es richtig, dass bei Flügen in den üblichen Flughöhen (10 km) die Strahlenexposition durch die mit der Höhe über dem Meeresspiegel zunehmende Höhenstrahlung gerade durch die verminderte terrestrische Strahlenexposition kompensiert wird und Transatlantikflüge über den Nordpol daher neutral bezüglich der Strahlenexposition sind?

3. In einigen geografischen Regionen mit einem hohen Anteil an Urgesteinen zeigen terrestrischen die Ortsdosisleistungen in 1 m Höhe über den Boden extrem erhöhte Werte (s. Tabn. 18.3 und 18.4). Was ist der Grund?

4. Welche Maßnahmen kann man ergreifen, um die Radonexposition durch die Atemluft zu minimieren?

5. Was ist der Grund für die höhere effektive terrestrische Strahlenexposition von Kleinkindern? Ist es die geringere Körpergröße und damit verbundene geringere Aufenthaltshöhe über dem Boden und die wegen des Abstandsquadratgesetzes dadurch vergrößerte Strahlenexposition?

6. Vergleichen Sie die zusätzliche innere Strahlenexposition eines Erwachsenen, der ein Pilzgericht mit 1 kg radioaktiv kontaminierter Maronenröhrlinge mit 1 kBq ^{137}Cs verzehrt hat, mit der natürlichen jährlichen Strahlenexposition durch ^{40}K und ^{14}C. Wie groß ist die zusätzliche Strahlenexposition eines Säuglings durch eine Tagesration von 400 ml Muttermilch, wenn diese eine Radionuklidkontamination mit ^{137}Cs von 100 Bq/l aufweist?

7. Kann man denn relativen Anteil von K-40 im Körper durch strahlenhygienische Maßnahmen verringern?

8. Erklären Sie die Entstehung der so genannten Polarlichter.

9. Was ist im Bevölkerungsmittel der größte Beitrag zur jährlichen zivilisatorischen Effektiven Strahlenexposition in den westlichen Industrienationen?

Aufgabenlösungen

1. Die Effektive Jahresdosis setzt sich im Weltmittel aus der externen terrestrischen Komponente (0,48 mSv/a), der externen kosmischen Komponente (0,38 mSv/a), der internen Exposition durch kosmogene Radionuklide (0,012 mSv/a) und der internen Exposition durch primordiale Radionuklide (1,54 mSv/a) zusammen. Absolut dominierend ist der Dosisbeitrag der alphastrahlenden Radionuklide der Zerfallskette von ^{222}Rn bis ^{214}Po. Der Grund ist neben der hohen Energiedosis dieser Alphastrahler (hoher Energieübertrag in kleinen Volumina) und dem hohen Strahlungswichtungsfaktor w_R für Alphateilchen auch der hohe Organ-Wichtungsfaktor w_T für das hauptsächlich exponierte Bronchialepithel. Durch regelmäßiges Lüften der Wohnräume und sorgfältige Bauweise (Vermeidung von Rissen und Abdichten von Fugen in den Kellerwänden, Vermeidung von Abwassergullys in Kellern) besonders in Gebieten mit viel Urgestein kann daher die natürliche Effektive Dosis deutlich herabgesetzt werden.

2. Nein, da die terrestrische Strahlenexposition nur knapp 0,5 mSv/a beträgt, übersteigt die kosmische externe Strahlenexposition beim Aufenthalt in großen Höhen deutlich die natürliche terrestrische Strahlenexposition. Besonders deutlich wird dies bei der Luft- und Raumfahrt. Ein einfacher Flug von Zentraleuropa nach New York entspricht etwa 6-10 Effektiven Tagesdosen (s. Fig. 18.8).

3. In Urgesteinen befinden Substanzen, die einem radioaktiven Zerfall unterliegen, im Wesentlichen sind dies die Nuklide K-4 und die Uran- und und Thorium-Isotope. Bei den gemessenen Ortsdosisleistungen werden die Alpha-Emissionen allerdings nicht mit erfasst, da Alphas aus den Böden mit ihren vergleichsweise niedrigen Energien wegen ihrer geringen Reichweite in 1 m Höhe über dem Boden nicht mehr nachzuweisen sind. Die nachgewiesenen Dosisleistungen entstehen durch die bei den Zerfällen emittierte Gammastrahlung.

4. Die Radonkonzentration in der Atemluft kann man minimieren, wenn radioaktivitätsarme Baumaterialien verwendet und man bei der ohne Bauausführung dafür sorgt, das aus dem Boden entweichendes Radon nicht in das Innere von Wohnraum gelangen kann (sorgfältiges Abdichten von Fugen und Vermeidung von Gullys in Kellern). Außerdem hilft gründliches und häufiges Stoßlüften der Wohnräume.

5. Da die Radionuklide im Boden gleichförmig verteilt sind, ist das Abstandsquadratgesetz bei einer Erhöhung des mittleren Abstandes nicht gültig (unendlich ausgedehnte Flächenquelle). Die Hauptkomponente der terrestrischen Strahlung ist hochenergetische Gammastrahlung. Die Schwächung in Luft ist deshalb ebenfalls ohne Bedeutung. Der wichtigste Grund ist die verminderte Schwächung der Gammastrahlung durch die exponierten Personen selbst, so dass bei Kindern eine

homogenere Bestrahlung des Körpers stattfindet. Kinder dürfen aus Strahlenschutzgründen uneingeschränkt auf dem Boden spielen.

6. Der Erwachsene erhält durch das Cäsium nach Tab. (20.19.1) 13 µSv/Pilzgericht. Dies entspricht etwa zwei zusätzlichen natürlichen Effektiven Tagesdosen oder der jährlichen internen Strahlenexposition durch alle kosmogenen Radionuklide (im Wesentlichen ^{14}C). Der Säugling erhält eine Effektive Dosis von 0,84 µSv/Tag durch die verzehrte Muttermilch. Dies entspricht ziemlich genau der natürlichen Effektiven Strahlenexposition von 3 h.

7. Nein, da K-40 ein primordiales Radionuklid ist, ist es mit einem konstanten Anteil in natürlichem Kalium vorhanden. Der relative Anteil kann auch durch unterschiedliche Ernährung oder Einnahme von Zusatzpräparaten nicht verändert werden.

8. Polarlichter sind auf die Wechselwirkung der solaren kosmischen Strahlung (des Sonnenwindes) mit der Atmosphäre über den magnetischen Polen der Erde zurückzuführen. Bei diesen Teilchen handelt es sich um Elektronen, Protonen und Alphateilchen, die vermehrt zu Zeiten erhöhter Sonnenaktivität auf die Erdatmosphäre treffen. Seltener treten auch schwerere Ionen (z. B. des Sauerstoffs) auf. Je nach Geschwindigkeit der Teilchen benötigen sie knapp einen bis mehrere Tage, bis sie von der Sonne die Erdatmosphäre erreichen. Die geladenen Teilchen werden durch die Lorentzkraft des Erdmagnetfeldes auf Spiralbahnen ablenkt, teilweise sogar in ihrer Bewegungsrichtung umgekehrt. Sie erzeugen dabei das Polarlicht durch Anregungen der Luftmoleküle, die bei der Abregung das farbenfrohe Fluoreszenzlicht emittieren.

9. Den größten Beitrag zur mittleren Effektiven zivilisatorischen Strahlenexposition von etwa 1,6 mSv/a liefert in Deutschland die medizinische Radiologie mit leicht zunehmender Tendenz trotz konstanter Applikationsraten. Der Grund ist Verlagerung zu mehr CT-Untersuchungen, die trotz verbesserter Detektor- und Aufnahmetechnik die kollektiven Dosen erhöhen. Der dominierende Anteil stammt aus der Röntgendiagnostik und dabei insbesondere von Untersuchungen mit Computertomografen und von der interventionellen Radiologie. Trotz der sehr hohen individuellen Strahlendosen bei Strahlentherapiepatienten spielt der auf die Bevölkerung umgerechnete mittlere Dosisbeitrag der Strahlentherapie keine bedeutsame Rolle.

19 Strahlenschutzrecht

In diesem Kapitel wird das aktuelle System des Strahlenschutzrechts vorgestellt. Wegen der neuen europäischen Richtlinie sind die nationalen Vorschriften jetzt im Strahlenschutzgesetz und der Strahlenschutzverordnung zusammengefasst. Die bisherigen einschlägigen Verordnungen (RöV und StrlSchV) wurden aus Gründen der europäischen Harmonisierung in den letzten Jahren außer Kraft gesetzt. Praktische Hinweise zum Vollzug der Vorschriften finden sich in einschlägigen nationalen Richtlinien und den Normen der DIN.

19.1. Das neue System des Strahlenschutzrechts

Das nationale deutsche Atom- und Strahlenschutzrecht ist stark durch internationales Recht beeinflusst. Historische Gründe dafür sind die weltweiten Transporte der für die Erzeugung von Kernbrennstoffen erforderlichen Rohstoffe, die wegen der wenigen Erzlagerstätten erforderlich sind, sowie die wegen der Kosten notwendige internationale Beteiligung bei einschlägigen Entwicklungsvorhaben und bei der Entsorgung nuklearer Abfälle. Nicht zuletzt spielt auch die grenzüberschreitende Auswirkung ionisierender Strahlungen bei Kernunfällen, nuklearen Katastrophen und beim Fall-Out aus Kernwaffenerprobung und -einsatz eine wichtige Rolle.

In den letzten Jahrzehnten haben internationale, nationale und regionale Institutionen deshalb eine Vielzahl von Gesetzen, Verordnungen, Richtlinien, Normen und Empfehlungen erarbeitet, die sich alle mit Strahlenschutzfragen befassen.

2013 wurde von der EU eine Richtlinie erlassen, die die europäischen Staaten verpflichtet, ihre nationalen Normen den europäischen Vorgaben anzupassen. Es handelt sich um die **RICHTLINIE 2013/59/EURATOM DES RATES** vom 5. Dezember 2013 zur Festlegung grundlegender Sicherheitsnormen für den Schutz vor den Gefahren einer Exposition gegenüber ionisierender Strahlung. Damit wurden die bisher bestehenden 5 EU-Richtlinien (89/618/Euratom, 90/641/Euratom, 96/29/Euratom, 97/43/Euratom und 2003/122/Euratom) zusammengefasst und aufgehoben und die wissenschaftlichen Vorgaben der ICRP Empfehlung [ICRP 103] übernommen. Die neue EU-Richtlinie trat am 6. Februar 2014 in Kraft und ist seither mit ihren Vorschriften verbindlich für alle der europäischen Union angehörenden Staaten. Für die national zu erstellenden Gesetze und Verordnungen wurden Fristen gesetzt, innerhalb derer die nationalen Normen und Vorgaben fachlich und formal zu überarbeiten sind.

Am 27. Juni 2017 wurde in der Bundesrepublik Deutschland deshalb ein Strahlenschutzgesetz [StrlSchG] erlassen, das teilweise das Atomgesetz und vollständig das Strahlenschutzvorsorgegesetz [StrlVG] ersetzt und die EU-Vorgaben in nationale Vorschriften umsetzt. Es trat teilweise am 3. Juli 2017 in Kraft und erforderte eine Änderung weiterer 30 Gesetze. Der überwiegende Teil trat am 31.12.2018 in Kraft, zusammen mit der neu zu erstellenden Strahlenschutzverordnung. Außerdem wurden die bisher gültigen Verordnungen Röntgenverordnung und Strahlenschutzverordnung formal außer Kraft gesetzt. Als Ersatz wurde eine neue Strahlenschutzverordnung beschlossen [StrlSchV-2018)], die die oft textgleichen Vorschriften in der RöV und der bisherigen StrlSchV [StrlSchV 2001] zusammenfasst, Verwaltungswege vereinheitlicht und vereinfacht und einige neue Vorgaben enthält.

In §1 des Strahlenschutzgesetzes sind der Anwendungs- und Geltungsbereich definiert. Darin heißt es: "*Das StrlSchG trifft Regelungen zum Schutz des Menschen und, soweit es um den langfristigen Schutz der menschlichen Gesundheit geht, der Umwelt vor der schädlichen Wirkung ionisierender Strahlung.*" Dazu werden im Wesentlichen drei Expositionssituationen unterschieden, die unterschiedliche Verhaltensweisen und Maßnahmen erfordern:

1. geplante Expositionssituationen

2. Notfallexpositionssituationen

3. bestehende Expositionssituationen

Diese von der EU-Richtlinie vorgegebene Unterscheidung erforderte eine völlige Umstrukturierung des deutschen Strahlenschutzrechts. Unter einer geplanten Expositionssituation versteht man eine Expositionssituation, die durch vorgesehene bzw. geplante Tätigkeiten entsteht und in der eine Exposition verursacht wird oder verursacht werden kann. Dazu zählen z.B. alle medizinischen Anwendungen ionisierender Strahlung. Eine Notfallexpositionssituation ist eine nicht geplante Expositionssituation, die durch einen Notfall entsteht. Eine bestehende Expositionssituation ist eine Expositionssituation, die bereits besteht, wenn eine Entscheidung über ihre Kontrolle getroffen werden muss. Die wichtigsten Beispiele sind die Exposition mit dem natürlich entstandenen Radon oder die Exposition durch Radioaktivität in Baumaterialien. Die entsprechenden Vorschriften sind im StrlSchG in den "Teilen 2-4" enthalten.

Das StrlSchG trifft ausdrücklich keine Regelungen für die Exposition von Einzelpersonen der Bevölkerung oder Arbeitskräften durch kosmische Strahlung (mit Ausnahme des fliegenden und raumfahrenden Personals), die oberirdische Exposition durch Radionuklide, die natürlicherweise in der nicht durch Eingriffe beeinträchtigten Erdrinde vorhanden sind, die Exposition durch Radionuklide, die natürlicherweise im menschlichen Körper vorhanden sind, und die Exposition durch kosmische Strahlung in Bodennähe. Konkretisiert werden die Vorschriften in der neuen Strahlenschutzverordnung [StrlSchV-2018], die die obige Unterteilung der Expositionen ebenfalls in den "Teilen 2-4" getrennt behandelt.

Neben den gesetzlichen Vorschriften gibt es noch die so genannten nationalen **Richtlinien**, wie z. B. die "Richtlinie Strahlenschutz in der Medizin" [RL-StrlSchMed], die Richtlinie über die Maßnahmen bei einer Hautkontamination mit radioaktiven Substanzen [KontamHaut] oder die Fachkunderichtlinie über die Anforderungen zur Fachkunde für die Anwendung von Röntgenstrahlung am Menschen [FachkundeRL-Röntgen]. Sie werden in Übereinkunft mit Landesbehörden von der obersten für den Strahlenschutz zuständigen Bundesbehörde erlassen und enthalten Konkretisierungen der im Strahlenschutzrecht enthaltenen Vorschriften. Sie sollen ein einheitliches Vorgehen der zuständigen Behörden und der mit dem Strahlenschutz befassten Verwaltungen gewährleisten. Für den Betreiber einer Anlage oder den Bürger sind solche Richtlinien nicht unmittelbar bindend. Ihre Inhalte können es aber auf dem Umweg über das Genehmigungsverfahren und die einschlägigen Verwaltungsvorschriften werden und haben zumindest eine informierende und orientierende Wirkung.

Einer ähnlichen Aufgabe dienen die **DIN-Normen**, die als unverbindliche Übereinkunft von nichtstaatlichen Organisationen z. B. bestimmten Industrieverbänden verabschiedet werden. Die Inhalte der DIN-Normen repräsentieren in der Regel den aktuellen Stand der Technik auf dem jeweils behandelten Sachgebiet. Solche Normen haben eine große Bedeutung für die Vereinheitlichung z.B. in der industriellen Produktion. Soweit DIN-Normen zum Strahlenschutz und zur Radiologie nicht ausdrücklich in Verordnungen erwähnt werden oder in diesen auf sie verwiesen wird, haben sie primär ebenfalls keinen rechtlich bindenden Charakter. Sie können durch Genehmigungsverfahren jedoch verbindlich gemacht werden, wenn in diesen beispielsweise eine Richtlinie als verbindlich erklärt wird, in der die entsprechenden Normen aufgeführt sind. Die Verwendung der Normen erleichtert bei Streitfällen auf alle Fälle die Beweislage, da ihre Aussagen als antizipierte Sachverständigengutachten aufgefasst werden können. Bei Beachtung der in den Normen festgehaltenen Regeln ist daher davon auszugehen, dass sich der Anwender nach den Regeln von Wissenschaft und Technik verhält. Als von den Strahlenschutzvorschriften Betroffener tut man daher gut daran, sowohl Richtlinien als auch Normen für die praktische Arbeit heranzuziehen.

Die einschlägigen nationalen und internationalen Fachgesellschaften für Strahlenschutz und Radiologie wie die Deutsche Röntgengesellschaft (DRG), die Deutsche Gesellschaft für Radioonkologie (DEGRO), die Deutsche Gesellschaft für Nuklearmedizin (DGN) und die Deutsche Gesellschaft für Medizinische Physik (DGMP) veröffentlichen in unregelmäßigen Abständen Empfehlungen für bestimmte Teilgebiete der Radiologie. Sie sind ebenfalls nicht rechtsverbindlich aber sehr informativ und hilfreich bei der praktischen Arbeit. Von besonderer grundlegender Bedeutung für die nationale Strahlenschutzgesetzgebung ist die Arbeit wissenschaftlicher internationaler und nationaler Fachgremien, die sich mit der Radiologie und dem Strahlenschutz befassen. Die wichtigsten von ihnen sind die Weltgesundheitsorganisation (WHO), die schon mehrfach zitierte Internationale Strahlenschutzkommission (ICRP), die einschlägigen Gremien der Vereinten Nationen (UNSCEAR), die Internationale Atom-Energie Agentur (IAEA in Wien) und die Deutsche Strahlenschutzkommission (SSK). Die Ergebnisse ihrer Arbeit werden in Form unverbindlicher Empfehlungen oder Reports publiziert. Sie dienen in der Regel als wissenschaftliche Grundlage für die nationale Gesetzgebung der Mitgliedstaaten dieser Organisationen und ermöglichen über Normen und Richtlinien einen gemeinsamen Sicherheitsstandard beim Umgang mit ionisierender Strahlung.

Das StrlSchG und die neue StrlSchV enthalten eine Vielzahl von Vorschriften und Regelungen, die im Rahmen dieses Buches nicht detailliert dargestellt werden können. Einige Vorschriften sind aber von so grundlegender Bedeutung, dass sie hier kurz erläutert werden sollen. Dazu zählen die Aufgaben und die Stellung der Strahlenschutzverantwortlichen und der Strahlenschutzbeauftragten, die Fach- und Sachkundeanforderungen, die Definitionen der Strahlenschutzbereiche sowie die Dosisgrenzwerte und die DRW. Andere Regelungen der beiden Verordnungen sind unmittelbar aus den Verordnungstexten verständlich oder werden durch die einschlägigen Richtlinien erklärt. Auch die deutschen DIN-Normen enthalten viele Erläuterungen und Begriffsbestimmungen zum Strahlenschutzrecht und für die praktische Arbeit.

19.2 Strahlenschutzverantwortliche und Beauftragte, Anwender

Das neue Strahlenschutzrecht hat die bewährte Unterscheidung und die Aufgabenverteilung von Strahlenschutzverantwortlichen und Strahlenschutzbeauftragten (Definition in Kap. 4 StrlSchG und Aufgaben in Kap. 4 StrlSchV über den betrieblichen Strahlenschutz) beibehalten, die zusammen für die Einhaltung der Strahlenschutzvorschriften verantwortlich sind. Sie sind also die Hauptadressaten der StrlSchV.

Strahlenschutzverantwortliche: Nach §69 StrlSchG ist Strahlenschutzverantwortlicher, wer einer Genehmigung zum Betrieb einer Strahlenquelle bedarf oder die Verwendung einer Anlage anzuzeigen hat. Solche Anlagen können z.B. eine Röntgeneinrichtung, ein Störstrahler oder sonstige Anlagen wie Beschleuniger oder Afterloadinganlagen und Strahler in technischen Einrichtungen zur Sterilisation oder Materialbearbeitung sein. Der Betreiber kann eine natürliche oder juristische Person sein. Ist der Betreiber eine juristische Person, muss der zuständigen Behörde eine natürliche Person benannt werden, die für die juristische Person die Aufgaben des Strahlenschutzverantwortlichen wahrnimmt. Ist beispielsweise ein kommunaler Verband der Betreiber eines Krankenhauses, wird in der Regel der Verwaltungsleiter oder Geschäftsführer als Strahlenschutzverantwortlicher benannt. In Arztpraxen ist es der Praxisinhaber, in kerntechnischen Anlagen oder sonstigen Unternehmen eine von der Firmenleitung benannte natürliche Person. Der Strahlenschutzverantwortliche hat unter Beachtung des Standes von Wissenschaft und Technik, zum Schutz einzelner und der Allgemeinheit dafür zu sorgen, dass alle einschlägigen Schutzvorschriften der Verordnung eingehalten werden. Dazu hat er geeignete Räume, Schutzvorrichtungen, Geräte und Schutzausrüstungen zur Verfügung zu stellen, ausreichend fachkundiges Personal bereitzustellen und in geeigneter Weise die Betriebsabläufe zu regeln.

Strahlenschutzbevollmächtigter: Der Verantwortliche kann einen Bevollmächtigten ernennen, was in großen Häusern sinnvoll ist ([RL-StrlSchMed neu], Okt. 2011).

Der Strahlenschutzbevollmächtigte muss selbst nicht Strahlenschutzbeauftragter (s. u.), also fachkundig sein. Besitzt er die Fachkunde, ist dies für die praktische Arbeit jedoch von Vorteil. Wenn ein solcher Strahlenschutzbevollmächtigter ernannt ist, übt er die Funktion des Strahlenschutzverantwortlichen aus. Der Strahlenschutzverantwortliche entbindet sich durch die Benennung eines Bevollmächtigten allerdings nicht von der Verantwortung für die Erfüllung seiner Pflichten und Aufgaben. An einen Bevollmächtigten kann also nur die Wahrnehmung von Pflichten und Aufgaben delegiert werden, nicht jedoch die Verantwortung, die immer beim Strahlenschutzverantwortlichen liegt. Der Bevollmächtigte regelt den Einsatz der Strahlenschutzbeauftragten für den Strahlenschutzverantwortlichen. Sowohl der Strahlenschutzverantwortliche als auch der Strahlenschutzbevollmächtigte sollten an Schulungen teilnehmen, die sich mit den rechtlichen Aspekten des Strahlenschutzes befassen, um ausreichende Kenntnisse zur Wahrnehmung der Aufgaben zu erlangen und um die Problemfelder bei der Umsetzung von Strahlenschutzmaßnahmen besser beurteilen zu können.

Strahlenschutzbeauftragte: Wenn der Betrieb der genehmigungspflichtigen oder anzeigebedürftigen Einrichtung dies erfordert, haben Strahlenschutzverantwortliche einen oder mehrere Strahlenschutzbeauftragte schriftlich zu bestellen. Sofern dies von den betrieblichen Abläufen her möglich ist und der Strahlenschutzverantwortliche die nötige Fachkunde besitzt, kann er auch selbst als Strahlenschutzbeauftragter benannt und eingesetzt werden. Dem Strahlenschutzbeauftragten dürfen nur solche Aufgaben übertragen werden, die er auf Grund seiner betrieblichen Stellung und seiner Befugnisse auch erfüllen kann. Als Strahlenschutzbeauftragte sind solche natürlichen Personen zu bestellen, gegen deren Zuverlässigkeit keine Bedenken bestehen und die die notwendige Fachkunde besitzen. Dem Strahlenschutzbeauftragten ist bei seiner Bestellung sein innerbetrieblicher Entscheidungsbereich schriftlich mitzuteilen, der Aufsichtsbehörde ist von der Bestellung und der Festlegung dieses innerbetrieblichen Entscheidungsbereichs Mitteilung zu machen.

Die Pflichten des Strahlenschutzverantwortlichen bleiben in vollem Umfang bestehen, auch wenn Strahlenschutzbeauftragte bestellt sind. Diese Formulierung ist nicht wörtlich zu verstehen, da sonst die Bestellung von Strahlenschutzbeauftragten sinnlos wäre. Vielmehr liegt ihre Bedeutung darin, dass die Verantwortlichkeit des Strahlenschutzverantwortlichen durch die Bestellung von Strahlenschutzbeauftragen zwar nicht eingeschränkt aber doch inhaltlich verändert wird. So hat er nicht mehr die Aufgaben des praktischen Strahlenschutzes, wie Unterweisungen, Messungen u. ä. zu erfüllen; ihn treffen aber weiterhin die bereits genannten Organisations- sowie die materiellen und personellen Bereitstellungspflichten. Darüber hinaus gehen Mängel und Unterlassungen in der Form, in der Auswahl und Überwachung des Beauftragten, die zu geringe Zahl von Beauftragten und vor allem eine unzureichende Kompetenzübertragung an den Beauftragten stets zu seinen Lasten.

Die Pflichtenkataloge der Strahlenschutzbeauftragten finden sich in §43 StrlSchV. Sie umfassen u. a. folgende Aufgaben: Unterweisung, Aufzeichnung, Kennzeichnung,

Überwachung und Kontrollen, Wartung und Beachtung von Tätigkeitsverboten und Tätigkeitsbeschränkungen. Dazu zählen die Aufgaben der Qualitätssicherung und -kontrolle und alle Maßnahmen zur Lagerung und Beseitigung radioaktiver Abfälle. Der wesentliche Teil der Aufgaben des Strahlenschutzbeauftragten besteht darin, die in den Verordnungen durch Grenzwerte festgelegten maximal zulässigen Strahlenexpositionen von Bevölkerung, Umwelt und beruflich strahlenexponierten Personen zu überwachen und wegen des Minimierungsgebotes, wenn möglich, zu unterbieten.

Beauftragte sind nur verpflichtet, die durch die Verordnung bestimmten Aufgaben im Rahmen ihrer innerbetrieblichen Entscheidungsbereiche zu erledigen. Sie sind diesbezüglich nicht weisungsgebunden, sondern unmittelbar den Vorschriften der Verordnung unterworfen. Darüber hinaus sind sie verpflichtet, alle Mängel, die den Strahlenschutz beeinträchtigen, sofort dem Strahlenschutzverantwortlichen mitzuteilen. Kommt es zwischen dem Beauftragtem und dem Verantwortlichen zu keiner Einigung über eine vom Beauftragten angeordnete Strahlenschutzmaßnahme oder Einrichtung, muss der Verantwortliche dem Beauftragten die Ablehnung schriftlich mitteilen und begründen und zudem dem Betriebsrat oder Personalrat und der zuständigen Behörde je eine Abschrift übersenden. Der Verantwortliche ist auch verpflichtet, jeden Beauftragten über alle Verwaltungsakte oder Maßnahmen, die dessen Aufgaben oder Befugnisse betreffen, unverzüglich zu informieren. Beide haben außerdem mit den Personalvertretungen der Betriebe und den Fachkräften für Arbeitssicherheit zusammenzuarbeiten und den Personal- oder Betriebsrat auf deren Wunsch zu beraten.

Damit dem Beauftragten durch seine, manchmal den wirtschaftlichen Interessen des Betriebs vordergründig zuwiderlaufenden Pflichten keine Nachteile erwachsen, spricht das StrlSchG (in §70, Absatz 6) ein ausdrückliches Behinderungs- und Benachteiligungsverbot wegen seiner Strahlenschutztätigkeit aus. Kann ein Beauftragter wegen eines unzureichenden Entscheidungsbereichs oder aus anderen Gründen seine Aufgaben nur unzureichend wahrnehmen, kann die Aufsichtsbehörde den Strahlenschutzbeauftragten von seinen Pflichten entbinden. Die gesamte Strahlenschutzverantwortung fällt dann auf den Verantwortlichen zurück. Der Sinn dieser Regelung ist es, den Genehmigungsinhaber zu zwingen, entweder den Entscheidungsbereich des einzelnen Beauftragten so zu erweitern, dass dieser seinen Pflichten nachkommen kann, oder ausreichend viele Strahlenschutzbeauftragte zu bestellen. Tut er dies nicht, kann die strahlenschutzrechtliche Genehmigung durch die Behörde widerrufen werden.

Anwender: Selbständige Anwender ionisierender Strahlung am Menschen dürfen approbierte Ärzte sein, wenn sie die Strahlenschutzfachkunde als Teil- oder Vollradiologe, als Strahlentherapeut oder Nuklearmediziner besitzen. Falls sie die Fachkunde nicht besitzen, dürfen sie ionisierende Strahlung nur unter ständiger Aufsicht und Verantwortung fachkundiger Ärzte anwenden, wenn sie mindestens über Kenntnisse im Strahlenschutz verfügen. Die technische Durchführung ist neben den Ärzten examinierten Medizinisch-Technischen Radiologie-Assistenten (MTRA) und seit der Novellierung der StrlSchV und der Richtlinie Strahlenschutz in der Medizin 2011 auch Medizinphysikexperten (MPE) erlaubt. In der entsprechenden Ausbildung befindliche MTRA dürfen nur unter ständiger Aufsicht und Verantwortung fachkundiger berechtigter Personen ionisierende Strahlung am Menschen anwenden. Medizinisch-Technische Assistenten (MTA) benötigen zusätzlich zu ihrer Ausbildung wie die so genannten Assistenzberufe (Arzthelferinnen, Pflegekräfte und andere Personen mit einer medizinischen Ausbildung) Kurse zum Erwerb der erforderlichen Kenntnisse im Strahlenschutz. Der Kreis der berechtigten Personen zur Anwendung ionisierender Strahlung am Menschen ist in der StrlSchV in Abschnitt 11 §§145-146 geregelt.

19.3 Fachkunde im Strahlenschutz

Die StrlSchV gibt in Kap.5 (§§47-51) Regeln für die erforderliche Fachkunde für die Anwendung ionisierender Strahlung am Menschen vor. Gefordert wird neben einer medizinischen Ausbildung die Fachkunde und Sachkunde im Strahlenschutz. Danach besteht diese Fachkunde aus drei Teilen, einer für den jeweiligen Anwendungsbereich geeigneten **Berufsausbildung**, aus praktischer **Erfahrung** im einschlägigen Tätigkeitsfeld (Sachkunde) und aus **Strahlenschutzkenntnissen**, die in anerkannten Strahlenschutzkursen vermittelt werden:

- **Berufsausbildung**

- **praktische Erfahrung (Sachkunde)**

- **Strahlenschutzfachkunde durch Kurse.**

Berufsausbildung: Die Berufsausbildung bedeutet für Mediziner die Approbation als Arzt, für Medizinphysikexperten (MPE) das Physikexamen oder der Abschluss einer vergleichbaren anderen Ausbildung, für MTRA das nach 3 Jahren abgelegte Staatsexamen und für die Assistenzkräfte eine sonstige medizinische Ausbildung.

Sachkunde: Die Sachkunde umfasst die praktische Erfahrung. Sie muss daher durch geeignete Tätigkeiten im einschlägigen Fachgebiet erworben werden. Im Bereich der medizinischen Anwendung von Röntgenstrahlung am Menschen bedeutet das für Ärzte praktisches Arbeiten in der Radiologie unter der Verantwortung und Kontrolle von fachkundigen Radiologen. Diese Arbeiten sind zu dokumentieren und zu testieren. Die Anforderungen im Röntgen sind in der Fachkunderichtlinie Röntgen [FachkundeRL-Röntgen] einschließlich der erforderlichen Fallzahlen bzw. Zeiten für jede Untersuchungstechnik festgehalten. Je nach Anwendungsgebiet wird zwischen Vollradiologen und Teilradiologen unterschieden. Für den medizinischen Geltungsbereich der Strahlentherapie und Nuklearmedizin gelten die Ausführungen der Richtlinie Strahlenschutz in der Medizin [RL-StrlSchMed neu], die auch Anforderungen an die Kursinhalte und die praktische Erfahrung enthält. Details sind in der erwähnten Richtlinie beschrieben.

Strahlenschutzkurse: Strahlenschutzkenntnisse werden in so genannten "Strahlenschutzkursen" anerkannter Kursstätten vermittelt. Die Inhalte dieser Kurse sind ebenfalls in den einschlägigen Richtlinien vorgeschrieben. Für Ärzte im Bereich der medizinischen Radiologie besteht das Kurssystem aus einem **Kenntniskurs** (8-h-Unterweisung), der am Ort der praktischen Tätigkeit durchgeführt werden kann. Diese 8h-Unterweisung muss sowohl praktische Aspekte als auch theoretische Lerninhalte enthalten. Sie wird ohne Prüfung abgeschlossen. Ohne Erwerb der Kenntnisse in dieser Unterweisung dürfen die angehenden Radiologen oder Teilradiologen keine praktischen radiologischen Tätigkeiten vornehmen. Zusätzlich sind ein **Grundkurs,** ein **Spezialkurs** und weitere Kurse für die **Computertomografie** und das **interventionelle Röntgen** bei der Untersuchung mit Röntgenstrahlung zu besuchen. In letzter Zeit werden von den meisten Veranstaltern die Kenntniskurse in die Grundkurse integriert. Je nach Fachgebiet unterscheiden sich die Kursinhalte, es gibt also Spezialkurse für die Nuklearmedizin und die verschiedene Sparten der Strahlentherapie. Medizinphysikexperten (MPE) müssen einen Grundkurs und einen Spezialkurs absolvieren. Alle diese Strahlenschutzkurse sind mit einem Wissenstest (meistens in Form von Multiple-Choice-Fragen) zu überprüfen. Die Kursteilnahme darf nicht länger als 5 Jahre zurückliegen, wenn die Fachkundeanerkennung beantragt wird. Medizinisch-technische Radiologieassistenten erwerben sowohl die praktische Erfahrung als auch das erforderliche theoretische Wissen im Strahlenschutz mit ihrer Ausbildung und gelten bei bestandenem Examen als fach- und sachkundig. MTA nach dem alten MTA-Gesetz benötigen zu ihrer Ausbildung dagegen zusätzliche Kenntnisse im Strahlenschutz. Sie müssen wie die sonstigen medizinische Assistenzkräfte Strahlenschutzkurse absolvieren, in denen auch Kenntnisse zur praktischen Arbeit vermittelt werden.

Fachkundeerneuerung: Die Fachkunde im Strahlenschutz muss mindestens alle 5 Jahre durch eine erfolgreiche Teilnahme an einem anerkannten Kurs mit einer Abschlussprüfung aktualisiert werden (Fachkundeerhalt in "Refresherkursen"). Falls diese Aktualisierung nicht glaubhaft belegt wird oder berechtigte Zweifel an der Fachkunde bestehen, können die zuständigen Aufsichtsbehörden die Fachkunde entziehen oder Auflagen erteilen und gegebenenfalls die Überprüfung der Fachkunde anordnen. Die Inhalte der Refresherkurse in der medizinischen Radiologie sind in einer gesonderten Richtlinie [FachkundeRL-Röntgen] geregelt.

19.4 Unterweisungen und Dokumentationen

Die Unterweisungspflicht ist in §76 StrlSchG vorgeschrieben, über Form und Inhalt findet man die Vorschriften in §63 StrlSchV. Danach sind alle Personen, die im Rahmen einer anzeige- oder genehmigungspflichtigen Tätigkeit tätig werden, zu unterweisen. Die Unterweisung muss das entsprechende Tätigkeitsfeld betreffen, sie muss mündlich und in einer für den jeweiligen Personenkreis verständlichen Form und Sprache vorgenommen werden. Mit Erlaubnis der Behörde können Unterweisungen auch in Form des E-Learnings vorgenommen werden, wenn eine Erfolgskontrolle durchgeführt wird und Nachfragen möglich sind.

In diesen Unterweisungen sind Personen, denen aus beruflichen Gründen der Zutritt zu Kontrollbereichen oder Sperrbereichen gestattet werden soll, vor dem erstmaligen Zutritt über die Arbeitsmethoden, die möglichen Gefahren, außergewöhnliche Strahlenexpositionen, die anzuwendenden Sicherheitsvorkehrungen und Schutzmaßnahmen sowie alle den konkreten Umgang mit Strahlung betreffenden Vorschriften der einschlägigen Gesetze und Verordnungen zu belehren. Dies gilt auch für Personen, die außerhalb eines Kontrollbereichs eine genehmigungspflichtige Tätigkeit wahrnehmen, mit radioaktiven Stoffen umgehen oder diese am Menschen anwenden. Diese Strahlenschutzunterweisungen sind mindestens jährlich zu wiederholen und für neue Arbeitsaufnahmen vor Beginn der Tätigkeit durchzuführen. Ihr Umfang, der Zeitpunkt und die Namen der belehrten Personen sind schriftlich festzuhalten. Strahlenschutzunterweisungen sollten trotz der durch die Verordnungen vorgeschriebenen Inhalte nicht nur "formal" erledigt werden, sondern in Form konkreter und auf den Einzelfall zugeschnittener Schulungen durchgeführt werden. Sie müssen z. B. für den Medizinbetrieb nach der Strahlenschutzrichtlinie [RL-StrlSchMed neu] insbesondere das praktische Training für Notfallsituationen wie beispielsweise bei "Quellenhängern" von Gammabestrahlungsanlagen oder Afterloadinganlagen enthalten.

Neben den im nachfolgenden (Kap. 20) dargestellten apparativen und baulichen Strahlenschutzmaßnahmen gibt es eine Reihe organisatorischer und planerischer Vorkehrungen, deren Nutzen für den Strahlenschutz nicht unterschätzt werden sollte. Dazu zählen die strahlenschutzgerechte Raum- und Anlagenplanung, die Planung und Anordnung der Betriebsabläufe und Betriebsbeschränkungen, eine sachgerechte Arbeits- und Personaleinteilung, Aufenthaltsbeschränkungen und -verbote für bestimmte Personengruppen, theoretische und praktische Schulungen für die Betriebsabläufe und die Strahlenschutzüberwachung aller beruflich exponierten Personen. Zu den personenbezogen Dokumenten zählen die Aufzeichnungen über die Ergebnisse der Personendosisüberwachung und der ärztlichen Überwachung durch strahlenschutzermächtigte Ärzte sowie der Strahlenpass für beruflich strahlenexponierte Personen.

Neben den regelmäßigen Unterweisungen fordern die StrlSchV und die Genehmigungsbehörden die schriftliche Ausarbeitung und Verbreitung innerbetrieblicher **Strahlenschutzanweisungen**. Diese Forderung kann schon während des Genehmigungsverfahrens oder auch nach Genehmigung im Aufsichtsverfahren geschehen. Schriftlich fixierte Strahlenschutzanweisungen schaffen klare Verhältnisse für die Beschäftigten. Die betriebsinternen Strahlenschutzanweisungen sollen auch Festlegungen der innerbetrieblichen Entscheidungsbereiche für jeden einzelnen Strahlenschutzbeauftragten enthalten. Die Ausarbeitung solcher Strahlenschutzanweisungen ist eine willkommene Gelegenheit, betriebstypische Abläufe, Probleme und mögliche Störfälle vorab zu durchdenken und zu regeln.

Obwohl die meisten mit dem Strahlenschutz befassten Personen in der alltäglichen Praxis nur wenig Interesse an "bürokratischen" Maßnahmen haben, ist die ordentliche Aufbewahrung, Organisation und Führung der **Strahlenschutzdokumente** nicht ohne Bedeutung für einen wirksamen praktischen Strahlenschutz. Zu den Strahlenschutzdokumenten zählen schriftliche Unterlagen über getroffene Strahlenschutzvorkehrungen. Dazu zählen die Ausbildungsnachweise, Genehmigungen für den Umgang, die Beförderung, die Ein- und Ausfuhr von Strahlern, die in der Regel spezielle Auflagen für den Strahlenschutz enthalten, Sicherheitsberichte und Strahlenschutzpläne mit Berechnungsunterlagen für bautechnische Strahlenschutzvorkehrungen.

Weitere wichtige Dokumente sind die Strahlenschutzbauzeichnungen für Anlagen im Zustand nach ihrer Errichtung, aus denen die Strahlenschutzbereiche, deren Abgrenzungen nach Dosisleistung und Aufenthaltsberechtigung, darin liegende Räume, Gebäude und Bodenflächen, deren Nutzung sowie das Material und die Bemessungen der bautechnischen Strahlenschutzeinrichtungen hervorgehen. Dazu zählen auch alle Bauzeichnungen und Konstruktionspläne für Einrichtungen, Geräte und Geräteteile, aus denen die Bemessung und die räumliche Anordnung der für den Strahlenschutz maßgeblichen Teile hervorgeht, sowie die Unterlagen über die Bauartzulassung und Bauartprüfung, die Begleitpapiere und Bedienungsanleitungen, die Prüfberichte über eigene oder fremde Strahlenschutzprüfungen von Strahlern oder Anlagen (Abnahmeprüfungen, Dichtheitsprüfungen umschlossener radioaktiver Stoffe).

Ein besonderes Problem tritt auf, wenn alte Anlagen ausgetauscht werden sollen. Die Aufsichtsbehörden fordern dann häufig klare Begründungen und Nachweise für die Unbedenklichkeit von eventuell aktivierten Anlagenteilen und Materialien. Dies ist oft auch dann der Fall, wenn aufgrund der physikalischen Bedingungen (Grenzenergie der Strahlungen, Wirkungsquerschnitte) eine Aktivierung eigentlich ausgeschlossen ist. Da den Anwendern sehr oft die Zusammensetzung der entsprechenden Materialien wie Maschinenbauteile, Targets und sonstige Strukturteile nicht bekannt ist, ist man in solchen Fällen auf die Mithilfe der Herstellerfirmen angewiesen. Meistens endet das Verfahren so, dass ein amtlicher Gutachter die entsprechenden Teile "freimisst", also keine Aktivitäten oberhalb der Freigrenzen zu finden sind.

19.5 Medizinphysik Experten - MPE

Das Strahlenschutzgesetz verlangt bei der Anwendung von Strahlungen am Menschen die Mitarbeit von Medizinphysik-Experten (MPE). MPE sind Personen, die entweder einen Masterabschluss im Medizinischer Physik oder eine gleichwertige Ausbildung mit Hochschulabschluss besitzen. Sie müssen außerdem über die für ihre Tätigkeit erforderliche Fachkunde im Strahlenschutz verfügen (§5 [StrlSchG]). Die Mitarbeit von MPE ist im StrlSchG geregelt (§14 [StrlSchG]). Danach muss gewährleistet sein, dass bei der Behandlung mit radioaktiven Stoffen oder ionisierender Strahlung mit individuellem Bestrahlungsplan ein MPE zur **engen Zusammenarbeit** hinzugezogen werden kann. Liegt kein individueller Bestrahlungsplan vor und ist aber mit einer erheblichen Exposition des Patienten zu rechnen, kann ein MPE zur **Mitarbeit** hinzugezogen werden. Bei allen anderen Anwendungen ionisierender Strahlung oder radioaktiven Stoffen kann ein MPE falls erforderlich zur **Beratung** zugezogen werden.

Die genauen Bedingungen sind in der StrSchV geregelt (§§131, 132 [StrlSchV]). Hier wird explizit die Mitarbeit des MPE auch bei CT-Untersuchungen oder Geräten zur dreidimensionalen Untersuchung sowie bei Interventionen mit Röntgeneinrichtungen, die mit erheblicher Strahlenexposition verbunden sind, gefordert. In allen anderen Fällen ist die Beratung durch einen MPE ausreichend, wenn dies zur Optimierung des Strahlenschutzes oder zur Gewährleistung der erforderlichen Qualität geboten ist. Die Aufgaben, des MPE sind in der StrlSchV konkretisiert (§§121, 132 [StrlSchV]). Wenn ein MPE hinzuzuziehen ist, hat er die Verantwortung für die Dosimetrie von Personen, an denen radioaktive Stoffe oder ionisierende Strahlung angewendet werden, zu übernehmen und bei der Wahrnehmung der Optimierung des Strahlenschutzes mitzuwirken. Im Einzelnen handelt es sich um die folgenden Aufgaben.

- **Qualitätssicherung bei der Planung und Durchführung von Anwendungen radioaktiver Stoffe oder ionisierender Strahlung am Menschen einschließlich der physikalisch-technischen Qualitätssicherung,**

- **Auswahl der einzusetzenden Ausrüstungen, Geräte und Vorrichtungen,**

- **Überwachung der Exposition von Personen, an denen diese Strahlungen angewendet werden,**

- **Überwachung der diagnostischen Referenzwerte (DRW),**

- **Untersuchung von Vorkommnissen,**

- **Durchführung von Risikoanalysen für Behandlungen,**

- **Unterweisung und Einweisung der bei der Anwendung tätigen Personen,**

- **Die Überprüfung der im Bestrahlungsplan festgelegten Bedingungen vor der ersten Behandlung oder bei Änderungen.**

19.6 Strahlenschutzbereiche

Strahlenschutzbereiche sind räumliche Bereiche, in denen entweder eine bestimmte Ortsdosisleistung überschritten wird, oder in denen Personen beim Aufenthalt bestimmte Körperdosen erhalten können. Die StrlSchV definiert die Strahlenschutzbereiche und die entsprechenden Regeln in den §§52-62.

Überwachungsbereiche grenzen unmittelbar an die Kontrollbereiche. Überwachungsbereiche sind nicht zum Kontrollbereich gehörende betriebliche Bereiche, in denen Personen im Kalenderjahr eine Effektive Dosis von mehr als 1 mSv oder höhere Organäquivalentdosen als 50 mSv für die Hände, die Unterarme, die Füße oder die Knöchel oder eine lokale Hautdosis von mehr als 50 mSv erhalten können.

Ein **Kontrollbereich** ist ein Bereich, in dem Personen im Kalenderjahr eine Effektive Dosis von mehr als 6 mSv, höhere Organäquivalentdosen als 15 mSv für die Augenlinse, 150 mSv für die Haut, die Hände, die Unterarme, die Füße und die Knöchel und als lokale Hautdosis erhalten können. Kontrollbereiche können ortsfest oder ortsveränderlich sein. Sie sind abzugrenzen und eindeutig zu kennzeichnen. Die Kennzeichnung und Abgrenzung kann je nach Art des Strahlers nur während der Einschaltzeit oder der Betriebsbereitschaft einer Anlage oder auch permanent vorgeschrieben sein. Bei Kontrollbereichen nach der StrlSchV muss die Kennzeichnung mindestens ein Strahlenwarnzeichen (schwarzes Flügelrad auf gelbem Grund) und den Textzusatz "Kontrollbereich" enthalten. Bei Kontrollbereichen muss die Kennzeichnung im Röntgen im Einschaltzustand der Anlage mindestens die Worte "Kein Zutritt Röntgen" enthalten. Der Zutritt zu Kontrollbereichen ist beschränkt auf Personen, die zur Durchführung oder Aufrechterhaltung der vorgesehenen Betriebsvorgänge und zu Ausbildungszwecken darin tätig werden müssen, oder deren Anwesenheit als Patient oder Begleitperson eines Patienten nach Ansicht eines Strahlenschutzbeauftragten oder fachkundigen Arztes erforderlich ist (§55 StrlSchV). Maßgeblich für die Festlegung der Grenzen von Überwachungs- und Kontrollbereichen ist eine Aufenthaltszeit von 40 h je Woche und 50 Wochen im Kalenderjahr, also 2000 Arbeitsstunden pro Jahr, soweit keine anderen begründeten Angaben über die Aufenthaltszeit vorliegen.

Sperrbereiche sind nach StrlSchV Teile eines Kontrollbereichs, in denen die Ortsdosisleistung höher als 3 mSv/h sein kann. Sie sind dauerhaft abzugrenzen und mit der Kennzeichnung "Sperrbereich - kein Zutritt" zu versehen. Wie der Name schon sagt, ist der Zutritt zu Sperrbereichen bis auf wenige Ausnahmen untersagt. Dies gilt auch für Teilkörperexpositionen wie beispielsweise beim Hineinlangen in ein Strahlungsfeld mit den Händen oder Unterarmen. Für medizinische Behandlungen von Patienten oder dringende betriebliche Abläufe ist der Zutritt ausnahmsweise gestattet. Sperrbereiche, die sich innerhalb eines Röntgen- oder Bestrahlungsraumes befinden, müssen nicht gesondert abgegrenzt und gekennzeichnet werden, wenn sichergestellt ist, das während der Einschaltzeit nur Patienten oder helfende Personen anwesend sind.

Die StrlSchV kennt noch weitere Bereiche, den so genannten Röntgenraum (§60 StrlSchV), die Bestrahlungsräume (§61 StrlSchV) und Räume für den Betrieb von Störstrahlern (§62 StrlSchV). Alle Räume müssen allseitig umschlossenen sein, und in der Genehmigung oder in der Bescheinigung des Sachverständigen als solche bezeichnet sein. Ausnahmen sind für den Röntgenraum nur zugelassen, wenn der Zustand der untersuchten Person oder des untersuchten Tieres dies zwingend erfordert. Im Geltungsbereich der StrlSchV und der neuen Richtlinie Strahlenschutz in der Medizin ([RL-StrlSchMed neu], Okt. 2011) soll bei der Planung und Errichtung von Anlagen zur Erzeugung ionisierender Strahlen oder von Einrichtungen zum Umgang mit radioaktiven Stoffen an den jeweiligen Bedieneinrichtungen für das beruflich strahlenexponierte Personal ein Richtwert der Körperdosis von 1 mSv pro Kalenderjahr zugrunde gelegt werden (bisher galten die Grenzwerte des Überwachungsbereichs). Diese Empfehlung wird in den neuen Genehmigungsverfahren bereits verwendet.

Bereich	StrlSchV §52	Bemerkung
Überwachungsbereich	Effektive Dosis mehr als 1 mSv, Organäquivalentdosen mehr als 50 mSv für die Haut, Hände, Unterarme, Füße, Knöchel	bei 40 Stunden Aufenthalt je Woche und 50 Wochen im Kalenderjahr (2000 h)
Kontrollbereich	Effektive Dosis mehr als 6 mSv, mehr als 15 mSv für die Augenlinse und mehr als 150 mSv für die Haut, Hände, Unterarme, Füße, Knöchel	bei 40 Stunden Aufenthalt je Woche und 50 Wochen im Kalenderjahr
Sperrbereich	Ortsdosisleistung größer als 3 mSv/h	unabhängig von der Aufenthaltsdauer

Tab. 19.1: Neue Definitionen der Strahlenschutzbereiche nach der StrlSchV

19.7 Grenzwerte

In den ersten Jahrzehnten seit der Entdeckung der Radioaktivität und der Röntgenstrahlung wurde aus Unkenntnis der biologischen Strahlenwirkungen ziemlich sorglos mit Strahlungsquellen umgegangen. Die ersten bekannten Strahlenschäden waren Hautverbrennungen und Veränderungen des Blutbildes. Sie würden heute zu den deterministischen Strahlenwirkungen gerechnet. Die Versuche, eine Schadensbegrenzung durch Strahlenexpositionen zu erreichen, gingen folgerichtig davon aus, dass für Strahlenschäden Toleranzschwellen existieren, unterhalb derer keine kurzfristig sichtbaren Strahlenschäden vorkommen. Schon 1913 hat die Deutsche Röntgengesellschaft ein Merkblatt mit Richtlinien für den Strahlenschutz herausgegeben, das allerdings nur somatische aber nichtstochastische Schäden berücksichtigte.

Datum	Grenzwert	Bemerkung
1924/1925	Toleranzdosis pro Jahr: 1/10 der Erythemdosis	Vorschlag A. Mutscheller und R. M. Sievert. Dieser Grenzwert war ausschließlich biologisch definiert, da die Einheit Röntgen noch nicht existierte. Der Grenzwert entspricht einer Ionendosis von etwa 30 R/a für 100 kV Röntgenstrahlung und 70 R/a für 200 kV Röntgenstrahlung.
1928		Gründung der ICRP in Stockholm
1934	Toleranzdosis 0,2 R/d	Empfehlung der ICRP, entspricht exakt dem Vorschlag Mutschellers von 1925
1935	0,1 R/d	Empfehlung der NCRP USA
1938		Entdeckung der Kernspaltung
1950	0,3 R/Woche für blutbildende Organe, 0,6 R/Woche für die Haut	erste Empfehlung zu Grenzwerten bei der Inkorporation von 10 Radionukliden
1952	10 R genetisch	Durch ICRP diskutierter aber nicht empfohlener Grenzwert für die Gonadendosis
1956	50 mSv/a = 1 mSv/Woche	Empfehlung ICRP
bis 2001	50 mSv/a eff. + Gonaden, 500 mSv/a Haut, 150 mSv/a Augenlinse	ICRP, StrlSchV(alt), RöV(alt) für berufl. Exponierte
ab 2001	1 mSv/a effektiv	Einzelpersonen der Bevölkerung, Jugendliche, Schwangere
ab 2001	20 mSv/a effektiv	bei sonstiger beruflicher Strahlenexposition

Tab.19.2: Zeittafel zur Entwicklung der Strahlenschutzgrenzwerte. Die Ionendosis von 1 R entspricht etwa einer Äquivalentdosis von 10 mSv (genaue und ausführliche Dosisdefinitionen s. Kap. 11).

Der amerikanische Radiologe und Medizinphysiker *Arthur Mutscheller* schlug 1924 einen Grenzwert für die jährliche Strahlenexposition durch Röntgenstrahlung (die so genannte Toleranzdosis für Hauterytheme SED: Skin Erythema Dose) vor, der deterministische Schäden mit Sicherheit vermeiden sollte [Mutscheller 1925]. 1928 wurde auf dem zweiten Internationalen Kongress für Radiologie in Stockholm die erste internationale Strahlenschutzkommission ICRP gegründet. Sie hieß damals **Internatio-nal X-ray and Radium Protection Committee** und bestand aus den 5 Gründungs-mitgliedern [Taylor]. Ihre Vorschläge zum Strahlenschutz basierten auf einer Ausar-beitung des Britischen Strahlenschutzkomitees und berührten wie alle Vorschläge zuvor nur die deterministischen Strahlenwirkungen. Heute ist die ICRP das wichtigste wissenschaftliche internationale Gremium für den Strahlenschutz. Ihre Vorschläge werden in Form wissenschaftlich begründeter Empfehlungen herausgegeben. Die Mit-glieder der ICRP sind ausgewiesene Strahlenschutzexperten und werden auf Vor-schlag der bereits bestehenden Mitglieder und mit Genehmigung der internationalen Radiologenvereinigung gewählt. Bereits Ende der zwanziger Jahre war durch geneti-sche Untersuchungen an Fruchtfliegen (Drosophila melanogaster, auch schwarzbäu-chige Taufliege) durch *H. J. Muller*[1] [Muller] bekannt geworden, dass neben den de-terministischen Strahlenschäden auch genetische Schäden ohne Dosisschwelle auftre-ten können. Der Begriff der Toleranzdosis wurde deshalb in der Folge aufgegeben. Durch ständig zunehmende Kenntnis und Erfahrung über Strahlenwirkungen kam es in den folgenden Jahren zu immer weiter verschärften Grenzwertempfehlungen für beruflich exponierte Personen und die Bevölkerung (Tab. 19.2). Die Diskussion über Grenzwerte ist auch heute noch nicht abgeschlossen (s. Kap. 11 und 17).

Deterministische Strahlenwirkungen können leicht durch Einhalten geeigneter Grenz-werte vermieden werden. Anders ist dies bei den stochastischen Strahlenwirkungen, für die nach heutiger Kenntnis keine Schwellen existieren. Werden Grenzwerte so festgelegt, dass sie mit Sicherheit deterministische Schäden verhindern, bleibt deshalb immer noch das "schwellenlose" stochastische Risiko. Auch bei Verkleinerung der Strahlenexpositionen durch beliebig aufwendige Maßnahmen ist dieses Risiko nicht auf Null zu reduzieren. Um das Restrisiko auf vernünftige Weise zu begrenzen, müs-sen wie bei allen sonstigen menschlichen Aktivitäten - nicht unbedingt materiell zu verstehende - "Kosten-Nutzen-Abwägungen" durchgeführt werden, die auf wissen-schaftlich begründeten Risikoabschätzungen basieren. Die Forderung, Strahlenexposi-tionen um jeden Preis auf Null zu reduzieren, ist daher wenig sinnvoll.

Weitverbreitetes Missverständnis und Missbrauch ist es, gesetzliche Grenzwerte für die Strahlenexposition als Abgrenzung zwischen gefährlicher und ungefährlicher Strahlenexposition zu betrachten. Diese Einteilung ist nach den vorhergehenden Aus-führungen zu den stochastischen Strahlenwirkungen offensichtlich Unsinn. Gesetzli-che Grenzwerte sind auch kein generell taugliches Mittel, um die Strahlenexpositionen niedrig zu halten oder besondere Fortschritte im Strahlenschutz zu erzielen. Insbeson-dere stellen sie nach den internationalen und nationalen Vorstellungen nur eine letzte Orientierungshilfe für wissenschaftlich und gesellschaftlich anerkannte Beeinträchti-

---

[1] **Herrmann Joseph Muller** (21. 12. 1890 – 5. 4. 1967), sehr vielseitiger amerikanischer Genetiker, der unter anderem Genmutationen und chromosomale Veränderungen durch Röntgenstrahlung untersuchte. Er erhielt 1946 den Nobelpreis für Medizin "für die Entdeckung, dass Mutationen mit Hilfe von Rönt-genstrahlen hervorgerufen werden können".

gungen von Mitgliedern der Gesellschaft durch die Folgen des Umgangs mit ionisierenden Strahlungen dar. Um stochastische Strahlenwirkungen gering zu halten, sind von der Internationalen Strahlenschutzkommission drei Strahlenschutzprinzipien aufgestellt worden, die sinngemäß auch in die neue deutsche Strahlenschutzgesetzgebung übernommen wurden.

- **Jede unnötige Strahlenexposition oder radioaktive Kontamination von Personen, Sachgütern oder der Umwelt ist zu vermeiden (Rechtfertigungsprinzip).**

- **Notwendige Strahlenexpositionen oder Kontaminationen von Personen, Sachgütern oder der Umwelt sind unter Beachtung des Standes von Wissenschaft und Technik und unter Berücksichtigung aller Umstände des Einzelfalles auch unterhalb der in den Verordnungen festgelegten Grenzwerte so gering wie möglich zu halten (Optimierungsgebot).**

- **Bei Strahlenexpositionen beruflich strahlenexponierter und sonstiger Personen sind die gesetzlichen Grenzwerte wenn möglich zu unterschreiten.**

Expositionsart	Grenzwert (mSv/a)	Bemerkungen
aus gerechtfertigten Tätigkeiten nach §2 StrlSchV		
Effektive Dosis	1,0	Grenzwerte nach §80 StrlSchG für Einzelpersonen
Augenlinse	15	
Haut lokal	50	

Begrenzung der Ableitungen (wird durch Verordnung der Bundesregierung im Einzelfall festgelegt, §81 StrlSchG). Die Vorgaben der bisherigen [StrlSchV 2001] waren:

1.	Effektive Dosis	0,3	gilt nach §47 der alten StrlSchV für Ableitungen radioaktiver Stoffe für Einzelpersonen der Bevölkerung
2.	Keimdrüsen, Gebärmutter, rotes Knochenmark	0,3	
3.	Dickdarm, Lunge, Magen, Blase, Brust, Leber, Speiseröhre, Schilddrüse, ...	0,9	
4.	Knochenoberfläche, Haut	1,8	

Tab. 19.3: Basisgrenzwerte für Körperdosen für die Bevölkerung nach §80 StrlSchG

Berufliche Strahlenexposition:

	Kat. A	Kat. B*
1. Effektive Dosis	20 mSv/a	>1 mSv/a
2. Augenlinse	15 mSv/a	
3. Keimdrüsen, Gebärmutter, rotes Knochenmark	50 mSv/a	
4. Dickdarm, Lunge, Magen, Blase, Brust, Leber, Speiseröhre, ...	150 mSv/a	
5. Schilddrüse, Knochenoberfläche	300 mSv/a	
6. Hau lokal, Hände, Unterarme, Füße, Knöchel	500 mSv/a	50 mSv/a
7. Berufslebensdosis (Eff. Lebens- zeitdosis*)	400/40a	

Gebärfähige Frauen (§78 StrlSchG, §69 StrlSchV)

Gebärmutter	2 mSv/Monat	
ungeborenes Kind**	1 mSv effektiv	gesamte Schwangerschaft
zusätzliche Bedingung:	keine innere Strahlenex- position**	z. B. durch Radionukli- dinkorporation

Personen zwischen 16 und 18 Jahren (§78 StrSchG), mit Genehmigung der Behörde

1. Effektive Dosis	1 mSv/a	6 mSv/a*
2. Augenlinse	15 mSv/a	
3. Haut, Hände, Unterarme, Füße, Knöchel	50 mSv/a	150 mSv/a*

Tab. 19.4: Basisgrenzwerte für Körperdosen beruflich strahlenexponierter Personen nach §78 [StrlSchG]. Die Summe der in allen Kalenderjahren ermittelten Effektiven Dosen beruflich strahlenexponierter Personen darf 400 mSv nicht überschreiten. **: Aus Gründen der Vereinfachung dürfen die alten Personendosiswerte (die Effektiven Äquivalentdosen) und die neuen Effektiven Dosiswerte ohne Korrektur addiert werden. *: Bei Überschreiten eines Dosiswertes der Kat. B (Definition in §71 StrlSchV) müssen vor Beginn der Tätigkeit und dann im Jahresabstand Strahlen- schutzuntersuchungen durch einen ermächtigten Arzt durchgeführt werden. ***: §69 StrlSchV zum Schutz von schwangeren und stillenden Personen.

Jede Strahlenexposition ist also zunächst zu rechtfertigen. Rechtfertigung ist möglich, wenn der Nutzen das Risiko übertrifft. Dieses Prinzip der Verhältnismäßigkeit (engl.: reasonability) wird gut vom Schlagwort *"do more good than harm"* beschrieben. Neben der Rechtfertigung einer Strahlenexposition wird ausdrücklich die Optimierung des Strahlenschutzes gefordert. Dabei wird heute nicht mehr davon ausgegangen, dass eine Strahlenexposition unter Aufwand aller Mittel grundsätzlich so klein wie möglich gehalten werden muss, sondern dass bei der Strahlenschutzoptimierung, wie oben schon angedeutet, auch eine Abwägung wirtschaftlicher, technischer und sozialer Argumente durchgeführt werden soll. Dieses Prinzip wird als **ALARA-Prinzip** bezeichnet (abgekürzt aus dem Englischen: as low as reasonably achievable) und bildet seit einigen Jahren die Grundlage der internationalen Strahlenschutzphilosophie. Zusätzlich wird gefordert, das Strahlenrisiko auch von Einzelpersonen, also nicht nur das mittlere Risiko von Mitgliedern einer Population, klein zu halten. Dies soll durch Einhalten von personenbezogenen Grenzwerten erreicht werden.

Die Verhinderung deterministischer Schäden (z. B. durch Strahlenunfälle) und die Verminderung der Häufigkeit stochastischer Schäden durch Strahlenexposition der Bevölkerung und der beruflich strahlenexponierten Personen auf ein vertretbares Maß sind also die Hauptaufgaben des Strahlenschutzes. Strahlenexpositionen, die zu deterministischen Wirkungen führen, können heute nur noch bei Unfällen oder bei gezielter medizinischer oder nichtmedizinischer Anwendung ionisierender Strahlungen auf den Menschen vorkommen. Die Probleme der Einschätzung von Wirkungen niedriger Strahlenexpositionen sind dagegen bis heute und wohl auch in der Zukunft von einer wirklich befriedigenden Lösung weit entfernt. Der offizielle Strahlenschutz im Niedrigdosisbereich orientiert sich deshalb nicht an der beim Individuum "nachgewiesenen" oder vermuteten Strahlenwirkung, sondern an bestimmten Dosisgrenzwerten, die durch Vergleich der Strahlenwirkungen mit den Risiken sonstiger zivilisatorischer Schädigungen ermittelt werden.

Für beruflich Strahlenexponierte wurden bis in die Mitte der 80er Jahre durch die ICRP die Wahrscheinlichkeiten für die induzierte Krebsmortalität durch berufliche Strahlenexposition mit dem Todesrisiko durch Arbeitsunfälle verglichen. Die Grenzwertfindung hing also von der Qualität des Arbeitsschutzes und der Einschätzung des Krebsmortalitätsrisikos ab. Sowohl Änderungen der Arbeitsunfallzahlen durch bessere Gewerbeaufsicht oder neue Techniken als auch die Neubewertung des Strahlenrisikos durch die Internationale Strahlenschutzkommission brachten diese Grenzwerte in Bewegung (s. dazu Kap. 11, Dosisbegriffe im Strahlenschutz). Man unterscheidet zwei Arten von Grenzwerten, die **Basisgrenzwerte** und die **abgeleiteten Grenzwerte**. Basisgrenzwerte entstehen durch Risikoabschätzungen, sie sind also Dosisgrenzwerte für bestimmte Personengruppen. Abgeleitete Grenzwerte dienen dem vereinfachten Umgang im praktischen Strahlenschutz. Sie können zum Beispiel Angaben zulässiger maximaler Arbeitsplatzkonzentrationen von Radionukliden oder Grenzwerte von Ortsdosisleistungen sein.

Als Basisgrenzwerte werden die in geltenden Rechtsvorschriften oder anerkannten Strahlenschutzempfehlungen festgelegten Körperdosiswerte für Personen bestimmter Personenkreise verwendet. Sie dürfen innerhalb einer bestimmten Zeitspanne durch zivilisatorische Strahlenexpositionen von außen und/oder von innen nicht überschritten werden. Bei der Ermittlung der Körperdosen dieser Personen sind anderweitige berufliche Strahlenexpositionen mit einzubeziehen. Natürliche Strahlenexpositionen oder die als Patient durch medizinische Maßnahmen erhaltenen Strahlendosen sowie andere außerhalb der Berufstätigkeit liegende Strahlenexpositionen sind dagegen nicht zu berücksichtigen. Für die Bundesrepublik sind diese Grenzwerte in Anlehnung an die bisherigen Empfehlungen der ICRP im StrlSchG und in der StrlSchV festgelegt. Sie sind in den Tab. (19.3) und (19.4) zusammengefasst. Dabei wird zwischen der allgemeinen Bevölkerung, der Umwelt und den beruflich strahlenexponierten Personen unterschieden. Beruflich exponierte Personen werden nach den erwarteten Dosen in die Kategorien A und B eingeteilt. Bei diesem Personenkreis sind jedoch nicht nur die Jahresdosen begrenzt. Darüber hinaus wird eine Begrenzung der beruflich bedingten "Lebensalterdosis" vorgeschrieben. Die Summe der in allen Kalenderjahren ermittelten Effektiven Dosen beruflich Strahlenexponierter darf 400 mSv nicht überschreiten. Für einige besonders schutzwürdige Personen werden erniedrigte Körperdosisgrenzwerte vorgeschrieben. Beruflich strahlenexponierte Personen unter 18 Jahren dürfen mit maximal 1 mSv/a exponiert werden. Befinden sie sich unter Aufsicht eines Strahlenschutzbeauftragten zu Ausbildungszwecken in Kontrollbereichen, dürfen mit Genehmigung der Behörden 6 mSv/a Effektiver Dosis erreicht werden. Bei gebärfähigen Frauen darf die über einen Monat kumulierte Körperdosis an der Gebärmutter 2 mSv, die Dosis am Ungeborenen seit Bekanntwerden der Schwangerschaft bis zur erwarteten Niederkunft 1 mSv (Uterusorgandosis) nicht überschreiten. Zusätzlich ist jede innere Strahlenexposition der Leibesfrucht zu vermeiden (§69 StrlSchV).

Eine Ausnahme von den Körperdosisgrenzwerten der Tab. (19.4) lässt die StrlSchV in §74 allerdings zu. Bei Strahlenexpositionen aus besonderem Anlass, z. B. zur Beseitigung von Störfallfolgen oder bei Gefährdungen von Personen, können beruflich strahlenexponierte Personen über 18 Jahre abweichend von den Grenzwerten einer erhöhten Strahlenexposition ausgesetzt werden. Die Strahlenexposition ist dazu im Voraus zu rechtfertigen und zuzulassen. Die zugelassene Exposition ist im Berufsleben auf eine Effektive Dosis von 100 mSv, für die Augenlinse auf 100 mSv und für die lokale Haut und die Organdosen an Hände, Arme, Füße und Knöchel auf 1 Sv beschränkt. Einer besonders zugelassenen Exposition dürfen nur Freiwillige ausgesetzt werden, die beruflich exponierte Personen der Kategorie A sind. Strahlenexposition bei besonderem Anlass ist für Auszubildende, Studierende und Schwangere untersagt. Stillende dürfen der Exposition nur ausgesetzt werden, wenn keine Möglichkeit zur Inkorporation radioaktiver Stoffe oder zur Kontamination besteht. Patientenbergungen bei Defekten von Strahlentherapieanlagen mit Dauerstrahlern zählen nicht zu diesen außergewöhnlichen Strahlenexpositionen, da die Personendosen dabei erfahrungsgemäß selbst unter ungünstigen Umständen unterhalb der gesetzlichen Grenzwerte bleiben.

Zusammenfassung

- Der Strahlenschutz ist in der Bundesrepublik im Strahlenschutzgesetz und in der konkretisierenden Rechtsverordnung (Strahlenschutzverordnung) geregelt. Das StrlSchG trat 2017 in Kraft, die StrlSchV 2018.

- Der Vollzug dieser Verordnung und die Rechtsaufsicht obliegen den Ländern. Für Genehmigungen und den "amtlichen" Strahlenschutz sind daher die Landesbehörden der einzelnen Bundesländer zuständig.

- Die im StrlSchG und in der StrlSchV enthaltenen Dosisgrenzwerte für die Bevölkerung und beruflich strahlenexponierte Personen sollen das stochastische Strahlenrisiko dieser Personengruppen begrenzen.

- Die Verantwortung für den korrekten Strahlenschutz in einem Betrieb hat der Strahlenschutzverantwortliche. Dieser ist eine natürliche Person, die vom Betreiber des Betriebs ernannt wird. In der Regel ist es der Betriebsleiter oder der Verwaltungsleiter eines Betriebs oder Krankenhauses oder der Betreiber einer Arztpraxis.

- Der Strahlenschutzverantwortliche ernennt Strahlenschutzbeauftragte, die über die erforderliche Strahlenfachkunde verfügen müssen. Ihre Aufgaben umfassen nur den Bereich, den die Beauftragten auf Grund ihrer Stellung im Betrieb wahrnehmen können.

- In größeren Betrieben kann der Verantwortliche einen Strahlenschutzbevollmächtigten ernennen. Der Bevollmächtigte muss keine Fachkunde im Strahlenschutz, aber ausreichende Kenntnisse in den rechtlichen Fragestellungen aufweisen. Die Ernennung eines Bevollmächtigten entbindet den Strahlenschutzverantwortlichen nicht von seiner Verantwortung.

- Für den Umgang mit bzw. die Anwendung von ionisierenden Strahlungen sind Fachkunde und Sachkunde erforderlich. Diese werden in der einschlägigen Berufsausbildung, in der praktischen Arbeit und in Strahlenschutzkursen erworben.

- Die medizinische und physikalische Strahlenschutzfachkunde (Mediziner, MTRA, MTA, MPE) und die Kenntnisse im Strahlenschutz (Hilfskräfte) müssen für alle Personen, die als Strahlenschutzbeauftragte bestellt sind oder Strahlung am Menschen anwenden, alle 5 Jahre erneuert werden.

- Jede beruflich exponierte Person ist vor Beginn der Tätigkeit und danach periodisch im 1-Jahresabstand zu unterweisen.

19.8 Diagnostische Referenzwerte - DRW

Da in der Strahlenschutzverordnung keine Dosisgrenzwerte für Patienten bei medizinische Untersuchungen angegeben sind, schreibt die StrlSchV in §125 vor, dass das Bundesamt für Strahlenschutz BFS diagnostische Referenzwerte (DRW) für Untersuchungen mit ionisierender Strahlung und radioaktiven Stoffen erstellt und veröffentlicht. Diese Daten müssen spätestens nach 3 Jahren auf eventuell erforderliche benötigte Aktualisierung überprüft werden. Die Grundlage dazu sind die jährlichen von den ärztlichen Stellen übermittelten Daten zur Strahlenexposition der Patienten. Die DRW sind definiert als typische Dosiswerte bzw. Aktivitäten bei Anwendung ionisierender Strahlung am Menschen. Da die DRW Richtwerte sind, sollen und können sie unterschritten werden, wenn neuere Technologien auch bei geringeren Werten die diagnostische Bewertung ermöglichen.

DRWs werden im Rahmen der Qualitätssicherung durch die ärztlichen Stellen überprüft (§1308 [StrlSchV]). Dabei beurteilt ein Team von radiologischen Fachkräften und Medizinphysikern die vorgelegten Daten. Die Qualitätssicherung beinhaltet darüber hinaus die Prüfung der Rechtfertigung der Anwendung, die verwendeten Anlagen und Ausrüstungen, das Einhalten von Qualitätsstandards und das Vorliegen schriftlicher Arbeitsanweisungen. Da die DRWs des BFS immer auf Standardpatienten spezifiziert sind, kann es bei der individuellen Anwendung zu deutlichen Abweichungen von den Leitlinien kommen. Solche Abweichungen müssen dann bei der Überprüfung durch die ärztlichen Stellen im Einzelfall begründet und gerechtfertigt werden. Bei deutlichen und wiederholten nicht plausiblen Abweichungen von den empfohlenen Werten und Verfahren, werden die Anwender (in der StrlSchV sind das die Strahlenschutzverantwortlichen) zur Stellungnahme aufgefordert. Es werden in Regel auch zunächst kürzere Überprüfungsintervalle festgelegt. Bei besonders gravierenden Abweichungen sind Meldungen an die zuständigen Aufsichtsbehörden vorgesehen.

Für die Radiologie mit Röntgenstrahlung werden die DRW auf Standardphantome (Kopf, Rumpf, s. Kap. 21), bestimmte Personengruppen (Kinder, Erwachsene) und für bestimmte Untersuchungstechniken und Geräte bezogen. Die DRW für die Projektionsradiografie und die entsprechenden Untersuchungen werden als Dosisflächenprodukte DFP spezifiziert. Für Computertomografie werden in der neusten Version der Empfehlungen nicht mehr das Dosislängenprodukt DLP sondern der auf den Pitchfaktor bezogene CT-Dosisindex $CTDI_{vol}$ und die Scanlänge L angegeben. Beispiele finden sich auszugsweise in den folgenden beiden Tabellen.

Untersuchung	DFP (cGy·cm^2)
Schulter pro Ebene	25
Thorax p.a.	12
Thorax a.p. liegend	15
Thorax lat.	40
Brust-WS a. p., p.a.	100
Brust-WS lat.	120
LWS a.p., p.a.	200
LWS lat.	330
Abdomen p.a., a.p.	200
Becken a.p., p.a.	230
Hüfte pro Ebene	100
Koronarangiografie	1800
Kolon Monokontrast	2000
Phlebografie Bein-Becken	400
Arteriografie Becken-Bein	3500

Tab. 19.5: Aktuelle diagnostische Referenzwerte DRW für konventionelle Röntgenaufnahmen und Durchleuchtungsuntersuchungen (Daten aus dem aktuellen Leitfaden des BFS [BFS 2022]).

Region	Scanlänge L (cm)	CTDI$_{vol}$ (mGy)
Gehirn	13	55
Gesichtsschädel	12	20
HWS,BWS,LWS (Bandscheibe)	4/5/6 pro Fach	23
HWS,BWS,LWS (Knochen)	13/32/20	15
Lungenparenchym	31	3
CT-Angiogr. Aorta total	61	10
10Koronarangi EKG synchronisiert	12	20
Abdomen	25	12
Abdomen mit Becken	45	12
Rumpf (Thorax bis Becken)	63	12
Becken Weichteile	28	12
Becken Knochen	22	10
CT-Angio Becken-Bein	125	7

Tab. 19.6: Aktuelle diagnostische Referenzwerte DRW für CT-Untersuchungen am Erwachsenen (Daten aus dem aktuellen Leitfaden des BFS [BFS 2022]. Zusätzliche Daten werden im Leitfaden der anatomischen Scanbereich angegeben.

Für die nuklearmedizinischen Anwendungen müssen die applizierten Aktivitäten für die verschiedenen Aufgabenstellungen und Methoden spezifiziert werden. In [BFS 2021] sind ausführliche aktuelle DRWs für alle Körperregionen, Untersuchungstechniken, Radiopharmaka, Indikationsstellungen und altersbezogene Angaben für Kinder und Jugendliche zusammengestellt. Beispiele finden sich in (Tab. 19.7).

Organ	Verfahren	Radionuklid	DRW MBq
Schilddrüse	Szintigrafie	Tc-99m	70
Skelett	Knochenszintigr.	Tc-99m	8 /kg
Herz	Perfusion/Vitalität	Tc-99m 2-Tagesprotokoll	400
		Tc-99m 1-Tagesprotokoll	1000
Nieren	Funktionsszintigr.	Tc-99m	100
Lunge	Ventilation	Tc-99m	1000
	Perfusion n. Vent.	Tc-99m	160
	Perf. ohne Vent.	Tc-99m	50
Gehirn	DAT-Spect	I-123	180
	PET	F-18	2,5-3 /kg
Nebenschilddrüse	Szintigrafie	Tc-99m	550
Tumornachweis	Szintigrafie	Tc-99m	750
Körperstamm		In-111	150
	PET	F-18	3/kg
		Ga-68	2-2,5/kg
SNL	Mamma-Ca	Tc-99m gleicher Tag	40
		Tc-99m nächster Tag	150

Tab. 19.7: Diagnostische Referenzwerte für einige nuklearmedizinische Diagnostikverfahren (Daten aus dem aktuellen Leitfaden des BFS [BFS 2021]. DRWs mit dem Kennzeichen " /kg" sind auf die Körpermasse bezogene Aktivitätsangaben. Die Spezifikationen und Bezeichnungen der Radiopharmaka wurde in dieser Tabelle weggelassen. Ausführliche Daten dazu finden sich im zitierten Leitfaden.

Aufgaben

1. Ab welcher Energie zählt Photonenstrahlung administrativ zur ionisierenden Strahlung?

2. Dürfen Schwangere in Kontrollbereichen beschäftigt werden und wenn ja, unter welchen Voraussetzungen und Bedingungen?

3. Gibt es für gebärfähige Frauen einen besonderen Grenzwert?

4. Was besagt das Rechtfertigungsprinzip in der medizinischen Radiologie?

5. Was besagt das ALARA-Prinzip?

6. Erklären Sie den Unterschied zwischen einer "Röntgenanforderung" und einer "Röntgenanordnung".

7. Wer darf ionisierende Strahlungen am Menschen anwenden und welche Bedingungen müssen für den Erwerb der medizinischen Fachkunde für die Anwendung ionisierender Strahlung am Menschen erfüllt werden? Wo finden sich die entsprechenden Vorschriften?

8. Erklären Sie die beiden Strahlenschutzkategorien A und B und die damit verbundenen Bedingungen.

9. Dürfen die gesetzlichen Personendosisgrenzwerte nach der Strahlenschutzverordnung überschritten werden?

10. Wie hoch sind die Jahresgrenzwerte für die Strahlenexposition der Bevölkerung durch den Betrieb von Anlagen zur Erzeugung ionisierender Strahlungen? Sind in diesen Grenzwerten die Expositionen aus natürlicher Strahlung enthalten?

11. Besteht unterhalb der gesetzlichen Grenzwerte für die Strahlenexposition kein Strahlenrisiko?

12. Wie hoch sind die Grenzwerte für radiologische Patienten?

13. Was ist ein Störstrahler?

14. Was versteht man im medizinischen Strahlenschutz unter einer helfenden Person? Zählen zu diesem Personenkreis MTRA und radiologische Fachkollegen? Wer darf eine helfende Person zur Mithilfe auffordern? Was geschieht, wenn eine helfende Person nicht zur Verfügung steht?

15. Was versteht man unter unmittelbarer und ständiger Aufsicht im Strahlenschutz?

Aufgabenlösungen

1. Als ionisierend wird Strahlung ab 5 keV festgelegt. Diese "Energiegrenze" entspricht nicht der minimalen Ionisationsenergie von Atomen, die nach Tab. (24.19.1) mit etwa 5-25 eV um etwa 3 Größenordnungen niedriger liegt, sondern ist aus administrativen Gründen so hoch angesetzt. Es wird davon ausgegangen, dass Strahlung mit weniger als 5 keV in der Regel bereits durch die üblichen um die Strahler befindlichen Materialien ausreichend abgeschirmt wird. Oberhalb von 5 keV werden Photonenstrahlungsquellen als Störstrahler bezeichnet (s. Def. des Störstrahlers in §5 Begriffsbestimmungen des StrlSchG und Aufgabe 13).

2. Ja, Schwangere dürfen in Kontrollbereichen beschäftigt werden. Die Bedingungen sind dabei aber folgende: 1: Ab Bekanntgabe bis zum Ende der Schwangerschaft darf die Strahlenexposition des Fötus 1 mSv nicht überschreiten (§78 StrlSchG, §69 StrlSchV). 2: Die Schwangeren müssen mit einem ständig ablesbaren zusätzlichen Personendosimeter ausgestattet werden ("Schwangerschaftspiepser"), dessen Anzeigen wöchentlich zu dokumentieren und der Schwangeren mitzuteilen sind. 3: Die Arbeitsbedingungen sind so zu gestalten, dass eine beruflich bedingte innere Strahlenexposition des Föten ausgeschlossen ist. Dabei wird bewusst kein Grenzwert angegeben. Schwangere dürfen daher in der Regel nicht in Abteilungen beschäftigt werden, in denen mit offenen Nukliden umgegangen wird (Beispiel Nuklearmedizin, Nuklidverarbeitung, Beschleuniger zur Erzeugung von Photonen mit höherer Grenzenergie als 10 MeV).

3. Für gebärfähige Frauen aus der Bevölkerung besteht der gleiche Grenzwert wie für alle anderen Mitglieder dieser Population (1 mSv/a effektiv). Dieser Wert gilt auch für beruflich exponierte Frauen unter 18 Jahren. Für beruflich strahlenexponierte Frauen gelten der Jahresgrenzwert von 20 mSv/a Effektiver Dosis und der Grenzwert von 50 mSv/a am Uterus. Zusätzlich besteht für gebärfähige Frauen die Einschränkung der Uterusdosis auf 2 mSv/Monat. Damit soll vermieden werden, dass die Frau die gesamte zulässige Jahresorgandosis in einem Monat bei einer eventuellen noch nicht festgestellten Schwangerschaft auf die Leibesfrucht einwirken lässt (s. z. B. StrlSchV §69).

4. Für eine medizinische Strahlenexposition ist der medizinische Nutzen der Strahlungsanwendung gegenüber einer möglichen Schädigung abzuwägen. Es besteht darüber hinaus ein Minimierungsgebot (s. Aufgabe 5). Die Beurteilung der Kosten-Nutzen-Relation ist formal fachkundigen Teil- oder Vollradiologen vorbehalten (s. auch Fragen 6 und 7).

5. ALARA ist die Abkürzung für "As Low As Reasonably Achievable" und besagt, dass die Strahlenexposition so niedrig zu halten ist, wie dies auf vernünftige Weise möglich ist. Also nicht Verringerung der Strahlenexposition um jeden Preis. Allerdings besteht ein Optimierungsgebot bei Strahlenanwendungen. Dies

bedeutet, dass unter Berücksichtigung des Standes von Wissenschaft und Technik jede Strahlenexposition auch unterhalb der Grenzwerte beider Verordnungen so gering zu halten ist, wie dies mit vernünftigem Aufwand zu erreichen ist. Es sollen also im Regelfall Grenzwerte nicht ausgeschöpft sondern deutlich unterschritten werden.

6.   Eine Röntgenanforderung ist der umgangssprachliche Begriff für die Bitte, eine Röntgenuntersuchung durchzuführen. Eine Röntgenanordnung ist die Entscheidung eines fachkundigen Radiologen, die Röntgenanwendung durchzuführen oder durchführen zu lassen. Für diese Indikationsstellung ist eine Analyse der Kosten-Nutzen-Relation für den Patienten vorzunehmen (s. Frage 4).

7.   Die Bedingungen für die Berechtigung der Strahlenanwendung am Menschen sind in §§145-146 StrlSchV geregelt. Danach dürfen nur solche Mediziner Strahlung am Menschen anwenden, die entweder die vollständige oder die teilweise Fachkunde auf einem Teilgebiet der Radiologie besitzen (Ärzte als Vollradiologen oder Teilradiologen). Die Fachkunde wird durch Strahlenschutzkurse, theoretische Ausbildung und durch praktische Arbeit unter fachkundiger Anleitung (Sachkunde) erworben. Die zweite Gruppe umfasst das medizinische Assistenzpersonal (MTRA, MTA und sonstige Assistenzkräfte) zur technischen Anwendung von Röntgenstrahlung am Menschen und die Medizinphysikexperten MPE. Details des Sach- und Fachkundeerwerbs sind in der Fachkunderichtlinie Radiologie geregelt [FachkundeRL-Röntgen]. Die entsprechenden Regelungen der StrlSchV finden sich in den §§145-146 und der einschlägigen Richtlinie [RL-StrlSchMed]. Die Fachkunden müssen alle 5 Jahre durch Teilnahme an so genannten "Refresherkursen" aktualisiert werden.

8.   Die beiden Kategorien beruflich strahlenexponierter Personen sind im §78 StrlSchG geregelt. Sie werden durch Überschreitung von Dosiswerten für die Effektive Dosis (Kat. A: > 6 mSv, Kat. B: >1 mSv) und entsprechenden Werten für die Organdosen (Augen, Hände,…) definiert. Die Einteilung in Kategorien dient ausschließlich der Erleichterung der arbeitsmedizinischen Vorsorge .Personen aus Kategorie A müssen vor Aufnahme ihrer Tätigkeit und danach im Jahresabstand durch einen ermächtigten Arzt untersucht werden. Personen, die den Effektiven Dosiswert oder einen der Teilkörperdosiswerte der Kat. B überschreiten, sind in Kat. A einzuteilen. Die zulässigen Personendosisgrenzwerte bleiben von der Einteilung in eine der beiden Strahlenschutzkategorien unberührt.

9.   Ja, Grenzwertüberschreitungen sind zulässig. Dies wird als Strahlenexposition aus besonderem Anlass bezeichnet. Die entsprechenden Bedingungen sind in §74 StrlSchV (besonders zugelassene Strahlenexpositionen) geregelt. Dazu ist vorab die behördliche Genehmigung einzuholen. Außerdem dürfen nur Freiwillige diesen Expositionen ausgesetzt werden, wenn sie in Kategorie A eingeteilt sind. Schwangere sind nach dieser Regel grundsätzlich ausgeschlossen, bei Gefahr ei-

ner Inkorporation bzw. Kontamination auch stillende Mütter. §74 StrlSchV enthält für den Fall einer besonders zugelassenen Strahlenexposition auch entsprechende Grenzwerte und regelt eine mögliche Strahlenexposition bei Personengefährdung und Hilfeleistung. Die betroffenen Personen müssen über 18 Jahre alt und freiwillig teilnehmen. Auszubildende und Studierende sind grundsätzlich ausgeschlossen. Freiwillige müssen vor ihrem Einsatz einschlägig über die konkreten Maßnahmen belehrt werden. Die Dosen an den Freiwilligen sind zu ermitteln und unverzüglich der zuständigen Behörde mitzuteilen. Dosisgrenzwerte dazu sind ebenfalls im §74 StrlSchV enthalten.

10. Nach dem StrlSchG §80 sind die zulässigen Strahlenexpositionen für Einzelpersonen der Bevölkerung auf 1 mSv/a begrenzt. Darin enthalten sind Expositionen aus Direktstrahlungen und aus Ableitungen. Für die Augenlinse beträgt der Grenzwert 15 mSv/a, für die lokale Hautexposition 50 mSv/a. Die natürliche Strahlenexposition ist nicht in diesen Dosiswerten enthalten.

11. Nein, auch unterhalb der gesetzlichen Grenzwerte existiert immer ein stochastisches Risiko.

12. Für Patienten sind bewusst keine Grenzwerte für die Strahlenexposition definiert, da es der Entscheidung des anwendenden Radiologen überlassen bleiben soll, ob und in welchem Ausmaß er eine Strahlenexposition vornimmt. Allerdings unterliegt der Radiologe dem Minimierungsgebot. Zur Orientierung werden Leitlinien zur Verfügung gestellt, in denen typische radiologische Untersuchungen und Interventionen mit entsprechenden Dosiswerten dargestellt werden. Die Empfehlungen sind die sogenannten DRW. Sie werden für Röntgenaufnahmen oder Durchleuchtungen als DFP, für die Computertomografie als Kombination von Scanlänge und $CTDI_{vol}$ und für die Nuklearmedizin als zu verabreichende Aktivitäten angegeben. Die Strahlenexposition wird von den Aufsichtsbehörden über die Arbeit der ärztlichen Stellen überwacht.

13. Ein Störstrahler ist nach dem Strahlenschutzrecht (StrlSchG §5) eine technische Einrichtung, in der durch Beschleunigung von Elektronen Röntgenstrahlung mit einer Grenzenergie von mehr als 5 keV erzeugt werden kann und die die Elektronenenergie auf maximal 1 MeV beschränkt. Solche Anlagen dürfen nicht zum Zweck der Röntgenstrahlungserzeugung betrieben werden. Bei deren Betrieb entsteht quasi als Abfallprodukt auch Röntgenstrahlung. Typische Beispiele sind Röhrenfernseher der alten Bauart oder Anlagen zur Erzeugung von Radarstrahlung und Elektronenmikroskope.

14. Unter einer helfenden Person versteht man eine einwilligungsfähige oder mit Einwilligung ihres gesetzlichen Vertreters handelnde Person, die außerhalb ihrer beruflichen Tätigkeit Personen unterstützt oder betreut, an denen in Ausübung der Heilkunde oder Zahnheilkunde oder im Rahmen der medizinischen For-

schung radioaktive Stoffe oder ionisierende Strahlung angewandt werden. Helfende Personen sind vor ihrer Strahlenexposition einschlägig zu unterweisen. An helfenden Personen ist die Dosis zu ermitteln. Außerdem sind alle Maßnahmen zu ergreifen, um die Strahlenexposition nach den üblichen Regeln zu minimieren (Schutzkleidung, Aufenthaltsdauern). Radiologen oder MTRA zählen wegen ihrer beruflichen Expositionen nicht zu diesem Personenkreis. Die Bestimmung einer helfenden Person muss von einem fachkundigen Radiologen ausgehen, da nur er den Zutritt zum Kontrollbereich oder Sperrbereich gestatten darf. Falls eine solche helfende Person nicht zur Verfügung steht oder sich weigert, kann ein fachkundiger Radiologe eine Person aus dem klinischen Umfeld bestimmen, die die notwendige Hilfe erteilt. Bei einer solchen Beauftragung sollten Personen aus dem weiteren Umfeld beauftragt werden, um das radiologische Stammpersonal nicht ständig mit zusätzlichen Strahlenexpositionen zu belasten.

15. Eine unmittelbare Aufsicht findet in direkter räumlicher Nähe des zu Beaufsichtigenden statt, womit ein sofortiges Eingreifen bei einer eventuellen Fehlhandlung möglich ist. Unter ständiger Aufsicht ist die Erreichbarkeit in einem Zeitraum von nicht mehr als 15 Minuten zu verstehen. Im Rahmen der ständigen Aufsicht erfolgen die vorherige Einweisung und Anleitung, stichprobenhafte Kontrollen, Beratung bzw. Korrektur durch eine Person mit der für diese Anwendung erforderlichen Fachkunde im Strahlenschutz (Text aus der neuen [RL-StrlSchMed]).

20 Regeln und Verfahren zum praktischen Strahlenschutz

Beim praktischen Strahlenschutz gegen ionisierende Strahlungen ist zwischen allgemeinen Maßnahmen zur Verringerung einer Strahlenexposition und speziellen Abschirmaufgaben bei der Errichtung oder dem Einsatz von Strahlungsquellen zu unterscheiden. In diesem Kapitel werden zunächst die allgemeinen Maßnahmen zur Verringerung einer Strahlenexposition, die "AAA" des praktischen Strahlenschutzes, besprochen. Im zweiten Teil werden ausführlich die Verfahren zur Berechnung von Strahlenabschirmungen für die wichtigsten Quellen direkt und indirekt ionisierender Strahlungen dargestellt mit einem Schwerpunkt für die Abschirmmethoden von Photonenstrahlungen der verschiedenen Energiebereiche der Radiologie. Personenbezogene Maßnahmen werden in den Kapiteln (21-23) erläutert.

20.1 Allgemeine Regeln zur Verringerung der Strahlenexposition

Anliegen des praktischen Strahlenschutzes ist, die Personendosen beruflich exponierter Personen und der Bevölkerung niedrig zu halten. Für die externen Strahlenexpositionen ergibt sich die Personendosis aus den Personendosisleistungen und den Expositionszeiten t_i bei allen Expositionen für die i verschiedenen Strahlungsquellen.

$$H_{pers} = \sum_i \dot{H}_{p,i} \cdot t_i \tag{20.1}$$

Dies bietet drei formale Lösungswege der Strahlenschutzaufgabe für externe Strahlungsquellen an:

- **Verminderung der Aufenthaltsdauer im Strahlungsfeld**

- **Vergrößerung des Abstandes der exponierten Person zur Strahlenquelle**

- **Verminderung der Personendosis durch Abschirmungen des Strahlungsfeldes.**

Anschaulich werden diese drei Maßnahmen als die **"AAA"** des praktischen Strahlenschutzes bezeichnet. Beim Umgang mit offenen Radionukliden ist zusätzlich die Kontamination, die Verschleppung und die Inkorporation zu vermeiden. Eine Verkürzung der Aufenthaltsdauer lässt sich vor allem dadurch erreichen, dass Arbeitsabläufe zunächst im strahlungsfreien Raum eingeübt werden, damit sie später unter Strahlungseinfluss reibungsfrei, routiniert und schnell ablaufen. Dies gilt auch für den Umgang mit offenen Radionukliden oder das Verhalten in radiologischen Notfallsituationen. Bei radioaktiven Dauerstrahlern kann die Verkürzung der Expositionszeit nur durch Beschränkungen der Aufenthaltszeiten erreicht werden. Bei schaltbaren Systemen wie den Röntgendiagnostikanlagen oder Beschleunigern können dagegen die Einschaltzeiten klein gehalten werden. Durch eine Verkürzung der Durchleuchtungszeiten, gepulste Durchleuchtungen und die Vermeidung von Fehlbelichtungen kann beispielsweise in der Röntgendiagnostik viel Dosis für Patient und Personal eingespart werden.

© Der/die Autor(en), exklusiv lizenziert an
Springer-Verlag GmbH, DE, ein Teil von Springer Nature 2023
H. Krieger, *Grundlagen der Strahlenphysik und des Strahlenschutzes*,
https://doi.org/10.1007/978-3-662-67610-3_20

Um die Ortsdosisleistung am Aufenthaltsort des Exponierten zu vermindern, gibt es die Möglichkeit, den Abstand zwischen Strahler und exponierter Person zu vergrößern und/oder Abschirmungen zwischen Person und Strahlungsquelle anzubringen. Bei vielen Strahlenquellen gilt mit ausreichender Genauigkeit das **Abstandsquadratgesetz** für die Dosisleistungen (Details dazu s. Kap. 13). Dieses geometrische Gesetz bewirkt die größte Dosisleistungsvariation bei Abstandsänderungen in der Nähe der Strahler. Zur Vermeidung einer Strahlenexposition von Händen und Armen beim Umgang mit radioaktiven Strahlern ist es daher empfehlenswert, Greifwerkzeuge wie Pinzetten, Zangen oder sogar fernbediente Manipulatoren zu verwenden. Allerdings muss das Hantieren geübt werden, da mangelnde Geschicklichkeit sonst zu unerwünschten Verlängerungen der Expositionszeiten und dadurch wieder zu höheren Strahlenexpositionen führen kann.

Wenn immer möglich, sollte der Abstand zwischen Strahler und exponierter Person vergrößert werden. Personen, die sich nicht unbedingt in der Nähe der Strahlungsquelle aufhalten müssen, sollten deshalb den Nahbereich des Strahlers verlassen. So erkennt man strahlenschutzgeübte medizinische Teams an Röntgendurchleuchtungsanlagen an der ständigen Bewegung relativ zum Strahler und der Beschränkung der Personenzahl im Röntgenraum. Auch durch geeignete planerische und bauliche Maßnahmen kann dafür Sorge getragen werden, dass sich Unbeteiligte weit genug entfernt vom Strahler aufhalten können. Fernbedienungen, durchsichtige Bleiglaswände, Videoübertragungseinrichtungen und Schaltanlagen außerhalb des Strahlenbereichs sind geeignete Mittel zur Personenzahlbeschränkung in Bestrahlungsräumen.

Die zweite Möglichkeit, die Ortsdosisleistung zu vermindern, ist die Verwendung von **Strahlenabschirmungen**. Diese können entweder ortsfest oder mobil um Strahlenquellen herum angeordnet oder als persönlicher Strahlenschutz am Körper der Exponierten ausgelegt werden (z. B. Röntgenschürzen). Bautechnische Strahlenschutzmaßnahmen werden vor allem dann nötig sein, wenn Ortsdosisleistungen um intensive Strahlenquellen so hoch sind, dass mobile oder persönliche Abschirmungen zu unhandlich und zu schwer würden. So käme kein vernünftiger Mensch auf die Idee, das Bedienungspersonal einer ^{60}Co-Bestrahlungsanlage durch Bleischürzen vor der Co-Gammastrahlung abschirmen zu wollen. Die wichtigsten bautechnischen Strahlenschutzmaßnahmen sind die Installation von Strahlenschutzwänden, der Einbau von Strahlenschutztresoren, von abgeschirmten Arbeitsplätzen und von so genannten "heißen Zellen" für den Umgang auch mit offenen Strahlern hoher Aktivität.

Bei Strahlern mit besonders hoher Ortsdosisleistung wird der Bau komplett gekapselter, d. h. allseitig umschlossener Bestrahlungsräume vorgezogen und vorgeschrieben. In diesen Fällen wird der Zugang durch massive Strahlenschutztüren ermöglicht, deren Betrieb in der Regel mit Strahlüberwachungsmonitoren gekoppelt ist. Der Raum zwischen Strahlenschutztüren und Strahler wurde häufig als Streustrahlungslabyrinth ausgelegt, um so die Türen weniger schwer werden zu lassen und direkte Bestrahlungen des Eingangs mit dem Nutzstrahlenbündel der Anlagen zu vermeiden. Strahlenschutztüren an Bestrahlungsräumen werden mit elektrischen Sicherheitskontakten versehen, die beim Öffnen sofort den Strahlbetrieb unterbrechen. In den Bestrahlungsräumen finden sich außerdem Bewegungsmelder oder Videoanlagen, die bei Feststellen einer Bewegung den Notausschalter betätigen, um so unbeabsichtigte Strahlenexpositionen von Personen zu verhindern[1].

Bautechnische Maßnahmen dienen auch dem Schutz vor Kontamination und Verschleppung radioaktiver Substanzen. Dazu werden Personen- und Materialschleusen, erhöhte Türschwellen an den Zugängen zu Radionuklidlaboratorien, Abfall- und Abwassersammelanlagen sowie Dekontaminations- bzw. Abklinganlagen eingerichtet. Die Verwendung mobiler Strahlenabschirmungen (Bleischutzwände, Bleiglaskabinen u. ä.) ermöglicht etwas flexiblere Anordnungen, ist aber bezüglich eventueller Streustrahlungsexpositionen nicht so wirksam wie raumfeste Abschirmungen.

Wenn sich Personen gelegentlich in der Nähe von Strahlern aufhalten sollen, müssen Abschirmungen auch geräteseitig durchgeführt werden. Die DIN-Vorschriften sehen dazu Strahlenschutzgehäuse für Röntgenröhren, Gammastrahlungsquellen, Beschleunigerröhren und -strahlerköpfe vor. Dazu zählen auch die Blenden, Tubusse und Verschlussvorrichtungen zum Begrenzen von Strahlenbündeln und zur Abschirmung der Störstrahlung, Abstandshalter, die eine unzulässige Annäherung an den Strahler mechanisch verhindern, sowie Sicherheits- und Schutzschaltungen, die bei unzulässigem Betrieb, Funktionsstörungen oder zu dichter Annäherung an die Strahler die Strahlenquelle abschalten oder automatisch in die abschirmende Umhüllung zurückfahren.

Unter **Strahlenschutzzubehör** versteht man alle Gegenstände, die dem Strahlenschutz dienen, und die nicht bei den bauseitigen oder geräteseitigen Vorkehrungen erfasst sind. Hierzu zählen vor allem die schon erwähnten ortsveränderlichen Abschirmungen, Behälter und Verpackungen für die Beförderung radioaktiver Stoffe im öffentlichen Verkehr, die innerbetrieblichen Aufbewahrungs- und Transportbehälter, alle Formen von Strahlenschutzkleidung (Schutzschürzen, Handschuhe, Schutzbrillen, Helme, Gonadenabdeckungen), Kleidungen zur Vermeidung von Kontaminationen der Haut oder von Inkorporationen (Anzüge, Arbeitsmäntel, Handschuhe, Schutzmasken) sowie die Einrichtungen zur Fernbedienung und Manipulation von Strahlern (Fernbedienungsgeräte, Handschuhboxen, Greifwerkzeuge wie Zangen und Pinzetten).

Bei der Auswahl und Auslegung geeigneter Schutzeinrichtungen gegen ionisierende Strahlungen sind wegen der unterschiedlichen Wechselwirkungen vor allem die Strahlungsart und die Strahlungsqualität des abzuschirmenden Strahlungsfeldes von Bedeutung. Direkt ionisierende Strahlung ist wegen der vergleichsweise geringen Reichwei-

---

[1] Manche Überwachungssysteme sind nur wenige Sekunden nach dem Schließen der Türen aktiv, um durch Patientenbewegungen ausgelöstes Abschalten auszuschließen. Andere Anlagen arbeiten mit geschickt angeordneten Winkelbeschränkungen für das Sichtfeld, um Patientenbewegungen nicht zu erfassen oder nutzen am Körper des Personals getragene Warnmelder.

ten verhältnismäßig leicht abzuschirmen. Schwieriger ist die Abschirmung der indirekt ionisierenden Strahlungsarten (Photonen, Neutronen), die ein völlig anderes Verhalten in Absorbern zeigen als die geladenen Teilchen (vgl. dazu die Ausführungen in den Kapiteln 6-10). In einer Schutzwand soll ionisierende Strahlung möglich vollständig oder zumindest soweit absorbiert werden, dass die von ihr herrührende Strahlungsintensität sich nicht mehr wesentlich von der natürlichen Strahlungsintensität unterscheidet. Um eine praktikable Vorgabe zu machen, werden selbstverständlich nicht die regional veränderlichen natürlichen Ortsdosisleistungen sondern die Vorgaben der StrlSchV für öffentlich zugängliche Bereiche verwendet (1 mSv/a, s. Tab. 20.6).

20.2 Abschirmung direkt ionisierender Strahlungen

Bei direkt ionisierender Strahlung handelt es sich um elektrisch geladene, energiereiche Teilchenstrahlung wie Elektronen, Protonen, Alphastrahlung und Ähnliches. Um diese abzuschirmen, müssen die Stärken (Wanddicken) der Abschirmungen immer größer sein als die maximale Reichweite der Strahlung im verwendeten Material. Informationen und detaillierte Ausführungen über Reichweiten von Elektronen und anderen geladenen Teilchen befinden sich im Kapitel über die Wechselwirkungen (Fig. 10.18, 10.21) und im Tabellenanhang (Tab. 24.10.3).

Das Stoßbremsvermögen in verschiedenen Materialien ist proportional zu den Dichten. Dennoch sind lediglich die Reichweiten von Betateilchen in Luft (Dichte 0,001293 g/cm^3, also etwa 1/1000 der Wasserdichte) groß genug, um auch Personen in einigen Metern Abstand exponieren zu können. Ein Aluminiumblech von nur 2 mm Dicke schirmt Elektronenstrahlung bis 1,5 MeV bereits vollständig ab. Nicht relativistische Alphateilchen, Kohlenstoffionen oder sonstige schwere geladene Teilchen (Cluster) aus radioaktiven Zerfällen sind schon mit wesentlich geringeren Absorberdicken abzuschirmen. Zur Orientierung hilft folgende Faustregel:

1 mm Wasser oder Weichteilgewebe bremsen 0,35 MeV Elektronen, 9 MeV Protonen und 35 MeV Alphateilchen bereits bis zum Stillstand ab.

Zusätzlich müssen natürlich alle Sekundärprozesse wie Streuung und die Erzeugung durchdringender Photonen- oder Neutronenstrahlung beachtet werden. Bei der Wahl des Abschirmmaterials für eine Schutzwand gegen direkt ionisierende Strahlungen muss man deshalb beachten, dass bei der Wechselwirkung auch Sekundärstrahlung mit größerer Reichweite als die der Primärstrahlung entstehen kann. Dies gilt vor allem für Elektronen- und Positronenstrahlung, deren Wechselwirkungen mit dem Absorber zu charakteristischer Röntgenstrahlung, Bremsstrahlung und Vernichtungsstrahlung führen können. Der Wirkungsquerschnitt für die Bremsstrahlungsproduktion ist (nach Gl. 10.15) proportional zum Verhältnis Z^2/A des Absorbers. Zur Konstruktion von Abschirmwänden gegen Elektronenstrahlung empfiehlt sich deshalb die Verwendung von Niedrig-Z-Materialien wie Plexiglas, Aluminium und Beton für die primäre Abschirmung, um so die Bremsstrahlungserzeugung zu minimieren.

max. Betaenergie (MeV)	3	1	0,6	0,3
Material	minimale Abschirmdicke (mm)			
Platin	0,3	0,09	0,05	0,02
Gold, rein	0,4	0,10	0,05	0,02
Gold 585	0,5	0,12	0,07	0,03
Blei	0,6	0,17	0,09	0,04
Silber	0,8	0,23	0,12	0,05
nicht rostender Stahl	1,4	0,35	0,18	0,07
Aluminium	4,5	1,25	0,63	0,25

Tab. 20.1: Mindestkapselungen für gekapselte Betastrahler nach [DIN 6804/1].

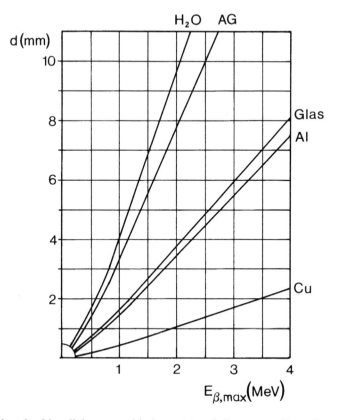

Fig. 20.1: Mindestabschirmdicken verschiedener Materialien zur vollständigen Abschirmung der Betateilchen für offene Betastrahler, nach [DIN 6843]. AG: Acrylglas (Plexiglas, PMMA), Al: Aluminium, Cu: Kupfer.

Dies hat zugleich den Vorteil der niedrigen Ausbeuten für charakteristische Röntgenstrahlung, da im Massenzahlbereich dieser Materialien der Augereffekt dominiert (s. Kap. 2.2.3). Dennoch produzierte charakteristische Röntgenstrahlung ist wegen der niedrigen Ordnungszahlen der Absorber vergleichsweise niederenergetisch (s. Tab. 2.2). Sie kann zusammen mit der Bremsstrahlung leicht durch auf der dem Strahl abgewandten Seite angebrachte zusätzliche Sekundärabschirmungen aus Blei absorbiert werden. Protonen und schwerere geladene Teilchen produzieren wegen ihrer großen Massen praktisch keine Bremsstrahlung; für die Erzeugung und Produktion der charakteristischen Röntgenstrahlung gilt das bereits oben Gesagte.

Bei betaaktiven Prüfstrahlern oder umschlossenen radioaktiven Betastrahlern für die Medizin steht man oft vor der Aufgabe, die Betastrahlung durch Strahlerumhüllungen völlig zu absorbieren, die simultan aus den Tochternukliden emittierte Gammastrahlung jedoch so wenig wie möglich zu schwächen, da diese für Messzwecke oder therapeutische Zwecke verwendet werden soll.

Die Beta-Abschirmungen müssen deshalb zwar ausreichend, aber so dünn wie vertretbar ausgelegt werden. Dazu orientiert man sich an der maximalen Reichweite der Betateilchen. Die zur Kapselung erforderlichen Mindestdicken verschiedener technisch üblicher Materialien sind in Tab. (20.1) zusammengefasst. Soll die Betastrahlung offener betastrahlender Radionuklide abgeschirmt werden, wie z. B. beim nuklearmedizinischen Umgang mit entsprechenden Stoffen, werden meistens typische Labormaterialien wie Plastik, Glas, Plexiglas o. ä. verwendet. Die entsprechenden erforderlichen Mindestabschirmdicken finden sich in Fig. (20.1).

Zusammenfassung

- **Abschirmungen gegen direkt ionisierende Strahlungsarten wie Elektronen, Positronen oder Protonen sollten aus Niedrig-Z-Materialien bestehen, um die vor allem bei leichten Teilchen entstehende Bremsstrahlungsausbeute zu minimieren.**

- **Die Materialstärken müssen mindestens der maximalen Reichweite der geladenen Teilchenstrahlungen im jeweiligen Material entsprechen.**

- **Die bei Wechselwirkungen geladener Teilchen entstehenden Sekundärstrahlungen wie Bremsstrahlung, Fluoreszenzstrahlung oder Vernichtungsstrahlung müssen mit zusätzlichen Abschirmungen aus Hoch-Z-Materialien vermindert werden.**

- **Die richtige Anordnung der Abschirmungen von Betastrahlungen ist: Strahler → Niedrig-Z-Material → Hoch-Z-Abschirmung.**

20.3 Abschirmung von Neutronenstrahlung

Auch bei der Abschirmung von Neutronenstrahlung müssen die besonderen Wechselwirkungen der Neutronen beachtet werden (s. Kap. 9). Schnelle Neutronen müssen zunächst abgebremst (moderiert) werden. Dies kann durch unelastische oder elastische Streuung geschehen. Die höchsten Moderationswirkungen erhält man bei Wechselwirkungen der Neutronen mit Protonen, da dann die möglichen Energieüberträge bei Stößen maximal sind. Zur Moderation verwendet man daher leichte Materialien mit guten Moderatoreigenschaften wie Kohlenstoff (Graphit) oder wasserstoffhaltige Substanzen (Paraffin). Nach der Moderation diffundieren die niederenergetischen Neutronen thermisch durch den Absorber. Sie müssen daher von geeigneten Substanzen eingefangen werden. Eine Möglichkeit ist die Verwendung borhaltiger Verbindungen (z. B. Borparaffin) und der Neutroneneinfang nach der Reaktion in Gl. (9.22). Dabei entstehen ein leicht abzuschirmendes Alphateilchen und ein Einfanggamma von 0,48 MeV. Noch effektiver ist wegen des extremen Einfangquerschnitts der Einsatz des allerdings teuren Kadmiumblechs. Nach dem Neutroneneinfang wird hier besonders hochenergetische Photonenstrahlung frei. Diese Einfanggammas müssen in einer letzten Schicht aus Photonen absorbierendem Material (in der Regel Blei) abgeschirmt werden. Will man den aufwendigen Schichtaufbau vermeiden, kann bei ausreichendem Platz auch Barytbeton (Schwerbeton) oder preiswerterer Normalbeton als Abschirmung verwendet werden. Diagramme zur Entnahme der erforderlichen Betondicken und weiter führende Literaturhinweise finden sich in [Reich], Hinweise zur Wahl geeigneter Materialien für die Neutronenabschirmung in [ISO 14152].

20.4 Abschirmung von Photonenstrahlungen

Die wichtigste niederenergetische Photonenstrahler in der Medizin ist die Röntgenröhre mit typischen Maximalenergien zwischen 25 und 150 keV (Röhrenspannung 25 - 150 kV). Bedeutende harte Gammastrahler in der Medizin und Technik sind ^{99m}Tc (E_γ = 140,5 keV), ^{131}I (E_γ = 364 keV), die Positronenstrahler (E_γ = 511 keV) und ^{137}Cs (E_γ = 662 keV). Der am häufigsten verwendete ultraharte Gammastrahler ist ^{60}Co (E_γ = 1,17 und 1,33 MeV). Schutzwände gegen solche indirekt ionisierenden Photonenstrahlungen müssen bei gleicher Energie wesentlich dicker als diejenigen für geladene Teilchen mit vergleichbarer Energie sein. Eine Abschätzung dafür liefert die mittlere freie Weglänge der Photonenstrahlung, die sogenannte Schwächungslänge R, die (nach Gl. 8.14) gerade der Kehrwert des Schwächungskoeffizienten ist.

Wegen der Ordnungszahlabhängigkeit des Schwächungskoeffizienten bei niedrigen Photonenenergien (Photoeffekt) und der Dichteproportionalität des Schwächungskoeffizienten für alle Energiebereiche werden für Photonenabschirmungen schwere Materialien mit hoher Dichte bevorzugt. Meistens handelt es sich um Blei, Wismut, Uran oder verschiedene Betonarten. Auch für Photonenstrahlung gilt, dass die bei der Wechselwirkung mit dem Absorber entstehenden Sekundärstrahlungen beachtet werden müssen. Ein weiteres Problem ist die Streustrahlung, die zu einer Verbreiterung der Bestrahlungsgeometrie führt. Dem zusätzlichen Streustrahlungsanteil kann, wie früher schon in Kap. (8.4) ausgeführt wurde, durch Verwendung von Aufbaufaktoren wenigstens teilweise Rechnung getragen werden.

Die Deutsche Norm sieht ein vereinfachtes, standardisiertes Verfahren für Abschirmungsberechnungen vor. Bei nahezu punktförmigen Photonenstrahlern, deren Photonenenergien hoch genug sind, um in der Luft zwischen Strahlenquelle und Aufpunkt nicht merklich absorbiert oder gestreut zu werden, kann die Ortsäquivalentdosisleistung ausreichend genau mit Hilfe der Dosisleistungskonstanten Γ_H beschrieben werden (zur Definition s. Kap. 13.1). Die Wirkungen von Schutzwänden werden durch vorab berechnete tabellierte oder grafisch dargestellte Schwächungsgrade F berücksichtigt, die sowohl die Schwächung in senkrechter Transmission als auch den Streustrahlungsaufbau durch die offene Strahlgeometrie berücksichtigen ([DIN 6804/1], [DIN 6844/3], Beiblatt zu [DIN 25425/2], [DIN 6812], Fign. 20.2, 20.5).

20.4.1 Abschirmung niederenergetischer Röntgenstrahlung

Die Energiespektren der Röntgenbremsstrahlung sind heterogen. Ihr energetischer Verlauf hängt außer von der Erzeugerspannung auch von der Filterung des Strahlenbündels ab. Abschirmungsberechnungen nach dem Schwächungsgesetz sind daher selbst bei Berücksichtigung der Streuprozesse äußerst schwierig. Das Strahlungsfeld in der Nähe einer Röntgenröhre besteht aus dem Nutzstrahlenbündel (dem Direktstrahl), dem Streustrahlungsfeld, das im Patienten und im Aufbau (Tisch, Halterungen usw.) entsteht, und der Schutzgehäuse-Durchlassstrahlung (Störstrahlung). Alle drei Komponenten müssen gesondert beachtet werden, wobei die höchsten Strahlenexpositionen im Nutzstrahl zu erwarten sind. Die Deutsche Norm [DIN 6812] schlägt wegen der erwähnten Schwierigkeiten der Schwächungsberechnungen ein halbempirisches Verfahren zur Berechnung von Abschirmungen vor, das experimentell ermittelte Schwächungsgrade benutzt.

In formaler Analogie zu den radioaktiven Strahlern wird auch bei Röntgenröhren - die Gültigkeit des Abstandsquadratgesetzes für die Dosisleistung vorausgesetzt - die Äquivalentdosisleistung im **Nutzstrahl** in der Entfernung r vom Brennfleck also mit Hilfe einer Dosisleistungskonstanten Γ_R definiert (s. Kap. 13.1.4).

$$\dot{H}_X = \frac{\Gamma_R \cdot i_E}{r^2} \tag{20.2}$$

Statt der Aktivität der radioaktiven Strahler ist hier als "Strahlerstärke" der Röhrenstrom i_E zugrunde gelegt. Die praktische Einheit dieser Röntgen-Äquivalentdosisleistungskonstanten Γ_R ist (mSv·m^2·min^{-1}·mA^{-1}). Γ_R hängt sowohl von der Röhrenspannung als auch von der Filterung des Spektrums ab. Werte finden sich in grafischer Form in [DIN 6812] und auszugsweise in Fig. (13.2).

Röntgenuntersuchungsmethode	Nennspannung / Filterung	W (mA·min/Woche)
Röntgenaufnahmen	90kV/2,5mm Al	400
Durchleuchtung		
Untertisch	90kV/2,5 mm AL	1'200
Obertisch	90kV/2,5 mm AL	3'000
DSA, Kardiol. Arbeitsplatz	90kV/2,5 mm AL	4'000
Therapiesimulator	90kV/2,5 mm AL	1'000
Mammografie	35kV/0,5mm Al bzw. 0,03mm Mo	1'000
chirurgischer Bildverstärker	80kV/3,0mm Al	400
Computertomografie	125kV/2,5mm Al	20'000
Röntgentherapie	≤100kV/≤2,5mm Al	1'500
	200kV/0,5mm Cu	6'000
	250kV/1,0mm Cu	6'000
	300kV/3mm Cu	6'000

Tab. 20.2: Typische Betriebsbelastungen W für verschiedene Betriebsarten und Hochspannungen von medizinischen Röntgenanlagen nach [DIN 6812].

Da Röntgenstrahler anders als radioaktive Strahlenquellen nur während ihrer Einschaltzeit strahlen, muss die tatsächliche Betriebsdauer der Röntgenröhre zusätzlich berücksichtigt werden. Statt des Röhrenstroms i_E im eingeschalteten Zustand (Gleichung 20.2) wird in deshalb die Betriebsbelastung W verwendet. Sie setzt sich aus der Röhrenstromstärke I (mA), der Einschaltzeit t_E (min) und dem betrachtetem Bezugszeitraum t (in Wochen) zusammen (Gl. 20.2). Sie hat deshalb die praktische Einheit (mA·min/Woche) und stellt den mittleren Röhrenstrom während des betrachteten Zeitintervalls dar. Die in DIN vorgeschlagenen numerischen Werte für die üblicherweise zu erwartende Betriebsbelastung dürfen nur in begründeten Ausnahmen verändert werden. Datenauszüge befinden sich in Tab. (20.2). Die mittlere freie, also unabgeschirmte Äquivalentdosisleistung im Nutzstrahl einer Röntgenröhre beträgt daher:

$$\dot{H}_X = \frac{\Gamma_R \cdot W}{r^2} \qquad \text{mit} \qquad W = \frac{I \cdot t_E}{t} \qquad (20.3)$$

Die zu erwartende Aufenthaltsdauer der zu schützenden Personen wird über eine Korrektur, den Aufenthaltsfaktor T, berücksichtigt. Er ist dimensionslos und hat in den meisten Strahlenschutzsituationen den Wert $T = 1$. Außerhalb des Strahlenbetriebes hat er Werte zwischen $T = 0$ (kein Aufenthalt möglich) bis $T = 0{,}3$ (Verkehrsflächen wie Grünflächen, Wege unter Verfügungsgewalt des Betreibers). Bei vielen Röntgenanlagen ist die Strahlrichtung mechanisch starr festgelegt. Für den Schutzbereich kann deshalb ein Richtungsfaktor U berücksichtigt werden. Auch dieser Richtungsfaktor hat in den meisten Fällen den Wert $U = 1$ und wird nur in begründeten Ausnahmen auf Werte kleiner 1 festgelegt. Die in Strahlenschutzberechnungen für den freien Nutzstrahl zu verwendende mittlere Äquivalentdosisleistung eines Röntgenstrahlers ergibt sich mit allen Korrekturen deshalb zu:

$$\dot{H}_X = \frac{\Gamma_R \cdot W \cdot T \cdot U}{r^2} \qquad (20.4)$$

Erforderliche Schwächungsgrade erhält man ähnlich wie bei der Gammastrahlung von Radionukliden als Verhältnis der tatsächlichen zur erwünschten Äquivalentdosisleistung. Die zulässige Ortsdosisleistung an Röntgenarbeitsplätzen wird meistens als zugelassene "Wochendosis" H_W ausgewiesen. Sie wird aus den zulässigen Grenzwerten berechnet und ist in [DIN 6812] tabelliert. Die für einen gewünschten Schwächungsgrad benötigte Bleidicke findet sich als Funktion der Röhrenspannung und Filterung in Fig. (20.2).

$$F_N = \frac{\dot{H}_X(r)}{H_W} = \Gamma_R \cdot \frac{W \cdot T \cdot U}{r^2 \cdot H_W} \qquad (20.5)$$

Die Äquivalentdosisleistung durch **Streustrahlung** wird in zwei Schritten bestimmt. Da die Streustrahlungsintensität nicht identisch mit der Intensität im Nutzstrahlenbündel ist, wird zunächst die Streustrahlungsausbeute k benötigt. Sie wird aus einem Vergleich von Äquivalentdosisleistung $H_{X,P}$ am Ort der Mitte des streuenden Materials (Patient oder Phantom) ohne Anwesenheit dieses Streukörpers und der Dosisleistung durch Streustrahlung im Abstand a zu diesem Punkt $H_{X,streu}$ berechnet.

$$\dot{H}_{X,streu} = \frac{k \cdot \dot{H}_{X,P}}{a^2} \qquad (20.6)$$

Diese Gleichung bedeutet, dass die Mitte des Strahl-Eintrittsfeldes des streuenden Phantoms als punktförmiger Ausgangsort für das Streustrahlungsfeld betrachtet wird. Die Intensität der Streustrahlung nimmt darüber hinaus wie bei einem Punktstrahler quadratisch mit dem Abstand ab, obwohl das streuende Medium Abmessungen hat, die mit den üblichen Abständen von Personal und Streukörper vergleichbar sind.

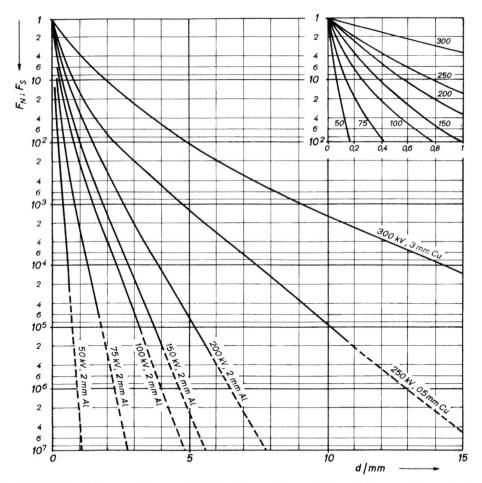

Fig. 20.2: Schwächungsgrade von Blei für Nutzstrahlung (F_N) und Streustrahlung (F_S) zur Berechnung von Strahlenschutzwänden an Röntgenanlagen (nach [DIN 6812 alt]).

Strahlenschutzzubehör für das Personal

Strahlenschutzschürze, Vorderseite (schwer)	0,35 mm Pb
Strahlenschutzschürze, Rückseite (schwer)	0,25 mm Pb
Strahlenschutz-Operationsschürze (leicht)	0,25 mm Pb
Handschuhe (incl. halber Unterarm)	0,25 mm Pb

Strahlenschutzzubehör für den Patienten

Patienten-Gonaden-Schutzschürze	0,5 mm Pb*
Hodenschutz leicht	0,5 mm Pb
Hodenschutz schwer	1,0 mm Pb
Ovarienschutz, indirekter Gonadenschutz	1,0 mm Pb

Ortsveränderliche Abschirmungen zur Erweiterung von Schutzzonen

Strahlenschutz-Wände, -Kanzeln	0,5 mm Pb
Strahlenschutzvorhänge	0,25 mm Pb

Tab. 20.3: Bleigleichwerte (vorgeschriebene bleiäquivalente Stärken) für Strahlenschutzzubehör in der Röntgendiagnostik nach [DIN 61331-3]. *: mindestens 0,4 mm Pb.

Der physikalische Grund dafür ist die Tatsache, dass die Streustrahlung vor allem in einem kleinen Volumen auf der "heißen" Eintrittsseite des Röntgenstrahlenbündels in dem Streukörper entsteht. Streustrahlungsbeiträge aus der Tiefe des Phantoms werden wegen der geringen Halbwertschichtdicken von Röntgenstrahlung in gewebeähnlichen Materialien weder mit großer Intensität erzeugt noch können sie ungeschwächt den Streukörper verlassen und so erheblich zum Streustrahlungsfeld beitragen. Der Ausbeutefaktor k hat die Einheit einer Fläche (m^2) und kann nach experimentellen Untersuchungen für die meisten Fälle durch einen Wert von $k = 0,002$ m^2 angenähert werden. Dieser Wert bedeutet, dass die Streustrahlungsintensität in 1 m seitlichem Abstand vom Zentralstrahl etwa 0,2% der ungeschwächten Nutzstrahlintensität am Ort der Phantommitte beträgt. Die Dosisleistung durch Streustrahlung wird im zweiten Schritt wieder mit Hilfe der Äquivalentdosisleistungskonstanten, dem Abstand a und der Röhrenstromstärke i_E nach dem Abstandsquadratgesetz berechnet.

$$\dot{H}_{X,streu} = \Gamma_R \cdot \frac{i_E \cdot k}{a^2} \qquad (20.7)$$

Bleigleichwert	50 kV	75 kV	100 kV	150 kV	200 kV
mm Pb	Durchgelassene Strahlungsintensität in %				
0,13	2,0	10	25	40	55
0,25	0,35	3,0	10	20	30
0,35	0,05	1,5	5,5	11	22
0,4	0,03	1,0	4,5	8,0	17
0,5	0,01	0,7	3,0	5,5	12,5
1,0	-	0,05	0,5	1,0	2,5

Bleigleichwert (mm Pb)	Flächenbele-gung (kg/m²)	Schwächung (%) 80 kV Nutzstrahl	Schwächung (%) 80 kV Streustrahlung
0,13	1,6	70	85
0,25	3,3	80	96
0,35	5,1	94	98
0,5	7,5	97	99

Tab. 20.4: Oben: Richtwerte für den Schwächungsgrad von Strahlenschutzmitteln für Rönt-gen-Streustrahlung als Funktion der Röhrenspannung (nach [DIN 61331]). Unten: Unterschiedliche Schwächungen für 80 kV Nutzstrahlung und Streustrahlung nach [Eder priv].

Mit den gleichen Begründungen wie bei der Berechnung im Nutzstrahlenbündel wer-den Aufenthaltsdauer T und Richtungskorrektur U eingeführt. Man erhält also:

$$\dot{H}_{X,streu} = \Gamma_R \cdot \frac{W \cdot T \cdot U \cdot k}{a^2} \tag{20.8}$$

Bildet man den Quotienten aus dieser Dosisleistung und der zulässigen Wochendosis H_W so erhält man wie oben den erforderlichen Schwächungsgrad F_S:

$$F_S = \frac{\dot{H}_{X,streu}(a)}{H_W} = \Gamma_R \cdot \frac{W \cdot T \cdot U \cdot k}{a^2 \cdot H_W} \tag{20.9}$$

Die dazu benötigten Bleimaterialstärken sind ebenfalls in Fig. (20.2) enthalten. Einige Berechnungsbeispiele und weitere Einzelheiten sind in [DIN 6812] dargestellt.

Das hier vorgestellte und von DIN verwendete Verfahren geht von einer isotropen Streustrahlungsverteilung um den Patienten oder Streukörper aus. Dies ist wegen der bekannten Richtungscharakteristik der Comptonstreuung aus strahlenphysikalischer Sicht sicherlich eine grobe, aber für Strahlenschutzzwecke dennoch ausreichende Näherung. Bezüglich der dritten Strahlungskomponente, der **Gehäusedurchlassstrahlung**, sei auf die oben zitierte Norm verwiesen.

Um solche umständlichen Berechnungen im Alltag zu vermeiden, sind die bleiäquivalenten Stärken mobiler Abschirmungen für die verschiedenen Abschirmungszwecke in der Röntgendiagnostik vom DIN [DIN 61331-3] vorgeschrieben und in der Tabelle (20.4) zusammengefasst. Danach müssen Bleischürzen für das Personal auf der dem Strahl zugewandten Vorderseite eine bleiäquivalente Stärke von 0,35 mm, auf der Rückseite von 0,25 mm aufweisen. Strahlenschutzhandschuhe müssen ebenfalls 0,25 mm Blei enthalten. Gonadenabschirmungen für Patienten sollen mindestens 0,5 mm (normaler Gonadenschutz) und 1 mm Blei (schwerer Gonadenschutz), entsprechende Schürzen mindestens 0,4 mm Bleiäquivalent aufweisen. Strahlenschutzzubehör muss regelmäßig auf seine Unversehrtheit geprüft werden (Risse, verrutschtes Bleigummi) und gegebenenfalls getauscht werden.

Die Schwächung der Strahlenbündel ist wegen der Energieabhängigkeit der Photonenwechselwirkungen abhängig von der verwendeten Strahlungsqualität. Prozentuale Schwächungswerte der Röntgenstrahlung durch diese Bleischutzmittel sind in der Tabelle (20.4) aufgelistet. Für eine übliche Röhrenspannung von 75 kV und die vorgeschriebene Schürzendicke von 0,35 mm Blei erhält man beispielsweise eine Schwächung des Strahlenbündels oder der Streustrahlung von 100% auf 1,5%. Eine Strahlenschutzkanzel mit einem Bleiäquivalent von 0,5 mm oder eine entsprechende Bleischürze mit ebenfalls 0,5 mm Bleiäquivalent würde bereits bei gleicher Hochspannung sogar auf 0,7% Restintensität schwächen. Diese Schwächungswirkung entspricht ziemlich genau der Schwächung des Strahlenbündels durch einen "Standardpatienten" (Durchmesser 21 cm, 70-75 kV). Tatsächlich wirkt unter diesen Bedingungen ein im Strahlengang stehender Mitarbeiter also bezüglich der Strahlungsschwächung wie eine 0,5 mm Bleischürze.

Bei der Berechnung von erforderlichen Abschirmdicken für Röntgenstrahlungen wird von senkrechter Transmission durch Wände oder Bleiabdeckungen ausgegangen. Es wird darüber hinaus Nutzstrahlung und Streustrahlung bezüglich der Transmission energetisch gleichgestellt. Tatsächlich kommt es bei gestreuter Strahlung wegen der isotropen Verteilung, also der schrägen Auftreffwinkel der Streustrahlung auf das Schutzmittel, im Mittel zu größeren "gesehenen" Dicken der Abschirmungen, so dass die senkrechte Transmission, wie sie bei Nutzstrahlung auftritt, die Abschirmwirkung unterschätzt. Tab. (20.4) zeigt im unteren Teil eine experimentelle Untersuchung dieser Unterschiede in der Transmission von 80 kV Röntgenstrahlung (gemessen an einem Untersucher, [Eder priv.]). Durch die von DIN vorgesehene Vernachlässigung der schrägen Transmission mit den damit verbundenen höheren Abschirmfaktoren befindet man sich somit *"auf der sicheren Seite"*.

20.4.1.1 Bleigleichwerte von Strahlenschutzmitteln im Röntgen

Wegen der hohen Dichte (11,3 g/cm^3), der hohen Ordnungszahl (Z = 82) und der hohen Werte der Schwächungskoeffizienten für typische Röntgenenergien ist Blei das ideale Material zur Abschirmung in der Röntgendiagnostik. Allerdings ist Blei toxisch und muss bei der Entsorgung alter Bleischürzen oder Abschirmungen als Sondermüll kostenpflichtig entsorgt werden. Außerdem sind Bleischürzen schwer und werden vor allem bei längerer Tragezeit zur körperlichen Belastung für das betroffene Personal.

Es hat daher schon früh Versuche gegeben, Blei durch leichtere und weniger toxische Substanzen zu ersetzen. Technisch eingesetzte Materialien sind Zinn, Wismut, Antimon und Wolfram sowie Mischungen dieser Elemente mit unterschiedlichen Mengen Bleianteil. Man unterscheidet je nach Zusammensetzung der Abschirmungen bleifreie, ausschließlich bleihaltige und Komposit-Materialien. Von der Verwendung leichterer Materialien hat man sich wegen der erhöhten Werte ihrer Schwächungskoeffizienten im Bereich der K-Kanten dieser Materialien mit niedrigerer Ordnungszahl größere Schwächungsfaktoren bei mittleren Photonenenergien und somit geringere Materialstärken und leichtere Röntgenabschirmungen erhofft.

Material	Z	ρ (g/cm³)	E_K (keV) / E_L (keV)	$E_{\gamma K}$ (keV)*	Rel. Intensitäten (%)*
Zinn	50	7,31	29,2 / 3,93 – 4,46	25,27 / 25,04 / 28,49	100 / 53 / 17
Antimon	51	6,69	30,49 / 4,13 – 4,7	26,36 / 26,11 / 29,73	100 / 54 / 18
Wolfram	74	19,3	69,525 / 10,2 – 13,0	59,32 / 57,98 / 67,24	100 / 58 / 22
Blei	82	11,35	88 / 13 – 15,8	74,97 / 72,80 / 84,93	100 / 60 / 23
Wismut	83	9,75	90,53 / 13,4 – 16,4	77,11 / 74,81 / 87,34	100 / 60 / 23

Tab. 20.5: Materialeigenschaften (Ordnungszahlen Z, Bindungsenergien der K- und L-Elektronen E_K, E_L, [Hubbel 1996]) sowie Energien und Intensitäten der charakteristischen K-Fluoreszenzstrahlungen in Abschirmmaterialien (*: Daten nach [X-Ray 2009]). Die Bindungsenergien entsprechen den K- und L-Kanten der Schwächungskoeffizienten-Verläufe. Alle L-Fluoreszenzstrahlungen haben so geringe Photonenenergien (zwischen 3,4 und 10,8 keV), dass sie für die Abschirmung der Röntgenstrahlung keine Rolle spielen.

Bindungsenergien der inneren Elektronen unterscheiden sich deutlich nach den Ordnungszahlen der Absorber (s. Tab. 20.5). Bei schweren Materialien wie Blei, Wismut oder Wolfram sind sie so hoch (70 - 90 keV), dass die Erzeugungsraten charakteristischer Strahlung wegen der in den Röntgenspektren in diesem Energiebereich nur noch geringen Intensität zu vernachlässigen sind. Bindungsenergien der K-Elektronen von Absorbern mit Ordnungszahlen um $Z = 50$ liegen dagegen im mittleren Energiebereich der Röntgenspektren.

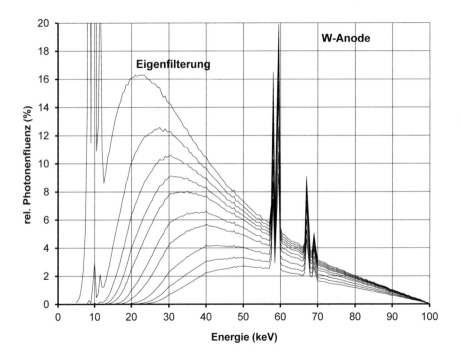

Fig. 20.3: Realistische 100 kV Röntgenspektren an einer Wolframanode (durch Filterung mit Aluminium zunehmender Dicke. Von oben: nur Eigenfilterung, 0,5 / 1,0 / 1,5 / 2 / 3 / 4 / 6 / 8 / 10 mm Al. Verschiebung der mittleren Energien mit stärkerer Filterung (Fig. aus [Krieger2].

Wegen der bei diesen Energien hohen Röntgenintensitäten in den wie üblich gefilterten Spektren kommt es daher zwar zu erhöhten Schwächungen der Röntgenstrahlung durch den Photoeffekt, aber auch zu erheblichen Fluoreszenzausbeuten bei der Bestrahlung dieser leichten Materialien. Diese Fluoreszenzstrahlung erhöht also deutlich die Dosisleistungen hinter den Abschirmmaterialien im Vergleich zu schweren Abschirmungen. Halbwertschichtdicken dieser charakteristischen Strahlungen liegen bei 12 – 15 mm Weichteilgewebe, so dass exponierte Personen nicht nur Oberflächendosen sondern auch Expositionen in der Tiefe erhalten.

Das einen Absorber verlassende Strahlungsfeld besteht also aus durchgelassener Primärstrahlung sowie der im Absorber erzeugten Streustrahlung und angeregter Fluoreszenzstrahlung, also charakteristischer Photonenstrahlung nach Photoeffekten an inneren Elektronen des exponierten Materials durch die eingeschossenen Röntgenquanten. Streustrahlungen und Fluoreszenzstrahlungen werden weitgehend isotrop emittiert, während Primärstrahlung nur in Richtung des ursprünglichen Strahlenbündels den Absorber verlässt. Alle diese Strahlungskomponenten müssen bei der Auslegung von Abschirmungen mit berücksichtigt werden. In der Vergangenheit wurden die Beiträge der sekundären Strahlungen (Streuung, Fluoreszenz) durch die damals angewandte Messanordnung (Messungen in schmaler Geometrie) nicht erfasst.

Zum Vergleich der Schwächungswirkungen verschiedener Materialien wurde der Begriff des "Bleigleichwertes" geschaffen, der eine objektive Beurteilung der Schwächungseigenschaften dieser Materialien unabhängig von ihrer Zusammensetzung ermöglichen sollte (s. Tabn. 20.3, 20.4). Hat ein Material beispielsweise einen Bleigleichwert von 0,35 mm Blei, wird erwartet, dass seine Abschirmwirkung für die typischen radiologischen Energien mit der Wirkung von 0,35 mm Blei übereinstimmt.

Um die Bleiäquivalenz einer Abschirmung experimentell zu überprüfen, werden von den nationalen und internationalen Normen Messverfahren vorgegeben (DIN EN 61331-1, DIN 6857-1). Man unterscheidet dabei Messungen in schmaler, in breiter und in inverser Geometrie (s. Fig. 20.3 oben). Wird in schmaler Geometrie untersucht, wird im Wesentlichen nur die transmittierte Primärstrahlung nachgewiesen, da Streustrahlungen und Fluoreszenzstrahlungen der exponierten Materialien durch Blenden weitgehend vom Detektor ferngehalten werden.

Zur experimentellen Bestimmung wurde ein möglichst kleinvolumiger Kugeldetektor in großer Entfernung vom Untersuchungsobjekt angeordnet, so dass die Messkammer die in den Absorbern entstehenden Sekundärstrahlungen wegen des Abstandquadratgesetzes (Fluoreszenzstrahlung und Streustrahlung) nicht mit erfasst. In der Vergangenheit wurde der Bleigleichwert von Abschirmmaterialien ausschließlich durch Messungen in dieser schmaler Geometrie bestimmt, da in den ausschließlich genutzten Bleiabschirmungen nicht mit signifikanten Fluoreszenzausbeuten zu rechnen war. Aus den oben genannten Gründen wird damit, zumindest in bestimmten Energiebereichen, die Abschirmwirkung leichter Materialien mit ihrer erhöhten Fluoreszenzausbeute durch Messungen in schmaler Geometrie überschätzt.

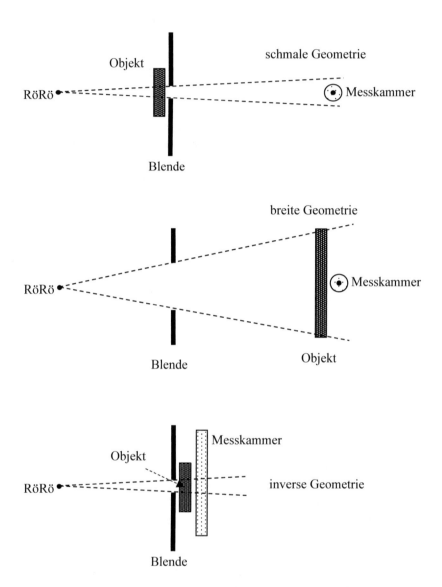

Fig. 20.4: Messanordnungen zur Messung der Schwächungseigenschaften von Abschirmmaterialien in schmaler, breiter und inverser Geometrie (in Anlehnung an [PTB 2006]).

Will man die Sekundärstrahlungen ebenfalls erfassen, muss die Schwächungsmessung in breiter (offener) Geometrie durchgeführt werden (Fig. 20.3 Mitte). Um ein möglichst homogenes Strahlenfeld am Messort zu haben, werden allerdings wieder große Abstände benötigt. Dadurch vermindern sich die Dosisleistungen am Messort. Die Messergebnisse sind wegen des kleinen Ansprechvermögens der zur Ortsdefinition notwendigerweise kleinvolumigen Messsonden und wegen des schlechten Signal-Untergrund-Verhältnisses mit großen Fehlern behaftet. Die Physikalisch-Technische Bundesanstalt hat daher eine modifizierte Messanordnung, die so genannte **inverse Geometrie**, vorgeschlagen (Fig. 20.3 unten). Hier wird das Abschirmmaterial unmittelbar hinter der Blende angeordnet. Die Messkammer muss ein großflächiger Detektor sein, der dicht am Absorber positioniert wird. Messungen in inverser Geometrie sind vom Ergebnis gleichwertig mit den Untersuchungen in breiter Geometrie, vermeiden aber die hohen Messunsicherheiten bei geringen Röntgenintensitäten. Als Detektoren werden zudem die preiswerteren kommerziellen Ionisationskammern zur Messung des Dosisflächenproduktes verwendet, die in allen Röntgenabteilungen für die Qualitätskontrollen verwendet werden.

Untersuchungen in breiter bzw. inverser Geometrie haben gezeigt, dass im Vergleich zu Bleiabschirmungen die Dosisleistungen hinter bleifreien Abschirmungen mit nominell identischem in schmaler Geometrie gemessenem Bleigleichwert bis über 60% betragen können [Eder EU 2009]. Da Strahlenabschirmungen oft direkt am Körper getragen werden, trifft die erhöhte Fluoreszenzstrahlung unmittelbar die exponierten Personen, die Strahlungsquelle sind ja die Röntgenschürzen selbst. Es kommt daher zu erhöhten Expositionen der Haut, des Sternums (Brustbein), des Brustdrüsengewebes und der Schilddrüse [Schlattl 2007]. Erschwerend kommt hinzu, dass die Fluoreszenzstrahlung in leichten Materialien wegen ihrer niedrigen Energie eine um den Faktor 1,5 höhere biologische Wirksamkeit aufweist, als es bei den Messungen mit üblichen Personendosimetern unterstellt wird [Eder 2008]. Bleifreie Abschirmaterialien, deren Schutzwirkungen (Bleigleichwerte) nach dem alten Verfahren in schmaler Geometrie bestimmt wurden, sollten deshalb wegen der verringerten Abschirmwirkung bei Röhrenspannungen um 70 kV und oberhalb von 100 kV sofort aus dem Verkehr gezogen werden.

Um den praktischen Umgang mit von reinem Blei abweichenden Abschirmmaterialien zu erleichtern, wurden in der neuesten Ausgabe der [DIN 6857-1] vom Jan. 2009 Schutzklassen eingeführt, in die das Abschirmmaterial einzuteilen ist. Die Schutzklassen I bis IV entsprechen äquivalenten Bleigleichwerten von 0,25 mm, 0,35 mm, 0,5 mm und 1 mm. Da bleifreie oder Kompositschürzen diese Bedingungen nicht automatisch für alle Röhrenspannungen und Strahlungsqualitäten erfüllen, ist außerdem der entsprechende Spannungsbereich zu deklarieren. Strahlenschutzschürzen sind nach dieser Methode seit dem 1. Jan. 2009 daher auch mit dem zulässigen Spannungsbereich zu kennzeichnen. Ist beispielsweise eine Röntgenschürze mit "*Schutzklasse DIN 6857-1-II bis 120 kV*", gekennzeichnet, kann sich der Anwender darauf verlassen, dass dieses Schutzmittel die gleiche Schutzwirkung für alle Röhrenspannungen bis 120 kV bietet wie eine reine Bleischürze der Stärke 0,35 mm. Diese Vorschriften gelten für alle ab 1. Jan. 2009 ausgelieferten Schutzkleidungsstücke. Nachfolger der DIN 6857-1 ist die europäische Norm DIN EN 61331-1 vom Sept. 2016.

Zusammenfassung

- Die Vorschriften zur Berechnung von Strahlenabschirmungen für Photonenstrahlungen sind in DIN geregelt. Die Normen enthalten dazu ausführliche Tabellen, Diagramme und Rechenvorschriften, die sich je nach Strahlungsart erheblich voneinander unterscheiden.

- Die nach DIN zulässigen Dosisleistungen und Dosen stimmen aus Minimierungsgründen nur teilweise mit den Grenzwerten der StrlSchV überein.

- Die Strahlungsfelder werden aus systematischen Gründen in Nutzstrahlenbündel und Streustrahlungsfelder aufgeteilt. Die dafür erforderlichen Abschirmungen werden getrennt berechnet.

- Nutzstrahlenbündel und Streustrahlungsfelder für niederenergetische Röntgenstrahlung (Röntgendiagnostik) unterscheiden sich nur geringfügig in ihrer mittleren Energie und benötigen daher vergleichbare Abschirmstärken.

- Berechnungen von Abschirmdicken werden in senkrechter Transmission vorgenommen, was wegen der vernachlässigten größeren Abschirmdicken in schräger Transmission zusätzliche Sicherheiten verschafft.

- Abschirmmaterialien werden anhand ihres Bleigleichwertes charakterisiert.

- Dieser Wert muss in Messungen in breiter oder inverser Geometrie bestimmt werden, da sonst die Strahlenexposition durch die vernachlässigte Fluoreszenzstrahlung aus den Abschirmungen zu erhöhten Personendosen führen kann.

20.4.2 Abschirmung von Gammastrahlung in der Nuklearmedizin

Abschirmaufgaben in der Nuklearmedizin, also beim Umgang mit offenen Radionukliden, betreffen zwei Aspekte. Der erste Aspekt ist der Schutz des Personals oder der Bevölkerung vor den Gammastrahlungsfeldern nuklearmedizinischer Patienten oder Radionuklidgeneratoren. Zum personellen Strahlenschutz zählen zum Beispiel lokale Abschirmungen der hantierten Aktivitäten, wie Spritzenabschirmungen, Transportbehälter, Bleischürzen und Bleiburgen beim Eluieren der benötigten Aktivitäten. Dabei ist wieder zwischen reinen Photonenstrahlern und reinen oder kombinierten Beta-Gamma-Strahlern zu unterscheiden. Der zweite Gesichtspunkt betrifft messtechnische Abschirmungen von anderen Messsystemen, die sich oft in der Nähe nuklearmedizinischer Strahlungsquellen befinden und durch Fremdeinstrahlung unter Umständen Fehlanzeigen aufweisen. Ein unmittelbar einleuchtendes Beispiel ist ein hoch empfindlicher Kontaminationsmonitor ("Bügeleisen" oder Hand-Fuß-Monitor), der durch einen nuklearmedizinischen Patienten im Nachbarzimmer bereits erhebliche Ausschläge anzeigt. Unter diesen Bedingungen sind Überwachungsmonitore offensichtlich nicht mehr im Stande, ausreichend kleine Kontaminationen festzustellen.

In der Umgebung nuklearmedizinischer Räume können verschiedene Strahlenschutzbereiche entstehen, die sich durch die Dosisleistungen, die Verfügungsgewalt des Betreibers und die Dauer der Strahlenexposition unterscheiden (Tab. 20.6). Die zu Strahlenschutzberechnungen verwendeten Ortsdosisleistungen können dazu aus den zugelassenen Jahresgrenzwerten der Strahlenschutzverordnung berechnet werden. Dazu wird an Arbeitsplätzen von einer 40h-Woche und von 50 Wochen pro Jahr, also von 2000 h/a Expositionszeit ausgegangen. In allgemein zugänglichen Bereichen wird Daueraufenthalt an 365 Tagen, also eine Expositionszeit von 8760 h/a unterstellt. Bereiche mit Zutrittsbeschränkungen können mit Zeitreduktionsfaktoren T (1,0, 0,3, 0,1 und 0) versehen werden, sofern der Zutritt in der Verfügungsgewalt des Betreibers liegt oder Bereiche aus baulichen Gründen überhaupt nicht betreten werden können. Bei den Berechnungen der erforderlichen Abschirmstärken wird wegen der möglichen Umwidmung von benachbarten Räumen davon ausgegangen, dass eine Strahlenquelle keinen Kontrollbereich in Nachbarräumen erzeugen darf, also bestimmte Dosisgrenzwerte in der Umgebung nicht überschritten werden. Die Wandstärken der Räume des Kontrollbereichs sind so auszulegen, dass die außerhalb des Kontrollbereichs liegenden Räume der gleichen Abteilung höchstens Überwachungsbereich sind ([RL-StrlSchMed neu], Kap. 2.3.2). Dies gilt auch für den Fall, dass in dem betroffenen Bereich durch Umgang mit radioaktiven Substanzen selbst ein Kontrollbereich besteht.

Als Dosisleistungen werden für bauliche Strahlenschutzberechnungen die Umgebungsäquivalentdosisleistungen H^* verwendet. Der Zusammenhang von Dosisleistung und Aktivität wird über die Dosisleistungskonstanten hergestellt (s. dazu Kap. 13.1.2 und Gl. 13.17). Es wird also davon ausgegangen, dass die radioaktiven Präparate

Punktquellen darstellen, keine eigene Abschirmwirkung ausüben und in der Luft zwischen Strahler und rechnerischem Aufpunkt keine Schwächung des Strahlungsfeldes durch Luft stattfindet. Die am häufigsten eingesetzten beta- bzw. gammastrahlenden Radionuklide der Nuklearmedizin sind ^{99}Mo, ^{99m}Tc für die Szintigrafie, ^{131}I für die Schilddrüsentherapie und ^{18}F für die Positronen-Emissions-Tomografie (PET). Verwendete Abschirmmaterialien sind Blei, Normalbeton, Barytbeton und Stahl. Schwächungsfaktoren für diese Radionuklide und Substanzen finden sich in grafischer Form in [DIN 6844-3] und auszugsweise in (Fig. 20.5).

Bezeichnung	Jahresdosis (mSv/a)	Aufenthaltsdauer (h/a)	Ortsdosisleistung (µSv/h)
Kontrollbereich	10*	2000	5
Überwachungsbereich	6,0	2000	3
Arbeitsplätze außerhalb von StrlSch-Bereichen	1,0	2000	0,5
allg. zugängl. Bereiche	1,0	8760	0,12
messtechnisch	-	-	0,2

Tab. 20.6: Strahlenschutzbereiche und zulässige Äquivalentdosisleistungen in nuklearmedizinischen Betrieben (nach [DIN 6844-3]).*: Der Dosiswert von 10 mSv/a in Kontrollbereichen entspricht einem Fünftel des Jahresgrenzwertes (50 mSv/a) der alten Strahlenschutzverordnung [StrlSchV alt]. Dieser Wert war als sinnvoller Dosisgrenzwert für Daueinrichtungen festgelegt worden und soll in der neuen DIN-Norm ebenfalls nicht überschritten werden.

Abschirmung eines Mo-Tc-Generators: Der wichtigste nuklearmedizinische Radionuklidgenerator ist der Mo-Tc-Generator. (s. [Krieger2]). Das Mutternuklid ^{99}Mo ist ein β$^-$-Strahler mit einer Halbwertzeit von etwa 66 h und nachfolgender prompter Gammastrahlung aus dem Tochternuklid ^{99}Tc mit Energien zwischen 119 und 960 keV. Strahlenexpositionen können beim Eluieren für das Personal und für die Allgemeinheit durch das Molybdän entstehen. Molybdängeneratoren werden mit Anfangsaktivitäten bis knapp 50 GBq ausgeliefert.

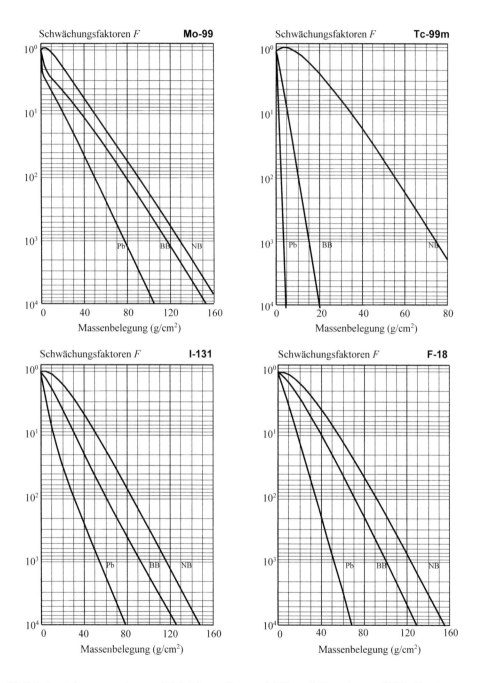

Fig. 20.5 Schwächungsgrade von Blei, Normalbeton (NB) und Barytbeton (BB) für Gamma-strahlung verschiedener nuklearmedizinischer Radionuklide (in Anlehnung an [DIN 6844-3]). Beim Radionuklid ^{18}F handelt es sich um die 511 keV Vernichtungsstrah-lung nach dem Beta-plus-Zerfall. Die Schwächungsfaktoren können daher auch für andere Positronen-Emitter wie ^{11}C, ^{15}O oder ^{13}N verwendet werden.

Beispiel 20.1: Erforderliche Abschirmung beim Eluieren eines 37-GBq-Generators. Der typische Abstand beim Eluieren ist 25 cm. Der Strahlenschutzbereich im heißen Labor ist ein Kontrollbereich. Der Mo-Generator erzeugt eine Äquivalentdosisleistung von $H^*(0,25)$ = 37 GBq·0,045 mSv·m²·h⁻¹·GBq⁻¹ /0,25²m² = 26,64 mSv/h. Die zulässige Ortsdosisleistung im Kontrollbereich beträgt nach (Tab. 20.6) H = 5μSv/h. Das Verhältnis der beiden Dosisleistungen ergibt den erforderlichen Schwächungsfaktor F = (26,64 mSv/h)/(5μSv/h) = 5328. Nach DIN wird dazu eine Bleistärke (Flächenbelegung) von etwa 93g/cm² benötigt. Mit der Dichte von Blei ρ = 11,3 g/cm³ erhält man als erforderliche Abschirmdicke d_{Pb} = 8,23 cm. Tatsächlich sind die Molybdängeneratoren wegen des Strahlenschutzes beim Transport bereits mit hohen Bleistärken gekapselt. Für einen 37-GBq-Generator werden üblicherweise 5,5 cm Bleiabschirmung mit geliefert. Dies ist die Stärke eines handelsüblichen Bleiziegels. Als Zusatzabschirmung wird im Beispiel deshalb zusätzlich 3 cm Blei z. B. in Form einer Bleiburg oder gegossener Bleiplatten benötigt.

Beispiel 20.2: Erforderliche Abschirmung eines Molybdängenerators gegen einen öffentlich zugänglichen Bereich. Der Generator soll gegen einen öffentlich zugänglichen Wohnbereich im Nachbarhaus abgeschirmt werden. Die zulässige Dosisleistung ist nach (Tab. 20.6) 1 mSv/a bzw. 0,12 μSv/h. Der Abstand betrage 3 m. Als Abschirmung soll nur die Eigenabschirmung des Generators von 5,5 cm Blei existieren (s. Beispiel 20.1). Die gleiche Rechnung wie oben ergibt in 3 m Entfernung eine Äquivalentdosisleistung von 0,185 mSv/h. Das Verhältnis der Dosisleistungen ergibt den erforderlichen Gesamtschwächungsfaktor 0,185/0,0012 = 1542. Die Schwächung durch die 5,5 cm Bleiabschirmung beträgt laut DIN F = 250, so dass ein restlicher Abschirmfaktor von 1542/250 = 6,2 verbleibt. Wird die in Beispiel (20.1) errechnete Zusatzabschirmung mit verwendet, ist das Abschirmproblem erledigt. Ohne zusätzliches Blei kann die Wand zwischen heißem Labor und öffentlichem Bereich mit berücksichtigt werden. Die Wandstärke beträgt 24 cm Normalbeton mit dem Abschirmfaktor 12.

Abschirmung von Positronenstrahlern:

Die Photonenstrahlung bei reinen Positronenstrahlern (β^+-Strahler) ist die Vernichtungsstrahlung von Elektron und Positron (2 mal 511 keV), die bei allen Positronenstrahlern auftritt. Wegen der hohen Energien findet die Photonenwechselwirkung mit den umgebenden Materialien vorwiegend über den Comptoneffekt statt, so dass im betrachteten Energiebereich erhebliche Abschirmdicken benötigt werden. Klinisch verwendete Positronenstrahler sind vor allem das ¹⁸F und ¹¹C. Die beiden um 180 Grad zueinander emittierten Vernichtungsquanten ermöglichen eine tomografische Nachweistechnik für die Bildgebung, die Positronen-Emissions-Tomografie PET.

Beispiel 20.3: Messtechnische Abschirmung einer PET-Anlage. Das verwendete Nuklid ist ¹⁸F mit einer Aktivität von 370 MBq, wie sie für Tumorszintigrafien vom Bundesamt für Strahlenschutz BFS als Referenzwert empfohlen wird [BFS LL 2003]. Das nächste nuklearmedizinische Messgerät befindet sich in 2,5 m Entfernung. Abzuschirmen ist also auf eine Dosisleistung unter 0,2μSv/h. Die durch den Positronenstrahler erzeugte Ortsdosisleistung berechnet man mit der Dosisleistungskonstanten für ¹⁸F (Γ^* = 0,1653 mSv·m²·h⁻¹·GBq⁻¹) zu 9,72 μSv/h. Der erforderliche Abschirmfaktor beträgt also F = 48,9. Die Trennwand der beiden Räume besteht aus 6 cm Gipsplatten, für die in guter Näherung der Schwächungswert für Normalbeton verwendet werden kann, der allerdings nur knapp F = 1,2 beträgt. Für den verbleibenden Schwächungsfaktor F = 40 werden nach (Fig. 20.5) noch etwa 26 mm Blei benötigt. Für eine einzige

Bleiwand (Höhe 2,5 m, Länge 7m) werden daher bereits 0,455 m³ Blei benötigt. Dies entspricht einem Gewicht von 5 Tonnen. Baulicher Strahlenschutz an PET-Anlagen ist daher von der Statik her problematisch und erfordert in der Regel gesonderte bauliche Maßnahmen wie Wände aus Barytbeton und eigene von anderen nuklearmedizinischen Anlagen separierte Räumlichkeiten. Die Stärke einer Barytbetonwand für den im Beispiel genannten Gesamtschwächungsfaktor betrüge knapp 20 cm.

Abschirmung bei Radiojod-Patienten: Patienten mit benignen oder malignen Schilddrüsenerkrankungen werden mit großen Mengen radioaktiven Jods (^{131}I, β^--Strahler, $T_{1/2}$ = 8d, E_γ = 364 keV) therapiert. Die applizierten Aktivitäten liegen zwischen 0,37 GBq und 10 GBq bei der Behandlung der Struma maligna (Schilddrüsenkrebs). Strahlenschutzprobleme treten durch das Kontaminationsrisiko mit dem Betastrahler ^{131}I und durch die harte Gammastrahlung des Tochternuklids ^{131}Xe auf. In jeder Radiojodstation müssen deshalb zum einen die Gebrauchsgegenstände der Patienten wie Geschirr oder Kleidung mit Kontaminationsmonitoren und Handfußmonitoren auf mögliche Kontaminationen geprüft werden. Zum anderen sind ausreichende Abschirmungen der Türen und Wände der Patientenzimmer vorzuhalten. Neben der Abschirmung der Patienten muss in Jodtherapiestationen außerdem dafür Sorge getragen werden, dass das Personal das vom Patienten exhalierte ^{131}I nicht einatmet. Radiojodstationen benötigen deshalb eine wirksame Lüftung oder Klimatisierung, die einen ausreichend hohen Luftumsatz garantiert. Außerdem benötigen solche Stationen Auffangeinrichtungen für die Abwässer (aus Toiletten, Duschen, Waschbecken), in denen die Abwässer in ihrem Aktivitätsgehalt vermindert werden, bevor sie dem öffentlichen Abwassernetz übergeben werden. Dies kann durch Zwischenlagerung (Abklingen mit der physikalischen Halbwertzeit) oder durch sonstige Methoden (Bindung an Trägersubstanzen und anschließende Filterung) in den sogenannten Abklinganlagen geschehen.

Beispiel 20.4: Messtechnische Abschirmung eines Handfußmonitors. Die dem Struma-m-Patienten verabreichte ^{131}I-Aktivität betrage 7,4 GBq. Der Hand-Fuß-Monitor befinde sich in 4 m Entfernung zum Patientenzimmer. Mit der Dosisleistungskonstanten für ^{131}I (Γ^* = 0,066 mSv·m²·h⁻¹·GBq⁻¹) berechnet man die Ortsdosisleistung zu 30,5 µSv/h. Die messtechnisch zugelassene Hintergrunddosisleistung am Hand-Fuß-Monitor beträgt nur 0,2 µSv/h. Bei höheren Dosisleistungen ist der Kontaminationsmonitor nicht mehr in der Lage, die niedrigen Kontaminationen an den Gebrauchsgegenständen zuverlässig festzustellen. Als erforderlichen Abschirmfaktor erhält man F = 152,6. Als Schwächungsfaktor für das Material Blei entnimmt man die zugehörige Abschirmdicke von 33 mm. Solche Abschirmdicken sind weder in Türen noch in Wänden bei der üblichen Bauweise unterzubringen. Die Lösung sind deckenabgehängte verschiebbare Bleiwände von typischerweise 6 cm Stärke neben den Patientenbetten und zusätzliche fahrbare Bleiwände gleicher Stärke im Türbereich, wie sie tatsächlich in vielen Radiojodstationen vorzufinden sind.

20.4.3 Auslegung von Abschirmungen und Schutzwänden für harte und ultraharte Gammastrahlung

Für eine Photonenenergie von etwa 1 MeV beträgt der Massenschwächungskoeffizient für Blei etwa 0,07 cm²/g (s. Tab. 24.4). Mit der Dichte $\rho = 11{,}3$ g/cm³ errechnet man den linearen Schwächungskoeffizienten zu $\mu = 0{,}8$ cm⁻¹ und die mittlere freie Weglänge zu ungefähr 1,3 cm. Durch eine Abschirmwand von 1,3 cm wäre unter diesen vereinfachten Voraussetzungen der Photonenstrahl aber erst auf etwa 37% (1/e) geschwächt. Um beispielsweise eine Schwächung auf 1/1000 der Primärintensität zu erreichen, benötigt man bereits eine über 10 cm dicke Bleiwand (s. Beispiel 20.5 unten).

Die "abgeschirmte" Ortsäquivalentdosisleistung $\dot{H}$ im Abstand r vom Strahler berechnet man mit dem Schwächungsgrad F aus der "freien, unabgeschirmten" Äquivalentdosisleistung $\dot{H}_0$ zu:

$$\dot{H} = \frac{1}{F} \cdot \dot{H}_0(r) = \Gamma_H \cdot \frac{A}{F \cdot r^2} \qquad (20.10)$$

Zur Berechnung einer Photonenabschirmung bestimmt man zunächst die am fraglichen Punkt zulässige bzw. erwünschte Ortsdosisleistung. Dann berechnet man mit Hilfe des Abstandsquadratgesetzes (Gl. 20.10) und der Äquivalentdosisleistungskonstanten die "freie" Äquivalentdosisleistung am Ort r. Der Quotient der beiden Dosisleistungen ist der erforderliche Schwächungsgrad F, der übrigens gerade der Kehrwert der Transmission in offener Geometrie ist. Die benötigten Schichtdicken entnimmt man dann für die fragliche Strahlungsqualität den Diagrammen (z. B. in Fig. 20.6). Dabei sind neben den strahlenphysikalischen Bedingungen auch Kosten und Gewicht der Abschirmungen zu berücksichtigen.

Beispiel 20.5: Abschirmung eines Bestrahlungsraumes mit einem ⁶⁰Co-Strahler hoher Aktivität. Zur Abschirmung eines Raumes, in dem eine Co-Bestrahlungsanlage betrieben wird, soll eine Schutzwand in 3 m Entfernung so ausgelegt werden, dass bei der Aktivität des offenen Strahlers von A = 5 · 10¹³ Bq hinter der Schutzwand nicht mehr als 0,6 μSv/h = 1,6·10⁻¹⁰ Sv/s Äquivalentdosisleistung erzeugt wird. Die unabgeschirmte Äquivalentdosisleistung in 3 m Entfernung vom Strahler beträgt nach (Gl. 13.16) mit $\Gamma_H = 0{,}35$ mSv·m²·h⁻¹·GBq⁻¹ (s. Tab. 13.4):

$$\dot{H}_0(3m) = \Gamma_H(Co) \cdot \frac{A}{r^2} = 0{,}973 \cdot 10^{-16} \cdot \frac{5 \cdot 10^{13}}{3^2} \frac{Sv}{s} = 5{,}4 \cdot 10^{-4} \frac{Sv}{s} \qquad (20.11)$$

Den erforderlichen Schwächungsgrad F erhält man damit zu:

$$F = \frac{\dot{H}(3m)}{\dot{H}} = \frac{5{,}4 \cdot 10^{-4}}{1{,}6 \cdot 10^{-10}} \approx 3 \cdot 10^6 \qquad (20.12)$$

Ein Blick auf die Schwächungsgradkurven in Fig. (20.6) zeigt, dass dort und übrigens auch in DIN nur Schwächungsgrade bis 10⁴ entnommen werden können. Man ist daher auf Extrapolationen angewiesen. Da die Schwächungskurven bei großen Materialdicken in sehr guter Nähe-

rung einem Exponentialgesetz folgen (linearer Teil der Kurven in Fig. 20.7), kann man aus dem linearen Teil der Grafiken die Zehntelwertdicken (also die Schichtdicken für den Schwächungsgrad 10) entnehmen. Den Gesamtschwächungsgrad F zerlegt man dann wie folgt:

$$F = 3 \cdot 10^6 = 3 \cdot 10^3 \cdot 10 \cdot 10 \cdot 10 \qquad (20.13)$$

Die erforderlichen Schichtdicken müssen dann nur noch addiert werden. Für eine Bleiabschirmung des gewünschten Schwächungsgrades erhält man aus Fig. (20.6) für die ^{60}*Co-Strahlung entsprechend Gl. (20.13) die folgende totale Massenbelegung:*

$$(\rho \cdot d)_{Blei,tot} = (\rho \cdot d)_{3000} + 3 \cdot (\rho \cdot d)_{10} = (164 + 3 \cdot 52) \frac{g}{cm^2} = 320 \frac{g}{cm^2} \quad (20.14)$$

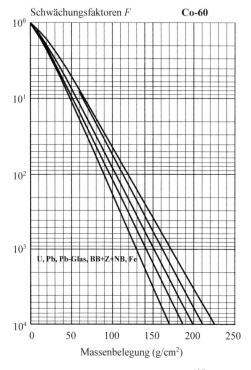
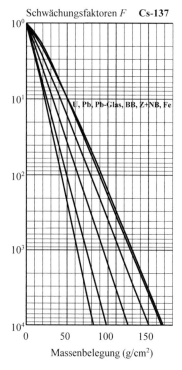

Fig. 20.6: Schwächungsgrade F für ^{137}Cs- und ^{60}Co-Gammastrahlung als Funktion der Massenbedeckung ($\rho \cdot d$) in verschiedenen Materialien für den technischen Strahlenschutz (nach [DIN 6804/1]). Die Schwächungskurven sind von links: Uran, Blei, Bleiglas, Barytbeton, Ziegel, Normalbeton, Eisen. Die Dichten ρ der verwendeten Materialien sind: ρ(Ziegel) = 1,8 (g/cm^3), ρ(Beton)= 2,3 (g/cm^3), ρ(Barytbeton) = 3,2 (g/cm^3), ρ(Blei) = 11,35 (g/cm^3), ρ(Uran) = 18,95 (g/cm^3).

Material	$(\rho \cdot d)_{3000}$	$(\rho \cdot d)_{10}$	$(\rho \cdot d)_{tot}$	Dicke	Masse/Meter
	(g/cm^2)	(g/cm^2)	(g/cm^2)	(cm)	kg/m
Blei	164	52	320	28	7945
Ziegel	185	55	350	194	8730
Beton	185	55	350	152	8740
Barytbeton	185	55	350	109	8720

Tab. 20.7: Materialstärken zur Abschirmung eines ^{60}Co-Strahlers nach Beispiel (20.5), Wandmassen pro laufendem Meter bei einer Wandhöhe von 2,5 m.

Wegen der Dichte von Blei von 11,35 g/cm³ erhält man für die erforderliche Blei-Wandstärke:

$$d = \frac{(\rho \cdot d)_{tot}}{\rho_{Blei}} = \frac{320}{11,35} \, cm \approx 28 \, cm \tag{20.15}$$

Die Ergebnisse der gleichen Berechnungen für die Materialien Ziegel, Beton und Barytbeton sind in Tabelle (20.8) zusammengefasst, zusammen mit den für eine Wandhöhe von 2,5 m berechneten Wandmassen pro laufendem Meter.

Wie Beispiel (20.5) zeigt, sind für Abschirmungen von Co-Bestrahlungsräumen erhebliche Materialstärken technisch üblicher Materialien nötig. Dies hat seinen Grund in der besonders geringen Schwächung der ^{60}Co-Photonenstrahlung, da zwischen 1 und 4 MeV für die meisten Materialien der Schwächungskoeffizient minimal ist (s. Fign. 7.18, 7.19), und in dem großen Streustrahlungsanteil, der durch überwiegende Comptonwechselwirkung gerade im Photonen-Energiebereich um 1 MeV entsteht.

Beispiel 20.6: Abschirmung eines ^{60}Co-Strahlerkopfes für die Strahlentherapie. *Der gleiche Strahler wie in Beispiel (20.5) mit der Aktivität 5·10¹³ Bq soll in einem Strahlerkopf so abgeschirmt werden, dass die Oberflächendosisleistung auf dessen Außenseite nicht mehr als H = 7,5 μSv/h = 2,1·10⁻⁹ Sv/s beträgt. Die Strahlenquelle befindet sich im Inneren des Strahlerkopfes in einem kugelförmigen Volumen mit dem Radius R = 5 cm. Die Schwierigkeit dieser Abschirmberechnung liegt darin, dass der Abstand r der Oberfläche des Strahlers von der jeweils eingesetzten Abschirmdicke abhängig ist und deshalb mit in die Rechnung als Unbekannte eingebracht werden muss. Die unabgeschirmte Äquivalentdosisleistung hängt also vom zunächst unbekannten Abstand r ab. Dieser Abstand setzt sich aus der Abschirmdicke d und dem Radius des kugelförmigen Hohlraums R zusammen (r = d + R).*

$$\dot{H}_0(r) = \frac{\Gamma_H \cdot A}{(d+R)^2} \tag{20.16}$$

Für den Schwächungsgrad F erhält man mit den Zahlenwerten aus Bsp. (20.5) und den Radien in m:

$$F = \frac{\dot{H}_0(r)}{\dot{H}} = \frac{0{,}973 \cdot 10^{-16} \cdot \frac{5 \cdot 10^{13}}{(d+R)^2}}{2{,}1 \cdot 10^{-9}} = \frac{2{,}317 \cdot 10^6}{(d+0{,}05)^2} \tag{20.17}$$

Je größer der Durchmesser der Strahlerumhüllung ist, umso mehr hilft das Abstandsquadrat-gesetz bei der Herabsetzung der Ortsdosisleistung. Es wird also mit größerem Abstand ein kleinerer Schwächungsgrad benötigt, umso schwerer wird aber auch der Strahlerkopf. Aus Gewichtsgründen und da der Strahlerkopf klein und beweglich bleiben soll, muss ein Optimum von Geometrie und Abschirmdicke gefunden werden. Es werden außerdem nur die Materialien Blei und Uran in Betracht gezogen. Zur Lösung des Problems setzt man probehalber eine be-stimmte Materialdicke in Gleichung (20.17) ein. Mit dem so berechneten Schwächungsgrad bestimmt man die neue Abschirmdicke und damit wieder einen neuen Schwächungsgrad usf.. Verändern sich die Schwächungsgrade und die Abschirmdicken nicht mehr, ist das gesuchte Ergebnis iterativ gefunden. Die gerundeten Ergebnisse der verschiedenen Iterationsschritte sind in Tab. (20.8) zusammengefasst.

	Blei			Uran		
n	d_n	$F_n/10^6$	$(\rho/d)_{n+1}$	d_n	$F_n/10^6$	$(\rho/d)_{n+1}$
	(m)		(g/cm^2)	(m)		(g/cm^2)
1	0,45	9,2	183+156	0,45	9,2	166+150
2	0,30	18,9	154+208	0,17	49,2	155+200
3	0,32	16,9	152+208	0,19	41,0	153+200
4	0,32	17,1	152+208	0,19	41,4	154+200

Tab. 20.8: Ergebnisse der Iterationsrechnung zur Berechnung der Strahlerkopfabschirmung in Beispiel (20.6). Zur Entnahme der Schwächungsgrade wurden die Daten in Fig. (20.6) wie schon im Beispiel (20.5) extrapoliert. Die Zehntelwertdicke für Blei ist 52 g/cm^2, die für Uran 50 g/cm^2. n: Iterationsschritt.

Die erforderlichen Abschirmdicken sind also 32 cm für Blei und 19 cm für Uran. Der Durch-messer des Strahlerkopfes wird somit 74 cm für Blei (10 cm + 2·32 cm) und 48 cm für Uran. Die Strahlerkopfmassen betragen 2434 kg Blei bzw. 1087 kg Uran (Masse = $\rho \cdot V = \rho \cdot 4\pi/3 \cdot [(d+R)^3 - R^3)]$). Uran scheint also das vorteilhaftere Material zu sein. Unglücklicher-weise ist Uran selbst radioaktiv. Die Aktivität der gesamten Abschirmung kann man aus der spezifischen Aktivität des Urans abschätzen, sie beträgt 12342 Bq/g (s. Tab. 4.1). Für 1087 kg Uran erhält man eine Aktivität von etwa 13,5 GBq (für reines ^{238}U). Dazu kommt noch die Aktivität von je 9 GBq der beiden Tochternuklide ^{234}Th und ^{234}Pa, mit denen das ^{238}U schon nach 100 Tagen im Gleichgewicht steht (s. Fig. 5.3). Die Alphastrahlung dieser Nuklide muss also zusätzlich abgeschirmt werden, was allerdings in der Regel leicht durch eine dünne Edel-stahlumhüllung erreicht werden kann.

Aufgaben

1. Was bedeuten die AAA des praktischen Strahlenschutzes?

2. Wie wirkt ein Streustrahlungslabyrinth bei hochenergetischen Photonenstrahlern (Linacs, Kobaltanlagen)? Verirren sich die Photonen?

3. Sie wollen ein beta-minus-strahlendes Präparat mit einer maximalen Energie von 2,28 MeV abschirmen. Welche Art von Abschirmung verwenden Sie und wie dick muss die Abschirmung mindestens sein, damit die Betateilchentransmission Null ist? Begründung?

4. Wie groß ist die mittlere Photonenenergie bei einer Filterung eines 100 kV-Spektrums mit 3 mm Aluminium?

5. Erklären Sie die nur geringen Unterschiede in der Strahlungsqualität für Nutz-strahlung und Streustrahlung in der Röntgendiagnostik, die in den Schwächungs-werten der (Fig. 20.3) unterstellt werden. Verwenden Sie für Ihre Abschätzung eine typische Röhrenspannung von 80 kV. Benutzen Sie dazu die Faustregel zur Frage 4.

6. Wie hoch ist die relative Fluoreszenz-Ausbeute nach einer K-Schalen-Ionisation in einem $Z = 50$ Absorber?

7. Definieren Sie die Begriffe Bleigleichwert und Schutzklassen für Abschirmmate-rialien gegen Röntgenstrahlung.

8. Was versteht man unter Messungen in "inverser Geometrie"?

9. Wo liegt der Ort für die Entstehung der Fluoreszenz- und Streustrahlungen in Niedrig-Z-Abschirmmaterialien?

10. Versuchen Sie eine Komposit-Schürze zu konstruieren, indem Sie Blei mit einem Niedrig-Z-Material kombinieren. In welcher Reihenfolge sollten die Materialien angeordnet werden?

11. Was bedeutet die Kennzeichnung "*Schutzklassse DIN 6857-1-I bis 90 kV*"?

12. Auf welchen Eigenschaften eines Absorbers (Dichte, Ordnungszahl) beruht die Schwächungswirkung für ultraharte Photonenstrahlung?

13. Warum wurde bei der Strahlerkopfabschirmung in Beispiel (20.5) Uran mit in Betracht gezogen, obwohl im betrachteten Energiebereich der von der Ordnungs-zahl unabhängige Comptoneffekt als Wechselwirkungsmechanismus dominiert?

14. In Beispiel (20.5) wurde die erforderliche Dicke von Abschirmmaterialien für einen Co-60 Gamma-Direktstrahl berechnet. Was passiert mit den Materialstärken, wenn Sie die Abschirmdicken nicht im Nutzstrahlenbündel sondern im Streustrahlungsfeld einer Co-Anlage berechnen müssen?

15. Sie betreiben eine PET-Anlage und wollen aus Kostengründen die übliche Röntgenschutzkleidung verwenden, also Schutzkleidung mit 0,35 mm Bleiäquivalent und die üblichen Röntgen-Bleiglasscheiben von Durchleuchtungsarbeitsplätzen.

Aufgabenlösungen

1. Die AAA sind Abstand, Abschirmung, Aufenthaltsdauer. Was diese Regel nicht bewirken kann, ist die Verhinderung von Kontaminationen mit radioaktiven Stoffen oder die Inkorporation von Radionukliden.

2. In Streustrahlungslabyrinthen wird durch mehrfache Wechselwirkung der hochenergetischen Photonen über den Comptoneffekt ihre Energie ausreichend erniedrigt, so dass Abschirmdicken geringer vorgehalten werden können. Die gestreuten Photonen "verirren" sich tatsächlich, da ein nicht unerheblicher Anteil der Photonen wieder zurück in den Strahlenbunker gestreut wird. Diejenigen, die in Türrichtung gestreut werden, kommen nicht als gebündelter Strahl sondern als breites Strahlenfeld am Ausgang an. Ihre Intensität hat sich dann über das Abstandsquadratgesetz vermindert. Zusätzlich sind die Energien der Photonen durch mehrere Wechselwirkungen kleiner geworden.

3. Zur Abschirmung von Betastrahlern muss immer die maximale Betaenergie und nicht etwa die mittlere Energie ($E_{max}/3$) berücksichtigt werden. Zur Minimierung einer Bremsstrahlungsproduktion muss unbedingt ein Niedrig-Z-Material wie Plexiglas oder Wasser verwendet werden. Da das Massenstoßbremsvermögen in Niedrig-Z-Materialien etwa 2 (MeV·cm^2/g) beträgt, sind für 2,2 MeV-Elektronen (s. a. die Reichweitenfaustregel "MeV/2" aus Aufgabe 7 zu Kap. 10) in Wasser 1,1 cm, in Plexiglas wegen der höheren Dichte von 1,19 g/cm^3 mindestens 1 cm Materialstärke nötig, um alle Elektronen abzubremsen. Soll die in Plexiglas oder Wasser in geringem Umfang entstehende Bremsstrahlung abgeschirmt werden, muss das dafür verwendete Blei immer auf der dem Strahl bzw. Präparat abgewandten Seite angeordnet sein. Diese Abschirmung schwächt gleichzeitig eventuell entstehende charakteristische Röntgenstrahlungen ab. Beim angesprochenen Betastrahler handelt es sich übrigens um ^{90}Y (E_{max} = 2,28 MeV), das Tochternuklid eines Betazerfalls des ^{90}Sr.

4. Die Faustregel lautet: "mittlere Energie ≈ kV/2". (Fig. 20.3) zeigt den intensivsten Bereich der Röntgenbremsstrahlung tatsächlich bei etwa 40-50 keV. Bei diesen Energien wird in Materialien mit mittlerem Z überwiegend über den Photoeffekt geschwächt mit der Folge hoher Fluoreszenz-Ausbeuten.

5. Für 80 kV Röhrenspannung beträgt die mittlere Photonenenergie im Spektrum etwa 40 keV. Die dominierende Wechselwirkung von Röntgenstrahlung in menschlichem Gewebe ist wegen der niedrigen effektiven Ordnungszahl von Weichteilgewebe (um Z = 7) der Comptoneffekt. Fig. (7.10) ergibt einen mittleren Energieverlust der gestreuten 40 keV-Photonen von etwa 5%. Streustrahlung und Nutzstrahlung haben also fast identische Energien, so dass die sich die erforderlichen Dicken von Bleiabschirmungen ebenfalls nur unwesentlich unterscheiden.

6. Bei $Z = 50$ beträgt die Fluoreszenz-Ausbeute etwa 90%, der Augereffekt tritt nur in 10% der Fälle auf. Die Fluoreszenz ist also der dominierende Abregungsmechanismus (s. Fig. 2.7).

7. Der Bleigleichwert eines Abschirmmaterials ist eine vergleichende Angabe, die die Abschirmwirkung eines beliebigen Materials relativ zu Blei angibt. Hat ein Material beispielsweise den Bleigleichwert von 0,5 mm Blei, dann wirkt es wie eine 0,5 mm Bleiabdeckung im gleichen Strahlungsfeld. Schutzklassen sind genormte Angaben des Bleigleichwerts eines Abschirmmaterials bei gleichzeitiger Spezifikation der Strahlungsqualität (DIN 6857-1).

8. Messungen in inverser Geometrie dienen zur Bestimmung der Abschirmwirkung verschiedener Materialien für Röntgenstrahlung mit Erfassung der Streustrahlungsbeiträge. Um die Messunsicherheiten klein zu halten, werden großflächige Durchstrahlionisationskammern verwendet. Der eigentliche Nutzstrahl wird durch eine unmittelbar vor dem zu untersuchenden Material angebrachte Blende definiert (Details s. Fig. 20.3). Der großflächige Detektor erfasst die gesamte Streustrahlung.

9. Der Entstehungsort ist die Bleischürze selbst. Schutzschürzen haben nahezu Hautkontakt. Das Abstandsquadratgesetz kann deshalb nicht zur Reduktion dieser Strahlenexposition herangezogen werden.

10. Unterstellt man einen Schichtaufbau der verschiedenen Materialien, so sollte vom Fokus her gesehen folgende Reihenfolge eingehalten werden. Zunächst kommt das Niedrig-Z-Material, das als Nebenprodukt die Fluoreszenz- und Streustrahlung erzeugt. Die nächste Schicht besteht aus dem Hoch-Z-Material. In diesem wird wegen des speziellen Form der Röntgenspektren deutlich weniger Fluoreszenzstrahlung erzeugt. Die Fluoreszenzstrahlung aus der ersten Schicht wird durch den hohen Wert des Schwächungskoeffizienten im Energiebereich der Fluorenzstrahlungen durch Blei maximal geschwächt. Also: Fokus – Niedrig-Z – Blei. Moderne Komposit-Schürzen enthalten aus Fertigungs- und Stabilitätsgründen oft Mischungen beider Materialien, also keinen Schichtaufbau. Die Niedrig-Z-Fluoreszenzstrahlung wird dann durch das beigefügte Blei direkt lokal absorbiert. Die Wirkung bleibt also im Wesentlichen erhalten.

11. "*Schutzklassse DIN 6857-1-II bis 90 kV*" ist die materialunabhängige Bezeichnung für ein Abschirmmittel mit einer Schwächungswirkung wie 0,25 mm Blei für Spannungen bis 90 kV. Für höhere Röhrenspannungen ist der Bleigleichwert nicht garantiert.

12. Bei ultraharter Photonenstrahlung beruht die Schwächung nahezu ausschließlich auf der Dichte des Absorbers, da im betrachteten Energiebereich der Comptoneffekt als Wechselwirkung dominiert und die Compton-Wechselwirkungswahr-

scheinlichkeit weitgehend unabhängig von der Ordnungszahl ist (vgl. dazu die Ausführungen in Kap. 7.6).

13. Der Grund ist die um etwa den Faktor 1,7 höhere Dichte des Urans (ρ_{Pb}= 11,35 g/cm^3, ρ_U = 19 g/cm^3) und die damit verbundenen geringeren Abschirmdicken.

14. Es ist zu erwarten, dass die erforderlichen Materialstärken im Streustrahlungsfeld geringer sind, da die Streuphotonenenergien nach Comptonwechselwirkungen im betrachteten Energiebereich erheblich gemindert sind (vgl. dazu Fig. 7.10). Diese Energieminderung durch Streuung ist auch einer der Gründe, warum in Bestrahlungsanlagen mit hohen Photonenenergien oft ein so genanntes Streustrahlungslabyrinth vor dem Ausgang eingerichtet wurde. Der zweite Grund ist die längere Wegstrecke für die gestreute Strahlung (Abstandsquadratgesetz). Auf diese Weise konnten die Abschirmmaterialien in den beweglichen Türen leichter ausgelegt werden. Die heute ohne Streustrahlungslabyrinth ausgelegten Bestrahlungsräume enthalten erhebliche Türdicken und Massen der bewegten Teile. Dies erschwert die Türöffnung in Notfällen bei defektem Türantrieb.

15. Da bei PET-Anlagen die primäre Photonenenergie immer bei 511 keV liegt (Positronen-Elektronen-Paarvernichtungsstrahlung), müssen Sie wesentlich höhere Bleistärken für die Abschirmungen verwenden. Eine grobe Abschätzung liefert ein Blick in die Grafiken für den Schwächungskoeffizienten in (Kap. 7) oder die Tabellen im Tabellenanhang. Dort findet man um mehr als eine Größenordnung unterschiedliche Schwächungskoeffizienten für Röntgenstrahlung (kV/2-Regel anwenden) und für Photonen von 500 keV. Tatsächlich arbeiten Sie in der Regel in offener Geometrie, so dass Sie besser experimentelle Schwächungsfunktionen oder Abschirmfaktoren verwenden sollten. Zusammengestellt sind solche Daten in grafischer Form in [DIN 6844-3] und auszugsweise in (Fig. 20.5).

21 Strahlenexpositionen und Strahlenschutz in der Projektionsradiografie

In diesem Kapitel werden die individuellen Strahlenexpositionen in der medizinischen Projektionsradiografie für Patienten und das Personal dargestellt. Zunächst wird der Dosisbedarf der Röntgendetektoren beschrieben. Im zweiten Teil werden mit Hilfe verschiedener Modelle die Patientendosen abgeschätzt. Der letzte Teil beschreibt die Strahlenexposition des radiologischen Personals und schlägt eine Reihe praktischer Regeln für das Verhalten an radiologischen Arbeitsplätzen vor.

Der wichtigste Beitrag zur durchschnittlichen Strahlenexposition von Patienten ist auf diagnostische und interventionelle Maßnahmen mit Röntgenstrahlung zurückzuführen. Die "zuständigen" Dosisgrößen sind in beiden Fällen die Organäquivalentdosen und die Effektive Dosis, da diese Art der Strahlenexpositionen im Regelfall ausschließlich stochastische Strahlenwirkungen auslöst. Die Ermittlung oder Abschätzung der biologisch und für den Strahlenschutz aussagekräftigen Effektiven Dosen bei **individuellen** radiologischen Expositionen geht in drei Schritten vor sich. Zunächst muss die Stärke der Strahlungsquellen bestimmt werden. Bei Röntgeneinrichtungen für die Projektionsradiografie dient dazu das Dosisflächenprodukt, bei CT-Untersuchungen der CT-Dosisindex CTDI und das Dosislängenprodukt. Im zweiten Schritt muss die dadurch bewirkte Exposition der relevanten Organe berechnet oder gemessen werden. Einige Verfahren werden im Folgenden dargestellt. Die Bestimmung der Organdosen ist in der Regel so aufwendig, dass sie im normalen medizinischen Alltag nicht zu bewältigen ist. Sie werden deshalb für sogenannte Standardpatienten in Phantomen gemessen oder durch Monte-Carlo-Methoden berechnet. Im letzten Schritt werden aus diesen Organdosen mit Hilfe der Wichtungsfaktoren die Effektiven Dosen bestimmt.

Die Methoden zur Ermittlung der Strahlenexpositionen unterscheiden sich grundsätzlich für die beiden radiologischen Teilgebiete, die Projektionsradiografie mit Filmen, modernen digitalen Detektorsystemen oder Durchleuchtungsanlagen und die Computertomografie. Die Vorgehensweise für CT-Expositionen werden deshalb in einem gesonderten Kapitel dargestellt (Kapitel 22). Eine Übersicht über pauschale Organdosen und Effektive Dosen bei gängigen Röntgenuntersuchungstechniken findet sich in den Tabellen (21.57 und 22.7). Bei Abweichungen der Patientenanatomie von den standardisierten Körpermaßen, Patientengewichten und Organlagen oder bei unterschiedlichen Untersuchungstechniken und Anlagen müssen die interessierenden Organdosen und Effektiven Dosen individuell festgestellt werden. Dosisangaben ohne die Berücksichtigung individueller Faktoren sind deshalb lediglich Abschätzungen, die allerdings zur Orientierung hilfreich sein können. Die berufliche Strahlenexposition des Personals im Röntgen spielt bei sachgerechtem Verhalten im Mittel nur eine nachgeordnete Rolle.

21.1 Dosisbedarf von Detektoren für die Projektionsradiografie

Die Strahlenexposition des Patienten bei der Projektionsradiografie hängt von der Strahlschwächung durch den Patienten, von den geometrischen Verhältnissen wie Abstand und Feldgröße und natürlich vom Dosisbedarf des Bildempfängersystems ab. Dabei ist zwischen den analogen und den digitalen Systemen zu unterscheiden.

Empfindlichkeitsklassen von Film-Folien-Kombinationen: Der Zusammenhang von Dosis und Messsignal von Film-Folien-Kombinationen wird mit der optischen Dichtekurve beschrieben (schwarze Kurve in Fig. 21.1). Bei den analogen Röntgenfilmen liegt eine korrekte Belichtung vor, wenn der interessierende Bildbereich in demjenigen Teil der optischen Dichtekurve liegt, bei der der Untersucher die höchste Auflösung und beste Differenzierung der Graustufen erlebt.

Filme haben nur einen geringen Spielraum bei der Belichtung. Ist die Dosis zu niedrig, ist der Film unterbelichtet. Der Film ist dann in weiten Bereichen transparent und zeigt weder in der räumlichen Auflösung noch in der Graustufenunterscheidung ausrei-

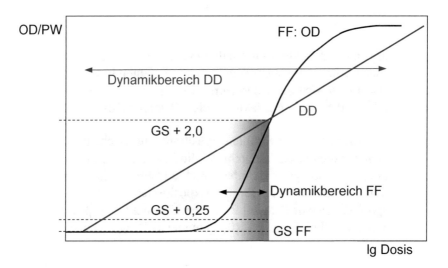

Fig. 21.1: Vergleich der Dosisverhältnisse am Film-Folien-Kombinationen (FF) und am digitalen Detektor (DD, blau). Aufgetragen ist jeweils das Signal (optische Dichte OD beim Film, Pixelwert PW beim DD) über dem Logarithmus der Dosis. Der Dynamikbereich ist der Dosisbereich, der bei den jeweiligen Systemen eingesetzt werden kann. Beim Film ist man etwa auf den linearen OD-Bereich knapp oberhalb des Grundschleiers (GS+ 0,25) und beginnender Sättigung beschränkt (GS +2, graues Feld). Beim digitalen Detektor ist die untere Dosisgrenze durch das elektronische Rauschen bei sehr niedrigen Dosen, die obere Grenze durch beginnende Artefaktbildung oder Sättigungseffekte vorgegeben.

chende Details. Die Bildinformation verschwindet bei extremer Unterbelichtung weitgehend im Grundschleier. Ist der Film dagegen überbelichtet, sind die Transmissionswerte zu gering. Der Film zeigt dann nicht mehr die für eine visuelle Beurteilung notwendige Transparenz und wegen des Beginns der Sättigung der optischen Dichtekurve ebenfalls keinen ausreichenden Kontrast und mangelnde Graustufendifferenzierung.

Der Dynamikumfang, das ist der Dosisbereich, der bei Film-Folienkombinationen abgedeckt werden kann, ist daher auf den linearen Teil der Schwärzungskurve beschränkt. Der optische Dichtebereich, bei dem die beste Detailerkennbarkeit und das beste Kontrastauflösungsvermögen für das menschliche Auge besteht, liegt um den Wert OD = 1-2 über dem Grundschleier des Films. Dies entspricht maximal 10% transmittiertem Lichtanteil an einem Röntgenschaukasten. Man klassifiziert den Dosisbedarf von Film-Folien-Kombinationen für eine Standardbelichtung mit der Empfindlichkeitsklasse *EK*. Ihre Definition lautet:

$$EK = \frac{1 mGy}{\text{Dosis für OD= 1 über Grundschleier}} \qquad (21.1)$$

Film-Folien-Kombinationen, die für die optische Dichte 1 im Mittel 10 µGy = 0,01 mGy Dosis auf dem Film benötigen, werden also in die Empfindlichkeitsklasse 100 eingeordnet. Verdoppelt sich der Dosisbedarf für die Optische Dichte 1 über Grundschleier, hat die Kombination die Empfindlichkeitsklasse 50, halbiert sich der Dosisbedarf, entspricht dies der Klasse 200, usw. (s. Tabelle 21.1).

EK	rel. Dosis-Faktor	Dosisbedarf in µGy für OD = 1	alte Bezeichnung
25	4	40 (27-52)	Mammografie
50	2	20 (13,5-26)	feinzeichnend
100	1	10 (6,7-13)	Universal
200	1/2	5 (3,4-6,7)	hochverstärkend
400	1/4	2,5 (1,7-3,3)	
800	1/8	1,25 (0,85-1,86)	

Tab. 21.1: Empfindlichkeitsklassen für Film-Folien-Kombinationen (nach [DIN 68567-10])

Organ	Erwachsene	Kinder
Thorax	400	400 - 800
Hüftgelenk, Oberschenkel	400	400 - 800
Schulter, Oberarm, Rippen, Sternum, Kniegelenk, Unterschenkel	400	400 - 800
Ellenbogen, Unterarm, Sprunggelenk, Fußwurzel	200	400
Hand, Handgelenk, Handwurzel, Finger, Vorfuß, Zehen	200	400
Schädel	200 – 400	400 – 800
Halswirbelsäule	200 - 400	400
Brustwirbelsäule	400	400 - 800
Lendenwirbelsäule	400 - 800	400 - 800
Becken, Sacrum	400	400 – 800
Gallenblase, Gallenwege	400	-
Magen, Duodenum	400	400 - 800
Dünndarm	400	-
Kolon	400	400 – 800
Harntrakt	400	400 – 800
Abdomen	400	400 – 800

Tab. 21.2: Empfohlene EK-Werte bei radiologischen Untersuchungen von Erwachsenen und Kindern ([EUR 16260], [EUR 16261], [LLBÄK 1998]).

In der Regel zeigen Film-Folienkombinationen mit hohen Empfindlichkeitsklassen eine schlechtere räumliche Auflösung und geringeren Bildkontrast bei gegebenem **Objektumfang** (Dichten und atomare Zusammensetzungen des abgebildeten Objekts) als solche mit niedriger *EK*, also hohem Dosisbedarf. In den Kurven der optischen Dichte zeigt sich dann bei hoher Empfindlichkeitsklasse ein flacherer Verlauf mit der Dosis als bei unempfindlichen Film-Folienkombinationen, die steilere OD-Kurven aufweisen. Die im europäischen Raum und Deutschland empfohlenen Empfindlichkeitsklassen für verschiedene radiologische Filmaufnahmen sind in Tab. (21.2) zusammengefasst. Die Einhaltung dieser Vorgaben wird von den Aufsichtsbehörden und den von diesen beauftragten Institutionen (in der Regel die Landesärztekammern, ärztliche Stellen) überwacht.

Der Dosisindikator bei digitalen Detektorsystemen: Die Nachweiswahrscheinlichkeit der Szintillations- oder Hableiterdetektoren ist geringfügig höher als die handelsüblicher Film-Folien-Systeme. Sie hängt von der jeweils eingesetzten Detektortechnologie ab. Diese erhöhte Nachweiswahrscheinlichkeit kann entweder zur Dosis-reduktion oder für eine bessere Bildqualität verwendet werden. Bei digitalen Techniken ändert sich der Pixelwert PW linear mit dem Logarithmus der Dosis bei der Belichtung (blaue DD-Gerade in Fig. 21.1). Der Kontrast und die Helligkeitsstufen im Bild werden bei digitalen Systemen durch Rechen- und Normierungsprozesse nach der eigentlichen Aufnahme bestimmt. Es ist also anders als bei Film-Folienkombinationen weder eine Unterbelichtung noch eine Überbelichtung der digitalen Detektoren möglich. Die untere Grenze des Dynamikbereichs digitaler Systeme ist durch das elektronische Rauschen des Detektors, die obere Grenze durch beginnende Artefaktbildung und Sättigung bei sehr hoher Strahlenexposition bestimmt.

Da das Bildrauschen mit zunehmender Dosis abnimmt, besteht eine Tendenz zur Verwendung höherer Dosen, da die rauschärmeren Bilder subjektiv als besser empfunden werden (dose creep: schleichender Dosisanstieg). Das den Dosisbedarf bestimmende Qualitätskriterium bei digitalen Detektoren ist das Signal-Rausch-Verhältnis. Es ist für die digitale Bildgebung definiert als das Verhältnis der Amplitude des Nutzsignals und der Standardabweichung des Rauschens. Sowohl für den Normierungsprozess der Pixelwerte für die Präsentation als auch für eine Dosisbeurteilung digitaler Röntgenaufnahmen müssen im Bild der relevante Bildbereich und darin die repräsentativen Dosiswerte bestimmt werden. Der Bezug auf eine Dosis geschieht durch Normierung mit Hilfe einer Standarddosis z. B. der Freiluftkerma auf der Detektoroberfläche unter Kalibrierbedingungen ohne Rückstreubeiträge. Die Dosis bei digitalen Detektoren wird mit dem Dosisindikator *EI* (exposure indicator) beschrieben.

$$EI = c_0 \cdot K_{cal} \qquad (21.2)$$

Dabei ist K_{cal} die zur richtigen Belichtung des digitalen Detektors benötigte Luftkerma auf der Detektoroberfläche für festgelegte Strahlungsqualitäten und Geometrien, die vom Hersteller spezifiziert werden muss, und c_0 ist eine Konstante mit dem Wert $c_0 = 100\ \mu Gy^{-1}$. Der Wert des Dosisindikators bei einer konkreten Röntgenaufnahme wird durch den betrachteten Luftkerma-Wert innerhalb der inneren 10% der Bildauffangfläche im relevanten Pixelbereich festgelegt. Dieser Luftkerma-Wert ist abhängig vom untersuchten Objekt und von der Art des jeweiligen Röntgendetektors. Der Dosisbedarf digitaler Detektoren entspricht bei den meisten Aufnahmen etwa dem einer Film-Folien-Kombination der EK 400. Unterschiede treten vor allem bei Objekten mit hohen Objektumfang auf, da dann in den Bildern ein geringeres Signal-Rausch-Verhältnis zugelassen werden kann, ohne dabei die Interpretation der Daten zu erschweren.

Durchleuchtungsanlagen: Bei Durchleuchtungseinrichtungen ohne Pulsung und ohne Zoom entspricht der Dosisbedarf pro Minute ungefähr dem Dosisbedarf einer Film-Folien-Kombination der EK 100. Pro Minute wird also auf dem Detektor eine Dosis von 10-12 µGy benötigt (Fig. 21.3, 21.4).

21.2 Körperdosisabschätzungen für Patienten

In der Projektionsradiografie werden unterschiedliche Verfahren zur Dosisermittlung verwendet, die sich an der möglichen Beschreibung der Strahlungsfelder und der Kenntnis bestimmter Dosen orientieren (Fig. 21.2). Dosisberechnungen oder Dosisabschätzungen werden in der Regel nach drei Verfahren durchgeführt, dem **Quellenkonzept**, dem **Bildempfängerkonzept** und der **Konversionsfaktor-Methode,** deren Grundzüge im Folgenden exemplarisch für die Verwendung von Röntgenfilm-Folien-Kombinationen dargestellt werden sollen.

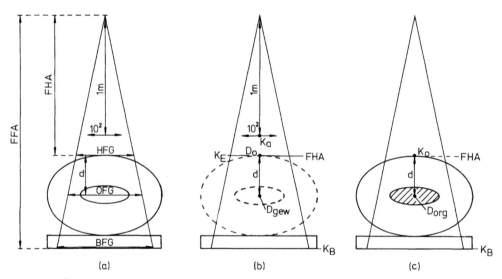

Fig. 21.2: Übersicht zur Darstellung und Definition der verschiedenen Dosisgrößen an einem Röntgenarbeitsplatz. (a): Definition der Abstände und Feldgrößen (FG=10x10cm^2, FHA =1m: Bezugsabstand für Kenndosisleistung, OFG: Organfeldgröße, HFG: Hautfeldgröße, BFG: Feldgröße in der Bildempfängerebene), (b): Frei-Luft-Dosisgrößen in Abwesenheit des Patienten oder des Phantoms (D_O: Gewebeenergiedosis am Ort der Oberfläche frei in Luft, D_{gew}: Frei-Luft-Gewebeenergiedosis am Ort des Organs). (c): Dosisgrößen mit Phantom (K_O: Luftkerma an der Oberfläche incl. Rückstreubeitrag engl. backscatter), D_{org}: Organenergiedosis im Phantom). Genaue Definitionen dieser Dosisgrößen finden sich in Tabelle (21.3).

Quellenkonzept: Im Quellenkonzept wird mit Hilfe von Gewebe-Luft-Verhältnissen (TAR: tissue air ratio, numerische Werte s. Tab. 24.12 im Tabellenanhang), aus der Frei-Luft-Energiedosis am interessierenden Punkt die Organenergiedosis berechnet. Diese Dosisberechnung geht in mehreren Stufen vor sich. Zunächst bestimmt man aus der röhrenstromspezifischen Luftkermaleistung der Röntgenanlage im Bezugsabstand x_0 vom Fokus die Luftkerma für das vorliegende Röhrenstrom-Zeit-Produkt ($I \cdot t$).

$$K_a(x_0, I, t) = \frac{dK_a(x_0, I_0)}{dt \cdot dI} \cdot I \cdot t \qquad (21.3)$$

Diese Luftkerma wird vom Standardabstand für die Messung der Luftkermaleistung x_0 (meistens 1 m) auf den Abstand x des interessierenden Organs in der Organtiefe d im Patienten beim Fokushautabstand FHA mit Hilfe des Abstandquadratgesetzes umgerechnet.

$$K_a(d, I, t) = K_a(x_0, I, t) \cdot \left(\frac{x_0}{FHA+d}\right)^2 \qquad (21.4)$$

Durch Multiplikation mit dem Verhältnis der Massenenergieabsorptionskoeffizienten in Gewebe und Luft $t_{\text{gew,a}}$ berechnet man im nächsten Schritt die Gewebeenergiedosis in Luft am Ort des interessierenden Organs. In der Regel wird statt Gewebe dabei allerdings Wasser als Bezugssubstanz verwendet. Als Näherungswert für diagnostische Röntgenstrahlung wird $t_{\text{w,a}}=1{,}05$ verwendet ([DGMP7], [DIN 6800/2]).

$$D_{\text{gew}}(d,I,t) = K_a(d,I,t) \cdot t_{\text{w,a}} \qquad (21.5)$$

Im letzten Schritt entnimmt man aus Tabellen für die vorliegende Strahlfeldgröße, die Organtiefe d und die verwendete Strahlungsqualität das Gewebe-Luft-Verhältnis $TAR(OFG,d)$ und berechnet damit die gesuchte Organdosis.

$$D_{\text{org}}(d,I,t) = D_{\text{gew}}(d,I,t) \cdot TAR(OFG,d) \qquad (21.6)$$

Zur Bestimmung der Organdosis in der Tiefe d müssen also neben der Patientengeometrie auch das mAs-Produkt der jeweiligen Untersuchung, die Strahlungsqualität, die strahlungsqualitätsabhängigen Gewebe-Luft-Verhältnisse und vor allem die stromspezifische Kermaleistung der Röntgenanlage bekannt sein.

Beispiel 21.1: Bestimmung der Uterusdosis bei einer ap-Beckenaufnahme. *An einer schlanken Patientin (Beckendurchmesser ap 18 cm) wird eine Beckenübersichtsaufnahme mit 80 kV Röhrenspannung und einem Film-Foliensystem mit EK = 400 durchgeführt. Die Feldgröße am Uterus (Tiefe 8 cm) beträgt 20x20 cm². Das Röhrenstrom-Zeitprodukt beträgt in diesem konkreten Fall nur 15 mAs = 15/60 mA·min. Die strombezogene Luftkermaleistung im FHA (1m Abstand vom Fokus) beträgt 4 mGy/(min·mA). Für die Luftkerma im FHA erhält man K_a(1m, 15mAs) = 4 mGy/(min·mA)·15/60 mA·min= 1 mGy. Diese Luftkerma wird jetzt nach dem Abstandsquadratgesetz in die Luftkerma in Uterustiefe umgerechnet. Man erhält mit Gl. (21.4) $K_a(d) = K_a$(1m)·(1m/1,08m)² = 1·0,86 = 0,86 mGy. Multiplikation mit dem t_{wa}-Faktor von 1,05 ergibt die Gewebeenergiedosis frei in Luft am Ort des Uterus von D_{gew} = 0,9 mGy. Im letzten Schritt wird das Gewebe-Luftverhältnis aus der entsprechenden Tab. (20.12.2) im Tabellenanhang entnommen (OFG = 20x20 cm², 80 kV, Tiefe 8 cm: TAR = 0,409). Man erhält dann die Uterusdosis zu $D_{uterus} = D_{gew} \cdot TAR = 0,9$ mGy · 0,409 = 0,37 mGy.*

Begriff	Symbol	Bemerkung, Messbedingung
Fokus-Haut-Abstand	FHA	Abstand Brennfleckmitte-Oberfläche des Patienten in der Mitte des Strahlenfeldes
Fokus-Film-Abstand	FFA	Abstand Fokus-Mitte Bildempfänger-System
Hautfeldgröße	HFG	Strahlfeldgröße im FHA
Organfeldgröße	OFG	Strahlfeldgröße in Organtiefe
Bildfeldgröße	BFG	Strahlfeldgröße im Bildempfängerabstand
Röhrenstrom	I	Einheit mA
Röhrenstrom-Zeitprodukt	$I{\cdot}t$	Einheit mAs (oder mC)
Dosisflächenprodukt	DFP	Detektorfläche größer als maximale FG am Messort, wird fokusnah gemessen mit Durchstrahlionisations-kammer, meistens für Luftkerma frei in Luft definiert
Kenndosis	K_a	Luftkerma für 10x10 cm²-Feld, 1m Abstand, Frei-Luft
Einfallsdosis	K_E	Luftkerma FG beliebig, im FHA, Frei-Luft
Oberflächendosis	K_O	Luftkerma incl. Rückstreuung (Backscatter), FG beliebig, im FHA, mit Patient
Bildempfängerdosis	K_B	Luftkerma auf der Eintrittsseite des Bildempfängers, FG beliebig, im Abstand FFA
Oberflächen-Gewebeenergiedosis	D_O	Gewebeenergiedosis im FHA frei in Luft ohne Phantom
Gewebeenergiedosis	D_{gew}	Gewebeenergiedosis am Ort des Organs frei in Luft
Organenergiedosis	D_{org}	Gewebeenergiedosis am Ort des Organs im Patienten
Bildempfänger		Film, digitaler Detektor oder Bildverstärker
Empfindlichkeitsklasse nach [DIN 6867/10]	EK	Bereich des Dosisbedarfs in der Bildebene für die optische Dichte 1 auf dem Film für bestimmte Film-Folien-Kombinationen (EK 100: 10µGy, EK 200: 5 µGy, EK 400: 2,5 µGy). Die EK ist definiert als das Verhältnis von 1 mGy und der für die optische Dichte 1 über Grundschleier im Mittel erforderlichen Kerma auf dem Film: EK = (1 mGy/K_B), s. Gl. (21.1).
Verhältnis der Energie-absorptionskoeffizienten	t_{wa}	Verhältnis der Energieabsorptionskoeffizienten für Wasser und Luft (s. Kap. 7.9)

Tab. 21.3: Einige der verwendeten Begriffe und Bezeichnungen zur Berechnung und Abschätzung von Organdosen bei diagnostischen und interventionellen Techniken in der Röntgenprojektionsradiografie.

Konversionsfaktor-Methode: Bei dieser sehr praktikablen Methode wird die Energiedosis in Luft im Fokushautabstand benötigt. Die Organdosis wird mit Hilfe von Konversionsfaktoren für das interessierende Organ bestimmt. Diese Konversionsfaktoren wurden mit Monte-Carlo-Methoden für bestimmte standardisierte Patientengeometrien und Organtiefen vorkalkuliert.

Ihre numerischen Werte hängen von der Feldgröße, der Strahlungsqualität, dem untersuchten Zielvolumen und der Tiefe des betrachteten Organs ab. Sie geben das Verhältnis der Organenergiedosen pro Luftenergiedosis im *FHA* an. Die Organenergiedosis ist deshalb das Produkt aus Oberflächen-Gewebeenergiedosis frei in Luft und diesem Konversionsfaktor.

$$D_{\mathrm{org}}(d) = D_0(\mathrm{FHA}) \cdot f_{\mathrm{org}} \tag{21.7}$$

Die Gewebeenergiedosis in Luft kann entweder individuell gemessen werden oder aus Tabellen für typische Expositionssituationen entnommen werden. Eine der Messmöglichkeiten ist die Bestimmung des Dosisflächenprodukts (zur Definition s. [Krieger3], ausführliche Darstellung z. B. in [Löster]), das auch zur Berechnung der Einfallsdosen verwendet werden kann. Numerische Werte für Konversionsfaktoren für eine Vielzahl von Röntgenuntersuchungstechniken und Organe und Näherungswerte finden sich in [Wachsmann], solche für die Frei-Luft-Gewebeenergiedosis in [Drexler], Daten für die Strahlenexposition des Uterus in [DGMP 7]. Eine Übersicht solcher Daten ist im Tabellenanhang zusammengefasst.

Weichen die individuellen Bedingungen von den für die Kalkulation der Konversionsfaktoren unterstellten Geometrien ab, kommt es bei der Konversionsfaktormethode zu Fehlern in der Dosisbestimmung, die sich vor allem für kleine Organe in der Nähe der Strahlaustrittsseite des Patienten bemerkbar machen. In solchen Fällen sind die beiden anderen Verfahren zur Dosisberechnung vorzuziehen.

Beispiel 21.2: Abschätzung der Uterusdosis bei gleichen Aufnahmebedingungen wie in Beispiel (21.1). Benötigt wird die Energiedosis frei in Luft im FHA, die so genannte Einfallsdosis. Sie kann z. B. aus einer Messung des Flächendosisprodukts bestimmt werden. Der Messwert betrug 300 mGy·cm². Zur Einfallsdosisberechnung benötigt man die Seitenlänge des quadratischen Hautfeldes. Sie wird mit dem Strahlensatz aus der Organfeldgröße am Ort des Uterus OFG bestimmt. Man erhält HFG = OFG/1,08 = 18,5cm. Aus dem Dosisflächenprodukt DFP = 300 mGy·cm² erhält man die Einfallsdosis zu K_a = 300 mGy·cm²/(18,5cm)² = 0,85 mGy. Mit dem t_{wa}-Faktor rechnet man auf die Einfallsenergiedosis um D_E = 1,05 · 0,85 mGy = 0,89 mGy. Aus Tabelle (20.13.2) im Tabellenanhang entnimmt man den Uterus-Konversionsfaktor zu f_{ut} = 0,40 (dort nur für die FG 40x40 cm² angegeben). Die Uterusdosis erhält man dann zu D_{ut} = 0,89 · 0,40 = 0,36 mGy.

Bildempfängerkonzept: Bei dieser Berechnungsmethode wird die Kenntnis der Kerma in der Bildempfängerebene K_B unterstellt. Sie kann bei Röntgenaufnahmen aus der Empfindlichkeitsklasse des Film-Folien-Systems, bei Durchleuchtungsanlagen aus der erforderlichen Dosisleistung am Bildverstärkereingang abgeschätzt werden. Im ersten Schritt wird aus diesen Größen die Einfallsdosis K_E, also die Luftkerma auf der fokusnahen Patientenoberfläche, berechnet. Dazu wird der strahlungsqualitäts-, dicken- und geometrieabhängige Gesamtschwächungsfaktor S_{tot} des Strahlenbündels durch den Patienten (Dicke d), die Tischplatte und das Streustrahlungsraster für die verwendete Hautfeldgröße *HFG* benötigt. Für Filmaufnahmen erhält man:

$$K_E(HFG, d) = K_B \cdot S_{tot}(HFG, d) \tag{21.8}$$

Bei Durchleuchtungen verwendet man die Bildempfängerdosisleistung und die Durchleuchtungszeit.

$$K_E(HFG, d) = \overset{\circ}{K}_B \cdot t \cdot S_{tot}(HFG, d) \tag{21.9}$$

Der Gesamtschwächungsfaktor setzt sich aus den fünf Anteilen Geometriefaktor, Patientenfaktor, Tischfaktor, Rasterfaktor und Feldgrößenfaktor zusammen, die alle von der gewählten Strahlungsqualität abhängen.

$$S_{tot}(HFG, d) = S_{geom} \cdot S_{pat}(d) \cdot S_{tisch} \cdot S_{raster} \cdot S_{HFG} \tag{21.10}$$

Bis auf den Feldgrößenfaktor S_{HFG} werden alle Faktoren dieser Gleichung (21.10) üblicherweise für eine Standardfeldgröße von 10x10 cm^2 angegeben. Der Feldgrößenfaktor enthält die Veränderungen der anderen Faktoren mit der Feldgröße. Der Geometriefaktor ist die Abstandsquadratkorrektur vom Fokus-Film- zum Fokus-Hautabstand.

$$S_{geom} = \left(\frac{FFA}{FHA}\right)^2 \tag{21.11}$$

Als Patientenschwächungsfaktoren werden experimentell im Wasserphantom ermittelte Werte verwendet. Diese Faktoren hängen sowohl von der Strahlungsqualität (kV, Filterung) als auch vom Durchmesser des Patienten ab. Ihre Werte variieren zwischen knapp 30 bis über 7000 ([DGMP 7], [Säbel]). Als Tischschwächungsfaktor wird in der Regel pauschal $S_{tisch} = 1,5$ verwendet. Bei größerer Anforderung an die Genauigkeit sind die Ausführungen in [DIN 6811] zu beachten oder die Herstellerangaben zu verwenden. Für den Rasterfaktor verwendet man bei Normalrastern der Wert $S_{raster} = 2,5$, bei Hartstrahlrastern $S_{raster} = 3,5$. Als Feldgrößenfaktor kann bis auf Felder, die kleiner als $HFG = 100$ cm^2 sind, in guter Näherung $S_{HFG} = 1$ verwendet werden.

Im zweiten Schritt wird aus der Einfallsdosis K_E die Organkerma K_{org} berechnet. Dazu wird die Einfallsdosis auf die Entfernung des Organs (FHA + Organtiefe d) nach dem Abstandsquadratgesetz korrigiert.

$$K_{org}(OFG, d) = K_E(HFG, d) \cdot \left(\frac{FHA}{FHA+d}\right)^2 \tag{21.12}$$

Die Luftkerma in der Organentfernung wird anschließend mit dem Gewebe-Luft-Verhältnis (s. Tabellen 24.12 im Tabellenanhang) und dem $t_{w,a}$-Faktor 1,05 in die Organenergiedosis umgerechnet.

$$D_{org}(OFG,d) = K_{org}(OFG,d) \cdot TAR(OFG,d) \cdot t_{w,a} \tag{21.13}$$

Die zur Dosisberechnung notwendigen Gewebeluftverhältnisse, Konversionsfaktoren und Patientenschwächungsfaktoren sind in [DGMP 7] zusammengestellt und auszugsweise im Tabellenanhang aufgeführt.

Beispiel 21.3: Berechnung der Uterusdosis bei gleichen Aufnahmebedingungen wie in Beispiel (21.1) nach dem Bildempfängerkonzept. *Eine Film-Folien-Kombination der EK = 400 benötigt 2,5 μGy zur Erzeugung der optischen Dichte 1 (Lichttransmission 10%). Der Schwächungsfaktor enthält den Abstandsfaktor für Patientenoberfläche und Filmabstand. Der FHA beträgt 1 m, der Filmabstand 1,28 m (1m + 0,18 m + 0,1 m für die Tischplatte, den Raster und die Kasettenhalterung). Dies ergibt $S_{geom} = 1,28^2 = 1,64$. Der Tischfaktor beträgt 1,5, der Rasterfaktor 2,5, der FG-Faktor 1,0 und der Patientenschwächungsfaktor nach Tab. (24.13.1) im Tabellenanhang etwa 80. Die Gesamtschwächung beträgt somit $S_{tot} = 492$. Die Einfallsdosis erhält man aus dem Produkt der Gesamtschwächung mit dem Dosisbedarf in der Filmebene zu $K_E = 492 \cdot 2,5$ μGy = 1,23 mGy. Die Uteruskerma berechnet man mit der Abstandskorrektur (Gl. 21.12) zu $K_{ut} = 1,23$ mGy·(100/108)² = 1,05 mGy. Mit dem t_{wa}-Faktor 1,05 und dem Gewebeluftverhältnis TAR = 0,409 wie in Beispiel (21.1) erhält man die Uterus-Energiedosis zu etwa $D_{ut} = 0,45$ mGy.*

Sind die Organdosen bekannt, können die Effektiven Dosen bestimmt werden. Die beiden folgenden Tabellen zeigen solche Abschätzungen aus gemessenen Daten oder mit Hilfe der Monte-Carlo-Verfahren berechnete Dosiswerte für Standardpatienten.

Untersuchungsart/Körperbereich		Effektive Dosis [µSv]
Schädel p.a.		26
Speiseröhre a.p.		35
Schultergelenk a.p.		21
Rippen p.a.		224
Lunge	p.a.	73
	lateral	73
HWS	a.p.	144
	lateral	57
BWS	a.p.	366
	lateral	127
LWS	a.p.	554
	lateral	325
Magen a.p.		349
Abdomen a.p.		474
Colon a.p.		425
Cholezystografie p.a.		242
Pyelogramm a.p.		274
i.v. Urografie a.p.		488
Urethrografie a.p.		575
Hysterografie		108
Becken a.p.		575
Hüftgelenk a.p.		96
Ellenbogen ventro-dorsal		< 1
Knie a.p.		< 1

Röntgenaufnahmen in der Dentalradiologie

Frontzähne	Oberkiefer	2
	Unterkiefer	2
Backenzähne	Oberkiefer	3
	Unterkiefer	2
Bite-wing-Aufnahmen		3
Occlusal Aufnahmen Oberkiefer		17
Orthopan-Tomogramm		7

Tab. 21.4: Aus Messungen an einem menschenähnlichen Röntgen-Phantom berechnete Effektive Dosen bei einfachen Untersuchungen mit projektionsradiografischen Verfahren nach [Mini, SSK 30].

Aktuelle mit Monte-Carlo-Verfahren abgeschätzte Effektive Dosen für erwachsene Standardpatienten unter optimierten Bedingungen, die von den offiziellen DRW (Kap. 19) ausgehen, zeigt die folgende Tabelle.

Untersuchungsart	Effektive Dosis [mSv]
Röntgenaufnahmen	
Extremitäten	<0,01
Schädel p.a., a.p.	0,021
Schädel lat.	0,015
Schultergelenk.	0,013
Brustwirbelsäule lat.	0,06
Thorax p.a.	0,018
Thorax, 2 Ebenen	0,07
Abdomen a.p., p.a.	0,34
Lendenwirbelsäule a.p., p.a.	0,26
Hüfte, 1 Ebene	0,06
Becken a.p.,p.a.	0,27
Mammografie beidseits je 2 Ebenen	0,36
Röntgendurchleuchtungen + Interventionen	
Phlebografie Bein-Becken	0,54
Koronarangiografie	3,2
PTA Becken	2,4
ECRP	2,8
Arteriografie Becken-Bein	4,5
Dünndarm	4,6
Kolon Monokontrast	5,7
Perkutane koronare Intervention (PCI)	6,4
Thrombusasüiration nach Schlaganfall	6,3
Coiling zerebralses Aneurisma	7,7
Endovask. Aneurisma Therapie Aorta (EVAR)	17
Röntgenaufnahmen in der Dentalradiologie	
Frontzähne Oberkiefer	2
Unterkiefer	2
Unterkiefer	2
Occlusal Aufnahmen Oberkiefer	17
Orthopan-Tomogramm	7

Tab. 21.5: Typische aktuelle Effcktive Dosen für die Untersuchungen mit Projektionsradiografie für erwachsene Standard-Patienten nach Daten aus Monte-Carlo-Berechnungen des BFS von 2016, entnommen [SSK-2019].

Bei Abweichung von der Standard-Patientengeometrie (Körpergröße, Gewicht, Geschlecht, Organlage) und bei Kindern und Jugendlichen erhält man deutliche Abweichungen der Effektiven Dosen. Unter realen Bedingungen, d. h. bei Untersuchungen mit älteren Röntgenanlagen, mangelnder Übung des untersuchenden Personals und bei den leider immer noch üblichen zahlreichen Fehl- und Wiederholungsaufnahmen, können die Dosiswerte in den beiden Tabellen (21.5 und 22.7) auch deutlich überschritten bzw. vervielfacht werden. Es ist zu hoffen, dass durch Verwendung neuerer Materialien (Filme, Verstärkungsfolien, Halbleiterdetektoren) und durch die mittlerweile gesetzlich vorgeschriebene Qualitätssicherung in der Röntgendiagnostik die Strahlendosen pro Untersuchung abnehmen. Eine Verminderung der Untersuchungsfrequenzen könnte auch durch den zunehmenden Einsatz alternativer "strahlungsloser" Verfahren wie Ultraschalldiagnostik und Kernspintomografie und besseren Datenaustausch und Dokumentation der Untersuchungsergebnisse erreicht werden. Werden Durchleuchtungen gezoomt, also während der Aufnahme elektronisch im Bildverstärker vergrößert, erhöhen sich die Dosen bis zum Faktor 3,5 (s. Tab. 21.6). Zur groben Dosisabschätzung und zum Vergleich von Dosen bei verschiedenen bildgebenden Röntgenverfahren kann man die folgenden in der Zusammenfassung dargestellten Faustregeln verwenden.

Zusammenfassung

- **Die Empfindlichkeitsklassen bzw. Dosisindikatoren von Röntgendetektoren sind für den Personenkreis und die Körperregion national und international vorgeschrieben und vereinheitlicht.**

- **Bei Erhöhung des Patientendurchmessers um ungefähr 3-4 cm (etwa 1 HWSD) verdoppelt sich bei gleicher Röhrenspannung die Dosis bei Röntgenaufnahmen oder Durchleuchtungen am Körperstamm.**

- **Eine Minute nicht gepulste Durchleuchtung erzeugt bei konstanter Geometrie die gleiche Strahlenexposition wie 4 Filmaufnahmen mit EK 400.**

- **Bei gezoomten Durchleuchtungen erhöht sich die Strahlenexposition abhängig vom Zoomfaktor bis zum Faktor 3,5.**

- **Die früher üblichen konventionellen tomografischen Untersuchungen exponierten den Patienten pro Schicht mit je einer Filmaufnahmedosis. Diese Technik ist heute durch computertomografische Untersuchungen ersetzt worden.**

- **Die Effektive Dosis bei einer Untersuchung mit dem Computertomografen am Körperstamm entspricht der von etwa 10 bis 20 Projektionsaufnahmen in der gleichen Körperregion.**

21.3 Expositionen des Personals in der Projektionsradiografie

Befinden sich Personen während einer Röntgenuntersuchung in unmittelbarer Nähe des Patienten, können sie zum einen im Nutzstrahlungsfeld, zum anderen im Streustrahlungsfeld der Anlage exponiert werden und so zum Teil erhebliche Personendosen erhalten. Dies gilt vor allem für Röntgendurchleuchtungen im Rahmen der interventionellen Radiologie (Herzkatheter, konventionelle Angiografien, DSA), trifft aber auch bei Röntgenaufnahmetechniken zu, wenn dort gehaltene Aufnahmen benötigt werden, oder bei interventionellen Verfahren mit Hilfe der Computertomografie.

21.3.1 Exposition im Nutzstrahl von Projektionsradiografieanlagen

Müssen Patienten beim Aufnahmebetrieb wie beispielsweise bei Repositionen in geeigneter Weise positioniert und fixiert werden, hat der untersuchende Arzt oder sein Assistenzpersonal nach den gängigen Vorschriften geeignete Strahlenschutzmittel zu verwenden. Dazu zählen ausreichend dicke Strahlenschutzschürzen und Schutzhandschuhe mit Bleieinlage. Sollte dies unterlassen werden und wird zudem in den Nutzstrahl (Sperrbereich) hineingefasst, erhält das Personal mindestens die gleichen Hautdosen wie der Patient auf der Strahleintrittsseite. Diese Oberflächendosis ist vom verwendeten Film und seiner Empfindlichkeitsklasse bzw. der Empfindlichkeit digitaler Detektoren sowie der Projektionsrichtung abhängig. Typische Oberflächendosen betragen um 1 mGy pro Filmaufnahme (vgl. dazu Fig. (21.3) und die numerischen Daten in den Beispielen 21.1-21.3 in diesem Kapitel). Bei größeren Patientendurchmessern oder bei lateralen Aufnahmen und unempfindlicheren Film-Folien-Kombinationen können sich diese Dosen vervielfachen. Halten von Patienten wie Kindern oder verwirrten älteren Patienten zur Ruhigstellung soll von Angehörigen vorgenommen werden. Dieses Fixieren der Patienten muss vom fachkundigen Radiologen angeordnet werden und soll in der Regel nicht vom Assistenzpersonal wie MTRA oder ärztlichen Kollegen abverlangt werden (s. Aufgaben 13 und 14 in Kap. 13).

Beispiel 21.4: Strahlenexposition eines Untersuchers im Nutzstrahl bei einer Röntgenfilm-aufnahme mit 70 kV. Bei einer Filmaufnahme nach den geometrischen Bedingungen der Fig. (21.3) fasst der Untersucher im Nutzstrahl auf den Patienten. Dieser erhält eine Oberflächendosis bei einem Universalfilm (EK 400: Dosisbedarf in der Filmebene 2,5 µGy) von 512·2,5 µGy = 1,28 mGy. Der Arzt erhält deshalb eine Teilkörperdosis an den Händen in der gleichen Größenordnung, also eine Hautdosis von 1,28 mSv/Filmaufnahme.

Im Durchleuchtungsbetrieb wird die Dosisleistung durch den Dosisbedarf des Bildverstärkers automatisch geregelt. Moderne Bildverstärker benötigen Eingangsdosisleistungen um 0,2 µGy/s (bis 0,6 µGy/s im Zoombetrieb) bzw. 12 - 36 µGy/min. Die Dosis bei einer Minute normaler Durchleuchtung entspricht daher etwa der Strahlenexposition durch zwei Filmaufnahmen mit EK 200 oder von vier Filmaufnahmen mit EK 400. Fasst der Untersucher in den Nutzstrahl, wie das bei Durchleuchtungen besonders im Rahmen der interventionellen Radiologie sehr häufig der Fall ist, erhält er also

Hautdosen wie bei 2 bis 4 gehaltenen Röntgenfilmaufnahmen. Wird dabei gezoomt erhöhen sich die Dosen zusätzlich bis zum Faktor 3 (s. Tab. 21.5).

Werden die Durchleuchtungsbilder zu Vergrößerungszwecken "live gezoomt", also bei laufender Röntgenröhre, regelt die Bildverstärkerelektronik die Dosisleistungen so lange hoch, bis wieder ausreichende Lichtintensität auf dem Ausgangsleuchtschirm erzeugt wird. Die Dosisleistungserhöhung entspricht dabei etwa dem Verhältnis der exponierten Bildverstärkerfläche vor und nach dem Zoom. Dadurch erhöht sich die Strahlenexposition des Patienten, eventuell des Untersuchers und natürlich auch die Strahlungsintensität im Streustrahlungsfeld. Die experimentellen Zoomfaktoren an einer modernen DSA-Anlage mit Bildverstärkerröhre in Tabelle (21.6) entsprechen formatabhängigen Dosiserhöhungen bis zum Faktor 3,5.

Die Oberflächendosis des Patienten (die Einfallsdosis) erhöht sich auch, wenn der Untersucher zur Abschirmung seiner Hände die vorgeschriebenen Bleihandschuhe

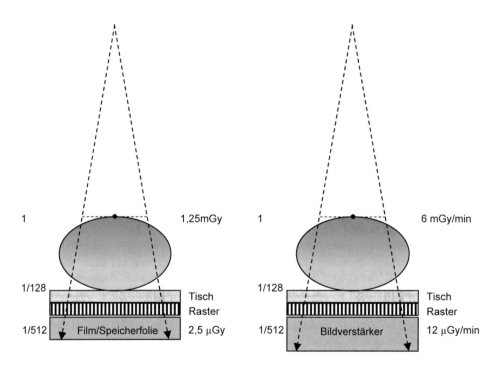

Fig. 21.3: Typische Dosis- bzw. Dosisleistungsverhältnisse im Nutzstrahl einer Röntgenanlage bei Filmaufnahmen (EK 400) bzw. Speicherfolien und bei Durchleuchtungen mit 70-80 kV, also einer Halbwertschichtdicke von 3 cm. Der schlanke Patient (ap-Abdomen-Durchmesser 21 cm) schwächt im Beispiel die Röntgenstrahlung um etwa 128:1, Tisch und Raster um den Faktor 4. Dies ergibt eine Gesamtschwächung von 512:1 (linke Beschriftung). Personal, das ungeschützt im Nutzstrahl auf die Patientenoberfläche fasst, erhält auf den Händen die gleiche Oberflächendosis wie der Patient (Dosis- bzw. Dosisleistungswerte rechte Beschriftung). Eine Minute Durchleuchtung entspricht also den Dosisverhältnissen von 4 Filmaufnahmen.

trägt und dabei mitten in das Strahlenfeld fasst, da dann der Bildverstärker die durch die Teilabdeckung seines zentralen Gesichtsfeldes fehlende Dosisleistung durch Anheben des Röhrenstromes und der Hochspannung kompensiert. Trotz dieser Möglichkeit der Dosiserhöhung durch Bleihandschuhe sollten in allen Fällen die vorgeschriebenen Schutzhandschuhe getragen werden. Bei Positionierung der Hände in der Peripherie des Strahlenfeldes bieten sie nämlich einen guten Strahlenschutz für den Arzt, ohne dabei die Dosisleistung der Röntgenanlage durch die Bildverstärkerregelung zu erhöhen.

Betriebsart	Format/Zoomfaktor	Phantomoberflä- chen-Dosisleistung (mGy/15s)	Dosisleistungsfaktor
Kontinuierliche Durchleuchtung	40cm, ZF=1,0	3,93	1,00
"	28cm, ZF=1,43	5,60	1,42
"	20cm, ZF=2,0	8,82	2,24
"	14cm, ZF=2,86	13,8	3,50
15 Pulse/s	28cm, ZF=1,43	3,40	0,87
7,5 Pulse/s	"	1,75	0,44
3 Pulse/s	"	0,70	0,32

Tab. 21.6: Dosisverhältnisse bei gezoomten und gepulsten Techniken an einer modernen DSA-Anlage aus Messungen des Autors mit einem Röntgenphantom. Die Zoomformate in cm sind die vom Phantom dargestellten Teilflächen. Ungezoomt bedeutet ZF=1,0 und volles Format von 40 cm, 14 cm Format bedeutet den Zoomfaktor 2,86. Das verwendete Phantom war das Standardaluminiumphantom zur Röntgen-Qualitätssicherung. Es befand sich bei den Messungen etwa 25 cm vom Strahlfokus entfernt (zum Vergleich: die übliche Entfernung eines Patienten beträgt an DSA-Anlagen etwa 90 cm).

Beispiel 21.5: Hautdosen des Patienten und des Arztes im Nutzstrahl bei einer Röntgenuntersuchung mit Obertischanordnung der Röhre. *Bei einer ausführlichen Röntgenuntersuchung mit Ballondilatation eines Gefäßes (Harnleiter o. ä.) wird der Patient 30 Minuten durchleuchtet. Das Strahlenfeld ist wie oft üblich weit geöffnet, der Bildverstärker benötigt deshalb eine vergleichsweise geringe Dosisleistung von nur 0,2 µGy/s. Aus Unachtsamkeit oder weil eine medizinische Intervention es erfordert, fasst der Arzt etwa 10 Minuten ohne Bleihandschuhe in den Nutzstrahl. Die Dosisleistungsverhältnisse sollen den Daten in Fig. (21.3) entsprechen. Der Patient erhält in 30 Minuten (1800 s) daher 1800 s · 400 · 0,2 µGy/s =*

144 mGy Dosis auf die der Röntgenröhre zugewandte Körperoberfläche. Der Arzt erhält ein Drittel dieser Dosis, also eine Hautdosis an den Händen von 48 mGy in dieser Untersuchung. Die Hautdosis des Patienten ist überschätzt, da die Röntgenröhre während einer interventionellen Durchleuchtung in der Regel aus wechselnden Richtungen auf den Patienten einstrahlt. Die Dosis des Arztes ist dagegen unter Umständen noch unterschätzt, da der Arzt seine Hände meistens nicht dicht auf die Haut des Patienten gepresst hält, sondern die Hand sich im Mittel in einem eher geringeren Abstand zum Strahler befindet.

21.3.2 Strahlenexposition des Personals im Streustrahlungsfeld von Anlagen zur Projektionsradiografie

Der Hauptwechselwirkungsmechanismus von Röntgenstrahlung mit menschlichem Weichteilgewebe ist der Comptoneffekt. Der Patient ist daher wie alle anderen Niedrig-Z-Materialien von einem Feld rückwärts und vorwärts gestreuter Comptonphotonen umgeben. Alle Personen, die sich in der Nähe des Patienten aufhalten, können durch dieses Streustrahlungsfeld entsprechende Personendosen erhalten. Bei niedrigen Photonenenergien im Bereich um 100 keV zeigen die Streuphotonen bei einem einzelnen Streuprozess eine typische Winkelverteilung mit Hauptintensitäten schräg unter etwa 45° nach vorne und nach hinten relativ zum Nutzstrahl ("Comptonschmetterling", s. Fig. 7.9). Da die mit etwas höherer Intensität vorwärts gestreuten Photonen im Patienten geschwächt werden, entsteht vor allem durch den an der Eintrittsseite des Patienten bewirkten Rückstreuanteil eine schräg rückwärts zum Zentralstrahl gerichtetes "trichterförmiges" Photonenfeld, das Personen im Nahbereich um den Patienten erheblich exponieren kann. Der Ausgangspunkt dieser Streustrahlung ist die Mitte des Strahlenfeldes auf der Strahleintrittsseite des Patienten.

Obertischanordnung: Befindet sich der Röntgenstrahler oberhalb des Patienten, wird dies als Obertischanordnung bezeichnet. Sie ist die für den Strahlenschutz ungünstigste Anordnung. Die Streustrahlungsintensität in einem Meter seitlichem Abstand zur Patientenmitte beträgt etwa 0,2 % der Nutzstrahlintensität (s. Kap. 20.4.1). Bei 5 mGy/min Einfallsdosisleistung im Nutzstrahl ergibt dies 0,010 mGy/min = 0,6 mGy/h in 1m Abstand. In einem halben Meter Abstand zur Patientenmitte entsteht bei Obertischanordnungen durch Rückstreuung dann die vierfache Dosisleistung, nämlich eine Ortsdosisleistung in Brusthöhe des Untersuchers von typischerweise 2,4 mSv/h. Außerdem wird der Untersucher eventuell an seinen Händen oder Armen vom ungeschwächten Primärstrahl getroffen. Das nach schräg vorne, also in Strahlrichtung emittierte Streustrahlungsfeld, hat bei typischer Geometrie durch die vorhergehende Schwächung durch den Patienten eine um den Faktor 7-8 geringere Intensität. Die genannten Zahlenwerte gelten nur unter optimalen Bedingungen, also für die Durchleuchtung eines schlanken Patienten und beim Einsatz eines gut eingestellten, nicht gezoomten Bildverstärkers mit einer Bildverstärkereingangsdosisleistung von nur 12 μGy/min, der sich in der geringst möglichen Distanz zur Strahlaustrittsseite befindet.

Wird der Bildverstärker nicht dicht genug an den Patienten herangefahren, erhöht sich die zur Ausleuchtung des Bildverstärkers erforderliche Primärstrahlungsintensität nach dem Abstandsquadratgesetz und mit ihr natürlich auch die Intensität des Streustrahlungsfeldes. Vergrößert oder verringert der Untersucher seinen seitlichen Abstand zum Patienten (50 cm bedeutet Körperkontakt zum Patiententisch), verändert sich die Dosisleistung ebenfalls nach dem Abstandsquadratgesetz. Ein Schritt weg vom Patienten viertelt also die Ortsdosisleistung am Platz des Untersuchers, beim nach vorne Beugen kann sich die Strahlenexposition des Untersuchers dagegen leicht vervierfachen.

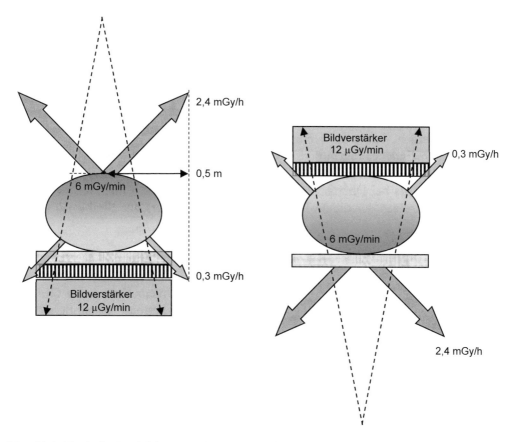

Fig. 21.4: Typische Dosisleistungen im Streustrahlungsfeld von Röntgenanlagen in (a) Obertischanordnung an einem Patienten mit einem Durchmesser von 7 Halbwertschichtdicken für die jeweilige Strahlenqualität und (b) in Untertischanordnung des Röntgenstrahlers. Die Dosisangaben beziehen sich auf die Detektoren, die Eintrittsdosen und die Dosen im Streustrahlungsfeld in 0,5 m seitlichem Abstand (vgl. auch Fig. 21.3). Die Streustrahlungsdosisleistung für den Thorax-Hals-Kopfbereich des Untersuchers in Untertischgeometrie beträgt weniger als 1/8 der Obertisch-Dosisleistung.

Bei sehr durchleuchtungszeitintensiven Untersuchungstechniken empfiehlt sich die Verwendung individuell angepasster dicht schließender Bleischutzkleidung sowie von zusätzlichen Strahlenschutzmitteln wie Bleiglasbrillen zum Schutz der Augenlinsen (Kataraktvermeidung) und "Bleikrägen" (Halsmanschetten) zur Abschirmung der Schilddrüse. Außerdem sollte bei diesen interventionellen Techniken die Dosis an den Händen mit Teilkörperdosismetern wie TLD-Ringen gemessen werden.

Untertischanordnung: Wird die Röntgenröhre in ihrer relativen Lage zum Patienten verändert, wandert nicht nur die "heiße" Strahleintrittsseite mit sondern auch das Streustrahlungsfeld (der "Streustrahlungstrichter"). Befindet sich die Röhre unterhalb des Patienten, befindet sich der ungeschwächte primäre Röntgenstrahl vom Untersucher abgewandt unterhalb des Tisches. Die Hauptstreustrahlungsintensität zeigt zwar wieder zurück zur Röhre, der Untersucher sieht aber an seinem Oberkörper nur das um den Faktor 7-8 schwächere Vorwärtsstreustrahlungsfeld (Dosisleistung in 50 cm lateralem Abstand etwa 0,3 mSv/h). Diese Anordnung wird als Untertischanordnung der Röntgenröhre bezeichnet. Bei Untertischanordnungen kann die röhrenseitige Streustrahlung durch feste Aufbauten abgeschirmt werden oder bei offenen Geometrien wie den chirurgischen C-Bögen leicht durch eine Körper-Bleischürze vom Untersucher abgehalten werden. Sollte der Untersucher bei Untertischanordnungen in den Nutzstrahl fassen, befindet er sich auf der "kalten" Austrittsseite des Strahlenbündels. Seine Hautdosis wäre in diesem Fall typisch um den Faktor 100 (den Patientenschwächungsfaktor) geringer als bei Obertischanordnungen. Wichtig ist auch hier wegen des Abstandsquadratgesetzes der dichte Kontakt des Bildverstärkers zur Strahlaustrittsseite des Patienten.

Werden die Röntgenröhren seitlich zum Patienten angeordnet, wandert der Streustrahlungstrichter mit. Die heiße Seite des Patienten befindet sich dann wieder auf der Röhrenseite. Bei solchen lateralen Anordnungen sollte der Untersucher, wenn dies von den Arbeitsabläufen möglich ist, daher auf der Bildverstärkerseite stehen. So sieht er wie bei der Untertischanordnung beim Arbeiten im Nutzstrahl eine um den Faktor 100 schwächere Nutzstrahlungsintensität und einen um den Faktor 8 verminderten Streustrahlungsanteil. Bei dünnen Objekten wie Händen oder Unterarmen verringern sich die geometrieabhängigen Unterschiede in den Dosisleistungen im Nutzstrahlenbündel oder im Streustrahlungsfeld, da die Objekte dann nur noch Durchmesser von 1-2 Halbwertschichtdicken der zugehörigen Strahlungsqualität aufweisen.

21.4 Einfluss von Positionierung und Feldgröße bei Durchleuchtungen auf die Strahlenexposition

Die bisherigen Ausführung zur Strahlenexposition von Patienten und Personal sind auf optimale Bedingungen für die Positionierung der Patienten in Durchleuchtungsanlage und die korrekten für die Untersuchung benötigten Feldgrößen bezogen. Bei Abweichungen von diesen Voraussetzungen kann es zu deutlichen Dosiserhöhungen im Nutzstrahl und im Streustrahlungsfeld kommen. Die wichtigsten Fehler sind inkorrekte Positionierung des Patienten zum Bildverstärker und die unterlassene Einblendung auf das notwendige Zielvolumen. Bei den folgenden Überlegungen wird unterstellt, dass die Fluenz auf der Eintrittsseite des Bildverstärkers konstant gehalten wird, um die gleiche Bildqualität zu erreichen. Außerdem sollen eventuell gezoomte Anwendungen ausgeschlossen sein. Die Auswirkungen auf den Strahlenschutz soll an den folgenden Grafiken schematisch dargestellt werden.

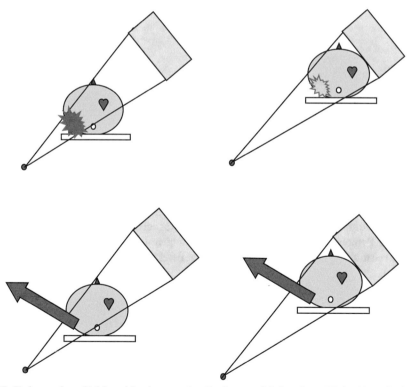

Fig. 21.5: Folgen einer Fehlpositionierung des Patienten: Links oben: Hohe Hautdosis für den Patienten und hohe Handdosis für den Arzt, größere Verzeichnung. Rechts oben: Niedrigere Hautdosis für Patient und Arzt, geringere Verzeichnung. Unten: geringer Einfluss der Fehlpositionierung auf die Intensität der Streustrahlung (rot).

Folgen einer Fehlpositionierung (Fig. 21.5): Wird der Patient nicht unmittelbar vor dem Bildverstärker positioniert, erhöhen sich durch die erhöhte Fluenz auf der Strahleintrittsseite am Patienten, seine Hautdosis und die Exposition der Hände des Arztes, der im Nutzstrahl hantieren muss (linke Grafik) im Vergleich zur korrekten Positionierung (rechts). Außerdem kommt zu einer größeren geometrischen Verzeichnung der Bildinhalte. Für das Streustrahlungsfeld (unten, rot) ist die korrekte Positionierung des Patienten dagegen von nachgeordneter Bedeutung. Der Grund ist die näherungsweise Konstanz des Produktes aus Fluenz und der Fläche des streuenden Volumens des Patienten bei unveränderter Strahlgeometrie.

Folgen eine unterlassenen Einblendung auf das Zielvolumen bei korrekter Positionierung (Fig. 21.6): Wird aus Unachtsamkeit das Untersuchungsfeld unzureichend eingeblendet, kommt es zur Vergrößerung des bestrahlten Patientenvolumens und somit zu einer Erhöhung der Effektiven Dosis. Zusätzlich wird die Streustrahlungsintensität bei konstanter Fluenz durch die größere Eintrittsfläche am Patienten erhöht.

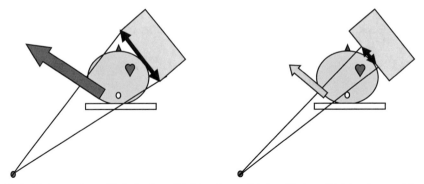

Fig. 21.6: Folgen einer fehlerhaften Einblendung. Links: Keine Einblendung, daher großes Streuvolumen, hohe Streustrahlungsintensität, große Effektive Dosis für Patienten und Personal, rechts: korrekte Einblendung mit kleinem Streuvolumen, niedriger Streustrahlungsintensität und geringerer Effektiver Dosis für Patienten und Personal.

Zusammenfassung

* **Der für Abschätzungen der Strahlenexposition des Personals definierte Ausgangsort der Streustrahlung in der Projektionsradiografie ist der Auftreffpunkt des Zentralstrahls in der Mitte des Strahlenfeldes auf der Strahleintrittsseite des Patienten.**

* **Obertischanordnungen zeigen am Ort des Untersuchers eine um den Faktor 7-8 höhere Streustrahlungsexposition als Untertischanordnungen.**

- **Online-Zoomen während der Durchleuchtung sollte vermieden werden, da es zu Dosiserhöhungen bis zum Faktor 3 führen kann.**

- **Moderne Durchleuchtungsanlagen ermöglichen auch nach Beenden der Durchleuchtungen Vergrößerungen in ausreichender Bildqualität.**

- **Patienten sollten immer so dicht wie möglich vor dem Bildverstärker positioniert werden.**

- **Bei zu großem Abstand zwischen Patient und Bilddetektor (Fehlpositionierungen) kommt es zu Dosiserhöhungen für den Patienten und das eventuell im Strahlenfeld oder in unmittelbarer Nähe des Strahlenfeldes hantierenden Personals.**

- **Für die Streustrahlungsverteilung im Raum ist die Fehlpositionierung von Patienten von nachgeordneter Bedeutung.**

- **Allerdings kann durch es durch die räumliche Verschiebung des Ausgangsortes des Streustrahlungsfeldes zu unerwarteten Expositionen außerhalb der Strahlenabschirmungen kommen.**

- **Unterlassene Einblendung auf das für die Diagnostik oder die Intervention benötigte Zielvolumen erhöht die Effektive Dosis des Patienten durch das vergrößerte bestrahlte Volumen.**

- **Wegen des vergrößerten Volumens kommt es bei konstanter Fluenz auch zur Erhöhung der Streustrahlungsintensität.**

21.5 Umgang mit Bleischürzen in der radiologischen Praxis

Beim Umgang mit Schutzkleidungen im Röntgen sind neben der richtigen Wahl des Bleigleichwertes, der Schutzklasse und der Unversehrtheit der Schutzmittel insbesondere die geometrischen Verhältnisse bei einer möglichen Strahlenexposition zu beachten. Befindet sich die exponierte Person auf der gleichen Seite wie der Röntgenstrahler, wird sie wegen der Rückstreuung im Patienten einer erhöhten Streustrahlungsintensität ausgesetzt. Bei Obertischanordnungen des Röntgenstrahlers ist der Kopf-Halsbereich besonders gefährdet. Neben den üblichen Bleischürzen am Rumpf müssen deshalb ein Schilddrüsenschutz und von den intervenierenden Ärzten eine Bleiglasbrille mit seitlichem Augenschutz getragen werden.

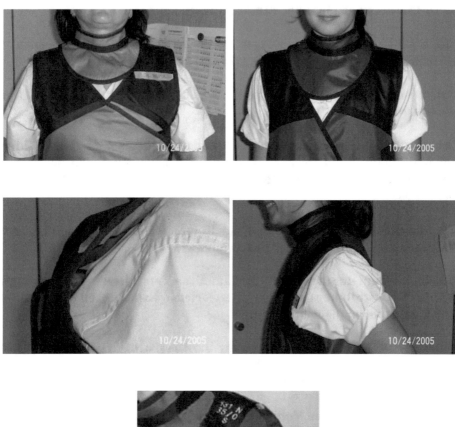

Fig. 21.7: Oben und Mitte: Mangelnde Abschirmwirkung falsch geschnittener oder getragener Bleischürzen. Gezeigt sind jackenförmige Bleischürzen aus zwei Hälften mit je 0,18 mm Bleigleichwert, die ihre Gesamtbleistärke erst durch Überlapp erreichen. Bedenklich sind die ausgeprägten Brustausschnitte, die die wesentlichen Risikoorgane (Sternum, Brust) nicht bedecken. Auch der Schilddrüsenschutz schließt den Brustausschnitt nicht. Beim Versuch, das Dekolleté zu bedecken, entstehen vergrößerte und verzerrte Armausschnitte, die bei lateraler Exposition keinerlei Schutz bieten. Unten: Kommerziell verfügbare Schulterepoulette zum Minimieren des Armausschnittes. (Fotos des Autors)

Üblicherweise stehen die Mitarbeiter bei interventionellen Techniken in seitlicher Position zum Patienten, sie müssen also auch mit einer lateralen Strahlenexposition rechnen. Viele Bleischürzen weisen aus Gewichtsgründen seitlich auf 0,18 mm bzw. 0,25 mm verminderte Bleistärken auf. Solche Schutzkleidung ist daher bei interventionellen Techniken nur bedingt tauglich. Manche kommerzielle Bleischürzen sind aus Gründen des Tragekomforts als Faltschürzen geschnitten, die pro Schicht nur 0,18 mm Blei enthalten. Das vorgeschriebene Gesamtbleiäquivalent entsteht also erst bei vollständigem Überlappen der beiden Mantelhälften. Bei kommerziellen Schürzen schlechter Machart kann es dabei zu den folgenden Problemen kommen. Ist der Überlapp der beiden Teilschürzen nicht ausreichend z. B. im Bereich des Halsausschnitts, wird dieser Bereich entweder völlig unabgeschirmt bestrahlt, oder die Bleistärke ist tatsächlich nur halb so groß, wie vom Träger vermutet (s. Fig. 21.7 oben).

Wird der Armausschnitt seitlich optimiert, um das Sternum und den Brustbereich bei lateraler Exposition zu schützen, müssen die Schürzen ohne Verzerrung getragen werden. Dabei bildet sich bei korpulenten wie schlanken Personen sowohl weiblichen als auch männlichen Geschlechts u. U. ein ausgeprägtes Dekolleté frontal. Dies kann auch nicht durch einen korrekt getragenen Schilddrüsenschutz abgedeckt werden. Wird dagegen das Dekolleté durch Heranziehen der beiden Schürzenhälften besser abgeschirmt, entsteht durch Verzerren der Bleischürzen ein vergrößerter Armausschnitt (Fig. 21.7 Mitte). In solchen Fällen werden die Brust, das Sternum und der gesamte Thoraxbereich nahezu ungeschützt exponiert. Dieses Problem besteht bei einteiligen wie auch bei mehrteiligen Schürzen. Dies wird auf den Fotos deutlich, bei denen das Namensschild der schlanken Pflegekraft deutlich zu sehen ist. Dieses Schild war im Beispiel zentral auf der linken Mamma platziert. Da das Personal die Plaketten frontal auf der linken Thoraxhälfte trägt, tauchen die entsprechenden Expositionen auch auf den Personendosimetern (Filmen) auf.

Die Probleme treten bei Frauen und Männern gleichermaßen auf. Die handelsübliche Reduktion auf 0,25 mm Pb-Äquivalent im Seitenbereich und auf den Rückseiten der Schürzen ist wegen der lateralen Bestrahlung also sehr problematisch.

Abhilfe schaffen hier Schutzkleidungen, die nicht in der Thoraxmitte sondern seitlich geöffnet und geschlossen werden können und keinen Halsausschnitt aufweisen. Sie sollten so geschnitten sein, dass sie auch bei lateraler Exposition insgesamt 0,35 mm Bleigleichwert aufweisen. Außerdem sollten die Armausschnitte z. B. durch Klettverschlüsse auf den Schultern individuell einstellbar sein. Bei hohen Strahlenexpositionen können als zusätzliche Abschirmungen auch Schulterabdeckungen verwendet werden, die an die Schürzen angeknöpft werden können und von den meisten Herstellern als Zubehör angeboten werden.

Bei Untertischanordnungen der Röntgenröhre befindet sich das um etwa den Faktor 7 bis 8 intensivere Streustrahlungsfeld wieder auf der Röhrenseite, jetzt also unterhalb der Tischplatte. In diesem Fall ist neben der üblichen Abschirmung des Rumpfes auch für eine ausreichende Abschirmung im Beinbereich der Untersucher zu achten. Solche Abschirmungen können stationär am Tisch befestigte Bleischürzen oder Bleiglasscheiben sein, die allerdings eine ausreichende Länge aufweisen müssen.

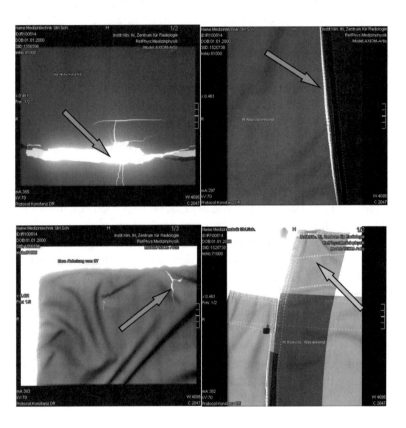

Fig. 21.8: Typische Röntgenaufnahmen mangelhafter Strahlenschutzmittel mit flächenhaften Defekten (links) oder deutlich erweiterten Nähten (Nahtrissen, rechts), die zum "Glockenrock-Phänomen" führen können. In allen abgebildeten Fällen müssen die Schutzmittel ausgetauscht werden. Einfache Defekte müssen dokumentiert und erneut geprüft werden. Abbildungen von normalen Nähten sind wegen der geringen exponierten Flächen kein Defekt (grüner Pfeil rechts unten, Fotos des Autors).

Qualitätsprüfungen Schutzkleidung: Bei sorglosem Umgang mit Schutzkleidung und Alterung der Materialien kann es zu Schäden an den Schutzmitteln wie Naht- oder Materialrissen kommen, die die Wirkung der Schutzkleidung vermindern. DIN 6857-2 schlägt deshalb regelmäßige Prüfungen der Schutzmittel vor. Diese Prüfungen können einfache Tastuntersuchungen sein, aber auch Untersuchungen mit Röntgenaufnahmen umfassen. Die Empfehlungen aus [DIN 6857-2] finden sich in schematischer Form in der folgenden Tabelle, einige typische Schäden sind in (Fig. 21.8) dargestellt.

Zeitmuster	Empfehlung
arbeitstäglich	Tastuntersuchung, optische Kontrolle
bei Verdacht, mindestens jährlich	Tastuntersuchung, optische Kontrolle
bei Verdacht, mindestens alle 2 Jahre	Röntgenuntersuchung
nach drei Jahren bei neuen Materialien	Röntgenuntersuchung

Tab. 21.7: Empfehlung zur Kontrolle der Unversehrtheit von Strahlenschutzmitteln (in Anlehnung an [DIN 6857-2]).

Aufgaben

1. Wie groß sind die Ortsdosisleistungen in 1 m und 50 cm Abstand seitlich neben dem Patienten, der mit einer Röntgendurchleuchtungsanlage untersucht wird, wenn die Einfallsdosisleistung in der Strahlfeldmitte 4-5 mGy/min beträgt?

2. Berechnen Sie die Oberflächendosis auf der Strahleintrittsseite bei einer Mammografie mit einer Filmempfindlichkeitsklasse $EK = 25$ für die durchschnittliche deutsche Mammadicke in Kompression von 6 cm in cranio-caudaler Orientierung. Verwenden Sie für den Raster- und Auflagenaufbau einen Schwächungsfaktor von 2,5.

3. Wie groß ist die Strahlenexposition auf der Strahleintrittsseite bei einer Thoraxübersichtsaufnahme an einem Patienten mit einem pa-Durchmesser im Thoraxbereich von 24 cm. Der Kassetten-Rasterfaktor betrage 8:1, die Halbwertschichtdicke für die harte Strahlung bei Thoraxaufnahmen beträgt etwa 6 cm Weichteilgewebe.

4. Schätzen Sie die Dosis auf der Eintrittsseite bei einer 20 min dauernden interventionellen, nicht gezoomten Röntgendurchleuchtung in ap-Projektion am Körperstamm eines Standardpatienten ab. Beachten Sie, dass auch moderne Durchleuchtungsanlagen Detektoren mit einem Dosisleistungsbedarf um 12 μGy/min aufweisen. Wie hoch ist die Ortsdosisleistung am Platz des Untersuchers in einer Obertischanordnung der Röntgenröhre?

5. Bei einer Durchleuchtung wird der Patient versehentlich statt unmittelbar vor dem Bildverstärker in Mitte eines C-Bogens positioniert. Hat dies Auswirkungen auf den Strahlenschutz?

6. Warum sollten Schutzschürzen an interventionellen Röntgenarbeitsplätzen nicht nur frontal sondern auch seitlich mit 0,35 mm Bleiäquivalent versehen sein?

7. Wie oft müssen Schutzmittel (z.B. Röntgenschürzen) auf Unversehrtheit geprüft werden?

Aufgabenlösungen

1. Nach Gl. (21.6) berechnet man in 0,5 m und 1 m seitlichem Abstand mit dem Ausbeutefaktor für die Streustrahlung k = 0,002 m² Dosisleistungswerte am Orte des Untersuchers (Halsvorderseite, Schilddrüse, Augen) von 1,92 und 0,48 mGy/h. Der 50 cm Abstand entspricht ziemlich genau der Position eines Arztes bei Durchleuchtungsuntersuchungen und aufrechter Haltung.

2. Ein Mammografiefilm mit einer Filmempfindlichkeitsklasse EK = 25 benötigt für eine korrekte Belichtung eine Dosis von 40 µGy. Der Schwächungsfaktor durch die Mamma der angegebenen Dicke (HWSD ca. 0,91 cm, s. Aufgabe 5 in Kap. 7) beträgt etwa 100:1. Zusammen erhält man als Eintrittsdosis ED = 2,5x100x40 µGy = 10 mGy. Die durchschnittliche Effektive Dosis einer Mammografie wird wegen der schnellen Abnahme der Dosis mit der durchstrahlten Schichtdicke und des verhältnismäßig kleinen w_T-Faktors der Mamma auf Werte um 0,6 mSv geschätzt (s. Tab. 22.12). Die experimentellen Halbwertschichtdicken betragen je nach Filterung und kV tatsächlich zwischen 0,7 - 1 cm, so dass die Dosiswerte in realen Anordnungen etwas abweichen.

3. Bei einer Thoraxübersichtsaufnahme werden ein Film mit der Empfindlichkeitsklasse EK = 400 (Dosisbedarf 2,5 µGy/Optische Dichte 1) und ein Hartstrahlraster eingesetzt. Der Rasterfaktor beträgt wegen der großen Lamellenhöhe typisch 8:1. Ein Patientendurchmesser von 24 cm entspricht 4 Halbwertschichtdicken für diese Strahlenart. Zusammen erhält man eine Dosis von Einstrahldosis ED = 8·16·2,5µGy = 0,32 mGy. Umgerechnet in die Effektive Dosis erhält man typischerweise die natürliche Dosis von 14 Tagen von 0,1 mSv (s. Tab. 22.7) durch eine Thoraxübersichtsaufnahme mit Filmen. Dieser Wert entspricht sehr genau der Effektiven Strahlenexposition bei einem Transatlantikflug nach New York und zurück. Thoraxaufnahmen mit modernen digitalen Detektoren können in günstigen Fällen mit 1/5 dieser Dosis auskommen.

4. Der Standardpatient hat einen ap-Durchmesser von 21 cm, dies entspricht etwa sieben Halbwertschichtdicken an Weichteilgewebe. Der typische Raster-Aufbau-Faktor beträgt 4:1. Zusammen mit dem Dosisbedarf eines ungezoomten Bildverstärkers erhält man pro Minute Durchleuchtungszeit eine Einstrahldosis von ED = 0,012 mGy·4·128 = 6,144 mGy/min. In 20 Minuten war die Dosis ED = 122,8 mGy. Die Dosis am 50 cm entfernten Ort des Untersuchers berechnet man wie in Aufgabe 1 zu $D_{untersucher}$ = 0,002·122,8/0,25 = 0,9824 mGy in 20 Minuten, also knapp 1 mGy. Dieser Strahlenexposition ist der Untersucher an nicht abgeschirmten Teilen seines Oberkörpers ausgesetzt.

5. Der Bildverstärker benötigt für eine brauchbare Bilderzeugung eine definierte Dosis auf seiner Oberfläche, die unabhängig von der Position des Patienten ist. Im beschriebenen Fall befindet sich der Patient in geringerer Entfernung zur

Röntgenröhre als bei korrekter Positionierung. Er erhält daher eine nach dem Abstandsquadrat abzuschätzende erhöhte Dosis. Das für die Exposition des Personals zuständige Streustrahlungsfeld entsteht in einer anderen Position als bei korrekter Lagerung, so dass unter Umständen nicht abgedeckte Körperteile exponiert werden können.

6. Geschlossene Schürzen werden wegen der lateralen Position des intervenierenden Personals zum auf den Patienten auftreffenden Strahlenbündel benötigt. Ein eindeutiges Beispiel ist eine Herzkatheteruntersuchung bzw. EPU, bei der dem Patienten unter Röntgenkontrolle ein Katheter in die Femoralarterie oder über einen radialen Zugang gelegt werden muss.

7. DIN 6857 Teil 2 führt dazu aus. (1): Arbeitstägliche Sichtprüfung auf Unversehrtheit vor der Verwendung. (2): Tastprüfung bei Verdacht, aber mindestens einmal pro Jahr. (3): Röntgenuntersuchung des Mittels bei Verdacht oder mindestens alle zwei Jahre. (4): Neue Schürzen spätestens nach 3 Jahren Prüfung mit Röntgenstrahlung erforderlich.

22 Strahlenexpositionen und Strahlenschutz in der Computertomografie

In diesem Kapitel werden die individuellen Strahlenexpositionen in der medizinischen Computertomografie (CT) für Patienten und Personal dargestellt.

Bei der Computertomografie werden von einem umlaufenden System aus Röntgenröhre und Detektorkranz Intensitätsverteilungen aus vielen Winkeln aufgenommen. Aus diesen Intensitätsverteilungen werden durch geeignete Algorithmen relative Schwä-

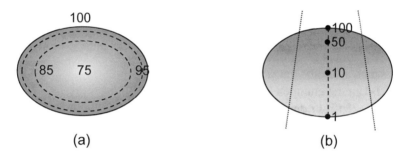

Fig. 22.1: (a): Typische rel. Energiedosisverteilung im Körperstamm eines Patienten bei einem 360-Grad CT-Scan mit etwa 125 kV (Angaben in % der Oberflächendosis). (b): Zum Vergleich: Dosisverhältnisse bei der Projektionsradiografie am Körperstamm eines schlanken Patienten.

chungskoeffizienten einzelner Volumenelemente (voxels) in der betrachteten Schnittebene, die "Hounsfield Units" (HU), berechnet. Bei der überlagerungsfreien Schnittbilddarstellung von Patienten im Rahmen der Computertomografie kommt es anders als bei der Projektionsradiografie notgedrungen zu einer nahezu gleichförmigen Bestrahlung des gesamten untersuchten Körperbereiches (Fig. 22.1). Der Grund dafür ist die Bestrahlung von allen Seiten, die der strahlentherapeutischen Bewegungsbestrahlung ähnelt. Dabei wird zwischen der sequentiellen und der helikalen Computertomografie unterschieden. Bei der sequentiellen Technik wird bei ruhendem Patienten Röhre und Detektorkranz einmal um den Patienten bewegt, vor der nächsten Aufnahme wird der Patient um die erforderliche Schichtdicke in Längsrichtung verschoben. Bei der helikalen Technik (Spiral-CT) wird bei ständig umlaufender Röntgenröhre und Detektorkranz der der Patient kontinuierlich in Längsrichtung verschoben, so dass das interessierende Volumen im Patienten spiralförmig abgetastet wird. Während zu Beginn der CT-Geschichte nur jeweils ein Fächerstrahl erzeugt und angewendet werden konnte (single slice Technik), können heute durch geeignete technische Detektoranordnungen je nach Detektorgröße bis 320 Schichten gleichzeitig ausgemessen werden. Dies wird als Mehrebenen-CT oder multi-slice CT bezeichnet.

Als Detektoren werden heute in der Computertomografie die gleichen modernen Festkörperdetektoren eingesetzt wie bei der Projektionsradiografie. Die modernsten Varianten sind Szintillatorsubstanzen mit einer Photodiodenmatrix, die optodirekten Detektoren, wie sie auch bei den Flachdetektoren verwendet werden. CT-Detektoren, die bis vor etwa 10 Jahren nur als Einzelringdetektoranordnungen gefertigt werden konnten, werden heute auch als großflächige Flachdetektoren gefertigt. Die minimalen Umlaufzeiten der modernsten Anlagen liegen bei nur 0,25 s und erlauben deshalb auch schnelle dynamische Untersuchungen (Details in [Krieger2]).

22.1 Der Pitchfaktor bei CT-Untersuchungen

Die räumliche Auflösung ist dabei von der Größe bzw. dem Blickwinkel der einzelnen Detektorelemente bestimmt. Jeder dieser Fächerstrahlen hat eine bestimmte geometrische Breite (Schichtdicke oder Schnittbreite h, Fig. 22.2), die nach der vorgegebenen diagnostischen Aufgabe gewählt werden kann. Sie beträgt zwischen 0,5 mm und etwa 0,5 cm. CT-Untersuchungen können entweder mit Scanlücken zwischen den einzelnen Schnitten, lückenfrei oder mit Schnittebenenüberlapp vorgenommen werden. Zur Beschreibung verwendet man den **Pitch-Faktor p**, der als Verhältnis von Tischvorschub TV und nomineller Schichtdicke h berechnet wird (pitch engl.: Lücke).

$$p = TV/h \tag{22.1}$$

Ein Pitchfaktor von $p = 1$ bedeutet danach identischen Tischvorschub und Schichtdicke, also lückenfreien sequentiellen Scan, Pitchfaktoren $p > 1$ bedeuten dagegen Lücken im Scan und Pitchfaktoren $p < 1$ Schnittebenenüberlapp. Im letzteren Fall kommt es also zur Mehrfachbestrahlung desselben Volumens und einer entsprechenden Dosiserhöhung. Moderne Computertomografen werden meistens als Spiral-CTs ausgelegt und betrieben. Auch bei der Spiraltechnik kann mit lückenfreier, lückenbehafteter oder sogar überlappender Spirale, also mit unterschiedlichen Pitchfaktoren gearbeitet werden. Aus Gründen der besseren Verständlichkeit werden die folgenden Ausführungen überwiegend für die Einzelschichtdarstellung im sequentiellen Modus dargestellt. Alle dabei abgeleiteten Regeln können in gleicher Weise für die helikale Technik verwendet werden.

22.2 CTDI und Dosislängenprodukt bei CT-Untersuchungen

Grundlage zur Quantifizierung der Dosisverhältnisse bei CT-Untersuchungen an herkömmlichen Computertomografen mit diskreten Einzelschichten ist das Dosisprofil einer einzelnen Schicht (Fig. 22.2). Diese diskrete "Single-Slice"-Technik soll daher für die folgenden Überlegungen zugrunde gelegt werden. Die nominelle Schichtdicke h entspricht ungefähr der 50%-Breite des etwa gaußförmigen Dosisprofils. Die außerhalb der geometrischen Fächerstrahlbreite h registrierten Dosisbeiträge entstammen vor allem der in der Schicht selbst erzeugten Streustrahlung und unterscheiden sich daher erheblich in Luft oder im Gewebe. Zusätzlich erhält man Dosisbeiträge durch Transmission durch das Blendensystem und gegebenenfalls auch wegen der Divergenz des Strahlenbündels. Sie führen zu einer entfernungsabhängigen Exposition von Organen auch außerhalb des eigentlichen Nutzstrahlungsfächers und erhöhen selbstverständlich auch die Strahlenexposition der Nachbarschnitte im Zielgebiet. Die Analyse der Dosisverhältnisse im gescannten Körperbereich bei CT-Untersuchungen wird durch die Verwendung des CT-Dosisindexes **CTDI** erleichtert (Fig. 22.2). Der CTDI ist das Integral über das Dosislängsprofil einer einzelnen Schicht, das aus Gründen der Anschauung räumlich dem Ort der eigentlichen Schicht mit der nominellen Schichtbreite h zugeordnet wird. Seine praktische Einheit ist das "mGy".

$$CTDI = \frac{1}{h} \cdot \int_{-\infty}^{+\infty} D(z) \cdot dz \qquad (22.2)$$

Der CTDI kann näherungsweise experimentell bestimmt werden, indem man entweder eine einzelne CT-Schicht auf eine ausreichend lange Stabionisationskammer einstrahlt und das darin erzeugte Messsignal dem Ort der Schicht zuordnet (s. Fig. 22.3), oder indem eine örtlich aufgelöste Dosismessung mit ausreichend vielen angrenzenden CT-Schichten mit dem Pitchfaktor $p = 1$ vorgenommen wird. Durch die Überlagerung der Dosisausläufer der benachbarten Schichten erhöht sich in diesem Fall die Detektoran-

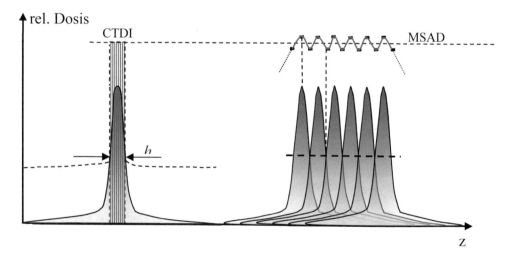

Fig. 22.2: Links: Schematisiertes Dosislängsprofil einer einzelnen CT-Schicht mit der nominellen Schichtdicke h und den typischen Streustrahlungsausläufern (durchgezogene Linie in Luft, gestrichelte Linie in Wasser) sowie Definition des CT-Dosisindexes CTDI als Fläche unter dem Dosisprofil (s. Gl. 22.15). Die Streustrahlungs- und Transmissionsausläufer werden dazu zum zentralen Anteil innerhalb der Schichtbreite h addiert. Rechts: Überlagerung mehrerer Schichten zum Gesamtdosisprofil für den Pitchfaktor $p = 1$. Der Dosismittelwert des wellenförmigen Dosisprofils ist der MSAD (Gl. 22.3).

zeige. Das so erzeugte Messergebnis wird als **MSAD** (<u>M</u>ultiple <u>S</u>lice <u>A</u>verage <u>D</u>ose) bezeichnet und entspricht für den Pitchfaktor 1 exakt dem CTDI. Es gilt der Zusammenhang:

$$MSAD = \frac{1}{p} \cdot CTDI \qquad (22.3)$$

Die Integrationsgrenzen zur Berechnung oder Messung des CTDI wurden international etwas unterschiedlich gesetzt. Im amerikanischen Raum wurde zunächst über ±7 Schichtdicken gemessen, in Europa unabhängig von der tatsächlichen Schichtbreite über ±50 mm, also über 10 cm Gesamtlänge. Die letztere Vorgehensweise ist mittlerweile international vereinbart und entspricht besser der Schwächungslänge für die aus dem Schnitt heraus tretende Streustrahlung, die ja im Röntgenbereich nur eine geringfügig weichere Strahlungsqualität als die Nutzstrahlung hat. Bezieht man den CTDI auf das Röhrenstrom-Zeitprodukt pro Einzelschicht der CT-Untersuchung (die "mAs"), also die auf die Anode pro Schicht eingeschossene Ladung Q, erhält man den **normierten** CT-Dosisindex $_nCTDI$, der entweder pro 1 mAs oder pro 100 mAs angegeben wird und wegen der Variabilität des mAs-Produkts bei verschiedenen Untersuchungen besonders geeignet für die praktische Arbeit ist. Seine Einheit ist dann das "mGy/mAs" oder das "mGy/100mAs".

$$_nCTDI = \frac{CTDI}{Q} \qquad (22.4)$$

Der CTDI im Phantom unterscheidet sich je nach Lage der Messsonde im Zentrum, oder der Peripherie der bei der Messung verwendeten Festkörperphantome (Schädelphantom Durchmesser 16 cm, Rumpfphantom Durchmesser 32 cm, Fig. 22.3). Bei der Angabe des CTDI muss daher sowohl die Phantomgröße als auch die Position innerhalb der Phantome spezifiziert werden. Um diesen Problemen aus dem Weg zu gehen kann man den lagegewichteten **CTDI$_w$** bilden, der aus einer gewichteten Summe des zentralen (Index c) und des peripheren CTDI (Index p) berechnet wird.

$$CTDI_w = \frac{1}{3} CTDI_c + \frac{2}{3} CTDI_p \qquad (22.5)$$

Der CTDI kann auch ohne streuendes und schwächendes Phantommaterial angegeben werden und wird dann als Integral über die Luftkerma auf der Systemachse des Computertomografen definiert (Gl. 22.19). Die Strahlprofile haben frei in Luft wesentlich niedrigere seitliche Ausläufer, da das streuende Phantom fehlt (s. Fig. 22.2). Dieser CTDI wird dann als **CTDI$_{luft}$** gekennzeichnet. Diese Art der Deklaration war bisher im deutschsprachigen Raum üblich, insbesondere sind Tabellenwerke zu den unten erläuterten Konversionsfaktoren zur Berechnung Effektiver Dosen oder Organdosen zur Zeit immer noch auf diese Frei-Luft-Spezifikation des CTDI ausgelegt.

$$CTDI_{luft} = \frac{1}{h} \cdot \int_{-50}^{+50} K_a(z) \cdot dz \qquad (22.6)$$

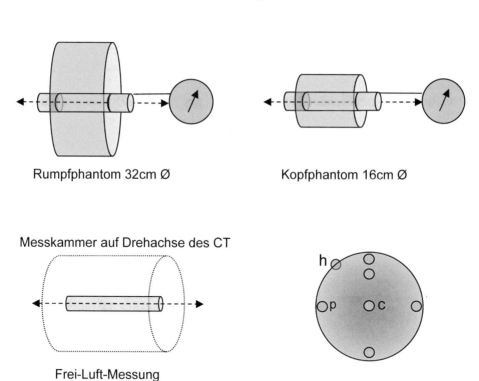

Fig. 22.3: Messanordnungen zur Bestimmung des CTDI. Oben: Rumpfphantom und Schädelphantom aus gewebeäquivalentem Phantommaterial mit Durchmessern von 32 bzw. 16 cm. Die Messkammer erfasst jeweils einen Bereich von ±5 cm symmetrisch zur Schnittebene. Unten links: Anordnung zur Frei-Luft-Messung des CTDI$_{luft}$. Die Messkammer befindet sich auf der Drehachse des CT. Rechts unten: Aufsicht auf die beiden Festkörperphantome zur Bestimmung des CTDI in verschiedenen Phantomtiefen (Durchmesser 16 cm und 32 cm) mit einer zentralen Bohrung "c" und peripheren Bohrungen "p" in 1 und 3,5 cm Tiefe für Messungen mit einer Stielionisationskammer, sowie eine Position "h" auf der Oberfläche zur Messung der Oberflächendosis mit TLD.

Typische Werte für den normierten $_{n}CTDI_{luft}$ liegen zwischen 0,1 und 0,3 (mGy/mAs) mit einem Mittelwert um $_{n}CTDI_{luft}$ = 0,2 (mGy/mAs), nach Herstellern und Gerät aufgeschlüsselte detaillierte Angaben finden sich in Firmenprospekten und zusammengefasst beispielsweise in [Nagel].

Vom Hersteller angegebene Werte für den Frei-Luft-Dosisindex oder den gewichteten $CTDI_w$ können mit anlagenspezifischen Phantomfaktoren p_H oder p_B für das Kopfphantom (Index H wie head) oder das Körperphantom (Index B wie body) nach Gl. (22.7) ineinander umgerechnet werden.

$$CTDI_w = p_{B,H} \cdot CTDI_{luft} \tag{22.7}$$

Diese Umrechnungsfaktoren entsprechen formal dem Gewebe-Luft-Verhältnis TAR, das in der klinischen Dosimetrie von therapeutischen Photonenstrahlern verwendet wird (vgl. dazu [Krieger3]). Typische Werte für die Phantomfaktoren liegen für das Schädelphantom bei p_H = 0,1 - 0,3 und für das Rumpfphantom bei p_B = 0,05 - 0,25. Die Relation zwischen Frei-Luft-Dosisindex und gewichtetem Dosisindex variiert also erheblich von Anlage zu Anlage, so dass der Frei-Luft-Dosisindex wegen der herstellerspezifischen Filterung des Nutzstrahls (Grundfilter, Formfilter) und der unterschiedlichen Strahlgeometrien ohne Angaben der beiden Phantomfaktoren allein kein vernünftiges Maß zum Vergleich unterschiedlicher CT-Geräte darstellt. Heute wird der gewichtete $CTDI_w$ (Gl. 22.5) in Phantomen zur Spezifikation bevorzugt, da dieser besser mit der Strahlenexposition von Patienten korreliert.

Eine weitere für Dosisberechnungen sehr praktische, vom CTDI abgeleitete integrale Größe ist bei konstantem Röhrenstrom das **Dosislängenprodukt DLP**, das als Produkt des CTDI mit der Anzahl der Schichten n und der Schichtbreite h (in cm) oder mit der mit dem Pitchfaktor korrigierten Scanlänge L/p berechnet wird. Es kann für alle Arten des CTDI definiert werden und enthält wegen seiner Definition bereits die Pitchfaktorkorrektur.

$$DLP = CTDI \cdot n \cdot h = CTDI \cdot L/p \tag{22.8}$$

Bei Röhrenstrommodulation muss das Integral des CTDI über die Scanlänge verwendet werden (s. [Kieger3]). Das Dosislängenprodukt hat die Einheit (Dosis·Länge) z. B. (mGy·cm). Der Quotient aus gewichtetem $CTDI_w$ und Pitchfaktor p wird als $CTDI_{vol}$ oder $CTDI_{eff}$ bezeichnet.

Zusammenfassung

- **Grundlage der Dosisabschätzungen bei CT-Untersuchungen ist der CTDI.**

- **Er enthält das Längen-Integral über das durch einen CT-Schnitt erzeugte Dosislängsprofil.**

- **Er kann in Phantomen (Kopf-, Rumpfphantom) oder Frei-Luft definiert werden.**

- **Die Umrechnung geschieht mit anlagenspezifischen Phantom-Luft-Faktoren p_H und p_B.**

- **Wird der CTDI auf das mAs-Produkt bezogen, heißt er normierter Index $_n$CTDI.**

- **Der Effekt überlappender oder lückenhafter CT-Schnittführungen wird mit dem Pitchfaktor p berücksichtigt.**

- **Ein dem CTDI verwandtes Maß ist das Dosislängenprodukt DLP, das als Produkt von CTDI und Schnittzahl mal Schnittbreite berechnet wird.**

22.3 Abschätzung der Patientendosis bei CT-Untersuchungen*

Die Berechnung Effektiver Dosen untersuchter Patienten geschieht wie bei allen Abschätzungen von Strahlenexpositionen grundsätzlich in mehreren Schritten. Als Basis für diese Berechnungen wird der normierte CTDI und das mAs-Produkt pro Schnitt oder das DLP der Untersuchung benötigt. Daraus sind in allen strahlenschutzrelevanten Organen die durch die Untersuchung bewirkten Organäquivalentdosen H_T zu bestimmen. In dritten Schritt ist daraus die Effektive Dosis E mit Hilfe der Organwichtungsfaktoren w_T zu berechnen (s. dazu Kap. 11). Alle im Folgenden dargestellten Verfahren beruhen auf der Annahme, dass der normierte CTDI während einer CT-Untersuchung konstant bleibt. Es wird also unterstellt, dass der CTDI für eine bestimmte Untersuchung unabhängig vom aktuellen Patientendurchmesser in der untersuchten Körperregion als auch von der Röhrenposition relativ zum Patienten ist. Beide Unterstellungen entsprechen den Betriebsbedingungen älterer CT-Scanner. Modernere Anlagen regeln den Röhrenstrom dagegen in Abhängigkeit von der aktuellen Patientengeometrie, modulieren also die Expositionsbedingungen nach dem jeweils in Strahlrichtung wirksamen Patientendurchmesser und der damit verbundenen Strahlschwächung. Diese von der Objektdichte abhängige **Röhrenstrommodulation** kann zu einer deutlichen Reduktion der Strahlenexposition der Patienten führen. Man verwendet deshalb heute bevorzugt über die Scanlänge gemittelte CTDI, die eine bessere Abschätzung der Strahlenexposition ermöglichen.

Abschätzung von Effektiven Dosen mit dem normierten Frei-Luft-Dosisindex $_n$CTDI$_{luft}$:* Zur Bestimmung der Organdosen über den CTDI benötigt man zunächst Informationen über die durch CT-Schnitte überall im Körper des Patienten erzeugten relativen Dosisbeiträge, also im Prinzip quantitative Informationen über die Dosisprofile der vorgenommenen Schnittbilder. Die Höhe der Dosisbeiträge hängt selbstverständlich von der Entfernung des betrachteten Körperbereiches vom aktuellen Untersuchungsgebiet ab. Dosisbeiträge aus verschiedenen Schnitten einer CT-Untersuchung überlagern sich in dem betrachteten Organ T additiv. Die Organ-Dosis-beiträge wurden sie mit Hilfe geometrischer Phantome in Monte-Carlo-Verfahren rechnerisch vorkalkuliert. Das Ergebnis dieser Rechnungen sind schnittlagenabhängige Organkonversionsfaktoren $f_T(z)$. Sie geben die relativen Beiträge eines CT-Schnittes von 1 cm Breite zur Äquivalentdosis in einem bestimmten Organ T als Funktion der Lage des CT-Schnittes (des Abstandes Schnittebene-Organ) an. Bezogen sind diese Faktoren auf die Frei-Luftkerma auf der Systemachse. Sie haben die praktische Einheit (mSv/mGy), gemeint ist damit "mSv im Organ pro mGy Luftkerma auf der Systemachse". Je dichter ein Organ der CT-Schnittebene benachbart ist, umso größer wird auch der Beitrag des Scans zur Organdosis. Die höchsten Beiträge erhält man, wenn das betrachtete Organ unmittelbar im Scanstrahl liegt.

Solche Organfaktoren für unterschiedliche Personen (Frauen, Männer, Kinder, Säuglinge) befinden sich in den Arbeiten von [Zankl 1991] und [Zankl 1993]. Sie wurden allerdings für ein heute nicht mehr hergestelltes CT-Modell berechnet und sind bei höheren Genauigkeitsansprüchen nicht ohne weitere Korrekturen auf Scanner der neueren Generationen zu übertragen. Mit Hilfe des $CTDI_{luft}$ können damit für jede beliebige Schnittlage im Körper des Patienten die Beiträge dieses Schnittes zur Organdosis H_T Dosis in einem bestimmten Organ T berechnet werden (Gl. 22.9).

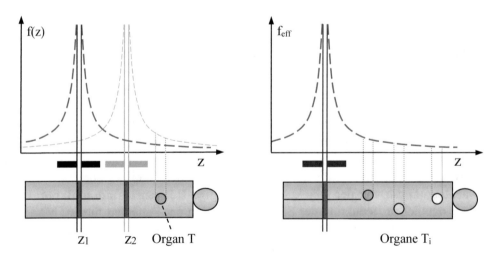

Fig. 22.4: Links: Vorgehen beim zweistufigen CT-Dosisberechnungsverfahren: Entstehung einer Dosis im Organ T durch CT-Schnitte in unterschiedlichen Entfernungen z_1, z_2. Summiert werden diese Beiträge über alle CT-Schnitte. Das Verfahren muss für jedes Organ wiederholt werden. Anschließend werden diese Organdosen in die Effektive Dosis umgerechnet. Rechts: Einstufiges Berechnungsverfahren: Für jeden CT-Schnitt werden die Beiträge aller Organe T zur Effektiven Dosis berechnet und summiert. Das Vorgehen wird für jeden weiteren CT-Schnitt wiederholt.

Schichten z	Organe T				
	Organ T1	Organ T2	......	Organ Tn	**risikogewichtete Summen über alle Organe pro Schicht**
z_1	$f_{T1}(z_1)$	$f_{T2}(z_1)$	......	$f_{Tn}(z_1)$	$f_{eff}(z_1) = \sum_T f_T(z_1) \cdot w_T$
$z_2 = z_1 + \Delta z$	$f_{T1}(z_2)$	$f_{T2}(z_2)$	......	$f_{Tn}(z_2)$	$f_{eff}(z_2) = \sum_T f_T(z_2) \cdot w_T$
$z_3 = z_2 + \Delta z$	$f_{T1}(z_3)$	$f_{T2}(z_3)$	......	$f_{Tn}(z_3)$	$f_{eff}(z_3) = \sum_T f_T(z_3) \cdot w_T$
....	....	....	......	....	
$z_n = z_{n-1} + \Delta z$	$f_{T1}(z_n)$	$f_{T2}(z_n)$	......	$f_{Tn}(z_n)$	$f_{eff}(z_n) = \sum_T f_T(z_n) \cdot w_T$
Summen über alle Schichten pro Organ T	$\sum_z f_{T1}(z)$	$\sum_z f_{T2}(z)$	......	$\sum_z f_{Tn}(z)$	⇩ **Effektive Dosis** ⟹

Tab. 22.1: Erläuterungen zum Ermittlungsverfahren der Effektiven Dosis bei CT-Untersuchungen: Beim **zweistufigen** Verfahren (Gln. 22.9 und 22.10) wird zunächst für jedes Organ T die Summe der f_T-Beiträge in $\Delta z = 1$cm-Schritten gebildet. Anschließend werden diese Summen mit den w_T-Faktoren gewichtet und über alle Organe summiert. Beim **einstufigen** Verfahren verwendet man vorkalkulierte risikogewichtete effektive Faktoren f_{eff} pro Schicht. Zur Berechnung der Effektiven Dosis muss dann nur noch über die Scanlänge addiert werden (Gln. 22.9, 22.13).

$$H_T = \frac{1}{p} \cdot {}_n\text{CTDI}_{luft} \cdot Q \cdot \Sigma^z_{-z} f_T(z) \qquad (22.9)$$

Die z-Grenzen dieser Summenbildung entsprechen den Anfangs- und End-Koordinaten des Scans im Körper des Patienten oder im Phantom. Die Summation ist unabhängig von der eigentlichen Schnittbreite h in 1 cm Schritten für alle strahlenschutzrelevanten Organe des Patienten bzw. Phantoms über die gesamte Scanlänge zu wiederholen. Strahlenschutzrelevante Organe sind diejenigen, für die w_T-Faktoren zur Berechnung Effektiver Dosen vorgehalten werden (s. Tab. 11.5). Die Summation ergibt einen Satz von Organdosiswerten H_T für die bei der Untersuchung exponierten Organe.

Körperbereich	$F_{tot,pausch}$ Erwachsene (mSv/mGy)	
	weiblich	männlich
Ges. Schädel	0,026	0,023
HWS	0,034	0,030
Thorax	0,228	0,189
Oberbauch	0,176	0,156
LWS	0,041	0,032
Becken	0,258	0,142
Ganzes Abdomen	0,434	0,289
Tumorstaging	0,641	0,484

Tab. 22.2: Pauschale $F_{tot,pausch}$-Faktoren für Erwachsene berechnet nach Gl. (22.9) für einige Standard-CT-Untersuchungen in Anlehnung an ([Nagel], [Stamm]).

Soll aus den Organdosen die Effektive Dosis bei einer CT-Untersuchung abgeschätzt werden, müssen die mit Formel (22.9) gewonnenen Organdosen H_T für jedes einzelne Organ T in einem zweiten Schritt in Effektive Dosisbeiträge umgerechnet werden. Dies geschieht wie üblich durch Multiplikation der Organdosen H_T mit dem zugehörigen Organwichtungsfaktor w_T (Tab. 11.5). Diese Effektiven Dosisbeiträge müssen dann über alle Organe T summiert werden.

$$E = \sum_T w_T \cdot H_T \qquad (22.10)$$

Die Berechnung der Effektiven Dosis nach diesem zweistufigen Verfahren ist sehr zeitaufwendig. Eine weniger rechenzeitintensive Methode bietet die Verwendung vorkalkulierter schnittlagenabhängiger **effektiver** Konversionsfaktoren f_{eff}, die bereits die w_T-Faktoren enthalten (vgl. Tab. 22.7).

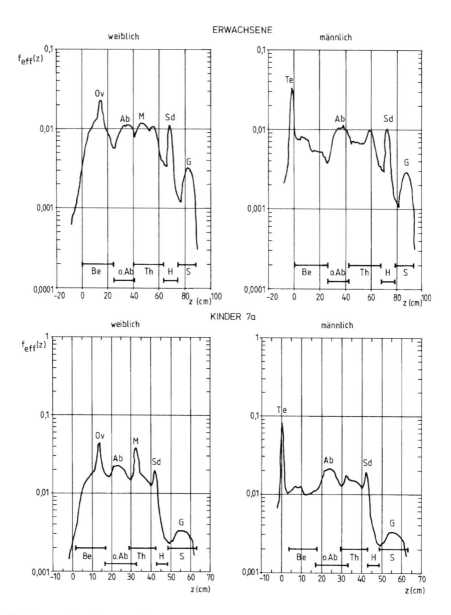

Fig. 22.5: Konversionsfaktoren $f_{eff}(z)$ zur Berechnung der Effektiven Dosis (angegeben für 1 cm Schritte) zur Verwendung mit dem Frei-Luft CTDI für normal gewichtige Erwachsene Frauen (oben links) und Männer (oben rechts) und für 7jährige Kinder (unten) für eine übliche Strahlungsqualität (129 kV, Filterung 9mm AL-Äquivalent), nach [Nagel]. Die Faktoren haben die praktische Einheit (mSv/mGy). Die Kürzel an den Kurven geben die Lage einzelner Organe an (Ov: Ovarien, Te: Testes, Ab: Abdomen, M: Mamma, Sd: Schilddrüse, G: Gehirn). Die horizontalen Balken zeigen die üblichen Bereiche verschiedener CT-Untersuchungen, die zur Berechnung der mittleren effektiven Faktoren in Tab. (22.2) verwendet wurden (Be: Becken, o.Ab: oberes Abdomen, Th: Thorax, H: Hals, S: Schädel).

Dazu werden für jede Schichtlage z im Körper die f_T-Faktoren aller strahlenschutzrelevanten Organe einzeln mit den entsprechenden w_T-Faktoren multipliziert und lokal, also für festes z, zu einem Beitrag des betrachteten CT-Schnittes zur Effektiven Dosis addiert.

$$f_{eff}(z = const) = \sum_T f_T(z) \cdot w_T \qquad (22.11)$$

Solche vorab berechneten lageabhängigen und risikogewichteten Organfaktorsummen für CT-Untersuchungen f_{eff} findet man in der Literatur (z. B. [Nagel]) für Schrittweiten von 1 cm als Tabellen oder als Grafiken (z. B. Fig. 22.5). Sie haben die Einheit (mSv/mGy), gemeint ist dabei "effektive mSv pro mGy Luftkerma". Wie den Kurven in Fig. (22.5) zu entnehmen ist, ist bei den Keimdrüsen und im Bereich der Schilddrüse ein deutliches Ansteigen dieser $f_{eff}(z)$-Faktoren festzustellen. Dies liegt an der absoluten Dominanz dieser mehr oder weniger isoliert liegenden Risikoorgane in diesem Körperbereich. Am Körperstamm überlappen die verschiedenen Risikoorgane, so dass der $f_{eff}(z)$-Verlauf hier weniger strukturiert ist.

Summiert man die lokalen lageabhängigen Konversionsfaktoren $f_{eff}(z)$ über die gesamte Scanlänge, erhält man den **totalen effektiven Konversionsfaktor F_{tot}** für diese Untersuchung.

$$F_{tot} = \sum_{-z}^{z} f_{eff}(z) \qquad (22.12)$$

Die z-Grenzen entsprechen dabei den Anfangs- und Endkoordinaten der bei der Untersuchung bestrahlten Körperregion in Zentimeter. Zur Berechnung der Effektiven Dosis ist bei diesem einstufigen Verfahren also lediglich die individuelle Summe der lokalen effektiven Konversionsfaktoren $f_{eff}(z)$ über alle z-Koordinaten des Scans zu bilden und mit dem auf den Pitchfaktor korrigierten normierten $_nCTDI_{luft}$ und dem mAs-Produkt Q zu multiplizieren.

$$E = \frac{1}{p} \cdot {}_nCTDI_{luft} \cdot Q \cdot \sum_{-z}^{z} f_{eff}(z) = \frac{1}{p} \cdot {}_nCTDI_{luft} \cdot Q \cdot F_{tot} \qquad (22.13)$$

F_{tot}-Faktoren können aus Gründen der weiteren Vereinfachung und leichteren Praktikabilität für gängige CT-Untersuchungen bestimmter Körperbereiche pauschal vorberechnet werden. Dazu werden standardisierte Scangrenzen verwendet, die der individuellen Patientenanatomie i. a. recht nahe kommen. Solche Standard-Scanbereiche sind zur besseren Orientierung in den Grafiken (Fig. 22.5) für einige CT-Untersuchungen mit eingezeichnet. Bei geringen Ansprüchen an die Genauigkeit können die pauschalen $F_{tot,pausch}$-Faktoren der Tab. (22.2) statt der individuell zu berechnenden Faktoren nach Gl. (22.12) zur Berechnung der Effektiven Dosis verwendet werden.

Da das Röhrenstrom-Zeitprodukt Q bei den meisten CT-Anlagen individuell gewählt werden kann und die effektive Dosis proportional zu Q ist, muss man für Dosisabschätzungen auch bei Verwendung der pauschalen $F_{tot,pausch}$-Faktoren den normierten $_nCTDI$, den man den Herstellerunterlagen oder [Nagel] entnehmen kann, und das tatsächliche bei der Untersuchung entstandene mAs-Produkt Q benutzen. Auch hier ist selbstverständlich der Pitchfaktor p zu beachten.

$$E = \frac{1}{p} \cdot {}_nCTDI_{Luft} \cdot Q \cdot F_{tot,pausch} \qquad (22.14)$$

Die Formeln (22.13, 22.14) gelten nur unter der Voraussetzung, dass sowohl das mAs-Produkt pro Schicht unabhängig von der Position der Schicht im Patienten ist als auch die Strahlungsqualität exakt der bei der Berechnung der Faktoren unterstellten Strahlungsqualität (kV, Filterung) und Gerätegeometrie entspricht. Zusätzlich muss der CTDI für die betrachtete Untersuchung einen vom Scanbereich unabhängigen Wert haben.

Beispiel 22.1: Abschätzung der Effektiven Dosis bei einem Thoraxscan eines Erwachsenen. *Verwendet wird die Schichtdicke h = 1cm. Der totale Konversionskoeffizient für männliche Erwachsene beträgt nach Tab. (22.2) F_{tot} = 0,189, für Frauen 0,228 mSv/mGy. Das mAs-Produkt betrage 250 mAs, der Pitchfaktor sei p = 1. Der normierte CTDI habe den typischen Wert 0,2 mSv/mAs. Dies ergibt nach Gl. (22.14) Effektive Dosen für den Mann von 9,45 mSv/Scan, für die Frau 11,4 mSv/Scan. Wird stattdessen mit einem Pitchfaktor von 1,5 untersucht, erhält man um den Faktor 1,5 verringerte Dosen von 6,3 bzw. 7,6 mSv/Scan. Jede weitere Scanserie exponiert mit einer zusätzlichen Dosis in dieser Höhe. Wird also zunächst nativ und anschließend mit Kontrastmittel erneut untersucht, erhält man daher beim Pitchfaktor p = 1 Effektive Dosen von 18,9 bzw. 22,8 mSv.*

Viele moderne CT-Scanner spezifizieren neben dem CTDI und dem mAs-Produkt auch das Dosislängenprodukt einer Scanserie. Soll die Effektive Dosis mit diesem über die gesamte Scanlänge bestimmten Dosislängenprodukt DLP_{luft} abgeschätzt werden, müssen für verschiedene Körperbereiche und Untersuchungsaufgaben über die jeweilige Scanlänge der Untersuchung gemittelte risikogewichtete Konversionsfaktoren f_{mittel} verwendet werden. Diese werden als Mittelwert der lokalen $f_{eff}(z)$ über den gescannten Bereich berechnet. Einige pauschale Werte für f_{mittel} für unterschiedliche Patientengruppen und Untersuchungsbereiche finden sich in (Tab. 22.3). Die Effektive Dosis erhält man mit diesen gemittelten Faktoren und dem DLP zu:

$$E = DLP_{Luft} \cdot f_{mittel} \qquad (22.15)$$

Körperbereich	f_{mittel} Erwachsene		f_{mittel} Kind (7a)		f_{mittel} Säugling (8 Wochen)	
	weibl.	*männl.*	*weibl.*	*männl.*	*weibl.*	*männl.*
Schädel	0,0022	0,0020	0,0028	0,0028	0,0075	0,0074
Hals	0,0051	0,0047	0,0056	0,0055	0,018	0,017
Thorax	0,0090	0,0068	0,018	0,015	0,032	0,027
Oberbauch	0,010	0,0091	0,020	0,016	0,036	0,034
Becken	0,011	0,0062	0,018	0,011	0,045	0,025
Ganzes Abdomen	0,010	0,0072	0,0190	0,014	0,041	0,031

Tab. 22.3: Mittlere effektive Konversionsfaktoren f_{mittel} in (mSv/mGy) zur Umrechnung des Dosislängenproduktes DLP_{luft} (der Frei-Luft-Kerma auf der Systemachse) von Computertomografen (Strahlungsqualität 125 kV, 9mm Al-Äquivalent) in Effektive Dosen, nach [Nagel].

Gerätekorrekturen: Da bei beiden Verfahren standardisierte CT-Anlagendaten unterstellt wurden, müssen bei höheren Genauigkeitsansprüchen anlagenspezifische Korrekturen angebracht werden. Diese Gerätekorrekturfaktoren hängen sowohl von der im Einzelfall verwendeten Strahlungsqualität (Hochspannung, Grundfilterung, Formfilter), von der Bauform der Anlagen und den verwendeten Detektoren sowie der exponierten Körperregion ab. International ist es üblich, CT-Anlagen in Typklassen einzuteilen und die Abweichungen in der Strahlenexposition mit Gerätekorrekturfaktoren in 6 Klassen anzugeben ([Nagel], [Shrimpton98]). Diese Gerätefaktoren k_{CT} überstreichen Bereiche von 0,6 bis 1,1 für den Kopfbereich und 0,4 bis 1,25 für den Körperstamm. Sie werden in den Gleichungen (22.16 und 22.17) als Faktor zugefügt und variieren die tatsächlichen Dosen bis etwa zum Faktor 2 nach unten oder bis zu 25% nach oben. Eine weitere Korrektur ist bei Variationen der Röhrenhochspannung nötig. Diese Korrektur setzt sich aus zwei Anteilen zusammen. Der erste Beitrag entspricht der Ausbeuteänderung der Röntgenspektren mit der Spannung (vgl. dazu [Krieger2]). Der diesbezügliche Korrekturfaktor $k_{U,1}$ ist das Quadrat des Spannungsverhältnisses der eingestellten Spannung U_{ist} zur Referenzspannung U_{ref} (120 kV).

$$k_{U,1} = \left(\frac{U_{ist}}{U_{ref}}\right)^2 \qquad (22.16)$$

	Thorax-CT	Abdomen-CT	Becken-CT	Nierenangiografie*
Mittlere Energiedosen der exponierten Organe (mGy)				
Haut (Oberfläche)	22,1	30,3	36,1	893,1
Knochenmark	4,7	5,9	11,0	60,1
Hoden	0,03	0,16	8,3	0,29
Prostata				1,8
Ovarien	0,17	1,6	18,9	4,2
Uterus	0,16	1,5	19,3	4,0
Blase	0,16	1,4	19,7	3,9
Dickdarm	4,2	20,8	20,7	
aufsteigender DD				73,7
absteigender DD				53,2
transversaler DD				34,7
sigmoider DD				3,8
Dünndarm	1,5	15,3	25,8	21,2
Mastdarm				4,4
Nieren	6,8	24,1	15,8	128,0
Nebenniere				178,2
Leber	13,2	21,3	3,0	84,3
Gallenblase				53,0
Milz	13,7	21,0	3,2	52,5
Pankreas	10,5	15,9	3,6	47,8
Magen	12,2	18,3	2,8	37,1
Lunge	17,6	7,0	0,85	17,9
Herz				20,1
Brust	20,3	4,3	0,52	1,0
Speiseröhre	13,8	5,1	0,64	12,4
Schilddrüse	5,6	0,28	0,06	0,25
Speicheldrüsen	1,2	0,10	0,04	0,26
Nasennebenhöhlen	0,43	0,05	0,03	
Hirn	0,37	0,05	0,03	0,14
Augenlinsen	0,37	0,05	0,03	0,05

Tab. 22.4: Mittlere aus TLD-Messungen an einem anatomischen Spezial-Körperphantom berechnete Organenergiedosen bei CT-Untersuchungen und bei einer Nierenangiografie (nach [Mini, SSK 30]).*: Werte für eine Untersuchung.

Der zweite Faktor berücksichtigt den Einfluss der Röhrenspannung auf den Gerätefaktor k_{CT}. Dieser Faktor ist vor allem auf die geräteabhängigen unterschiedlichen Formfilter zurückzuführen, die das Gewebedefizit der Patienten an den Körperflanken ausgleichen sollen. Er verändert sich mit der Wurzel aus dem Spannungsverhältnis.

$$k_{U,2} = (\frac{U_{ist}}{U_{ref}})^{0,5} \tag{22.17}$$

Für die Effektiven Dosen erhält man mit diesen Korrekturen die folgenden Abschätzungsformeln:

$$E = {}_n CTDI_{Luft} \cdot F_{tot} \cdot Q \cdot k_{CT} \cdot k_{U,1} \cdot k_{U,2} \tag{22.18}$$

$$E = DLP_{Luft} \cdot f_{mittel} \cdot k_{CT} \cdot k_{U,1} \cdot k_{U,2} \tag{22.19}$$

Grobe Dosisabschätzungen für CT-Untersuchungen: Sollen schnell und ohne Aufwand CT-Dosen abgeschätzt werden, kann man berechnete oder gemessene Dosiswerte aus der Literatur verwenden. Ein Überblick über typische, an einem Phantom aus TLD-Messungen berechnete mittlere Energiedosen der Haut, der Gonaden, des Knochenmarks und anderer Organe bei CT-Untersuchungen und für eine konventionelle Nierenangiografie unter optimalen Expositionsbedingungen findet sich in Tabelle (22.4); daraus berechnete Effektive Dosen finden sich in Tab. (22.7, linke Spalte 1995, rechte Spalte Daten von 2013).

Prinzipiell unterscheiden sich die Strahlenexpositionen bei sequentiellen und Spiral-CTs nicht, da es für die Exposition einer Körperregion unerheblich ist, ob die Bestrahlung in diskreten Einzelschritten oder kontinuierlich beispielsweise in einer Spirale stattfindet. Zwei Möglichkeiten zur Dosisveränderung bestehen jedoch. Zum einen können bei der Spiraltechnik durch Interpolation der Messdaten größere Scanlücken zugelassen werden. Dies führt dann natürlich zu einer Dosisverringerung. CT-Aufnahmen können also mit größerem Pitchfaktor durchgeführt werden, ohne dabei wegen der ausgefeilten Interpolationsalgorithmen wesentliche Informationen einzubüßen. Zum anderen benötigt man ja nach Rechenverfahren u.U. an den Scangrenzen ein etwas größeres Volumen, um dort auch Rekonstruktionen in ausreichender Genauigkeit zu berechnen, was eher dosiserhöhend wirkt. Deshalb verwenden moderne Spiralscanner an den Scan-Enden Extrapolationsalgorithmen. Abgesehen von diesen Unterschieden sind die Strahlenexpositionen vergleichbar und können daher mit denselben Methoden berechnet oder abgeschätzt werden. Ähnliches gilt für moderne Scanner mit Mehrfachdetektoren (multi-slice-detectors), bei denen mehrere Schichten oder Spiralen gleichzeitig gemessen werden können. Hier sind allerdings zusätzlich die durch die Strahldivergenz an den Scan-Rändern ungewollt mitbestrahlten Volumina und das Dosis erhöhende "Overbeaming" zu beachten. Darunter versteht man die Verbreiterung des Scanfächers über das eigentliche Messfeld der Mehrfachdetektoren hinaus, um so zu einer ausreichenden Signalhöhe in den Detektoren zu kommen. Overbeamingfaktoren liegen in der Größenordnung von wenigen Prozent. Gegen die Strahldivergenz helfen Halbblenden an den Enden der Scanvolumina.

Parameter	Wert	Unsicherheitsfaktor
$_n\text{CTDI}_\text{Luft}$	0,20 mGy/mAs	0,5-2,0
Q	250 mAs	0,5-2,0
F_tot	0,15 mSv/mGy	0,5-2,0
E	7,5 mSv	1/8 - 8

Tab. 22.5: Pauschale Parameter zur groben Abschätzung von CT-Dosen aus dem Röhrenstrom-Zeitprodukt Q pro Schnitt, dem normierten Frei-Luft-CTDI und dem totalen Konversionsfaktor F, nach [Nagel].

Oft ist es ausreichend, Formel (22.14) mit groben Schätzwerten für das Röhrenstrom-Zeitprodukt Q, den totalen effektiven Konversionsfaktor F_tot und den CTDI zu benutzen. Diese pauschalen Werte für CT-Untersuchungen sind in Tab. (22.5) aufgelistet. Im Einzelfall kann eine solche Abschätzung wegen der angegebenen Unsicherheitsfaktoren allerdings die Dosen um einen Faktor 8 unter- oder überschätzen, so dass bei höheren Genauigkeitsansprüchen auf die umständlicheren, dafür aber etwas präziseren oben erläuterten Methoden oder die aktuellen Publikationen des BFs zurückgegriffen werden muss.

CT-Untersuchungen	Effektive Dosis [mSv]
Hirnschädel	1,6
Gesichtsschädel	0,42
Nasennebenhöhlen	0,28
Hals	2,4
HWS-Knochen	2,3
Lunge (Hochkontrastdarstellung)	1,3
Thorax	5,1
Thorax und Oberbauch	6,3
Abdomen und Becken	11
LWS-Knochen	5,6
Becken	4,2
Carotis-Angiografie	4,0
Prospektiv EKG-getriggerte Koronarangiografie	4,0
Angiografie Becken-Bein	3,1
Angiografie gesamte Aorta	10

Tab. 22.6: Typische aktuelle Effektive Dosen für CT-Untersuchungen an erwachsenen Standard-Patienten bei optimierten Untersuchungsbedingungen nach Daten aus Monte-Carlo-Berechnungen des BFS von 2016, entnommen [SSK-2019].

Untersuchung	1995 (SSK 30)	2013 (BFS JB)
CT Abdomen	27,4 (8-60)*	8,8 – 16,4
CT Thorax	20,5 (7-36)*	4,2 – 6,7
CT WS	9	4,8 – 8,7
CT Schädel	2,6	1,7 – 2,3
Arteriografie+ Interventionen	20	10 - 30
Koronarangiografie/PTCA	20	4 – 7 / 6 - 16
Dünndarm	18 (bis 36)	5 - 12
Magen	10 (bis 22)	4 - 8
Galle		1 - 8
Urogramm	6 (bis 10)	2 - 5
Phlebografie/ Arteriografie (Becken-Bein)	2	0,3 - 0,7 / 5 - 9
LWS (2 Ebenen)	2	0,6 – 1,1
BWS	0,7	0,2 – 0,5
HWS (2 Ebenen)	0,2	0,1 – 0,2
Thorax (1 Aufnahme)	0,1 (bis 0,3)	0,02 – 0,04
Abdomen	1	0,3 – 0,7
Becken	1	0,3 – 0,7
Hüfte	0,5	
Schädel		0,03 – 0,1
Mammografie (beidseits, 2 Ebenen)	0,6	0,2 – 0,4
Extremitäten		< 0,01 – 0,1
Zahnaufnahmen	≤ 0,01	≤ 0,01
Zum Vergleich: mittlere natürliche Effektive Dosis BRD		*2,1 mSv/a*

Tab. 22.7: Vergleich Effektiver Dosen bei verschiedenen Röntgenuntersuchungen in der BRD. Daten von 1995 nach [Bernhardt SSK 30].*: abgeschätzt nach [Schmitt SSK 30]. **: nach [Bernhardt2 SSK 30]. Daten von 2013 nach dem JB des BFS 2013.

Als weiterführende Literatur zur Dosisabschätzung bei CT-Untersuchungen sei die Monografie von [Nagel] empfohlen, in der eine Reihe von konkreten Dosisberechnungen für die damals auf dem Markt befindlichen CT-Anlagen vorgerechnet werden. Die Deutsche Röntgengesellschaft DRG hat außerdem im Jahr 1999 eine bundesweite Umfrage zur CT-Expositionspraxis durchgeführt, in der Dosiswerte für alle marktgängigen Anlagen und die klinisch üblichen Untersuchungstechniken berichtet werden [Galanski 2001]. Weitere Ausführungen zur CT-Technik, zur Bildqualität und zur Bildberechnung finden sich in [Kalender]. Die neusten Daten stammen von der BFS von 2016. Tab. (22.6) zeigt mit Monte-Carlo-Verfahren abgeschätzte aktuelle Effektive Dosen für einige CT-Untersuchungen unter optimalen Bedingungen (erwachsener Standardpatient, moderne CT-Ausrüstung mit Röhrenstrom-Modulation, keine Wiederholungsscans, Randblenden, neue Wichtungsfaktoren für die Organe).

22.4 Strahlenexposition des Personals bei der Computertomografie

Bei Arbeiten im Nutzstrahl einer CT-Anlage entsprechen die Strahlenexpositionen des Personals den Oberflächendosen des Patienten. Ein typischer Hautdosiswert bei CT-Untersuchungen liegt bei etwa 15 - 20 mSv/Schnitt. In der gleichen Größenordnung liegen daher die Teilkörperexpositionen des Personals bei Tätigkeiten im Nutzstrahl. Da auch bei CT-Untersuchungen im Strahl selbst nicht mit Bleischutz gearbeitet werden kann, wird dringend die Messung der Teilkörperdosen an den Händen mit TLD-Ringen empfohlen. Besonders kritisch sind solche Arbeiten bei der CT-Durchleuchtung. Bei dieser Technik rotiert die Röhre ohne Tischvorschub kontinuierlich um den Patienten, so dass lokale Interventionen wie Biopsien oder Punktierungen quasi live vorgenommen werden können. Die Hautdosen von Patienten und Untersucher können dabei schon nach wenigen Minuten CT-Durchleuchtungszeit deterministische Werte von einigen Gray erreichen, so dass bereits mit Hauterythemen zu rechnen ist[1]. Moderne CT-Scanner blenden deshalb den Strahl bei Einstrahlung von oben her in einem ausreichenden Winkelbereich aus.

Die zweite Komponente ist die Exposition des Personals im Streustrahlungsfeld der CT-Anlage. Fig. (22.6) zeigt eine typische Ortsdosisverteilung bei einer modernen CT-Anlage mit Patient. Angegeben ist die Ortsdosisleistung für einen Schädel-Scan mit 250 mAs. Seitlich neben der Gantry ist wegen des Aufbaus der Anlage und deren Abschirmwirkung nicht mit merklichen Strahlenexpositionen zu rechnen. Höhere Dosiswerte entstehen dagegen in unmittelbarer Nähe des Patienten. Die Maxima des Streustrahlungsfeldes befinden sich etwa 45 Grad zur Längsachse des Tisches. Für eine konkrete Situation müssen die Ortsdosisleistungen in der Fig. (22.6) auf die tatsächlichen Schnittanzahlen und das bei der Untersuchung verwendete Röhrenstrom-Zeitprodukt pro CT-Schicht (die "mAs") umgerechnet werden. Zusätzlich ist gegebenenfalls je nach Position des Untersuchers eine Abstandsquadratkorrektur der Dosisleistung vorzunehmen. Bezugsort für die Streustrahlungsentstehung ist dabei die Patientenmitte am Ort des Fächerstrahls und nicht wie bei der Durchleuchtung die Oberfläche des Patienten.

---

[1] Bei nur 60 Sekunden DL-Zeit an einem CT, einer Umlaufzeit pro Scan von 0,5 s und einer typischen Hautdosis von 20 mGy/Schicht erhält man 120x20 mGy = 2,4 Gy Hautdosis für Patient und Untersucher.

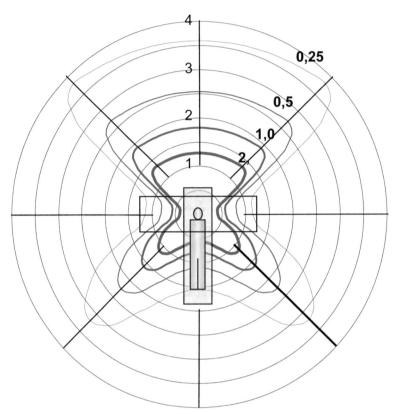

Fig. 22.6: Typische Dosisleistungsverteilung im Streustrahlungsfeld einer modernen CT-Anlage mit Patient. Die Isodosenlinien sind von innen nach außen 2, 1, 0,5 und 0,25 μSv/250mAs mit Patient für einen einzelnen Schnitt mit der Schichtdicke 1 cm. Die starken Dosiseinbrüche nach kaudal (fußwärts) sind durch die Selbstabsorption durch den Patienten, die lateralen Dosiseinbrüche durch die CT-Gantry verursacht (numerische Ortsdosiswerte s. Anhang Tab. 24.14.1).

Auch bei CT-Untersuchungen gilt, dass die Streustrahlung nur geringfügig weicher als der Nutzstrahl ist. Da Computertomografen in Hartstrahltechnik (typisch 125 kV Nennspannung, sehr harte Filterung) betrieben werden, sind ausreichende Bleiäquivalente der Strahlenschutzschürzen zu verwenden. Transmissionswerte von Schürzen mit 0,35 mm Bleiäquivalent betragen unter diesen Bedingungen bis zu 10%, bei 0,5 mm Bleiäquivalent immerhin noch um 5% (vgl. dazu Tab. 18.4). Es sind also abweichend von den Empfehlungen der DIN 0,5 mm Bleiäquivalent vorzuziehen. Außerdem sollten bei solchen Arbeiten Halsmanschetten zum Schutz der Schilddrüse getragen werden.

Beispiel 22.2: Ein Arzt befindet sich bei einer CT-gesteuerten Punktion in einem halben Meter Abstand unter 45 Grad zur Tischlängsachse im unmittelbaren Kontakt zu einem Patienten. Dies entspricht einer Entfernung von ca. 0,5 m von der Patientenmitte. Als Entfernung der 2μSv-Isodose bei 45 Grad findet man (Fig. 22.6, Tab. 24.14.1 im Anhang) ca. 1,10 m. Mit dem Abstandsquadratgesetz auf 0,5 m umgerechnet ergibt dies die Ortsdosisleistung von 9,7 μSv/Schicht bei 250mAs. Für 5 Schichten und ein Röhrenstrom-Zeitprodukt von ebenfalls 250 mAs erhält man eine Dosis am Ort des Arztes von 5·9,7 μSv = 48,4 μSv bei dieser interventionellen Maßnahme. Eine solche Strahlenexposition ist gut durch Tragen einer Bleischürze zu reduzieren (Transmissionsfaktor Pb-Schürze am CT 11%, Tab. 20.4). Dieser Dosiswert betrifft natürlich nicht die Exposition der Hände des Untersuchers im Nutzstrahl, die im gegebenen Beispiel je nach Expositionsdauer im Nutzstrahl leicht einige Gy betragen kann (s. Fußnote 1).

Zusammenfassung

- **Strahlenexpositionen des Personals bei der Computertomografie sind möglich im Streustrahlungsfeld und im Nutzstrahl bei Interventionen.**

- **Der übliche Streustrahlungsbeitrag beträgt in einem halben Meter Entfernung zum Patienten abhängig von der verwendeten Stromstärke etwa 10 μSv/Schicht.**

- **Wegen der harten Strahlungsqualität der CT-Röntgenstrahlung wird die Strahlungsintensität durch handelsübliche Strahlenschutzschürzen (0,35 mm Pb-Äquivalent) nur auf etwa 11% vermindert.**

- **Die Streustrahlung im Raum wird durch die CT-Gantry seitlich abgeschirmt. Sollte die Anwesenheit eines Arztes während der CT-Untersuchung dringend erforderlich sein, sollte sich dieser deshalb während des Scans seitlich neben der CT-Gantry aufhalten.**

- **Bei Arbeiten im CT-Nutzstrahl muss mit Dosen auf den Händen des Arztes bis zu einigen Gy/min gerechnet werden.**

- **Da hierbei die Grenzwerte der StrlSchV für die Teilkörperexposition deutlich überschritten werden, sollten solche Tätigkeiten vermieden werden.**

Aufgaben

1. Wie hoch ist die Dosis auf der Hand eines Arztes, der bei einer interventionellen Untersuchung an einem Computertomografen seine Hand 2 min lang im Nutzstrahl hält? Die Umlaufzeit der CT-Röhre betrage 0,5 s, die Einfallsdosisleistung 10 mGy/Schicht.

2. Geben Sie eine Erklärung für die um den Faktor 10 unterschiedlichen Effektiven Dosen aus Tab. (22.7) bei einem Schädel-CT bzw. einer CT-Untersuchung am Körperstamm (Thorax bzw. Abdomen) bei gleicher physikalischer Strahlenexposition (Energiedosis). Beachten Sie dabei, dass bei Schädel-CT-Unter-suchungen wegen der erforderlichen höheren räumlichen Auflösung teilweise eher höhere Röhrenströme bzw. mAs-Produkte als am Körperstamm benötigt werden.

Aufgabenlösungen

1. Die Dosis auf der Hand des Untersuchers nach 2 min "CT-Durchleuchtung" beträgt D_{Hand} = 2min x 120 Umläufe/min x 10 mGy/Umlauf = 2400 mGy = 2,4 Gy. Dieser Dosiswert ist somit höher als die typische tägliche therapeutische Dosis im Zielvolumen eines Strahlentherapiepatienten von 1,8–2 Gy/Fraktion. Der Grenzwert der StrlSchV ist erheblich überschritten (500 mSv/a). Der Arzt muss unter den angegebenen Bedingungen deshalb an seinen Händen, der Patient in der exponierten Körperregion mit deterministischen Strahlenwirkungen rechnen. Moderne CT blenden aus diesem Grund den Röntgenstrahl bei solchen interventionellen Untersuchungen im oberen Winkelbereich aus.

2. Unterstellt man zunächst die gleiche physikalische Strahlenexposition von Körperstamm und Schädel eines Patienten, bedeutet dies, dass der CT die Dosisleistung und den Dosisbedarf nicht nach der "gesehenen Patientendicke" regelt. Dies war bis Anfang dieses Jahrhunderts das Standardverhalten von CT-Anlagen. Unter diesen Bedingungen kann der Unterschied in den Effektiven Dosen nur von der unterschiedlichen Zahl getroffener Risikoorgane bei der Berechnung der Effektiven Dosen herrühren. Um dies plausibel zu machen, berücksichtige man die Organwichtungsfaktoren in Tab. (11.5), die für Gewebe im Schädelbereich "unterrepräsentiert" sind. Tatsächlich bedingt die moderne hochauflösende Schädel-CT sehr schmale Messschichten im mm-Bereich und somit trotz der kleinen w_T-Faktoren und der modernen Regeltechniken eine deutliche Dosiserhöhung gegenüber den in Tab. (22.7) angegebenen Werten um etwa den Faktor 2-3.

23 Strahlenexpositionen und Strahlenschutz in der Nuklearmedizin

In diesem Kapitel werden die individuellen Strahlenexpositionen in der Nuklearmedizin für Patienten und Personal dargestellt. Dabei ist wegen der unterschiedlichen Aktivitäten zwischen diagnostischen und therapeutischen Anwendungen zu unterscheiden. Im ersten Teil werden typische Dosen für Patienten bei den üblichen szintigrafischen Anwendungen abgeschätzt. Der zweite Teil enthält eine ausführliche Darstellung der Expositionen des nuklearmedizinischen Personals und eine Reihe wichtiger Tipps zum richtigen Umgang mit Radionukliden in der nuklearmedizinischen Praxis und für das korrekte Verhalten für einen wirksamen Strahlenschutz.

In der **nuklearmedizinischen Diagnostik** hängen die Organdosen von der Art und Menge des verwendeten Radionuklids, seiner chemischen Beschaffenheit, der Stoffwechsellage der betroffenen Person (Patient, Personal) und deren Eliminationsverhalten ab. Dosisabschätzungen können unter Verwendung von Inkorporationsfaktoren unternommen werden [ICRP 72], wie sie z. B. als Beilage zur [StrlSchV 2001] tabelliert sind. Solche Faktoren beruhen auf einem mittleren Stoffwechselverhalten von Menschen, einer pauschalierten Biokinetik und standardisierten Organgröße. Sie können deshalb nur näherungsweise Aussagen zur Strahlenexposition individueller Patienten machen. Eine Übersicht über typische Organdosen und Effektive Dosen bei der nuklearmedizinischen Diagnostik befindet sich in den Tabellen (23.1, 23.5).

In der **nuklearmedizinischen Therapie** werden zur Qualitätssicherung zumindest bei der Schilddrüsentherapie vor der Behandlung **up-take-Tests** durchgeführt, bei denen das Speicherverhalten der Schilddrüse experimentell bestimmt wird. Die hier betrachtete Dosis ist wie bei den anderen strahlentherapeutischen Maßnahmen die Energiedosis im Zielorgan. Für andere Organe besteht dagegen mit klinischen Mitteln keinerlei Möglichkeit, das Speicherverhalten einzelner Organe bei Therapie oder Diagnostik vorab individuell und quantitativ zu bestimmen. Man ist daher auf Organdosisabschätzungen mit Hilfe entsprechender Tabellenwerke angewiesen. Für die besonders interessierende Uterusdosis findet sich eine Übersicht in einem gemeinsamen Bericht der Deutschen Röntgengesellschaft und der Deutschen Gesellschaft für Medizinische Physik [DGMP 7].

Wegen des direkten Umgangs mit offenen Nukliden und der Tätigkeiten unmittelbar am Patienten (Lagerung, Applikation) sind die Dosen des nuklearmedizinischen Personals im Durchschnitt höher als in der Röntgendiagnostik.

© Der/die Autor(en), exklusiv lizenziert an
Springer-Verlag GmbH, DE, ein Teil von Springer Nature 2023
H. Krieger, *Grundlagen der Strahlungsphysik und des Strahlenschutzes*,
https://doi.org/10.1007/978-3-662-67610-3_23

23.1 Strahlenexpositionen von Patienten

In der Nuklearmedizin ist nach der nuklearmedizinischen Diagnostik und der Radionuklidtherapie zu unterscheiden. Bei der nuklearmedizinischen Diagnostik werden in der Regel gammastrahlende Radionuklide in den Körper verbracht, die je nach Nuklid und chemischer Beschaffenheit in unterschiedlichen Zielorganen, aber auch im Ganzkörper verteilt und angereichert werden. Die den Körper verlassende Gammastrahlung der gespeicherten Nuklide wird zur Bildgebung verwendet (Szintigrafie). Das wichtigste nuklearmedizinische Radionuklid ist Technetium-99m, das ein nahezu reiner Gammastrahler mit einer für die Szintigrafie besonders günstigen Halbwertzeit von 6 h und einer Photonenenergie von 140,5 keV ist.

Organ	Radionuklid	Aktivität	Organdosen (mSv)		
		(MBq)	Gonaden	Knochenmark	Organ
Schilddrüse	Tc-99m	40	0,15	0,2	SD:4
	I-131	2	0,08	0,2	SD: 1000
	I-123	8	0,04	0,1	SD: 40
Nieren	Tc-99m	200	0,30	0,5	Nieren: 5
					Blasenwand: 18
	I-131	20	0,25		Blasenwand: 60
					SD: 240
Leber	Tc-99m	50	0,10	0,4	Leber: 5
					Milz: 3
	Au-198	5	0,20	4,0	Leber: 60
					Milz: 20
Lunge	Tc-99m	80	0,10	3,0	Lungen: 4
	I -131	10	1,30	1,5	Lungen: 20
Pankreas	Se-75	10	25,0	25,0	Leber: 60
					Pankreas: 35
Skelett	Tc-99m	370-1000			Skelett: 4
					Nieren: 3
Herz	Tl-201	70	10-50		

Tab. 23.1: Typische applizierte Aktivitäten und daraus resultierende mittlere Organdosen in Gonaden, Knochenmark und Ziel- bzw. Risikoorgan bei nuklearmedizinischen Untersuchungen, teilweise nach [Kiefer/Koelzer]. Heute werden Referenzaktivitäten für nuklearmedizinische Untersuchungen empfohlen, die sich geringfügig von diesen Tabellendaten unterscheiden (s. dazu [BFS LL 2003], [BFS LL 2012]).

Die Strahlenexposition ist neben dem chemischen Verhalten des Radiopharmakons auch abhängig von der physikalischen und physiologischen Halbwertzeit und nicht zuletzt vom Inkorporationsweg des verabreichten Nuklids. Üblich ist die Inkorporation über venöse Gabe der Pharmaka, allerdings werden auch Inhalationsverfahren beispielsweise bei der Lungenszintigrafie oder Injektionsverfahren unmittelbar in die Gewebe wie bei der Sentinel-Lymph-Node-Technik eingesetzt. Zur Berechnung der Effektiven Dosen nach der Inkorporation von Radionukliden bei der nuklearmedizinischen Diagnostik, den Szintigrafieverfahren, müssen die Verteilung der Nuklide im Körper, die Ausscheidungsraten und die lokale Absorption der Strahlungsenergie berücksichtigt werden.

Die Berechnung der Effektiven Dosen durch diagnostische Radionuklide ist mit einfachen klinischen Mitteln wegen der Komplexität der Stoffwechselvorgänge und der zum Teil nicht bekannten Verteilungswege und Anreicherungen im Organismus nicht möglich. Vorkalkulierte Organdosen und Effektive Dosen befinden sich einem ausführlichen Report der ICRP [ICRP 53], weitere sehr informative Darstellungen in einem Tagungsband der Deutschen Strahlenschutzkommission [SSK 30], in der sich auch kritische Hinweise zur Risikobewertung nuklearmedizinischer Untersuchungen finden. Auszüge dieser Daten befinden sich in den Tabellen (23.1, 23.2), die realistische Abschätzungen der Strahlenexposition nukleardiagnostischer Patienten ermöglichen.

Neben der diagnostischen Anwendung werden Radionuklide im Rahmen der Nuklearmedizin auch für strahlentherapeutische Zwecke eingesetzt. Verwendet werden dazu entweder reine Betastrahler wie ^{32}P oder ^{90}Sr/^{90}Y oder kombinierte Beta-Gamma-Strahler. Der klinisch wichtigste Vertreter dieser Nuklidart ist das ^{131}I, das zur Therapie von Schilddrüsenüberfunktionen (autonome Hyperthyreosen, Immunhyperthyreosen, der Morbus Basedow) und zur Therapie von Schilddrüsenkarzinomen eingesetzt wird. Der größte Anteil der applizierten Energiedosen bei kombinierten Beta-Gamma-Strahlern stammt wegen der geringen Reichweiten der Betateilchen (je nach Nuklid 1 bis wenige mm) von den Betateilchen. Die dem Patienten bei Therapien applizierten Dosen im Zielorgan können dabei im Vergleich zur normalen Strahlentherapie extrem hoch sein. So werden bei der Therapie von gutartigen Schilddrüsenerkrankungen durch ^{131}I Energiedosen bis über 800 Gy in der Schilddrüse erreicht[1]. Solche Dosisapplikationen ohne erhebliche Strahlenschäden im Restkörper sind nur wegen der selektiven Anreicherung im Zielorgan möglich.

Die Gammakomponente dieser Nuklide ist nur zum geringeren Anteil an der lokalen Energiedeposition beteiligt. Sie sorgt allerdings für erhebliche Strahlenschutzprobleme beim ärztlichen und pflegerischen Personal auf Jod-Therapiestationen (s. u.).

---

[1] Typische therapeutische SD-Dosen sind: autonome singulärc Knoten 300 - 400 Gy, multifokale Autonomie 150- 250 Gy, Immunhyperthyreose (Morbus Basedow) 250 Gy, Schilddrüsen-Karzinome fraktioniert bis 1000 Gy.

		Alter des Patienten bei der Exposition					
Organ	**Pharmakon**	**5 Jahre**		**15 Jahre**		**Erwachsener**	
		MBq	**mSv**	**MBq**	**mSv**	**MBq**	**mSv**
Schilddrüse	Tc-99m-Pertechnetat	20	0,8	35	0,6	50	0,7
Skelett	Tc-99m-Phosphonat	250	6,3	400	4,0	600	4,8
Myokard	Tl-201-Chlorid	30	60,0	55	19,8	75	17,3
	^{99m}Tc-MIBI*					600	4-6
RNG/Clearance	I-123-Hippuran	10	0,4	20	0,4	25	0,4
Lunge/Perfusion	Tc-99m-MAA	40	1,5	70	1,5	100	1,2
Endokard	Tc-99m-Ery	300	7,5	500	5,5	700	6,0
Niere stat.	Tc-99m-DMSA	30	1,2	50	1,0	75	1,2
Hirn	Tc-99m-HMPAO	300	7,8	500	5,5	700	6,5
Leber/Galle	Tc-99m-HIDA	60	4,2	100	2,9	150	3,6
Tumor/Entzünd.	Ga-67-Zitrat	80	32,0	140	22,4	200	24,0
Sonstige	Verschiedene		4,0		3,0		2,2
Onkologie	F-18 FDG*	4-7	0,3-0,5	-	-	111-555	3-15

Tab. 23.2: Effektive Dosen bei einigen nuklearmedizinischen Untersuchungen für verschiede-ne Altersgruppen und typische applizierte Aktivitäten, nach Daten aus [ICRP 53], entnommen [Reiners SSK 30]. *: Abkürzung für methoxy isobutyl isonitrile. **: FDG bedeutet Fluorodesoxyglucose. Bei Abweichung der applizierten Aktivitäten können die effektiven Dosen mit den Abweichungsfaktoren modifiziert werden.

23.2 Strahlenexpositionen des nuklearmedizinischen Personals

Beim Umgang mit offenen Radionukliden gibt es mehrere Möglichkeiten zur Strahlenexposition des Personals (Fig. 23.1). Zum einen ist das Personal den externen Strahlungsfeldern der hantierten oder verabreichten Radionuklide ausgesetzt. Je nach Nuklid spielt dabei neben der Gammastrahlenexposition auch die Betakomponente eine nicht zu unterschätzende Rolle. Beim Umgang mit offenen Radionukliden kann es zweitens auch zu Hautkontaminationen des Personals kommen. Bei sorglosem Verhalten können zusätzliche Strahlenexpositionen durch Inkorporation von Radionukliden entstehen.

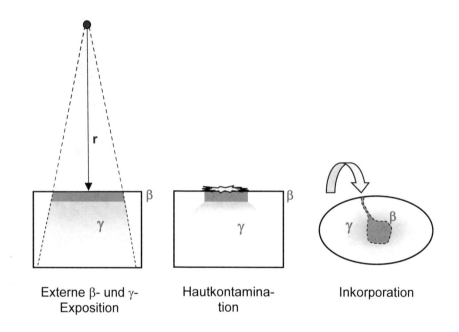

Externe β- und γ-   Hautkontamina-   Inkorporation
Exposition   tion

Fig. 23.1: Mögliche Wege zur Strahlenexposition nuklearmedizinischen Personals beim Umgang mit Radionukliden oder Patienten. Links: Externe Exposition durch distanzierte beta- und/oder gammastrahlende Nuklide. Mitte: Hautkontaminationen durch kombinierte Beta-Gamma-Strahler. Rechts: Inkorporation von Radionukliden durch Hautwunden, Inhalation oder Ingestion.

Es gibt also folgende Möglichkeiten zur Strahlenexposition nuklearmedizinischen Personals:

- **Externe Exposition im Gammastrahlenfeld**

- **Externe Exposition im Betastrahlenfeld**

- **Hautexposition mit Betastrahlung nach Kontamination**

- **Haut- und Körperexposition durch Betas und Gammastrahlung nach Kontamination**

- **Beta- und Gamma-Expositionen nach Inkorporation von Radionukliden durch Ingestion, Inhalation und Wunden.**

23.2.1 Externe Strahlenexpositionen durch Gammastrahler

Wegen der Durchdringungsfähigkeit der Photonenstrahlungen kommt es bei externer Exposition mit gammastrahlenden Nukliden zu einer mehr oder weniger gleichförmigen Bestrahlung des Körpers exponierter Personen. Die im Menschen entstehenden Dosisverteilungen entsprechen je nach Photonenenergie entweder derjenigen sehr harter Röntgenstrahlung oder ähneln bereits den Verteilungen perkutaner Gammastrahlungsquellen zur strahlentherapeutischen Anwendung wie Kobaltanlagen. Ortsdosisleistungen bzw. Personendosisleistungen von punktförmigen Gammastrahlern oder Strahlern, deren Ausdehnung klein gegenüber dem Abstand der exponierten Personen ist, werden mit Hilfe der Äquivalentdosisleistungskonstanten Γ_H für Photonenstrahlungen nach der folgenden Formel (dem Abstandsquadratgesetz) abgeschätzt (s. dazu die Ausführungen in Kap. 13.1 und die Daten in den Tab. 13.3, 13.4).

$$\dot{H} = \frac{\Gamma_H \cdot A}{r^2} \tag{23.1}$$

Beispiel 23.1: Ortsdosisleistungen verschiedener Gammastrahler. *Für ^{60}Co-Gammastrahlung mit $\Gamma_H = 0{,}35$ mSv·m^2/GBq·h und einer Aktivität von 1 MBq = 0,001 GBq erhält man beispielsweise in 1 m Abstand als Ortsdosisleistung dH/dt = 0,35 x 0,001/1^2 = 0,35 μSv/h. Für ^{131}I ergibt die Rechnung bei gleicher Aktivität wegen des kleineren Wertes für Γ_H nur H=0,06 μSv/h. Die Ortsdosisleistung um einen Jod-Therapiepatienten (verabreichte Aktivität 1 GBq) beträgt bereits 60 μSv/h in 1 m Abstand und 240 μSv/h in 0,5 m Entfernung. Beim häufigsten Radionuklid der Nuklearmedizin, dem ^{99m}Tc, hat die Dosisleistungskonstante den Wert $\Gamma_H = 0{,}0161$ mSv· m^2/GBq·h. 1 MBq Aktivität erzeugt deshalb in 1m Abstand die Dosisleistung 0,016 μSv/h. Sollen statt der Ortsdosisleistungen die Umgebungsäquivalentdosisleistungen berechnet werden, sind die Dosisleistungskonstanten der (Tab. 13.4) zu verwenden, die wegen des integrierten Streuanteils etwas höhere Werte aufweisen.*

Die für die meisten Gammastrahler übertreibende Faustregel dazu lautet vereinfacht: "1 MBq Gammas erzeugt in 1 m Abstand eine Äquivalent-Ortsdosisleistung von 0,3 μSv/h". Viele Gammastrahler haben kleinere Γ_H-Werte, so dass diese Faustformel die Ortsdosisleistung meistens überschätzt, man befindet sich also "auf der sicheren Seite".

Gammastrahlenexpositionen beim Hantieren von Tc-Präparaten

Technetium (^{99m}Tc) ist das häufigste Radionuklid in der nuklearmedizinischen Diagnostik. Strahlenexpositionen des Personals sind möglich beim Eluieren, bei der Applikation am Patienten und bei der Positionierung und dem Transport gespritzter Patienten sowie bei Untersuchungen oder Eingriffen außerhalb der eigentlichen nuklearmedizinischen Routine (z. B. Ultraschall, Sentinel Lymph Node SLN). Das morgendliche ^{99m}Tc-Eluat eines frischen Molybdängenerators hat Aktivitäten bis etwa 90% der aktuellen Molybdänaktivität. Dies entspricht bei einem 40-GBq-Generator etwa 37 GBq Technetium. Die Photonenenergie des ^{99m}Tc beträgt 140,5 keV. Eluieren, Transport und Lagerung dieser Aktivitätsmengen finden im Kontrollbereich statt. Beim Hantieren in Eluatflaschen oder Spritzen sind die Abstände der Hände in der Größenordnung weniger Zentimeter, der Abstand zum Rumpf des Personals beträgt typischerweise 25-50 cm.

Beispiel 23.2: Ortsdosisleistungen beim Eluieren eines Tc-Generators. Die Dosisleistungskonstante für ^{99m}Tc hat den Wert $\Gamma_H = 0,0161$ mSv·m^2/GBq·h. Eine typischerweise eluierte Aktivität betrage 20 GBq. Dieses Eluat erzeugt in 1m Abstand eine Äquivalentdosisleistung von 0,322 mSv/h, in einem halben Meter Abstand (ausgestreckter Arm) den 4fachen Wert 1,288 mSv/h. Tc-Gammastrahlung lässt sich trotz der vergleichsweise hohen Photonenenergie (140,5 keV) durch 0,5 mm Bleischürzen immerhin auf etwa 30% schwächen, so dass zumindest beim Eluieren Bleischürzen getragen werden sollten. Bei kleineren Abständen (Handkontakt) versagt das Abstandsquadratgesetz (Gl. 23.1) wegen der Ausdehnung des Eluatfläschchens oder der Spritze (s. Beispiel 23.3). Typische Kontaktdosisleistungen an der Eluatflasche betragen dann 1,6 mSv/(GBq·min). Für 20 GBq in der Eluatflasche erhält man also Hautdosen von etwa 32 mSv/min.

Patiententypische Tc-Aktivitäten betragen bei Skelettuntersuchungen um 450 MBq, bei Lungenuntersuchungen um 110 MBq, bei der Schilddrüsendiagnostik 37 MBq und bei dynamischen Untersuchungen um 740 MBq (s. Tab. 23.4). Werden solche Aktivitäten in Spritzen hantiert, kommt es wegen des unmittelbaren Kontakts der Finger des applizierenden Personals zu erheblichen Hautdosen. Die Ortsdosisleistungen können dann nicht mehr einfach mit dem Abstandsquadratgesetz und der zugehörigen Dosisleistungskonstanten (Gl. 23.1) berechnet werden. Der Grund ist das Versagen des Abstandquadratgesetzes bei kleinen Entfernungen und die signifikanten Streubeiträge. Sollen die Expositionen, also die Ortsdosisleistungen in diesen Entfernungen rechnerisch bestimmt werden, muss man daher ausführliche Analysen der Geometrie und der Selbstabsorption und Streuung in der jeweiligen Situation durchführen. Dabei unterscheiden sich die Kontaktdosisleistungen auch bei konstanter Aktivität wegen der unterschiedlichen Selbstabsorption der Strahlung und Streuung auch nach verwendetem Volumen.

Die bessere Methode zur Bestimmung von Ortsdosisleistungen in solchen Fällen die experimentelle Bestimmung der Dosisleistungen. Dosismessungen mit Thermolumineszenzdetektoren haben dabei die in (Fig. 23.2) zusammengestellten Daten ergeben. Wendet man diese experimentellen Ergebnisse auf klinisch übliche Aktivitätsmengen an, erhält man die Kontaktdosisleistungen in (Tab. 23.2).

Aktivität:	37 MBq	74 MBq	370 MBq	740 MBq
Spritzenkörper ohne Abschirmung	180	360	1800	3600
Spritzenkörper mit Pb links	0,09	0,18	0,9	1,8
Spritzenkörper mit Pb rechts	0,05	0,1	0,5	1,0

Tab. 23.3: Berechnete Kontaktdosisleistungen (μSv/min) an nicht abgeschirmten und mit 2 mm Bleiäquivalent abgeschirmten 2 ml-Spritzen mit verschiedenen Technetium-99m-Füllungen (berechnet aus den Messergebnissen in Fig. 23.2).

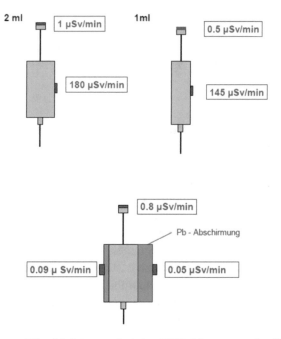

Fig. 23.2: Geometrien und Dosisleistungen bei den TLD-Messungen der Kontaktdosen für 37 MBq ^{99m}Tc in Spritzen (Pb-Gleichwert der Abschirmungen rechts etwa 2 mm, rot: TLDs, nach Messungen der Mitarbeiter der Medizinischen Physik im Klinikum München-Schwabing, Heinz Czempiel, pers. Mitteilung).

Beispiel 23.3: Kontaktdosisleistungen beim Hantieren einer Spritze oder eines Eluats. Befindet sich ein 1 GBq-Präparat in einer unabgeschirmten Spritze, erzeugt dies im Handkontakt etwa 4,9 mSv/min. Bei 0,7 GBq (dies ist die typische Aktivität für eine dynamische Untersuchung oder ein Skelettszintigramm eines korpulenten Patienten) in der unabgeschirmten Spritze sind es knapp 3,5 mSv/min. Soll die Dosisleistung der unabgeschirmten Spritze um den Faktor 1000 vermindert werden, wird nach DIN (s. Fig. 20.5) eine Flächenbelegung von etwa 3 g/cm² Blei benötigt. Mit der Dichte von Blei (11,3 g/cm³) berechnet man daraus eine Abschirmdicke d = 3/11,3 = 0,26 cm. Eine Abschirmung mit 2,6 mm Blei reicht also aus. Spritzen sind deshalb im klinischen Alltag typischerweise mit 2-3 mm Blei ummantelt. Wegen der größeren Anfangsaktivität in Eluatflaschen ist ein Schwächungsfaktor von 10000 vorzuziehen. (Fig. 20.5) entnimmt man eine erforderliche Flächenbelegung von 5 g/cm² Blei. Dies entspricht einer Bleistärke von 4,5 mm.

Untersuchungen / Tag	Einzelaktivität MBq	tägl. Aktivität MBq
5 Skelettszintigrafien	450	2250
5 Lungenuntersuchungen	110	550
5 SD-Untersuchungen	37	185
2 dynamische Untersuchungen	740	1480
Gesamtaktivität/Tag		**4465**

Tab. 23.4: Untersuchungen und dabei applizierte Tc-Aktivitäten in einem typischen Arbeitstag eines klinischen Nuklearmediziners (nach einer Zusammenstellung von Heinz Czempiel, pers. Mitteilung).

Zur Abschätzung der jährlichen Strahlenexposition der Hände eines nuklearmedizinischen Arztes muss die Einzelspritzenaktivität auf die gesamte an einem Arbeitstag und die im Jahr injizierte Tc-Menge hochgerechnet werden. Typische Werte befinden sich in (Tab. 23.4). Mit Hilfe dieser Daten kann die Handdosis des applizierenden Arztes mit dem in der Strahlenschutzverordnung vorgegebenem Grenzwert für die Dosis an den Händen (500 mSv/a) verglichen werden.

Beispiel 23.4: Jährliche Hautdosis nach (Tab. 23.4) für den applizierenden Arzt. Bei 220 Arbeitstagen beträgt die jährliche Gesamtaktivität knapp 1000 GBq (982 GBq). Wird für jede Injektion eine mittlere Zeit von 30 s benötigt, ergibt dies in einer unabgeschirmten 1 ml-Spritze 2,4 Sv/a, in einer unabgeschirmten 2 ml-Spritze 1,9 Sv/a und mit Abschirmung 2,8 mSv/a. Der Grenzwert der Organdosis der StrlSchV beträgt 500 mSv/a. Der Arzt muss also zwingend Abschirmungen an den Spritzen verwenden. Um die Applikationszeit zu minimieren empfiehlt sich zusätzlich das Legen eines Zugangs vor der eigentlichen Applikation.

Gammastrahlenexpositionen beim Umgang mit Patienten

Beim Umgang mit nuklearmedizinischen Patienten ist zwischen dem Kontakt im Funktionsbereich, also den Tätigkeiten bei der Anfertigung des Szintigramms, und den Tätigkeiten im Funktionsbereich wie Ultraschalluntersuchungen und den sonstigen Kontakten in den Krankenstationen und im Transportdienst zu unterscheiden. Die höchsten Strahlenexpositionen sind in der Nuklearmedizinabteilung selbst und bei den unmittelbar nach der Injektion durchgeführten US-Untersuchungen zu erwarten. Geringere Expositionsmöglichkeiten gibt es bei den anderen Tätigkeiten. Die Deutsche Strahlenschutzkommission hat dazu in einem ausführlichen Bericht mögliche Strahlenexpositionen durch nuklearmedizinische Patienten für alle gängigen Radiopharmaka, Untersuchungstechniken und verschiedene Szenarien untersucht [SSK 9804]. Das folgende Beispiel zeigt das prinzipielle Vorgehen bei einer solchen Abschätzung der Exposition durch Technetium-99m für zwei typische Fälle.

Beispiel 23.5: Ortsdosisleistungen um einen gespritzten Tc-Patienten. Wird ^{99m}Tc als Phosphonat einem Patienten verabreicht, zeigt dieser das folgende typische Ausscheidungsverhalten. Die ersten 30% der verabreichten Aktivität werden mit einer biologischen Halbwertzeit von 0,5 h über die Nieren ausgeschieden, die nächsten 30% mit einer Halbwertzeit von 2 h. Die restlichen 40% verbleiben mit einer biologischen Halbwertzeit von ca. 3 Tagen im Körper des Patienten und klingen deshalb dort im Wesentlichen mit der physikalischen Halbwertzeit von 6 h ab. Dieses Ausscheidungsverhalten führt dazu, dass Patienten erst nach 2-3 Stunden szintigrafiert werden und während dieser Zeit ausreichend Flüssigkeit zu sich nehmen müssen.

Die für ein Knochenszintigramm verabreichten Aktivitäten liegen zwischen 0,6 und 0,8 GBq. Vernachlässigt man die Schwächung des Strahlungsfeldes durch den Patienten, erzeugt er in 1 m Abstand unmittelbar nach der Applikation von 0,8 GBq eine Ortsdosisleistung von dH/dt = 13 µSv/h, in einem halben Meter Abstand 52 µSv/h. Wegen der Patientenschwächung (etwa 50%) halbieren sich diese Werte. Für das Transportpersonal, das pro Tag 15 min lang frisch gespritzte Patienten auf die jeweiligen Stationen zurückbringt und sich dabei in einer Entfernung von 1 m befindet, ergibt dies eine Strahlenexposition von 13,5/2 *0,25 h = 1,6 µSv/Tag, im Jahr an 200 Arbeitstagen also etwa 0,3 mSv/a.

3 Stunden nach der Applikation ist die Patientenaktivität mit dem obigen Ausscheidungsverhalten auf etwa 35% abgesunken. Die Ortsdosisleistung in einem halben Meter Abstand beträgt daher wegen der zusätzlichen Patientenschwächung 50% der berechneten 18 µSv/h, also um 9 µSv/h. Diesem Strahlenfeld ist ein untersuchender Arzt beim Ultraschall oder eine MTRA bei der Lagerung an der Gammakamera ausgesetzt. Benötigt der Arzt 20 Minuten für die Ultraschalluntersuchung, ergibt dies eine Strahlenexposition von etwa 3 µSv pro Untersuchung. Bei 2 Untersuchungen am Tag an 200 Arbeitstagen im Jahr ergäbe eine Jahresdosis von 1,2 mSv/Jahr.

Personengruppe	Jährliche Strahlenexposition (μSv/a) Radionuklid/chem. Form					
	Tc-99m Phospho-nat	Tc-99m Sesta-mibi	In-111 Octre-otid	In-111 DTPA	I-131 Iodid	F-18 FDG
Pflegepersonal	230	580	410	190	44	540
Personal Intensivstation	14	73	46	19	1,7	51
Stationsarzt	95	110	48	16	0,4	120
im Funktionsbereich	2600	1100	380	130	3,2	-
Behandlung nach 4h/2h						
ohne Blasenentleerung	-	880	370	120	3,2	-
mit Blasenentleerung	750	850	260	120	3	700
technisches Personal	190	220	95	32	0,8	230
Transportpersonal	280	170	140	47	5,2	340

Tab. 23.5: Mögliche jährliche Strahlenexpositionen des Personals für verschiedenen Personengruppen und Radiopharmaka nach [SSK 9804]. Die Untersuchungen stellen die Expositionsbedingungen (Fallzahlen) in großen Krankenhäusern dar und liefern für kleinere Krankenhäuser eher Überschätzungen möglicher externer Gammastrahlenexpositionen.

Auszüge der Ergebnisse der SSK-Untersuchungen sind in (Tab. 23.5) zusammengefasst. Neben dem unmittelbar mit dem Patienten umgehenden Personal finden sich in dem angeführten Bericht auch Dosisabschätzungen für weitere Mitarbeiter in Krankenhäusern wie Wäschereipersonal, technisches Personal im Sanitärbereich und für Angehörige.

Strahlenexpositionen durch SLN-Patienten

Bei Tumoren, die vor allem über die Lymphabflusswege metastasieren, tritt mit hoher Wahrscheinlichkeit eine Metastasierung zunächst im naheliegenden drainierenden Lymphknoten auf. Durch radioaktive Substanzen können diese Wächterlymphknoten (engl. sentinel lymph nodes, SLN) markiert werden und szintigrafisch dargestellt werden. Falls einer der Lymphknoten das Radiopharmakon speichert, kann er intraoperativ durch Messungen mit einer Gammasonde lokalisiert und eventuell entfernt werden. Anschließend kann er auf eine mögliche Metastasierung sorgfältig histologisch untersucht werden.

Als Radiopharmakon werden mit ^{99m}Tc markierte Kolloide (Teilchengröße zwischen 20 und 100 nm) verwendet. Das Medikament wird entweder am Vortag oder einige Stunden vor der Operation direkt ins Tumorgebiet eingespritzt. Um einen Kontrollbereich im OP zu vermeiden, dürfen im OP keine höheren Aktivitäten als 10 MBq vorliegen (Freigrenze der StrlSchV). Bei der SLN-Technik beim Mammakarzinom kommt es anders als in der normalen Tc-Applikation wegen der Kolloidverwendung zu keiner wesentlichen biologischen Ausscheidungsrate des Technetiums durch die Patienten. Die Restaktivität klingt also fast ausschließlich physikalisch mit 6 h Halbwertzeit ab und verbleibt überwiegend in der Mamma. Die verwendeten Aktivitäten sollten deshalb abhängig vom Applikationszeitpunkt zwischen maximal 200 MBq (Vortag) und 15 MBq (3-4 h vor OP) betragen.

Beispiel 23.6: Berechnung der zu applizierenden Tc-Aktivitäten beim Mamma-Ca. *Wird das ^{99m}Tc 18 h vor OP verabreicht, liegen 3 Halbwertzeiten bis zur Operation vor. Sollen im OP nur noch 10 MBq vorliegen, dürfen also nur 80 MBq appliziert werden. Bei dieser Aktivität sind ausreichend aussagekräftige Szintigrafien möglich. Bei Injektion 3 h vor OP vergeht nur eine halbe Halbwertzeit, die verabreichte Aktivität darf dann also etwa nur 15 MBq betragen. In diesem Fall können bereits wegen der geringen Zählraten Probleme mit der szintigrafischen Untersuchung auftreten.*

Mögliche externe Strahlenexpositionen betreffen das Personal der Nuklearmedizinabteilung sowie das Operationspersonal, die Mitarbeiter der Pathologie und eventuell die Pflegekräfte auf der Station. Die externen Strahlenexpositionen können wie üblich mit den Tc-Dosisleistungskonstanten abgeschätzt werden, mögliche Kontaminationen der Hände müssen mit den Dosisfaktoren für Hautkontamination berechnet werden (Kap. 13.3). Inkorporationen des verabreichten Medikaments sind beim üblichen durch Hygienevorschriften festgelegten Verhalten nicht zu erwarten.

Beispiel 23.7: Abschätzung der externen Strahlenexposition des Operateurs bei SLN. *Als Expositionszeit wird 1 h angenommen, als relevante Aktivität (übertreibend 10 MBq) im OP-Gebiet. Die Dosisleistung beträgt in 1 m Abstand DL = 0,01 GBq · 16,1 µSv/h = 0,16 µSv/h, in 0,5 m Abstand um den Faktor 4 mehr, also 0,64 µSv. Bei einem unterstellten Handabstand von 10 cm erhält man als grobe Abschätzung die um den Faktor 100 höhere Ortsdosisleistung von 16 µSv/h. Bei geringerem Abstand erhöhen sich die Dosisleistungen nach dem Abstandsquadratgesetz, da ein speichernder Lymphknoten bei den vorliegenden Entfernungen als punktförmig gelten kann. Schwächung und Streuung im Mammagewebe sind bei dieser einfachen Dosisabschätzung weggelassen worden. Es wurde außerdem (übertreibend) unterstellt, dass die gesamte Aktivität im georteten Lymphknoten gespeichert wurde.*

Die deutsche Strahlenschutzkommission [SSK 0107] hat in ähnlichen ausführlicheren Berechnungen und Messungen mit Thermolumineszenzdosimetern am operierenden Personal maximale Körperdosen von 2 µSv pro Patient und Operateur ermittelt. Die externen Handdosen liegen unter 100 µSv pro Patient. Die Dosen für das Personal der Pathologie liegen wegen des isolierten Präparats und des etwas späteren Zeitpunktes noch unter den Dosen des OP-Personals. Betrachtet man die üblichen Fallzahlen (maximal einige hundert Eingriffe pro Jahr), sind weder das OP-Personal noch die Mitarbeiter der Pathologie als beruflich strahlenexponierte Personen zu betrachten. OP-Präparate sollten bis zum Abklingen bis zur Freigabegrenze (100 Bq/g nach StrlSchV, Anhang Tab. 1) einige Tage in der Pathologie zwischengelagert werden. Pflegepersonal erhält bei den üblichen Verhaltensweisen keine signifikanten Personendosen, muss also nicht strahlenschutzüberwacht werden.

23.2.2 Strahlenexpositionen beim Hantieren von Betastrahlern

Strahlendosen des nuklearmedizinischen Personals beim Umgang mit betastrahlenden Substanzen können durch die externe Strahlenexposition durch die Ortsdosisleistung der Präparate, durch Hautexpositionen bei Kontakt mit dem Strahler und durch Inkorporation entstehen. Während Inkorporationen beim sorgfältigen Umgang leicht zu vermeiden sind, müssen die externen Expositionen und die Hautkontaminationen sorgfältig beachtet werden. Die Betateilchen der üblichen nuklearmedizinisch verwendeten Nuklide haben je nach Zerfallsenergie Reichweiten bis zu etwa 10 mm Weichteilgewebe. Wegen der um drei Größenordnungen verminderten Dichte der Luft entspricht dies je nach maximaler Betaenergie bis knapp 10 Metern Abstand bis zur völligen Abbremsung in Luft. Tabelle (23.6) zeigt die Zerfallsdaten und maximalen Betaenergien für wichtige in der Nuklearmedizin verwendete Betastrahler.

Externe Strahlenexposition durch reine Betastrahler: Äquivalent-Ortsdosisleistungen in größeren Abständen von punktförmigen Betastrahlern werden mit Hilfe der folgenden Abstandsfunktion abgeschätzt (s. Gl. 13.27).

$$\dot{H} = \frac{I(E_{max}, \rho \cdot r) \cdot A}{r^2} \tag{23.2}$$

Dabei ist A die Aktivität, r der Abstand und I die Äquivalendosisleistungsfunktion nach Fig. (13.4). Vorberechnete Ortsdosisleistungen für wichtige nuklearmedizinische Betastrahler sind in (Fig. 13.5) dargestellt. In diesen Funktionen sind mögliche Abbremsungen durch die Behälter oder Einflüsse durch Rückstreuung sowie Selbstabsorptionen durch endliche Ausdehnungen der Präparate nicht enthalten. In der Praxis werden wegen der Abbremsungen in den Nuklidbehältnissen die nach der obigen Gleichung (23.2) berechneten Dosisleistungen je nach Materialstärken deutlich unterboten, so dass man, wie es für den praktischen Strahlenschutz wichtig ist, mögliche Expositionen eher über- als unterschätzt.

Radionuklid	Verwendung	$T_{1/2}$ (h)	$E_{\beta max}$ /E_γ (MeV)	$R_{\beta,plexi}$ (mm)
^{90}Y	RSO, RIT	64,1	2,28 / -	9,2
^{169}Er	RSO	225,6	0,34 / -	0,86
^{186}Re	RSO, SCT	89,25	1,08 / 0,137	3,8
^{188}Re	IVB	16,98	2,12 / 0,155	8,5

Tab. 23.6: Daten der für die Betatherapie verwendeten Radionuklide (RSO: Radiosynoviorthese, RIT: Radioimmuntherapie, IVB: Intravaskuläre Brachytherapie, SCT: therapy of skin cancers).

Beispiel 23.8: Ortsdosisleistungen um Betastrahler. *In 1 m Abstand erzeugt ein weicher Betastrahler mit einer Aktivität von 1 MBq nach Fig. (13.5) eine Äquivalentdosisleistung von etwa 3 µSv/h. Im Abstand von 0,5 m erhöht sich die Äquivalentdosisleistungsfunktion auf 7 (mSv·m²/h·GBq). Zusammen mit dem Abstandsquadratfaktor 4 erhält man eine Ortsdosisleistung von H = 28 µSv. Bei harten Betastrahlern hat die Äquivalentdosisleistungsfunktion bis etwa 1,5 m Entfernung einen konstanten Wert um 9 (mSv·m²/h·GBq). In einem Meter Entfernung ergibt dies eine Dosisleistung von 9 µSv/h, in einem halben Meter Entfernung knapp 40 µSv/h. Die Ortsdosisleistungen in einem halben Meter Entfernung unterscheiden sich bei weichen und harten Betastrahlern also nur geringfügig. Erst bei höheren Entfernungen wirkt sich die Abbremsung der Elektronen in Luft aus.*

Sollen Dosisleistungen in Entfernungen bestimmt werden, die in der Größenordnung der Präparatabmessungen liegen (Kontakt, Nahbereich), versagt das einfache Dosisleistungsgesetz in (Gl. 23.2). In solchen Fällen sind experimentelle Dosisleistungswerte vorzuziehen. Eine besonders interessante Untersuchung stammt vom BFS [Barth/Rimpler RSO]. Von den Autoren wurden praktische Empfehlungen zum Strahlenschutz bei der Radiosynoviorthese für verschiedene Radionuklide ausgearbeitet. Dosisleistungsmesswerte für das Radionuklid mit der höchsten Betaenergie (^{90}Y) finden sich in (Fig. 23.3).

Mit deutlich höheren externen lokalen Hautdosiswerten als bei größeren Abständen ist beim Umgang mit den Präparaten zu rechnen. Dabei ist zwischen den externen Dosisleistungen im Spritzen- oder Kanülenkontakt und den Kontaminationen der Haut zu unterscheiden. Externe Strahlenexpositionen hängen deutlich von der maximalen Betaenergie, den Wandstärken der verwendeten Präparate und dem Abstand vom Präparat ab. In der Regel muss davon ausgegangen werden, dass die Betateilchen ausreichende Energie haben, um an der Oberfläche der Behälter oder Spritzenkanülen signifikante Dosisleistungen zu erzeugen. Behälter müssen daher von ausreichend dicken

Plastikumhüllungen umgeben sein. Sollen Kanülen oder Spritzenkörper hantiert werden, müssen Abstandshalter (z. B. Plastikringe aus Makrolon) um die Kanülen angebracht werden. Um die Expositionszeiten zu minimieren, sollten die Handhabung der Präparate und der Umgang mit Greifwerkzeugen und Abschirmungen zudem ohne Aktivitäten eingeübt werden. Zur Messung der externen Handdosen müssen spezielle TL-Dosimeter für die Betadosimetrie verwendet werden, da die üblichen TLD-Ringe wegen der Wandstärke ihrer Plastikumhüllung und der nur für Photonenstrahlungen vorgenommenen Kalibrierungen die Dosiswerte durch Betastrahlung um etwa um den Faktor 3 unterschätzen. Es ist darauf zu achten, dass die Dosimeter auf der Handinnenseite positioniert sind.

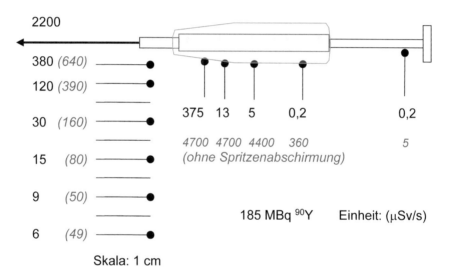

Fig. 23.3 Typische Ortsdosisleistungen an der Oberfläche einer mit 185 MBq Y-90 gefüllten 1 ml Spritze in der Einheit (μSv/s) in verschiedenen Abständen zum Kanülenansatz (der Skalierungsabstand der Skala beträgt 1 cm, Messorte sind die schwarzen Punkte), gemessen mit und ohne Spritzenabschirmung (rot) aus Acrylglas (PMMA), gezeichnet nach experimentellen Daten von [Barth/Rimpler-RSO].

Strahlenexposition bei Hautkontaminationen mit Betastrahlern: Bei Hautkontaminationen wird, wie in (Kap. 13) ausführlich begründet, die Dosis in 0,07 mm Hauttiefe angegeben. Man verwendet also zur Abschätzung der Exposition der Basalschicht der Haut die Größe $H_p(0,07)$. Tatsächlich bestrahlen Betateilchen je nach Maximalenergie auch tiefere Hautschichten bis in einige Millimeter Tiefe. Fig. (23.4) zeigt die experimentelle Tiefendosiskurve eines harten Betastrahlers (^{90}Y, E_{max} = 2,28 MeV) in Wasser. Die maximale Reichweite dieser Betas beträgt gut 10 mm Wasser, die Dosisbeiträge in höheren Tiefen entstammen der durch Betateilchen im Phantom

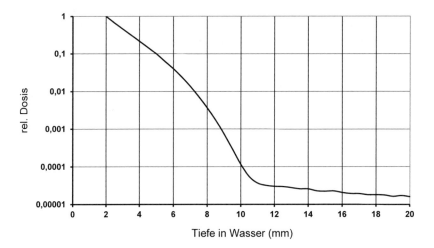

Fig. 23.4: Experimenteller Tiefendosisverlauf eines hochenergetischen Betastrahlers in Wasser (Y-90, E_{max} = 2,28 MeV), normiert auf den Wert in 2 mm Wassertiefe. Bei größeren Tiefen als etwa 10 mm Wasser sind alle Betas abgebremst, der Dosisbeitrag in dieser Tiefe entstammt ausschließlich der Strahlungsbremsung der Betas im bestrahlten Phantom. Der Bremsstrahlungsbeitrag beträgt etwa 0,1 Promille der Dosis in 2 mm Tiefe, die relative Oberflächendosis beträgt etwa 500% (dazu ist die TDK in dieser halblogarithmischen Darstellung linear zur Tiefe Null zu extrapolieren). Vergl. auch (Fig. 10.22 in Kapitel 10).

erzeugten Bremsstrahlung. Deren "Dosisausbeute" liegt unter 1 Promille der Betadosis. Zur Berechnung der Hautdosisleistung dH/dt in 0,07 mm Tiefe nach einer Hautkontamination mit einem reinen Betastrahler verwendet man in Anlehnungen an die Ausführungen in (Kap. 13.3) die Formel (23.3) mit einer speziellen "Dosisleistungskonstanten" $I_{c,\beta}$ für flächenhafte Betakontaminationen der Haut.

$$\dot{H}_p(0,07) = I_{c,\beta} \cdot \frac{A}{F} \qquad (23.3)$$

A/F ist wieder die flächenspezifische Aktivität (Bq/cm^2). Die "Dosisleistungskonstante" h_a hat für die meisten Betastrahler Werte von 1,2 bis 1,7 (μSv·cm^2·h^{-1} Bq^{-1}) (s. Fig. 13.13 und Tab. 24.18 im Anhang). Dies ergibt für grobe Abschätzungen die leicht untertreibende Faustregel: 1 Bq/cm^2 Betas erzeugen eine Hautdosisleistung von 1μSv/h in der Basalschicht. Wird der Tropfen nicht auf 1 cm^2 verteilt sondern bleibt kompakt, reduzieren sich die Hautdosiswerte je nach Radionuklid um den Faktor 1,5 bis 4. Die höchsten Reduktionsfaktoren bei Tropfenkontamination erhält man bei niederenergetischen Betastrahlern wie beispielsweise Er-169.

Beispiel 23.9: Hautkontamination mit I-131. Bei einer Schilddrüsentherapie wurde ein Trop-fen Jod-Lösung mit einer Aktivität von 1 MBq versehentlich auf der Hand über eine Fläche von 1 cm² verschmiert. Die Dosisleistungskonstante für ¹³¹I-Betas in Weichteilgewebe beträgt 1,2 (µSv·cm²·h⁻¹ Bq⁻¹), 1 MBq erzeugt daher eine Hautdosisleistung von 1,2 Sv/h. Dieser extrem hohe Wert liegt vor allem an der lokalen Energiedeposition der weichen Jod-Betas (E$_{max}$ = 0,6 MeV). Wird die Hautkontamination nicht bemerkt und daher nicht beseitigt sondern bis zum Abklingen der Aktivität auf der Haut belassen, ist die Exposition über die gesamte Zerfallszeit zu berücksichtigen. Berechnet wird dies über die Integration des Zerfallsgesetzes. Man erhält:

$$H = \int_0^\infty \dot{H}(t)dt = h_a \cdot \frac{A_0}{F} \cdot \frac{T_{1/2}}{ln\,2} = 1,44 \cdot T_{1/2} \cdot h_a \cdot \frac{A_0}{F} \qquad (23.36)$$

Die Rechnung ergibt mit der Halbwertzeit von 8 Tagen (ca. 192 h) eine Gesamtdosis von 278 µSv/Bq und für die Kontamination von 1 MBq den unglaublichen Hautdosiswert von 332 Sv.

Unter realen Bedingungen sind solche Expositionszeiten nicht sehr wahrscheinlich, da entweder ein Schutzhandschuh getragen wurde, oder die Kontamination beim Reini-gen der Hände weitgehend beseitigt wurde. Sie zeigt aber die Notwendigkeit zum sorgfältigen Umgang mit offenen Betastrahlern beispielsweise in Radiojod-Stationen oder bei den sonstigen therapeutischen Anwendungen von Betastrahlern. Tab. (23.7) zeigt typische Dosisleistungen beim Umgang mit Betastrahlern. Hochrechnen auf die klinisch angewendeten Aktivitäten und Applikationszeiten zeigt die erhebliche Wahr-scheinlichkeit für Expositionen im Nahfeld und bei Hautkontamination. Da die übli-chen Latexhandschuhe oft nicht ausreichend dicht sind, um Hautkontaminationen zuverlässig zu unterbinden, wird vom BFS empfohlen, Handschuhe aus Vinyl oder Nitril bei Betatherapien einzusetzen.

Radionuklid	DL für 1 MBq (mSv/h) bei Kontakt mit 5 ml Spritze	Hautdosisleistung bei Kontaminati-on mit 1 kBq (mSv/h)
⁹⁰Y	4,35	1,35
¹⁶⁹Er	-	0,08
¹⁸⁶Re	0,38	0,91
¹⁸⁸Re	2,9	1,35

Tab. 23.7: Repräsentative Dosisleistungen beim Umgang mit therapeutisch eingesetzten Beta-strahlern (nach [Barth/Rimpler 2005]).

23.2.3 Strahlenexposition bei Inkorporation von Radionukliden

Zur Abschätzung von Organdosen oder der Effektiven Dosis nach Inkorporation von Radionukliden dienen vorkalkulierte Inkorporationsfaktoren I_{org} bzw. I_{eff}, die die Umrechnung der verabreichten Aktivität des Radionuklids in Organdosen oder Effektive Dosis ermöglichen (s. Kap. 13.4).

$$H_{org} = I_{org} \cdot A \qquad \text{bzw.} \qquad E = I_{eff} \cdot A \qquad (23.37)$$

Diese Faktoren unterscheiden sich nach den Inkorporationswegen, da je nach Zufuhr die Aufnahme (der up-take) als auch die Verteilungsräume variieren. Sie sind für Inhalation und Ingestion getrennt im Anhang der Strahlenschutzverordnung tabelliert [ICRP 72]. Auszüge für einige in der Nuklearmedizin wichtige Radionuklide und Nuklide im allgemeinen Strahlenschutz befinden sich in Tab. (23.8), neuere Daten in Tab. (24.19) im Anhang. In der Strahlenschutzverordnung werden Inkorporationsfaktoren allerdings nicht für die typischen klinisch-chemischen Verbindungen der Radiopharmaka und für die klinisch übliche intravenöse Zufuhr angegeben. Zur Abschätzung von Patientendosen sind diese Inkorporationsfaktoren daher nicht geeignet (vgl. dazu Abschnitt 23.1).

Radionuklid	I_{eff} (μSv·kBq^{-1}) Inhalation	I_{eff} (μSv·kBq^{-1}) Ingestion	I_{organ} (μSv·kBq^{-1})
^{99}Mo	0,22	0,6	Leber: 2,8
^{99m}Tc	0,012	0,022	-
^{131}I (Kinder)	37	100	SD: 2100
^{131}I (Erwachsene)	7,4	22	SD: 430
^{134}Cs	6,6	19	-
^{137}Cs	4,6	13	-
^{226}Ra**	360	280	KnOberfl. 12000

Tab. 23.8: Inkorporationsfaktoren für einige radiologisch bedeutsame Radionuklide für Inhalation und Ingestion in der Einheit (μSv·kBq^{-1}) (n. Tab. 24.19 und [StrlSchV]) .

Beispiel 23.9: Inkorporation von ^{131}I auf einer Jod-Station: *Auf einer kleinen Radiojodstation betrage der ^{131}I-Jahresverbrauch 1500 GBq/a. In der Abluft befinden sich typischerweise 0,1%*

der dem Patienten verabreichten Aktivität. Dies führt zu einer Inhalation zwischen 50 und 300 Bq/a durch das Personal. Mit dem Inhalationsfaktor für Erwachsene aus Tab. (24.19) erhält man eine jährliche Effektive Dosis für Erwachsene von 0,4 bis 2,2 µSv/a. In der Schilddrüse entstehen bei völliger Speicherung des eingeatmeten Jods Organdosen zwischen 21,5 und 129 µSv/a. Dieser "up-take" ist etwas übertrieben, realistisch beträgt er je nach Stoffwechsellage des Personals zwischen 50 und 80%. Die Dosiswerte bei Kindern sind nach Tab. (24.19) etwa um den Faktor 5 höher als bei Erwachsenen. Der Hauptteil des von Patienten inkorporierten Jods wird zunächst über die Nieren ausgeschieden, ein Teil aber auch über den Schweiß, im Speichel und über den Darm. Dies macht die Notwendigkeit zum sorgfältigen Umgang mit den gesetzlichen Grenzwerten bei der Entlassung von Schilddrüsenpatienten aus der Jodstation verständlich, insbesondere wenn sich im sozialen Umfeld der Patienten Kleinkinder, Jugendliche oder Schwangere befinden.

Besonders kritisch ist der Umgang mit den hohen Aktivitäten bei der selektiven intraarteriellen Radiotherapie SIRT mit Y-90 und typischen applizierten Aktivitäten zwischen 2- 4 GBq Y-90 zur Behandlung von Leberneubildungen. Der Betastrahler wird dazu in Form von Mikrosphären mit einem Durchmesser von 20 – 60 µm direkt über einen Angiografiekatheter in die Leberarterie eingeflößt. Die Mikrosphären bleiben in den Kapillaren stecken und bestrahlen von dort aus die Leberherde. Angestrebte Herddosen liegen bei etwa 150 Gy. Das Yttrium verbleibt im Patienten und klingt dort ausschließlich mit der physikalischen Halbwertzeit von 64 h ab, da es nicht verstoffwechselt wird.

Zur Vermeidung von Restenosen nach einer Ballondilatation von Arterien oder Koronararterien wird auch die intravasale Bestrahlung IVB mit Re-188 vorgenommen. Rhenium ist ein harter Beta-Gammastrahler. Zur Behandlung wird nach einer perkutanen transluminalen Angioplastie (PTA) oder perkutanen coronaren Angioplastie (PTCA) mit einer Hochdruck-Ballondilatation das Stenose-Gebiet mit Re-188 von innen bestrahlt. Dazu wird das Nuklid Re-188 mit Aktivitätskonzentrationen von 5 – 10 GBq/ml in einem speziellen Therapiekatheter mit eigenem Ballon in die zu behandelnden Arterienstenosen eingeführt. Um mögliche Ballonrupturen des mit Re-188 gefüllten Therapiekatheters zu verhindern, wird dieser nur mit etwa 2 hPa Druck erweitert. Der Herd wird etwa 20 min bestrahlt, anschließend wird der Ballon wieder aus dem Patienten entfernt.

Wegen der möglichen hohen Kontaktdosen werden bei beiden Verfahren ausschließlich gut dimensionierte vorgefertigte Therapiepräparate mit den nötigen Abstandshalterungen und Abschirmungen eingesetzt, die die hohen Kontaktdosisleistungen im Regelfall mindern. Das Inkorporationsrisiko sowie das Risiko von Hautexpositionen besteht vor allem bei Kontaminationen durch Ausscheidungen des Patienten, bei einer möglichen Ballonruptur und bei eventuell erforderlichen operativen Eingriffen nach der Applikation [SSK SIRT IVB].

Zusammenfassung

- In der Nuklearmedizin kann es zu perkutanen Strahlenexpositionen des Personals und zur Dosisentstehung durch Kontamination oder Inkorporation kommen.

- Perkutane Expositionen können für gammastrahlende Radionuklide mit Dosisleistungsfaktoren, für Betastrahler mit Dosisleistungsfunktionen abgeschätzt werden.

- Die höheren aktivitätsbezogenen Dosen entstehen bei Betastrahlern, da diese einen anderen Verteilungsraum der übertragenen und absorbierten Energie als die Gammastrahler aufweisen.

- Perkutane Strahlenexpositionen durch Betastrahler sind durch die Ortsdosisleistungen je nach maximaler Betaenergie bis zu einigen Metern Entfernung vom Präparat oder bei direktem Hautkontakt mit dem Strahler möglich.

- Um externe Bestrahlungen mit Betas zu vermeiden, sollten Betastrahler grundsätzlich beim Umgang mit Niedrig-Z-Materialien wie Plexiglas ausreichender Dicke umgeben sein.

- Im Nahbereich von Betastrahlern müssen zur Abstandsvergrößerung neben den Plastikabschirmungen auch Werkzeuge wie Pinzetten, Abstandsringe u. ä. verwendet werden.

- Bei Hautkontaminationen mit Betastrahlern können deterministische Strahlendosen in der Haut des Personals entstehen.

- Grundsätzlich müssen zur Vermeidung von Hautkontaminationen Schutzhandschuhe getragen werden, die sofort nach der Anwendung auf Kontamination überprüft und ggf. ausgetauscht werden müssen.

- Es wird dazu empfohlen, nicht die marktüblichen Latexhandschuhe zu verwenden sondern Handschuhe aus dichteren Substanzen wie Vinyl oder Nitril.

- Strahlenexpositionen aus Inkorporationen von Radionukliden können durch sorgfältigen Umgang mit den offenen Strahlern, also durch verminderte Kontamination von Arbeitsflächen und Händen und durch ausreichenden Luftaustausch durch Klimaanlagen klein gehalten werden.

- Eine wichtige Regel zur Inkorporationsverminderung ist das absolute Verzehrverbot (Trinken, Essen, Rauchen, Schminken) in nuklearmedizinischen Instituten.

Aufgaben

1. Ein Nuklearmediziner geht mit offenen hochenergetischen Betastrahlern wie P-32 oder Y-90 um und will aus Strahlenschutzgründen seine Präparate beim Hantieren mit den üblichen nuklearmedizinischen Bleiumhüllungen (Spritzenabschirmung, Transportbehälter) abschirmen. Ist diese Methode besonders effektiv und clever?

2. Reduziert das Tragen von Latexhandschuhen die Strahlenexposition der Hände durch Betas auf null?

3. Beim Hantieren mit einem Technetium-Präparat kommt es durch eine defekte Spritze zu einer erheblichen Teilkörperkontamination des Anwenders mit Tc. Welche Maßnahmen müssen getroffen werden, um die Exposition des Anwenders zu minimieren?

Aufgabenlösungen

1. Nein, hochenergetische Betastrahler dürfen auf keinen Fall mit Schwermetallen abgeschirmt werden. Der Arzt erhöht durch die Wahl der Hoch-Z-Abschirmung die Bremsstrahlungsausbeute im Abschirmmaterial. Die maximalen Betaenergien der beiden angesprochenen Radionuklide liegen bei etwa 1,7 bis 2,3 MeV. Statt eine Abschirmung zu bewirken, stellt die Bleiabdeckung also ein Bremstarget dar und erhöht so die Dosisleistung um das Präparat mit sehr durchdringender Strahlung. Plastikmaterialien ohne hochatomige Halogenbeimischungen (das Chlor im PVC hat $Z = 53$) sind die geeigneten primären Abschirmsubstanzen (PMMA, PE; siehe auch Aufgabenlösung 3 in Kap. 20).

2. Nein, da die Reichweiten aller üblichen Betastrahler größer sind als die Materialstärken der Latexhandschuhe, verhindern diese lediglich die unmittelbare Hautkontamination durch die Betas.

3. Sofort eine Mitarbeiterin oder einen Mitarbeiter um Hilfe bitten. Die kontaminierte Person darf keine Gegenstände wie Kontaminationsmonitor, Türklinken, Arbeitsflächen, Telefone etc. berühren oder sofortige Selbstreinigungsversuche vornehmen. Ist die Haut im Gesicht, Händen und Armen durch Tropfen kontaminiert, sind diese durch vorsichtiges Abtupfen zu entfernen. Beim Abwaschen würde die Kontamination über größere Hautflächen verteilt. Erst danach können durch geeignete Mittel die betroffenen Hautstellen vorsichtig lokal gereinigt werden. Nach diesen Maßnahmen ist in der Regel bereits eine deutliche Reduktion der Kontamination zu erwarten. Kontamination der Augen sollte durch Spülen mit physiologischer Kochsalzlösung oder reinem Wasser vermindert werden. Ist die kontaminierte Person auf diese Weise behandelt, kann die verbliebene Restaktivität nur durch Abwarten vermindert werden. Auf keinen Fall dürfen heftige Reinigungsversuche der Haut wie intensives Abreiben oder Waschen mit fettlösenden Reinigungsmitteln oder Seifen vorgenommen werden. Die betroffene Person soll danach durch einen nicht kontaminierten Mitarbeiter mit einem Dosimonitor den Ort und das Ausmaß der weiterer Kontaminationen feststellen lassen. Ist die Kleidung kontaminiert, muss sie sofort ausgezogen werden. Dazu zählen auf alle Fälle die Schutzhandschuhe und in der Regel die typische Oberbekleidung (Jacke, Hose…). Letztlich müssen selbstverständlich auch die kontaminierten Arbeitsflächen und Gegenstände gereinigt und überprüft werden. Kleidung, Spritzen und sonstige kontaminierte Hilfsmittel sind ausreichend lange zum Abklingen der Aktivität zu lagern. In der Regel reicht dazu eine 24 bis 48 h Frist. Die kontaminierte Person sollte sofort ihre Tätigkeiten einstellen und am nächsten Tag durch eine erneute Kontrolle die restliche Kontamination überprüfen. Tc-99m ist ein reiner Gammastrahler mit einer kurzen Halbwertzeit von 6 h. Es sind deshalb bei korrektem Verhalten anders als bei Betakontaminationen keine gravierenden Strahlendosen der Haut oder Inkorporationen zu erwarten.

24 Anhang

24.1 Einheiten des Internationalen Einheitensystems SI, abgeleitete Einheiten

Das Internationale Einheitensystem (Système International d'Units: SI) ist in Deutschland seit 1970 verbindlich. Die SI-Basiseinheiten werden seit Mai 2019 auf 7 Fundamentalkonstanten zurückgeführt (Tab. 24.1.1), die als fehlerfrei, also als echte Naturkonstanten betrachtet werden und daher keine Fehlerangaben mehr enthalten [SI 2019].

Fundamentalkonstante	Zeichen	Wert
Frequenz des ungestörten Hyperfein-strukturübergangs des Grundzustands im ^{133}Cs-Atom	$\Delta\nu_{Cs}$	9 192 631 770 Hz
Vakuumlichtgeschwindigkeit	c	299 792 458 m/s
Plancksches Wirkungsquantum	h	6,626 070 15 · 10^{-34} J s
Elementarladung	e	1,602 176 634 · 10^{-19} C
Boltzmann Konstante	k	1,380 649 · 10^{-23} J/K
Avogadro Konstante	N_A	6,022 140 76 · 10^{23} mol^{-1}
Photometrisches Strahlungsäquivalent einer monochromatischen Strahlung der Frequenz 540·10^{12} Hz	K_{cd}	683 lm/W

Tab. 24.1.1: Die als fehlerfrei betrachteten 7 physikalischen Fundamentalkonstanten des SI seit 2019

Mit Hilfe dieser Fundamentalkonstanten werden die sieben Basiseinheiten des SI seit Mai 2019 neu definiert. Besonders spektakulär ist das Verschwinden des Urkilogrammtyps in der Definition des Kilogramms und die völlig andersartige Definition des Ampere. Für die praktische Arbeit hat sich durch die Neudefinitionen der Einheiten nichts geändert. Sie haben die nachfolgenden Definitionen (Tab. 24.1.2).

© Der/die Herausgeber bzw. der/die Autor(en), exklusiv lizenziert an Springer-Verlag GmbH, DE, ein Teil von Springer Nature 2023
H. Krieger, *Grundlagen der Strahlungsphysik und des Strahlenschutzes*,
https://doi.org/10.1007/978-3-662-67610-3

Basiseinheit	Zeichen	Definition
Sekunde	s	$1\,\text{s} = 9\,192\,631\,770/\Delta\nu_{Cs}$
Meter	m	$1\,\text{m} = (c/299\,792\,458)\,\text{s} = 30{,}663\,318\ldots \cdot c/\Delta\nu_{Cs}$
Kilogramm	kg	$1\,\text{kg} = (h/6{,}626\,070\,15 \cdot 10^{-34})\,\text{m}^{-2}\cdot\text{s} = 1{,}475\,521 \cdot 10^{40}\,h \cdot \Delta\nu_{Cs}/c^2$
Ampere	A	$1\,\text{A} = e/(1{,}602\,176\,634 \cdot 10^{-19})\,\text{s}^{-1} = 6{,}789\,686\ldots \cdot 10^8 \cdot \Delta\nu_{Cs}$
Kelvin	K	$1\,\text{K} = (1{,}380\,649 \cdot 10^{-23}/k)\,\text{kg}\cdot\text{m}^2\cdot\text{s}^{-2} = 2{,}266\,665\ldots \cdot \Delta\nu_{Cs} \cdot h/k$
Mol	mol	$1\,\text{mol} = 6{,}022\,140\,76 \cdot 10^{23}/N_A$
Candela	cd	$1\,\text{cd} = (K_{cd}/683)\,\text{kg}\cdot\text{m}^2\cdot\text{s}^{-3}\cdot\text{sr}^{-1} = 2{,}614\,830\ldots \cdot 10^{10} \cdot (\Delta\nu_{Cs})^2 \cdot h \cdot K_{cd}$

Tab. 24.1.2: Definition der Basiseinheiten mit Hilfe der Fundamentalkonstanten [SI 2019].

Zum Vergleich sind die bisherigen Definitionen der Basiseinheiten in der folgenden Aufstellung nochmals dargestellt.

1 Meter ist die Länge der Strecke, die das Licht im Vakuum während der Dauer von 1/299'792'458 Sekunden durchläuft.

1 Kilogramm ist die Masse des internationalen Kilogrammprototyps.

1 Sekunde ist das 9'192'631'770-fache der Periodendauer der dem Übergang zwischen den beiden Hyperfeinstrukturniveaus des Grundzustandes von Atomen des Nuklids ^{133}Cs entsprechenden Strahlung ($\lambda = 32{,}612$ cm).

1 Ampere ist die Stärke eines zeitlich unveränderlichen elektrischen Stromes, der durch zwei im Vakuum parallel im Abstand 1 Meter voneinander angeordnete, geradlinige, unendlich lange Leiter von vernachlässigbar kleinem, kreisförmigen Querschnitt fließend, zwischen diesen Leitern je 1 Meter Leiterlänge elektrodynamisch die Kraft $2 \cdot 10^{-7}$ Newton hervorrufen würde.

1 Kelvin ist der 1/273,16 Teil der thermodynamischen Temperatur des Tripelpunktes des Wassers.

1 Mol ist die Stoffmenge eines Systems, das aus ebenso vielen Einzelteilchen besteht, wie Atome in 12/1000 Kilogramm des Kohlenstoffnuklids ^{12}C enthalten sind. Bei Verwendung des Mol müssen die Einzelteilchen des Systems spezifiziert sein und können Atome, Moleküle, Ionen, Elektronen sowie andere Teilchen oder Gruppen solcher Teilchen genau angegebener Zusammensetzung sein.

1 Candela ist die Lichtstärke in einer gegebenen Richtung einer monochromatischen Strahlungsquelle der Frequenz von $540 \cdot 10^{12}$ Hertz und einer Strahlstärke in dieser Richtung von 1/683 Watt pro Steradiant.

Aus den Basiseinheiten werden in der Physik abgeleitete Größen gebildet, die zum Teil besondere Namen und Einheitenzeichen tragen. Einige abgeleitete Größen mit besonderem Namen finden sich in der nachfolgenden Tabelle (Tab. 24.1.3).

Abgeleitete SI-Einheiten mit besonderem Namen:

Größe	Name	Zeichen	abgel. SI-Einh.	in Basiseinh.
Frequenz	Hertz	Hz	-	s^{-1}
Kraft	Newton	N	-	$m \cdot kg \cdot s^{-2}$
Druck	Pascal	Pa	N/m^2	$m^{-1} \cdot kg \cdot s^{-2}$
magnetische Flussdichte	Tesla	T	Vs/m^2	$kg \cdot s^{-2} \cdot A^{-1}$
Energie, Arbeit, Wärme	Joule	J	$N \cdot m$	$m^2 \cdot kg \cdot s^{-2}$
elektrische Ladung	Coulomb	C	-	$s \cdot A$
elektrische Spannung	Volt	V	W/A	$m^2 \cdot kg \cdot s^{-3} \cdot A^{-1}$
Kapazität	Farad	F	C/V	$m^{-2} \cdot kg^{-1} \cdot s^4 \cdot A^2$
elektrischer Widerstand	Ohm	Ω	V/A	$m^2 \cdot kg \cdot s^{-3} \cdot A^{-2}$
Celsius-Temperatur*	Grad Celsius	°C	-	K
Aktivität	Becquerel	Bq	-	s^{-1}
Energiedosis	Gray	Gy	J/kg	$m^2 \cdot s^{-2}$
Äquivalentdosis	Sievert	Sv	J/kg	$m^2 \cdot s^{-2}$

Tab. 24.1.3: Abgeleitete Einheiten des SI mit besonderem Namen. *: Umrechnung °Celsius in Kelvin: t °C = T (K) – 273,15 K.

In der Atomphysik ist es üblich, angepasste Einheiten für die Masse und die Energie zu verwenden. Das Gesetz über Einheiten im Messwesen führt dazu aus: Die atomphysikalische Einheit der Masse für die Angabe von Teilchenmassen ist die atomare Masseneinheit (Kurzzeichen: u). Eine atomare Masseneinheit ist der 12te Teil der Masse eines Atoms des Nuklids ^{12}C. Codata ergänzt dazu: Das Atom ist im Grundzustand und in Ruhe.

$$1 \, u = 1{,}660 \, 539 \, 040(20) \cdot 10^{-27} \, kg$$

Die atomphysikalische Einheit der Energie ist das Elektronvolt (Kurzzeichen: eV). Das Elektronvolt ist die Energie, die ein Elektron beim Durchlaufen einer Potentialdifferenz von 1 Volt im Vakuum gewinnt.

$$1 \, eV = 1{,}602 \, 176 \, 634 \cdot 10^{-19} \, J$$

24.2 Praktische physikalische Konstanten und Einheiten

Konstante	Zeichen	Zahlenwert	Einheit	Bem.
Bohrscher Radius	a_0, r_1	$0{,}529\ 177\ 210\ 67(12)\ 10^{-10}$	m	
Elektrische Feldkonstante	ε_0	$8{,}854\ 187\ 817...\cdot 10^{-12}$	$C\cdot V^{-1}\cdot m^{-1}$	exakt
Feinstrukturkonstante*	α	$7{,}297\ 352\ 5664(17)\cdot 10^{-3}$		
Inverse Feinstrukturkonstante	$1/\alpha$	$137{,}035\ 999\ 139(31)$		
Klassischer Elektronenradius**	r_e	$2{,}81794\cdot 10^{-15}$	m	
red. Plancksches WQuantum	$\hbar=h/2\pi$	$1{,}054\ 571\ 800(13)\cdot 10^{-34}$	J·s	
Ruhemasse des Elektrons	m_0	$9{,}109\ 383\ 56(11)\cdot 10^{-31}$	kg	
Ruhemasse des Neutrons	m_n	$1{,}674\ 927\ 471(21)\cdot 10^{-27}$	kg	
Ruhemasse des Protons	m_p	$1{,}672\ 621\ 898(21)\cdot 10^{-27}$	kg	
Rydberg-Konstante	R^*	$13{,}605\ 693\ 009(84)$	eV	
halber Umfang des Einheitskreises	π	$3{,}141\ 592\ 653\ 589\ 793\ 238...$		
Basis der natürlichen Logarithmen	e	$2{,}718\ 281\ 828\ 459\ 045\ 235...$		

Tab. 24.2.1: Werte weiterer physikalischer Konstanten (in Klammern stehen die Unsicherheiten der letzten beiden Stellen, [Codata 2014]). exakt: Definitionsgemäß exakter Wert.

Fundamentalkonstanten werden international einheitlich durch das zuständige Komitee (Task Group on Fundamental Constants des "Committee for Science and Technology Codata") des internationalen Wissenschaftsrates (International Council of Scientific Unions CSU) publiziert.

*: Die Feinstrukturkonstante α ist die elektromagnetische Kopplungskonstante. Sie wird nach folgender Beziehung aus anderen Naturkonstanten berechnet $\alpha = e_0^2/(2\cdot h\cdot c_0\cdot\varepsilon_0)$.

**: Unter dem klassischen Elektronenradius versteht man den Radius einer mit einer Elementarladung e_0 gleichmäßig geladenen Kugel, die als Feldenergie gerade die Ruheenergie eines Elektrons von ca. 0,511 MeV ergibt.

Aus praktischen und historischen Gründen werden einige physikalische Einheiten verwendet, die außerhalb des SI-Systems definiert sind. Die wichtigsten Größen finden sich in der nachfolgenden Tabelle.

Praktische physikalische Einheiten außerhalb des SI-Systems:

Größe	Name	Zeichen	in Basiseinheiten
Länge	Ångström	Å	10^{-10} m
Länge	Fermi	Fm	10^{-15} m
Zeitangaben	Minute	min	60 s
	Stunde	h	3600 s
	Tag	d	86400 s
	Jahr(*)	a	$3,155692608 \cdot 10^7$ s
Wirkungsquerschnitt	Barn	b	10^{-28} m^2
Energie	Elektronvolt	eV	$1,602\,176\,634 \cdot 10^{-19}$ J
Druck	Bar	bar	10^5 Pa
Aktivität	Curie	Ci	$3,7 \cdot 10^{10}$ Bq
Ionendosis	Röntgen	R	$2,58 \cdot 10^{-4}$ C/kg
Energiedosis	Rad	rad	10^{-2} Gy
Äquivalentdosis	Rem	rem	10^{-2} Sv

Tab. 24.2.2: Einheiten außerhalb des SI-Systems und alte Einheiten, (*): keine präzise Einheit, wird aber oft für die Angabe von sehr großen Halbwertzeiten benutzt und toleriert.

Sollen dezimale Vielfache oder Bruchteile der Einheiten bezeichnet werden, sind die in der nachfolgenden Tabelle zusammengestellten Faktoren, Kürzel und Namen zu verwenden ([DIN 1301], [NIST]). Daneben ist es besonders in der Atomphysik oder der Astronomie üblich, dezimale Anteile als Zehnerpotenzen in der mathematischen Potenzschreibweise (z. B. E+02 oder E-12) anzugeben.

Dezimale Vielfache			Dezimale Bruchteile		
Faktor	Präfix	Zeichen	Faktor	Präfix	Zeichen
10^{24}	Yotta	Y	10^{-1}	Dezi	d
10^{21}	Zetta	Z	10^{-2}	Zenti	c
10^{18}	Exa	E	10^{-3}	Milli	m
10^{15}	Peta	P	10^{-6}	Mikro	μ
10^{12}	Tera	T	10^{-9}	Nano	n
10^{9}	Giga	G	10^{-12}	Piko	p
10^{6}	Mega	M	10^{-15}	Femto	f
10^{3}	Kilo	k	10^{-18}	Atto	a
10^{2}	Hekto	h	10^{-21}	Zepto	z
10^{1}	Deka	da	10^{-24}	Yocto	y

Tab. 24.2.3: Präfixe für dezimale Vielfache und Bruchteile von Einheiten

Zeichen		Beschreibung	Zeichen		Beschreibung
A	α	Alpha	N	ν	Ny
B	β	Beta	Ξ	ξ	Xi
Γ	γ	Gamma	O	o	Omicron
Δ	δ	Delta	Π	π	Pi
E	ε	Epsilon	P	ρ	Rho
Z	ζ	Zeta	Σ	σ	Sigma
H	η	Eta	T	τ	Tau
Θ	θ	Theta	Y	υ	Ypsilon
I	ι	Iota	Φ	φ	Phi
K	κ	Kappa	X	χ	Chi
Λ	λ	Lambda	Ψ	ψ	Psi
M	μ	My	Ω	ω	Omega

Tab. 24.2.4: Das griechische Alphabet

24.3 Daten von Elementarteilchen, Nukleonen und leichten Nukliden

Teilchen	Kurz-zei-chen	Ruheenergie (MeV)	Ruhemasse (kg)(3)	el. La-dung (e)	T½
Neutrino(0)	ν_e	$<0,8\cdot10^{-6}$	≈0	0	stabil
Elektron	e−, β−	0,5109989461 (31)	$0,910938291(40)\cdot10^{-30}$	-1	stabil
Positron(1)	e^+, $β^+$	0,5109989461 (31)	$0,910938291(40)\cdot10^{-30}$	+1	stabil
Myon	$μ^-$, $μ^+$	105,6583745(24)	$0,1883531594(48\cdot10^{-27}$	-1,+1	$1,5\cdot10^{-6}$ s
Pi-Meson(2)	π−, π+	39,57061(24)	$0,24878\cdot10^{-27}$	-1,+1	$1,8\cdot10^{-8}$ s
	$π^0$	134,9770(5)	$0,24055\cdot10^{-27}$	0	$5,8\cdot10^{-17}$ s
Proton	p^+	938,272081(6)	$1,672621898(21)\cdot10^{-27}$	+1	stabil(4)
Neutron	n	939,565413(6)	$1,674927471(21)\cdot10^{-27}$	0	10,17 min
Deuteron	d	1875,612928(12)	$3,343583719(41)\cdot10^{-27}$	+1	stabil
Triton	t	2808,921112(17)	$5,007356665(62)\cdot10^{-27}$	+1	12,3 a
^{3}He	-	2808,391586(17)	$5,006412700(62)\cdot10^{-27}$	+2	stabil
Alpha	α	3727,379378(23)	$6,644657230(82)\cdot10^{-27}$	+2	stabil
^{6}Li	-	5601	$9,985\cdot10^{-27}$	+3	stabil
^{7}Li	-	6534	$11,65\cdot10^{-27}$	+3	stabil
^{9}Be	-	8393	$14,96\cdot10^{-27}$	+4	stabil
^{10}Be	-	9324	$16,62\cdot10^{-27}$	+4	stabil
^{12}C	-	$11,17\cdot10^3$	$19,91\cdot10^{-27}$	+6	stabil
^{14}N	-	$1,04\cdot10^3$	$23,24\cdot10^{-27}$	+7	stabil
^{16}O	-	$14,89\cdot10^3$	$26,55\cdot10^{-27}$	+8	stabil
^{20}Ne	-	$18,62\cdot10^3$	$33,19\cdot10^{-27}$	+10	stabil

Tab. 24.3.1: Daten einiger Elementarteilchen, Nukleonen und leichter Nuklide (e: Elementar-ladung =$1,6022\cdot10^{-19}$ C, 1eV = $1,6022\cdot10^{-19}$ J, genaue Werte s. Tab. 24.1.1), (0): Diese zu früheren Angaben (2 eV) deutlich verminderte maximale Neutrinoru-hemasse wurde im Sept. 2019 vom Team des Katrin-Experiments in Karlsruhe veröffentlicht [Katrin]. (1): Paarvernichtung mit Elektronen, (2): Pionen sind Zweierkombinationen aus Quarks und Antiquarks, das negative Pion ist ein An-timaterieteilchen und erzeugt deshalb bei der Vernichtung einen so genannten nuklearen Stern nach Kerneinfang. (3): Massen für völlig ionisierte Teilchen. (4): Zur Stabilität des Protons s. Fußnote 11 in Kap. (3.2.2). (5): Ruhemassen und Ruheenergien teilweise nach Daten aus ([Nist] Codata 2014, incl. Fehleranga-ben), und [Groom 2000], [Hagiwara 2002]). Neueste Teilchendaten (einschließ-lich 2019 update) finden sich auf der URL der Particle Data Group: https://pdg.lbl.gov .

24.4 Massenschwächungskoeffizienten für monoenergetische Photonen

Erläuterungen: Die Tabelle enthält theoretisch berechnete Massenschwächungskoeffizienten für monoenergetische Photonenstrahlung für dosimetrisch wichtige Elemente, Substanzen und Stoffgemische ohne den Kernphotokoeffizienten. Dessen Anteil beträgt je nach Nuklid 5% bis maximal 10% für Energien von 10-30 MeV (Bereich der Riesenresonanz). Die Zahlenwerte sind in verkürzter Exponentialschreibweise dargestellt (2,3456-1 bedeutet $2,3456 \cdot 10^{-1} = 0,23456$).

Photonen-	Massenschwächungskoeffizient μ/ρ (cm²/g)					
energie (keV)	Element:					
	C (Z=6)	N (Z=7)	Al (Z=13)	SI (Z=14)	Fe (Z=26)	Cu (Z=29)
10	2,373+0	3,879+00	2,623+1	3,389+01	1,706+2	2,159+2
15	8,071-1	1,236+00	7,955+0	1,034+01	5,708+1	7,405+1
20	4,420-1	6,178-01	3,441+0	4,464+00	2,568+1	3,379+1
30	2,562-1	3,066-01	1,128+0	1,436+00	8,176+0	1,092+1
40	2,076-1	2,288-01	5,685-1	7,012-01	3,629+0	4,862+0
50	1,871-1	1,980-01	3,681-1	4,385-01	1,958+0	2,613+0
60	1,753-1	1,817-01	2,778-1	3,207-01	1,205+0	1,593+0
80	1,610-1	1,639-01	2,018-1	2,228-01	5,952-1	7,630-1
100	1,514-1	1,529-01	1,704-1	1,835-01	3,717-1	4,584-1
150	1,347-1	1,353-01	1,378-1	1,448-01	1,964-1	2,217-1
200	1,229-1	1,233-01	1,223-1	1,275-01	1,460-1	1,559-1
300	1,066-1	1,068-01	1,042-1	1,082-01	1,099-1	1,119-1
400	9,546-2	9,557-02	9,276-2	9,614-02	9,400-1	9,413-2
500	8,715-2	8,719-02	8,445-2	8,748-02	8,414-2	8,362-2
600	8,058-2	8,063-02	7,802-2	8,077-02	7,704-2	7,625-2
¹³⁷Cs*	7,764-2		7,513-2		-	7,318-2
800	7,076-2	7,081-02	6,841-2	7,082-02	6,699-2	6,605-2
1'000	6,361-2	6,364-02	6,146-2	6,361-02	5,995-2	5,901-2
⁶⁰Co**	5,690-2	5,693-02	5,496-2	5,688-02	5,350-2	5,261-2
1'500	5,179-2	5,180-02	5,006-2	5,183-02	4,883-2	4,803-2
2'000	4,442-2	4,450-02	4,324-2	4,480-02	4,265-2	4,205-2
3'000	3,562-2	3,579-02	3,541-2	3,678-02	3,621-2	3,599-2
4'000	3,047-2	3,073-02	3,106-2	3,240-02	3,312-2	3,318-2
5'000	2,708-2	2,742-02	2,836-2	2,967-02	3,146-2	3,176-2
6'000	2,469-2	2,511-02	2,655-2	2,788-02	3,057-2	3,108-2
8'000	2,154-2	2,209-02	2,437-2	2,574-02	2,991-2	3,074-2
10'000	1,959-2	2,024-02	2,318-2	2,462-02	2,994-2	3,103-2
15'000	1,698-2	1,782-02	2,195-2	2,352-02	3,092-2	3,247-2
20'000	1,575-2	1,673-02	2,168-2	2,338-02	3,224-2	3,408-2

Tabelle 24.4.1

Photonen-energie (keV)	Massenschwächungskoeffizient µ/ρ (cm²/g)					
	Element:					
	Sn (*Z*=50)	Sb (*Z*=51)	W (*Z*=74)	Pb (*Z*=82)	Bi (*Z*=83)	U (*Z*=92)
10	1,384+02	1,459+02	9,691+1	1,306+2	1,360+02	1,791+02
15	4,664+01	4,923+01	1,389+2	1,116+2	1,160+02	6,528+01
20	2,146+01	2,268+01	6,573+1	8,636+1	8,952+01	7,106+01
30	4,121+01	7,631+00	2,273+1	3,032+1	3,152+01	4,128+01
40	1,942+01	2,027+01	1,067+1	1,436+1	1,495+01	1,983+01
50	1,070+01	1,120+01	5,949+0	8,041+0	8,379+00	1,121+01
60	6,564+00	6,879+00	3,713+0	5,021+0	5,233+00	7,035+00
80	3,029+00	3,176+00	7,810+0	2,419+0	2,522+00	3,395+00
100	1,676+00	1,758+00	4,438+0	5,549+0	5,739+00	1,954+00
150	6,091-01	6,361-01	1,581+0	2,014+0	2,082+00	2,591+00
200	3,260-01	3,381-01	7,844-1	9,985-1	1,033+00	1,298+00
300	1,639-01	1,677-01	3,238-1	4,031-1	4,163-01	5,192-01
400	1,156-01	1,172-01	1,925-1	2,323-1	2,391-01	2,922-01
500	9,374-02	9,453-02	1,378-1	1,614-1	1,656-01	1,976-01
600	8,113-02	8,153-02	1,093-1	1,248-1	1,277-01	1,490-01
[137]Cs*			1,007-1	1,140-1		
800	6,662-02	6,670-02	8,066-2	8,870-2	9,036-02	1,016-01
1'000	5,800-02	5,797-02	6,618-2	7,102-2	7,214-02	7,896-02
[60]Co**	5,095-02	5,086-02	5,577-2	5,876-2	5,955-02	6,370-02
1'500	4,638-02	4,628-02	5,000-2	5,222-2	5,285-02	5,587-02
2'000	4,112-02	4,105-02	4,433-2	4,606-2	4,659-02	4,878-02
3'000	3,686-02	3,686-02	4,075-2	4,234-2	4,279-02	4,447-02
4'000	3,561-02	3,567-02	4,038-2	4,197-2	4,242-02	4,392-02
5'000	3,548-02	3,559-02	4,103-2	4,272-2	4,317-02	4,463-02
6'000	3,583-02	3,598-02	4,210-2	4,391-2	4,437-02	4,583-02
8'000	3,724-02	3,745-02	4,472-2	4,675-2	4,725-02	4,879-02
10'000	3,895-02	3,921-02	4,747-2	4,972-2	5,025-02	5,195-02
15'000	4,315-02	4,351-02	5,384-2	5,658-2	5,721-02	5,927-02
20'000	4,662-02	4,704-02	5,893-2	6,206-2	6,276-02	6,512-02

Tabelle 24.4.2

Hinweise: Quelle: [Hubbell 1996]. *: ^{137}Cs-Daten aus [Hubbell 1982], E_γ=662 keV , **: [60]Co = 1,25 MeV, Dichten s. Tab. (24.11.1).

Photonen- energie (keV)	Massenschwächungskoeffizient μ/ρ (cm^2/g)						
	Gewebe:						
	Luft, tr.	Wasser, fl.	Weich- teil4	Lungen- gewebe	Brust ICRU 44	Muskel Skelett	Knochen cort.
10	5,120+0	5,329+0	4,937+0	5,459+00	4,295+00	5,356+00	2,851+01
15	1,614+0	1,673+0	1,558+0	1,721+00	1,378+00	1,693+00	9,032+00
20	7,779-1	8,096-1	7,616-1	8,316-01	6,889-01	8,205-01	4,001+00
30	3,538-1	3,756-1	3,604-1	3,815-01	3,403-01	3,783-01	1,331+00
40	2,485-1	2,683-1	2,609-1	2,699-01	2,530-01	2,685-01	6,655-01
50	2,080-1	2,269-1	2,223-1	2,270-01	2,186-01	2,262-01	4,242-01
60	1,875-1	2,059-1	2,025-1	2,053-01	2,006-01	2,048-01	3,148-01
80	1,662-1	1,837-1	1,813-1	1,826-01	1,808-01	1,823-01	2,229-01
100	1,541-1	1,707-1	1,687-1	1,695-01	1,688-01	1,693-01	1,855-01
150	1,356-1	1,505-1	1,490-1	1,493-01	1,493-01	1,492-01	1,480-01
200	1,233-1	1,370-1	1,357-1	1,359-01	1,361-01	1,358-01	1,309-01
300	1,067-1	1,186-1	1,175-1	1,177-01	1,179-01	1,176-01	1,113-01
400	9,549-2	1,061-1	1,051-1	1,053-01	1,055-01	1,052-01	9,908-02
500	8,712-2	9,687-2	9,593-2	9,607-02	9,631-02	9,598-02	9,022-02
600	8,055-2	8,956-2	8,870-2	8,882-02	8,904-02	8,874-02	8,332-02
^{137}Cs*	7,762-2	8,630-2	8,547-2				-
800	7,074-2	7,865-2	7,789-2	7,800-02	7,820-02	7,793-02	7,308-02
1'000	6,358-2	7,072-2	7,003-2	7,013-02	7,031-02	7,007-02	6,566-02
^{60}Co**	5,767-2	6,323-2	6,262-2	6,271-02	6,287-02	6,265-02	5,871-02
1'500	5,175-2	5,754-2	5,699-2	5,706-02	5,721-02	5,701-02	5,346-02
2'000	4,447-2	4,942-2	4,893-2	4,900-02	4,910-02	4,896-02	4,607-02
3'000	3,581-2	3,969-2	3,929-2	3,935-02	3,937-02	3,931-02	3,745-02
4'000	3,079-2	3,403-2	3,367-2	3,374-02	3,369-02	3,369-02	3,257-02
5'000	2,751-2	3,031-2	2,998-2	3,005-02	2,995-02	3,000-02	2,946-02
6'000	2,522-2	2,770-2	2,739-2	2,746-02	2,731-02	2,741-02	2,734-02
8'000	2,225-2	2,429-2	2,400-2	2,407-02	2,384-02	2,401-02	2,467-02
10'000	2,045-2	2,219-2	2,191-2	2,198-02	2,169-02	2,192-02	2,314-02
15'000	1,810-2	1,941-2	1,913-2	1,922-02	1,882-02	1,915-02	2,132-02
20'000	1,705-2	1,813-2	1,785-2	1,794-02	1,746-02	1,786-02	2,068-02

Tabelle 24.4.3

Hinweise: Weichteil: Weichteilgewebeersatz (4 Komponenten nach ICRP 23), Quelle: [Hubbell 1996].
*: ^{137}Cs-Daten aus [Hubbell 1982], E_γ=662 keV, **: ^{60}Co, E_γ = 1,25 MeV.

Photonen-energie (keV)	Massenschwächungskoeffizient µ/ρ (cm²/g) Substanz:						
	Beton	Baryt-beton	Gips (CaSO₄)	Glas	Bleiglas	PVC	Teflon
10	2,045+1	1,067+2	4,210+1	1,705+1	1,029+2	3,340+01	6,805+00
15	6,351+0	3,601+1	1,329+1	5,217+0	8,557+1	1,045+01	2,088+00
20	2,806+0	1,655+1	5,831+0	2,297+0	6,568+1	4,578+00	9,667-01
30	9,601-1	5,551+0	1,876+0	7,987-1	2,305+1	1,491+00	4,025-01
40	5,058-1	1,185+1	8,929-1	4,341-1	1,093+1	7,300-01	2,647-01
50	3,412-1	6,671+1	5,381-1	3,022-1	6,134+0	4,559-01	2,132-01
60	2,660-1	4,143+0	3,788-1	2,417-1	3,843+0	3,325-01	1,880-01
80	2,014-1	1,968+0	2,474-1	1,890-1	1,869+0	2,298-01	1,632-01
100	1,738-1	1,122+0	1,962-1	1,657-1	4,216+0	1,887-01	1,500-01
150	1,436-1	4,423+0	1,487-1	1,389-1	1,550+0	1,486-01	1,310-01
200	1,282-1	2,568-1	1,293-1	1,246-1	7,820-1	1,308-01	1,189-01
300	1,097-1	1,460-1	1,088-1	1,069-1	3,297-1	1,110-01	1,027-01
400	9,783-2	1,104-1	9,653-2	9,540-2	1,984-1	9,867-02	9,187-02
500	8,915-2	9,309-2	8,777-2	8,696-2	1,429-1	8,981-02	8,380-02
600	8,236-2	8,245-2	8,100-2	8,035-2	1,138-1	8,293-02	7,747-02
¹³⁷Cs*							
800	7,227-2	6,936-2	7,100-2	7,052-2	8,421-2	7,271-02	6,803-02
1'000	6,495-2	6,112-2	6,377-2	6,337-2	6,914-2	6,532-02	6,115-02
⁶⁰Co**	5,807-2	5,404-2	5,701-2	5,667-2	5,826-2	5,840-02	5,469-02
1'500	5,288-2	4,915-2	5,193-2	5,160-2	5,208-2	5,320-02	4,979-02
2'000	4,557-2	4,296-2	4,488-2	4,447-2	4,568-2	4,587-02	4,280-02
3'000	3,701-2	3,676-2	3,679-2	3,611-2	4,082-2	3,738-02	3,456-02
4'000	3,217-2	3,388-2	3,232-2	3,140-2	3,938-2	3,261-02	2,981-02
5'000	2,908-2	3,240-2	2,954-2	2,838-2	3,919-2	2,959-02	2,674-02
6'000	2,697-2	3,162-2	2,770-2	2,632-2	3,958-2	2,754-02	2,460-02
8'000	2,432-2	3,116-2	2,547-2	2,373-2	4,108-2	2,500-02	2,185-02
10'000	2,278-2	3,138-2	2,428-2	2,223-2	4,295-2	2,356-02	2,020-02
15'000	2,096-2	3,282-2	2,305-2	2,045-2	4,769-2	2,192-02	1,811-02
20'000	2,030-2	3,439-2	2,282-2	1,982-2	5,165-2	2,139-02	1,722-02

Tabelle 24.4.4

Hinweise: Quelle: [Hubbell 1996]. *: ¹³⁷Cs-Daten aus [Hubbell 1982], **: ⁶⁰Co = 1,25 MeV, Dichten s. Tab. (24.11.1). Teflon: Polytetrafluoroethylen, PVC: Polyvinylchlorid,

Photonen-energie (keV)	Massenschwächungskoeffizient µ/ρ (cm²/g)					
	Substanz:					
	PMMA	Poly-ethylen	Gafchr.	Mylar	LiF	CaF₂
10	3,357+0	2,088+0	3,052+00	3,481+00	6,101+0	2,851+01
15	1,101+0	7,452-1	1,014+00	1,132+00	1,884+0	9,032+00
20	5,714-1	4,315-1	5,366-01	5,798-01	8,792-1	4,001+00
30	3,032-1	2,706-1	2,943-01	3,009-01	3,727-1	1,331+00
40	2,350-1	2,275-1	2,322-01	2,304-01	2,486-1	6,655-01
50	2,074-1	2,084-1	2,066-01	2,020-01	2,020-1	4,242-01
60	1,924-1	1,970-1	1,925-01	1,868-01	1,791-1	3,148-01
80	1,751-1	1,823-1	1,759-01	1,695-01	1,563-1	2,229-01
100	1,641-1	1,719-1	1,651-01	1,586-01	1,441-1	1,855-01
150	1,456-1	1,534-1	1,467-01	1,406-01	1,260-1	1,480-01
200	1,328-1	1,402-1	1,339-01	1,282-01	1,145-1	1,309-01
300	1,152-1	1,217-1	1,161-01	1,111-01	9,899-2	1,113-01
400	1,031-1	1,089-1	1,039-01	9,947-02	8,853-2	9,908-02
500	9,410-2	9,947-2	9,487-02	9,079-02	8,076-2	9,022-02
600	8,701-2	9,198-2	8,772-02	8,395-02	7,467-2	8,332-02
¹³⁷Cs*	8,383-2	8,656-2			7,195-2	-
800	7,641-2	8,078-2	7,704-02	7,372-02	6,557-2	7,308-02
1'000	6,869-2	7,262-2	6,926-02	6,628-02	5,894-2	6,566-02
⁶⁰Co**	6,143-2	6,459-2	6,194-02	5,927-02	5,271-2	5,871-02
1'500	5,591-2	5,910-2	5,637-02	5,395-02	4,798-2	5,346-02
2'000	4,796-2	5,064-2	4,835-02	4,630-02	4,122-2	4,607-02
3'000	3,844-2	4,045-2	3,872-02	3,715-02	3,321-2	3,745-02
4'000	3,286-2	3,444-2	3,308-02	3,181-02	2,857-2	3,257-02
5'000	2,919-2	3,045-2	2,935-02	2,829-02	2,554-2	2,946-02
6'000	2,659-2	2,760-2	2,672-02	2,582-02	2,343-2	2,734-02
8'000	2,317-2	2,383-2	2,324-02	2,257-02	2,069-2	2,467-02
10'000	2,105-2	2,145-2	2,108-02	2,057-02	1,903-2	2,314-02
15'000	1,820-2	1,819-2	1,815-02	1,789-02	1,687-2	2,132-02
20'000	1,684-2	1,658-2	1,675-02	1,664-02	1,592-2	2,068-02

Tabelle 24.4.5

Hinweise: Quelle: [Hubbell 1996]. *: ¹³⁷Cs-Daten aus [Hubbell 1982], **: ⁶⁰Co = 1,25 MeV, Dichten s.
Tab. (24.11.1). PMMA: Polymethylmetacrylat (Plexiglas), Mylar (Polyethylen-Terephthalat),
LiF: natürliches Lithiumfluorid, Gafchr: Gafchromic Detektormaterial.

24.5 Zusammensetzung der Massenphotonenwechselwirkungskoeffizienten für Stickstoff und Blei

Z = 7 Stickstoff

Photonen-energie MeV	Streuung Kohärent cm²/g	Comptoneffekt cm²/g	Photoeffekt cm²/g	Paarbildung Kernfeld cm²/g	Elektr.-Feld cm²/g	Total cm²/g
0,010	2,03-1	1,33-1	3,54+0			3,88+0
0,015	1,21-1	1,48-1	9,67-1			1,24+0
0,020	8,04-2	1,57-1	3,81-1			6,18-1
0,030	4,23-2	1,63-1	1,01-1			3,07-1
0,040	2,58-2	1,64-1	3,91-2			2,29-1
0,050	1,74-2	1,62-1	1,87-2			1,98-1
0,060	1,25-2	1,59-1	1,02-2			1,82-1
0,080	7,30-3	1,53-1	3,92-3			1,64-1
0,10	4,77-3	1,46-1	1,87-3			1,53-1
0,15	2,17-3	1,33-1	4,92-4			1,35-1
0,20	1,23-3	1,22-1	1,94-4			1,23-1
0,30	5,51-4	1,06-1	5,46-5			1,07-1
0,40	3,10-4	9,52-2	2,33-5			9,56-2
0,50	1,99-4	8,70-2	1,26-5			8,72-2
0,60	1,38-4	8,05-2	7,82-6			8,06-2
0,80	7,78-5	7,07-2	3,95-6			7,08-2
1,00	4,98-5	6,36-2	2,45-6			6,36-2
1,022	4,77-5	6,29-2	2,28-6			6,30-2
1,25	3,19-5	5,69-2	1,54-6	1,69-5		5,69-2
1,50	2,21-5	5,17-2	1,12-6	9,36-5		5,18-2
2,00	1,25-5	4,41-2	7,06-7	3,73-4		4,45-2
2,044	1,19-5	4,36-2	6,84-7	4,02-4		4,40-2
3,00	5,53-6	3,47-2	3,96-7	1,07-3	1,21-5	3,58-2
4,00	3,11-6	2,90-2	2,72-7	1,73-3	4,96-5	3,07-2
5,00	1,99-6	2,50-2	2,06-7	2,32-3	9,88-5	2,74-2
6,00	1,38-6	2,21-2	1,66-7	2,85-3	1,52-4	2,51-2
7,00	1,02-6	1,99-2	1,39-7	3,33-3	2,05-4	2,34-2
8,00	7,79-7	1,81-2	1,19-7	3,75-3	2,56-4	2,21-2
9,00	6,15-7	1,66-2	1,04-7	4,14-3	3,05-4	2,11-2
10,0	4,98-7	1,54-2	9,27-8	4,49-3	3,52-4	2,02-2
11,0	4,12-7	1,44-2	8,35-8	4,82-3	3,97-4	1,96-2
12,0	3,46-7	1,35-2	7,59-8	5,11-3	4,39-4	1,90-2
13,0	2,95-7	1,27-2	6,96-8	5,38-3	4,79-4	1,85-2
14,0	2,54-7	1,20-2	6,42-8	5,64-3	5,16-4	1,82-2
15,0	2,21-7	1,14-2	5,96-8	5,88-3	5,52-4	1,78-2
16,0	1,95-7	1,09-2	5,57-8	6,10-3	5,87-4	1,75-2
18,0	1,54-7	9,92-3	4,91-8	6,51-3	6,51-4	1,71-2
20,0	1,25-7	9,14-3	4,39-8	6,87-3	7,09-4	1,67-2
22,0	1,03-7	8,50-3	3,97-8	7,21-3	7,64-4	1,65-2
24,0	8,65-8	7,94-3	3,63-8	7,51-3	8,13-4	1,63-2
26,0	7,37-8	7,46-3	3,34-8	7,79-3	8,60-4	1,61-2
28,0	6,35-8	7,03-3	3,09-8	8,04-3	9,03-4	1,60-2
30,0	5,54-8	6,66-3	2,87-8	8,28-3	9,44-4	1,59-2
40,0	3,11-8	5,29-3	2,14-8	9,26-3	1,11-3	1,57-2
50,0	1,99-8	4,42-3	1,70-8	1,00-2	1,25-3	1,57-2
60,0	1,38-8	3,81-3	1,41-8	1,06-2	1,35-3	1,57-2
80,0	7,78-9	3,00-3	1,05-8	1,15-2	1,52-3	1,60-2
100,0	4,98-9	2,49-3	8,40-9	1,21-2	1,65-3	1,63-2

Tabelle 24.5.1

Hinweis: Quelle Hubbel et. al., https://www.nist.gov/pml/x-ray-mass-attenuation-coefficients

$Z = 82$: Blei

Photonen-energie MeV	Streuung Kohärent cm²/g	Streuung Comptoneffekt cm²/g	Photoeffekt cm²/g	Paarbildung Kernfeld cm²/g	Paarbildung Elektr.-Feld cm²/g	Total cm²/g
0,010	4,98+0	4,54-2	1,26+2			1,31+2
0,01304	3,85+0	5,44-2	6,31+1			6,70+1
0,01304 L3	3,85+0	5,44-2	1,58+2			1,62+2
0,015	3,31+0	5,92-2	1,08+2			1,12+2
0,0152	3,26+0	5,96-2	1,04+2			1,08+2
0,0152 L2	3,26+0	5,96-2	1,45+2			1,49+2
0,01553	3,18+0	6,04-2	1,38+2			1,41+2
0,01586	3,10+0	6,11-2	1,31+2			1,34+2
0,01586 L1	3,10+0	6,11-2	1,52+2			1,55+2
0,020	2,34+0	6,90-2	8,40+1			8,64+1
0,030	1,38+0	8,23-2	2,89+1			3,03+1
0,040	9,20-1	9,02-2	1,33+1			1,44+1
0,050	6,55-1	9,48-2	7,29+0			8,04+0
0,060	4,90-1	9,73-2	4,43+0			5,02+0
0,080	3,08-1	9,92-2	2,01+0			2,42+0
0,088	2,63-1	9,93-2	1,55+0			1,91+0
0,088 K	2,63-1	9,93-2	7,32+0			7,68+0
0,10	2,13-1	9,89-2	5,24+0			5,55+0
0,15	1,05-1	9,48-2	1,81+0			2,01+0
0,20	6,26-2	8,97-2	8,46-1			9,99-1
0,30	2,99-2	8,04-2	2,93-1			4,03-1
0,40	1,75-2	7,31-2	1,42-1			2,32-1
0,50	1,14-2	6,73-2	8,26-2			1,61-1
0,60	8,06-3	6,26-2	5,41-2			1,25-1
0,80	4,62-3	5,54-2	2,87-2			8,87-2
1,0	2,99-3	4,99-2	1,81-2			7,10-2
1,022	2,87-3	4,94-2	1,73-2			6,96-2
1,25	1,93-3	4,48-2	1,17-2	3,78-4		5,88-2
1,50	1,35-3	4,07-2	8,32-3	1,81-3		5,22-2
2,00	7,63-4	3,48-2	5,03-3	5,45-3		4,61-2
2,044	7,30-4	3,44-2	4,85-3	5,77-3		4,58-2
3,0	3,41-4	2,74-2	2,63-3	1,19-2	9,59-6	4,23-2
4,0	1,92-4	2,29-2	1,72-3	1,71-2	3,91-5	4,20-2
5,0	1,23-4	1,98-2	1,26-3	2,15-2	7,77-5	4,27-2
6,0	8,54-5	1,75-2	9,89-4	2,52-2	1,19-4	4,39-2
7,0	6,28-5	1,57-2	8,10-4	2,85-2	1,60-4	4,53-2
8,0	4,81-5	1,43-2	6,84-4	3,15-2	2,00-4	4,67-2
9,0	3,80-5	1,32-2	5,91-4	3,42-2	2,38-4	4,82-2
10,0	3,08-5	1,22-2	5,20-4	3,67-2	2,74-4	4,97-2
11	2,54-5	1,14-2	4,64-4	3,90-2	3,08-4	5,12-2
12	2,14-5	1,07-2	4,19-4	4,12-2	3,40-4	5,26-2
13	1,82-5	1,00-2	3,81-4	4,32-2	3,70-4	5,40-2
14	1,57-5	9,50-3	3,50-4	4,50-2	3,99-4	5,53-2
15	1,37-5	9,02-3	3,23-4	4,68-2	4,26-4	5,66-2
16	1,20-5	8,59-3	3,00-4	4,84-2	4,51-4	5,78-2
18	9,50-6	7,85-3	2,63-4	5,14-2	4,98-4	6,00-2
20	7,70-6	7,24-3	2,33-4	5,40-2	5,41-4	6,21-2

Tabelle 24.5.2

Hinweis: Quelle Hubbel et. al., https://www.nist.gov/pml/x-ray-mass-attenuation-coefficients

Z = 82 Blei: Fortsetzung

Photonen-energie MeV	Streuung Kohärent cm²/g	Comptoneffekt cm²/g	Photoeffekt cm²/g	Paarbildung Kernfeld cm²/g	Elektr.-Feld cm²/g	Total cm²/g
22	6,36-6	6,73-3	2,10-4	5,64-2	5,80-4	6,39-2
24	5,34-6	6,29-3	1,91-4	5,86-2	6,16-4	6,57-2
26	4,55-6	5,90-3	1,75-4	6,06-2	6,49-4	6,73-2
28	3,93-6	5,57-3	1,61-4	6,24-2	6,80-4	6,88-2
30	3,42-6	5,27-3	1,50-4	6,41-2	7,08-4	7,02-2
40	1,92-6	4,19-3	1,10-4	7,10-2	8,25-4	7,61-2
50	1,23-6	3,50-3	8,70-5	7,61-2	9,12-4	8,06-2
60	8,55-7	3,01-3	7,19-5	8,00-2	9,81-4	8,41-2
80	4,81-7	2,38-3	5,34-5	8,58-2	1,08-3	8,93-2
100	3,08-7	1,97-3	4,24-5	8,99-2	1,16-3	9,31-2

Tabelle 24.5.3

Schreibweise: Zehnerpotenzen werden hier als Platzgründen nur mit dem Exponenten beschrieben. 1,97-3 bedeutet also $1,97 \times 10^{-3}$.

Quelle: Die Daten entstammen dem Online-Kalkulationsprogramm des Nist "XCOM Photon Cross Sections Database" der Autoren M. J. Berger, J. H. Hubbell, S. M. Seltzer, J. S. Coursey, and D. S. Zucker, unter https://www.nist.gov/pml/xcom-photon-cross-sections-database .

Erläuterungen: Die Werte für die Massenwechselwirkungskoeffizienten (τ/ρ Photo-, σ_{kl}/ρ: klassische Streuung, σ_c/ρ: Comptoneffekt und die beiden Paarbildungen κ_{paar}/ρ im Kernfeld und im Elektronenfeld der Hülle wurden der zitierten Literaturstelle entnommen. Die einzelnen Komponenten werden hier getrennt dargestellt, um die wechselnde Bedeutung der einzelnen Prozesse bei unterschiedlichen Photonenenergien zu demonstrieren. Für die praktische Arbeit werden statt dessen zusammengefasste Massenschwächungskoeffizienten benötigt. Sie finden sich in den Tabellen 24.4.

Die Markierungen L1-3, K bei den Bleiwerten stehen für die L- und K-Kanten in den Schwächungskoeffizienten. Bei 1,022 MeV liegt die Paarbildungsschwelle, bei 2,044 MeV diejenige für die Triplettbildung. Die Triplettbildung wird in den obigen Tabellen korrekter als "Paarbildung im Elektronenfeld" bezeichnet.

Während die Photoabsorption und die Paarbildung wegen ihrer *Z*-Abhängigkeit sehr stark vom Absorbermaterial abhängen, sind die Werte für die Comptonwechselwirkungskoeffizienten kaum von der Ordnungszahl abhängig. Die massenbezogenen Comptonkoeffizienten σ_c/ρ für *Z* = 7 (Stickstoff) können daher in guter Näherung auch für Substanzen mit vergleichbarer effektiver Ordnungszahl wie z. B. Wasser, Sauerstoff, Weichteilgewebe verwendet werden. Für hohe Ordnungszahlen vermindert sich die Comptonwechselwirkungswahrscheinlichkeit, da *Z*/*A* auf Werte bis 0,38 abnimmt.

24.6   Massenenergieabsorptionskoeffizienten μ_{en}/ρ für monoenergetische Photonen

Erläuterungen: Die Tabelle enthält theoretisch berechnete Massenenergieabsorptionskoeffizienten μ_{en}/ρ für monoenergetische Photonenstrahlung für dosimetrisch wichtige Substanzen und Stoffgemische. Für Weichteilgewebe ($Z_{eff} \approx 7$) und für Energien bis etwa 1 MeV können diese Koeffizienten wegen der geringen Bremsstrahlungsverluste auch als Massenenergieübertragungskoeffizienten μ_{tr}/ρ verwendet werden. Der maximale Fehler beträgt etwa -0,5%.

Photonen-energie (keV)	μ_{en}/ρ (cm²/g)				
	Element:				
	C (Z=6)	Al (Z=13)	Cu (Z=29)	W (Z=74)	Pb (Z=82)
10	2,078+0	2,543+1	1,484+2	9,204+1	1,247+2
15	5,627-1	7,487+0	5,788+1	1,172+2	9,100+1
20	2,238-1	3,094+0	2,788+1	5,697+1	6,899+1
30	6,614-2	8,778-1	9,349+0	1,991+1	2,536+1
40	3,343-2	3,601-1	4,163+0	9,240+0	1,221+1
50	2,397-2	1,840-1	2,192+0	5,050+0	6,740+0
60	2,098-2	1,099-1	1,290+0	3,070+0	4,149+0
80	2,037-2	5,511-2	5,581-1	2,879+0	1,916+0
100	2,147-2	3,794-2	2,949-1	2,100+0	1,976+0
150	2,449-2	2,827-2	1,027-1	9,378-1	1,056+0
200	2,655-2	2,745-2	5,781-2	4,913-1	5,870-1
300	2,870-2	2,816-2	3,617-2	1,973-1	2,455-1
400	2,950-2	2,862-2	3,121-2	1,100-1	1,370-1
500	2,969-2	2,868-2	2,933-2	7,440-2	9,128-2
600	2,956-2	2,851-2	2,826-2	5,673-2	6,819-2
¹³⁷Cs*	2,934-2	2,829-2	2,803-2	5,363-2	6,444-2
800	2,885-2	2,778-2	2,681-2	4,028-2	4,644-2
1'000	2,792-2	2,686-2	2,562-2	3,276-2	3,654-2
⁶⁰Co**	2,669-2	2,565-2	2,428-2	2,761-2	2,988-2
1'500	2,551-2	2,451-2	2,316-2	2,484-2	2,640-2
2'000	2,345-2	2,261-2	2,160-2	2,256-2	2,360-2
3'000	2,048-2	2,024-2	2,023-2	2,236-2	2,322-2
4'000	1,849-2	1,882-2	1,989-2	2,363-2	2,449-2
5'000	1,710-2	1,795-2	1,998-2	2,510-2	2,600-2
6'000	1,607-2	1,739-2	2,027-2	2,649-2	2,744-2
8'000	1,487-2	1,678-2	2,100-2	2,886-2	2,988-2
10'000	1,380-2	1,650-2	2,174-2	3,072-2	3,181-2
15'000	1,258-2	1,631-2	2,309-2	3,360-2	3,478-2
20'000	1,198-2	1,633-2	2,387-2	3,475-2	3,595-2

Tabelle 24.6.1

Photonen-energie (keV)	μ_{en}/ρ (cm²/g)					
	Substanz:					
	Luft, tr.	Wasser, fl.	Fricke-L.	PMMA	Polyethy-len*	LiF
10	4,742+0	4,944+0	5,511+0	3,026+0	1,781+0	5,733+0
15	1,334+0	1,374+0	1,548+0	8,324-1	4,834-1	1,612+0
20	5,389-1	5,503-1	6,245-1	3,328-1	1,936-1	6,494-1
30	1,537-1	1,557-1	1,738-1	9,645-2	5,932-2	1,826-1
40	6,833-2	6,947-2	7,829-2	4,599-2	3,196-2	7,789-2
50	4,098-2	4,223-2	4,659-2	3,067-2	2,442-2	4,541-2
60	3,041-2	3,190-2	3,433-2	2,530-2	2,236-2	3,223-2
80	2,407-2	2,597-2	2,690-2	2,302-2	2,265-2	2,385-2
100	2,325-2	2,546-2	2,581-2	2,368-2	2,423-2	2,229-2
150	2,496-2	2,764-2	2,769-2	2,657-2	2,789-2	2,332-2
200	2,672-2	2,967-2	2,963-2	2,872-2	3,029-2	2,483-2
300	2,872-2	3,192-2	3,184-2	3,099-2	3,276-2	2,663-2
400	2,949-2	3,279-2	3,269-2	3,185-2	3,368-2	2,734-2
500	2,966-2	3,299-2	3,289-2	3,206-2	3,390-2	2,749-2
600	2,953-2	3,284-2	3,273-2	3,191-2	3,375-2	2,736-2
^{137}Cs*	2,932-2	3,260-2	3,182-2	3,169-2	3,351-2??	2,716-2
800	2,882-2	3,206-2	3,196-2	3,116-2	3,295-2	2,671-2
1'000	2,789-2	3,103-2	3,093-2	3,015-2	3,190-2	2,585-2
^{60}Co**	2,666-2	2,965-2	2,955-2	2,882-2	3,049-2	2,470-2
1'500	2,547-2	2,833-2	2,824-2	2,755-2	2,914-2	2,361-2
2'000	2,345-2	2,608-2	2,600-2	2,533-2	2,677-2	2,173-2
3'000	2,057-2	2,281-2	2,275-2	2,210-2	2,328-2	1,907-2
4'000	1,870-2	2,063-2	2,061-2	1,995-2	2,091-2	1,733-2
5'000	1,740-2	1,915-2	1,912-2	1,843-2	1,921-2	1,614-2
6'000	1,647-2	1,806-2	1,804-2	1,731-2	1,794-2	1,528-2
8'000	1,525-2	1,658-2	1,659-2	1,579-2	1,620-2	1,414-2
10'000	1,450-2	1,566-2	1,568-2	1,481-2	1,506-2	1,345-2
15'000	1,353-2	1,441-2	1,446-2	1,348-2	1,344-2	1,254-2
20'000	1,311-2	1,382-2	1,388-2	1,282-2	1,260-2	1,211-2

Tabelle 24.6.2

Hinweise: Fricke: FeSO₄-Lösung für Fricke-Dosimeter, PMMA: Polymethylmetacrylat (Plexiglas), LiF: natürliches Lithiumfluorid. *: Polyethylen = $(C_2H_4)_n$

Photonen-energie (keV)	μ_{en}/ρ (cm²/g)					
	Substanz:					
	Brust	Lunge	Weichteil4	Muskel (gestr.)	Knochen (kort.)	Fett
10	3,937+0	5,067+0	4,564+0	4,964+0	2,680+1	2,935+0
15	1,094+0	1,423+0	1,266+0	1,396+0	8,388+0	8,103-1
20	4,394-1	5,740-1	5,070-1	5,638-1	3,601+0	3,251-1
30	1,260-1	1,635-1	1,438-1	1,610-1	1,070+0	9,495-2
40	5,792-2	7,286-2	6,474-2	7,192-2	4,507-1	4,575-2
50	3,666-2	4,393-2	3,987-2	4,349-2	2,336-1	3,085-2
60	2,881-2	3,282-2	3,051-2	3,258-2	1,400-1	2,567-2
80	2,470-2	2,625-2	2,530-2	2,615-2	6,896-2	2,358-2
100	2,478-2	2,550-2	2,501-2	2,544-2	4,585-2	2,433-2
150	2,734-2	2,748-2	2,732-2	2,743-2	3,183-2	2,737-2
200	2,945-2	2,945-2	2,936-2	2,942-2	3,003-2	2,952-2
300	3,173-2	3,167-2	3,161-2	3,164-2	3,032-2	3,194-2
400	3,260-2	3,252-2	3,247-2	3,250-2	3,069-2	3,283-2
500	3,281-2	3,272-2	3,267-2	3,269-2	3,073-2	3,304-2
600	3,266-2	3,257-2	3,252-2	3,254-2	3,052-2	3,289-2
¹³⁷Cs*	3,241-2	3,229-2	3,229-2	3,231-2	3,066-2	3,281-2
800	3,188-2	3,179-2	3,175-2	3,177-2	2,973-2	3,211-2
1'000	3,086-2	3,077-2	3,073-2	3,074-2	2,875-2	3,108-2
⁶⁰Co**	2,949-2	2,940-2	2,938-2	2,938-2	2,745-2	2,970-2
1'500	2,818-2	2,810-2	2,806-2	2,808-2	2,623-2	2,839-2
2'000	2,592-2	2,586-2	2,582-2	2,584-2	2,421-2	2,610-2
3'000	2,264-2	2,262-2	2,258-2	2,257-2	2,145-2	2,275-2
4'000	2,045-2	2,048-2	2,044-2	2,045-2	1,975-2	2,050-2
5'000	1,891-2	1,898-2	1,892-2	1,894-2	1,875-2	1,891-2
6'000	1,779-2	1,789-2	1,785-2	1,786-2	1,788-2	1,773-2
8'000	1,626-2	1,643-2	1,638-2	1,639-2	1,695-2	1,612-2
10'000	1,529-2	1,551-2	1,546-2	1,547-2	1,644-2	1,509-2
15'000	1,395-2	1,427-2	1,420-2	1,421-2	1,587-2	1,365-2
20'000	1,330-2	1,367-2	1,360-2	1,361-2	1,568-2	1,293-2

Tabelle 24.6.3

Hinweise: Zusammensetzung der Gewebe nach ICRU (10b) und ICRU (26), Weichteil: Weichteilgewebeersatz (4 Komponenten nach ICRP 23), Brust: Brustgewebe nach ICRU (44), Quelle: [Hubbell 1996]. *: ¹³⁷Cs-Daten aus [Hubbell 1982], **: ⁶⁰Co = 1,25 MeV.

24.7 Massenstoßbremsvermögen für monoenergetische Elektronen

Elektronenenergie	S_{col}/ρ (MeV·cm²/g)					
(MeV)	Element:					
	C	Al	Cu	Mo	W	Pb
0,010	20,140	16,490	13,180	11,670	8,974	8,428
0,015	14,710	12,200	9,904	8,843	6,945	6,561
0,020	11,770	9,844	8,066	7,238	5,753	5,453
0,03	8,626	7,287	6,040	5,452	4,394	4,182
0,04	6,950	5,909	4,931	4,467	3,631	3,463
0,05	5,901	5,039	4,226	3,838	3,137	2,997
0,06	5,179	4,439	3,736	3,400	2,791	2,670
0,08	4,249	3,661	3,098	2,826	2,335	2,237
0,10	3,674	3,177	2,698	2,467	2,047	1,964
0,15	2,886	2,513	2,146	1,970	1,646	1,583
0,20	2,485	2,174	1,861	1,715	1,439	1,387
0,30	2,087	1,839	1,579	1,463	1,234	1,193
0,40	1,896	1,680	1,444	1,344	1,138	1,102
0,50	1,788	1,592	1,370	1,279	1,085	1,053
0,60	1,722	1,540	1,326	1,240	1,055	1,026
0,80	1,650	1,486	1,281	1,203	1,025	1,000
1,0	1,617	1,465	1,263	1,190	1,016	0,994
1,5	1,593	1,460	1,259	1,192	1,021	1,004
2,0	1,597	1,475	1,273	1,209	1,037	1,024
3,0	1,621	1,510	1,305	1,246	1,072	1,063
4,0	1,647	1,540	1,334	1,277	1,101	1,095
5,0	1,669	1,564	1,358	1,302	1,126	1,120
6,0	1,689	1,583	1,378	1,322	1,146	1,142
8,0	1,720	1,613	1,411	1,355	1,178	1,175
10,0	1,745	1,636	1,436	1,379	1,203	1,201
15,0	1,787	1,676	1,482	1,421	1,247	1,246
20,0	1,816	1,704	1,513	1,450	1,277	1,277
30,0	1,852	1,743	1,555	1,488	1,316	1,318
40,0	1,877	1,769	1,582	1,514	1,343	1,345
50,0	1,895	1,789	1,603	1,533	1,362	1,365

Tabelle 24.7.1

Hinweis: Tabelliert sind die Massenstoßbremsvermögen aus ICRU 35 (1984) und ICRU 37 (1984).

Elektronenenergie (MeV)	S_{col}/ρ (MeV·cm^2/g)					
			Substanz:			
	Wasser	Luft	Frickelös.	PMMA	Polystyrol	LiF
0,010	22,560	19,750	22,410	21,980	22,230	17,960
0,015	16,470	14,450	16,360	16,040	16,210	13,150
0,020	13,170	11,570	13,090	12,830	12,960	10,550
0,03	9,653	8,492	9,594	9,400	9,485	7,748
0,04	7,777	6,848	7,730	7,573	7,637	6,252
0,05	6,603	5,819	6,464	6,429	6,481	5,315
0,06	5,797	5,111	5,763	5,644	5,688	4,670
0,08	4,757	4,198	4,730	4,631	4,666	3,838
0,10	4,115	3,633	4,092	4,006	4,034	3,323
0,15	3,238	2,861	3,220	3,152	3,172	2,619
0,20	2,793	2,470	2,778	2,719	2,735	2,261
0,30	2,355	2,084	2,342	2,292	2,305	1,907
0,40	2,148	1,902	2,136	2,090	2,101	1,737
0,50	2,034	1,802	2,023	1,975	1,984	1,642
0,60	1,963	1,743	1,953	1,903	1,911	1,583
0,80	1,886	1,693	1,876	1,825	1,832	1,521
1,0	1,849	1,661	1,839	1,788	1,794	1,591
1,5	1,823	1,661	1,812	1,760	1,766	1,471
2,0	1,824	1,684	1,815	1,762	1,768	1,474
3,0	1,846	1,740	1,837	1,784	1,791	1,493
4,0	1,870	1,790	1,861	1,809	1,816	1,513
5,0	1,892	1,833	1,883	1,832	1,839	1,531
6,0	1,911	1,870	1,903	1,851	1,859	1,547
8,0	1,943	1,931	1,934	1,883	1,892	1,572
10,0	1,968	1,979	1,959	1,908	1,916	1,592
15,0	2,014	2,069	2,005	1,952	1,960	1,629
20,0	2,046	2,134	2,037	1,982	1,989	1,654
30,0	2,089	2,226	2,080	2,022	2,027	1,688
40,0	2,118	2,282	2,109	2,049	2,053	1,711
50,0	2,139	2,319	2,130	2,069	2,073	1,728

Tabelle 24.7.2

Hinweise: Frickelösung: FeSO$_4$-Dosimeterlösung, PMMA: Polymethylmetacrylat (Plexiglas), LiF: natürliches Lithiumfluorid, Polystyrol = (C$_8$H$_8$)$_n$.

Elektronenenergie (MeV)	S_{col}/ρ (MeV·cm²/g)				
	Substanz:				
	Fett	Muskel (gestr.)	Knochen (kort.)	NaI	Filmemulsion
0,010	23,470	22,370	19,710	11,160	13,020
0,015	17,090	16,330	14,470	8,477	9,798
0,020	13,650	13,060	11,610	6,948	7,984
0,03	9,984	9,571	8,546	5,241	5,983
0,04	8,034	7,711	6,903	4,299	4,887
0,05	6,816	6,547	5,872	3,696	4,190
0,06	5,979	5,747	5,163	3,276	3,706
0,08	4,903	4,717	4,246	2,726	3,075
0,10	4,238	4,080	3,678	2,382	2,680
0,15	3,330	3,210	2,901	1,905	2,136
0,20	2,871	2,769	2,507	1,661	1,858
0,30	2,418	2,335	2,119	1,421	1,585
0,40	2,204	2,129	1,931	1,308	1,453
0,50	2,081	2,016	1,825	1,247	1,381
0,60	2,005	1,945	1,760	1,211	1,338
0,80	1,921	1,866	1,690	1,178	1,295
1,0	1,880	1,830	1,658	1,167	1,278
1,5	1,849	1,802	1,637	1,173	1,278
2,0	1,850	1,804	1,643	1,192	1,294
3,0	1,872	1,826	1,670	1,230	1,331
4,0	1,897	1,851	1,697	1,263	1,363
5,0	1,920	1,873	1,720	1,289	1,390
6,0	1,939	1,892	1,740	1,311	1,412
8,0	1,972	1,924	1,773	1,347	1,448
10,0	1,997	1,949	1,799	1,374	1,475
15,0	2,042	1,995	1,844	1,423	1,523
20,0	2,073	2,026	1,874	1,456	1,555
30,0	2,113	2,068	1,915	1,499	1,598
40,0	2,141	2,097	1,942	1,527	1,626
50,0	2,161	2,118	1,962	1,548	1,648

Tabelle 24.7.3

Hinweise: Zusammensetzung der Gewebe nach ICRU (10b), ICRU (26) und ICRP (23), Knochen (kort.): Knochenrinde, Muskel (gestr.): gestreifte Muskulatur.

24.8 Massenstrahlungsbremsvermögen für monoenergetische Elektronen

Elektronenenergie (MeV)	S_{rad}/ρ (MeV·cm²/g) Substanz:					
	Wasser	Luft	Knochen (kort.)	Cu	W	Pb
0,010	3,898-3	3,897-3	5,461-3	1,213-2	1,997-2	2,045-2
0,015	3,944-3	3,937-3	5,664-3	1,307-2	2,320-2	2,421-2
0,020	3,963-3	3,954-3	5,778-3	1,399-2	2,563-2	2,693-2
0,03	3,984-3	3,976-3	5,907-3	1,488-2	2,908-2	3,086-2
0,04	4,005-3	3,998-3	5,989-3	1,543-2	3,160-2	3,376-2
0,05	4,031-3	4,025-3	6,054-3	1,583-2	3,364-2	3,613-2
0,06	4,062-3	4,057-3	6,113-3	1,615-2	3,539-2	3,817-2
0,08	4,138-3	4,133-3	6,230-3	1,665-2	3,834-2	4,162-2
0,10	4,228-3	4,222-3	6,356-3	1,710-2	4,084-2	4,454-2
0,15	4,494-3	4,485-3	6,719-3	1,816-2	4,595-2	5,054-2
0,20	4,801-3	4,789-3	7,140-3	1,926-2	5,021-2	5,555-2
0,30	5,514-3	5,495-3	8,129-3	2,172-2	5,797-2	6,460-2
0,40	6,339-3	6,311-3	9,276-3	2,450-2	6,565-2	7,340-2
0,50	7,257-3	7,223-3	1,055-2	2,757-2	7,353-2	8,228-2
0,60	8,254-3	8,210-3	1,194-2	3,087-2	8,162-2	9,132-2
0,80	1,043-2	1,036-2	1,495-2	3,803-2	9,841-2	1,098-1
1,0	1,280-2	1,271-2	1,824-2	4,580-2	1,159-1	1,290-1
1,5	1,942-2	1,927-2	2,740-2	6,733-2	1,624-1	1,792-1
2,0	2,678-2	2,656-2	3,755-2	9,102-2	2,117-1	2,319-1
3,0	4,299-2	4,260-2	5,981-2	1,256-1	3,158-1	3,427-1
4,0	6,058-2	5,999-2	8,386-2	1,976-1	4,248-1	4,582-1
5,0	7,917-2	7,838-2	1,092-1	2,552-1	5,372-1	5,773-1
6,0	9,854-2	9,754-2	1,355-1	3,146-1	6,523-1	6,991-1
8,0	1,391-1	1,376-1	1,904-1	4,378-1	8,890-1	9,495-1
10,0	1,814-1	1,795-1	2,476-1	5,650-1	1,132+0	1,206+0
15,0	2,926-1	2,895-1	3,971-1	8,949-1	1,759+0	1,870+0
20,0	4,086-1	4,042-1	5,525-1	1,236+0	2,406+0	2,554+0
30,0	6,489-1	6,417-1	8,735-1	1,936+0	3,735+0	3,961+0
40,0	8,955-1	8,855-1	1,202+0	2,650+0	5,096+0	5,402+0
50,0	1,146+0	1,133+0	1,537+0	3,375+0	6,477+0	6,865+0

Tabelle 24.8.1

Hinweise: Darstellung in Exponentialschreibweise (2,3456-1 bedeutet $2,3456 \cdot 10^{-1} = 0,23456$), Quelle: ICRU 35 (1984) und ICRU 37 (1984).

24.9 Bremsstrahlungsausbeuten für monoenergetische Elektronen

Erläuterung: Die Bremsstrahlungsausbeute Y_{rad} ist der relative Anteil der Anfangsenergie von Elektronen, der auf dem Weg durch die entsprechende Substanz bis zur völligen Abbremsung der Elektronen in Bremsstrahlung umgewandelt wird. Beispiel Wolfram: Anfangsenergie der Elektronen 0,04 MeV: Y_{rad} = 4,381-3 = 0,004381 = 0.4381%, Anfangsenergie der Elektronen 15 MeV: Y_{rad} = 3,800-1 = 38,00%.

Elektronen-energie (MeV)	Y_{rad} Substanz:					
	Wasser	Luft	Knochen (kort.)	Cu	W	Pb
0,010	9,408-5	1,082-4	1,468-4	4,701-4	1,076-3	1,191-3
0,015	1,316-4	1,506-4	2,095-4	6,904-4	1,639-3	1,810-3
0,020	1,663-4	1,898-4	2,683-4	9,019-4	2,200-3	2,432-3
0,03	2,301-4	2,618-4	3,775-4	1,301-3	3,304-3	3,664-3
0,04	2,886-4	3,280-4	4,781-4	1,674-3	4,381-3	4,872-3
0,05	3,435-4	3,900-4	5,723-4	2,025-3	5,430-3	6,055-3
0,06	3,955-4	4,488-4	6,614-4	2,358-3	6,453-3	7,214-3
0,08	4,931-4	5,590-4	8,276-4	2,977-3	8,430-3	9,461-3
0,10	5,841-4	6,618-4	9,814-4	3,547-3	1,032-2	1,162-2
0,15	7,926-4	8,968-4	1,329-3	4,822-3	1,470-2	1,664-2
0,20	9,826-4	1,111-3	1,641-3	5,950-3	1,865-2	2,118-2
0,30	1,331-3	1,502-3	2,206-3	7,945-3	2,558-2	2,917-2
0,40	1,658-3	1,869-3	2,730-3	9,741-3	3,164-2	3,614-2
0,50	1,976-3	2,225-3	3,236-3	1,143-2	3,712-2	4,241-2
0,60	2,292-3	2,577-3	3,737-3	1,307-2	4,221-2	4,820-2
0,80	2,928-3	3,283-3	4,740-3	1,625-2	5,161-2	5,877-2
1,0	3,579-3	3,997-3	5,755-3	1,938-2	6,030-2	6,842-2
1,5	5,281-3	5,836-3	8,382-3	2,720-2	8,022-2	9,009-2
2,0	7,085-3	7,748-3	1,113-2	3,509-2	9,856-2	1,096-1
3,0	1,092-2	1,173-2	1,689-2	5,095-2	1,321-1	1,447-1
4,0	1,495-2	1,583-2	2,288-2	6,668-2	1,625-1	1,761-1
5,0	1,911-2	2,001-2	2,898-2	8,209-2	1,902-1	2,045-1
6,0	2,336-2	2,422-2	3,514-2	9,710-2	2,157-1	2,304-1
8,0	3,200-2	3,269-2	4,752-2	1,258-1	2,612-1	2,765-1
10,0	4,072-2	4,113-2	5,983-2	1,526-1	3,006-1	3,162-1
15,0	6,243-2	6,181-2	8,974-2	2,122-1	3,800-1	3,955-1
20,0	8,355-2	8,167-2	1,180-1	2,628-1	4,403-1	4,555-1
30,0	1,233-1	1,186-1	1,694-1	3,437-1	5,270-1	5,412-1
40,0	1,594-1	1,520-1	2,143-1	4,059-1	5,871-1	6,002-1
50,0	1,923-1	1,825-1	2,538-1	4,554-1	6,316-1	6,439-1

Tabelle 24.9.1

Hinweis: Daten nach ICRU 37 (1984).

24.10 Massenstoßbremsvermögen und Massenreichweiten für Alphateilchen, Protonen und Reichweitenvergleich

Alphas:

α-Energie	Wasser		PMMA		Luft	
(MeV)	S_{tot}/ρ	$\rho{\cdot}R$	S_{tot}/ρ	$\rho{\cdot}R$	S_{tot}/ρ	$\rho{\cdot}R$
0,001	3,271+02	1,706-06	3,365+02	1,687-06	2,215+02	2,025-06
0,002	3,342+02	3,463-06	3,530+02	3,407-06	2,444+02	4,073-06
0,004	3,546+02	7,188-06	3,854+02	6,993-06	2,784+02	8,355-06
0,006	3,793+02	1,098-05	4,188+02	1,058-05	3,084+02	1,267-05
0,008	4,049+02	1,473-05	4,515+02	1,408-05	3,362+02	1,692-05
0,01	4,304+02	1,840-05	4,830+02	1,747-05	3,625+02	2,106-05
0,02	5,484+02	3,524-05	6,233+02	3,279-05	4,765+02	3,996-05
0,03	6,506+02	4,991-05	7,415+02	4,596-05	5,720+02	5,638-05
0,04	7,411+02	6,299-05	8,449+02	5,761-05	6,557+02	7,097-05
0,05	8,230+02	7,486-05	9,375+02	6,817-05	7,310+02	8,420-05
0,1	1,151+03	1,232-04	1,301+03	1,111-04	1,031+03	1,380-04
0,2	1,593+03	1,943-04	1,772+03	1,747-04	1,437+03	2,167-04
0,3	1,881+03	2,510-04	2,056+03	2,263-04	1,698+03	2,795-04
0,4	2,069+03	3,011-04	2,221+03	2,726-04	1,866+03	3,350-04
0,5	2,184+03	3,478-04	2,305+03	3,165-04	1,964+03	3,867-04
1,0	2,193+03	5,702-04	2,176+03	5,348-04	1,924+03	6,368-04
2,0	1,625+03	1,099-03	1,576+03	1,077-03	1,383+03	1,252-03
3,0	1,257+03	1,804-03	1,218+03	1,805-03	1,072+03	2,080-03
4,0	1,035+03	2,686-03	1,004+03	2,714-03	8,865+02	3,111-03
5,0	8,855+02	3,733-03	8,608+02	3,792-03	7,612+02	4,331-03
6,0	7,777+02	4,941-03	7,568+02	5,033-03	6,700+02	5,734-03
8,0	6,306+02	7,813-03	6,146+02	7,983-03	5,456+02	9,060-03
10	5,344+02	1,127-02	5,212+02	1,153-02	4,637+02	1,305-02
15	3,930+02	2,232-02	3,835+02	2,286-02	3,425+02	2,576-02
20	3,146+02	3,664-02	3,069+02	3,753-02	2,748+02	4,216-02
30	2,286+02	7,446-02	2,229+02	7,631-02	2,002+02	8,537-02
40	1,816+02	1,239-01	1,770+02	1,270-01	1,593+02	1,417-01
50	1,517+02	1,844-01	1,479+02	1,891-01	1,333+02	2,106-01
60	1,309+02	2,555-01	1,276+02	2,621-01	1,151+02	2,916-01
80	1,037+02	4,285-01	1,010+02	4,396-01	9,123+01	4,882-01
100	8,649+01	6,406-01	8,425+01	6,574-01	7,618+01	7,291-01

Tabelle 24.10.1: Massenstoßbremsvermögen S_{tot}/ρ (MeV·cm^2/g), Massenreichweiten $\rho{\cdot}R$ (g/cm^2) für Alphas, Daten nach ([ICRU 49], [NIST ASTAR]).

Alphas:

α-Energie	Wasser		PMMA		Luft	
(MeV)	S_{tot}/ρ	$\rho{\cdot}R$	S_{tot}/ρ	$\rho{\cdot}R$	S_{tot}/ρ	$\rho{\cdot}R$
125	7,219+01	9,584-01	7,031+01	9,836-01	5,475+00	1,295+01
150	6,232+01	1,332+00	6,069+01	1,367+00	4,816+00	1,783+01
175	5,508+01	1,760+00	5,363+01	1,807+00	4,338+00	2,330+01
200	4,952+01	2,239+00	4,822+01	2,299+00	3,976+00	2,933+01
225	4,512+01	2,768+00	4,393+01	2,843+00	3,691+00	3,585+01
250	4,154+01	3,346+00	4,044+01	3,436+00	3,462+00	4,284+01
275	3,857+01	3,971+00	3,755+01	4,078+00	3,275+00	5,026+01
300	3,606+01	4,642+00	3,510+01	4,767+00	3,118+00	5,809+01
350	3,206+01	6,115+00	3,121+01	6,281+00	2,871+00	7,481+01
400	2,901+01	7,757+00	2,824+01	7,967+00	2,687+00	9,282+01
450	2,660+01	9,559+00	2,589+01	9,818+00	2,544+00	1,119+02
500	2,465+01	1,151+01	2,399+01	1,183+01	2,431+00	1,320+02
550	2,303+01	1,361+01	2,242+01	1,398+01	2,340+00	1,530+02
600	2,168+01	1,585+01	2,110+01	4,628+01	2,266+00	1,747+02
650	2,052+01	1,822+01	1,997+01	1,872+01	2,203+00	1,971+02
700	1,952+01	2,072+01	1,900+01	2,129+01	2,151+00	2,200+02
750	1,865+01	2,334+01	1,815+01	2,398+01	2,107+00	2,435+02
800	1,789+01	2,608+01	1,741+01	2,679+01	2,069+00	2,674+02
850	1,721+01	2,893+01	1,675+01	2,972+01	2,037+00	2,918+02
900	1,661+01	3,189+01	1,616+01	3,276+01	2,008+00	3,165+02
950	1,607+01	3,495+01	1,564+01	3,590+01	1,984+00	3,415+02
1000	1,558+01	3,811+01	1,516+01	3,915+01	1,963+00	3,668+02
1500					1,850+00	6,306+02
2000					1,820+00	9,035+02
2500					1,818+00	1,178+03
3000					1,828+00	1,453+03
4000					1,861+00	1,995+03
5000					1,898+00	2,527+03
6000					1,934+00	3,049+03
7000					1,967+00	3,561+03
8000					1,998+00	4,066+03
9000					2,026+00	4,563+03
10000					2,052+00	5,053+03

Tabelle 24.10.1: Massenstoßbremsvermögen S_{tot}/ρ (MeV·cm²/g), Massenreichweiten $\rho{\cdot}R$ (g/cm²) für Alphas, Daten nach ([ICRU 49], [NIST ASTAR]).

Alphas:

α-Energie	Aluminium		Kupfer		Blei	
(MeV)	S_{tot}/ρ	$\rho \cdot R$	S_{tot}/ρ	$\rho \cdot R$	S_{tot}/ρ	$\rho \cdot R$
0,001	1,305+02	2,529-06	5,742+01	3,573-06	2,330+01	6,359-06
0,002	1,564+02	4,895-06	7,138+01	6,563-06	3,193+01	1,069-05
0,004	1,935+02	9,717-06	8,874+01	1,267-05	4,365+01	1,875-05
0,006	2,245+02	1,452-05	1,014+02	1,898-05	5,243+01	2,661-05
0,008	2,527+02	1,922-05	1,121+02	2,541-05	5,975+01	3,442-05
0,01	2,661+02	2,153-05	1,215+02	3,193-05	6,618+01	4,220-05
0,02	3,927+02	4,458-05	1,596+02	6,480-05	9,183+01	8,107-05
0,03	4,88+02	4,991-05	1,900+02	9,704-05	1,107+02	1,196-04
0,04	7,411+02	6,250-05	2,163+02	1,281-04	1,271+02	1,576-04
0,05	6,444+02	9,269-05	2,397+02	1,580-04	1,416+02	1,948-04
0,1	9,056+03	1,515-04	3,332+02	2,914-04	1,983+02	3,704-04
0,2	1,142+03	2,438-04	4,616+02	5,094-04	2,747+02	6,786-04
0,3	1,239+03	3,256-04	5,489+02	6,909-04	3,255+02	9,506-04
0,4	1,284+03	4,034-04	6,098+02	8,534-04	3,597+02	1,202-03
0,5	1,300+03	4,798-04	6,515+02	1,005-03	3,820+02	1,441-03
1,0	1,266+03	8,692-04	7,063+02	1,707-03	4,018+02	2,601-03
2,0	9,859+02	1,777-03	6,283+02	3,178-03	3,491+02	5,137-03
3,0	8,217+02	2,890-03	5,485+02	4,869-03	2,940+02	8,191-03
4,0	6,991+02	4,209-03	4,838+02	6,801-03	2,586+02	1,175-02
5,0	6,053+02	5,748-03	4,313+02	8,981-03	2,331+02	1,575-02
6,0	5,361+02	7,504-03	3,883+02	1,142-02	2,134+02	2,016-02
8,0	4,401+02	1,164-02	3,260+02	1,704-02	1,846+02	3,011-02
10	3,762+02	1,656-02	2,852+02	2,363-02	1,640+02	4,147-02
15	2,809+02	3,212-02	2,160+02	4,402-02	1,307+02	7,548-02
20	2,272+02	5,202-02	1,774+02	6,963-02	1,103+01	1,168-01
30	1,676+02	1,039-01	1,332+02	1,353-01	8,583+01	2,196-01
40	1,345+02	1,709-01	1,082+02	2,189-01	7,130+01	3,470-01
50	1,132+02	2,523-01	9,178+01	3,194-01	6,150+01	4,972-01
60	9,817+01	3,473-01	8,013+01	4,361-01	5,438+01	6,691-01
80	7,835+01	5,768-01	6,454+01	7,155-01	4,461+01	1,075+00
100	6,573+01	8,565-01	5,450+01	1,053-00	3,816+01	1,558+00

Tabelle 24.10.1: Massenstoßbremsvermögen S_{tot}/ρ (MeV·cm²/g), Massenreichweite $\rho \cdot R$ (g/cm²) für Alphas, Daten nach ([ICRU 49], [NIST ASTAR]).

Alphas:

α-Energie	Aluminium		Kupfer		Blei	
(MeV)	S_{tot}/ρ	$\rho \cdot R$	S_{tot}/ρ	$\rho \cdot R$	S_{tot}/ρ	$\rho \cdot R$
125	5,514+01	1,273+00	4,599+01	1,554+00	3,255+01	2,265+00
150	4,778+01	1,761+00	4,004+01	2,137+00	2,853+01	3,082+00
175	4,235+01	2,318+00	3,562+01	2,799+00	2,551+01	4,005+00
200	3,817+01	2,940+00	3,220+01	3,537+00	2,315+01	5,029+00
225	3,485+01	3,626+00	2,947+01	4,348+00	2,125+01	6,150+00
250	3,214+01	4,373+00	2,724+01	5,229+00	1,970+01	7,366+00
275	2,989+01	5,180+00	2,538+01	6,179+00	1,840+01	8,673+00
300	2,798+01	6,044+00	2,380+01	7,195+00	1,729+01	1,007+01
350	2,493+01	7,940+00	2,126+01	9,419+00	1,551+01	1,311+01
400	2,260+01	1,005+01	1,932+01	1,189+01	1,415+01	1,647+01
450	2,075+01	1,236+01	1,777+01	1,458+01	1,306+01	2,013+01
500	1,925+01	1,486+01	1,651+01	1,750+01	1,218+01	2,408+01
550	1,801+01	1,755+01	1,547+01	2,063+01	1,144+01	2,830+01
600	1,697+01	2,041+01	1,459+01	2,395+01	1,081+01	3,278+01
650	1,608+01	2,343+01	1,384+01	2,747+01	1,028+01	3,750+01
700	1,531+01	2,662+01	1,319+01	3,116+01	9,812+00	4,246+01
750	1,464+01	2,996+01	1,262+01	3,504+01	9,406+00	4,764+01
800	1,405+01	3,345+01	1,212+01	3,908+01	9,047+00	5,304+01
850	1,352+01	3,707+01	1,167+01	4,328+01	8,729+00	5,864+01
900	1,305+01	4,084+01	1,127+01	4,763+01	8,444+00	6,444+01
950	1,263+01	4,473+01	1,092+01	5,213+01	8,188+00	7,043+01
1000	1,225+01	4,874+01	1,060+01	5,677+01	7,956+00	7,660+01

Tabelle 24.10.1: Massenstoßbremsvermögen S_{tot}/ρ (MeV·cm²/g), Massenreichweite $\rho \cdot R$ (g/cm²) für Alphas, Daten nach ([ICRU 49], [NIST ASTAR]).

Protonen:

p-Energie	Wasser		PMMA		Luft	
(MeV)	S_{tot}/ρ	$\rho \cdot R$	S_{tot}/ρ	$\rho \cdot R$	S_{tot}/ρ	$\rho \cdot R$
0,001	1,769+02	2,878-06	2,147+02	2,667-06	1,414+02	3,257-06
0,002	2,184+02	5,909-06	2,746+02	5,307-06	1,855+02	6,577-06
0,004	2,864+02	1,155-05	3,635+02	1,005-05	2,507+02	1,277-05
0,006	3,420+02	1,661-05	4,322+02	1,424-05	3,021+02	1,834-05
0,008	3,900+02	2,121-05	4,899+02	1,804-05	3,460+02	2,342-05
0,01	4,329+02	2,545-05	5,391+02	2,153-05	3,850+02	2,810-05
0,02	5,733+02	4,356-05	6,948+02	3,658-05	5,106+02	4,822-05
0,03	6,671+02	5,883-05	7,898+02	4,949-05	5,934+02	6,527-05
0,04	7,324+02	7,259-05	8,537+02	6,132-05	6,506+02	8,069-05
0,05	7,768+02	8,547-05	8,972+02	7,249-05	6,897+02	9,513-05
0,1	8,161+02	1,458-04	9,183+02	1,258-04	7,301+02	1,628-04
0,2	6,613+02	2,806-04	7,232+02	2,470-04	5,928+02	3,121-04
0,3	5,504+02	4,462-04	5,634+02	4,040-04	4,767+02	5,002-04
0,4	4,719+02	6,422-04	4,639+02	6,001-04	4,015+02	7,287-04
0,5	4,132+02	8,683-04	4,006+02	8,324-04	3,501+02	9,951-04
1,0	2,608+02	2,435-03	2,532+02	2,448-03	2,229+02	2,834-03
2,0	1,586+02	7,519-03	1,546+02	7,672-03	1,371+02	8,742-03
3,0	1,172+02	1,494-02	1,143+02	1,528-02	1,018+02	1,730-02
4,0	9,404+01	2,451-02	9,179+01	2,509-02	8,197+01	2,829-02
5,0	7,911+01	3,613-02	7,719+01	3,700-02	6,909+01	4,161-02
6,0	6,858+01	4,972-02	6,690+01	5,093-02	5,997+01	5,715-02
8,0	5,460+01	8,259-02	5,324+01	8,464-02	4,783+01	9,469-02
10	4,567+01	1,228-01	4,452+01	1,258-01	4,006+01	1,405-01
15	3,292+01	2,535-01	3,208+01	2,600-01	2,894+01	2,893-01
20	2,607+01	4,252-01	2,539+01	4,363-01	2,294+01	4,845-01
30	1,876+01	8,839-01	1,827+01	9,072-01	1,653+01	1,005+00
40	1,488+01	1,486+00	1,449+01	1,526+00	1,312+01	1,688+00
50	1,245+01	2,224+00	1,212+01	2,283+00	1,099+01	2,524+00
60	1,078+01	3,089+00	1,050+01	3,172+00	9,517+00	3,504+00
80	8,625+00	5,176+00	8,397+00	5,317+00	7,620+00	5,867+00
100	7,289+00	7,707+00	7,095+00	7,917+00	6,443+00	8,731+00
200	4,492+00	2,593+01	4,372+00	2,664+01	3,976+00	2,933+01
250	3,911+00	3,790+01	3,806+00	3,894+01	3,462+00	4,284+01
300	3,520+00	5,139+01	3,426+00	5,281+01	3,118+00	5,809+01

Tabelle 24.10.2: Massenstoßbremsvermögen S_{tot}/ρ (MeV·cm²/g), Massenreichweite $\rho \cdot R$ (g/cm²) für Protonen, Daten nach ([ICRU 49], [NIST PSTAR]). Darstellung in Exponentialschreibweise 3,292+01 bedeutet 3,292·10¹.

Protonen:

p-Energie	Aluminium		Kupfer		Blei	
(MeV)	S_{tot}/ρ	$\rho \cdot R$	S_{tot}/ρ	$\rho \cdot R$	S_{tot}/ρ	$\rho \cdot R$
0,001	1,043+02	3,758-06	3,931+01	5,620-06	1,623+01	1,006-05
0,002	1,404+02	7,413-06	5,340+01	1,101-05	2,264+01	1,843-05
0,004	1,921+02	1,438-05	7,324+01	2,194-05	3,164+01	3,460-05
0,006	2,323+02	2,080-05	8,849+01	3,280-05	3,853+01	5,045-05
0,008	2,664+02	2,677-05	1,014+02	4,347-05	4,433+01	6,611-05
0,01	2,966+02	3,236-05	1,128+02	5,391-05	4,944+01	8,160-05
0,02	3,867+02	5,711-05	1,148+02	1,037-04	6,682+01	1,581-04
0,03	4,373+02	7,902-05	1,703+02	1,507-04	7,937+01	2,325-04
0,04	4,638+02	9,964-05	1,844+02	1,959-04	8,930+01	3,048-04
0,05	4,749+02	1,198-04	1,935+02	2,401-04	9,744+01	3,752-04
0,1	4,477+02	2,232-04	2,093+02	4,574-04	1,214+02	7,091-04
0,2	3,715+02	4,649-04	2,055+02	9,040-04	1,265+02	1,368-03
0,3	3,218+02	7,511-04	1,926+02	1,383-03	1,135+02	2,104-03
0,4	2,844+02	1,079-03	41,788+02	1,903-03	1,001+02	2,955-03
0,5	2,550+02	1,447-03	1,660+02	2,467-03	8,960+01	3,925-03
1,0	1,720+02	3,870-03	1,184+02	6,008-03	6,298+01	1,031-02
2,0	1,095+02	1,134-02	7,992+01	1,638-02	4,537+01	2,836-02
3,0	8,250+01	2,193-02	6,199+01	3,054-02	3,666+01	5,195-02
4,0	6,707+01	3,540-02	5,136+01	4,814-02	3,120+01	8,043-02
5,0	5,695+01	5,157-02	4,418+01	63897-02	2,739+01	1,134-01
6,0	4,973+01	7,033-02	3,897+01	9,286-02	2,454+01	1,507-01
8,0	4,004+01	1,153-01	3,181+01	1,494-01	2,052+01	2,373-01
10	3,376+01	1,697-01	2,709+01	2,172-01	1,779+01	3,390-01
15	2,466+01	3,448-01	2,010+01	4,323-01	1,359+01	6,578-01
20	1,969+01	5,726-01	1,620+01	7,090-01	1,116+01	1,052+00
30	1,431+01	1,175+00	1,191+01	1,433-01	8,396+00	2,072+00
40	1,142+01	1,961+00	9,577+01	2,369+00	6,825+00	3,371+00
50	9,594+00	2,918+00	8,090+01	3,502+00	5,806+00	4,934+00
60	8,334+00	4,037+00	7,055+01	4,820+00	5,090+00	6,737+00
80	6,698+00	6,727+00	5,702+00	7,975+00	4,147+00	1,103+01
100	5,678+00	9,976+00	4,852+00	1,177+01	3,552+00	1,616+01
200	3,526+00	3,322+01	3,042+00	3,872+01	2,271+00	5,212+01
250	3,076+00	4,843+01	2,659+00	5,628+01	1,996+00	7,533+01
300	2,773+00	6,556+01	2,400++00	7,603+01	1,810+00	1,013+02

Tabelle 24.10.2: Massenstoßbremsvermögen S_{tot}/ρ (MeV·cm²/g), $\rho \cdot R$ = Massenreichweite (g/cm²) für Protonen, Daten nach ([ICRU 49], [NIST STAR]). Darstellung in Exponentialschreibweise 3,292+01 bedeutet 3,292·10^1.

Reichweitenvergleich von Elektronen, Protonen und Alphateilchen in Luft und Wasser

Teilchenenergie (MeV)	Reichweite in Luft (cm)			Reichweite in Wasser (mm)		
	e^-	p	α	e^-	p	α
0,1	12	0,13	0,12	0,14	0,0016	0,0012
0,2	33	0,25	0,18	0,40	0,0030	0,0019
0,5	140	0,80	0,32	1,7	0,0098	0,0035
1,0	330	2,3	0,50	4,0	0,028	0,0057
2,0	790	7,0	1,0	9,5	0,086	0,011
5,0	2100	33,0	3,2	25,0	0,40	0,037
10,0	4150	120,0	9,5	50,0	1,47	0,11
20,0	8300	400,0	32,0	100,0	4,9	0,37
50,0		2000,0	160,0	250,0	24,0	1,8
100,0		6500,0	550,0	400,0	78,0	6,5

Tab. 24.10.3: Vergleich der mittleren Reichweiten von Elektronen, Protonen und Alphateilchen in Luft und Wasser als Funktion der Bewegungsenergie der Teilchen. Die Wasserreichweiten stimmen ungefähr mit den Reichweiten in Weichteilgewebe überein. Die Werte sind teilweise gerundet, genauere Daten für α und p s. Tabn. (24.10.1) und (24.10.2).

24.11 Massendichten wichtiger dosimetrischer Substanzen

Substanz	Dichte (g/cm³)	Substanz	Dichte (g/cm³)
C (Graphit)	1,700 – 2,265	Luft trocken	0,001205 – 0,001293
Stickstoff (Gas)	0,001165	Wasser	1,000
Aluminium	2,699	Fett	0,920
Eisen	7,874	Muskel gestreift	1,040
Silicium	2,33	Brustgewebe	1,02
Kupfer	8,960	Knochen kortikal	1,850
Molybdän	10,22	Lunge	0,300
Wolfram	19,30	Lungengewebe(ICRU)	1,05
Blei	11,35	Plexiglas (PMMA)	1,19
Filmemulsion	3,815	Polyethylen (PE)	0,940
Fricke-Lösung	1,024	Weichteil 4	1,000
NaI-Kristall	3,667	Polystyrol	1,060
Beton	2,3	Glas	2,23
Barytbeton	3,35	Bleiglas	6,22
Mylar	1,38	Gips ($CaSO_4$)	2,960
Teflon	2,25	Gafchromic-Sensor	1,300
		CaF_2	3,18

Tab. 24.11.1: Massen-Dichten ρ dosimetrisch wichtiger Substanzen. Quellen: [ICRU 35], [Hubbell 1982], [NIST].

24.12 Gewebe-Luft-Verhältnisse für diagnostische Röntgenstrahlung

Tiefe	60 kV	HWSD: 2.2 mm Al FG (cm x cm)			70 kV	HWSD: 2.6 mm Al FG (cm x cm)		
(cm)	10 x 10	15 x 15	20 x 20	30 x 30	10 x 10	15 x 15	20 x 20	30 x 30
0	1,269	1,280	1,280	1,280	1,257	1,303	1,314	1,314
1	1,120	1,166	1,166	1,200	1,200	1,246	1,246	1,269
2	0,917	0,960	0,965	0,982	1,030	1,061	1,061	1,090
3	0,723	0,763	0,770	0,797	0,831	0,875	0,878	0,906
4	0,563	0,611	0,623	0,642	0,672	0,711	0,723	0,755
5	0,442	0,490	0,502	0,525	0,541	0,584	0,600	0,632
6	0,349	0,393	0,405	0,429	0,434	0,480	0,498	0,529
7	0,273	0,315	0,326	0,349	0,349	0,394	0,413	0,443
8	0,215	0,253	0,263	0,285	0,280	0,325	0,342	0,371
9	0,169	0,203	0,213	0,233	0,225	0,266	0,285	0,311
10	0,133	0,162	0,170	0,190	0,181	0,218	0,237	0,261
12	0,082	0,105	0,110	0,126	0,117	0,147	0,162	0,182
14	0,051	0,067	0,072	0,085	0,075	0,099	0,112	0,128
16	0,031	0,043	0,046	0,056	0,049	0,067	0,077	0,090
18	0,019	0,029	0,030	0,037	0,031	0,045	0,053	0,063
20	0,013	0,018	0,021	0,025	0,021	0,031	0,037	0,045

Tab. 24.12.1

Tiefe	80 kV	HWSD: 3.0 mm Al FG (cm x cm)			90 kV	HWSD: 3.5 mm Al FG (cm x cm)		
(cm)	10 x 10	15 x 15	20 x 20	30 x 30	10 x 10	15 x 15	20 x 20	30 x 30
0	1,303	1,360	1,360	1,360	1,291	1,337	1,371	1,371
1	1,246	1,314	1,314	1,314	1,269	1,314	1,349	1,349
2	1,070	1,177	1,166	1,166	1,110	1,166	1,211	1,189
3	0,885	0,994	0,993	0,989	0,925	0,989	1,040	1,030
4	0,722	0,825	0,833	0,840	0,763	0,837	0,887	0,880
5	0,591	0,682	0,697	0,715	0,629	0,703	0,753	0,757
6	0,483	0,565	0,584	0,609	0,517	0,591	0,640	0,651
7	0,395	0,466	0,489	0,518	0,425	0,497	0,544	0,560
8	0,323	0,386	0,409	0,441	0,350	0,418	0,462	0,481
9	0,265	0,319	0,342	0,375	0,288	0,352	0,392	0,414
10	0,216	0,264	0,287	0,319	0,237	0,296	0,333	0,357
12	0,145	0,181	0,201	0,231	0,161	0,209	0,241	0,264
14	0,097	0,123	0,141	0,167	0,109	0,149	0,174	0,195
16	0,065	0,085	0,099	0,121	0,074	0,105	0,125	0,144
18	0,043	0,058	0,069	0,088	0,050	0,074	0,090	0,107
20	0,029	0,039	0,048	0,064	0,034	0,053	0,065	0,079

Tab. 24.12.2

	100 kV HWSD: 3.9 mm Al				120 kV HWSD: 4.7 mm Al			
Tiefe	FG (cm x cm)				FG (cm x cm)			
(cm)	10 x 10	15 x 15	20 x 20	30 x 30	10 x 10	15 x 15	20 x 20	30 x 30
0	1,314	1,371	1,383	1,383	1,326	1,406	1,406	1,429
1	1,269	1,349	1,360	1,360	1,326	1,406	1,406	1,474
2	1,141	1,246	1,246	1,246	1,166	1,280	1,280	1,349
3	0,962	1,061	1,080	1,080	1,021	1,166	1,166	1,246
4	0,802	0,907	0,928	0,949	0,869	1,010	1,021	1,090
5	0,667	0,770	0,795	0,823	0,729	0,864	0,893	0,955
6	0,555	0,654	0,681	0,715	0,614	0,741	0,774	0,835
7	0,462	0,555	0,584	0,621	0,517	0,634	0,672	0,730
8	0,384	0,471	0,501	0,539	0,434	0,543	0,583	0,638
9	0,319	0,400	0,429	0,469	0,365	0,465	0,506	0,558
10	0,266	0,341	0,368	0,406	0,307	0,398	0,439	0,488
12	0,184	0,245	0,270	0,306	0,218	0,293	0,330	0,373
14	0,127	0,176	0,198	0,231	0,154	0,214	0,249	0,285
16	0,088	0,127	0,146	0,174	0,109	0,157	0,187	0,218
18	0,061	0,093	0,107	0,131	0,077	0,115	0,141	0,167
20	0,042	0,066	0,079	0,099	0,055	0,085	0,106	0,128

Tab. 24.12.3

Die Tabellen 24.12(1-3) enthalten experimentell ermittelte Gewebe-Luft-Verhältnisse für verschiedene diagnostische Röntgenstrahlungen mit einer Gesamtfilterung von 2,6 mm Al zur Berechnung von Organdosen in der Röntgendiagnostik (nach [Säbel]).

24.13 Patientenschwächungsfaktoren und Konversionsfaktoren für diagnostische Röntgenstrahlung

Röhrenspannung (kV)	Patientendurchmesser (cm)				
	15	20	25	30	35
48	140	410	1200	3000	7200
52	110	300	750	1800	4000
56	85	230	550	1300	2300
63	70	180	400	800	1500
69	57	135	290	580	1000
80	45	100	210	400	680
92	35	76	155	290	430
110	28	58	120	200	280

Tab. 24.13.1: Experimentell in einem Wasserphantom ermittelte Patientenschwächungsfaktoren zur Berechnung von Organdosen nach Daten aus [DGMP7].

Untersuchung	Feldgröße (cm^2)	kV: f_{ut} (mSv/mGy)	kV: f_{ut} (mSv/mGy)	kV: f_{ut} (mSv/mGy)
LWS + Kreuzbein a.p.	15 x 40	70 : 0,28	80 : 0,33	90 : 0,38
LWS + Kreuzbein lat.	30 x 40	90 : 0,08	100 : 0,08	110 : 0,09
Kreuzbein a.p.	24 x 24	70 : 0,30	80 : 0,35	90 : 0,41
Kreuzbein lat.	20 x 30	90 : 0,04	100 : 0,04	110 : 0,05
Becken a.p.	40 x 40	70 : 0,33	80 : 0,40	90 : 0,45
Hüftgelenk a.p.	18 x 24	70 : 0,03	80 : 0,04	90 : 0,05
Abdomen a.p.	30 x 40	60 : 0,24	70 : 0,30	80 : 0,36
Harnblase a.p.	24 x 18	60 : 0,13	70 : 0,16	80 : 0,19
Kolon Kontr. p.a. (ÜB)	30 x 40	90 : 0,23	110 : 0,27	130 : 0,32
Kolon Kontr. p.a. (ZA)	24 x 30	90 : 0,04	110 : 0,05	130 : 0,07
Kolon Kontr. lat. (ZA)	24 x 30	90 : 0,03	110 : 0,04	130 : 0,05

Tab. 24.13.2: Typische Konversionsfaktoren f_{ut} zur Abschätzung der mittleren Uterusäquivalentdosis aus der Energiedosis in Luft im Fokus-Haut-Abstand (FHA) nach (Gl. 21.7 in Kap. 21.2). Die Faktoren wurden durch Monte-Carlo-Berechnungen an einem Standardphantom für einen Fokus-Film-Abstand (FFA) von 1,15 m ermittelt. Die Feldgrößenangabe ist Höhe x Breite (aus [Drexler], [DGMP7], ÜB: Übersichtsaufnahme, ZA: Zielaufnahme).

24.14 Ortsdosisleistungen im Streustrahlungsfeld eines Computer-tomografen

Winkel (Grad)	r(2μSv)/cm	r(1μSv)/cm	r(0,5μSv)/cm	r(0,25μSv)/cm
180	127,3	180,0	254,6	360,0
170	127,6	180,5	255,3	361,0
160	128,7	182,0	257,4	364,0
150	130,4	184,4	260,8	368,8
140	133,6	188,9	267,1	377,8
130	129,1	182,6	258,2	365,2
120	72,8	103,0	145,7	206,0
110	44,5	63,0	89,1	126,0
100	40,3	57,0	80,6	114,0
90	40,6	57,4	81,2	114,8
80	44,3	62,7	88,7	125,4
70	64,6	91,3	129,1	182,6
60	93,3	132,0	186,7	264,0
50	111,7	158,0	223,4	316,0
40	106,1	150,0	212,1	300,0
30	79,9	113,0	159,8	226,0
20	63,6	90,0	127,3	180,0
10	57,0	80,6	114,0	161,2
0	55,2	78,0	110,3	156,0

Tab. 24.14.1: Radiusvektoren der Isodosenlinien in Fig. (22.6) in cm für ein Röhrenstrom-Zeit-Produkt von 250 mAs pro CT-Schnitt der Breite 1 cm mit Patient. Der Winkel von 0 Grad entspricht dem Fußende der Patientenliege, das Kopfende liegt also bei 180 Grad. Die Dosisverteilungen sind symmetrisch zur CT-Längsachse (in Anlehnung an technische Unterlagen der Fa. Siemens Erlangen). Die Dosisleistungen bei den einzelnen Radiusvektoren sind für einen bestimmten Winkel nach dem Abstandsquadratgesetz ineinander umzurechnen. Der Bezugsort für diese Berechnungen ist die Patientenmitte, also die Mitte des Fächerstrahls beim Radius r = 0. Für andere Röhrenstrom-Zeit-Produkte kann mit den entsprechenden mAs-Werten über das mAs-Verhältnis "x mAs/250 mAs" skaliert werden.

24.15 Daten zum ICRP Referenzmenschen

Luftbilanz des Standardmenschen:

Zusammensetzung	O_2 (%)*	CO_2 (%)*	N_2 + andere Gase (%)
eingeatmete Luft	20,94	0,03	79,03
ausgeatmete Luft	16	4,0	80
Vitalkapazität	Mann: 4,3 l		Frau: 3,3 l

Tägl. inhalierte Luftmenge (m^3/d):	Mann	Frau	Kind (10a):
8 h leichte Arbeit	9,6	9,1	6,24
8 h Freizeit	9,6	9,1	6,24
8 h Schlaf	3,6	2,9	2,3
Gesamt	23	21	15

Austauschfläche der Lungen (Alveolen, Mann):	50 m^2
Fläche oberer Atemtrakt, Trachea, Bronchien:	20 m^2
Gesamt:	70 m^2

Wasserbilanz des Standardmenschen:

Aufnahme (g/Tag)	Mann	Frau	Kind
Nahrung	700	450	400
Flüssigkeiten	1950	1400	1400
Oxidation	350	250	200
Gesamt	3000	2100	2000
Ausscheidung (g/Tag)			
Urin	1400	1000	1000
Schweiß	650	420	350
im Stuhl	100	90	70
Atmung u. sonst.	850	600	580
Gesamt	3000	2100	2000
Gesamtwassergehalt:	**42'000 g**		

Tab. 24.15.1: Daten zum Luft- und Wasserstoffwechsel des Standardmenschen nach [ICRP 23]. (*): Volumenprozent. Bemerkung: Der Standardmensch hat inzwischen nach [ICRP 70] etwas zugenommen (Mann 73 kg, Frau 60 kg). Dies ändert aber nur geringfügig seine relative Zusammensetzung und seine Stoffwechselbilanz.

Organ/Körperteil	Mann		Frau	
	Masse* (g)	(%)	Masse* (g)	(%)
Gesamtkörper	70'000	100,0	58'000	100,0
Skelettmuskulatur	28'000	40,0	17'000	29,3
Skelett	10'000	14,3	6'800	11,7
rotes Knochenmark	1'500	2,1	1'300	2,2
weißes Knochenmark	1'500	2,1	1'300	2,2
Knorpel	1'100	1,6		
Bindegewebe	3'400	4,8		
Bänder und Faszien	1'400	2,0		
Haut	2'600	3,7	1'790	3,1
Unterhautgewebe	7'500	10,7	13'000	22,4
Fett	15'000	21,0	13'500	23,3
Blut	5'500	7,8	4'100	7,1
Zähne	46	0,066		
Zunge	70	0,1		
Kehlkopf	28	0,04		
Magen-Darmkanal				
ohne Inhalt	1'200	1,7	1'200	2,1
Inhalt	1'005	1,4	1'000	1,7
Speiseröhre	40	0,06		
Magen leer	150	0,21		
Dünndarm	1'000	1,4		
Leber	1'800	2,6	1'400	2,4
Gallenblase	10	0,01		
Gehirn	1'400	2,0	1'200	2,1
Rückenmark	30	0,04		
Lungen	1'000	1,4	880	1,5
Nieren	310	0,44	275	0,5
Herz	330	0,47	240	0,4
Milz	180	0,26	150	0,26
Lymphatisches Gewebe	700	1,0	580	1,0
Bauchspeicheldrüse	100	0,14	85	0,15
Speicheldrüsen	85	0,12	70	0,12
Schilddrüse	20	0,029	17	0,02
Thymusdrüse	20	0,029		
Hoden	35	0,05		
Prostata	16	0,02		
Brustdrüsen	26	0,04	360	0,62
Sonstiges:				
Augen, Drüsen, Sehnen, Blutgefäße, Nerven	ca. 500		ca. 400	

Tab. 24.15.2: Massen und Massenanteile der Organe des erwachsenen Standardmenschen nach [ICRP 23]. Die Summe der Massen der aufgelisteten Organe ist größer als die Gesamtmasse, da einige Anteile bereits in anderen enthalten sind z. B. rotes Knochenmark beim Skelett, Unterhautfett beim Fett (*. s. Bem. Tab. 24.15.1).

Atomare Zusammensetzung des männlichen Standardmenschen

Element	Masse (g)	Masse (%)	Atome ($\cdot 10^{27}$)	e^-($\cdot 10^{27}$)
Wasserstoff	7000	10	4,2	4,2
Kohlenstoff	16000	23	0,80	4,8
Stickstoff	1800	2,6	0,077	0,54
Sauerstoff	43000	61	1,62	13,0
Calcium	1000	1,4	0,015	0,3
Phosphor	780	1,1	0,015	0,225
Schwefel	140	0,2	0,003	0,042
Kalium	140	0,2	0,002	0,04
Natrium	100	0,14	0,0026	0,029
Chlor	95	0,12	0,0016	0,027
Magnesium	19	0,027		
Silizium	18	0,026		
Eisen	4,2	0,006		
Fluor	2,6	0,0037		
Zink	2,3	0,0033		

Gesamtatomzahl:	$\approx 6,8 \cdot 10^{27}$
Zahl der Elektronen:	$\approx 2,3 \cdot 10^{28}$
Zahl der Nukleonen:	$\approx 4,2 \cdot 10^{28}$
Zahl der Zellen:	$\approx 5 \cdot 10^{13}$
Zahl der Nukleotiden*	$\approx 3 \cdot 10^9$/Chromosomensatz
Gene	≈ 25000**

Tab. 24.15.3: Elementare Zusammensetzung des Standardmenschen nach [ICRP 23]. Darüber hinaus befinden sich Spuren weiterer Elemente im menschlichen Körper (nach abnehmender Häufigkeit sind dies Ru, Sr, Br, Pb, Cu, Al, Cd, B, Ba, Sn, Mn, I, Ni, Au, Mo, Cr, Cs, Co, U, Be, Ra). Sie spielen wegen ihres geringen Massenanteils für dosimetrische Fragestellungen in der Regel keine Rolle. Die sonstigen Daten sind anhand der Massenanteile berechnet. *: Der von ICRP angegebene Wert war $2,3 \cdot 10^9$ Nukleotiden und gilt als überholt. **: Die Zahl der menschlichen Gene wird zur Zeit zwischen 22000 und 25000 geschätzt.

24.16 Elemente des Periodensystems

Actinium (Ac, 89)
Aluminium (Al, 13)
Americium (Am, 95)
Antimon (Sb, 51)
Argon (Ar, 18)
Arsen (As, 33)
Astat (At, 85)

Barium (Ba, 56)
Berkelium (Bk, 97)
Beryllium (Be, 4)
Blei (Pb, 82)
Bohrium (Bh, 107)
Bor (B, 5)
Brom (Br, 35)

Cadmium (Cd, 48)
Calcium (Ca, 20)
Californium (Cf, 98)
Cäsium (Cs, 55)
Cer (Ce, 58)
Chlor (Cl, 17)
Chrom (Cr, 24)
Copernicium (Cn, 112)
Curium (Cm, 96)

Darmstadtium (Ds, 110)
Dubnium (Db, 105)
Dysprosium (Dy, 66)

Einsteinium (Es, 99)
Eisen (Fe, 26)
Erbium (Er, 68)
Europium (Eu, 63)

Fermium (Fm, 100)
Flerovium (Fl, 114)
Fluor (F, 9)
Francium (Fr, 87)

Gadolinium (Gd, 64)
Gallium (Ga, 31)
Germanium (Ge, 32)
Gold (Au, 79)

Hafnium (Hf, 72)

Hassium (Hs, 108)
Helium (He, 2)
Holmium (Ho, 67)

Indium (In, 49)
Iridium (Ir, 77)

Jod (I, 53)

Kalium (K, 19)
Kobalt (Co, 27)
Kohlenstoff (C, 6)
Krypton (Kr, 36)
Kupfer (Cu, 29)

Lanthan (La, 57)
Lawrencium (Lr, 103)
Lithium (Li, 3)
Livermorium (Lv, 116)
Lutetium (Lu, 71)

Magnesium (Mg, 12)
Mangan (Mn, 25)
Meitnerium (Mt, 109)
Mendelevium (Md, 101)
Molybdän (Mo, 42)
Moscivium(Ms, 115)

Natrium (Na, 11)
Neodym (Nd, 60)
Neon (Ne, 10)
Neptunium (Np, 93)
Nickel (Ni, 28)
Nihinium(Nh,113)
Niob (Nb, 41)
Nobelium (No, 102)

Osmium (Os, 76)
Organesson (Or, 118)

Palladium (Pd, 46)
Phosphor (P, 15)
Platin (Pt, 78)
Plutonium (Pu, 94)
Polonium (Po, 84)
Praseodym (Pr, 59)
Promethium (Pm, 61)
Protactinium (Pa, 91)

Quecksilber (Hg, 80)

Radium (Ra, 88)
Radon (Rn, 86)
Rhenium (Re, 75)
Rhodium (Rh, 45)
Röntgenium (Rg, 111)
Rubidium (Rb, 37)
Ruthenium (Ru, 44)
Rutherfordium (Rf, 104)

Samarium (Sm, 62)
Sauerstoff (O, 8)
Scandium (Sc, 21)
Schwefel (S, 16)
Seaborgium (Sg, 106)
Selen (Se, 34)
Silber (Ag, 47)
Silicium (Si, 14)
Stickstoff (N, 7)
Strontium (Sr, 38)

Tantal (Ta, 73)
Technetium (Tc, 43)
Tellur (Te, 52)
Tennesine (Ts, 117)
Terbium (Tb, 65)
Thallium (Tl, 81)
Thorium (Th, 90)
Thulium (Tm, 69)
Titan (Ti, 22)

Uran (U, 92)

Vanadium (V, 23)

Wasserstoff (H, 1)
Wismut (Bi, 83)
Wolfram (W, 74)

Xenon (Xe, 54)

Ytterbium (Yb, 70)
Yttrium (Y, 39)

Zink (Zn, 30)
Zinn (Sn, 50)
Zirkonium (Zr, 40)

Tab. 24.16.1: Liste der Elemente sortiert nach Elementnamen (in Klammern: Symbol, Z)

Z	Symbol	A_{mittel}	ρ (g/cm^3)	Z	Symbol	A_{mittel}	ρ (g/cm^3)
1	H	1,0079	0,00009	31	Ga	69,723	5,91
2	He	4,0026	0,00018	32	Ge	72,64	5,32
3	Li	6,941	0,53	33	As	74,9216	5,72
4	Be	9,0122	1,85	34	Se	78,96	4,79
5	B	10,811	2,35	35	Br	79,904	0,00312
6	C	12,0107	2,2	36	Kr	83,798	0,0037
7	N	14,0067	0,00125	37	Rb	85,4678	1,53
8	O	15,9994	0,00143	38	Sr	87,62	2,6
9	F	18,9984	0,0017	39	Y	88,9059	4,47
10	Ne	20,1797	0,0009	40	Zr	91,224	6,49
11	Na	22,9898	0,97	41	Nb	92,906	8,57
12	Mg	24,3050	1,74	42	Mo	95,94	10,2
13	Al	26,9815	2,70	43	Tc	98	11,5
14	Si	28,0855	2,33	44	Ru	101,07	12,4
15	P	30,9738	1,82	45	Rh	102,9055	12,4
16	S	32,065	2,07	46	Pd	106,42	12,0
17	Cl	35,453	0,0032	47	Ag	107,8682	10,5
18	Ar	39,948	0,00178	48	Cd	112,441	8,65
19	K	39,0983	0,86	49	In	114,818	7,31
20	Ca	40,078	1,55	50	Sn	118,710	7,30
21	Sc	44,9559	3,0	51	Sb	121,760	6,69
22	Ti	47,867	4,54	52	Te	127,60	6,24
23	V	50,9415	6,1	53	I	126,9045	4,94
24	Cr	51,9961	7,19	54	Xe	131,293	0,00589
25	Mn	54,9380	7,43	55	Cs	132,9055	1,90
26	Fe	55,845	7,86	56	Ba	137,327	3,76
27	Co	58,9332	8,9	57	La	138,9055	6,17
28	Ni	58,6934	8,9	58	Ce	140,116	6,67
29	Cu	63,546	8,96	59	Pr	140,9077	6,77
30	Zn	65,409	7,13	60	Nd	144,24	7,00

Tab. 24.16.2/1: Liste der Elemente nach Ordnungszahl Z. A_{mittel}: mittlere Massenzahl der bekannten Isotope, ρ: Dichte in g/cm^3.

Z	Symbol	A_{mittel}	ρ (g/cm³)	Z	Symbol	A_{mittel}	ρ (g/cm³)/Bem.
61	Pm	145	7,22	91	Pa	231,0359	15,4
62	Sm	150,36	7,54	92	U	238,0289	19,07
63	Eu	151,964	5,26	93	Np	237	19,5
64	Gd	157,25	7,89	94	Pu	244	19,81
65	Tb	158,9253	8,27	95	Am	243	13,7
66	Dy	162,500	8,54	96	Cm	247	13,51
67	Ho	164,9303	8,80	97	Bk	247	-
68	Er	167,259	9,05	98	Cf	251	15,1
69	Tm	168,9342	9,33	99	Es	252	14,78
70	Yb	173,04	6,98	100	Fm	257	-
71	Lu	174,967	9,84	101	Md	258	-
72	Hf	178,49	13,31	102	No	259	-
73	Ta	180,9479	16,5	103	Lr	262	-
74	W	183,84	19,3	104	Rf	261	-
75	Re	186,207	21,0	105	Db	262	-
76	Os	190,23	22,6	106	Sg	266	-
77	Ir	192,217	22,7	107	Bh	264	-
78	Pt	195,078	21,4	108	Hs	269	-
79	Au	197	19,3	109	Mt	268	-
80	Hg	200,59	13,6	110	Ds	271	-
81	Tl	204,3833	11,85	111	Rg	272	-, Metall
82	Pb	207,2	11,35	112	Cn	277,285	-, Überg.Metall
83	Bi	208,9804	9,8	113	Nh	287	-, Metall
84	Po	209	9,3	114	Fl	289	-, Metall
85	At	210		115	Mc	287,288	-, Metall
86	Rn	222	0,00973	116	Lv	(289)	-, Metall
87	Fr	223	-	117	Ts	(291)	-, Halogen
88	Ra	226	5,0	118	Og	(293)**	-, Edelgas
89	Ac	227	10,1				
90	Th	232,0381	11,7				

Tab. 24.16.2/2: Liste der Elemente nach Ordnungszahl Z. A_{mittel}: mittlere Massenzahl der bekannten Isotope, ρ: Dichte in (g/cm³). Vorläufige Bezeichnungen, die nur die Sprechweise andeuten, Beispiel 111 = Un-Un-Un-ium (dritte Stelle: 2: bi, 3: tri, 4: quad, 5: pent, 6: hex, 7: sept, 8: oct). Das Element 111 wurde von den Forschern der GSI in Darmstadt entdeckt und wird seit 2004 als Röntgenium bezeichnet, 112 wurde ebenfalls durch die GSI erzeugt und wird seit 2010 Copernicium genannt (Kurzzeichen Cn). 113 Nihonium Nh, 115 Moscovium Ms, 117 Tennesine Ts, 118 Oganesson Og. Die Auflistung entspricht dem Stand vom Januar 2017.

24.17 Bindungsenergien von Valenzelektronen

1 / H 13,6							2 / He 24,59
3 / Li 5,39	4 / Be 9,32	5 / B 8,30	6 / C 11,26	7 / N 14,53	8 / O 13,62	9 / F 17,42	10 / Ne 21,56
11 / Na 5,14	12 / Mg 7,65	13 / Al 5,99	14 / Si 8,15	15 / P 10,49	16 / S 10,36	17 / Cl 12,97	18 / Ar 15,76
19 / K 4,34	20 / Ca 6,11	31 / Ga 6,00	32 / Ge 7,90	33 / As 9,79	34 / Se 9,75	35 / Br 11,81	36 / Kr 14,00
37 / Rb 4,18	38 / Sr 5,69	49 / In 5,79	50 / Sn 7,34	51 / Sb 8,61	52 / Te 9,01	53 / I 10,45	54 / Xe 12,13
55 / Cs 3,89	56 / Ba 5,21	81 / Tl 6,11	82 / Pb 7,42	83 / Bi 7,29	84 / Po 8,42	85 / At 9,5	86 / Rn 10,75
87 / Fr 4,07	88 / Ra 5,28						

Tab. 24.17: Ordnungszahlen, Elementsymbole und Bindungsenergien der Valenzelektronen einiger Elemente. In jeder Zelle findet sich die Information in der Anordnung (Z/Symbol/Bindungsenergie in eV). Die Daten sind der Periodentafel von [NIST] entnommen, die Elemente der Nebengruppen sind ausgelassen. Ihre Bindungsenergien liegen in der gleichen Größenordnung wie die der entsprechenden Hauptgruppenelemente.

24.18 Dosisleistungsfaktoren bei Hautkontamination mit Radionukliden

Hautdosisleistungsfaktoren bei Hautkontamination (μSv·cm^2/Bq·h)

Nuklid	$I_{c,\beta}$	$I_{c,\gamma}$	I_c	H_{TF}/H_{TP}
^{3}H	0,0	0,0	0,0	-
^{11}C	1,7	5,2-02	1,8	1,9
^{14}C	3,0-01	0,0	3,0-01	-
^{13}N	1,7	5,2-02	1,8	1,9
^{15}O	1,6	5,2-02	1,7	1,9
^{18}F	1,6	5,2-02	1,7	1,9
^{22}Na	1,4	8,9-02	1,5	2,5
^{32}P	1,6	0,0	1,6	-
^{40}K	1,4	5,1-03	1,4	3,5
^{51}Cr	2,9-04	1,4-02	1,4-02	1,1
^{59}Fe	1,1	4,1-02	1,1	3,3
^{57}Co	7,5-02	3,9-02	1,1-01	1,1
^{58}Co	2,5-01	4,8-02	3,0-01	1,9
^{60}Co	9,7-01	8,4-02	1,1	3,5
^{67}Ga	1,6	6,7-02	1,7	2,0
^{75}Se	9,2-02	4,2-02	1,3-01	1,3
^{81}Rb	1,1	4,7-02	1,1	2,3
^{89}Sr	1,6	3,2-06	1,6	2,7
^{90}Sr	1,4	0,0	1,4	-
^{90}Y	1,6	2,0-06	1,6	1,1
^{99}Mo	1,5	7,2-03	1,5	2,1
^{99}Tc	1,1	0,0	1,1	-
^{99m}Tc	2,3-01	9,0-03	2,4-01	1,7
^{103}Pd	0,0	9,3-03	9,3-03	1,2

Tabelle 24.18.1: Hautdosisleistungskoeffizienten I_c zur Berechnung der Hautdosen bei Kontamination mit (Gl. 13.32), nach [SSK43]. Darstellung in Exponentialschreibweise: 3,2-08 bedeutet 3,2x10^{-8}. Die Verhältnisse H_{TF}/H_{TP} sind die Dosiserhöhungsfaktoren bei einer Flächen- statt Punktkontamination mit Photonenstrahlern (s. Fig. 13.15).

Hautdosisleistungsfaktoren bei Hautkontaminationen ($\mu Sv \cdot cm^2/Bq \cdot h$)

Nuklid	$I_{c,\beta}$	$I_{c,\gamma}$	I_c	H_{TF}/H_{TP}
^{111}In	3,1-01	3,4-02	3,4-01	1,6
^{113m}In	6,2-01	1,7-02	6,4-01	1,7
^{113}Sn	1,5-03	8,6-03	1,0-02	1,2
^{123}I	3,3-01	1,6-02	3,5-01	1,5
^{125}I	0,0	1,6-02	1,6-02	1,2
^{131}I	1,4	2,2-02	1,4	1,8
^{132}I	1,6	9,2-02	1,7	2,4
^{132}Te	7,0-01	1,9-02	7,2-01	1,6
^{153}Sm	1,5	9,1-03	1,5	1,2
^{134}Cs	1,0	6,7-02	1,1	2,3
^{137}Cs	1,3	0,0	1,3	-
^{169}Er	9,8-01	4,8-05	9,8-01	1,0
^{169}Yb	9,4-01	3,9-02	9,8-01	1,2
^{186}Re	1,6	2,9-03	1,6	1,2
^{188}Re	1,8	3,9-03	1,8	1,6
^{192}Ir	1,5	4,7-02	1,5	1,8
^{195m}Au	5,8-01	2,3-02	6,0-01	1,3
^{198}Au	1,6	2,3-02	1,6	1,8
^{195}Hg	7,2-02	2,5-02	9,7-02	1,2
^{201}Tl	2,3-01	1,7-02	2,5-01	1,1
^{210}Po	1,8-07	3,4-07	5,2-07	2,5
^{226}Ra	3,9-02	6,2-04	4,0-04	1,5
^{232}Th	2,8-03	1,8-03	4,6-03	1,1
^{235}U	1,4-01	1,5-02	1,6-01	1,4
^{238}U	0,0	1,9-03	1,9-03	1,1
^{239}Pu	0,0	8,1-04	8,1-04	1,1

Tabelle 24.18.1: Hautdosisleistungskoeffizienten I_c zur Berechnung der Hautdosen bei Kontamination mit (Gl. 13.32) nach [SSK43]. Darstellung in Exponentialschreibweise: 3,2-08 bedeutet $3,2 \times 10^{-8}$. Die Verhältnisse H_{TF}/H_{TP} sind die Dosiserhöhungsfaktoren bei einer Flächen- statt Punktkontamination mit Photonenstrahlern (s. Fig. 13.15).

24.19 Dosisfaktoren bei Inkorporation von Radionukliden

Effektive Dosisfaktoren I_{eff} (Sv/Bq) bei Ingestion

Nuklid	<1	1-2	2-7	7-12	12-17	>17
			Altersgruppen (a)			
^{3}H*	6,4-11	4,8-11	3,1-11	2,3-11	1,8-11	1,8-11
^{11}C	2,6-10	1,5-10	7,3-11	4,3-11	3,0-11	2,4-11
^{14}C	1,4-09	1,6-09	9,9-10	8,0-10	5,7-10	5,8-10
^{18}F	5,2-10	3,0-10	1,5-10	9,1-11	6,2-11	4,9-11
^{22}Na	2,1-08	1,5-08	8,4-09	5,5-09	3,7-09	3,2-09
^{40}K	6,2-08	4,2-08	2,1-08	1,3-08	7,6-09	6,2-09
^{90}Sr	2,3-07	7,3-08	4,7-08	6,0-08	8,0-08	2,8-08
^{99}Mo	5,5-09	3,5-09	1,8-09	1,1-09	7,6-10	6,0-10
^{99}Tc	1,0-08	4,8-09	2,3-09	1,3-09	8,2-10	6,4-10
^{99m}Tc	2,0-10	1,3-10	7,2-11	4,3-11	2,8-11	2,2-11
^{125}I	5,2-08	5,7-08	4,1-08	3,1-08	2,2-08	1,5-08
^{131}I**	1,8-07	1,8-07	1,0-07	5,2-08	3,4-08	2,2-08
^{134}Cs	2,6-08	1,6-08	1,3-08	1,4-08	1,9-08	1,9-08
^{137}Cs	2,1-08	1,2-08	9,6-09	1,0-08	1,2-08	1,3-08
^{210}Po	2,6-05	8,8-06	4,4-06	2,6-06	1,6-06	1,2-06
^{226}Ra	4,7-06	9,6-07	6,2-07	8,0-07	1,5-06	2,8-07
^{232}Th	4,6-06	4,5-07	3,5-07	2,9-07	2,5-07	2,3-07
^{235}U	3,5-07	1,3-07	8,5-08	7,1-08	7,0-08	4,7-08
^{238}U	3,4-07	1,2-07	8,0-08	6,8-08	6,7-08	4,5-08
^{239}Pu	4,2-06	4,2-07	3,3-07	2,7-07	2,4-07	2,5-07

Tabelle 24.19.1: Dosiskoeffizienten zur Berechnung der Effektiven Dosen bei Ingestion von Radionukliden für verschiedene Altersgruppen (nach Daten aus ICRP 72, zu verwenden mit der StrlSchV von 2001), Darstellung in Exponentialschreibweise: 3,2-08 bedeutet $3,2 \times 10^{-8}$. *Wasser, **aerosolgebunden.

Organdosisfaktoren I_{org} (Sv/Bq) bei Ingestion

		Altersgruppen (a)					
Nuklid	**Organ**	**<1**	**1-2**	**2-7**	**7-12**	**12-17**	**>17**
^{11}C	Magen	2,1-09	1,1-09	5,7-10	3,3-10	2,3-10	1,8-10
^{18}F	Magen	3,1-09	1,7-09	8,8-10	5,2-10	3,7-10	2,9-10
^{40}K	Dickdarm	1,4-07	9,7-08	4,9-08	2,9-08	1,7-08	1,4-08
^{90}Sr	rot. KM	1,5-06	4,2-07	2,7-07	3,7-07	4,9-07	1,8-07
	KnOberfl.	2,3-06	7,3-07	6,3-07	1,0-06	1,8-06	4,1-07
^{99}Mo	Leber	2,4-08	1,6-08	8,3-08	5,5-09	3,5-09	2,8-09
^{125}I	SD	1,0-06	1,1-06	8,2-07	6,2-07	4,4-07	3,0-07
^{131}I	SD	3,7-06	3,6-06	2,1-06	1,0-06	6,8-07	4,3-07
^{210}Po	Leber	1,1-04	4,0-05	2,0-05	1,3-05	8,5-06	6,6-06
	Milz	2,2-04	7,6-05	4,1-05	2,5-05	1,6-05	1,1-05
	Nieren	1,8-04	6,2-05	3,4-05	2,3-05	1,6-05	1,3-05
^{226}Ra	rot. KnM	2,0-05	3,0-06	1,8-06	2,4-06	4,1-06	8,7-07
	KnOberfl.	1,6-04	2,9-05	2,3-05	3,9-05	9,4-05	1,2-05
^{232}Th	rot. KnM	1,5-05	1,4-06	9,5-07	6,8-07	5,5-07	4,7-07
	KnOberfl.	1,3-04	1,3-05	1,3-05	1,2-05	1,2-05	1,2-05
^{235}U	KnOberfl.	7,2-06	1,7-06	1,2-06	1,4-06	2,2-06	7,4-07
^{238}U	KnOberfl.	6,9-06	1,6-06	1,2-06	1,4-06	2,1-06	7,1-07
^{239}Pu	KnOberfl.	7,4-05	7,6-06	7,0-06	6,8-06	7,2-06	8,2-06
	Leber	2,8-05	2,7-06	2,5-06	2,0-06	1,7-06	1,7-06

Tabelle 24.19.2: Dosiskoeffizienten zur Berechnung von Organdosen bei Ingestion von Radionukliden für verschiedene Altersgruppen (nach Daten aus ICRP 72, zu verwenden mit der StrlSchV von 2001), Darstellung in Exponentialschreibweise: 3,2-08 bedeutet $3,2 \times 10^{-8}$. Hier nicht aufgeführte Radionuklide aus (Tab. 24.19.1) erzeugen in allen Organen eine weitgehend homogene Exposition.

Effektive Dosisfaktoren I_{eff} (Sv/Bq) bei Inhalation

Nuklid	Altersgruppen (a)					
	<1	1-2	2-7	7-12	12-17	>17
^{3}H*	2,6-11	2,0-11	1,1-11	8,2-12	5,9-12	6,2-12
^{11}C	1,0-10	7,0-11	3,2-11	2,1-11	1,3-11	1,1-11
^{14}C	6,1-10	6,7-10	3,6-10	2,9-10	1,9-10	2,0-10
^{18}F	2,6-10	1,9-10	9,1-11	5,6-11	3,4-11	2,8-11
^{22}Na	9,7-09	7,3-09	3,8-09	2,4-09	1,5-09	1,3-09
^{40}K	2,4-08	1,7-08	7,5-09	4,5-09	2,5-09	2,1-09
^{90}Sr	1,3-07	5,2-08	3,1-08	4,1-08	5,3-08	2,4-08
^{99}Mo	2,3-09	1,7-09	7,7-10	4,7-10	2,6-10	2,2-10
^{99}Tc	4,0-09	2,5-09	1,0-09	5,9-10	3,6-10	2,9-10
^{99m}Tc	1,2-10	8,7-11	4,1-11	2,4-11	1,5-11	1,2-11
^{125}I**	2,0-08	2,3-08	1,5-08	1,1-08	7,2-09	5,1-09
^{131}I**	7,2-08	7,2-08	3,7-08	1,9-08	1,1-08	7,4-09
^{134}Cs	1,1-08	7,3-09	5,2-09	5,3-09	6,3-09	6,6-09
^{137}Cs	8,8-09	5,4-09	3,6-09	3,7-09	4,4-09	4,6-09
^{210}Po	7,4-06	4,8-06	2,2-06	1,3-06	7,7-07	6,1-07
^{226}Ra	2,6-06	9,4-07	5,5-07	7,2-07	1,3-06	3,6-07
^{232}Th	2,3-04	2,2-04	1,6-04	1,3-04	1,2-04	1,1-04
^{235}U	2,0-06	1,3-06	8,5-07	7,5-07	7,7-07	5,2-07
^{238}U	1,9-06	1,3-06	8,2-07	7,3-07	7,4-07	5,0-07
^{239}Pu	2,1-04	2,0-04	1,5-04	1,2-04	1,1-04	1,2-04

Tabelle 24.19.3: Dosiskoeffizienten zur Berechnung der Effektiven Dosen bei Inhalation von Radionukliden für verschiedene Altersgruppen (nach Daten aus ICRP 72, zu verwenden mit der StrlSchV von 2001), Darstellung in Exponentialschreibweise: 3,2-08 bedeutet $3,2 \times 10^{-8}$. *Wasser, **aerosolgebunden. Die Koeffizienten hängen in ihrer Größe von der chemischen Bindung ab. Die Werte wurden für nicht spezifizierte Verbindungen entnommen (s. Erläuterungen in ICRP 72).

24.20 Halbwertzeiten wichtiger Radionuklide

Nuklid	$T_{1/2}$ (KaN)	$T_{1/2}$ (DDEP)	Nuklid	$T_{1/2}$ (KaN)	$T_{1/2}$ (DDEP)
^{3}H	12,323a	12,312(25)a	^{123}I	13,2h	13,2234(37)h
^{11}C	20,38min	20,370(29)min	^{125}I	59,41d	59,388(28)d
^{14}C	5730a	5700(3)a	^{131}I	8,02d	8,0233(19)d
^{13}N	9,96min	9,9670(37) min	^{132}I	2,30h	2,295(13)h
^{15}O	2,03min	2,041(6)min	^{132}Te	76,3h	3,230(13)d
^{18}F	109,7min	1,8288(3)h	^{134}Cs	2,06a	-
^{22}Na	2,603a	2,6029(8)a	^{137}Cs	30,08a	30,05(8)a
^{32}P	14,26d	14,284(36)d	^{153}Sm	46,27h	1,92855(5)d
^{40}K	1,248+09a	1,2504(30)+09a	^{169}Er	9,40d	-
^{51}Cr	27,70d	27,703(3)d	^{169}Yb	32,0d	32,018(5)d
^{59}Fe	44,503d	44,495(8)d	^{186}Re	89,25h	3,7186(17)d
^{57}Co	271,79d	271,80(5)d	^{192}Ir	73,83d	73,827(13)d
^{58}Co	70,86d	70,83(10)d	^{195}Au	186,1d	-
^{60}Co	5,272a	5,2711(8)a	^{195m}Au	30,5s	-
^{67}Ga	78,3h	3,2613(5)d	^{198}Au	2,6943d	2,6944(8)d
^{75}Se	119,64d	119,781(24)d	^{195}Hg	40h	-
^{81}Rb	4,58h	-	^{201}Tl	73,1h	3,0421(17)d
^{89}Sr	50,5d	50,57(3)d	^{210}Po	138,38d	138,3763(17)d
^{90}Sr	28,64	28,80(7)a	^{228}Ra	5,75a	5,75(3)a
^{90}Y	64,1h	2,6684(13)d	^{222}Rn	3,825d	3,8232(8)d
^{99}Mo	66,0h	2,7479(6)d	^{226}Ra	1600a	1600(7)a
^{99}Tc	2,1+05a	211,5(11)+03a	^{231}Th	25,5h	25,52(1)h
^{99m}Tc	6,0h	6,0067(10)h	^{232}Th	1,405+10a	14,02(6)+09a
^{103}Pd	16,96d	-	^{234}Th	24,10h	24,10(3)d
^{111}In	2,81d	2,8049(4)d	^{235}U	7,038+08a	704(1)+06a
^{113m}In	99,49min	1,6579(38)h	^{238}U	4,468+08a	4,468(5)+09a
^{113}Sn	115,1d	115,09(3)d	^{239}Pu	2,411+04a	24100(11)a

Tabelle 24.20: Halbwertzeiten aus der Karlsruher Nuklidkarte (KaN) und aus der DDEP-Datenbank. 2,1+05 bedeutet $2,1 \times 10^5$, in Klammern die Unsicherheiten der letzten Stellen.

25 Literatur

25.1 Lehrbücher und Monografien

Alberts	Bruce Alberts, Dennis Bray, Julian Lewis, Martin Raff, Keith Roberts, James D. Watson, Molekularbiologie der Zelle, 3. Auflage VCH Weinheim (1995), neue 5. Ausgabe 2011
Alberts/K	B. Alberts, D. Bray, A. Johnson, J. Lewis, M. Raff, K. Roberts, P. Walter, Lehrbuch der molekularen Zellbiologie ("Der kleine Alberts"), Wiley VCH 1999
Attix	Frank Herbert Attix, Introduction to Radiological Physics and Radiation Dosimetry, Wiley (1986, 2004)
Attix/Roesch/Tochilin	F. H. Attix, W. C. Roesch, E. Tochilin, Radiation Dosimetry Vol. I-IV, Academic Press New York (1968)
Baverstock 1988	K. F. Baverstock, D. E. Charlton, DNA Damage by Auger Emitters, Taylor + Francis London (1988)
Beier/Baltas	K. Beier, D. Baltas, Modelling in Clinical Radiobiology, Freiburg Oncology Series Monograph Nr. 2, Freiburg (1997)
Bethe/Morrison	Hans A. Bethe, Philip Morrison, Elementary Nuclear Theory, New York (1953)
Bethge	Klaus Bethge, Gertrud Walter, Bernhard Wiedemann, Kernphysik, Springer (2007)
Bielka/Börner	H. Bielka, Thomas Börner, Molekulare Biologie der Zelle, G. Fischer, Stuttgart (1995)
Brock	M. T. Madigan, J. M. Martinko, Brock Mikrobiologie, Pearson Education Deutschland GmbH (2009), ISBN 978-3-8273-7358-8
BuzugE	Thorsten, M. Buzug, Einführung in die Computertomographie, Springer (2005)
Buzug	Computed Tomography , from Photon Statistics to Modern Cone-Beam CT, Springer (2008)
Demtröder	Wolfgang Demtröder, Experimentalphysik 4, Kern-, Teilchen- und Kernphysik, 5. Auflage, Springer (2017)

© Der/die Herausgeber bzw. der/die Autor(en), exklusiv lizenziert an Springer-Verlag GmbH, DE, ein Teil von Springer Nature 2023
H. Krieger, *Grundlagen der Strahlungsphysik und des Strahlenschutzes*,
https://doi.org/10.1007/978-3-662-67610-3

Erdtmann-Soyka	Gerhard Erdtmann, Werner Soyka, The Gamma Rays of the Radionuclides, New York (1979)
Feynman	Richard P. Feynman, Lectures on Physics, Vol. III, Quantum Mechanics, London (1965)
Finkelnburg	W. Finkelnburg, Einführung in die Atomphysik, Springer Berlin (1967)
Fließbach	T. Fließbach, Die relativistische Masse, Springer (2018) T. Fließbach, Allgemeine Relativitätstheorie, Springer (2016)
Fritz-Niggli	Hedi Fritz-Niggli, Strahlengefährdung/Strahlenschutz, Huber Bern (1997)
Fowler 1981	J. F. Fowler, Nuclear Particles in Cancer Treatment, in Medical Physics Handbook 8, Adam Holger Bristol (1981)
Goiania	The Radiological Accident in Goiania, IAEA Wien (1988)
Greening 1981	J. R. Greening, Fundamentals of Radiation Dosimetry, in Medical Physics Handbook 6, Adam Hilger Bristol (1981)
Greening 1985	J. R. Greening, Fundamentals of Radiation Dosimetry, Medical Physics Handbook 15, Adam Hilger Bristol (1985), 2. Edition
Gruner Radioaktivität	Paul Gruner, Kurzes Lehrbuch der Radioaktivität, Bern (1911)
Grupen	Claus Grupen, Grundkurs Strahlenschutz, 4. Auflage Springer Heidelberg Berlin (2008)
Günther	Helmut Günther, Spezielle Relativitätstheorie, Teubner (2007) Helmut Günther, Starthilfe Relativitätstheorie, Vieweg-Teubner (2010)
Hall 2000	Eric J. Hall, Radiobiology for the Radiologist, 5. Auflage, Lippincot, Williams, Wilkins (2000)
Haken-Wolf	Hermann Haken, Hans Christoph Wolf, Atom- und Quantenphysik, Springer (2004)
Heitler 1954	The Quantumtheory of Radiation, Oxford (1954)
Herrmann	Thomas Herrmann, Michael Baumann, Klinische Strahlenbiologie, Gustav Fischer Jena (1997)
Hertz	G. Hertz, Physik der Atomkerne I-III, Teubner Leipzig (1960)
Hug	O. Hug, Medizinische Strahlenkunde, Springer Berlin (1974)

Jaeger/Hübner	R. G. Jaeger, H. Hübner, Dosimetrie und Strahlenschutz, Georg Thieme Stuttgart (1974)
Johns-Cunningham	Harald Elford Johns, John Robert Cunningham, The Physics of Radiology, Charles Thomas (1983)
Kalender	Willi A. Kalender, Computertomographie, Wiley-VCH München (2000), Computed Tomography 3. Edition (2011)
Kiefer/Koelzer	Hans Kiefer, Winfried Koelzer, Strahlen und Strahlenschutz, Springer Berlin (1992)
Knoll	Glenn F. Knoll, Radiation Detection and Measurement, Wiley New York (1999), Taschenbuch-Ausgabe (2012).
Koecke	H. U. Koecke, Allgemeine Biologie für Mediziner und Biologen, Schattauer Stuttgart (1977, 1982)
Kohlrausch	F. Kohlrausch, Praktische Physik, Bd. I-III, B. G. Teubner Stuttgart (1985)
Körbler	J. Körbler, Strahlen - Heilmittel und Gefahr, Eine Geschichte der Strahlen in der Medizin, Ranner Wien (1977)
Krebs	Adolf Krebs, Strahlenbiologie, Springer Berlin (1968)
Krieger/Petzold Bd1	H. Krieger, W. Petzold, Strahlenphysik, Dosimetrie und Strahlenschutz, Bd. 1, Grundlagen, B. G. Teubner Stuttgart (1992), 3. Auflage, https://www.springer.com/de/book/9783322941299
Krieger Bd1	H. Krieger, Strahlenphysik, Dosimetrie und Strahlenschutz, Bd. 1, Grundlagen, B. G. Teubner Wiesbaden (2002), 5. Auflage https://www.springer.com/de/book/9783663115342
Krieger Bd2	H. Krieger, Strahlenphysik, Dosimetrie und Strahlenschutz, Bd. 2, Strahlungsquellen, Detektoren und klinische Dosimetrie, B. G. Teubner Wiesbaden (2001), 3. Auflage
Krieger2	H. Krieger, Strahlungsquellen für Physik, Technik und Medizin, Springer Wiesbaden (2022), 4. Auflage , https://link.springer.com/book/10.1007/978-3-662-66746-0
Krieger3	H. Krieger, Strahlungsmessung und Dosimetrie, Springer (2021), 3. Auflage, https://link.springer.com/book/10.1007/978-3-658-33389-8
Laskowski 1981	W. Laskowski, Biologische Strahlenschäden und ihre Reparatur, de Gruyter Berlin (1981)

Lederer	C. M. Lederer, V. S. Shirley, Tables of Isotopes, 7.th Edition, New York (1986)
Leroy/Rancoita	Claude Leroy, Pier-Giorgio Rancoita, Principles of Radiation Interaction in Matter and Detection, World Scientific (2009)
Libby 1955	William Frank Libby, Radiocarbon dating, Chicago (1952, 1955), Übersetzte und überarbeitete deutsche Ausgabe: Altersbestimmung mit der C^{14}-Methode, Bibliogr. Institut Bd. 403/403a (1969)
Lindner/Kneschaurek	H. Lindner, P. Kneschaurek, Radioonkologie, Schattauer Stuttgart (1996)
Lohrmann	E. Lohrmann, Einführung in die Elementarteilchenphysik, B. G. Teubner Stuttgart (1990)
Mahesh	Mahadevappa Mahesh, MDCT Physics, Wolters Kluwer (Lippincott (2009)
Mayer-Kuckuk/K	T. Mayer-Kuckuk, Kernphysik, B. G. Teubner Wiesbaden (2002)
Mayer-Kuckuk/A	T. Mayer-Kuckuk, Atomphysik, B. G. Teubner Stuttgart (1997)
Messiah	Albert Messiah, Quantum Mechanics, Vol 1 + 2, North Holland Publishing, Edition 1972, heute als Paperback bei Dover Books
Mould	R. F. Mould, A Century of X-Rays and Radioactivity in Medicine, Institute of Physics (IOP) Bristol (1995)
Nachtigall	D. Nachtigall, Physikalische Grundlagen für Dosimetrie und Strahlenschutz, Thiemig München (1971)
Nagel	H. D. Nagel, Strahlenexposition in der Computertomographie, ZVEI 1999
Neuert	Hugo Neuert, Kernphysikalische Messverfahren, Braun Karlsruhe (1965)
Oppelt	Arnulf Oppelt (Editor), Imaging Systems for Medical Diagnostics, Siemens (2005)
Passarge	Eberhard Passarge, Elemente der klinischen Genetik, G. Fischer Stuttgart (1979)
Passarge II	Eberhard Passarge, Color Atlas of Genetics, Thieme Stuttgart (2001)

Povh	Bogdan Povh, Klaus Rith, Christoph Scholz, Frank Zetsche, Teilchen und Kerne, Springer (1996)
Pschyrembel/S	Pschyrembel, Wörterbuch Radioaktivität, Strahlenwirkung, Strahlenschutz, 2. Aufl. de Gruyter Berlin (1987)
Pschyrembel/K	Pschyrembel, Klinisches Wörterbuch, 266. Auflage, de Gruyter Berlin (2015)
Raju	M. R. Raju, Heavy Particle Radiotherapy, Academic Press, New York (1980)
Reich 1990	Herbert Reich (Hrsg.), Dosimetrie Ionisierender Strahlung, B. G. Teubner Stuttgart (1990)
Rutherford Kernstruktur	Ernest Rutherford, Über die Kernstruktur der Atome, Baker Vorlesung Leipzig 1921
Rutherford Radioakt.	Ernest Rutherford, Radioaktive Umwandlungen, Braunschweig (1907)
Sauer	Rolf Sauer, Strahlentherapie und Onkologie, 5. Auflage, Urban-Fischer München (2010)
Sauter	Eugen Sauter, Grundlagen des Strahlenschutzes, Thiemig München (1983)
Schiff	Leonard L. Schiff, Quantum Mechanics, Stanford (1968)
Schreiber	H. Schreiber, Unterlagen zur Neutronenbiologie des menschlichen Körpers, Schattauer Stuttgart (1965)
Sommerfeld 1919	Arnold Sommerfeld, Atombau und Spektrallinien, Erstausgabe Sept. 1919, Frankfurt (1978)
Sommerfeld 1942	Arnold Sommerfeld, Vorlesungen über theoretische Physik, 6 Bände, Erstausgabe Sept. 1942
Stamm	G. Stamm, H. D. Nagel, CT-Expo V 1.0, kommerzielles PC-Programm zur Berechnung der Strahlenexposition in der Computertomografie (2001)
Steel	G. Gordon Steel (Editor), Basic Clinical Radiobiology, Arnold London (1993)
Stolz	W. Stolz, Radioaktivität, Teubner Wiesbaden (2005)
Tokaimura	Report on the preliminary fact finding mission following the accident at the nuclear fuel processing facility in Tokaimura, Japan, International Atomic Energy Agency Vienna (1999)

Tubiana	M. Tubiana, J. Dutreix, A. Wambersie, Introduction to Radiobiology, Taylor + Francis, London (1990)
Vogel	Susanne Frühling, Hermann Vogel, Die Röntgenpioniere Hamburgs, Ecomed (1995)
Vogt-Vahlbruch	Hans-Gerrit Vogt, Jan-Willem Vahlbruch, Grundzüge des praktischen Strahlenschutzes, Hanser (2019)
Wachsmann	F. Wachsmann, G. Drexler, Graphs and Tables for Use in Radiology, Springer Berlin (1976)
Wapstra58	A. H. Wapstra, Handbuch der Physik Bd. 38 (1958)
Watson Molekularbiologie	James D. Watson, Tania Baker, Stephen Bell, Alexander Gann, Michael Levine, Richard Losick, Molekularbiologie 6. Auflage, München (2011),
Whyte 1959	G. N. Whyte, Principles of Radiation Dosimetry, Wiley New York (1959)
Witte 1978	Wolfgang Witte, Gen-Mutationen und DNS-Reparatur, Die Neue Brehm-Bücherei, Ziemsen Verlag Wittenberg-Lutherstadt (1978)
Xu/Eckermann	Xie George Xu, Keith F. Eckermann (Herausgeber), Handbook of Anatomical Models for Radiation Dosimetry, New York (2009)

25.2 Wissenschaftliche Einzelarbeiten

Auger 1925	Pierre Auger, Sur les rayons secondaires produits dans un gaz par de rayons X, Comptes Rendus Janvier - Juin, 65-68 (1925)
	Pierre Auger, Sur l'effet photoélectrique composé, Journal de Physique 6, 205-208, (1925)
Attix 1976	F. H. Attix, R. B. Theus, G. E. Miller, Attenuation measurements of a fast-neutron radiotherapy beam, Phys. Med. Biol. 21, 530 (1976)
Auxier	J. A. Auxier, S. Snyder, T. D. Jones, Neutron Interactions and Penetration in Tissue, in Attix, Roesch, Tochilin, Radiation Dosimetry Vol. I (1968)
Bambynek 1972	W. Bambynek, K-Shell Fluorescence Yields, Intern. Conference on Inner Shell Ionization Phenomena, Atlanta (1972)
Barendsen 1968	G. W. Barendsen, Responses of cultured cells, tumours and normal tissues to radiations of different linear energy transfer,

Current topics in radiation research, Vol. 4, 293-356 (Ebert and Howard, eds.), Amsterdam

Barth/Rimpler 2005	Ilona Barth, Arndt Rimpler, BfS, Vortrag anläßlich einer TÜV-Tagung Dez. 2005 in Stuttgart Ilona Barth, Arndt Rimpler, BfS, Vortrag anläßlich eines Expertentreffens Bad Aibling (2006).
Barth/Rimpler BSF	Ilona Barth, Arndt Rimpler, BFS, Empfehlungen zum Strahlenschutz bei der Radiosynoviorthese (2006)
Becker 2003	P. Becker, H. Bettin, H-U. Danzebrink, M. Gläser, U. Kuetgens, A. Nicolaus, D. Schiel, P. de Brièvre, S. Valkiers, P. Taylor, Determination of the Avogadro Constant via the Silicon Route, Metrologia 40, 271-287 (2003)
Becquerel 1896	Henri Becquerel, On the Invisible Radiations Emitted by Phosphorescent Substance, Comptes Rendus 122 , 501-503 (1896) Henri Becquerel, On the Invisible Radiations Emitted by the Salts of Uranium, Comptes Rendus 122, 559-564 (1896) Henri Becquerel, Emission of New Radiations by Metallic Uranium, Comptes Rendus 122 , 1086-1089 (1896)
Berger/Seltzer 1964	M. J. Berger, S. M. Seltzer, Tables of energy losses and ranges of electrons and positrons, in NAS-NRC Publication 1133 und in Nasa Publication SP-3012 (1964)
Berger/Seltzer 1966	M. J. Berger, S. M. Seltzer, Additional stopping power and range tables for protons, mesons and electrons, in Nasa SP 3036 (1966)
Berger/Seltzer 1982	M. J. Berger, S. M. Seltzer, Stopping power and ranges of electrons and positrons, NBSIR 82-2520 National Bureau of Standards Washington D. C. (1982)
Bergonie/Tribondeau	J. Bergonie, L. Tribondeau, Interpretation of some results of radiotherapy and an attempt at determing a logical technique of treatment, Rd. Research 11 587 (1959). Englische Übersetzung des Originaltextes aus Compt. Rend. Acad. Sci. 143 983 (1906) "Interpretation de quelques resultats de la radiotherapie et essai de fixation d´une technique rationelle."
Bichsel	H. Bichsel, Charged-Particle Interactions, in Attix/Roesch /Tochilin, Radiation Dosimetry Vol. I (1968)
Bernhardt SSK30	J. H. Bernhardt, B. Bauer, Strahlenschutz des Patienten: Konzepte, Regelungen, in Strahlenexposition in der medizinischen Diagnostik, Klausurtagung der Strahlenschutzkommission 18./19. Oktober 1993, Stuttgart (1995)

Bernhardt2 SSK30	J. H. Bernhardt, R. Veith, B. Bauer, Erhebungen zur Effektiven Dosis und zur Kollektivdosis bei der Röntgendiagnostik in den alten Bundesländern, in Strahlenexposition in der medizinischen Diagnostik Klausurtagung der Strahlenschutzkommission 18./19. Oktober 1993, Stuttgart (1995)
Bethe 1930	H. Bethe, Zur Theorie des Durchgangs schneller Korpuskularstrahlen durch Materie, Ann. d. Physik 5, 325 (1930)
Bethe 1932	H. Bethe, Bremsformel für Elektronen relativistischer Geschwindigkeit, Phys. 76, 293 (1932)
BFS 1995	Michael Thieme, Ralph Gödde, Annemarie Schmitt-Hannig, Bundesamt für Strahlenschutz, Strahlenschutzforschung – Programmreport 1995, BfS-ISH-173/96
BFS LL 2003	Bekanntmachung des Bundesamtes für Strahlenschutz der diagnostischen Referenzwerte für radiologische und nuklearmed. Untersuchungen unter der URL http://www.bfs.de (2003)
BFS LL 2012	Bekanntmachung der aktualisierten diagnostischen Referenzwerte für nuklearmedizinische Untersuchungen, Bundesanzeiger AT 19.10. 2012
BFS 2003	Mitteilung des Bundesamtes für Strahlenschutz zur natürlichen Umgebungsstrahlung in Deutschland (2003)
BFS JB 2007	Gesamtjahresbericht 2007 des Bundesministeriums für Umwelt, Naturschutz und Reaktorsicherheit (BMU), herausgegeben durch das BFS (2008), (URL http://www.bfs.de)
BFS Parlaments- bericht 2013	Parlamentsbericht des Jahres 2013 des Bundesministeriums für Umwelt, Naturschutz und Reaktorsicherheit (BMU), herausgegeben durch das BFS (2015), (URL http://www.bfs.de)
BFS JB 2009	Jahresbericht des BFS zur Umweltradioaktivität (2009)
BFS 2021	Bekanntmachung der aktualisierten diagnostischen Referenzwerte für nuklearmedizinische Untersuchungen im Bundesanzeiger BAnz AT 06.07.2021) www.bfs.de/diagnostische-referenzwerte
BFS 2022	Bekanntmachung der aktualisierten diagnostischen Referenzwerte für diagnostische und interventionelle Röntgenanwendungen vom 17. November 2022, www.bfs.de/diagnostische-referenzwerte
BMI 1979	Der Bundesminister des Inneren, Bonn, Die Strahlenexposition von außen in der Bundesrepublik Deutschland durch natürliche radioaktive Stoffe im Freien und in Wohnungen.
BMU-2005-659	Bundesministerium für Umwelt, Naturschutz und Reaktorsi-

cherheit, Biologische Wirksamkeit von Auger-Elektronen emittierenden Radionukliden, Schriftenreihe Reaktorsicherheit und Strahlenschutz 659 (2005)

BMU-2008-712   Bundesministerium für Umwelt, Naturschutz und Reaktorsicherheit, Untersuchungen der Auger-Emitter abhängigen biologischen Wirksamkeit zur Ermittlung des Strahlungswichtungsfaktors für Auger-Elektronen, Schriftenreihe Reaktorsicherheit und Strahlenschutz 712 (2008)

Bohr 1913   Niels Bohr, On the Constitution of Atoms and Molecules, Part 1+2, Philos. Mag. 26, 1 (1913) und Philos. Mag. 26, 476 (1913)

Bonani 1994   Georges Bonani et al., AMS ^{14}C age determinations of tissue, bone and grass samples from the Ötztal ice man, Radiocarbon, Vol. 36, No. 2, 247-250, (1994)

Caldwell 1965   J. T. Caldwell, R. L. Bramblett, B. L. Berman, R. R. Harvey, S. C. Fultz, Cross Sections for the Ground- and Excited-State Neutron Groups in the Reaction $O^{16}(\gamma,n)O^{15}$, Phys. Rev. Letters 15, 976ff (1965)

Chadwick 1914   J. Chadwick, Intensitätsverteilung im magnetischen Spektrum der β-Strahlen von Radium B + C / The Intensity Distribution in Magnetic Spectrum of β-Rays of Radium B + C Verhandl. Dtsch. phys. Ges. 16 (1914) 383

Chadwick 1921   J. Chadwick, Bieler, E.S.; Collisions of α Particles with Hydrogen Nuclei, Phil. Mag. 42, 923 (1921)

Chadwick 1932   J. Chadwick, The Existence of a Neutron, PRSL A136, 692 (1932)

Chambers 1986   I. Chambers, J. Frampton, P. Goldfarb, N. Affara, W. McBain, P. R. Harrison, Embo J. 5, 1221 (1986)

Chih-An Huh   Chih-An Huh, Dependence of the decay rate of ^{7}Be on chemical
1999   forms, Earth and Planetary Science Letters 171, 325 (1999)

Compton 1923   Arthur H. Compton, A Quantum Theory of the Scattering of X-Rays by light Elements, Physical Review 21, No. 5, 483 (1923)

Compton 1923-1   A. H. Compton, The Spectrum of Scattered X-Rays, Phys. Rev. 22 No. 5 (1923), 409

Coster-Kronig   D. Coster, R. de L. Kronig, New type of auger effect and its influence on the x-ray spectrum, Physica 2, issues 1-12, 13-24 (1935)

Cross 1992   Cross W.G., Freedmann N.O., Wong P.Y. Beta Ray Dose Distributions from Skin Contamination, Rad. Prot. Dosimetry 40,

149-168 (1992)

Curie	M. Slodowska Curie, Sur une substance nouvelle radio-active, contenue dans la pechblende, Compt. Rend. 126 ,1101 (1898) Doktorarbeit von 1903: Recherches sur les substances radioactives, Theses Paris (1903)
Damon 1988	P. E. Damon et al., Radiocarbon Dating of the Shroud of Turin, Nature 337 (1988)
De Broglie 1925	Louis de Broglie, Recherches sur la theorie des quanta, Dissertation in: Annales de Physique 10, 22- 109, Janvier-Février (1925)
Doll 1997	R. Doll, R. Wakeford, Risk of childhood cancer from fetal irradiation, Brit. Journal Rad. 70 (1997) 130-139
Drexler	G. Drexler, W. Panzer, F.-E. Stieve, L. Widenmann, M. Zankl, Die Bestimmung von Organdosen in der Röntgendiagnostik, Hoffmann Berlin (1993)
Dubna 2004	Yuri Oganessian, J. B. Patin et al., Experiments on the Synthesis of Element 115 in the Reaction ^{243}Am(^{48}Ca,xn)$^{291-x}$115, Phys. Rev. C Vol. 69, Artikel 021601 R (2004)
Eder EU 2009	H. Eder, H. Schlattl, X-ray protective clothing: does DIN 6857-1 allow an objective comparison between lead free and lead-composite materials?, Mitteilung an EU (2009), priv. Mitteilung
Eder 2008	H. Eder, Bleiersatz oft nicht gleichwertig. Deutsches Ärzteblatt 105 A2202 (2008)
Eidelman	S. Eidelman et al., Review of Particle Physics, Phys. Lett. B 592 (2004)
Einstein 1905	Albert Einstein, Über einen die Erzeugung und Verwandlung des Lichtes betreffenden heuristischen Gesichtspunkt, Annalen der Physik 322, Nr. 6 132 – 148 (1905)
Ellis	F. Ellis, Dose, Time and Fractionation, A clinical Hypothesis, Clin. Radiol. 20, 1 (1969)
Ellis-Wooster 1927	Ellis C. D., Wooster, W. A. The average energy of disintegration of Radium E, Proc. Roy. Soc. 117, 109-123 (1927)
Evans 1955	R. D. Evans, The Atomic Nucleus (1955)
Evans 1958	R. D. Evans, X-ray and γ-ray interactions, in S. Flügge, Handbuch der Physik Bd. XXXIV Berlin (1958)
Evans 1968	R. D. Evans, X-ray and γ-ray interactions, in Attix/Roesch/Tochilin, Radiation Dosimetry Vol. I (1968)

Faila/Henshaw	G. Faila, P. Henshaw, The relative biological effectiveness of x-rays and gamma rays. Radiology 17, 1-43 (1931)
Fermi 1934	E. Fermi, Versuch einer Theorie der Betastrahlen, Z Physik 88 (1934) 161, Zeitschrift für Physik Bd. 88, 1934, S. 161.
Fermi 1940	E. Fermi, The ionisation loss of electrons in gases and condensed materials, Phys. Rev. 57, 485 (1940)
Fill 2004	U. A. Fill, M. Zankl, N. Petoussi-Henss, M. Siebert, D. Regulla, Adult female models of different stature and photon conversion coefficients for radiation protection. Health Physics 86(3), 253-272 (2004)
Fowler 1965	P. H. Fowler, Proc. Phys. Soc. 85, 1051-1066 (1965)
Galanski 2001	M. Galanski, H. D. Nagel, G. Stamm, CT-Expositionspraxis in der Bundesrepublik Deutschland, Fortschritte Röntgenstr. 173 (2001)
Gamow 1928	G. Gamow, Quantum Theory of the Atomic Nucleus, ZP, 51, 204 (1928)
Geiger 1913	H. Geiger, E. Marsden, The Laws of Deflexion of Alpha Particles through Large Angels, Phil. Mag. 25 (1913) 604
Gell-Mann	Murray Gell-Mann, A schematic model of baryons and mesons, Phys. Letters B, Band 8, 214 (1964)
Gottschalk	B. Gottschalk, A. M. Koehler, R. J. Schneider, J. M. Sisterson, M. S. Wagner, 'Multiple Coulomb scattering of 160 MeV protons, Nucl. Instr. Meth. B74 (1993) 467-490
Groom 2000	Groom et al. (Particle Data Group), Eur. Phys. Jour. C15, 1 (2000), http://pdg.lbl.gov
Hager-Seltzer	Hager-Seltzer, Internal Conversion Tables Part I, K-, L-, M-shell conversion coefficients, Nuclear Data A4 (1968)
Hagiwara 2002	K. Hagiwara et. al., The Review of Particle Physics, Physical Review D66 010001 (2002)
Hao 2002	B. Hao, W. Gong, T. K. Ferguson, C. M. James, J. A. Krzycki, M. K. Chan, A new UAG-encoded residue in the structure of a methanogen methyltransferase, Science 296, 1462-1466 (2002)
Harder 1965	D. Harder, Energiespektren schneller Elektronen in verschiedenen Tiefen, Symposium in High Energy Electrons, Herausgeber Zuppinger und Poretti, Berlin (1965)
Harder 1966	Harder, D., Spectra of primary and secondary electrons in material irradiated by fast electrons, in Biophysical Aspects of Radiation Quality, IAEA Technical Report Ser. No. 58, Vienna

(1966)

Harder 2002   D. Harder, D. Regulla, E. Schmid, D. Frankenberg, G. Dietze,
                     Bedeutung der "Relativen Biologischen Wirksamkeit" für den
                     Strahlenschutz, Strahlenschutz in Forschung und Praxis, Band
                     44, 123-139 (2002)

Heinzelmann   F. Rohloff, M. Heinzelmann, Dose Rate by Photon Radiation to
1996-1   the Basal Layer of the Epidermis in the Case of Skin Contami-
                     nation, Rad. Prot. Dosimetry Vol. 63, 1, 15-28 (1996)

Heinzelmann   F. Rohloff, M. Heinzelmann, Hautkontamination durch Alpha-
1996-2   strahler, Neuberechnung der Hautdosis, Strahlenschutzpraxis 2,
                     Heft 1 43-45 (1996)

Howard/Pelc   A. Howard, S. R. Pelc, Synthesis of Desoxyribonucleic Acid in
                     Normal and Irradiated Cells and its Relation to Chromosome
                     Breakage, Heredity 6 Suppl. 261 (1953)

Hubbell 1982   J. H. Hubbell, Photon Mass Attenuation and Energy-absorption-
                     coefficients from 1 keV to 20 MeV, Int. J. Appl. Radiat. Isot.
                     33: 1269-1290 (1982)

Hubbell 1989   John H. Hubbell, Bibliography and current status of K, L and
                     higher shell fluorescence yields for computations of photon
                     energy-absorption coefficients, NISTIR 89-4144 (1989)

Hubbell 1996   J. H. Hubbell, S. M. Seltzer, Tables of X-Ray Mass Attenuation
                     Coefficients and Mass Energy-Absorption Coefficients 1 keV to
                     20 MeV for Elements Z = 1 to 92 and 48 Additional Substances
                     of Dosimetric Interest, NISTIR 5632-Web Version 1.02, Inter-
                     net-Webadresse: http://www.nist.gov/pml/data/ Xrayco-
                     ef/index.cfm (1996)

Jackson 1970   K. P. Jackson, C.U. Cardinal, H.C. Evans, N.A. Jelley, J.Cerny,
                     $^{53}Co^m$: A proton-unstable isomer, Phys. Lett. 33B, 281 (1970)

Jacobi   W. Jacobi, Die neuen Empfehlungen der ICRP, Aktuelle Fragen
                     im Strahlenschutz, Symposium TÜV Bayern (1990)

Jung   H. Jung, Die Risiken der Röntgendiagnostik, Röntgenstrahlen
                     66, S. 46-53 (1991)

Karin 2019   An improved upper limit on the neutrino mass from a direct
                     kinematic method by KATRIN, arXiv:1909.06048v1 [hep-ex]
                     13 Sep 2019

Klein/Nishina   Oskar Klein, Yoshio Nishina, Über die Streuung von Strahlung
                     durch freie Elektronen nach der neuen relativistischen Quanten-
                     mechanik nach Dirac, Zeitschrift f. Physik 52, 853–868 (1929)

Kneißl 1975   U. Kneißl, E. A. Koop, K. H. Leister, A. Weller, Nucl. Instr. Methods 127, 1 (1975)

Koch/Motz 1959   H. W. Koch, J. W. Motz, Bremsstrahlung Cross Section Formulas and Related Data, Rev. Mod. Phys. 31, 20 (1959)

Kramer/GSF   R. Kramer, M. Zankl, G. Williams and G. Drexler, The Calculation of Dose from External Photon Exposures Using Reference Human Phantoms and Monte Carlo Methods, Part I: The Male (Adam) and Female (Eva) Adult Mathematical Phantoms, GSF-Bericht S-885 (1982)

Krause 1979-1   M. O. Krause, Atomic Radiative and Radiationless Yields for K and L Shells, J. Phys. Chem. Ref. Data Vol. 8, no.2, (1979) 307

Krause 1979-2   M. O. Krause, J. H. Oliver, Natural Widths of Atomic K and L Levels, Kα X-Ray Lines and Several KLL Auger Lines, J. Phys. Chem. Ref. Data Vol. 8, no.2, (1979) 329-338

Kurie   Franz N. D. Kurie, J. R. Richardson, H. C. Paxton, The Radiations Emitted from Artificially Produced Radioactive Substances, I. The Upper Limits and Shapes of the β-Ray Spectra from Several Elements", Physical Review 49 (5): 368 (1936)

                    F. N. D. Kurie, "On the Use of the Kurie Plot", Physical Review 73 (10) 1207 (1948)

Leuthold   G. Leuthold, V. Mares, W. Rühm, E. Weitzenegger, H. G. Paretzke, Long-Term Measurements of Cosmic Ray Neutrons by Means of a Bonner Sphere Spectrometer at Mountain Alutudes – First Results, Radiation Protection Dosimetry Vol. 126, No. 1 – 4, 506 – 511 (June 2007)

Lewis 1926   Lewis, G.N., The conservation of photons, Nature 118 (issue 2981), 874–875, (1926)

Libby 1946   Libby, W. F., Atmospheric Helium Three and Radiocarbon from Cosmic Radiation, Phys. Rev. 69, 671-672 (1946)

                    Anderson, E. C., Libby, W.F., Weinhouse, S., Reid, A. F., Kirshenbaum, A.D. and Grosse, A. V. Natural radiocarbon from Cosmic Radiation, Phys. Rev. 72, 931-936 (1947),

Liddick 2006   S. N. Liddick et al., Half-life and spin of $^{60}Mn^g$, Phys. Rev. C73 (2006) 044322

Löster   W. Löster, G. Drexler, F.-E. Stieve, Die Messung des Dosisflächenproduktes in der diagnostischen Radiologie als Methode zur Ermittlung der Strahlenexposition, Hoffmann Berlin (1995).

Marcillac 2003   Pierre de Marcillac, Noël Coron, Gérard Dambier, Jaques Leblanc, Jean-Pierre Moalic, Experimental detection of α-particles from the radioactive decay of natural bismuth, Nature 422, (2003), 876-878

Mares — Mares, V. and Leuthold, G., Altitude-dependent dose conversion coefficients in EPCARD, Radiation Protection Dosimetry, Vol. 126, No. 1-4, pp. 581-584, 2007

Markkanen 1995 — M. Markkanen, Radiation Dose Assessments for material with Elevated natural Radioactivity, Report STUK-B-STOP 32, Radiation and Nuclear Safety Authority STUK (1995)

Martigno-ni/Nitschke — K. Martignoni, J. Nitschke, Ein neuer Strahlenschutz-Grenzwert für beruflich strahlenexponierte Personen in der Bundesrepublik Deutschland, Radiologe 32: 235-239 (1991)

Mattauch 1965 — J. Mattauch, W. Thielle, A. Wapstra, Nuclear Physics A121 (1965)

Meitner 1922 — Lise Meitner, Über die Betastrahl-Spektra und ihren Zusammenhang mit der γ-Strahlung, Zeitschrift für Physik A Hadrons and Nuclei 11 (1922)

Menzler 2006 — S. Menzler, A. Schaffrath-Rosario, H. E. Wichmann, L. Kreienbrock, Abschätzung des attributablen Lungenkrebsrisikos in Deutschland durch Radon in Wohnungen, Ecomed-Verlag 2006

Mini SSK 30 — J. R. Mini, Strahlenexposition in der Röntgendiagnostik, in Strahlenexposition in der medizinischen Diagnostik Klausurtagung der Strahlenschutzkommission 18./19. Oktober 1993, Stuttgart (1995)

MIRD 1969 — W. S. Snyder, M. R. Ford, G. G. Warner, H. L. Fisher, Estimates of Absorbed Dose Fractions for Monoenergetic Photon Sources Uniformly Distributed in Various Organs of a Heterogeneous Phantom, MIRD Pamphlet No. 5, J. Nucl. Med. 10, Suppl. No. 3 (1969), revised 1978

Molière — G. Molière, Theorie der Streuung schneller geladener Teilchen I: Einzelstreuung am abgeschirmten Coulombfeld, Z. Naturforschung 2 a (1947), 133-145, II: Mehrfach- und Vielfachstreuung, Z. Naturforschung 3a (1948), 78-97

Möller — C. Möller, Zur Theorie des Durchgangs schneller Elektronen durch Materie, Ann. Phys. 14, 568 (1932)

Muller — H. J. Muller, Artificial Transmutation of Gene, Science 66, S. 84 (1927)

Mutscheller 1925   Arthur Mutscheller, Physical standards of protection against roentgen ray dangers, Amer. J. Roentgen Vol. 13, 65 (1925)

Nakamura 2010   K. Nakamura et al. (Particle Data Group), J. Phys. G **37**, 075021 (2010) and 2011 partial update for the 2012 edition. URL: http://pdg.lbl.gov

Nilsson/Brahme 1983   B. Nilsson, A. Brahme, Relation between Kerma and Absorbed Dose in Photon Beams, Acta Radiol. Oncol. 22, 77-85 (1983)

NISTIR 5221   Seltzer, S. M., An Assessment of the Role of Charged Secondaries from Nonelastic Nuclear Interactions by Therapy Proton Beams in Water, NISTIR 5221 (National Institute of Standards and Technology, Gaithersburg, MD), (1993).

O'Halloran 1998   T. O'Halloran, P. Sokolsky, S. Yoshida, The highest-energy cosmic rays, Phys. Today 51 (1998) 31-37.

Oldenburg 2003   Natürliche Radioaktivität in Baustoffen, Heinz Helmers Universität Oldenburg (2003), URL: http://www.physik.uni-oldenburg.de/docs/puma/1609.html,

Otake   M. Otake, W. J. Schull, S. Lee, Threshold for radiation-related severe mental retardation in prenatally exposed A-bomb survivers: a re-analysis. Int. J. Radiat. Biol. 70 (1996) 755-763

Pauli 1930   W. Pauli, Offener Brief an die Gruppe der Gauvereins-Tagung zu Tübingen (4. Dez. 1930).

Petoussi   N. Petoussi-Henss, M. Zankl, G. Fehrenbacher, G. Drexler, Dose distributions in the sphere for monoenergetic photons and electrons and for 800 radionuclides, Inst. für Strahlenschutz GSF-Bericht 7/93 (1993)

Petoussi-Henss   N. Petoussi-Henss, M. Zankl, U. Fill, D. Regulla, The GSF family of voxel phantoms, Physics in Medicine and Biology 47, 89-106 (2002)

Planck 1   Publikation 1303.5076v1 der Planck Collaboration, 20. März 2013. URL: http://arxiv.org/abs/1303.5076

Preston 2004   Dale L. Preston, Donald A. Pierce, Yukiko Shimizu, Harry M. Cullings, Shoichiro Fujita, Sachiyo Funamoto and Kazunori Kodama, Effect of Recent Changes in Atomic Bomb Survivor Dosimetry on, Cancer Mortality Risk Estimates, RADIATION RESEARCH 162, 377–389 (2004)

PTB 2006   PTB Schutzkleidung, Bericht PTB 63406 (2006)

Regulla 2003   Dieter Regulla, Jürgen Griebel, Dietmar Noßke, Burkhardt Bauer, Gunnar Brix, Erfassung und Bewertung der Patientenexposition in der diagnostischen Radiologie und Nuklearmedizin, Z. Med. Phys. 13 127-135 (2003)

Regulla 2008 — Dieter Regulla, Wolfgang Wahl, Christoph Hoeschen, Current radiation exposure of man - a comparison between digital imaging and environmental, workplace and accidental radiation burden, Proceedings of IRPA 12, Buenos Aires, October (2008)

RERF 2003 — Radiation Effects Research Foundation (RERF), A new dosimetry for the atomic-bomb survivors, DS02 (2003).

Roesch — W. C. Roesch, Rad. Research 15 (1958), scattering to complete diffusion of high energy electrons, Proceedings of the Fourth Symposium on Microdosimetry, Commission of the European Communities EUR 5122, Luxembourg (1973)

Roessler — S. Roessler, W. Heinrich, H. Schraube, Monte Carlo Calculation of the Radiation Field at Aircraft Altidudes, Radition Protection Dosimetry, Vol. 98, 367 – 388 (2002).

Röntgen — Wilhelm Konrad Röntgen, Über eine neue Art von Strahlen (vorläufige Mittheilung), Aus den Sitzungsberichten der Würzburger Physik-medic. Gesellschaft 1895, 1 - 10, (Dez. 1895)

Röntgen II — Wilhelm Konrad Röntgen, Über eine neue Art von Strahlen, II. Mittheilung, Verlag und Druck der Schenkschen Hof- und Universitätsbuch- und Kunsthandlung, (1896)

Roos 1973 — H. Roos, P. Drepper, D. Harder, The transition from multiple scattering to complete diffusion of high energy electrons, Proceedings of the fourth Symposium on Microdosimetry, Commission of the Europ. Communities EUR 5122, Luxembourg (1973)

Rutherford 1911 — E. Rutherford, The Scattering of Alphas and Beta-Particles by Matter and the Structure of the Atom, Phil. Mag. 21 (1911) 669

Saito 1998 — Kimiaki Saito, Nina Petoussi-Henss, Maria Zankl, Calculation of the effective dose and its variation from environmental gamma ray sources, Health Physics 74(6): 698-706 (1998)

Silari 2002 — Marco Silari, Helmut Vincke, Neutrino radiation hazard at the planned CERN neutrino factory, Technical Note TIS-RP/TN/2002-01 CERN Nufact Note 105, CERN 2002

Sinclair 1968 — W. K. Sinclair, Radiation Survival in Synchronous Chinese Hamster Cells in Vitro, in: Biophysical Aspects of Radiation Quality, 2. Panel Report, Proc. of a Panel p. 39 in Vienna, IAEA Vienna (1968)

Schlattl 2007	H. Schlattl, M. Zankl, H. Eder, Ch. Hoeschen, Shielding properties of lead free clothing and their impact on radiation dose, Med. Phys. 34 (11) (Nov. 2007)
Schmitt SSK 30	Th. Schmitt, Strahlenexposition bei digitalen Verfahren – Computertomographie, in "Strahlenexposition in der medizinischen Diagnostik", Klausurtagung der Strahlenschutzkommission 18./19. Oktober 1993, Stuttgart (1995)
Schraube	Schraube, H., Leuthold, G., Heinrich, W., Roesler, S., Mares, V. and Schraube, G. EPCARD – European Programm Package for the Calculation of Aviation Route Doses. GSF-Report 08/02, Neuherberg, (2002), (http://www.helmholtz-muenchen.de/epcard)
Shrimpton 98	P. C. Shrimpton, S. Edyvean, CT Scanner Dosimetry, BJR 71: 1-3 (1998)
SSK 1984	Strahlenschutzkommission: Radon in Wohnungen und im Freien Erhebungsmessungen in der Bundesrepublik Deutschland, Arbeitsgruppe Radonmessungen des Ausschusses Strahlenschutztechnik bei der Strahlenschutzkommission (1984)
SSK 234	Empfehlung der Strahlenschutzkommission mit wissenschaftlicher Begründung, 234. Sitzung 14. Mai 2009
SSK 9804	Strahlenexposition von Personen durch nuklearmedizinisch untersuchte Patienten, Empfehlung der Strahlenschutzkommission (1998)
SSK SIRT IVB	Radionuklidtherapie mittels selektiver intraarterieller Radiotherapie (SIRT) und intravasale Bestrahlung mit offenen Radionukliden, Empfehlung der Strahlenschutzkommission (2009)
Steger 1999	F. Steger, K. Grün, Radioactivity in building materials ÖNORM S 5200: A standard in Austria to limit natural radioactivity in building materials (revised and definite version), Radon in the Living Environment 19-32, Athens Greece (1999)
Sternheimer 1971	R. M. Sternheimer, R. F. Peierls, General Expression for the Density Effect for the Ionisation Loss of Charged Particles, Phys. Rev. 33, 3681 (1971)
Storm/Israel	E. Storm, H. I. Israel, Nuclear Data Tables A7, 565-681 (1970)
Straume 2003	T. Straume, G. Rugel, A. A. Marchetti, W. Rühm, G. Korschinek, J. E. Mcanich, K. Carroll, S. Egbert, T. Faestermann, K. Knie, R. Martinelli, A. Wallner, C. Wallner, Measuring fast neutrons in Hiroshima at distances relevant to atomic bomb survivors, Nature 424, 539 (2003)

Taylor	Lauriston S. Taylor, History of the International Commission on Radiological Protection (ICRP), Health Physics Vol. 1 97-104 (1958)
Thomson 1897	J.J. Thomson, Cathode Rays, Philos. Mag. 44, 293 (1897)
Thomson 1904	J. J. Thomson, On the Structure of the Atom: an Investigation of the Stability and Periods of Oscillation of a Number of Corpuscles arranged at equal Intervals around the Circumference of a Circle; with Application of the Results to the Theory of Atomic Structure, Phil. Mag. Series 6, Volume 7, Number 39, March 1904, 237-265
Veigele 1973	W. M. J. Veigele, Photon Cross Sections from 0,1 keV to 1 MeV for Elements Z = 1 to Z = 94, Atomic Data Tables 5, 51-111 (1973)
Veyssiere 1975	A. Veyssiere, H. Beil, R. Bergere, P. Carlos, A. Lepretre, A. de Miniac, Nucl. Phys. A227, 513 (1975)
Vogel R	H. Vogel, Das Ehrenmal der Radiologie in Hamburg, Ein Beitrag zur Geschichte der Röntgenstrahlen, Fortschr. Röntgenstr. 2006; 178(8): 753-756
Wallner 2002	A. Wallner, T. Faestermann, A. M. Kellerer, K. Knie, G. Korschinek, H.-J. Maier, N. Nakamura, W. Rühm, G. Rugel, 41-Ca ein biologisches Dosimeter für Neutronen? DPG Tagungen 2002 Sitzung ST 4.3 (2003)
Watson-Crick 1953	J. D. Watson, F. H. C. Crick, A Structure for Desoxyribonucleic Acid, Nature 171 (1953) 737f.
Zankl 1988	M. Zankl, R. Veit, G. Williams, K. Schneider, H. Fendel, N. Petoussi, G. Drexler, The construction of computer tomographic phantoms and their application in radiology and radiation protection, Rad. Environ. Biophys. 27, 153-164 (1988)
Zankl 1991	M. Zankl, W. Panzer, G. Drexler, The Calculation of Dose from External Photon Exposures Using Reference Human Phantoms and Monte Carlo Methods, GSF-Bericht 30/91 (1991), Nachdruck 1999
Zankl 1993	M. Zankl, W. Panzer, G. Drexler, Tomographic Antropomorphic Models, Part II, GSF-Bericht 30/93 (1993)
Zankl 1998	M. Zankl, N. Petoussi-Henß, U. Fill, D. Regulla, Tomographic Antropomorphic Models, Part IV: Organ Doses for Adults due to Idealized External Photon Exposures, GSF-Bericht 13/02 (2002)

Zankl 2001	M. Zankl, Alfred Wittmann, The adult male voxel model Golem segmented from whole body CT patient data, Rad. Environ. Biophys 40, 153-162 (2002)
Zankl 2002	M. Zankl, N. Petoussi-Henß, G. Drexler, K. Saito, The Calculation of Dose from External Photon Exposures Using Reference Human Phantoms and Monte Carlo Methods, Part VII: organ Doses due to Parallel and Environmental Exposure Geometries, GSF Bericht 8/97 (1998)
Zankl 2002-1	M. Zankl, N. Petoussi-Henss, U. Fill, D. Regulla, The application of voxel phantoms to the internal dosimetry of radionuclides, Radiation Protection Dosimetry Vol. 105 No. 1-4, 539-548, (2002)
Zankl 2002-2	M. Zankl, U. Fill, N. Petoussi-Henss, D. Regulla, Organ Dose conversion coefficients for external photon beam irradiation of male and female voxel models, Physics in Medicine and Biology 47, 2367-2385 (2002)
Zankl 2004	M. Zankl, Mathematische Phantome und voxelbasierte Dosimetrie , Workshop Dosimetrie und Strahlenbiologie, 6. und 7. Mai 2004, Berlin
Zankl 2007	M. Zankl, State of the art of voxel phantom development, GSF Neuherberg 2007

25.3 Nationale und internationale Protokolle und Reports zu Dosimetrie und Strahlenschutz

BFS 2003	Natürliche Radionuklide in Baumaterialien und Rückständen, Bundesamt für Strahlenschutz BFS (2003), URL: http://www.bfs.de/ion/ra_boeden/baustoffe.html
BFS LL 2003	Bundesamt für Strahlenschutz, Bekanntmachung der diagnostischen Referenzwerte für radiologische und nuklearmedizinische Untersuchungen, Salzgitter Juli 2003
DGMP 2	Deutsche Gesellschaft für Medizinische Physik, Bericht Nr. 2, Tabellen zur radialen Fluenzverteilung in aufgestreuten Elektronenstrahlenbündeln mit kreisförmigem Querschnitt, Göttingen (1982)
DGMP 3	Physikalisch-Technische Bundesanstalt, Deutsche Gesellschaft für Medizinische Physik, Bericht Nr. 3, Vorschlag für die Zustandsprüfung an Röntgenaufnahmeeinrichtungen im Rahmen der Qualitätssicherung in der Röntgendiagnostik, Berlin (1985)
DGMP 4	Physikalisch-Technische Bundesanstalt, Deutsche Gesellschaft für Medizinische Physik, Bericht Nr. 4, Vorschlag für die Zustandsprü-

fung an Röntgendurchleuchtungseinrichtungen im Rahmen der Qualitätssicherung in der Röntgendiagnostik, Berlin (1987)

DGMP 7 — Deutsche Gesellschaft für Medizinische Physik und Deutsche Röntgengesellschaft, Bericht Nr. 7, Pränatale Strahlenexposition aus medizinischer Indikation. Dosisermittlung, Folgerungen für Arzt und Schwangere (2002)

ICRP 15 — International Commission on Radiological Protection, Report of the Task Group Protection against Ionizing Radiation from External Sources (1970)

ICRP 23 — International Commission on Radiological Protection, Report of the Task Group on Reference Man, New York (1975)

ICRP 26 — ICRP Report of the Task Group, Recommendations of the ICRP (1977)

ICRP 28 — ICRP Report of the Task Group, The Principles and General Procedures for Handling Emergency and Accidental Exposures to Workers (1978)

ICRP 32 — ICRP Report of the Task Group, Limits for Inhalation of Inhaled Radon Daughters for Workers (1981)

ICRP 38 — ICRP Report No. 38 (1983) Radionuclide Transformations: Energy and Intensity of Emissions

ICRP 41 — ICRP Report No. 41 (1984) Non-Stochastic Effects of Ionizing Radiation

ICRP 49 — ICRP Report No. 49 (1986) Developmental Effects of Irradiation on the Brain of the Embryo and Fetus

ICRP 53 — ICRP Report No. 53 (1988) Radiation Dose to Patients from Radiopharmaceuticals, Annals of the ICRP 18 (1-4), 1987, Addendum in Annals of the ICRP 22 (3) 1991

ICRP 55 — ICRP Report No. 55 (1989) Optimization and Decision-Making in Radiological Protection

ICRP 56 — ICRP report No. 56: Age-dependent Doses to Members of the Public from Intake of Radionuclides: Part 1 (1990)

ICRP 57 — ICRP Report No. 57 (1989) Radiological Protection of the Worker in Medicine Dentistry

ICRP 58 — ICRP Report No. 58 (1989) RBE for Deterministic Effects

ICRP 60 — ICRP Report No. 60 (1991) 1990 Recommendations of the International Commission on Radiation Protection

ICRP 65	ICRP Report No. 65 (1993) Schutz vor Radon-222 zu Hause und am Arbeitsplatz, Deutsche Ausgabe, herausgegeben vom Bundesamt für Strahlenschutz der Bundesrepublik Deutschland.
ICRP 67	ICRP report No. 67: Age-dependent Doses to Members of the Public from Intake of Radionuclides: Part 2 (1994)
ICRP 68	ICRP Report No. 68 (1995) Dose Coefficients for Intakes of Radionuclides by Workers
ICRP 69	ICRP Report No. 69: Age-dependent Doses to Members of the Public from Intake of Radionuclides: Part 3 Ingestion Dose Coefficients
ICRP 70	ICRP Report No. 70: Basic Anatomical and Physiological Data for Use in Radiological Protection: The Sceleton (1995)
ICRP 71	ICRP Report No. 71: Age-dependent Doses to Members of the Public from Intake of Radionuclides: Part 4 Inhalation Dose Coefficients (1996)
ICRP 72	ICRP Report No. 72: Data Base for Dose Coefficients, Workers and Members of the Public, CD1 (2003)
ICRP 73	ICRP Report No. 73: Radiological Protection and Safety in Medicine (1996)
ICRP 80	ICRP Report No. 80: Radiation Dose to Patients from Radiopharmaceuticals (1999), Annals of the ICRP 28 (3) 1998
ICRP 84	ICRP Report No. 84: Pregnancy and Medical radiation (2000)
ICRP 87	ICRP Publication 87: Managing Patient Dose in Computed Tomography Vol. 30 No. 4 (2000)
ICRP 88	ICRP Report No. 88: Dose to the Embryo and Fetus from Intakes of Radionuclides by the Mother (1990), auch als CD, korrigierte Version Mai 2002 Volume 31 No. 1 – 3, (2001)
ICRP 89	Basic Anatomical and Physiological Data for Use in Radiological Protection: Reference Values. ICRP Publication 89, Annals of the ICRP, Vol. 32, No. 3-4 (2002)
ICRP 90	ICRP Report No. 90: Biological Effects after Prenatal Irradiation (Embryo and Fetus) (1990), Version von 2003 Vol. 33 No. 1-2 (2003)
ICRP 92	Relative Biological Effectiveness (RBE), Quality Factor (Q), and Radiation Weighting Factor (w_R), Annals of the ICRP, ICRP Publication 92 (2003)
ICRP 99	Low Dose Extrapolation of Radiation-related Cancer Risk, Annals of the ICRP 35 (4) 2005

ICRP 100	Human Alimentary Tract Model for radiological Protection, Annals of the ICRP 36 (1-2) 2006
ICRP 102	Managing Patient Dose in Multi-Detector Computed Tomography (MDCT), Annals of the ICRP 37 (1) 2007
ICRP 103	The 2007 Recommendations of the International Commission on Radiological Protection, ICRP Publication 103, Annals of the ICRP (März 2007), 37 (2-4), Deutsche Übersetzung ohne wissenschaftlichen Anhang: herausgegeben durch BFS (www.bfs.de)
ICRP 105	Radiological Protection in Medicine, Annals of the ICRP 37 (5) 2007
ICRP 106	Radiation Dose to Patients from Radiopharmaceuticals Third Addendum to ICRP 53, 2008
ICRP 2008 draft	2005 Recommendations of the International Commission On Radiological Protection
ICRP 110	Adult Reference Computational Phantoms , Annals of the ICRP 39 (2) 2009
ICRP 2011 draft	Early and late effects of radiation in normal 16 tissues and organs: threshold doses for tissue reactions and other non-cancer effects of radiation in a radiation protection context, Draft: Annals of the ICRP, ICRP ref 4844-6029-7736, 1 January 20, 2011
ICRU 10b	International Commission on Radiation Units and Measurements Report No. 10b, Physical Aspects of Irradiation (1964)
ICRU 14	ICRU Report No. 14, Radiation Dosimetry X-rays and Gamma-rays with maximum Photon Energies between 0.6 and 50 MeV (1969)
ICRU 16	ICRU Report No. 16, Linear Energy Transfer (1970)
ICRU 17	ICRU Report No.17, Radiation Dosimetry: X-Rays Generated at Potentials of 5 to 150 keV (1970)
ICRU 23	ICRU Report No. 23, Measurement of Absorbed Dose in a Phantom Irradiated by a Single Beam of X or Gamma Rays (1973)
ICRU 26	ICRU No. 26, Neutron Dosimetry for Biology and Medicine (1977)
ICRU 28	ICRU Report No. 28, Basic Aspects of High Energy Particle Interactions and Radiation Dosimetry (1978)
ICRU 29	ICRU Report No. 29, Dose Specification for Reporting External Beam Therapy with Photons and Electrons (1978)
ICRU 30	ICRU Report No. 30, Quantitative Concepts and Dosimetry in Radiobiology (1979)

ICRU 31	ICRU Report No. 31, Average Energy Required To Produce An Ion Pair (1979)
ICRU 32	ICRU Report No. 32, Methods of Assessment of Absorbed Dose in Clinical Use of Radionuclides (1979)
ICRU 33	ICRU Report No. 33, Radiation Quantities and Units (1980)
ICRU 34	ICRU Report No. 34, The Dosimetry of Pulsed Radiation (1982)
ICRU 35	ICRU Report No. 35, Radiation Dosimetry Electron Beams with Energies Between 1 and 50 MeV (1984)
ICRU 36	ICRU Report No. 36, Microdosimetry (1983)
ICRU 37	ICRU Report No. 37, Stopping Powers for Electrons and Positrons (1984)
ICRU 38	ICRU Report No. 38, Dose Specification for Intracavitary Therapy in Gynecology (1985)
ICRU 39	ICRU Report No. 39, Determination of Dose Equivalents Resulting from External Radiation Sources (1985)
ICRU 40	ICRU Report No. 40, The Quality Factor in Radiation Protection (1986)
ICRU 42	ICRU Report No. 42, Use of Computers in External Beam Radiotherapy Procedures with High Energy Photons and Electrons (1988)
ICRU 43	ICRU Report No. 43, Determination of Dose Equivalents from External Radiation Sources Part 2 (1988)
ICRU 44	ICRU Report No. 44, Tissue Substitutes in Radiation Dosimetry and Measurement (1989)
ICRU 45	ICRU Report No. 45, Clinical Neutron Dosimetry Part I, Determination of Dose in a Patient Treated by External Beams of Fast Neutrons (1989)
ICRU 46	ICRU Report No. 46, Photon, Electron, Proton and Neutron Interaction Data for Body Tissues (1992), Version ICRU 46D: with Data Disk (1992)
ICRU 47	ICRU Report No. 47, Measurements of Dose Equivalents from External Photon and Electron Radiations (1992)
ICRU 48	ICRU Report No. 48, Phantoms and Computational Models in Therapy, Diagnosis and Protection (19092)
ICRU 49	ICRU Report No. 49, Stopping Powers and Ranges for Protons and Alpha Particles (1993), Version ICRU 49D: with Data Disk (1993)
ICRU 50	ICRU Report No. 50, Prescribing, Recording and Reporting Photon

Beam Therapy (1993)

ICRU 51	ICRU Report No. 51, Quantities and Units in Radiation Protection Dosimetry (1993)
ICRU 56	ICRU Report No. 56, Dosimetry of External Beta Rays for Radiation Protection (1997)
ICRU 57	ICRU Report No. 57, Conversion Coefficients for use in Radiological Protection against External radiation (1998)
ICRU 63	International Commission on Radiation Units and Measurements Report No. 63, Nuclear Data for neutron and Proton radiotherapy and for Radiation Protection (2000)
ICRU 72	ICRU Report No. 72, Dosimetry of Beta Rays and Low-Energy Photons for Brachytherapy with Sealed Sources (2004)
ICRU 73	ICRU Report No. 73 Stopping of Ions Heavier Than Helium (2005)
ICRU 84	Reference Data for the Validation of Doses from Cosmic-Radiation Exposure of Aircraft Crew, Journal of the ICRU 10 (2), (2010)
Karlsruher Nuklidkarte	J. Magill, G. Pfennig, R. Dreher, Z. Sóti, 10. Auflage 2018. Bezugsadresse: Marktdienste Haberbeck GmbH, Industriestr. 17, 32791 Lage/Lippe, Fax 05232/68445
NNCSC	National Neutron Cross Section Centre, Brookhaven National Labaratory New York (1979)
PTB-DOS-23	Wolfgang G. Alberts, Peter Ambrosi, Jürgen Böhm, Günter Dietze, Klaus Hohlfeld, Wolfram Will, Neue Dosis-Messgrößen im Strahlenschutz, PTB-Bericht Dos-23, 1994
RP112	Radiation Protection 112, Radiological Protection Principles concerning the Natural Radioactivity of Building Materials, European Commission (1999)
SSK 3	Veröffentlichung der Strahlenschutzkommission Band 3, Berechnungsgrundlage für die Ermittlung von Körperdosen bei äußerer Strahlenexposition durch Photonenstrahlung und Berechnungsgrundlage für die Ermittlung von Körperdosen bei äußerer Strahlenexposition durch Elektronen, insbesondere durch β-Strahlung, Stuttgart (1991)
SSK 18	Veröffentlichung der Strahlenschutzkommission Band 18, Maßnahmen nach Kontamination der Haut mit radioaktiven Stoffen, Stuttgart (1992)
SSK 29	Veröffentlichung der Strahlenschutzkommission Band 29, Ionisierende Strahlung und Leukämieerkrankungen von Kindern und Jugendlichen, Stellungnahme der Strahlenschutzkommission mit An-

lagen, Stuttgart (1994)

SSK 30 Veröffentlichung der Strahlenschutzkommission Band 30, Strahlen-exposition in der medizinischen Diagnostik, Klausurtagung der Strahlenschutzkommission 18./19. Oktober 1993, Stuttgart (1995)

SSK 33 Veröffentlichung der Strahlenschutzkommission Band 33, Moleku-lare und zelluläre Prozesse bei der Entstehung stochastischer Strah-lenwirkungen, Klausurtagung der Strahlenschutzkommission 13./14. Oktober 1994, Stuttgart (1995)

SSK 43 Veröffentlichung der Strahlenschutzkommission Band 43, Berech-nungsgrundlage für die Ermittlung von Körperdosen bei äußerer Strahlenexposition, Red. G. H. Schnepel, BFS (2000)

SSK 0107 Nuklearmedizinischer Nachweis des Wächter-Lymphknotens, Emp-fehlung der Strahlenschutzkommission, 175. Sitzung der Strahlen-schutzkommission, 13./14. Dezember 2001

SSK-2004 Strahlenschutz für das ungeborene Kind, Empfehlung der Strahlen-schutzkommission und wissenschaftliche Begründung, 197. Sitzung Dez. 2004

SSK-2019 Orientierungshilfe für bildgebende Verfahren 3., überarbeitete Auf-lage, Empfehlung der Strahlenschutzkommission, verabschiedet in der 300. Sitzung der Strahlenschutzkommission am 27. Juni 2019

UNSCEAR 1982 United Nations Scientific Committee on the Effects of Atomic Radi-ation, Report to the General Assembly, with Annexes: Ionizing Ra-diation: Sources and Biological Effects (1982)

UNSCEAR 1986 United Nations Scientific Committee on the Effects of Atomic Radi-ation, Report to the General Assembly, with Annexes: Genetic and Somatic Effects of Ionizing Radiation (1986)

UNSCEAR 1988 United Nations Scientific Committee on the Effects of Atomic Radi-ation, Report to the General Assembly, with Annexes: Sources, Ef-fects and Risks of Ionizing Radiation (1988)

UNSCEAR 1993 United Nations Scientific Committee on the Effects of Atomic Radi-ation, Report to the General Assembly, with Scientific Annexes: Sources, Effects and Risks of Ionizing Radiation (1993)

UNSCEAR 2000 United Nations Scientific Committee on the Effects of Atomic Radi-ation, Report to the General Assembly, with Annexes: Sources, Ef-fects and Risks of Ionizing Radiation Volume 1 Sources (2000)

UNSCEAR 2000 United Nations Scientific Committee on the Effects of Atomic Radi-ation, Report to the General Assembly, with Annexes: Sources, Ef-fects and Risks of Ionizing Radiation Volume 2 Effects (2000)

UNSCEAR 2001	United Nations Scientific Committee on the Effects of Atomic Radiation, Report to the General Assembly, with Annexes: Heriditary Effects of Radiation (2001)
UNSCEAR 2006	United Nations Scientific Committee on the Effects of Atomic Radiation, Report to the General Assembly, with Annexes: Effects of Ionizing Radiation Volume 1 (2006)
UNSCEAR 2008	United Nations Scientific Committee on the Effects of Atomic Radiation, Report to the General Assembly, with Annexes: Sources, Effects and Risks of Ionizing Radiation Volume 1 (2008)
UNSCEAR 2010	United Nations Scientific Committee on the Effects of Atomic Radiation , Fifty-seventh session, includes Scientific Report: summary of low-dose radiation effects on health (New York (2011)
UNSCEAR 2012-1	United Nations Scientific Committee on the Effects of Atomic Radiation , Biological_mechanisms_WP_12-57831 (2012)
UNSCEAR 2012	United Nations Scientific Committee on the Effects of Atomic Radiation, Sources, Effects and Risks of ionizing Radiation 2012 mit Annex A und B
UNSCEAR 2013	United Nations Scientific Committee on the Effects of Atomic Radiation, Sources, Effects and Risks of ionizing Radiation 2013 mit Annex A und B
X-Ray 2009	X-Ray Data Booklet, 2001, Lawrence Berkeley National Laboratory, LBNL/Pub-490 Rev.2, http://xdb.lbl.gov/, updated Oct. 2009, s. http://cxro.lbl.gov/PDF/X-Ray-Data-Booklet.pdf

25.4 Gesetze, Verordnungen und Richtlinien zum Strahlenschutz, gültig für die Bundesrepublik Deutschland

Es werden nur die wichtigsten im Buch erwähnten Gesetze, Verordnungen und Richtlinien der Bundesrepublik Deutschland zum Thema Strahlenschutz aufgeführt. Die Texte werden im Bundesgesetzblatt BGBl Teile I und II, im Bundesanzeiger BAnz und im gemeinsamen Ministerialblatt der Bundesregierung GMBl publiziert. Neben den erwähnten Gesetzen und Verordnungen werden für die praktische Strahlenschutzarbeit eine Vielzahl weiterer Gesetzes- und Verordnungstexte benötigt. Vollständige Sammlungen des Strahlenschutzrechtes sind beim Deutschen Fachschriften-Verlag Wiesbaden zu erwerben, der auch für laufende Aktualisierung sorgt.

GG	Grundgesetz für die Bundesrepublik Deutschland vom 23. Mai 1949, zuletzt geändert durch Art. 1 G v. 21.7.2010 I 944

EU-RL 89/618	Richtlinie 89/618/Euratom vom 27.11.1989 über die Unterrichtung der Bevölkerung in radiologischen Notstandssituationen
EU-RL 96/29	Richtlinie 96/29/Euratom des Rates vom 13. Mai 1996 zur Festlegung der grundlegenden Sicherheitsnormen für den Schutz der Gesundheit der Arbeitskräfte und der Bevölkerung gegen die Gefahren durch ionisierende Strahlung, Amtsblatt der Europäischen Union L 159, 39. Jahrgang, (29. Juli 1996)
EU-RL 97/43	Richtlinie 97/43/Euratom des Rates vom 30. Juni 1997 über den Gesundheitsschutz von Personen gegen die Gefahren ionisierender Strahlung bei medizinischer Exposition und zur Aufhebung der Richtlinie 84/466/Euratom, Amtsblatt Nr. L 180 vom 09/07/1997 S. 22 - 27
EU-RL 2003/122	Richtlinie 2003/122/Euratom des Rates vom 23. Dez. 2003 zur Kontrolle hoch radioaktiver umschlossener Strahlenquellen und herrenloser Strahlenquellen, Amtsblatt Nr. L 346 vom 31/12/2003 S. 63ff
EU RL 2013/59	RICHTLINIE 2013/59/EURATOM DES RATES vom 5. Dezember 2013 zur Festlegung grundlegender Sicherheitsnormen für den Schutz vor den Gefahren einer Exposition gegenüber ionisierender Strahlung und zur Aufhebung der Richtlinien 89/618/Euratom, 90/641/Euratom, 96/29/Euratom, 97/43/Euratom und 2003/122/Euratom
Umsetz-RL	Verordnung für die Umsetzung von Euratomrichtlinien vom 20. 7. 2001 BGBl. I, S. 1714
AtG	Gesetz über die friedliche Verwendung der Kernenergie und den Schutz gegen ihre Gefahren vom 23. 12. 1959 (Atomgesetz) in der Fassung vom 15. 7. 1985, Zuletzt geändert durch Art. 2 G v. 23.6.2017 I 1885
AtDeckV	Verordnung über die Deckungsvorsorge nach dem Atomgesetz (Atomrechtliche Deckungsvorsorgeverordnung) vom 25. Januar 1977, BGBl. I S. 220, zuletzt geändert am 1. April 2015, BGBl. I, 434
StGB	Strafgesetzbuch vom 15. Mai 1871 in der Fassung vom 13. November 1998, zuletzt geändert Art. 5 G v. 10. Dez. 2015 BGBl. I 2218
StlSchKom	Bekanntmachung der Satzung der Strahlenschutzkommission vom 23. Dez. 1998, Bundesanzeiger Nr. 5 vom 9. Januar 1999, S. 202
StrlVG	Gesetz zum vorsorgenden Schutz der Bevölkerung gegen Strahlenbelastung (Strahlenschutzvorsorgegesetz) vom 19. 12. 1986, BGBl. I S. 2610, Zuletzt geändert durch Art. 91 zum 31.8.2015 BGBl. I,

1474

RöV	Verordnung über den Schutz vor Schäden durch Röntgenstrahlen (Röntgenverordnung - RöV) vom 30. Apr. 2003 BGBl. I, S. 604, (zuletzt geändert zum 11. Dez. 2014, BGBl. Teil 1, 2010)
StrlSchG	Gesetz zur Neuordnung des Rechts zum Schutz vor der schädlichen Wirkung ionisierender Strahlung vom 27. Juni 2017, BGBl Jahrgang 2017 Teil I Nr. 42, ausgegeben zu Bonn am 3. Juli 2017
StrlSchV-2018	Strahlenschutzverordnung zum neuen Strahlenschutzgesetz, BGBl 2018 Teil1 Nr. 41, ausgegeben zu Bonn am 5.12.2018, zuletzt geändert durch Art. 1 der Verordnung vom 08. Oktober 2021 (BGBl. I S. 4645)
StrlSchV 2001	Verordnung über den Schutz vor Schäden durch ionisierende Strahlen (Strahlenschutzverordnung) vom 20. 07. 2001, BGBl. I, S. 1714 (zuletzt geändert am 11. Dez. 2014, BGBl. Teil 1, 2010)
StrlSchV-alt	Verordnung über den Schutz vor Schäden durch ionisierende Strahlen (Strahlenschutzverordnung) vom 30. 07. 1989, BGBl. I, S. 943
EichG	Gesetz über das Mess- und Eichwesen (Eichgesetz), in der Fassung vom 23. März 1992, BGBl. I S. 711, zuletzt geändert durch Art. 2 G v. 3.7.2008 I 1185
EichO	Eichordnung vom 12. August 1988 BGBl. I, S. 1657, Zuletzt geändert durch Art. 3 § 14 G v. 13.12.2007 I 2930
EinhGes	Gesetz über Einheiten im Messwesen vom 23. Febr. 1985 , BGBl. I, S. 408, zuletzt geändert durch Art. 1 G v. 3.7.2008 I 1185
EinhV	Ausführungsverordnung zum Gesetz über Einheiten im Messwesen vom 26. 06. 1970, BGBl. 1 S. 981, Zuletzt geändert durch Art. 1 V v. 25.9.2009 I 3169

Deutsche und europäische Richt- und Leitlinien zum Strahlenschutz

RL-StrlSch-Med alt	Strahlenschutz in der Medizin, Richtlinie nach der Verordnung über den Schutz vor Schäden durch ionisierende Strahlen (Strahlenschutzverordnung – StrlSchV) vom 24. Juni 2002
RL-StrlSch-Med neu	Strahlenschutz in der Medizin, Richtlinie nach der Verordnung über den Schutz vor Schäden durch ionisierende Strahlen (Strahlenschutzverordnung – StrlSchV) Okt. 2011, RSII 4-11432/1
RL-PrüfStör	Richtlinie für die Prüfung von Röntgeneinrichtungen und genehmigungsbedürftigen Störstrahlern (RL für Sachverständigenprüfungen nach der RöV SVRL), 27. August 2003

StrlSchKontr	Richtlinie für die physikalische Strahlenschutzkontrolle zur Ermittlung der Körperdosen gem. StrlSchV und RöV vom 2004 (GMBl. 22 S. 410)
PrüfFristen	Richtlinie über Prüffristen bei Dichtheitsprüfungen an umschlossenen radioaktiven Stoffen vom 12. Juni 1996
KontamHaut	Maßnahmen bei radioaktiver Kontamination der Haut, Empfehlung der Strahlenschutzkommission vom 23. Sept. 1989
FachkundeRL-Röntgen	Richtlinie nach der RöV: Fachkunde und Kenntnisse im Strahlenschutz bei dem Betrieb von Röntgeneinrichtungen in der Heilkunde und Zahnheilkunde, März 2006, mit Änderungen Juni 2012
QL-RL-Rö	Richtlinie zur Durchführung der Qualitätssicherung bei Röntgeneinrichtungen zur Untersuchung oder Behandlung von Menschen nach den §§ 16 und 17 der Röntgenverordnung - Qualitätssicherungs-Richtlinie (QS-RL) vom 20. Nov. 2003
RL-Ärtzl-Stellen	Richtlinie ärztliche und zahnärztliche Stellen zur StrlSchV und RöV (Jan. 2004)
EUR 16260	Rep. EUR 16260; European Guidelines on Quality Criteria for Diagnostic Radiographic Images, Rep., EN 1, 1996; http://europa.eu.int/comm/dg12/fission/radio-pu.html
EUR 16261	Rep., EN 1, 1996; European Guidelines on Quality Criteria for Diagnostic Radiographic Images in Paediatrics http://europa.eu.int/comm/dg12/ fission/radio-pu.html
LLBÄK 1998	Leitlinien der Bundesärztekammer zur Qualitätssicherung in der Röntgendiagnostik, Prof. Dr. H.-St. Stender, 1998, Ärztekammer Berlin
RöRefWerte	Bekanntmachung der aktualisierten diagnostischen Referenzwerte für diagnostische und interventionelle Röntgenunteruchungen, BFS 23. Juni 2011
NukRefWerte	Bekanntmachung der diagnostischen Referenzwerte für radiologische und nuklearmedizinische Untersuchungen, BFS 10. Juli 2003

25.5 Deutsche Industrie-Normen zu Dosimetrie und Strahlenschutz

Hier werden vor allem die im Buch erwähnten Normen zur Radiologie und zum Strahlenschutz aufgeführt. Ein Überblick über die einschlägigen DIN-Normen befindet sich auf der Internetseite des DIN (www.DIN.de) sowie in [Krieger3]. Für die praktische Arbeit wird ein Dauerabonnement der DIN-Normen empfohlen, da dann die vorhandene Sammlung bei jeder Neuerscheinung oder Überarbeitung durch den Verlag auf den neuesten Stand gebracht wird. Sofern im Buchtext Normen zitiert wurden, die in der aktuellen DIN-Liste nicht mehr aufgeführt sind, geschah dies ausschließlich aus didaktischen Gründen, also zur leichteren Vermittlung des strahlenphysikalischen Wissens.

DIN 6802	Teil 1:	Neutronendosimetrie, Spezielle Begriffe und Benennungen (Nov. 1991)
	Teil 2:	Neutronendosimetrie, Konversionsfaktoren zur Berechnung der Orts- und Personendosis aus der Neutronenfluenz und Korrektionsfaktoren für Strahlenschutzdosimeter (Nov. 1999)
	Teil 3:	Neutronendosimetrie, Neutronenmessverfahren im Strahlenschutz (Juni 2007)
	Teil 4:	Neutronendosimetrie, Verfahren zur Personendosimetrie mit Albedoneutronendosimetern (Apr. 1998)
DIN 6804	Teil 1: alt	Strahlenschutzregeln für den Umgang mit umschlossenen radioaktiven Stoffen in der Medizin (Nov. 1993)
DIN 6809		Klinische Dosimetrie
	Teil 1:	Teil 1: Strahlungsqualität von Photonen- und Elektronenstrahlung Entwurf (März 2010)
	Teil 2:	Brachytherapie mit umschlossenen gammastrahlenden radioaktiven Stoffen (November 1993)
	Teil 3:	Röntgendiagnostik (Aug. 2010) Entwurf
	Teil 4:	Anwendung von Röntgenstrahlen mit Röhrenspannungen von 10 kV bis 100 kV in der Strahlentherapie und in der Weichteildiagnostik (Dezember 1988)
	Teil 5:	Anwendungen von Röntgenstrahlen mit Röhrenspannungen von 100 bis 400 kV in der Strahlentherapie (Febr. 1996)
	Teil 6:	Anwendung hochenergetischer Photonen- und Elektronenstrahlung in der perkutanen Strahlentherapie (Feb. 2004)

	Teil 7:	Verfahren zur Ermittlung der Patientendosis in der Röntgendiagnostik (Okt. 2003)
DIN 6812 alt		Medizinische Röntgenanlagen bis 300 kV, Strahlenschutzregeln für die Errichtung (Mai 1985)
DIN 6812		Medizinische Röntgenanlagen bis 300 kV, Regeln für die Auslegung des baulichen Strahlenschutzes (Feb. 2010), Norm Entwurf (Okt. 2011)
DIN 61331		Strahlenschutz in der medizinischen Röntgendiagnostik
	Teil 1:	Bestimmung von Schwächungseigenschaften von Materialien (Aug. 2006), Normentwurf (Aug. 2011)
	Teil 2:	Bleiglasscheiben (Aug. 2006)
	Teil 3:	Schutzkleidung und Gonadenschutz (Mai 2002), Ersatz für DIN 6813-3 (Juli 1980)
DIN 6814		Begriffe in der radiologischen Technik
	Teil 1:	Anwendungsgebiete (Nov. 2005)
	Teil 2:	Strahlenphysik (Juli 2000)
	Teil 3:	Dosisgrößen und Dosiseinheiten (Januar 2001), Berichtigung zu Teil 3 (Februar 2001)
	Teil 4:	Radioaktivität (Okt. 2006)
	Teil 5:	Strahlenschutz (Dez. 2008)
	Teil 6:	Diagnostische Anwendung von Röntgenstrahlung in der Medizin (Mai 2009)
	Teil 8:	Strahlentherapie (Dezember 2000)
DIN 6815		Medizinische Röntgenanlagen bis 300 kV: Regeln für die Prüfung des Strahlenschutzes nach Errichtung, Instandsetzung und wesentlicher Änderung (Juni 2013)
DIN 6818	Teil 1:	Strahlenschutzdosimeter, Allgemeine Regeln (Aug. 2004)
DIN 6827		Protokollierung bei der medizinischen Anwendung ionisierender Strahlung (1992- 2003)
	Teil 1:	Therapie mit Elektronenbeschleunigern sowie Röntgen- und Gammabestrahlungseinrichtungen (Sept.. 2000)
	Teil 2:	Therapie und Diagnostik mit offenen radioaktiven Stoffen (Jan. 2011)

	Teil 3:	Brachytherapie mit umschlossenen Strahlungsquellen Dez. 2002)
DIN 6843		Strahlenschutzregeln für den Umgang mit offenen radioaktiven Stoffen in der Medizin (Dezember 2006), Entwurf Nov. 2014
DIN 6844		Nuklearmedizinische Betriebe
	Teil 1:	Regeln für die Errichtung und Ausstattung von Betrieben zur diagnostischen Anwendung von offenen radioaktiven Stoffen (Jan. 2005)
	Teil 2:	Regeln für die Errichtung und Ausstattung von Betrieben zur therapeutischen Anwendung von offenen radioaktiven Stoffen (Jan. 2005)
	Teil 3:	Strahlenschutzberechnungen (Dez. 2006), Berichtigung 1 (Mai 2007)
DIN 6846		Medizinische Gammabestrahlungsanlagen
	Teil 1 alt:	Strahlenschutzanforderungen an die Einrichtung (August 1992)
	Teil 2:	Strahlenschutzregeln für die Errichtung (Juni 2003)
	Teil 3 alt:	Regeln für die Prüfung des Strahlenschutzes (Feb. 1990)
	Teil 5:	Konstanzprüfung apparativer Qualitätsmerkmale (März 1992)
DIN 6847		Medizinische Elektronenbeschleuniger-Anlagen
	Teil 1 alt:	Strahlenschutzanforderungen an die Einrichtungen (August 1980)
	Teil 2:	Regeln für die Auslegung des baulichen Strahlenschutzes (Sept. 2008)
	Teil 4 alt:	Apparative Qualitätsmerkmale (Okt. 1990)
	Teil 5:	Konstanzprüfung von Kennmerkmalen (Nov. 2011)
DIN 6857	Teil 1:	Strahlenschutzzubehör bei medizinischer Anwendung von Röntgenstrahlen - Bestimmung der Abschirmeigenschaften von bleifreier oder bleireduzierter Schutzkleidung (Jan. 2009)
DIN 6868	Teil 1-160:	Sicherung der Bildqualität in röntgendiagnostischen Betrieben (1985 – 2011)
ISO 7503-3	Teil 3	Bestimmung der Oberflächenkontamination - Teil 3: Isomerische Übergangs- und Elektroneneinfangstrahler

		und Niedrigenergie-Betastrahler (maximale Betaenergie <0,15 MeV) (Apr. 2007)
DIN 25401	Teil 8:	Begriffe der Kerntechnik, Teil 8 Strahlenschutz (Feb. 2011)
DIN 25407	Beiblatt	zu DIN 25407: Hinweise für die Errichtung von Wänden aus Bleibausteinen (Jun. 2011)
	Teil 2:	Spezielle Bauelemente für Abschirmwände aus Blei (Jul. 2011)
	Teil 3:	Errichtung von Heißen Zellen aus Blei (Okt. 2010)
DIN 25415	Teil 1	Dekontamination von radioaktiv kontaminierten Oberflächen (Aug. 1988), Normentwurf (Mai 2011)
DIN 25425	Teil 1-5:	Radionuklidlaboratorien:
	Teil 1:	Regeln für die Auslegung (Sept. 1995), Normentwurf (Okt. 2011)
	Beiblatt1	zu DIN 25425-1: Regeln für die Auslegung Ausführungsbeispiele (Sept. 1995)
	Beiblatt2	Anwendungsbeispiele und Erläuterungen (Nov. 1999)
ISO 14152		Abschirmung gegen Neutronenstrahlung - Auslegungsgrundlagen und Gesichtspunkte für die Wahl geeigneter Werkstoffe (Dez. 2001)

25. 6 Wichtige Internetadressen

AAPM	www.AAPM.org	American Association of Physicist in Medicine
ATI	www.ati.ac.at	Atominstitut d. Österreichischen Universitäten
AWMF	www.uni-duesseldorf.de/AWMF	Arbeitsgemeinschaft der Wissenschaftlichen Medizinischen Fachgesellschaften AWMF
BEIR	https://nap.nationalacademies.org	National Academy of Sciences Advisory Committee on the Biological Effects of Ionizing Radiation
BFS	www.BFS.de	Bundesamt für Strahlenschutz
BMU	www.BMU.de	Bundesumweltministerium
CERN	www.cern.ch	Forschungszentrum Cern

CODATA	http://www.nist.gov/pml/ data/physicalconst.cfm	Referenzwerte für Konstanten und Einheiten
DDEP	www.nucleide.org/DDEP _WG/DDEPdata.htm	Datenbank des Laboratoire Nationale Henri Becquerel mit Halbwertzeiten und Kommentaren für wichtige Radionuklide
DEGRO	www.Degro.org	Deutsche Gesellschaft für Radioonkologie
DGMP	www.DGMP.de	Deutsche Gesellschaft für Medizinische Physik
DGN	www.nuklearmedizin.de	Deutsche Gesellschaft für Nuklearmedizin eV.
DIN	www.DIN.de	Deutsches Institut für Normung eV.
Dubna	www.jinr.ru	Joint Institute for Nuclear Research JINR, Dubna, Russia
EANM	www.EANM.org	European Association of Nuclear Medicine
Ehrenmal	https://de.wikipedia.org/w iki/Ehrenmal_der_Radiol ogie	Ehrenmal der Radiologie St. Georg Krankenhaus Hamburg
FZ-Jülich	http://www.fz-juelich.de/portal/	Forschungszentrum Jülich
GSI	www.GSI.de	Gesellschaft für Schwerionenforschung Darmstadt
Human Comp	http://www.virtualphanto ms.org	The Consortium of Computational Human Phantoms CCHP
HZ München	www.helmholtz-muenchen.de	Helmholtzzentrum München, Nachfolge Organisation der GSF
Hubbell	www.physics.nist.gov/pm l/data/xraycoef/index.cfm	Photonenschwächungskoeffizienten für Elemente Z = 1 bis 92 und 48 zusätzliche Substanzen (1996)
IAEA	www.iaea.org	Internationale Atom Energie Kommission
ICRP	www.ICRP.org	International Commission on Radiological Protection
ICRU	www.icru.org	International Commission on Radiation Units and Measurements
IOP	www.iop.org	Institute of Physics London UK

NCRP	www.NCRP.com	National Council on Radiation Protection
NIST	www.nist.gov	Nist Physics Laboratory
NIST-STAR	https://www.nist.gov/pml/stopping-power-range-tables-electrons-protons-and-helium-ions	Online-Berechnung von Massenstoß-bremsvermögen von Elektronen, Protonen und Alphas nach ICRU 37 und ICRU 49
NIST-XCOM	http://www.nist.gov/pml/data/xraycoef/index.cfm	Online-Berechnung von Photonenschwä-chungskoeffizienten
NIST Physics	www.physics.nist.gov	National Institute of Standards and Technology, Physikalische Konstanten, SI-System (Codata)
Nist Xcom3	http://physics.nist.gov/cgi-bin/Xcom/xcom3_2	Nist: online Berechnung von Photonen-schwächungskoeffizienten mit allen Komponenten
NIST Trans	http://www.nist.gov/pml/data/xraytrans/index.cfm	Online Berechnung von Hüllenüber-gangsenergien
NNDC	http://www.nndc.bnl.gov/	National Nuclear Data Center Brookhaven
Nucleonica	www.nucleonica.net	Nuclear Science Networking and Applications Portal, European Commission´s Joint Research Centre
ÖPG	www.oepg.at	Österreichische Physikalische Gesellschaft
Particle Data Group	http://pdg.lbl.gov/	Particle Data Group, Intern. Teilchen-physiker-Vereinigung, Lawrence Berkeley National Laboratory in Berkeley, CA
PTB	www.ptb.de	Physikalisch-Technische Bundesanstalt
PTB-SI	http://www.ptb.de/cms/fileadmin/internet/publi-kationen/mitteilungen-/2007/PTB-Mitteilung-en_2007_Heft_2.pdf	Sonderausgabe mit SI-Einheiten 2007
SGSMP	www.sgsmp.ch	Schweizer Gesellschaft für Strahlenbiolo-gie und Medizinische Physik
Springer	www.springer.com	Springer Wissenschaftsverlag
SRIM	www.SRIM.org	Web-Side mit Online Programm zur Kal-kulation von Reichweiten und Stoßbrems-vermögen aller geladenen Teilchen in

		beliebigen Absorbern "PARTICLE INTERACTIONS WITH MATTER"
SSK	www.SSK.de	Deutsche Strahlenschutzkommission
UNSCEAR	www.UNSCEAR.org	United Nations Scientific Committee on the Effects of Atomic Radiation
WHO	www.who.int	World Health Organisation
Wikipedia	www.wikipedia.org	Freie Internet Enzyklopädie. Deutsche Ausgabe: http://de.wikipedia.org

Wichtige Abkürzungen

AAA	Drei A des praktischen Strahlenschutzes (Aufenthaltsdauer, Abstand, Abschirmung,)
ALARA	as low as reasonably achievable
ATP	Adenosintriphosphat
BFS	Bundesamt für Strahlenschutz
BMU	Bundesumweltministerium
CTDI	CT-Dosisindex
CDTIvol	Quotient aus CTDI und Pitchfaktor p
DRF	Dosisreduktionsfaktor bei Radioprotektoren
EC	Elektroneneinfang
ESB	Einzelstrangbruch der DNS
DIN	Deutsche Industrienorm
DLI	Dosisleistungsindex
DFP	Dosisflächenprodukt
DLP	Dosislängenprodukt
DRW	Diagnostischer Referenzwert
DSB	Doppelstrangbruch der DNS
EI	exposure indicator (Dosisindikator) für digitale Detektoren
EK	Empfindlichkeitsklasse Röntgenfilme
ER	Endoplasmatisches Retikulum
E_{tot}	Relativistische Gesamtenergie
FDG	Fluoro-Desoxy-Glukose
FHA	Fokus-Haut-Abstand auch Fokus-Oberflächen-Abstand
HWSD	Halbwertschichtdicke
HU	Hounsfield Unit
IAEA	Internationale Atom Energie Kommission
IC	Innere Konversion
ICRP	International Commission on Radiological Protection
ICRU	International Commission on Radiation Units and Measurements

LD	Letale Dosis
LET	Linearer Energietransfer
LNT	Linear no threshold, Modell für stochastischen Schadensverlauf
MPE	Medizinphysik-Experte
MSAD	Multiple Slice Average Dose
NIST	National Institute of standards, Nist Physics Laboratory, USA
NSD	Nominal Standard Dose (Ellis Formel)
OER	Oxygen Enhancement ratio
PET	Positronen-Emissions-Tomografie
PMMA	Polymethylmethacrylat (Plexiglas)
PTB	Physikalisch-Technische Bundesanstalt
MSAD	Multiple Slice Average Dose
NIST	National Institute of standards, Nist Physics Laboratory, USA
NSD	Nominal Standard Dose
RBW	Relative biologische Wirksamkeit
RES	Reticuloendotheliales System
RHS	Retikulohistiozytäres System
RIT	Radioimmuntherapie
RNS	Ribonukleinsäure
RöV	Röntgenverordnung
RSO	Radiosynoviorthese
SED	Skin Erythema Dose
SER	Sensitizer enhancement ratio
SPECT	single photon emission computer tomography
SI	Système International d'Units, internationales Einheitensystem
SSK	Strahlenschutzkommission
StrlSchG	Strahlenschutzgesetz
StrlSchV	Strahlenschutzverordnung
TAR	Tissue air ratio
TER	Thermal Enhancement Ratio

Sachregister

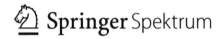

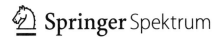

LEHRBUCH

Hanno Krieger

Strahlungsquellen für Physik, Technik und Medizin

4. Auflage

Springer Spektrum

Printed in the United States
by Baker & Taylor Publisher Services